TABLES

DE DIVISIONS

PAR

A. FAUGÈRE

CONTROLEUR DES CONTRIBUTIONS DIRECTES, PREMIER COMMIS DE DIRECTION

Prix *franco* 10 francs

S'ADRESSER A L'AUTEUR
Rue du Petit-Maure, 11 bis, à Poitiers
(Vienne)

POITIERS

TYPOGRAPHIE DE HENRI OUDIN

4, RUE DE L'ÉPERON, 4

1873

TABLES

DE DIVISIONS

Le dépôt exigé par la loi a été effectué.

Les exemplaires non revêtus de la signature de l'auteur seront réputés contrefaits, et tout contrefacteur ou débitant de contrefaçons sera poursuivi suivant la rigueur des lois.

TABLES

DE DIVISIONS

PAR

A. FAUGÈRE

CONTRÔLEUR DES CONTRIBUTIONS DIRECTES, PREMIER COMMIS DE DIRECTION

POITIERS

TYPOGRAPHIE DE HENRI OUDIN

4, RUE DE L'ÉPERON, 4

1873

INSTRUCTION SUR L'USAGE DES TABLES

But et composition des Tables de divisions.

Toutes les personnes qui, par profession, ont à faire ou à vérifier de nombreux calculs, savent que l'opération de la division est, des quatre règles, la plus longue, et celle qu'on est exposé à recommencer le plus souvent pour ne l'avoir pas réussie.

Les mathématiciens font usage, pour opérer la division, des tables de logarithmes, et les nombreux calculateurs qui ne savent pas s'en servir opèrent la division par le procédé ordinaire, ou ont recours aux tables de multiplication en usage dans un grand nombre d'Administrations.

Il est constant qu'avec les logarithmes on fait la division avec plus de rapidité et moins de fatigue que par le procédé ordinaire ; mais encore est-on obligé, surtout si l'on veut prouver l'exactitude de l'opération, de se livrer à une série de recherches très-précises qui occupent un temps assez long.

Tous ceux qui emploient les Tables de multiplication savent que, pour obtenir un quotient de plus de 3 chiffres, l'opération devient relativement longue, attendu qu'après la première recherche dans les tables qui a permis de poser 3 chiffres, *chaque nouveau chiffre* du quotient à obtenir nécessite une *multiplication* et une *soustraction*, sans préjudice de la multiplication finale du diviseur par le quotient par laquelle on prouve l'opération.

En un mot, les Tables de multiplication, qui rendent les plus grands services pour la multiplication, sont laissées de côté lorsque, dans la division, on veut un quotient de plus de trois chiffres.

Il n'existait donc pas, pour faire la division, de moyen aussi rapide que l'emploi des Tables de multiplication en ce qui concerne cette dernière opération.

Le but des *Tables de Divisions* est de remplir cette lacune.

Mais l'auteur doit déclarer, tout d'abord, que la division ne saurait s'obtenir directement au moyen de ces tables; il faut une multiplication, et le système inauguré par les Tables de divisions est *l'opération de la division par la multiplication.*

Il est presque oiseux de dire que des Tables de divisions présentant directement le quotient cherché sont pour ainsi dire impossibles, ou plutôt ne pourraient être qu'excessivement limitées, attendu que le jeu du système décimal, qui permet aux Tables de multiplication d'avoir une si grande portée, ferait à peu près défaut aux Tables de divisions donnant directement le quotient.

Les Tables de divisions créées par l'auteur comprennent les quotients de l'unité par la série des 100,000 premiers nombres, et, au moyen d'une table des différences dont l'emploi, très-simple, sera expliqué plus loin, la série des nombres diviseurs est en réalité portée à 10,000,000.

Les Tables sont divisées en deux séries : la première série comprend les diviseurs 1 à 10,000, la deuxième renferme les diviseurs 10,001 à 100,000, avec les différences successives entre les nombres à multiplier par le dividende.

Dans chaque page se trouvent les différences qui se rapportent aux nombres compris dans cette page.

On remarquera que, dans la deuxième série des Tables, le premier diviseur de chaque dizaine est seul imprimé intégralement; pour les autres on a imprimé seulement les trois derniers chiffres, les deux premiers chiffres du premier diviseur étant communs à tous les diviseurs de la dizaine.

Il en est de même en ce qui concerne les nombres à multiplier par le dividende pour lesquels le premier de la dizaine comprend sept chiffres et les autres quatre.

Il y a cependant une exception : c'est lorsqu'une modification se produit dans les trois premiers chiffres au cours d'une dizaine. Les trois nouveaux chiffres sont alors communs aux nombres qui suivent, jusqu'à la fin de la dizaine.

Règle pour faire la division au moyen des Tables.

Pour faire une division au moyen des Tables, *il faut y chercher le diviseur, relever le nombre qui se trouve en regard dudit diviseur, et multiplier le nombre ainsi relevé par le dividende.* Le produit de cette multiplication donne le quotient cherché.

En effet, comme le nombre relevé en regard du diviseur est le quotient de l'unité par ledit diviseur, le quotient que l'on cherche sera la répétition de ce nombre autant de fois et fractions de fois que l'unité est comprise dans le dividende.

La preuve par 9 donne l'assurance que l'opération est exacte.

Preuve par 9 de la multiplication.

Il n'est peut-être pas inutile de rappeler ici en quoi consiste la preuve par 9 de la multiplication.

Pour faire cette preuve, on cherche les restes de la division par 9 du multiplicande et du multiplicateur; le produit de ces restes, divisé par 9, doit laisser le même reste que le produit des deux nombres proposés.

Si cette vérification ne réussit pas, l'opération est inexacte, mais le contraire n'est pas toujours vrai, car la preuve par 9 peut paraître avoir réussi et couvrir une erreur en plus ou en moins, existant dans le produit de la multiplication, et qui serait un multiple de 9, puisque le résultat de la preuve doit être le même, quel que soit le nombre de fois que le nombre 9 se trouve compris tant dans les facteurs que dans le produit.

Il est bon, toutefois, d'ajouter que cette erreur se produit très-rarement dans la pratique, et que la preuve par 9 est un moyen rapide de vérification qu'il importe de ne pas négliger.

Exemple de la preuve par 9 : soit $2576 \times 647 = 1666672$. Au lieu de diviser par 9 le multiplicande, le multiplicateur et le produit, on s'appuie sur la proposition suivante : *Un nombre divisé par 9 donne le même reste que la somme de ses chiffres*, et l'on procède comme il suit.

On ajoute successivement l'un à l'autre les chiffres des facteurs et du produit *en éliminant la somme 9* toutes les fois qu'elle est atteinte.

Ainsi, pour le multiplicande 2576 on a : $2+5=7+7=14-9=5+6=11-9 =2$ (qui est le reste).

Pour le multiplicateur 647 on a : $6+4=10-9=1+7=8$ (qui est le reste).

Multipliant 2 par 8, on a 16, dont le reste, après division par 9, est 7.

Les chiffres du produit de la multiplication (1,666,672) donnent : $1+6=7+6=13-9=4+6=10-9=1+6=7+7=14-9=5+2=7$ (chiffre égal au reste de la division par 9 du produit des restes du multiplicande et du multiplicateur divisés eux-mêmes par 9).

Etendue et limite des Tables.

Le quotient obtenu est, à volonté, de 1, 2, 3, 4, 5 ou 6 chiffres exacts; le 7e est exact dans le plus grand nombre des cas, et il approche toujours de la vérité, à 1 ou 2 unités près. Mais on ne peut obtenir, avec les tables, un quotient de plus de 7 chiffres.

Ces résultats seront suffisants dans la plupart des cas, soit que le dividende contienne le diviseur, soit qu'il ne le contienne pas : car, dans le premier cas, il est rare qu'on ait à faire la division d'un nombre contenant plus de 99,999 fois le diviseur ; et, dans le second cas, c'est une fraction décimale, proportion ou centime le franc qu'il s'agit d'obtenir, et l'approximation est généralement bien suffisante lorsqu'on a 6 ou 7 chiffres après le zéro qui occupe la place de l'unité.

On se rendra compte du temps gagné au moyen des tables, en remarquant que l'opération est circonscrite à celle qui est nécessaire pour prouver la division faite par le procédé ordinaire.

En effet, on a généralement le soin, avant de faire usage d'un quotient, proportion ou centime le franc, d'en vérifier l'exactitude, pour ne pas s'exposer à faire ensuite une série de calculs erronés. Cette vérification a lieu au moyen de la multiplication du diviseur par le quotient. — Par les tables, on supprime la division proprement dite ; il ne reste à faire que l'opération qui en est la preuve, c'est-à-dire une multiplication qui se vérifie instantanément par la preuve par 9.

Que l'on rapproche maintenant ce procédé, soit des logarithmes, soit des tables de multiplication, et on constatera facilement combien est plus rapide le procédé des Tables de divisions qui donne immédiatement un quotient de 6 ou 7 chiffres par une *seule multiplication*.

Exemples de divisions.

La division présente deux cas différents : ou le diviseur est plus petit que le dividende, ou il est plus grand. Ce dernier cas se présente surtout lorsqu'on veut obtenir une proportion ou un centime le franc en vue d'une répartition, ou, ce qui revient au même, lorsqu'on veut déterminer le rapport d'un nombre plus petit avec un nombre plus grand.

On va donner ci-après un exemple de chacun de ces cas, en commençant par ceux où le diviseur se trouve directement dans les tables et où, par conséquent, il ne doit pas être fait usage des différences.

Cas où le diviseur se trouve directement dans les Tables. Dividende plus fort que le diviseur.

Soit à diviser 28435 par 253.

On cherche dans les tables le diviseur 253 ; on trouve en regard le nombre 3952569 que l'on multiplie par 28435 ; le produit est 112391299515, mais on en élimine les 5 derniers chiffres, les 7 premiers étant seuls exacts, il reste 1123912. Ce nombre représente le quotient cherché avec une fraction décimale de 4 chiffres, c'est-à-dire que le dividende 28435 contient 112 fois, plus 3912 dix millièmes de fois, le diviseur 253.

Si l'on ne veut pas de fraction décimale au quotient, on ne prend que la partie de ce quotient qui exprime combien de fois le diviseur est compris en entier dans le dividende.

Manière de reconnaître de combien de chiffres doit se composer la partie entière du quotient. — On procède comme il est indiqué dans la règle ci-après.

Règle. — *Il suffit de séparer par la pensée, à la gauche du dividende, autant de chiffres qu'il en faut pour former un nombre capable de contenir le diviseur : le nombre de chiffres qui reste à droite, augmenté de 1, représente le nombre de chiffres dont se composera le quotient.*

Ainsi le quotient, sans fraction décimale, de 28435 divisé par 253, se composera de 3 chiffres, puisque les trois premiers chiffres du dividende sont nécessaires pour former un nombre susceptible de contenir le diviseur, et qu'ils sont suivis de deux autres chiffres.

Le quotient de 18236 par 255, sans fraction décimale, se composera de deux chiffres seulement, parce que les quatre premiers chiffres du dividende sont nécessaires à la formation du nombre pouvant contenir le diviseur, et que cette première partie du dividende n'est suivie que d'un seul chiffre.

Manière de reconnaître combien il faut relever de chiffres dans les nombres à multiplier par le dividende, lorsqu'on veut un nombre limité de chiffres au quotient. — La règle qui précède permet de déterminer le nombre de chiffres à prendre dans celui qui doit être multiplié par le dividende pour avoir le quotient.

Il n'est pas nécessaire, en effet, de relever dans tous les cas les sept chiffres du nombre qui se trouve en regard du diviseur pour les multiplier par le dividende.

Règle. — *Il suffit de prendre à la gauche de ce nombre autant de chiffres plus un que doit en comprendre le quotient.*

Ainsi, pour un quotient de 2, 3, 4 ou 5 chiffres, dont le nombre aura été déterminé comme il a été dit ci-dessus, on limitera le nombre à multiplier par le dividende à 3, 4, 5 ou 6 chiffres ; c'est-à-dire que, pour chaque cas, le nombre de chiffres à multiplier par le dividende sera le même que le nombre de chiffres du quotient, augmenté de 1.

Par conséquent, dans l'exemple de division qui a été pris plus haut, en multipliant 3952 seulement (au lieu de 3952569) par 28435, on obtiendra pour quotient 112,375120 dont les quatre premiers chiffres sont les mêmes que dans le produit de 3952569 par 28435.

Il est utile qu'il y ait quatre chiffres exacts au quotient lorsqu'il n'en faut que trois (ou dans les autres cas un chiffre de plus que le nombre cherché), parce que la fraction exprimée par ce chiffre subséquent représente le reste de la division.

Ainsi, dans l'exemple ci-dessus, on voit de suite que le reste de la division de 28435 par 253 représente plus des 3 dixièmes et moins des 4 dixièmes du diviseur 253.

En obtenant deux chiffres exacts à la suite de la partie entière du quotient, on aura le reste de la division exprimé par *tant* de centièmes du diviseur.

Cas où le diviseur se trouve directement dans les Tables.
Dividende plus faible que le diviseur.

Soit à diviser 36 fr. 94 par 2547 fr.

L'opération est absolument la même que pour le cas précédent. On cherche dans les tables le diviseur 2547; on trouve en regard le nombre 3926187, que l'on multiplie par 36 fr. 94. Le produit 1450333 est le quotient cherché.

Mais il reste à assigner à chaque chiffre du quotient la place qui lui appartient.

Dans toutes les opérations nécessitées par l'emploi des Tables de divisions, on ne tient pas compte de la valeur des chiffres au point de vue du rang qu'ils occupent; on est toujours censé opérer sur des nombres entiers, sauf à rechercher ensuite la valeur respective des chiffres.

Il y a cependant une exception à cette règle en ce qui concerne le calcul des différences, comme on le verra plus tard.

Revenons à la recherche du rang que doit occuper chaque chiffre du quotient.

On a indiqué plus haut, pour le cas où le dividende est plus fort que le diviseur, le procédé à l'aide duquel on reconnaît de combien de chiffres doit se composer la partie entière du quotient.

Dans le cas d'un dividende plus faible que le diviseur, il n'y a pas plus de difficulté à reconnaître le rang que doit occuper chaque chiffre du quotient.

Règle. — Il suffit pour cela de diviser par la pensée le diviseur par 10, par 100, par 1000, etc., et de le comparer, après chacune de ces divisions, au dividende.

Ainsi, dans l'exemple de division pris ci-dessus, le diviseur 2547 fr. divisé par 10 donne 254 fr. 70, et, divisé par 100, il donne 25 fr. 47, soit une proportion de 10 centimes par franc dans le premier cas, et de 1 centime dans le second. Le dividende 36 fr. 94 étant compris entre 254 fr. 70 et 25 fr. 47, la proportion cherchée (ou quotient) devra être plus forte que 1 centime et plus faible que 10 centimes. Le nombre obtenu pour quotient étant 1450333, on saura que le premier chiffre (1) doit représenter les centimes; on aura par conséquent : 1 c., 450333.

Remarque importante.

Les Tables de divisions ont surtout été créées en vue d'avoir un procédé rapide pour obtenir des proportions ou centimes-le-franc.

Aussi est-ce dans la division d'un nombre plus faible par un nombre plus fort, c'est-à-dire dans le cas d'un quotient ayant une fraction décimale plus ou moins étendue, que les Tables de divisions permettent de réaliser une notable économie de temps sur tous les autres moyens employés pour faire la division.

Et si le diviseur est un nombre rond composé d'un chiffre effectif suivi de plusieurs zéros, avec quelle rapidité n'obtient-on pas le quotient ou centime-le-franc cherché !

Soit par exemple à répartir les sommes 200, 3000, 6000, sur celle de 22524. La simple multiplication par 2, par 3, par 6, du nombre relevé sur les tables en regard de 22524, va donner instantanément le quotient cherché.

Cas où le diviseur ne se trouve pas dans les Tables.
Explication du système des différences.

Soit que le dividende contienne le diviseur, soit qu'il ne le contienne pas, le quotient s'obtient toujours en multipliant par le dividende (plus fort ou plus faible que le diviseur), le nombre afférent à chaque diviseur, qui ne se trouve pas, dans ce cas, directement dans les tables, mais que l'on détermine en tenant compte de la différence des deux nombres consécutifs entre lesquels ledit nombre cherché est compris.

On va expliquer comment cette différence est utilisée, et, par conséquent, en quoi consiste le *système des différences*.

La série des nombres diviseurs étant limitée, dans les tables, à 100,000, on a cherché le moyen d'utiliser les tables au delà de cette limite, en établissant les différences qui existent entre les *nombres à multiplier par le dividende*.

On a divisé chacune de ces différences par 100, et on a dressé, pour chacune d'elles, un tarif présentant séparément la valeur de 1, 2, 3, 4, 5, 6, 7, 8, 9 et 10 centièmes de ces différences, puis la valeur de 20, 30, 40, 50, 60, 70, 80 et 90 centièmes de ces mêmes différences. On peut donc obtenir, *en centièmes*, une fraction quelconque de chaque différence.

On va faire comprendre par des exemples l'usage des différences.

Diviseur de 6 chiffres. — Soit à diviser un nombre quelconque par un diviseur plus fort que 100,000, mais n'ayant que 6 chiffres, par exemple 101898.

Ce nombre ne se trouvant pas dans la série des diviseurs compris dans les tables, on y cherche le nombre 10189, composé des 5 premiers chiffres du nombre 101898, et le nombre 10190, qui le suit immédiatement.

En regard des nombres 10189 et 10190, on trouve sur les tables les nombres 9814506 et 9813542 à multiplier par le dividende ; la différence de ces deux derniers nombres est de 964.

Maintenant, si l'on considère le nombre 101898 comme composé d'un nombre entier de 5 chiffres, suivi d'un chiffre décimal (8), ce qui fait 10189,8, ce nombre sera, par rapport à 10189, plus fort de 8 dixièmes, et, par rapport à 10190, plus faible de 2 dixièmes.

Il s'agit de trouver, pour le nombre diviseur 101898, le nombre à multiplier par le dividende qui lui corresponde ; on y arrivera en appliquant, à l'un ou à l'autre des *nombres à multiplier par le dividende* relatifs aux diviseurs 10189 et 10190, les différences correspondant à celles qui existent entre chacun desdits diviseurs 10189 et 10190, *d'une part*, et le diviseur 10189,8, *d'autre part*.

Le nombre à multiplier par le dividende qui se trouve en regard de 10189 (9814506), étant plus fort que celui qui se trouve en regard de 10190 (9813542), le nombre relatif à 101898 ou 10189,8 sera plus faible que 9814506 et plus fort que 9813542. On remarquera, en effet, que les nombres à multiplier par le dividende décroissent à mesure que les diviseurs deviennent plus forts : l'unité étant divisée progressivement par des nombres plus élevés, le quotient (ou nombre à multiplier par le dividende) devient évidemment de plus en plus faible.

On vient de voir que la différence totale qui existe entre les nombres 9814506 et 9813542 est de 964; dans la pratique on la constate d'un coup d'œil, sans qu'il soit besoin d'écrire l'opération sur le papier. Si, pour obtenir le nombre relatif au diviseur 101898, on opère sur le nombre 9814506, il faudra le diminuer des 8 dixièmes de la différence totale ci-dessus (964) ; si l'on opère sur le nombre 9813542, il faudra augmenter ce nombre des 2 dixièmes de la même différence.

Les différences étant calculées par centièmes dans les tables, on prendra dans le premier cas 80 centièmes, et dans le second 20 centièmes, ce qui est la même chose que 8 ou 2 dixièmes.

En cherchant la différence 964 dans les tables, on trouve 771 pour 8 dixièmes, et 193 pour 2 dixièmes.

En retranchant 771 de 9814506, on a 9813735, et en ajoutant 193 à 9813542, on a également 9813735.

Ce nombre (9813735) correspond au diviseur 101898, et doit être multiplié par le dividende.

Si donc on a, par exemple, à diviser 848 par 101898, on multiplie 9813735 par 848, ce qui donne 8322047, ou, en appliquant une des règles précédemment établies,

0 c. 8322047, parce que 1 centième de 101898 donnerait 1018 f. 98, et 1 millième du même nombre donnerait 101 f. 89; d'où il suit que, le nombre 848 se trouvant compris entre 1018,98 et 101,89, la proportion ou centime-le-franc est de moins d'un centime et de plus d'un millime, soit 0 c. 8 m. 322047.

La division de 848 par 101898, faite par le procédé ordinaire, donne également 0 c. 8322047 pour quotient.

Remarque. — La recherche du nombre à multiplier par le dividende au moyen de la soustraction de la différence qui existe avec le nombre précédent, d'une part, et au moyen de l'addition de la différence qui existe avec le nombre suivant, d'autre part, peut donner une différence d'une unité, ainsi qu'on le verra plus loin ; cette différence n'exerce qu'une influence sans importance sur le quotient qu'il s'agit d'obtenir.

Diviseur de 7 chiffres. — Supposons maintenant le cas où le diviseur aura 7 chiffres : 2289635, par exemple.

On cherche dans les tables les diviseurs 22896 et 22897, et l'on considère, comme dans l'exemple précédent, les chiffres 3 et 5, ou le nombre 35, comme fraction décimale dans le diviseur proposé.

On trouve en regard de 22896 le nombre 4367574, et en regard de 22897 le nombre 4367384 ; leur différence est de 190.

Le nombre diviseur 2289635 dépassant de 35 centièmes le nombre 22896, il faut retrancher du nombre 4367574 les 35 centièmes de la différence qui existe entre 4367574 et 4367384, en procédant par soustraction.

Si l'on veut procéder par addition au nombre 4367384, il faut ajouter à ce nombre les 65 centièmes de ladite différence 190, puisque le nombre diviseur 2289635 est plus faible que 22897 de 65 centièmes.

On cherche dans les tables la différence 190, dont les 30 centièmes sont de 57 et les 5 centièmes de 10, soit en tout 67 ; les 65 centièmes de 190 sont de 124.

On a, par suite, 4367574 — 67 = 4367507, ou bien 4367384 + 124 = 4367508. L'un ou l'autre de ces nombres correspond au diviseur 2289635, et doit être multiplié par le dividende.

Les opérations ci-dessus se font très-rapidement et sont loin d'exiger un temps aussi long que celui qui est nécessaire à la lecture de la démonstration qui précède.

Il va sans dire que le calcul des différences serait complétement inutile si l'on ne prenait pas, dans le nombre à multiplier par le dividende, les chiffres sur lesquels porte ce calcul.

Si, revenant au diviseur 2289635, on a, par exemple, à diviser 43346 par ledit diviseur, on multiplie 4367507 ou, ce qui revient au même, 4367508 par 43346. Le quotient obtenu est de 1c, 8931395 par la multiplication de 4367507 par 43346 ; il est de 1c, 8931400, en prenant 4367508 pour multiplicande. En forçant, dans le premier cas, le chiffre 9, parce qu'il est suivi d'un 5, on aura, en définitive, 1c, 893140 pour quotient, ce qui démontre que la différence d'une unité dans le nombre à multiplier par le dividende n'exerce qu'une influence sans importance sur le quotient cherché.

La division ordinaire de 43346 par 2289635 donne également 1c, 893140 pour quotient.

Cas où le diviseur a plus de 7 chiffres.

Si le diviseur a plus de 7 chiffres, les tables ne donnent pas le moyen de trouver un quotient ayant un nombre de chiffres exacts aussi étendu que pour les cas traités précédemment, car on est obligé d'opérer sur des nombres réduits, en s'appuyant sur cet axiome que : *Si l'on divise par le même nombre le dividende et le diviseur, et si l'on opère sur les deux quotients ainsi obtenus, pris comme dividende et comme diviseur, on obtient les mêmes résultats qu'en opérant sur les premiers nombres non réduits.*

Cet axiome est rigoureusement vrai lorsque le dividende et le diviseur sont exactement divisibles par le nombre que l'on prend pour diviseur commun ; mais, dans la plupart des cas, il y aura au dividende et au diviseur un reste qui influera sur le quotient cherché dans tel ou tel sens, suivant que les chiffres négligés seront plus ou moins forts dans l'un ou dans l'autre terme.

Soit, par exemple, 232467 à diviser par 72659896. En divisant le dividende et le diviseur par 10, on a 23246 à diviser par 7265989.

On cherche de la manière indiquée plus haut, le nombre se rapportant au diviseur 7265989 et qui doit être multiplié par le dividende 23246 : le quotient obtenu est 0c, 3199288. La division de 232467 par 72659896, faite par le procédé ordinaire, donne 0c, 3199385 pour quotient.

Ainsi, les 4 premiers chiffres seulement du quotient sont les mêmes dans les deux opérations ci-dessus.

On ne devra donc employer ce procédé que dans le cas où le diviseur sera beaucoup plus fort que le dividende ; lorsque, par exemple, le dividende ne représentera pas 1 centime par franc du diviseur, parce qu'alors les 4 chiffres effectifs exacts, obtenus après le zéro qui représente le centime, constituent une proportion généralement suffisante pour faire une répartition.

CONCLUSION.

Il résulte de l'exposé qui précède, que les Tables permettent de faire la division très-rapidement et très-exactement dans tous les cas où le diviseur n'a pas 7 chiffres, en obtenant toujours un quotient de 6 chiffres exacts au moins, et, la plupart du temps, un quotient de 7 chiffres; et que, lorsque le diviseur a plus de 7 chiffres, le nombre de chiffres exacts du quotient est limité à 4 ou 5.

Les personnes qui s'occupent habituellement de calculs auront bientôt reconnu tout le parti qu'elles peuvent tirer, dans la sphère de leurs attributions, de l'emploi des Tables de divisions, sans qu'il soit besoin d'appuyer les démonstrations contenues dans cette instruction par de nouveaux exemples.

Toutefois, l'auteur a été amené, par la nature de ses fonctions, à faire une exception pour les Contributions directes, et cette instruction est suivie de quelques exercices relatifs à ce service.

EXERCICES SUR L'EMPLOI DES TABLES DE DIVISIONS

CONCERNANT LES CONTRIBUTIONS DIRECTES

Exemples relatifs aux mutations cadastrales.

Soit à trouver le revenu cadastral, par hectare, are ou centiare, de parcelles rangées, pour des portions inégales, dans plusieurs classes, et figurant à la matrice cadastrale pour la contenance et le revenu ci-après :

No 1. —	70a 33c —	6 f 95	No 4. —	1h 92a 13c —	55 f 38
No 2. —	91a 22c —	10 f 43	No 5. —	19h 22a 77c —	512 f 26
No 3. —	3h 46a 55c —	23 f 37	No 6. —	192h 11a 77c —	5122 f 61

Pour les 4 premières parcelles, on cherche dans les tables (colonne du diviseur) les nombres qui expriment la contenance, sans tenir compte des points qui séparent les hectares, ares et centiares ; on trouve en regard les nombres qu'il faut multiplier par le revenu cadastral total de chaque parcelle (dividende) pour obtenir le tarif cherché ou revenu cadastral par hectare, are ou centiare.

No 1. —	En regard de	70a 33c	on a 1421868 $\times$	6 f 95 = 988498 ou	9 f 88 c 498 par hectare
No 2.	—	—	91a 22c	—	1096250 $\times$ 10 f 43 = 114339 ou 11 f 43 c 39 par hectare
No 3.	—	—	3h 46a 55c	—	2885586 $\times$ 23 f 37 = 674361 ou 6 f 74 c 361 par hectare
No 4.	—	—	1h 92a 13c	—	5204809 $\times$ 55 f 38 = 288242 ou 28 f 82 c 42 par hectare

Restent les deux dernières parcelles ; leur contenance ne se trouve pas dans la série des diviseurs. On relève dans les tables (colonne du diviseur) les nombres composés des 5 premiers chiffres de la contenance ; il est tenu compte de l'influence des chiffres négligés au moyen de la table des différences.

Pour les 5 premiers chiffres (19227) de la parcelle n° 5, on a, comme nombre à multiplier par le dividende, 5201049, et pour les 5 premiers chiffres (19211) de la parcelle n° 6, on a 5205351. On prend pour chacun des nombres 5201049 et 5205351 la différence avec celui qui le suit immédiatement sur les tables (5200749 et 5202080); cette différence est de 271 dans les deux cas.

On a négligé 7 pour la parcelle n° 5.

On cherche 271 dans la table des différences, et on trouve que pour 7 ou 0,70 (les chiffres négligés sont toujours considérés comme fraction décimale), la différence est 190 qu'il faut retrancher de 5201019; le reste de la soustraction est 5200829 qu'on doit multiplier par le revenu cadastral total (512 f. 26) ou dividende pour avoir le tarif par hectare, are ou centiare.

Le produit de cette multiplication donne 2664176 ou 26 f. 64 c. 176 par hectare.

On a négligé 77 pour la parcelle n° 6. On trouve que pour 77 (70 + 7) la différence est 209, et on achève l'opération comme pour la parcelle n° 5, c'est-à-dire qu'on a 5205351 — 209 = 5205142 à multiplier par 5122 f. 61, ou un produit de 266639 (26 f. 66 c. 39 par hectare).

On voudra bien remarquer que, dans toutes les opérations qui précèdent, l'unité qui a servi de point de départ aux calculs est le centiare, et que, par conséquent, ce qui a été dit plus haut touchant le nombre de chiffres (6 ou 7) que l'on obtient, au moyen des Tables de divisions, après le zéro qui tient la place de l'unité, n'est pas infirmé par le fait que, dans le tarif par hectare, les francs ne sont pas suivis de 6 ou 7 décimales, car, pour avoir le tarif du centiare, il faudrait reculer le chiffre qui représente l'unité de franc de 4 rangs vers la gauche.

Maintenant, si l'on considère que, pour les parcelles ayant moins de 10 hectares, un quotient de 4 chiffres effectifs suffit pour donner le revenu cadastral d'une manière très-exacte, et si l'on remarque que le nombre de chiffres à multiplier par le dividende doit être supérieur de 1 au nombre de chiffres que l'on désire avoir au quotient, il suffira presque toujours de relever dans les tables, en regard du diviseur, les 5 premiers chiffres du nombre à multiplier par le dividende, ce qui abrégera sensiblement l'opération.

Ainsi pour les 4 premières parcelles indiquées ci-dessus on aura :

$$\text{N}^\circ\ 1. — 14218 \times 6^f 95 = 9882$$
$$\text{N}^\circ\ 2. — 10962 \times 10^f 43 = 1143.$$
$$\text{N}^\circ\ 3. — 28855 \times 23^f 37 = 6743.$$
$$\text{N}^\circ\ 4. — 52048 \times 55^f 38 = 2882.$$

Enfin, on voudra bien remarquer aussi qu'il sera très-rare qu'on ait à opérer sur des parcelles ayant une contenance assez forte pour nécessiter l'emploi de la table des différences, c'est-à-dire ayant 100 hectares et au-dessus; d'où il résulte que, sauf de très-rares exceptions, on trouvera directement dans les tables le nombre à multiplier par le revenu cadastral total pour avoir le tarif par hectare, are ou centiare.

Le calcul du revenu des parcelles divisées ou la vérification de ce calcul est ordinairement réservé par l'agent qui opère pour le moment où il sera débarrassé de l'affluence nombreuse occasionnée par le travail des mutations ; mais il a soin, en faisant tout d'abord le collationnement des parcelles, de mentionner sur les feuilles de mutations la contenance totale et le revenu total des parcelles divisées.

En portant également sur ces feuilles, pour les parcelles divisées qui sont rangées dans plusieurs classes, le nombre relevé sur les Tables de divisions en regard de la contenance totale et qui doit être multiplié par le revenu cadastral total, l'agent aura tous les éléments pour déterminer d'une manière rapide le tarif de chacune des parcelles dont il vient d'être parlé.

L'exposé qui précède établit, sans aucun doute, l'utilité des Tables de divisions pour le travail relatif aux mutations foncières, et MM. les Inspecteurs, Contrôleurs et Percepteurs des Contributions directes ainsi que les aides de ces derniers apprécieront certainement l'efficacité du secours qu'ils trouveront dans l'usage de ces tables, soit pour établir, soit pour vérifier le revenu cadastral des parcelles divisées.

Exemples relatifs à la répartition des impositions communales extraordinaires.

Soit une commune dont le principal, pour les 4 contributions directes, s'élève à 3465 f. 50 (foncière — 2343 f. », personnelle mobilière — 554 f.; » portes et fenêtres — 368 f. », patentes — 200 f. 50), et ayant à supporter les impositions extraordinaires ci-après votées ou autorisées en sommes fixes :

1º Insuffisance de revenu. . . . — 125 f 83
2º Dépenses facultatives. . . . — 84 76
3º Remboursement d'emprunt. : — 600 »
4º Traitement du garde champêtre. — 300 »
5º Travaux de vicinalité. . . . — 100 »

L'opération à faire pour obtenir le centime-le-franc nécessaire à la répartition de ces sommes entre les 4 Contributions directes au prorata du principal de chacune d'elles, consiste à diviser le montant de chaque imposition par le principal total (3465 f. 50).

On trouve dans les tables, en regard du diviseur 34655, le nombre 2885586.

Pour avoir le quotient de 125 f. 83 par 34655, on multiplie 2885586 par 125 f. 83, ce qui donne un centime-le-franc de 3 c. 63093.

Le quotient de 84 f. 76 par 34655 s'obtient par la multiplication de 2885586 par 84 f. 76 ; on a 2 c. 44582.

Suivent les deux multiplications qui ont servi à déterminer les centimes-le-franc relatifs aux deux premières impositions :

```
  2885586              2885586
  12383                8476
  8656758 ×            17313516 ×
  23084688             20199102
  14427930             11542344
  5771172              23084688
  2885586   ×          24458226936
  36309328638
```

Quant aux centimes-le-franc concernant les trois dernières impositions, on les trouve dans les deux multiplications ci-dessus où ils sont marqués d'une croix.

Pour 600 f le centime-le-franc est de 17 c 3435
Pour 300 f . . . . de 8 c 6568
Pour 100 f . . . . de 2 c 8856

Ainsi l'emploi des Tables de divisions a permis de faire *cinq* divisions au moyen de *deux* multiplications.

Il est évident que cette circonstance ne se présente pas pour toutes les communes, et qu'on aurait pu avoir cinq multiplications à faire au lieu de deux ; mais l'expérience a déjà prouvé à l'auteur que le cas qui fait l'objet de l'exemple ci-dessus ne manque pas de se produire assez fréquemment.

Le diviseur 3465 f. 50 (principal total) qui figure dans les exemples ci-dessus se trouve directement dans les Tables de divisions, parce qu'il n'y a pas lieu de tenir compte du dernier chiffre qui est un zéro ; mais ce diviseur aurait pu être de 3465 f. 56, par exemple, ou même avoir 7 chiffres.

Il va sans dire que, dans ce cas, on aurait déterminé les derniers chiffres du nombre à multiplier par les diverses impositions extraordinaires au moyen des différences, et que le surplus des calculs aurait été exécuté de la manière indiquée ci-dessus.

Exemples relatifs à la recherche, par les taxateurs, des centimes-le-franc en principal et en principal et cent. additionnels des 3 impôts de répartition.

Il n'existe pas de disposition réglementaire qui ait fixé le nombre de décimales à donner aux centimes-le-franc.

Toutefois, une note sur le service de l'Inspection générale des finances (Bulletin Dupont, ive volume de la 2e partie, page 567) porte que : « l'approximation est suffi-
« sante, lorsque le nombre des chiffres exprimant les fractions de centime dans le
« centime-le-franc est égal au nombre des chiffres dont se compose le revenu ou la
« valeur locative, abstraction faite des centimes. »

Il convient d'ajouter que dans la pratique, sauf quelques cas tout à fait exception-
nels, quatre chiffres suffisent pour les centimes-le-franc en principal.

Les Tables de divisions donnent le moyen de trouver les divers centimes-le-franc en se conformant aux indications ci-dessus, sauf dans des cas très-rares où le revenu cadastral et la valeur locative ont une partie entière de plus de 5 chiffres.

Ainsi, dans le département de la Vienne, 4 communes seulement ont un revenu cadastral total qui atteint ou dépasse 100,000 francs.

Soit donc à rechercher, pour la commune A, les divers centimes-le-franc d'après les bases indiquées ci-après :

1° *Contribution foncière* :

Principal. . . . . 1916 f.
Montant total de la contribution. . . . 3713 64
Revenu cadastral total. 17779 45

Pour obtenir le centime-le-franc en principal, on cherche dans les tables les diviseurs 17779 et 17780, on relève la différence qui existe entre les nombres qui se trouvent en regard de ces diviseurs, laquelle différence est de 316, on retranche les 45 centièmes de cette différence du nombre afférent au diviseur 17779, et on a ainsi le nombre 5624470 qu'il faut multiplier par le principal, soit 5624470 × 1916 = 10 c. 77648.

Pour obtenir le centime-le-franc ordinaire ou centime-le-franc en principal et centimes additionnels, on multiplie le même nombre 5624470 par le montant de la contribution, soit 5624470 × 3713 fr. 64 = 20 c. 88726.

2° *Contribution personnelle-mobilière* :

Principal. . . . . 455 f.
Montant de la contribution. 962 05
Montant des loyers d'habitation. 1594
Produit des cotes personnelles. 252

On commence par faire la différence entre le principal et le produit des cotes personnelles, ainsi que la différence entre le montant de la contribution et ledit produit des cotes personnelles. On a :

Principal (moins les cotes personnelles). . . . . = 203 f.
Montant de la contribution (moins les cotes personnelles). = 710 05

On cherche dans les tables le diviseur 1594; on trouve en regard le nombre 6273525 que l'on multiplie par 203 fr. pour avoir le centime-le-franc en principal, soit 6273525 × 203 = 12 c. 73525, et par 710 fr. 05 pour avoir le centime-le-franc ordinaire, soit 6273525 × 710 fr. 05 = 44 c. 54516.

3° *Contribution des portes et fenêtres* :

Principal. . . . . 273 f.
Montant de la contribution. 507 77
Produit résultant de l'application du tarif de la loi aux diverses catégories
de maisons et d'ouvertures. 346 30

Le diviseur étant, pour les portes et fenêtres, le produit résultant de l'application du tarif de la loi aux diverses catégories de maisons et d'ouvertures, on cherche dans les tables le diviseur 346 fr. 30, c'est-à-dire 3463 ; on trouve en regard le nombre 2887669 que l'on multiplie successivement par 273 fr. » et par 507 fr. 77.

Le produit de la première multiplication (2887669 × 273 = 78 c. 83336) donne le centime-le-franc en principal.

Le produit de la deuxième (2887669 × 507.77 = 1 fr. 46 c. 6272) donne le centime-le-franc ordinaire par lequel doit être multiplié successivement le tarif légal de toutes les catégories de maisons ou d'ouvertures afin d'avoir, pour chacune d'elles, le tarif suivant le contingent.

On ne croit pas nécessaire de produire d'autres exemples, car ils seraient, en tous points, la répétition de ceux qui ont été donnés ci-dessus, mais avec des chiffres différents.

On se bornera à une remarque essentielle. Les multiplications nécessitées par l'emploi des Tables de divisions sont vérifiées au moyen de la preuve par 9 ; mais si l'on a pris un multiplicande erroné, on n'obtiendra pas le centime-le-franc que l'on cherche.

On découvrira l'erreur en faisant l'application du centime-le-franc ordinaire au total des bases de cotisation de la contribution sur laquelle on opère ; mais alors on devra se rappeler que le centime-le-franc en principal a été calculé avec le même multiplicande que le centime-le-franc ordinaire, que par suite il est erroné comme ce dernier, et qu'il doit être rectifié sans retard.

En un mot, lorsqu'on est certain d'avoir multiplié le nombre relevé dans les tables tant par le principal que par le montant de la contribution, l'exactitude du centime-le-franc ordinaire prouve celle du centime-le-franc en principal, sans préjudice de la preuve par 9 pour s'assurer que la multiplication a été faite sans erreur.

Exemples relatifs à la recherche du nombre de centimes additionnels au principal de la contribution des patentes.

En principe, pour trouver le nombre de ces centimes, il faut en diviser le montant par le principal auquel ils s'appliquent.

On détermine le montant des centimes additionnels en retranchant du total de la contribution (non compris les frais d'avertissement) donné par la feuille de tête du rôle, la somme qui exprime le principal.

L'emploi des tables dans cette circonstance consistera à chercher dans les diviseurs le principal de chaque commune, et à multiplier le nombre qui se trouve en regard par le montant des centimes additionnels.

Le produit de cette multiplication exprimera le nombre cherché des centimes additionnels au principal des patentes.

Mais la loi du 16 juillet 1872 a inauguré, en ce qui concerne les patentes, une exception à la règle d'après laquelle l'intégralité du principal de toutes les contributions supportait tous les centimes additionnels indistinctement.

Cette loi, qui a voté 60 centimes additionnels au principal des patentes, en a exempté diverses catégories de patentés; d'où il suit qu'il faut distinguer le principal en deux parties : celle qui supporte les 60 centimes et celle qui ne les supporte pas.

Cette exception a été maintenue par la loi du 24 juillet 1873; mais les 60 centimes ont été réduits à 43 pour 1874.

Il suit de là qu'on a deux proportions de centimes additionnels à chercher : celle ne comprenant pas les 60 ou les 43 centimes, et celle qui les comprend.

Pour obtenir la première, il faut retrancher du total de la contribution le produit des 60 ou des 43 centimes qui est indiqué sur la feuille de tête du rôle, faire la différence entre le reste qui résulte de cette opération et le principal total, et diviser cette différence par dedit principal.

La deuxième proportion s'obtient en ajoutant à la première 60 ou 43 centimes.

Le diviseur à chercher dans les tables sera toujours le principal de chaque commune; mais le nombre relevé en regard sera multiplié, non par le total des centimes additionnels, mais seulement par la somme de ces centimes diminuée du produit des 60 ou des 43 centimes.

Le tableau ci-après est destiné à faire comprendre l'exposé qui précède.

COMMUNES	PRINCIPAL	CENTIMES ADDITIONNELS			Total de la CONTRIBUTION (principal et centimes additionnels)	Nombre relevé dans les tables à multiplier par les sommes de la col. 5	NOMBRE de centimes additionnels (moins les 60 c.)	NOMBRE de centimes additionnels (y compris les 40 centimes).
		TOTAL	PRODUIT des 60 c.	Reste				
1	2	3	4	5	6	7	8	9
A	759 63	1161 47	454 58	712 89	1924 10	1316430	93c. 8470	1c. 53 f. 8470
B	129 40	148 59	71 46	77 13	277 69	7745933	59 7444	1 19 7444
C	239 67	368 54	143 81	224 73	608 21	4172403	93 7664	1 53 7664
D	1365 20	2271 13	930 12	1341 01	3836 33	6388960	85 6766	1 45 6766
E	6579 78	9476 47	3796 66	5679 81	16056 25	1549807	86 3224	1 46 3224
F	11825 21	17645 34	6950 82	10694 52	29470 55	8456540	90 4383	1 50 4383
G	47623 30	70997 03	27691 »	43306 03	118620 33	2099812	90 9345	1 50 9345

Recherche de la proportion exprimant la part de l'État dans les quatre contributions directes.

Cette proportion, qui ne doit se composer que de deux chiffres, s'obtient de la manière suivante :

Après avoir relevé, sur les feuilles de tête des rôles, le montant de la part de l'État dans chaque contribution, en ayant soin, pour la contribution personnelle-mobilière, de déduire de cette part le produit des cotes personnelles, et, pour la contribution des patentes, de tenir compte des 8 centimes attribués aux communes sur le principal, on divise chaque part par le total de la contribution en ce qui concerne le foncier, les portes et fenêtres et les patentes, et, pour la personnelle-mobilière, par le total de la contribution diminué du montant des cotes personnelles.

Si l'on veut faire usage des tables, on cherchera dans les diviseurs le total de chacune des contributions foncière, des portes et fenêtres et des patentes ainsi que le reste de la contribution personnelle-mobilière, après déduction du montant des cotes personnelles ; on relèvera les nombres qui se trouvent en regard, et on les multipliera, pour chaque contribution, par la part de l'État.

Pour abréger l'opération, il suffira de relever les 4 premiers chiffres de ces nombres (ce qui dispensera de faire usage des différences), et de les multiplier par les 4 premiers chiffres seulement de chaque part. On aura soin de forcer le 2e chiffre du produit, s'il est suivi d'un 5 ou d'un chiffre plus élevé. La proportion ainsi obtenue sera rigoureusement exacte.

EXEMPLES :

Nos D'ORDRE	TOTAL DE LA CONTRIBUTION.	MONTANT DE LA PART DE L'ÉTAT.		NOMBRE RELEVÉ DANS LES TABLES	PROPORTION EXPRIMANT LA PART DE L'ÉTAT
1	2	3		4	5
1	18303 fr. 75	10246 fr.		5463360	56
2	5388 76	2615	69	1855713	49
3	4224 44	2148		2367345	54
4	484 68	289	50	2063246	60

Les proportions qui figurent dans la colonne 5 ont été obtenues au moyen de la division de la part de l'État par le total de la contribution ; elles ont été vérifiées et sont très-exactes.

En appliquant le procédé indiqué plus haut, on a :

No 1. 5463 × 1024 = 5594 ou 56   No 3. 2367 × 2148 = 5084 ou 54
No 2. 1855 × 2615 = 4850 ou 49   No 4. 2063 × 2895 = 5972 ou 60

c'est-à-dire, les mêmes proportions que celles mentionnées dans la colonne 5 du tableau qui précède.

Recherche ou vérification par la Direction des Contributions directes des centimes-le-franc en principal.

1° *Contributions foncière et personnelle-mobilière.*

Le procédé le plus rapide consiste à porter au crayon, sur la 2ᵉ partie de l'état du montant des rôles, au-dessous du revenu imposable et du montant des loyers d'habitation, les nombres relevés sur les tables en regard du chiffre de ce revenu et de ces loyers d'habitation pris comme diviseurs.

Il ne restera plus qu'à multiplier successivement ces nombres au crayon par le principal de la contribution foncière et par celui de la contribution personnelle-mobilière diminué des cotes personnelles, soit pour obtenir, soit pour vérifier les centimes-le-franc en principal des deux contributions ci-dessus.

2° *Contribution des portes et fenêtres.*

On pourrait ouvrir, sur l'état des centimes-le-franc en principal, une colonne destinée à recevoir, pour chaque commune, le produit résultant de l'application du tarif de la loi aux diverses catégories de maisons ou d'ouvertures.

Le centime-le-franc en principal s'obtenant au moyen de la division du principal de la contribution par le produit résultant de l'application du tarif de la loi, on porterait au-dessous de ce produit, ou dans une colonne créée spécialement pour cet objet, le nombre y afférent relevé dans les tables de divisions.

Il ne resterait plus qu'à multiplier successivement le nombre relevé dans les tables par la contribution en principal de chaque commune.

On borne là les exercices relatifs aux contributions directes. Ils auront suffi pour faire comprendre le jeu des Tables de divisions, et pour permettre d'en étendre, par analogie, l'emploi à d'autres parties du service, dans tous les cas où il y aura avantage à le faire.

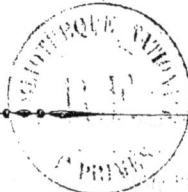

TABLES DE DIVISIONS

1re SÉRIE

1 à 10,000

DIVISEURS : 1 à 240.

DIVISEUR	Nombre à multiplier par le dividende	DIVISEUR	Nombre à multiplier par le dividende	DIVISEUR	Nombre à multiplier par le dividende	DIVISEUR	Nombre à multiplier par le dividende	DIVISEUR	Nombre à multiplier par le dividende	DIVISEUR	Nombre à multiplier par le dividende
1	100 0000	41	243 9024	81	123 4567	121	826 4462	161	621 1180	201	497 5124
2	500 0000	42	238 0952	82	121 9512	122	819 6721	162	617 2839	202	495 0495
3	333 3333	43	232 5581	83	120 4819	123	813 0081	163	613 4969	203	492 6105
4	250 0000	44	227 2727	84	119 0476	124	806 4516	164	609 7560	204	490 1960
5	200 0000	45	222 2222	85	117 6470	125	800 0000	165	606 0606	205	487 8048
6	166 6666	46	217 3913	86	116 2790	126	793 6507	166	602 4096	206	485 4368
7	142 8571	47	212 7659	87	114 9425	127	787 4015	167	598 8023	207	483 0917
8	125 0000	48	208 3333	88	113 6363	128	781 2500	168	595 2380	208	480 7692
9	111 1111	49	204 0846	89	112 3595	129	775 1937	169	591 7159	209	478 4688
10	100 0000	50	200 0000	90	111 1111	130	769 2307	170	588 2352	210	476 1904
11	909 0309	51	196 0784	91	109 8901	131	763 3587	171	584 7953	211	473 9336
12	833 3333	52	192 3076	92	108 6956	132	757 5757	172	581 3953	212	471 6981
13	769 2307	53	188 6792	93	107 5268	133	751 8796	173	578 0346	213	469 4835
14	714 2857	54	185 1851	94	106 3829	134	746 2686	174	574 7126	214	467 2897
15	666 6666	55	181 8181	95	105 2631	135	740 7407	175	571 4285	215	465 1162
16	625 0000	56	178 5714	96	104 1666	136	735 2941	176	568 1818	216	462 9629
17	588 2352	57	175 4385	97	103 0927	137	729 9270	177	564 9717	217	460 8294
18	555 5555	58	172 4137	98	102 0408	138	724 6376	178	561 7977	218	458 7155
19	526 3157	59	169 4915	99	101 0101	139	719 4244	179	558 6592	219	456 6210
20	500 0000	60	166 6666	100	100 0000	140	714 2857	180	555 5555	220	454 5454
21	476 1904	61	163 9344	101	990 0990	141	709 2198	181	552 4861	221	452 4886
22	454 5454	62	161 2903	102	980 3921	142	704 2253	182	549 4505	222	450 4504
23	434 7826	63	158 7301	103	970 8737	143	699 3006	183	546 4480	223	448 4304
24	416 6666	64	156 2500	104	961 5384	144	694 4444	184	543 4782	224	446 4285
25	400 0000	65	153 8461	105	952 3809	145	689 6551	185	540 5405	225	444 4444
26	384 6153	66	151 5151	106	943 3962	146	684 9315	186	537 6344	226	442 4778
27	370 3703	67	149 2537	107	934 5794	147	680 2724	187	534 7593	227	440 5286
28	357 1678	68	147 0588	108	925 9259	148	675 6756	188	531 9148	228	438 5964
29	344 8275	69	144 9275	109	917 4311	149	671 1409	189	529 1005	229	436 6812
30	333 3333	70	142 8571	110	909 0909	150	666 6666	190	526 3157	230	434 7826
31	322 5806	71	140 8450	111	900 9009	151	662 2516	191	523 5602	231	432 9004
32	312 5000	72	138 8888	112	892 8571	152	657 8947	192	520 8333	232	431 0344
33	303 0303	73	136 9863	113	884 9557	153	653 5947	193	518 1347	233	429 1845
34	294 1176	74	135 1351	114	877 1929	154	649 3506	194	515 4639	234	427 3504
35	285 7142	75	133 3333	115	869 5652	155	645 1612	195	512 8205	235	425 5319
36	277 7777	76	131 5789	116	862 0689	156	641 0256	196	510 2040	236	423 7288
37	270 2702	77	129 8701	117	854 7008	157	636 9426	197	507 6142	237	421 9409
38	263 1578	78	128 2051	118	847 4576	158	632 9113	198	505 0505	238	420 1680
39	256 4102	79	126 5822	119	840 3361	159	628 9308	199	502 5125	239	418 4100
40	250 0000	80	125 0000	120	833 3333	160	625 0000	200	500 0000	240	416 6666

DIVISEURS : **241 A 540.**

DIVISEUR	Nombre à multiplier par le dividende	DIVISEUR	Nombre à multiplier par le dividende	DIVISEUR	Nombre à multiplier par le dividende	DIVISEUR	Nombre à multiplier par le dividende	DIVISEUR	Nombre à multiplier par le dividende	DIVISEUR	Nombre à multiplier par le dividende
241	414 9377	291	343 6426	341	293 2551	391	255 7544	441	226 7573	491	203 6659
242	413 2231	292	342 4657	342	292 3976	392	255 1020	442	226 2442	492	203 2520
243	411 5226	293	341 2969	343	291 5451	393	254 4529	443	225 7336	493	202 8397
244	409 8360	294	340 1360	344	290 6976	394	253 8071	444	225 2252	494	202 4291
245	408 1632	295	338 9830	345	289 8550	395	253 1645	445	224 7191	495	202 0202
246	406 5040	296	337 8378	346	289 0173	396	252 5252	446	224 2152	496	201 6129
247	404 8582	297	336 7003	347	288 1844	397	251 8891	447	223 7136	497	201 2072
248	403 2258	298	335 5704	348	287 3563	398	251 2562	448	223 2142	498	200 8032
249	401 6064	299	334 4481	349	286 5329	399	250 6265	449	222 7171	499	200 4008
250	400 0000	300	333 3333	350	285 7142	400	250 0000	450	222 2222	500	200 0000
251	398 4063	301	332 2259	351	284 9002	401	249 3765	451	221 7294	501	199 6007
252	396 8253	302	331 1258	352	284 0909	402	248 7562	452	221 2389	502	199 2031
253	395 2569	303	330 0330	353	283 2861	403	248 1389	453	220 7505	503	198 8071
254	393 7007	304	328 9473	354	282 4858	404	247 5247	454	220 2643	504	198 4126
255	392 1568	305	327 8688	355	281 6901	405	246 9135	455	219 7802	505	198 0198
256	390 6250	306	326 7973	356	280 8988	406	246 3054	456	219 2982	506	197 6284
257	389 1050	307	325 7328	357	280 1120	407	245 7002	457	218 8183	507	197 2386
258	387 5968	308	324 6753	358	279 3296	408	245 0980	458	218 3406	508	196 8503
259	386 1003	309	323 6245	359	278 5515	409	244 4987	459	217 8649	509	196 4636
260	384 6153	310	322 5806	360	277 7777	410	243 9024	460	217 3913	510	196 0784
261	383 1417	311	321 5434	361	277 0083	411	243 3090	461	216 9497	511	195 6947
262	381 6793	312	320 5128	362	276 2430	412	242 7184	462	216 4502	512	195 3125
263	380 2281	313	319 4888	363	275 4820	413	242 1307	463	215 9827	513	194 9317
264	378 7878	314	318 4713	364	274 7252	414	241 5458	464	215 5172	514	194 5525
265	377 3584	315	317 4603	365	273 9726	415	240 9638	465	215 0537	515	194 1747
266	375 9398	316	316 4556	366	273 2240	416	240 3846	466	214 5922	516	193 7984
267	374 5318	317	315 4574	367	272 4795	417	239 8081	467	214 1327	517	193 4235
268	373 1343	318	314 4654	368	271 7391	418	239 2344	468	213 6752	518	193 0501
269	371 7472	319	313 4796	369	271 0027	419	238 6634	469	213 2196	519	192 6782
270	370 3703	320	312 5000	370	270 2702	420	238 0952	470	212 7659	520	192 3076
271	369 0036	321	311 5264	371	269 5417	421	237 5296	471	212 3142	521	191 9385
272	367 6470	322	310 5590	372	268 8172	422	236 9668	472	211 8644	522	191 5708
273	366 3003	323	309 5975	373	268 0965	423	236 4066	473	211 4164	523	191 2045
274	364 9635	324	308 6419	374	267 3796	424	235 8490	474	210 9704	524	190 8396
275	363 6363	325	307 6923	375	266 6666	425	235 2941	475	210 5263	525	190 4761
276	362 3188	326	306 7484	376	265 9574	426	234 7417	476	210 0840	526	190 1140
277	361 0108	327	305 8103	377	265 2519	427	234 1920	477	209 6436	527	189 7533
278	359 7122	328	304 8780	378	264 5502	428	233 6448	478	209 2050	528	189 3939
279	358 4229	329	303 9513	379	263 8522	429	233 1002	479	208 7682	529	189 0359
280	357 1428	330	303 0303	380	263 1578	430	232 5581	480	208 3333	530	188 6792
281	355 8718	331	302 1148	381	262 4671	431	232 0185	481	207 9002	531	188 3239
282	354 6099	332	301 2048	382	261 7801	432	231 4814	482	207 4688	532	187 9699
283	353 3568	333	300 3003	383	261 0966	433	230 9468	483	207 0393	533	187 6172
284	352 1126	334	299 4011	384	260 4166	434	230 4147	484	206 6115	534	187 2659
285	350 8771	335	298 5074	385	259 7402	435	229 8850	485	206 1855	535	186 9158
286	349 6503	336	297 6190	386	259 0673	436	229 3577	486	205 7613	536	186 5671
287	348 4320	337	296 7359	387	258 3979	437	228 8329	487	205 3388	537	186 2197
288	347 2222	338	295 8579	388	257 7319	438	228 3105	488	204 9180	538	185 8736
289	346 0207	339	294 9852	389	257 0694	439	227 7904	489	204 4989	539	185 5287
290	344 8275	340	294 1176	390	256 4102	440	227 2727	490	204 0816	540	185 1851

DIVISEURS : 541 À 840.

DIVISEUR	Nombre à multiplier par le dividende	DIVISEUR	Nombre à multiplier par le dividende	DIVISEUR	Nombre à multiplier par le dividende	DIVISEUR	Nombre à multiplier par le dividende	DIVISEUR	Nombre à multiplier par le dividende	DIVISEUR	Nombre à multiplier par le dividende
541	184 8428	591	169 2047	641	156 0062	691	144 7178	741	134 9527	791	126 4222
542	184 5018	592	168 9189	642	155 7632	692	144 5086	742	134 7708	792	126 2626
543	184 1620	593	168 6340	643	155 5209	693	144 3001	743	134 5895	793	126 1034
544	183 8235	594	168 3501	644	155 2795	694	144 0922	744	134 4086	794	125 9445
545	183 4862	595	168 0672	645	155 0387	695	143 8848	745	134 2281	795	125 7861
546	183 1501	596	167 7852	646	154 7987	696	143 6781	746	134 0482	796	125 6281
547	182 8153	597	167 5041	647	154 5595	697	143 4720	747	133 8688	797	125 4705
548	182 4817	598	167 2240	648	154 3209	698	143 2664	748	133 6898	798	125 3132
549	182 1493	599	166 9449	649	154 0832	699	143 0615	749	133 5113	799	125 1564
550	181 8181	600	166 6666	650	153 8461	700	142 8571	750	133 3333	800	125 0000
551	181 4882	601	166 3893	651	153 6098	701	142 6533	751	133 1557	801	124 8439
552	181 1594	602	166 1129	652	153 3742	702	142 4501	752	132 9787	802	124 6882
553	180 8318	603	165 8374	653	153 1393	703	142 2475	753	132 8021	803	124 5330
554	180 5054	604	165 5629	654	152 9051	704	142 0454	754	132 6259	804	124 3784
555	180 1801	605	165 2892	655	152 6717	705	141 8439	755	132 4503	805	124 2236
556	179 8561	606	165 0165	656	152 4390	706	141 6430	756	132 2751	806	124 0694
557	179 5332	607	164 7446	657	152 2070	707	141 4427	757	132 1003	807	123 9157
558	179 2114	608	164 4736	658	151 9756	708	141 2429	758	131 9261	808	123 7623
559	178 8908	609	164 2036	659	151 7450	709	141 0437	759	131 7523	809	123 6093
560	178 5714	610	163 9344	660	151 5151	710	140 8450	760	131 5789	810	123 4567
561	178 2531	611	163 6661	661	151 2859	711	140 6469	761	131 4060	811	123 3045
562	177 9359	612	163 3986	662	151 0574	712	140 4494	762	131 2335	812	123 1527
563	177 6198	613	163 1321	663	150 8295	713	140 2524	763	131 0615	813	123 0012
564	177 3049	614	162 8664	664	150 6024	714	140 0560	764	130 8900	814	122 8504
565	176 9911	615	162 6016	665	150 3759	715	139 8601	765	130 7189	815	122 6993
566	176 6784	616	162 3376	666	150 1501	716	139 6648	766	130 5483	816	122 5490
567	176 3668	617	162 0745	667	149 9250	717	139 4700	767	130 3780	817	122 3990
568	176 0563	618	161 8122	668	149 7005	718	139 2757	768	130 2083	818	122 2493
569	175 7469	619	161 5508	669	149 4768	719	139 0820	769	130 0390	819	122 1001
570	175 4385	620	161 2903	670	149 2537	720	138 8888	770	129 8701	820	121 9512
571	175 1313	621	161 0305	671	149 0312	721	138 6962	771	129 7016	821	121 8026
572	174 8251	622	160 7747	672	148 8095	722	138 5041	772	129 5336	822	121 6545
573	174 5200	623	160 5136	673	148 5884	723	138 3125	773	129 3661	823	121 5066
574	174 2160	624	160 2564	674	148 3679	724	138 1215	774	129 1989	824	121 3592
575	173 9130	625	160 0000	675	148 1481	725	137 9310	775	129 0322	825	121 2124
576	173 6111	626	159 7444	676	147 9289	726	137 7440	776	128 8659	826	120 0653
577	173 3102	627	159 4896	677	147 7104	727	137 5515	777	128 7001	827	120 9189
578	173 0103	628	159 2356	678	147 4926	728	137 3626	778	128 5347	828	120 7729
579	172 7115	629	158 9825	679	147 2754	729	137 1742	779	128 3697	829	120 6272
580	172 4137	630	158 7301	680	147 0588	730	136 9863	780	128 2051	830	120 4819
581	172 1170	631	158 4786	681	146 8428	731	136 7989	781	128 0409	831	120 3369
582	171 8213	632	158 2278	682	146 6275	732	136 6120	782	127 8772	832	120 1923
583	171 5265	633	157 9778	683	146 4128	733	136 4256	783	127 7139	833	120 0480
584	171 2328	634	157 7285	684	146 1988	734	136 2397	784	127 5510	834	119 9040
585	170 9401	635	157 4803	685	145 9854	735	136 0544	785	127 3885	835	119 7604
586	170 6484	636	157 2327	686	145 7725	736	135 8695	786	127 2264	836	119 6172
587	170 3577	637	156 9858	687	145 5604	737	135 6852	787	127 0648	837	119 4743
588	170 0680	638	156 7398	688	145 3488	738	135 5013	788	126 9035	838	119 3317
589	169 7792	639	156 4945	689	145 1378	739	135 3179	789	126 7427	839	119 1895
590	169 4915	640	156 2500	690	144 9275	740	135 1351	790	126 5822	840	119 0476

DIVISEURS : 841 A 1140.

DIVISEUR	Nombre à multiplier par le dividende	DIVISEUR	Nombre à multiplier par le dividende	DIVISEUR	Nombre à multiplier par le dividende	DIVISEUR	Nombre à multiplier par le dividende	DIVISEUR	Nombre à multiplier par le dividende	DIVISEUR	Nombre à multiplier par le dividende
841	118 9060	891	112 2334	941	106 2699	991	100 9084	1041	960 6147	1091	916 5902
842	118 7648	892	112 1076	942	106 1571	992	100 8064	1042	959 6928	1092	915 7509
843	118 6239	893	111 9820	943	106 0445	993	100 7049	1043	958 7727	1093	914 9130
844	118 4834	894	111 8568	944	105 9322	994	100 6036	1044	957 8544	1094	914 0767
845	118 3434	895	111 7318	945	105 8201	995	100 5025	1045	956 9377	1095	913 2420
846	118 2033	896	111 6071	946	105 7082	996	100 4016	1046	956 0229	1096	912 4087
847	118 0637	897	111 4827	947	105 5966	997	100 3009	1047	955 1098	1097	911 5770
848	117 9245	898	111 3585	948	105 4852	998	100 2004	1048	954 1984	1098	910 7468
849	117 7856	899	111 2347	949	105 3740	999	100 1001	1049	953 2888	1099	909 9181
850	117 6470	900	111 1111	950	105 2631	1000	100 0000	1050	952 3809	1100	909 0909
851	117 5088	901	110 9877	951	105 1524	1001	999 0009	1051	951 4747	1101	908 2652
852	117 3708	902	110 8647	952	105 0420	1002	998 0039	1052	950 5703	1102	907 4410
853	117 2332	903	110 7419	953	104 9347	1003	997 0089	1053	949 6676	1103	906 6183
854	117 0960	904	110 6194	954	104 8218	1004	996 0159	1054	948 7666	1104	905 7971
855	116 9590	905	110 4972	955	104 7120	1005	995 0248	1055	947 8672	1105	904 9773
856	116 8224	906	110 3752	956	104 6025	1006	994 0357	1056	946 9696	1106	904 1591
857	116 6861	907	110 2535	957	104 4932	1007	993 0486	1057	946 0737	1107	903 3423
858	116 5501	908	110 1321	958	104 3841	1008	992 0634	1058	945 1795	1108	902 5270
859	116 4144	909	110 0110	959	104 2752	1009	991 0802	1059	944 2870	1109	901 7132
860	116 2790	910	109 8901	960	104 1666	1010	990 0990	1060	943 3962	1110	900 9009
861	116 1440	911	109 7694	961	104 0582	1011	989 1196	1061	942 5070	1111	900 0900
862	116 0092	912	109 6491	962	103 9501	1012	988 1422	1062	941 6195	1112	899 2805
863	115 8748	913	109 5290	963	103 8421	1013	987 1668	1063	940 7337	1113	898 4725
864	115 7407	914	109 4091	964	103 7344	1014	986 1932	1064	939 8496	1114	897 6660
865	115 6069	915	109 2896	965	103 6269	1015	985 2216	1065	938 9671	1115	896 8609
866	115 4734	916	109 1703	966	103 5196	1016	984 2519	1066	938 0863	1116	896 0573
867	115 3402	917	109 0512	967	103 4126	1017	983 2841	1067	937 2071	1117	895 2551
868	115 2073	918	108 9324	968	103 3057	1018	982 3182	1068	936 3295	1118	894 4543
869	115 0747	919	108 8139	969	103 1991	1019	981 3542	1069	935 4536	1119	893 6550
870	114 9425	920	108 6956	970	103 0927	1020	980 3921	1070	934 5794	1120	892 8571
871	114 8105	921	108 5776	971	102 9866	1021	979 4319	1071	933 7068	1121	892 0606
872	114 6788	922	108 4598	972	102 8806	1022	978 4735	1072	932 8358	1122	891 2655
873	114 5475	923	108 3423	973	102 7749	1023	977 5171	1073	931 9664	1123	890 4719
874	114 4164	924	108 2251	974	102 6694	1024	976 5625	1074	931 0987	1124	889 6797
875	114 2857	925	108 1081	975	102 5641	1025	975 6097	1075	930 2325	1125	888 8888
876	114 1552	926	107 9913	976	102 4590	1026	974 6588	1076	929 3680	1126	888 0994
877	114 0250	927	107 8748	977	102 3541	1027	973 7098	1077	928 5051	1127	887 3114
878	113 8952	928	107 7586	978	102 2494	1028	972 7626	1078	927 6437	1128	886 5248
879	113 7656	929	107 6426	979	102 1450	1029	971 8172	1079	926 7840	1129	885 7395
880	113 6363	930	107 5268	980	102 0408	1030	970 8737	1080	925 9259	1130	884 9557
881	113 5073	931	107 4113	981	101 9367	1031	969 9321	1081	925 0693	1131	884 1732
882	113 3786	932	107 2961	982	101 8329	1032	968 9922	1082	924 2144	1132	883 3922
883	113 2502	933	107 1811	983	101 7293	1033	968 0542	1083	923 3610	1133	882 6125
884	113 1221	934	107 0663	984	101 6260	1034	967 1179	1084	922 5092	1134	881 8342
885	112 9943	935	106 9518	985	101 5228	1035	966 1835	1085	921 6589	1135	881 0572
886	112 8668	936	106 8376	986	101 4198	1036	965 2509	1086	920 8103	1136	880 2816
887	112 7395	937	106 7235	987	101 3171	1037	964 3201	1087	919 9632	1137	879 5074
888	112 6126	938	106 6098	988	101 2145	1038	963 3911	1088	919 1176	1138	878 7346
889	112 4859	939	106 4962	989	101 1122	1039	962 4639	1089	918 2736	1139	877 9631
890	112 3595	940	106 3829	990	101 0101	1040	961 5384	1090	917 4311	1140	877 1929

Diviseurs : 1141 a 1440.

DIVISEUR	Nombre à multiplier par le dividende	DIVISEUR	Nombre à multiplier par le dividende	DIVISEUR	Nombre à multiplier par le dividende	DIVISEUR	Nombre à multiplier par le dividende	DIVISEUR	Nombre à multiplier par le dividende	DIVISEUR	Nombre à multiplier par le dividende
1141	876 4241	1191	839 6305	1241	805 8047	1291	774 5933	1341	745 7121	1391	718 9072
1142	875 6567	1192	838 9261	1242	805 1529	1292	773 9938	1342	745 1564	1392	718 3908
1143	874 8906	1193	838 2329	1243	804 5052	1293	773 3952	1343	744 6046	1393	717 8750
1144	874 1258	1194	837 5209	1244	803 8585	1294	772 7975	1344	744 0476	1394	717 3601
1145	873 3624	1195	836 8200	1245	803 2128	1295	772 2007	1345	743 4941	1395	716 8458
1146	872 6003	1196	836 1201	1246	802 5682	1296	771 6049	1346	742 9420	1396	716 3323
1147	871 8395	1197	835 4218	1247	801 9246	1297	771 0100	1347	742 3901	1397	715 8196
1148	871 0801	1198	834 7245	1248	801 2820	1298	770 1160	1348	741 8397	1398	715 3075
1149	870 3220	1199	834 0283	1249	800 6405	1299	769 8229	1349	741 2898	1399	714 7962
1150	869 5652	1200	833 3333	1250	800 0000	1300	769 2307	1350	740 7407	1400	714 2857
1151	868 8097	1201	832 6394	1251	799 3605	1301	768 6395	1351	740 4924	1401	713 7758
1152	868 0555	1202	831 9467	1252	798 7220	1302	768 0491	1352	739 6449	1402	713 2667
1153	867 3026	1203	831 2551	1253	798 0845	1303	767 4597	1353	739 0983	1403	712 7583
1154	866 5511	1204	830 5647	1254	797 4481	1304	766 8711	1354	738 5524	1404	712 2507
1155	865 8008	1205	829 8755	1255	796 8127	1305	766 2835	1355	738 0073	1405	711 7437
1156	865 0519	1206	829 1873	1256	796 1783	1306	765 6967	1356	737 4631	1406	711 2375
1157	864 3042	1207	828 5004	1257	795 5449	1307	765 1109	1357	736 9196	1407	710 7320
1158	863 5578	1208	827 8145	1258	794 9125	1308	764 5259	1358	736 3770	1408	710 2272
1159	862 8127	1209	827 1298	1259	794 2811	1309	763 9419	1359	735 8354	1409	709 7232
1160	862 0689	1210	826 4462	1260	793 6507	1310	763 3587	1360	735 2941	1410	709 2198
1161	861 3264	1211	825 7638	1261	793 0214	1311	762 7765	1361	734 7538	1411	708 7172
1162	860 5851	1212	825 0825	1262	792 3930	1312	762 1951	1362	734 2143	1412	708 2152
1163	859 8452	1213	824 4023	1263	791 7656	1313	761 6146	1363	733 6757	1413	707 7140
1164	859 1065	1214	823 7232	1264	791 1392	1314	761 0350	1364	733 1378	1414	707 2133
1165	858 3690	1215	823 0452	1265	790 5138	1315	760 4562	1365	732 6007	1415	706 7137
1166	857 6329	1216	822 3684	1266	789 8894	1316	759 8784	1366	732 0644	1416	706 2146
1167	856 8980	1217	821 6926	1267	789 2659	1317	759 3014	1367	731 5288	1417	705 7163
1168	856 1643	1218	821 0180	1268	788 6435	1318	758 7253	1368	730 9941	1418	705 2186
1169	855 4319	1219	820 3445	1269	788 0220	1319	758 1501	1369	730 4601	1419	704 7216
1170	854 7008	1220	819 6721	1270	787 4015	1320	757 5757	1370	729 9270	1420	704 2253
1171	853 9709	1221	819 0008	1271	786 7820	1321	757 0022	1371	729 3946	1421	703 7297
1172	853 2423	1222	818 3306	1272	786 1635	1322	756 4296	1372	728 8629	1422	703 2348
1173	852 5149	1223	817 6614	1273	785 5459	1323	755 8578	1373	728 3321	1423	702 7406
1174	851 7887	1224	816 9934	1274	784 9293	1324	755 2870	1374	727 8020	1424	702 2471
1175	851 0638	1225	816 3265	1275	784 3137	1325	754 7169	1375	727 2727	1425	701 7543
1176	850 3401	1226	815 6606	1276	783 6990	1326	754 1478	1376	726 7441	1426	701 2622
1177	849 6176	1227	814 9959	1277	783 0853	1327	753 5795	1377	726 2164	1427	700 7708
1178	848 8964	1228	814 3322	1278	782 4726	1328	753 0120	1378	725 6894	1428	700 2801
1179	848 1764	1229	813 6696	1279	781 8608	1329	752 4454	1379	725 1631	1429	699 7900
1180	847 4576	1230	813 0081	1280	781 2500	1330	751 8796	1380	724 6376	1430	699 3006
1181	846 7400	1231	812 3476	1281	780 6401	1331	751 3148	1381	724 1129	1431	698 8120
1182	846 0236	1232	811 6883	1282	780 0312	1332	750 7507	1382	723 5890	1432	698 3240
1183	845 3085	1233	811 0300	1283	779 4232	1333	750 1875	1383	723 0657	1433	697 8367
1184	844 5945	1234	810 3727	1284	778 8464	1334	749 6251	1384	722 5433	1434	697 3500
1185	843 8818	1235	809 7165	1285	778 2101	1335	749 0636	1385	722 0216	1435	696 8641
1186	843 1703	1236	809 0614	1286	777 6049	1336	748 5029	1386	721 5007	1436	696 3788
1187	842 4599	1237	808 4074	1287	777 0007	1337	747 9431	1387	720 9805	1437	695 8942
1188	841 7505	1238	807 7544	1288	776 3975	1338	747 3841	1388	720 4610	1438	695 4102
1189	841 0428	1239	807 1025	1289	775 7951	1339	746 8259	1389	719 9424	1439	694 9270
1190	840 3361	1240	806 4516	1290	775 1937	1340	746 2686	1390	719 4244	1440	694 4444

DIVISEURS : 1441 A 1740.

DIVISEUR	Nombre à multiplier par le dividende	DIVISEUR	Nombre à multiplier par le dividende	DIVISEUR	Nombre à multiplier par le dividende	DIVISEUR	Nombre à multiplier par le dividende	DIVISEUR	Nombre à multiplier par le dividende	DIVISEUR	Nombre à multiplier par le dividende	DIVISEUR	Nombre à multiplier par le dividende
1441	693 9625	1491	670 6908	1541	648 9292	1591	628 5355	1641	609 3845	1691	591 3660		
1442	693 4812	1492	670 2412	1542	648 5084	1592	628 1407	1642	609 0133	1692	591 0465		
1443	693 0006	1493	669 7923	1543	648 0881	1593	627 7463	1643	608 6427	1693	590 6674		
1444	692 5207	1494	669 3440	1544	647 6683	1594	627 3525	1644	608 2725	1694	590 3187		
1445	692 0415	1495	668 8963	1545	647 2491	1595	626 9592	1645	607 9027	1695	589 9705		
1446	691 5629	1496	668 4491	1546	646 8305	1596	626 5664	1646	607 5334	1696	589 6226		
1447	691 0850	1497	668 0026	1547	646 4124	1597	626 1740	1647	607 1645	1697	589 2751		
1448	690 6077	1498	667 5567	1548	645 9948	1598	625 7822	1648	606 7961	1698	588 9281		
1449	690 1311	1499	667 1114	1549	645 5777	1599	625 3908	1649	606 4281	1699	588 5815		
1450	689 6551	1500	666 6666	1550	645 1612	1600	625 0000	1650	606 0606	1700	588 2352		
1451	689 1798	1501	666 2225	1551	644 7453	1601	624 6096	1651	605 6935	1701	587 8894		
1452	688 7052	1502	665 7789	1552	644 3298	1602	624 2197	1652	605 3268	1702	587 5440		
1453	688 2312	1503	665 3359	1553	643 9150	1603	623 8303	1653	604 9606	1703	587 1990		
1454	687 7579	1504	664 8936	1554	643 5006	1604	623 4413	1654	604 5949	1704	586 8544		
1455	687 2852	1505	664 4518	1555	643 0868	1605	623 0529	1655	604 2296	1705	586 5102		
1456	686 8131	1506	664 0106	1556	642 6735	1606	622 6650	1656	603 8647	1706	586 1664		
1457	686 3417	1507	663 5700	1557	642 2607	1607	622 2775	1657	603 5003	1707	585 8230		
1458	685 8710	1508	663 1299	1558	641 8485	1608	621 8905	1658	603 1363	1708	585 4800		
1459	685 4009	1509	662 6905	1559	641 4368	1609	621 5040	1659	602 7727	1709	585 4375		
1460	684 9315	1510	662 2516	1560	641 0256	1610	621 1180	1660	602 4096	1710	584 7953		
1461	684 4626	1511	661 8133	1561	640 6149	1611	620 7323	1661	602 0469	1711	584 4535		
1462	683 9945	1512	661 3756	1562	640 2048	1612	620 3473	1662	601 6847	1712	584 1121		
1463	683 5269	1513	660 9385	1563	639 7952	1613	619 9628	1663	601 3229	1713	583 7711		
1464	683 0601	1514	660 5019	1564	639 3861	1614	619 5786	1664	600 9615	1714	583 4305		
1465	682 5938	1515	660 0660	1565	638 9776	1615	619 1950	1665	600 6006	1715	583 0903		
1466	682 1282	1516	659 6306	1566	638 5696	1616	618 8118	1666	600 2400	1716	582 7505		
1467	681 6632	1517	659 1957	1567	638 1620	1617	618 4290	1667	599 8800	1717	582 4111		
1468	681 1989	1518	658 7615	1568	637 7551	1618	618 0469	1668	599 5203	1718	582 0721		
1469	680 7351	1519	658 3278	1569	637 3486	1619	617 6652	1669	599 1611	1719	581 7335		
1470	680 2721	1520	657 8947	1570	636 9426	1620	617 2839	1670	598 8023	1720	581 3953		
1471	679 8096	1521	657 4621	1571	636 5372	1621	616 9031	1671	598 4450	1721	581 0575		
1472	679 3478	1522	657 0302	1572	636 1323	1622	616 5228	1672	598 0861	1722	580 7200		
1473	678 8866	1523	656 5988	1573	635 7279	1623	616 1429	1673	597 7286	1723	580 3830		
1474	678 4260	1524	656 1679	1574	635 3240	1624	615 7635	1674	597 3715	1724	580 0464		
1475	677 9661	1525	655 7377	1575	634 9206	1625	615 3846	1675	597 0149	1725	579 7101		
1476	677 5067	1526	655 3079	1576	634 5177	1626	615 0061	1676	596 6587	1726	579 3742		
1477	677 0480	1527	654 8788	1577	634 1154	1627	614 6281	1677	596 3029	1727	579 0388		
1478	676 5899	1528	654 4502	1578	633 7135	1628	614 2506	1678	595 9475	1728	578 7037		
1479	676 1325	1529	654 0222	1579	633 3122	1629	613 8735	1679	595 5926	1729	578 3699		
1480	675 6750	1530	653 5947	1580	632 9113	1630	613 4969	1680	595 2380	1730	578 0346		
1481	675 2194	1531	653 1678	1581	632 5110	1631	613 1207	1681	594 8839	1731	577 7007		
1482	674 7638	1532	652 7415	1582	632 1112	1632	612 7450	1682	594 5303	1732	577 3672		
1483	674 3088	1533	652 3157	1583	631 7119	1633	612 3698	1683	594 1770	1733	577 0340		
1484	673 8544	1534	651 8904	1584	631 3131	1634	611 9951	1684	593 8242	1734	576 7012		
1485	673 4006	1535	651 4657	1585	630 9148	1635	611 6207	1685	593 4718	1735	576 3688		
1486	672 9475	1536	651 0416	1586	630 5170	1636	611 2469	1686	593 1198	1736	576 0368		
1487	672 4949	1537	650 6180	1587	630 1197	1637	610 8735	1687	592 7682	1737	575 7052		
1488	672 0430	1538	650 1950	1588	629 7229	1638	610 5006	1688	592 4170	1738	575 3739		
1489	671 5916	1539	649 7725	1589	629 3266	1639	610 1281	1689	592 0663	1739	575 0431		
1490	671 1409	1540	649 3506	1590	628 9308	1640	609 7560	1690	591 7159	1740	574 7126		

DIVISEURS : 1741 A 2040.

DIVISEUR	Nombre à multiplier par le dividende	DIVISEUR	Nombre à multiplier par le dividende	DIVISEUR	Nombre à multiplier par le dividende	DIVISEUR	Nombre à multiplier par le dividende	DIVISEUR	Nombre à multiplier par le dividende	DIVISEUR	Nombre à multiplier par le dividende
1741	574 3825	1791	558 3472	1841	534 1830	1891	528 8207	1941	515 1983	1991	502 2601
1742	574 0527	1792	558 0357	1842	542 8884	1892	528 5412	1942	514 9330	1992	502 0080
1743	573 7234	1793	557 7244	1843	542 5935	1893	528 2620	1943	514 6680	1993	501 7564
1744	573 3944	1794	557 4136	1844	542 2993	1894	527 9831	1944	514 4032	1994	501 5045
1745	573 0659	1795	557 1030	1845	542 0054	1895	527 7044	1945	514 1338	1995	501 2531
1746	572 7376	1796	556 7928	1846	541 7118	1896	527 4261	1946	513 8746	1996	501 0020
1747	572 4098	1797	556 4830	1847	541 4185	1897	527 1481	1947	513 6106	1997	500 7544
1748	572 0823	1798	556 1735	1848	541 1255	1898	526 8703	1948	513 3470	1998	500 5005
1749	571 7552	1799	555 8643	1849	540 8328	1899	526 5929	1949	513 0836	1999	500 2501
1750	571 4285	1800	555 5555	1850	540 5405	1900	526 3157	1950	512 8205	2000	500 0000
1751	571 1022	1801	555 2470	1851	540 2485	1901	526 0389	1951	512 5576	2001	499 7501
1752	570 7762	1802	554 9389	1852	539 9568	1902	525 7623	1952	512 2950	2002	499 5005
1753	570 4506	1803	554 6311	1853	539 6654	1903	525 4860	1953	512 0327	2003	499 2511
1754	570 1254	1804	554 3237	1854	539 3743	1904	525 2100	1954	511 7707	2004	499 0020
1755	569 8005	1805	554 0466	1855	539 0835	1905	524 9343	1955	511 5089	2005	498 7531
1756	569 4760	1806	553 7098	1856	538 7931	1906	524 6589	1956	511 2474	2006	498 5045
1757	569 1519	1807	553 4034	1857	538 5029	1907	524 3838	1957	510 9862	2007	498 2564
1758	568 8282	1808	553 0973	1858	538 2131	1908	524 1090	1958	510 7252	2008	498 0079
1759	568 5048	1809	552 7915	1859	537 9236	1909	523 8344	1959	510 4645	2009	497 7600
1760	568 1818	1810	552 4861	1860	537 6344	1910	523 5602	1960	510 2040	2010	497 5124
1761	567 8591	1811	552 1811	1861	537 3455	1911	523 2862	1961	509 9439	2011	497 2650
1762	567 5368	1812	551 8763	1862	537 0568	1912	523 0125	1962	509 6839	2012	497 0178
1763	567 2149	1813	551 5749	1863	536 7686	1913	522 7394	1963	509 4243	2013	496 7709
1764	566 8934	1814	551 2679	1864	536 4806	1914	522 4660	1964	509 1649	2014	496 5243
1765	566 5722	1815	550 9641	1865	536 1930	1915	522 1932	1965	508 9058	2015	496 2779
1766	566 2514	1816	550 6607	1866	535 9056	1916	521 9206	1966	508 6469	2016	496 0347
1767	565 9309	1817	550 3577	1867	535 6186	1917	521 6484	1967	508 3884	2017	495 7858
1768	565 6108	1818	550 0550	1868	535 3319	1918	521 3764	1968	508 1301	2018	495 5401
1769	565 2911	1819	549 7526	1869	535 0454	1919	521 1047	1969	507 8720	2019	495 2947
1770	564 9717	1820	549 4505	1870	534 7593	1920	520 8333	1970	507 6142	2020	495 0495
1771	564 6527	1821	549 1488	1871	534 4735	1921	520 5622	1971	507 3566	2021	494 8045
1772	564 3340	1822	548 8474	1872	534 1880	1922	520 2913	1972	507 0993	2022	494 5598
1773	564 0157	1823	548 5463	1873	533 9028	1923	520 0208	1973	506 8423	2023	494 3153
1774	563 6978	1824	548 2456	1874	533 6179	1924	519 7505	1974	506 5856	2024	494 0711
1775	563 3802	1825	547 9452	1875	533 3333	1925	519 4805	1975	506 3291	2025	493 8274
1776	563 0630	1826	547 6451	1876	533 0490	1926	519 2106	1976	506 0728	2026	493 5834
1777	562 7462	1827	547 3453	1877	532 7650	1927	518 9413	1977	505 8168	2027	493 3399
1778	562 4296	1828	547 0459	1878	532 4813	1928	518 6722	1978	505 5611	2028	493 0966
1779	562 1135	1829	546 7468	1879	532 1979	1929	518 4033	1979	505 3057	2029	492 8536
1780	561 7977	1830	546 4480	1880	531 9148	1930	518 1347	1980	505 0505	2030	492 6108
1781	561 4823	1831	546 1496	1881	531 6321	1931	517 8664	1981	504 7955	2031	492 3682
1782	561 1672	1832	545 8515	1882	531 3496	1932	517 5983	1982	504 5408	2032	492 1259
1783	560 8524	1833	545 5537	1883	531 0674	1933	517 3305	1983	504 2864	2033	491 8839
1784	560 5381	1834	545 2562	1884	530 7855	1934	517 0630	1984	504 0322	2034	491 6421
1785	560 2240	1835	544 9591	1885	530 5039	1935	516 7958	1985	503 7783	2035	491 4005
1786	559 9104	1836	544 6623	1886	530 2226	1936	516 5289	1986	503 5246	2036	491 1591
1787	559 5970	1837	544 3658	1887	529 9417	1937	516 2622	1987	503 2712	2037	490 9480
1788	559 2841	1838	544 0696	1888	529 6610	1938	515 9958	1988	503 0181	2038	490 6774
1789	558 9714	1839	543 7737	1889	529 3806	1939	515 7297	1989	502 7652	2039	490 4364
1790	558 6592	1840	543 4782	1890	529 1005	1940	515 4639	1990	502 5125	2040	490 1960

Diviseurs : **2041 a 2340.**

DIVISEUR	Nombre à multiplier par le dividende	DIVISEUR	Nombre à multiplier par le dividende	DIVISEUR	Nombre à multiplier par le dividende	DIVISEUR	Nombre à multiplier par le dividende	DIVISEUR	Nombre à multiplier par le dividende	DIVISEUR	Nombre à multiplier par le dividende
2041	489 9559	2091	478 2400	2141	467 0744	2191	456 4125	2241	446 2293	2291	436 4906
2042	489 7159	2092	478 0114	2142	466 8534	2192	456 2043	2242	446 0303	2292	436 3001
2043	489 4762	2093	477 7830	2143	466 6355	2193	455 9963	2243	445 8314	2293	436 1098
2044	489 2367	2094	477 5549	2144	466 4179	2194	455 7885	2244	445 6327	2294	435 9497
2045	488 9975	2095	477 3269	2145	466 2004	2195	455 5808	2245	445 4342	2295	435 7298
2046	488 7585	2096	477 0992	2146	465 9832	2196	455 3734	2246	445 2359	2296	435 5400
2047	488 5197	2097	476 8717	2147	465 7661	2197	455 1664	2247	445 0378	2297	435 3504
2048	488 2812	2098	476 6444	2148	465 5493	2198	454 9590	2248	444 8398	2298	435 1610
2049	488 0429	2099	476 4173	2149	465 3327	2199	454 7521	2249	444 6420	2299	434 9717
2050	487 8048	2100	476 1904	2150	465 1162	2200	454 5454	2250	444 4444	2300	434 7826
2051	487 5670	2101	475 9638	2151	464 9000	2201	454 3389	2251	444 2470	2301	434 5936
2052	487 3294	2102	475 7373	2152	464 6840	2202	454 1326	2252	444 0497	2302	434 4048
2053	487 0920	2103	475 5111	2153	464 4684	2203	453 9264	2253	443 8526	2303	434 2162
2054	486 8549	2104	475 2851	2154	464 2525	2204	453 7205	2254	443 6557	2304	434 0277
2055	486 6180	2105	475 0593	2155	464 0371	2205	453 5147	2255	443 4588	2305	433 8394
2056	486 3813	2106	474 8338	2156	463 8218	2206	453 3091	2256	443 2624	2306	433 6513
2057	486 1448	2107	474 6084	2157	463 6068	2207	453 1037	2257	443 0660	2307	433 4633
2058	485 9086	2108	474 3833	2158	463 3920	2208	452 8985	2258	442 8697	2308	433 2755
2059	485 6726	2109	474 1583	2159	463 1773	2209	452 6935	2259	442 6737	2309	433 0879
2060	485 4368	2110	473 9336	2160	462 9629	2210	452 4886	2260	442 4778	2310	432 9004
2061	485 2013	2111	473 7091	2161	462 7487	2211	452 2840	2261	442 2821	2311	432 7131
2062	484 9660	2112	473 4848	2162	462 5346	2212	452 0795	2262	442 0866	2312	432 5259
2063	484 7309	2113	473 2607	2163	462 3208	2213	451 8752	2263	441 8912	2313	432 3389
2064	484 4961	2114	473 0368	2164	462 1072	2214	451 6711	2264	441 6961	2314	432 1521
2065	484 2615	2115	472 8132	2165	461 8937	2215	451 4672	2265	441 5011	2315	431 9654
2066	484 0271	2116	472 5897	2166	461 6805	2216	451 2635	2266	441 3062	2316	431 7789
2067	483 7929	2117	472 3665	2167	461 4674	2217	451 0599	2267	441 1116	2317	431 5925
2068	483 5589	2118	472 1435	2168	461 2546	2218	450 8566	2268	440 9171	2318	431 4063
2069	483 3252	2119	471 9207	2169	461 0419	2219	450 6534	2269	440 7227	2319	431 2203
2070	483 0917	2120	471 6981	2170	460 8294	2220	450 5454	2270	440 5286	2320	431 0344
2071	482 8585	2121	471 4757	2171	460 6172	2221	450 2476	2271	440 3346	2321	430 8487
2072	482 6255	2122	471 2535	2172	460 4051	2222	450 0450	2272	440 1408	2322	430 6632
2073	482 3926	2123	471 0315	2173	460 1932	2223	449 8425	2273	439 9472	2323	430 4778
2074	482 1600	2124	470 8097	2174	459 9816	2224	449 6402	2274	439 7537	2324	430 2925
2075	481 9276	2125	470 5882	2175	459 7701	2225	449 4382	2275	439 5604	2325	430 1073
2076	481 6955	2126	470 3668	2176	459 5588	2226	449 2362	2276	439 3673	2326	429 9226
2077	481 4636	2127	470 1457	2177	459 3477	2227	449 0345	2277	439 1743	2327	429 7378
2078	481 2319	2128	469 9248	2178	459 1368	2228	448 8330	2278	438 9815	2328	429 5532
2079	481 0004	2129	469 7040	2179	458 9261	2229	448 6316	2279	438 7889	2329	429 3688
2080	480 7692	2130	469 4835	2180	458 7155	2230	448 4304	2280	438 5964	2330	429 1845
2081	480 5382	2131	469 2632	2181	458 5052	2231	448 2294	2281	438 4042	2331	429 0004
2082	480 3073	2132	469 0434	2182	458 2951	2232	448 0286	2282	438 2120	2332	428 8164
2083	480 0768	2133	468 8232	2183	458 0852	2233	447 8280	2283	438 0201	2333	428 6326
2084	479 8464	2134	468 6035	2184	457 8754	2234	447 6276	2284	437 8283	2334	428 4490
2085	479 6163	2135	468 3840	2185	457 6658	2235	447 4272	2285	437 6366	2335	428 2654
2086	479 3863	2136	468 1647	2186	457 4565	2236	447 2271	2286	437 4453	2336	428 0821
2087	479 1566	2137	467 9457	2187	457 2473	2237	447 0272	2287	437 2540	2337	427 8990
2088	478 9272	2138	467 7268	2188	457 0383	2238	446 8275	2288	437 0629	2338	427 7159
2089	478 6979	2139	467 5081	2189	456 8296	2239	446 6279	2289	436 8719	2339	427 5331
2090	478 4688	2140	467 2897	2190	456 6210	2240	446 4285	2290	436 6812	2340	427 3504

DIVISEURS : 2341 A 2640.

DIVISEUR	Nombre à multiplier par le dividende	DIVISEUR	Nombre à multiplier par le dividende	DIVISEUR	Nombre à multiplier par le dividende	DIVISEUR	Nombre à multiplier par le dividende	DIVISEUR	Nombre à multiplier par le dividende	DIVISEUR	Nombre à multiplier par le dividende
2341	427 1678	2391	418 2350	2441	409 6684	2491	401 4452	2541	393 5458	2591	385 9513
2342	426 9854	2392	418 0602	2442	409 5004	2492	401 2841	2542	393 3910	2592	385 8024
2343	426 8032	2393	417 8854	2443	409 3327	2493	401 1231	2543	393 2363	2593	385 6536
2344	426 6211	2394	417 7109	2444	409 1653	2494	400 9623	2544	393 0817	2594	385 5050
2345	426 4392	2395	417 5364	2445	408 9979	2495	400 8016	2545	392 9272	2595	385 3564
2346	426 2574	2396	417 3622	2446	408 8307	2496	400 6410	2546	392 7729	2596	385 2080
2347	426 0758	2397	417 1881	2447	408 6636	2497	400 4805	2547	392 6187	2597	385 0596
2348	425 8943	2398	417 0141	2448	408 4967	2498	400 3202	2548	392 4646	2598	384 9114
2349	425 7130	2399	416 8403	2449	408 3299	2499	400 1600	2549	392 3107	2599	384 7633
2350	425 5319	2400	416 6666	2450	408 1632	2500	400 0000	2550	392 1568	2600	384 6153
2351	425 3509	2401	416 4931	2451	407 9967	2501	399 8400	2551	392 0031	2601	384 4675
2352	425 1700	2402	416 3197	2452	407 8303	2502	399 6802	2552	391 8495	2602	384 3197
2353	424 9893	2403	416 1464	2453	407 6640	2503	399 5205	2553	391 6960	2603	384 1721
2354	424 8088	2404	415 9733	2454	407 4979	2504	399 3610	2554	391 5426	2604	384 0245
2355	424 6284	2405	415 8004	2455	407 3318	2505	399 2015	2555	391 3894	2605	383 8771
2356	424 4482	2406	415 6275	2456	407 1661	2506	399 0422	2556	391 2362	2606	383 7298
2357	424 2681	2407	415 4549	2457	407 0004	2507	398 8831	2557	391 0833	2607	383 5826
2358	424 0882	2408	415 2823	2458	406 8348	2508	398 7240	2558	390 9304	2608	383 4355
2359	423 9084	2409	415 1100	2459	406 6693	2509	398 5651	2559	390 7776	2609	383 2886
2360	423 7288	2410	414 9377	2460	406 5040	2510	398 4063	2560	390 6250	2610	383 1417
2361	423 5493	2411	414 7656	2461	406 3388	2511	398 2477	2561	390 4724	2611	382 9950
2362	423 3700	2412	414 5936	2462	406 1738	2512	398 0891	2562	390 3200	2612	382 8483
2363	423 1908	2413	414 4218	2463	406 0089	2513	397 9307	2563	390 1678	2613	382 7018
2364	423 0118	2414	414 2502	2464	405 8441	2514	397 7724	2564	390 0156	2614	382 5554
2365	422 8328	2415	414 0786	2465	405 6794	2515	397 6142	2565	389 8635	2615	382 4091
2366	422 6542	2416	413 9072	2466	405 5150	2516	397 4562	2566	389 7116	2616	382 2629
2367	422 4757	2417	413 7360	2467	405 3506	2517	397 2983	2567	389 5597	2617	382 1169
2368	422 2972	2418	413 5649	2468	405 1863	2518	397 1405	2568	389 4080	2618	381 9709
2369	422 1190	2419	413 3939	2469	405 0222	2519	396 9829	2569	389 2565	2619	381 8251
2370	421 9409	2420	413 2231	2470	404 8582	2520	396 8253	2570	389 1050	2620	381 6793
2371	421 7629	2421	413 0524	2471	404 6944	2521	396 6679	2571	388 9537	2621	381 5337
2372	421 5851	2422	412 8819	2472	404 5307	2522	396 5107	2572	388 8024	2622	381 3882
2373	421 4075	2423	412 7115	2473	404 3671	2523	396 3535	2573	388 6513	2623	381 2428
2374	421 2299	2424	412 5412	2474	404 2037	2524	396 1965	2574	388 5003	2624	381 0975
2375	421 0526	2425	412 3711	2475	404 0404	2525	396 0396	2575	388 3494	2625	380 9523
2376	420 8754	2426	412 2011	2476	403 8772	2526	395 8828	2576	388 1987	2626	380 8073
2377	420 6983	2427	412 0313	2477	403 7141	2527	395 7261	2577	388 0481	2627	380 6623
2378	420 5214	2428	411 8616	2478	403 5512	2528	395 5696	2578	387 8975	2628	380 5175
2379	420 3446	2429	411 6920	2479	403 3884	2529	395 4132	2579	387 7471	2629	380 3727
2380	420 1680	2430	411 5226	2480	403 2258	2530	395 2569	2580	387 5968	2630	380 2281
2381	419 9916	2431	411 3533	2481	403 0632	2531	395 1007	2581	387 4467	2631	380 0836
2382	419 8152	2432	411 1842	2482	402 9008	2532	394 9447	2582	387 2966	2632	379 9392
2383	419 6391	2433	411 0152	2483	402 7386	2533	394 7887	2583	387 1467	2633	379 7949
2384	419 4630	2434	410 8463	2484	402 5764	2534	394 6329	2584	386 9969	2634	379 6507
2385	419 2872	2435	410 6776	2485	402 4144	2535	394 4773	2585	386 8471	2635	379 5066
2386	419 1114	2436	410 5090	2486	402 2526	2536	394 3217	2586	386 6976	2636	379 3626
2387	418 9359	2437	410 3405	2487	402 0908	2537	394 1663	2587	386 5481	2637	379 2188
2388	418 7604	2438	410 1722	2488	401 9292	2538	394 0110	2588	386 3987	2638	379 0750
2389	418 5851	2439	410 0041	2489	401 7677	2539	393 8558	2589	386 2495	2639	378 9314
2390	418 4100	2440	409 8360	2490	401 6064	2540	393 7007	2590	386 1003	2640	378 7878

Diviseurs : **2641 à 2940.**

DIVISEUR	Nombre à multiplier par le dividende	DIVISEUR	Nombre à multiplier par le dividende	DIVISEUR	Nombre à multiplier par le dividende	DIVISEUR	Nombre à multiplier par le dividende	DIVISEUR	Nombre à multiplier par le dividende	DIVISEUR	Nombre à multiplier par le dividende
2641	378 6444	2691	371 6090	2741	364 8303	2791	358 2945	2841	351 9887	2891	345 9010
2642	378 5044	2692	371 4710	2742	364 6973	2792	358 1661	2842	351 8648	2892	345 7814
2643	378 3579	2693	371 3330	2743	364 5643	2793	358 0379	2843	351 7411	2893	345 6619
2644	378 2148	2694	371 1951	2744	364 4314	2794	357 9098	2844	351 6174	2894	345 5425
2645	378 0748	2695	371 0574	2745	364 2987	2795	357 7817	2845	351 4938	2895	345 4231
2646	377 9289	2696	370 9198	2746	364 1660	2796	357 6537	2846	351 3703	2896	345 3038
2647	377 7864	2697	370 7823	2747	364 0334	2797	357 5259	2847	351 2469	2897	345 1846
2648	377 6435	2698	370 6449	2748	363 9010	2798	357 3981	2848	351 1235	2898	345 0655
2649	377 5009	2699	370 5075	2749	363 7686	2799	357 2704	2849	351 0003	2899	344 9465
2650	377 3584	2700	370 3703	2750	363 6363	2800	357 1428	2850	350 8771	2900	344 8275
2651	377 2161	2701	370 2332	2751	363 5041	2801	357 0153	2851	350 7541	2901	344 7086
2652	377 0739	2702	370 0962	2752	363 3720	2802	356 8879	2852	350 6311	2902	344 5899
2653	376 9317	2703	369 9593	2753	363 2401	2803	356 7606	2853	350 5082	2903	344 4712
2654	376 7897	2704	369 8224	2754	363 1082	2804	356 6333	2854	350 3854	2904	344 3526
2655	376 6477	2705	369 6856	2755	362 9764	2805	356 5062	2855	350 2626	2905	344 2340
2656	376 5060	2706	369 5491	2756	362 8447	2806	356 3791	2856	350 1400	2906	344 1156
2657	376 3643	2707	369 4126	2757	362 7130	2807	356 2522	2857	350 0175	2907	343 9972
2658	376 2227	2708	369 2762	2758	362 5845	2808	356 1253	2858	349 8950	2908	343 8789
2659	376 0812	2709	369 1399	2759	362 4501	2809	355 9985	2859	349 7726	2909	343 7607
2660	375 9398	2710	369 0036	2760	362 3188	2810	355 8718	2860	349 6503	2910	343 6426
2661	375 7985	2711	368 8675	2761	362 1876	2811	355 7452	2861	349 5284	2911	343 5245
2662	375 6574	2712	368 7315	2762	362 0564	2812	355 6187	2862	349 4060	2912	343 4065
2663	375 5163	2713	368 5956	2763	361 9254	2813	355 4923	2863	349 2839	2913	343 2887
2664	375 3753	2714	368 4598	2764	361 7945	2814	355 3660	2864	349 1620	2914	343 1709
2665	375 2344	2715	368 3241	2765	361 6636	2815	355 2397	2865	349 0404	2915	343 0531
2666	375 0937	2716	368 1885	2766	361 5328	2816	355 1136	2866	348 9183	2916	342 9355
2667	374 9531	2717	368 0529	2767	361 4022	2817	354 9875	2867	348 7966	2917	342 8179
2668	374 8125	2718	367 9175	2768	361 2716	2818	354 8616	2868	348 6750	2918	342 7004
2669	374 6721	2719	367 7822	2769	361 1412	2819	354 7357	2869	348 5535	2919	342 5830
2670	374 5318	2720	367 6470	2770	361 0108	2820	354 6099	2870	348 4320	2920	342 4657
2671	374 3916	2721	367 5119	2771	360 8805	2821	354 4842	2871	348 3106	2921	342 3485
2672	374 2514	2722	367 3769	2772	360 7503	2822	354 3586	2872	348 1894	2922	342 2313
2673	374 1114	2723	367 2420	2773	360 6202	2823	354 2330	2873	348 0682	2923	342 1142
2674	373 9715	2724	367 1071	2774	360 4902	2824	354 1076	2874	347 9474	2924	341 9972
2675	373 8316	2725	366 9724	2775	360 3603	2825	353 9822	2875	347 8260	2925	341 8803
2676	373 6920	2726	366 8378	2776	360 2305	2826	353 8570	2876	347 7054	2926	341 7634
2677	373 5524	2727	366 7033	2777	360 1008	2827	353 7318	2877	347 5842	2927	341 6467
2678	373 4129	2728	366 5689	2778	359 9712	2828	353 6067	2878	347 4635	2928	341 5300
2679	373 2736	2729	366 4345	2779	359 8416	2829	353 4817	2879	347 3428	2929	341 4134
2680	373 1343	2730	366 3003	2780	359 7122	2830	353 3568	2880	347 2222	2930	341 2969
2681	372 9954	2731	366 1662	2781	359 5828	2831	353 2320	2881	347 1017	2931	341 1804
2682	372 8560	2732	366 0322	2782	359 4536	2832	353 1073	2882	346 9812	2932	341 0644
2683	372 7171	2733	365 8982	2783	359 3244	2833	352 9827	2883	346 8609	2933	340 9478
2684	372 5782	2734	365 7644	2784	359 1954	2834	352 8581	2884	346 7406	2934	340 8346
2685	372 4394	2735	365 6306	2785	359 0664	2835	352 7336	2885	346 6204	2935	340 7154
2686	372 3008	2736	365 4970	2786	358 9375	2836	352 6093	2886	346 5003	2936	340 5994
2687	372 1622	2737	365 3635	2787	358 8087	2837	352 4850	2887	346 3803	2937	340 4834
2688	372 0238	2738	365 2300	2788	358 6800	2838	352 3608	2888	346 2603	2938	340 3675
2689	371 8854	2739	365 0967	2789	358 5514	2839	352 2367	2889	346 1405	2939	340 2517
2690	371 7472	2740	364 9635	2790	358 4229	2840	352 1126	2890	346 0207	2940	340 1360

DIVISEURS : 2941 à 3240.

DIVISEUR	Nombre à multiplier par le dividende	DIVISEUR	Nombre à multiplier par le dividende	DIVISEUR	Nombre à multiplier par le dividende	DIVISEUR	Nombre à multiplier par le dividende	DIVISEUR	Nombre à multiplier par le dividende	DIVISEUR	Nombre à multiplier par le dividende
2941	340 0204	2991	334 3363	3041	328 8391	3091	323 5198	3141	318 3699	3191	313 3813
2942	339 9048	2992	334 2345	3042	328 7310	3092	323 4152	3142	318 2686	3192	313 2832
2943	339 7893	2993	334 1129	3043	328 6230	3093	323 3107	3143	318 1673	3193	313 1850
2944	339 6739	2994	334 0013	3044	328 5151	3094	323 2062	3144	318 0664	3194	313 0870
2945	339 5585	2995	333 8898	3045	328 4072	3095	323 1017	3145	317 9650	3195	312 9890
2946	339 4433	2996	333 7783	3046	328 2994	3096	322 9974	3146	317 8639	3196	312 8911
2947	339 3281	2997	333 6670	3047	328 1946	3097	322 8931	3147	317 7629	3197	312 7932
2948	339 2130	2998	333 5557	3048	328 0839	3098	322 7888	3148	317 6620	3198	312 6954
2949	339 0979	2999	333 4444	3049	327 9763	3099	322 6847	3149	317 5611	3199	312 5976
2950	338 9830	3000	333 3333	3050	327 8688	3100	322 5806	3150	317 4603	3200	312 5000
2951	338 8681	3001	333 2222	3051	327 7613	3101	322 4766	3151	317 3595	3201	312 4024
2952	338 7533	3002	333 1112	3052	327 6539	3102	322 3726	3152	317 2588	3202	312 3048
2953	338 6386	3003	333 0003	3053	327 5466	3103	322 2687	3153	317 1582	3203	312 2073
2954	338 5240	3004	332 8894	3054	327 4393	3104	322 1648	3154	317 0577	3204	312 1038
2955	338 4094	3005	332 7787	3055	327 3322	3105	322 0611	3155	316 9572	3205	312 0124
2956	338 2949	3006	332 6679	3056	327 2251	3106	321 9575	3156	316 8567	3206	311 9151
2957	338 1805	3007	332 5573	3057	327 1180	3107	321 8538	3157	316 7564	3207	311.8178
2958	338 0662	3008	332 4468	3058	327 0111	3108	321 7502	3158	316 6561	3208	311 7206
2959	337 9520	3009	332 3363	3059	326 9042	3109	321 6468	3159	316 5558	3209	311 6235
2960	337 8378	3010	332 2259	3060	326 7973	3110	321 5434	3160	316 4556	3210	311 5264
2961	337 7237	3011	332 1155	3061	326 6906	3111	321 4400	3161	316 3555	3211	311 4294
2962	337 6097	3012	332 0052	3062	326 5839	3112	321 3367	3162	316 2555	3212	311 3325
2963	337 4957	3013	331 8951	3063	326 4773	3113	321 2335	3163	316 1555	3213	311 2356
2964	337 3818	3014	331 7850	3064	326 3707	3114	321 1303	3164	316 0556	3214	311 1387
2965	337 2681	3015	331 6749	3065	326 2642	3115	321 0272	3165	315 9557	3215	311 0419
2966	337 1544	3016	331 5649	3066	326 1578	3116	320 9242	3166	315 8559	3216	310 9452
2967	337 0407	3017	331 4550	3067	326 0515	3117	320 8213	3167	315 7562	3217	310 8486
2968	336 9272	3018	331 3452	3068	325 9452	3118	320 7184	3168	315 6565	3218	310 7520
2969	336 8137	3019	331 2355	3069	325 8390	3119	320 6155	3169	315 5569	3219	310 6555
2970	336 7003	3020	331 1258	3070	325 7328	3120	320 5128	3170	315 4574	3220	310 5590
2971	336 5870	3021	331 0162	3071	325 6268	3121	320 4101	3171	315 3579	3221	310 4625
2972	336 4737	3022	330 9066	3072	325 5208	3122	320 3074	3172	315 2585	3222	310 3661
2973	336 3605	3023	330 7972	3073	325 4149	3123	320 2048	3173	315 1591	3223	310 2699
2974	336 2474	3024	330 6878	3074	325 3090	3124	320 1024	3174	315 0598	3224	310 1737
2975	336 1344	3025	330 5785	3075	325 2032	3125	320 0000	3175	314 9606	3225	310 0775
2976	336 0215	3026	330 4692	3076	325 0975	3126	319 8976	3176	314 8614	3226	309 9814
2977	335 9086	3027	330 3600	3077	324 9918	3127	319 7953	3177	314 7623	3227	309 8853
2978	335 7958	3028	330 2509	3078	324 8862	3128	319 6931	3178	314 6633	3228	309 7893
2979	335 6831	3029	330 1419	3079	324 7807	3129	319 5909	3179	314 5643	3229	309 6934
2980	335 5704	3030	330 0330	3080	324 6753	3130	319 4888	3180	314 4654	3230	309 5975
2981	335 4579	3031	329 9244	3081	324 5699	3131	319 3867	3181	314 3665	3231	309 5017
2982	335 3454	3032	329 8153	3082	324 4646	3132	319 2847	3182	314 2677	3232	309 4059
2983	335 2329	3033	329 7065	3083	324 3593	3133	319 1828	3183	314 1690	3233	309 3102
2984	335 1206	3034	329 5978	3084	324 2542	3134	319 0810	3184	314 0703	3234	309 2146
2985	335 0083	3035	329 4892	3085	324 1491	3135	318 9792	3185	313 9717	3235	309 1190
2986	334 8961	3036	329 3807	3086	324 0441	3136	318 8775	3186	313 8732	3236	309 0234
2987	334 7840	3037	329 2723	3087	323 9391	3137	318 7759	3187	313 7747	3237	308 9280
2988	334 6720	3038	329 1639	3088	323 8344	3138	318 6743	3188	313 6763	3238	308 8326
2989	334 5600	3039	329 0556	3089	323 7293	3139	318 5727	3189	313 5779	3239	308 7372
2990	334 4481	3040	328 9473	3090	323 6245	3140	318 4713	3190	313 4796	3240	308 6419

DIVISEURS : 3241 à 3540.

DIVISEUR	Nombre à multiplier par le dividende	DIVISEUR	Nombre à multiplier par le dividende	DIVISEUR	Nombre à multiplier par le dividende	DIVISEUR	Nombre à multiplier par le dividende	DIVISEUR	Nombre à multiplier par le dividende	DIVISEUR	Nombre à multiplier par le dividende
3241	308 5467	3291	303 8590	3341	299 3115	3391	294 8982	3441	290 6131	3491	286 4508
3242	308 4515	3292	303 7667	3342	299 2220	3392	294 8113	3442	290 5287	3492	286 3688
3243	308 3564	3293	303 6744	3343	299 1325	3393	294 7244	3443	290 4443	3493	286 2868
3244	308 2613	3294	303 5822	3344	299 0430	3394	294 6376	3444	290 3600	3494	286 2049
3245	308 1664	3295	303 4901	3345	298 9536	3395	294 5508	3445	290 2757	3495	286 1230
3246	308 0714	3296	303 3980	3346	298 8643	3396	294 4640	3446	290 1915	3496	286 0411
3247	307 9765	3297	303 3060	3347	298 7750	3397	294 3773	3447	290 1073	3497	285 9593
3248	307 8847	3298	303 2140	3348	298 6857	3398	294 2907	3448	290 0232	3498	285 8776
3249	307 7870	3299	303 1221	3349	298 5965	3399	294 2041	3449	289 9391	3499	285 7959
3250	307 6923	3300	303 0303	3350	298 5074	3400	294 1176	3450	289 8550	3500	285 7142
3251	307 5976	3301	302 9385	3351	298 4183	3401	294 0311	3451	289 7710	3501	285 6326
3252	307 5030	3302	302 8467	3352	298 3293	3402	293 9447	3452	289 6871	3502	285 5511
3253	307 4085	3303	302 7550	3353	298 2403	3403	293 8583	3453	289 6032	3503	285 4695
3254	307 3140	3304	302 6634	3354	298 1514	3404	293 7720	3454	289 5194	3504	285 3881
3255	307 2196	3305	302 5718	3355	298 0625	3405	293 6857	3455	289 4356	3505	285 3067
3256	307 1253	3306	302 4803	3356	297 9737	3406	293 5995	3456	289 3518	3506	285 2253
3257	307 0310	3307	302 3888	3357	297 8850	3407	293 5133	3457	289 2681	3507	285 1439
3258	306 9367	3308	302 2974	3358	297 7963	3408	293 4272	3458	289 1844	3508	285 0627
3259	306 8425	3309	302 2061	3359	297 7076	3409	293 3411	3459	289 1008	3509	284 9814
3260	306 7484	3310	302 1148	3360	297 6198	3410	293 2551	3460	289 0173	3510	284 9002
3261	306 6544	3311	302 0235	3361	297 5304	3411	293 1691	3461	288 9338	3511	284 8190
3262	306 5604	3312	301 9323	3362	297 4419	3412	293 0832	3462	288 8503	3512	284 7380
3263	306 4664	3313	301 8412	3363	297 3535	3413	292 9973	3463	288 7669	3513	284 6569
3264	306 3725	3314	301 7501	3364	297 2651	3414	292 9115	3464	288 6836	3514	284 5759
3265	306 2787	3315	301 6591	3365	297 1768	3415	292 8257	3465	288 6003	3515	284 4950
3266	306 1849	3316	301 5681	3366	297 0885	3416	292 7400	3466	288 5170	3516	284 4141
3267	306 0912	3317	301 4772	3367	297 0002	3417	292 6543	3467	288 4338	3517	284 3332
3268	305 9975	3318	301 3863	3368	296 9121	3418	292 5687	3468	288 3506	3518	284 2524
3269	305 9039	3319	301 2955	3369	296 8239	3419	292 4831	3469	288 2675	3519	284 1716
3270	305 8103	3320	301 2048	3370	296 7359	3420	292 3976	3470	288 1844	3520	284 0909
3271	305 7169	3321	301 1141	3371	296 6478	3421	292 3121	3471	288 1014	3521	284 0102
3272	305 6234	3322	301 0234	3372	296 5598	3422	292 2267	3472	288 0184	3522	283 9295
3273	305 5300	3323	300 9328	3373	296 4719	3423	292 1413	3473	287 9355	3523	283 8489
3274	305 4367	3324	300 8423	3374	296 3841	3424	292 0560	3474	287 8526	3524	283 7684
3275	305 3435	3325	300 7518	3375	296 2963	3425	291 9708	3475	287 7697	3525	283 6879
3276	305 2503	3326	300 6614	3376	296 2085	3426	291 8856	3476	287 6869	3526	283 6074
3277	305 1571	3327	300 5710	3377	296 1208	3427	291 8004	3477	287 6042	3527	283 5270
3278	305 0640	3328	300 4807	3378	296 0331	3428	291 7152	3478	287 5215	3528	283 4467
3279	304 9710	3329	300 3905	3379	295 9455	3429	291 6301	3479	287 4389	3529	283 3663
3280	304 8780	3330	300 3003	3380	295 8579	3430	291 5451	3480	287 3563	3530	283 2861
3281	304 7851	3331	300 2101	3381	295 7704	3431	291 4602	3481	287 2737	3531	283 2058
3282	304 6922	3332	300 1200	3382	295 6830	3432	291 3753	3482	287 1912	3532	283 1257
3283	304 5994	3333	300 0300	3383	295 5956	3433	291 2904	3483	287 1087	3533	283 0455
3284	304 5066	3334	299 9400	3384	295 5082	3434	291 2056	3484	287 0263	3534	282 9654
3285	304 4139	3335	299 8500	3385	295 4209	3435	291 1208	3485	286 9440	3535	282 8854
3286	304 3213	3336	299 7601	3386	295 3337	3436	291 0361	3486	286 8617	3536	282 8054
3287	304 2287	3337	299 6703	3387	295 2465	3437	290 9514	3487	286 7794	3537	282 7254
3288	304 1362	3338	299 5805	3388	295 1593	3438	290 8668	3488	286 6972	3538	282 6455
3289	304 0437	3339	299 4908	3389	295 0722	3439	290 7822	3489	286 6150	3539	282 5656
3290	303 9513	3340	299 4011	3390	294 9852	3440	290 6976	3490	286 5329	3540	282 4858

Diviseurs : **3541 à 3840.**

DIVISEUR	Nombre à multiplier par le dividende	DIVISEUR	Nombre à multiplier par le dividende	DIVISEUR	Nombre à multiplier par le dividende	DIVISEUR	Nombre à multiplier par le dividende	DIVISEUR	Nombre à multiplier par le dividende	DIVISEUR	Nombre à multiplier par le dividende
3541	282 4060	3591	278 4739	3641	274 6498	3691	270 9292	3741	267 3082	3791	263 7826
3542	282 3265	3592	278 3964	3642	274 5744	3692	270 8558	3742	267 2367	3792	263 7130
3543	282 2466	3593	278 3189	3643	274 4990	3693	270 7825	3743	267 1653	3793	263 6435
3544	282 1670	3594	278 2415	3644	274 4237	3694	270 7092	3744	267 0940	3794	263 5740
3545	282 0874	3595	278 1641	3645	274 3484	3695	270 6359	3745	267 0226	3795	263 5046
3546	282 0078	3596	278 0867	3646	274 2731	3696	270 5627	3746	266 9514	3796	263 4352
3547	281 9283	3597	278 0094	3647	274 1979	3697	270 4895	3747	266 8801	3797	263 3658
3548	281 8489	3598	277 9321	3648	274 1227	3698	270 4164	3748	266 8089	3798	263 2964
3549	281 7695	3599	277 8549	3649	274 0476	3699	270 3433	3749	266 7377	3799	263 2271
3550	281 6901	3600	277 7777	3650	273 9726	3700	270 2702	3750	266 6666	3800	263 1578
3551	281 6108	3601	277 7006	3651	273 8975	3701	270 1972	3751	266 5955	3801	263 0886
3552	281 5315	3602	277 6235	3652	273 8225	3702	270 1242	3752	266 5245	3802	263 0194
3553	281 4522	3603	277 5464	3653	273 7476	3703	270 0513	3753	266 4535	3803	262 9503
3554	281 3731	3604	277 4694	3654	273 6727	3704	269 9784	3754	266 3825	3804	262 8811
3555	281 2939	3605	277 3925	3655	273 5978	3705	269 9055	3755	266 3115	3805	262 8120
3556	281 2147	3606	277 3156	3656	273 5229	3706	269 8327	3756	266 2406	3806	262 7430
3557	281 1357	3607	277 2387	3657	273 4484	3707	269 7599	3757	266 1698	3807	262 6740
3558	281 0567	3608	277 1618	3658	273 3734	3708	269 6871	3758	266 0990	3808	262 6050
3559	280 9778	3609	277 0850	3659	273 2987	3709	269 6144	3759	266 0282	3809	262 5360
3560	280 8988	3610	277 0083	3660	273 2240	3710	269 5417	3760	265 9574	3810	262 4671
3561	280 8199	3611	276 9315	3661	273 1494	3711	269 4691	3761	265 8867	3811	262 3983
3562	280 7411	3612	276 8549	3662	273 0748	3712	269 3965	3762	265 8160	3812	262 3294
3563	280 6623	3613	276 7783	3663	273 0002	3713	269 3239	3763	265 7454	3813	262 2606
3564	280 5836	3614	276 7017	3664	272 9257	3714	269 2514	3764	265 6748	3814	262 1919
3565	280 5049	3615	276 6251	3665	272 8512	3715	269 1790	3765	265 6042	3815	262 1231
3566	280 4262	3616	276 5486	3666	272 7768	3716	269 1066	3766	265 5337	3816	262 0545
3567	280 3476	3617	276 4722	3667	272 7024	3717	269 0341	3767	265 4632	3817	261 9858
3568	280 2690	3618	276 3958	3668	272 6281	3718	268 9618	3768	265 3927	3818	261 9172
3569	280 1905	3619	276 3194	3669	272 5538	3719	268 8894	3769	265 3223	3819	261 8486
3570	280 1120	3620	276 2430	3670	272 4795	3720	268 8172	3770	265 2519	3820	261 7801
3571	280 0336	3621	276 1668	3671	272 4053	3721	268 7449	3771	265 1815	3821	261 7115
3572	279 9552	3622	276 0905	3672	272 3311	3722	268 6727	3772	265 1112	3822	261 6434
3573	279 8768	3623	276 0143	3673	272 2570	3723	268 6005	3773	265 0410	3823	261 5746
3574	279 7985	3624	275 9381	3674	272 1829	3724	268 5284	3774	264 9708	3824	261 5062
3575	279 7202	3625	275 8620	3675	272 1088	3725	268 4563	3775	264 9006	3825	261 4378
3576	279 6420	3626	275 7859	3676	272 0348	3726	268 3843	3776	264 8305	3826	261 3695
3577	279 5638	3627	275 7099	3677	271 9608	3727	268 3123	3777	264 7604	3827	261 3012
3578	279 4857	3628	275 6339	3678	271 8868	3728	268 2403	3778	264 6903	3828	261 2330
3579	279 4076	3629	275 5580	3679	271 8129	3729	268 1684	3779	264 6202	3829	261 1647
3580	279 3296	3630	275 4820	3680	271 7391	3730	268 0965	3780	264 5502	3830	261 0966
3581	279 2516	3631	275 4062	3681	271 6653	3731	268 0246	3781	264 4802	3831	261 0284
3582	279 1736	3632	275 3304	3682	271 5915	3732	267 9528	3782	264 4103	3832	260 9603
3583	279 0957	3633	275 2546	3683	271 5177	3733	267 8810	3783	264 3404	3833	260 8922
3584	279 0178	3634	275 1788	3684	271 4440	3734	267 8093	3784	264 2706	3834	260 8241
3585	278 9400	3635	275 1031	3685	271 3704	3735	267 7376	3785	264 2007	3835	260 7561
3586	278 8622	3636	275 0275	3686	271 2968	3736	267 6659	3786	264 1310	3836	260 6882
3587	278 7844	3637	274 9518	3687	271 2232	3737	267 5943	3787	264 0612	3837	260 6202
3588	278 7067	3638	274 8763	3688	271 1496	3738	267 5227	3788	263 9915	3838	260 5523
3589	278 6291	3639	274 8007	3689	271 0761	3739	267 4511	3789	263 9218	3839	260 4845
3590	278 5515	3640	274 7252	3690	271 0027	3740	267 3796	3790	263 8522	3840	260 4166

Diviseurs : 3841 à 4140.

DIVISEUR	Nombre à multiplier par le dividende	DIVISEUR	Nombre à multiplier par le dividende	DIVISEUR	Nombre à multiplier par le dividende	DIVISEUR	Nombre à multiplier par le dividende	DIVISEUR	Nombre à multiplier par le dividende	DIVISEUR	Nombre à multiplier par le dividende
3841	260 3488	3891	257 0033	3941	253 7427	3991	250 5637	4041	247 4634	4091	244 4390
3842	260 2844	3892	256 9373	3942	253 6783	3992	250 5010	4042	247 4022	4092	244 3792
3843	260 2133	3893	256 8713	3943	253 6139	3993	250 4382	4043	247 3410	4093	244 3195
3844	260 1456	3894	256 8053	3944	253 5496	3994	250 3755	4044	247 2799	4094	244 2598
3845	260 0780	3895	256 7394	3945	253 4854	3995	250 3128	4045	247 2187	4095	244 2002
3846	260 0104	3896	256 6735	3946	253 4212	3996	250 2502	4046	247 1576	4096	244 1406
3847	259 9428	3897	256 6076	3947	253 3569	3997	250 1876	4047	247 0966	4097	244 0810
3848	259 8752	3898	256 5418	3948	253 2927	3998	250 1250	4048	247 0355	4098	244 0214
3849	259 8077	3899	256 4760	3949	253 2286	3999	250 0625	4049	246 9745	4099	243 9619
3850	259 7402	3900	256 4102	3950	253 1645	4000	250 0000	4050	246 9135	4100	243 9024
3851	259 6728	3901	256 3445	3951	253 1004	4001	249 9375	4051	246 8525	4101	243 8429
3852	259 6054	3902	256 2788	3952	253 0364	4002	249 8750	4052	246 7947	4102	243 7835
3853	259 5350	3903	256 2131	3953	252 9724	4003	249 8126	4053	246 7308	4103	243 7241
3854	259 4706	3904	256 1475	3954	252 9084	4004	249 7502	4054	246 6699	4104	243 6647
3855	259 4033	3905	256 0819	3955	252 8445	4005	249 6878	4055	246 6091	4105	243 6053
3856	259 3360	3906	256 0163	3956	252 7806	4006	249 6255	4056	246 5483	4106	243 5460
3857	259 2688	3907	255 9508	3957	252 7167	4007	249 5632	4057	246 4875	4107	243 4867
3858	259 2016	3908	255 8853	3958	252 6528	4008	249 5009	4058	246 4268	4108	243 4274
3859	259 1344	3909	255 8199	3959	252 5890	4009	249 4387	4059	246 3661	4109	243 3682
3860	259 0673	3910	255 7544	3960	252 5252	4010	249 3765	4060	246 3054	4110	243 3090
3861	259 0002	3911	255 6890	3961	252 4614	4011	249 3143	4061	246 2447	4111	243 2498
3862	258 9331	3912	255 6237	3962	252 3977	4012	249 2522	4062	246 1841	4112	243 1906
3863	258 8661	3913	255 5583	3963	252 3340	4013	249 1901	4063	246 1235	4113	243 1315
3864	258 7991	3914	255 4931	3964	252 2704	4014	249 1280	4064	246 0629	4114	243 0724
3865	258 7322	3915	255 4278	3965	252 2068	4015	249 0660	4065	246 0024	4115	243 0133
3866	258 6653	3916	255 3626	3966	252 1432	4016	249 0039	4066	245 9419	4116	242 9543
3867	258 5984	3917	255 2974	3967	252 0796	4017	248 9419	4067	245 8814	4117	242 8953
3868	258 5315	3918	255 2322	3968	252 0161	4018	248 8800	4068	245 8210	4118	242 8363
3869	258 4647	3919	255 1674	3969	251 9526	4019	248 8181	4069	245 7606	4119	242 7773
3870	258 3979	3920	255 1020	3970	251 8891	4020	248 7562	4070	245 7002	4120	242 7184
3871	258 3311	3921	255 0369	3971	251 8257	4021	248 6943	4071	245 6398	4121	242 6595
3872	258 2644	3922	254 9719	3972	251 7623	4022	248 6325	4072	245 5795	4122	242 6006
3873	258 1977	3923	254 9069	3973	251 6989	4023	248 5707	4073	245 5192	4123	242 5418
3874	258 1311	3924	254 8419	3974	251 6356	4024	248 5089	4074	245 4590	4124	242 4830
3875	258 0645	3925	254 7770	3975	251 5723	4025	248 4472	4075	245 3987	4125	242 4242
3876	257 9979	3926	254 7121	3976	251 5090	4026	248 3855	4076	245 3385	4126	242 3654
3877	257 9313	3927	254 6473	3977	251 4458	4027	248 3238	4077	245 2783	4127	242 3067
3878	257 8648	3928	254 5824	3978	251 3826	4028	248 2621	4078	245 2182	4128	242 2480
3879	257 7984	3929	254 5176	3979	251 3194	4029	248 2005	4079	245 1581	4129	242 1893
3880	257 7319	3930	254 4529	3980	251 2562	4030	248 1389	4080	245 0980	4130	242 1307
3881	257 6656	3931	254 3881	3981	251 1931	4031	248 0774	4081	245 0379	4131	242 0721
3882	257 5992	3932	254 3234	3982	251 1300	4032	248 0158	4082	244 9779	4132	242 0135
3883	257 5329	3933	254 2588	3983	251 0670	4033	247 9543	4083	244 9179	4133	241 9549
3884	257 4665	3934	254 1942	3984	251 0040	4034	247 8929	4084	244 8579	4134	241 8964
3885	257 4002	3935	254 1296	3985	250 9410	4035	247 8314	4085	244 7980	4135	241 8379
3886	257 3340	3936	254 0650	3986	250 8780	4036	247 7700	4086	244 7384	4136	241 7794
3887	257 2678	3937	254 0005	3987	250 8151	4037	247 7086	4087	244 6782	4137	241 7210
3888	257 2016	3938	253 9360	3988	250 7522	4038	247 6473	4088	244 6183	4138	241 6626
3889	257 1355	3939	253 8715	3989	250 6893	4039	247 5860	4089	244 5585	4139	241 6042
3890	257 0694	3940	253 8071	3990	250 6265	4040	247 5247	4090	244 4987	4140	241 5458

DIVISEURS : **4141** A **4440**.

DIVISEUR	Nombre à multiplier par le dividende	DIVISEUR	Nombre à multiplier par le dividende	DIVISEUR	Nombre à multiplier par le dividende	DIVISEUR	Nombre à multiplier par le dividende	DIVISEUR	Nombre à multiplier par le dividende	DIVISEUR	Nombre à multiplier par le dividende
4141	241 4875	4191	238 6065	4241	235 7934	4291	233 0459	4341	230 3616	4391	227 7385
4142	241 4292	4192	238 5496	4242	235 7378	4292	232 9916	4342	230 3086	4392	227 6867
4143	241 3709	4193	238 4927	4243	235 6823	4293	232 9373	4343	230 2555	4393	227 6348
4144	241 3127	4194	238 4358	4244	235 6267	4294	232 8830	4344	230 2025	4394	227 5830
4145	241 2545	4195	238 3790	4245	235 5712	4295	232 8288	4345	230 1496	4395	227 5312
4146	241 1963	4196	238 3222	4246	235 5157	4296	232 7746	4346	230 0966	4396	227 4795
4147	241 1381	4197	238 2654	4247	235 4603	4297	232 7205	4347	230 0437	4397	227 4277
4148	241 0800	4198	238 2086	4248	235 4048	4298	232 6664	4348	229 9908	4398	227 3760
4149	241 0219	4199	238 1519	4249	235 3494	4299	232 6122	4349	229 9379	4399	227 3243
4150	240 9638	4200	238 0952	4250	235 2941	4300	232 5581	4350	229 8850	4400	227 2727
4151	240 9058	4201	238 0385	4251	235 2387	4301	232 5040	4351	229 8322	4401	227 2210
4152	240 8477	4202	237 9819	4252	235 1834	4302	232 4500	4352	229 7794	4402	227 1694
4153	240 7897	4203	237 9252	4253	235 1281	4303	232 3960	4353	229 7266	4403	227 1178
4154	240 7318	4204	237 8686	4254	235 0728	4304	232 3420	4354	229 6738	4404	227 0663
4155	240 6738	4205	237 8121	4255	235 0176	4305	232 2880	4355	229 6211	4405	227 0147
4156	240 6159	4206	237 7555	4256	234 9623	4306	232 2344	4356	229 5684	4406	226 9632
4157	240 5580	4207	237 6989	4257	234 9071	4307	232 1802	4357	229 5157	4407	226 9117
4158	240 5002	4208	237 6425	4258	234 8520	4308	232 1263	4358	229 4630	4408	226 8602
4159	240 4424	4209	237 5861	4259	234 7969	4309	232 0724	4359	229 4104	4409	226 8088
4160	240 3846	4210	237 5296	4260	234 7417	4310	232 0185	4360	229 3577	4410	226 7573
4161	240 3268	4211	237 4732	4261	234 6866	4311	231 9646	4361	229 3052	4411	226 7059
4162	240 2691	4212	237 4168	4262	234 6316	4312	231 9108	4362	229 2526	4412	226 6545
4163	240 2113	4213	237 3605	4263	234 5765	4313	231 8571	4363	229 2000	4413	226 6032
4164	240 1536	4214	237 3042	4264	234 5215	4314	231 8034	4364	229 1475	4414	226 5518
4165	240 0960	4215	237 2479	4265	234 4665	4315	231 7497	4365	229 0950	4415	226 5005
4166	240 0384	4216	237 1916	4266	234 4116	4316	231 6960	4366	229 0426	4416	226 4492
4167	239 9807	4217	237 1354	4267	234 3566	4317	231 6423	4367	228 9901	4417	226 3980
4168	239 9231	4218	237 0794	4268	234 3017	4318	231 5886	4368	228 9376	4418	226 3467
4169	239 8656	4219	237 0229	4269	234 2468	4319	231 5350	4369	228 8853	4419	226 2954
4170	239 8081	4220	236 9668	4270	234 1920	4320	231 4814	4370	228 8329	4420	226 2442
4171	239 7506	4221	236 9106	4271	234 1372	4321	231 4279	4371	228 7805	4421	226 1931
4172	239 6931	4222	236 8545	4272	234 0824	4322	231 3743	4372	228 7282	4422	226 1420
4173	239 6357	4223	236 7984	4273	234 0276	4323	231 3208	4373	228 6759	4423	226 0908
4174	239 5783	4224	236 7423	4274	233 9728	4324	231 2673	4374	228 6236	4424	226 0397
4175	239 5209	4225	236 6863	4275	233 9181	4325	231 2138	4375	228 5714	4425	225 9887
4176	239 4636	4226	236 6303	4276	233 8634	4326	231 1604	4376	228 5191	4426	225 9376
4177	239 4062	4227	236 5744	4277	233 8087	4327	231 1070	4377	228 4669	4427	225 8866
4178	239 3489	4228	236 5184	4278	233 7540	4328	231 0536	4378	228 4148	4428	225 8355
4179	239 2916	4229	236 4625	4279	233 6994	4329	231 0002	4379	228 3626	4429	225 7846
4180	239 2344	4230	236 4066	4280	233 6448	4330	230 9468	4380	228 3105	4430	225 7336
4181	239 1772	4231	236 3507	4281	233 5902	4331	230 8935	4381	228 2583	4431	225 6826
4182	239 1200	4232	236 2948	4282	233 5357	4332	230 8402	4382	228 2063	4432	225 6317
4183	239 0628	4233	236 2390	4283	233 4812	4333	230 7869	4383	228 1542	4433	225 5808
4184	239 0056	4234	236 1832	4284	233 4267	4334	230 7337	4384	228 1021	4434	225 5299
4185	238 9485	4235	236 1275	4285	233 3722	4335	230 6805	4385	228 0501	4435	225 4791
4186	238 8915	4236	236 0717	4286	233 3177	4336	230 6273	4386	227 9981	4436	225 4283
4187	238 8344	4237	236 0160	4287	233 2633	4337	230 5741	4387	227 9462	4437	225 3774
4188	238 7774	4238	235 9603	4288	233 2089	4338	230 5209	4388	227 8942	4438	225 3267
4189	238 7204	4239	235 9046	4289	233 1545	4339	230 4678	4389	227 8423	4439	225 2759
4190	238 6634	4240	235 8490	4290	233 1002	4340	230 4147	4390	227 7904	4440	225 2252

DIVISEURS : 4441 A 4740.

DIVISEUR	Nombre à multiplier par le dividende	DIVISEUR	Nombre à multiplier par le dividende	DIVISEUR	Nombre à multiplier par le dividende	DIVISEUR	Nombre à multiplier par le dividende	DIVISEUR	Nombre à m ltiplier par le dividende	DIVISEUR	Nombre à multiplier par le dividende
4441	225 1745	4491	222 6675	4541	220 2158	4591	217 8174	4641	215 4708	4691	213 1741
4442	225 1238	4492	222 6179	4542	220 1673	4592	217 7700	4642	215 4243	4692	213 1286
4443	225 0731	4493	222 5684	4543	220 1188	4593	217 7226	4643	215 3779	4693	213 0833
4444	225 0225	4494	222 5188	4544	220 0704	4594	217 6752	4644	215 3315	4694	213 0379
4445	224 9718	4495	222 4694	4545	220 0220	4595	217 6278	4645	215 2852	4695	212 9925
4446	224 9211	4496	222 4198	4546	219 9736	4596	217 5805	4646	215 2389	4696	212 9471
4447	224 8706	4497	222 3704	4547	219 9252	4597	217 5331	4647	215 1925	4697	212 9018
4448	224 8201	4498	222 3210	4548	219 8768	4598	217 4858	4648	215 1462	4698	212 8565
4449	224 7696	4499	222 2716	4549	219 8285	4599	217 4385	4649	215 1000	4699	212 8112
4450	224 7191	4500	222 2222	4550	219 7802	4600	217 3913	4650	215 0537	4700	212 7659
4451	224 6686	4501	222 1728	4551	219 7319	4601	217 3440	4651	215 0075	4701	212 7206
4452	224 6181	4502	222 1235	4552	219 6836	4602	217 2968	4652	214 9613	4702	212 6754
4453	224 5677	4503	222 0741	4553	219 6354	4603	217 2496	4653	214 9151	4703	212 6302
4454	224 5172	4504	222 0248	4554	219 5871	4604	217 2024	4654	214 8689	4704	212 5850
4455	224 4668	4505	221 9755	4555	219 5389	4605	217 1552	4655	214 8227	4705	212 5398
4456	224 4165	4506	221 9262	4556	219 4907	4606	217 1081	4656	214 7766	4706	212 4946
4457	224 3661	4507	221 8770	4557	219 4426	4607	217 0609	4657	214 7305	4707	212 4494
4458	224 3159	4508	221 8278	4558	219 3944	4608	217 0138	4658	214 6844	4708	212 4044
4459	224 2655	4509	221 7785	4559	219 3563	4609	216 9667	4659	214 6383	4709	212 3593
4460	224 2152	4510	221 7294	4560	219 2982	4610	216 9197	4660	214 5922	4710	212 3142
4461	224 1649	4511	221 6803	4561	219 2504	4611	216 8726	4661	214 5462	4711	212 2694
4462	224 1147	4512	221 6311	4562	219 2021	4612	216 8256	4662	214 5002	4712	212 2244
4463	224 0645	4513	221 5820	4563	219 1540	4613	216 7786	4663	214 4542	4713	212 1790
4464	224 0143	4514	221 5330	4564	219 1060	4614	216 7316	4664	214 4081	4714	212 1340
4465	223 9641	4515	221 4839	4565	219 0580	4615	216 6847	4665	214 3622	4715	212 0890
4466	223 9140	4516	221 4348	4566	219 0100	4616	216 6377	4666	214 3163	4716	212 0440
4467	223 8638	4517	221 3858	4567	218 9621	4617	216 5907	4667	214 2704	4717	211 9991
4468	223 8137	4518	221 3368	4568	218 9141	4618	216 5439	4668	214 2245	4718	211 9542
4469	223 7637	4519	221 2878	4569	218 8662	4619	216 4970	4669	214 1786	4719	211 9093
4470	223 7136	4520	221 2389	4570	218 8183	4620	216 4502	4670	214 1327	4720	211 8644
4471	223 6636	4521	221 1900	4571	218 7705	4621	216 4033	4671	214 0868	4721	211 8195
4472	223 6135	4522	221 1410	4572	218 7226	4622	216 3565	4672	214 0410	4722	211 7746
4473	223 5635	4523	221 0921	4573	218 6748	4623	216 3097	4673	213 9952	4723	211 7298
4474	223 5136	4524	221 0433	4574	218 6270	4624	216 2629	4674	213 9495	4724	211 6850
4475	223 4636	4525	220 9944	4575	218 5792	4625	216 2162	4675	213 9037	4725	211 6401
4476	223 4137	4526	220 9456	4576	218 5314	4626	216 1693	4676	213 8579	4726	211 5954
4477	223 3638	4527	220 8968	4577	218 4837	4627	216 1227	4677	213 8122	4727	211 5506
4478	223 3139	4528	220 8480	4578	218 4359	4628	216 0760	4678	213 7665	4728	211 5058
4479	223 2641	4529	220 7992	4579	218 3882	4629	216 0293	4679	213 7208	4729	211 4611
4480	223 2142	4530	220 7505	4580	218 3406	4630	215 9827	4680	213 6752	4730	211 4164
4481	223 1644	4531	220 7048	4581	218 2929	4631	215 9360	4681	213 6295	4731	211 3718
4482	223 1146	4532	220 6531	4582	218 2453	4632	215 8893	4682	213 5839	4732	211 3271
4483	223 0649	4533	220 6044	4583	218 1976	4633	215 8428	4683	213 5383	4733	211 2824
4484	223 0151	4534	220 5558	4584	218 1501	4634	215 7962	4684	213 4927	4734	211 2378
4485	222 9654	4535	220 5071	4585	218 1025	4635	215 7497	4685	213 4471	4735	211 1932
4486	222 9157	4536	220 4585	4586	218 0549	4636	215 7031	4686	213 4016	4836	211 1486
4487	222 8660	4537	220 4099	4587	218 0074	4637	215 6566	4687	213 3560	4737	211 1040
4488	222 8163	4538	220 3643	4588	217 9598	4638	215 6101	4688	213 3105	4738	211 0595
4489	222 7667	4539	220 3128	4589	217 9123	4639	215 5636	4689	213 2650	4739	211 0149
4490	222 7171	4540	220 2643	4590	217 8649	4640	215 5172	4690	213 2196	4740	210 9704

Diviseurs : 4741 A 5040.

DIVISEUR	Nombre à multiplier par le dividende	DIVISEUR	Nombre à multiplier par le dividende	DIVISEUR	Nombre à multiplier par le dividende	DIVISEUR	Nombre à multiplier par le dividende	DIVISEUR	Nombre à multiplier par le dividende	DIVISEUR	Nombre à multiplier par le dividende
4741	210 9259	4791	208 7246	4841	206 5688	4891	204 4571	4941	202 3884	4991	200 3606
4742	210 8844	4792	208 6811	4842	206 5264	4892	204 4153	4942	202 3472	4992	200 3205
4743	210 8370	4793	208 6375	4843	206 4835	4893	204 3735	4943	202 3062	4993	200 2803
4744	210 7925	4794	208 5940	4844	206 4409	4894	204 3318	4944	202 2653	4994	200 2402
4745	210 7481	4795	208 5505	4845	206 3983	4895	204 2900	4945	202 2244	4995	200 2002
4746	210 7036	4796	208 5070	4846	206 3557	4896	204 2483	4946	202 1835	4996	200 1601
4747	210 6593	4797	208 4635	4847	206 3131	4897	204 2066	4947	202 1427	4997	200 1200
4748	210 6149	4798	208 4201	4848	206 2706	4898	204 1649	4948	202 1018	4998	200 0800
4749	210 5706	4799	208 3767	4849	206 2280	4899	204 1232	4949	202 0610	4999	200 0400
4750	210 5263	4800	208 3333	4850	206 1855	4900	204 0816	4950	202 0202	5000	200 0000
4751	210 4820	4801	208 2899	4851	206 1430	4901	204 0399	4951	201 9793	5001	199 9600
4752	210 4376	4802	208 2465	4852	206 1005	4902	203 9983	4952	201 9386	5002	199 9200
4753	210 3934	4803	208 2032	4853	206 0581	4903	203 9567	4953	201 8978	5003	199 8800
4754	210 3491	4804	208 1598	4854	206 0156	4904	203 9151	4954	201 8570	5004	199 8400
4755	210 3049	4805	208 1165	4855	205 9732	4905	203 8735	4955	201 8163	5005	199 8001
4756	210 2607	4806	208 0731	4856	205 9308	4906	203 8320	4956	201 7756	5006	199 7602
4757	210 2165	4807	208 0299	4857	205 8884	4907	203 7905	4957	201 7349	5007	199 7203
4758	210 1723	4808	207 9866	4858	205 8460	4908	203 7489	4958	201 6942	5008	199 6805
4759	210 1284	4809	207 9434	4859	205 8036	4909	203 7074	4959	201 6535	5009	199 6406
4760	210 0840	4810	207 9002	4860	205 7613	4910	203 6659	4960	201 6129	5010	199 6007
4761	210 0398	4811	207 8569	4861	205 7189	4911	203 6245	4961	201 5722	5011	199 5609
4762	209 9958	4812	207 8137	4862	205 6766	4912	203 5830	4962	201 5316	5012	199 5211
4763	209 9547	4813	207 7706	4863	205 6343	4913	203 5416	4963	201 4910	5013	199 4813
4764	209 9075	4814	207 7274	4864	205 5921	4914	203 5004	4964	201 4504	5014	199 4415
4765	209 8635	4815	207 6842	4865	205 5498	4915	203 4587	4965	201 4098	5015	199 4017
4766	209 8195	4816	207 6411	4866	205 5076	4916	203 4174	4966	201 3693	5016	199 3620
4767	209 7755	4817	207 5980	4867	205 4653	4917	203 3760	4967	201 3287	5017	199 3223
4768	209 7315	4818	207 5550	4868	205 4231	4918	203 3346	4968	201 2881	5018	199 2825
4769	209 6875	4819	207 5119	4869	205 3809	4919	203 2933	4969	201 2477	5019	199 2428
4770	209 6436	4820	207 4688	4870	205 3388	4920	203 2520	4970	201 2072	5020	199 2031
4771	209 5996	4821	207 4258	4871	205 2966	4921	203 2107	4971	201 1667	5021	199 1635
4772	209 5557	4822	207 3828	4872	205 2545	4922	203 1694	4972	201 1263	5022	199 1238
4773	209 5118	4823	207 3398	4873	205 2123	4923	203 1281	4973	201 0858	5023	199 0842
4774	209 4679	4824	207 2968	4874	205 1702	4924	203 0869	4974	201 0453	5024	199 0445
4775	209 4240	4825	207 2538	4875	205 1282	4925	203 0456	4975	201 0030	5025	199 0049
4776	209 3801	4826	207 2109	4876	205 0861	4926	203 0043	4976	200 9646	5026	198 9653
4777	209 3364	4827	207 1680	4877	205 0440	4927	202 9632	4977	200 9242	5027	198 9258
4778	209 2925	4828	207 1251	4878	205 0020	4928	202 9220	4978	200 8838	5028	198 8861
4779	209 2487	4829	207 0822	4879	204 9599	4929	202 8809	4979	200 8435	5029	198 8466
4780	209 2050	4830	207 0393	4880	204 9180	4930	202 8397	4980	200 8032	5030	198 8071
4781	209 1612	4831	206 9964	4881	204 8760	4931	202 7986	4981	200 7628	5031	198 7676
4782	209 1175	4832	206 9536	4882	204 8340	4932	202 7575	4982	200 7226	5032	198 7281
4783	209 0738	4833	206 9107	4883	204 7921	4933	202 7163	4983	200 6823	5033	198 6886
4784	209 0301	4834	206 8680	4884	204 7501	4934	202 6753	4984	200 6420	5034	198 6491
4785	208 9864	4835	206 8252	4885	204 7082	4935	202 6342	4985	200 6018	5035	198 6097
4786	208 9427	4836	206 7824	4886	204 6663	4936	202 5931	4986	200 5615	5036	198 5702
4787	208 8991	4837	206 7397	4887	204 6244	4937	202 5521	4987	200 5243	5037	198 5308
4788	208 8554	4838	206 6969	4888	204 5826	4938	202 5111	4988	200 4841	5038	198 4914
4789	208 8118	4839	206 6542	4889	204 5408	4939	202 4701	4989	200 4409	5039	198 4520
4790	208 7682	4840	206 6115	4890	204 4989	4940	202 4291	4990	200 4008	5040	198 4126

Diviseurs : 5041 à 5340.

DIVISEUR	Nombre à multiplier par le dividende	DIVISEUR	Nombre à multiplier par le dividende	DIVISEUR	Nombre à multiplier par le dividende	DIVISEUR	Nombre à multiplier par le dividende	DIVISEUR	Nombre à multiplier par le dividende	DIVISEUR	Nombre à multiplier par le dividende
5041	198 3733	5091	196 4250	5141	194 5146	5191	192 6411	5241	190 8032	5291	189 0001
5042	198 3339	5092	196 3864	5142	194 4768	5192	192 6040	5242	190 7668	5292	188 9644
5043	198 2947	5093	196 3479	5143	194 4389	5193	192 5669	5243	190 7304	5293	188 9287
5044	198 2553	5094	196 3093	5144	194 4011	5194	192 5298	5244	190 6940	5294	188 8930
5045	198 2160	5095	196 2708	5145	194 3634	5195	192 4927	5245	190 6577	5295	188 8574
5046	198 1767	5096	196 2323	5146	194 3256	5196	192 4556	5246	190 6214	5296	188 8217
5047	198 1375	5097	196 1938	5147	194 2879	5197	192 4187	5247	190 5850	5297	188 7861
5048	198 0982	5098	196 1553	5148	194 2501	5198	192 3816	5248	190 5487	5298	188 7504
5049	198 0590	5099	196 1168	5149	194 2124	5199	192 3446	5249	190 5125	5299	188 7148
5050	198 0198	5100	196 0784	5150	194 1747	5200	192 3076	5250	190 4761	5300	188 6792
5051	197 9805	5101	196 0399	5151	194 1370	5201	192 2707	5251	190 4399	5301	188 6436
5052	197 9413	5102	196 0015	5152	194 0993	5202	192 2337	5252	190 4036	5302	188 6080
5053	197 9022	5103	195 9631	5153	194 0617	5203	192 1968	5253	190 3674	5303	188 5725
5054	197 8630	5104	195 9247	5154	194 0240	5204	192 1598	5254	190 3311	5304	188 5369
5055	197 8239	5105	195 8863	5155	193 9864	5205	192 1229	5255	190 2949	5305	188 5014
5056	197 7848	5106	195 8480	5156	193 9487	5206	192 0860	5256	190 2587	5306	188 4658
5057	197 7456	5107	195 8096	5157	193 9111	5207	192 0491	5257	190 2225	5307	188 4303
5058	197 7066	5108	195 7713	5158	193 8735	5208	192 0122	5258	190 1863	5308	188 3948
5059	197 6675	5109	195 7330	5159	193 8360	5209	191 9754	5259	190 1502	5309	188 3593
5060	197 6284	5110	195 6947	5160	193 7984	5210	191 9385	5260	190 1140	5310	188 3239
5061	197 5894	5111	195 6564	5161	193 7608	5211	191 9017	5261	190 0779	5311	188 2884
5062	197 5503	5112	195 6181	5162	193 7233	5212	191 8649	5262	190 0418	5312	188 2530
5063	197 5113	5113	195 5798	5163	193 6858	5213	191 8281	5263	190 0057	5313	188 2175
5064	197 4723	5114	195 5416	5164	193 6483	5214	191 7913	5264	189 9696	5314	188 1821
5065	197 4333	5115	195 5034	5165	193 6108	5215	191 7545	5265	189 9335	5315	188 1467
5066	197 3943	5116	195 4652	5166	193 5733	5216	191 7178	5266	189 8974	5316	188 1113
5067	197 3554	5117	195 4270	5167	193 5359	5217	191 6810	5267	189 8614	5317	188 0759
5068	197 3164	5118	195 3888	5168	193 4983	5218	191 6443	5268	189 8253	5318	188 0406
5069	197 2775	5119	195 3506	5169	193 4610	5219	191 6075	5269	189 7893	5319	188 0052
5070	197 2386	5120	195 3125	5170	193 4235	5220	191 5708	5270	189 7533	5320	187 9699
5071	197 1997	5121	195 2743	5171	193 3861	5221	191 5341	5271	189 7173	5321	187 9345
5072	197 1608	5122	195 2362	5172	193 3488	5222	191 4975	5272	189 6813	5322	187 8991
5073	197 1220	5123	195 1981	5173	193 3114	5223	191 4608	5273	189 6453	5323	187 8639
5074	197 0831	5124	195 1600	5174	193 2740	5224	191 4241	5274	189 6093	5324	187 8287
5075	197 0443	5125	195 1219	5175	193 2365	5225	191 3875	5275	189 5734	5325	187 7934
5076	197 0055	5126	195 0839	5176	193 1993	5226	191 3508	5276	189 5375	5326	187 7581
5077	196 9667	5127	195 0458	5177	193 1620	5227	191 3143	5277	189 5016	5327	187 7229
5078	196 9279	5128	195 0078	5178	193 1246	5228	191 2777	5278	189 4657	5328	187 6876
5079	196 8891	5129	194 9697	5179	193 0874	5229	191 2411	5279	189 4298	5329	187 6524
5080	196 8503	5130	194 9317	5180	193 0501	5230	191 2045	5280	189 3939	5330	187 6172
5081	196 8116	5131	194 8937	5181	193 0129	5231	191 1680	5281	189 3580	5331	187 5820
5082	196 7728	5132	194 8558	5182	192 9756	6232	191 1314	5282	189 3222	5332	187 5468
5083	196 7342	5133	194 8178	5183	192 9384	5233	191 0949	5283	189 2863	5333	187 5117
5084	196 6955	5134	194 7798	5184	192 9011	5234	191 0584	5284	189 2505	5334	187 4765
5085	196 6568	5135	194 7419	5185	192 8640	5235	191 0219	5285	189 2147	5335	187 4414
5086	196 6181	5136	194 7040	5186	192 8268	5236	190 9854	5286	189 1788	5336	187 4062
5087	196 5795	5137	194 6661	5187	192 7896	5237	190 9490	5287	189 1430	5337	187 3711
5088	196 5408	5138	194 6282	5188	192 7525	5238	190 9125	5288	189 1073	5338	187 3360
5089	196 5022	5139	194 5903	5189	192 7153	5239	190 8761	5289	189 0716	5339	187 3009
5090	196 4636	5140	194 5525	5190	192 6782	5240	190 8396	5290	189 0359	5340	187 2659

DIVISEURS : 5341 À 5640.

DIVISEUR	Nombre à multiplier par le dividende	DIVISEUR	Nombre à multiplier par le dividende	DIVISEUR	Nombre à multiplier par le dividende	DIVISEUR	Nombre à multiplier par le dividende	DIVISEUR	Nombre à multiplier par le dividende	DIVISEUR	Nombre à multiplier par le dividende
5341	187 2308	5391	185 4943	5441	183 7897	5491	182 1161	5541	180 4728	5591	178 8588
5342	187 1958	5392	185 4598	5442	183 7559	5492	182 0830	5542	180 4402	5592	178 8268
5343	187 1607	5393	185 4255	5443	183 7222	5493	182 0498	5543	180 4077	5593	178 7949
5344	187 1257	5394	185 3911	5444	183 6884	5494	182 0167	5544	180 3751	5594	178 7629
5345	187 0907	5395	185 3568	5445	183 6547	5495	181 9836	5545	180 3426	5595	178 7310
5346	187 0557	5396	185 3224	5446	183 6210	5496	181 9505	5546	180 3101	5596	178 6990
5347	187 0207	5397	185 2881	5447	183 5872	5497	181 9174	5547	180 2776	5597	178 6671
5348	186 9857	5398	185 2537	5448	183 5535	5498	181 8843	5548	180 2451	5598	178 6354
5349	186 9508	5399	185 2194	5449	183 5199	5499	181 8512	5549	180 2126	5599	178 6033
5350	186 9158	5400	185 1851	5450	183 4862	5500	181 8181	5550	180 1801	5600	178 5714
5351	186 8809	5401	185 1508	5451	183 4525	5501	181 7851	5551	180 1477	5601	178 5395
5352	186 8460	5402	185 1166	5452	183 4189	5502	181 7520	5552	180 1152	5602	178 5076
5353	186 8111	5403	185 0823	5453	183 3852	5503	181 7190	5553	180 0828	5603	178 4758
5354	186 7762	5404	185 0481	5454	183 3516	5504	181 6860	5554	180 0504	5604	178 4439
5355	186 7413	5405	185 0138	5455	183 3180	5505	181 6530	5555	180 0180	5605	178 4121
5356	186 7064	5406	184 9796	5456	183 2844	5506	181 6200	5556	179 9855	5606	178 3803
5357	186 6716	5407	184 9454	5457	183 2508	5507	181 5870	5557	179 9532	5607	178 3484
5358	186 6368	5408	184 9111	5458	183 2172	5508	181 5540	5558	179 9208	5608	178 3166
5359	186 6019	5409	184 8770	5459	183 1837	5509	181 5211	5559	179 8884	5609	178 2848
5360	186 5671	5410	184 8428	5460	183 1501	5510	181 4882	5560	179 8561	5610	178 2531
5361	186 5323	5411	184 8087	5461	183 1166	5511	181 4552	5561	179 8237	5611	178 2213
5362	186 4975	5412	184 7745	5462	183 0831	5512	181 4223	5562	179 7913	5612	178 1895
5363	186 4628	5413	184 7404	5463	183 0496	5513	181 3895	5563	179 7591	5613	178 1578
5364	186 4280	5414	184 7063	5464	183 0161	5514	181 3565	5564	179 7268	5614	178 1261
5365	186 3932	5415	184 6722	5465	182 9826	5515	181 3236	5565	179 6945	5615	178 0943
5366	186 3585	5416	184 6381	5466	182 9491	5516	181 2907	5566	179 6622	5616	178 0626
5367	186 3238	5417	184 6040	5467	182 9156	5517	181 2579	5567	179 6299	5617	178 0309
5368	186 2891	5418	184 5698	5468	182 8822	5518	181 2250	5568	179 5976	5618	177 9992
5369	186 2544	5419	184 5358	5469	182 8488	5519	181 1922	5569	179 5654	5619	177 9676
5370	186 2197	5420	184 5018	5470	182 8153	5520	181 1594	5570	179 5332	5620	177 9359
5371	186 1850	5421	184 4678	5471	182 7819	5521	181 1266	5571	179 5009	5621	177 9042
5372	186 1504	5422	184 4337	5472	182 7485	5522	181 0938	5572	179 4687	5622	177 8726
5373	186 1157	5423	184 3997	5473	182 7151	5523	181 0610	5573	179 4365	5623	177 8410
5374	186 0811	5424	184 3657	5474	182 6817	5524	181 0282	5574	179 4043	5624	177 8093
5375	186 0465	5425	184 3317	5475	182 6484	5525	180 9954	5575	179 3721	5625	177 7777
5376	186 0118	5426	184 2978	5476	182 6150	5526	180 9626	5576	179 3400	5626	177 7461
5377	185 9773	5427	184 2638	5477	182 5817	5527	180 9299	5577	179 3078	5627	177 7145
5378	185 9427	5428	184 2299	5478	182 5483	5528	180 8972	5578	179 2757	5628	177 6830
5379	185 9081	5429	184 1959	5479	182 5150	5529	180 8645	5579	179 2435	5629	177 6514
5380	185 8736	5430	184 1620	5480	182 4817	5530	180 8318	5580	179 2114	5630	177 6198
5381	185 8390	5431	184 1281	5481	182 4484	5531	180 7991	5581	179 1793	5631	177 5883
5382	185 8045	5432	184 0942	5482	182 4151	5532	180 7664	5582	179 1472	5632	177 5568
5383	185 7700	5433	184 0603	5483	182 3819	5533	180 7337	5583	179 1151	5633	177 5252
5384	185 7355	5434	184 0264	5484	182 3486	5534	180 7011	5584	179 0830	5634	177 4937
5385	185 7010	5435	183 9926	5485	182 3154	5535	180 6684	5585	179 0510	5635	177 4622
5386	185 6665	5436	183 9587	5486	182 2821	5536	180 6358	5586	179 0189	5636	177 4308
5387	185 6320	5437	183 9249	5487	182 2489	5537	180 6032	5587	178 9869	5637	177 3993
5388	185 5975	5438	183 8911	5488	182 2156	5538	180 5706	5588	178 9549	5638	177 3678
5389	185 5631	5439	183 8573	5489	182 1825	5539	180 5380	5589	178 9228	5639	177 3364
5390	185 5287	5440	183 8235	5490	182 1493	5540	180 5054	5590	178 8908	5640	177 3049

DIVISEURS : **5641** A **5940**.

DIVISEUR	Nombre à multiplier par le dividende	DIVISEUR	Nombre à multiplier par le dividende	DIVISEUR	Nombre à multiplier par le dividende	DIVISEUR	Nombre à multiplier par le dividende	DIVISEUR	Nombre à multiplier par le dividende	DIVISEUR	Nombre à multiplier par le dividende
5641	177 2735	5691	175 7160	5741	174 1856	5791	172 6817	5841	171 2035	5891	169 7504
5642	177 2421	5692	175 6851	5742	174 1553	5792	172 6519	5842	171 1742	5892	169 7216
5643	177 2107	5693	175 6543	5743	174 1250	5793	172 6221	5843	171 1449	5893	169 6928
5644	177 1793	5694	175 6234	5744	174 0947	5794	172 5923	5844	171 1156	5894	169 6640
5645	177 1479	5695	175 5926	5745	174 0644	5795	172 5625	5845	171 0863	5895	169 6352
5646	177 1165	5696	175 5617	5746	174 0341	5796	172 5327	5846	171 0571	5896	169 6065
5647	177 0851	5697	175 5309	5747	174 0038	5797	172 5030	5847	171 0278	5897	169 5777
5648	177 0538	5698	175 5001	5748	173 9735	5798	172 4732	5848	170 9986	5898	169 5489
5649	177 0224	5699	175 4693	5749	173 9432	5799	172 4435	5849	170 9693	5899	169 5202
5650	176 9911	5700	175 4385	5750	173 9130	5800	172 4137	5850	170 9401	5900	169 4915
5651	176 9598	5701	175 4078	5751	173 8828	5801	172 3840	5851	170 9109	5901	169 4628
5652	176 9285	5702	175 3770	5752	173 8525	5802	172 3543	5852	170 8817	5902	169 4340
5653	176 8972	5703	175 3463	5753	173 8223	5803	172 3246	5853	170 8525	5903	169 4053
5654	176 8659	5704	175 3155	5754	173 7921	5804	172 2949	5854	170 8233	5904	169 3766
5655	176 8346	5705	175 2848	5755	173 7619	5805	172 2652	5855	170 7941	5905	169 3480
5656	176 8033	5706	175 2541	5756	173 7317	5806	172 2356	5856	170 7650	5906	169 3193
5657	176 7721	5707	175 2234	5757	173 7015	5807	172 2059	5857	170 7358	5907	169 2906
5658	176 7408	5708	175 1927	5758	173 6714	5808	172 1763	5858	170 7067	5908	169 2620
5659	176 7096	5709	175 1620	5759	173 6412	5809	172 1466	5859	170 6775	5909	169 2333
5660	176 6784	5710	175 1313	5760	173 6111	5810	172 1170	5860	170 6484	5910	169 2047
5661	176 6472	5711	175 1006	5761	173 5809	5811	172 0874	5861	170 6193	5911	169 1761
5662	176 6160	5712	175 0700	5762	173 5508	5812	172 0578	5862	170 5901	5912	169 1474
5663	176 5848	5713	175 0393	5763	173 5207	5813	172 0282	5863	170 5611	5913	169 1188
5664	176 5536	5714	175 0087	5764	173 4906	5814	171 9986	5864	170 5320	5914	169 0902
5665	176 5225	5715	174 9781	5765	173 4605	5815	171 9690	5865	170 5029	5915	169 0617
5666	176 4913	5716	174 9475	5766	173 4304	5816	171 9394	5866	170 4739	5916	169 0331
5667	176 4602	5717	174 9169	5767	173 4003	5817	171 9099	5867	170 4448	5917	169 0045
5668	176 4290	5718	174 8863	5768	173 3703	5818	171 8803	5868	170 4158	5918	168 9760
5669	176 3979	5719	174 8557	5769	173 3402	5819	171 8508	5869	170 3867	5919	168 9474
5670	176 3668	5720	174 8251	5770	173 3102	5820	171 8213	5870	170 3577	5920	168 9189
5671	176 3357	5721	174 7946	5771	173 2801	5821	171 7917	5871	170 3287	5921	168 8903
5672	176 3046	5722	174 7640	5772	173 2501	5822	171 7622	5872	170 2997	5922	168 8618
5673	176 2735	5723	174 7335	5773	173 2201	5823	171 7327	5873	170 2707	5923	168 8333
5674	176 2425	5724	174 7030	5774	173 1901	5824	171 7032	5874	170 2417	5924	168 8048
5675	176 2114	5725	174 6724	5775	173 1601	5825	171 6738	5875	170 2127	5925	168 7763
5676	176 1803	5726	174 6419	5776	173 1301	5826	171 6443	5876	170 1837	5926	168 7479
5677	176 1493	5727	174 6114	5777	173 1002	5827	171 6148	5877	170 1548	5927	168 7195
5678	176 1183	5728	174 5810	5778	173 0702	5828	171 5854	5878	170 1258	5928	168 6909
5679	176 0873	5729	174 5505	5779	173 0403	5829	171 5560	5879	170 0969	5929	168 6625
5680	176 0563	5730	174 5200	5780	173 0103	5830	171 5265	5880	170 0680	5930	168 6340
5681	176 0253	5731	174 4896	5781	172 9804	5831	171 4971	5881	170 0391	5931	168 6056
5682	175 9943	5732	174 4591	5782	172 9505	5832	171 4677	5882	170 0102	5932	168 5772
5683	175 9633	5733	174 4287	5783	172 9205	5833	171 4383	5883	169 9813	5933	168 5487
5684	175 9324	5734	174 3983	5784	172 8906	5834	171 4089	5884	169 9524	5934	168 5203
5685	175 9014	5735	174 3679	5785	172 8608	5835	171 3796	5885	169 9235	5935	168 4919
5686	175 8705	5736	174 3375	5786	172 8309	5836	171 3502	5886	169 8946	5936	168 4636
5687	175 8396	5737	174 3071	5787	172 8011	5837	171 3208	5887	169 8658	5937	168 4352
5688	175 8086	5738	174 2767	5788	172 7712	5838	171 2915	5888	169 8369	5938	168 4068
5689	175 7778	5739	174 2463	5789	172 7414	5839	171 2622	5889	169 8081	5939	168 3785
5690	175 7469	5740	174 2160	5790	172 7115	5840	171 2328	5890	169 7792	5940	168 3501

DIVISEURS : 5941 A 6240.

DIVISEUR	Nombre à multiplier par le dividende	DIVISEUR	Nombre à multiplier par le dividende	DIVISEUR	Nombre à multiplier par le dividende	DIVISEUR	Nombre à multiplier par le dividende	DIVISEUR	Nombre à multiplier par le dividende	DIVISEUR	Nombre à multiplier par le dividende
5941	168 3218	5991	166 9170	6041	165 5355	6091	164 1766	6141	162 8399	6191	161 5247
5942	168 2935	5992	166 8891	6042	165 5081	6092	164 1497	6142	162 8134	6192	161 4986
5943	168 2654	5993	166 8613	6043	165 4807	6093	164 1227	6143	162 7869	6193	161 4726
5944	168 2368	5994	166 8335	6044	165 4533	6094	164 0958	6144	162 7603	6194	161 4465
5945	168 2085	5995	166 8056	6045	165 4259	6095	164 0689	6145	162 7339	6195	161 4205
5946	168 1802	5996	166 7778	6046	165 3986	6096	164 0419	6146	162 7074	6196	161 3944
5947	168 1520	5997	166 7500	6047	165 3712	6097	164 0150	6147	162 6809	6197	161 3684
5948	168 1237	5998	166 7222	6048	165 3438	6098	163 9881	6148	162 6545	6198	161 3423
5949	168 0954	5999	166 6944	6049	165 3165	6099	163 9613	6149	162 6280	6199	161 3163
5950	168 0672	6000	166 6666	6050	165 2892	6100	163 9344	6150	162 6016	6200	161 2903
5951	168 0389	6001	166 6388	6051	165 2619	6101	163 9075	6151	162 5751	6201	161 2643
5952	168 0107	6002	166 6111	6052	165 2346	6102	163 8806	6152	162 5487	6202	161 2383
5953	167 9825	6003	166 5833	6053	165 2073	6103	163 8538	6153	162 5223	6203	161 2123
5954	167 9543	6004	166 5556	6054	165 1800	6104	163 8269	6154	162 4959	6204	161 1863
5955	167 9261	6005	166 5278	6055	165 1527	6105	163 8001	6155	162 4695	6205	161 1603
5956	167 8979	6006	166 5001	6056	165 1254	6106	163 7733	6156	162 4431	6206	161 1343
5957	167 8697	6007	166 4724	6057	165 0982	6107	163 7465	6157	162 4167	6207	161 1084
5958	167 8415	6008	166 4446	6058	165 0709	6108	163 7196	6158	162 3903	6208	161 0824
5959	167 8133	6009	166 4170	6059	165 0437	6109	163 6929	6159	162 3640	6209	161 0565
5960	167 7852	6010	166 3893	6060	165 0165	6110	163 6661	6160	162 3376	6210	161 0305
5961	167 7570	6011	166 3616	6061	164 9892	6111	163 6393	6161	162 3113	6211	161 0046
5962	167 7289	6012	166 3339	6062	164 9620	6112	163 6125	6162	162 2849	6212	160 9787
5963	167 7008	6013	166 3063	6063	164 9348	6113	163 5858	6163	162 2586	6213	160 9528
5964	167 6726	6014	166 2786	6064	164 9076	6114	163 5590	6164	162 2323	6214	160 9269
5965	167 6445	6015	166 2510	6065	164 8804	6115	163 5322	6165	162 2060	6215	160 9010
5966	167 6164	6016	166 2234	6066	164 8532	6116	163 5055	6166	162 1796	6216	160 8751
5967	167 5884	6017	166 1957	6067	164 8261	6117	163 4788	6167	162 1533	6217	160 8492
5968	167 5603	6018	166 1681	6068	164 7989	6118	163 4521	6168	162 1271	6218	160 8234
5969	167 5322	6019	166 1406	6069	164 7717	6119	163 4253	6169	162 1008	6219	160 7975
5970	167 5041	6020	166 1129	6070	164 7446	6120	163 3986	6170	162 0745	6220	160 7717
5971	167 4761	6021	166 0853	6071	164 7175	6121	163 3719	6171	162 0482	6221	160 7458
5972	167 4480	6022	166 0577	6072	164 6903	6122	163 3453	6172	162 0220	6222	160 7200
5973	167 4200	6023	166 0302	6073	164 6632	6123	163 3186	6173	161 9957	6223	160 6944
5974	167 3920	6024	166 0026	6074	164 6361	6124	163 2919	6174	161 9695	6224	160 6683
5975	167 3640	6025	165 9751	6075	164 6090	6125	163 2653	6175	161 9433	6225	160 6425
5976	167 3360	6026	165 9475	6076	164 5819	6126	163 2386	6176	161 9170	6226	160 6167
5977	167 3080	6027	165 9200	6077	164 5548	6127	163 2120	6177	161 8908	6227	160 5909
5978	167 2800	6028	165 8925	6078	164 5278	6128	163 1853	6178	161 8646	6228	160 5651
5979	167 2520	6029	165 8649	6079	164 5007	6129	163 1587	6179	161 8384	6229	160 5394
5980	167 2240	6030	165 8374	6080	164 4736	6130	163 1321	6180	161 8122	6230	160 5136
5981	167 1961	6031	165 8099	6081	164 4466	6131	163 1055	6181	161 7861	6231	160 4878
5982	167 1681	6032	165 7824	6082	164 4195	6132	163 0789	6182	161 7599	6232	160 4621
5983	167 1402	6033	165 7550	6083	164 3925	6133	163 0523	6183	161 7337	6233	160 4363
5984	167 1122	6034	165 7275	6084	164 3655	6134	163 0257	6184	161 7076	6234	160 4106
5985	167 0843	6035	165 7000	6085	164 3385	6135	162 9991	6185	161 6814	6235	160 3849
5986	167 0564	6036	165 6726	6086	164 3115	6136	162 9726	6186	161 6553	6236	160 3592
5987	167 0285	6037	165 6451	6087	164 2845	6137	162 9460	6187	161 6292	6237	160 3334
5988	167 0006	6038	165 6177	6088	164 2575	6138	162 9195	6188	161 6031	6238	160 3077
5989	166 9727	6039	165 5903	6089	164 2305	6139	162 8929	6189	161 5769	6239	160 2820
5990	166 9449	6040	165 5629	6090	164 2036	6140	162 8664	6190	161 5508	6240	160 2564

Diviseurs : **6241** à **6540**.

DIVISEUR	Nombre à multiplier par le dividende	DIVISEUR	Nombre à multiplier par le dividende	DIVISEUR	Nombre à multiplier par le dividende	DIVISEUR	Nombre à multiplier par le dividende	DIVISEUR	Nombre à multiplier par le dividende	DIVISEUR	Nombre à multiplier par le dividende
6241	160 2307	6291	158 9572	6341	157 7038	6391	156 4700	6441	155 2553	6491	154 0594
6242	160 2050	6292	158 9319	6342	157 6789	6392	156 4455	6442	155 2312	6492	154 0357
6243	160 1794	6293	158 9067	6343	157 6541	6393	156 4210	6443	155 2072	6493	154 0120
6244	160 1537	6294	158 8814	6344	157 6292	6394	156 3966	6444	155 1830	6494	153 9882
6245	160 1281	6295	158 8562	6345	157 6044	6395	156 3721	6445	155 1590	6495	153 9645
6246	160 1024	6296	158 8310	6346	157 5795	6396	156 3476	6446	155 1349	6496	153 9408
6247	160 0768	6297	158 8057	6347	157 5547	6397	156 3232	6447	155 1109	6497	153 9171
6248	160 0512	6298	158 7805	6348	157 5299	6398	156 2988	6448	155 0868	6498	153 8935
6249	160 0256	6299	158 7553	6349	157 5051	6399	156 2744	6449	155 0628	6499	153 8698
6250	160 0000	6300	158 7301	6350	157 4803	6400	156 2500	6450	155 0387	6500	153 8461
6251	159 9744	6301	158 7049	6351	157 4555	6401	156 2255	6451	155 0147	6501	153 8224
6252	159 9488	6302	158 6797	6352	157 4307	6402	156 2011	6452	154 9907	6502	153 7988
6253	159 9232	6303	158 6546	6353	157 4059	6403	156 1767	6453	154 9666	6503	153 7751
6254	159 8976	6304	158 6294	6354	157 3811	6404	156 1524	6454	154 9426	6504	153 7515
6255	159 8721	6305	158 6042	6355	157 3564	6405	156 1280	6455	154 9186	6505	153 7279
6256	159 8465	6306	158 5791	6356	157 3316	6406	156 1036	6456	154 8946	6506	153 7042
6257	159 8210	6307	158 5539	6357	157 3069	6407	156 0792	6457	154 8706	6507	153 6806
6258	159 7954	6308	158 5288	6358	157 2821	6408	156 0548	6458	154 8467	6508	153 6570
6259	159 7699	6309	158 5037	6359	157 2574	6409	156 0305	6459	154 8227	6509	153 6334
6260	159 7444	6310	158 4786	6360	157 2327	6410	156 0062	6460	154 7987	6510	153 6098
6261	159 7188	6311	158 4534	6361	157 2079	6411	155 9819	6461	154 7748	6511	153 5862
6262	159 6933	6312	158 4283	6362	157 1832	6412	155 9575	6462	154 7508	6512	153 5626
6263	159 6678	6313	158 4032	6363	157 1585	6413	155 9332	6463	154 7269	6513	153 5390
6264	159 6423	6314	158 3782	6364	157 1338	6414	155 9089	6464	154 7029	6514	153 5155
6265	159 6169	6315	158 3531	6365	157 1091	6415	155 8846	6465	154 6790	6515	153 4919
6266	159 5914	6316	158 3280	6366	157 0845	6416	155 8603	6466	154 6551	6516	153 4683
6267	159 5659	6317	158 3029	6367	157 0598	6417	155 8360	6467	154 6312	6517	153 4448
6268	159 5405	6318	158 2778	6368	157 0351	6418	155 8117	6468	154 6072	6518	153 4212
6269	159 5150	6319	158 2528	6369	157 0105	6419	155 7875	6469	154 5833	6519	153 3977
6270	159 4896	6320	158 2278	6370	156 9858	6420	155 7632	6470	154 5595	6520	153 3742
6271	159 4642	6321	158 2028	6371	156 9612	6421	155 7389	6471	154 5356	6521	153 3507
6272	159 4387	6322	158 1777	6372	156 9365	6422	155 7147	6472	154 5117	6522	153 3272
6273	159 4133	6323	158 1527	6373	156 9119	6423	155 6904	6473	154 4878	6523	153 3036
6274	159 3879	6324	158 1277	6374	156 8873	6424	155 6662	6474	154 4640	6524	153 2801
6275	159 3625	6325	158 1027	6375	156 8627	6425	155 6420	6475	154 4401	6525	153 2567
6276	159 3371	6326	158 0777	6376	156 8381	6426	155 6177	6476	154 4163	6526	153 2332
6277	159 3117	6327	158 0527	6377	156 8135	6427	155 5935	6477	154 3924	6527	153 2097
6278	159 2863	6328	158 0277	6378	156 7889	6428	155 5693	6478	154 3686	6528	153 1862
6279	159 2610	6329	158 0028	6379	156 7643	6429	155 5452	6479	154 3448	6529	153 1628
6280	159 2356	6330	157 9778	6380	156 7398	6430	155 5209	6480	154 3209	6530	153 1393
6281	159 2103	6331	157 9529	6381	156 7152	6431	155 4968	6481	154 2971	6531	153 1159
6282	159 1849	6332	157 9279	6382	156 6906	6432	155 4726	6482	154 2733	6532	153 0924
6283	159 1597	6333	157 9030	6383	156 6661	6433	155 4484	6483	154 2495	6533	153 0690
6284	159 1343	6334	157 8781	6384	155 6446	6434	155 4243	6484	154 2257	6534	153 0455
6285	159 1089	6335	157 8531	6385	156 6170	6435	155 4001	6485	154 2020	6535	153 0221
6286	159 0836	6336	157 8282	6386	156 5925	6436	155 3760	6486	154 1782	6536	152 9987
6287	159 0583	6337	157 8033	6387	156 5680	6437	155 3518	6487	154 1544	6537	152 9753
6288	159 0330	6338	157 7784	6388	156 5435	6438	155 3277	6488	154 1306	6538	152 9519
6289	159 0077	6339	157 7535	6389	156 5190	6439	155 3036	6489	154 1069	6539	152 9285
6290	158 9825	6340	157 7287	6390	156 4945	6440	155 2795	6490	154 0832	6540	152 9051

DIVISEURS : **6541 à 6840**.

DIVISEUR	Nombre à multiplier par le dividende	DIVISEUR	Nombre à multiplier par le dividende	DIVISEUR	Nombre à multiplier par le dividende	DIVISEUR	Nombre à multiplier par le dividende	DIVISEUR	Nombre à multiplier par le dividende	DIVISEUR	Nombre à multiplier par le dividende
6541	152 8818	6591	151 7220	6641	150 5797	6691	149 4544	6741	148 3459	6791	147 2537
6542	152 8584	6592	151 6990	6642	150 5570	6692	149 4321	6742	148 3239	6792	147 2320
6543	152 8350	6593	151 6760	6643	150 5343	6693	149 4098	6743	148 3019	6793	147 2103
6544	152 8116	6594	151 6530	6644	150 5117	6694	149 3875	6744	148 2799	6794	147 1886
6545	152 7883	6595	151 6300	6645	150 4890	6695	149 3651	6745	148 2579	6795	147 1670
6546	152 7650	6596	151 6070	6646	150 4664	6696	149 3428	6746	148 2359	6796	147 1453
6547	152 7417	6597	151 5840	6647	150 4438	6697	149 3205	6747	148 2140	6797	147 1237
6548	152 7183	6598	151 5610	6648	150 4211	6698	149 2982	6748	148 1920	6798	147 1020
6549	152 6950	6599	151 5381	6649	150 3985	6699	149 2760	6749	148 1700	6799	147 0804
6550	152 6717	6600	151 5151	6650	150 3759	6700	149 2537	6750	148 1481	6800	147 0588
6551	152 6484	6601	151 4921	6651	150 3533	6701	149 2314	6751	148 1262	6801	147 0372
6552	152 6251	6602	151 4692	6652	150 3307	6702	149 2091	6752	148 1042	6802	147 0155
6553	152 6018	6603	151 4463	6653	150 3081	6703	149 1869	6753	148 0823	6803	146 9939
6554	152 5785	6604	151 4233	6654	150 2855	6704	149 1646	6754	148 0604	6804	146 9723
6555	152 5553	6605	151 4004	6655	150 2629	6705	149 1424	6755	148 0384	6805	146 9507
6556	152 5320	6606	151 3775	6656	150 2403	6706	149 1201	6756	148 0165	6806	146 9291
6557	152 5087	6607	151 3546	6657	150 2178	6707	149 0979	6757	147 9946	6807	146 9075
6558	152 4855	6608	151 3317	6658	150 1952	6708	149 0757	6758	147 9727	6808	146 8860
6559	152 4622	6609	151 3088	6659	150 1726	6709	149 0535	6759	147 9508	6809	146 8644
6560	152 4390	6610	151 2859	6660	150 1501	6710	149 0312	6760	147 9289	6810	146 8428
6561	152 4157	6611	151 2630	6661	150 1276	6711	149 0090	6761	147 9071	6811	146 8213
6562	152 3925	6612	151 2401	6662	150 1050	6712	148 9868	6762	147 8852	6812	146 7997
6563	152 3693	6613	151 2172	6663	150 0825	6713	148 9646	6763	147 8633	6813	146 7782
6564	152 3461	6614	151 1944	6664	150 0600	6714	148 9425	6764	147 8415	6814	146 7566
6565	152 3229	6615	151 1715	6665	150 0375	6715	148 9203	6765	147 8196	6815	146 7351
6566	152 2997	6616	151 1486	6666	150 0150	6716	148 8981	6766	147 7978	6816	146 7136
6567	152 2765	6617	151 1258	6667	149 9925	6717	148 8759	6767	147 7759	6817	146 6920
6568	152 2533	6618	151 1030	6668	149 9700	6718	148 8538	6768	147 7541	6818	146 6705
6569	152 2301	6619	151 0802	6669	149 9475	6719	148 8316	6769	147 7323	6819	146 6490
6570	152 2070	6620	151 0574	6670	149 9250	6720	148 8095	6770	147 7104	6820	146 6275
6571	152 1838	6621	151 0345	6671	149 9025	6721	148 7873	6771	147 6886	6821	146 6060
6572	152 1606	6622	151 0117	6672	149 8800	6722	148 7652	6772	147 6668	6822	146 5845
6573	152 1375	6623	150 9889	6673	149 8576	6723	148 7431	6773	147 6450	6823	146 5630
6574	152 1143	6624	150 9661	6674	149 8351	6724	148 7209	6774	147 6232	6824	146 5416
6575	152 0912	6625	150 9433	6675	149 8127	6725	148 6988	6775	147 6014	6825	146 5201
6576	152 0681	6626	150 9206	6676	149 7902	6726	148 6767	6776	147 5796	6826	146 4986
6577	152 0450	6627	150 8978	6677	149 7678	6727	148 6546	6777	147 5579	6827	146 4772
6578	152 0218	6628	150 8750	6678	149 7454	6728	148 6325	6778	147 5361	6828	146 4557
6579	151 9987	6629	150 8523	6679	149 7230	6729	148 6104	6779	147 5143	6829	146 4343
6580	151 9756	6630	150 8295	6680	149 7005	6730	148 5884	6780	147 4926	6830	146 4128
6581	151 9525	6631	150 8068	6681	149 6784	6731	148 5663	6781	147 4708	6831	146 3914
6582	151 9295	6632	150 7840	6682	149 6558	6732	148 5442	6782	147 4491	6832	146 3700
6583	151 9064	6633	150 7613	6683	149 6335	6733	148 5222	6783	147 4273	6833	146 3486
6584	151 8833	6634	150 7386	6684	149 6110	6734	148 5001	6784	147 4056	6834	146 3271
6585	151 8602	6635	150 7159	6685	149 5886	6735	148 4780	6785	147 3839	6835	146 3057
6586	151 8372	6636	150 6931	6686	149 5662	6736	148 4560	6786	147 3622	6836	146 2843
6587	151 8141	6637	150 6704	6687	149 5438	6737	148 4340	6787	147 3405	6837	146 2629
6588	151 7911	6638	150 6477	6688	149 5215	6738	148 4119	6788	147 3187	6838	146 2415
6589	151 7680	6639	150 6250	6689	149 4991	6739	148 3899	6789	147 2970	6839	146 2202
6590	151 7450	6640	150 6024	6690	149 4768	6740	148 3679	6790	147 2754	6840	146 1988

DIVISEUR	Nombre à multiplier par le dividende	DIVISEUR	Nombre à multiplier par le dividende	DIVISEUR	Nombre à multiplier par le dividende	DIVISEUR	Nombre à multiplier par le dividende	DIVISEUR	Nombre à multiplier par le dividende	DIVISEUR	Nombre à multiplier par le dividende
6841	146 1774	6891	145 1168	6941	144 0715	6991	143 0410	7041	142 0252	7091	141 0238
6842	146 1560	6892	145 0957	6942	144 0507	6992	143 0205	7042	142 0051	7092	141 0039
6843	146 1347	6893	145 0747	6943	144 0299	6993	143 0001	7043	141 9849	7093	140 9840
6844	146 1133	6894	145 0536	6944	144 0091	6994	142 9796	7044	141 9647	7094	140 9641
6845	146 0920	6895	145 0326	6945	143 9884	6995	142 9592	7045	141 9446	7095	140 9443
6846	146 0706	6896	145 0116	6946	143 9677	6996	142 9388	7046	141 9244	7096	140 9244
6847	146 0493	6897	144 9905	6947	143 9470	6997	142 9183	7047	141 9043	7097	140 9046
6848	146 0280	6898	144 9695	6948	143 9263	6998	142 8979	7048	141 8841	7098	140 8847
6849	146 0067	6899	144 9485	6949	143 9055	6999	142 8775	7049	141 8640	7099	140 8649
6850	145 9854	6900	144 9275	6950	143 8848	7000	142 8571	7050	141 8439	7100	140 8450
6851	145 9640	6901	144 9065	6951	143 8641	7001	142 8367	7051	141 8238	7101	140 8252
6852	145 9427	6902	144 8855	6952	143 8434	7002	142 8163	7052	141 8037	7102	140 8054
6853	145 9214	6903	144 8645	6953	143 8228	7003	142 7959	7053	141 7836	7103	140 7855
6854	145 9002	6904	144 8435	6954	143 8021	7004	142 7755	7054	141 7635	7104	140 7657
6855	145 8789	6905	144 8225	6955	143 7814	7005	142 7551	7055	141 7434	7105	140 7459
6856	145 8576	6906	144 8016	6956	143 7607	7006	142 7347	7056	141 7233	7106	140 7261
6857	145 8363	6907	144 7806	6957	143 7401	7007	142 7144	7057	141 7032	7107	140 7063
6858	145 8150	6908	144 7596	6958	143 7194	7008	142 6940	7058	141 6831	7108	140 6865
6859	145 7938	6909	144 7387	6959	143 6988	7009	142 6737	7059	141 6631	7109	140 6667
6860	145 7725	6910	144 7178	6960	143 6781	7010	142 6533	7060	141 6430	7110	140 6469
6861	145 7513	6911	144 6968	6961	143 6575	7011	142 6330	7061	141 6229	7111	140 6271
6862	145 7301	6912	144 6758	6962	143 6368	7012	142 6126	7062	141 6029	7112	140 6073
6863	145 7088	6913	144 6549	6963	143 6162	7013	142 5923	7063	141 5828	7113	140 5876
6864	145 6876	6914	144 6340	6964	143 5956	7014	142 5719	7064	141 5628	7114	140 5678
6865	145 6664	6915	144 6131	6965	143 5750	7015	142 5516	7065	141 5428	7115	140 5481
6866	145 6452	6916	144 5922	6966	143 5544	7016	142 5313	7066	141 5227	7116	140 5283
6867	145 6239	6917	144 5713	6967	143 5338	7017	142 5110	7067	141 5027	7117	140 5086
6868	145 6027	6918	144 5504	6968	143 5132	7018	142 4907	7068	141 4827	7118	140 4889
6869	145 5815	6919	144 5295	6969	143 4926	7019	142 4704	7069	141 4627	7119	140 4691
6870	145 5604	6920	144 5086	6970	143 4720	7020	142 4501	7070	141 4427	7120	140 4494
6871	145 5392	6921	144 4877	6971	143 4514	7021	142 4298	7071	141 4226	7121	140 4297
6872	145 5180	6922	144 4669	6972	143 4308	7022	142 4095	7072	141 4026	7122	140 4099
6873	145 4968	6923	144 4460	6973	143 4102	7023	142 3892	7073	141 3827	7123	140 3902
6874	145 4757	6924	144 4251	6974	143 3897	7024	142 3690	7074	141 3627	7124	140 3705
6875	145 4545	6925	144 4043	6975	143 3691	7025	142 3487	7075	141 3427	7125	140 3508
6876	145 4333	6926	144 3834	6976	143 3486	7026	142 3284	7076	141 3227	7126	140 3311
6877	145 4122	6927	144 3626	6977	143 3280	7027	142 3082	7077	141 3028	7127	140 3114
6878	145 3911	6928	144 3418	6978	143 3075	7028	142 2879	7078	141 2828	7128	140 2918
6879	145 3699	6929	144 3209	6979	143 2870	7029	142 2677	7079	141 2628	7129	140 2721
6880	145 3488	6930	144 3001	6980	143 2664	7030	142 2475	7080	141 2429	7130	140 2524
6881	145 3277	6931	144 2793	6981	143 2459	7031	142 2272	7081	141 2229	7131	140 2327
6882	145 3065	6932	144 2585	6982	143 2254	7032	142 2070	7082	141 2030	7132	140 2131
6883	145 2854	6933	144 2377	6983	143 2049	7033	142 1868	7083	141 1831	7133	140 1934
6884	145 2643	6934	144 2169	6984	143 1844	7034	142 1666	7084	141 1631	7134	140 1738
6885	145 2432	6935	144 1961	6985	143 1639	1035	142 1464	7085	141 1432	7135	140 1541
6886	145 2221	6936	144 1753	6986	143 1434	7036	142 1262	7086	141 1233	7136	140 1345
6887	145 2011	6937	144 1545	6987	143 1229	7037	142 1060	7087	141 1034	7137	140 1148
6888	145 1800	6938	144 1337	6988	143 1024	7038	142 0858	7088	141 0835	7138	140 0952
6889	145 1589	6939	144 1129	6989	143 0819	7039	142 0656	7489	141 0636	7139	140 0756
6890	145 1378	6940	144 0922	6990	143 0615	7040	142 0454	7090	141 0437	7140	140 0560

DIVISEURS : 7141 A 7440.

DIVISEUR	Nombre à multiplier par le dividende	DIVISEUR	Nombre à multiplier par le dividende	DIVISEUR	Nombre à multiplier par le dividende	DIVISEUR	Nombre à multiplier par le dividende	DIVISEUR	Nombre à multiplier par le dividende	DIVISEUR	Nombre à multiplier par le dividende
7141	140 3064	7191	139 0627	7241	138 1024	7291	137 1553	7341	136 2212	7391	135 2996
7142	140 0168	7192	139 0433	7242	138 0834	7292	137 1365	7342	136 2026	7392	135 2813
7143	139 9972	7193	139 0240	7243	138 0643	7293	137 1177	7343	136 1841	7393	135 2630
7144	139 9776	7194	139 0047	7244	138 0452	7294	137 0989	7344	136 1655	7394	135 2447
7145	139 9580	7195	138 9854	7245	138 0262	7295	137 0801	7345	136 1470	7395	135 2265
7146	139 9383	7196	138 9660	7246	138 0071	7296	137 0613	7346	136 1285	7396	135 2082
7147	139 9188	7197	138 9467	7247	137 9884	7297	137 0426	7347	136 1099	7397	135 1899
7148	139 8992	7198	138 9274	7248	137 9690	7298	137 0238	7348	136 0914	7398	135 1716
7149	139 8797	7199	138 9081	7249	137 9500	7299	137 0050	7349	136 0729	7399	135 1533
7150	139 8601	7200	138 8888	7250	137 9310	7300	136 9863	7350	136 0544	7400	135 1351
7151	139 8405	7201	138 8696	7251	137 9120	7301	136 9675	7351	136 0359	7401	135 1168
7152	139 8210	7202	138 8503	7252	137 8929	7302	136 9487	7352	136 0174	7402	135 0986
7153	139 8014	7203	138 8310	7253	137 8739	7303	136 9300	7353	135 9989	7403	135 0803
7154	139 7819	7204	138 8117	7254	137 8549	7304	136 9112	7354	135 9804	7404	135 0620
7155	139 7624	7205	138 7925	7255	137 8359	7305	136 8925	7355	135 9619	7405	135 0438
7156	139 7428	7206	138 7732	7256	137 8169	7306	136 8738	7356	135 9434	7406	135 0256
7157	139 7233	7207	138 7539	7257	137 7980	7307	136 8550	7357	135 9249	7407	135 0074
7158	139 7038	7208	138 7346	7258	137 7790	7308	136 8363	7358	135 9064	7408	134 9891
7159	139 6843	7209	138 7154	7259	137 7600	7309	136 8176	7359	135 8880	7409	134 9709
7160	139 6648	7210	138 6962	7260	137 7440	7310	136 7989	7360	135 8695	7410	134 9527
7161	139 6453	7211	138 6770	7261	137 7220	7311	136 7801	7361	135 8511	7411	134 9345
7162	139 6258	7212	138 6577	7262	137 7031	7312	136 7644	7362	135 8326	7412	134 9163
7163	139 6063	7213	138 6385	7263	137 6841	7313	136 7427	7363	135 8142	7413	134 8981
7164	139 5868	7214	138 6193	7264	137 6651	7314	136 7240	7364	135 7957	7414	134 8799
7165	139 5673	7215	138 6001	7265	137 6462	7315	136 7053	7365	135 7773	7415	134 8617
7166	139 5478	7216	138 5809	7266	137 6273	7316	136 6867	7366	135 7588	7416	134 8435
7167	139 5283	7217	138 5617	7267	137 6083	7317	136 6680	7367	135 7404	7417	134 8254
7168	139 5088	7218	138 5425	7268	137 5894	7318	136 6493	7368	135 7220	7418	134 8072
7169	139 4894	7219	138 5233	7269	137 5705	7319	136 6306	7369	135 7036	7419	134 7890
7170	139 4700	7220	138 5041	7270	137 5515	7320	136 6120	7370	135 6852	7420	134 7708
7171	139 4505	7221	138 4849	7271	137 5326	7321	136 5933	7371	135 6668	7421	134 7527
7172	139 4311	7222	138 4657	7272	137 5137	7322	136 5747	7372	135 6484	7422	134 7345
7173	139 4116	7223	138 4466	7273	137 4948	7323	136 5560	7373	135 6300	7423	134 7164
7174	139 3922	7224	138 4274	7274	137 4759	7324	136 5374	7374	135 6116	7424	134 6982
7175	139 3728	7225	138 4083	7275	137 4570	7325	136 5187	7375	135 5932	7425	134 6801
7176	139 3533	7226	138 3891	7276	137 4381	7326	136 5001	7376	135 5748	7426	134 6619
7177	139 3339	7227	138 3700	7277	137 4192	7327	136 4815	7377	135 5564	7427	134 6438
7178	139 3145	7228	138 3508	7278	137 4003	7328	136 4628	7378	135 5380	7428	134 6257
7179	139 2951	7229	138 3317	7279	137 3815	7329	136 4442	7379	135 5197	7429	134 6076
7180	139 2757	7230	138 3125	7280	137 3626	7330	136 4256	7380	135 5043	7430	134 5895
7181	139 2563	7231	138 2934	7281	137 3437	7331	136 4070	7381	135 4829	7431	134 5713
7182	139 2369	7232	138 2743	7282	137 3249	7332	136 3884	7382	135 4646	7432	134 5532
7183	139 2175	7233	138 2552	7283	137 3060	7333	136 3698	7383	135 4462	7433	134 5351
7184	139 1981	7234	138 2361	7284	137 2871	7334	136 3512	7384	135 4279	7434	134 5170
7185	139 1788	7235	138 2170	7285	137 2683	7335	136 3326	7385	135 4096	7435	134 4989
7186	139 1594	7236	138 1979	7286	137 2495	7336	136 3140	7386	135 3912	7436	134 4809
7187	139 1401	7237	138 1788	7287	137 2306	7337	136 2954	7387	135 3729	7437	134 4628
7188	139 1207	7238	138 1597	7288	137 2148	7338	136 2769	7388	135 3546	7438	134 4447
7189	139 1014	7239	138 1406	7289	137 1930	7339	136 2583	7389	135 3363	7439	134 4266
7190	139 0820	7240	138 1215	7290	137 1742	7340	136 2397	7390	135 3179	7440	134 4086

4

DIVISEUR	Nombre à multiplier par le dividende	DIVISEUR	Nombre à multiplier par le dividende	DIVISEUR	Nombre à multiplier par le dividende	DIVISEUR	Nombre à multiplier par le dividende	DIVISEUR	Nombre à multiplier par le dividende	DIVISEUR	Nombre à multiplier par le dividende
7441	134 3905	7491	133 4935	7541	132 6084	7591	131 7349	7641	130 8729	7691	130 0221
7442	134 3724	7492	133 4757	7542	132 5908	7592	131 7175	7642	130 8557	7692	130 0052
7443	134 3544	7493	133 4578	7543	132 5732	7593	131 7002	7643	130 8386	7693	129 9883
7444	134 3363	7494	133 4400	7544	132 5556	7594	131 6829	7644	130 8215	7694	129 9714
7445	134 3183	7495	133 4222	7545	132 5384	7595	131 6655	7645	130 8044	7695	129 9545
7446	134 3002	7496	133 4044	7546	132 5205	7596	131 6482	7646	130 7873	7696	129 9376
7447	134 2822	7497	133 3866	7547	132 5029	7597	131 6309	7647	130 7702	7697	129 9207
7448	134 2642	7498	133 3688	7548	132 4854	7598	131 6135	7648	130 7531	7698	129 9038
7449	134 2462	7499	133 3511	7549	132 4678	7599	131 5962	7649	130 7360	7699	129 8869
7450	134 2281	7500	133 3333	7550	132 4503	7600	131 5789	7650	130 7189	7700	129 8701
7451	134 2101	7501	133 3155	7551	132 4327	7601	131 5616	7651	130 7018	7701	129 8532
7452	134 1921	7502	133 2977	7552	132 4152	7602	131 5443	7652	130 6847	7702	129 8364
7453	134 1741	7503	133 2800	7553	132 3977	7603	131 5270	7653	130 6677	7703	129 8195
7454	134 1561	7504	133 2622	7554	132 3804	7604	131 5097	7654	130 6506	7704	129 8026
7455	134 1381	7505	133 2445	7555	132 3626	7605	131 4924	7655	130 6335	7705	129 7858
7456	134 1201	7506	133 2267	7556	132 3454	7606	131 4751	7656	130 6165	7706	129 7690
7457	134 1021	7507	133 2090	7557	132 3276	7607	131 4578	7657	130 5994	7707	129 7521
7458	134 0842	7508	133 1912	7558	132 3101	7608	131 4405	7658	130 5823	7708	129 7353
7459	134 0662	7509	133 1735	7559	132 2926	7609	131 4233	7659	130 5653	7709	129 7185
7460	134 0482	7510	133 1557	7560	132 2751	7610	131 4060	7660	130 5483	7710	129 7016
7461	134 0302	7511	133 1380	7561	132 2576	7611	131 3887	7661	130 5312	7711	129 6848
7462	134 0123	7512	133 1203	7562	132 2401	7612	131 3715	7662	130 5142	7712	129 6680
7463	133 9943	7513	133 1026	7563	132 2226	7613	131 3542	7663	130 4971	7713	129 6512
7464	133 9763	7514	133 0849	7564	132 2051	7614	131 3370	7664	130 4801	7714	129 6344
7465	133 9584	7515	133 0671	7565	132 1877	7615	131 3197	7665	130 4631	7715	129 6176
7466	133 9405	7516	133 0494	7566	132 1702	7616	131 3025	7666	130 4461	7716	129 6008
7467	133 9225	7517	133 0317	7567	132 1527	7617	131 2852	7667	130 4291	7717	129 5840
7468	133 9046	7518	133 0140	7568	132 1353	7618	131 2680	7668	130 4120	7718	129 5672
7469	133 8867	7519	132 9964	7569	132 1178	7619	131 2508	7669	130 3950	7719	129 5504
7470	133 8688	7520	132 9787	7570	132 1003	7620	131 2335	7670	130 3780	7720	129 5336
7471	133 8508	7521	132 9610	7571	132 0829	7621	131 2163	7671	130 3611	7721	129 5169
7472	133 8329	7522	132 9433	7572	132 0655	7622	131 1991	7672	130 3441	7722	129 5001
7473	133 8150	7523	132 9256	7573	132 0480	7623	131 1819	7673	130 3271	7723	129 4833
7474	133 7971	7524	132 9080	7574	132 0306	7624	131 1647	7674	130 3101	7724	129 4665
7475	133 7792	7525	132 8903	7575	132 0132	7625	131 1475	7675	130 2931	7725	129 4498
7476	133 7613	7526	132 8727	7576	131 9957	7626	131 1303	7676	130 2761	7726	129 4330
7477	133 7434	7527	132 8550	7577	131 9783	7627	131 1131	7677	130 2592	7727	129 4163
7478	133 7255	7528	132 8373	7578	131 9609	7628	131 0959	7678	130 2422	7728	129 3995
7479	133 7077	7529	132 8197	7579	131 9435	7629	131 0787	7679	130 2252	7729	129 3828
7480	133 6898	7530	132 8021	7580	131 9261	7630	131 0615	7680	130 2083	7730	129 3661
7481	133 6719	7531	132 7844	7581	131 9087	7631	131 0444	7681	130 1913	7731	129 3493
7482	133 6541	7532	132 7668	7582	131 8913	7632	131 0272	7682	130 1744	7732	129 3326
7483	133 6362	7533	132 7492	7583	131 8739	7633	131 0100	7683	130 1574	7733	129 3159
7484	133 6183	7534	132 7316	7584	131 8565	7634	130 9929	7684	130 1405	7734	129 2991
7485	133 6005	7535	132 7140	7585	131 8394	7635	130 9757	7685	130 1236	7735	129 2824
7486	133 5826	7536	132 6963	7586	131 8217	7636	130 9586	7686	130 1066	7736	129 2657
7487	133 5648	7537	132 6787	7587	131 8044	7637	130 9414	7687	130 0897	7737	129 2490
7488	133 5470	7538	132 6611	7588	131 7870	7638	130 9243	7688	130 0728	7738	129 2323
7489	133 5291	7539	132 6435	7589	131 7696	7639	130 9071	7689	130 0559	7739	129 2156
7490	133 5113	7540	132 6259	7590	131 7523	7640	130 8900	7690	130 0390	7740	129 1989

DIVISEURS : 7741 A 8040.

DIVISEUR	Nombre à multiplier par le dividende	DIVISEUR	Nombre à multiplier par le dividende	DIVISEUR	Nombre à multiplier par le dividende	DIVISEUR	Nombre à multiplier par le dividende	DIVISEUR	Nombre à multiplier par le dividende	DIVISEUR	Nombre à multiplier par le dividende
7741	129 1822	7791	128 3532	7841	127 5347	7891	126 7266	7941	125 9287	7991	125 1407
7742	129 1655	7792	128 3367	7842	127 5184	7892	126 7105	7942	125 9128	7992	125 1251
7743	129 1489	7793	128 3202	7843	127 5022	7893	126 6945	7943	125 8970	7993	125 1094
7744	129 1322	7794	128 3037	7844	127 4859	7894	126 6784	7944	125 8811	7994	125 0938
7745	129 1155	7795	128 2873	7845	127 4697	7895	126 6624	7945	125 8653	7995	125 0781
7746	129 0988	7796	128 2709	7846	127 4534	7896	126 6463	7946	125 8494	7996	125 0625
7747	129 0822	7797	128 2544	7847	127 4372	7897	126 6303	7947	125 8336	7997	125 0468
7748	129 0655	7798	128 2380	7848	127 4209	7898	126 6143	7948	125 8178	7998	125 0312
7749	129 0489	7799	128 2215	7849	127 4047	7899	126 5983	7949	125 8019	7999	125 0156
7750	129 0322	7800	128 2051	7850	127 3885	7900	126 5822	7950	125 7861	8000	125 0000
7751	129 0156	7801	128 1886	7851	127 3723	7901	126 5662	7951	125 7703	8001	124 9843
7752	128 9989	7802	128 1722	7852	127 3560	7902	126 5502	7952	125 7545	8002	124 9687
7753	128 9823	7803	128 1558	7853	127 3398	7903	126 5342	7953	125 7387	8003	124 9531
7754	128 9656	7804	128 1394	7854	127 3236	7904	126 5182	7954	125 7229	8004	124 9375
7755	128 9490	7805	128 1229	7855	127 3074	7905	126 5022	7955	125 7071	8005	124 9219
7756	128 9324	7806	128 1065	7856	127 2912	7906	126 4862	7956	125 6913	8006	124 9063
7757	128 9158	7807	128 0901	7857	127 2750	7907	126 4702	7957	125 6755	8007	124 8907
7758	128 8992	7808	128 0737	7858	127 2588	7908	126 4542	7958	125 6597	8008	124 8751
7759	128 8825	7809	128 0573	7859	127 2426	7909	126 4382	7959	125 6439	8009	124 8595
7760	128 8659	7810	128 0409	7860	127 2264	7910	125 4222	7960	125 6281	8010	124 8439
7761	128 8493	7811	128 0245	7861	127 2102	7911	126 4062	7961	125 6123	8011	124 8283
7762	128 8328	7812	128 0081	7862	127 1940	7912	126 3902	7962	125 5965	8012	124 8127
7763	128 8161	7813	127 9918	7863	127 1779	7913	126 3743	7963	125 5808	8013	124 7972
7764	128 7995	7814	127 9754	7864	127 1617	7914	126 3583	7964	125 5650	8014	124 7816
7765	128 7830	7815	127 9590	7865	127 1455	7915	126 3423	7965	125 5492	8015	124 7660
7766	128 7664	7816	127 9426	7866	127 1293	7916	126 3264	7966	125 5335	8016	124 7504
7767	128 7498	7817	127 9263	7867	127 1132	7917	126 3104	7967	125 5177	8017	124 7349
7768	128 7332	7818	127 9099	7868	127 0974	7918	126 2945	7968	125 5020	8018	124 7193
7769	128 7166	7819	127 8935	7869	127 0809	7919	126 2785	7969	125 4862	8019	124 7038
7770	128 7001	7820	127 8772	7870	127 0648	7920	126 2626	7970	125 4705	8020	124 6882
7771	128 6835	7821	127 8608	7871	127 0486	7921	126 2466	7971	125 4547	8021	124 6727
7772	128 6670	7822	127 8445	7872	127 0325	7922	126 2307	7972	125 4390	8022	124 6571
7773	128 6504	7823	127 8281	7873	127 0163	7923	126 2148	7973	125 4233	8023	124 6416
7774	128 6339	7824	127 8118	7874	127 0002	7924	126 1988	7974	125 4075	8024	124 6261
7775	128 6173	7825	127 7955	7875	126 9841	7925	126 1829	7975	125 3948	8025	124 6105
7776	128 6008	7826	127 7791	7876	126 9680	7926	126 1670	7976	125 3764	8026	124 5950
7777	128 5842	7827	127 7628	7877	126 9518	7927	126 1511	7977	125 3604	8027	124 5795
7778	128 5677	7828	127 7465	7878	126 9357	7928	126 1352	7978	135 3446	8028	124 5640
7779	128 5512	7829	127 7302	7879	126 9196	7929	126 1193	7979	125 3289	8029	124 5485
7780	128 5347	7830	127 7139	7880	126 9035	7930	126 1034	7980	125 3132	8030	124 5330
7781	128 5181	7831	127 6976	7881	126 8874	7931	126 0875	7981	125 2975	8031	124 5174
7782	128 5016	7832	127 6813	7882	126 8713	7932	126 0716	7982	125 2818	8032	124 5019
7783	128 4851	7833	127 6650	7883	126 8552	7933	126 0557	7983	125 2661	8033	124 4864
7784	128 4686	7834	127 6487	7884	126 8391	7934	126 0398	7984	125 2505	8034	124 4709
7785	128 4521	7835	127 6324	7885	126 8230	7935	126 0239	7985	125 2348	8035	124 4555
7786	128 4356	7836	127 6161	7886	126 8069	7936	126 0080	7986	125 2191	8036	124 4400
7787	128 4191	7837	127 5998	7887	126 7909	7937	125 9921	7987	125 2034	8037	124 4245
7788	128 4026	7838	127 5835	7888	126 7748	7938	125 9762	7988	125 1877	8038	124 4090
7789	128 3861	7839	127 5672	7889	126 7587	7939	125 9604	7989	125 1721	8039	124 3935
7790	128 3697	7840	127 5510	7890	126 7427	7940	125 9445	7990	125 1564	8040	124 3781

DIVISEURS : 8041 À 8340.

DIVISEUR	Nombre à multiplier par le dividende	DIVISEUR	Nombre à multiplier par le dividende	DIVISEUR	Nombre à multiplier par le dividende	DIVISEUR	Nombre à multiplier par le dividende	DIVISEUR	Nombre à multiplier par le dividende	DIVISEUR	Nombre à multiplier par le dividende
8041	124 3626	8091	123 5941	8141	122 8350	8191	122 0852	8241	121 3444	8291	120 6127
8042	124 3471	8092	123 5788	8142	122 8199	8192	122 0703	8242	121 3297	8292	120 5981
8043	124 3317	8093	123 5635	8143	122 8048	8193	122 0554	8243	121 3150	8293	120 5836
8044	124 3162	8094	123 5483	8144	122 7897	8194	122 0405	8244	121 3003	8294	120 5690
8045	124 3008	8095	123 5330	8145	122 7747	8195	122 0256	8245	121 2856	8295	120 5545
8046	124 2853	8096	123 5177	8146	122 7596	8196	122 0107	8246	121 2709	8296	120 5400
8047	124 2699	8097	123 5025	8147	122 7445	8197	121 9958	8247	121 2562	8297	120 5254
8048	124 2544	8098	123 4872	8148	122 7295	8198	121 9809	8248	121 2415	8298	120 5109
8049	124 2390	8099	123 4720	8149	122 7144	8199	121 9660	8249	121 2268	8299	120 4964
8050	124 2236	8100	123 4567	8150	122 6993	8200	121 9512	8250	121 2121	8300	120 4819
8051	124 2081	8101	123 4415	8151	122 6843	8201	121 9363	8251	121 1974	8301	120 4674
8052	124 1927	8102	123 4262	8152	122 6692	8202	121 9214	8252	121 1827	8302	120 4529
8053	124 1773	8103	123 4110	8153	122 6542	8203	121 9066	8253	121 1680	8303	120 4383
8054	124 1619	8104	123 3958	8154	122 6391	8204	121 8917	8254	121 1533	8304	120 4238
8055	124 1464	8105	123 3806	8155	122 6241	8205	121 8769	8255	121 1387	8305	120 4093
8056	124 1310	8106	123 3654	8156	122 6091	8206	121 8620	8256	121 1240	8306	120 3948
8057	124 1156	8107	123 3501	8157	122 5940	8207	121 8472	8257	121 1093	8307	120 3803
8058	124 1002	8108	123 3349	8158	122 5790	8208	121 8323	8258	121 0946	8308	120 3659
8059	124 0848	8109	123 3197	8159	122 5640	8209	121 8175	8259	121 0800	8309	120 3514
8060	124 0694	8110	123 3045	8160	122 5490	8210	121 8026	8260	121 0653	8310	120 3369
8061	124 0540	8111	123 2893	8161	122 5340	8211	121 7878	8261	121 0507	8311	120 3224
8062	124 0387	8112	123 2741	8162	122 5189	8212	121 7730	8262	121 0360	8312	120 3079
8063	124 0233	8113	123 2589	8163	122 5039	8213	121 7581	8263	121 0214	8313	120 2935
8064	124 0079	8114	123 2437	8164	122 4889	8214	121 7433	8264	121 0067	8314	120 2790
8065	123 9925	8115	123 2285	8165	122 4739	8215	121 7285	8265	120 9921	8315	120 2645
8066	123 9771	8116	123 2134	8166	122 4589	8216	121 7137	8266	120 9774	8316	120 2501
8067	123 9618	8117	123 1982	8167	122 4439	8217	121 6989	8267	120 9628	8317	120 2356
8068	123 9464	8118	123 1830	8168	122 4289	8218	121 6841	8268	120 9482	8318	120 2212
8069	123 9310	8119	123 1678	8169	122 4140	8219	121 6693	8269	120 9336	8319	120 2067
8070	123 9157	8120	123 1527	8170	122 3990	8220	121 6545	8270	120 9189	8320	120 1923
8071	123 9003	8121	123 1375	8171	122 3840	8221	121 6397	8271	120 9043	8321	120 1778
8072	123 8850	8122	123 1223	8172	122 3690	8222	121 6249	8272	120 8897	8322	120 1634
8073	123 8696	8123	123 1072	8173	122 3540	8223	121 6101	8273	120 8751	8323	120 1489
8074	123 8543	8124	123 0920	8174	122 3391	8224	121 5953	8274	120 8605	8324	120 1345
8075	123 8390	8125	123 0769	8175	122 3241	8225	121 5805	8275	120 8459	8325	120 1201
8076	123 8236	8126	123 0617	8176	122 3091	8226	121 5657	8276	120 8313	8326	120 1056
8077	123 8083	8127	123 0466	8177	122 2942	8227	121 5509	8277	120 8167	8327	120 0912
8078	123 7930	8128	123 0314	8178	122 2792	8228	121 5362	8278	120 8021	8328	120 0768
8079	123 7776	8129	123 0163	8179	122 2643	8229	121 5214	8279	120 7875	8329	120 0624
8080	123 7623	8130	123 0012	8180	122 2493	8230	121 5066	8280	120 7729	8330	120 0480
8081	123 7470	8131	122 9861	8181	122 2344	8231	121 4919	8281	120 7583	8331	120 0336
8082	123 7317	8132	122 9709	8182	122 2195	8232	121 4771	8282	120 7437	8332	120 0192
8083	123 7164	8133	122 9558	8183	122 2045	8233	121 4624	8283	120 7291	8333	120 0048
8084	123 7011	8134	122 9407	8184	122 1896	8234	121 4476	8284	120 7146	8334	119 9904
8085	123 6858	8135	122 9256	8185	122 1747	8235	121 4329	8285	120 7000	8335	119 9760
8086	123 6705	8136	122 9105	8186	122 1597	8236	121 4181	8286	120 6854	8336	119 9616
8087	123 6552	8137	122 8954	8187	122 1448	8237	121 4034	8287	120 6709	8337	119 9472
8088	123 6399	8138	122 8803	8188	122 1299	8238	121 3886	8288	120 6563	8338	119 9328
8089	123 6246	8139	122 8652	8189	122 1150	8239	121 3739	8289	120 6418	8339	119 9184
8090	123 6093	8140	122 8501	8190	122 1001	8240	121 3592	8290	120 6272	8340	119 9040

DIVISEURS : 8341 A 8640.

DIVISEUR	Nombre à multiplier par le dividende	DIVISEUR	Nombre à multiplier par le dividende	DIVISEUR	Nombre à multiplier par le dividende	DIVISEUR	Nombre à multiplier par le dividende	DIVISEUR	Nombre à multiplier par le dividende	DIVISEUR	Nombre à multiplier par le dividende
8341	119 8897	8391	119 1753	8441	118 4693	8491	117 7717	8541	117 0823	8591	116 4008
8342	119 8753	8392	119 1611	8442	118 4553	8492	117 7578	8542	117 0686	8592	116 3873
8343	119 8609	8393	119 1469	8443	118 4413	8493	117 7440	8543	117 0548	8593	116 3737
8344	119 8465	8394	119 1327	8444	118 4272	8494	117 7301	8544	117 0411	8594	116 3602
8345	119 8322	8395	119 1185	8445	118 4132	8495	117 7163	8545	117 0275	8595	116 3467
8346	119 8178	8396	119 1043	8446	118 3992	8496	117 7024	8546	117 0138	8596	116 3331
8347	119 8035	8397	119 0901	8447	118 3852	8497	117 6885	8547	117 0004	8597	116 3196
8348	119 7891	8398	119 0759	8448	118 3712	8498	117 6747	8548	116 9864	8598	116 3061
8349	119 7748	8399	119 0617	8449	118 3572	8499	117 6609	8549	116 9727	8599	116 2925
8350	119 7604	8400	119 0476	8450	118 3431	8500	117 6470	8550	116 9590	8600	116 2790
8351	119 7461	8401	119 0334	8451	118 3291	8501	117 6332	8551	116 9453	8601	116 2655
8352	119 7318	8402	119 0192	8452	118 3151	8502	117 6193	8552	116 9317	8602	116 2520
8353	119 7474	8403	119 0051	8453	118 3011	8503	117 6055	8553	116 9180	8603	116 2385
8354	119 7031	8404	118 9909	8454	118 2872	8504	117 5917	8554	116 9043	8604	116 2250
8355	119 6888	8405	118 9767	8455	118 2732	8505	117 5778	8555	116 8907	8605	116 2115
8356	119 6744	8406	118 9626	8456	118 2592	8506	117 5640	8556	116 8770	8606	116 1980
8357	119 6601	8407	118 9484	8457	118 2452	8507	117 5502	8557	116 8633	8607	116 1845
8358	119 6458	8408	118 9343	8458	118 2312	8508	117 5364	8558	116 8497	8608	116 1710
8359	119 6345	8409	118 9202	8459	118 2172	8509	117 5226	8559	116 8360	8609	116 1575
8360	119 6172	8410	118 9060	8460	118 2033	8510	117 5088	8560	116 8224	8610	116 1440
8361	119 6029	8411	118 8919	8461	118 1893	8511	117 4950	8561	116 8087	8611	116 1305
8362	119 5886	8412	118 8777	8462	118 1753	8512	117 4812	8562	116 7951	8612	116 1170
8363	119 5743	8413	118 8636	8463	118 1614	8513	117 4674	8563	116 7815	8613	116 1035
8364	119 5600	8414	118 8495	8464	118 1474	8514	117 4536	8564	116 7678	8614	116 0901
8365	199 5457	8415	118 8354	8465	118 1334	8515	117 4398	8565	116 7542	8615	116 0766
8366	119 5314	8416	118 8212	8466	118 1195	8516	117 4260	8566	116 7406	8616	116 0631
8367	119 5171	8417	118 8071	8467	118 1055	8517	117 4122	8567	116 7269	8617	116 0496
8368	119 5028	8418	118 7930	8468	118 0916	8518	117 3984	8568	116 7133	8618	116 0362
8369	119 4885	8419	118 7789	8469	118 0776	8519	117 3846	8569	116 6997	8619	116 0227
8370	119 4743	8420	118 7648	8470	118 0637	8520	117 3708	8570	116 6861	8620	116 0092
8371	119 4600	8421	118 7507	8471	118 0498	8521	117 3571	8571	116 6725	8621	115 9958
8372	119 4457	8422	118 7366	8472	118 0358	8522	117 3433	8572	116 6588	8622	115 9823
8373	119 4315	8423	118 7225	8473	118 0219	8523	117 3295	8573	116 6452	8623	115 9689
8374	119 4172	8424	118 7084	8474	118 0080	8524	117 3158	8574	116 6316	8624	115 9554
8375	119 4029	8425	118 6943	8475	117 9941	8525	117 3020	8575	116 6180	8625	115 9420
8376	119 3887	8426	118 6802	8476	117 9801	8526	117 2882	8576	116 6044	8626	115 9285
8377	119 3744	8427	118 6664	8477	117 9662	8527	117 2745	8577	116 5908	8627	115 9151
8378	119 3602	8428	118 6524	8478	117 9523	8528	117 2607	8578	116 5772	8628	115 9017
8379	119 3459	8429	118 6380	8479	117 9384	8529	117 2470	8579	116 5637	8629	115 8882
8380	119 3317	8430	118 6239	8480	117 3245	8530	117 2332	8580	116 5501	8630	115 8748
8381	119 3175	8431	118 6098	8481	117 9406	8531	117 2195	8581	116 5365	8631	115 8614
8382	119 3032	8432	118 5958	8482	117 8967	8532	117 2058	8582	116 5229	8632	115 8480
8383	119 2890	8433	118 5817	8483	117 8828	8533	117 1920	8583	116 5093	8633	115 8345
8384	119 2748	8434	118 5677	8484	117 8689	8534	117 1783	8584	116 4958	8634	115 8211
8385	119 2605	8435	118 5536	8485	117 8550	8535	117 1646	8585	116 4822	8635	115 8077
8386	119 2463	8436	118 5395	8486	117 8411	8536	117 1508	8586	116 4686	8636	115 7943
8387	119 2321	8437	118 5255	8487	117 8272	8537	117 1371	8587	116 4551	8637	115 7809
8388	119 2179	8438	118 5114	8488	117 8133	8538	117 1234	8588	116 4415	8638	115 7675
8389	119 2037	8439	118 4974	8489	117 7995	8539	117 1097	8589	116 4279	8639	115 7541
8390	119 1895	8440	118 4834	8490	117 7856	8540	117 0960	8590	116 4144	8640	115 7407

DIVISEURS : **8641** A **8940**.

DIVISEUR	Nombre à multiplier par le dividende	DIVISEUR	Nombre à multiplier par le dividende	DIVISEUR	Nombre à multiplier par le dividende	DIVISEUR	Nombre à multiplier par le dividende	DIVISEUR	Nombre à multiplier par le dividende	DIVISEUR	Nombre à multiplier par le dividende
8641	115 7273	8691	115 0615	8741	114 4033	8791	113 7527	8841	113 1093	8891	112 4732
8642	115 7139	8692	115 0483	8742	114 3902	8792	113 7397	8842	113 0965	8892	112 4605
8643	115 7005	8693	115 0350	8743	114 3772	8793	113 7268	8843	113 0837	8893	112 4479
8644	115 6871	8694	115 0218	8744	114 3641	8794	113 7138	8844	113 0710	8894	112 4353
8645	115 6737	8695	115 0086	8745	114 3510	8795	113 7009	8845	113 0582	8895	112 4227
8646	115 6604	8696	114 9954	8746	114 3379	8796	113 6880	8846	113 0454	8896	112 4100
8647	115 6470	8697	114 9821	8747	114 3249	8797	113 6751	8847	113 0326	8897	112 3974
8648	115 6336	8698	114 9689	8748	114 3118	8798	113 6621	8848	113 0198	8898	112 3848
8649	115 6203	8699	114 9557	8749	114 2987	8799	113 6492	8849	113 0071	8899	112 3721
8650	115 6069	8700	114 9425	8750	114 2857	8800	113 6363	8850	112 9943	8900	112 3595
8651	115 5935	8701	114 9293	8751	114 2726	8801	113 6234	8851	112 9815	8901	112 3469
8652	115 5801	8702	114 9161	8752	114 2595	8802	113 6105	8852	112 9688	8902	112 3343
8653	115 5668	8703	114 9029	8753	114 2465	8803	113 5976	8853	112 9560	8903	112 3216
8654	115 5535	8704	114 8897	8754	114 2334	8804	113 5847	8854	112 9433	8904	112 3090
8655	115 5401	8705	114 8765	8755	114 2204	8805	113 5718	8855	112 9305	8905	112 2964
8656	115 5268	8706	114 8633	8756	114 2074	8806	113 5589	8856	112 9177	8906	112 2838
8657	115 5134	8707	114 8501	8757	114 1943	8807	113 5460	8857	112 9050	8907	112 2712
8658	115 5001	8708	114 8369	8758	114 1813	8808	113 5331	8858	112 8923	8908	112 2586
8659	115 4867	8709	114 8237	8759	114 1682	8809	113 5202	8859	112 8795	8909	112 2460
8660	115 4734	8710	114 8105	8760	114 1552	8810	113 5073	8860	112 8668	8910	112 2334
8661	115 4601	8711	114 7973	8761	114 1422	8811	113 4944	8861	112 8540	8911	112 2208
8662	115 4467	8712	114 7841	8762	114 1291	8812	113 4816	8862	112 8413	8912	112 2082
8663	115 4334	8713	114 7710	8763	114 1161	8813	113 4687	8863	112 8286	8913	112 1956
8664	115 4201	8714	114 7578	8764	114 1031	8814	113 4558	8864	112 8158	8914	112 1830
8665	115 4068	8715	114 7446	8765	114 0901	8815	113 4429	8865	112 8031	8915	112 1704
8666	115 3934	8716	114 7315	8766	114 0771	8816	113 4301	8866	112 7904	8916	112 1579
8667	115 3801	8717	114 7183	8767	114 0641	8817	113 4172	8867	112 7777	8917	112 1453
8668	115 3668	8718	114 7052	8768	114 0510	8818	113 4044	8868	112 7649	8918	112 1327
8669	115 3535	8719	114 6920	8769	114 0380	8819	113 3915	8869	112 7522	8919	112 1201
8670	115 3402	8720	114 6788	8770	114 0250	8820	113 3786	8870	112 7395	8920	112 1076
8671	115 3269	8721	114 6657	8771	114 0120	8821	113 3658	8871	112 7268	8921	112 0950
8672	115 3136	8722	114 6526	8772	113 9990	8822	113 3529	8872	112 7141	8922	112 0824
8673	115 3003	8723	114 6394	8773	113 9860	8823	113 3401	8873	112 7014	8923	112 0699
8674	115 2870	8724	114 6263	8774	113 9731	8824	113 3272	8874	112 6887	8924	112 0573
8675	115 2737	8725	114 6131	8775	113 9601	8825	113 3144	8875	112 6760	8925	112 0448
8676	115 2604	8726	114 6000	8776	113 9471	8826	113 3016	8876	112 6633	8926	112 0322
8677	115 2472	8727	114 5869	8777	113 9341	8827	113 2887	8877	112 6506	8927	112 0197
8678	115 2339	8728	114 5737	8778	113 9211	8828	113 2759	8878	112 6379	8928	112 0071
8679	115 2206	8729	114 5606	8779	113 9081	8829	113 2631	8879	112 6252	8929	111 9946
8680	115 2073	8730	114 5475	8780	113 8952	8830	113 2502	8880	112 6126	8930	111 9820
8681	115 1941	8731	114 5344	8781	113 8822	8831	113 2374	8881	112 5999	8931	111 9695
8682	115 1808	8732	114 5213	8782	113 8692	8832	113 2246	8882	112 5872	6932	111 9570
8683	115 1675	8733	114 5081	8783	113 8563	8833	113 2118	8883	112 5745	8933	111 9444
8684	115 1543	8734	114 4950	8784	113 8433	8834	113 1990	8884	112 5619	8934	111 9319
8685	115 1410	8735	114 4819	8785	113 8303	8835	113 1861	8885	112 5492	8935	111 9194
8686	115 1277	8736	114 4688	8786	113 8174	8836	113 1733	8886	122 5365	8936	111 9068
8687	115 1145	8737	114 4557	8787	113 8044	8837	113 1605	8887	112 5239	8937	111 8943
8688	115 1012	8738	114 4424	8788	113 7915	8838	113 1477	8888	112 5112	8938	111 8818
8689	115 0880	8739	114 4295	8789	113 7785	8839	113 1349	8889	112 4985	8939	111 8693
8690	115 0747	8740	114 4164	8790	113 7656	8840	113 1221	8890	112 4859	8940	111 8568

DIVISEURS : 8941 À 9240.

DIVISEUR	Nombre à multiplier par le dividende	DIVISEUR	Nombre à multiplier par le dividende	DIVISEUR	Nombre à multiplier par le dividende	DIVISEUR	Nombre à multiplier par le dividende	DIVISEUR	Nombre à multiplier par le dividende	DIVISEUR	Nombre à multiplier par le dividende
8941	111 8443	8991	111 2223	9041	110 6072	9091	109 9989	9141	109 3972	9191	108 8020
8942	111 8318	8992	111 2099	9042	110 5950	9092	109 9868	9142	109 3852	9192	108 7902
8943	111 8193	8993	111 1975	9043	110 5827	9093	109 9747	9143	109 3732	9193	108 7784
8944	111 8067	8994	111 1852	9044	110 5705	9094	109 9626	9144	109 3612	9194	108 7665
8945	111 7942	8995	111 1729	9045	110 5582	9095	109 9505	9145	109 3493	9195	108 7547
8946	111 7817	8996	111 1605	9046	110 5460	9096	109 9384	9146	109 3374	9196	108 7429
8947	111 7693	8997	111 1481	9047	110 5338	9097	109 9263	9147	109 3254	9197	108 7311
8948	111 7568	8998	111 1358	9048	110 5216	9098	109 9142	9148	109 3135	9198	108 7192
8949	111 7443	8999	111 1234	9049	110 5094	9099	109 9021	9149	109 3015	9199	108 7074
8950	111 7318	9000	111 1111	9050	110 4972	9100	109 8901	9150	109 2896	9200	108 6956
8951	111 7193	9001	111 0987	9051	110 4850	9101	109 8780	9151	109 2776	9201	108 6838
8952	111 7068	9002	111 0864	9052	110 4728	9102	109 8659	9152	109 2656	9202	108 6720
8953	111 6944	9003	111 0740	9053	110 4606	9103	109 8538	9153	109 2537	9203	108 6602
8954	111 6819	9004	111 0617	9054	110 4484	9104	109 8418	9154	109 2418	9204	108 6484
8955	111 6694	9005	111 0494	9055	110 4362	9105	109 8297	9155	109 2299	9205	108 6366
8956	111 6569	9006	111 0370	9056	110 4240	9106	109 8177	9156	109 2179	9206	108 6248
8957	111 6445	9007	111 0247	9057	110 4118	9107	109 8056	9157	109 2060	9207	108 6130
8958	111 6320	9008	111 0124	9058	110 3996	9108	109 7935	9158	109 1941	9208	108 6012
8959	111 6196	9009	111 0001	9059	110 3874	9109	109 7815	9159	109 1822	9209	108 5894
8960	111 6071	9010	110 9877	9060	110 3752	9110	109 7694	9160	109 1703	9210	108 5776
8961	111 5946	9011	110 9754	9061	110 3630	9111	109 7574	9161	109 1583	9211	108 5658
8962	111 5822	9012	110 9631	9062	110 3509	9112	109 7453	9162	109 1464	9212	108 5540
8963	111 5697	9013	110 9508	9063	110 3387	9113	109 7333	9163	109 1345	9213	108 5422
8964	111 5573	9014	110 9385	9064	110 3265	9114	109 7213	9164	109 1226	9214	108 5304
8965	111 5448	9015	110 9262	9065	110 3143	9115	109 7092	9165	109 1107	9215	108 5187
8966	111 5324	9016	110 9139	9066	110 3022	9116	109 6972	9166	109 0988	9216	108 5069
8967	111 5200	9017	110 9016	9067	110 2900	9117	109 6852	9167	109 0869	9217	108 4951
8968	111 5075	9018	110 8893	9068	110 2779	9118	109 6731	9168	109 0750	9218	108 4833
8969	111 4951	9019	110 8770	9069	110 2657	9119	109 6611	9169	109 0631	9219	108 4716
8970	111 4827	9020	110 8647	9070	110 2535	9120	109 6491	9170	109 0512	9220	108 4598
8971	111 4702	9021	110 8524	9071	110 2414	9121	109 6371	9171	109 0393	9221	108 4481
8972	111 4578	9022	110 8401	9072	110 2292	9122	109 6250	9172	109 0274	9222	108 4363
8973	111 4454	9023	110 8278	9073	110 2171	9123	109 6130	9173	109 0155	9223	108 4243
8974	111 4330	9024	110 8155	9074	110 2049	9124	109 6040	9174	109 0037	9224	108 4127
8975	111 4206	9025	110 8033	9075	110 1928	9125	109 5890	9175	108 9918	9225	108 4010
8976	111 4081	9026	110 7910	9076	110 1806	9126	109 5770	9176	108 9799	9226	108 3893
8977	111 3957	9027	110 7787	9077	110 1685	9127	109 5650	9177	108 9680	9227	108 3775
8978	111 3833	9028	110 7665	9078	110 1564	9128	109 5530	9178	108 9561	9228	108 3658
8979	111 3709	9029	110 7542	9079	110 1442	9129	109 5410	9179	108 9443	9229	108 3541
8980	111 3585	9030	110 7419	9080	110 1321	9130	109 5290	9180	108 9324	9230	108 3423
8981	111 3461	9031	110 7297	9081	110 1200	9131	109 5170	9181	108 9205	9231	108 3306
8982	111 3337	9032	110 7174	9082	110 1079	9132	109 5050	9182	108 9087	9232	108 3188
8983	111 3213	9033	110 7051	9083	110 0957	9133	109 4930	9183	108 8968	9233	108 3071
8984	111 3089	9034	110 6929	9084	110 0836	9134	109 4810	9184	108 8850	9234	108 2954
8985	111 2965	9035	110 6806	9085	110 0715	9135	109 4690	9185	108 8731	9235	108 2837
8986	111 2842	9036	110 6684	9086	110 0594	9136	109 4570	9186	108 8613	9236	108 2749
8987	111 2718	9037	110 6561	9087	110 0473	9137	109 4451	9187	108 8494	9237	108 2602
8988	111 2594	9038	110 6439	9088	110 0352	9138	109 4331	9188	108 8376	9238	108 2485
8989	111 2470	9039	110 6317	9089	110 0231	9139	109 4211	9189	108 8257	9239	108 2368
8990	111 2347	9040	110 6194	9090	110 0110	9140	109 4091	9190	108 8139	9240	108 2251

DIVISEURS : 9241 A 9540.

DIVISEUR	Nombre à multiplier par le dividende	DIVISEUR	Nombre à multiplier par le dividende	DIVISEUR	Nombre à multiplier par le dividende	DIVISEUR	Nombre à multiplier par le dividende	DIVISEUR	Nombre à multiplier par le dividende	DIVISEUR	Nombre à multiplier par le dividende
9241	108 2133	9291	107 6310	9341	107 0549	9391	106 4849	9441	105 9209	9491	105 3629
9242	108 2016	9292	107 6194	9342	107 0434	9392	106 4735	9442	105 9097	9492	105 3518
9243	108 1899	9293	107 6078	9343	107 0320	9393	106 4622	9443	105 8985	9493	105 3407
9244	108 1782	9294	107 5962	9344	107 0205	9394	106 4509	9444	105 8873	9494	105 3296
9245	108 1665	9295	07 5847	9345	107 0090	9395	106 4395	9445	105 8761	9495	105 3185
9246	108 1548	9296	107 5731	9346	106 9976	9396	106 4282	9446	105 8649	9496	105 3074
9247	108 1431	9297	107 5615	9347	106 9861	9397	106 4169	9447	105 8537	9497	105 2964
9248	108 1314	9298	107 5500	9348	106 9747	9398	106 4056	9448	105 8425	9498	105 2853
9249	108 1197	9299	107 5384	9349	106 9633	9399	106 3942	9449	105 8313	9499	105 2742
9250	108 1084	9300	107 5268	9350	106 9518	9400	106 3829	9450	105 8201	9500	105 2631
9251	108 0964	9301	107 5153	9351	106 9404	9401	106 3716	9451	105 8089	9501	105 2520
9252	108 0847	9302	107 5037	9352	106 9289	9402	106 3603	9452	105 7977	9502	105 2410
9253	108 0730	9303	107 4922	9353	106 9175	9403	106 3490	9453	105 7865	9503	105 2299
9254	108 0613	9304	107 4806	9354	106 9061	9404	106 3377	9454	105 7753	9504	105 2188
9255	108 0497	9305	107 4691	9355	106 8947	9405	106 3264	9455	105 7641	9505	105 2077
9256	108 0380	9306	107 4575	9356	106 8832	9406	106 3151	9456	105 7529	9506	105 1967
9257	108 0263	9307	107 4460	9357	106 8718	9407	106 3038	9457	105 7417	9507	105 1856
9258	108 0146	9308	107 4344	9358	106 8604	9408	106 2925	9458	105 7305	9508	105 1745
9259	108 0030	9309	107 4229	9359	106 8490	9409	106 2812	9459	105 7194	9509	105 1635
9260	107 9913	9310	107 4143	9360	106 8376	9410	106 2699	9460	105 7082	9510	105 1524
9261	107 9796	9311	107 3998	9361	106 8261	9411	106 2586	9461	105 6970	9511	105 1414
9262	107 9680	9312	107 3883	9362	106 8147	9412	106 2473	9462	105 6859	9512	105 1303
9263	107 9563	9313	107 3767	9363	106 8033	9413	106 2360	9463	105 6747	9513	105 1193
9264	107 9446	9314	107 3652	9364	106 7919	9414	106 2247	9464	105 6635	9514	105 1082
9265	107 9330	9315	107 3537	9365	106 7805	9415	106 2134	9465	105 6524	9515	105 0972
9266	107 9214	9316	107 3422	9366	106 7691	9416	106 2022	9466	105 6412	9516	105 0861
9267	107 9097	9317	107 3306	9367	106 7577	9417	106 1909	9467	105 6300	9517	105 0751
9268	107 8981	9318	107 3191	9368	106 7463	9418	106 1796	9468	105 6189	9518	105 0640
9269	107 8865	9319	107 3076	9369	106 7349	9419	106 1683	9469	105 6077	9519	105 0530
9270	107 8748	9320	107 2961	9370	106 7235	9420	106 1571	9470	105 5966	9520	105 0420
9271	107 8632	9321	107 2846	9371	106 7121	9421	106 1458	9471	105 5854	9521	105 0309
9272	107 8515	9322	107 2731	9372	106 7008	9422	106 1345	9472	105 5743	9522	105 0199
9273	107 8399	9323	107 2616	9373	106 6894	9423	106 1233	9473	105 5631	9523	105 0089
9274	107 8283	9324	107 2501	9374	106 6780	9424	106 1120	9474	105 5520	9524	104 9979
9275	107 8167	9325	107 2386	9375	106 6666	9425	106 1007	9475	105 5408	9525	104 9868
9276	107 8050	9326	107 2271	9376	106 6552	9426	106 0895	9476	105 5297	9526	104 9758
9277	107 7934	9327	107 2156	9377	106 6439	9427	106 0782	9477	105 5186	9527	104 9648
9278	107 7818	9328	107 2041	9378	106 6325	9428	106 0670	9478	105 5074	9528	104 9538
9279	107 7702	9329	107 1926	9379	106 6211	9429	106 0557	9479	105 4963	9529	104 9428
9280	107 7586	9330	107 1811	9380	106 6098	9430	106 0445	9480	105 4852	9530	104 9317
9281	107 7470	9331	107 1696	9381	106 5984	9431	106 0332	9481	105 4741	9531	104 9207
9282	107 7354	9332	107 1581	9382	106 5870	9432	106 0220	9482	105 4629	9532	104 9097
9283	107 7237	9333	107 1466	9383	106 5757	9433	106 0107	9483	105 4518	9533	104 8987
9284	107 7121	9334	107 1352	9384	106 5643	9434	105 9995	9484	105 4407	9534	104 8877
9285	107 7005	9335	107 1237	9385	106 5530	9435	105 9883	9485	105 4296	9535	104 8767
9286	107 6889	9336	107 1122	9386	106 5416	9436	105 9771	9486	105 4185	9536	104 8657
9287	107 6773	9337	107 1007	9387	106 5303	9437	105 9658	9487	105 4073	9537	104 8547
9288	107 6657	9338	107 0893	9388	106 5189	9438	105 9546	9488	105 3962	9538	104 8437
9289	107 6542	9339	107 0778	9389	106 5076	9439	105 9434	9489	105 3851	9539	104 8327
9290	107 6426	9340	107 0663	9390	106 4962	9440	105 9322	9490	105 3740	9540	104 8218

DIVISEURS : 9541 A 9840.

DIVISEUR	Nombre à multiplier par le dividende	DIVISEUR	Nombre à multiplier par le dividende	DIVISEUR	Nombre à multiplier par le dividende	DIVISEUR	Nombre à multiplier par le dividende	DIVISEUR	Nombre à multiplier par le dividende	DIVISEUR	Nombre à multiplier par le dividende
9541	104 8408	9591	104 2644	9641	103 7236	9691	103 1885	9741	102 6588	9791	102 1346
9542	104 7998	9592	104 2535	9642	103 7129	9692	103 1778	9742	102 6483	9792	102 1244
9543	104 7888	9593	104 2426	9643	103 7021	9693	103 1672	9743	102 6377	9793	102 1437
9544	104 7778	9594	104 2317	9644	103 6914	9694	103 1565	9744	102 6272	9794	102 1033
9545	104 7668	9595	104 2209	9645	103 6806	9695	103 1459	9745	102 6167	9795	102 0929
9546	104 7559	9596	104 2100	9646	103 6699	9696	103 1353	9746	102 6061	9796	102 0825
9547	104 7449	9597	104 1992	9647	103 6591	9697	103 1246	9747	102 5956	9797	102 0720
9548	104 7339	9598	104 1883	9648	103 6484	9698	103 1140	9748	102 5851	9798	102 0616
9549	104 7230	9599	104 1775	9649	103 6376	9699	103 1034	9749	102 5746	9799	102 0512
9550	104 7120	9600	104 1666	9650	103 6269	9700	103 0927	9750	102 5641	9800	102 0408
9551	104 7010	9601	104 1558	9651	103 6162	9701	103 0821	9751	102 5535	9801	102 0304
9552	104 6900	9602	104 1449	9652	103 6054	9702	103 0715	9752	102 5430	9802	102 0199
9553	104 6791	9603	104 1341	9653	103 5947	9703	103 0609	9753	102 5325	9803	102 0095
9554	104 6682	9604	104 1232	9654	103 5840	9704	103 0502	9754	102 5220	9804	101 9991
9555	104 6572	9605	104 1124	9655	103 5732	9705	103 0396	9755	102 5115	9805	101 9887
9556	104 6462	9606	104 1016	9656	103 5625	9706	103 0290	9756	102 5010	9806	101 9783
9557	104 6353	9607	104 0907	9657	103 5548	9707	103 0184	9757	102 4905	9807	101 9679
9558	104 6243	9608	104 0799	9658	103 5411	9708	103 0078	9758	102 4800	9808	101 9575
9559	104 6134	9609	104 0691	9659	103 5303	9709	102 9972	9759	102 4695	9809	101 9471
9560	104 6025	9610	104 0582	9660	103 5196	9710	102 9866	9760	102 4590	9810	101 9367
9561	104 5915	9611	104 0474	9661	103 5089	9711	102 9760	9761	102 4485	9811	101 9264
9562	104 5806	9612	104 0365	9662	103 4982	9712	102 9654	9762	102 4380	9812	101 9160
9563	104 5696	9613	104 0257	9663	103 4875	9713	102 9548	9763	102 4275	9813	101 9056
9564	104 5587	9614	104 0149	9664	103 4768	9714	102 9442	9764	102 4170	9814	101 8952
9565	104 5478	9615	104 0041	9665	103 4661	9715	102 9336	9765	102 4065	9815	101 8848
9566	104 5369	9616	103 9933	9666	103 4554	9716	102 9230	9766	102 3960	9816	101 8744
9567	104 5259	9617	103 9825	9667	103 4447	9717	102 9124	9767	102 3855	9817	101 8641
9568	104 5150	9618	103 9717	9668	103 4340	9718	102 9018	9768	102 3750	9818	101 8537
9569	104 5041	9619	103 9609	9669	103 4233	9719	102 8912	9769	102 3646	9819	101 8433
9570	104 4932	9620	103 9501	9670	103 4126	9720	102 8806	9770	102 3541	9820	101 8329
9571	104 4822	9621	103 9392	9671	103 4019	9721	102 8700	9771	102 3436	9821	101 8226
9572	104 4713	9622	103 9284	9672	103 3912	9722	102 8594	9772	102 3331	9822	101 8122
9573	104 4604	9623	103 9176	9673	103 3805	9723	102 8489	9773	102 3227	9823	101 8018
9574	104 4495	9624	103 9068	9674	103 3698	9724	102 8383	9774	102 3122	9824	101 7915
9575	104 4386	9625	103 8961	9675	103 3591	9725	102 8277	9775	102 3017	9825	101 7811
9576	104 4277	9626	103 8853	9676	103 3484	9726	102 8171	9776	102 2913	9826	101 7708
9577	104 4168	9627	103 8745	9677	103 3378	9727	102 8066	9777	102 2808	9827	101 7604
9578	104 4059	9628	103 8637	9678	103 3271	9728	102 7960	9778	102 2704	9828	101 7500
9579	104 3950	9629	103 8529	9679	103 3164	9729	102 7854	9779	102 2599	9829	101 7397
9580	104 3841	9630	103 8421	9680	103 3057	9730	102 7749	9780	102 2494	9830	101 7293
9581	104 3732	9631	103 8313	9681	103 2951	9731	102 7643	9781	102 2390	9831	101 7190
9582	104 3623	9632	103 8205	9682	103 2844	9732	102 7538	9782	102 2285	9832	101 7087
9583	104 3514	9633	103 8098	9683	103 2737	9733	102 7432	9783	102 2181	9833	101 6983
9584	104 3405	9634	103 7990	9684	103 2630	9734	102 7326	9784	102 2076	9834	101 6880
9585	104 3296	9635	103 7882	9685	103 2524	9735	102 7221	9785	102 1972	9835	101 6776
9586	104 3187	9636	103 7775	9686	103 2417	9736	102 7115	9786	102 1867	9836	101 6673
9587	104 3079	9637	103 7667	9687	103 2311	9737	102 7010	9787	102 1763	9837	101 6570
9588	104 2970	9638	103 7559	9688	103 2204	9738	102 6904	9788	102 1659	9838	101 6466
9589	104 2861	9639	103 7452	9689	103 2098	9739	102 6799	9789	102 1554	9839	101 6363
9590	104 2752	9640	103 7344	9690	103 1991	9740	102 6694	9790	102 1450	9840	101 6260

DIVISEURS : **9841** À **10,000.**

DIVISEUR	Nombre à multiplier par le dividende	DIVISEUR	Nombre à multiplier par le dividende	DIVISEUR	Nombre à multiplier par le dividende	DIVISEUR	Nombre à multiplier par le dividende	DIVISEUR	Nombre à multiplier par le dividende	DIVISEUR	Nombre à multiplier par le dividende
9841	101 6156	9871	101 3068	9901	100 9998	9931	100 6947	9961	100 3945	9991	100 0900
9842	101 6053	9872	101 2965	9902	100 9896	9932	100 6846	9962	100 3844	9992	100 0800
9843	101 5950	9873	101 2842	9903	100 9795	9933	100 6745	9963	100 3743	9993	100 0700
9844	101 5847	9874	101 2740	9904	100 9693	9934	100 6643	9964	100 3613	9994	100 0600
9845	101 5744	9875	101 2658	9905	100 9591	9935	100 6544	9965	100 3512	9995	100 0500
9846	101 5640	9876	101 2555	9906	100 9489	9936	100 6440	9966	100 3411	9996	100 0400
9847	101 5537	9877	101 2453	9907	100 9387	9937	100 6339	9967	100 3310	9997	100 0300
9848	101 5434	9878	101 2350	9908	100 9285	9938	100 6238	9968	100 3210	9998	100 0200
9849	101 5331	9879	101 2248	9909	100 9183	9939	100 6137	9969	100 3109	9999	100 0100
9850	101 5228	9880	101 2145	9910	100 9081	9940	100 6036	9970	100 3009	10000	100 0000
9851	101 5125	9881	101 2043	9911	100 8979	9941	100 5934	9971	100 2908		
9852	101 5022	9882	101 1940	9912	100 8877	9942	100 5833	9972	100 2807		
9853	101 4919	9883	101 1838	9913	100 8776	9943	100 5732	9973	100 2707		
9854	101 4816	9884	101 1736	9914	100 8674	9944	100 5631	9974	100 2606		
9855	101 4713	9885	101 1633	9915	100 8572	9945	100 5530	9975	100 2506		
9856	101 4610	9886	101 1531	9916	100 8471	9946	100 5429	9976	100 2405		
9857	101 4507	9887	101 1429	9917	100 8369	9947	100 5327	9977	100 2305		
9858	101 4404	9888	101 1326	9918	100 8267	9948	100 5226	9978	100 2204		
9859	101 4301	9889	101 1224	9919	100 8166	9949	100 5126	9979	100 2104		
9860	101 4198	9890	101 1122	9920	100 8064	9950	100 5025	9980	100 2004		
9861	101 4095	9891	101 1020	9921	100 7963	9951	100 4924	9981	100 1903		
9862	101 3993	9892	101 0947	9922	100 7861	9952	100 4823	9982	100 1803		
9863	101 3890	9893	101 0815	9923	100 7760	9953	100 4722	9983	100 1702		
9864	101 3787	9894	101 0713	9924	100 7658	9954	100 4621	9984	100 1602		
9865	101 3684	9895	101 0611	9925	100 7557	9955	100 4520	9985	100 1502		
9866	101 3581	9896	101 0509	9926	100 7455	9956	100 4419	9986	100 1401		
9867	101 3479	9897	101 0407	9927	100 7353	9957	100 4318	9987	100 1301		
9868	101 3376	9898	101 0305	9928	100 7252	9958	100 4217	9988	100 1201		
9869	101 3273	9899	101 0203	9929	100 7150	9959	100 4116	9989	100 1101		
9870	101 3171	9900	101 0101	9930	100 7049	9960	100 4016	9990	100 1001		

TABLES DE DIVISIONS

2e SÉRIE

10,001 à 100,000

(AVEC LES DIFFÉRENCES).

DIVISEUR	Nombre à multiplier par le dividende	DIVISEUR	Nombre à multiplier par le dividende	DIVISEUR	Nombre à multiplier par le dividende
10 001	999 9000	10 051	994 9258	10 101	990 0010
002	8000	052	8269	102	989 9030
003	7000	053	7279	103	8050
004	6001	054	6290	104	7070
005	5002	055	5300	105	6091
006	4003	056	4311	106	5111
007	3004	057	3323	107	4133
008	2006	058	2334	108	3151
009	1008	059	1346	109	2175
010	0009	060	0357	110	1196
10 011	998 9012	10 061	993 9369	10 111	989 0218
012	8014	062	8382	112	988 9240
013	7017	063	7394	113	8262
014	6019	064	6406	114	7284
015	5022	065	5419	115	6307
016	4025	066	4432	116	5329
017	3028	067	3446	117	4353
018	2032	068	2460	118	3376
019	1036	069	1473	119	2399
020	0039	070	0486	120	1422
021	997 9044	10 071	992 9500	10 121	988 0446
022	8048	072	8514	122	987 9470
023	7052	073	7529	123	8494
024	6057	074	6543	124	7518
025	5062	075	5558	125	6543
026	4067	076	4572	126	5567
027	3072	077	3588	127	4593
028	2078	078	2603	128	3617
029	1083	079	1619	129	2643
030	0089	080	0634	130	1668
10 031	996 9095	10 081	994 9650	10 131	987 0694
032	8402	082	8666	132	986 9719
033	7408	083	7683	133	8746
034	6415	084	6699	134	7771
035	5122	085	5716	135	6798
036	4128	086	4732	136	5825
037	3135	087	3750	137	4851
038	2143	088	2767	138	3878
039	1151	089	1785	139	2905
040	0159	090	0802	140	1932
10 041	995 9167	10 091	990 9820	10 141	986 0960
042	8175	092	8838	142	985 9987
043	7184	093	7857	143	9016
044	6192	094	6875	144	8043
045	5201	095	5894	145	7072
046	4210	096	4912	146	6100
047	3219	097	3932	147	5129
048	2229	098	2951	148	4158
049	1239	099	1971	149	3187
050	0248	100	0990	150	2216

	1000	999	998	997	996	995	994	993	992	991
0 01	10	10	10	10	10	10	10	10	10	10
0 02	20	20	20	20	20	20	20	20	20	20
0 03	30	30	30	30	30	30	30	30	30	30
0 04	40	40	40	40	40	40	40	40	40	40
0 05	50	50	50	50	50	50	50	50	50	50
0 06	60	60	60	60	60	60	60	60	60	59
0 07	70	70	70	70	70	70	70	70	70	69
0 08	80	80	80	80	80	80	80	79	79	79
0 09	90	90	90	90	90	90	90	89	89	89
0 10	100	100	100	100	100	100	99	99	99	99
0 20	200	200	200	199	199	199	199	199	198	198
0 30	300	300	299	299	299	299	299	298	298	297
0 40	400	400	399	399	398	398	398	397	397	396
0 50	500	500	499	498	498	498	497	497	496	496
0 60	600	599	599	598	598	597	596	596	595	595
0 70	700	699	699	698	697	697	696	695	694	694
0 80	800	799	798	798	797	796	796	795	794	793
0 90	900	899	898	897	896	896	895	894	893	892
1 00	1000	999	998	997	996	995	994	993	992	991

	990	989	988	987	986	985	984	983	982	981
0 01	10	10	10	10	10	10	10	10	10	10
0 02	20	20	20	20	20	20	20	20	20	20
0 03	30	30	30	30	30	30	30	29	29	29
0 04	40	40	40	39	39	39	39	39	39	39
0 05	50	50	49	49	49	49	49	49	49	49
0 06	59	59	59	59	59	59	59	59	59	59
0 07	69	69	69	69	69	69	69	69	60	60
0 08	79	79	79	79	79	79	79	79	79	78
0 09	89	89	89	89	89	89	89	88	88	88
0 10	99	99	99	99	99	99	98	98	98	98
0 20	198	198	198	197	197	197	197	197	196	196
0 30	297	297	296	296	296	296	295	295	295	294
0 40	396	396	395	395	394	394	394	393	393	392
0 50	495	495	494	494	493	493	492	492	491	491
0 60	594	593	593	592	592	591	590	589	589	589
0 70	693	692	692	691	690	690	689	688	687	687
0 80	792	791	790	789	789	788	787	786	786	785
0 90	891	890	889	888	887	887	886	885	884	883
1 00	990	989	988	987	986	985	984	983	982	981

	980	979	978	977	976	975	974	973	972	971
0 01	10	10	10	10	10	10	10	10	10	10
0 02	20	20	20	20	20	20	19	19	19	19
0 03	29	29	29	29	29	29	29	29	29	29
0 04	39	39	39	39	39	39	39	39	39	39
0 05	49	49	49	49	49	49	49	49	49	49
0 06	59	59	59	59	59	59	58	58	58	58
0 07	68	68	68	68	68	68	68	68	68	68
0 08	78	78	78	78	78	78	78	78	78	78
0 09	88	88	88	88	88	88	88	88	87	87
0 10	98	98	98	98	98	98	97	97	97	97
0 20	196	196	196	195	195	195	195	195	194	194
0 30	294	294	293	293	293	293	292	292	292	291
0 40	392	392	391	391	390	390	390	389	389	388
0 50	490	490	489	489	488	488	487	487	486	486
0 60	588	587	587	586	586	585	585	584	583	583
0 70	686	685	685	684	683	683	682	681	680	680
0 80	784	783	782	782	781	780	779	778	778	777
0 90	882	881	880	879	878	878	877	876	875	874
1 00	980	979	978	977	976	975	974	973	972	971

DIVISEUR	Nombre à multiplier par le dividende	DIVISEUR	Nombre à multiplier par le dividende	DIVISEUR	Nombre à multiplier par le dividende
10 151	985 1246	10 201	980 2960	10 251	975 5146
152	0275	202	1999	252	4494
153	984 9305	203	1039	253	3243
154	8335	204	0078	254	2291
155	7365	205 979	9148	255	1340
156	6395	206	8157	256	0389
157	5427	207	7198	257 974	9439
158	4457	208	6238	258	8488
159	3488	209	5279	259	7538
160	2519	210	4319	260	6588
10 161	984 1554	10 211	979 3360	10 261	974 5639
162	0582	212	2401	262	4689
163	983 9614	213	1442	263	3740
164	8645	214	0483	264	2790
165	7678	215 978	9525	265	1841
166	6710	216	8566	266	0892
167	5743	217	7609	267 973	9944
168	4775	218	6650	268	8995
169	3808	219	5693	269	8047
170	2841	220	4735	270	7098
10 171	983 1875	10 221	978 3778	10 271	973 6150
172	0908	222	2824	272	5202
173	982 9942	223	1864	273	4255
174	8975	224	0907	274	3307
175	8009	225 977	9951	275	2360
176	7043	226	8994	276	1412
177	6078	227	8039	277	0466
178	5112	228	7082	278 972	9519
179	4147	229	6127	279	8573
180	3182	230	5171	280	7626
10 181	982 2218	10 231	977 4216	10 281	972 6680
182	1253	232	3260	282	5734
183	0289	233	2306	283	4788
184	981 9324	234	1350	284	3842
185	8360	235	0396	285	2897
186	7396	236 976	9441	286	1951
187	6433	237	8487	287	1007
188	5469	238	7533	288	0064
189	4506	239	6579	289 971	9117
190	3542	240	5625	290	8172
10 191	981 2579	10 241	976 4672	10 291	971 7228
192	1616	242	3718	292	6284
193	0654	243	2765	293	5340
194	980 9691	244	1811	294	4396
195	8729	245	0859	295	3453
196	7767	246 975	9906	296	2509
197	6806	247	8954	297	1566
198	5845	248	8001	298	0623
199	4883	249	7049	299 970	9680
200	3921	250	6097	300	8737

	970	969	968	967	966	965	964	963	962	961
0 01	10	10	10	10	10	10	10	10	10	10
0 02	19	19	19	19	19	19	19	19	19	19
0 03	29	29	29	29	29	29	29	29	29	29
0 04	38	39	39	39	39	39	39	39	38	38
0 05	49	48	48	48	48	48	48	48	48	48
0 06	58	58	58	58	58	58	58	57	58	58
0 07	68	68	68	68	68	68	68	67	67	67
0 08	78	78	77	77	77	77	77	77	77	77
0 09	87	87	87	87	87	87	87	87	87	86
0 10	97	97	97	97	97	97	97	96	96	96
0 20	194	194	194	193	193	193	193	193	192	192
0 30	291	291	290	290	290	290	289	289	289	288
0 40	388	388	387	387	386	386	386	385	385	384
0 50	485	485	484	484	483	483	482	482	481	481
0 60	582	581	581	580	580	579	578	578	577	577
0 70	679	678	678	677	676	676	675	674	673	673
0 80	776	775	774	774	773	772	771	770	770	769
0 90	873	872	871	870	869	869	868	867	866	865
1 00	970	969	968	967	966	965	964	963	962	961

	960	959	958	957	956	955	954	953	952	951
0 01	10	10	10	10	10	10	10	10	10	10
0 02	19	19	19	19	19	19	19	19	19	19
0 03	29	29	29	29	29	29	29	29	29	29
0 04	38	38	38	38	38	38	38	38	38	38
0 05	48	48	48	48	48	48	48	48	48	48
0 06	58	58	57	57	57	57	57	57	57	57
0 07	67	67	67	67	67	67	67	67	67	67
0 08	77	77	77	77	76	76	76	76	76	76
0 09	86	86	86	86	86	86	86	86	86	86
0 10	96	96	96	96	96	96	95	95	95	95
0 20	192	192	192	191	191	191	191	191	190	190
0 30	288	288	287	287	287	287	286	286	286	285
0 40	384	384	383	383	382	382	382	381	381	380
0 50	480	480	479	479	478	478	477	477	476	476
0 60	576	575	575	574	574	573	572	572	571	571
0 70	672	671	671	670	669	669	668	667	666	666
0 80	768	767	766	766	765	764	763	762	762	761
0 90	864	863	862	861	860	860	859	858	857	856
1 00	960	959	958	957	956	955	954	953	952	951

	950	949	948	947	946	945	944	943
0 01	10	9	9	9	9	9	9	9
0 02	19	19	19	19	19	19	19	19
0 03	29	28	28	28	28	28	28	28
0 04	38	38	38	38	38	38	38	38
0 05	48	47	47	47	47	47	47	47
0 06	57	57	57	57	57	57	57	57
0 07	67	66	66	66	66	66	66	66
0 08	76	76	76	76	76	76	76	75
0 09	86	85	85	85	85	85	85	85
0 10	95	95	95	95	95	95	94	94
0 20	190	190	190	189	189	189	189	189
0 30	285	285	284	284	284	284	283	283
0 40	380	380	379	379	378	378	378	377
0 50	475	475	474	474	473	473	472	472
0 60	570	569	569	568	568	567	566	566
0 70	665	664	664	663	662	662	661	660
0 80	760	759	758	758	757	756	755	754
0 90	855	854	853	852	851	851	850	849
1 00	950	949	948	947	946	945	944	943

DIVISEUR	Nombre à multiplier par le dividende	DIVISEUR	Nombre à multiplier par le dividende	DIVISEUR	Nombre à multiplier par le dividende
10 301	970 7795	10 351	966 0902	10 401	961 4460
302	6853	352	965 9969	402	3535
303	5911	353	9036	403	2611
304	4968	354	8103	404	1688
305	4027	355	7170	405	0764
306	3085	356	6237	406	960 9840
307	2144	357	5304	407	8917
308	1203	358	4371	408	7993
309	0262	359	3438	409	7070
310	969 9321	360	2509	410	6147
10 311	969 8384	10 361	965 1578	10 411	960 5225
312	7440	362	0646	412	4302
313	6500	363	964 9716	413	3380
314	5559	364	8784	414	2458
315	4619	365	7853	415	1536
316	3679	366	6922	416	0614
317	2740	367	5992	417	959 9692
318	1800	368	5061	418	8770
319	0861	369	4131	419	7849
320	968 9922	370	3201	420	6928
10 321	968 8984	10 371	964 2271	10 421	959 6007
322	8045	372	1342	422	5086
323	7107	373	0413	423	4166
324	6168	374	963 9483	424	3246
325	5230	375	8554	425	2326
326	4292	376	7625	426	1406
327	3355	377	6697	427	0486
328	2417	378	5768	428	958 9566
329	1480	379	4840	429	8647
330	0542	380	3911	430	7727
10 331	967 9605	10 381	963 2983	10 431	958 6808
332	8668	382	2055	432	5889
333	7732	383	1128	433	4971
334	6794	384	0200	434	4051
335	5858	385	962 9273	435	3133
336	4922	386	8345	436	2215
337	3986	387	7419	437	1297
338	3050	388	6492	438	0379
339	2115	389	5566	439	957 9462
340	1179	390	4639	440	8544
10 341	967 0244	10 391	962 3713	10 441	957 7627
342	966 9309	392	2787	442	6709
343	8374	393	1861	443	5792
344	7439	394	0935	444	4875
345	6505	395	0009	445	3958
346	5570	396	961 9084	446	3042
347	4637	397	8159	447	2126
348	3702	398	7234	448	1209
349	2769	399	6309	449	0293
350	1835	400	5384	450	956 9377

	942	941	940	939	938	937	936	935	934
0 01	9	9	9	9	9	9	9	9	9
0 02	19	19	19	19	19	19	19	19	19
0 03	28	28	28	28	28	28	28	28	28
0 04	38	38	38	38	38	37	37	37	37
0 05	47	47	47	47	47	47	47	47	47
0 06	57	56	56	56	56	56	56	56	56
0 07	66	66	66	66	66	66	66	65	65
0 08	75	75	75	75	75	75	75	75	75
0 09	85	85	85	85	84	84	84	84	84
0 10	94	94	94	94	94	94	94	94	93
0 20	188	188	188	188	188	187	187	187	187
0 30	283	282	282	282	281	281	281	281	280
0 40	377	376	376	376	375	375	374	374	374
0 50	471	471	470	470	469	469	468	468	467
0 60	565	565	564	563	563	562	562	561	560
0 70	659	659	658	657	657	656	655	655	654
0 80	754	753	752	751	750	750	749	748	747
0 90	848	847	846	845	844	843	842	842	841
1 00	942	941	940	939	938	937	936	935	934

	933	932	931	930	929	928	927	926	925
0 01	9	9	9	9	9	9	9	9	9
0 02	19	19	19	19	19	19	19	19	19
0 03	28	28	28	28	28	28	28	28	28
0 04	37	37	37	37	37	37	37	37	37
0 05	47	47	47	47	46	46	46	46	46
0 06	56	56	56	56	56	56	56	56	56
0 07	65	65	65	65	65	65	65	65	65
0 08	75	75	74	74	74	74	74	74	74
0 09	84	84	84	84	84	84	83	83	83
0 10	93	93	93	93	93	93	93	93	93
0 20	187	186	186	186	186	186	185	185	185
0 30	280	280	279	279	279	278	278	278	278
0 40	373	373	372	372	372	371	371	370	370
0 50	467	466	466	465	465	464	464	463	463
0 60	560	559	559	558	557	557	556	556	555
0 70	653	652	652	651	650	650	649	648	648
0 80	746	746	745	744	743	742	742	741	740
0 90	840	839	838	837	836	835	834	833	833
1 00	933	932	931	930	929	928	927	926	925

	924	923	922	921	920	919	918	917	916
0 01	9	9	9	9	9	9	9	9	9
0 02	18	18	18	18	18	18	18	18	18
0 03	28	28	28	28	28	28	28	28	27
0 04	37	37	37	37	37	37	37	37	37
0 05	46	46	46	46	46	46	46	46	46
0 06	55	55	55	55	55	55	55	55	55
0 07	65	65	65	64	64	64	64	64	64
0 08	74	74	74	74	74	74	73	73	73
0 09	83	83	83	83	83	83	83	83	82
0 10	92	92	92	92	92	92	92	92	92
0 20	185	185	184	184	184	184	184	183	183
0 30	277	277	277	276	276	276	275	275	275
0 40	370	369	369	368	368	368	367	367	366
0 50	462	462	461	461	460	460	459	459	458
0 60	554	554	553	553	552	551	551	550	550
0 70	647	646	645	645	644	643	643	642	641
0 80	739	738	738	737	736	735	734	734	733
0 90	832	831	830	829	828	827	826	825	824
1 00	924	923	922	921	920	919	918	917	916

DIVISEURS : 10451 A 10600.　　　　　　　　　　　DIFFÉRENCES.

DIVISEUR	Nombre à multiplier par le dividende	DIVISEUR	Nombre à multiplier par le dividende	DIVISEUR	Nombre à multiplier par le dividende
10 451	956 8462	10 501	952 2902	10 551	947 7774
452	7546	502	1995	552	6876
453	6631	503	1089	553	5978
454	5715	504	0182	554	5080
455	4801	505	954 9276	555	4182
456	3886	506	8370	556	3285
457	2972	507	7464	557	2387
458	2057	508	6558	558	1490
459	1143	509	5653	559	0593
460	0229	510	4747	560	946 9696
10 461	955 9315	10 511	951 3842	10 561	946 8800
462	8401	512	2937	562	7903
463	7488	513	2032	563	7007
464	6574	514	1128	564	6111
465	5661	515	0223	565	5215
466	4747	516	950 9319	566	4319
467	3836	517	8415	567	3423
468	2923	518	7510	568	2528
469	2011	519	6607	569	1632
470	1098	520	5703	570	0737
10 471	955 0186	10 521	950 4800	10 571	945 9842
472	954 9274	522	3897	572	8948
473	8362	523	2993	573	8053
474	7450	524	2091	574	7159
475	6539	525	1187	575	6264
476	5628	526	0285	576	5370
477	4717	527	949 9383	577	4476
478	3805	528	8480	578	3582
479	2895	529	7578	579	2689
480	1984	530	6676	580	1795
10 481	954 1074	10 531	949 5775	10 581	945 0902
482	0964	532	4873	582	0010
483	0055	533	3972	583	944 9116
484	953 9145	534	3070	584	8224
485	8235	535	2169	585	7334
486	7326	536	1268	586	6439
487	6416	537	0368	587	5546
488	5507	538	948 9467	588	4655
489	4597	639	8567	589	3762
490	2888	540	7666	590	2870
10 491	953 1980	10 541	948 6766	10 591	944 1979
492	1074	542	5867	592	1087
493	0163	543	4967	593	0196
494	952 9254	544	4067	594	943 9304
495	8346	545	3167	595	8414
496	7439	546	2268	596	7523
497	6531	547	1369	597	6633
498	5623	548	0470	598	5742
499	4716	549	947 9571	599	4852
500	3809	550	8672	600	3962

	916	915	914	913	912	911	910	909	908
0 01	9	9	9	0	9	9	9	9	9
0 02	18	18	18	18	18	18	18	18	18
0 03	27	27	27	27	27	27	27	27	27
0 04	37	37	37	37	36	36	36	36	36
0 05	46	46	46	46	46	46	46	45	45
0 06	55	55	55	55	55	55	55	55	54
0 07	64	64	64	64	64	64	64	64	64
0 08	73	73	73	73	73	73	73	73	73
0 09	82	82	82	82	82	82	82	82	82
0 10	92	92	91	91	91	91	91	91	91
0 20	183	183	183	183	182	182	182	182	182
0 30	275	275	274	274	274	273	273	273	272
0 40	366	366	366	365	365	364	364	364	363
0 50	458	458	457	456	456	455	455	455	454
0 60	550	549	548	548	547	547	546	545	545
0 70	641	641	640	639	638	638	637	636	636
0 80	733	732	731	730	730	729	728	727	726
0 90	824	824	823	822	821	820	819	818	817
1 00	916	915	914	913	912	911	910	909	908

	907	906	905	904	903	902	901	900	899
0 01	9	0	9	9	0	9	9	9	9
0 02	18	18	18	18	18	18	18	18	18
0 03	27	36	27	27	27	27	27	27	27
0 04	36	36	36	36	36	36	45	45	36
0 05	45	45	45	45	45	45	45	45	45
0 06	54	54	54	54	54	54	54	54	54
0 07	63	63	63	63	63	63	63	63	63
0 08	73	72	72	72	72	72	72	72	72
0 09	82	82	81	81	81	81	81	81	81
0 10	91	91	91	90	90	90	90	90	90
0 20	181	181	181	181	181	180	180	180	180
0 30	272	272	272	271	271	271	270	270	270
0 40	363	362	362	362	361	361	360	360	360
0 50	453	453	452	452	451	451	450	450	450
0 60	544	544	543	542	542	541	541	540	539
0 70	635	634	634	633	632	632	631	630	629
0 80	726	725	724	723	722	722	721	720	719
0 90	816	815	815	814	813	812	811	810	809
1 00	907	906	905	904	903	902	901	900	899

	898	897	896	895	894	893	892	891	890
0 01	9	9	9	0	9	9	9	9	9
0 02	18	18	18	18	18	18	18	18	18
0 03	27	27	27	27	27	27	27	27	27
0 04	36	36	36	36	36	36	36	36	36
0 05	54	45	45	45	54	54	45	45	54
0 06	63	63	63	63	63	63	62	62	02
0 07	72	72	72	72	72	71	71	71	71
0 08	81	81	81	81	80	80	80	80	80
0 09	90	90	90	90	89	89	89	89	89
0 10									
0 20	180	179	179	179	179	179	178	178	178
0 30	269	269	269	269	268	268	268	267	267
0 40	359	359	358	358	358	357	357	356	356
0 50	449	449	448	448	447	447	446	446	445
0 60	539	538	538	537	536	536	535	535	534
0 70	629	628	627	627	626	625	624	624	623
0 80	718	718	717	716	715	714	714	713	712
0 90	808	807	806	806	805	804	803	802	801
1 00	898	897	896	895	894	893	892	891	890

Diviseur	Nombre à multiplier par le dividende	Diviseur	Nombre à multiplier par le dividende	Diviseur	Nombre à multiplier par le dividende
10 601	943 3072	10 651	938 8790	10 701	934 4921
602	2482	652	7908	702	4048
603	1293	653	7027	703	3175
604	0403	654	6146	704	2302
605	942 9544	655	5265	705	1429
606	8624	656	4384	706	0556
607	7736	657	3504	707	933 9684
608	6847	658	2623	708	8842
609	5959	659	1743	709	7940
610	5070	660	0863	710	7068
10 611	942 4182	10 661	937 9983	10 711	933 6196
612	3295	662	9104	712	5325
613	2406	663	8224	713	4454
614	1519	664	7344	714	3582
615	0631	665	6465	715	2744
616	941 9744	666	5585	716	1840
617	8856	667	4707	717	0970
618	7970	668	3828	718	0099
619	7082	669	2950	719	932 9228
620	6195	670	2071	720	8358
10 621	941 5309	10 671	937 1193	10 721	932 7488
622	4422	672	0345	722	6619
623	3536	673	936 9437	723	5749
624	2649	674	8558	724	4879
625	1764	675	7681	725	4009
626	0878	676	6803	726	3139
627	940 9993	677	5926	727	2270
628	9108	678	5049	728	1401
629	8222	679	4472	729	0532
630	7337	680	3295	730	931 9664
10 631	940 6452	10 681	936 2419	10 731	931 8796
632	5568	682	1543	732	7928
633	4683	683	0666	733	7059
634	3799	684	935 9790	734	6191
635	2915	685	8914	735	5323
636	2031	686	8038	736	4455
637	1147	687	7162	737	3588
638	0264	688	6286	738	2721
639	939 9380	689	5411	739	1854
640	8496	690	4536	740	0987
				931 0420	
10 641	939 7613	10 691	935 3661	10 741	
642	6730	692	2786	742	930 9253
643	5847	693	1912	743	8387
644	4964	694	1037	744	7520
645	4081	695	0163	745	6654
646	3209	696	934 9289	746	5787
647	2317	697	8445	747	4921
648	1435	698	7541	748	4056
649	0553	699	6668	749	3191
650	938 9674	700	5794	750	2325

	890	889	888	887	886	885	884	883	882
0 01	9	9	9	9	9	9	9	9	9
0 02	18	18	18	18	18	18	18	18	18
0 03	27	27	27	27	27	27	27	26	26
0 04	36	36	36	35	35	35	35	35	35
0 05	45	44	44	44	44	44	44	44	44
0 06	53	53	53	53	53	53	53	53	53
0 07	62	62	62	62	62	62	62	62	62
0 08	71	71	71	71	71	71	71	71	71
0 09	80	80	80	80	80	80	80	79	79
0 10	89	89	89	89	89	89	88	88	88
0 20	178	178	178	177	177	177	177	177	176
0 30	267	267	266	266	266	266	265	265	265
0 40	356	356	355	355	354	354	354	353	353
0 50	445	445	444	444	443	443	442	442	441
0 60	534	533	533	532	532	531	530	530	529
0 70	623	622	622	621	620	620	619	618	617
0 80	712	711	710	709	708	707	707	706	706
0 90	801	800	799	798	797	797	796	705	794
1 00	890	889	888	887	886	885	884	883	882

	881	880	879	878	877	876	875	874	873
0 01	9	9	9	9	9	9	9	9	9
0 02	18	18	18	18	18	18	18	17	17
0 03	26	26	26	26	26	26	26	26	26
0 04	35	35	35	35	35	35	35	35	35
0 05	44	44	44	44	44	44	44	44	44
0 06	53	53	53	53	53	53	53	52	52
0 07	62	62	61	61	61	61	61	61	61
0 08	70	70	70	70	70	70	70	70	70
0 09	79	79	79	79	79	79	79	79	79
0 10	88	88	88	88	88	88	88	87	87
0 20	176	176	176	176	175	175	175	175	175
0 30	264	264	264	263	263	263	263	262	262
0 40	352	352	352	351	351	350	350	350	349
0 50	441	440	440	439	439	438	438	437	437
0 60	529	528	527	527	526	526	525	524	524
0 70	617	616	615	615	614	613	613	612	611
0 80	705	704	703	702	702	701	700	699	698
0 90	793	792	791	790	789	788	788	787	786
1 00	881	880	879	878	877	876	875	874	873

	872	871	870	869	868	867	866	865
0 01	9	9	9	9	9	9	9	9
0 02	17	17	17	17	17	17	17	17
0 03	26	26	26	26	26	26	26	26
0 04	35	35	35	35	35	35	35	35
0 05	44	44	44	43	43	43	43	43
0 06	52	52	52	52	52	52	52	52
0 07	61	61	61	61	61	61	61	61
0 08	70	70	70	70	69	69	69	69
0 09	78	78	78	78	78	78	78	78
0 10	87	87	87	87	87	87	87	87
0 20	174	174	174	174	174	173	173	173
0 30	262	261	261	261	260	260	260	260
0 40	349	348	348	348	347	347	346	346
0 50	436	436	435	435	434	434	433	433
0 60	523	523	522	521	521	520	520	519
0 70	610	610	609	608	608	607	606	606
0 80	698	697	696	695	694	694	693	692
0 90	785	784	783	782	781	780	779	779
1 00	872	871	870	869	868	867	866	865

DIVISEURS : **10751** A **10900**.

DIFFÉRENCES.

DIVISEUR	Nombre à multiplier par le dividende	DIVISEUR	Nombre à multiplier par le dividende	DIVISEUR	Nombre à multiplier par le dividende
10 751	930 1460	10 801	925 8402	10 851	921 5740
752	0595	802	7545	852	4891
753	929 9730	803	6688	853	4042
754	8865	804	5831	854	3193
755	8000	805	4974	855	2344
756	7136	806	4117	856	1495
757	6272	807	3261	857	0647
758	5408	808	2405	858	920 9799
759	4544	809	1549	859	8951
760	3680	810	0693	860	8103
10 761	929 2816	10 811	924 9838	10 861	920 7255
762	1953	812	8982	862	6407
763	1090	813	8127	863	5560
764	0226	814	7272	864	4712
765	928 9363	815	6417	865	3865
766	8500	816	5562	866	3018
767	7638	817	4707	867	2171
768	6775	818	3852	868	1325
769	5913	819	2998	869	0478
770	5051	820	2144	870	919 9632
10 771	928 4189	10 821	924 1290	10 871	919 8785
772	3327	822	0436	872	7939
773	2465	823	923 9582	873	7093
774	1603	824	8728	874	6247
775	0742	825	7875	875	5402
776	927 9881	826	7022	876	4557
777	9020	827	6169	877	3711
778	8159	828	5316	878	2866
779	7298	829	4463	879	2021
780	6437	830	3610	880	1176
10 781	927 5577	10 831	923 2757	10 881	919 0331
782	4717	832	1905	882	918 9487
783	3857	833	1053	883	8644
784	2997	834	0201	884	7798
785	2137	835	922 9349	885	6954
786	1277	836	8497	886	6110
787	0418	837	7645	887	5267
788	926 9559	838	6794	888	4423
789	8699	839	5943	889	3580
790	7840	840	5092	890	2736
10 791	926 6981	10 841	922 4241	10 891	918 1893
792	6122	842	3390	892	1051
793	5264	843	2540	893	0208
794	4406	844	1689	894	917 9365
795	3548	845	0839	895	8522
796	2690	846	921 9989	896	7680
797	1832	847	9139	897	6837
798	0974	848	8289	898	5995
799	0116	849	7439	899	5153
800	925 9259	850	6589	900	4311

	865	864	863	862	861	860	859	858
0 01	9	9	9	9	9	9	9	9
0 02	17	17	17	17	17	17	17	17
0 03	26	26	26	26	26	26	26	26
0 04	35	35	35	34	34	34	34	34
0 05	43	43	43	43	43	43	43	43
0 06	52	52	52	52	52	52	52	51
0 07	61	60	60	60	60	60	60	60
0 08	69	69	69	69	69	69	69	69
0 09	78	78	78	78	77	77	77	77
0 10	87	86	86	86	86	86	86	86
0 20	173	173	173	172	172	172	172	172
0 30	260	259	259	259	258	258	258	257
0 40	346	346	345	345	344	344	344	343
0 50	433	432	432	431	431	430	430	429
0 60	519	518	518	517	517	516	515	515
0 70	606	605	604	603	603	602	601	601
0 80	692	691	690	690	689	688	687	686
0 90	779	778	777	776	775	774	773	772
1 00	865	864	863	862	861	860	859	858

	857	856	855	854	853	852	851	850
0 01	9	9	9	9	9	9	9	9
0 02	17	17	17	17	17	17	17	17
0 03	26	26	26	26	26	26	26	26
0 04	34	34	34	34	34	34	34	34
0 05	43	43	43	43	43	43	43	43
0 06	51	51	51	51	51	51	51	51
0 07	60	60	60	60	60	60	60	60
0 08	69	68	68	68	68	68	68	68
0 09	77	77	77	77	77	77	77	77
0 10	86	86	86	85	85	85	85	85
0 20	171	171	171	171	171	170	170	170
0 30	257	257	257	256	256	256	255	255
0 40	343	342	342	342	341	341	340	340
0 50	429	428	428	427	427	426	426	425
0 60	514	514	513	512	512	511	511	510
0 70	600	599	599	598	597	596	596	595
0 80	686	685	684	683	682	682	681	680
0 90	771	770	770	769	768	767	766	765
1 00	857	856	855	854	853	852	851	850

	849	848	847	846	845	844	843	842
0 01	8	8	8	8	8	8	8	8
0 02	17	17	17	17	17	17	17	17
0 03	25	25	25	25	25	25	25	25
0 04	34	34	34	34	34	34	34	34
0 05	42	42	42	42	42	42	42	42
0 06	51	51	51	51	51	51	51	51
0 07	59	59	59	59	59	59	59	59
0 08	68	68	68	68	68	68	67	67
0 09	76	76	76	76	76	76	76	76
0 10	85	85	85	85	85	84	84	84
0 20	170	170	169	169	169	169	169	168
0 30	255	254	254	254	254	253	253	253
0 40	340	339	339	338	338	338	337	337
0 50	425	424	424	423	423	422	422	421
0 60	509	509	508	508	507	506	506	505
0 70	594	594	593	592	592	591	590	589
0 80	679	678	678	677	676	675	674	674
0 90	764	763	762	761	761	760	759	758
1 00	849	848	847	846	845	844	843	842

6

DIVISEUR	Nombre à multiplier par le dividende	DIVISEUR	Nombre à multiplier par le dividende	DIVISEUR	Nombre à multiplier par le dividende
10 901	947 3470	10 951	943 1586	11 001	909 0083
902	2628	952	0752	002	908 9256
903	1787	953	912 9918	003	8430
904	0946	954	9084	004	7604
905	0105	955	8251	005	6778
906	916 9264	956	7418	006	5953
907	8423	957	6585	007	5128
908	7582	958	5752	008	4303
909	6742	959	4920	009	3477
910	5902	960	4087	010	2652
10 911	916 5062	10 961	912 3255	11 011	908 1827
912	4222	962	2423	012	1002
913	3383	963	1591	013	0178
914	2543	964	0759	014	907 9353
915	1704	965	911 9927	015	8529
916	0865	966	9095	016	7705
917	0026	967	8264	017	6881
918	915 9187	968	7433	018	6057
919	8348	969	6601	019	5234
920	7509	970	5770	020	4410
10 921	915 6671	10 971	911 4939	11 021	907 3587
922	5832	972	4108	022	2763
923	4994	973	3278	023	1940
924	4156	974	2447	024	1117
925	3318	975	1617	025	0294
926	2480	976	0787	026	906 9471
927	1642	977	910 9957	027	8649
928	0804	978	9127	028	7827
929	914 9967	979	8298	029	7005
930	9130	980	7468	030	6183
10 931	914 8293	10 981	910 6639	11 031	906 5361
932	7456	982	5809	032	4539
933	6620	983	4980	033	3718
934	5783	984	4151	034	2896
935	4947	985	3322	035	2075
936	4111	986	2493	036	1254
937	3275	987	1665	037	0433
938	2439	988	0837	038	905 9612
939	1603	989	0009	039	8792
940	0767	990	9181	040	7971
10 941	913 9932	10 991	909 8353	11 041	905 7151
942	9097	992	7525	042	6330
943	8262	993	6697	043	5510
944	7427	994	5870	044	4690
945	6592	995	5043	045	3870
946	5757	996	4216	046	3050
947	4923	997	3389	047	2231
948	4089	998	2562	048	1412
949	3254	999	1736	049	0592
950	2420	11 000	0909	050	9773

DIFFÉRENCES.

	842	841	840	839	838	837	836	835
0 01	8	8	8	8	8	8	8	8
0 02	17	17	17	17	17	17	17	17
0 03	25	25	25	25	25	25	25	25
0 04	34	34	34	34	34	33	33	33
0 05	42	42	42	42	42	42	42	42
0 06	51	50	50	50	50	50	50	50
0 07	59	59	59	59	59	59	59	58
0 08	67	67	67	67	67	67	67	67
0 09	76	76	76	76	75	75	75	75
0 10	84	84	84	84	84	84	84	84
0 20	168	168	168	168	168	167	167	167
0 30	253	252	252	252	251	251	251	251
0 40	337	336	336	336	335	335	334	334
0 50	421	421	420	420	419	419	418	418
0 60	505	505	504	503	503	502	502	501
0 70	589	589	588	587	587	586	585	585
0 80	674	673	672	671	670	670	669	668
0 90	758	757	756	755	754	753	752	752
1 00	842	841	840	839	838	837	836	835

	834	833	832	831	830	829	828	827
0 01	8	8	8	8	8	8	8	8
0 02	17	17	17	17	17	17	17	17
0 03	25	25	25	25	25	25	25	25
0 04	33	33	33	33	33	33	33	33
0 05	42	42	42	42	42	41	41	41
0 06	50	50	50	50	50	50	50	50
0 07	58	58	58	58	58	58	58	58
0 08	67	67	67	66	66	66	66	66
0 09	75	75	75	75	75	75	75	74
0 10	83	83	83	83	83	83	83	83
0 20	167	167	166	166	166	166	166	165
0 30	250	250	250	249	249	249	248	248
0 40	334	333	333	332	332	332	331	331
0 50	417	417	416	416	415	415	414	414
0 60	500	500	499	499	498	497	497	496
0 70	584	583	582	581	581	580	580	579
0 80	667	666	666	665	664	663	662	662
0 90	751	750	749	748	747	746	745	744
1 00	834	833	832	831	830	829	828	827

	826	825	824	823	822	821	820	819
0 01	8	8	8	8	8	8	8	8
0 02	17	17	16	16	16	16	16	16
0 03	25	25	25	25	25	25	25	25
0 04	33	33	33	33	33	33	33	33
0 05	41	41	41	41	41	41	41	41
0 06	50	50	49	49	49	49	49	49
0 07	58	58	58	58	58	57	57	57
0 08	66	66	66	66	66	66	66	66
0 09	74	74	74	74	74	74	74	74
0 10	83	83	82	82	82	82	82	82
0 20	165	165	165	165	164	164	164	164
0 30	248	248	247	247	247	246	246	246
0 40	330	330	330	329	329	328	328	328
0 50	413	413	412	411	411	411	410	410
0 60	496	495	494	494	493	493	492	491
0 70	578	578	577	576	576	575	574	573
0 80	661	660	659	658	658	657	656	655
0 90	743	743	742	741	740	739	738	737
1 00	826	825	824	823	822	821	820	819

DIVISEUR	Nombre à multiplier par le dividende	DIVISEUR	Nombre à multiplier par le dividende	DIVISEUR	Nombre à multiplier par le dividende
11 051	904 8954	11 101	900 8197	11 151	896 7805
052	8135	102	7386	152	7001
053	7317	103	6576	153	6197
054	6498	104	5763	154	5393
055	5680	105	4952	155	4590
056	4862	106	4144	156	3786
057	4044	107	3330	157	2983
058	3226	108	2520	158	2180
059	2409	109	1710	159	1376
060	1591	110	0900	160	0573
11 061	904 0774	11 111	900 0090	11 161	895 9770
062	903 9956	112	899 9280	162	8967
063	9139	113	8470	163	8465
064	8321	114	7661	164	7363
065	7505	115	6851	165	6561
066	6689	116	6042	166	5758
067	5872	117	5232	167	4956
068	5056	118	4423	168	4154
069	4239	119	3614	169	3352
070	3423	120	2805	170	2551
11 071	903 2607	11 121	899 1997	11 171	895 1750
072	1792	122	1189	172	0948
073	0976	123	0380	173	0147
074	0160	124	898 9572	174	894 9346
075	902 9345	125	8764	175	8546
076	8530	126	7956	176	7745
077	7715	127	7148	177	6944
078	6900	128	6341	178	6143
079	6085	129	5533	179	5343
080	5270	130	4725	180	4543
11 081	902 4456	11 131	898 3918	11 181	894 3743
082	3641	132	3112	182	2943
083	2827	133	2305	183	2144
084	2013	134	1498	184	1344
085	1199	135	0691	185	0545
086	0386	136	897 9885	186	893 9746
087	901 9572	137	9078	187	8947
088	8759	138	8272	188	8448
089	7945	139	7466	189	7349
090	7132	140	6660	190	6550
11 091	901 6319	11 141	897 5854	11 191	893 5752
092	5507	142	5049	192	4953
093	4694	143	4243	193	4155
094	3881	144	3438	194	3357
095	3069	145	2633	195	2559
096	2257	146	1828	196	1761
097	1445	147	1023	197	0963
098	0633	148	0218	198	0166
099	900 9821	149	896 9414	199	892 9368
100	9009	150	8609	200	8574

Différences

	819	818	817	816	815	814	813	812
0 01	8	8	8	8	8	8	8	8
0 02	16	16	16	16	16	16	16	16
0 03	25	25	25	24	24	24	24	24
0 04	33	33	33	33	33	33	33	32
0 05	41	41	41	41	41	41	41	41
0 06	49	49	49	49	49	49	49	49
0 07	57	57	57	57	57	57	57	57
0 08	65	65	65	65	65	65	65	65
0 09	74	74	74	73	73	73	73	73
0 10	82	82	82	82	82	82	81	81
0 20	164	164	163	163	163	163	163	162
0 30	246	245	245	245	245	244	244	244
0 40	328	327	327	326	326	326	325	325
0 50	410	409	409	408	408	407	407	406
0 60	491	491	490	490	489	488	488	488
0 70	573	573	572	571	571	570	569	568
0 80	655	654	654	653	652	651	650	650
0 90	737	736	735	734	734	733	732	731
1 00	819	818	817	816	815	814	813	812

	811	810	809	808	807	806	805	804
0 01	8	8	8	8	8	8	8	8
0 02	16	16	16	16	16	16	16	16
0 03	24	24	24	24	24	24	24	24
0 04	32	32	32	32	32	32	32	32
0 05	41	41	40	40	40	40	40	40
0 06	49	49	49	48	48	48	48	48
0 07	57	57	57	57	56	56	56	56
0 08	65	65	65	65	65	64	64	64
0 09	73	73	73	73	73	72	72	72
0 10	81	81	81	81	81	81	81	80
0 20	162	162	162	162	161	161	161	161
0 30	243	243	243	242	242	242	242	241
0 40	324	324	324	323	323	322	322	322
0 50	405	405	404	404	403	403	403	402
0 60	487	486	485	485	484	484	483	482
0 70	568	567	566	566	565	564	564	563
0 80	649	648	647	646	646	645	644	643
0 90	730	729	728	727	726	725	725	724
1 00	811	810	809	808	807	806	805	804

	803	802	801	800	799	798	797
0 01	8	8	8	8	8	8	8
0 02	16	16	16	16	16	16	16
0 03	24	24	24	24	24	24	24
0 04	32	32	32	32	32	32	32
0 05	40	40	40	40	40	40	40
0 06	48	48	48	48	48	48	48
0 07	56	56	56	56	56	56	56
0 08	64	64	64	64	64	64	64
0 09	72	72	72	72	72	72	72
0 10	80	80	80	80	80	80	80
0 20	161	160	160	160	160	160	160
0 30	241	241	240	240	240	239	239
0 40	321	321	320	320	320	319	319
0 50	402	401	401	400	400	399	399
0 60	482	481	481	480	479	479	478
0 70	562	562	561	560	559	559	558
0 80	642	642	641	640	639	638	638
0 90	723	722	722	720	719	718	717
1 00	803	802	801	800	799	798	797

DIVISEUR	Nombre à multiplier par le dividende	DIVISEUR	Nombre à multiplier par le dividende	DIVISEUR	Nombre à multiplier par le dividende
11 201	892 7774	11 251	888 8098	11 301	884 8774
202	6978	252	7309	302	7994
203	6181	253	6519	303	7208
204	5384	254	5729	304	6426
205	4587	255	4940	305	5643
206	3791	256	4150	306	4861
207	2995	257	3361	307	4079
208	2199	258	2572	308	3297
209	1402	259	1783	309	2514
210	0606	260	0994	310	1732
11 211	891 9810	11 261	888 0206	11 311	884 0951
212	9015	262	887 9418	312	0470
213	8220	263	8629	313	883 9388
214	7424	264	7841	314	8607
215	6629	265	7053	315	7826
216	5834	266	6265	316	7045
217	5040	267	5477	317	6264
218	4245	268	4690	318	5484
219	3450	269	3902	319	4703
220	2655	270	3114	320	3922
11 221	891 1861	11 271	887 2327	11 321	883 3142
222	1067	272	4540	322	2362
223	0273	273	0753	323	1582
224	890 9479	274	886 9967	324	0802
225	8686	275	9180	325	0022
226	7892	276	8393	326	882 9242
227	7099	277	7606	327	8463
228	6306	278	6820	328	7684
229	5512	279	6034	329	6904
230	4719	280	5248	330	6125
11 231	890 3926	11 281	886 4462	11 331	882 5346
232	3134	282	3677	332	4568
233	2342	283	2891	333	3789
234	1549	284	2105	334	3010
235	0757	285	1320	335	2232
236	889 9964	286	0535	336	1454
237	9172	287	885 9750	337	0676
238	8381	288	8965	338	884 9898
239	7589	289	8180	339	9120
240	6797	290	7395	340	8342
11 241	889 6006	11 291	885 6611	11 341	884 7565
242	5215	292	5827	342	6788
243	4424	293	5042	343	6011
244	3632	294	4258	344	5233
245	2841	295	3474	345	4456
246	2050	296	2691	346	3679
247	1260	297	1908	347	2902
248	0469	298	1124	348	2126
249	888 9678	299	0340	349	1349
250	8888	300	884 9557	350	0572

Différences

	797	796	795	794	793	792	791
0 01	8	8	8	8	8	8	8
0 02	16	16	16	16	16	16	16
0 03	24	24	24	24	24	24	24
0 04	32	32	32	32	32	32	32
0 05	40	40	40	40	40	40	40
0 06	48	48	48	48	48	48	47
0 07	56	56	56	56	56	55	55
0 08	64	64	64	64	63	63	63
0 09	72	72	72	71	71	71	71
0 10	80	80	80	79	79	79	79
0 20	159	159	159	159	159	158	158
0 30	239	239	239	238	238	238	237
0 40	319	318	318	318	317	317	316
0 50	399	398	398	397	397	396	396
0 60	478	478	477	476	476	475	475
0 70	558	557	557	556	555	554	554
0 80	638	637	636	635	634	634	633
0 90	717	716	716	715	714	713	712
1 00	797	796	795	794	793	792	791

	790	789	788	787	786	785	784
0 01	8	8	8	8	8	8	8
0 02	16	16	16	16	16	16	16
0 03	24	24	24	24	24	24	24
0 04	32	32	32	31	31	31	31
0 05	40	39	39	39	39	39	39
0 06	47	47	47	47	47	47	47
0 07	55	55	55	55	55	55	55
0 08	63	63	63	63	63	63	63
0 09	71	71	71	71	71	71	71
0 10	79	79	79	79	79	79	78
0 20	158	158	158	157	157	157	157
0 30	237	237	236	236	236	236	235
0 40	316	316	315	315	314	314	314
0 50	395	395	394	394	393	393	392
0 60	474	473	473	472	472	471	470
0 70	553	552	552	551	550	550	549
0 80	632	631	630	630	629	628	627
0 90	711	710	709	708	707	707	706
1 00	790	789	788	787	786	785	784

	783	782	781	780	779	778	777
0 01	8	8	8	8	8	8	8
0 02	16	16	16	16	16	16	16
0 03	23	23	23	23	23	23	23
0 04	31	31	31	31	31	31	31
0 05	39	39	39	39	39	39	39
0 06	47	47	47	47	47	47	47
0 07	55	55	55	55	54	54	54
0 08	63	63	62	62	62	62	62
0 09	70	70	70	70	70	70	70
0 10	78	78	78	78	78	78	78
0 20	157	156	156	156	156	156	155
0 30	235	235	234	234	234	233	233
0 40	313	313	312	312	312	311	311
0 50	392	391	391	390	390	389	389
0 60	470	469	469	468	467	467	466
0 70	548	547	547	546	545	545	544
0 80	626	626	625	624	623	622	622
0 90	705	704	703	702	701	700	699
1 00	783	782	781	780	779	778	777

DIVISEURS : 11351 A 11500.

DIVISEUR	Nombre à multiplier par le dividende	DIVISEUR	Nombre à multiplier par le dividende	DIVISEUR	Nombre à multiplier par le dividende
11 351	880 9796	11 401	877 1160	11 451	873 2861
352	9020	402	0391	452	2099
353	8244	403	876 9621	453	1337
354	7468	404	8852	454	0575
355	6693	405	8084	455	872 9813
356	5917	406	7315	456	9051
357	5142	407	6546	457	8289
358	4367	408	5778	458	7527
359	3591	409	5009	459	6765
360	2816	410	4241	460	6003
11 361	880 2041	11 411	876 3473	11 461	872 5242
362	1267	412	2706	462	4481
363	0493	413	1938	463	3720
364	879 9718	414	1170	464	2959
365	8944	415	0403	465	2198
366	8169	416	875 9636	466	1437
367	7395	417	8869	467	0677
368	6622	418	8101	468	871 9946
369	5848	419	7334	469	9155
370	5074	420	6567	470	8395
11 371	879 4301	11 421	875 5800	11 471	871 7635
372	3528	422	5034	472	6876
373	2755	423	4268	473	6116
374	1982	424	3501	474	5357
375	1209	425	2735	475	4597
376	0436	426	1969	476	3838
377	878 9663	427	1203	477	3079
378	8891	428	0438	478	2319
379	8118	429	874 9672	479	1560
380	7346	430	8906	480	0801
11 381	878 6574	11 431	874 8141	11 481	871 0042
382	5803	432	7376	482	870 9284
383	5031	433	6611	483	8526
384	4259	434	5846	484	7768
385	3487	435	5081	485	7010
386	2716	436	4316	486	6252
387	1945	437	3551	487	5494
388	1174	438	2787	488	4736
389	0402	439	2022	489	3978
390	877 9631	440	1258	490	3220
11 391	877 8860	11 441	874 0494	11 491	870 2463
392	8090	442	873 9731	492	1706
393	7319	443	8967	493	0949
394	6549	444	8203	494	0192
395	5779	445	7440	495	869 9435
396	5008	446	6677	496	8678
397	4238	447	5914	497	7921
398	3469	448	5150	498	7165
399	2699	449	4387	499	6408
400	1929	450	3624	500	5652

DIFFÉRENCES.

	776	775	774	773	772	771	770
0 01	8	8	8	8	8	8	8
0 02	16	16	15	15	15	15	15
0 03	23	23	23	23	23	23	23
0 04	31	31	31	31	31	31	31
0 05	39	39	39	39	39	39	39
0 06	47	47	46	46	46	46	46
0 07	54	54	54	54	54	54	54
0 08	62	62	62	62	62	62	62
0 09	70	70	70	70	69	69	69
0 10	78	78	77	77	77	77	77
0 20	155	155	155	155	154	154	154
0 30	233	233	232	232	232	231	231
0 40	310	310	310	309	309	308	308
0 50	388	388	387	387	386	386	385
0 60	466	465	464	464	463	463	462
0 70	543	543	542	541	540	540	539
0 80	621	620	619	618	618	617	616
0 90	698	698	697	696	695	694	693
1 00	776	775	774	773	772	771	770

	769	768	767	766	765	764	763
0 01	8	8	8	8	8	8	8
0 02	15	15	15	15	15	15	15
0 03	23	23	23	23	23	23	23
0 04	31	31	31	31	31	31	31
0 05	38	38	38	38	38	38	38
0 06	46	46	46	46	46	46	46
0 07	54	54	54	54	54	53	53
0 08	62	61	61	61	61	61	61
0 09	69	69	69	69	69	69	69
0 10	77	77	77	77	77	76	76
0 20	154	154	153	153	153	153	153
0 30	231	230	230	230	230	229	229
0 40	308	307	307	306	306	306	305
0 50	385	384	384	383	383	382	382
0 60	461	461	460	460	459	458	458
0 70	538	538	537	536	536	535	534
0 80	615	614	614	613	612	611	610
0 90	692	691	690	689	689	688	687
1 00	769	768	767	766	765	764	763

	762	761	760	759	758	757	756
0 01	8	8	8	8	8	8	8
0 02	15	15	15	15	15	15	15
0 03	23	23	23	23	23	23	23
0 04	30	30	30	30	30	30	30
0 05	38	38	38	38	38	38	38
0 06	46	46	46	46	46	45	45
0 07	53	53	53	53	53	53	53
0 08	61	61	61	61	61	61	60
0 09	69	68	68	68	68	68	68
0 10	76	76	76	76	76	76	70
0 20	152	152	152	152	152	151	151
0 30	229	228	228	228	227	227	227
0 40	305	304	304	304	303	303	302
0 50	381	381	380	380	379	379	378
0 60	457	457	456	455	455	454	454
0 70	533	533	532	531	531	530	529
0 80	610	609	608	607	606	606	605
0 90	686	685	684	683	682	681	680
1 00	762	761	760	759	758	757	756

DIVISEURS : 11501 À 11650.   DIFFÉRENCES.

DIVISEUR	Nombre à multiplier par le dividende	DIVISEUR	Nombre à multiplier par le dividende	DIVISEUR	Nombre à multiplier par le dividende
11 501	869 4896	11 551	865 7259	11 601	861 9946
502	4144	552	6510	602	9204
503	3385	553	5761	603	8461
504	2629	554	5012	604	7719
505	1874	555	4263	605	6976
506	1119	556	3514	606	6234
507	0363	557	2765	607	5491
508	868 9608	558	2016	608	4749
509	8852	559	1267	609	4006
510	8097	560	0519	610	3264
11 511	868 7342	11 561	864 9770	11 611	861 2522
512	6588	562	9023	612	1781
513	5834	563	8275	613	1040
514	5080	564	7528	614	0298
515	4326	565	6780	615	860 9557
516	3571	566	6032	616	8816
517	2817	567	5285	617	8074
518	2063	568	4537	618	7333
519	1309	569	3789	619	6592
520	0555	570	3042	620	5851
11 521	867 9802	11 571	864 2295	11 621	860 5111
522	9049	572	1549	622	4371
523	8296	573	0802	623	3631
524	7543	574	0056	624	2894
525	6790	575	863 9310	625	2151
526	6037	576	8563	626	1411
527	5284	577	7817	627	0671
528	4531	578	7070	628	859 9931
529	3778	579	6324	629	9191
530	3026	580	5578	630	8452
11 531	867 2274	11 581	863 4832	11 631	859 7713
532	1523	582	4087	632	6974
533	0771	583	3342	633	6235
534	0019	584	2597	634	5497
535	866 9267	585	1852	635	4758
536	8516	586	1107	636	4019
537	7765	587	0362	637	3284
538	7014	588	862 9647	638	2542
539	6262	589	8872	639	1803
540	5511	590	8127	640	1065
11 541	866 4760	11 591	862 7383	11 641	859 0327
542	4010	592	6639	642	858 9590
543	3260	593	5895	643	8852
544	2509	594	5151	644	8115
545	1759	595	4408	645	7377
546	1009	596	3664	646	6640
547	0258	597	2920	647	5902
548	865 9508	598	2176	648	5165
549	8758	599	1432	649	4427
550	8008	600	0689	650	3690

DIFFÉRENCES.

	756	755	754	753	752	751	750
0 01	8	8	8	8	8	8	8
0 02	15	15	15	15	15	15	15
0 03	23	23	23	23	23	23	23
0 04	30	30	30	30	30	30	30
0 05	38	38	38	38	38	38	38
0 06	45	45	45	45	45	45	45
0 07	53	53	53	53	53	53	53
0 08	60	60	60	60	60	60	60
0 09	68	68	68	68	68	68	68
0 10	76	76	75	75	75	75	75
0 20	151	151	151	151	150	150	150
0 30	227	227	226	226	226	225	225
0 40	302	302	301	301	301	300	300
0 50	378	378	377	377	376	375	375
0 60	454	453	452	452	451	451	450
0 70	529	529	528	527	526	526	525
0 80	605	604	603	602	602	601	600
0 90	680	680	679	678	677	676	675
1 00	756	755	754	753	752	751	750

	749	748	747	746	745	744	743
0 01	7	7	7	7	7	7	7
0 02	15	15	15	15	15	15	15
0 03	22	22	22	22	22	22	22
0 04	30	30	30	30	30	30	30
0 05	37	37	37	37	37	37	37
0 06	45	45	45	45	45	45	45
0 07	52	52	52	52	52	52	52
0 08	60	60	60	60	60	60	60
0 09	67	67	67	67	67	67	67
0 10	75	75	75	75	75	74	74
0 20	150	150	149	149	149	149	149
0 30	225	224	224	224	224	223	223
0 40	300	299	299	298	298	298	297
0 50	375	374	374	373	373	372	372
0 60	449	448	448	447	447	446	446
0 70	524	524	523	522	522	521	520
0 80	599	598	597	597	596	595	594
0 90	674	673	672	671	671	670	669
1 00	749	748	747	746	745	744	743

	742	741	740	739	738	737
0 01	7	7	7	7	7	7
0 02	15	15	15	15	15	15
0 03	22	22	22	22	22	22
0 04	30	30	30	30	30	29
0 05	37	37	37	37	37	37
0 06	45	44	44	44	44	44
0 07	52	52	52	52	52	52
0 08	59	59	59	59	59	59
0 09	67	67	67	67	66	66
0 10	74	74	74	74	74	74
0 20	148	148	148	148	148	147
0 30	223	222	222	222	221	221
0 40	297	296	296	296	295	295
0 50	371	371	370	370	369	369
0 60	445	445	444	443	443	442
0 70	519	519	518	517	517	516
0 80	594	593	592	591	590	590
0 90	668	667	666	665	664	663
1 00	742	741	740	739	738	737

DIVISEURS : 11651 A 11800.

DIVISEUR	Nombre à multiplier par le dividende	DIVISEUR	Nombre à multiplier par le dividende	DIVISEUR	Nombre à multiplier par le dividende
11 651	858 2953	11 701	854 6278	11 751	850 9914
652	2217	702	5548	752	9190
653	1484	703	4818	753	8466
654	0745	704	4088	754	7743
655	0009	705	3358	755	7019
656	857 9273	706	2628	756	6295
657	8537	707	1898	757	5572
658	7801	708	1168	758	4848
659	7065	709	0438	759	4124
660	6329	710	853 9709	760	3401
11 661	857 5594	11 711	853 8980	11 761	850 2678
662	4859	712	8251	762	1956
663	4124	713	7523	763	1233
664	3389	714	6794	764	0511
665	2654	715	6066	765	849 9788
666	1919	716	5337	766	9066
667	1184	717	4608	767	8343
668	0449	718	3880	768	7621
669	856 9714	719	3151	769	6898
670	8980	720	2423	770	6176
11 671	856 8246	11 721	853 1695	11 771	849 5454
672	7512	722	0968	772	4733
673	6778	723	0240	773	4012
674	6045	724	852 9513	774	3294
675	5311	725	8786	775	2570
676	4577	726	8058	776	1848
677	3844	727	7331	777	1127
678	3110	728	6603	778	0406
679	2376	729	5876	779	848 9685
680	1643	730	5149	780	8964
11 681	856 0910	11 731	852 4422	11 781	848 8244
682	0178	732	3696	782	7524
683	855 9445	733	2970	783	6804
684	8713	734	2244	784	6084
685	7981	735	1518	785	5364
686	7248	736	0791	786	4644
687	6516	737	0065	787	3924
688	5783	738	851 9339	788	3204
689	5051	739	8613	789	2484
690	4319	740	7887	790	1764
11 691	855 3587	11 741	851 7162	11 791	848 1045
692	2856	742	6437	792	0326
693	2125	743	5712	793	847 9607
694	1394	744	4987	794	8888
695	0663	745	4262	795	8170
696	854 9932	746	3537	796	7451
697	9201	747	2812	797	6732
698	8470	748	2087	798	6013
699	7739	749	1362	799	5294
700	7008	750	0638	800	4576

DIFFÉRENCES.

	737	736	735	734	733	732	731
0 01	7	7	7	7	7	7	7
0 02	15	15	15	15	15	15	15
0 03	22	22	22	22	22	22	22
0 04	29	29	29	29	29	29	29
0 05	37	37	37	37	37	37	37
0 06	44	44	44	44	44	44	44
0 07	52	52	51	51	51	51	51
0 08	59	59	59	59	59	59	58
0 09	66	66	66	66	66	66	66
0 10	74	74	74	73	73	73	73
0 20	147	147	147	147	147	146	146
0 30	221	221	221	220	220	220	210
0 40	295	294	294	293	293	293	292
0 50	369	368	368	367	337	366	366
0 60	442	442	441	440	440	4.9	439
0 70	516	515	515	514	513	512	512
0 80	590	589	588	587	586	586	585
0 90	663	662	662	661	660	659	658
1 00	737	736	735	734	733	732	731

	730	729	728	727	726	725	724
0 01	7	7	7	7	7	7	7
0 02	15	15	15	15	15	15	14
0 03	22	22	22	22	22	22	22
0 04	29	29	29	29	29	29	29
0 05	37	36	36	36	36	36	36
0 06	44	44	44	44	44	44	43
0 07	51	51	51	51	51	51	51
0 08	58	58	58	58	58	58	58
0 09	66	66	66	66	65	65	65
0 10	73	73	73	73	73	73	72
0 20	146	146	146	145	145	145	145
0 30	219	219	218	218	218	218	217
0 40	292	292	291	291	290	290	290
0 50	365	365	364	364	363	363	362
0 60	438	437	437	436	436	435	434
0 70	511	510	510	509	508	508	507
0 80	584	583	582	582	581	580	579
0 90	657	656	655	654	653	653	652
1 00	730	729	728	727	726	725	724

	723	722	721	720	719	718
0 01	7	7	7	7	7	7
0 02	14	14	14	14	14	14
0 03	22	22	22	22	22	22
0 04	29	29	20	20	29	29
0 05	36	36	36	36	36	36
0 06	43	43	43	43	43	43
0 07	51	50	50	50	50	50
0 08	58	58	58	58	58	57
0 09	65	65	65	65	65	65
0 10	72	72	72	72	71	72
0 20	145	144	144	144	144	144
0 30	217	217	216	216	216	215
0 40	289	289	288	288	288	287
0 50	362	361	361	360	360	359
0 60	434	433	432	431	431	431
0 70	506	505	505	504	503	503
0 80	578	578	577	576	575	574
0 90	651	650	649	648	647	646
1 00	723	722	721	720	719	718

DIVISEURS : 11801 À 11950.

DIVISEUR	Nombre à multiplier par le dividende	DIVISEUR	Nombre à multiplier par le dividende	DIVISEUR	Nombre à multiplier par le dividende
11 801	847 3858	11 851	843 8106	11 901	840 2655
802	3440	852	7395	902	1949
803	2123	853	6683	903	1244
804	1705	854	5972	904	0538
805	0988	855	5260	905	839 9833
806	0270	856	4549	906	9127
807	846 9552	857	3837	907	8421
808	8835	858	3126	908	7716
809	8117	859	2414	909	7010
810	7400	860	1703	910	6305
11 811	846 6683	11 861	843 0992	11 911	839 5600
812	5967	862	0282	912	4896
813	5250	863	842 9571	913	4191
814	4534	864	8861	914	3487
815	3818	865	8151	915	2783
816	3101	866	7440	916	2078
817	2385	867	6730	917	1374
818	1668	868	6019	918	0669
819	0952	869	5309	919	838 9965
820	0236	870	4599	920	9261
11 821	845 9520	11 871	842 3889	11 921	838 8557
822	8805	872	3108	922	7854
823	8090	873	2474	923	7151
824	7375	874	1762	924	6448
825	6660	875	1053	925	5745
826	5945	876	0344	926	5041
827	5230	877	841 9635	927	4338
828	4515	878	8926	928	3635
829	3800	879	8217	929	2932
830	3085	880	7508	930	2229
11 831	845 2371	11 881	841 6800	11 931	838 1527
832	1657	882	6092	932	0825
833	0943	883	5384	933	0123
834	0229	884	4676	934	837 9421
835	844 9515	885	3968	935	8719
836	8801	886	3260	936	8017
837	8087	887	2552	937	7315
838	7373	888	1844	938	6613
839	6659	889	1136	939	5911
840	5945	890	0428	940	5209
11 841	844 5232	11 891	840 9721	11 941	837 4508
842	4519	892	9044	942	3807
843	3806	893	8307	943	3106
844	3094	894	7601	944	2405
845	2381	895	6894	945	1704
846	1668	896	6187	946	1003
847	0956	897	5481	947	0302
848	0243	898	4774	948	836 9604
849	843 9530	899	4067	949	8900
850	8818	900	3361	950	8200

DIFFÉRENCES.

	718	717	716	715	714	713	712
0 01	7	7	7	7	7	7	7
0 02	14	14	14	14	14	14	14
0 03	22	22	21	21	21	21	21
0 04	29	29	29	29	29	21	28
0 05	36	36	36	36	36	36	36
0 06	43	43	43	43	43	43	43
0 07	50	50	50	50	50	50	50
0 08	57	57	57	57	57	57	57
0 09	65	65	64	64	64	64	64
0 10	72	72	72	72	71	71	71
0 20	144	143	143	143	143	143	142
0 30	215	215	215	215	214	214	214
0 40	287	287	286	286	286	285	285
0 50	3.9	359	358	358	357	357	356
0 60	431	430	430	429	428	428	427
0 70	503	502	501	504	500	409	498
0 80	574	574	573	572	571	570	570
0 90	646	645	644	644	643	642	641
1 00	718	717	716	715	714	713	712

	711	710	709	708	707	706	705
0 01	7	7	7	7	7	7	7
0 02	14	14	14	14	14	14	14
0 03	21	21	21	21	21	21	21
0 04	28	28	28	28	28	28	28
0 05	36	36	35	35	35	35	35
0 06	43	43	43	42	42	42	42
0 07	50	50	50	50	49	49	49
0 08	57	57	57	57	57	56	56
0 09	64	64	64	64	64	63	63
0 10	71	71	71	71	71	71	71
0 20	142	142	142	142	141	141	141
0 30	213	2.3	212	212	212	212	212
0 40	284	284	284	283	281	282	282
0 50	356	355	355	354	354	353	353
0 60	427	426	425	425	424	424	423
0 70	498	497	496	496	495	494	494
0 80	569	568	567	566	566	565	564
0 90	640	639	638	637	636	635	635
1 00	711	710	709	708	707	706	705

	704	703	702	701	700
0 01	7	7	7	7	7
0 02	14	14	14	14	14
0 03	21	21	21	21	21
0 04	28	28	28	28	28
0 05	35	35	35	35	35
0 06	42	42	42	42	42
0 07	49	49	49	49	49
0 08	56	56	56	56	56
0 09	63	63	63	63	63
0 10	70	70	70	70	70
0 20	141	141	140	140	140
0 30	211	211	211	210	210
0 40	282	281	281	280	280
0 50	352	352	351	351	350
0 60	422	422	421	421	420
0 70	493	492	491	491	490
0 80	563	562	562	561	560
0 90	634	633	632	631	630
1 00	704	703	702	701	700

DIVISEURS : 11,951 À 12,100.

DIVISEUR	Nombre à multiplier par le dividende	DIVISEUR	Nombre à multiplier par le dividende	DIVISEUR	Nombre à multiplier par le dividende
11 951	836 7500	12 001	833 2639	12 051	829 8066
952	6800	002	1945	052	7378
953	6104	003	1251	053	6690
954	5404	004	0557	054	6002
955	4702	005	832 9863	055	5314
956	4002	006	9169	056	4625
957	3302	007	8475	057	3937
958	2603	008	7781	058	3249
959	1903	009	7087	059	2561
960	1204	010	6394	060	1873
11 961	836 0505	12 011	832 5701	12 061	829 1186
962	835 9806	012	5008	062	0499
963	9408	013	4315	063	828 9812
964	8409	014	3623	064	9125
965	7711	015	2930	065	8438
966	7012	016	2237	066	7751
967	6313	017	1545	067	7064
968	5615	018	0852	068	6377
969	4916	019	0159	069	5690
970	4218	020	831 9467	070	5004
11 971	835 3520	12 021	831 8775	12 071	828 4318
972	2823	022	8083	072	3632
973	2126	023	7392	073	2946
974	1428	024	6700	074	2260
975	0731	025	6009	075	1574
976	0034	026	5317	076	0888
977	834 9336	027	4625	077	0202
978	8639	028	3934	078	827 9516
979	7942	029	3242	079	8830
980	7245	030	2551	080	8145
11 981	834 6548	12 031	831 1860	12 081	827 7460
982	5852	032	1170	082	6775
983	5156	033	0479	083	6090
984	4460	034	830 9789	084	5405
985	3764	035	9099	085	4720
986	3067	036	8408	086	4035
987	2371	037	7748	087	3351
988	1675	038	7027	088	2666
989	0979	039	6337	089	1982
990	0283	040	5647	090	1298
11 991	833 9588	12 041	830 4957	12 091	827 0614
992	8893	042	4267	092	826 9930
993	8198	043	3578	093	9247
994	7503	044	2889	094	8563
995	6808	045	2200	095	7880
996	6113	046	1510	096	7196
997	5418	047	0821	097	6512
998	4723	048	0132	098	5829
999	4028	049	829 9444	099	5145
100	3333	050	8755	100	4462

	700	699	698	697	696	695
0 01	7	7	7	7	7	7
0 02	14	14	14	14	14	14
0 03	21	21	21	21	21	21
0 04	28	28	28	28	28	28
0 05	35	35	35	35	35	35
0 06	42	42	42	42	42	42
0 07	49	49	49	49	49	49
0 08	56	56	56	56	56	56
0 09	63	63	63	63	63	63
0 10	70	70	70	70	70	70
0 20	140	140	140	139	139	139
0 30	210	210	209	209	209	209
0 40	280	280	279	279	278	278
0 50	350	350	349	349	348	348
0 60	420	419	419	418	418	417
0 70	490	489	489	488	487	487
0 80	560	559	558	558	557	556
0 90	630	629	628	627	626	626
1 00	700	699	698	697	696	695

	694	693	692	691	690	689
0 01	7	7	7	7	7	7
0 02	14	14	14	14	14	14
0 03	21	21	21	21	21	21
0 04	28	28	28	28	28	28
0 05	35	35	35	35	35	34
0 06	42	42	42	41	41	41
0 07	49	49	48	48	48	48
0 08	56	55	55	55	55	55
0 09	62	62	62	62	62	62
0 10	69	69	69	69	69	69
0 20	139	139	138	138	138	138
0 30	208	208	208	207	207	207
0 40	278	277	277	276	276	276
0 50	347	347	346	346	345	345
0 60	416	416	415	415	414	413
0 70	486	485	484	484	483	482
0 80	555	554	554	553	552	551
0 90	625	624	623	622	621	620
1 00	694	693	692	691	690	689

	688	687	686	685	684	683
0 01	7	7	7	7	7	7
0 02	14	14	14	14	14	14
0 03	21	21	21	21	21	20
0 04	27	27	27	27	27	27
0 05	34	34	34	34	34	34
0 06	41	41	41	41	41	41
0 07	48	48	48	48	48	48
0 08	55	55	55	55	55	55
0 09	62	62	62	62	62	61
0 10	69	69	69	69	68	68
0 20	138	137	137	137	137	137
0 30	206	206	206	205	205	205
0 40	275	275	274	274	274	273
0 50	344	344	343	343	342	342
0 60	413	412	412	411	410	410
0 70	482	481	480	480	479	478
0 80	550	550	549	548	547	546
0 90	619	618	617	617	616	615
1 00	688	687	686	685	684	683

DIVISEURS : 12101 A 12250.

DIVISEUR	Nombre à multiplier par le dividende	DIVISEUR	Nombre à multiplier par le dividende	DIVISEUR	Nombre à multiplier par le dividende
12 101	826 3779	12 151	822 9775	12 201	819 6049
102	3097	152	9098	202	5378
103	2444	153	8421	203	4707
104	1732	154	7744	204	4035
105	1050	155	7068	205	3364
106	0367	156	6391	206	2693
107	825 9685	157	5714	207	2021
108	9002	158	5037	208	1350
109	8320	159	4360	209	0679
110	7638	160	3684	210	0008
12 111	825 6956	12 161	822 3008	12 211	818 9337
112	6275	162	2332	212	8667
113	5594	163	1656	213	7997
114	4912	164	0980	214	7327
115	4231	165	0305	215	6657
116	3550	166	821 9629	216	5986
117	2868	167	8953	217	5316
118	2187	168	8277	218	4646
119	1506	169	7601	219	3976
120	0825	170	6926	220	3306
12 121	825 0144	12 171	821 6251	12 221	818 2636
122	824 9464	172	5576	222	1967
123	8784	173	4902	223	1298
124	8104	174	4227	224	0629
125	7424	175	3553	225	817 9960
126	6743	176	2878	226	9290
127	6063	177	2203	227	8621
128	5383	178	1529	228	7952
129	4703	179	0854	229	7283
130	4023	180	0180	230	6614
12 131	824 3343	12 181	820 9506	12 231	817 5946
132	2664	182	8833	232	5278
133	1985	183	8159	233	4610
134	1306	184	7486	234	3942
135	0627	185	6812	235	3274
136	823 9948	186	6139	236	2606
137	9269	187	5465	237	1938
138	8590	188	4792	238	1270
139	7911	189	4118	239	0602
140	7232	190	3445	240	816 9934
12 141	823 6554	12 191	820 2772	12 241	816 9267
142	5876	192	2100	242	8600
143	5198	193	1427	243	7933
144	4520	194	0755	244	7266
145	3842	195	0083	245	6599
146	3164	196	819 9410	246	5932
147	2486	197	8738	247	5265
148	1808	198	8065	248	4598
149	1130	199	7393	249	3931
150	0452	200	6721	250	3265

DIFFÉRENCES.

	683	682	681	680	679	678
0 01	7	7	7	7	7	7
0 02	14	14	14	14	14	14
0 03	20	20	20	20	20	20
0 04	27	27	27	27	27	27
0 05	34	34	34	34	34	34
0 06	41	41	41	41	41	41
0 07	48	48	48	48	48	47
0 08	55	55	54	54	54	54
0 09	61	61	61	61	61	61
0 10	68	68	68	68	68	68
0 20	137	136	136	136	136	136
0 30	205	205	204	204	204	203
0 40	273	273	272	272	272	271
0 50	342	341	341	340	340	339
0 60	410	409	409	408	407	407
0 70	478	477	477	476	475	475
0 80	546	546	545	544	543	542
0 90	615	614	613	612	611	610
1 00	683	682	681	680	679	678

	677	676	675	674	673	672
0 01	7	7	7	7	7	7
0 02	14	14	14	13	13	13
0 03	20	20	20	20	20	20
0 04	27	27	27	27	27	27
0 05	34	34	34	34	34	34
0 06	41	41	41	40	40	40
0 07	47	47	47	47	47	47
0 08	54	54	54	54	54	54
0 09	61	61	61	61	61	61
0 10	68	68	68	67	67	67
0 20	135	135	135	135	135	134
0 30	203	203	203	202	202	202
0 40	271	270	270	270	269	269
0 50	339	338	338	337	337	336
0 60	406	406	405	404	404	403
0 70	474	473	473	472	471	470
0 80	542	541	540	539	538	538
0 90	609	608	608	607	606	605
1 00	677	676	675	674	673	672

	671	670	669	668	667	666
0 01	7	7	7	7	7	7
0 02	13	13	13	13	13	13
0 03	20	20	20	20	20	20
0 04	27	27	27	27	27	27
0 05	34	34	33	33	33	33
0 06	40	40	40	40	40	40
0 07	47	47	47	47	47	47
0 08	54	54	54	53	53	53
0 09	60	60	60	60	60	60
0 10	67	67	67	67	67	67
0 20	134	134	134	134	133	133
0 30	201	201	201	200	200	200
0 40	268	268	268	267	267	266
0 50	336	335	335	334	334	333
0 60	403	402	401	401	400	400
0 70	470	469	468	468	467	466
0 80	537	536	535	534	534	533
0 90	604	603	602	601	600	599
1 00	671	670	669	668	667	666

DIVISEURS : 12251 A 12400.

DIVISEUR	Nombre à multiplier par le dividende	DIVISEUR	Nombre à multiplier par le dividende	DIVISEUR	Nombre à multiplier par le dividende
12 251	816 2599	12 301	812 9420	12 351	809 6509
252	4933	302	8760	352	5854
253	4267	303	8099	353	5199
254	0604	304	7439	354	4544
255	815 9935	305	6778	355	3889
256	9269	306	6118	356	3234
257	8603	307	5457	357	2579
258	7937	308	4797	358	1924
259	7271	309	4136	359	1269
260	6606	310	3476	360	0614
12 261	815 5941	12 311	812 2816	12 361	808 9960
262	5276	312	2157	362	9306
263	4611	313	1498	363	8652
264	3947	314	0838	364	7998
265	3282	315	0179	365	7344
266	2617	316	811 9520	366	6690
267	1953	317	8860	367	6036
268	1288	318	8201	368	5382
269	0623	319	7542	369	4728
270	814 9959	320	6883	370	4074
12 271	814 9295	12 321	811 6224	12 371	808 3421
272	8631	322	5566	372	2768
273	7967	323	4908	373	2115
274	7304	324	4249	374	1462
275	6640	325	3591	375	0809
276	5976	326	2933	376	0156
277	5313	327	2274	377	807 9503
278	4649	328	1616	378	8850
379	3985	329	0958	379	8197
280	3322	330	0300	380	7544
12 281	814 2659	12 331	810 9642	12 381	807 6892
282	1996	332	8985	382	6240
283	1333	333	8328	383	5588
284	0670	334	7670	384	4936
285	0008	335	7013	385	4284
286	813 9345	336	6356	386	3632
287	8682	337	5698	387	2980
288	8020	338	5041	388	2328
289	7358	339	4384	389	1676
290	6696	340	3727	390	1025
12 291	813 6034	12 341	810 3070	12 391	807 0374
292	5373	342	2414	392	806 9723
293	4711	343	1758	393	9072
294	4050	344	1102	394	8421
295	3388	345	0446	395	7770
296	2727	346	809 9789	396	7119
297	2065	347	9133	397	6468
298	1404	348	8477	398	5817
299	0742	349	7821	399	5166
300	0081	350	7165	400	4516

DIFFÉRENCES.

	666	665	664	663	662	661
0 01	7	7	7	7	7	7
0 02	13	13	13	13	13	13
0 03	20	20	20	20	26	20
0 04	27	27	27	27	26	26
0 05	33	33	33	33	33	33
0 06	40	40	40	40	40	40
0 07	47	47	46	46	46	46
0 08	53	53	53	53	53	53
0 09	60	60	60	60	60	59
0 10	67	67	66	66	66	66
0 20	133	133	133	133	132	132
0 30	200	200	199	199	199	198
0 40	266	266	266	265	265	264
0 50	333	333	332	332	331	331
0 60	400	399	398	397	397	397
0 70	466	466	465	464	463	463
0 80	533	532	531	530	530	529
0 90	599	599	598	597	596	595
1 00	666	665	664	663	662	661

	660	659	658	657	656	655
0 01	7	7	7	7	7	7
0 02	13	13	13	13	13	13
0 03	20	20	20	20	20	20
0 04	26	26	26	26	26	26
0 05	33	33	33	33	33	33
0 06	40	40	39	39	39	39
0 07	46	46	46	46	46	46
0 08	53	53	53	53	52	52
0 09	59	59	59	59	59	59
0 10	66	66	66	66	66	66
0 20	132	132	132	131	131	131
0 30	198	198	197	197	197	197
0 40	264	264	263	263	262	262
0 50	330	330	329	329	328	328
0 60	396	395	395	394	394	393
0 70	462	461	461	460	459	459
0 80	528	527	526	526	525	524
0 90	594	593	592	591	590	590
1 00	660	659	658	657	656	655

	654	653	652	651	650
0 01	7	7	7	7	7
0 02	13	13	13	13	13
0 03	20	20	20	20	20
0 04	26	26	26	26	26
0 05	33	33	33	33	33
0 06	39	39	39	39	39
0 07	46	46	46	46	46
0 08	52	52	52	52	52
0 09	59	59	59	59	59
0 10	65	65	65	65	65
0 20	131	131	130	130	130
0 30	196	196	196	195	195
0 40	262	261	260	260	260
0 50	327	327	326	326	325
0 60	392	392	391	391	390
0 70	458	457	456	456	455
0 80	523	522	522	521	520
0 90	589	588	587	586	585
1 00	654	653	652	651	650

DIVISEUR	Nombre à multiplier par le dividende	DIVISEUR	Nombre à multiplier par le dividende	DIVISEUR	Nombre à multiplier par le dividende
12 401	806 3866	12 451	803 1483	12 501	799 9360
402	3216	452	0838	502	8721
403	2566	453	0194	503	8081
404	1916	454	803 9549	504	7442
405	1266	455	8905	505	6802
406	0616	456	8260	506	6163
407	805 9966	457	7615	507	5523
408	9316	458	6971	508	4884
409	86 6	459	6326	509	4244
410	8017	560	5682	510	3605
12 411	805 7368	12 461	802 5038	12 511	799 2966
412	6719	462	4394	512	2328
413	6070	463	3751	513	1689
414	5421	464	3107	514	1051
415	4773	465	2464	515	0412
416	4124	466	1820	616	798 9774
417	3475	467	1176	517	9435
418	2826	468	0533	518	8497
419	2177	469	801 9889	519	7858
420	1529	470	9246	520	7220
12 421	805 0884	12 471	801 8603	12 521	798 6582
422	0233	472	7960	522	5943
423	804 9585	473	7318	523	5307
424	8938	474	6675	524	4670
425	8290	475	6033	525	4032
426	7642	476	5390	526	3395
427	6995	477	4747	527	2757
428	6347	478	4105	528	2120
429	5699	479	3462	529	1482
430	5052	480	2820	530	0845
12 431	804 4405	12 481	801 2178	12 531	798 0208
432	3758	482	1537	532	797 9572
433	3111	483	0895	533	8935
434	2465	484	0254	534	8299
435	1818	485	800 9612	535	7663
436	1171	486	8971	536	7026
437	0525	487	8329	537	6390
438	803 9878	488	7688	538	5753
439	9231	489	7046	539	5117
440	8585	490	6405	540	4481
12 441	803 7939	12 491	800 5764	12 541	797 3845
442	7293	492	5124	542	3210
443	6647	493	4483	543	2574
444	6002	494	3843	544	1939
445	5356	495	3202	545	1304
446	4710	496	2562	546	0668
447	4065	497	1921	547	0033
448	3419	498	1281	548	796 9397
449	2773	499	0640	549	8762
450	2128	500	0000	550	8127

	650	649	648	647	646	645
0 01	7	6	6	6	6	6
0 02	13	13	13	13	13	13
0 03	20	19	19	19	19	19
0 04	26	26	26	26	26	26
0 05	33	32	32	32	32	32
0 06	39	39	39	39	39	39
0 07	46	45	45	45	45	45
0 08	52	52	52	52	52	52
0 09	59	58	58	58	58	58
0 10	65	65	65	65	65	65
0 20	130	130	130	129	129	129
0 30	195	195	194	194	194	194
0 40	260	260	259	259	258	258
0 50	325	325	324	323	323	323
0 60	390	389	389	388	388	387
0 70	455	454	454	453	452	452
0 80	520	519	518	518	517	516
0 90	585	584	583	582	581	581
1 00	650	649	648	647	646	645

	644	643	642	641	640	639
0 01	6	6	6	6	6	6
0 02	13	13	13	13	13	13
0 03	19	19	19	19	19	19
0 04	26	26	26	26	26	26
0 05	32	32	32	32	32	32
0 06	39	39	39	38	38	38
0 07	45	45	45	45	45	45
0 08	52	51	51	51	51	51
0 09	58	58	58	58	58	58
0 10	64	64	64	64	64	64
0 20	129	129	128	128	128	128
0 30	193	193	193	192	192	192
0 40	258	257	257	256	256	256
0 50	322	322	321	321	320	320
0 60	386	386	385	385	384	383
0 70	451	450	449	449	448	447
0 80	515	514	514	513	512	511
0 90	580	579	578	577	576	575
1 00	644	643	642	641	640	639

	638	637	636	635
0 01	6	6	6	6
0 02	13	13	13	13
0 03	19	19	19	19
0 04	26	25	25	25
0 05	32	32	32	32
0 06	38	38	38	38
0 07	45	45	45	44
0 08	51	51	51	51
0 09	57	57	57	57
0 10	64	64	64	64
0 20	128	127	127	127
0 30	191	191	191	191
0 40	255	255	254	254
0 50	319	319	318	318
0 60	383	382	382	381
0 70	447	446	445	445
0 80	510	510	509	508
0 90	574	573	572	572
1 00	638	637	636	635

DIVISEURS : 12551 A 12700.

DIVISEUR	Nombre à multiplier par le dividende	DIVISEUR	Nombre à multiplier par le dividende	DIVISEUR	Nombre à multiplier par le dividende
12 551	796 7492	12 601	793 5877	12 651	790 4513
552	6858	602	5248	652	3889
553	6223	603	4619	653	3264
554	5589	604	3989	654	2640
555	4955	605	3360	655	2016
556	4320	606	2731	656	1391
557	3686	607	2101	657	0767
558	3051	608	1472	658	0142
559	2417	609	0843	659	789 9518
560	1783	610	0214	660	8894
12 561	796 1149	12 611	792 9585	12 661	789 8270
562	0546	612	8957	662	7647
563	795 9882	613	8328	663	7023
564	9249	614	7700	664	6400
565	8616	615	7072	665	5776
566	7982	616	6443	666	5153
567	7349	617	5815	667	4529
568	6745	618	5186	668	3906
569	6082	619	4558	669	3282
570	5449	620	3930	670	2659
12 571	795 4816	12 621	792 3302	12 671	789 2036
572	4184	622	2675	672	1414
573	3551	623	2047	673	0791
574	2949	624	1420	674	0169
575	2287	625	0793	675	788 9547
576	1654	626	0165	676	8924
577	1022	627	791 9538	677	8302
578	0389	628	8910	678	7679
579	79 9757	629	8283	679	7057
580	9125	630	7656	680	6435
12 581	794 8493	12 631	791 7029	12 681	788 5813
582	7862	632	6403	682	5192
583	7230	633	5776	683	4570
584	6599	634	5150	684	3949
585	5968	635	4524	685	3327
586	5336	636	3897	686	2706
587	4705	637	3271	687	2084
588	4073	638	2644	688	1463
589	3442	639	2018	689	0841
590	2811	640	1392	690	0220
12 591	794 2180	12 641	794 0766	12 691	787 9599
592	1550	642	0141	692	8979
593	0919	643	790 9515	693	8358
594	0289	644	8890	694	7738
595	793 9659	645	8265	695	7117
596	9028	646	7639	696	6497
597	8398	647	7014	697	5876
598	7767	648	6388	698	5256
599	7137	649	5763	699	4635
600	6507	650	5138	700	4045

DIFFÉRENCES.

	635	634	633	632	631	630
0 01	6	6	6	6	6	6
0 02	13	13	13	13	13	13
0 03	19	19	19	19	19	19
0 04	25	25	25	25	25	25
0 05	32	32	32	32	32	32
0 06	38	38	38	38	38	38
0 07	44	44	44	44	44	44
0 08	51	51	51	51	50	50
0 09	57	57	57	57	57	57
0 10	64	63	63	63	63	63
0 20	127	127	127	126	126	120
0 30	191	190	190	190	189	189
0 40	254	254	253	253	252	252
0 50	318	317	317	316	316	315
0 60	381	380	380	379	379	378
0 70	445	444	443	442	442	441
0 80	508	507	500	506	505	504
0 90	572	571	570	569	568	567
1 00	635	634	633	632	631	630

	629	628	627	626	625	624
0 01	6	6	6	6	6	6
0 02	13	13	13	13	13	12
0 03	19	19	19	19	19	19
0 04	25	25	25	25	25	25
0 05	31	31	31	31	31	31
0 06	38	38	38	38	38	37
0 07	44	44	44	44	44	44
0 08	50	50	50	50	50	50
0 09	57	57	56	56	56	56
0 10	63	63	63	63	63	62
0 20	126	126	125	125	125	125
0 30	189	188	188	188	188	187
0 40	252	251	251	250	250	250
0 50	315	314	314	313	313	312
0 60	377	377	376	376	375	374
0 70	440	440	439	438	438	437
0 80	503	502	502	501	500	499
0 90	566	565	564	563	563	562
1 00	629	628	627	626	625	624

	623	622	621	620
0 01	6	6	6	6
0 02	12	12	12	12
0 03	19	19	19	19
0 04	25	25	25	25
0 05	31	31	31	31
0 06	37	37	37	37
0 07	44	43	43	43
0 08	50	50	50	50
0 09	56	56	56	56
0 10	62	62	62	62
0 20	125	124	124	124
0 30	187	187	186	186
0 40	249	249	248	248
0 50	312	311	310	310
0 60	374	373	373	372
0 70	436	435	435	434
0 80	498	498	497	496
0 90	561	560	559	558
1 00	623	622	621	620

DIVISEURS : 12701 A 12850.

DIVISEUR	Nombre à multiplier par le dividende	DIVISEUR	Nombre à multiplier par le dividende	DIVISEUR	Nombre à multiplier par le dividende
12 701	787 3395	12 751	784 2522	12 801	784 1890
702	2776	752	1907	802	1280
703	2156	753	1292	803	0670
704	1537	754	0678	804	0060
705	0917	755	0063	805	780 9450
706	0298	756	783 9448	806	8840
707	786 9678	757	8834	807	8230
708	9059	758	8219	808	7620
709	8439	759	7604	809	7010
710	7820	760	6990	810	6401
12 711	686 7201	12 761	783 6376	12 811	780 5792
712	6583	762	5762	812	5183
713	5964	763	5148	813	4574
714	5345	764	4535	814	3965
715	4727	765	3921	815	3356
716	4109	766	3307	816	2747
717	3490	767	2694	817	2138
718	2872	768	2080	818	1529
719	2253	769	1466	819	0920
720	1635	770	0853	820	0312
12 721	786 1017	12 771	783 0240	12 821	779 9704
722	0399	772	782 9627	822	9096
723	785 9782	773	9014	823	8488
724	9164	774	8402	824	7880
725	8547	775	7789	825	7272
726	7929	776	7176	826	6664
727	7311	777	6564	827	6056
728	6694	778	5951	828	5448
729	6076	779	5338	829	4840
730	5459	780	4726	830	4232
12 731	785 4842	12 781	782 4114	12 831	779 3624
732	4225	782	3502	832	3016
733	3609	783	2890	833	2410
734	2992	784	2278	834	1803
735	2376	785	1667	835	1196
736	1759	786	1055	836	0589
737	1142	787	0443	837	778 9982
738	0526	788	781 9834	838	9375
739	784 9909	789	9249	839	8768
740	9293	790	8608	840	8161
12 741	784 8677	12 791	781 7997	12 841	778 7555
742	8061	792	7386	842	6949
743	7446	793	6775	843	6343
744	6830	794	6164	844	5737
745	6215	795	5554	845	5131
746	5599	796	4943	846	4525
747	4983	797	4332	847	3919
748	4368	798	3721	848	3313
749	3752	799	3110	849	2707
750	3137	800	2500	850	2101

DIFFÉRENCES.

	625	619	618	617	616
0 01	6	6	6	6	6
0 02	12	12	12	12	12
0 03	19	19	19	19	18
0 04	25	25	25	25	25
0 05	31	31	31	31	31
0 06	37	37	37	37	37
0 07	43	43	43	43	43
0 08	50	50	49	49	49
0 09	56	56	56	56	55
0 10	62	62	62	62	62
0 20	124	124	124	123	123
0 30	186	186	185	185	185
0 40	248	248	247	247	246
0 50	310	310	309	309	309
0 60	372	371	371	370	370
0 70	434	433	433	432	431
0 80	496	495	494	494	493
0 90	558	557	556	555	554
1 00	620	619	618	617	616

	615	614	613	612	611
0 01	6	6	6	6	6
0 02	12	12	12	12	12
0 03	18	18	18	18	18
0 04	25	25	25	24	24
0 05	31	31	31	31	31
0 06	37	37	37	37	37
0 07	43	43	43	43	43
0 08	49	49	49	49	49
0 09	55	55	55	55	55
0 10	62	61	61	61	61
0 20	123	123	123	122	122
0 30	185	184	184	184	183
0 40	246	246	245	245	244
0 50	308	307	307	306	306
0 60	369	368	368	367	367
0 70	431	430	429	428	428
0 80	492	491	490	490	489
0 90	554	553	552	551	550
1 00	615	614	613	612	611

	610	609	608	607	606
0 01	6	6	6	6	6
0 02	12	12	12	12	12
0 03	18	18	18	18	18
0 04	24	24	24	24	24
0 05	31	30	30	30	30
0 06	37	37	36	36	36
0 07	43	43	43	42	42
0 08	49	49	49	49	48
0 09	55	55	55	55	55
0 10	61	61	61	61	61
0 20	122	122	122	121	121
0 30	183	183	182	182	182
0 40	244	244	243	243	242
0 50	305	305	304	304	303
0 60	366	365	365	364	364
0 70	427	426	426	425	424
0 80	488	487	486	486	485
0 90	549	548	547	546	545
1 00	610	609	608	607	606

DIVISEURS : 12851 À 13000.

DIVISEUR	Nombre à multiplier par le dividende	DIVISEUR	Nombre à multiplier par le dividende	DIVISEUR	Nombre à multiplier par le dividende
12 851	778 1495	12 901	775 1336	12 951	772 1411
852	0890	902	0736	952	0815
853	0285	903	0435	953	0219
854	777 9680	904	774 9535	954	771 9623
855	9075	905	8935	955	9028
856	8469	906	8334	956	8432
857	7864	907	7734	957	7836
858	7259	908	7133	958	7240
859	6654	909	6533	959	6644
860	6049	910	5933	960	6049
12 861	777 5444	12 911	774 5333	12 961	771 5454
862	4840	912	4733	962	4859
863	4236	913	4133	963	4264
864	3632	914	3536	964	3669
865	3028	915	2935	965	3074
866	2423	916	2336	966	2479
867	1819	917	1736	967	1884
868	1215	918	1137	968	1289
869	0611	919	0537	969	0694
870	0007	920	773 9938	970	0100
12 871	776 9403	12 921	773 9339	12 971	770 9506
872	8800	922	8740	972	8912
873	8197	923	8142	973	8318
874	7594	924	7543	974	7724
875	6991	925	6945	975	7130
876	6387	926	6346	976	6536
877	5784	927	5747	977	5942
878	5181	928	5149	978	5348
879	4578	929	4550	979	4754
880	3975	930	3952	980	4160
12 881	776 3372	12 931	773 3354	12 981	770 3566
882	2770	932	2756	982	2973
883	2167	933	2158	983	2380
884	1565	934	1561	984	1787
885	0963	935	0963	985	1194
886	0360	936	0365	986	0601
887	775 9758	937	772 9768	987	0008
888	9155	938	9170	988	769 9445
889	8553	939	8572	989	8822
890	7951	940	7975	990	8229
12 891	775 7349	12 941	772 7378	12 991	769 7636
892	6748	942	6781	992	7044
893	6146	943	6184	993	6452
894	5545	944	5587	994	5860
895	4944	945	4991	995	5268
896	4342	946	4394	996	4675
897	3741	947	3797	997	4083
898	3139	948	3200	998	3491
899	2538	949	2603	999	2899
900	1937	950	2007	13 000	2307

	606	605	604	603	602
0 01	6	6	6	6	6
0 02	12	12	12	12	12
0 03	18	18	18	18	18
0 04	24	24	24	24	24
0 05	30	30	30	30	30
0 06	36	36	36	36	36
0 07	42	42	42	42	42
0 08	48	48	48	48	48
0 09	55	54	54	54	54
0 10	61	61	60	60	60
0 20	121	121	121	121	120
0 30	182	182	181	181	181
0 40	242	242	242	241	241
0 50	303	304	302	302	301
0 60	364	363	362	362	361
0 70	424	424	423	422	421
0 80	485	484	483	482	482
0 90	545	545	544	513	542
1 00	606	605	604	603	602

	601	600	599	598	597
0 01	6	6	6	6	6
0 02	12	12	12	12	12
0 03	18	18	18	18	18
0 04	24	24	24	24	24
0 05	30	30	30	30	30
0 06	36	36	36	36	36
0 07	42	42	42	42	42
0 08	48	48	48	48	48
0 09	54	54	54	54	54
0 10	60	60	60	60	60
0 20	120	120	120	120	119
0 30	180	180	180	170	170
0 40	240	240	240	239	239
0 50	301	300	300	299	299
0 60	361	360	359	359	358
0 70	421	420	419	419	418
0 80	481	480	479	478	478
0 90	541	540	539	538	537
1 00	601	600	599	598	597

	596	595	594	593	592
0 01	6	6	6	6	6
0 02	12	12	12	12	12
0 03	18	18	18	18	18
0 04	24	24	24	24	24
0 05	30	30	30	30	30
0 06	36	36	36	36	36
0 07	42	42	42	42	41
0 08	48	48	48	47	47
0 09	54	54	53	53	53
0 10	60	60	59	59	50
0 20	119	119	119	119	118
0 30	179	179	178	178	178
0 40	238	238	238	237	237
0 50	298	298	297	297	206
0 60	358	357	356	356	355
0 70	417	417	416	415	414
0 80	477	476	475	474	474
0 90	536	536	535	534	535
1 00	596	595	594	593	592

DIVISEURS : 13001 A 13150.

DIVISEUR	Nombre à multiplier par le dividende	DIVISEUR	Nombre à multiplier par le dividende	DIVISEUR	Nombre à multiplier par le dividende
13 001	769 4715	13 051	766 2248	13 101	763 3004
002	4124	052	1661	102	2422
003	0533	053	1074	103	1840
004	768 9942	054	0487	104	1258
005	9351	055	765 9901	105	0673
006	8759	056	9314	106	0093
007	8168	057	8727	107	762 9511
008	7577	058	8140	108	8929
009	6986	059	7553	109	8347
010	6395	060	6967	110	7765
13 011	768 5804	13 061	765 6381	13 111	762 7183
012	5214	062	5795	112	6602
013	4623	063	5209	113	6020
014	4033	064	4623	114	5439
015	3443	065	4038	115	4858
016	2852	066	3452	116	4276
017	2262	067	2866	117	3695
018	1671	068	2280	118	3113
019	1081	069	1694	119	2532
020	0491	070	1109	120	1951
13 021	767 9901	13 071	765 0524	13 121	762 1370
022	9312	072	764 9939	122	0790
023	8722	073	9354	123	0209
024	8133	074	8769	124	761 9629
025	7544	075	8184	125	9048
026	6954	076	7599	126	8468
027	6365	077	7014	127	7887
028	5775	078	6429	128	7307
029	5186	079	5844	129	6726
030	4597	080	5259	130	6146
13 031	767 4008	13 081	764 4675	13 131	761 5566
032	3419	082	4091	132	4986
033	2831	083	3507	133	4407
034	2242	084	2923	134	3827
035	1654	085	2339	135	3248
036	1065	086	1755	136	2668
037	0476	087	1171	137	2088
038	766 9888	088	0587	138	1509
039	9299	089	0003	139	0929
040	8711	090	763 9419	140	0350
13 041	766 8123	13 091	763 8835	13 141	760 9771
042	7535	092	8252	142	9192
043	6948	093	7669	143	8613
044	6360	094	7086	144	8034
045	5773	095	6503	145	7456
046	5185	096	5919	146	6877
047	4597	097	5336	147	6298
048	4010	098	4753	148	5719
049	3422	099	4170	149	5140
050	2835	100	3587	150	4562

DIFFÉRENCES.

	592	591	590	589	588
0 01	6	6	6	6	6
0 02	12	12	12	12	12
0 03	18	18	18	18	18
0 04	24	24	24	24	24
0 05	30	30	30	29	29
0 06	36	35	35	35	35
0 07	41	41	41	41	41
0 08	47	47	47	47	47
0 09	53	53	53	53	53
0 10	59	59	59	59	59
0 20	118	118	118	118	118
0 30	178	177	177	177	176
0 40	237	236	236	236	235
0 50	296	296	295	295	294
0 60	355	355	354	353	353
0 70	414	414	413	412	412
0 80	474	473	472	471	470
0 90	533	532	531	530	529
1 00	592	591	590	589	588

	587	586	585	584	583
0 01	6	6	6	6	6
0 02	12	12	12	12	12
0 03	18	18	18	18	17
0 04	23	23	23	23	23
0 05	29	29	29	29	29
0 06	35	35	35	35	35
0 07	41	41	41	41	41
0 08	47	47	47	47	47
0 09	53	53	53	53	52
0 10	59	59	59	58	58
0 20	117	117	117	117	117
0 30	176	176	176	175	175
0 40	235	234	234	234	233
0 50	294	293	293	292	292
0 60	352	352	351	350	350
0 70	411	410	410	409	408
0 80	470	469	468	467	466
0 90	528	527	527	526	525
1 00	587	586	585	584	583

	582	581	580	579	578
0 01	6	6	6	6	6
0 02	12	12	12	12	12
0 03	17	17	17	17	17
0 04	23	23	23	23	23
0 05	29	29	29	29	29
0 06	35	35	35	35	35
0 07	41	41	41	41	40
0 08	47	46	46	46	46
0 09	52	52	52	52	52
0 10	58	58	58	58	58
0 20	116	116	116	116	116
0 30	175	174	174	174	173
0 40	233	232	232	232	231
0 50	291	291	290	290	289
0 60	349	349	348	347	347
0 70	407	407	406	405	405
0 80	466	465	464	463	462
0 90	524	523	522	521	520
1 00	582	581	580	579	578

DIVISEURS : 13151 A 13300.

DIVISEUR	Nombre à multiplier par le dividende	DIVISEUR	Nombre à multiplier par le dividende	DIVISEUR	Nombre à multiplier par le dividende
13 151	760 3984	13 201	757 5483	13 251	754 6599
152	3406	202	4610	252	6030
153	2828	203	4036	253	5464
154	2250	204	3463	254	4892
155	1673	205	2889	255	4323
156	1095	206	2316	256	3754
157	0517	207	1742	257	3185
158	759 9939	208	1169	258	2616
159	9361	209	0595	259	2047
160	8784	210	0022	260	1478
13 161	759 8207	13 211	756 9449	13 261	754 0909
162	7630	212	8876	262	0341
163	7053	213	8304	263	753 9773
164	6476	214	7731	264	9204
165	5899	215	7159	265	8636
166	5322	216	6586	266	8068
167	4745	217	6013	267	7499
168	4168	218	5441	268	6931
169	3591	219	4868	269	6363
170	3014	220	4296	270	5795
13 171	759 2437	13 221	756 3724	13 271	753 5227
172	1861	222	3152	272	4660
173	1285	223	2580	273	4092
174	0709	224	2008	274	3525
175	0133	225	1437	275	2957
176	758 9557	226	0865	276	2390
177	8981	227	0293	277	1822
178	8405	228	755 9721	278	1255
179	7829	229	9149	279	0687
180	7253	230	8578	280	0120
13 181	758 6677	13 231	755 8007	13 281	752 9553
182	6102	232	7436	282	8986
183	5527	233	6865	283	8420
184	4952	234	6294	284	7853
185	4377	235	5724	285	7287
186	3801	236	5153	286	6720
187	3226	237	4582	287	6153
188	2651	238	4011	288	5587
189	2076	239	3440	289	5020
190	1501	240	2870	290	4454
13 191	758 0926	13 241	755 2299	13 291	752 3888
192	0352	242	1729	292	3322
193	757 9777	243	1159	293	2756
194	9203	244	0589	294	2190
195	8629	245	0019	295	1625
196	8054	246	754 9449	296	1059
197	7480	247	8879	297	0493
198	6905	248	8309	298	751 9927
199	6331	249	7739	299	9361
200	5757	250	7169	300	8796

DIFFÉRENCES.

	578	577	576	575	574
0 01	6	6	6	6	6
0 02	12	12	12	12	11
0 03	17	17	17	17	17
0 04	23	23	23	23	23
0 05	29	29	29	29	29
0 06	35	35	35	35	34
0 07	40	40	40	40	40
0 08	46	46	46	46	46
0 09	52	52	52	52	52
0 10	58	58	58	58	57
0 20	116	115	115	115	115
0 30	173	173	173	173	172
0 40	231	231	230	230	230
0 50	289	289	288	288	287
0 60	347	346	346	345	344
0 70	405	404	403	403	402
0 80	462	462	461	460	459
0 90	520	519	518	518	517
1 00	578	577	576	575	574

	573	572	571	570	569
0 01	6	6	6	6	6
0 02	11	11	11	11	11
0 03	17	17	17	17	17
0 04	23	23	23	23	23
0 05	29	29	29	29	28
0 06	34	34	34	34	34
0 07	40	40	40	40	40
0 08	46	46	46	46	46
0 09	52	51	51	51	51
0 10	57	57	57	57	57
0 20	115	114	114	114	114
0 30	172	172	171	171	171
0 40	229	229	228	228	228
0 50	287	286	286	285	285
0 60	344	343	343	342	341
0 70	401	400	400	399	398
0 80	458	458	457	456	455
0 90	516	515	514	513	512
1 00	573	572	571	570	569

	568	567	566	565
0 01	6	6	6	6
0 02	11	11	11	11
0 03	17	17	17	17
0 04	23	23	23	23
0 05	28	28	28	28
0 06	34	34	34	34
0 07	40	40	40	40
0 08	45	45	45	45
0 09	51	51	51	51
0 10	57	57	57	57
0 20	114	113	113	113
0 30	170	170	170	170
0 40	227	227	226	226
0 50	284	284	283	283
0 60	341	340	340	339
0 70	398	397	396	396
0 80	454	454	453	452
0 90	511	510	509	509
1 00	568	567	566	565

DIVISEURS : 13301 A 13500. DIFFÉRENCES.

DIVISEUR	Nombre à multiplier par le dividende	DIVISEUR	Nombre à multiplier par le dividende	DIVISEUR	Nombre à multiplier par le dividende	DIVISEUR	Nombre à multiplier par le dividende
13 301	751 8234	13 351	749 0075	13 401	746 2129	13 451	743 4391
302	7666	352	748 9514	402	1573	452	3839
303	7104	353	8953	403	1016	453	3286
304	6536	354	8393	404	0460	454	2734
305	5972	355	7832	405	745 9903	455	2182
306	5407	356	7271	406	9347	456	1629
307	4842	357	6711	407	8790	457	1077
308	4277	358	6150	408	8234	458	0524
309	3712	359	5589	409	7677	459	742 9972
310	3148	360	5029	410	7121	460	9420
13 311	751 2583	13 361	748 4469	13 411	745 6565	13 461	742 8868
312	2019	362	3909	412	6009	462	8316
313	1455	363	3349	413	5453	463	7765
314	0891	364	2790	414	4898	464	7213
315	0327	365	2230	415	4342	465	6662
316	750 9763	366	1670	416	3786	466	6110
317	9199	367	1111	417	3231	467	5558
318	8635	368	0551	418	2675	468	5007
319	8071	369	747 9994	419	2119	469	4455
320	7507	370	9432	420	1564	470	3904
13 321	750 6943	13 371	747 8872	13 421	745 1009	13 471	742 3353
322	6380	372	8313	422	0454	472	2802
323	5847	373	7754	423	744 9899	473	2251
324	5254	374	7195	424	9344	474	1701
325	4694	375	6636	425	8790	475	1150
326	4127	376	6077	426	8235	476	0599
327	3564	377	5518	427	7680	477	0049
328	3001	378	4959	428	7125	478	741 9498
329	2438	379	4400	429	6570	479	8947
330	1875	380	3841	430	6046	480	8397
13 331	750 1312	13 381	747 3282	13 431	744 5462	13 481	741 7847
332	0750	382	2724	432	4908	482	7297
333	0187	383	2166	433	4354	483	6747
334	749 9625	384	1608	434	3800	484	6197
335	9063	385	1050	435	3246	485	5647
336	8500	386	0491	436	2692	486	5097
337	7938	387	746 9933	437	2138	487	4547
338	7375	388	9375	438	1584	488	3997
339	6813	389	8817	439	1030	489	3447
340	6251	390	8259	440	0476	490	2898
13 341	749 5689	13 391	746 7701	13 441	743 9922	13 491	741 2348
342	5128	392	7144	442	9369	492	1799
343	4566	393	6587	443	8846	493	1250
344	4005	394	6029	444	8263	494	0701
345	3443	395	5472	445	7710	495	0152
346	2882	396	4915	446	7156	496	740 9603
347	2320	397	4357	447	6603	497	9054
348	1759	398	3800	448	6050	498	8505
349	1197	399	3243	449	5497	499	7956
350	0636	400	2686	450	4944	500	7407

DIFFÉRENCES.

	565	564	563	562	561	560
0 01	6	6	6	6	6	6
0 02	11	11	11	11	11	11
0 03	17	17	17	17	17	17
0 04	23	23	23	22	22	22
0 05	28	28	28	28	28	28
0 06	34	34	34	34	34	34
0 07	40	39	39	39	39	39
0 08	45	45	45	45	45	45
0 09	51	51	51	51	50	50
0 10	57	56	56	56	56	56
0 20	113	113	113	112	112	112
0 30	170	169	169	169	168	168
0 40	226	226	225	225	224	224
0 50	283	282	282	281	281	280
0 60	339	338	338	337	337	336
0 70	396	395	394	393	393	392
0 80	452	451	450	450	449	448
0 90	509	508	507	506	505	504
1 00	565	564	563	562	561	560

	559	558	557	556	555	554
0 01	6	6	6	6	6	6
0 02	11	11	11	11	11	11
0 03	17	17	17	17	17	17
0 04	22	22	22	22	22	22
0 05	28	28	28	28	28	28
0 06	34	33	33	33	33	33
0 07	39	39	39	39	39	39
0 08	45	45	45	44	44	44
0 09	50	50	50	50	50	50
0 10	56	56	56	56	56	55
0 20	112	112	111	111	111	111
0 30	168	167	167	167	167	166
0 40	224	223	223	222	222	222
0 50	280	279	279	278	278	277
0 60	335	335	334	334	333	332
0 70	391	391	390	389	389	388
0 80	447	446	446	445	444	443
0 90	503	502	501	500	500	499
1 00	559	558	557	556	555	554

	553	552	551	550	549
0 01	6	6	6	6	5
0 02	11	11	11	11	11
0 03	17	17	17	17	16
0 04	22	22	22	22	22
0 05	28	28	28	28	27
0 06	33	33	33	33	33
0 07	39	39	39	39	38
0 08	44	44	44	44	44
0 09	50	50	50	50	49
0 10	55	55	55	55	55
0 20	111	110	110	110	110
0 30	166	166	165	165	165
0 40	221	221	220	220	220
0 50	277	276	276	275	275
0 60	332	331	331	330	329
0 70	387	386	386	385	384
0 80	442	442	441	440	439
0 90	498	497	496	495	494
1 00	553	552	551	550	549

DIVISEURS : 13501 A 13700.　　　　　　　　　　DIFFÉRENCES.

DIVISEUR	Nombre à multiplier par le dividende	DIVISEUR	Nombre à multiplier par le dividende	DIVISEUR	Nombre à multiplier par le dividende	DIVISEUR	Nombre à multiplier par le dividende
13 501	740 6858	13 551	737 9528	13 601	735 2400	13 651	732 5470
502	6340	552	8984	602	1860	652	4934
503	5762	553	8440	603	1320	653	4398
504	5243	554	7896	604	0779	654	3861
505	4665	555	7352	605	0239	655	3325
506	4117	556	6807	606	734 9699	656	2789
507	3568	557	6263	607	9158	657	2252
508	3020	558	5719	608	8648	658	1716
509	2472	559	5175	609	8078	659	1180
510	1924	560	4631	610	7538	660	0644
13 511	740 1376	13 561	737 4087	13 611	734 6998	13 661	732 0108
512	0829	562	3544	612	6459	662	731 9572
513	0281	563	3000	613	5919	663	9037
514	739 9784	564	2457	614	5380	664	8501
515	9486	565	1913	615	4840	665	7966
516	8639	566	1370	616	4301	666	7430
517	8094	567	0826	617	3761	667	6894
518	7544	568	0283	618	3222	668	6359
519	6996	569	736 9739	619	2682	669	5823
520	6449	570	9196	620	2143	670	5288
13 521	739 5902	13 571	736 8653	13 621	734 1604	13 671	731 4753
522	5355	572	8110	622	1065	672	4218
523	4809	573	7568	623	0527	673	3683
524	4262	574	7025	624	733 9988	674	3149
525	3716	575	6483	625	9450	675	2614
526	3169	576	5940	626	8911	676	2079
527	2622	577	5397	627	8372	677	1545
528	2076	578	4855	628	7834	678	1010
529	1529	579	4312	629	7295	679	0475
530	0983	580	3770	630	6757	680	730 9941
13 531	739 0437	13 581	736 3228	13 631	733 6219	13 681	730 9407
532	738 9894	582	2686	632	5681	682	8873
533	9345	583	2144	633	5143	683	8339
534	8799	584	1602	634	4605	684	7805
535	8253	585	1060	635	4067	685	7271
536	7707	586	0518	636	3529	686	6737
537	7161	587	735 9976	637	2991	687	6203
538	6615	588	9434	638	2453	688	5669
539	6069	589	8892	639	1915	689	5135
540	5524	590	8351	640	1378	690	4601
13 541	738 4978	13 591	735 7810	13 641	733 0840	13 691	730 4067
542	4433	592	7269	642	0303	692	3534
543	3888	593	6728	643	732 9766	693	3001
544	3343	594	6187	644	9229	694	2468
545	2798	595	5646	645	8692	695	1935
546	2253	596	5105	646	8155	696	1402
547	1708	597	4564	647	7618	697	0869
548	1163	598	4023	648	7081	698	0336
549	0618	599	3482	649	6544	699	729 9803
550	0073	600	2941	650	6007	700	9270

	549	548	547	546	545	544
0 01	5	5	5	5	5	5
0 02	11	11	11	11	11	11
0 03	16	16	16	16	16	16
0 04	22	22	22	22	22	22
0 05	27	27	27	27	27	27
0 06	33	33	33	33	33	33
0 07	38	38	38	38	38	38
0 08	44	44	44	44	44	44
0 09	49	49	49	49	49	49
0 10	55	55	55	55	55	54
0 20	110	110	109	109	109	109
0 30	165	164	164	164	164	163
0 40	220	219	219	218	218	218
0 50	275	274	274	273	273	272
0 60	329	329	328	326	327	326
0 70	384	384	383	382	382	381
0 80	439	438	438	437	436	435
0 90	494	493	492	491	491	490
1 00	549	548	547	546	545	544

	543	542	541	540	539	538
0 01	5	5	5	5	5	5
0 02	11	11	11	11	11	11
0 03	16	16	16	16	16	16
0 04	22	22	22	22	22	22
0 05	27	27	27	27	27	27
0 06	33	33	32	32	32	32
0 07	38	38	38	38	38	38
0 08	43	43	43	43	43	43
0 09	49	49	49	49	49	48
0 10	54	54	54	54	54	54
0 20	109	108	108	108	108	108
0 30	163	163	162	162	162	161
0 40	217	217	216	216	216	215
0 50	272	271	271	270	270	269
0 60	326	325	325	324	323	323
0 70	380	379	379	378	377	377
0 80	434	434	433	432	431	430
0 90	489	488	487	486	485	484
1 00	543	542	541	540	539	538

	537	536	535	534	533
0 01	5	5	5	5	5
0 02	11	11	11	11	11
0 03	16	16	16	16	16
0 04	21	21	21	21	21
0 05	27	27	27	27	27
0 06	32	32	32	32	32
0 07	38	38	37	37	37
0 08	43	43	43	43	43
0 09	48	48	48	48	48
0 10	54	54	54	53	53
0 20	107	107	107	107	107
0 30	161	161	161	160	160
0 40	215	214	214	214	213
0 50	269	268	268	267	267
0 60	322	322	321	320	320
0 70	376	375	375	374	373
0 80	430	429	428	427	426
0 90	483	482	482	481	480
1 00	537	536	535	534	533

DIVISEURS : 13701 À 13900. DIFFÉRENCES.

DIVISEUR	Nombre à multiplier par le dividende	DIVISEUR	Nombre à multiplier par le dividende	DIVISEUR	Nombre à multiplier par le dividende	DIVISEUR	Nombre à multiplier par le dividende
13 701	729 8737	13 751	727 2198	13 801	724 5851	13 851	721 9695
702	8205	752	1669	802	5326	852	9474
703	7672	753	1144	803	4801	853	8653
704	7140	754	0612	804	4277	854	8132
705	6608	755	0084	805	3752	855	7611
706	6075	756	726 9555	806	3227	856	7090
707	5543	757	9026	807	2703	857	6569
708	5010	758	8498	808	2178	858	6048
709	4478	759	7969	809	1653	859	5527
710	3946	760	7441	810	1129	860	5007
13 711	729 3414	13 761	726 6943	13 811	724 0605	13 861	721 4486
712	2882	762	6385	812	0081	862	3966
713	2350	763	5857	813	723 9557	863	3446
714	1819	764	5330	814	9033	864	2926
715	1287	765	4802	815	8509	865	2406
716	0755	766	4274	816	7985	866	1885
717	0224	767	3747	817	7461	867	1365
718	728 9693	768	3219	818	6937	868	0845
719	9160	769	2694	819	6413	869	0325
720	8629	770	2164	820	5890	870	720 9805
13 721	728 8098	13 771	726 1637	13 821	723 5366	13 871	720 9285
722	7567	772	1110	822	4843	872	8766
723	7036	773	0583	823	4320	873	8246
724	6505	774	0056	824	3796	874	7727
725	5975	775	725 9529	825	3273	875	7207
726	5444	776	9002	826	2750	876	6688
727	4913	777	8475	827	2226	877	6468
728	4382	778	7948	828	1703	878	5649
729	3851	779	7421	829	1180	879	5129
730	3321	780	6894	830	0657	880	4610
13 731	728 2790	13 781	725 6367	13 831	723 0134	13 881	720 4091
732	2260	782	5841	832	722 9612	882	3572
733	1730	783	5315	833	9089	883	3054
734	1200	784	4788	834	8567	884	2535
735	0670	785	4262	835	8045	885	2017
736	0140	786	3736	836	7522	886	1498
737	727 9610	787	3209	837	7000	887	0979
738	9080	788	2683	838	6477	888	0461
739	8550	789	2157	839	5955	889	719 9942
740	8020	790	1631	840	5433	890	9424
13 741	727 7490	13 791	725 1105	13 841	722 4911	13 891	719 8906
742	6961	792	0580	842	4389	892	8388
743	6432	793	0054	843	3867	893	7870
744	5902	794	724 9529	844	3346	894	7352
745	5373	795	9003	845	2824	895	6834
746	4844	796	8478	846	2302	896	6316
747	4314	797	7952	847	1781	897	5798
748	3785	798	7427	848	1259	898	5280
749	3256	799	6901	849	0737	899	4762
750	2727	800	6376	850	0216	900	4244

DIFFÉRENCES.

	533	532	531	530	529	528
0 01	5	5	5	5	5	5
0 02	11	11	11	11	11	11
0 03	16	16	16	16	16	16
0 04	21	21	21	21	21	21
0 05	27	27	27	27	26	26
0 06	32	32	32	32	32	32
0 07	37	37	37	37	37	37
0 08	43	43	42	42	42	42
0 09	48	48	48	48	48	48
0 10	53	53	53	53	53	53
0 20	107	106	106	106	106	106
0 30	160	160	159	159	159	158
0 40	213	213	212	212	212	211
0 50	267	266	266	265	265	264
0 60	320	319	319	318	317	317
0 70	373	372	372	371	370	370
0 80	426	426	425	424	423	422
0 90	480	479	478	477	476	475
1 00	533	532	531	530	529	528

	527	526	525	524	523	522
0 01	5	5	5	5	5	5
0 02	11	11	11	10	10	10
0 03	16	16	16	16	16	16
0 04	21	21	21	21	21	21
0 05	26	26	26	26	26	26
0 06	32	32	32	32	31	31
0 07	37	37	37	37	37	37
0 08	42	42	42	42	42	42
0 09	47	47	47	47	47	47
0 10	53	53	53	52	52	52
0 20	105	105	105	105	105	104
0 30	158	158	158	157	157	157
0 40	211	210	210	210	209	209
0 50	264	263	263	262	262	261
0 60	316	316	315	314	314	313
0 70	369	368	368	367	366	365
0 80	422	421	420	419	418	418
0 90	474	473	473	472	471	470
1 00	527	526	525	524	523	522

	521	520	519	518
0 01	5	5	5	5
0 02	10	10	10	10
0 03	16	16	16	16
0 04	21	21	21	21
0 05	26	26	26	26
0 06	31	31	31	31
0 07	36	36	36	36
0 08	42	42	42	41
0 09	47	47	47	47
0 10	52	52	52	52
0 20	104	104	104	104
0 30	156	156	156	155
0 40	208	208	208	207
0 50	261	260	260	259
0 60	313	312	311	311
0 70	365	364	363	363
0 80	417	416	415	414
0 90	469	468	467	466
1 00	521	520	519	518

DIVISEUR	Nombre à multiplier par le dividende	DIVISEUR	Nombre à multiplier par le dividende	DIVISEUR	Nombre à multiplier par le dividende	DIVISEUR	Nombre à multiplier par le dividende
13 901	749 3726	13 951	716 7944	14 001	744 2347	14 051	741 6930
902	3209	952	7431	002	1837	052	6424
903	2692	953	6917	003	1327	053	5918
904	2175	954	6404	004	0847	054	5412
905	1658	955	5890	005	0307	055	4906
906	1140	956	5377	006	743 9797	056	4399
907	0623	957	4863	007	9287	057	3893
908	0406	958	4350	008	8777	058	3387
909	718 9589	959	3836	009	8267	059	2881
910	9072	960	3323	010	7758	060	2375
13 911	718 8555	13 961	716 2810	14 011	743 7248	14 061	741 1869
912	8039	962	2297	012	6739	062	1364
913	7522	963	1784	013	6230	063	0858
914	7006	964	1272	014	5721	064	0353
915	6490	965	0759	015	5212	065	710 9847
916	5973	966	0246	016	4703	066	9342
917	5457	967	715 9734	017	4194	067	8836
918	4940	968	9221	018	3685	068	8331
919	4424	969	8708	019	3176	069	7825
920	3908	970	8196	020	2667	070	7320
13 921	748 3392	13 971	715 7683	14 021	743 2158	14 071	710 6815
922	2876	972	7171	022	1650	072	6310
923	2360	973	6659	023	1141	073	5805
924	1844	974	6147	024	0633	074	5300
925	1329	975	5635	025	0125	075	4796
926	0813	976	5123	026	742 9616	076	4291
927	0297	977	4611	027	9108	077	3786
928	717 9781	978	4099	028	8599	078	3281
929	9265	979	3587	029	8091	079	2776
930	8750	980	3075	030	7583	080	2272
13 931	717 8235	13 981	715 2563	14 031	742 7075	14 081	710 1768
932	7720	982	2052	032	6567	082	1264
933	7205	983	1541	033	6060	083	0760
934	6690	984	1029	034	5552	084	0256
935	6175	985	0518	035	5045	085	709 9752
936	5660	986	0007	036	4537	086	9248
937	5145	987	714 9495	037	4029	087	8744
938	4630	988	9984	038	3522	088	8240
939	4115	989	8473	039	3014	089	7736
940	3601	990	7962	040	2507	090	7232
13 941	717 3086	13 991	714 7451	14 041	742 2000	14 091	709 6728
942	2572	992	6941	042	1493	092	6225
943	2058	993	6430	043	0986	093	5721
944	1543	994	5920	044	0479	094	5218
945	1029	995	5409	045	741 9972	095	4715
946	0515	996	4898	046	9465	096	4211
947	0000	997	4388	047	8958	097	3708
948	716 9486	998	3878	048	8451	098	3204
949	8972	999	3367	049	7944	099	2701
950	8458	14 000	2857	050	7437	100	2198

	518	517	516	515	514	513
0 01	5	5	5	5	5	5
0 02	10	10	10	10	10	10
0 03	16	16	15	15	15	15
0 04	21	21	21	21	21	21
0 05	26	26	26	26	26	26
0 06	31	31	31	31	31	31
0 07	36	36	36	36	36	36
0 08	41	41	41	41	41	41
0 09	47	47	46	46	46	46
0 10	52	52	52	52	51	51
0 20	104	103	103	103	103	103
0 30	155	155	155	155	154	154
0 40	207	207	206	206	206	205
0 50	259	259	258	258	257	257
0 60	311	310	310	309	308	308
0 70	363	362	361	361	360	359
0 80	414	414	413	412	411	410
0 90	466	465	464	464	463	462
1 00	518	517	516	515	514	513

	512	511	510	509	508	507
0 01	5	5	5	5	5	5
0 02	10	10	10	10	10	10
0 03	15	15	15	15	15	15
0 04	20	20	20	20	20	20
0 05	26	26	26	25	25	25
0 06	31	31	31	30	30	30
0 07	36	36	36	36	36	35
0 08	41	41	41	41	41	41
0 09	46	46	46	46	46	46
0 10	51	51	51	51	51	51
0 20	102	102	102	102	102	101
0 30	154	153	153	153	152	152
0 40	205	204	204	204	203	203
0 50	256	256	255	255	254	254
0 60	307	307	306	305	305	304
0 70	358	358	357	356	356	355
0 80	410	409	408	407	406	406
0 90	461	460	459	458	457	456
1 00	512	511	510	509	508	507

	506	505	504	503
0 01	5	5	5	5
0 02	10	10	10	10
0 03	15	15	15	15
0 04	20	20	20	20
0 05	25	25	25	25
0 06	30	30	30	30
0 07	35	35	35	35
0 08	40	40	40	40
0 09	46	45	45	45
0 10	51	51	50	50
0 20	101	101	101	101
0 30	152	152	151	151
0 40	202	202	202	201
0 50	253	253	252	252
0 60	304	303	302	302
0 70	354	354	353	352
0 80	405	404	403	402
0 90	455	455	454	453
1 00	506	505	504	503

DIVISEUR	Nombre à multiplier par le dividende	DIVISEUR	Nombre à multiplier par le dividende	DIVISEUR	Nombre à multiplier par le dividende	DIVISEUR	Nombre à multiplier par le dividende
14 101	709 1695	14 151	706 6637	14 201	704 1757	14 251	701 7050
102	1192	152	6138	202	1261	252	6558
103	0690	153	5639	203	0766	253	6066
104	0187	154	5140	204	0270	254	5574
105	708 9685	155	4641	205	703 9775	255	5082
106	9182	156	4142	206	9279	256	4590
107	8679	157	3643	207	8783	257	4098
108	8177	158	3144	208	8288	258	3606
109	7674	159	2645	209	7792	259	3114
110	7172	160	2146	210	7297	260	2622
14 111	708 6670	14 161	706 1647	14 211	703 6802	14 261	701 2130
112	6168	162	1149	212	6307	262	1639
113	5666	163	0651	213	5812	263	1147
114	5164	164	0152	214	5317	264	0656
115	4662	165	705 9654	215	4822	265	0165
116	4160	166	9156	216	4327	266	700 9673
117	3658	167	8657	217	3832	267	9182
118	3156	168	8159	218	3327	268	8690
119	2654	169	7661	219	2842	269	8199
120	2152	170	7163	220	2348	270	7708
14 121	708 1650	14 171	705 6665	14 221	703 1853	14 271	700 7217
122	1149	172	6167	222	1359	272	6726
123	0648	173	5669	223	0865	273	6235
124	0147	174	5172	224	0371	274	5745
125	707 9646	175	4674	225	702 9877	275	5254
126	9144	176	4176	226	9382	276	4763
127	8643	177	3679	227	8888	277	4273
128	8142	178	3181	228	8394	278	3782
129	7641	179	2683	229	7900	279	3291
130	7140	180	2186	230	7406	280	2801
14 131	707 6639	14 181	705 1689	14 231	702 6912	14 281	700 2310
132	6139	182	1192	232	6419	282	1820
133	5638	183	0695	233	5925	283	1330
134	5138	184	0198	234	5432	284	0840
135	4637	185	704 9701	235	4938	285	0350
136	4137	186	9204	236	4445	286	699 9860
137	3636	187	8707	237	3951	287	9370
138	3136	188	8210	238	3458	288	8880
139	2635	189	7713	239	2964	289	8390
140	2135	190	7216	240	2471	290	7900
14 141	707 1635	14 191	704 6719	14 241	702 1978	14 291	699 7410
142	1135	192	6223	242	1485	292	6921
143	0635	193	5727	243	0992	293	6431
144	0135	194	5230	244	0499	294	5942
145	706 9636	195	4734	245	0007	295	5453
146	9136	196	4238	246	701 9514	296	4963
147	8636	197	3741	247	9021	297	4474
148	8136	198	3245	248	8528	298	3984
149	7636	199	2749	249	8035	299	3495
150	7137	200	2253	250	7543	300	3006

DIFFÉRENCES.

	503	502	501	500	499
0 01	5	5	5	5	5
0 02	10	10	10	10	10
0 03	15	15	15	15	15
0 04	20	20	20	20	20
0 05	25	25	25	25	25
0 06	30	30	30	30	30
0 07	35	35	35	35	35
0 08	40	40	40	40	40
0 09	45	45	45	45	45
0 10	50	50	50	50	50
0 20	101	100	100	100	100
0 30	151	151	150	150	150
0 40	201	201	200	200	200
0 50	252	251	251	250	250
0 60	302	301	301	300	299
0 70	352	351	351	350	349
0 80	402	402	401	400	399
0 90	453	452	451	450	449
1 00	503	502	501	500	499

	498	497	496	495	494
0 01	5	5	5	5	5
0 02	10	10	10	10	10
0 03	15	15	15	15	15
0 04	20	20	20	20	20
0 05	25	25	25	25	25
0 06	30	30	30	30	30
0 07	35	35	35	35	35
0 08	40	40	40	40	40
0 09	45	45	45	45	45
0 10	50	50	50	50	49
0 20	100	99	99	99	99
0 30	149	149	149	149	148
0 40	199	199	198	198	198
0 50	249	249	248	248	247
0 60	299	298	298	297	296
0 70	349	348	347	347	346
0 80	398	398	397	396	395
0 90	448	447	446	446	445
1 00	498	497	496	495	494

	493	492	491	490	489
0 01	5	5	5	5	5
0 02	10	10	10	10	10
0 03	15	15	15	15	15
0 04	20	20	20	20	20
0 05	25	25	25	25	24
0 06	30	30	29	29	29
0 07	35	34	34	34	34
0 08	39	39	39	39	39
0 09	44	44	44	44	44
0 10	49	49	49	49	49
0 20	99	98	98	98	98
0 30	148	148	147	147	147
0 40	197	197	196	196	196
0 50	247	246	246	245	245
0 60	296	295	295	294	293
0 70	345	344	344	343	342
0 80	394	394	393	392	391
0 90	444	443	442	441	440
1 00	493	492	491	490	489

DIVISEURS : **14301** A **14500**.   DIFFÉRENCES.

DIVISEUR	Nombre à multiplier par le dividende	DIVISEUR	Nombre à multiplier par le dividende	DIVISEUR	Nombre à multiplier par le dividende	DIVISEUR	Nombre à multiplier par le dividende
14 301	699 2517	14 351	696 8155	14 401	694 3962	14 451	691 9936
302	2028	352	7670	402	3480	452	9457
303	1540	353	7185	403	2998	453	8979
304	1051	354	6699	404	2516	454	8500
305	0563	355	6214	405	2034	455	8022
306	0074	356	5729	406	1552	456	7543
307	698 9585	357	5243	407	1070	457	7064
308	9097	358	4758	408	0588	458	6586
309	8608	359	4273	409	0106	459	6107
310	8120	360	3788	410	693 9625	460	5629
14 311	698 7632	14 361	696 3303	14 411	693 9143	14 461	691 5151
312	7144	362	2818	412	8662	462	4673
313	6656	363	2334	413	8181	463	4195
314	6168	364	1849	414	7699	464	3717
315	5680	365	1365	415	7218	465	3239
316	5192	366	0880	416	6737	466	2761
317	4704	367	0395	417	6255	467	2283
318	4216	368	695 9911	418	5774	468	1805
319	3728	369	9426	419	5293	469	1327
320	3240	370	8942	420	4812	470	0850
14 321	698 2752	14 371	695 8458	14 421	693 4331	14 471	691 0372
322	2265	372	7974	422	3850	472	690 9895
323	1778	373	7490	423	3370	473	9418
324	1290	374	7006	424	2889	474	8940
325	0803	375	6522	425	2409	475	8463
326	0316	376	6038	426	1928	476	7986
327	697 9828	377	5554	427	1447	477	7508
328	9341	378	5070	428	0967	478	7031
329	8854	379	4586	429	0486	479	6554
330	8367	380	4102	430	0006	480	6077
14 331	697 7880	14 381	695 3618	14 431	692 9526	14 481	690 5600
332	7393	382	3135	432	9046	482	5123
333	6906	383	2652	433	8566	483	4647
334	6420	384	2169	434	8086	484	4170
335	5933	385	1686	435	7606	485	3694
336	5446	386	1202	436	7126	486	3217
337	4960	387	0719	437	6646	487	2740
338	4473	388	0236	438	6166	488	2264
339	3986	389	694 9753	439	5686	489	1787
340	3500	390	9270	440	5207	490	1311
14 341	697 3014	14 391	694 8787	14 441	692 4727	14 491	690 0835
342	2528	392	8304	442	4248	492	0359
343	2042	393	7822	443	3769	493	689 9883
344	1556	394	7339	444	3290	494	9407
345	1070	395	6857	445	2811	495	8931
346	0584	396	6374	446	2331	496	8455
347	0098	397	5891	447	1852	497	7979
348	696 9612	398	5409	448	1373	498	7503
349	9126	399	4926	449	0894	499	7027
350	8641	400	4444	450	0415	500	6551

	489	488	487	486	485
0 01	5	5	5	5	5
0 02	10	10	10	10	10
0 03	15	15	15	15	15
0 04	20	20	19	19	19
0 05	24	24	24	24	24
0 06	29	29	29	29	29
0 07	34	34	34	34	34
0 08	39	39	39	39	39
0 09	44	44	44	44	44
0 10	49	49	49	49	49
0 20	98	98	97	97	97
0 30	147	146	146	146	146
0 40	196	195	195	194	194
0 50	245	244	244	243	243
0 60	293	293	292	292	291
0 70	342	342	341	340	340
0 80	391	390	390	389	388
0 90	440	439	438	437	437
1 00	489	488	487	486	485

	484	483	482	481	480
0 01	5	5	5	5	5
0 02	10	10	10	10	10
0 03	15	15	14	14	14
0 04	19	19	19	19	19
0 05	24	24	24	24	24
0 06	29	29	29	29	29
0 07	34	34	34	34	34
0 08	39	39	39	38	38
0 09	44	43	43	43	43
0 10	48	48	48	48	48
0 20	97	97	96	96	96
0 30	145	145	145	144	144
0 40	194	193	193	192	192
0 50	242	242	241	241	240
0 60	290	290	289	289	288
0 70	339	338	337	337	336
0 80	387	386	386	385	384
0 90	436	435	434	433	432
1 00	484	483	482	481	480

	479	478	477	476
0 01	5	5	5	5
0 02	10	10	10	10
0 03	14	14	14	14
0 04	19	19	19	19
0 05	24	24	24	24
0 06	29	29	29	29
0 07	34	33	33	33
0 08	38	38	38	38
0 09	43	43	43	43
0 10	48	48	48	48
0 20	96	96	95	95
0 30	144	143	143	143
0 40	192	191	191	190
0 50	240	239	239	238
0 60	287	287	286	286
0 70	335	335	334	333
0 80	383	382	382	381
0 90	431	430	429	428
1 00	479	478	477	476

DIVISEUR	Nombre à multiplier par le dividende	DIVISEUR	Nombre à multiplier par le dividende	DIVISEUR	Nombre à multiplier par le dividende	DIVISEUR	Nombre à multiplier par le dividende
14 501	689 6075	14 551	687 2379	14 601	684 8846	14 651	682 5472
502	5600	552	1907	602	8377	652	5006
503	5125	553	1435	603	7908	653	4541
504	4649	554	0963	604	7439	654	4075
505	4174	555	0491	605	6970	655	3610
506	3699	556	0019	606	6501	656	3144
507	3223	557	686 9547	607	6032	657	2678
508	2748	558	9075	608	5563	658	2213
509	2273	559	8603	609	5094	659	1747
510	1798	560	8131	610	4626	660	1282
14 511	689 1323	14 561	686 7659	14 611	684 4157	14 661	682 0817
512	0848	562	7188	612	3689	662	0352
513	0374	563	6716	613	3221	663	681 9887
514	688 9899	564	6245	614	2753	664	9422
515	9425	565	5774	615	2285	665	8957
516	8950	566	5302	616	1817	666	8492
517	8475	567	4831	617	1349	667	8027
518	8001	568	4359	618	0881	668	7562
519	7526	569	3888	619	0443	669	7097
520	7052	570	3417	620	683 9945	670	6632
14 521	688 6578	14 571	686 2946	14 621	683 9477	14 671	681 6167
522	6104	572	2475	622	9009	672	5703
523	5630	573	2004	623	8542	673	5239
524	5156	574	1534	624	8074	674	4774
525	4682	575	1063	625	7607	675	4310
526	4208	576	0592	626	7139	676	3846
527	3734	577	0122	627	6671	677	3381
528	3260	578	685 9651	628	6204	678	2947
529	2786	579	9180	629	5736	679	2453
530	2312	580	8710	630	5269	680	1989
14 531	688 1838	14 581	685 8239	14 631	683 4802	14 681	681 1525
532	1365	582	7769	632	4335	682	1061
533	0892	583	7299	633	3868	683	0597
534	0418	584	6829	634	3401	684	0133
535	687 9945	585	6359	635	2935	685	680 9670
536	9472	586	5889	636	2468	686	9206
537	8998	587	5419	637	2001	687	8742
538	8525	588	4949	638	1534	688	8278
539	8052	589	4479	639	1067	689	7814
540	7579	590	4009	640	0601	690	7351
14 541	687 7106	14 591	685 3539	14 641	683 0134	14 691	680 6888
542	6633	592	3070	642	682 9668	692	6425
543	6160	593	2600	643	9202	693	5962
544	5688	594	2131	644	8735	694	5499
545	5215	595	1662	645	8269	695	5036
546	4742	596	1192	646	7803	696	4573
547	4270	597	0723	647	7336	697	4110
548	3797	598	0253	648	6870	698	3647
549	3324	599	684 9784	649	6404	699	3184
550	2852	600	9315	650	5938	700	2721

	478	475	474	473	472
0 01	5	5	5	5	5
0 02	10	10	9	9	9
0 03	14	14	14	14	14
0 04	19	19	19	19	19
0 05	24	24	24	24	24
0 06	29	29	28	28	28
0 07	33	33	33	33	33
0 08	38	38	38	38	38
0 09	43	43	43	43	42
0 10	48	48	47	47	47
0 20	95	95	95	95	94
0 30	143	143	142	142	142
0 40	190	190	190	189	189
0 50	238	238	237	237	236
0 60	286	285	284	284	283
0 70	333	333	332	331	330
0 80	381	380	379	378	378
0 90	428	428	427	420	425
1 00	476	475	474	473	472

	471	470	469	468	467
0 01	5	5	5	5	5
0 02	9	9	9	9	9
0 03	14	14	14	14	14
0 04	19	19	19	19	19
0 05	24	24	23	23	23
0 06	28	28	28	28	28
0 07	33	33	33	33	33
0 08	38	38	38	37	37
0 09	42	42	42	42	42
0 10	47	47	47	47	47
0 20	94	94	94	94	93
0 30	141	141	141	140	140
0 40	188	188	188	187	187
0 50	236	235	235	234	234
0 60	283	282	281	281	280
0 70	330	329	328	328	327
0 80	377	376	375	374	374
0 90	424	423	422	421	420
1 00	471	470	469	468	467

	466	465	464	463
0 01	5	5	5	5
0 02	9	9	9	9
0 03	14	14	14	14
0 04	19	19	19	19
0 05	23	23	23	23
0 06	28	28	28	28
0 07	33	33	32	32
0 08	37	37	37	37
0 09	42	42	42	42
0 10	47	47	46	46
0 20	93	93	93	93
0 30	140	140	139	139
0 40	186	186	186	185
0 50	233	233	232	232
0 60	280	279	278	278
0 70	326	326	325	324
0 80	373	372	371	370
0 90	419	419	418	417
1 00	466	465	464	463

DIVISEUR	Nombre à multiplier par le dividende	DIVISEUR	Nombre à multiplier par le dividende	DIVISEUR	Nombre à multiplier par le dividende	DIVISEUR	Nombre à multiplier par le dividende
14 701	680 2258	14 751	677 9201	14 801	675 6299	14 851	673 3552
702	1796	752	8742	802	5843	852	3099
703	1333	753	8282	803	5387	853	2646
704	0871	754	7823	804	4931	854	2193
705	0408	755	7364	805	4475	855	1740
706	679 9946	756	6904	806	4018	856	1287
707	9483	757	6445	807	3562	857	0834
708	9021	758	5985	808	3106	858	0381
709	8558	759	5526	809	2650	859	672 9928
710	8096	760	5067	810	2194	860	9475
14 711	679 7634	14 761	677 4608	14 811	675 1738	14 861	672 9022
712	7172	762	4149	812	1282	862	8569
713	6710	763	3690	813	0827	863	8117
714	6248	764	3232	814	0371	864	7664
715	5787	765	2773	815	674 9916	865	7212
716	5325	766	2314	816	9460	866	6759
717	4863	767	1856	817	9004	867	6306
718	4401	768	1397	818	8549	868	5854
719	3939	769	0938	819	8093	869	5401
720	3478	770	0480	820	7638	870	4949
14 721	679 3016	14 771	677 0021	14 821	674 7183	14 871	672 4497
722	2555	772	676 9563	822	6728	872	4045
723	2094	773	9105	823	6273	873	3593
724	1633	774	8647	824	5818	874	3141
725	1172	775	8189	825	5363	875	2689
726	0710	776	7731	826	4908	876	2237
727	0249	777	7273	827	4453	877	1785
728	678 9788	778	6815	828	3998	878	1333
729	9327	779	6357	829	3543	879	0881
730	8866	780	5899	830	3088	880	0430
14 731	678 8405	14 781	676 5441	14 831	674 2633	14 881	671 9978
732	7944	782	4984	832	2179	882	9527
733	7484	783	4526	833	1724	883	9075
734	7023	784	4069	834	1270	884	8624
735	6563	785	3612	835	0816	885	8173
736	6102	786	3154	836	0361	886	7721
737	5641	787	2697	837	673 9907	887	7270
738	5181	788	2239	838	9452	888	6818
739	4720	789	1782	839	8998	889	6367
740	4260	790	1325	840	8544	890	5916
14 741	678 3800	14 791	676 0868	14 841	673 8090	14 891	671 5465
742	3340	792	0411	842	7636	892	5014
743	2880	793	675 9954	843	7182	893	4563
744	2420	794	9497	844	6728	894	4113
745	1960	795	9040	845	6275	895	3662
746	1500	796	8583	846	5821	896	3211
747	1040	797	8126	847	5367	897	2761
748	0580	798	7669	848	4913	898	2310
749	0120	799	7214	849	4459	899	1859
750	677 9661	800	6756	850	4006	900	1409

	463	462	461	460	459
0 01	5	5	5	5	5
0 02	9	9	9	9	9
0 03	14	14	14	14	14
0 04	19	18	18	18	18
0 05	23	23	23	23	23
0 06	28	28	28	28	28
0 07	32	32	32	32	32
0 08	37	37	37	37	37
0 09	42	42	41	41	41
0 10	46	46	46	46	46
0 20	93	92	92	92	92
0 30	139	139	138	138	138
0 40	185	185	184	184	184
0 50	232	231	231	230	230
0 60	278	277	277	276	275
0 70	324	323	323	322	321
0 80	370	370	369	368	367
0 90	417	416	415	414	413
1 00	463	462	461	460	459

	458	457	456	455	454
0 01	5	5	5	5	5
0 02	9	9	9	9	9
0 03	14	14	14	14	14
0 04	18	18	18	18	18
0 05	23	23	23	23	23
0 06	27	27	27	27	27
0 07	32	32	32	32	32
0 08	37	37	36	36	36
0 09	41	41	41	41	41
0 10	46	46	46	46	45
0 20	92	91	91	91	91
0 30	137	137	137	137	136
0 40	183	183	182	182	182
0 50	229	229	228	228	227
0 60	275	274	274	273	272
0 70	321	320	319	319	318
0 80	366	366	365	364	363
0 90	412	411	410	410	409
1 00	458	457	456	455	454

	453	452	451	450
0 01	5	5	5	5
0 02	9	9	9	9
0 03	14	14	14	14
0 04	18	18	18	18
0 05	23	23	23	23
0 06	27	27	27	27
0 07	32	32	32	32
0 08	36	36	36	36
0 09	41	41	41	41
0 10	45	45	45	45
0 20	91	90	90	90
0 30	136	136	135	135
0 40	181	181	180	180
0 50	227	226	226	225
0 60	272	271	271	270
0 70	317	316	316	315
0 80	362	362	361	360
0 90	408	407	406	405
1 00	453	452	451	450

DIVISEURS : 14901 A 15100.   DIFFÉRENCES.

DIVISEUR	Nombre à multiplier par le dividende	DIVISEUR	Nombre à multiplier par le dividende	DIVISEUR	Nombre à multiplier par le dividende	DIVISEUR	Nombre à multiplier par le dividende
14 901	671 0958	14 951	668 8515	15 001	666 6221	15 051	664 4076
902	0508	952	8068	002	5777	052	3635
903	0058	953	7621	003	5333	053	3194
904	670 9608	954	7174	004	4889	054	2753
905	9158	955	6727	005	4445	055	2312
906	8708	956	6279	006	4001	056	1870
907	8258	957	5832	007	3557	057	1429
908	7808	958	5385	008	3113	058	0988
909	7358	959	4938	009	2669	059	0547
910	6908	960	4491	010	2225	060	0106
14 911	670 6458	14 961	668 4044	15 011	666 1781	15 061	663 9665
912	6008	962	3598	012	1337	062	9224
913	5559	963	3151	013	0894	063	8784
914	5109	964	2705	014	0450	064	8343
915	4660	965	2258	015	0007	065	7903
916	4210	966	1812	016	665 9563	066	7462
917	3760	967	1365	017	9119	067	7021
918	3311	968	0919	018	8776	068	6581
919	2861	969	0472	019	8232	069	6140
920	2411	970	0026	020	7789	070	5700
14 921	670 1963	14 971	667 9580	15 021	665 7346	15 071	663 5259
922	1514	972	9134	022	6903	072	4819
923	1065	973	8688	023	6460	073	4379
924	0616	974	8242	024	6017	074	3939
925	0167	975	7796	025	5574	075	3499
926	669 9718	976	7350	026	5131	076	3059
927	9269	977	6904	027	4688	077	2619
928	8820	978	6458	028	4245	078	2179
929	8371	979	6012	029	3802	079	1739
930	7923	980	5567	030	3359	080	1299
14 931	669 7474	14 981	667 5121	15 031	665 2916	15 081	663 0859
932	7026	982	4676	032	2474	082	0420
933	6578	983	4231	033	2032	083	662 9980
934	6129	984	3785	034	1589	084	9541
935	5681	985	3340	035	1147	085	9102
936	5233	986	2895	036	0705	086	8662
937	4784	987	2449	037	0262	087	8223
938	4336	988	2004	038	664 9820	088	7783
939	3888	989	1559	039	9378	089	7344
940	3440	990	1114	040	8936	090	6905
14 941	669 2992	14 991	667 0669	15 041	664 8494	15 091	662 6466
942	2544	992	0224	042	8052	092	6027
943	2096	993	666 9779	043	7610	093	5588
944	1649	994	9334	044	7168	094	5149
945	1201	995	8890	045	6727	095	4710
946	0753	996	8445	046	6285	096	4271
947	0306	997	8000	047	5843	097	3832
948	668 9858	998	7555	048	5401	098	3393
949	9410	999	7110	049	4959	099	2954
950	8963	15 000	6666	050	4518	100	2516

DIFFÉRENCES.

	451	450	449	448	447
0 01	5	5	4	4	4
0 02	9	9	9	9	9
0 03	14	14	13	13	13
0 04	18	18	18	18	18
0 05	23	23	22	22	22
0 06	27	27	27	27	27
0 07	32	32	31	31	31
0 08	36	36	36	36	36
0 09	41	41	40	40	40
0 10	45	45	45	45	45
0 20	90	90	90	90	89
0 30	135	135	135	134	134
0 40	180	180	180	179	179
0 50	226	225	225	224	224
0 60	271	270	269	269	268
0 70	316	315	314	314	313
0 80	361	360	359	358	358
0 90	406	405	404	403	402
1 00	451	450	449	448	447

	446	445	444	443	442
0 01	4	4	4	4	4
0 02	9	9	9	9	6
0 03	13	13	13	13	13
0 04	18	18	18	18	18
0 05	22	22	22	22	22
0 06	27	27	27	27	27
0 07	31	31	31	31	31
0 08	36	36	36	35	35
0 09	40	40	40	40	40
0 10	45	45	44	44	44
0 20	89	89	89	89	88
0 30	134	134	133	133	133
0 40	178	178	178	177	177
0 50	223	223	222	222	221
0 60	268	267	266	266	265
0 70	312	312	311	310	309
0 80	357	356	355	354	354
0 90	401	401	400	399	398
1 00	446	445	444	443	442

	441	440	439	438
0 01	4	4	4	4
0 02	9	9	9	9
0 03	13	13	13	13
0 04	18	18	18	18
0 05	22	22	22	22
0 06	26	26	26	26
0 07	31	31	31	31
0 08	35	35	35	35
0 09	40	40	40	39
0 10	44	44	44	44
0 20	88	88	88	88
0 30	132	132	132	131
0 40	176	176	176	175
0 50	221	220	220	219
0 60	265	264	263	263
0 70	309	308	307	307
0 80	353	352	351	350
0 90	397	396	395	394
1 00	441	440	439	438

DIVISEURS : 15101 A 15300. DIFFÉRENCES.

DIVISEUR	Nombre à multiplier par le dividende	DIVISEUR	Nombre à multiplier par le dividende	DIVISEUR	Nombre à multiplier par le dividende	DIVISEUR	Nombre à multiplier par le dividende
15 101	662 2077	15 151	660 0224	15 201	657 8514	15 251	655 6947
102	1639	152	659 9789	202	8084	252	6517
103	1201	153	9353	203	7649	253	6087
104	0762	154	8918	204	7216	254	5657
105	0324	155	8483	205	6784	255	5228
106	661 9886	156	8047	206	6351	256	4798
107	9447	157	7612	207	5918	257	4368
108	9009	158	7176	208	5486	258	3938
109	8571	159	6741	209	5053	259	3508
110	8133	160	6306	210	4621	260	3079
15 111	661 7695	15 161	659 5871	15 211	657 4189	15 261	655 2649
112	7257	162	5436	212	3757	262	2220
113	6819	163	5001	213	3325	263	1794
114	6382	164	4566	214	2893	264	1362
115	5944	165	4131	215	2461	265	0933
116	5506	166	3696	216	2029	266	0504
117	5069	167	3261	217	1597	267	0075
118	4631	168	2826	218	1165	268	654 9646
119	4193	169	2391	219	0733	269	9217
120	3756	170	1957	220	0302	270	8788
15 121	661 3318	15 171	659 1522	15 221	656 9870	15 271	654 8359
122	2881	172	1088	222	9439	272	7930
123	2444	173	0654	223	9007	273	7502
124	2007	174	0220	224	8576	274	7073
125	1570	175	658 9786	225	8145	275	6645
126	1133	176	9351	226	7713	276	6216
127	0696	177	8917	227	7282	277	5787
128	0259	178	8483	228	6850	278	5359
129	660 9822	179	8049	229	6419	279	4930
130	9385	180	7615	230	5988	280	4502
15 131	660 8948	15 181	658 7181	15 231	656 5557	15 281	654 4074
132	8511	182	6747	232	5126	282	3646
133	8075	183	6313	233	4695	283	3218
134	7638	184	5880	234	4264	284	2790
135	7202	185	5446	235	3833	285	2362
136	6765	186	5012	236	3402	286	1934
137	6328	187	4579	237	2971	287	1506
138	5892	188	4145	238	2540	288	1078
139	5455	189	3711	239	2109	289	0650
140	5019	190	3278	240	1679	290	0222
15 141	660 4583	15 191	658 2844	15 241	656 1248	15 291	653 9794
142	4147	192	2411	242	0818	292	9367
143	3711	193	1978	243	0388	293	8939
144	3275	194	1545	244	655 9958	294	8512
145	2839	195	1112	245	9528	295	8084
146	2403	196	0679	246	9097	296	7657
147	1967	197	0246	247	8667	297	7229
148	1531	198	657 9813	248	8237	298	6802
149	1095	199	9380	249	7807	299	6374
150	0660	200	8947	250	7377	300	5947

	439	438	437	436	435
0 01	4	4	4	4	4
0 02	9	9	9	9	9
0 03	13	13	13	13	13
0 04	18	18	17	17	17
0 05	22	22	22	22	22
0 06	26	26	26	26	26
0 07	31	31	31	31	30
0 08	35	35	35	35	35
0 09	40	39	39	39	39
0 10	44	44	44	44	44
0 20	88	88	87	87	87
0 30	132	131	131	131	131
0 40	176	175	175	174	174
0 50	220	219	219	218	218
0 60	263	263	262	262	261
0 70	307	307	306	305	305
0 80	351	350	350	349	348
0 90	395	394	393	392	392
1 00	439	438	437	436	435

	434	433	432	431	430
0 01	4	4	4	4	4
0 02	9	9	9	9	9
0 03	13	13	13	13	13
0 04	17	17	17	17	17
0 05	22	22	22	22	22
0 06	26	26	26	26	26
0 07	30	30	30	30	30
0 08	35	35	35	34	34
0 09	39	39	39	39	39
0 10	43	43	43	43	43
0 20	87	87	86	86	86
0 30	130	130	130	129	129
0 40	174	173	173	172	172
0 50	217	217	216	216	215
0 60	260	260	259	259	258
0 70	304	303	302	302	301
0 80	347	346	346	345	344
0 90	391	390	389	388	387
1 00	434	433	432	431	430

	429	428	427
0 01	4	4	4
0 02	9	9	9
0 03	13	13	13
0 04	17	17	17
0 05	21	21	21
0 06	26	26	26
0 07	30	30	30
0 08	34	34	34
0 09	39	39	38
0 10	43	43	43
0 20	86	86	85
0 30	129	128	128
0 40	172	171	171
0 50	215	214	214
0 60	257	257	256
0 70	300	300	299
0 80	343	342	342
0 90	386	385	384
1 00	429	428	427

DIVISEURS : 15301 à 15500.

DIFFÉRENCES.

DIVISEUR	Nombre à multiplier par le dividende	DIVISEUR	Nombre à multiplier par le dividende	DIVISEUR	Nombre à multiplier par le dividende	DIVISEUR	Nombre à multiplier par le dividende
15 301	653 5520	15 351	651 4232	15 401	649 3084	15 451	647 2072
302	5093	352	3808	402	2663	452	1653
303	4666	353	3384	403	2241	453	1235
304	4239	354	2960	404	1820	454	0816
305	3812	355	2536	405	1399	455	0398
306	3385	356	2112	406	0977	456	646 9979
307	2958	357	1688	407	0556	457	9560
308	2531	358	1264	408	0134	458	9142
309	2104	359	0840	409	648 9713	459	8723
310	1678	360	0416	410	9292	460	8305
15 311	653 1251	15 361	650 9992	15 411	648 8874	15 461	646 7886
312	0825	362	9568	412	8450	462	7468
313	0399	363	9145	413	8029	463	7050
314	652 9972	364	8721	414	7608	464	6632
315	9546	365	8298	415	7188	465	6214
316	9120	366	7874	416	6767	466	5796
317	8693	367	7450	417	6346	467	5378
318	8267	368	7027	418	5925	468	4960
319	7844	369	6603	419	5504	469	4542
320	7415	370	6180	420	5084	470	4124
15 321	652 6989	15 371	650 5757	15 421	648 4663	15 471	646 3708
322	6563	372	5334	422	4243	472	3288
323	6137	373	4911	423	3823	473	2871
324	5711	374	4488	424	3402	474	2453
325	5286	375	4065	425	2982	475	2036
326	4860	376	3642	426	2562	476	1618
327	4434	377	3219	427	2141	477	1200
328	4008	378	2796	428	1721	478	0783
329	3582	379	2373	429	1301	479	0365
330	3157	380	1950	430	0881	480	645 9948
15 331	652 2731	15 381	650 1527	15 431	648 0461	15 481	645 9530
332	2306	382	1105	432	0041	482	9113
333	1881	383	0682	433	647 9621	483	8696
334	1455	384	0260	434	9201	484	8279
335	1030	385	649 9837	435	8782	485	7862
336	0605	386	9415	436	8362	486	7445
337	0179	387	8992	437	7942	487	7028
338	651 9754	388	8570	438	7522	488	6611
339	9329	389	8147	439	7402	489	6194
340	8904	390	7725	440	6683	490	5777
15 341	651 8479	15 391	649 7303	15 441	647 6263	15 491	645 5360
342	8054	392	6881	442	5844	492	4944
343	7629	393	6459	443	5425	493	4527
344	7205	394	6037	444	5006	494	4111
345	6780	395	5615	445	4587	495	3694
346	6355	396	5193	446	4167	496	3278
347	5931	397	4771	447	3748	497	2861
348	5506	398	4349	448	3329	498	2445
349	5081	399	3927	449	2910	499	2028
350	4657	400	3506	450	2491	500	1612

	427	426	425	424
0 01	4	4	4	4
0 02	9	9	9	8
0 03	13	13	13	13
0 04	17	17	17	17
0 05	21	21	21	21
0 06	26	26	26	25
0 07	30	30	30	30
0 08	34	34	34	34
0 09	38	38	38	38
0 10	43	43	43	42
0 20	85	85	85	85
0 30	128	128	128	127
0 40	171	170	170	170
0 50	214	213	213	212
0 60	256	256	255	254
0 70	299	298	298	297
0 80	342	341	340	339
0 90	384	383	383	382
1 00	427	426	425	424

	423	422	421	420
0 01	4	4	4	4
0 02	8	8	8	8
0 03	13	13	13	13
0 04	17	17	17	17
0 05	21	21	21	21
0 06	25	25	25	25
0 07	30	30	29	29
0 08	34	34	34	34
0 09	38	38	38	38
0 10	42	42	42	42
0 20	85	84	84	84
0 30	127	127	126	126
0 40	169	169	168	168
0 50	212	211	211	210
0 60	254	253	253	252
0 70	296	295	295	294
0 80	338	338	337	336
0 90	381	380	379	378
1 00	423	422	421	420

	419	418	417	416
0 01	4	4	4	4
0 02	8	8	8	8
0 03	13	13	13	12
0 04	17	17	17	17
0 05	21	21	21	21
0 06	25	25	25	25
0 07	29	29	29	29
0 08	34	33	33	33
0 09	38	38	38	37
0 10	42	42	42	42
0 20	84	84	83	83
0 30	126	125	125	125
0 40	168	167	167	166
0 50	210	209	209	208
0 60	254	251	250	250
0 70	293	293	292	291
0 80	335	334	334	333
0 90	377	376	375	374
1 00	419	418	417	416

DIVISEURS : 15501 A 15700.   DIFFÉRENCES.

DIVISEUR	Nombre à multiplier par le dividende	DIVISEUR	Nombre à multiplier par le dividende	DIVISEUR	Nombre à multiplier par le dividende	DIVISEUR	Nombre à multiplier par le dividende
15 501	645 1196	15 551	643 0454	15 601	640 9845	15 651	638 9368
502	0780	552	0041	602	9434	652	8960
503	0364	553	642 9628	603	9023	653	8552
504	644 9948	554	9214	604	8613	654	8144
505	9532	555	8801	605	8202	655	7736
506	9116	556	8388	606	7791	656	7328
507	8700	557	7975	607	7381	657	6920
508	8284	558	7561	608	6970	658	6512
509	7868	559	7148	609	6559	659	6104
510	7453	560	6735	610	6149	660	5696
15 511	644 7037	15 561	642 6322	15 611	640 5738	15 661	638 5288
512	6622	562	5909	612	5328	662	4880
513	6206	563	5496	613	4918	663	4473
514	5791	564	5083	614	4508	664	4065
515	5375	565	4671	615	4098	665	3658
516	4960	566	4258	616	3688	666	3250
517	4544	567	3845	617	3278	667	2842
518	4129	568	3432	618	2868	668	2435
519	3713	569	3019	619	2458	669	2027
520	3298	570	2607	620	2048	670	1620
15 521	644 2883	15 571	642 2194	15 621	640 1638	15 671	638 1213
522	2468	572	1782	622	1228	672	0806
523	2053	573	1370	623	0819	673	0399
524	1638	574	0958	624	0409	674	637 9992
525	1224	575	0546	625	0000	675	9585
526	0809	576	0133	626	639 9590	676	9178
527	0394	577	641 9721	627	9180	677	8771
528	643 9979	578	9309	628	8771	678	8364
529	9564	579	8897	629	8361	679	7957
530	9150	580	8485	630	7952	680	7551
15 531	643 8735	15 581	641 8073	15 631	639 7542	15 681	637 7144
532	8321	582	7661	632	7133	682	6738
533	7906	583	7249	633	6724	683	6331
534	7492	584	6838	634	6315	684	5925
535	7078	585	6426	635	5906	685	5518
536	6663	586	6014	636	5497	686	5112
537	6249	587	5603	637	5088	687	4705
538	5834	588	5191	638	4679	688	4299
539	5420	589	4779	639	4270	689	3892
540	5006	590	4368	640	3861	690	3486
15 541	643 4592	15 591	641 3956	15 641	639 3452	15 691	637 3080
542	4178	592	3545	642	3044	692	2674
543	3764	593	3134	643	2635	693	2268
544	3350	594	2723	644	2227	694	1862
545	2937	595	2312	645	1818	695	1456
546	2523	596	1900	646	1410	696	1050
547	2109	597	1489	647	1001	697	0644
548	1695	598	1078	648	0593	698	0238
549	1281	599	0667	649	0484	699	836 9832
550	0868	600	0256	650	638 9776	700	9426

DIFFÉRENCES.

	416	415	414	413
0 01	4	4	4	4
0 02	8	8	8	8
0 03	12	12	12	12
0 04	17	17	17	17
0 05	21	21	21	21
0 06	25	25	25	25
0 07	29	29	29	29
0 08	33	33	33	33
0 09	37	37	37	37
0 10	42	42	41	41
0 20	83	83	83	83
0 30	125	125	124	124
0 40	166	166	166	165
0 50	208	208	207	207
0 60	250	249	248	248
0 70	291	291	290	289
0 80	333	332	331	330
0 90	374	374	373	372
1 00	416	415	414	413

	412	411	410	409
0 01	4	4	4	4
0 02	8	8	8	8
0 03	12	12	12	12
0 04	16	16	16	16
0 05	21	21	21	20
0 06	25	25	25	25
0 07	29	29	29	29
0 08	33	33	33	33
0 09	37	37	37	37
0 10	41	41	41	41
0 20	82	82	82	82
0 30	124	123	123	123
0 40	165	164	164	164
0 50	206	206	205	205
0 60	247	247	246	245
0 70	288	288	287	286
0 80	330	329	328	327
0 90	371	370	369	368
1 00	412	411	410	409

	408	407	406
0 01	4	4	4
0 02	8	8	8
0 03	12	12	12
0 04	16	16	16
0 05	20	20	20
0 06	24	24	24
0 07	29	28	28
0 08	33	33	32
0 09	37	37	37
0 10	41	41	41
0 20	82	81	81
0 30	122	122	122
0 40	163	163	162
0 50	204	204	203
0 60	245	244	244
0 70	286	285	284
0 80	326	326	325
0 90	367	366	365
1 00	408	407	406

DIVISEURS : **15701** A **15900**.

DIFFÉRENCES.

DIVISEUR	Nombre à multiplier par le dividende	DIVISEUR	Nombre à multiplier par le dividende	DIVISEUR	Nombre à multiplier par le dividende	DIVISEUR	Nombre à multiplier par le dividende
15 701	636 9020	15 751	634 8803	15 801	632 8712	15 851	630 8750
702	8615	752	8400	802	8312	852	8352
703	8209	753	7997	803	7912	853	7954
704	7804	754	7594	804	7511	854	7556
705	7399	755	7191	805	7111	855	7159
706	6993	756	6788	806	6711	856	6761
707	6588	757	6385	807	6310	857	6363
708	6182	758	5982	808	5910	858	5965
709	5777	759	5579	809	5510	859	5567
710	5372	760	5177	810	5110	860	5470
15 711	636 4967	15 761	634 4774	15 811	632 4710	15 861	630 4772
712	4562	762	4372	812	4310	862	4375
713	4157	763	3970	813	3910	863	3978
714	3752	764	3567	814	3510	864	3580
715	3347	765	3165	815	3111	865	3183
716	2912	766	2763	816	2711	866	2786
717	2537	767	2360	817	2311	867	2388
718	2132	768	1958	818	1911	868	1991
719	1727	769	1556	819	1511	869	1594
720	1323	770	1154	820	1112	870	1197
15 721	636 0918	15 771	634 0752	15 821	632 0712	15 871	630 0800
722	0514	772	0350	822	0313	872	0403
723	0109	773	633 9948	823	634 9914	873	0006
724	635 9705	774	9546	824	9514	874	629 9609
725	9301	775	9144	825	9115	875	9243
726	8896	776	8742	826	8716	876	8846
727	8492	777	8340	827	8316	877	8449
728	8087	778	7938	828	7917	878	8022
729	7683	779	7536	829	7518	879	7625
730	7279	780	7135	830	7119	880	7229
15 731	635 6875	15 781	633 6733	15 831	634 6720	15 881	629 6832
732	6471	782	6332	832	6324	882	6436
733	6067	783	5931	833	5922	883	6040
734	5663	784	5529	834	5523	884	5643
735	5259	785	5128	835	5125	885	5247
736	4855	786	4727	836	4726	886	4851
737	4451	787	4325	837	4327	887	4454
738	4047	788	3924	838	3928	888	4058
739	3643	789	3523	839	3529	889	3662
740	3240	790	3122	840	3131	890	3266
15 741	635 2836	15 791	633 2721	15 841	634 2732	15 891	629 2870
742	2433	792	2320	842	2334	892	2474
743	2029	793	1919	843	1936	893	2078
744	1626	794	1518	844	1537	894	1682
745	1223	795	1117	845	1139	895	1287
746	0819	796	0716	846	0741	896	0891
747	0416	797	0315	847	0342	897	0495
748	0012	798	632 9914	848	630 9944	898	0099
749	634 9609	799	9513	849	9546	899	628 9703
750	9206	800	9113	850	9148	900	9308

	406	405	404	403
0 01	4	4	4	4
0 02	8	8	8	8
0 03	12	12	12	12
0 04	16	16	16	16
0 05	20	20	20	20
0 06	24	24	24	24
0 07	28	28	28	28
0 08	32	32	32	32
0 09	37	36	36	36
0 10	41	41	40	40
0 20	81	81	81	81
0 30	122	122	121	121
0 40	162	162	162	161
0 50	203	203	202	202
0 60	244	243	242	242
0 70	284	284	283	282
0 80	325	324	323	322
0 90	365	365	364	363
1 00	406	405	404	403

	402	401	400	399
0 01	4	4	4	4
0 02	8	8	8	8
0 03	12	12	12	12
0 04	16	16	16	16
0 05	20	20	20	20
0 06	24	24	24	24
0 07	28	28	28	28
0 08	32	32	32	32
0 09	36	36	36	36
0 10	40	40	40	40
0 20	80	80	80	80
0 30	121	120	120	120
0 40	161	160	160	160
0 50	201	201	200	200
0 60	241	241	240	239
0 70	281	281	280	279
0 80	322	321	320	319
0 90	362	361	360	359
1 00	402	401	400	399

	398	397	396	395
0 01	4	4	4	4
0 02	8	8	8	8
0 03	12	12	12	12
0 04	16	16	16	16
0 05	20	20	20	20
0 06	24	24	24	24
0 07	28	28	28	28
0 08	32	32	32	32
0 09	36	36	36	36
0 10	40	40	40	40
0 20	80	79	79	79
0 30	119	119	119	119
0 40	159	159	158	158
0 50	199	199	198	198
0 60	239	238	238	237
0 70	279	278	277	277
0 80	318	318	317	316
0 90	358	357	356	356
1 00	398	397	396	395

DIVISEURS : 15901 A 16100.

DIVISEUR	Nombre à multiplier par le dividende	DIVISEUR	Nombre à multiplier par le dividende	DIVISEUR	Nombre à multiplier par le dividende	DIVISEUR	Nombre à multiplier par le dividende
15 901	628 8912	15 951	626 9199	16 001	624 9609	16 051	623 0141
902	8517	952	8806	002	9219	052	622 9753
903	8122	953	8413	003	8828	053	9365
904	7726	954	8020	004	8438	054	8977
905	7331	955	7628	005	8048	055	8589
906	6936	956	7235	006	7657	056	8201
907	6540	957	6842	007	7267	057	7813
908	6145	958	6449	008	6876	058	7425
909	5750	959	6056	009	6486	059	7037
910	5355	960	5664	010	6096	060	6650
15 911	628 4960	15 961	626 5271	16 011	624 5706	16 061	622 6262
912	4565	962	4879	012	5316	062	5875
913	4170	963	4486	013	4926	063	5487
914	3775	964	4094	014	4536	064	5100
915	3381	965	3702	015	4146	065	4712
916	2986	966	3309	016	3756	066	4325
917	2591	967	2917	017	3366	067	3937
918	2196	968	2524	018	2976	068	3550
919	1801	969	2132	019	2586	069	3162
920	1407	970	1740	020	2197	070	2775
15 921	628 1012	15 971	626 1348	16 021	624 1807	16 071	622 2388
922	0618	972	0956	022	1418	072	2001
923	0223	973	0564	023	1028	073	1614
924	627 9829	974	0172	024	0639	074	1227
925	9435	975	625 9784	025	0250	075	0840
926	9040	976	9389	026	623 9860	076	0453
927	8646	977	8997	027	9471	077	0066
928	8251	978	8605	028	9081	078	621 9679
929	7857	979	8213	029	8692	079	9292
930	7463	980	7822	030	8303	080	8905
15 931	627 7069	15 981	625 7430	16 031	623 7914	16 081	621 8518
932	6675	982	7039	032	7525	082	8132
933	6281	983	6647	033	7136	083	7745
934	5887	984	6256	034	6747	084	7359
935	5494	985	5865	035	6358	085	6972
936	5100	986	5473	036	5969	086	6586
937	4706	987	5082	037	5580	087	6199
938	4312	988	4690	038	5191	088	5813
939	3918	989	4299	039	4802	089	5426
940	3525	990	3908	040	4413	090	5040
15 941	627 3131	15 991	625 3517	16 041	623 4024	16 091	621 4654
942	2738	992	3126	042	3636	092	4268
943	2345	993	2735	043	3247	093	3882
944	1951	994	2344	044	2859	094	3496
945	1558	995	1954	045	2471	095	3110
946	1165	996	1563	046	2082	096	2724
947	0771	997	1172	047	1694	097	2338
948	0378	998	0784	048	1305	098	1952
949	626 9985	999	0390	049	0917	099	1566
950	9592	16 000	0000	050	0529	100	1180

DIFFÉRENCES.

	396	395	394	393
0 01	4	4	4	4
0 02	8	8	8	8
0 03	12	12	12	12
0 04	16	16	16	16
0 05	20	20	20	20
0 06	24	24	24	24
0 07	28	28	28	28
0 08	32	32	32	31
0 09	36	36	35	35
0 10	40	40	39	39
0 20	79	79	79	79
0 30	119	119	118	118
0 40	158	158	158	157
0 50	198	198	197	197
0 60	238	237	236	236
0 70	277	277	276	275
0 80	317	316	315	314
0 90	356	356	355	354
1 00	396	395	394	393

	392	391	390	389
0 01	4	4	4	4
0 02	8	8	8	8
0 03	12	12	12	12
0 04	16	16	16	16
0 05	20	20	20	19
0 06	24	24	23	23
0 07	27	27	27	27
0 08	31	31	31	31
0 09	35	35	35	35
0 10	39	39	39	39
0 20	78	78	78	78
0 30	118	117	117	117
0 40	157	156	156	156
0 50	196	196	195	195
0 60	235	235	234	233
0 70	274	274	273	272
0 80	314	313	312	311
0 90	353	352	351	350
1 00	392	391	390	389

	388	387	386
0 01	4	4	4
0 02	8	8	8
0 03	12	12	12
0 04	16	15	15
0 05	19	19	19
0 06	23	23	23
0 07	27	27	27
0 08	31	31	31
0 09	35	35	35
0 10	39	39	39
0 20	78	77	77
0 30	116	116	116
0 40	155	155	154
0 50	194	194	193
0 60	233	232	232
0 70	272	271	270
0 80	310	310	309
0 90	349	348	347
1 00	388	387	386

DIVISEURS : **16101** A **16300**.   DIFFÉRENCES.

DIVISEUR	Nombre à multiplier par le dividende	DIVISEUR	Nombre à multiplier par le dividende	DIVISEUR	Nombre à multiplier par le dividende	DIVISEUR	Nombre à multiplier par le dividende
16 101	621 0794	16 151	619 4566	16 201	617 2458	16 251	615 3467
102	0408	152	4183	202	2077	252	3089
103	0022	153	0800	203	1696	253	2740
104	620 9637	154	0417	204	1315	254	2332
105	9251	155	0034	205	0935	255	1953
106	8865	156	618 9650	206	0554	256	1575
107	8480	157	9267	207	0173	257	1196
108	8094	158	8884	208	616 9792	258	0818
109	7708	159	8501	209	9411	259	0439
110	7323	160	8118	210	9031	260	0061
16 111	620 6938	16 161	618 7735	16 211	616 8650	16 261	614 9683
112	6553	162	7352	212	8270	262	9305
113	6168	163	6969	213	7890	263	8927
114	5783	164	6586	214	7509	264	8549
115	5398	165	6204	215	7129	265	8171
116	5013	166	5821	216	6749	266	7793
117	4628	167	5438	217	6368	267	7415
118	4243	168	5055	218	5988	268	7037
119	3858	169	4672	219	5608	269	6659
120	3473	170	4290	220	5228	270	6281
121	620 3088	16 171	618 3907	16 221	616 4848	16 271	614 5903
122	2704	172	3525	222	4468	272	5526
123	2319	173	3143	223	4088	273	5148
124	1935	174	2761	224	3708	274	4771
125	1550	175	2379	225	3328	275	4393
126	1166	176	1997	226	2948	276	4016
127	0781	177	1645	227	2568	277	3638
128	0397	178	1233	228	2188	278	3261
129	0012	179	0851	229	1808	279	2883
130	619 9628	180	0469	230	1429	280	2506
16 131	619 9243	16 181	618 0087	16 231	616 1049	16 281	614 2128
132	8859	182	617 9705	232	0670	282	1751
133	8475	183	9323	233	0290	283	1374
134	8091	184	8942	234	615 9941	284	0997
135	7707	185	8560	235	9532	285	0620
136	7322	186	8178	236	9152	286	0243
137	6938	187	7797	237	8773	287	613 9866
138	6554	188	7415	238	8393	288	9489
139	6170	189	7033	239	8014	289	9112
140	5786	190	6652	240	7635	290	8735
16 141	619 5402	16 191	617 6270	16 241	615 7256	16 291	613 8358
142	5018	192	5889	242	6877	292	7981
143	4635	193	5508	243	6498	293	7605
144	4251	194	5126	244	6119	294	7228
145	3868	195	4745	245	5740	295	6852
146	3484	196	4364	246	5361	296	6475
147	3100	197	3982	247	4982	297	6098
148	2717	198	3601	248	4603	298	5722
149	2333	199	3220	249	4224	299	5345
150	1950	200	2839	250	3846	300	4969

	386	385	384	383
0 01	4	4	4	4
0 02	8	8	8	8
0 03	12	12	12	11
0 04	15	15	15	15
0 05	19	19	19	19
0 06	23	23	23	23
0 07	27	27	27	27
0 08	31	31	31	31
0 09	35	35	35	34
0 10	39	39	38	38
0 20	77	77	77	77
0 30	116	116	115	115
0 40	154	154	154	153
0 50	193	193	192	192
0 60	232	231	230	230
0 70	270	270	269	268
0 80	309	308	307	306
0 90	347	347	346	345
1 00	386	385	384	383

	382	381	380	379
0 01	4	4	4	4
0 02	8	8	8	8
0 03	11	11	11	11
0 04	15	15	15	15
0 05	19	19	19	19
0 06	23	23	23	23
0 07	27	27	27	27
0 08	31	30	30	30
0 09	34	34	34	34
0 10	38	38	38	38
0 20	76	76	76	76
0 30	115	114	114	114
0 40	153	152	152	152
0 50	191	191	190	190
0 60	229	229	228	227
0 70	267	267	266	265
0 80	306	305	304	303
0 90	344	343	342	341
1 00	382	381	380	379

	378	377	376
0 01	4	4	4
0 02	8	8	8
0 03	11	11	11
0 04	15	15	15
0 05	19	19	19
0 06	23	23	23
0 07	26	26	26
0 08	30	30	30
0 09	34	34	34
0 10	38	38	38
0 20	76	75	75
0 30	113	113	113
0 40	151	151	150
0 50	189	189	188
0 60	227	226	226
0 70	265	264	263
0 80	302	302	301
0 90	340	339	338
1 00	378	377	376

DIVISEURS : **16301 A 16500.**

DIFFÉRENCES.

DIVISEUR	Nombre à multiplier par le dividende	DIVISEUR	Nombre à multiplier par le dividende	DIVISEUR	Nombre à multiplier par le dividende	DIVISEUR	Nombre à multiplier par le dividende
16 301	613 4592	16 351	611 5833	16 401	609 7188	16 451	607 8657
302	4216	352	5459	402	6847	452	8288
303	3840	353	5085	403	6445	453	7919
304	3464	354	4711	404	6074	454	7549
305	3088	355	4338	405	5702	455	7180
306	2711	356	3964	406	5331	456	6811
307	2335	357	3590	407	4959	457	6441
308	1959	358	3216	408	4588	458	6072
309	1583	359	2842	409	4216	459	5703
310	1207	360	2469	410	3845	460	5334
16 311	613 0831	16 361	611 2095	16 411	609 3473	16 461	607 4965
312	0455	362	1722	412	3102	462	4596
313	0079	363	1348	413	2731	463	4227
314	612 9704	364	0975	414	2360	464	3858
315	9328	365	0602	415	1989	465	3489
316	8952	366	0228	416	1617	466	3120
317	8577	367	610 9855	417	1246	467	2751
318	8201	368	9481	418	0875	468	2382
319	7825	369	9108	419	0504	469	2013
320	7450	370	8735	420	0133	470	1645
16 321	612 7074	16 371	610 8362	16 421	608 9762	16 471	607 1276
322	6699	372	7989	422	9391	472	0908
323	6324	373	7616	423	9021	473	0539
324	5949	374	7243	424	8650	474	0171
325	5574	375	6870	425	8280	475	606 9803
326	5198	376	6497	426	7909	476	9434
327	4823	377	6124	427	7538	477	9066
328	4448	378	5751	428	7168	478	8697
329	4073	379	5378	429	6797	479	8329
330	3698	380	5006	430	6427	480	7961
16 331	612 3323	16 381	610 4633	16 431	608 6056	16 481	606 7593
332	2948	382	4261	432	5686	482	7225
333	2573	383	3888	433	5316	483	6857
334	2199	384	3516	434	4946	484	6489
335	1824	385	3143	435	4576	485	6121
336	1449	386	2771	436	4205	486	5753
337	1075	387	2398	437	3835	487	5385
338	0700	388	2026	438	3465	488	5047
339	0325	389	1653	439	3095	489	4649
340	611 9951	390	1281	440	2725	490	4281
16 341	611 9576	16 391	610 0908	16 441	608 2355	16 491	606 3913
342	9202	392	0536	442	1985	492	3546
343	8827	393	0164	443	1615	493	3178
344	8453	394	609 9792	444	1245	494	2811
345	8079	395	9420	445	0876	495	2443
346	7704	396	9048	446	0506	496	2076
347	7330	397	8676	447	0136	497	1708
348	6955	398	8304	448	607 9766	498	1341
349	6581	399	7932	449	9396	499	0973
350	6207	400	7560	450	9027	500	0606

	377	376	375	374
0 01	4	4	4	4
0 02	8	8	8	7
0 03	11	11	11	11
0 04	15	15	15	15
0 05	19	19	19	19
0 06	23	23	23	22
0 07	26	26	26	26
0 08	30	30	30	30
0 09	34	34	34	34
0 10	38	38	38	37
0 20	75	75	75	75
0 30	113	113	113	112
0 40	151	150	150	150
0 50	189	188	188	187
0 60	226	226	225	224
0 70	264	263	263	262
0 80	302	301	300	299
0 90	339	338	338	337
1 00	377	376	375	374

	373	372	371	370
0 01	4	4	4	4
0 02	7	7	7	7
0 03	11	11	11	11
0 04	15	15	15	15
0 05	19	19	19	19
0 06	22	22	22	22
0 07	26	26	26	26
0 08	30	30	30	30
0 09	34	33	33	33
0 10	37	37	37	37
0 20	75	74	74	74
0 30	112	112	111	111
0 40	149	149	148	148
0 50	187	186	186	185
0 60	224	223	223	222
0 70	261	260	260	259
0 80	298	298	297	296
0 90	336	335	334	333
1 00	373	372	371	370

	369	368	367
0 01	4	4	4
0 02	7	7	7
0 03	11	11	11
0 04	15	15	15
0 05	18	18	18
0 06	22	22	22
0 07	26	26	26
0 08	30	29	29
0 09	33	33	33
0 10	37	37	37
0 20	74	74	73
0 30	111	110	110
0 40	148	147	147
0 50	185	184	184
0 60	221	221	220
0 70	258	258	257
0 80	295	294	294
0 90	332	331	330
1 00	369	368	367

DIVISEUR	Nombre à multiplier par le dividende	DIVISEUR	Nombre à multiplier par le dividende	DIVISEUR	Nombre à multiplier par le dividende	DIVISEUR	Nombre à multiplier par le dividende
16 501	606 0238	16 551	604 1931	16 601	602 3733	16 651	600 5645
502	605 9874	552	1566	602	3370	652	5284
503	9504	553	1201	603	3007	653	4924
504	9137	554	0836	604	2645	654	4563
505	8770	555	0471	605	2282	655	4203
506	8403	556	0106	606	1919	656	3842
507	8036	557	603 9741	607	1557	657	3481
508	7669	558	9376	608	1194	658	3121
509	7302	559	9011	609	0831	659	2760
510	6935	560	8647	610	0469	660	2400
16 511	605 6568	16 561	603 8282	16 611	602 0106	16 661	600 2040
512	6201	562	7918	612	601 9744	662	1680
513	5834	563	7553	613	9382	663	1320
514	5468	564	7189	614	9020	664	0960
515	5101	565	6825	615	8658	665	0600
516	4734	566	6460	616	8295	666	0240
517	4368	567	6096	617	7933	667	599 9880
518	4001	568	5731	618	7571	668	9520
519	3634	569	5367	619	7209	669	9160
520	3268	570	5003	620	6847	670	8800
16 521	605 2904	16 571	603 4639	16 621	601 6485	16 671	599 8440
522	2535	572	4275	622	6123	672	8080
523	2169	573	3911	623	5761	673	7720
524	1803	574	3547	624	5399	674	7361
525	1437	575	3183	625	5038	675	7001
526	1070	576	2819	626	4676	676	6641
527	0704	577	2455	627	4314	677	6282
528	0338	578	2091	628	3952	678	5922
529	604 9972	579	1727	629	3590	679	5562
530	9606	580	1363	630	3229	680	5203
16 531	604 9240	16 581	603 0999	16 631	601 2867	16 681	599 4843
532	8874	582	0635	632	2506	682	4484
533	8508	583	0272	633	2144	683	4125
534	8143	584	602 9908	634	1783	684	3766
535	7777	585	9545	635	1422	685	3407
536	7411	586	9181	636	1060	686	3047
537	7046	587	8817	637	0699	687	2688
538	6680	588	8454	638	0337	688	2329
539	6314	589	8090	639	600 9976	689	1970
540	5949	590	7727	640	9615	690	1611
16 541	604 5583	16 591	602 7363	16 641	600 9254	16 691	599 1252
542	5218	592	7000	642	8893	692	0893
543	4853	593	6637	643	8532	693	0534
544	4487	594	6274	644	8171	694	0175
545	4122	595	5911	645	7810	695	598 9817
546	3757	596	5548	646	7449	696	9458
547	3391	597	5185	647	7088	697	9099
548	3026	598	4822	648	6727	698	8740
549	2661	599	4459	649	6366	699	8384
550	2296	600	4096	650	6006	700	8023

DIFFÉRENCES.

	368	367	366	365
0 01	4	4	4	4
0 02	7	7	7	7
0 03	11	11	11	11
0 04	15	15	15	15
0 05	18	18	18	18
0 06	22	22	22	22
0 07	26	26	26	26
0 08	29	29	29	29
0 09	33	33	33	33
0 10	37	37	37	37
0 20	74	73	73	73
0 30	110	110	110	110
0 40	147	147	146	146
0 50	184	184	183	183
0 60	221	220	220	219
0 70	258	257	256	256
0 80	294	294	293	292
0 90	331	330	329	329
1 00	368	367	366	365

	364	363	362	361
0 01	4	4	4	4
0 02	7	7	7	7
0 03	11	11	11	11
0 04	15	15	14	14
0 05	18	18	18	18
0 06	22	22	22	22
0 07	25	25	25	25
0 08	29	29	29	29
0 09	33	33	33	32
0 10	36	36	36	36
0 20	73	73	72	72
0 30	109	109	109	108
0 40	146	145	145	144
0 50	182	182	181	181
0 60	218	218	217	217
0 70	255	254	253	253
0 80	291	290	290	289
0 90	328	327	326	325
1 00	364	363	362	361

	360	359	358
0 01	4	4	4
0 02	7	7	7
0 03	11	11	11
0 04	14	14	14
0 05	18	18	18
0 06	22	22	21
0 07	25	25	25
0 08	29	29	29
0 09	32	32	32
0 10	36	36	36
0 20	72	72	72
0 30	108	108	107
0 40	144	144	143
0 50	180	180	179
0 60	216	215	215
0 70	252	251	251
0 80	288	287	286
0 90	324	323	322
1 00	360	359	358

DIVISEURS : **16701** A **16900**.

DIVISEUR	Nombre à multiplier par le dividende	DIVISEUR	Nombre à multiplier par le dividende	DIVISEUR	Nombre à multiplier par le dividende	DIVISEUR	Nombre à multiplier par le dividende
16 701	598 7664	16 751	596 9792	16 801	595 2025	16 851	593 4366
702	7306	752	9436	802	1671	852	4014
703	6948	753	9080	803	1317	853	3662
704	6589	754	8724	804	0963	854	3310
705	6231	755	8368	805	0609	855	2958
706	5873	756	8011	806	0255	856	2606
707	5514	757	7655	807	594 9901	857	2254
708	5156	758	7299	808	9547	858	1902
709	4798	759	6943	809	9193	859	1550
710	4440	760	6587	810	8839	860	1198
16 711	598 4082	16 761	596 6231	16 811	594 8485	16 861	593 0846
712	3724	762	5875	812	8131	862	0494
713	3366	763	5519	813	7778	863	0143
714	3008	764	5163	814	7424	864	592 9791
715	2650	765	4808	815	7071	865	9440
716	2292	766	4452	816	6717	866	9088
717	1934	767	4096	817	6363	867	8736
718	1576	768	3740	818	6010	868	8385
719	1218	769	3384	819	5656	869	8033
720	0861	770	3029	820	5303	870	7682
16 721	598 0503	16 771	596 2673	16 821	594 4949	16 871	592 7330
722	0146	772	2318	822	4596	872	6979
723	597 9788	773	1962	823	4243	873	6628
724	9431	774	1607	824	3889	874	6277
725	9073	775	1252	825	3536	875	5926
726	8716	776	0896	826	3183	876	5574
727	8358	777	0541	827	2829	877	5223
728	8001	778	0185	828	2476	878	4872
729	7643	779	595 9830	829	2123	879	4521
730	7286	780	9475	830	1770	880	4170
16 731	597 6928	16 781	595 9120	16 831	594 1417	16 881	592 3819
732	6571	782	8765	832	1064	882	3468
733	6214	783	8410	833	0711	883	3117
734	5857	784	8055	834	0358	884	2767
735	5500	785	7700	835	0006	885	2416
736	5143	786	7345	836	593 9653	886	2065
737	4786	787	6990	837	9300	887	1715
738	4429	788	6635	838	8947	888	1364
739	4072	789	6280	839	8594	889	1013
740	3715	790	5926	840	8242	890	0663
16 741	597 3358	16 791	595 5571	16 841	593 7889	16 891	592 0312
742	3001	792	5216	842	7537	892	591 9962
743	2645	793	4862	843	7184	893	9611
744	2288	794	4507	844	6832	894	9261
745	1932	795	4153	845	6480	895	8911
746	1575	796	3798	846	6127	896	8560
747	1218	797	3443	847	5775	897	8210
748	0862	798	3089	848	5422	898	7859
749	0505	799	2734	849	5070	899	7509
750	0149	800	2380	850	4748	900	7159

	359	358	357	356
0 01	4	4	4	4
0 02	7	7	7	7
0 03	11	11	11	11
0 04	14	14	14	14
0 05	18	18	18	18
0 06	22	21	21	21
0 07	25	25	25	25
0 08	29	29	29	28
0 09	32	32	32	32
0 10	36	36	36	36
0 20	72	72	71	71
0 30	108	107	107	107
0 40	144	143	143	142
0 50	180	179	179	178
0 60	215	215	214	214
0 70	251	251	250	249
0 80	287	286	286	285
0 90	323	322	321	320
1 00	359	358	357	356

	355	354	353	352
0 01	4	4	4	4
0 02	7	7	7	7
0 03	11	11	11	11
0 04	14	14	14	14
0 05	18	18	18	18
0 06	21	21	21	21
0 07	25	25	25	25
0 08	28	28	28	28
0 09	32	32	32	32
0 10	36	35	35	35
0 20	71	71	71	70
0 30	107	106	106	106
0 40	142	142	141	141
0 50	178	177	177	176
0 60	213	212	212	211
0 70	249	248	247	246
0 80	284	283	282	282
0 90	320	319	318	317
1 00	355	354	353	352

	351	350
0 01	4	4
0 02	7	7
0 03	11	11
0 04	14	14
0 05	18	18
0 06	21	21
0 07	25	25
0 08	28	28
0 09	32	32
0 10	35	35
0 20	70	70
0 30	105	105
0 40	140	140
0 50	176	175
0 60	211	210
0 70	246	245
0 80	281	280
0 90	316	315
1 00	351	350

DIVISEURS : 16901 A 17100.   DIFFÉRENCES.

DIVISEUR	Nombre à multiplier par le dividende	DIVISEUR	Nombre à multiplier par le dividende	DIVISEUR	Nombre à multiplier par le dividende	DIVISEUR	Nombre à multiplier par le dividende
16 901	591 6809	16 951	589 9357	17 001	588 2006	17 051	586 4758
902	6459	952	9009	002	1660	052	4414
903	6109	953	8661	003	1314	053	4070
904	5759	954	8313	004	0968	054	3726
905	5409	955	7965	005	0623	055	3383
906	5059	956	7617	006	0277	056	3039
907	4709	957	7269	007	587 9931	057	2695
908	4359	958	6921	008	9585	058	2351
909	4009	959	6573	009	9239	059	2007
910	3660	960	6226	010	8894	060	1664
16 911	591 3310	16 961	589 5878	17 011	587 8548	17 061	586 1320
912	2961	962	5531	012	8203	062	0977
913	2611	963	5183	013	7857	063	0633
914	2262	964	4836	014	7512	064	0290
915	1912	965	4488	015	7167	065	585 9947
916	1563	966	4141	016	6821	066	9603
917	1213	967	3793	017	6476	067	9260
918	0864	968	3446	018	6130	068	8916
919	0514	969	3098	019	5785	069	8573
920	0165	970	2751	020	5440	070	8230
16 921	590 9815	16 971	589 2404	17 021	587 5095	17 071	585 7887
922	9466	972	2057	022	4750	072	7544
923	9117	973	1710	023	4405	073	7201
924	8768	974	1363	024	4060	074	6858
925	8419	975	1016	025	3715	075	6515
926	8070	976	0669	026	3370	076	6172
927	7721	977	0322	027	3025	077	5829
928	7372	978	588 9975	028	2680	078	5486
929	7023	979	9628	029	2335	079	5143
930	6674	980	9281	030	1990	080	4800
16 931	590 6325	16 981	588 8934	17 031	587 1645	17 081	585 4457
932	5976	982	8587	032	1300	082	4115
933	5627	983	8241	033	0956	083	3772
934	5279	984	7894	034	0611	084	3430
935	4930	985	7548	035	0267	085	3087
936	4581	986	7201	036	586 9922	086	2745
937	4233	987	6854	037	9577	087	2402
938	3884	988	6508	038	9233	088	2060
939	3535	989	6161	039	8888	089	1717
940	3187	990	5815	040	8544	090	1375
16 941	590 2838	16 991	588 5468	17 041	586 8199	17 091	585 1032
942	2490	992	5122	042	7855	092	0690
943	2142	993	4776	043	7511	093	0348
944	1794	994	4429	044	7167	094	0006
945	1446	995	4083	045	6823	095	584 9664
946	1097	996	3737	046	6478	096	9321
947	0749	997	3390	047	6134	097	8979
948	0401	998	3044	048	5790	098	8637
949	0053	999	2698	049	5446	099	8295
950	9705	17 000	2352	050	5102	100	7953

DIFFÉRENCES.

	350	349	348
0 01	4	3	3
0 02	7	7	7
0 03	11	10	10
0 04	14	14	14
0 05	18	17	17
0 06	21	21	21
0 07	25	24	24
0 08	28	28	28
0 09	32	31	31
0 10	35	35	35
0 20	70	70	70
0 30	105	105	104
0 40	140	140	139
0 50	175	175	174
0 60	210	209	209
0 70	245	244	244
0 80	280	279	278
0 90	315	314	313
1 00	350	349	348

	347	346	345
0 01	3	3	3
0 02	7	7	7
0 03	10	10	10
0 04	14	14	14
0 05	17	17	17
0 06	21	21	21
0 07	24	24	24
0 08	28	28	28
0 09	31	31	31
0 10	35	35	35
0 20	69	69	69
0 30	104	104	104
0 40	139	138	138
0 50	174	173	173
0 60	208	208	207
0 70	243	242	242
0 80	278	277	276
0 90	312	311	311
1 00	347	346	345

	344	343	342
0 01	3	3	3
0 02	7	7	7
0 03	10	10	10
0 04	14	14	14
0 05	17	17	17
0 06	21	21	21
0 07	24	24	24
0 08	28	27	27
0 09	31	31	31
0 10	34	34	34
0 20	69	69	68
0 30	103	103	103
0 40	138	137	137
0 50	172	172	171
0 60	206	206	205
0 70	241	240	239
0 80	275	274	274
0 90	310	309	308
1 00	344	343	342

DIVISEURS : 17101 A 17300.

DIVISEUR	Nombre à multiplier par le dividende	DIVISEUR	Nombre à multiplier par le dividende	DIVISEUR	Nombre à multiplier par le dividende	DIVISEUR	Nombre à multiplier par le dividende
17 101	584 7614	17 151	583 0563	17 201	581 3645	17 251	579 6765
102	7269	152	0223	202	3277	252	6429
103	6927	153	582 9883	203	2939	253	6093
104	6585	154	9543	204	2601	254	5757
105	6244	155	9204	205	2264	255	5421
106	5902	156	8864	206	1926	256	5085
107	5560	157	8524	207	1588	257	4749
108	5218	158	8184	208	1250	258	4413
109	4876	159	7844	209	0912	259	4077
110	4535	160	7505	210	0575	260	3742
17 111	584 4193	17 161	582 7165	17 211	581 0237	17 261	579 3406
112	3852	162	6826	212	580 9900	262	3071
113	3510	163	6486	213	9562	263	2735
114	3169	164	6147	214	9225	264	2400
115	2828	165	5808	215	8887	265	2065
116	2486	166	5468	216	8550	266	1729
117	2145	167	5129	217	8212	267	1394
118	1803	168	4789	218	7875	268	1058
119	1462	169	4450	219	7537	269	0723
120	1121	170	4111	220	7200	270	0388
17 121	584 0780	17 171	582 3772	17 221	580 6863	17 271	579 0052
122	0439	172	3433	222	6526	272	578 9747
123	0098	173	3094	223	6189	273	9382
124	583 9757	174	2755	224	5852	274	9047
125	9416	175	2416	225	5515	275	8712
126	9075	176	2077	226	5178	276	8377
127	8734	177	1738	227	4841	277	8042
128	8393	178	1399	228	4504	278	7707
129	8052	179	1060	229	4167	279	7372
130	7711	180	0721	230	3830	280	7037
17 131	583 7370	17 181	582 0382	17 231	580 3493	17 281	578 6702
132	7029	182	0043	232	3156	282	6367
133	6689	183	581 9705	233	2820	283	6032
134	6348	184	9366	234	2483	284	5698
135	6008	185	9028	235	2147	285	5363
136	5667	186	8689	236	1810	286	5028
137	5326	187	8350	237	1473	287	4694
138	4986	188	8012	238	1137	288	4359
139	4645	189	7673	239	0800	289	4024
140	4305	190	7335	240	0464	290	3690
17 141	583 3964	17 191	581 6996	17 241	580 0127	17 291	578 3355
142	3624	192	6658	242	579 9791	292	3021
143	3284	193	6320	243	9455	293	2686
144	2944	194	5982	244	9118	294	2352
145	2604	195	5644	245	8782	295	2018
146	2263	196	5305	246	8446	296	1683
147	1923	197	4967	247	8109	297	1349
148	1583	198	4629	248	7773	298	1014
149	1243	199	4291	249	7437	299	0680
150	0903	200	3953	250	7101	300	0346

	342	341	340
0 01	3	3	3
0 02	7	7	7
0 03	10	10	10
0 04	14	14	14
0 05	17	17	17
0 06	21	20	20
0 07	24	24	24
0 08	27	27	27
0 09	31	31	31
0 10	34	34	34
0 20	68	68	68
0 30	103	102	102
0 40	137	136	136
0 50	171	171	170
0 60	205	205	204
0 70	239	239	238
0 80	274	273	272
0 90	308	307	306
1 00	342	341	340

	339	338	337
0 01	3	3	3
0 02	7	7	7
0 03	10	10	10
0 04	14	14	13
0 05	17	17	17
0 06	20	20	20
0 07	24	24	24
0 08	27	27	27
0 09	31	30	30
0 10	34	34	34
0 20	68	68	67
0 30	102	101	101
0 40	136	135	135
0 50	170	169	169
0 60	203	203	202
0 70	237	237	236
0 80	271	270	270
0 90	305	304	303
1 00	339	338	337

	336	335	334
0 01	3	3	3
0 02	7	7	7
0 03	10	10	10
0 04	13	13	13
0 05	17	17	17
0 06	20	20	20
0 07	24	23	23
0 08	27	27	27
0 09	30	30	30
0 10	34	34	33
0 20	67	67	67
0 30	101	101	100
0 40	134	134	134
0 50	168	168	167
0 60	202	201	200
0 70	235	235	234
0 80	269	268	267
0 90	302	302	301
1 00	336	335	334

DIVISEURS : 17301 A 17500.   DIFFÉRENCES.

DIVISEUR	Nombre à multiplier par le dividende	DIVISEUR	Nombre à multiplier par le dividende	DIVISEUR	Nombre à multiplier par le dividende	DIVISEUR	Nombre à multiplier par le dividende
17 301	578 0012	17 351	576 3356	17 401	574 6795	17 451	573 0330
302	577 9678	352	3024	402	6465	452	·0002
303	9344	353	2692	403	6135	453	572 9674
304	9040	354	2360	404	5805	454	·9345
305	8676	355	2028	405	5475	455	9017
306	8342	356	1696	406	5145	456	8689
307	8008	357	1364	407	4815	457	8360
308	7674	358	1032	408	4485	458	8032
309	7340	359	0700	409	4145	459	7704
310	7007	360	0368	410	3825	460	7376
17 311	577 6673	17 361	576 0036	17 411	574 3495	17 461	572 7048
312	6340	362	575 9704	412	3165	462	6720
313	6006	363	9373	413	2835	463	6392
314	5673	364	9041	414	2505	464	6064
315	5339	365	8710	415	2176	465	5737
316	5006	366	8378	416	1846	466	5409
317	4672	367	8046	417	1516	467	5081
318	4339	368	7715	418	1186	468	4753
319	4005	369	7383	419	0856	469	4425
320	3672	370	7052	420	0527	470	4098
17 321	577 3338	17 371	575 6720	17 421	574 0197	17 471	572 3770
322	3005	372	6389	422	573 9868	472	3443
323	2672	373	6058	423	9539	473	3115
324	2339	374	5726	424	9209	474	2788
325	2006	375	5395	425	8880	475	2460
326	1672	376	5064	426	8551	476	2133
327	1339	377	4732	427	8221	477	1805
328	1006	378	4401	428	7892	478	1478
329	0673	379	4070	429	7563	479	1150
330	0340	380	3739	430	7234	480	0823
17 331	577 0007	17 381	575 3408	17 431	573 6905	17 481	572 0495
332	576 9674	382	3077	432	6576	482	0168
333	9341	383	2746	433	6247	483	571 9841
334	9008	384	2415	434	5918	484	9514
335	8676	385	2085	435	5589	485	9187
336	8343	386	1754	436	5260	486	8860
337	8010	387	1423	437	4931	487	8533
338	7677	388	1092	438	4602	488	8206
339	7344	389	0761	439	4273	489	7879
340	7012	390	0431	440	3944	490	7552
17 341	576 6679	17 391	575 0100	17 441	573 3615	17 491	571 7225
342	6347	392	574 9770	442	3287	492	6898
343	6014	393	9439	443	2958	493	6571
344	5682	394	9109	444	2630	494	6245
345	5350	395	8778	445	2301	495	5918
346	5017	396	8448	446	1973	496	5591
347	4685	397	8117	447	1644	497	5265
348	4352	398	7787	448	1316	498	4938
349	4020	399	7456	449	0987	499	4611
350	3688	400	7126	450	0659	500	4285

DIFFÉRENCES.

	334	333	332
0 01	3	3	3
0 02	7	7	7
0 03	10	10	10
0 04	13	13	13
0 05	17	17	17
0 06	20	20	20
0 07	23	23	23
0 08	27	27	27
0 09	30	30	30
0 10	33	33	33
0 20	67	67	66
0 30	100	100	100
0 40	134	133	133
0 50	167	167	166
0 60	200	200	199
0 70	234	233	232
0 80	267	266	266
0 90	301	300	299
1 00	334	333	332

	331	330	329
0 01	3	3	3
0 02	7	7	7
0 03	10	10	10
0 04	13	13	13
0 05	17	17	16
0 06	20	20	20
0 07	23	23	23
0 08	26	26	26
0 09	30	30	30
0 10	33	33	33
0 20	66	66	66
0 30	99	99	99
0 40	132	132	132
0 50	166	165	165
0 60	199	198	197
0 70	232	231	230
0 80	265	264	263
0 90	298	297	296
1 00	331	330	329

	328	327	326
0 01	3	3	3
0 02	7	7	7
0 03	10	10	10
0 04	13	13	13
0 05	16	16	16
0 06	20	20	20
0 07	23	23	23
0 08	26	26	26
0 09	30	29	29
0 10	33	33	33
0 20	66	65	65
0 30	98	98	98
0 40	131	131	130
0 50	164	164	163
0 60	197	196	196
0 70	230	229	228
0 80	262	262	261
0 90	295	294	293
1 00	328	327	326

Diviseurs : 17501 a 17700. DIFFÉRENCES.

DIVISEUR	Nombre à multiplier par le dividende	DIVISEUR	Nombre à multiplier par le dividende	DIVISEUR	Nombre à multiplier par le dividende	DIVISEUR	Nombre à multiplier par le dividende
17 501	571 3958	17 551	569 7680	17 601	568 1495	17 651	566 5401
502	3632	552	7356	602	1172	652	5080
503	3306	553	7031	603	0849	653	4759
504	2979	554	6707	604	0527	654	4438
505	2653	555	6382	605	0204	655	4118
506	2327	556	6058	606	567 9881	656	3797
507	2000	557	5733	607	9559	657	3476
508	1674	558	5409	608	9236	658	3155
509	1348	559	5084	609	8913	659	2834
510	1022	560	4760	610	8591	660	2514
17 511	571 0696	17 561	569 4435	17 611	567 8268	17 661	566 2193
512	0370	562	4111	612	7946	662	1873
513	0044	563	3787	613	7624	663	1552
514	570 9718	564	3463	614	7301	664	1232
515	9392	565	3139	615	6979	665	0911
516	9066	566	2815	616	6657	666	0591
517	8740	567	2491	617	6334	667	0270
518	8414	568	2167	618	6012	668	565 9950
519	8088	569	1843	619	5690	669	9629
520	7762	570	1519	620	5368	670	9309
17 521	570 7436	17 571	569 1195	17 621	567 5046	17 671	565 8988
522	7110	572	0871	622	4724	672	8668
523	6785	573	0547	623	4402	673	8348
524	6459	574	0224	624	4080	674	8028
525	6134	575	568 9900	625	3758	675	7708
526	5808	576	9576	626	3436	676	7388
527	5482	577	9253	627	3114	677	7068
528	5157	578	8929	628	2792	678	6748
529	4831	579	8605	629	2470	679	6428
530	4506	580	8282	630	2149	680	6108
17 531	570 4180	17 581	568 7958	17 631	567 1827	17 681	565 5788
532	3855	582	7635	632	1506	682	5468
533	3530	583	7311	633	1184	683	5148
534	3205	584	6988	634	0863	684	4829
535	2880	585	6665	635	0541	685	4509
536	2554	586	6341	636	0220	686	4189
537	2229	587	6048	637	566 9898	687	3870
538	1904	588	5694	638	9577	688	3550
539	1579	589	5371	639	9255	689	3230
540	1254	590	5048	640	8934	690	2911
17 541	570 0929	17 591	568 4725	17 641	566 8612	17 691	565 2591
542	0604	592	4402	642	8291	692	2272
543	0279	593	4079	643	7970	693	1952
544	569 9954	594	3756	644	7649	694	1633
545	9629	595	3433	645	7328	695	1314
546	9304	596	3110	646	7006	696	0994
547	8979	597	2787	647	6685	697	0675
548	8654	598	2464	648	6364	698	0355
549	8329	599	2141	649	6043	699	0036
550	8005	600	1818	650	5722	700	564 9717

DIFFÉRENCES.

	327	326	325
0 01	3	3	3
0 02	7	7	7
0 03	10	10	10
0 04	13	13	13
0 05	16	16	16
0 06	20	20	20
0 07	23	23	23
0 08	26	26	26
0 09	29	29	29
0 10	33	33	33
0 20	65	65	65
0 30	98	98	98
0 40	131	130	130
0 50	164	163	163
0 60	196	196	195
0 70	229	228	228
0 80	262	261	260
0 90	294	293	293
1 00	327	326	325

	324	323	322
0 01	3	3	3
0 02	6	6	6
0 03	10	10	10
0 04	13	13	13
0 05	16	16	16
0 06	19	19	19
0 07	23	23	23
0 08	26	26	26
0 09	29	29	29
0 10	32	32	32
0 20	65	65	64
0 30	97	97	97
0 40	130	129	129
0 50	162	162	161
0 60	194	194	193
0 70	227	226	226
0 80	259	258	258
0 90	292	291	290
1 00	324	323	322

	321	320	319
0 01	3	3	3
0 02	6	6	6
0 03	10	10	10
0 04	13	13	13
0 05	16	16	16
0 06	19	19	19
0 07	22	22	22
0 08	26	26	26
0 09	29	29	29
0 10	32	32	32
0 20	64	64	64
0 30	96	96	96
0 40	128	128	128
0 50	161	160	160
0 60	193	192	191
0 70	225	224	223
0 80	257	256	255
0 90	289	288	287
1 00	321	320	319

DIVISEUR	Nombre à multiplier par le dividende	DIVISEUR	Nombre à multiplier par le dividende	DIVISEUR	Nombre à multiplier par le dividende	DIVISEUR	Nombre à multiplier par le dividende
17 701	564 9398	17 751	563 3484	17 801	561 7661	17 851	560 4926
702	9079	752	3167	.802	7346	852	4612
703	8760	753	2850	803	7030	853	4299
704	8441	754	2533	804	6715	854	0985
705	8122	755	2246	805	6400	855	0672
706	7803	756	1898	806	6084	856	0358
707	7484	757	1581	807	5769	857	0044
708	7165	758	1264	808	5453	858	559 9731
709	6846	759	0947	809	5138	859	9417
710	6527	760	0630	810	4823	860	9104
17 711	564 6208	17 761	563 0343	17 811	561 4507	17 861	559 8790
712	5889	762	562 9996	812	4192	862	8477
713	5570	763	9679	813	3877	863	8163
714	5252	764	9362	814	3562	864	7850
715	4933	765	9046	815	3247	865	7537
716	4614	766	8729	816	2932	866	7223
717	4296	767	8412	817	2617	867	6910
718	3977	768	8095	818	2302	868	6596
719	3658	769	7778	819	1987	869	6283
720	3340	770	7462	820	1672	870	5970
17 721	564 3021	17 771	562 7145	17 821	561 1357	17 871	559 5657
722	2703	772	6828	822	1042	872	5344
723	2385	773	6512	823	0727	873	5031
724	2066	774	6195	824	0412	874	4718
725	1748	775	5879	825	0098	875	4405
726	1430	776	5562	826	560 9783	876	4092
727	1111	777	5245	827	9468	877	3779
728	0793	778	4929	828	9153	878	3466
729	0475	779	4612	829	8838	879	3153
730	0157	780	4296	830	8524	880	2841
17 731	563 9839	17 781	562 3979	17 831	560 8209	17 881	559 2528
732	9521	782	3663	832	7895	882	2215
733	9203	783	3347	833	7581	883	1902
734	8885	784	3031	834	7266	884	1590
735	8567	785	2715	835	6952	885	1277
736	8249	786	2399	836	6638	886	0964
737	7931	787	2083	837	6323	887	0652
738	7613	788	1767	838	6009	888	0339
739	7295	789	1451	839	5695	889	0026
740	6978	790	1135	840	5381	890	558 9714
17 741	563 6660	17 791	562 0819	17 841	560 5066	17 891	558 9401
742	6342	792	0503	842	4752	892	9089
743	6025	793	0187	843	4438	893	8777
744	5707	794	561 9871	844	4124	894	8465
745	5390	795	9556	845	3810	895	8153
746	5072	796	9240	846	3496	896	7840
747	4754	797	8924	847	3182	897	7528
748	4437	798	8608	848	2868	898	7216
749	4119	799	8292	849	2554	899	6904
750	3802	800	7977	850	2240	900	6592

DIFFÉRENCES.

DIVISEUR	Nombre à multiplier par le dividende	DIVISEUR	Nombre à multiplier par le dividende	DIVISEUR	Nombre à m ltiplier par lo dividende	DIVISEUR	Nombre à multiplier par le dividende
17 901	558 6280	17 951	557 0719	18 001	555 5246	18 051	553 9859
902	5968	952	0409	002	4938	052	9552
903	5656	953	0099	003	4629	053	9245
904	5344	954	556 9789	004	4321	054	8938
905	5032	955	9479	005	4012	055	8632
906	4720	956	9168	006	3704	056	8325
907	4408	957	8858	007	3395	057	8018
908	4096	958	8548	008	3087	058	7711
909	3784	959	8238	009	2778	059	7404
910	3472	960	7928	010	2470	060	7098
17 911	558 3160	17 961	556 7648	18 011	555 2161	18 061	553 6794
912	2849	962	7308	012	1853	062	6485
913	2537	963	6998	013	1545	063	6178
914	2226	964	6688	014	1237	064	5872
915	1914	965	6379	015	0929	065	5566
916	1603	966	6069	016	0621	066	5259
917	1291	967	5759	017	0313	067	4953
918	0980	968	5449	018	0005	068	4646
919	0668	969	5139	019	554 9697	069	4340
920	0357	970	4830	020	9389	070	4034
17 921	558 0045	17 971	556 4520	18 021	554 9081	18 071	553 3727
922	557 9734	972	4211	022	8773	072	3421
923	9423	973	3901	023	8465	073	3115
924	9111	974	3592	024	8157	074	2809
925	8800	975	3282	025	7850	075	2503
926	8489	976	2973	026	7542	076	2197
927	8177	977	2663	027	7234	077	1891
928	7866	978	2354	028	6926	078	1585
929	7555	979	2044	029	6618	079	1279
930	7244	980	1735	030	6311	080	0973
17 931	557 6933	17 981	556 1425	18 031	554 6003	18 081	553 0667
932	6622	982	1116	032	5696	082	0361
933	6311	983	0807	033	5388	083	0055
934	6000	984	0498	034	5081	084	552 9749
935	5690	985	0189	035	4774	085	9444
936	5379	986	555 9879	036	4466	086	9138
937	5068	987	9570	037	4159	087	8832
938	4757	988	9261	038	3851	088	8526
939	4446	989	8952	039	3544	089	8220
940	4136	990	8643	040	3237	090	7915
17 941	557 3825	17 991	555 8334	18 041	554 2929	18 091	552 7609
942	3514	992	8025	042	2622	092	7304
943	3204	993	7716	043	2315	093	6998
944	2893	994	7407	044	2008	094	6693
945	2583	995	7099	045	1701	095	6388
946	2272	996	6790	046	1394	096	6082
947	1961	997	6481	047	1087	097	5777
948	1651	998	6172	048	0780	098	5471
949	1340	999	5863	049	0473	099	5166
950	1030	18 000	5555	050	0166	100	4861

DIFFÉRENCES :

	312	311	310
0 01	3	3	3
0 02	6	6	6
0 03	9	9	9
0 04	12	12	12
0 05	16	16	16
0 06	19	19	19
0 07	22	22	22
0 08	25	25	25
0 09	28	28	28
0 10	31	31	31
0 20	62	62	62
0 30	94	93	93
0 40	125	124	124
0 50	156	156	155
0 60	187	187	186
0 70	218	218	217
0 80	250	249	248
0 90	281	280	279
1 00	312	311	310

	309	308	307
0 01	3	3	3
0 02	6	6	6
0 03	9	9	9
0 04	12	12	12
0 05	15	15	15
0 06	19	18	18
0 07	22	22	21
0 08	25	25	25
0 09	28	28	28
0 10	31	31	31
0 20	62	62	61
0 30	93	92	92
0 40	124	123	123
0 50	155	154	154
0 60	185	185	184
0 70	216	216	215
0 80	247	246	246
0 90	278	277	270
1 00	309	308	307

	306	305
0 01	3	3
0 02	6	6
0 03	9	9
0 04	12	12
0 05	15	15
0 06	18	18
0 07	21	21
0 08	24	24
0 09	28	27
0 10	31	31
0 20	61	61
0 30	92	92
0 40	122	122
0 50	153	153
0 60	184	183
0 70	214	214
0 80	245	244
0 90	275	275
1 00	306	305

Diviseurs : **18101** à **18300**.　　　　　　　　　　DIFFÉRENCES.

DIVISEUR	Nombre à multiplier par le dividende	DIVISEUR	Nombre à multiplier par le dividende	DIVISEUR	Nombre à multiplier par le dividende	DIVISEUR	Nombre à multiplier par le dividende
18 101	552 4556	18 151	550 9337	18 201	549 4203	18 251	547 9151
102	4251	152	9034	202	3904	252	8851
103	3946	153	8730	203	3599	253	8551
104	3641	154	8427	204	3298	254	8251
105	3336	155	8124	205	2996	255	7951
106	3031	156	7820	206	2694	256	7651
107	2726	157	7517	207	2393	257	7351
108	2421	158	7213	208	2091	258	7051
109	2116	159	6910	209	1789	259	6751
110	1811	160	6607	210	1488	260	6451
18 111	552 1506	18 161	550 6304	18 211	549 1186	18 261	547 6151
112	1201	162	6001	212	0885	262	5851
113	0896	163	5698	213	0583	263	5551
114	0591	164	5395	214	0282	264	5251
115	0287	165	5092	215	548 9981	265	4952
116	551 9982	166	4789	216	9679	266	4652
117	9677	167	4486	217	9378	267	4352
118	9372	168	4183	218	9076	268	4052
119	9067	169	3880	219	8775	269	3752
120	8763	170	3577	220	8474	270	3453
18 121	551 8458	18 171	550 3274	18 221	548 8172	18 271	547 3153
122	8154	172	2971	222	7871	272	2854
123	7849	173	2668	223	7570	273	2554
124	7545	174	2366	224	7269	274	2255
125	7241	175	2063	225	6968	275	1956
126	6936	176	1760	226	6667	276	1656
127	6632	177	1458	227	6366	277	1357
128	6327	178	1155	228	6065	278	1057
129	6023	179	0852	229	5764	279	0758
130	5719	180	0550	230	5463	280	0459
18 131	551 5415	18 181	550 0247	18 231	548 5162	18 281	547 0159
132	5111	182	549 9945	232	4861	282	546 9860
133	4807	183	9642	233	4560	283	9561
134	4503	184	9340	234	4260	284	9262
135	4199	185	9038	235	3959	285	8963
136	3895	186	8735	236	3658	286	8664
137	3591	187	8433	237	3358	287	8365
138	3287	188	8130	238	3057	288	8066
139	2983	189	7828	239	2756	289	7767
140	2679	190	7526	240	2456	290	7468
18 141	551 2375	18 191	549 7223	18 241	548 2155	18 291	546 7169
142	2071	192	6921	242	1855	292	6870
143	1767	193	6619	243	1554	293	6571
144	1463	194	6317	244	1254	294	6272
145	1160	195	6015	245	0954	295	5974
146	0856	196	5713	246	0653	296	5675
147	0552	197	5411	247	0353	297	5376
148	0248	198	5109	248	0052	298	5077
149	550 9944	199	4807	249	547 9752	299	4778
150	9641	200	4505	250	9452	300	4480

	305	304	303
0 01	3	3	3
0 02	6	6	6
0 03	9	9	9
0 04	12	12	12
0 05	15	15	15
0 06	18	18	18
0 07	21	21	21
0 08	24	24	24
0 09	27	27	27
0 10	31	30	30
0 20	61	61	61
0 30	92	91	91
0 40	122	122	121
0 50	153	152	152
0 60	183	182	182
0 70	214	213	212
0 80	244	243	242
0 90	275	274	273
1 00	305	304	303

	302	301	300
0 01	3	3	3
0 02	6	6	6
0 03	9	9	9
0 04	12	12	12
0 05	15	15	15
0 06	18	18	18
0 07	21	21	21
0 08	24	24	24
0 09	27	27	27
0 10	30	30	30
0 20	60	60	60
0 30	91	90	90
0 40	121	120	120
0 50	151	151	150
0 60	181	181	180
0 70	211	211	210
0 80	242	241	240
0 90	272	271	270
1 00	302	301	300

	299	298
0 01	3	3
0 02	6	6
0 03	9	9
0 04	12	12
0 05	15	15
0 06	18	18
0 07	21	21
0 08	24	24
0 09	27	27
0 10	30	30
0 20	60	60
0 30	90	89
0 40	120	119
0 50	150	149
0 60	179	179
0 70	209	209
0 80	239	238
0 90	269	268
1 00	299	298

DIVISEURS : 18301 A 18500.

DIVISEUR	Nombre à multiplier par le dividende	DIVISEUR	Nombre à multiplier par le dividende	DIVISEUR	Nombre à multiplier par le dividende	DIVISEUR	Nombre à multiplier par le dividende
18 301	546 4181	18 351	544 9294	18 401	543 4486	18 451	541 9760
302	3883	352	8997	402	4191	452	9466
303	3584	353	8700	403	3896	453	9173
304	3286	354	8403	404	3601	454	8879
305	2988	355	8107	405	3306	455	8586
306	2689	356	7810	406	3010	456	8292
307	2391	357	7513	407	2715	457	7998
308	2092	358	7216	408	2420	458	7705
309	1794	359	6919	409	2125	459	7411
310	1496	360	6623	410	1830	460	7118
18 311	546 1197	18 361	544 6326	18 411	543 1535	18 461	541 6824
312	0899	362	6030	412	1240	462	6531
313	0601	363	5733	413	0945	463	6238
314	0303	364	5437	414	0650	464	5944
315	0005	365	5140	415	0355	465	5651
316	545 9707	366	4844	416	0060	466	5358
317	9409	367	4547	417	542 9765	467	5064
318	9111	368	4251	418	9470	468	4771
319	8813	369	3954	419	9175	469	4478
320	8515	370	3658	420	8881	470	4185
18 321	545 8217	18 371	544 3361	18 421	542 8586	18 471	541 3892
322	7919	372	3065	422	8291	472	3599
223	7621	373	2769	423	7997	473	3306
324	7323	374	2473	424	7702	474	3013
325	7026	375	2177	425	7408	475	2720
326	6728	376	1880	426	7113	476	2427
327	6430	377	1584	427	6818	477	2134
328	6132	378	1288	428	6524	478	1841
329	5834	379	0992	429	6229	479	1548
330	5537	380	0696	430	5935	480	1255
18 331	545 5239	18 381	544 0400	18 431	542 5640	18 481	541 0962
332	4942	382	0104	432	5346	482	0669
333	4644	383	543 9808	433	5052	483	0376
334	4347	384	9512	434	4758	484	0084
335	4049	385	9216	435	4464	485	540 9791
336	3752	386	8920	436	4169	486	9498
337	3454	387	8624	437	3875	487	9206
338	3157	388	8328	438	3581	488	8913
339	2859	389	8032	439	3287	489	8620
340	2562	390	7737	440	2993	490	8328
18 341	545 2264	18 391	543 7441	18 441	542 2699	18 491	540 8035
342	1967	392	7146	442	2405	492	7743
343	1670	393	6850	443	2111	493	7451
344	1373	394	6555	444	1847	494	7158
345	1076	395	6259	445	1523	495	6866
346	0779	396	5964	446	1229	496	6574
347	0482	397	5668	447	0935	497	6281
348	0185	398	5373	448	0641	498	5989
349	544 9888	399	5077	449	0347	499	5697
350	9591	400	4782	450	0054	500	5405

DIFFÉRENCES.

	299	298	297
0 01	3	3	3
0 02	6	6	6
0 03	9	9	9
0 04	12	12	12
0 05	15	15	15
0 06	18	18	18
0 07	21	21	21
0 08	24	24	24
0 09	27	27	27
0 10	30	30	30
0 20	60	60	59
0 30	90	89	89
0 40	120	119	119
0 50	150	149	149
0 60	179	179	178
0 70	209	209	208
0 80	239	238	238
0 90	269	268	267
1 00	299	298	297

	296	295	294
0 01	3	3	3
0 02	6	6	6
0 03	9	9	9
0 04	12	12	12
0 05	15	15	15
0 06	18	18	18
0 07	21	21	21
0 08	24	24	24
0 09	27	27	26
0 10	30	30	29
0 20	59	59	59
0 30	89	89	88
0 40	118	118	118
0 50	148	148	147
0 60	178	177	176
0 70	207	207	206
0 80	237	236	235
0 90	266	266	265
1 00	296	295	294

	293	292
0 01	3	3
0 02	6	6
0 03	9	9
0 04	12	12
0 05	15	15
0 06	18	18
0 07	21	20
0 08	23	23
0 09	26	26
0 10	29	29
0 20	59	58
0 30	88	88
0 40	117	117
0 50	147	146
0 60	176	175
0 70	205	204
0 80	234	234
0 90	264	263
1 00	293	292

DIVISEURS : 18501 A 18700. DIFFÉRENCES.

DIVISEUR	Nombre à multiplier par le dividende	DIVISEUR	Nombre à multiplier par le dividende	DIVISEUR	Nombre à multiplier par le dividende	DIVISEUR	Nombre à multiplier par le dividende
18 501	540 5113	18 551	539 0544	18 601	537 6055	18 651	536 1642
502	4821	552	0254	602	5766	652	1355
503	4529	553	538 9963	603	5477	653	1067
504	4237	554	9673	604	5188	654	0780
505	3945	555	9383	605	4899	655	0493
506	3653	556	9092	606	4610	656	0205
507	3361	557	8802	607	4321	657	535 9918
508	3069	558	8511	608	4032	658	9630
509	2777	559	8221	609	3743	659	9343
510	2485	560	7931	610	3455	660	9056
18 511	540 2193	18 561	538 7640	18 611	537 3166	18 661	535 8769
512	1901	562	7350	612	2877	662	8482
513	1609	563	7060	613	2588	663	8195
514	1318	564	6770	614	2300	664	7908
515	1026	565	6480	615	2011	665	7621
516	0734	566	6189	616	1722	666	7334
517	0443	567	5899	617	1434	667	7047
518	0151	568	5609	618	1145	668	6760
519	539 9859	569	5319	619	0856	669	6473
520	9568	570	5029	620	0568	670	6186
18 521	539 9276	18 571	538 4739	18 621	537 0279	18 671	535 5899
522	8985	572	4449	622	536 9991	672	5612
523	8693	573	4159	623	9703	673	5325
524	8402	574	3869	624	9415	674	5039
525	8111	575	3580	625	9127	675	4752
526	7819	576	3290	626	8838	676	4465
527	7528	577	3000	627	8550	677	4179
528	7236	578	2710	628	8262	678	3892
529	6945	579	2420	629	7974	679	3605
530	6654	580	2131	630	7686	680	3319
18 531	539 6362	18 581	538 1841	18 631	536 7398	18 681	535 3032
532	6071	582	1552	632	7110	682	2746
533	5780	583	1262	633	6822	683	2459
534	5489	584	0973	634	6534	684	2173
535	5198	585	0683	635	6246	685	1886
536	4907	586	0394	636	5958	686	1600
537	4616	587	0104	637	5670	687	1313
538	4325	588	537 9815	638	5382	688	1027
539	4034	589	9525	639	5094	689	0740
540	3743	590	9236	640	4806	690	0454
18 541	39 3452	18 591	537 8946	18 641	536 4518	18 691	535 0167
542	3161	592	8657	642	4230	692	534 9881
543	2870	593	8368	643	3943	693	9595
544	2579	594	8079	644	3655	694	9309
545	2289	595	7790	645	3368	695	9023
546	1998	596	7500	646	3080	696	8737
547	1707	597	7211	647	2792	697	8451
548	1416	598	6922	648	2505	698	8165
549	1125	599	6633	649	2217	699	7879
550	0835	600	6344	650	1930	700	7593

DIFFÉRENCES.

	292	291	290
0 01	3	3	3
0 02	6	6	6
0 03	9	9	9
0 04	12	12	12
0 05	15	15	15
0 06	18	17	17
0 07	20	20	20
0 08	23	23	23
0 09	26	26	26
0 10	29	29	29
0 20	58	58	58
0 30	88	87	87
0 40	117	116	116
0 50	146	146	145
0 60	175	175	174
0 70	204	204	203
0 80	234	233	232
0 90	263	262	261
1 00	292	291	290

	289	288	287
0 01	3	3	3
0 02	6	6	6
0 03	9	9	9
0 04	12	12	11
0 05	14	14	14
0 06	17	17	17
0 07	20	20	20
0 08	23	23	23
0 09	26	26	26
0 10	29	29	29
0 20	58	58	57
0 30	87	86	86
0 40	116	115	115
0 50	145	144	144
0 60	173	173	172
0 70	202	202	201
0 80	231	230	230
0 90	260	259	258
1 00	289	288	287

	286
0 01	3
0 02	6
0 03	9
0 04	11
0 05	14
0 06	17
0 07	20
0 08	23
0 09	26
0 10	29
0 20	57
0 30	86
0 40	114
0 50	143
0 60	172
0 70	200
0 80	229
0 90	257
1 00	286

DIVISEURS : 18701 A 18900.

DIVISEUR	Nombre à multiplier par le dividende	DIVISEUR	Nombre à multiplier par le dividende	DIVISEUR	Nombre à multiplier par le dividende	DIVISEUR	Nombre à multiplier par le dividende
18 701	534 7307	18 751	533 3048	18 801	534 8865	18 851	530 4757
702	7024	752	2764	802	8582	852	4476
703	6735	753	2480	803	8299	853	4195
704	6449	754	2195	804	8047	854	3913
705	6164	755	1911	805	7734	855	3632
706	5878	756	1627	806	7451	856	3351
707	5592	757	1342	807	7169	857	3069
708	5306	758	1058	808	6886	858	2788
709	5020	759	0774	809	6603	859	2507
710	4735	760	0490	810	6321	860	2226
18 711	534 4449	18 761	533 0406	18 811	534 6038	18 861	530 1945
712	4164	762	532 9922	812	5756	862	1664
713	3878	763	9638	813	5473	863	1383
714	3593	764	9354	814	5191	864	1102
715	3307	765	9070	815	4908	865	0821
716	3022	766	8786	816	4626	866	0540
717	2736	767	8502	817	4343	867	0259
718	2451	768	8218	818	4061	868	529 9978
719	2165	769	7934	819	3778	869	9697
720	1880	770	7650	820	3496	870	9417
18 721	534 1594	18 771	532 7366	18 821	534 3213	18 871	529 9136
722	1309	772	7082	822	2931	872	8855
723	1024	773	6798	823	2649	873	8574
724	0739	774	6515	824	2367	874	8294
725	0454	775	6231	825	2085	875	8013
726	0168	776	5947	826	1802	876	7732
727	533 9883	777	5664	827	1520	877	7452
728	9598	778	5380	828	1238	878	7171
729	9313	779	5096	829	0956	879	6890
730	9028	780	4813	830	0674	880	6610
18 731	533 8743	18 781	532 4529	18 831	534 0392	18 881	529 6329
732	8458	782	4246	832	0110	882	6049
733	8173	783	3962	833	530 9828	883	5768
734	7888	784	3679	834	9546	884	5488
735	7603	785	3396	835	9264	885	5208
736	7318	786	3112	836	8982	886	4927
737	7033	787	2829	837	8700	887	4647
738	6748	788	2545	838	8418	888	4366
739	6463	789	2262	839	8136	889	4086
740	6179	790	1979	840	7855	890	3806
18 741	533 5894	18 791	532 1695	18 841	530 7573	18 891	529 3525
742	5609	792	1412	842	7291	892	3245
743	5325	793	1129	843	7010	893	2965
744	5040	794	0846	844	6728	894	2685
745	4756	795	0563	845	6447	895	2405
746	4471	796	0280	846	6165	896	2125
747	4186	797	534 9997	847	5883	897	1845
748	3902	798	9714	848	5602	898	1565
749	3617	799	9431	849	5320	899	1285
750	3333	800	9148	850	5039	900	1005

	286	285	284
0 01	3	3	3
0 02	6	6	6
0 03	9	9	9
0 04	11	11	11
0 05	14	14	14
0 06	17	17	17
0 07	20	20	20
0 08	23	23	23
0 09	26	26	26
0 10	29	29	28
0 20	57	57	57
0 30	86	86	85
0 40	114	114	114
0 50	143	143	142
0 60	172	171	170
0 70	200	200	199
0 80	229	228	227
0 90	257	257	256
1 00	286	285	284

	283	282	281
0 01	3	3	3
0 02	6	6	6
0 03	8	8	8
0 04	11	11	11
0 05	14	14	14
0 06	17	17	17
0 07	20	20	20
0 08	23	23	22
0 09	25	25	25
0 10	28	28	28
0 20	57	56	56
0 30	85	85	84
0 40	113	113	112
0 50	142	141	141
0 60	170	169	169
0 70	198	197	197
0 80	226	226	225
0 90	255	254	253
1 00	283	282	281

	280
0 01	3
0 02	6
0 03	8
0 04	11
0 05	14
0 06	17
0 07	20
0 08	22
0 09	25
0 10	28
0 20	56
0 30	84
0 40	112
0 50	140
0 60	168
0 70	196
0 80	224
0 90	252
1 00	280

15

DIVISEURS : 18901 A 19100.

DIVISEUR	Nombre à multiplier par le dividende	DIVISEUR	Nombre à multiplier par le dividende	DIVISEUR	Nombre à multiplier par le dividende	DIVISEUR	Nombre à multiplier par le dividende
18 901	529 0725	18 951	527 6765	19 001	526 2880	19 051	524 9067
902	0445	952	6487	002	2603	052	8792
903	0165	953	6209	003	2326	053	8516
904	528 9885	954	5930	004	2049	054	8241
905	9606	955	5652	005	1773	055	7966
906	9326	956	5374	006	1496	056	7690
907	9046	957	5095	007	1219	057	7415
908	8766	958	4817	008	0942	058	7139
909	8486	959	4539	009	0665	059	6864
910	8207	960	4261	010	0389	060	6589
18 911	528 7927	18 961	527 3983	19 011	526 0112	19 061	524 6313
912	7648	962	3705	012	525 9835	062	6038
913	7368	963	3427	013	9559	063	5763
914	7089	964	3149	014	9282	064	5488
915	6809	965	2871	015	9006	065	5213
916	6530	966	2593	016	8729	066	4938
917	6250	967	2315	017	8452	067	4663
918	5971	968	2037	018	8176	068	4388
919	5694	969	1759	019	7899	069	4113
920	5412	970	1481	020	7623	070	3838
18 921	528 5132	18 971	527 1203	19 021	525 7346	19 071	524 3563
922	4853	972	0925	022	7070	072	3288
923	4574	973	0647	023	6794	073	3043
924	4295	974	0369	024	6517	074	2738
925	4016	975	0092	025	6241	075	2464
926	3736	976	526 9814	026	5965	076	2189
927	3457	977	9536	027	5688	077	1914
928	3178	978	9258	028	5412	078	1639
929	2899	979	8980	029	5136	079	1364
930	2620	980	8703	030	4860	080	1090
18 931	528 2341	18 981	526 8425	19 031	525 4584	19 081	524 0815
932	2062	982	8148	032	4308	082	0540
933	1783	983	7870	033	4032	083	0266
934	1504	984	7593	034	3756	084	523 9991
935	1225	985	7316	035	3480	085	9717
936	0946	986	7038	036	3204	086	9442
937	0667	987	6761	037	2928	087	9167
938	0388	988	6483	038	2652	088	8893
939	0109	989	6206	039	2376	089	8618
940	527 9831	990	5929	040	2100	090	8344
18 941	527 9552	18 991	526 5651	19 041	525 1824	19 091	523 8069
942	9273	992	5374	042	1548	092	7795
943	8994	993	5097	043	1272	093	7521
944	8716	994	4820	044	0997	094	7247
945	8437	995	4543	045	0721	095	6973
946	8158	996	4265	046	0445	096	6698
947	7880	997	3988	047	0170	097	6424
948	7601	998	3711	048	524 9894	098	6150
949	7322	999	3434	049	9618	099	5876
950	7044	19 000	3157	050	9343	100	5602

DIFFÉRENCES.

	280	279	278
0 01	3	3	3
0 02	6	6	6
0 03	8	8	8
0 04	11	11	11
0 05	14	14	14
0 06	17	17	17
0 07	20	20	19
0 08	22	22	22
0 09	25	25	25
0 10	28	28	28
0 20	56	56	56
0 30	84	84	83
0 40	112	112	111
0 50	140	140	139
0 60	168	167	167
0 70	196	195	195
0 80	224	223	222
0 90	252	251	250
1 00	280	279	278

	277	276	275
0 01	3	3	3
0 02	6	6	6
0 03	8	8	8
0 04	11	11	11
0 05	14	14	14
0 06	17	17	17
0 07	19	19	19
0 08	22	22	22
0 09	25	25	25
0 10	28	28	28
0 20	55	55	55
0 30	83	83	83
0 40	111	110	110
0 50	139	138	138
0 60	166	166	165
0 70	194	193	193
0 80	222	221	220
0 90	249	248	248
1 00	277	276	275

	274
0 01	3
0 02	5
0 03	8
0 04	11
0 05	14
0 06	16
0 07	19
0 08	22
0 09	25
0 10	27
0 20	55
0 30	82
0 40	110
0 50	137
0 60	164
0 70	192
0 80	219
0 90	247
1 00	274

DIVISEURS : 19101 A 19300.

DIVISEUR	Nombre à multiplier par le dividende	DIVISEUR	Nombre à multiplier par le dividende	DIVISEUR	Nombre à multiplier par le dividende	DIVISEUR	Nombre à multiplier par le dividende
19 101	523 5328	19 151	522 4659	19 201	520 8064	19 251	519 4535
102	5054	152	4386	202	7790	252	4265
103	4780	153	4114	203	7519	253	3995
104	4506	154	0844	204	7248	254	3725
105	4232	155	0569	205	6977	255	3455
106	3958	156	0296	206	6706	256	3185
107	3684	157	0023	207	6435	257	2915
108	3410	158	521 9751	208	6164	258	2645
109	3136	159	9478	209	5893	259	2375
110	2862	160	9206	210	5622	260	2106
19 111	523 2588	19 161	521 8933	19 211	520 5354	19 261	519 1836
112	2314	162	8661	212	5080	262	1567
113	2040	163	8389	213	4809	263	1298
114	1767	164	8117	214	4538	264	1028
115	1493	165	7845	215	4267	265	0759
116	1219	166	7572	216	3996	266	0490
117	0946	167	7300	217	3725	267	0220
118	0672	168	7028	218	3454	268	518 9951
119	0398	169	6756	219	3483	269	9682
120	0125	170	6484	220	2913	270	9413
19 121	522 9854	19 171	521 6212	19 221	520 2642	19 271	518 9143
122	9578	172	5940	222	2372	272	8874
123	9304	173	5668	223	2101	273	8605
124	9031	174	5396	224	1831	274	8336
125	8758	175	5124	225	1560	275	8067
126	8484	176	4852	226	1290	276	7798
127	8211	177	4580	227	1019	277	7529
128	7937	178	4308	228	0749	278	7260
129	7664	179	4036	229	0478	279	6991
130	7391	180	3764	230	0208	280	6722
19 131	522 7117	19 181	521 3492	19 231	519 9937	19 281	518 6453
132	6844	182	3220	232	9667	282	6184
133	6571	183	2948	233	9397	283	5915
134	6298	184	2677	234	9126	284	5646
135	6025	185	2405	235	8856	285	5377
136	5752	186	2133	236	8586	286	5108
137	5479	187	1862	237	8315	287	4839
138	5206	188	1590	238	8045	288	4570
139	4933	189	1318	239	7775	289	4301
140	4660	190	1047	240	7505	290	4033
19 141	522 4387	19 191	521 0775	19 241	519 7235	19 291	518 3764
142	4114	192	0504	242	6965	292	3495
143	3841	193	0232	243	6695	293	3227
144	3568	194	520 9961	244	6425	294	2958
145	3296	195	9690	245	6155	295	2690
146	3023	196	9418	246	5885	296	2421
147	2750	197	9147	247	5615	297	2152
148	2477	198	8875	248	5345	298	1884
149	2204	199	8604	249	5075	299	1615
150	1932	200	8333	250	4805	300	1347

	274	273	272
0 01	3	3	3
0 02	5	5	5
0 03	8	8	8
0 04	11	11	11
0 05	14	14	14
0 06	16	16	16
0 07	19	19	19
0 08	22	22	22
0 09	25	25	24
0 10	27	27	27
0 20	55	55	54
0 30	82	82	82
0 40	110	109	109
0 50	137	137	136
0 60	164	164	163
0 70	192	191	190
0 80	219	218	218
0 90	247	246	245
1 00	274	273	272

	271	270	269
0 01	3	3	3
0 02	5	5	5
0 03	8	8	8
0 04	11	11	11
0 05	14	14	13
0 06	16	16	16
0 07	19	19	19
0 08	22	22	22
0 09	24	24	24
0 10	27	27	27
0 20	54	54	54
0 30	81	81	81
0 40	108	108	108
0 50	136	135	135
0 60	163	162	161
0 70	190	189	188
0 80	217	216	215
0 90	244	243	242
1 00	271	270	269

	268
0 01	3
0 02	5
0 03	8
0 04	11
0 05	13
0 06	16
0 07	19
0 08	21
0 09	24
0 10	27
0 20	54
0 30	80
0 40	107
0 50	134
0 60	161
0 70	188
0 80	214
0 90	241
1 00	268

Diviseurs : 19301 à 19500.

DIVISEUR	Nombre à multiplier par le dividende	DIVISEUR	Nombre à multiplier par le dividende	DIVISEUR	Nombre à multiplier par le dividende	DIVISEUR	Nombre à multiplier par le dividende
19 301	548 1078	19 351	546 7691	19 401	545 4373	19 451	544 1123
302	0840	352	7424	402	4107	452	0859
303	0542	353	7157	403	3842	453	0595
304	0273	354	6890	404	3576	454	0331
305	0005	355	6623	405	3311	455	0067
306	547 9737	356	6356	406	3045	456	543 9802
307	9468	357	6089	407	2779	457	9538
308	9200	358	5822	408	2514	458	9274
309	8932	359	5555	409	2248	459	9010
310	8664	360	5289	410	1983	460	8746
19 311	547 8395	19 361	546 5022	19 411	545 1717	19 461	543 8482
312	8127	362	4755	412	1452	462	8218
313	7859	363	4488	413	1187	463	7954
314	7591	364	4222	414	0921	464	7690
315	7323	365	3955	415	0656	465	7426
316	7055	366	3688	416	0391	466	7162
317	6787	367	3422	417	0125	467	6898
318	6519	368	3155	418	544 9860	468	6634
319	6251	369	2888	419	9595	469	6370
320	5983	370	2622	420	9330	470	6106
19 321	547 5715	19 371	546 2355	19 421	544 9065	19 471	543 5842
322	5447	372	2089	422	8800	472	5578
323	5179	373	1822	423	8535	473	5315
324	4911	374	1556	424	8270	474	5051
325	4644	375	1290	425	8005	475	4788
326	4376	376	1023	526	7740	476	4524
327	4108	377	0757	427	7475	477	4260
328	3840	378	0490	428	7210	478	3997
329	3572	379	0224	429	6945	479	3733
330	3305	380	545 9958	430	6680	480	3470
19 331	547 3037	19 381	545 9691	19 431	544 6415	19 481	543 3206
332	2770	382	9425	432	6150	482	2943
333	2502	383	9159	433	5885	483	2679
334	2235	384	8893	434	5620	484	2416
335	1967	385	8627	435	5356	485	2153
336	1700	386	8361	436	5091	486	1889
337	1432	387	8095	437	4826	487	1626
338	1165	388	7829	438	4561	488	1362
339	0897	389	7563	439	4296	489	1099
340	0630	390	7297	440	4032	490	0836
19 341	547 0362	19 391	545 7031	19 441	544 3767	19 491	543 0572
342	0095	392	6765	442	3503	492	0309
343	516 9828	393	6499	443	3238	493	0046
344	9561	394	6233	444	2974	494	542 9783
345	9294	395	5968	445	2710	495	9520
346	9026	396	5702	446	2445	496	9257
347	8759	397	5436	447	2181	497	8994
348	8492	398	5170	448	1916	498	8731
349	8225	399	4904	449	1652	499	8469
350	7958	400	4639	450	1388	500	8205

Différences :

	269	268	267
0 01	3	3	3
0 02	5	5	5
0 03	8	8	8
0 04	11	11	11
0 05	13	13	13
0 06	16	16	16
0 07	19	19	19
0 08	22	21	21
0 09	24	24	24
0 10	27	27	27
0 20	54	54	53
0 30	81	80	80
0 40	108	107	107
0 50	135	134	134
0 60	161	161	160
0 70	188	188	187
0 80	215	214	214
0 90	242	241	240
1 00	269	268	267

	266	265	264
0 01	3	3	3
0 02	5	5	5
0 03	8	8	8
0 04	11	11	11
0 05	13	13	13
0 06	16	16	16
0 07	19	19	18
0 08	21	21	21
0 09	24	24	24
0 10	27	27	26
0 20	53	53	53
0 30	80	80	79
0 40	106	106	106
0 50	133	133	132
0 60	160	159	158
0 70	186	186	185
0 80	213	212	211
0 90	239	239	238
1 00	266	265	264

	263
0 01	3
0 02	5
0 03	8
0 04	11
0 05	13
0 06	16
0 07	18
0 08	21
0 09	24
0 10	26
0 20	53
0 30	79
0 40	105
0 50	132
0 60	158
0 70	184
0 80	210
0 90	237
1 00	263

DIVISEURS : 19501 à 19700.

DIFFÉRENCES.

DIVISEUR	Nombre à multiplier par le dividende	DIVISEUR	Nombre à multiplier par le dividende	DIVISEUR	Nombre à multiplier par le dividende	DIVISEUR	Nombre à multiplier par le dividende
19 501	512 7942	19 551	511 4827	19 601	510 4779	19 651	508 8799
502	7679	552	4566	602	4549	652	8540
503	7416	553	4304	603	4259	653	8284
504	7153	554	4043	604	0999	654	8022
505	6890	555	3784	605	0739	655	7763
506	6627	556	3520	606	0479	656	7504
507	6364	557	3258	607	0219	657	7245
508	6101	558	2997	608	509 9959	658	6986
509	5838	559	2735	609	9699	659	6727
510	5576	560	2474	610	9439	660	6469
19 511	512 5313	19 561	511 2212	19 611	509 9179	19 661	508 6240
512	5050	562	1954	612	8919	662	5982
513	4788	563	1690	613	8659	663	5693
514	4525	564	1429	614	8399	664	5435
515	4263	565	1168	615	8139	665	5176
516	4000	566	0906	616	7879	666	4918
517	3737	567	0645	617	7619	667	4659
518	3475	568	0384	618	7359	668	4404
519	3212	569	0123	619	7099	669	4142
520	2950	570	510 9862	620	6839	670	3884
19 521	512 2687	19 571	510 9601	19 621	509 6579	19 671	508 3625
522	2425	572	9340	622	6319	672	3367
523	2163	573	9079	623	6060	673	3109
524	1900	574	8818	624	5800	674	2850
525	1638	575	8557	625	5541	675	2592
526	1376	576	8296	626	5281	676	2334
527	1113	577	8035	627	5024	677	2075
528	0851	578	7774	628	4762	678	1817
529	0589	579	7513	629	4502	679	1559
530	0327	580	7252	630	4243	680	1301
19 531	512 0065	19 581	510 6991	19 631	509 3983	19 681	508 1042
532	511 9803	582	6730	632	3724	682	0784
533	9541	583	6469	633	3464	683	0526
534	9279	584	6209	634	3205	684	0268
535	9017	585	5948	635	2946	685	0040
536	8755	586	5687	636	2686	686	507 9752
537	8493	587	5427	637	2427	687	9494
538	8231	588	5166	638	2167	688	9236
539	7969	589	4905	639	1908	689	8978
540	7707	590	4645	640	1649	690	8720
19 541	511 7445	19 591	510 4384	19 641	509 1389	19 691	507 8462
542	7183	592	4124	642	1130	692	8204
543	6921	593	3863	643	0871	693	7946
544	6659	594	3603	644	0612	694	7688
545	6398	595	3342	645	0353	695	7431
546	6136	596	3082	646	0094	696	7173
547	5874	597	2821	647	508 9835	697	6915
548	5612	598	2561	648	9576	698	6657
549	5350	599	2300	649	9317	699	6399
550	5089	600	2040	650	9058	700	6142

	263	262	261
0 01	3	3	3
0 02	5	5	5
0 03	8	8	8
0 04	11	10	10
0 05	13	13	13
0 06	16	16	16
0 07	18	18	18
0 08	21	21	21
0 09	24	24	24
0 10	26	26	26
0 20	53	52	52
0 30	79	79	78
0 40	105	105	104
0 50	132	131	131
0 60	158	157	157
0 70	184	183	183
0 80	210	210	209
0 90	237	236	235
1 00	263	262	261

	260	259	258
0 01	3	3	3
0 02	5	5	5
0 03	8	8	8
0 04	10	10	10
0 05	13	13	13
0 06	16	16	15
0 07	18	18	18
0 08	21	21	21
0 09	23	23	23
0 10	26	26	26
0 20	52	52	52
0 30	78	78	77
0 40	104	104	103
0 50	130	130	129
0 60	156	155	155
0 70	182	181	181
0 80	208	207	206
0 90	234	233	232
1 00	260	259	258

	257
0 01	3
0 02	5
0 03	8
0 04	10
0 05	13
0 06	15
0 07	18
0 08	21
0 09	23
0 10	26
0 20	51
0 30	77
0 40	103
0 50	129
0 60	154
0 70	180
0 80	206
0 90	231
1 00	257

DIVISEURS : 19701 A 19900. DIFFÉRENCES.

DIVISEUR	Nombre à multiplier par le dividende	DIVISEUR	Nombre à multiplier par le dividende	DIVISEUR	Nombre à multiplier par le dividende	DIVISEUR	Nombre à multiplier par le dividende
19 701	507 5884	19 751	506 3034	19 801	505 0250	19 851	503 7529
702	5626	752	2778	802	504 9995	852	7275
703	5369	753	2522	803	9740	853	7021
704	5111	754	2265	804	9485	854	6768
705	4854	755	2009	805	9230	855	6514
706	4596	756	1753	806	8975	856	6260
707	4338	757	1496	807	8720	857	6007
708	4081	758	1240	808	8465	858	5753
709	3823	759	0984	809	8210	859	5499
710	3566	760	0728	810	7955	860	5246
19 711	507 3308	19 761	506 0472	19 811	504 7700	19 861	503 4992
712	3051	762	0216	812	7445	862	4739
713	2794	763	505 9960	813	7190	863	4485
714	2536	764	9704	814	6936	864	4232
715	2279	765	9448	815	6681	865	3979
716	2022	766	9192	816	6426	866	3725
717	1764	767	8936	817	6172	867	3472
718	1507	768	8680	818	5917	868	3218
719	1250	769	8424	819	5662	869	2965
720	0993	770	8168	820	5408	870	2712
19 721	507 0736	19 771	505 7912	19 821	504 5153	19 871	503 2458
722	0479	772	7656	822	4899	872	2205
723	0222	773	7400	823	4644	873	1952
724	506 9965	774	7145	824	4390	874	1699
725	9708	775	6889	825	4136	875	1446
726	9451	776	6633	826	3881	876	1193
727	9194	777	6378	827	3627	877	0940
728	8937	778	6122	828	3372	878	0687
729	8680	779	5866	829	3118	879	0434
730	8423	780	5611	830	2864	880	0181
19 731	506 8466	19 781	505 5355	19 831	504 2609	19 881	502 9928
732	7909	782	5100	832	2355	882	9675
733	7652	783	4844	833	2101	883	9422
734	7396	784	4589	834	1847	884	9169
735	7139	785	4334	835	1593	885	8916
736	6882	786	4078	836	1338	886	8663
737	6626	787	3823	837	1084	887	8410
738	6369	788	3567	838	0830	888	8157
739	6112	789	3312	839	0576	889	7904
740	5856	790	3057	840	0322	890	7652
19 741	506 5599	19 791	505 2801	19 841	504 0068	19 891	502 7399
742	5343	792	2546	842	503 9814	892	7146
743	5086	793	2291	843	9560	893	6893
744	4830	794	2036	844	9306	894	6641
745	4573	795	1781	845	9052	895	6388
746	4317	796	1525	846	8798	896	6135
747	4060	797	1270	847	8544	897	5883
748	3804	798	1045	848	8290	898	5630
749	3547	719	0760	849	8036	899	5377
750	3291	800	0505	850	7783	900	5125

DIFFÉRENCES.

	258	257	256
0 01	3	3	3
0 02	5	5	5
0 03	8	8	8
0 04	10	10	10
0 05	13	13	13
0 06	15	15	15
0 07	18	18	18
0 08	21	21	20
0 09	23	23	23
0 10	26	26	26
0 20	52	51	51
0 30	77	77	77
0 40	103	103	102
0 50	129	129	128
0 60	155	154	154
0 70	181	180	179
0 80	206	206	205
0 90	232	231	230
1 00	258	257	256

	255	254	253
0 01	3	3	3
0 02	5	5	5
0 03	8	8	8
0 04	10	10	10
0 05	13	13	13
0 06	15	15	15
0 07	18	18	18
0 08	20	20	20
0 09	23	23	23
0 10	26	25	25
0 20	51	51	51
0 30	77	76	76
0 40	102	102	101
0 50	128	127	127
0 60	153	152	152
0 70	179	178	177
0 80	204	203	202
0 90	230	229	228
1 00	255	254	253

	252
0 01	3
0 02	5
0 03	8
0 04	10
0 05	13
0 06	15
0 07	18
0 08	20
0 09	23
0 10	25
0 20	50
0 30	76
0 40	101
0 50	126
0 60	151
0 70	176
0 80	202
0 90	227
1 00	252

DIVISEURS : 19901 A 20100.   DIFFÉRENCES.

DIVISEUR	Nombre à multiplier par le dividende	DIVISEUR	Nombre à multiplier par le dividende	DIVISEUR	Nombre à multiplier par le dividende	DIVISEUR	Nombre à multiplier par le dividende
19 901	502 4872	19 951	501 2279	20 001	499 9750	20 051	498 7282
902	4620	952	2028	002	9500	052	7033
903	4367	953	1777	003	9250	053	6785
904	4115	954	1526	004	9000	054	6536
905	3863	955	1275	005	8750	055	6288
906	3610	956	1024	006	8500	056	6039
907	3358	957	0773	007	8250	057	5790
908	3105	958	0522	008	8000	058	5542
909	2853	959	0271	009	7750	059	5293
910	2601	960	0020	010	7501	060	5045
19 911	502 2348	19 961	500 9769	20 011	499 7251	20 061	498 4796
912	2096	962	9518	012	7001	062	4548
913	1844	963	9267	013	6752	063	4299
914	1592	964	9016	014	6502	064	4051
915	1340	965	8765	015	6253	065	3803
916	1088	966	8514	016	6003	066	3554
917	0836	967	8263	017	5753	067	3306
918	0584	968	8012	018	5504	068	3057
919	0332	969	7761	019	5254	069	2809
920	0080	970	7511	020	5005	070	2561
19 921	501 9828	19 971	500 7260	20 021	499 4755	20 071	498 2312
922	9576	972	7009	022	4506	072	2064
923	9324	973	6759	023	4256	073	1816
924	9072	974	6508	024	4007	074	1568
925	8820	975	6258	025	3758	075	1320
926	8568	976	6007	026	3508	076	1071
927	8316	977	5756	027	3259	077	0823
928	8064	978	5506	028	3009	078	0575
929	7812	979	5255	029	2760	079	0327
930	7561	980	5005	030	2511	080	0079
19 931	501 7309	19 981	500 4754	20 031	499 2261	20 081	497 9831
932	7057	982	4504	032	2012	082	9583
933	6806	983	4253	033	1763	083	9335
934	6554	984	4003	034	1514	084	9087
935	6303	985	3753	035	1265	085	8839
936	6051	986	3502	036	1016	086	8591
937	5799	987	3252	037	0767	087	8343
938	5548	988	3001	038	0518	088	8095
939	5296	989	2751	039	0269	089	7847
940	5045	990	2501	040	0020	090	7600
19 941	501 4793	19 991	500 2250	20 041	498 9771	20 091	497 7352
942	4542	992	2000	042	9522	092	7104
943	4290	993	1750	043	9273	093	6857
944	4039	994	1500	044	9024	094	6609
945	3788	995	1250	045	8775	095	6362
946	3536	996	1000	046	8526	096	6114
947	3285	997	0750	047	8277	097	5866
948	3033	998	0500	048	8028	098	5619
949	2782	999	0250	049	7779	099	5371
950	2531	20 000	0000	050	7531	100	5124

DIFFÉRENCES.

	253	252	251
0 01	3	3	3
0 02	5	5	5
0 03	8	8	8
0 04	10	10	10
0 05	13	13	13
0 06	15	15	15
0 07	18	18	18
0 08	20	20	20
0 09	23	23	23
0 10	25	25	25
0 20	51	50	50
0 30	76	76	75
0 40	101	101	100
0 50	127	126	126
0 60	152	151	151
0 70	177	176	176
0 80	202	202	201
0 90	228	227	226
1 00	253	252	251

	250	249	248
0 01	3	2	2
0 02	5	5	5
0 03	8	7	7
0 04	10	10	10
0 05	13	12	12
0 06	15	15	15
0 07	18	17	17
0 08	20	20	20
0 09	23	22	22
0 10	25	25	25
0 20	50	50	50
0 30	75	75	74
0 40	100	100	99
0 50	125	125	124
0 60	150	149	149
0 70	175	174	174
0 80	200	199	198
0 90	225	224	223
1 00	250	249	248

	247
0 01	2
0 02	5
0 03	7
0 04	10
0 05	12
0 06	15
0 07	17
0 08	20
0 09	22
0 10	25
0 20	49
0 30	74
0 40	99
0 50	124
0 60	148
0 70	173
0 80	198
0 90	222
1 00	247

DIVISEURS : 20101 A 20300.

DIVISEUR	Nombre à multiplier par le dividende	DIVISEUR	Nombre à multiplier par le dividende	DIVISEUR	Nombre à multiplier par le dividende	DIVISEUR	Nombre à multiplier par le dividende
20 101	497 4876	20 151	496 2532	20 201	495 0250	20 251	493 8027
102	4629	152	2286	202	0005	252	7783
103	4381	153	2040	203	494 9760	253	7539
104	4134	154	1794	204	9515	254	7296
105	3887	155	1548	205	9270	255	7052
106	3639	156	1301	206	9025	256	6808
107	3392	157	1055	207	8780	257	6565
108	3144	158	0809	208	8535	258	6321
109	2897	159	0563	209	8290	259	6077
110	2650	160	0317	210	8045	260	5834
20 111	497 2402	20 161	496 0071	20 211	494 7800	20 261	493 5590
112	2155	162	495 9825	212	7555	262	5347
113	1908	163	9579	213	7310	263	5103
114	1661	164	9333	214	7066	264	4860
115	1414	165	9087	215	6821	265	4616
116	1166	166	8841	216	6576	266	4373
117	0919	167	8595	217	6332	267	4129
118	0672	168	8349	218	6087	268	3886
119	0425	169	8103	219	5842	269	3642
120	0178	170	7858	220	5598	270	3399
20 121	496 9931	20 171	495 7612	20 221	494 5353	20 271	493 3155
122	9684	172	7366	222	5109	272	2912
123	9437	173	7120	223	4864	273	2669
124	9190	174	6875	224	4620	274	2425
125	8943	175	6629	225	4375	275	2182
126	8696	176	6383	226	4131	276	1939
127	8449	177	6138	227	3886	277	1695
128	8202	178	5892	228	3642	278	1452
129	7955	179	5646	229	3397	279	1209
130	7709	180	5401	230	3153	280	0966
20 131	496 7462	20 181	495 5155	20 231	494 2908	20 281	493 0723
132	7215	182	4910	232	2664	282	0480
133	6969	183	4664	233	2420	283	0237
134	6722	184	4419	234	2176	284	492 9994
135	6475	185	4174	235	1932	285	9751
136	6229	186	3928	236	1687	286	9508
137	5982	187	3683	237	1443	287	9265
138	5736	188	3437	238	1199	288	9022
139	5489	189	3192	239	0955	289	8779
140	5243	190	2947	240	0711	290	8536
20 141	496 4996	20 191	495 2701	20 241	494 0467	20 291	492 8293
142	4750	192	2456	242	0223	292	8050
143	4503	193	2211	243	493 9979	293	7807
144	4257	194	1966	244	9735	294	7564
145	4011	195	1721	245	9491	295	7322
146	3764	196	1475	246	9247	296	7079
147	3518	197	1230	247	9003	297	6836
148	3271	198	0985	248	8759	298	6593
149	3025	199	0740	249	8515	299	6350
150	2779	200	0495	250	8271	300	6108

	248	247	246
0 01	2	2	2
0 02	5	5	5
0 03	7	7	7
0 04	10	10	10
0 05	12	12	12
0 06	15	15	15
0 07	17	17	17
0 08	20	20	20
0 09	22	22	22
0 10	25	25	25
0 20	50	49	49
0 30	74	74	74
0 40	99	99	98
0 50	124	124	123
0 60	149	148	148
0 70	174	173	172
0 80	198	198	197
0 90	223	222	221
1 00	248	247	246

	245	244	243
0 01	2	2	2
0 02	5	5	5
0 03	7	7	7
0 04	10	10	10
0 05	12	12	12
0 06	15	15	15
0 07	17	17	17
0 08	20	20	19
0 09	22	22	22
0 10	25	24	24
0 20	49	49	49
0 30	74	73	73
0 40	98	98	97
0 50	123	122	122
0 60	147	146	146
0 70	172	171	170
0 80	196	195	194
0 90	221	220	219
1 00	245	244	243

	242
0 01	2
0 02	5
0 03	7
0 04	10
0 05	12
0 06	15
0 07	17
0 08	19
0 09	22
0 10	24
0 20	48
0 30	73
0 40	97
0 50	121
0 60	145
0 70	169
0 80	194
0 90	218
1 00	242

DIVISEURS : 20301 A 20500.

DIVISEUR	Nombre à multiplier par le dividende	DIVISEUR	Nombre à multiplier par le dividende	DIVISEUR	Nombre à multiplier par le dividende	DIVISEUR	Nombre à multiplier par le dividende
20 301	492 5865	20 351	491 3763	20 401	490 1719	20 451	488 9736
302	5622	352	3522	402	1479	452	9497
303	5380	353	3280	403	1239	453	9258
304	5137	354	3039	404	0999	454	9019
305	4895	355	2798	405	0759	455	8780
306	4652	356	2556	406	0519	456	8541
307	4409	357	2315	407	0279	457	8302
308	4167	358	2073	408	0039	458	8063
309	3924	359	1832	409	489 9799	459	7824
310	3682	360	1591	410	9559	460	7585
20 311	492 3439	20 361	491 1349	20 411	489 9319	20 461	488 7346
312	3197	362	1108	412	9079	462	7107
313	2955	363	0867	413	8839	463	6868
314	2712	364	0626	414	8599	464	6629
315	2470	365	0385	415	8359	465	6391
316	2228	366	0144	416	8119	466	6152
317	1985	367	490 9903	417	7879	467	5913
318	1743	368	9662	418	7639	468	5674
319	1501	369	9421	419	7399	469	5435
320	1259	370	9480	420	7159	470	5197
20 321	492 1017	20 371	490 8939	20 421	489 6919	20 471	488 4958
322	0775	372	8698	422	6679	472	4720
323	0533	373	8457	423	6439	473	4481
324	0291	374	8216	424	6200	474	4243
325	0049	375	7975	425	5960	475	4004
326	491 9807	376	7734	426	5720	476	3766
327	9565	377	7493	427	5481	477	3527
328	9323	378	7252	428	5241	478	3289
329	9081	379	7011	429	5001	479	3050
330	8839	380	6771	430	4762	480	2842
20 331	491 8597	20 381	490 6530	20 431	489 4522	20 481	488 2573
332	8355	382	6289	432	4283	482	2335
333	8113	383	6048	433	4043	483	2097
334	7871	384	5808	434	3804	484	1858
335	7630	385	5567	435	3564	485	1620
336	7388	386	5326	436	3325	486	1382
337	7146	387	5086	437	3085	487	1143
338	6904	388	4845	438	2846	488	0905
339	6662	389	4604	439	2606	489	0667
340	6421	390	4364	440	2367	490	0429
20 341	491 6179	20 391	490 4123	20 441	489 2127	20 491	488 0190
342	5937	392	3883	442	1888	492	487 9952
343	5696	393	3642	443	1649	493	9714
344	5454	394	3402	444	1410	494	9476
345	5213	395	3162	445	1171	495	9238
346	4971	396	2921	446	0931	496	9000
347	4729	397	2681	447	0692	497	8762
348	4488	398	2440	448	0453	498	8524
349	4246	399	2200	449	0214	499	8286
350	4005	400	1960	450	488 9975	500	8048

DIFFÉRENCES.

	243	242
0 01	2	2
0 02	5	5
0 03	7	7
0 04	10	10
0 05	12	12
0 06	15	15
0 07	17	17
0 08	19	19
0 09	22	22
0 10	24	24
0 20	49	48
0 30	73	73
0 40	97	97
0 50	122	121
0 60	146	145
0 70	170	169
0 80	194	194
0 90	219	218
1 00	243	242

	241	240
0 01	2	2
0 02	5	5
0 03	7	7
0 04	10	10
0 05	12	12
0 06	14	14
0 07	17	17
0 08	19	19
0 09	22	22
0 10	24	24
0 20	48	48
0 30	72	72
0 40	96	96
0 50	121	120
0 60	145	144
0 70	169	168
0 80	193	192
0 90	217	216
1 00	241	240

	239	238
0 01	2	2
0 02	5	5
0 03	7	7
0 04	10	10
0 05	12	12
0 06	14	14
0 07	17	17
0 08	19	19
0 09	22	21
0 10	24	24
0 20	48	48
0 30	72	71
0 40	96	95
0 50	120	119
0 60	143	143
0 70	167	167
0 80	191	190
0 90	215	214
1 00	239	238

DIVISEURS : 20501 A 20700.

DIVISEUR	Nombre à multiplier par le dividende	DIVISEUR	Nombre à multiplier par le dividende	DIVISEUR	Nombre à multiplier par le dividende	DIVISEUR	Nombre à multiplier par le dividende
20 501	487 7810	20 551	486 5943	20 601	485 4132	20 651	484 2380
502	7572	552	5706	602	3897	652	2146
503	7334	553	5469	603	3661	653	1911
504	7096	554	5233	604	3426	654	1677
505	6859	555	4996	605	3190	655	1443
506	6621	556	4759	606	2955	656	1208
507	6383	557	4523	607	2719	657	0974
508	6145	558	4286	608	2484	658	0739
509	5907	559	4049	609	2248	659	0505
510	5670	560	3813	610	2013	660	0271
20 511	487 5432	20 561	486 3576	20 611	485 1777	20 661	484 0036
512	5194	562	3340	612	1542	662	483 9802
513	4957	563	3103	613	1307	663	9568
514	4719	564	2867	614	1071	664	9334
515	4482	565	2630	615	0836	665	9100
516	4244	566	2394	616	0601	666	8865
517	4006	567	2157	617	0365	667	8631
518	3769	568	1921	618	0130	668	8397
519	3531	569	1684	619	484 9895	669	8163
520	3294	570	1448	620	9660	670	7929
20 521	487 3056	20 571	486 1211	20 621	484 9424	20 671	483 7695
522	2819	572	0975	622	9189	672	7461
523	2581	573	0739	623	8954	673	7227
524	2344	574	0503	624	8719	674	6993
525	2107	575	0267	625	8484	675	6759
526	1869	576	0030	626	8249	676	6525
527	1632	577	485 9794	627	8014	677	6294
528	1394	578	9558	628	7779	678	6057
529	1157	579	9322	629	7544	679	5823
530	0920	580	9086	630	7309	680	5589
20 531	487 0682	20 581	485 8850	20 631	484 7074	20 681	483 5355
532	0445	582	8614	632	6839	682	5121
533	0208	583	8378	633	6604	683	4887
534	486 9971	584	8142	634	6369	684	4654
535	9735	585	7906	635	6135	685	4420
536	9497	586	7670	636	5900	686	4186
537	9260	587	7434	637	5665	687	3953
538	9023	588	7198	638	5430	688	3719
539	8786	589	6962	639	5195	689	3485
540	8549	590	6726	640	4961	690	3252
20 541	486 8312	20 591	485 6490	20 641	484 4726	20 691	483 3048
542	8075	592	6254	642	4491	692	2785
543	7838	593	6018	643	4257	693	2551
544	7601	594	5782	644	4022	694	2318
545	7364	595	5547	645	3788	695	2084
546	7127	596	5311	646	3553	696	1851
547	6890	567	5075	647	3348	697	1617
548	6653	598	4839	648	3084	698	1384
549	6416	599	4603	649	2849	699	1150
550	6180	600	4368	650	2615	700	0917

	238	237
0 01	2	2
0 02	5	5
0 03	7	7
0 04	10	9
0 05	12	12
0 06	14	14
0 07	17	17
0 08	19	19
0 09	21	21
0 10	24	24
0 20	48	47
0 30	71	71
0 40	95	95
0 50	119	119
0 60	143	142
0 70	167	166
0 80	190	190
0 90	214	213
1 00	238	237

	236	235
0 01	2	2
0 02	5	5
0 03	7	7
0 04	9	9
0 05	12	12
0 06	14	14
0 07	17	16
0 08	19	19
0 09	21	21
0 10	24	24
0 20	47	47
0 30	71	71
0 40	94	94
0 50	118	118
0 60	142	141
0 70	165	165
0 80	189	188
0 90	212	212
1 00	236	235

	234	233
0 01	2	2
0 02	5	5
0 03	7	7
0 04	9	9
0 05	12	12
0 06	14	14
0 07	16	16
0 08	19	19
0 09	21	21
0 10	23	23
0 20	47	47
0 30	70	70
0 40	94	93
0 50	117	117
0 60	140	140
0 70	164	163
0 80	187	186
0 90	211	210
1 00	234	233

DIVISEUR	Nombre à multiplier par le dividende	DIVISEUR	Nombre à multiplier par le dividende	DIVISEUR	Nombre à multiplier par le dividende	DIVISEUR	Nombre à multiplier par le dividende
20 701	483 0683	20 751	484 9043	20 801	480 7461	20 851	479 5933
702	0450	752	8811	802	7230	852	5703
703	0217	753	8579	803	6999	853	5473
704	482 9984	754	8347	804	6768	854	5243
705	9751	755	8115	805	6537	855	5013
706	9517	756	7883	806	6306	856	4783
707	9284	757	7651	807	6075	857	4553
708	9051	758	7419	808	5844	858	4323
709	8818	759	7187	809	5613	859	4093
710	8585	760	6955	810	5382	860	3863
20 711	482 8352	20 761	481 6723	20 811	480 5151	20 861	479 3633
712	8119	762	6491	812	4920	862	3403
713	7886	763	6259	813	4689	863	3173
714	7653	764	6027	814	4458	864	2944
715	7420	765	5795	815	4227	865	2714
716	7187	766	5563	816	3996	866	2484
717	6954	767	5331	817	3765	867	2255
718	6721	768	5099	818	3534	868	2025
719	6488	769	4867	819	3303	869	1795
720	6255	770	4636	820	3073	870	1566
20 721	482 6022	20 771	481 4404	20 821	480 2842	20 871	479 1336
722	5789	772	4172	822	2642	872	1107
723	5556	773	3940	823	2381	873	0877
724	5323	774	3709	824	2151	874	0648
725	5090	775	3477	825	1920	875	0419
726	4857	776	3245	826	1690	876	0189
727	4624	777	3014	827	1459	877	478 9960
728	4391	778	2782	828	1229	878	9730
729	4158	779	2550	829	0998	879	9501
730	3926	780	2319	830	0768	880	9272
20 731	482 3693	20 781	481 2087	20 831	480 0537	20 881	478 9042
732	3460	782	1856	832	0307	882	8813
733	3228	783	1624	833	0076	883	8584
734	2995	784	1393	834	479 9846	884	8354
735	2763	785	1161	835	9616	885	8125
736	3530	786	0930	836	9385	886	7896
737	2297	787	0698	837	9155	887	7666
738	2065	788	0467	838	8924	888	7437
739	1832	789	0235	839	8694	889	7208
740	1600	790	0004	840	8464	890	6979
20 741	482 1367	20 791	480 9772	20 841	479 8233	20 891	478 6749
742	1135	792	9541	842	8003	892	6520
743	0902	793	9310	843	7773	893	6291
744	0670	794	9079	844	7543	894	6062
745	0438	795	8848	845	7313	895	5833
746	0205	796	8616	846	7083	896	5604
747	481 9973	797	8385	847	6853	897	5375
748	9740	798	8154	848	6623	898	5146
749	9508	799	7923	849	6393	899	4917
750	9276	800	7692	850	6163	900	4688

DIFFÉRENCES.

	234	233
0 01	2	2
0 02	5	5
0 03	7	7
0 04	9	9
0 05	12	12
0 06	14	14
0 07	16	16
0 08	19	19
0 09	21	21
0 10	23	23
0 20	47	47
0 30	70	70
0 40	94	93
0 50	117	117
0 60	140	140
0 70	164	163
0 80	187	186
0 90	211	210
1 00	234	233

	232	231
0 01	2	2
0 02	5	5
0 03	7	7
0 04	9	9
0 05	12	12
0 06	14	14
0 07	16	16
0 08	19	19
0 09	21	21
0 10	23	23
0 20	46	46
0 30	70	69
0 40	93	92
0 50	116	116
0 60	139	139
0 70	162	162
0 80	186	185
0 90	209	208
1 00	232	231

	230	229
0 01	2	2
0 02	5	5
0 03	7	7
0 04	9	9
0 05	12	11
0 06	14	14
0 07	16	16
0 08	19	19
0 09	21	21
0 10	23	23
0 20	46	46
0 30	69	69
0 40	92	92
0 50	115	115
0 60	138	137
0 70	161	160
0 80	184	183
0 90	207	206
1 00	230	229

DIVISEUR	Nombre à multiplier par le dividende	DIVISEUR	Nombre à multiplier par le dividende	DIVISEUR	Nombre à multiplier par le dividende	DIVISEUR	Nombre à multiplier par le dividende
20 901	478 4459	20 951	477 3041	21 001	476 1677	21 051	475 0367
902	4230	952	2813	002	1450	052	0142
903	4004	953	2585	003	1224	053	474 9916
904	3772	954	2358	004	0997	054	9691
905	3544	955	2130	005	0771	055	9465
906	3315	956	1902	006	0544	056	9240
907	3086	957	1675	007	0317	057	9014
908	2857	958	1447	008	0091	058	8789
909	2628	959	1219	009	475 9864	059	8563
910	2400	960	0992	010	9638	060	8338
20 911	478 2171	20 961	477 0764	21 011	475 9411	21 061	474 8112
912	1942	962	0537	012	9185	062	7887
913	1714	963	0309	013	8958	063	7664
914	1485	964	0082	014	8732	064	7436
915	1257	965	476 9854	015	8505	065	7211
916	1028	966	9627	016	8279	066	6985
917	0799	967	7399	017	8052	067	6760
918	0571	968	9172	018	7826	068	6534
919	0342	969	8944	019	7599	069	6309
920	0114	970	8717	020	7373	070	6084
20 921	477 9885	20 971	476 8489	21 021	475 7146	21 071	474 5858
922	9657	972	8262	022	6920	072	5633
923	9428	973	8035	023	6694	073	5408
924	9200	974	7807	024	6468	074	5183
925	8972	975	7580	025	6242	075	4958
926	8743	976	7353	026	6015	076	4733
927	8515	977	7125	027	5789	077	4508
928	8286	978	6898	028	5563	078	4283
929	8058	979	6671	029	5337	079	4058
930	7830	980	6444	030	5111	080	3833
20 931	477 7601	20 981	476 6216	21 031	475 4885	21 081	474 3608
932	7373	982	5989	032	4659	082	3383
933	7145	983	5762	033	4433	083	3158
934	6917	984	5535	034	4207	084	2933
935	6689	985	5308	035	3984	085	2708
936	6461	986	5081	036	3755	086	2483
937	6233	987	4854	037	3529	087	2258
938	6005	988	4627	038	3303	088	2033
939	5777	989	4400	039	3077	089	1808
940	5549	990	4173	040	2851	090	1583
20 941	477 5321	20 991	476 3946	21 041	475 2625	21 091	474 1358
942	5093	992	3719	042	2399	092	1133
943	4865	993	3492	043	2173	093	0908
944	4637	994	3265	044	1947	094	0684
945	4409	995	3038	045	1722	095	0459
946	4181	996	2811	046	1496	096	0234
947	3953	997	2584	047	1270	097	0010
948	3725	998	2357	048	1044	098	473 9785
949	3497	999	2130	049	0848	099	9560
950	3269	21 000	1904	050	0593	21 100	9336

DIFFÉRENCES.

	229	228
0 01	2	2
0 02	5	5
0 03	7	7
0 04	9	9
0 05	11	11
0 06	14	14
0 07	16	16
0 08	18	18
0 09	21	21
0 10	23	23
0 20	46	46
0 30	69	68
0 40	92	91
0 50	115	114
0 60	137	137
0 70	160	160
0 80	183	182
0 90	206	205
1 00	229	228

	227	226
0 01	2	2
0 02	5	5
0 03	7	7
0 04	9	9
0 05	11	11
0 06	14	14
0 07	16	16
0 08	18	18
0 09	20	20
0 10	23	23
0 20	45	45
0 30	68	68
0 40	91	90
0 50	114	113
0 60	136	136
0 70	159	158
0 80	182	181
0 90	204	203
1 00	227	226

	225	224
0 01	2	2
0 02	5	4
0 03	7	7
0 04	9	9
0 05	11	11
0 06	14	13
0 07	16	16
0 08	18	18
0 09	20	20
0 10	23	22
0 20	45	45
0 30	68	67
0 40	90	90
0 50	113	112
0 60	135	134
0 70	158	157
0 80	180	179
0 90	203	202
1 00	225	224

DIVISEURS : 21101 A 21300.

DIVISEUR	Nombre à multiplier par le dividende	DIVISEUR	Nombre à multiplier par le dividende	DIVISEUR	Nombre à multiplier par le dividende	DIVISEUR	Nombre à multiplier par le dividende
21 101	473 9111	21 151	472 7908	21 201	474 6758	21 251	470 5660
102	8887	152	7685	202	6536	252	5439
103	8662	153	7461	203	6343	253	5217
104	8438	154	7238	204	6091	254	4996
105	8213	155	7014	205	5869	255	4775
106	7989	156	6791	206	5646	256	4553
107	7764	157	6567	207	5424	257	4332
108	7540	158	6344	208	5201	258	4110
109	7315	159	6120	209	4979	259	3889
110	7091	160	5897	210	4757	260	3668
21 111	473 6866	21 161	472 5673	21 211	474 4534	21 261	470 3446
112	6642	162	5450	212	4312	262	3225
113	6418	163	5227	213	4090	263	3004
114	6193	164	5004	214	3868	264	2783
115	5969	165	4781	215	3646	265	2562
116	5745	166	4557	216	3423	266	2341
117	5520	167	4334	217	3201	267	2120
118	5296	168	4111	218	2979	268	1899
119	5072	169	3888	219	2757	269	1678
120	4848	170	3665	220	2535	270	1457
21 121	473 4623	21 171	472 3442	21 221	474 2313	21 271	470 1236
122	4399	172	3219	222	2091	272	1015
123	4175	173	2996	223	1869	273	0794
124	3951	174	2773	224	1647	274	0573
125	3727	175	2550	225	1425	275	0352
126	3503	176	2327	226	1203	276	0131
127	3279	177	2104	227	0981	277	469 9910
128	3055	178	1881	228	0759	278	9689
129	2831	179	1658	229	0537	279	9468
130	2607	180	1435	230	0315	280	9248
21 131	473 2383	21 181	472 1212	21 231	474 0093	21 281	469 9027
132	2159	182	0989	232	470 9871	282	8806
133	1935	183	0766	233	9649	283	8585
134	1711	184	0543	234	9427	284	8364
135	1487	185	0321	235	9206	285	8144
136	1263	186	0098	236	8984	286	7923
137	1039	187	471 9875	237	8762	287	7702
138	0815	188	9652	238	8540	288	7481
139	0591	189	9429	239	8348	289	7260
140	0368	190	9207	240	8097	290	7040
21 141	473 0144	21 191	471 8984	21 241	470 7875	21 291	469 6819
142	472 9920	192	8761	242	7654	292	6599
143	9697	193	8539	243	7432	293	6378
144	9473	194	8316	244	7211	294	6158
145	9250	195	8094	245	6989	295	5937
146	9026	196	7871	246	6768	296	5717
147	8802	197	7648	247	6546	297	5496
148	8579	198	7426	248	6325	298	5276
149	8355	199	7203	249	6103	299	5055
150	8132	200	6981	250	5882	300	4835

	225	224
0 01	2	2
0 02	5	4
0 03	7	7
0 04	9	9
0 05	11	11
0 06	14	13
0 07	16	16
0 08	18	18
0 09	20	20
0 10	23	22
0 20	45	45
0 30	68	67
0 40	90	90
0 50	113	112
0 60	135	134
0 70	158	157
0 80	180	179
0 90	203	202
1 00	225	224

	223	222
0 01	2	2
0 02	4	4
0 03	7	7
0 04	9	9
0 05	11	11
0 06	13	13
0 07	16	16
0 08	18	18
0 09	20	20
0 10	22	22
0 20	45	44
0 30	67	67
0 40	89	89
0 50	112	111
0 60	134	133
0 70	156	155
0 80	178	178
0 90	201	200
1 00	223	222

	221	220
0 01	2	2
0 02	4	4
0 03	7	7
0 04	9	9
0 05	11	11
0 06	13	13
0 07	15	15
0 08	18	18
0 09	20	20
0 10	22	22
0 20	44	44
0 30	66	66
0 40	88	88
0 50	111	110
0 60	133	132
0 70	155	154
0 80	177	176
0 90	199	198
1 00	221	220

DIVISEURS : 21301 A 21500.

DIVISEUR	Nombre à multiplier par le dividende	DIVISEUR	Nombre à multiplier par le dividende	DIVISEUR	Nombre à multiplier par le dividende	DIVISEUR	Nombre à multiplier par le dividende
21 301	469 4614	21 351	468 3620	21 401	467 2678	21 451	466 1786
302	4394	352	3401	402	2460	452	1569
303	4174	353	3182	403	2242	453	1352
304	3953	354	2962	404	2023	454	1135
305	3733	355	2743	405	1805	455	0918
306	3513	356	2524	406	1587	456	0700
307	3292	357	2304	407	1368	457	0483
308	3072	358	2085	408	1150	458	0266
309	2852	359	1866	409	0932	459	0049
310	2632	360	1647	410	0714	460	9832
21 311	469 2411	21 361	468 1428	21 411	467 0496	21 461	465 9614
312	2191	362	1209	412	0278	462	9397
313	1971	363	0990	413	0060	463	9180
314	1751	364	0771	414	466 9842	464	8963
315	1531	365	0552	415	9624	465	8746
316	1311	366	0333	416	9406	466	8529
317	1091	367	0114	417	9188	467	8312
318	0871	368	467 9895	418	8970	468	8095
319	0651	369	9676	419	8752	469	7878
320	0431	370	9457	420	8534	470	7661
21 321	469 0211	21 371	467 9238	21 421	466 8316	21 471	465 7444
322	468 9994	372	9019	422	8098	472	7227
323	9774	373	8800	423	7880	473	7010
324	9554	374	8581	424	7662	474	6793
325	9334	375	8362	425	7444	475	6577
326	9114	376	8143	426	7226	476	6360
327	8894	377	7924	427	7008	477	6143
328	8674	378	7705	428	6790	478	5926
329	8454	379	7486	429	6572	479	5709
330	8232	380	7268	430	6355	480	5493
21 331	468 8012	21 381	467 7049	21 431	466 6137	21 481	465 5276
332	7792	382	6830	432	5919	482	5059
333	7572	383	6611	433	5702	483	4843
334	7353	384	6393	434	5484	484	4626
335	7133	385	6174	435	5267	485	4410
336	6913	386	5955	436	5049	486	4193
337	6694	387	5737	437	4831	487	3976
338	6474	388	5518	438	4614	488	3760
339	6254	389	5299	439	4396	489	3543
340	6035	390	5081	440	4179	490	3327
21 341	468 5815	21 391	467 4862	21 441	466 3961	21 491	465 3110
342	5596	392	4644	442	3744	492	2894
343	5376	393	4425	443	3526	493	2677
344	5157	394	4207	444	3309	494	2461
345	4937	395	3989	445	3091	495	2244
346	4718	396	3770	446	2874	496	2028
347	4498	397	3552	447	2656	497	1811
348	4279	398	3333	448	2439	498	1595
349	4059	399	3115	449	2221	499	1378
350	3840	400	2897	450	2004	500	1162

81

DIFFÉRENCES.

	221	220
0 01	2	2
0 02	4	4
0 03	7	7
0 04	9	9
0 05	11	11
0 06	13	13
0 07	15	15
0 08	18	18
0 09	20	20
0 10	22	22
0 20	44	44
0 30	66	66
0 40	88	88
0 50	111	110
0 60	133	132
0 70	155	154
0 80	177	176
0 90	199	198
1 00	221	220

	219	218
0 01	2	2
0 02	4	4
0 03	7	7
0 04	9	9
0 05	11	11
0 06	13	13
0 07	15	15
0 08	18	17
0 09	20	20
0 10	22	22
0 20	44	44
0 30	66	65
0 40	88	87
0 50	110	109
0 70	153	153
0 80	175	174
0 90	197	196
1 00	219	218

	217	216
0 01	2	2
0 02	4	4
0 03	7	6
0 04	9	9
0 05	11	11
0 06	13	13
0 07	15	15
0 08	17	17
0 09	20	19
0 10	22	22
0 20	43	43
0 30	65	65
0 40	87	86
0 50	109	108
0 60	130	130
0 70	152	151
0 80	174	173
0 90	195	194
1 00	217	216

DIVISEURS . 21501 A 21700.

DIVISEUR	Nombre à multiplier par le dividende	DIVISEUR	Nombre à multiplier par le dividende	DIVISEUR	Nombre à multiplier par le dividende	DIVISEUR	Nombre à multiplier par le dividende
21 501	465 0945	21 551	464 0155	21 601	462 9414	21 651	461 8723
502	0729	552	463 9940	602	9200	652	8510
503	0513	553	9725	603	8986	653	8297
504	0297	554	9509	604	8772	654	8084
505	0081	555	9294	605	8558	655	7871
506	464 9864	556	9079	606	8343	656	7657
507	9648	557	8863	607	8129	657	7444
508	9432	558	8648	608	7915	658	7231
509	9216	559	8433	609	7701	659	7018
510	9000	560	8218	610	7487	660	6805
21 511	464 8784	21 561	463 8003	21 611	462 7272	21 661	461 6591
512	8568	562	7788	612	7058	662	6378
513	8352	563	7573	613	6844	663	6165
514	8136	564	7358	614	6630	664	5952
515	7920	565	7143	615	6416	665	5739
516	7704	566	6928	616	6202	666	5526
517	7488	567	6713	617	5988	667	5313
518	7272	568	6498	618	5774	668	5100
519	7056	569	6283	619	5560	669	4887
520	6840	570	6068	620	5346	670	4674
21 521	464 6624	21 571	463 5853	21 621	462 5132	21 671	461 4461
522	6408	572	5638	622	4918	672	4248
523	6192	573	5423	623	4704	673	4035
524	5976	574	5208	624	4490	674	3822
525	5760	575	4994	625	4277	675	3610
526	5544	576	4779	626	4063	676	3397
527	5328	577	4564	627	3849	677	3184
528	5112	578	4349	628	3635	678	2971
529	4896	579	4134	629	3421	679	2758
530	4684	580	3920	630	3208	680	2546
21 531	464 4465	21 581	463 3705	21 631	462 2994	21 681	461 2333
532	4249	582	3490	632	2780	682	2120
533	4034	583	3275	633	2567	683	1907
534	3818	584	3061	634	2353	684	1695
535	3603	585	2846	635	2140	685	1482
536	3387	586	2631	636	1926	686	1269
537	3171	587	2417	637	1712	687	1057
538	2956	588	2202	638	1499	688	0844
539	2740	589	1987	639	1285	689	0631
540	2525	590	1773	640	1072	690	0419
21 541	464 2309	21 591	463 1558	21 641	462 0858	21 691	461 0206
542	2094	592	1344	642	0645	692	460 9994
543	1878	593	1129	643	0431	693	9781
544	1663	594	0915	644	0218	694	9569
545	1448	595	0701	645	0004	695	9356
546	1232	596	0486	646	461 9791	696	9144
547	1047	597	0272	647	9577	697	8931
548	0801	598	0057	648	9364	698	8719
549	0586	599	462 9843	649	9150	699	8506
550	0371	600	9629	650	8937	700	8294

	217	216
0 01	2	2
0 02	4	4
0 03	7	6
0 04	9	9
0 05	11	11
0 06	13	13
0 07	15	15
0 08	17	17
0 09	20	19
0 10	22	22
0 20	43	43
0 30	65	65
0 40	87	86
0 50	109	108
0 60	130	130
0 70	152	151
0 80	174	173
0 90	195	194
1 00	217	216

	215	214
0 01	2	2
0 02	4	4
0 03	6	6
0 04	9	9
0 05	11	11
0 06	13	13
0 07	15	15
0 08	17	17
0 09	19	19
0 10	22	21
0 20	43	43
0 30	65	64
0 40	86	86
0 50	108	107
0 60	129	128
0 70	151	150
0 80	172	171
0 90	194	193
1 00	215	214

	213	212
0 01	2	2
0 02	4	4
0 03	6	6
0 04	9	8
0 05	11	11
0 06	13	13
0 07	15	15
0 08	17	17
0 09	19	19
0 10	21	21
0 20	43	42
0 30	64	64
0 40	85	85
0 50	107	106
0 60	128	127
0 70	149	148
0 80	170	170
0 90	192	191
1 00	213	212

DIVISEUR	Nombre à multiplier par le dividende	DIVISEUR	Nombre à multiplier par le dividende	DIVISEUR	Nombre à multiplier par le dividende	DIVISEUR	Nombre à multiplier par le dividende
21 701	460 8084	21 751	459 7489	21 801	458 6944	21 851	457 6448
702	7869	752	7278	802	6734	852	6239
703	7657	753	7067	803	6524	853	6030
704	7445	754	6855	804	6313	854	5820
705	7233	755	6644	805	6103	855	5611
706	7020	756	6433	806	5893	856	5402
707	6808	757	6221	807	5682	857	5192
708	6596	758	6010	808	5472	858	4983
709	6384	759	5799	809	5262	859	4774
710	6172	760	5588	810	5052	860	4565
21 711	460 5959	21 761	459 5376	21 811	458 4841	21 861	457 4355
712	5747	762	5165	812	4631	862	4146
713	5535	763	4954	813	4421	863	3937
714	5323	764	4743	814	4211	864	3728
715	5111	765	4532	815	4001	865	3519
716	4899	766	4321	816	3791	866	3309
717	4687	767	4110	817	3581	867	3100
718	4475	768	3899	818	3371	868	2891
719	4263	769	3688	819	3161	869	2682
720	4051	770	3477	820	2951	870	2473
21 721	460 3839	21 771	459 3266	21 821	458 2744	21 871	457 2264
722	3627	772	3055	822	2531	872	2055
723	3415	773	2844	823	2321	873	1846
724	3203	774	2633	824	2111	874	1637
725	2991	775	2422	825	1901	875	1428
726	2779	776	2211	826	1691	876	1219
727	2567	777	2000	827	1481	877	1010
728	2355	778	1789	828	1271	878	0801
729	2143	779	1578	829	1061	879	0592
730	1932	780	1368	830	0852	880	0383
21 731	460 1720	21 781	459 1157	21 831	458 0642	21 881	457 0174
732	1508	782	0946	832	0432	882	456 9965
733	1297	783	0735	833	0222	883	9756
734	1085	784	0525	834	0012	884	9548
735	0874	785	0314	835	457 9803	885	9339
736	0662	786	0103	836	9593	886	9130
737	0450	787	458 9893	837	9383	887	8922
738	0239	788	9682	838	9173	888	8713
739	0027	789	9471	839	8963	889	8504
740	459 9816	790	9261	840	8754	890	8296
21 741	459 9604	21 791	458 9050	21 841	457 8544	21 891	456 8087
742	9393	792	8839	842	8334	892	7878
743	9181	793	8629	843	8125	893	7670
744	8970	794	8418	844	7915	894	7461
745	8758	795	8208	845	7706	895	7253
746	8547	796	7997	846	7496	896	7044
747	8335	797	7786	847	7286	897	6835
748	8124	798	7576	848	7077	898	6627
749	7912	799	7365	849	6867	899	6418
750	7701	800	7155	850	6658	900	6210

DIFFÉRENCES.

.	213	212
0 01	2	2
0 02	4	4
0 03	6	6
0 04	9	8
0 05	11	11
0 06	13	13
0 07	15	15
0 08	17	17
0 09	19	19
0 10	21	21
0 20	43	42
0 30	64	64
0 40	85	85
0 50	107	106
0 60	128	127
0 70	149	148
0 80	170	170
0 90	192	191
1 00	213	212

.	211	210
0 01	2	2
0 02	4	4
0 03	6	6
0 04	8	8
0 05	11	11
0 06	13	13
0 07	15	15
0 08	17	17
0 09	19	19
0 10	21	21
0 20	42	42
0 30	63	63
0 40	84	84
0 50	106	105
0 60	127	126
0 70	148	147
0 80	169	168
0 90	190	189
1 00	211	210

.	209	208
0 01	2	2
0 02	4	4
0 03	6	6
0 04	8	8
0 05	10	10
0 06	13	12
0 07	15	15
0 08	17	17
0 09	19	19
0 10	21	21
0 20	42	42
0 30	63	62
0 40	84	83
0 50	105	104
0 60	125	125
0 70	146	146
0 80	167	166
0 90	188	187
1 00	209	208

DIVISEUR	Nombre à multiplier par le dividende	DIVISEUR	Nombre à multiplier par le dividende	DIVISEUR	Nombre à multiplier par le dividende	DIVISEUR	Nombre à multiplier par le dividende
21 901	456 6004	21 951	455 5600	22 004	454 5247	22 051	453 4944
902	5793	952	5393	002	5041	052	4735
903	5584	953	5185	003	4834	053	4530
904	5376	954	4978	004	4628	054	4324
905	5167	955	4771	005	4421	055	4119
906	4959	956	4563	006	4215	056	3913
907	4750	957	4356	007	4008	057	3707
908	4542	958	4148	008	3802	058	3502
909	4333	959	3941	009	3595	059	3296
910	4125	960	3734	010	3389	060	3091
21 911	456 3916	21 961	455 3526	22 011	454 3482	22 061	453 2885
912	3708	962	3319	012	2976	062	2680
913	3500	963	3112	013	2770	063	2474
914	3292	964	2904	014	2563	064	2269
915	3084	965	2697	015	2357	065	2064
916	2875	966	2490	016	2151	066	1858
917	2667	967	2282	017	1944	067	1653
918	2459	968	2075	018	1738	068	1447
919	2251	969	1868	019	1532	069	1242
920	2043	970	1661	020	1326	070	1037
21 921	456 1835	21 971	455 1453	22 021	454 1119	22 071	453 0834
922	1627	972	1246	022	0943	072	0626
923	1419	973	1039	023	0707	073	0424
924	1211	974	0832	024	0501	074	0216
925	1003	975	0625	025	0295	075	0011
926	0795	976	0418	026	0088	076	452 9805
927	0587	977	0211	027	453 9882	077	9600
928	0379	978	0004	028	9676	078	9395
929	0171	979	454 9797	029	9470	079	9190
930	455 9963	980	9590	030	9264	080	8985
21 931	455 9755	21 981	454 9383	22 031	453 9058	22 081	452 8780
932	9547	982	9476	032	8852	082	8575
933	9339	983	8969	033	8646	083	8370
934	9131	984	8762	034	8440	084	8165
935	8924	985	8555	035	8234	085	7960
936	8716	986	8348	036	8028	086	7755
937	8508	987	8141	037	7822	087	7550
938	8300	988	7934	038	7616	088	7345
939	8092	989	7727	039	7410	089	7140
940	7885	990	7521	040	7205	090	6935
21 941	455 7677	21 991	454 7314	22 041	453 6999	22 091	452 6730
942	7469	992	7107	042	6793	092	6525
943	7261	993	6900	043	6587	093	6320
944	7054	994	6694	044	6384	094	6115
945	6846	995	6487	045	6176	095	5910
946	6638	996	6280	046	5970	096	5705
947	6431	997	6074	047	5764	097	5500
948	6223	998	5867	048	5558	098	5295
949	6015	999	5660	049	5352	099	5090
950	5808	22 000	5454	050	5147	100	4886

DIFFÉRENCES.

	209	208
0 01	2	2
0 02	4	4
0 03	6	6
0 04	8	8
0 05	10	10
0 06	13	12
0 07	15	15
0 08	17	17
0 09	19	19
0 10	21	21
0 20	42	42
0 30	63	62
0 40	84	83
0 50	105	104
0 60	125	125
0 70	146	147
0 80	167	166
0 90	188	187
1 00	209	208

	207	206
0 01	2	2
0 02	4	4
0 03	6	6
0 04	8	8
0 05	10	10
0 06	12	12
0 07	14	14
0 08	17	16
0 09	19	19
0 10	21	21
0 20	41	41
0 30	62	62
0 40	83	82
0 50	104	103
0 60	124	124
0 70	145	144
0 80	166	165
0 90	186	185
1 00	207	206

	205	204
0 01	2	2
0 02	4	4
0 03	6	6
0 04	8	8
0 05	10	10
0 06	12	12
0 07	14	14
0 08	16	16
0 09	18	18
0 10	21	20
0 20	41	41
0 30	62	61
0 40	82	82
0 50	103	102
0 60	123	122
0 70	144	143
0 80	164	163
0 90	185	184
1 00	205	204

DIVISEUR	Nombre à multiplier par le dividende	DIVISEUR	Nombre à multiplier par le dividende	DIVISEUR	Nombre à multiplier par le dividende	DIVISEUR	Nombre à multiplier par le dividende
22 101	452 4684	22 151	454 4468	22 201	450 4304	22 251	449 4180
102	4476	152	4264	202	4098	252	3978
103	4272	153	4060	203	3895	253	3776
104	4067	154	3857	204	3692	254	3574
105	3863	155	3653	205	3490	255	3372
106	3658	156	3449	206	3287	256	3170
107	3453	157	3246	207	3084	257	2968
108	3249	158	3042	208	2884	258	2766
109	3044	159	2838	209	2678	259	2564
110	2840	160	2635	210	2476	260	2362
22 111	452 2635	22 161	454 2431	22 211	450 2273	22 261	449 2160
112	2431	162	2227	212	2070	262	1958
113	2226	163	2024	213	1868	263	1756
114	2022	164	1820	214	1665	264	1555
115	1817	165	1617	215	1463	265	1353
116	1613	166	1443	216	1260	266	1151
117	1408	167	1209	217	1057	267	0950
118	1204	168	1006	218	0855	268	0748
119	0999	169	0802	219	0652	269	0546
120	0795	170	0599	220	0450	270	0345
22 121	452 0590	22 171	454 0395	22 221	450 0247	22 271	449 0143
122	0386	172	0492	222	0045	272	448 9942
123	0182	173	450 9989	223	449 9842	273	9740
124	451 9977	174	9785	224	9640	274	9539
125	9773	175	9582	225	9437	275	9337
126	9569	176	9379	226	9235	276	9136
127	9364	177	9175	227	9032	277	8934
128	9160	178	8972	228	8830	278	8733
129	8956	179	8769	229	8627	279	8531
130	8752	180	8566	230	8425	280	8330
22 131	451 8547	22 181	450 8362	22 231	449 8222	22 281	448 8128
132	8343	182	8159	232	8020	282	7927
133	8139	183	7956	233	7818	283	7725
134	7935	184	7753	234	7615	284	7524
135	7734	185	7550	235	7443	285	7323
136	7527	186	7346	236	7211	286	7121
137	7323	187	7143	237	7008	287	6920
138	7119	188	6940	238	6806	288	6718
139	6915	189	6737	239	6604	289	6517
140	6711	190	6534	240	6402	290	6316
22 141	451 6507	22 191	450 6334	22 241	449 6200	22 291	448 6114
142	6303	192	6128	242	5998	292	5913
143	6099	193	5925	243	5796	293	5712
144	5895	194	5722	244	5594	294	5511
145	5691	195	5519	245	5392	295	5310
146	5487	196	5316	246	5190	296	5108
147	5283	197	5113	247	4988	297	4907
148	5079	198	4910	248	4786	298	4706
149	4875	199	4707	249	4584	299	4505
150	4672	200	4504	250	4382	300	4304

	205	204
0 01	2	2
0 02	4	4
0 03	6	6
0 04	8	8
0 05	10	10
0 06	12	12
0 07	14	14
0 08	16	16
0 09	18	18
0 10	21	20
0 20	41	41
0 30	62	61
0 40	82	82
0 50	103	102
0 60	123	122
0 70	144	143
0 80	164	163
0 90	185	184
1 00	205	204

	203	202
0 01	2	2
0 02	4	4
0 03	6	6
0 04	8	8
0 05	10	10
0 06	12	12
0 07	14	14
0 08	16	16
0 09	18	18
0 10	20	20
0 20	41	40
0 30	61	61
0 40	81	81
0 50	102	101
0 60	122	121
0 70	142	141
0 80	162	162
0 90	183	182
1 00	203	202

	201
0 01	2
0 02	4
0 03	6
0 04	8
0 05	10
0 06	12
0 07	14
0 08	16
0 09	18
0 10	20
0 20	40
0 30	60
0 40	80
0 50	101
0 60	121
0 70	141
0 80	161
0 90	181
1 00	201

DIVISEUR	Nombre à multiplier par le dividende	DIVISEUR	Nombre à multiplier par le dividende	DIVISEUR	Nombre à multiplier par le dividende	DIVISEUR	Nombre à multiplier par le dividende	DIVISEUR	Nombre à multiplier par le dividende
22 301	448 4103	22 351	447 4071	22 401	446 4085	22 451	445 4143	22 501	444 4246
302	3902	352	3871	402	3886	452	3945	502	4049
303	3704	353	3671	403	3687	453	3747	503	3851
304	3500	354	3471	404	3488	454	3548	504	3654
305	3299	355	3271	405	3289	455	3350	505	3457
306	3098	356	3071	406	3089	456	3152	506	3259
307	2897	357	2871	407	2890	457	2953	507	3062
308	2696	358	2671	408	2691	458	2755	508	2864
309	2495	359	2471	409	2492	459	2557	509	2667
310	2294	360	2271	410	2293	460	2359	510	2470
22 311	448 2093	22 361	447 2071	22 411	446 2094	22 461	445 2160	22 511	444 2272
312	1892	362	1871	412	1895	462	1962	512	2075
313	1694	363	1671	413	1696	463	1764	513	1878
314	1490	364	1471	414	1497	464	1566	514	1680
315	1290	365	1271	415	1298	465	1368	515	1483
316	1089	366	1071	416	1099	466	1170	516	1286
317	0888	367	0871	417	0900	467	0972	517	1088
318	0687	368	0671	418	0701	468	0774	518	0891
319	0486	369	0471	419	0502	469	0576	519	0694
320	0286	370	0272	420	0303	470	0378	520	0497
22 321	448 0085	22 371	447 0072	22 421	446 0104	22 471	445 0180	22 521	444 0299
322	447 9884	372	446 9872	422	445 9905	472	444 9982	522	0102
323	9684	373	9672	423	9706	473	9784	523	443 9905
324	9483	374	9473	424	9507	474	9586	524	9708
325	9283	375	9273	425	9308	475	9388	525	9511
326	9082	376	9073	426	9109	476	9190	526	9314
327	8881	377	8874	427	8910	477	8992	527	9117
328	8681	378	8674	428	8711	478	8794	528	8920
329	8480	379	8474	429	8512	479	8596	529	8723
330	8280	380	8275	430	8314	480	8398	530	8526
22 331	447 8079	22 381	446 8075	22 431	445 8115	22 481	444 8200	22 531	443 8329
332	7879	382	7875	432	7916	482	8002	532	8132
333	7678	383	7676	433	7717	483	7804	533	7935
334	7478	384	7476	434	7519	484	7606	534	7738
335	7278	385	7277	435	7320	485	7409	535	7541
336	7077	386	7077	436	7121	486	7211	536	7344
337	6877	387	6877	437	6923	487	7043	537	7147
238	6676	388	6678	438	6724	488	6845	538	6950
339	6476	389	6478	439	6525	489	6647	539	6753
340	6276	390	6279	440	6327	490	6420	540	6557
22 341	447 6075	22 391	446 6079	22 441	445 6128	22 491	444 6222	22 541	443 6360
342	5875	392	5880	442	5930	492	6024	542	6163
343	5674	393	5680	443	5731	493	5827	543	5966
344	5474	394	5481	444	5533	494	5629	544	5769
345	5274	395	5282	445	5334	495	5432	545	5572
346	5073	396	5082	446	5136	496	5234	546	5375
347	4873	397	4883	447	4937	497	5036	547	5178
348	4672	398	4683	448	4739	498	4839	548	4981
349	4472	399	4484	449	4540	499	4641	549	4784
350	4272	400	4285	450	4342	500	4444	550	4588

	201	200
0 01	2	2
0 02	4	4
0 03	6	6
0 04	8	8
0 05	10	10
0 06	12	12
0 07	14	14
0 08	16	16
0 09	18	18
0 10	20	20
0 20	40	40
0 30	60	60
0 40	80	80
0 50	101	100
0 60	121	120
0 70	141	140
0 80	161	160
0 90	181	180
1 00	201	200

	199	198
0 01	2	2
0 02	4	4
0 03	6	6
0 05	10	8
0 06	12	12
0 07	14	14
0 08	16	16
0 09	18	18
0 10	20	20
0 20	40	40
0 30	60	59
0 40	80	79
0 50	100	99
0 60	119	119
0 70	139	139
0 80	159	158
0 90	179	178
1 00	199	198

	197	196
0 01	2	2
0 02	4	4
0 03	6	6
0 04	8	8
0 05	10	10
0 06	12	12
0 07	14	14
0 09	18	18
0 10	20	20
0 20	39	39
0 30	59	59
0 40	79	78
0 50	99	98
0 60	118	118
0 70	138	137
0 80	158	157
0 90	177	176
1 00	197	196

DIVISEURS : 22551 A 22800. DIFFÉRENCES.

DIVISEUR	Nombre à multiplier par le dividende	DIVISEUR	Nombre à multiplier par le dividende	DIVISEUR	Nombre à multiplier par le dividende	DIVISEUR	Nombre à multiplier par le dividende	DIVISEUR	Nombre à multiplier par le dividende
22 551	443 4394	22 601	442 4582	22 651	444 4816	22 701	440 5092	22 751	439 5440
552	4195	602	4386	652	4621	702	4898	752	5247
553	3998	603	4490	653	4426	703	4704	753	5024
554	3802	604	3995	654	4231	704	4510	754	4834
555	3606	605	3799	655	4036	705	4316	755	4638
556	3409	606	3603	656	3841	706	4122	756	4445
557	3213	607	3408	657	3646	707	3928	757	4252
558	3016	608	3212	658	3451	708	3734	758	4059
559	2820	609	3016	659	3256	709	3540	759	3866
560	2624	610	2821	660	3062	710	3346	760	3673
22 561	443 2427	22 611	442 2625	22 661	444 2867	22 711	440 3152	22 761	439 3480
562	2231	612	2430	662	2672	712	2958	762	3287
563	2034	613	2234	663	2478	713	2764	763	3094
564	1838	614	2039	664	2283	714	2570	764	2901
565	1642	615	1843	665	2089	715	2377	765	2708
566	1445	616	1648	666	1894	716	2183	766	2515
567	1249	617	1452	667	1699	717	1989	767	2322
568	1052	618	1257	668	1505	718	1795	768	2129
569	0856	619	1061	669	1310	719	1601	769	1936
570	0660	620	0866	670	1116	720	1408	770	1743
22 571	443 0463	22 621	442 0670	22 671	444 0921	22 721	440 1214	22 771	439 1550
572	0267	622	0475	672	0727	722	1020	772	1357
573	0071	623	0279	673	0532	723	0827	773	1164
574	442 9874	624	0084	674	0338	724	0633	774	0971
575	9678	625	441 9889	675	0143	725	0440	775	0779
576	9482	626	9693	676	440 9949	726	0246	776	0586
577	9285	627	9498	677	9754	727	0052	777	0393
578	9089	628	9302	678	9560	728	439 9859	778	0200
579	8893	629	9107	679	9365	729	9665	779	0007
580	8697	630	8912	680	9171	730	9472	780	438 9815
22 581	442 8504	22 631	444 8716	22 681	440 8976	22 731	439 9278	22 781	438 9623
582	8305	632	8521	682	8782	732	9085	782	9429
583	8109	633	8326	683	8587	733	8891	783	9237
584	7913	634	8131	684	8393	734	8698	784	9044
585	7717	635	7936	685	8199	735	8504	785	8852
586	7524	636	7741	686	8004	736	8311	786	8659
587	7325	637	7546	687	7810	737	8117	787	8466
588	7129	638	7351	688	7615	738	7924	788	8274
589	6933	639	7156	689	7421	739	7730	789	8081
590	6737	640	6961	690	7227	740	7537	790	7889
22 591	442 6541	22 641	444 6766	22 691	440 7032	22 741	439 7343	22 791	438 7696
592	6345	642	6571	692	6838	742	7150	792	7504
593	6149	643	6376	693	6644	743	6957	793	7311
594	5953	644	6181	694	6450	744	6763	794	7119
595	5757	645	5986	695	6256	745	6570	795	6926
596	5561	646	5791	696	6062	746	6377	796	6734
597	5365	647	5596	697	5868	747	6183	797	6541
598	5169	648	5401	698	5674	748	5990	798	6349
599	4973	649	5206	699	5480	749	5797	799	6156
600	4778	650	5011	700	5286	750	5604	800	5964

DIFFÉRENCES.

	197	196
0 01	2	2
0 02	4	4
0 03	6	6
0 04	8	8
0·05	10	10
0 06	12	12
0 07	14	14
0 08	16	16
0 09	18	18
0 10	20	20
0 20	39	39
0 30	59	59
0 40	79	78
0 50	99	98
0 60	118	118
0 70	138	137
0 80	158	157
0 90	177	176
1 00	197	196

	195	194
0 01	2	2
0 02	4	4
0 03	6	6
0 04	8	8
0 05	10	10
0 06	12	12
0 07	14	14
0 08	16	16
0 09	18	17
0 10	20	19
0 20	39	39
0 30	59	58
0 40	78	78
0 50	98	97
0 60	117	116
0 70	137	136
0 80	156	155
0 90	176	175
1 00	195	194

	193	192
0 01	2	2
0 02	4	4
0 03	6	6
0 04	8	8
0 05	10	10
0 06	12	12
0 07	14	13
0 08	15	15
0 09	17	17
0 10	19	19
0 20	39	38
0 30	58	58
0 40	77	77
0 50	97	96
0 60	116	115
0 70	135	134
0 80	154	154
0 90	174	173
1 00	193	192

DIVISEURS : 22801 à 23050.   DIFFÉRENCES.

DIVISEUR	Nombre à multiplier par le dividende	DIVISEUR	Nombre à multiplier par le dividende	DIVISEUR	Nombre à multiplier par le dividende	DIVISEUR	Nombre à multiplier par le dividende	DIVISEUR	Nombre à multiplier par le dividende
22 801	438 5771	22 851	437 6174	22 901	436 6621	22 951	435 7108	23 001	434 7637
802	5579	852	5983	902	6430	952	6918	002	7448
803	5387	853	5792	903	6240	953	6728	003	7259
804	5195	854	5600	904	6049	954	6538	004	7070
805	5003	855	5409	905	5859	955	6349	005	6881
806	4810	856	5218	906	5668	956	6159	006	6692
807	4618	857	5026	907	5477	957	5969	007	6503
808	4426	858	4835	908	5287	958	5779	008	6314
809	4234	859	4644	909	5096	959	5589	009	6125
810	4042	860	4453	910	4906	960	5400	010	5936
22 811	438 3849	22 861	437 4261	22 911	436 4715	22 961	435 5210	23 011	434 5747
812	3657	862	4070	912	4525	962	5020	012	5558
813	3465	863	3879	913	4334	963	4831	013	5369
814	3273	864	3687	914	4144	964	4641	014	5180
815	3081	865	3496	915	3953	965	4452	015	4992
816	2888	866	3305	916	3763	966	4262	016	4803
817	2696	867	3113	917	3572	967	4072	017	4614
818	2504	868	2922	918	3382	968	3883	018	4425
819	2312	869	2731	919	3191	969	3693	019	4236
820	2120	870	2540	920	3001	970	3504	020	4048
22 821	438 1928	22 871	437 2348	22 921	436 2810	22 971	435 3314	23 021	434 3859
822	1736	872	2157	922	2620	972	3125	022	3670
823	1544	873	1966	923	2430	973	2935	023	3482
824	1352	874	1775	924	2239	974	2746	024	3293
825	1160	875	1584	925	2049	975	2557	025	3105
826	0968	876	1393	926	1859	976	2367	026	2916
827	0776	877	1202	927	1668	977	2178	027	2727
828	0584	878	1011	928	1478	978	1988	028	2539
829	0392	879	0820	929	1288	979	1799	029	2350
830	0201	880	0629	930	1098	980	1610	030	2162
22 831	438 0009	22 881	437 0438	22 931	436 0907	22 981	435 1420	23 031	434 1973
832	437 9817	882	0247	932	0717	982	1231	032	1785
833	9625	883	0056	933	0527	983	1042	033	1596
834	9433	884	436 9865	934	0337	984	0852	034	1408
835	9242	885	9674	935	0147	985	0663	035	1219
836	9050	886	9483	936	435 9957	986	0474	036	1031
837	8858	887	9292	937	9767	987	0284	037	0842
838	8666	888	9101	938	9577	988	0095	038	0654
839	8474	889	8910	939	9387	989	434 9906	039	0465
840	8283	890	8719	940	9197	990	9717	040	0277
22 841	437 8091	22 891	436 8528	22 941	435 9007	22 991	434 9527	23 041	434 0088
842	7899	892	8337	942	8817	992	9338	042	433 9900
843	7707	893	8146	943	8627	993	9149	043	9712
844	7516	894	7956	944	8437	994	8960	044	9523
845	7324	895	7765	945	8247	995	8771	045	9335
846	7132	896	7574	946	8057	996	8582	046	9147
847	6941	897	7384	947	7867	997	8393	047	8958
848	6749	898	7193	948	7677	998	8204	048	8770
849	6557	899	7002	949	7487	999	8015	049	8582
850	6366	900	6812	950	7298	23 000	7826	050	8394

DIFFÉRENCES.

	193	192
0 01	2	2
0 02	4	4
0 03	6	6
0 04	8	8
0 05	10	10
0 06	12	12
0 07	14	13
0 08	15	15
0 09	17	17
0 10	19	19
0 20	39	38
0 30	58	58
0 40	77	77
0 50	97	96
0 60	116	115
0 70	135	134
0 80	154	154
0 90	174	173
1 00	193	192

	191	190
0 01	2	2
0 02	4	4
0 03	6	6
0 04	8	8
0 05	10	10
0 06	11	11
0 07	13	13
0 08	15	15
0 09	17	17
0 10	19	19
0 20	38	38
0 30	57	57
0 40	76	76
0 50	96	95
0 60	115	114
0 70	134	133
0 80	153	152
0 90	172	171
1 00	191	190

	189	188
0 01	2	2
0 02	4	4
0 03	6	6
0 04	8	8
0 05	9	9
0 06	11	11
0 07	13	13
0 08	15	15
0 09	17	17
0 10	19	19
0 20	38	38
0 30	57	56
0 40	76	75
0 50	95	94
0 60	113	113
0 70	132	132
0 80	151	150
0 90	170	169
1 00	189	188

DIVISEURS : **23051** A **23300**.   DIFFÉRENCES.

DIVISEUR	Nombre à multiplier par le dividende	DIVISEUR	Nombre à multiplier par le dividende	DIVISEUR	Nombre à multiplier par le dividende	DIVISEUR	Nombre à multiplier par le dividende	DIVISEUR	Nombre à multiplier par le dividende
23 051	433 8205	23 101	432 8846	23 151	434 9467	23 201	434 0158	23 251	430 0890
052	8047	102	8629	152	9281	202	430 9972	252	0705
053	7829	103	8442	153	9094	203	9786	253	0520
054	7644	104	8254	154	8908	204	9601	254	0335
055	7453	105	8067	155	8721	205	9415	255	0150
056	7265	106	7880	156	8535	206	9229	256	429 9965
057	7077	107	7692	157	8348	207	9044	257	9780
058	6889	108	7505	158	8162	208	8858	258	9595
059	6701	109	7318	159	7975	209	8672	259	9410
060	6513	110	7131	160	7789	210	8487	260	9226
23 061	433 6325	23 111	432 6943	23 161	434 7602	23 211	430 8301	23 261	429 9041
062	6137	112	6756	162	7416	212	8116	262	8856
063	5949	113	6569	163	7229	213	7930	263	8671
064	5761	114	6382	164	7043	214	7745	264	8486
065	5573	115	6195	165	6857	215	7559	265	8302
066	5385	116	6007	166	6670	216	7374	266	8117
067	5197	117	5820	167	6484	217	7188	267	7932
068	5009	118	5633	168	6297	218	7003	268	7747
069	4824	119	5446	169	6111	219	6817	269	7562
070	4633	120	5259	170	5925	220	6632	270	7378
23 071	433 4445	23 121	432 5072	23 171	434 5738	23 221	430 6446	23 271	429 7193
072	4257	122	4885	172	5552	222	6261	272	7008
073	4069	123	4698	173	5366	223	6075	273	6824
074	3881	124	4511	174	5180	224	5890	274	6639
075	3694	125	4324	175	4994	225	5705	275	6455
076	3506	126	4137	176	4807	226	5519	276	6270
077	3318	127	3950	177	4621	227	5334	277	6085
078	3130	128	3763	178	4435	228	5148	278	5901
079	2942	129	3576	179	4249	229	4963	279	5716
080	2755	130	3389	180	4063	230	4778	280	5532
23 081	433 2567	23 131	432 3202	23 181	434 3877	23 231	430 4592	23 281	429 5347
082	2379	132	3015	182	3691	232	4407	282	5163
083	2192	133	2828	183	3505	233	4222	283	4978
084	2004	134	2641	184	3319	234	4036	284	4794
085	1817	135	2453	185	3133	235	3851	285	4610
086	1629	136	2268	186	2947	236	3666	286	4425
087	1441	137	2081	187	2761	237	3480	287	4241
088	1254	138	1894	188	2575	238	3295	288	4056
089	1066	139	1707	189	2389	239	3110	289	3872
090	0879	140	1521	190	2203	240	2925	290	3688
23 091	433 0691	23 141	432 1334	23 191	434 2017	23 241	430 2740	23 291	429 3503
092	0504	142	1147	192	1831	242	2555	292	3349
093	0316	143	0960	193	1645	243	2370	293	3135
094	0129	144	0774	194	1459	244	2185	294	2950
095	432 9941	145	0587	195	1273	245	2000	295	2766
096	9754	146	0400	196	1087	246	1815	296	2582
097	9566	147	0214	197	0901	247	1630	297	2397
098	9379	148	0027	198	0715	248	1445	298	2243
099	9191	149	431 9840	199	0529	249	1260	299	2029
100	9004	150	9654	200	0344	250	1075	300	1845

DIFFÉRENCES.

	189	188
0 01	2	2
0 02	4	4
0 03	6	6
0 04	8	8
0 05	9	9
0 06	11	11
0 07	13	13
0 08	15	15
0 09	17	17
0 10	19	19
0 20	38	38
0 30	57	56
0 40	76	75
0 50	95	94
0 60	113	113
0 70	132	132
0 80	151	150
0 90	170	169
1 00	189	188

	187	186
0 01	2	2
0 02	4	4
0 03	6	6
0 04	7	7
0 05	9	9
0 06	11	11
0 07	13	13
0 08	15	15
0 09	17	17
0 10	19	19
0 20	37	37
0 30	56	56
0 40	75	74
0 50	94	93
0 60	112	112
0 70	131	130
0 80	150	149
0 90	168	167
1 00	187	186

	185	184
0 01	2	2
0 02	4	4
0 03	6	6
0 04	7	7
0 05	9	9
0 06	11	11
0 07	13	13
0 08	15	15
0 09	17	17
0 10	19	18
0 20	37	37
0 30	56	55
0 40	74	74
0 50	93	92
0 60	111	110
0 70	130	129
0 80	148	147
0 90	167	166
1 00	185	184

DIVISEURS : 23301 A 23550.   DIFFÉRENCES.

DIVISEUR	Nombre à multiplier par le dividende	DIVISEUR	Nombre à multiplier par le dividende	DIVISEUR	Nombre à multiplier par le dividende	DIVISEUR	Nombre à multiplier par le dividende	DIVISEUR	Nombre à multiplier par le dividende
23 301	429 1660	23 351	428 2470	23 401	427 3321	23 451	426 4210	23 501	425 5438
302	1476	352	2287	402	3138	452	4028	502	4957
303	1292	353	2104	403	2956	453	3846	503	4776
304	1108	354	1920	404	2773	454	3664	504	4595
305	0924	355	1737	405	2591	455	3483	505	4414
306	0740	356	1554	406	2408	456	3301	506	4233
307	0556	357	1370	407	2225	457	3119	507	4052
308	0372	358	1187	408	2043	458	2937	508	3871
309	0188	359	1004	409	1860	459	2755	509	3690
310	0004	360	0821	410	1678	460	2574	510	3509
23 311	428 9820	23 361	428 0637	23 411	427 1495	23 461	426 2392	23 511	425 3328
312	9636	362	0454	412	1313	462	2210	512	3147
313	9452	363	0271	413	1130	463	2029	513	2966
314	9268	364	0088	414	0948	464	1847	514	2785
315	9084	365	427 9905	415	0766	465	1666	515	2604
316	8900	366	9722	416	0583	466	1484	516	2423
317	8716	367	9539	417	0401	467	1302	517	2242
318	8532	368	9356	418	0218	468	1121	518	2061
319	8348	369	9173	419	0036	469	0939	519	1880
320	8164	370	8990	420	426 9854	470	0758	520	1700
23 321	428 7980	23 371	427 8806	23 421	426 9671	23 471	426 0576	23 521	425 1519
322	7796	372	8623	422	9489	472	0395	522	1338
323	7612	373	8440	423	9307	473	0213	523	1157
324	7428	374	8257	424	9125	474	0032	524	0977
325	7245	375	8074	425	8943	475	425 9850	525	0796
326	7061	376	7891	426	8760	476	9669	526	0615
327	6877	377	7708	427	8578	477	9487	527	0435
328	6693	378	7525	428	8396	478	9306	528	0254
329	6509	379	7342	429	8214	479	9124	529	0073
330	6326	380	7159	430	8032	480	8943	530	424 9893
23 331	428 6142	23 381	427 6976	23 431	426 7849	23 481	425 8761	23 531	424 9712
332	5958	382	6793	432	7667	482	8580	532	9532
333	5775	383	6610	433	7485	483	8399	533	9351
334	5591	384	6427	434	7303	484	8217	534	9171
335	5408	385	6245	435	7121	485	8036	535	8990
336	5224	386	6062	436	6939	486	7855	536	8810
337	5040	387	5879	437	6757	487	7673	537	8629
338	4857	388	5696	438	6575	488	7492	538	8449
339	4673	389	5513	439	6393	489	7311	539	8268
340	4490	390	5331	440	6211	490	7130	540	8088
23 341	428 4306	23 391	427 5148	23 441	426 6029	23 491	425 6948	23 541	424 7907
342	4122	392	4965	442	5847	492	6767	542	7727
343	3939	393	4782	443	5665	493	6586	543	7546
344	3755	394	4600	444	5483	494	6405	544	7366
345	3572	395	4417	445	5301	495	6224	545	7186
346	3388	396	4234	446	5119	496	6043	546	7005
347	3204	397	4052	447	4937	497	5862	547	6825
348	3021	398	3869	448	4755	498	5681	548	6644
349	2837	399	3686	449	4573	499	5500	549	6464
350	2654	400	3504	450	4392	500	5319	550	6284

Différences :

	185	184
0 01	2	2
0 02	4	4
0 03	6	6
0 04	7	7
0 05	9	9
0 06	11	11
0 07	13	13
0 08	15	15
0 09	17	17
0 10	19	18
0 20	37	37
0 30	56	55
0 40	74	74
0 50	93	92
0 60	111	110
0 70	130	129
0 80	148	147
0 90	165	166
1 00	185	184

	183	182
0 01	2	2
0 02	4	4
0 03	5	5
0 04	7	7
0 05	9	9
0 06	11	11
0 07	13	13
0 08	15	15
0 09	16	16
0 10	18	18
0 20	37	36
0 30	55	55
0 40	73	73
0 50	92	91
0 60	110	109
0 70	128	127
0 80	146	146
0 90	165	164
1 00	183	182

	181	180
0 01	2	2
0 02	4	4
0 03	5	5
0 04	7	7
0 05	9	9
0 06	11	11
0 07	13	13
0 08	14	14
0 09	16	16
0 10	18	18
0 20	36	36
0 30	54	54
0 40	72	72
0 50	91	90
0 60	109	108
0 70	127	126
0 80	145	144
0 90	163	162
1 00	181	180

DIVISEURS : 23551 A 23800. DIFFÉRENCES.

DIVISEUR	Nombre à multiplier par le dividende	DIVISEUR	Nombre à multiplier par le dividende	DIVISEUR	Nombre à multiplier par le dividende	DIVISEUR	Nombre à multiplier par le dividende	DIVISEUR	Nombre à multiplier par le dividende
23 551	424 6103	23 601	423 7408	23 651	422 8149	23 701	421 9234	23 751	421 0348
552	5923	602	6929	652	7970	702	9053	752	0171
553	5743	603	6749	653	7792	703	8875	753	420 9994
554	5563	604	6570	654	7613	704	8697	754	9847
555	5383	605	6390	655	7435	705	8519	755	9640
556	5202	606	6211	656	7256	706	8341	756	9462
557	5022	607	6034	657	7077	707	8163	757	9285
558	4842	608	5852	658	6899	708	7985	758	9108
559	4662	609	5672	659	6720	709	7807	759	8931
560	4482	610	5493	660	6542	710	7629	760	8754
23 561	424 4301	23 611	423 5313	23 661	422 6363	23 711	421 7454	23 761	420 8576
562	4121	612	5134	662	6185	712	7273	762	8399
563	3941	613	4955	663	6006	713	7095	763	8222
564	3761	614	4775	664	5828	714	6917	764	8045
565	3581	615	4596	665	5649	715	6740	765	7868
566	3401	616	4417	666	5471	716	6562	766	7691
567	3221	617	4237	667	5292	717	6384	767	7514
568	3041	618	4058	668	5114	718	6206	768	7337
569	2861	619	3879	669	4935	719	6028	769	7160
570	2681	620	3700	670	4757	720	5851	770	6983
23 571	424 2501	23 621	423 3520	23 671	422 4578	23 721	421 5673	23 771	420 6806
572	2321	622	3341	672	4400	722	5495	772	6629
573	2141	623	3162	673	4221	723	5318	773	6452
574	1961	624	2983	674	4043	724	5140	774	6275
575	1781	625	2804	675	3864	725	4963	775	6098
576	1601	626	2624	676	3686	726	4785	776	5921
577	1421	627	2445	677	3507	727	4607	777	5744
578	1241	628	2266	678	3329	728	4430	778	5567
579	1061	629	2087	679	3150	729	4252	779	5390
580	0882	630	1908	680	2972	730	4075	780	5214
23 581	424 0702	23 631	423 1729	23 681	422 2793	23 731	421 3897	23 781	420 5037
582	0522	632	1550	682	2615	732	3719	782	4860
583	0342	633	1371	683	2437	733	3542	783	4683
584	0162	634	1192	684	2259	734	3364	784	4506
585	423 9983	635	1013	685	2081	735	3187	785	4330
586	9803	636	0834	686	1902	736	3009	786	4153
587	9623	637	0655	687	1724	737	2831	787	3976
588	9443	638	0476	688	1546	738	2654	788	3799
589	9263	639	0297	689	1368	739	2476	789	3622
590	9084	640	0118	690	1190	740	2299	790	3446
23 591	423 8904	23 641	422 9939	23 691	422 1011	23 741	421 2121	23 791	420 3269
592	8724	642	9760	692	0833	742	1944	792	3092
593	8545	643	9581	693	0655	743	1767	793	2946
594	8365	644	9402	694	0477	744	1589	794	2739
595	8186	645	9223	695	0299	745	1412	795	2563
596	8006	646	9044	696	0121	746	1235	796	2386
597	7826	647	8865	697	421 9943	747	1057	797	2209
598	7647	648	8686	698	9765	748	0880	798	2033
599	7467	649	8507	699	9587	749	0703	799	1856
600	7288	650	8328	700	9409	750	0526	800	1680

DIFFÉRENCES.

	181	180
0 01	2	2
0 02	4	4
0 03	5	5
0 04	7	7
0 05	9	9
0 06	11	11
0 07	13	13
0 08	14	14
0 09	16	16
0 10	18	18
0 20	36	36
0 30	54	54
0 40	72	72
0 50	91	90
0 60	109	108
0 70	127	126
0 80	145	144
0 90	163	162
1 00	181	180

	179	178
0 01	2	2
0 02	4	4
0 03	5	5
0 04	7	7
0 05	9	9
0 06	11	11
0 07	13	12
0 08	14	14
0 09	16	16
0 10	18	18
0 20	36	36
0 30	54	53
0 40	72	71
0 50	90	89
0 60	107	107
0 70	125	125
0 80	143	142
0 90	161	160
1 00	179	178

	177	176
0 01	2	2
0 02	4	4
0 03	5	5
0 04	7	7
0 05	9	9
0 06	11	11
0 07	12	12
0 08	14	14
0 09	16	16
0 10	18	18
0 20	35	35
0 30	53	53
0 40	71	70
0 50	89	88
0 60	106	106
0 70	124	123
0 80	142	141
0 90	159	158
1 00	177	176

DIVISEURS : 23801 A 24050. DIFFÉRENCES.

DIVISEUR	Nombre à multiplier par le dividende	DIVISEUR	Nombre à multiplier par le dividende	DIVISEUR	Nombre à multiplier par le dividende	DIVISEUR	Nombre à multiplier par le dividende	DIVISEUR	Nombre à multiplier par le dividende
23 801	420 1503	23 851	419 2696	23 901	418 3925	23 951	417 5189	24 001	416 6492
802	1327	852	2520	902	3750	952	5015	002	6319
803	1150	853	2344	903	3575	953	4841	003	6145
804	0974	854	2168	904	3400	954	4667	004	5972
805	0798	855	1993	905	3225	955	4493	005	5798
806	0621	856	1817	906	3050	956	4318	006	5625
807	0445	857	1641	907	2875	957	4144	007	5451
808	0268	858	1465	908	2700	958	3970	008	5278
809	0092	859	1289	909	2525	959	3796	009	5104
810	419 9916	860	1114	910	2350	960	3622	010	4931
23 811	419 9739	23 861	419 0938	23 911	418 2175	23 961	417 3447	24 011	416 4757
812	9563	862	0763	912	2000	962	3273	012	4584
813	9386	863	0587	913	1825	963	3099	013	4410
814	9210	864	0412	914	1650	964	2925	014	4237
815	9034	865	0236	915	1476	965	2751	015	4064
816	8857	866	0061	916	1301	966	2577	016	3890
817	8681	867	418 9885	917	1126	967	2403	017	3747
818	8504	868	9710	918	0951	968	2229	018	3543
819	8328	869	9534	919	0776	969	2055	019	3370
820	8152	870	9359	920	0602	970	1881	020	3197
23 821	419 7975	23 871	418 9183	23 921	418 0427	23 971	417 1707	24 021	416 3023
822	7799	872	9008	922	0252	972	1533	022	2850
823	7623	873	8832	923	0077	973	1359	023	2677
824	7447	874	8657	924	417 9902	974	1185	024	2503
825	7271	875	8481	925	9728	975	1011	025	2330
826	7095	876	8306	926	9553	976	0837	026	2157
827	6919	877	8130	927	9378	977	0663	027	1983
828	6743	878	7955	928	9203	978	0489	028	1810
829	6567	879	7779	929	9028	979	0315	029	1637
830	6391	880	7604	930	8854	980	0141	030	1464
23 831	419 6214	23 881	418 7428	23 931	417 8679	23 981	416 9967	24 031	416 1290
832	6038	882	7253	932	8505	982	9793	032	1117
833	5862	883	7078	933	8330	983	9619	033	0944
834	5686	884	6902	934	8156	984	9445	034	0771
835	5510	885	6727	935	7981	985	9272	035	0598
836	5334	886	6552	936	7807	986	9098	036	0425
837	5158	887	6376	937	7632	987	8924	037	0252
838	4982	888	6201	938	7458	988	8750	038	0079
839	4806	889	6026	939	7283	989	8576	039	415 9906
840	4630	890	5851	940	7109	990	8403	040	9733
23 841	419 4454	23 891	418 5675	23 941	417 6934	23 991	416 8229	24 041	415 9560
842	4278	892	5500	942	6760	992	8055	042	9387
843	4102	893	5325	943	6585	993	7881	043	9214
844	3926	894	5150	944	6411	994	7708	044	9041
845	3751	895	4975	945	6236	995	7534	045	8868
846	3575	896	4800	946	6062	996	7360	046	8695
847	3399	897	4625	947	5887	997	7187	047	8522
848	3223	898	4450	948	5713	998	7013	048	8349
849	3047	899	4275	949	5538	999	6839	049	8176
850	2872	900	4100	950	5364	24 000	6666	050	8004

DIFFÉRENCES.

	177	176
0 01	2	2
0 02	4	4
0 03	5	5
0 04	7	7
0 05	9	9
0 06	11	11
0 07	12	12
0 08	14	14
0 09	16	16
0 10	18	18
0 20	35	35
0 30	53	53
0 40	71	70
0 50	89	88
0 60	106	106
0 70	124	123
0 80	142	141
0 90	159	158
1 00	177	176

	175	174
0 01	2	2
0 02	4	3
0 03	5	5
0 04	7	7
0 05	9	9
0 06	11	10
0 07	12	12
0 08	14	14
0 09	16	16
0 10	18	17
0 20	35	35
0 30	53	52
0 40	70	70
0 50	88	87
0 60	105	104
0 70	123	122
0 80	140	139
0 90	158	157
1 00	175	174

	173	172
0 01	2	2
0 02	3	3
0 03	5	5
0 04	7	7
0 05	9	9
0 06	10	10
0 07	12	12
0 08	14	14
0 09	16	15
0 10	17	17
0 20	35	34
0 30	52	52
0 40	69	69
0 50	87	86
0 60	104	103
0 70	121	120
0 80	138	138
0 90	156	155
1 00	173	172

DIVISEURS : 24051 A 24300.

DIVISEUR	Nombre à multiplier par le dividende	DIVISEUR	Nombre à multiplier par le dividende	DIVISEUR	Nombre à multiplier par le dividende	DIVISEUR	Nombre à multiplier par le dividende	DIVISEUR	Nombre à multiplier par le dividende
24 051	445 7834	24 101	444 9204	24 151	444 0614	24 201	413 2060	24 251	412 3544
052	7658	102	9032	152	0443	202	1889	252	3374
053	7485	103	8860	153	0271	203	1718	253	3204
054	7312	104	8688	154	0100	204	1548	254	3034
055	7139	105	8516	155	413 9929	205	1377	255	2864
056	6966	106	8344	156	9757	206	1206	256	2694
057	6793	107	8172	157	9586	207	1036	257	2524
058	6620	108	8000	158	9414	208	0865	258	2354
059	6447	109	7828	159	9243	209	0694	259	2184
060	6275	110	7656	160	9072	210	0524	260	2014
24 061	445 6102	24 111	444 7484	24 161	413 8900	24 211	413 0353	24 261	412 1844
062	5929	112	7312	162	8729	212	0183	262	1674
063	5757	113	7140	163	8558	213	0012	263	1504
064	5584	114	6968	164	8387	214	412 9842	264	1334
065	5412	115	6796	165	8216	215	9671	265	1162
066	5239	116	6624	166	8044	216	9501	266	0992
067	5066	117	6452	167	7873	217	9330	267	0822
068	4894	118	6280	168	7702	218	9160	268	0652
069	4721	119	6108	169	7531	219	8989	269	0482
070	4549	120	5936	170	7360	220	8819	270	0313
24 071	445 4376	24 121	444 5764	24 171	413 7188	24 221	412 9648	24 271	412 0143
072	4203	122	5592	172	7017	222	8478	272	411 9973
073	4031	123	5420	173	6846	223	8307	273	9803
074	3858	124	5248	174	6675	224	8137	274	9634
075	3686	125	5077	175	6504	225	7967	275	9464
076	3513	126	4905	176	6333	226	7796	276	9294
077	3340	127	4733	177	6162	227	7626	277	9125
078	3168	128	4561	178	5991	228	7455	278	8955
079	2995	129	4389	179	5820	229	7285	279	8785
080	2823	130	4218	180	5649	230	7115	280	8616
24 081	445 2650	24 131	444 4046	24 181	413 5478	24 231	412 6944	24 281	411 8446
082	2478	132	3874	182	5307	232	6774	282	8276
083	2306	133	3703	183	5136	233	6604	283	8107
084	2133	134	3531	184	4965	234	6433	284	7937
085	1961	135	3360	185	4794	235	6263	285	7768
086	1789	136	3188	186	4623	236	6093	286	7598
087	1616	137	3016	187	4452	237	5922	287	7428
088	1444	138	2845	188	4281	238	5752	288	7259
089	1272	139	2673	189	4110	239	5582	289	7089
090	1100	140	2502	190	3939	240	5412	290	6920
24 091	445 0927	24 141	444 2330	24 191	413 3768	24 241	412 5241	24 291	411 6750
092	0755	142	2158	192	3597	242	5071	292	6581
093	0583	143	1987	193	3426	243	4901	293	6411
094	0410	144	1815	194	3255	244	4731	294	6242
095	0238	145	1644	195	3085	245	4561	295	6073
096	0066	146	1472	196	2914	246	4391	296	5903
097	444 9893	147	1300	197	2743	247	4221	297	5734
098	9721	148	1129	198	2572	248	4051	298	5564
099	9549	149	0957	199	2401	249	3881	299	5395
100	9377	150	0786	200	2231	250	3711	300	5226

Différences :

	173	172
0 01	2	2
0 02	3	3
0 03	5	5
0 04	7	7
0 05	9	9
0 06	10	10
0 07	12	12
0 08	14	14
0 09	16	15
0 10	17	17
0 20	35	34
0 30	52	52
0 40	69	69
0 50	87	86
0 60	104	103
0 70	121	120
0 80	138	138
0 90	156	155
1 00	173	172

	171	170
0 01	2	2
0 02	3	3
0 03	5	5
0 04	7	7
0 05	9	9
0 06	10	10
0 07	12	12
0 08	14	14
0 09	15	15
0 10	17	17
0 20	34	34
0 30	51	51
0 40	68	68
0 50	86	85
0 60	103	102
0 70	120	119
0 80	137	136
0 90	154	153
1 00	171	170

	169
0 01	2
0 02	3
0 03	5
0 04	7
0 05	8
0 06	10
0 07	12
0 08	14
0 09	15
0 10	17
0 20	34
0 30	51
0 40	68
0 50	85
0 60	101
0 70	118
0 80	135
0 90	152
1 00	169

DIVISEURS : 24301 A 24550. DIFFÉRENCES.

DIVISEUR	Nombre à multiplier par le dividende	DIVISEUR	Nombre à multiplier par le dividende	DIVISEUR	Nombre à multiplier par le dividende	DIVISEUR	Nombre à multiplier par le dividende	DIVISEUR	Nombre à multiplier par le dividende
24 301	411 5056	24 351	410 6607	24 401	409 8192	24 451	408 9811	24 501	408 1465
302	4887	352	6438	402	8024	452	9644	502	1299
303	4718	353	6270	403	7856	453	9477	503	1132
304	4548	354	6101	404	7688	454	9310	504	0966
305	4379	355	5933	405	7520	455	9143	505	0799
306	4210	356	5764	406	7352	456	8975	506	0633
307	4040	357	5595	407	7184	457	8808	507	0466
308	3871	358	5427	408	7016	458	8641	508	0300
309	3702	359	5258	409	6848	459	8474	509	0133
310	3533	360	5090	410	6681	460	8307	510	407 9967
24 311	411 3363	24 361	410 4921	24 411	409 6513	24 461	408 8139	24 511	407 9800
312	3194	362	4753	412	6345	462	7972	512	9634
313	3025	363	4584	413	6177	463	7805	513	9467
314	2856	364	4416	414	6010	464	7638	514	9301
315	2687	365	4247	415	5842	465	7471	515	9135
316	2518	366	4079	416	5674	466	7304	516	8968
317	2349	367	3910	417	5507	467	7137	517	8802
318	2180	368	3742	418	5339	468	6970	518	8635
319	2011	369	3573	419	5171	469	6803	519	8469
320	1842	370	3405	420	5004	470	6636	520	8303
24 321	411 1673	24 371	410 3236	24 421	409 4836	24 471	408 6469	24 521	407 8136
322	1504	372	3068	422	4668	472	6302	522	7970
323	1335	373	2900	423	4500	473	6135	523	7804
324	1166	374	2731	424	4333	474	5968	524	7637
325	0997	375	2563	425	4165	475	5801	525	7471
326	0828	376	2395	426	3997	476	5634	526	7305
327	0659	377	2226	427	3830	477	5467	527	7138
328	0490	378	2058	428	3662	478	5300	528	6972
329	0321	379	1890	429	3494	479	5133	529	6806
330	0152	380	1722	430	3327	480	4967	530	6640
24 331	410 9983	24 381	410 1553	24 431	409 3159	24 481	408 4800	24 531	407 6473
332	9814	382	1385	432	2992	482	4633	532	6307
333	9645	383	1217	433	2824	483	4466	533	6141
334	9476	384	1049	434	2657	484	4299	534	5975
335	9307	385	0881	435	2490	485	4133	535	5809
336	9138	386	0713	436	2322	486	3966	536	5643
337	8969	387	0545	437	2155	487	3799	537	5477
338	8800	388	0377	438	1987	488	3632	538	5311
339	8631	389	0209	439	1820	489	3465	539	5145
340	8463	390	0041	440	1653	490	3299	540	4979
24 341	410 8294	24 391	409 9872	24 441	409 1485	24 491	408 3132	24 541	407 4812
342	8125	392	9704	442	1318	492	2965	542	4646
343	7956	393	9536	443	1150	493	2798	543	4480
344	7788	394	9368	444	0983	494	2632	544	4314
345	7619	395	9200	445	0816	495	2465	545	4148
346	7450	396	9032	446	0648	496	2298	546	3982
347	7282	397	8864	447	0481	497	2132	547	3816
348	7113	398	8696	448	0313	498	1965	548	3650
349	6944	399	8528	449	0146	499	1798	549	3484
350	6776	400	8360	450	408 9979	500	1632	550	3318

	170	169
0 01	2	2
0 02	3	3
0 03	5	5
0 04	7	7
0 05	9	8
0 06	10	10
0 07	12	12
0 08	14	14
0 09	15	15
0 10	17	17
0 20	34	34
0 30	51	51
0 40	68	68
0 50	85	85
0 60	102	101
0 70	119	118
0 80	136	135
0 90	153	152
1 00	170	169

	168	167
0 01	2	2
0 02	3	3
0 03	5	5
0 04	7	7
0 05	8	8
0 06	10	10
0 07	12	12
0 08	13	13
0 09	15	15
0 10	17	17
0 20	34	33
0 30	50	50
0 40	67	67
0 50	84	84
0 70	118	117
0 80	134	134
0 90	151	150
1 00	168	167

	166
0 01	2
0 02	3
0 03	5
0 04	7
0 05	8
0 06	10
0 07	12
0 08	13
0 09	15
0 10	17
0 20	33
0 30	50
0 40	66
0 50	83
0 60	100
0 70	116
0 80	133
0 90	149
1 00	166

DIVISEURS : 24551 A 24800.   DIFFÉRENCES.

DIVISEUR	Nombre à multiplier par le dividende	DIVISEUR	Nombre à multiplier par le dividende	DIVISEUR	Nombre à multiplier par le dividende	DIVISEUR	Nombre à multiplier par le dividende	DIVISEUR	Nombre à multiplier par le dividende
24 551	407 3152	24 601	406 4874	24 651	405 6629	24 701	404 8418	24 751	404 0240
552	2986	602	4709	652	6465	702	8254	752	0077
553	2820	603	4544	653	6300	703	8090	753	403 9944
554	2655	604	4379	654	6136	704	7926	754	9751
555	2489	605	4214	655	5972	705	7763	755	9588
556	2323	606	4048	656	5807	706	7599	756	9424
557	2158	607	3883	657	5643	707	7435	757	9261
558	1992	608	3718	658	5478	708	7271	758	9098
559	1826	609	3553	659	5314	709	7107	759	8935
560	1661	610	3388	660	5150	710	6944	760	8772
24 561	407 1495	24 611	406 3223	24 661	405 4985	24 711	404 6780	24 761	403 8608
562	1329	612	3058	662	4821	712	6616	762	8445
563	1163	613	2893	663	4656	713	6452	763	8282
564	0998	614	2728	664	4492	714	6289	764	8119
565	0832	615	2563	665	4328	715	6125	765	7956
566	0666	616	2398	666	4163	716	5961	766	7793
567	0501	617	2233	667	3999	717	5798	767	7630
568	0335	618	2068	668	3834	718	5634	768	7467
569	0169	619	1903	669	3670	719	5470	769	7304
570	0004	620	1738	670	3506	720	5307	770	7141
24 571	406 9838	24 621	406 1573	24 671	405 3341	24 721	404 5143	24 771	403 6978
572	9672	622	1408	672	3177	722	4979	772	6815
573	9507	623	1243	673	3043	723	4816	773	6652
574	9341	624	1078	674	2848	724	4652	774	6489
575	9176	625	0913	675	2684	725	4489	775	6326
576	9010	626	0748	676	2520	726	4325	776	6163
577	8844	627	0583	677	2355	727	4161	777	6000
578	8679	628	0448	678	2191	728	3998	778	5837
579	8513	629	0253	679	2027	729	3834	779	5674
580	8348	630	0089	680	1863	730	3671	780	5512
24 581	406 8482	24 631	405 9924	24 681	405 1698	24 731	404 3507	24 781	403 5349
582	8017	632	9759	682	1534	732	3344	782	5186
583	7851	633	9594	683	1370	733	3180	783	5023
584	7686	634	9429	684	1206	734	3017	784	4860
585	7520	635	9265	685	1042	735	2854	785	4698
586	7355	636	9100	686	0878	736	2690	786	4535
587	7189	637	8935	687	0714	737	2527	787	4372
588	7024	638	8770	688	0550	738	2363	788	4209
589	6858	639	8605	689	0386	739	2200	789	4046
590	6693	640	8441	690	0222	740	2037	790	3884
24 591	406 6527	24 641	405 8276	24 691	405 0058	24 741	404 1873	24 791	403 3721
592	6362	642	8111	692	404 9894	742	1710	792	3558
593	6197	643	7946	693	9730	743	1547	793	3396
594	6031	644	7782	694	9566	744	1383	794	3233
595	5861	645	7617	695	9402	745	1220	795	3071
596	5706	646	7452	696	9238	746	1057	796	2908
597	5535	647	7288	697	9074	747	0893	797	2745
598	5370	648	7123	698	8910	748	0730	798	2583
599	5205	649	6958	699	8746	749	0567	799	2420
600	5040	650	6794	700	8582	750	0404	800	2258

DIFFÉRENCES.

	166	165
0 01	2	2
0 02	3	3
0 03	5	5
0 04	7	7
0 05	8	8
0 06	10	10
0 07	12	12
0 08	13	13
0 09	15	15
0 10	17	17
0 20	33	33
0 30	50	50
0 40	66	66
0 50	83	83
0 60	100	99
0 70	116	116
0 80	133	132
0 90	149	149
1 00	166	165

	164	163
0 01	2	2
0 02	3	3
0 03	5	5
0 04	7	7
0 05	8	8
0 06	10	10
0 07	11	11
0 08	13	13
0 09	15	15
0 10	16	16
0 20	33	33
0 30	49	49
0 40	66	65
0 50	82	82
0 60	98	98
0 70	115	114
0 80	131	130
0 90	148	147
1 00	164	163

	162
0 01	2
0 02	3
0 03	5
0 04	6
0 05	8
0 06	10
0 07	11
0 08	13
0 09	15
0 10	16
0 20	32
0 30	49
0 40	65
0 50	81
0 60	97
0 70	113
0 80	130
0 90	146
1 00	162

DIVISEURS : 24801 A 25050.   DIFFÉRENCES.

DIVISEUR	Nombre à multiplier par le dividende	DIVISEUR	Nombre à multiplier par le dividende	DIVISEUR	Nombre à multiplier par le dividende	DIVISEUR	Nombre à multiplier par le dividende	DIVISEUR	Nombre à multiplier par le dividende
24 801	403 2095	24 851	402 3982	24 901	401 5902	24 951	400 7855	25 001	399 9840
802	1932	852	3820	902	5741	952	7694	002	9680
803	1770	853	3658	903	5580	953	7534	003	9520
804	1607	854	3496	904	5419	954	7373	004	9360
805	1445	855	3335	905	5258	955	7213	005	9200
806	1282	856	3173	906	5096	956	7052	006	9040
807	1119	857	3011	907	4935	957	6891	007	8880
808	0957	858	2849	908	4774	958	6731	008	8720
809	0794	859	2687	909	4613	959	6570	009	8560
810	0632	860	2526	910	4452	960	6410	010	8400
24 811	403 0469	24 861	402 2364	24 911	401 4290	24 961	400 6249	25 011	399 8240
812	0307	862	2202	912	4129	962	6089	012	8080
813	0144	863	2040	913	3968	963	5928	013	7920
814	402 9982	864	1878	914	3807	964	5768	014	7760
815	9820	865	1717	915	3646	965	5607	015	7601
816	9657	866	1555	916	3485	966	5447	016	7441
817	9495	867	1393	917	3324	967	5286	017	7281
818	9332	868	1231	918	3163	968	5126	018	7121
819	9170	869	1069	919	3002	969	4965	019	6961
820	9008	870	0908	920	2841	970	4805	020	6802
24 821	402 8845	24 871	402 0746	24 921	401 2680	24 971	400 4644	25 021	399 6642
822	8683	872	0584	922	2519	972	4484	022	6482
823	8521	873	0423	923	2358	973	4324	023	6322
824	8359	874	0261	924	2197	974	4163	024	6163
825	8197	875	0100	925	2036	975	4003	025	6003
826	8034	876	401 9938	926	1875	976	3843	026	5843
827	7872	877	9776	927	1714	977	3682	027	5684
828	7710	878	9615	928	1553	978	3522	028	5524
829	7548	879	9453	929	1392	979	3362	029	5364
830	7386	880	9292	930	1231	980	3202	030	5205
24 831	402 7223	24 881	401 9130	24 931	401 1070	24 981	400 3041	25 031	399 5045
832	7061	882	8969	932	0909	982	2881	032	4886
833	6899	883	8807	933	0748	983	2721	033	4726
834	6737	884	8646	934	0587	984	2561	034	4567
835	6575	885	8484	935	0427	985	2401	035	4407
836	6412	886	8323	936	0266	986	2240	036	4248
837	6250	887	8161	937	0105	987	2080	037	4088
838	6088	888	8000	938	400 9944	988	1920	038	3929
839	5926	889	7838	939	9783	989	1760	039	3769
840	5764	890	7677	940	9623	990	1600	040	3610
24 841	402 5602	24 891	401 7515	24 941	400 9462	24 991	400 1440	25 041	399 3450
842	5440	892	7354	942	9301	992	1280	042	3294
843	5278	893	7193	943	9140	993	1120	043	3134
844	5116	894	7031	944	8980	994	0960	044	2972
845	4954	895	6870	945	8819	995	0800	045	2812
846	4792	896	6709	946	8658	996	0640	046	2653
847	4630	897	6547	947	8498	997	0480	047	2493
848	4468	898	6386	948	8337	998	0320	048	2334
849	4306	899	6225	949	8176	999	0160	049	2174
850	4144	900	6064	950	8016	25 000	0000	050	2015

DIFFÉRENCES.

	163	162
0 01	2	2
0 02	3	3
0 03	5	5
0 04	7	7
0 05	8	8
0 06	10	10
0 07	11	11
0 08	13	13
0 09	15	15
0 10	16	16
0 20	33	32
0 30	49	49
0 40	65	65
0 50	82	81
0 60	98	97
0 70	114	113
0 80	130	130
0 90	147	146
1 00	163	162

	161	160
0 01	2	2
0 02	3	3
0 03	5	5
0 04	6	6
0 05	8	8
0 06	10	10
0 07	11	11
0 08	13	13
0 09	14	14
0 10	16	16
0 20	32	32
0 30	48	48
0 40	64	64
0 50	81	80
0 60	97	96
0 70	113	112
0 80	129	128
0 90	145	144
1 00	161	160

	159
0 01	2
0 02	3
0 03	5
0 04	6
0 05	8
0 06	10
0 07	11
0 08	13
0 09	14
0 10	16
0 20	32
0 30	48
0 40	64
0 50	80
0 60	95
0 70	111
0 80	127
0 90	143
1 00	159

DIVISEUR	Nombre à multiplier par le dividende	DIVISEUR	Nombre à multiplier par le dividende	DIVISEUR	Nombre à multiplier par le dividende	DIVISEUR	Nombre à multiplier par le dividende	DIVISEUR	Nombre à multiplier par le dividende
25 051	399 1855	25 101	398 3904	25 151	397 5984	25 201	396 8095	25 251	396 0239
052	1696	102	3745	152	5826	202	7938	252	0082
053	1537	103	3587	153	5668	203	7780	253	395 9925
054	1377	104	3428	154	5510	204	7623	254	9768
055	1218	105	3270	155	5352	205	7466	255	9612
056	1059	106	3111	156	5194	206	7308	256	9455
057	0899	107	2952	157	5036	207	7151	257	9298
058	0740	108	2794	158	4878	208	6993	258	9141
059	0581	109	2635	159	4720	209	6836	259	8984
060	0422	110	2477	160	4562	210	6679	260	8828
25 061	399 0262	25 111	398 2318	25 161	397 4404	25 211	396 6521	25 261	395 8671
062	0103	112	2159	162	4246	212	6364	262	8514
063	398 9944	113	2001	163	4088	213	6207	263	8357
064	9785	114	1842	164	3930	214	6050	264	8201
065	9626	115	1684	165	3772	215	5893	265	8044
066	9467	116	1525	166	3614	216	5735	266	7887
067	9308	117	1366	167	3456	217	5578	267	7731
068	9149	118	1208	168	3298	218	5421	268	7574
069	8990	119	1049	169	3140	219	5264	269	7417
070	8831	120	0891	170	2983	220	5107	270	7261
25 071	398 8671	25 121	398 0732	25 171	397 2825	25 221	396 4949	25 271	395 7104
072	8512	122	0574	172	2667	222	4792	272	6948
073	8353	123	0415	173	2509	223	4635	273	6791
074	8194	124	0257	174	2351	224	4478	274	6635
075	8035	125	0099	175	2194	225	4321	275	6478
076	7876	126	397 9940	176	2036	226	4163	276	6322
077	7717	127	9782	177	1878	227	4006	277	6165
078	7558	128	9623	178	1720	228	3849	278	6009
079	7399	129	9465	179	1562	229	3692	279	5852
080	7240	130	9307	180	1405	230	3535	280	5696
25 081	398 7081	25 131	397 9148	25 181	397 1247	25 231	396 3378	25 281	395 5539
082	6922	132	8990	182	1089	232	3221	282	5383
083	6763	133	8832	183	0932	233	3064	283	5226
084	6604	134	8673	184	0774	234	2907	284	5070
085	6445	135	8515	185	0617	235	2750	285	4914
086	6286	136	8357	186	0459	236	2593	286	4757
087	6127	137	8198	187	0301	237	2436	287	4601
088	5968	138	8040	188	0144	238	2279	288	4444
089	5809	139	7882	189	396 9986	239	2122	289	4288
090	5651	140	7724	190	9829	240	1965	290	4132
25 091	398 5492	25 141	397 7565	25 191	396 9671	25 241	396 1808	25 291	395 3975
092	5333	142	7407	192	9513	242	1651	292	3819
093	5174	143	7249	193	9356	243	1494	293	3663
094	5015	144	7091	194	9198	244	1337	294	3506
095	4857	145	6933	195	9041	245	1180	295	3350
096	4698	146	6774	196	8883	246	1023	296	3194
097	4539	147	6616	197	8725	247	0866	297	3037
098	4380	148	6458	198	8568	248	0709	298	2881
099	4221	149	6300	199	8410	249	0552	299	2725
100	4063	150	6142	200	8253	250	0396	300	2569

	160	159
0 01	2	2
0 02	3	3
0 03	5	5
0 04	6	6
0 05	8	8
0 06	10	10
0 07	11	11
0 08	13	13
0 09	14	14
0 10	16	16
0 20	32	32
0 30	48	48
0 40	64	64
0 50	80	80
0 60	96	95
0 70	112	111
0 80	128	127
0 90	144	143
1 00	160	159

	158	157
0 01	2	2
0 02	3	3
0 03	5	5
0 04	6	6
0 05	8	8
0 06	9	9
0 07	11	11
0 08	13	13
0 09	14	14
0 10	16	16
0 20	32	31
0 30	47	47
0 40	63	63
0 50	79	79
0 60	95	94
0 70	111	110
0 80	126	126
0 90	142	141
1 00	158	157

	156
0 01	2
0 02	3
0 03	5
0 04	6
0 05	8
0 06	9
0 07	11
0 08	12
0 09	14
0 10	16
0 20	31
0 30	47
0 40	62
0 50	78
0 60	94
0 70	109
0 80	125
0 90	140
1 00	156

DIVISEUR	Nombre à multiplier par le dividende	DIVISEUR	Nombre à multiplier par le dividende	DIVISEUR	Nombre à multiplier par le dividende	DIVISEUR	Nombre à multiplier par le dividende	DIVISEUR	Nombre à multiplier par le dividende	DIVISEUR	Nombre à multiplier par le dividende
25 301	395 2412	25 351	394 4617	25 401	393 6852	25 451	392 9117	25 501	392 1414		
302	2256	352	4461	402	6697	452	8963	502	1260		
303	2100	353	4306	403	6542	453	8809	503	1106		
304	1944	354	4150	404	6387	454	8654	504	0953		
305	1788	355	3995	405	6232	455	8500	505	0799		
306	1631	356	3839	406	6077	456	8346	506	0645		
307	1475	357	3683	407	5922	457	8191	507	0492		
308	1319	358	3528	408	5767	458	8037	508	0338		
309	1163	359	3372	409	5612	459	7883	509	0184		
310	1007	360	3217	410	5458	460	7729	510	0031		
25 311	395 0851	25 361	394 3061	25 411	393 5303	25 461	392 7574	25 511	391 9877		
312	0695	362	2906	412	5148	462	7420	512	9723		
313	0539	363	2750	413	4993	463	7266	513	9570		
314	0383	364	2595	414	4838	464	7112	514	9416		
315	0227	365	2440	415	4684	465	6958	515	9263		
316	0071	366	2284	416	4529	466	6803	516	9109		
317	394 9915	367	2129	417	4374	467	6649	517	8955		
318	9759	368	1973	418	4219	468	6495	518	8802		
319	9603	369	1848	419	4064	469	6341	519	8648		
320	9447	370	1663	420	3910	470	6187	520	8495		
25 321	394 9291	25 371	394 1507	25 421	393 3755	25 471	392 6032	25 521	391 8341		
322	9135	372	1352	422	3600	472	5878	522	8188		
323	8979	373	1197	423	3445	473	5724	523	8034		
324	8823	374	1041	424	3291	474	5570	524	7881		
325	8667	375	0886	425	3136	475	5416	525	7727		
326	8511	376	0731	426	2981	476	5262	526	7574		
327	8355	377	0575	427	2827	477	5108	527	7420		
328	8199	378	0420	428	2672	478	4954	528	7267		
329	8043	379	0265	429	2517	479	4800	529	7113		
330	7887	380	0110	430	2363	480	4646	530	6960		
25 331	394 7731	25 381	393 9954	25 431	393 2208	25 481	392 4492	25 531	391 6806		
332	7575	382	9799	432	2053	482	4338	532	6653		
333	7419	383	9644	433	1899	483	4184	533	6499		
334	7263	384	9489	434	1744	484	4030	534	6346		
335	7108	385	9334	435	1590	485	3876	535	6193		
336	6952	386	9178	436	1435	486	3722	536	6039		
337	6796	387	9023	437	1280	487	3568	537	5886		
338	6640	388	8868	438	1126	488	3414	538	5732		
339	6484	389	8713	439	0971	489	3260	539	5579		
340	6329	390	8558	440	0817	490	3107	540	5426		
25 341	394 6173	25 391	393 8402	25 441	393 0662	25 491	392 2953	25 541	391 5272		
342	6017	392	8247	442	0508	492	2799	542	5119		
343	5862	393	8092	443	0353	493	2645	543	4966		
344	5706	394	7937	444	0199	494	2491	544	4813		
345	5551	395	7782	445	0044	495	2337	545	4660		
346	5395	396	7627	446	392 9890	496	2183	546	4506		
347	5239	397	7472	447	9735	497	2029	547	4353		
348	5084	398	7317	448	9581	498	1875	548	4200		
349	4928	399	7162	449	9426	499	1721	549	4047		
350	4773	400	7007	450	9272	500	1568	550	3894		

DIFFÉRENCES.

	157	156
0 01	2	2
0 02	3	3
0 03	5	5
0 04	6	6
0 05	8	8
0 06	9	9
0 07	11	11
0 08	13	12
0 09	14	14
0 10	16	16
0 20	31	31
0 30	47	47
0 40	63	62
0 50	79	78
0 60	94	94
0 70	110	109
0 80	126	125
0 90	141	140
1 00	157	156

	155	154
0 01	2	2
0 02	3	3
0 03	5	5
0 04	6	6
0 05	8	8
0 06	9	9
0 07	11	11
0 08	12	12
0 09	14	14
0 10	16	15
0 20	31	31
0 30	46	46
0 40	62	62
0 50	78	77
0 60	93	92
0 70	109	108
0 80	124	123
0 90	140	139
1 00	155	154

	153
0 01	2
0 02	3
0 03	5
0 04	6
0 05	8
0 06	9
0 07	11
0 08	12
0 09	14
0 10	15
0 20	31
0 30	46
0 40	61
0 50	77
0 60	92
0 70	107
0 80	122
0 90	138
1 00	153

Diviseurs . 25551 à 25800.   Différences.

DIVISEUR	Nombre à multiplier par le dividende	DIVISEUR	Nombre à multiplier par le dividende	DIVISEUR	Nombre à multiplier par le dividende	DIVISEUR	Nombre à multiplier par le dividende	DIVISEUR	Nombre à multiplier par le dividende
25 551	391. 3740	25 601	390 6097	25 651	389 8483	25 701	389 0898	25 751	388 3343
552	3587	602	5944	652	8334	702	0747	752	3192
553	3434	603	5792	653	8179	703	0596	753	3044
554	3281	604	5639	654	8027	704	0444	754	2894
555	3128	605	5487	655	7875	705	0293	755	2740
556	2974	606	5334	656	7723	706	0142	756	2589
557	2821	607	5181	657	7571	707	388 9990	757	2439
558	2668	608	5029	658	7419	708	9839	758	2288
559	2515	609	4876	659	7267	709	9688	759	2137
560	2362	610	4724	660	7116	710	9537	760	1987
25 561	391 2209	25 611	390 4574	25 661	389 6964	25 711	388 9385	25 761	388 1836
562	2056	612	4419	662	6842	712	9234	762	1685
563	1903	613	4266	663	6660	713	9083	763	1535
564	1750	614	4114	664	6508	714	8931	764	1384
565	1597	615	3962	665	6356	715	8780	765	1234
566	1444	616	3809	666	6204	716	8629	766	1083
567	1291	617	3657	667	6052	717	8477	767	0932
568	1138	618	3504	668	5900	718	8326	768	0782
569	0985	619	3352	669	5748	719	8175	769	0634
570	0833	620	3200	670	5597	720	8024	770	0484
25 571	391 0680	25 621	390 3047	25 671	389 5445	25 721	388 7872	25 771	388 0330
572	0527	622	2895	672	5293	722	7721	772	0179
573	0374	623	2743	673	5144	723	7570	773	0029
574	0221	624	2591	674	4990	724	7419	774	387 9878
575	0068	625	2439	675	4838	725	7268	775	9728
576	390 9915	626	2286	676	4686	726	7117	776	9577
577	9762	627	2134	677	4535	727	6966	777	9426
578	9609	628	1982	678	4383	728	6815	778	9276
579	9456	629	1830	679	4231	729	6664	779	9125
580	9304	630	1678	680	4080	730	6513	780	8975
25 581	390 9151	25 631	390 1525	25 681	389 3928	25 731	388 6362	25 781	387 8824
582	8998	632	1373	682	3777	732	6211	782	8674
583	8845	633	1221	683	3625	733	6060	783	8523
584	8692	634	1069	684	3474	734	5909	784	8373
585	8540	635	0947	685	3322	735	5758	785	8223
586	8387	636	0764	686	3171	736	5607	786	8072
587	8234	637	0612	687	3049	737	5456	787	7922
588	8081	638	0460	688	2868	738	5305	788	7774
589	7928	639	0308	689	2746	739	5454	789	7624
590	7776	640	0156	690	2565	740	5003	790	7471
25 591	390 7623	25 641	390 0003	25 691	389 2413	25 741	388 4852	25 791	387 7320
592	7470	642	389 9854	692	2262	742	4704	792	7170
593	7318	643	9699	693	2110	743	4550	793	7020
594	7165	644	9547	694	1959	744	4399	794	6869
595	7013	645	9395	695	1807	745	4248	795	6719
596	6860	646	9243	696	1656	746	4097	796	6569
597	6707	647	9091	697	1504	747	3946	797	6418
598	6555	648	8939	698	1353	748	3795	798	6268
599	6402	649	8787	699	1201	749	3644	799	6118
600	6250	650	8635	700	1050	750	3494	800	5968

Différences

	154	153
0 01	2	2
0 02	3	3
0 03	5	5
0 04	6	6
0 05	8	8
0 06	9	9
0 07	11	11
0 08	12	12
0 09	14	14
0 10	15	15
0 20	31	31
0 30	46	46
0 40	62	61
0 50	77	77
0 60	92	92
0 70	108	107
0 80	123	122
0 90	139	138
1 00	154	153

	152	151
0 01	2	2
0 02	3	3
0 03	5	5
0 04	6	6
0 05	8	8
0 06	9	9
0 07	11	11
0 08	12	12
0 09	14	14
0 10	15	15
0 20	30	30
0 30	46	45
0 40	61	60
0 50	76	76
0 60	91	91
0 70	106	106
0 80	122	121
0 90	137	136
1 00	152	151

	150
0 01	2
0 02	3
0 03	5
0 04	6
0 05	8
0 06	9
0 07	11
0 08	12
0 09	14
0 10	15
0 20	30
0 30	45
0 40	60
0 50	75
0 60	90
0 70	105
0 80	120
0 90	135
1 00	150

DIVISEURS : 25801 A 26050.   DIFFÉRENCES.

DIVISEUR	Nombre à multiplier par le dividende	DIVISEUR	Nombre à multiplier par le dividende	DIVISEUR	Nombre à multiplier par le dividende	DIVISEUR	Nombre à multiplier par le dividende	DIVISEUR	Nombre à multiplier par le dividende
25 801	387 5847	25 851	386 8324	25 901	386 0854	25 951	385 3415	26 001	384 6005
802	5667	852	8172	902	0705	952	3266	002	5857
803	5517	853	8022	903	0556	953	3118	003	5709
804	5367	854	7873	904	0407	954	2970	004	5561
805	5217	855	7723	905	0258	955	2821	005	5414
806	5067	856	7574	906	0109	956	2673	006	5266
807	4917	857	7424	907	385 9960	957	2524	007	5118
808	4767	858	7275	908	9811	958	2376	008	4970
809	4647	859	7125	909	9662	959	2228	009	4822
810	4467	860	6976	910	9513	960	2080	010	4675
25 811	387 4346	25 861	386 6826	25 911	385 9364	25 961	385 1931	26 011	384 4527
812	4166	862	6677	912	9215	962	1783	012	4379
813	4046	863	6527	913	9066	963	1634	013	4231
814	3866	864	6378	914	8917	964	1486	014	4083
815	3746	865	6228	915	8768	965	1338	015	3936
816	3566	866	6079	916	8619	966	1189	016	3788
817	3446	867	5929	917	8470	967	1041	017	3640
818	3266	868	5780	918	8321	968	0892	018	3492
819	3146	869	5630	919	8172	969	0744	019	3344
820	2966	870	5481	920	8024	970	0596	020	3197
25 821	387 2846	25 871	386 5331	25 921	385 7875	25 971	385 0447	26 021	384 3049
822	2666	872	5182	922	7726	972	0299	022	2901
823	2546	873	5032	923	7577	973	0151	023	2754
824	2366	874	4883	924	7428	974	0003	024	2606
825	2246	875	4734	925	7280	975	384 9855	025	2459
826	2066	876	4584	926	7131	976	9706	026	2311
827	1946	877	4435	927	6982	977	9558	027	2163
828	1766	878	4285	928	6833	978	9410	028	2016
829	1646	879	4136	929	6684	979	9262	029	1868
830	1467	880	3987	930	6536	980	9114	030	1721
25 831	387 1317	25 881	386 3837	25 931	385 6387	25 981	384 8965	26 031	384 1573
832	1167	882	3688	932	6238	982	8817	032	1425
833	1017	883	3539	933	6090	983	8669	033	1278
834	0867	884	3390	934	5941	984	8521	034	1130
835	0748	885	3241	935	5793	985	8373	035	0983
836	0568	886	3091	936	5644	986	8225	036	0835
837	0448	887	2942	937	5495	987	8077	037	0687
838	0268	888	2793	938	5347	988	7929	038	0540
839	0148	889	2644	939	5198	989	7781	039	0392
840	386 9969	890	2495	940	5050	990	7633	040	0245
25 841	386 9819	25 891	386 2345	25 941	385 4901	25 991	384 7485	26 041	384 0097
842	9669	892	2196	942	4752	992	7337	042	383 9950
843	9519	893	2047	943	4604	993	7189	043	9802
844	9369	894	1898	944	4455	994	7041	044	9655
845	9220	895	1749	945	4307	995	6893	045	9508
846	9070	896	1599	946	4158	996	6745	046	9360
847	8920	897	1450	947	4009	997	6597	047	9213
848	8770	898	1301	948	3861	998	6449	048	9065
849	8620	899	1152	949	3712	999	6301	049	8918
850	8474	900	1003	950	3564	26 000	6153	050	8771

DIFFÉRENCES.

	151	150
0 01	2	2
0 02	3	3
0 03	5	5
0 04	6	6
0 05	8	8
0 06	9	9
0 07	11	11
0 08	12	12
0 09	14	14
0 10	15	15
0 20	30	30
0 30	45	45
0 40	60	60
0 50	76	75
0 60	91	90
0 80	121	120
0 90	136	135
1 00	151	150

	149	148
0 01	1	1
0 02	3	3
0 03	4	4
0 04	6	6
0 05	7	7
0 06	9	9
0 07	10	10
0 08	12	12
0 09	13	13
0 10	15	15
0 20	29	30
0 30	45	44
0 40	60	59
0 50	75	74
0 60	89	89
0 70	104	104
0 80	119	118
0 90	134	133
1 00	149	148

	147
0 01	1
0 02	3
0 03	4
0 04	6
0 05	7
0 06	9
0 07	10
0 08	12
0 09	13
0 10	15
0 20	29
0 30	44
0 40	59
0 50	74
0 60	88
0 70	103
0 80	118
0 90	132
1 00	147

DIVISEURS : 26051 A 26300.   DIFFÉRENCES.

DIVISEUR	Nombre à multiplier par le dividende	DIVISEUR	Nombre à multiplier par le dividende	DIVISEUR	Nombre à multiplier par le dividende	DIVISEUR	Nombre à multiplier par le dividende	DIVISEUR	Nombre à multiplier par le dividende
26 051	383 8623	26 101	383 1270	26 151	382 3944	26 201	384 6647	26 251	380 9378
052	8476	102	1123	152	3798	202	6501	252	9233
053	8329	103	0976	153	3652	203	6356	253	9088
054	8481	104	0830	154	3506	204	6210	254	8943
055	8034	105	0683	155	3360	205	6065	255	8798
056	7887	106	0536	156	3213	206	5919	256	8653
057	7739	107	0390	157	3067	207	5773	257	8508
058	7592	108	0243	158	2921	208	5628	258	8363
059	7445	109	0096	159	2775	209	5482	259	8218
060	7298	110	382 9950	160	2629	210	5337	260	8073
26 061	383 7150	26 111	382 9803	26 161	382 2483	26 211	384 5191	26 261	380 7928
062	7003	112	9656	162	2387	212	5046	262	7783
063	6856	113	9509	163	2191	213	4900	263	7638
064	6709	114	9363	164	2045	214	4755	264	7493
065	6562	115	9216	165	1899	215	4609	265	7348
066	6414	116	9069	166	1753	216	4464	266	7203
067	6267	117	8923	167	1607	217	4318	267	7058
068	6120	118	8776	168	1461	218	4173	268	6913
069	5973	119	8629	169	1315	219	4027	269	6768
070	5826	120	8483	170	1169	220	3882	270	6623
26 071	383 5678	26 121	382 8336	26 171	382 1023	26 221	384 3736	26 271	380 6478
072	5531	122	8190	172	0877	222	3591	272	6333
073	5384	123	8043	173	0731	223	3445	273	6188
074	5237	124	7897	174	0585	224	3300	274	6043
075	5090	125	7750	175	0439	225	3155	275	5899
076	4943	126	7604	176	0293	226	3009	276	5754
077	4796	127	7457	177	0147	227	2864	277	5609
078	4649	128	7311	178	0001	228	2748	278	5464
079	4502	129	7164	179	381 9855	229	2573	279	5319
080	4355	130	7018	180	9709	230	2428	280	5175
26 081	383 4208	26 131	382 6871	26 181	384 9363	26 231	384 2282	26 281	380 5030
082	4061	132	6725	182	9417	232	2137	282	4885
083	3914	133	6578	183	9271	233	1992	283	4740
084	3767	134	6432	184	9125	234	1846	284	4595
085	3620	135	6286	185	8980	235	1701	285	4451
086	3473	136	6139	186	8834	236	1556	286	4306
087	3326	137	5993	187	8688	237	1410	287	4161
088	3179	138	5846	188	8542	238	1265	288	4016
089	3032	139	5700	189	8396	239	1120	289	3871
090	2886	140	5554	190	8251	240	0975	290	3727
26 091	383 2739	26 141	382 5407	26 191	384 8105	26 241	384 0829	26 291	380 3582
092	2592	142	5261	192	7959	242	0684	292	3437
093	2445	143	5115	193	7813	243	0539	293	3293
094	2298	144	4968	194	7667	244	0394	294	3148
095	2151	145	4822	195	7522	245	0249	295	3004
096	2004	146	4676	196	7376	246	0103	296	2859
097	1857	147	4529	197	7230	247	380 9958	297	2714
098	1710	148	4383	198	7084	248	9813	298	2570
099	1563	149	4237	199	6938	249	9668	299	2425
100	1417	150	4091	200	6793	250	9523	300	2281

DIFFÉRENCES.

	148	147
0 01	1	1
0 02	3	3
0 03	4	4
0 04	6	6
0 05	7	7
0 06	9	9
0 07	10	10
0 08	12	12
0 09	13	13
0 10	15	15
0 20	30	29
0 30	44	44
0 40	59	59
0 50	74	74
0 60	89	88
0 70	104	103
0 80	118	118
0 90	133	132
1 00	148	147

	146	145
0 01	1	1
0 02	3	3
0 03	4	4
0 04	6	6
0 05	7	7
0 06	9	9
0 07	10	10
0 08	12	12
0 09	13	13
0 10	15	15
0 20	29	29
0 30	44	44
0 40	58	58
0 50	73	73
0 60	88	87
0 70	102	102
0 80	117	116
0 90	131	131
1 00	146	145

	144
0 01	1
0 02	3
0 03	4
0 04	6
0 05	7
0 06	9
0 07	10
0 08	12
0 09	13
0 10	14
0 20	29
0 30	43
0 40	58
0 50	72
0 60	86
0 70	101
0 80	115
0 90	130
1 00	144

DIVISEURS : 26301 A 26550.   DIFFÉRENCES

DIVISEUR	Nombre à multiplier par le dividende	DIVISEUR	Nombre à multiplier par le dividende	DIVISEUR	Nombre à multiplier par le dividende	DIVISEUR	Nombre à multiplier par le dividende	DIVISEUR	Nombre à multiplier par le dividende
26 301	380 2436	26 351	379 4922	26 401	378 7734	26 451	378 0575	26 501	377 3441
302	1992	352	4778	402	7591	452	0432	502	3299
303	1847	353	4634	403	7447	453	0289	503	3157
304	1703	354	4490	404	7304	454	0146	504	3014
305	1558	355	4346	405	7161	455	0003	505	2872
306	1414	356	4202	406	7017	456	377 9860	506	2730
307	1269	357	4058	407	6874	457	9717	507	2587
308	1125	358	3914	408	6730	458	9574	508	2445
309	0980	359	3770	409	6587	459	9431	509	2303
310	0836	360	3626	410	6444	460	9289	510	2161
26 311	380 0694	26 361	379 3482	26 411	378 6300	26 461	377 9146	26 511	377 2048
312	0547	362	3338	412	6157	462	9003	512	1876
313	0402	363	3194	413	6014	463	8860	513	1734
314	0258	364	3050	414	5870	464	8717	514	1592
315	0114	365	2907	415	5727	465	8575	515	1450
316	379 9969	366	2763	416	5584	466	8432	516	1307
317	9825	367	2619	417	5440	467	8289	517	1165
318	9680	368	2475	418	5297	468	8146	518	1023
319	9536	369	2331	419	5154	469	8003	519	0881
320	9392	370	2188	420	5011	470	7861	520	0739
26 321	379 9247	26 371	379 2044	26 421	378 4867	26 471	377 7718	26 521	377 0596
322	9103	372	1900	422	4724	472	7575	522	0454
323	8959	373	1756	423	4581	473	7433	523	0312
324	8814	374	1612	424	4438	474	7290	524	0170
325	8670	375	1469	425	4295	475	7148	525	0028
326	8526	376	1325	426	4151	476	7005	526	376 9885
327	8381	377	1181	427	4008	477	6862	527	9743
328	8237	378	1037	428	3865	478	6720	528	9601
329	8093	379	0893	429	3722	479	6577	529	9459
330	7949	380	0750	430	3579	480	6435	530	9317
26 331	379 7804	26 381	379 0606	26 431	378 3435	26 481	377 6292	26 531	376 9175
332	7660	382	0462	432	3292	482	6149	532	9033
333	7516	383	0319	433	3149	483	6007	533	8891
334	7372	384	0175	434	3006	484	5864	534	8749
335	7228	385	0032	435	2863	485	5722	535	8607
336	7083	386	378 9888	436	2720	486	5579	536	8465
337	6939	387	9744	437	2577	487	5436	537	8323
338	6795	388	9601	438	2434	488	5294	538	8181
339	6651	389	9457	439	2291	489	5151	539	8039
340	6507	390	9314	440	2148	490	5009	540	7897
26 341	379 6362	26 391	378 9170	26 441	378 2005	26 491	377 4866	26 541	376 7755
342	6218	392	9026	442	1862	492	4724	542	7613
343	6074	393	8883	443	1719	493	4581	543	7471
344	5930	394	8739	444	1576	494	4439	544	7329
345	5786	395	8596	445	1433	495	4296	545	7187
346	5642	396	8452	446	1290	496	4154	546	7045
347	5498	397	8308	447	1147	497	4011	547	6903
348	5354	398	8165	448	1004	498	3869	548	6761
349	5210	399	8021	449	0861	499	3726	549	6619
350	5066	400	7878	450	0718	500	3584	550	6477

DIFFÉRENCES

	145	144
0 01	1	1
0 02	3	3
0 03	4	4
0 04	6	6
0 05	7	7
0 06	9	9
0 07	10	10
0 08	12	12
0 09	13	13
0 10	15	14
0 20	29	29
0 30	44	43
0 40	58	58
0 50	73	72
0 60	87	86
0 70	102	101
0 80	116	115
0 90	131	130
1 00	145	144

	143	142
0 01	1	1
0 02	3	3
0 03	4	4
0 04	6	6
0 05	7	7
0 06	9	9
0 07	10	10
0 08	11	11
0 09	13	13
0 10	14	14
0 20	29	28
0 30	43	43
0 40	57	57
0 50	72	71
0 60	86	85
0 70	100	99
0 80	114	114
0 90	129	128
1 00	143	142

	141
0 01	1
0 02	3
0 03	4
0 04	6
0 05	7
0 06	8
0 07	10
0 08	11
0 09	13
1 00	14
0 20	28
0 30	42
0 40	56
0 50	71
0 60	85
0 70	99
0 80	113
0 90	127
1 00	141

DIVISEURS : 26551 À 26800.   DIFFÉRENCES.

DIVISEUR	Nombre à multiplier par le dividende	DIVISEUR	Nombre à multiplier par le dividende	DIVISEUR	Nombre à multiplier par le dividende	DIVISEUR	Nombre à multiplier par le dividende	DIVISEUR	Nombre à multiplier par le dividende
26 551	376 6335	26 601	375 9256	26 651	375 2203	26 701	374 5177	26 751	373 8176
552	6193	602	9115	652	2062	702	5037	752	8036
553	6051	603	8974	653	1921	703	4897	753	7897
554	5910	604	8832	654	1781	704	4757	754	7757
555	4768	605	8691	655	1640	705	4647	755	7618
556	5626	606	8550	656	1499	706	4476	756	7478
557	5485	607	8408	657	1359	707	4336	757	7338
558	5343	608	8267	658	1218	708	4196	758	7199
559	5201	609	8126	659	1077	709	4056	759	7059
560	5060	610	7985	660	0937	710	3916	760	6920
26 561	376 4948	26 611	375 7843	26 661	375 0796	26 711	374 3775	26 761	373 6780
562	4776	612	7702	662	0655	712	3635	762	6640
563	4634	613	7561	663	0515	713	3495	763	6501
564	4493	614	7420	664	0374	714	3355	764	6361
565	4351	615	7279	665	0234	715	3215	765	6222
566	4209	616	7138	666	0093	716	3074	766	6082
567	4068	617	6997	667	374 9952	717	2934	767	5942
568	3926	618	6856	668	9812	718	2794	768	5803
569	3784	619	6715	669	9671	719	2654	769	5663
570	3643	620	6574	670	9531	720	2514	770	5524
26 571	376 3501	26 621	375 6432	26 671	374 9390	26 721	374 2374	26 771	373 5384
572	3359	622	6291	672	9249	722	2234	772	5245
573	3248	623	6150	673	9109	723	2094	773	5105
574	3076	624	6009	674	8968	724	1954	774	4966
575	2935	625	5868	675	8828	725	1814	775	4826
576	2793	626	5727	676	8687	726	1674	776	4687
577	2651	627	5586	677	8546	727	1534	777	4547
578	2510	628	5445	678	8406	728	1394	778	4408
579	2368	629	5304	679	8265	729	1254	779	4268
580	2227	630	5163	680	8125	730	1114	780	4129
26 581	376 2085	26 631	375 5022	26 681	374 7984	26 731	374 0974	26 781	373 3989
582	1944	632	4881	682	7844	732	0834	782	3850
583	1802	633	4740	683	7703	733	0694	783	3711
584	1661	634	4599	684	7563	734	0554	784	3571
585	1519	635	4458	685	7423	735	0414	785	3432
586	1378	636	4317	686	7282	736	0274	786	3293
587	1236	637	4176	687	7142	737	0134	787	3153
588	1095	638	4035	688	7001	738	373 9994	788	3014
589	0953	639	3894	689	6861	739	9854	789	2875
590	0812	640	3753	690	6721	740	9715	790	2736
26 591	376 0670	26 641	375 3612	26 691	374 6580	26 741	373 9575	26 791	373 2596
592	0529	642	3471	692	6440	742	9435	792	2457
593	0387	643	3330	693	6300	743	9295	793	2318
594	0246	644	3189	694	6159	744	9155	794	2178
595	0105	645	3048	695	6019	745	9015	795	2039
596	375 9963	646	2907	696	5879	746	8875	796	1900
597	9822	647	2766	697	5738	747	8735	797	1760
598	9680	648	2625	698	5598	748	8595	798	1621
599	9539	649	2484	699	5458	749	8455	799	1482
600	9398	650	2343	700	5318	750	8316	800	1343

DIFFÉRENCES.

	142	141
0 01	1	1
0 02	3	3
0 03	4	4
0 04	6	6
0 05	7	7
0 06	9	8
0 07	10	10
0 08	11	11
0 09	13	13
0 10	14	14
0 20	28	28
0 30	43	42
0 40	57	56
0 50	71	71
0 60	85	85
0 70	99	99
0 80	114	113
0 90	128	127
1 00	142	141

	140	139
0 01	1	1
0 02	3	3
0 03	4	4
0 04	6	6
0 05	7	7
0 06	8	8
0 07	10	10
0 08	11	11
0 09	13	13
0 10	14	14
0 20	28	28
0 30	42	42
0 40	56	56
0 50	70	70
0 60	84	83
0 70	98	97
0 80	112	111
0 90	126	125
1 00	140	139

	138
0 01	1
0 02	3
0 03	4
0 04	6
0 05	7
0 06	
0 07	10
0 08	11
0 09	12
0 10	14
0 20	28
0 30	41
0 40	55
0 50	69
0 60	83
0 70	97
0 80	110
0 90	124
1 00	138

DIVISEURS : 26801 A 27050.

DIVISEUR	Nombre à multiplier par le dividende	DIVISEUR	Nombre à multiplier par le dividende	DIVISEUR	Nombre à multiplier par le dividende	DIVISEUR	Nombre à multiplier par le dividende	DIVISEUR	Nombre à multiplier par le dividende
26 801	373 1203	26 851	372 4255	26 901	374 7383	26 951	371 0436	27 001	370 3565
802	1064	852	4116	902	7195	952	0298	002	3428
803	0925	853	3978	903	7057	953	0164	003	3294
804	0786	854	3839	904	6919	954	0023	004	3154
805	0647	855	3701	905	6781	955	370 9886	005	3017
806	0507	856	3562	906	6642	956	9748	006	2880
807	0368	857	3423	907	6504	957	9610	007	2743
808	0229	858	3285	908	6366	958	9473	008	2606
809	0090	859	3146	909	6228	959	9335	009	2469
810	372 9951	860	3008	910	6090	960	9198	010	2332
26 811	372 9811	26 861	372 2869	26 911	374 5952	26 961	370 9060	27 011	370 2195
812	9672	862	2730	912	5814	962	8923	012	2058
813	9533	863	2592	913	5676	963	8785	013	1921
814	9394	864	2453	914	5538	964	8648	014	1784
815	9255	865	2315	915	5400	965	8510	015	1647
816	9116	866	2176	916	5262	966	8373	016	1510
817	8977	867	2037	917	5124	967	8235	017	1373
818	8838	868	1899	918	4986	968	8098	018	1236
819	8699	869	1760	919	4848	969	7960	019	1099
820	8560	870	1622	920	4710	970	7823	020	0962
26 821	372 8421	26 871	372 1483	26 921	374 4572	26 971	370 7685	27 021	370 0825
822	8282	872	1345	922	4434	972	7548	022	0688
823	8143	873	1206	923	4296	973	7410	023	0551
824	8004	874	1068	924	4158	974	7273	024	0414
825	7865	875	0930	925	4020	975	7136	025	0277
826	7726	876	0791	926	3882	976	6998	026	0140
827	7587	877	0653	927	3744	977	6861	027	0003
828	7448	878	0514	928	3606	978	6723	028	369 9866
829	7309	879	0376	929	3468	979	6586	029	9729
830	7171	880	0238	930	3330	980	6449	030	9593
26 831	372 7032	26 881	372 0099	26 931	371 3492	26 981	370 6311	27 031	369 9456
832	6893	882	371 9961	932	3054	982	6174	032	9319
833	6754	883	9822	933	2916	983	6036	033	9182
834	6615	884	9684	934	2778	984	5899	034	9045
835	6476	885	9546	935	2640	985	5762	035	8908
836	6337	886	9407	936	2502	986	5624	036	8771
837	6198	887	9269	937	2364	987	5487	037	8634
838	6059	888	9130	938	2226	988	5349	038	8497
839	5920	889	8992	939	2088	989	5212	039	8360
840	5782	890	8854	940	1951	990	5075	040	8224
26 841	372 5643	26 891	371 8715	26 941	371 1813	26 991	370 4937	27 041	369 8087
842	5504	892	8577	942	1675	992	4800	042	7950
843	5365	893	8439	943	1537	993	4663	043	7813
844	5226	894	8301	944	1400	994	4526	044	7676
845	5088	895	8163	945	1262	995	4389	045	7540
846	4949	896	8024	946	1124	996	4251	046	7403
847	4810	897	7886	947	0987	997	4114	047	7266
848	4671	898	7748	948	0849	998	3977	048	7129
849	4532	899	7610	849	0711	999	3840	049	6992
850	4394	900	7472	950	0574	27 000	3703	050	6856

	140	139
0 01	1	1
0 02	3	3
0 03	4	4
0 04	6	6
0 05	7	7
0 06	8	8
0 07	10	10
0 08	11	11
0 09	13	13
0 10	14	14
0 20	28	28
0 30	42	42
0 40	56	56
0 50	70	70
0 60	84	83
0 70	98	97
0 80	112	111
0 90	126	125
1 00	140	139

	138	137
0 01	1	1
0 02	3	3
0 03	4	4
0 04	6	5
0 05	7	7
0 06	8	8
0 07	10	10
0 08	11	11
0 09	12	12
0 10	14	14
0 20	28	27
0 30	41	41
0 40	55	55
0 50	69	69
0 60	83	82
0 70	97	96
0 80	110	110
0 90	124	123
1 00	138	137

	136
0 01	1
0 02	3
0 03	4
0 04	5
0 05	7
0 06	8
0 07	10
0 08	11
0 09	12
0 10	14
0 20	27
0 30	41
0 40	54
0 50	68
0 60	82
0 70	95
0 80	109
0 90	122
1 00	136

DIVISEURS : 27051 A 27310.

DIVISEUR	Nombre à multiplier par le dividende	DIVISEUR	Nombre à multiplier par le dividende	DIVISEUR	Nombre à multiplier par le dividende	DIVISEUR	Nombre à multiplier par le dividende	DIVISEUR	Nombre à multiplier par le dividende	DIVISEUR	Nombre à multiplier par le dividende
27 051	369 6749	27 101	368 9899	27 151	368 3105	27 201	367 6384	27 251	366 9589	27 301	366 2868
052	6583	102	9763	152	2969	202	6499	252	9454	302	2734
053	6416	103	9627	153	2834	203	6064	253	9320	303	2600
054	6310	104	9491	154	2698	204	5929	254	9185	304	2466
055	6173	105	9355	155	2563	205	5794	255	9051	305	2332
056	6037	106	9219	156	2427	206	5659	256	8916	306	2198
057	5900	107	9083	157	2291	207	5524	257	8781	307	2064
058	5764	108	8947	158	2156	208	5389	258	8647	308	1930
059	5627	109	8811	159	2020	209	5254	259	8512	309	1796
060	5491	110	8675	160	1885	210	5110	260	8378	310	1662
27 061	369 5354	27 111	368 8539	27 161	368 1749	27 211	367 4984	27 261	366 8243		
062	5218	112	8403	162	1613	212	4849	262	8109		
063	5084	113	8267	163	1478	213	4714	263	7974		
064	4945	114	8131	164	1342	214	4579	264	7840		
065	4808	115	7995	165	1207	215	4444	265	7705		
066	4672	116	7859	166	1071	216	4309	266	7571		
067	4535	117	7723	167	0935	217	4174	267	7436		
068	4399	118	7587	168	0800	218	4039	268	7302		
069	4262	119	7451	169	0664	219	3904	269	7167		
070	4126	120	7315	170	0529	220	3769	270	7033		
27 071	369 3989	27 121	368 7179	27 171	368 0393	27 221	367 3634	27 271	366 6898		
072	3853	122	7043	172	0258	222	3499	272	6764		
073	3716	123	6907	173	0122	223	3364	273	6629		
074	3580	124	6771	174	367 9987	224	3229	274	6495		
075	3444	125	6635	175	9852	225	3094	275	6361		
076	3307	126	6499	176	9716	226	2959	276	6226		
077	3171	127	6363	177	9581	227	2824	277	6092		
078	3034	128	6227	178	9445	228	2689	278	5957		
079	2898	129	6091	179	9310	229	2554	279	5823		
080	2762	130	5956	180	9175	230	2420	280	5689		
27 081	369 2625	27 131	368 5820	27 181	367 9039	27 231	367 2285	27 281	366 5554		
082	2489	132	5684	182	8904	232	2150	282	5420		
083	2353	133	5548	183	8769	233	2015	283	5285		
084	2216	134	5412	184	8633	234	1880	284	5151		
085	2080	135	5277	185	8498	235	1745	285	5017		
086	1944	136	5141	186	8363	236	1610	286	4882		
087	1807	137	5005	187	8227	237	1475	287	4748		
088	1671	138	4869	188	8092	238	1340	288	4613		
089	1535	139	4733	189	7957	239	1205	289	4479		
090	1399	140	4598	190	7822	240	1071	290	4345		
27 091	369 1262	27 141	368 4462	27 191	367 7686	27 241	367 0936	27 291	366 4210		
092	1126	142	4326	192	7551	242	0801	292	4076		
093	0990	143	4190	193	7416	243	0666	293	3942		
094	0853	144	4055	194	7281	244	0532	294	3808		
095	0717	145	3919	195	7146	245	0397	295	3674		
096	0581	146	3783	196	7010	246	0262	296	3539		
097	0444	147	3648	197	6875	247	0128	297	3405		
098	0308	148	3512	198	6740	248	366 9993	298	3271		
099	0172	149	3376	199	6605	249	9858	299	3137		
100	0036	150	3241	200	6470	250	9724	300	3003		

DIFF.

	137	136
0 01	1	1
0 02	3	3
0 03	4	4
0 04	5	5
0 05	7	7
0 06	8	8
0 07	10	10
0 08	11	11
0 09	12	12
0 10	14	14
0 20	27	27
0 30	41	41
0 40	55	54
0 50	69	68
0 60	82	82
0 70	96	95
0 80	110	109
0 90	123	122
1 00	137	136

	135	134
0 01	1	1
0 02	3	3
0 03	4	4
0 04	5	5
0 05	7	7
0 06	8	8
0 07	9	9
0 08	11	11
0 09	12	12
0 10	14	13
0 20	27	27
0 30	41	40
0 40	54	54
0 50	68	67
0 60	81	80
0 70	95	94
0 80	108	107
0 90	122	121
1 00	135	134

DIVISEURS : 27311 à 27570.

DIVISEUR	Nombre à multiplier par le dividende	DIVISEUR	Nombre à multiplier par le dividende	DIVISEUR	Nombre à multiplier par le dividende	DIVISEUR	Nombre à multiplier par le dividende	DIVISEUR	Nombre à multiplier par le dividende	DIVISEUR	Nombre à multiplier par le dividende
27 311	366 1528	27 361	365 4836	27 411	364 8170	27 461	364 1527	27 511	363 4908	27 561	362 8315
312	1394	362	4703	412	8037	462	1394	512	4776	562	8183
313	1260	363	4569	413	7904	463	1262	513	4644	563	8051
314	1126	364	4436	414	7771	464	1129	514	4512	564	7920
315	0992	365	4302	415	7638	465	0997	515	4380	565	7788
316	0858	366	4169	416	7505	466	0864	516	4248	566	7656
317	0724	367	4035	417	7372	467	0731	517	4116	567	7525
318	0590	368	3902	418	7239	468	0599	518	3984	568	7393
319	0456	369	3768	419	7106	469	0466	519	3852	569	7261
320	0322	370	3635	420	6973	470	0334	520	3720	570	7130
27 321	366 0488	27 371	365 3501	27 421	364 6840	27 471	364 0201	27 521	363 3588		
322	0054	372	3368	422	6707	472	0069	522	3456		
323	365 9920	373	3234	423	6574	473	363 9936	523	3324		
324	9786	374	3101	424	6441	474	9804	524	3192		
325	9652	375	2967	425	6308	475	9672	525	3060		
326	9518	376	2834	426	6175	476	9539	526	2928		
327	9384	377	2700	427	6042	477	9407	527	2796		
328	9250	378	2567	428	5909	478	9274	528	2664		
329	9116	379	2433	429	5776	479	9142	529	2532		
330	8982	380	2300	430	5643	480	9010	530	2401		
27 331	365 8848	27 381	365 2166	27 431	364 5510	27 481	363 8877	27 531	363 2269		
332	8714	382	2033	432	5377	482	8745	532	2137		
333	8580	383	1900	433	5244	483	8612	533	2005		
334	8446	384	1766	434	5111	484	8480	534	1873		
335	8313	385	1633	435	4978	485	8348	535	1741		
336	8179	386	1500	436	4845	486	8215	536	1609		
337	8045	387	1366	437	4712	487	8083	537	1477		
338	7911	388	1233	438	4579	488	7950	538	1345		
339	7777	389	1100	439	4446	489	7818	539	1213		
340	7644	390	0967	440	4314	490	7686	540	1082		
27 341	365 7510	27 391	365 0833	27 441	364 4181	27 491	363 7553	27 541	363 0950		
342	7376	392	0700	442	4048	492	7421	542	0818		
343	7242	393	0567	443	3915	493	7289	543	0686		
344	7108	394	0434	444	3783	494	7156	544	0554		
345	6975	395	0301	445	3650	495	7024	545	0423		
346	6841	396	0167	446	3517	496	6892	546	0291		
347	6707	397	0034	447	3385	497	6759	547	0159		
348	6573	398	364 9901	448	3252	498	6627	548	0027		
349	6439	399	9768	449	3119	499	6495	549	362 9895		
350	6306	400	9635	450	2987	500	6363	550	9764		
27 351	365 6172	27 401	364 9501	27 451	364 2854	27 501	363 6230	27 551	362 9632		
352	6038	402	9368	452	2721	502	6098	552	9500		
353	5905	403	9235	453	2588	503	5966	553	9368		
354	5771	404	9102	454	2456	504	5834	554	9237		
355	5638	405	8969	455	2323	505	5702	555	9105		
356	5504	406	8835	456	2190	506	5569	556	8973		
357	5370	407	8702	457	2058	507	5437	557	8842		
358	5237	408	8569	458	1925	508	5305	558	8710		
359	5103	409	8436	459	1792	509	5173	559	8578		
360	4970	410	8303	460	1660	510	5041	560	8447		

DIFF.

	134	133
0 01	1	1
0 02	3	3
0 03	4	4
0 04	5	5
0 05	7	7
0 06	8	8
0 07	9	9
0 08	11	11
0 09	12	12
0 10	13	13
0 20	27	27
0 30	40	40
0 40	54	53
0 50	67	67
0 60	80	80
0 70	94	93
0 80	107	106
0 90	121	120
1 00	134	133

	132	131
0 01	1	1
0 02	3	3
0 03	4	4
0 04	5	5
0 05	7	7
0 06	8	8
0 07	9	9
0 08	11	10
0 09	12	12
0 10	13	13
0 20	26	26
0 30	40	39
0 40	53	52
0 50	66	66
0 60	79	79
0 70	92	92
0 80	106	105
0 90	119	118
1 00	132	131

DIVISEUR	Nombre à multiplier par le dividende	DIVISEUR	Nombre à multiplier par le dividende	DIVISEUR	Nombre à multiplier par le dividende	DIVISEUR	Nombre à multiplier par le dividende	DIVISEUR	Nombre à multiplier par le dividende	DIVISEUR	Nombre à multiplier par le dividende
27 571	362 6998	27 621	362 0433	27 671	361 3891	27 721	360 7372	27 771	360 0878	27 821	359 4406
572	6867	622	0302	672	3760	722	7242	772	0748	822	4277
573	6735	623	0171	673	3630	723	7112	773	0619	823	4148
574	6604	624	0040	674	3499	724	6982	774	0489	824	4019
575	6472	625	361 9909	675	3369	725	6852	775	0360	825	3890
576	6341	626	9778	676	3238	726	6722	776	0230	826	3760
577	6209	627	9647	677	3107	727	6592	777	0100	827	3631
578	6078	628	9516	678	2977	728	6462	778	359 9971	828	3502
579	5946	629	9385	679	2846	729	6332	779	9841	829	3373
580	5815	630	9254	680	2716	730	6202	780	9712	830	3244
27 581	362 5683	27 631	361 9123	27 681	361 2585	27 731	360 6072	27 781	359 9582		
582	5552	632	8992	682	2455	732	5942	782	9452		
583	5420	633	8861	683	2324	733	5812	783	9323		
584	5289	634	8730	684	2194	734	5682	784	9193		
585	5158	635	8599	685	2064	735	5552	785	9064		
586	5026	636	8468	686	1933	736	5422	786	8934		
587	4895	637	8337	687	1803	737	5292	787	8804		
588	4763	638	8206	688	1672	738	5162	788	8675		
589	4632	639	8075	689	1542	739	5032	789	8545		
590	4501	640	7945	690	1412	740	4902	790	8416		
27 591	362 4369	27 641	361 7814	27 691	361 1281	27 741	360 4772	27 791	359 8286		
592	4238	642	7683	692	1151	742	4642	792	8157		
593	4107	643	7552	693	1020	743	4512	793	8027		
594	3975	644	7421	694	0890	744	4382	794	7898		
595	3844	645	7290	695	0760	745	4252	795	7769		
596	3713	656	7159	696	0629	746	4122	796	7639		
597	3581	647	7028	697	0499	747	3992	797	7540		
598	3450	648	6897	698	0368	748	3862	798	7380		
599	3349	649	6766	699	0238	749	3732	799	7251		
600	3188	650	6636	700	0108	750	3603	800	7122		
27 601	362 3056	27 651	361 6505	27 701	360 9977	27 751	360 3473	27 801	359 6992		
602	2925	652	6374	702	9847	752	3343	802	6863		
603	2794	653	6243	703	9717	753	3213	803	6733		
604	2663	654	6112	704	9586	754	3083	804	6604		
605	2532	655	5982	705	9456	755	2954	805	6475		
606	2400	656	5851	706	9326	756	2824	806	6345		
607	2269	657	5720	707	9195	757	2694	807	6216		
608	2138	658	5589	708	9065	758	2564	808	6086		
609	2007	659	5458	709	8935	759	2434	809	5957		
610	1876	660	5328	710	8805	760	2305	810	5828		
27 611	362 1744	27 661	361 5197	27 711	360 8674	27 761	360 2175	27 811	359 5698		
612	1613	662	5066	712	8544	762	2045	812	5569		
613	1482	663	4936	713	8414	763	1915	813	5440		
614	1351	664	4805	714	8284	764	1786	814	5311		
615	1220	665	4675	715	8154	765	1656	815	5182		
616	1088	666	4544	716	8023	766	1526	816	5052		
617	0957	667	4413	717	7893	767	1397	817	4923		
618	0826	668	4283	718	7763	768	1267	818	4794		
619	0695	669	4152	719	7633	769	1137	819	4665		
620	0564	670	4022	720	7503	770	1008	820	4536		

DIFF.

	131	131
0 01	1	1
0 02	3	3
0 03	4	4
0 04	5	5
0 05	7	7
0 06	8	8
0 07	9	9
0 08	11	11
0 09	12	12
0 10	13	13
0 20	26	26
0 30	40	39
0 40	53	52
0 50	66	66
0 60	79	79
0 70	92	92
0 80	106	105
0 90	119	118
1 00	132	131

	130	129
0 01	1	1
0 02	3	3
0 03	4	4
0 04	5	5
0 05	7	6
0 06	8	8
0 07	9	9
0 08	10	10
0 09	12	12
0 10	13	13
0 20	26	26
0 30	39	39
0 40	52	52
0 50	65	65
0 60	78	77
0 70	91	90
0 80	104	103
0 90	117	116
1 00	130	129

DIVISEURS : 27831 A 28090.

DIVISEUR	Nombre à multiplier par le dividende	DIVISEUR	Nombre à multiplier par le dividende	DIVISEUR	Nombre à multiplier par le dividende	DIVISEUR	Nombre à multiplier par le dividende	DIVISEUR	Nombre à multiplier par le dividende	DIVISEUR	Nombre à multiplier par le dividende
27 831	359. 3445	27 881	358 6671	27 931	358 0250	27 981	357 3853	28 031	356 7478	28 081	356 1126
832	2986	882	6542	932	0122	982	3725	032	7351	082	0999
833	2857	883	6414	933	357 9994	983	3597	033	7224	083	0872
834	2728	884	6285	934	9866	984	3470	034	7096	084	0745
835	2599	885	6157	935	9738	985	3342	035	6969	085	0619
836	2470	886	6028	936	9610	986	3214	036	6842	086	0492
837	2341	887	5899	937	9482	987	3087	037	6714	087	0365
838	2212	888	5771	938	9354	988	2959	038	6587	088	0238
839	2083	889	5642	939	9226	989	2831	039	6460	089	0111
840	1954	890	5514	940	9098	990	2704	040	6333	090	355 9985
27 841	359 1825	27 891	358 5385	27 941	357 8969	27 991	357 2576	28 041	356 6205		
842	1696	892	5257	942	8841	992	2448	042	6078		
843	1567	893	5128	943	8713	993	2321	043	5951		
844	1438	894	5000	944	8585	994	2193	044	5824		
845	1309	895	4871	945	8457	995	2066	045	5697		
846	1180	896	4743	946	8329	996	1938	046	5570		
847	1051	897	4614	947	8201	997	1810	047	5443		
848	0922	898	4486	948	8073	998	1683	048	5316		
849	0793	899	4357	949	7945	999	1555	049	5189		
850	0664	900	4229	950	7817	28 000	1428	050	5062		
27 851	359 0535	27 901	358 4100	27 951	357 7689	28 001	357 1300	28 051	356 4934		
852	0406	902	3972	952	7561	002	1173	052	4807		
853	0277	903	3843	953	7433	003	1045	053	4680		
854	0148	904	3715	954	7305	004	0918	054	4553		
855	0019	905	3587	955	7177	005	0790	055	4426		
856	358 9890	906	3458	956	7049	006	0663	056	4299		
857	9761	907	3330	957	6921	007	0535	057	4172		
858	9632	908	3201	558	6793	008	0408	058	4045		
859	9503	909	3073	959	6665	009	0280	059	3918		
860	9375	910	2945	960	6537	010	0153	060	3791		
27 861	358 9246	27 911	358 2816	27 961	357 6409	28 011	357 0025	28 061	356 3664		
862	9117	912	2688	962	6281	012	356 9898	062	3537		
863	8988	913	2559	963	6153	013	9770	063	3410		
864	8859	914	2431	964	6025	014	9643	064	3283		
865	8731	915	2303	965	5898	015	9516	065	3156		
866	8602	916	2174	966	5770	016	9388	066	3029		
867	8473	917	2046	967	5642	017	9261	067	2902		
868	8344	918	1917	968	5514	018	9133	068	2775		
869	8215	919	1789	969	5386	019	9006	069	2648		
870	8087	920	1661	970	5259	020	8879	070	2522		
27 871	358 7958	27 921	358 1532	27 971	357 5131	28 021	356 8751	28 071	356 2395		
872	7829	922	1404	972	5003	022	8624	072	2268		
873	7700	923	1276	973	4875	023	8497	073	2141		
874	7572	924	1148	974	4747	024	8369	074	2014		
875	7443	925	1020	975	4620	025	8242	075	1887		
876	7314	926	0891	976	4492	026	8115	076	1760		
877	7186	927	0763	977	4364	027	7987	077	1633		
878	7057	928	0635	978	4236	028	7860	078	1506		
879	6928	929	0507	979	4108	029	7733	079	1379		
880	6800	930	0379	980	3981	030	7606	080	1253		

DIFF.

	129	128
0 01	1	1
0 02	3	3
0 03	4	4
0 04	5	5
0 05	6	6
0 06	8	8
0 07	9	9
0 08	10	10
0 09	12	12
0 10	13	13
0 20	26	26
0 30	39	38
0 40	52	51
0 50	65	64
0 60	77	77
0 70	90	90
0 80	103	102
0 90	116	115
1 00	129	128

	127	126
0 01	1	1
0 02	3	3
0 03	4	4
0 04	5	5
0 05	6	6
0 06	8	8
0 07	9	9
0 08	10	10
0 09	11	11
0 10	13	13
0 20	25	25
0 30	38	38
0 40	51	50
0 50	64	63
0 60	76	76
0 70	89	88
0 80	102	101
0 90	114	113
1 00	127	126

DIVISEUR	Nombre à multiplier par le dividende	DIVISEUR	Nombre à multiplier par le dividende	DIVISEUR	Nombre à multiplier par le dividende	DIVISEUR	Nombre à multiplier par le dividende	DIVISEUR	Nombre à multiplier par le dividende	DIVISEUR	Nombre à multiplier par le dividende
28 091	355 9858	28 141	355 3533	28 191	354 7231	28 241	354 0950	28 291	353 4692	28 341	352 8456
092	9731	142	3407	192	7105	242	0825	292	4567	342	8332
093	9604	143	3281	193	6979	243	0699	293	4442	343	8207
094	9478	144	3154	194	6853	244	0574	294	4317	344	8083
095	9351	145	3028	195	6728	245	0449	295	4192	345	7958
096	9224	146	2902	196	6602	246	0323	296	4067	346	7834
097	9098	147	2775	197	6476	247	0198	297	3942	347	7709
098	8971	148	2649	198	6350	248	0072	298	3817	348	7585
099	8844	149	2523	199	6224	249	353 9947	299	3692	349	7460
100	8718	150	2397	200	6099	250	9822	300	3568	350	7336
28 101	355 8591	28 151	355 2270	28 201	354 5973	28 251	353 9696	28 301	353 3443		
102	8464	152	2144	202	5847	252	9571	302	3318		
103	8338	153	2018	203	5721	253	9446	303	3193		
104	8211	154	1892	204	5596	254	9321	304	3068		
105	8085	155	1766	205	5470	255	9196	305	2944		
106	7958	156	1640	206	5344	256	9070	306	2819		
107	7831	157	1514	207	5249	257	8945	307	2694		
108	7705	158	1388	208	5093	258	8820	308	2569		
109	7578	159	1262	209	4967	259	8695	309	2444		
110	7452	160	1136	210	4842	260	8570	310	2320		
28 111	355 7325	28 161	355 1009	28 211	354 4716	28 261	353 8444	28 311	353 2195		
112	7199	162	0883	212	4590	262	8319	312	2070		
113	7072	163	0757	213	4465	263	8194	313	1945		
114	6946	164	0631	214	4339	264	8069	314	1821		
115	6819	165	0505	215	4214	265	7944	315	1696		
116	6693	166	0379	216	4088	266	7818	316	1571		
117	6566	167	0253	217	3962	267	7693	317	1447		
118	6440	168	0127	218	3837	268	7568	318	1322		
119	6313	169	0001	219	3711	269	7443	319	1197		
120	6187	170	354 9875	220	3586	270	7318	320	1073		
28 121	355 6060	28 171	354 9749	28 221	354 3460	28 271	353 7192	28 321	353 0948		
122	5934	172	9623	222	3334	272	7067	322	0823		
123	5807	173	9497	223	3209	273	6942	323	0699		
124	5681	174	9371	224	3083	274	6817	324	0574		
125	5555	175	9245	225	2958	275	6692	325	0450		
126	5428	176	9119	226	2832	276	6567	326	0325		
127	5302	177	8993	227	2706	277	6442	327	0200		
128	5175	178	8867	228	2581	278	6317	328	0076		
129	5049	179	8741	229	2455	279	6192	329	352 9951		
130	4923	180	8616	230	2330	280	6067	330	9827		
28 131	355 4796	28 181	354 8490	28 231	354 2204	28 281	353 5942	28 331	352 9702		
132	4670	182	8364	232	2079	282	5817	332	9577		
133	4544	183	8238	233	1953	283	5692	333	9453		
134	4417	184	8112	234	1828	284	5567	334	9328		
135	4291	185	7986	235	1703	285	5442	335	9204		
136	4165	186	7860	236	1577	286	5317	336	9079		
137	4038	187	7734	237	1452	287	5192	337	8954		
138	3912	188	7608	238	1326	288	5065	338	8830		
139	3786	189	7482	239	1201	289	4942	339	8705		
140	3660	190	7357	240	1076	290	4817	340	8581		

Diff.

	127	126
0 01	1	1
0 02	3	3
0 03	4	4
0 04	5	5
0 05	6	6
0 06	8	8
0 07	9	9
0 08	10	10
0 09	11	11
0 10	13	13
0 20	25	25
0 30	38	38
0 40	51	50
0 50	64	63
0 60	76	76
0 70	89	88
0 80	102	101
0 90	114	113
1 00	127	126

	125	124
0 01	1	1
0 02	3	2
0 03	4	4
0 04	5	5
0 05	6	6
0 06	8	8
0 07	9	9
0 08	10	10
0 09	11	11
0 10	13	12
0 20	25	25
0 30	38	37
0 40	50	50
0 50	63	62
0 60	75	74
0 70	88	87
0 80	100	99
0 90	113	112
1 00	125	124

DIVISEURS : 28351 A 28610.

DIVISEUR	Nombre à multiplier par le dividende	DIVISEUR	Nombre à multiplier par le dividende	DIVISEUR	Nombre à multiplier par le dividende	DIVISEUR	Nombre à multiplier par le dividende	DIVISEUR	Nombre à multiplier par le dividende	DIVISEUR	Nombre à multiplier par le dividende
28 351	352 7211	28 401	352 1002	28 451	351 4814	28 501	350 8648	28 551	350 2503	28 601	349 6380
352	7087	402	0878	452	4691	502	8525	552	2380	602	6258
353	6963	403	0754	453	4567	503	8402	553	2258	603	6136
354	6838	404	0630	454	4444	504	8279	554	2135	604	6014
355	6714	405	0506	455	4320	505	8156	555	2013	605	5892
356	6590	406	0382	456	4197	506	8033	556	1890	606	5769
357	6465	407	0258	457	4073	507	7910	557	1767	607	5647
358	6341	408	0134	458	3950	508	7787	558	1645	608	5525
359	6217	409	0010	459	3826	509	7664	559	1522	609	5403
360	6093	410	351 9887	460	3703	510	7541	560	1400	610	5281
28 361	352 5968	28 411	351 9763	28 461	351 3579	28 511	350 7418	28 561	350 1277		
362	5844	412	9639	462	3456	512	7295	562	1155		
363	5720	413	9515	463	3332	513	7172	563	1032		
364	5595	414	9391	464	3209	514	7049	564	0910		
365	5471	415	9267	465	3086	515	6926	565	0787		
366	5347	416	9143	466	2962	516	6803	566	0665		
367	5222	417	9019	467	2839	517	6680	567	0542		
368	5098	418	8895	468	2715	518	6557	568	0420		
369	4974	419	8771	469	2592	519	6434	569	0297		
370	4850	420	8648	470	2469	520	6311	570	0175		
28 371	352 4725	28 421	351 8524	28 471	351 2345	28 521	350 6188	28 571	350 0052		
372	4601	422	8400	472	2222	522	6065	572	349 9930		
373	4477	423	8276	473	2098	523	5942	573	9807		
374	4353	424	8153	474	1975	524	5819	574	9685		
375	4229	425	8029	475	1852	525	5696	575	9562		
376	4104	426	7905	476	1728	526	5573	576	9440		
377	3980	427	7782	477	1605	527	5450	577	9317		
378	3856	428	7658	478	1481	528	5327	578	9195		
379	3732	429	7534	479	1358	529	5204	579	9072		
380	3608	430	7411	480	1235	530	5082	580	8950		
28 381	352 3483	28 431	351 7287	28 481	351 1111	28 531	350 4959	28 581	349 8827		
382	3359	432	7163	482	0988	532	4836	582	8705		
383	3235	433	7039	483	0865	533	4713	583	8582		
384	3111	434	6916	484	0742	534	4590	584	8460		
385	2987	435	6792	485	0619	535	4468	585	8338		
386	2863	436	6668	486	0495	536	4345	586	8215		
387	2739	437	6545	487	0372	537	4222	587	8093		
388	2615	438	6421	488	0249	538	4099	588	7970		
389	2491	439	6297	489	0126	539	3976	589	7848		
390	2367	440	6174	490	0003	540	3854	590	7726		
28 391	352 2242	28 441	351 6050	28 491	350 9879	28 541	350 3731	28 591	349 7603		
392	2118	442	5926	492	9756	542	3608	592	7481		
393	1994	443	5803	493	9633	543	3485	593	7359		
394	1870	444	5679	494	9510	544	3362	594	7236		
395	1746	445	5556	495	9387	545	3240	595	7114		
396	1622	446	5432	496	9263	546	3117	596	6992		
397	1498	447	5308	497	9140	547	2994	597	6869		
398	1374	448	5185	498	9017	548	2871	598	6747		
399	1250	449	5061	499	8894	549	2748	599	6625		
400	1126	450	4938	500	8771	550	2626	600	6503		

DIFF.

	125	124
0 01	1	1
0 02	3	2
0 03	4	4
0 04	5	5
0 05	6	6
0 06	8	7
0 07	9	9
0 08	10	10
0 09	11	11
0 10	13	12
0 20	25	25
0 30	38	37
0 40	50	50
0 50	63	62
0 60	75	74
0 70	88	87
0 80	100	99
0 90	113	112
1 00	125	124

	123	122
0 01	1	1
0 02	2	2
0 03	4	4
0 04	5	5
0 05	6	6
0 06	7	7
0 07	9	9
0 08	10	10
0 09	11	11
0 10	12	12
0 20	25	24
0 30	37	37
0 40	49	49
0 50	62	61
0 60	74	73
0 70	86	85
0 80	98	98
0 90	111	110
1 00	123	122

DIVISEURS : 28611 À 28870.

DIVISEUR	Nombre à multiplier par le dividende	DIVISEUR	Nombre à multiplier par le dividende	DIVISEUR	Nombre à multiplier par le dividende	DIVISEUR	Nombre à multiplier par le dividende	DIVISEUR	Nombre à multiplier par le dividende	DIVISEUR	Nombre à multiplier par le dividende
28 611	349 5158	28 661	348 9061	28 711	348 2984	28 761	347 6930	28 811	347 0896	28 861	346 4883
612	5036	662	8939	712	2863	762	6809	812	0776	862	4763
613	4914	663	8817	713	2742	763	6688	813	0655	863	4643
614	4792	664	8696	714	2621	764	6567	814	0535	864	4523
615	4670	665	8574	715	2500	765	6446	815	0414	865	4403
616	4548	666	8452	716	2378	766	6325	816	0294	866	4283
617	4426	667	8331	717	2257	767	6204	817	0173	867	4163
618	4304	668	8209	718	2136	768	6083	818	0053	868	4043
619	4182	669	8087	719	2015	769	5962	819	346 9932	869	3923
620	4060	670	7966	720	1894	770	5842	820	9812	870	3803
28 621	349 3937	28 671	348 7844	28 721	348 1772	28 771	347 5721	28 821	346 9691		
622	3815	672	7722	722	1651	772	5600	822	9571		
623	3693	673	7601	723	1530	773	5479	823	9451		
624	3571	674	7479	724	1409	774	5359	824	9330		
625	3449	675	7358	725	1288	775	5238	825	9210		
626	3327	676	7236	726	1166	776	5117	826	9090		
627	3205	677	7114	727	1045	777	4997	827	8969		
628	3083	678	6993	728	0924	778	4876	828	8849		
629	2961	679	6871	729	0803	779	4755	829	8729		
630	2839	680	6750	730	0682	780	4635	830	8609		
28 631	349 2717	28 681	348 6628	28 731	348 0560	28 781	347 4514	28 831	346 8488		
632	2595	682	6507	732	0439	782	4393	832	8368		
633	2473	683	6385	733	0348	783	4272	833	8248		
634	2351	684	6264	734	0197	784	4152	834	8127		
635	2229	685	6142	735	0076	785	4031	835	8007		
636	2107	686	6021	736	347 9955	786	3910	836	7887		
637	1985	687	5899	737	9834	787	3790	837	7766		
638	1863	688	5778	738	9713	788	3669	838	7646		
639	1741	689	5656	739	9592	789	3548	839	7526		
640	1620	690	5535	740	9474	790	3428	840	7406		
28 641	349 1498	28 691	348 5413	28 741	347 9349	28 791	347 3307	28 841	346 7285		
642	1376	692	5292	742	9228	792	3186	842	7165		
643	1254	693	5170	743	9107	793	3066	843	7045		
644	1132	694	5049	744	8986	794	2945	844	6925		
645	1010	695	4927	745	8865	795	2825	845	6805		
646	0888	696	4806	746	8744	796	2704	846	6684		
647	0766	697	4684	747	8623	797	2583	847	6564		
648	0644	698	4563	748	8502	798	2463	848	6444		
649	0522	699	4441	749	8381	799	2342	849	6324		
650	0401	700	4320	750	8260	800	2222	850	6204		
28 651	349 0279	28 701	348 4198	28 751	347 8139	28 801	347 2101	28 851	346 6083		
652	0157	702	4077	752	8018	802	1981	852	5963		
653	0035	703	3955	753	7897	803	1860	853	5843		
654	348 9913	704	3834	754	7776	804	1740	854	5723		
655	9792	705	3713	755	7655	805	1619	855	5603		
656	9670	706	3591	756	7534	806	1499	856	5483		
657	9548	707	3470	757	7443	807	1378	857	5363		
658	9426	708	3348	758	7292	808	1258	858	5243		
659	9304	709	3227	759	7171	809	1137	859	5123		
660	9183	710	3106	760	7051	810	1017	860	5003		

DIFF.

	123	122
0 01	1	1
0 02	2	2
0 03	4	4
0 04	5	5
0 05	6	6
0 06	7	7
0 07	9	9
0 08	10	10
0 09	11	11
0 10	12	12
0 20	25	24
0 30	37	37
0 40	49	49
0 50	62	61
0 60	74	73
0 70	86	85
0 80	98	98
0 90	111	110
1 00	123	122

	121	120
0 01	1	1
0 02	2	2
0 03	4	4
0 04	5	5
0 05	6	6
0 06	7	7
0 07	9	8
0 08	10	10
0 09	11	11
0 10	12	12
0 20	24	24
0 30	36	36
0 40	48	48
0 50	61	60
0 60	73	72
0 70	85	84
0 80	97	96
0 90	109	108
1 00	121	120

DIVISEUR	Nombre à multiplier par le dividende	DIVISEUR	Nombre à multiplier par le dividende	DIVISEUR	Nombre à multiplier par le dividende	DIVISEUR	Nombre à multiplier par le dividende	DIVISEUR	Nombre à multiplier par le dividende	DIVISEUR	Nombre à multiplier par le dividende
28 871	346 3683	28 921	345 7694	28 971	345 1726	29 021	344 5780	29 071	343 9853	29 121	343 3947
872	3563	922	7575	972	1607	022	5661	072	9735	122	3829
873	3443	923	7455	973	1488	023	5542	073	9647	123	3711
874	3323	924	7336	974	1369	024	5424	074	9498	124	3593
875	3203	925	7216	975	1250	025	5305	075	9380	125	3476
876	3083	926	7097	976	1131	026	5186	076	9262	126	3358
877	2963	927	6977	977	1012	027	5068	077	9143	127	3240
878	2843	928	6858	978	0893	028	4949	078	9025	128	3122
879	2723	929	6738	979	0774	029	4830	079	8907	129	3004
880	2603	930	6619	980	0655	030	4712	080	8789	130	2887
28 881	346 2483	28 931	345 6499	28 981	345 0536	29 031	344 4593	29 081	343 8670		
882	2363	932	6380	982	0417	032	4474	082	8552		
883	2243	933	6260	983	0298	033	4356	083	8434		
884	2123	934	6141	984	0179	034	4237	084	8316		
885	2004	935	6022	985	0060	035	4119	085	8198		
886	1884	936	5902	986	344 9941	036	4000	086	8079		
887	1764	937	5783	987	9822	037	3881	087	7961		
888	1644	938	5663	988	9703	038	3763	088	7843		
889	1524	939	5544	989	9584	039	3644	089	7725		
890	1405	940	5425	990	9465	040	3526	090	7607		
28 891	346 1285	28 941	345 5305	28 991	344 9346	29 041	344 3407	29 091	343 7488		
892	1165	942	5186	992	9227	042	3288	092	7370		
893	1045	943	5066	993	9108	043	3170	093	7252		
894	0925	944	4947	994	8989	044	3051	094	7134		
895	0806	945	4828	995	8870	045	2933	095	7016		
896	0686	946	4708	996	8751	046	2814	096	6898		
897	0566	947	4589	997	8632	047	2695	097	6780		
898	0446	948	4469	998	8513	048	2577	098	6662		
899	0326	949	4350	999	8394	049	2458	099	6544		
900	0207	950	4231	29 000	8275	050	2340	100	6426		
28 901	346 0087	28 951	345 4111	29 001	344 8156	29 051	344 2221	29 101	343 6307		
902	345 9967	952	3992	002	8037	052	2103	102	6189		
903	9847	953	3873	003	7918	053	1984	103	6071		
904	9728	954	3753	004	7799	054	1866	104	5953		
905	9608	955	3634	005	7680	055	1748	105	5835		
906	9488	956	3515	006	7561	056	1629	106	5747		
907	9369	957	3395	007	7442	057	1511	107	5599		
908	9249	958	3276	008	7323	058	1392	108	5481		
909	9129	959	3157	009	7204	059	1274	109	5363		
910	9010	960	3038	010	7086	060	1156	110	5245		
28 911	345 8890	28 961	345 2918	29 011	344 6967	29 061	344 1037	29 111	343 5427		
912	8770	962	2799	012	6848	062	0949	112	5309		
913	8651	963	2680	013	6729	063	0800	113	4891		
914	8531	964	2561	014	6611	064	0682	114	4773		
915	8412	965	2442	015	6492	065	0564	115	4655		
916	8292	966	2322	016	6373	066	0445	116	4537		
917	8172	967	2203	017	6255	067	0327	117	4419		
918	8053	968	2084	018	6136	068	0208	118	4301		
919	7933	969	1965	019	6017	069	0090	119	4183		
920	7814	970	1846	020	5899	070	343 9972	120	4065		

Diff.

	130	119
0 01	1	1
0 02	2	2
0 03	4	4
0 04	5	5
0 05	6	6
0 06	7	7
0 07	8	8
0 08	10	10
0 09	11	11
0 10	12	12
0 20	24	24
0 30	36	36
0 40	48	48
0 50	60	60
0 60	72	71
0 70	84	83
0 80	96	95
0 90	108	107
1 00	120	119

	118	117
0 01	1	2
0 02	2	2
0 03	4	4
0 04	5	5
0 05	6	6
0 06	7	7
0 07	8	8
0 08	9	9
0 09	11	11
0 10	12	12
0 20	24	23
0 30	35	35
0 40	47	47
0 50	59	59
0 60	71	70
0 70	83	82
0 80	94	94
0 90	106	105
1 00	118	117

DIVISEURS : 29131 A 29390.

DIVISEUR	Nombre à multiplier par le dividende	DIVISEUR	Nombre à multiplier par le dividende	DIVISEUR	Nombre à multiplier par le dividende	DIVISEUR	Nombre à multiplier par le dividende	DIVISEUR	Nombre à multiplier par le dividende	DIVISEUR	Nombre à multiplier par le dividende
29 131	343 2769	29 181	342 6886	29 231	342 1025	29 281	341 5183	29 331	340 9361	29 381	340 3559
132	2651	182	6769	232	0908	282	5066	332	9245	382	3443
133	2533	183	6651	233	0791	283	4950	333	9129	383	3327
134	2415	184	6534	234	0674	284	4833	334	9013	384	3211
135	2298	185	6417	235	0557	285	4717	335	8897	385	3096
136	2180	186	6299	236	0440	286	4600	336	8780	386	2980
137	2062	187	6182	237	0323	287	4483	337	8664	387	2864
138	1944	188	6064	238	0206	288	4367	338	8548	388	2748
139	1826	189	5947	239	0089	289	4250	339	8432	389	2632
140	1709	190	5830	240	341 9972	290	4134	340	8316	390	2517
29 141	343 1591	29 191	342 5712	29 241	341 9855	29 291	341 4017	29 341	340 8199		
142	1473	192	5595	242	9738	292	3901	342	8083		
143	1355	193	5478	243	9621	293	3784	343	7967		
144	1237	194	5360	244	9504	294	3668	344	7851		
145	1120	195	5243	245	9387	295	3551	345	7735		
146	1002	196	5126	246	9270	296	3435	346	7618		
147	0884	197	5008	247	9153	297	3318	347	7502		
148	0766	198	4891	248	9036	298	3202	348	7386		
149	0648	199	4774	249	8919	299	3085	349	7270		
150	0531	200	4657	250	8803	300	2969	350	7154		
29 151	343 0413	29 201	342 4539	29 251	341 8686	29 301	341 2852	29 351	340 7038		
152	0295	202	4422	252	8569	302	2736	352	6922		
153	0178	203	4305	253	8452	303	2619	353	6806		
154	0060	204	4188	254	8335	304	2503	354	6690		
155	342 9943	205	4071	255	8248	305	2386	355	6574		
156	9825	206	3953	256	8101	306	2270	356	6458		
157	9707	207	3836	257	7984	307	2153	357	6342		
158	9590	208	3719	258	7867	308	2037	358	6226		
159	9472	209	3602	259	7750	309	1920	359	6110		
160	9355	210	3485	260	7634	310	1804	360	5994		
29 161	342 9237	29 211	342 3367	29 261	341 7517	29 311	341 1687	29 361	340 5878		
162	9119	212	3250	262	7400	312	1571	362	5762		
163	9002	213	3133	263	7283	313	1455	363	5646		
164	8884	214	3016	264	7167	314	1338	364	5530		
165	8767	215	2899	265	7050	315	1222	365	5414		
166	8649	216	2781	266	6933	316	1106	366	5298		
167	8531	217	2664	267	6847	317	0989	367	5182		
168	8414	218	2547	268	6700	318	0873	368	5066		
169	8296	219	2430	269	6583	319	0757	369	4950		
170	8179	220	2313	270	6467	320	0641	370	4834		
29 171	342 8061	29 221	342 2195	29 271	341 6350	29 321	341 0524	29 371	340 4718		
172	7944	222	2078	272	6233	322	0408	372	4602		
173	7826	223	1961	273	6116	323	0292	373	4486		
174	7709	224	1844	274	6000	324	0175	374	4370		
175	7591	225	1727	275	5883	325	0059	375	4254		
176	7474	226	1610	276	5766	326	340 9943	376	4138		
177	7356	227	1493	277	5650	327	9826	377	4022		
178	7239	228	1376	278	5533	328	9710	378	3906		
179	7121	229	1259	279	5416	329	9594	379	3790		
180	7004	230	1142	280	5300	330	9478	380	3675		

DIFF.

	118	117
0 01	1	1
0 02	2	2
0 03	4	4
0 04	5	5
0 05	6	6
0 06	7	7
0 07	8	8
0 08	9	9
0 09	11	11
0 10	12	12
0 20	24	23
0 30	35	35
0 40	47	47
0 50	59	59
0 60	71	70
0 70	83	82
0 80	94	94
0 90	106	105
1 00	118	117

	116	115
0 01	1	1
0 02	2	2
0 03	3	3
0 04	5	5
0 05	6	6
0 06	7	7
0 07	8	8
0 08	9	9
0 09	10	10
0 10	12	12
0 20	23	23
0 30	35	35
0 40	46	46
0 50	58	58
0 60	70	69
0 70	81	81
0 80	93	92
0 90	104	104
1 00	116	115

DIVISEURS 29391 A 29650.

DIVISEUR	Nombre à multiplier par le dividende	DIVISEUR	Nombre à multiplier par le dividende	DIVISEUR	Nombre à multiplier par le dividende	DIVISEUR	Nombre à multiplier par le dividende	DIVISEUR	Nombre à multiplier par le dividende	DIVISEUR	Nombre à multiplier par le dividende
29 391	340 2404	29 441	339 6623	29 491	339 0864	29 541	338 5125	29 591	337 9405	29 641	337 3704
392	2285	442	6508	492	0749	542	5010	592	9291	642	3590
393	2169	443	6392	493	0634	543	4896	593	9177	643	3476
394	2054	444	6277	494	0519	544	4781	594	9063	644	3363
395	1938	445	6162	495	0404	545	4667	595	8949	645	3249
396	1822	446	6046	496	0289	546	4552	596	8834	646	3135
397	1707	447	5931	497	0174	547	4437	597	8720	647	3022
398	1591	448	5815	498	0059	548	4323	598	8606	648	2908
399	1475	449	5700	499	338 9944	549	4208	599	8492	649	2794
400	1360	450	5585	500	9830	550	4094	600	8378	650	2684
29 401	340 1244	29 451	339 5469	29 501	338 9715	29 551	338 3979	29 601	337 8263		
402	1128	452	5354	502	9600	552	3864	602	8149		
403	1013	453	5239	503	9485	553	3750	603	8035		
404	0897	454	5124	504	9370	554	3636	604	7921		
405	0782	455	5009	505	9255	555	3521	605	7807		
406	0666	456	4893	506	9140	556	3407	606	7693		
407	0550	457	4778	507	9025	557	3292	607	7579		
408	0435	458	4663	508	8910	558	3178	608	7465		
409	0319	459	4548	509	8795	559	3063	609	7351		
410	0204	460	4433	510	8681	560	2949	610	7237		
29 411	340 0088	29 461	339 4317	29 511	338 8566	29 561	338 2834	29 611	337 7123		
412	339 9972	462	4202	512	8451	562	2720	612	7009		
413	9857	463	4087	513	8336	563	2605	613	6895		
414	9741	464	3972	514	8221	564	2491	614	6781		
415	9626	465	3857	515	8107	565	2377	615	6667		
416	9510	466	3741	516	7992	566	2262	616	6553		
417	9394	467	3626	517	7877	567	2148	617	6439		
418	9279	468	3511	518	7762	568	2033	618	6325		
419	9163	469	3396	519	7647	569	1919	619	6211		
420	9048	470	3281	520	7533	570	1805	620	6097		
29 421	339 8932	29 471	339 3165	29 521	338 7418	29 571	338 1690	29 621	337 5983		
422	8817	472	3050	522	7303	572	1576	622	5869		
423	8701	473	2935	523	7188	573	1462	623	5755		
424	8586	474	2820	524	7074	574	1347	624	5641		
425	8470	475	2705	525	6959	575	1233	625	5527		
426	8355	476	2590	526	6844	576	1119	626	5413		
427	8239	477	2475	527	6730	577	1004	627	5299		
428	8124	478	2360	528	6615	578	0890	628	5185		
429	8008	479	2245	529	6500	579	0776	629	5071		
430	7893	480	2130	530	6386	580	0662	630	4957		
29 431	339 7777	29 481	339 2014	29 531	338 6271	29 581	338 0547	29 631	337 4843		
432	7662	482	1899	532	6156	582	0433	632	4729		
433	7546	483	1784	533	6042	583	0319	633	4615		
434	7431	484	1669	534	5927	584	0205	634	4501		
435	7316	485	1554	535	5813	585	0091	635	4387		
436	7200	486	1439	536	5698	586	337 9976	636	4273		
437	7085	487	1324	537	5583	587	9862	637	4159		
438	6969	488	1209	538	5469	588	9748	638	4045		
439	6854	489	1094	539	5354	589	9634	639	3931		
440	6739	490	0979	540	5240	590	9520	640	3818		

DIFF.

	116	115
0 01	1	1
0 02	2	2
0 03	3	3
0 04	5	5
0 05	6	6
0 06	7	7
0 07	8	8
0 08	9	9
0 09	10	10
0 10	12	12
0 20	23	23
0 30	35	35
0 40	46	46
0 50	58	58
0 60	70	69
0 70	81	81
0 80	93	92
0 90	104	104
1 00	116	115

	114	113
0 01	1	1
0 02	2	2
0 03	3	3
0 04	5	5
0 05	6	6
0 06	7	7
0 07	8	8
0 08	9	9
0 09	10	10
0 10	11	11
0 20	23	23
0 30	34	34
0 40	46	45
0 50	57	57
0 60	68	68
0 70	80	79
0 80	91	90
0 90	103	102
1 00	114	113

Diviseurs : 29651 a 29910.

DIVISEUR	Nombre à multiplier par le dividende	DIVISEUR	Nombre à multiplier par le dividende	DIVISEUR	Nombre à multiplier par le dividende	DIVISEUR	Nombre à multiplier par le dividende	DIVISEUR	Nombre à multiplier par le dividende	DIVISEUR	Nombre à multiplier par le dividende
29 651	337 2567	29 701	336 6889	29 751	336 1231	29 801	335 5591	29 851	334 9970	29 901	334 4369
652	2453	702	6776	752	1118	802	5479	852	9858	902	4257
653	2339	703	6663	753	1005	803	5366	853	9746	903	4145
654	2226	704	6549	754	0892	804	5254	854	9634	904	4033
655	2112	705	6436	755	0779	805	5141	855	9522	905	3922
656	1998	706	6323	756	0666	806	5029	856	9409	906	3810
657	1885	707	6709	757	0553	807	4916	857	9297	907	3698
658	1771	708	6209	758	0440	808	4804	858	9185	908	3586
659	1657	709	5983	759	0327	809	4691	859	9073	909	3474
660	1544	710	5870	760	0215	810	4579	860	8961	910	3363
29 661	337 1430	29 711	336 5756	29 761	336 0102	29 811	335 4466	29 861	334 8848		
662	1316	712	5643	762	335 9989	812	4354	862	8736		
663	1202	713	5530	763	9876	813	4241	863	8624		
664	1089	714	5416	764	9763	814	4129	864	8512		
665	0975	715	5303	765	9650	815	4016	865	8400		
666	0861	716	5190	766	9537	816	3904	866	8288		
667	0748	717	5076	767	9424	817	3791	867	8176		
668	0634	718	4963	768	9311	818	3679	868	8064		
669	0520	719	4850	769	9198	819	3566	869	7952		
670	0407	720	4737	770	9086	820	3454	870	7840		
29 671	337 0293	29 721	336 4623	29 771	335 8973	29 821	335 3341	29 871	334 7728		
672	0480	722	4510	772	8860	822	3229	872	7616		
673	0066	723	4397	773	8747	823	3116	873	7504		
674	336 9953	724	4284	774	8634	824	3004	874	7392		
675	9839	725	4171	775	8322	825	2891	875	7280		
676	9726	726	4057	776	8409	826	2779	876	7168		
677	9612	727	3944	777	8296	827	2666	877	7056		
678	9499	728	3831	778	8183	828	2554	878	6944		
679	9385	729	3718	779	8070	829	2441	879	6832		
680	9272	730	3605	780	7958	830	2329	880	6720		
29 681	336 9158	29 731	336 3491	29 781	335 7845	29 831	335 2216	29 881	334 6608		
682	9045	732	3378	782	7732	832	2104	882	6496		
683	8931	733	3265	783	7619	833	1992	883	6384		
684	8818	734	3152	784	7507	834	1879	884	6272		
685	8704	735	3039	785	7394	835	1767	885	6160		
686	8591	736	2926	786	7284	836	1655	886	6048		
687	8477	737	2813	787	7169	837	1542	887	5936		
688	8364	738	2700	788	7056	838	1430	888	5824		
689	8250	739	2587	789	6943	839	1318	889	5712		
690	8137	740	2474	790	6831	840	1206	890	5600		
29 691	336 8023	29 741	336 2361	29 791	335 6718	29 841	335 1093	29 891	334 5488		
692	7910	742	2248	792	6605	842	0981	892	5376		
693	7796	743	2135	793	6492	843	0869	893	5264		
694	7683	744	2022	794	6380	844	0756	894	5152		
695	7570	745	1909	795	6267	845	0644	895	5040		
696	7456	746	1796	796	6154	846	0532	896	4928		
697	7343	747	1683	797	6042	847	0419	897	4816		
698	7229	748	1570	798	5929	848	0307	898	4704		
699	7116	749	1457	799	5816	849	0195	899	4592		
700	7003	750	1344	800	5704	850	0083	900	4481		

DIFF.

	114	113
0 01	1	1
0 02	2	2
0 03	3	3
0 04	5	5
0 05	6	6
0 06	7	7
0 07	8	8
0 08	9	9
0 09	10	10
0 10	11	11
0 20	23	23
0 30	34	34
0 40	46	45
0 50	57	57
0 60	68	68
0 70	80	79
0 80	91	90
0 90	103	102
1 00	114	113

	112	111
0 01	1	1
0 02	2	2
0 03	3	3
0 04	4	4
0 05	6	6
0 06	7	7
0 07	8	8
0 08	9	9
0 09	10	10
0 10	11	11
0 20	22	22
0 30	34	33
0 40	45	44
0 50	56	56
0 60	67	67
0 70	78	78
0 80	90	89
0 90	101	100
1 00	112	111

DIVISEURS : 29911 A 30170.

DIVISEUR	Nombre à multiplier par le dividende	DIVISEUR	Nombre à multiplier par le dividende	DIVISEUR	Nombre à multiplier par le dividende	DIVISEUR	Nombre à multiplier par le dividende	DIVISEUR	Nombre à multiplier par le dividende	DIVISEUR	Nombre à multiplier par le dividende
29 911	334 3251	29 961	333 7671	30 011	333 2111	30 061	332 6568	30 111	332 1044	30 161	331 5539
912	3139	962	7560	012	2000	062	6457	112	0934	162	5429
913	3027	963	7449	013	1889	063	6347	113	0824	163	5319
914	2915	964	7337	014	1778	064	6236	114	0713	164	5209
915	2804	965	7226	015	1667	065	6126	115	0603	165	5099
916	2692	966	7115	016	1556	066	6015	116	0493	166	4989
917	2580	967	7003	017	1445	067	5904	117	0382	167	4879
918	2468	968	6892	018	1334	068	5794	118	0272	168	4769
919	2356	969	6781	019	1223	069	5683	119	0162	169	4659
920	2245	970	6670	020	1112	070	5573	120	0052	170	4550
29 921	334 2133	29 971	333 6558	30 021	333 1001	20 071	332 5462	30 121	331 9941		
922	2021	972	6447	022	0890	072	5352	122	9831		
923	1910	973	6336	023	0779	073	5241	123	9721		
924	1798	974	6224	024	0668	074	5131	124	9611		
925	1687	975	6113	025	0557	075	5020	125	9501		
926	1575	976	6002	026	0446	076	4910	126	9391		
927	1463	977	5890	027	0335	077	4799	127	9281		
928	1352	978	5779	028	0224	078	4689	128	9171		
929	1240	979	5668	029	0113	079	4578	129	9061		
930	1129	980	5557	030	0003	080	4468	130	8951		
29 931	334 1017	29 981	333 5445	30 031	332 9892	30 081	332 4357	30 131	331 8840		
932	0905	982	5334	032	9781	082	4247	132	8730		
933	0794	983	5223	033	9670	083	4136	133	8620		
934	0682	984	5111	034	9559	084	4026	134	8510		
935	0571	885	5000	035	9448	085	3915	135	8400		
936	0459	986	4889	036	9337	086	3805	136	8290		
937	0347	987	4777	037	9226	087	3694	137	8180		
938	0236	988	4666	038	9115	088	3584	138	8070		
939	0124	989	4555	039	9004	089	3473	139	7960		
940	0013	990	4444	040	8894	090	3363	140	7850		
29 941	333 9904	29 991	333 4332	30 041	332 8783	30 091	332 3252	30 141	331 7739		
942	9790	992	4221	042	8672	092	3142	142	7629		
943	9678	993	4110	043	8561	093	3031	143	7519		
944	9567	994	3999	044	8451	094	2921	144	7409		
945	9455	995	3888	045	8340	095	2811	145	7299		
946	9344	996	3777	046	8229	096	2700	146	7189		
947	9232	997	3666	047	8119	097	2590	147	7079		
948	9121	998	3555	048	8008	098	2479	148	6969		
949	9009	999	3444	049	7897	099	2369	149	6859		
950	8898	30 000	3333	050	7787	30 100	2259	150	6749		
29 951	333 8786	30 001	333 3221	30 051	332 7676	30 101	332 2148	30 151	331 6639		
952	8675	002	3110	052	7565	102	2038	152	6529		
953	8563	003	2999	053	7454	103	1927	153	6419		
954	8452	004	2888	054	7343	104	1817	154	6309		
955	8340	005	2777	055	7233	105	1707	155	6199		
956	8229	006	2666	056	7122	106	1596	156	6089		
957	8117	007	2555	057	7011	107	1486	157	5979		
958	8006	008	2444	058	6900	108	1375	158	5869		
959	7894	009	2333	059	6789	109	1265	159	5759		
960	7783	010	2222	060	6679	110	1155	160	5649		

DIFF.

	112	111
0 01	1	1
0 02	2	2
0 03	3	3
0 04	4	4
0 05	6	6
0 06	7	7
0 07	8	8
0 08	9	9
0 09	10	10
0 10	11	11
0 20	22	22
0 30	34	33
0 40	45	44
0 50	56	56
0 60	67	67
0 70	78	78
0 80	90	89
0 90	101	100
1 00	112	111

	110	109
0 01	1	1
0 02	2	2
0 03	3	3
0 04	4	4
0 05	6	5
0 06	7	7
0 07	8	8
0 08	9	9
0 09	10	10
0 10	11	11
0 20	22	22
0 30	33	33
0 40	44	44
0 50	55	55
0 60	66	65
0 70	77	76
0 80	88	87
0 90	99	98
1 00	110	109

27

DIVISEURS : 30171 A 30430.

DIVISEUR	Nombre à multiplier par le dividende	DIVISEUR	Nombre à multiplier par le dividende	DIVISEUR	Nombre à multiplier par le dividende	DIVISEUR	Nombre à multiplier par le dividende	DIVISEUR	Nombre à multiplier par le dividende	DIVISEUR	Nombre à multiplier par le dividende
30 171	334 4440	30 221	330 8956	30 271	330 3490	30 321	329 8044	30 371	329 2614	30 421	328 7202
172	4330	222	8847	272	3381	322	7935	372	2506	422	7094
173	4220	223	8737	273	3272	323	7826	373	2397	423	6986
174	4110	224	8628	274	3163	324	7717	374	2289	424	6878
175	4001	225	8519	275	3054	325	7609	375	2181	425	6770
176	3891	226	8409	276	2945	326	7500	376	2072	426	6662
177	3781	227	8300	277	2836	327	7391	377	1964	427	6554
178	3671	228	8190	278	2727	328	7282	378	1855	428	6446
179	3561	229	8081	279	2618	329	7173	379	1747	429	6338
180	3452	230	7972	280	2509	330	7065	380	1639	430	6230
30 181	331 3342	30 231	330 7862	30 281	330 2400	30 331	329 6956	30 381	329 1530		
182	3232	232	7753	282	2291	332	6847	382	1422		
183	3122	233	7643	283	2182	333	6738	383	1314		
184	3043	234	7534	284	2073	334	6630	384	1205		
185	2903	235	7425	285	1964	335	6521	385	1097		
186	2793	236	7315	286	1855	336	6412	386	0989		
187	2684	237	7206	287	1746	337	6304	387	0880		
188	2574	238	7096	288	1637	338	6195	388	0772		
189	2464	239	6987	289	1528	339	6086	389	0664		
190	2355	240	6878	290	1419	340	5978	390	0556		
30 191	334 2245	30 241	330 6768	30 291	330 1310	30 341	329 5869	30 391	329 0447		
192	2135	242	6659	292	1201	342	5760	392	0339		
193	2025	243	6550	293	1092	343	5652	393	0231		
194	1916	244	6440	294	0983	344	5543	394	0122		
195	1806	245	6331	295	0874	345	5435	395	0014		
196	1696	246	6222	296	0765	346	5326	396	328 9906		
197	1587	247	6112	297	0656	347	5217	397	9797		
198	1477	248	6003	298	0547	348	5109	398	9689		
199	1367	249	5894	299	0438	349	5000	399	9581		
200	1258	250	5785	300	0330	350	4892	400	9473		
30 201	331 1148	30 251	330 5675	30 301	330 0221	30 351	329 4783	30 401	328 9364		
202	1038	252	5566	302	0112	352	4675	402	9256		
203	0929	253	5457	303	0003	353	4566	403	9148		
204	0819	254	5347	304	329 9894	354	4458	404	9040		
205	0710	255	5238	305	9785	355	4349	405	8932		
206	0600	256	5129	306	9676	356	4241	406	8823		
207	0490	257	5049	307	9567	357	4132	407	8715		
208	0381	258	4910	308	9458	358	4024	408	8607		
209	0271	259	4801	309	9349	359	3915	409	8499		
210	0162	260	4692	310	9241	360	3807	410	8391		
30 211	331 0052	30 261	330 4582	30 311	329 9132	30 361	329 3698	30 411	328 8282		
212	330 9942	262	4473	312	9023	362	3590	412	8174		
213	9833	263	4364	313	8914	363	3481	413	8066		
214	9723	264	4255	314	8805	364	3373	414	7958		
215	9614	265	4146	315	8697	365	3265	415	7850		
216	9504	266	4036	316	8588	366	3156	416	7742		
217	9394	267	3927	317	8479	367	3048	417	7634		
218	9285	268	3818	318	8370	368	2939	418	7526		
219	9175	269	3709	319	8261	369	2831	419	7418		
220	9066	270	3600	320	8153	370	2723	420	7310		

DIFF.

	110	109
0 01	1	1
0 02	2	2
0 03	3	3
0 04	4	4
0 05	6	5
0 06	7	7
0 07	8	8
0 08	9	9
0 09	10	10
0 10	11	11
0 20	22	22
0 30	33	33
0 40	44	44
0 50	55	55
0 60	66	65
0 70	77	76
0 80	88	87
0 90	99	98
1 00	110	109

	108
0 01	1
0 02	2
0 03	3
0 04	4
0 05	5
0 06	6
0 07	7
0 08	8
0 09	10
0 10	11
0 20	22
0 30	32
0 40	43
0 50	54
0 60	65
0 70	76
0 80	86
0 90	97
1 00	108

DIVISEURS : 30431 à 30690.

DIVISEUR	Nombre à multiplier par le dividende	DIVISEUR	Nombre à multiplier par le dividende	DIVISEUR	Nombre à multiplier par le dividende	DIVISEUR	Nombre à multiplier par le dividende	DIVISEUR	Nombre à multiplier par le dividende	DIVISEUR	Nombre à multiplier par le dividende
30 431	328 6122	30 481	328 0731	30 531	327 5358	30 581	327 0004	30 631	326 4666	30 681	325 9345
432	6014	482	0623	532	5251	582	326 9897	632	4559	682	9239
433	6906	483	0516	533	5144	583	9790	633	4453	683	9133
434	5798	484	0408	534	5036	584	9683	634	4346	684	9027
435	5690	485	0301	535	4929	585	9576	635	4240	685	8921
436	5582	486	0193	536	4822	586	9469	636	4133	686	8814
437	5474	487	0085	537	4714	587	9362	637	4026	687	8708
438	5366	488	327 9978	538	4607	588	9255	638	3920	688	8602
439	5258	489	9870	539	4500	589	9148	639	3813	689	8496
440	5151	490	9763	540	4393	590	9042	640	3707	690	8390
30 441	328 5043	30 491	327 9655	30 541	327 4285	30 591	326 8935	30 641	326 3600		
442	4935	492	9548	542	4178	592	8828	642	3494		
443	4827	493	9440	543	4071	593	8721	643	3387		
444	4719	494	9333	544	3964	594	8614	644	3281		
445	4611	495	9225	545	3857	595	8507	645	3174		
446	4503	496	9118	546	3750	596	8400	646	3068		
447	4395	497	9010	547	3643	597	8293	647	2961		
448	4287	498	8903	548	3536	598	8186	648	2855		
449	4179	499	8795	549	3429	599	8079	649	2748		
450	4072	500	8688	550	3322	600	7973	650	2642		
30 451	328 3964	30 501	327 8580	30 551	327 3214	30 601	326 7866	30 651	326 2535		
452	3856	502	8473	552	3107	602	7759	652	2429		
453	3748	503	8365	553	3000	603	7652	653	2322		
454	3640	504	8258	554	2893	604	7546	654	2216		
455	3533	505	8150	555	2786	605	7439	655	2110		
456	3425	506	8043	556	2679	606	7332	656	2003		
457	3347	507	7935	557	2572	607	7226	657	1897		
458	3209	508	7828	558	2465	608	7149	658	1790		
459	3101	509	7720	559	2358	609	7012	659	1684		
460	2994	510	7613	560	2251	610	6906	660	1578		
30 461	328 2886	30 511	327 7505	30 561	327 2143	30 611	326 6799	30 661	326 1471		
462	2778	512	7398	562	2036	612	6692	662	1365		
463	2670	513	7290	563	1929	613	6585	663	1259		
464	2562	514	7183	564	1822	614	6479	664	1152		
465	2455	515	7076	565	1715	615	6372	665	1046		
466	2347	516	6968	566	1608	616	6265	666	0940		
467	2239	517	6861	567	1501	617	6159	667	0833		
468	2131	518	6753	568	1394	618	6052	668	0727		
469	2023	519	6646	569	1287	619	5945	669	0621		
470	1916	520	6539	570	1180	620	5839	670	0515		
30 471	328 1808	30 521	327 6431	30 571	327 1073	30 621	326 5732	30 671	326 0408		
472	1700	522	6324	572	0966	622	5625	672	0302		
473	1592	523	6217	573	0859	623	5519	673	0196		
474	1485	524	6109	574	0752	624	5412	674	0089		
475	1377	525	6002	575	0645	625	5306	675	325 9983		
476	1269	526	5895	576	0538	626	5199	676	9877		
477	1162	527	5787	577	0431	627	5092	677	9770		
478	1054	528	5680	578	0324	628	4986	678	9664		
479	0946	529	5573	579	0217	629	4879	679	9558		
480	0839	530	5466	580	0411	630	4773	680	9452		

DIFF.

	108	107
0 01	1	1
0 02	2	2
0 03	3	3
0 04	4	4
0 05	5	5
0 06	6	6
0 07	8	7
0 08	9	9
0 09	10	10
1 00	11	11
0 20	22	21
0 30	32	32
0 40	43	43
0 50	54	54
0 60	65	64
0 70	76	75
0 80	86	86
0 90	97	96
1 00	108	107

	106
0 01	1
0 02	2
0 03	3
0 04	4
0 05	5
0 06	6
0 07	7
0 08	8
0 09	10
0 10	11
0 20	21
0 30	32
0 40	42
0 50	53
0 60	64
0 70	74
0 80	85
0 90	95
1 00	106

DIVISEURS : **30691** A **30950**.

DIVISEUR	Nombre à multiplier par le dividende	DIVISEUR	Nombre à multiplier par le dividende	DIVISEUR	Nombre à multiplier par lo dividende	DIVISEUR	Nombre à multiplier par le dividende	DIVISEUR	Nombre à multiplier par le dividende	DIVISEUR	Nombre à multiplier par le dividende
30 691	325 8283	30 741	325 2984	30 791	324 7701	30 841	324 2436	30 891	323 7188	30 941	323 1957
692	8177	742	2878	792	7596	842	2331	892	7083	942	1853
693	8071	743	2772	793	7490	843	2226	893	6978	943	1748
694	7965	744	2666	794	7385	844	2121	894	6873	944	1644
695	7859	745	2561	795	7280	845	2016	895	6769	945	1539
696	7753	746	2455	796	7174	846	1911	896	6664	946	1435
697	7646	747	2349	797	7069	847	1806	897	6559	947	1330
698	7540	748	2243	798	6963	848	1701	898	6454	948	1226
699	7434	749	2137	799	6858	849	1596	899	6349	949	1121
700	7328	750	2032	800	6753	850	1491	900	6245	950	1017
30 701	325 7222	30 751	325 1926	30 801	324 6647	30 851	324 1386	30 901	323 6140		
702	7116	752	1820	802	6542	852	1281	902	6035		
703	7010	753	1714	803	6436	853	1176	903	5930		
704	6904	754	1609	804	6331	854	1071	904	5826		
705	6798	755	1503	805	6226	855	0966	905	5721		
706	6692	756	1397	806	6120	856	0861	906	5616		
707	6586	757	1292	807	6015	857	0756	907	5512		
708	6480	758	1186	808	5909	858	0651	908	5407		
709	6374	759	1080	809	5804	859	0546	909	5302		
710	6268	760	0975	810	5699	860	0441	910	5198		
30 711	325 6162	30 761	325 0869	30 811	324 5593	30 861	324 0336	30 911	323 5093		
712	6056	762	0763	812	5488	862	0231	912	4988		
713	5950	763	0657	813	5383	863	0126	913	4884		
714	5844	764	0552	814	5277	864	0021	914	4779		
715	5738	765	0446	815	5172	865	323 9916	915	4675		
716	5632	766	0340	816	5067	866	9811	916	4570		
717	5526	767	0235	817	4961	867	9706	917	4465		
718	5420	768	0129	818	4856	868	9601	918	4361		
719	5314	769	0023	819	4751	869	9496	919	4256		
720	5208	770	324 9918	820	4646	870	9391	920	4152		
30 721	325 5102	30 771	324 9812	30 821	324 4540	30 871	323 9286	30 921	323 4047		
722	4996	772	9706	822	4435	872	9181	922	3943		
723	4890	773	9601	823	4330	873	9076	923	3838		
724	4784	774	9495	824	4224	874	8971	924	3734		
725	4678	775	9390	825	4119	875	8866	925	3629		
726	4572	776	9284	826	4014	876	8761	926	3525		
727	4466	777	9178	827	3908	877	8656	927	3420		
728	4360	778	9073	828	3803	878	8551	928	3316		
729	4254	779	8967	829	3698	879	8446	929	3211		
730	4149	780	8862	830	3593	880	8341	930	3107		
30 731	325 4043	30 781	324 8756	30 831	324 3487	30 881	323 8236	30 931	323 3002		
732	3937	782	8651	832	3382	882	8131	932	2898		
733	3831	783	8545	833	3277	883	8026	933	2793		
734	3725	784	8440	834	3172	884	7921	934	2689		
735	3619	785	8334	835	3067	885	7817	935	2584		
736	3513	786	8229	836	2962	886	7712	936	2480		
737	3407	787	8123	837	2857	887	7607	937	2375		
738	3301	788	8018	838	2752	888	7502	938	2271		
739	3195	789	7912	839	2647	889	7397	939	2166		
740	3090	790	7807	840	2542	890	7293	940	2062		

DIFF.

	107	106
0 01	1	1
0 02	2	2
0 03	3	3
0 04	4	4
0 05	5	5
0 06	6	6
0 07	7	7
0 08	9	8
0 09	10	10
0 10	11	11
0 20	21	21
0 30	32	32
0 40	43	42
0 50	54	53
0 60	64	64
0 70	75	74
0 80	86	85
0 90	96	95
1 00	107	106

	105	104
0 01	1	1
0 02	2	2
0 03	3	3
0 04	4	4
0 05	5	5
0 06	6	6
0 07	7	7
0 08	8	8
0 09	9	9
0 10	11	10
0 20	21	21
0 30	32	31
0 40	42	42
0 50	53	52
0 60	63	62
0 70	74	73
0 80	84	83
0 90	95	94
1 00	105	104

DIVISEURS : 30951 A 31210.

DIVISEUR	Nombre à multiplier par le dividende	DIVISEUR	Nombre à multiplier par le dividende	DIVISEUR	Nombre à multiplier par le dividende	DIVISEUR	Nombre à multiplier par le dividende	DIVISEUR	Nombre à multiplier par le dividende	DIVISEUR	Nombre à multiplier par le dividende
30 951	323 0912	31 001	322 5702	31 051	322 0507	31 101	321 5350	31 151	321 0169	31 201	320 5025
952	0808	002	5598	052	0403	102	5227	152	0066	202	4922
953	0704	003	5494	053	0300	103	5123	153	320 9963	203	4819
954	0599	004	5390	054	0196	104	5020	154	9860	204	4717
955	0495	005	5286	055	0093	105	4917	155	9757	205	4614
956	0391	006	5182	056	321 9989	106	4813	156	9654	206	4511
957	0286	007	5078	057	9885	107	4710	157	9551	207	4409
958	0182	008	4974	058	9782	108	4606	158	9448	208	4306
959	0078	009	4870	059	9678	109	4503	159	9345	209	4203
960	322 9974	010	4766	060	9575	110	4400	160	9242	210	4101
30 961	322 9869	31 011	322 4662	31 061	321 9471	31 111	321 4296	31 161	320 9139		
962	9765	012	4558	062	9367	112	4193	162	9036		
963	9661	013	4454	063	9263	113	4090	163	8933		
964	9556	014	4350	064	9160	114	3986	164	8830		
965	9452	015	4246	065	9056	115	3883	165	8727		
966	9348	016	4142	066	8952	116	3780	166	8624		
967	9243	017	4038	067	8849	117	3676	167	8521		
968	9139	018	3934	068	8745	118	3573	168	8418		
969	9035	019	3830	069	8641	119	3470	169	8315		
970	8931	020	3726	070	8538	120	3367	170	8213		
30 971	322 8826	31 021	322 3622	31 071	321 8434	31 121	321 3263	31 171	320 8110		
972	8722	022	3518	072	8330	122	3160	172	8007		
973	8648	023	3414	073	8227	123	3057	173	7904		
974	8513	024	3310	074	8123	124	2954	174	7801		
975	8409	025	3206	075	8020	125	2851	175	7698		
976	8305	026	3102	076	7946	126	2747	176	7595		
977	8200	027	2998	077	7842	127	2644	177	7492		
978	8096	028	2894	078	7709	128	2541	178	7389		
979	7992	029	2790	079	7605	129	2438	179	7286		
980	7888	030	2687	080	7502	130	2335	180	7184		
30 981	322 7783	31 031	322 2583	31 081	321 7398	31 131	321 2231	31 181	320 7081		
982	7679	032	2479	082	7295	132	2128	182	6978		
983	7575	033	2375	083	7191	133	2025	183	6875		
984	7471	034	2271	084	7088	134	1922	184	6772		
895	7367	035	2167	085	6985	135	1819	185	6669		
986	7263	036	2063	086	6881	136	1715	186	6566		
987	7159	037	1959	087	6778	137	1612	187	6463		
988	7055	038	1855	088	6674	138	1509	188	6360		
989	6951	039	1751	089	6571	139	1406	189	6257		
990	6847	040	1648	090	6468	140	1303	190	6155		
30 991	322 6742	31 041	322 1544	31 091	321 6364	31 141	321 1199	31 191	320 6052		
992	6638	042	1440	092	6261	142	1096	192	5949		
993	6534	043	1336	093	6157	143	0993	193	5846		
994	6430	044	1233	094	6054	144	0890	194	5744		
995	6326	045	1129	095	5951	145	0787	195	5641		
996	6222	046	1025	096	5847	146	0684	196	5538		
997	6118	047	0922	097	5744	147	0581	197	5436		
998	6014	048	0818	098	5640	148	0478	198	5333		
999	5910	049	0714	099	5537	149	0375	199	5230		
31 000	5806	050	0611	100	5434	150	0272	200	5128		

DIFF.

	105	104
0 01	1	1
0 02	2	2
0 03	3	3
0 04	4	4
0 05	5	5
0 06	6	6
0 07	7	7
0 08	8	8
0 09	9	9
0 10	11	10
0 20	21	21
0 30	32	31
0 40	42	42
0 50	53	52
0 60	63	62
0 70	74	73
0 80	84	83
0 90	95	94
1 00	105	104

	103	102
0 01	1	1
0 02	2	2
0 03	3	3
0 04	4	4
0 05	5	5
0 06	6	6
0 07	7	7
0 08	8	8
0 09	9	9
0 10	10	10
0 20	21	20
0 30	31	31
0 40	41	41
0 50	52	51
0 60	62	61
0 70	72	71
0 80	82	82
0 90	93	92
1 00	103	102

Diviseurs : **31211 à 31470.**

DIVISEUR	Nombre à multiplier par le dividende	DIVISEUR	Nombre à multiplier par le dividende	DIVISEUR	Nombre à multiplier par le dividende	DIVISEUR	Nombre à multiplier par le dividende	DIVISEUR	Nombre à multiplier par le dividende	DIVISEUR	Nombre à multiplier par le dividende
31 211	320 3998	31 261	319 8873	31 311	319 3765	31 361	318 8673	31 411	318 3597	31 461	317 8538
212	3895	262	8771	312	3663	362	8571	412	3496	462	8437
213	3792	263	8669	313	3561	363	8470	413	3395	463	8336
214	3690	264	8566	314	3459	364	8368	414	3293	464	8235
215	3587	265	8464	315	3357	365	8267	415	3192	465	8134
216	3484	266	8362	316	3255	366	8165	416	3091	466	8033
217	3382	267	8259	317	3153	367	8063	417	2989	467	7932
218	3279	268	8157	318	3051	368	7962	418	2888	468	7831
219	3176	269	8055	319	2949	369	7860	419	2787	469	7730
220	3074	270	7953	320	2847	370	7759	420	2686	470	7629
31 221	320 2971	31 271	319 7850	31 321	319 2745	31 371	318 7657	31 421	318 2584		
222	2868	272	7748	322	2643	372	7555	422	2483		
223	2766	273	7646	323	2541	373	7454	423	2382		
224	2663	274	7544	324	2439	374	7352	424	2280		
225	2561	275	7442	325	2337	375	7251	425	2179		
226	2458	276	7339	326	2235	376	7149	426	2078		
227	2355	277	7237	327	2133	377	7047	427	1976		
228	2253	278	7135	328	2031	378	6946	428	1875		
229	2150	279	7033	329	1929	379	6844	429	1774		
230	2048	280	6931	330	1828	380	6743	430	1673		
31 231	320 1945	31 281	319 6828	31 331	319 1726	31 381	318 6641	31 431	318 1571		
232	1843	282	6726	332	1624	382	6539	432	1470		
233	1740	283	6624	333	1522	383	6438	433	1369		
234	1638	284	6522	334	1420	384	6336	434	1268		
235	1536	285	6420	335	1319	385	6235	435	1167		
236	1433	286	6317	336	1217	386	6133	436	1065		
237	1331	287	6215	337	1115	387	6031	437	0964		
238	1228	288	6113	338	1013	388	5930	438	0863		
239	1126	289	6011	339	0911	389	5828	439	0762		
240	1024	290	5909	340	0810	390	5727	440	0661		
31 241	320 0924	31 291	319 5806	31 341	319 0708	31 391	318 5625	31 441	318 0559		
242	0819	292	5704	342	0606	392	5524	442	0458		
243	0716	293	5602	343	0504	393	5422	443	0357		
244	0614	294	5500	344	0402	394	5321	444	0256		
245	0512	295	5398	345	0301	395	5220	445	0155		
246	0409	296	5296	346	0199	396	5118	446	0054		
247	0307	297	5194	347	0097	397	5017	447	317 9953		
248	0204	298	5092	348	318 9995	398	4915	448	9852		
249	0102	299	4990	349	9893	399	4814	449	9751		
250	0000	300	4888	350	9792	400	4713	450	9650		
31 251	319 9897	31 301	319 4785	31 351	318 9690	31 401	318 4611	31 451	317 9548		
252	9795	302	4683	352	9588	402	4510	452	9447		
253	9692	303	4581	353	9486	403	4408	453	9346		
254	9590	304	4479	354	9385	404	4307	454	9245		
255	9488	305	4377	355	9283	405	4206	455	9144		
256	9385	306	4275	356	9181	406	4104	456	9043		
257	9283	307	4173	357	9080	407	4003	457	8942		
258	9180	308	4071	358	8978	408	3901	458	8841		
259	9078	309	3969	359	8876	409	3800	459	8740		
260	8976	310	3867	360	8775	410	3699	460	8639		

DIFF.

	103	102
0 01	1	1
0 02	2	2
0 03	3	3
0 04	4	4
0 05	5	5
0 06	6	6
0 07	7	7
0 08	8	8
0 09	9	9
0 10	10	10
0 20	21	20
0 30	31	31
0 40	41	41
0 50	52	51
0 60	62	61
0 70	72	71
0 80	82	82
0 90	93	92
1 00	103	102

	101
0 01	1
0 02	2
0 03	3
0 04	4
0 05	5
0 06	6
0 07	7
0 08	8
0 09	9
0 10	10
0 20	20
0 30	30
0 40	40
0 50	51
0 60	61
0 70	71
0 80	81
0 90	91
1 00	101

Diviseurs : 31471 à 31730.

DIVISEUR	Nombre à multiplier par le dividende	DIVISEUR	Nombre à multiplier par le dividende	DIVISEUR	Nombre à multiplier par le dividende	DIVISEUR	Nombre à multiplier par le dividende	DIVISEUR	Nombre à multiplier par le dividende	DIVISEUR	Nombre à multiplier par le dividende
31 471	317 7528	31 521	317 2487	31 571	346 7463	31 621	346 2455	31 671	345 7462	31 721	315 2485
472	7427	522	2386	572	7363	622	2355	672	7362	722	2386
473	7326	523	2286	573	7263	623	2255	673	7262	723	2286
474	7225	524	2185	574	7162	624	2155	674	7163	724	2187
475	7124	525	2085	575	7062	625	2055	675	7063	725	2088
476	7023	526	1984	576	6962	626	1955	676	6963	726	1988
477	6922	527	1883	577	6861	627	1855	677	6864	727	1889
478	6821	528	1783	578	6761	628	1755	678	6764	728	1789
479	6720	529	1682	579	6661	629	1655	679	6664	729	1690
480	6620	530	1582	580	6561	630	1555	680	6565	730	1594
31 481	317 6519	31 531	317 1481	31 581	346 6460	31 631	316 1455	31 681	345 6465		
482	6418	532	1381	582	6360	632	1355	682	6365		
483	6317	533	1280	583	6260	633	1255	683	6266		
484	6216	534	1180	584	6159	634	1155	684	6166		
485	6115	535	1079	585	6059	635	1055	685	6067		
486	6014	536	0979	586	5959	636	0955	686	5967		
487	5913	537	0878	587	5858	637	0855	687	5867		
488	5812	538	0778	588	5758	638	0755	688	5768		
489	5711	539	0677	589	5658	639	0655	689	5668		
490	5611	540	0577	590	5558	640	0556	690	5569		
31 491	317 5510	31 541	317 0476	31 591	346 5457	31 641	316 0456	31 691	345 5469		
492	5409	542	0376	592	5357	642	0356	692	5370		
493	5308	543	0275	593	5257	643	0256	693	5270		
494	5207	544	0175	594	5157	644	0156	694	5171		
495	5107	545	0074	595	5057	645	0056	695	5071		
496	5006	546	316 9974	596	4956	646	315 9956	696	4972		
497	4905	547	9873	597	4856	647	9856	697	4872		
498	4804	548	9773	598	4756	648	9756	698	4773		
499	4703	549	9672	599	4656	649	9656	699	4673		
500	4603	550	9572	600	4556	650	9557	700	4574		
31 501	317 4502	31 551	346 9474	31 601	316 4455	31 651	315 9457	31 701	315 4474		
502	4404	552	9371	602	4355	652	9357	702	4375		
503	4300	553	9270	603	4255	653	9257	703	4275		
504	4199	554	9170	604	4155	654	9157	704	4176		
505	4099	555	9069	605	4055	655	9058	705	4076		
506	3998	556	8969	606	3955	656	8958	706	3977		
507	3897	557	8868	607	3855	657	8858	707	3877		
508	3796	558	8768	608	3755	658	8758	708	3778		
509	3695	559	8667	609	3655	659	8658	709	3678		
510	3595	560	8567	610	3555	660	8559	710	3579		
31 511	317 3494	31 561	346 8466	31 611	316 3455	31 661	315 8459	31 711	315 3479		
512	3393	562	8366	612	3355	662	8359	712	3380		
513	3292	563	8266	613	3255	663	8259	713	3280		
514	3192	564	8165	614	3155	664	8160	714	3181		
515	3091	565	8065	615	3055	665	8060	715	3082		
516	2990	566	7965	616	2955	666	7960	716	2982		
517	2890	567	7864	617	2855	667	7861	717	2883		
518	2789	568	7764	618	2755	668	7761	718	2783		
519	2688	569	7664	619	2655	669	7661	719	2684		
520	2588	570	7564	620	2555	670	7562	720	2585		

Diff.

	101	100
0 01	1	1
0 02	2	2
0 03	3	3
0 04	4	4
0 05	5	5
0 06	6	6
0 07	7	7
0 08	8	8
0 09	9	9
0 10	10	10
0 20	20	20
0 30	30	30
0 40	40	40
0 50	51	50
0 60	61	60
0 70	71	70
0 80	81	80
0 90	91	90
1 00	101	100

	99
0 01	1
0 02	2
0 03	3
0 04	4
0 05	5
0 06	6
0 07	7
0 08	8
0 09	9
0 10	10
0 20	20
0 30	30
0 40	40
0 50	50
0 60	59
0 70	69
0 80	79
0 90	89
1 00	99

DIVISEUR	Nombre à multiplier par le dividende	DIVISEUR	Nombre à multiplier par le dividende	DIVISEUR	Nombre à multiplier par le dividende	DIVISEUR	Nombre à multiplier par le dividende	DIVISEUR	Nombre à multiplier par le dividende	DIVISEUR	Nombre à multiplier par le dividende
31 731	345 1491	31 781	344 6534	31 831	344 1594	31 881	343 6664	31 931	343 1752	31 981	342 6856
732	1392	782	6435	832	1492	882	6566	932	1654	982	6758
733	1293	783	6336	833	1393	883	6467	933	1556	983	6660
734	1193	784	6237	834	1295	884	6369	934	1458	984	6562
735	1094	785	6138	835	1196	885	6271	935	1360	985	6465
736	0995	786	6039	836	1097	886	6172	936	1262	986	6367
737	0895	787	5940	837	0999	887	6074	937	1164	987	6269
738	0796	788	5841	838	0900	888	5975	938	1066	988	6171
739	0697	789	5742	839	0801	889	5877	939	0968	989	6073
740	0598	790	5643	840	0703	890	5779	940	0870	990	5976
31 741	345 0498	31 791	344 5544	31 841	344 0604	31 891	343 5680	31 941	343 0772		
742	0399	792	5445	842	0505	892	5582	942	0674		
743	0300	793	5346	843	0407	893	5484	943	0576		
744	0201	794	5247	844	0308	894	5385	944	0478		
745	0102	795	5148	845	0210	895	5287	945	0380		
746	0002	796	5049	846	0111	896	5189	946	0282		
747	344 9903	797	4950	847	0012	897	5090	947	0184		
748	9804	798	4851	848	343 9914	898	4992	948	0086		
749	9705	799	4752	849	9815	899	4894	949	342 9988		
750	9606	800	4654	850	9717	900	4796	950	9890		
31 751	344 9506	31 801	344 4555	31 851	343 9618	31 901	343 4697	31 951	342 9792		
752	9407	802	4456	852	9520	902	4599	952	9694		
753	9308	803	4357	853	9421	903	4501	953	9596		
754	9209	804	4258	854	9323	904	4402	954	9498		
755	9110	805	4159	855	9224	905	4304	955	9400		
756	9010	806	4060	856	9126	906	4206	956	9302		
757	8911	807	3961	857	9027	907	4107	957	9204		
758	8812	808	3862	858	8929	908	4009	958	9106		
759	8713	809	3763	859	8830	909	3911	959	9008		
760	8614	810	3665	860	8732	910	3813	960	8911		
31 761	344 8514	31 811	344 3566	31 861	343 8633	31 911	343 3714	31 961	342 8843		
762	8415	812	3467	862	8535	912	3616	962	8745		
763	8316	813	3368	863	8436	913	3518	963	8647		
764	8217	814	3269	864	8338	914	3420	964	8549		
765	8118	815	3171	865	8239	915	3322	965	8421		
766	8049	816	3072	866	8141	916	3224	966	8323		
767	7920	817	2973	867	8042	917	3126	967	8225		
768	7821	818	2874	868	7944	918	3028	968	8127		
769	7722	819	2775	869	7845	919	2930	969	8029		
770	7623	820	2677	870	7747	920	2832	970	7932		
31 771	344 7524	31 821	344 2578	31 871	343 7648	31 921	343 2733	31 971	342 7834		
772	7425	822	2479	872	7550	922	2635	972	7736		
773	7326	823	2380	873	7451	923	2537	973	7638		
774	7227	824	2282	874	7353	924	2439	974	7540		
775	7128	825	2183	875	7255	925	2341	975	7443		
776	7029	826	2084	876	7156	926	2242	976	7345		
777	6930	827	1986	877	7058	927	2144	977	7247		
778	6831	828	1887	878	6959	928	2046	978	7149		
779	6732	829	1788	879	6861	929	1948	979	7051		
780	6633	830	1690	880	6763	930	1850	980	6954		

DIFF.

	100	99
0 01	1	1
0 02	2	2
0 03	3	3
0 04	4	4
0 05	5	5
0 06	6	6
0 07	7	7
0 08	8	8
0 09	9	9
0 10	10	10
0 20	20	20
0 30	30	30
0 40	40	40
0 50	50	50
0 60	60	59
0 70	70	69
0 80	80	79
0 90	90	89
1 00	100	99

	98	97
0 01	1	1
0 02	2	2
0 03	3	3
0 04	4	4
0 05	5	5
0 07	7	7
0 08	8	8
0 09	9	9
0 10	10	10
0 20	20	19
0 30	29	29
0 40	39	39
0 50	49	49
0 60	59	58
0 70	69	68
0 80	78	78
0 90	88	87
1 00	98	97

DIVISEURS : 31991 A 32250.

DIVISEUR	Nombre à multiplier par le dividende	DIVISEUR	Nombre à multiplier par le dividende	DIVISEUR	Nombre à multiplier par le dividende	DIVISEUR	Nombre à multiplier par le dividende	DIVISEUR	Nombre à multiplier par le dividende	DIVISEUR	Nombre à multiplier par le dividende
31 991	312 5878	32 041	312 1000	32 091	311 6137	32 141	311 1290	32 191	310 6458	32 241	310 1640
992	5780	042	0903	092	6040	142	1193	192	6362	242	1544
993	5683	043	0805	093	5943	143	1096	193	6265	243	1448
994	5585	044	0708	094	5846	144	0999	194	6169	244	1352
995	5488	045	0611	095	5749	145	0903	195	6072	245	1256
996	5390	046	0513	096	5652	146	0806	196	5976	246	1159
997	5292	047	0416	097	5555	147	0709	197	5879	247	1063
998	5195	048	0318	098	5458	148	0612	198	5783	248	0967
999	5097	049	0221	099	5361	149	0515	199	5686	249	0871
32 000	5000	050	0124	100	5264	150	0419	200	5590	250	0775
32 001	312 4902	32 051	312 0026	32 101	311 5167	32 151	311 0322	32 201	310 5493		
002	4804	052	311 9929	102	5070	152	0225	202	5397		
003	4707	053	9832	103	4973	153	0128	203	5300		
004	4609	054	9734	104	4876	154	0032	204	5204		
005	4512	055	9637	105	4779	155	310 9935	205	5107		
006	4414	056	9540	106	4682	156	9838	206	5011		
007	4316	057	9442	107	4585	157	9742	207	4914		
008	4219	058	9345	108	4488	158	9645	208	4818		
009	4121	059	9248	109	4391	159	9548	209	4721		
010	4024	060	9151	110	4294	160	9452	210	4625		
32 011	312 3926	32 061	311 9053	32 111	311 4197	32 161	310 9355	32 211	310 4528		
012	3828	062	8956	112	4100	162	9258	212	4432		
013	3731	063	8859	113	4003	163	9162	213	4335		
014	3633	064	8761	114	3906	164	9065	214	4239		
015	3536	065	8664	115	3809	165	8969	215	4143		
016	3438	066	8567	116	3712	166	8872	216	4046		
017	3340	067	8469	117	3615	167	8775	217	3950		
018	3243	068	8372	118	3518	168	8679	218	3853		
019	3145	069	8275	119	3421	169	8582	219	3757		
020	3048	070	8178	120	3325	170	8486	220	3661		
32 021	312 2950	32 071	311 8080	32 121	311 3228	32 171	310 8389	32 221	310 3564		
022	2853	072	7983	122	3131	172	8292	222	3468		
023	2755	073	7886	123	3034	173	8196	223	3372		
024	2658	074	7789	124	2937	174	8099	224	3276		
025	2560	075	7692	125	2840	175	8003	225	3180		
026	2463	076	7594	126	2743	176	7906	226	3083		
027	2365	077	7497	127	2646	177	7809	227	2987		
028	2268	078	7400	128	2549	178	7713	228	2891		
029	2170	079	7303	129	2452	179	7616	229	2795		
030	2073	080	7206	130	2356	180	7520	230	2699		
32 031	312 1975	32 081	311 7108	32 131	311 2259	32 181	310 7423	32 231	310 2602		
032	1878	082	7011	132	2162	182	7327	232	2506		
033	1780	083	6914	133	2065	183	7230	233	2410		
034	1683	084	6817	134	1968	184	7134	234	2314		
035	1585	085	6720	135	1871	185	7037	235	2218		
036	1488	086	6623	136	1774	186	6941	236	2121		
037	1390	087	6526	137	1677	187	6844	237	2025		
038	1293	088	6429	138	1580	188	6748	238	1929		
039	1195	089	6332	139	1483	189	6651	239	1833		
040	1098	090	6235	140	1387	190	6555	240	1737		

Diff.

	98	97
0 01	1	1
0 02	2	2
0 03	3	3
0 04	4	4
0 05	5	5
0 06	6	6
0 07	7	7
0 08	8	8
0 09	9	9
0 10	10	10
0 20	20	19
0 30	29	29
0 40	39	39
0 50	49	49
0 60	59	58
0 70	69	68
0 80	78	78
0 90	88	87
1 00	98	97

	96
0 01	1
0 02	2
0 03	3
0 04	4
0 05	5
0 06	6
0 07	7
0 08	8
0 09	9
0 10	10
0 20	19
0 30	29
0 40	38
0 50	48
0 60	58
0 70	67
0 80	77
0 90	86
1 00	96

DIVISEURS : 32251 A 32510.

DIVISEUR	Nombre à multiplier par le dividende	DIVISEUR	Nombre à multiplier par le dividende	DIVISEUR	Nombre à multiplier par le dividende	DIVISEUR	Nombre à multiplier par le dividende	DIVISEUR	Nombre à multiplier par le dividende	DIVISEUR	Nombre à multiplier par le dividende
32 251	310 0678	32 301	309 5879	32 351	309 1094	32 401	308 6323	32 451	308 1569	32 501	307 6828
252	0582	302	5783	352	0998	402	6228	452	1474	502	6733
253	0486	303	5687	353	0903	403	6133	453	1379	503	6638
254	0390	304	5591	354	0807	404	6038	454	1284	504	6544
255	0294	305	5496	355	0712	405	5943	455	1189	505	6449
256	0198	306	5400	356	0616	406	5847	456	1094	506	6354
257	0102	307	5304	357	0520	407	5752	457	0999	507	6260
258	0006	308	5208	358	0425	408	5657	458	0904	508	6165
259	309 9910	309	5112	359	0329	409	5562	459	0809	509	6070
260	9814	310	5017	360	0234	410	5467	460	0714	510	5976
32 261	309 9717	32 311	309 4921	32 361	309 0138	32 411	308 5371	32 461	308 0619		
262	9621	312	4825	362	0043	412	5276	462	0524		
263	9525	313	4729	363	308 9947	413	5181	463	0429		
264	9429	314	4633	364	9852	414	5086	464	0334		
265	9333	315	4538	365	9757	415	4991	465	0239		
266	9237	316	4442	366	9661	416	4895	466	0144		
267	9141	317	4346	367	9566	417	4800	467	0049		
268	9045	318	4250	368	9470	418	4705	468	307 9954		
269	8949	319	4154	369	9375	419	4610	469	9859		
270	8853	320	4059	370	9280	420	4515	470	9765		
32 271	309 8757	32 321	309 3963	32 371	308 9184	32 421	308 4419	32 471	307 9670		
272	8661	322	3867	372	9089	422	4324	472	9575		
273	8565	323	3771	373	8993	423	4229	473	9480		
274	8469	324	3676	374	8898	424	4134	474	9385		
275	8373	325	3580	375	8803	425	4039	475	9291		
276	8277	326	3484	376	8707	426	3944	476	9196		
277	8181	327	3389	377	8612	427	3849	477	9101		
278	8085	328	3293	378	8516	428	3754	478	9006		
279	7989	329	3197	379	8421	429	3659	479	8911		
280	7893	330	3102	380	8326	430	3564	480	8817		
32 281	309 7797	32 331	309 3006	32 381	308 8230	32 431	308 3468	32 481	307 8722		
282	7701	332	2910	382	8135	432	3373	482	8627		
283	7605	333	2815	383	8039	433	3278	483	8532		
284	7509	334	2719	384	7944	434	3183	484	8438		
285	7413	335	2624	385	7849	435	3088	485	8343		
286	7347	336	2528	386	7753	436	2993	486	8248		
287	7221	337	2432	387	7658	437	2898	487	8154		
288	7125	338	2337	388	7562	438	2803	488	8059		
289	7029	339	2241	389	7467	439	2708	489	7964		
290	6934	340	2146	390	7372	440	2613	490	7870		
32 291	309 6838	32 341	309 2050	32 391	308 7276	32 441	308 2518	32 491	307 7775		
292	6742	342	1954	392	7181	442	2423	492	7680		
293	6646	343	1859	393	7086	443	2328	493	7585		
294	6550	344	1763	394	6990	444	2233	494	7491		
295	6454	345	1668	395	6895	445	2138	495	7396		
296	6358	346	1572	396	6800	446	2043	496	7301		
297	6262	347	1476	397	6704	447	1948	497	7207		
298	6166	348	1381	398	6609	448	1853	498	7112		
299	6070	349	1285	399	6514	449	1758	499	7017		
300	5975	350	1190	400	6419	450	1664	500	6923		

DIFF.

	97	96
0 01	1	1
0 02	2	2
0 03	3	3
0 04	4	4
0 05	5	5
0 06	6	6
0 07	7	7
0 08	8	8
0 09	9	9
0 10	10	10
0 20	19	19
0 30	29	29
0 40	39	38
0 50	49	48
0 60	58	58
0 70	68	67
0 80	78	77
0 90	87	86
1 00	97	96

	95	94
0 01	1	1
0 02	2	2
0 03	3	3
0 04	4	4
0 05	5	5
0 06	6	6
0 07	7	7
0 08	8	8
0 09	9	8
0 10	10	9
0 20	19	19
0 30	29	28
0 40	38	38
0 50	48	47
0 60	57	56
0 70	67	66
0 80	76	75
0 90	86	85
1 00	95	94

DIVISEURS : **32511** A **32770**.

DIVISEUR	Nombre à multiplier par le dividende	DIVISEUR	Nombre à multiplier par le dividende	DIVISEUR	Nombre à multiplier par le dividende	DIVISEUR	Nombre à multiplier par le dividende	DIVISEUR	Nombre à multiplier par le dividende	DIVISEUR	Nombre à multiplier par le dividende
32 511	307 5881	32 561	307 1158	32 611	306 6450	32 661	306 1755	32 711	305 7075	32 761	305 2409
512	5786	562	1064	612	6356	662	1661	712	6982	762	2316
513	5692	563	0970	613	6262	663	1567	713	6888	763	2223
514	5597	564	0875	614	6168	664	1474	714	6795	764	2130
515	5503	565	0781	615	6074	665	1380	715	6701	765	2037
516	5408	566	0687	616	5980	666	1286	716	6608	766	1943
517	5313	567	0592	617	5886	667	1193	717	6514	767	1850
518	5219	568	0498	618	5792	668	1099	718	6421	768	1757
519	5124	569	0404	619	5698	669	1005	719	6327	769	1664
520	5030	570	0310	620	5604	670	0912	720	6234	770	1571
32 521	307 4935	32 571	0215	32 621	306 5510	32 671	306 0818	32 721	305 6140		
522	4841	572	0121	622	5416	672	0724	722	6047		
523	4746	573	0027	623	5322	673	0630	723	5953		
524	4652	574	307 9932	624	5228	674	0537	724	5860		
525	4557	575	9838	625	5134	675	0443	725	5767		
526	4463	576	9744	626	5040	676	0349	726	5673		
527	4368	577	9649	627	4946	677	0256	727	5580		
528	4274	578	9555	628	4852	678	0162	728	5486		
529	4179	579	9461	629	4758	679	0068	729	5393		
530	4085	580	9367	630	4664	680	305 9975	730	5300		
32 531	307 3990	32 581	306 9272	32 631	306 4570	32 681	305 9881	32 731	305 5206		
532	3896	582	9178	632	4476	682	9787	732	5113		
533	3804	583	9084	633	4382	683	9694	733	5020		
534	3707	584	8990	634	4288	684	9600	734	4926		
535	3612	585	8896	635	4194	685	9507	735	4833		
536	3518	586	8801	636	4100	686	9413	736	4740		
537	3423	587	8707	637	4006	687	9319	737	4646		
538	3329	588	8613	638	3912	688	9226	738	4553		
539	3234	589	8519	639	3818	689	9132	739	4460		
540	3140	590	8425	640	3725	690	9039	740	4367		
32 541	307 3045	32 591	306 8330	32 641	306 3634	32 691	305 8945	32 741	305 4273		
542	2951	592	8236	642	3537	692	8851	742	4180		
543	2856	593	8142	643	3443	693	8758	743	4087		
544	2762	594	8048	644	3349	694	8664	744	3994		
545	2668	595	7954	645	3256	695	8571	745	3901		
546	2573	596	7860	646	3162	696	8477	746	3807		
547	2479	597	7766	647	3068	697	8383	747	3714		
548	2384	598	7672	648	2974	698	8290	748	3621		
549	2290	599	7578	649	2880	699	8196	749	3528		
550	2196	600	7484	650	2787	700	8103	750	3435		
32 551	307 2401	32 601	306 7390	32 651	306 2693	32 701	305 8009	32 751	305 3341		
552	2007	602	7296	652	2599	702	7916	752	3248		
553	1913	603	7202	653	2505	703	7822	753	3155		
554	1818	604	7108	654	2411	704	7729	754	3062		
555	1724	605	7014	655	2318	705	7636	755	2969		
556	1630	606	6920	656	2224	706	7542	756	2875		
557	1535	607	6826	657	2130	707	7449	757	2782		
558	1441	608	6732	658	2036	708	7355	758	2689		
559	1347	609	6638	659	1942	709	7262	759	2596		
560	1253	610	6544	660	1849	710	7169	760	2503		

DIFF.

	95	94
0 01	1	1
0 02	2	2
0 03	3	3
0 04	4	4
0 05	5	5
0 06	6	6
0 07	7	7
0 08	8	8
0 09	9	9
0 10	10	9
0 20	19	19
0 30	29	28
0 40	38	38
0 50	48	47
0 60	57	56
0 70	67	66
0 80	76	75
0 90	86	85
1 00	95	94

	93
0 01	1
0 02	2
0 03	3
0 04	4
0 05	5
0 06	6
0 07	7
0 08	8
0 09	9
0 10	
0 20	19
0 30	28
0 40	37
0 50	47
0 60	56
0 70	65
0 80	74
0 90	84
1 00	93

DIVISEURS : **32771** A **33030**.

DIVISEUR	Nombre à multiplier par le dividende	DIVISEUR	Nombre à multiplier par le dividende	DIVISEUR	Nombre à multiplier par le dividende	DIVISEUR	Nombre à multiplier par le dividende	DIVISEUR	Nombre à multiplier par le dividende	DIVISEUR	Nombre à multiplier par le dividende
32 771	305 1477	32 821	304 6829	32 871	304 2194	32 921	303 7574	32 971	303 2968	33 021	302 8375
772	1384	822	6736	872	2102	922	7482	972	2876	022	8283
773	1291	823	6643	873	2009	923	7390	973	2784	023	8191
774	1198	824	6550	874	1917	924	7297	974	2692	024	8100
775	1105	825	6458	875	1824	925	7205	975	2600	025	8008
776	1012	826	6365	876	1732	926	7113	976	2508	026	7916
777	0919	827	6272	877	1639	927	7020	977	2416	027	7825
778	0826	828	6179	878	1547	928	6928	978	2324	028	7733
779	0733	829	6086	879	1454	929	6836	979	2232	029	7641
780	0640	830	5994	880	1362	930	6744	980	2140	030	7550
32 781	305 0547	32 831	304 5901	32 881	304 1269	32 931	303 6651	32 981	303 2048		
782	0454	832	5808	882	1177	932	6559	982	1956		
783	0361	833	5715	883	1084	933	6467	983	1864		
784	0268	834	5622	884	0992	934	6375	984	1772		
785	0175	835	5530	885	0899	935	6283	985	1680		
786	0082	836	5437	886	0807	936	6190	986	1588		
787	304 9989	837	5344	887	0714	937	6098	987	1496		
788	9896	838	5251	888	0622	938	6006	988	1404		
789	9803	839	5158	889	0529	939	5914	989	1312		
790	9710	840	5066	890	0437	940	5822	990	1221		
32 791	304 9647	32 841	304 4973	32 891	304 0344	32 941	303 5729	32 991	303 1129		
792	9524	842	4880	892	0252	942	5637	992	1037		
793	9431	843	4787	893	0159	943	5545	993	0945		
794	9338	844	4695	894	0067	944	5453	994	0853		
795	9245	845	4602	895	303 9975	945	5361	995	0762		
796	9152	846	4509	896	9882	946	5269	996	0670		
797	9059	847	4417	897	9790	947	5177	997	0578		
798	8966	848	4324	898	9697	948	5085	998	0486		
799	8873	849	4231	899	9605	949	4993	999	0394		
800	8780	850	4139	900	9513	950	4901	33 000	0303		
32 801	304 8687	32 851	304 4046	32 901	303 9420	32 951	303 4808	33 001	303 0211		
802	8594	852	3953	902	9328	952	4716	002	0119		
803	8501	853	3861	903	9236	953	4624	003	0027		
804	8408	854	3768	904	9143	954	4532	004	302 9935		
805	8315	855	3676	905	9051	955	4440	005	9844		
806	8222	856	3583	906	8959	956	4348	006	9752		
807	8129	857	3490	907	8866	957	4256	007	9660		
808	8036	858	3398	908	8774	958	4164	008	9568		
809	7943	859	3305	909	8682	959	4072	009	9476		
810	7851	860	3213	910	8590	960	3980	010	9385		
32 811	304 7758	32 861	304 3120	32 911	303 8497	32 961	303 3888	33 011	302 9293		
812	7665	862	3027	912	8405	962	3796	012	9201		
813	7572	863	2935	913	8313	963	3704	013	9109		
814	7479	864	2842	914	8220	964	3612	014	9017		
815	7386	865	2750	915	8128	965	3520	015	8926		
816	7293	866	2657	916	8036	966	3428	016	8834		
817	7200	867	2564	917	7943	967	3336	017	8742		
818	7107	868	2472	918	7851	968	3244	018	8650		
819	7014	869	2379	919	7759	969	3152	019	8558		
820	6922	870	2287	920	7667	970	3060	020	8467		

Diff.

	94	93
0 01	1	1
0 02	2	2
0 03	3	3
0 04	4	4
0 05	5	5
0 06	6	6
0 07	7	7
0 08	8	7
0 09	8	8
0 10	9	9
0 20	19	19
0 30	28	28
0 40	38	37
0 50	47	47
0 60	56	56
0 70	66	65
0 80	75	74
0 90	85	84
1 00	94	93

	92	91
0 01	1	1
0 02	2	2
0 03	3	3
0 04	4	4
0 05	5	5
0 06	6	5
0 07	6	6
0 08	7	7
0 09	8	8
0 10	9	9
0 20	18	18
0 30	28	27
0 40	37	36
0 50	46	46
0 60	55	55
0 70	64	64
0 80	74	73
0 90	83	82
1 00	92	91

Diviseurs : **33031** a **33290**.

DIVISEUR	Nombre à multiplier par le dividende	DIVISEUR	Nombre à multiplier par le dividende	DIVISEUR	Nombre à multiplier par le dividende	DIVISEUR	Nombre à multiplier par le dividende	DIVISEUR	Nombre à multiplier par le dividende	DIVISEUR	Nombre à multiplier par le dividende
33 031	302 7458	33 081	302 2882	33 131	304 8320	33 181	304 3772	33 231	300 9237	33 281	300 4716
032	7366	082	2791	132	8229	182	3681	232	9147	282	4626
033	7275	083	2700	133	8138	183	3590	233	9056	283	4536
034	7183	084	2608	134	8047	184	3499	234	8966	284	4446
035	7092	085	2517	135	7956	185	3409	235	8875	285	4356
036	7000	086	2426	136	7865	186	3318	236	8785	286	4265
037	6908	087	2334	137	7774	187	3227	237	8694	287	4175
038	6817	088	2243	138	7683	188	3136	238	8604	288	4085
039	6725	089	2152	139	7592	189	3045	239	8513	289	3995
040	6634	090	2061	140	7501	190	2955	240	8423	290	3905
33 041	302 6542	33 091	302 1969	33 141	304 7410	33 191	304 2864	33 241	300 8332		
042	6450	092	1878	142	7319	192	2773	242	8242		**Diff.**
043	6359	093	1787	143	7228	193	2682	243	8151		
044	6267	094	1695	144	7137	194	2592	244	8061		
045	6176	095	1604	145	7046	195	2501	245	7970		92 · 91
046	6084	096	1513	146	6955	196	2410	246	7880		
047	5992	097	1421	147	6864	197	2320	247	7789		
048	5901	098	1330	148	6773	198	2229	248	7699		0 01 · 1 · 1
049	5809	099	1239	149	6682	199	2138	249	7608		0 02 · 2 · 2
050	5718	100	1148	150	6591	200	2048	250	7518		0 03 · 3 · 3
33 051	302 5626	33 101	302 1056	33 151	304 6500	33 201	304 1957	33 251	300 7427		0 04 · 4 · 4
052	5535	102	0965	152	6409	202	1866	252	7337		0 05 · 5 · 5
053	5443	103	0874	153	6318	203	1775	253	7246		0 06 · 6 · 6
054	5352	104	0782	154	6227	204	1685	254	7156		0 07 · 6 · 6
055	5260	105	0691	155	6136	205	1594	255	7066		0 08 · 7 · 7
056	5169	106	0600	156	6045	206	1503	256	6975		0 09 · 8 · 8
057	5077	107	0508	157	5954	207	1413	257	6885		0 10 · 9 · 9
058	4986	108	0417	158	5863	208	1322	258	6794		
059	4894	109	0326	159	5772	209	1231	259	6704		0 20 · 18 · 18
060	4803	110	0235	160	5681	210	1141	260	6614		0 30 · 28 · 27
33 061	302 4711	33 111	302 0143	33 161	304 5590	33 211	304 1050	33 261	300 6523		0 40 · 37 · 36
062	4620	112	0052	162	5499	212	0959	262	6433		0 50 · 46 · 46
063	4528	113	301 9961	163	5408	213	0868	263	6342		0 60 · 55 · 55
064	4437	114	9870	164	5317	214	0778	264	6252		0 70 · 64 · 64
065	4345	115	9779	165	5226	215	0687	265	6162		0 80 · 74 · 73
066	4254	116	9687	166	5135	216	0596	266	6071		0 90 · 83 · 82
067	4162	117	9596	167	5044	217	0506	267	5981		1 00 · 92 · 91
068	4071	118	9505	168	4953	218	0415	268	5890		
069	3979	119	9414	169	4862	219	0324	269	5800		
070	3888	120	9323	170	4772	220	0234	270	5710		
33 071	302 3796	33 121	301 9231	33 171	301 4681	33 221	304 0143	33 271	300 5619		90
072	3705	122	9140	172	4590	222	0052	272	5529		
073	3613	123	9049	173	4499	223	300 9962	273	5439		0 01 · 1
074	3522	124	8958	174	4408	224	9871	274	5348		0 02 · 2
075	3431	125	8867	175	4317	225	9781	275	5258		0 03 · 3
076	3339	126	8776	176	4226	226	9690	276	5168		0 04 · 4
077	3248	127	8685	177	4135	227	9599	277	5077		0 05 · 5
078	3156	128	8594	178	4044	228	9509	278	4987		0 06 · 5
079	3065	129	8503	179	3953	229	9418	279	4897		0 07 · 6
080	2974	130	8412	180	3863	230	9328	280	4807		0 08 · 7

Diff. (90) continued: 0 09 · 8 | 0 10 · 9 | 0 20 · 18 | 0 30 · 27 | 0 40 · 36 | 0 50 · 45 | 0 60 · 54 | 0 70 · 63 | 0 80 · 72 | 0 90 · 81 | 1 00 · 90

DIVISEURS . 33291 A 33550.

DIVISEUR	Nombre à multiplier par le dividende	DIVISEUR	Nombre à multiplier par le dividende	DIVISEUR	Nombre à multiplier par le dividende	DIVISEUR	Nombre à multiplier par le dividende	DIVISEUR	Nombre à multiplier par le dividende	DIVISEUR	Nombre à multiplier par le dividende
33 291	300 3844	33 341	299 9310	33 391	299 4818	33 441	299 0340	33 491	298 5875	33 541	298 1425
292	3724	342	9220	392	4728	442	0251	492	5786	542	1336
293	3634	343	9130	393	4638	443	0161	493	5697	543	1247
294	3544	344	9040	394	4549	444	0072	494	5608	544	1158
295	3454	345	8950	395	4459	445	298 9983	495	5519	545	1069
296	3363	346	8860	396	4369	446	9893	496	5430	546	0980
297	3273	347	8770	397	4280	447	9804	497	5341	547	0891
298	3183	348	8680	398	4190	448	9714	498	5252	548	0802
299	3093	349	8590	399	4100	449	9625	499	5163	549	0713
300	3003	350	8500	400	4011	450	9536	500	5074	550	0625
33 301	300 2912	33 351	299 8410	33 401	299 3921	33 451	298 9446	33 501	298 4984		
302	2822	352	8320	402	3831	452	9357	502	4895		
303	2732	353	8230	403	3742	453	9268	503	4806		
304	2642	354	8140	404	3652	454	9178	504	4717		
305	2552	355	8050	405	3563	455	9089	505	4628		
306	2464	356	7960	406	3473	456	9000	506	4539		
307	2374	357	7870	407	3383	457	8910	507	4450		
308	2284	358	7780	408	3294	458	8821	508	4361		
309	2194	359	7690	409	3204	459	8732	509	4272		
310	2104	360	7601	410	3115	460	8643	510	4183		
33 311	300 2010	33 361	299 7511	33 411	299 3025	33 461	298 8553	33 511	298 4094		
312	1920	362	7421	412	2936	462	8464	512	4005		
313	1830	363	7331	413	2846	463	8375	513	3916		
314	1740	364	7241	414	2757	464	8285	514	3827		
315	1650	365	7152	415	2667	465	8196	515	3738		
316	1560	366	7062	416	2578	466	8107	516	3649		
317	1470	367	6972	417	2488	467	8017	517	3560		
318	1380	368	6882	418	2399	468	7928	518	3471		
319	1290	369	6792	419	2309	469	7839	519	3382		
320	1200	370	6703	420	2220	470	7750	520	3293		
33 321	300 1110	33 371	299 6613	33 421	299 2130	33 471	298 7660	33 521	298 3204		
322	1020	372	6523	422	2041	472	7571	522	3115		
323	0930	373	6433	423	1951	473	7482	523	3026		
324	0840	374	6343	424	1862	474	7392	524	2937		
325	0750	375	6254	425	1772	475	7303	525	2848		
326	0660	376	6164	426	1683	476	7214	526	2759		
327	0570	377	6074	427	1593	477	7124	527	2670		
328	0480	378	5984	428	1504	478	7035	528	2581		
329	0390	379	5894	429	1414	479	6946	529	2492		
330	0300	380	5805	430	1325	480	6857	530	2403		
33 331	300 0210	33 381	299 5715	33 431	299 1235	33 481	298 6767	33 531	298 2314		
332	0120	382	5625	432	1146	482	6678	532	2225		
333	0030	383	5535	433	1056	483	6589	533	2136		
334	299 9940	384	5446	434	0967	484	6500	534	2047		
335	9850	385	5356	435	0877	485	6411	535	1958		
336	9760	386	5266	436	0788	486	6321	536	1869		
337	9670	387	5177	437	0698	487	6232	537	1780		
338	9580	388	5087	438	0609	488	6143	538	1691		
339	9490	389	4997	439	0519	489	6054	539	1602		
340	9400	390	4908	440	0430	490	5965	540	1544		

DIFF.

	91	90
0 01	1	1
0 02	2	2
0 03	3	3
0 04	4	4
0 05	5	5
0 06	5	5
0 07	6	6
0 08	7	7
0 09	8	8
0 10	9	9
0 20	18	18
0 30	27	27
0 40	36	36
0 50	46	45
0 60	55	54
0 70	64	63
0 80	73	72
0 90	82	81
1 00	91	90

	89	88
0 01	1	1
0 02	2	2
0 03	3	3
0 04	4	4
0 05	4	4
0 06	5	5
0 07	6	6
0 08	7	7
0 09	8	8
0 10	9	9
0 20	18	18
0 30	27	26
0 40	36	35
0 50	45	44
0 60	53	53
0 70	62	62
0 80	71	70
0 90	80	79
1 00	89	88

DIVISEURS : **33551 A 33810.**

DIVISEUR	Nombre à multiplier par le dividende	DIVISEUR	Nombre à multiplier par le dividende	DIVISEUR	Nombre à multiplier par le dividende	DIVISEUR	Nombre à multiplier par le dividende	DIVISEUR	Nombre à multiplier par le dividende	DIVISEUR	Nombre à multiplier par le dividende
33 551	298 0536	33 601	297 6101	33 651	297 1679	33 701	296 7270	33 751	296 2875	33 801	295 8491
552	0447	602	6072	652	1591	702	7182	752	2787	802	8404
553	0358	603	5924	653	1503	703	7094	753	2699	803	8316
554	0269	604	5835	654	1414	704	7006	754	2611	804	8229
555	0181	605	5747	655	1326	705	6918	755	2524	805	8141
556	0092	606	5658	656	1238	706	6830	756	2436	806	8054
557	0003	607	5569	657	1149	707	6742	757	2348	807	7966
558	297 9914	608	5481	658	1061	708	6654	758	2260	808	7879
559	9825	609	5392	659	0973	709	6566	759	2172	809	7791
560	9737	610	5304	660	0885	710	6478	760	2085	810	7704
33 561	297 9648	33 611	297 5215	33 661	297 0796	33 711	296 6390	33 761	296 1997		
562	9559	612	5127	662	0708	712	6302	762	1909		
563	9470	613	5038	663	0620	713	6214	763	1821		
564	9382	614	4950	664	0531	714	6126	764	1734		
565	9293	615	4861	665	0443	715	6038	765	1646		
566	9204	616	4773	666	0355	716	5950	766	1558		
567	9116	617	4684	667	0266	717	5862	767	1471		
568	9027	618	4596	668	0178	718	5774	768	1383		
569	8938	619	4507	669	0090	719	5686	769	1295		
570	8850	620	4419	670	0002	720	5598	770	1208		
33 571	297 8761	33 621	297 4330	33 671	296 9913	33 721	296 5510	33 771	296 1120		
572	8672	622	4242	672	9825	722	5422	772	1032		
573	8583	623	4153	673	9737	723	5334	773	0944		
574	8495	624	4065	674	9649	724	5246	774	0857		
575	8406	625	3977	675	9561	725	5158	775	0769		
576	8317	626	3888	676	9473	726	5070	776	0681		
577	8229	627	3800	677	9385	727	4982	777	0594		
578	8140	628	3711	678	9297	728	4894	778	0506		
579	8051	629	3623	679	9209	729	4806	779	0418		
580	7963	630	3535	680	9121	730	4719	780	0331		
33 581	297 7874	33 631	297 3446	33 681	296 9032	33 731	296 4631	33 781	296 0243		
582	7785	632	3358	682	8944	732	4543	782	0155		
583	7696	633	3269	683	8856	733	4455	783	0068		
584	7608	634	3181	684	8768	734	4367	784	295 9980		
585	7519	635	3093	685	8680	735	4280	785	9893		
586	7430	636	3004	686	8591	736	4192	786	9805		
587	7342	637	2916	687	8503	737	4104	787	9717		
588	7253	638	2827	688	8415	738	4016	788	9630		
589	7164	639	2739	689	8327	739	3928	789	9542		
590	7076	640	2651	690	8239	740	3841	790	9455		
33 591	297 6987	33 641	297 2562	33 691	296 8151	33 741	296 3753	33 791	295 9367		
592	6898	642	2474	692	8063	742	3665	792	9279		
593	6810	643	2386	693	7975	743	3577	793	9192		
594	6721	644	2297	694	7887	744	3489	794	9104		
595	6633	645	2209	695	7799	745	3402	795	9017		
596	6544	646	2121	696	7711	746	3314	796	8929		
597	6455	647	2032	697	7623	747	3226	797	8841		
598	6367	648	1944	698	7535	748	3138	798	8754		
599	6278	649	1856	699	7447	749	3050	799	8666		
600	6190	650	1768	700	7359	750	2963	800	8579		

DIFF

	89	88
0 01	1	1
0 02	2	2
0 03	3	3
0 04	4	4
0 05	4	4
0 06	5	5
0 07	6	6
0 08	7	7
0 09	8	8
0 10	9	9
0 20	18	18
0 30	27	26
0 40	36	35
0 50	45	44
0 60	53	53
0 70	62	62
0 80	71	70
0 90	80	79
1 00	89	88

	87
0 01	1
0 02	2
0 03	3
0 04	3
0 05	4
0 06	5
0 07	6
0 08	7
0 09	8
0 10	9
0 20	17
0 30	26
0 40	35
0 50	44
0 60	52
0 70	61
0 80	70
0 90	78
1 00	87

DIVISEURS : 33811 A 34070.

DIVISEUR	Nombre à multiplier par le dividende	DIVISEUR	Nombre à multiplier par le dividende	DIVISEUR	Nombre à multiplier par le dividende	DIVISEUR	Nombre à multiplier par le dividende	DIVISEUR	Nombre à multiplier par le dividende	DIVISEUR	Nombre à multiplier par le dividende
33 811	295 7616	33 861	295 3249	33 911	294 8895	33 961	294 4553	34 011	294 0224	34 061	293 5908
812	7529	862	3162	912	8808	962	4466	012	0138	062	5822
813	7444	863	3075	913	8721	963	4379	013	0051	063	5736
814	7354	864	2988	914	8634	964	4293	014	293 9965	064	5650
815	7267	865	2901	915	8547	965	4206	015	9879	065	5564
816	7179	866	2813	916	8460	966	4119	016	9792	066	5477
817	7092	867	2726	917	8373	967	4033	017	9706	067	5391
818	7004	868	2639	918	8286	968	3946	018	9619	068	5305
819	6947	869	2552	919	8199	969	3859	019	9533	069	5219
820	6830	870	2465	920	8113	970	3773	020	9447	070	5133
33 821	295 6742	33 871	295 2377	33 921	294 8026	33 971	294 3686	34 021	293 9360		
822	6655	872	2290	922	7939	972	3599	022	9274		
823	6567	873	2203	923	7852	973	3513	023	9187		
824	6480	874	2116	924	7765	974	3426	024	9101		
825	6393	875	2029	925	7678	975	3340	025	9015		
826	6305	876	1941	926	7591	976	3253	026	8928		
827	6218	877	1854	927	7504	977	3166	027	8842		
828	6130	878	1767	928	7417	978	3080	028	8755		
829	6043	879	1680	929	7330	979	2993	029	8669		
830	5956	880	1593	930	7244	980	2907	030	8583		
33 831	295 5868	33 881	295 1505	33 931	294 7157	33 981	294 2820	34 031	293 8496		
832	5781	882	1418	932	7070	982	2733	032	8410		
833	5693	883	1331	933	6983	983	2647	033	8324		
834	5606	884	1244	934	6896	984	2560	034	8237		
835	5519	885	1157	935	6809	985	2474	035	8151		
836	5431	886	1070	936	6723	986	2387	036	8065		
837	5344	887	0983	937	6636	987	2300	037	7978		
838	5256	888	0896	938	6549	988	2214	038	7892		
839	5169	889	0809	939	6462	989	2127	039	7806		
840	5082	890	0722	940	6376	990	2041	040	7720		
33 841	295 4994	33 891	295 0635	33 941	294 6289	33 991	294 1954	34 041	293 7633		
842	4907	892	0548	942	6202	992	1868	042	7547		
843	4820	893	0461	943	6115	993	1781	043	7461		
844	4732	894	0374	944	6028	994	1695	044	7374		
845	4645	895	0287	945	5942	995	1608	045	7288		
846	4558	896	0200	946	5855	996	1522	046	7202		
847	4470	897	0113	947	5768	997	1435	047	7115		
848	4383	898	0026	948	5681	998	1349	048	7029		
849	4296	899	294 9939	949	5594	999	1262	049	6943		
850	4209	900	9852	950	5508	34 000	1176	050	6857		
33 851	295 4121	33 901	294 9765	33 951	294 5421	34 001	294 1089	34 051	293 6770		
852	4034	902	9678	952	5334	002	1003	052	6684		
853	3947	903	9591	953	5247	003	0916	053	6598		
854	3860	904	9504	954	5160	004	0830	054	6512		
855	3773	905	9417	955	5074	005	0743	055	6426		
856	3685	906	9330	956	4987	006	0657	056	6339		
857	3598	907	9243	957	4900	007	0570	057	6253		
858	3511	908	9156	958	4813	008	0484	058	6167		
859	3424	909	9069	959	4726	009	0397	059	6081		
860	3337	910	8982	960	4640	010	0311	060	5995		

DIFF.

	88	87
0 01	1	1
0 02	2	2
0 03	3	3
0 04	4	3
0 05	4	4
0 06	5	5
0 07	6	6
0 08	7	7
0 09	8	8
0 10	9	9
0 20	18	17
0 30	26	26
0 40	35	35
0 50	44	44
0 60	53	52
0 70	62	61
0 80	70	70
0 90	79	78
1 00	88	87

	86
0 01	1
0 02	2
0 03	3
0 04	3
0 05	4
0 06	5
0 07	6
0 08	7
0 09	8
0 10	9
0 20	17
0 30	26
0 40	34
0 50	43
0 60	52
0 70	60
0 80	69
0 90	77
1 00	86

DIVISEURS : 34071 A 34330.

DIVISEUR	Nombre à multiplier par le dividende	DIVISEUR	Nombre à multiplier par le dividende	DIVISEUR	Nombre à multiplier par le dividende	DIVISEUR	Nombre à multiplier par le dividende	DIVISEUR	Nombre à multiplier par le dividende	DIVISEUR	Nombre à multiplier par le dividende
34 071	293 5046	34 121	293 0746	34 171	292 6457	34 221	292 2181	34 271	291 7948	34 321	291 3668
072	4960	122	0660	172	6371	222	2096	272	7833	322	3583
073	4874	123	0574	173	6286	223	2010	272	7748	323	3498
074	4788	124	0488	174	6200	224	1925	275	7663	324	3413
075	4702	125	0402	175	6115	225	1840	275	7378	325	3328
076	4616	126	0316	176	6029	226	1754	276	7492	326	3243
077	4530	127	0230	177	5943	227	1669	277	7407	327	3158
078	4444	128	0144	178	5858	228	1583	278	7322	328	3073
079	4358	129	0058	179	5772	229	1498	279	7237	329	2988
080	4272	130	292 9973	180	5687	230	1413	280	7152	330	2904
34 081	293 4185	34 131	292 9887	34 181	292 5601	34 231	292 1327	34 281	291 7066		
082	4099	132	9801	182	5515	232	1242	282	6984		
083	4013	133	9715	183	5430	233	1157	283	6896		
084	3927	134	9629	184	5344	234	1071	284	6811		
086	3841	135	9544	185	5259	235	0986	285	6726		
085	3755	136	9458	186	5173	236	0901	286	6641		
087	3669	137	9372	187	5087	237	0815	287	6556		
088	3583	138	9286	188	5002	238	0730	288	6471		
089	3497	139	9200	189	4916	239	0645	289	6386		
090	3411	140	9115	190	4831	240	0560	290	6301		
34 091	293 3325	34 141	292 9029	34 191	292 4745	34 241	292 0474	34 291	291 6216		
092	3239	142	8943	192	4660	242	0389	292	6131		
093	3153	143	8857	193	4574	243	0304	293	6046		
094	3067	144	8771	194	4489	244	0219	294	5961		
095	2981	145	8686	195	4403	245	0134	295	5876		
096	2895	146	8600	196	4318	246	0048	296	5791		
097	2809	147	8514	197	4232	247	291 9963	297	5706		
098	2723	148	8428	198	4147	248	9878	298	5621		
099	2637	149	8342	199	4061	249	9793	299	5536		
100	2551	150	8257	200	3976	250	9708	300	5451		
34 101	293 2465	34 151	292 8171	34 201	292 3890	34 251	291 9622	34 301	291 5366		
102	2379	152	8085	202	3805	252	9537	302	5281		
103	2293	153	7999	203	3719	253	9452	303	5196		
104	2207	154	7914	204	3634	254	9367	304	5111		
105	2121	155	7828	205	3548	255	9282	305	5026		
106	2035	156	7742	206	3463	256	9196	306	4941		
107	1949	157	7657	207	3377	257	9111	307	4856		
108	1863	158	7571	208	3292	258	9026	308	4771		
109	1777	159	7485	209	3206	259	8941	309	4686		
110	1691	160	7400	210	3121	260	8856	310	4602		
34 111	293 1605	34 161	292 7314	34 211	292 3035	34 261	291 8770	34 311	291 4517		
112	1519	162	7228	212	2950	262	8685	312	4432		
113	1433	163	7142	213	2864	263	8600	313	4347		
114	1347	164	7057	214	2779	264	8515	314	4262		
115	1261	165	6971	215	2694	265	8430	315	4177		
116	1175	166	6885	216	2608	266	8344	316	4092		
117	1089	167	6800	217	2523	267	8259	317	4007		
118	1003	168	6714	218	2437	268	8174	318	3922		
119	0917	169	6628	219	2352	269	8089	319	3837		
120	0832	170	6543	220	2267	270	8004	320	3753		

DIFF.

	87	86
0 01	1	1
0 02	2	2
0 03	3	3
0 04	3	3
0 05	4	4
0 06	5	5
0 07	6	6
0 08	7	7
0 09	8	8
1 00	9	9
0 20	17	17
0 30	26	26
0 40	35	34
0 50	44	43
0 60	52	52
0 70	61	60
0 80	70	69
0 90	78	77
1 00	87	86

	85	84
0 01	1	1
0 02	2	2
0 03	3	3
0 04	3	3
0 05	4	4
0 06	5	5
0 07	6	6
0 08	7	7
0 09	8	8
0 10	9	8
0 20	17	17
0 30	26	25
0 40	34	34
0 50	43	42
0 60	51	50
0 70	60	59
0 80	68	67
0 90	77	76
1 00	85	84

DIVISEUR	Nombre à multiplier par le dividende	DIVISEUR	Nombre à multiplier par le dividende	DIVISEUR	Nombre à multiplier par le dividende	DIVISEUR	Nombre à multiplier par le dividende	DIVISEUR	Nombre à multiplier par le dividende	DIVISEUR	Nombre à multiplier par le dividende
34 331	291 2819	34 381	290 8583	34 431	290 4358	34 481	290 0147	34 531	289 5948	34 581	289 4760
332	2734	382	8498	432	4274	482	0063	532	5864	582	4676
333	2649	383	8414	433	4190	483	289 9979	533	5780	583	4593
334	2564	384	8329	434	4105	484	9895	534	5696	584	4509
335	2480	385	8245	435	4021	485	9811	535	5613	585	4426
336	2395	386	8160	436	3937	486	9727	536	5529	586	4342
337	2310	387	8075	437	3852	487	9643	537	5445	587	4258
338	2225	388	7991	438	3768	488	9559	538	5361	588	4175
339	2140	389	7906	439	3684	489	9475	539	5277	589	4091
340	2056	390	7822	440	3600	490	9391	540	5194	590	4008
34 341	291 1971	34 391	290 7737	34 441	290 3515	34 491	289 9306	34 541	289 5110		
342	1886	392	7652	442	3434	492	9222	542	5026		
343	1801	393	7568	443	3347	493	9138	543	4942		
344	1716	394	7483	444	3262	494	9054	544	4858		
345	1632	395	7399	445	3178	495	8970	545	4775		
346	1547	396	7314	446	3094	496	8886	546	4691		
347	1462	397	7229	447	3009	497	8802	547	4607		
348	1377	398	7145	448	2925	498	8718	548	4523		
349	1292	399	7060	449	2841	499	8634	549	4439		
350	1208	400	6976	450	2757	500	8550	550	4356		
34 351	291 1123	34 401	290 6891	34 451	290 2672	34 501	289 8466	34 551	289 4272		
352	1038	402	6807	452	2588	502	8382	552	4188		
353	0953	403	6722	453	2504	503	8298	553	4104		
354	0869	404	6638	454	2420	504	8214	554	4020		
355	0784	405	6553	455	2336	505	8130	555	3937		
356	0699	406	6469	456	2251	506	8046	556	3853		
357	0615	407	6384	457	2167	507	7962	557	3769		
358	0530	408	6300	458	2083	508	7878	558	3685		
359	0445	409	6215	459	1999	509	7794	559	3601		
360	0361	410	6131	460	1915	510	7710	560	3518		
34 361	291 0276	34 411	290 6046	34 461	290 1830	34 511	289 7626	34 561	289 3434		
362	0191	412	5962	462	1746	512	7542	562	3350		
363	0106	413	5877	463	1662	513	7458	563	3266		
364	0022	414	5793	464	1578	514	7374	564	3183		
365	290 9937	415	5709	465	1494	515	7290	565	3099		
366	9852	416	5624	466	1409	516	7206	566	3015		
367	9768	417	5540	467	1325	517	7122	567	2932		
368	9683	418	5455	468	1241	518	7038	568	2848		
369	9598	419	5371	469	1157	519	6954	569	2764		
370	9514	420	5287	470	1073	520	6871	570	2681		
34 371	290 9429	34 421	290 5202	34 471	290 0988	34 521	289 6787	34 571	289 2597		
372	9344	422	5118	472	0904	522	6703	572	2513		
373	9260	423	5033	473	0820	523	6619	573	2429		
374	9175	424	4949	474	0736	524	6535	574	2346		
375	9091	425	4865	475	0652	525	6451	575	2262		
376	9006	426	4780	476	0568	526	6367	576	2178		
377	8921	427	4696	477	0484	527	6283	577	2095		
378	8837	428	4611	478	0400	528	6199	578	2011		
379	8752	429	4527	479	0316	529	6115	579	1927		
380	8668	430	4443	480	0232	530	6032	580	1844		

Diff.

	85	84
0 01	1	1
0 02	2	2
0 03	3	3
0 04	3	4
0 05	4	4
0 06	5	5
0 07	6	6
0 08	7	7
0 09	8	8
0 10	9	8
0 20	17	17
0 30	26	25
0 40	34	34
0 50	43	42
0 60	51	50
0 70	60	59
0 80	68	67
0 90	77	76
1 00	85	84

	83
0 01	1
0 02	2
0 03	2
0 04	3
0 05	4
0 06	5
0 07	6
0 08	7
0 09	7
0 10	8
0 20	17
0 30	25
0 40	33
0 50	42
0 60	50
0 70	58
0 80	66
0 90	75
1 00	83

DIVISEURS : 34591 A 34350.

DIVISEUR	Nombre à multiplier par le dividende	DIVISEUR	Nombre à multiplier par le dividende	DIVISEUR	Nombre à multiplier par le dividende	DIVISEUR	Nombre à multiplier par le dividende	DIVISEUR	Nombre à multiplier par le dividende	DIVISEUR	Nombre à multiplier par le dividende
34 591	289 0924	34 641	288 6752	34 691	288 2591	34 741	287 8443	34 791	287 4306	34 841	287 0180
592	0841	642	6669	692	2508	742	8360	792	4223	842	0098
593	0757	643	6586	693	2425	743	8277	793	4141	843	0016
594	0674	644	6502	694	2342	744	8194	794	4058	844	286 9933
595	0590	645	6419	695	2259	745	8111	795	3976	845	9851
596	0507	646	6336	696	2176	746	8028	796	3893	846	9769
597	0423	647	6252	697	2093	747	7945	797	3810	847	9686
598	0340	648	6169	698	2010	748	7862	798	3728	848	9604
599	0256	649	6086	699	1927	749	7779	799	3645	849	9522
600	0173	650	6003	700	1844	750	7697	800	3563	850	9440
34 601	289 0089	34 651	288 5919	34 701	288 1761	34 751	287 7614	34 801	287 3480		
602	0006	652	5836	702	1678	752	7531	802	3397		
603	288 9922	653	5753	703	1595	753	7448	803	3315		
604	9839	654	5669	704	1512	754	7365	804	3232		
605	9755	655	5586	705	1429	755	7283	805	3150		
606	9672	656	5503	706	1346	756	7200	806	3067		
607	9588	657	5419	707	1263	757	7117	807	2984		
608	9505	658	5336	708	1180	758	7034	808	2902		
609	9421	659	5253	709	1097	759	6951	809	2819		
610	9338	660	5170	710	1014	760	6869	810	2737		
34 611	288 9254	34 661	288 5086	34 711	288 0931	34 761	287 6786	34 811	287 2654		
612	9171	662	5003	712	0848	762	6703	812	2572		
613	9087	663	4920	713	0765	763	6620	813	2489		
614	9004	664	4837	714	0682	764	6538	814	2407		
615	8920	665	4754	715	0599	765	6455	815	2324		
616	8837	666	4670	716	0516	766	6372	816	2242		
617	8753	667	4587	717	0433	767	6290	817	2159		
618	8670	668	4504	718	0350	768	6207	818	2077		
619	8586	669	4421	719	0267	769	6124	819	1994		
620	8503	670	4338	720	0184	770	6042	820	1912		
34 621	288 8419	34 671	288 4254	34 721	288 0101	34 771	287 5959	34 821	287 1829		
622	8336	672	4171	722	0018	772	5876	822	1747		
623	8252	673	4088	723	287 9935	773	5793	823	1664		
624	8169	674	4005	724	9852	774	5711	824	1582		
625	8086	675	3922	725	9769	775	5628	825	1499		
626	8002	676	3838	726	9686	776	5545	826	1417		
627	7919	677	3755	727	9603	777	5463	827	1334		
628	7835	678	3672	728	9520	778	5380	828	1252		
629	7752	679	3589	729	9437	779	5297	829	1169		
630	7669	680	3506	730	9355	780	5215	830	1087		
34 631	288 7585	34 681	288 3422	34 731	287 9272	34 781	287 5132	34 831	287 1004		
632	7502	682	3339	732	9189	782	5049	832	0922		
633	7419	683	3256	733	9106	783	4967	833	0839		
634	7335	684	3173	734	9023	784	4884	834	0757		
635	7252	685	3090	735	8940	785	4802	835	0675		
636	7169	686	3007	736	8857	786	4719	836	0592		
637	7085	687	2924	737	8774	787	4636	837	0510		
638	7002	688	2841	738	8691	788	4554	838	0427		
639	6919	689	2758	739	8608	789	4471	839	0345		
640	6836	690	2675	740	8526	790	4389	840	0263		

DIFF.

	84	83
0 01	1	1
0 02	2	2
0 03	3	2
0 04	3	3
0 05	4	4
0 06	5	5
0 07	6	6
0 08	7	7
0 09	8	7
0 10	8	8
0 20	17	17
0 30	25	25
0 40	34	33
0 50	42	42
0 60	50	50
0 70	59	58
0 80	67	66
0 90	76	75
1 00	84	83

	82
0 01	1
0 02	2
0 03	2
0 04	3
0 05	4
0 06	5
0 07	6
0 08	7
0 09	7
0 10	8
0 20	16
0 30	25
0 40	33
0 50	41
0 60	49
0 70	57
0 80	66
0 90	74
1 00	82

DIVISEUR	Nombre à multiplier par le dividende	DIVISEUR	Nombre à multiplier par le dividende	DIVISEUR	Nombre à multiplier par le dividende	DIVISEUR	Nombre à multiplier par le dividende	DIVISEUR	Nombre à multiplier par le dividende	DIVISEUR	Nombre à multiplier par le dividende
34 851	286 9357	34 901	286 5246	34 951	286 1148	35 001	285 7060	35 051	285 2985	35 101	284 8920
852	9275	902	5164	952	1066	002	6978	052	2904	102	8839
853	9193	903	5082	953	0984	003	6897	053	2822	103	8758
854	9110	904	5000	954	0902	004	6815	054	2741	104	8677
855	9028	905	4918	955	0820	005	6734	055	2660	105	8596
856	8946	906	4836	956	0738	006	6652	056	2578	106	8514
857	8863	907	4754	957	0656	007	6570	057	2497	107	8433
858	8781	908	4672	958	0574	008	6489	058	2415	108	8352
859	8699	909	4590	959	0492	009	6407	059	2334	109	8271
860	8617	910	4508	960	0411	010	6326	060	2253	110	8190
34 861	286 8534	34 911	286 4426	34 961	286 0329	35 011	285 6244	35 061	285 2171	35 111	284 8109
862	8452	912	4344	962	0247	012	6163	062	2090	112	8028
863	8370	913	4262	963	0165	013	6081	063	2008	113	7947
864	8287	914	4180	964	0083	014	6000	064	1927	114	7866
865	8205	915	4098	965	0002	015	5918	065	1846	115	7785
866	8123	916	4016	966	285 9920	016	5837	066	1764	116	7704
867	8040	917	3934	967	9838	017	5755	067	1683	117	7623
868	7958	918	3852	968	9756	018	5674	068	1601	118	7542
869	7876	919	3770	969	9674	019	5592	069	1520	119	7461
870	7794	920	3688	970	9593	020	5511	070	1439	120	7380
34 871	286 7711	34 921	286 3606	34 971	285 9511	35 021	285 5429	35 071	285 1357	35 121	284 7298
872	7629	922	3524	972	9429	022	5347	072	1276	122	7217
873	7547	923	3442	973	9347	023	5266	073	1195	123	7136
874	7465	924	3360	974	9266	024	5184	074	1114	124	7055
875	7383	925	3278	975	9184	025	5103	075	1033	125	6974
876	7300	926	3196	976	9102	026	5021	076	0954	126	6893
877	7218	927	3114	977	9021	027	4939	077	0870	127	6812
878	7136	928	3032	978	8939	028	4858	078	0789	128	6731
879	7054	929	2950	979	8857	029	4776	079	0708	129	6650
880	6972	930	2868	980	8776	030	4695	080	0627	130	6569
34 881	286 6889	34 931	286 2786	34 981	285 8694	35 031	285 4613	35 081	285 0545		
882	6807	932	2704	982	8612	032	4532	082	0464		
883	6725	933	2622	983	8530	033	4450	083	0383		
884	6643	934	2540	984	8449	034	4369	084	0301		
885	6561	935	2458	985	8367	035	4288	085	0220		
886	6478	936	2376	986	8285	036	4206	086	0139		
887	6396	937	2294	987	8204	037	4125	087	0057		
888	6314	938	2212	988	8122	038	4043	088	284 9976		
889	6232	939	2130	989	8040	039	3962	089	9895		
890	6150	940	2049	990	7959	040	3881	090	9814		
34 891	286 6067	34 941	286 1967	34 991	285 7877	35 041	285 3799	35 091	284 9732		
892	5985	942	1885	992	7795	042	3718	092	9651		
893	5903	943	1803	993	7713	043	3636	093	9570		
894	5821	944	1721	994	7632	044	3555	094	9489		
895	5739	945	1639	995	7550	045	3474	095	9408		
896	5657	946	1557	996	7468	046	3392	096	9326		
897	5575	947	1475	997	7387	047	3311	097	9245		
898	5493	948	1393	998	7305	048	3229	098	9164		
899	5411	949	1311	999	7223	049	3148	099	9083		
900	5329	950	1230	35 000	7142	050	3067	100	9002		

Diff.

	83	82	81
0 01	1	1	1
0 02	2	2	2
0 03	2	2	2
0 04	3	3	3
0 05	4	4	4
0 06	5	5	5
0 07	6	6	6
0 08	7	7	7
0 09	7	7	7
0 10	8	8	8
0 20	17	16	16
0 30	25	25	24
0 40	33	33	32
0 50	42	41	41
0 60	50	49	49
0 70	58	57	57
0 80	66	06	65
0 90	75	74	73
1 00	83	82	81

DIVISEURS : 35131 A 35410.

DIVISEUR	Nombre à multiplier par le dividende	DIVISEUR	Nombre à multiplier par le dividende	DIVISEUR	Nombre à multiplier par le dividende	DIVISEUR	Nombre à multiplier par le dividende	DIVISEUR	Nombre à multiplier par le dividende	DIVISEUR	Nombre à multiplier par le dividende
35 131	284 6488	35 181	284 2443	35 231	283 8408	35 281	283 4386	35 331	283 0374	35 381	282 6375
132	6407	182	2362	232	8328	282	4306	332	0294	382	6295
133	6326	183	2281	233	8247	283	4225	333	0214	383	6215
134	6245	184	2200	234	8167	284	4145	334	0134	384	6135
135	6164	185	2120	235	8086	285	4065	335	0054	385	6055
136	6083	186	2039	236	8006	286	3984	336	282 9974	386	5975
137	6002	187	1958	237	7925	287	3904	337	9894	387	5895
138	5921	188	1877	238	7845	288	3823	338	9814	388	5815
139	5840	189	1796	239	7764	289	3743	339	9734	389	5735
140	5759	190	1716	240	7684	290	3663	340	9654	390	5656
35 141	284 5678	35 191	284 1635	35 241	283 7603	35 291	283 3582	35 341	282 9574	35 391	282 5576
142	5597	192	1554	242	7523	292	3502	342	9494	392	5496
143	5516	193	1473	243	7442	293	3422	343	9414	393	5416
144	5435	194	1393	244	7362	294	3342	344	9334	394	5336
145	5354	195	1312	245	7281	295	3262	345	9254	395	5257
146	5273	196	1231	246	7201	296	3181	346	9174	396	5177
147	5192	197	1151	247	7120	297	3101	347	9094	397	5097
148	5111	198	1070	248	7040	298	3021	348	9014	398	5017
149	5030	199	0989	249	6959	299	2941	349	8934	399	4937
150	4950	200	0909	250	6879	300	2861	350	8854	400	4858
35 151	284 4869	35 201	284 0828	35 251	283 6798	35 301	283 2780	35 351	282 8774	35 401	282 4778
152	4788	202	0747	252	6718	302	2700	352	8694	402	4698
153	4707	203	0666	253	6637	303	2620	353	8614	403	4618
154	4626	204	0586	254	6557	304	2539	354	8534	404	4538
155	4545	205	0505	255	6476	305	2459	355	8454	405	4459
156	4464	206	0424	256	6396	306	2379	356	8374	406	4379
157	4383	207	0344	257	6315	307	2298	357	8294	407	4299
158	4302	208	0263	258	6235	308	2218	358	8214	408	4219
159	4221	209	0182	259	6154	309	2138	359	8134	409	4139
160	4141	210	0102	260	6074	310	2058	360	8054	410	4060
35 161	284 4060	35 211	284 0021	35 261	283 5993	35 311	283 1977	35 361	282 7974		
162	3979	212	283 9940	262	5943	312	1897	362	7894		
163	3898	213	9859	263	5832	313	1817	363	7814		
164	3817	214	9779	264	5752	314	1737	364	7734		
165	3736	215	9698	265	5672	315	1657	365	7654		
166	3655	216	9617	266	5591	316	1577	366	7574		
167	3574	217	9537	267	5511	317	1497	367	7494		
168	3493	218	9456	268	5430	318	1417	368	7414		
169	3412	219	9375	269	5350	319	1337	369	7334		
170	3332	220	9295	270	5270	320	1257	370	7254		
35 171	284 3251	35 221	283 9214	35 271	283 5189	35 321	283 1176	35 371	282 7174		
172	3170	222	9133	272	5109	322	1096	372	7094		
173	3089	223	9053	273	5029	323	1016	373	7014		
174	3008	224	8972	274	4948	324	0936	374	6934		
175	2928	225	8892	275	4868	325	0856	375	6854		
176	2847	226	8811	276	4788	326	0775	376	6774		
177	2766	227	8730	277	4707	327	0695	377	6694		
178	2685	228	8650	278	4627	328	0615	378	6614		
179	2604	229	8569	279	4547	329	0535	379	6534		
180	2524	230	8489	280	4467	330	0455	380	6455		

DIFF.

	81	80	79
0 01	1	1	1
0 02	2	2	2
0 03	2	2	2
0 04	3	3	3
0 05	4	4	4
0 06	5	5	5
0 07	6	6	6
0 08	6	6	6
0 09	7	7	7
0 10	8	8	8
0 20	16	16	16
0 30	24	24	24
0 40	32	32	32
0 50	41	40	40
0 60	49	48	47
0 70	57	56	55
0 80	65	64	63
0 90	73	72	71
1 00	81	80	79

Diviseurs : 35411 à 35690.

DIVISEUR	Nombre à multiplier par le dividende	DIVISEUR	Nombre à multiplier par le dividende	DIVISEUR	Nombre à multiplier par le dividende	DIVISEUR	Nombre à multiplier par le dividende	DIVISEUR	Nombre à multiplier par le dividende	DIVISEUR	Nombre à multiplier par le dividende
35 411	282 3980	35 461	281 9998	35 511	281 6028	35 561	284 2068	35 611	280 8420	35 661	280 4183
412	3900	462	9919	512	5949	562	1989	612	8041	662	4104
413	3820	463	9839	513	5870	563	1910	613	7962	663	4026
414	3741	464	9760	514	5790	564	1831	614	7883	664	3947
415	3661	465	9680	515	5711	565	1752	615	7805	665	3869
416	3581	466	9601	516	5632	566	1673	616	7726	666	3790
417	3502	467	9521	517	5552	567	1594	617	7647	667	3711
418	3422	468	9442	518	5473	568	1515	618	7568	668	3633
419	3342	469	9362	519	5394	569	1436	619	7489	669	3554
420	3263	470	9283	520	5315	570	1357	620	7411	670	3476
35 421	282 3183	35 471	281 9203	35 521	284 5235	35 571	281 1278	35 621	280 7332	35 671	280 3397
422	3103	472	9124	522	5156	572	1199	622	7253	672	3318
423	3023	473	9044	523	5077	573	1120	623	7174	673	3240
424	2944	474	8965	524	4997	574	1041	624	7095	674	3161
425	2864	475	8886	525	4918	575	0962	625	7017	675	3083
426	2784	476	8806	526	4839	576	0883	626	6938	676	3004
427	2705	477	8727	527	4759	577	0804	627	6859	677	2925
428	2625	478	8647	528	4680	578	0725	628	6780	678	2847
429	2545	479	8568	529	4601	579	0646	629	6701	679	2768
430	2466	480	8489	530	4522	580	0567	630	6623	680	2690
35 431	282 2386	35 481	281 8409	35 531	284 4442	25 581	284 0488	35 631	280 6544	35 681	280 2611
432	2306	482	8330	532	4363	582	0409	632	6465	682	2533
433	2227	483	8250	533	4284	583	0330	633	6386	683	2454
434	2147	484	8171	534	4205	584	0251	634	6308	684	2376
435	2068	485	8092	535	4126	585	0472	635	6229	685	2297
436	1988	486	8012	536	4047	586	0093	636	6150	686	2219
437	1908	487	7933	537	3968	587	0014	637	6072	687	2140
438	1829	488	7853	538	3889	588	280 9935	638	5993	688	2062
439	1749	489	7774	539	3810	589	9856	639	5914	689	1983
440	1670	490	7695	540	3731	590	9778	640	5836	690	1905
35 441	282 1590	35 491	284 7615	35 541	284 3651	35 591	280 9699	35 641	280 5757		DIFF.
442	1510	492	7536	542	3572	592	9620	642	5678		
443	1431	493	7456	543	3493	593	9541	643	5599		
444	1351	494	7377	544	3414	594	9462	644	5521		
445	1272	495	7298	545	3335	595	9383	645	5442		
446	1192	496	7218	546	3255	596	9304	646	5363		
447	1112	497	7139	547	3176	597	9225	647	5285		
448	1033	498	7059	548	3097	598	9146	648	5206		
449	0953	499	6980	549	3018	599	9067	649	5127		
450	0874	500	6901	550	2939	600	8988	650	5049		
35 451	282 0794	35 501	284 6821	35 551	284 2859	35 601	280 8909	35 651	280 4970		
452	0714	502	6742	552	2780	602	8830	652	4891		
453	0635	503	6663	553	2701	603	8751	653	4812		
454	0555	504	6583	554	2622	604	8672	654	4734		
455	0476	505	6504	555	2543	605	8593	655	4655		
456	0396	506	6425	556	2463	606	8514	656	4576		
457	0316	507	6345	557	2384	607	8435	657	4498		
458	0237	508	6266	558	2305	608	8356	658	4419		
459	0157	509	6187	559	2226	609	8277	659	4340		
460	0078	510	6108	560	2147	610	8199	660	4262		

DIFF.

	80	79	78
0 01	1	1	1
0 02	2	2	2
0 03	2	2	2
0 04	3	3	3
0 05	4	4	4
0 06	5	5	5
0 07	6	6	5
0 08	6	6	6
0 09	7	7	7
0 10	8	8	8
0 20	16	16	16
0 30	24	24	23
0 40	32	32	31
0 50	40	40	39
0 60	48	47	47
0 70	56	55	55
0 80	64	63	62
0 90	72	71	70
1 00	80	79	78

DIVISEURS : 35691 A 35970.

DIVISEUR	Nombre à multiplier par le dividende	DIVISEUR	Nombre à multiplier par le dividende	DIVISEUR	Nombre à multiplier par le dividende	DIVISEUR	Nombre à multiplier par le dividende	DIVISEUR	Nombre à multiplier par le dividende	DIVISEUR	Nombre à multiplier par le dividende
35 691	280 1826	35 741	279 7906	35 791	279 3998	35 841	279 0100	35 891	278 6213	35 941	278 2337
692	1748	742	7828	792	3920	842	0022	892	6135	942	2260
693	1669	743	7750	793	3842	843	278 9944	893	6058	943	2182
694	1591	744	7671	794	3764	844	9866	894	5980	944	2105
695	1512	745	7593	795	3686	845	9789	895	5903	945	2028
696	1434	746	7515	796	3608	846	9711	896	5825	946	1950
697	1355	747	7436	797	3530	847	9633	897	5747	947	1873
698	1277	748	7358	798	3452	848	9555	898	5670	948	1795
699	1198	749	7280	799	3374	849	9477	899	5592	949	1718
700	1120	750	7202	800	3296	850	9400	900	5515	950	1641
35 701	280 1044	35 751	279 7123	35 801	279 3218	35 851	278 9322	35 901	278 5437	35 951	278 1563
702	0963	752	7045	802	3140	852	9244	902	5359	952	1486
703	0884	753	6967	803	3062	853	9166	903	5282	953	1408
704	0806	754	6889	804	2984	854	9088	904	5204	954	1331
705	0728	755	6811	805	2906	855	9011	905	5127	955	1254
706	0649	756	6732	806	2828	856	8933	906	5049	956	1176
707	0571	757	6654	807	2750	857	8855	907	4971	957	1099
708	0492	758	6576	808	2672	858	8777	908	4894	958	1021
709	0414	759	6498	809	2594	859	8699	909	4816	959	0944
710	0336	760	6420	810	2516	860	8622	910	4739	960	0867
35 711	280 0257	35 761	279 6341	35 811	279 2438	35 861	278 8544	35 911	278 4661	35 961	278 0789
712	0179	762	6263	812	2360	862	8466	912	4584	962	0712
713	0100	763	6185	813	2282	863	8388	913	4506	963	0635
714	0022	764	6107	814	2204	864	8310	914	4429	964	0557
715	279 9944	765	6029	815	2126	865	8233	915	4351	965	0480
716	9865	766	5950	816	2048	866	8155	916	4274	966	0403
717	9787	767	5872	817	1970	867	8077	917	4196	967	0325
718	9708	768	5794	818	1892	868	7999	918	4119	968	0248
719	9630	769	5716	819	1814	869	7921	919	4041	969	0171
720	9552	770	5638	820	1736	870	7844	920	3964	970	0094
35 721	279 9473	35 771	279 5559	35 821	279 1658	35 871	278 7766	35 921	278 3886		
722	9395	772	5481	822	1580	872	7688	922	3809		
723	9316	773	5403	823	1502	873	7610	923	3731		
724	9238	774	5325	824	1424	874	7533	924	3654		
725	9160	775	5247	825	1346	875	7455	925	3576		
726	9081	776	5169	826	1268	876	7377	926	3499		
727	9003	777	5091	827	1190	877	7300	927	3421		
728	8924	778	5013	828	1112	878	7222	928	3344		
729	8846	779	4935	829	1034	879	7144	929	3266		
730	8768	780	4857	830	0957	880	7067	930	3189		
35 731	279 8689	34 781	279 4778	35 831	279 0879	35 881	278 6989	35 931	278 3111		
732	8611	782	4700	832	0801	882	6911	932	3034		
733	8533	783	4622	833	0723	883	6834	933	2956		
734	8454	784	4544	834	0645	884	6756	934	2879		
735	8376	785	4466	835	0567	885	6679	935	2802		
736	8298	786	4388	836	0489	886	6601	936	2724		
737	8219	787	4310	837	0411	887	6523	937	2647		
738	8141	788	4232	838	0333	888	6446	938	2569		
739	8063	789	4154	839	0255	889	6368	939	2492		
740	7985	790	4076	840	0178	890	6291	940	2415		

DIFF.

	79	78	77
0 01	1	1	1
0 02	2	2	2
0 03	2	2	2
0 04	3	3	3
0 05	4	4	4
0 06	5	5	5
0 07	6	5	5
0 08	6	6	6
0 09	7	7	7
0 10	8	8	8
0 20	16	16	15
0 30	24	23	23
0 40	32	31	31
0 50	40	39	39
0 60	47	47	46
0 70	55	55	54
0 80	63	62	62
0 90	71	70	69
1 00	79	78	77

DIVISEURS : 35971 A 36250.

DIVISEUR	Nombre à multiplier par le dividende	DIVISEUR	Nombre à multiplier par le dividende	DIVISEUR	Nombre à multiplier par le dividende	DIVISEUR	Nombre à multiplier par le dividende	DIVISEUR	Nombre à multiplier par le dividende	DIVISEUR	Nombre à multiplier par le dividende
35 971	278 0016	36 021	277 6157	36 071	277 2310	36 121	276 8472	36 171	276 4645	36 221	276 0828
972	277 9939	022	6080	072	2233	122	8395	172	4569	222	0752
973	9862	023	6003	073	2156	123	8319	173	4492	223	0676
974	9784	024	5926	074	2079	124	8242	174	4416	224	0600
975	9707	025	5849	075	2002	125	8166	175	4340	225	0524
976	9630	026	5772	076	1925	126	8089	176	4263	226	0447
977	9552	027	5695	077	1848	127	8012	177	4187	227	0371
978	9475	028	5618	078	1771	128	7936	178	4110	228	0295
979	9398	029	5541	079	1694	129	7859	179	4034	229	0219
980	9321	030	5464	080	1618	130	7783	180	3958	230	0143
35 981	277 9243	36 031	277 5387	36 081	277 1541	36 131	276 7706	36 181	276 3881	36 231	276 0066
982	9166	032	5310	082	1464	132	7629	182	3805	232	275 9990
983	9089	033	5233	083	1387	133	7553	183	3728	233	9914
984	9012	034	5156	084	1310	134	7476	184	3652	234	9838
985	8935	035	5079	085	1234	135	7400	185	3576	235	9762
986	8857	036	5002	086	1157	136	7323	186	3499	236	9685
987	8780	037	4925	087	1080	137	7246	187	3423	237	9609
988	8703	038	4848	088	1003	138	7170	188	3346	238	9533
989	8626	039	4771	089	0926	139	7093	189	3270	239	9457
990	8549	040	4694	090	0850	140	7017	190	3194	240	9381
35 991	277 8471	36 041	277 4617	36 091	277 0773	36 141	276 6940	36 191	276 3117	36 241	275 9304
992	8394	042	4540	092	0696	142	6863	192	3041	242	9228
993	8317	043	4463	093	0619	143	6787	193	2964	243	9152
994	8240	044	4386	094	0543	144	6740	194	2888	244	9076
995	8163	045	4309	095	0466	145	6634	195	2812	245	9000
996	8085	046	4232	096	0389	146	6557	196	2735	246	8924
997	8008	047	4155	097	0313	147	6480	197	2659	247	8848
998	7931	048	4078	098	0236	148	6404	198	2582	248	8772
999	7854	049	4001	099	0159	149	6327	199	2506	249	8696
36 000	7777	050	3925	100	0083	150	6251	200	2430	250	8620
36 001	277 7699	36 051	277 3848	36 101	277 0006	36 151	276 6174	36 201	276 2353		
002	7622	052	3771	102	276 9929	152	6098	202	2277		
003	7545	053	3694	103	9852	153	6021	203	2204		
004	7468	054	3617	104	9775	154	5945	204	2125		
005	7391	055	3540	105	9699	155	5868	205	2049		
006	7314	056	3463	106	9622	156	5792	206	1972		
007	7237	057	3386	107	9545	157	5715	207	1896		
008	7160	058	3309	108	9468	158	5639	208	1820		
009	7083	059	3232	109	9391	159	5562	209	1744		
010	7006	060	3156	110	9315	160	5486	210	1668		
36 011	277 6928	36 061	277 3079	36 111	276 9238	36 161	276 5409	36 211	276 1591		
012	6851	062	3002	112	9161	162	5333	212	1545		
013	6774	063	2925	113	9085	163	5256	213	1439		
014	6697	064	2848	114	9008	164	5180	214	1362		
015	6620	065	2771	115	8932	165	5104	215	1286		
016	6543	066	2694	116	8855	166	5027	216	1210		
017	6466	067	2617	117	8778	167	4951	217	1133		
018	6389	068	2540	118	8702	168	4874	218	1057		
019	6312	069	2463	119	8625	169	4798	219	0981		
020	6235	070	2387	120	8549	170	4722	220	0905		

DIFF.

	78	77	76
0 01	1	1	1
0 02	2	2	2
0 03	2	2	2
0 04	3	3	3
0 05	4	4	4
0 06	5	5	5
0 07	5	5	5
0 08	6	6	6
0 09	7	7	7
0 10	8	8	8
0 20	16	15	15
0 30	23	23	23
0 40	31	31	30
0 50	39	39	38
0 60	47	46	46
0 70	55	54	54
0 80	62	62	61
0 90	70	69	68
1 00	78	77	76

DIVISEURS : **36251** A **36530**.

DIVISEUR	Nombre à multiplier par le dividende	DIVISEUR	Nombre à multiplier par le dividende	DIVISEUR	Nombre à multiplier par le dividende	DIVISEUR	Nombre à multiplier par le dividende	DIVISEUR	Nombre à multiplier par le dividende	DIVISEUR	Nombre à multiplier par le dividende	DIVISEUR	Nombre à multiplier par le dividende
36 251	275 8543	36 301	275 4744	36 351	275 0955	36 401	274 7176	36 451	274 3408	36 501	273 9650
252	8467	302	4668	352	0879	402	7101	452	3333	502	9575
253	8391	303	4592	353	0804	403	7025	453	3258	503	9500
254	8315	304	4516	354	0728	404	6950	454	3182	504	9425
255	8239	305	4441	355	0653	405	6875	455	3107	505	9350
256	8163	306	4365	356	0577	406	6799	456	3032	506	9275
257	8087	307	4289	357	0501	407	6724	457	2956	507	9200
258	8011	308	4213	358	0426	408	6648	458	2881	508	9125
259	7935	309	4137	359	0350	409	6573	459	2806	509	9050
260	7859	310	4062	360	0275	410	6498	460	2731	510	8975
36 261	275 7783	36 311	275 3986	36 361	275 0199	36 411	274 6422	36 461	274 2655	36 511	273 8900
262	7707	312	3910	362	0123	412	6347	462	2580	512	8825
263	7631	313	3834	363	0047	413	6271	463	2505	513	8750
264	7555	314	3758	364	274 9972	414	6196	464	2430	514	8675
265	7479	315	3683	365	9896	415	6121	465	2355	515	8600
266	7403	316	3607	366	9820	416	6045	466	2279	516	8525
267	7327	317	3531	367	9745	417	5970	467	2204	517	8450
268	7251	318	3455	368	9669	418	5894	468	2129	518	8375
269	7175	319	3379	369	9593	419	5819	469	2054	519	8300
270	7099	320	3304	370	9518	420	5744	470	1979	520	8225
36 271	275 7023	36 321	275 3228	36 371	274 9442	36 421	274 5668	36 471	274 1903	36 521	273 8150
272	6947	322	3152	372	9367	422	5593	472	1828	522	8075
273	6871	323	3076	373	9291	423	5517	473	1753	523	8000
274	6795	324	3000	374	9216	424	5442	474	1678	524	7925
275	6719	325	2925	375	9140	425	5367	475	1603	525	7850
276	6643	326	2849	376	9065	426	5291	476	1527	526	7775
277	6567	327	2773	377	8989	427	5216	477	1452	527	7700
278	6491	328	2697	378	8914	428	5140	478	1377	528	7625
279	6415	329	2621	379	8838	429	5065	479	1302	529	7550
280	6339	330	2546	380	8763	430	4990	480	1227	530	7476
36 281	275 6263	36 331	275 2470	36 381	274 8687	36 431	274 4914	36 481	274 1151		
282	6187	332	2394	382	8611	432	4839	482	1076		
283	6111	333	2318	383	8536	433	4764	483	1001		
284	6035	334	2242	384	8460	434	4688	484	0926		
285	5959	335	2167	385	8385	435	4613	485	0851		
286	5883	336	2091	386	8309	436	4538	486	0776		
287	5807	337	2015	387	8233	437	4462	487	0701		
288	5731	338	1939	388	8158	438	4387	488	0626		
289	5655	339	1863	389	8082	439	4312	489	0551		
290	5580	340	1788	390	8007	440	4237	490	0476		
36 291	275 5504	36 341	275 1712	36 391	274 7931	36 441	274 4161	36 491	274 0401		
292	5428	342	1636	392	7856	442	4086	492	0325		
293	5352	343	1560	393	7780	443	4011	493	0251		
294	5276	344	1485	394	7705	444	3935	494	0176		
295	5200	345	1409	395	7629	445	3860	495	0101		
296	5124	346	1333	396	7554	446	3785	496	0026		
297	5048	347	1258	397	7478	447	3709	497	273 9951		
298	4972	348	1182	398	7403	448	3634	498	9876		
299	4896	349	1106	399	7327	449	3559	499	9801		
300	4820	350	1031	400	7252	450	3484	500	9726		

DIFF.

	76	75	74
0 01	1	1	1
0 02	2	2	1
0 03	2	2	2
0 04	3	3	3
0 05	4	4	4
0 06	5	5	4
0 07	5	5	5
0 08	6	6	6
0 09	7	7	7
0 10	8	8	7
0 20	15	15	15
0 30	23	23	22
0 40	30	30	30
0 50	38	38	37
0 60	46	45	44
0 70	54	53	52
0 80	61	60	59
0 90	68	68	67
1 00	76	75	74

33

DIVISEURS : **36531** A **36810**.

DIVISEUR	Nombre à multiplier par le dividende	DIVISEUR	Nombre à multiplier par le dividende	DIVISEUR	Nombre à multiplier par le dividende	DIVISEUR	Nombre à multiplier par le dividende	DIVISEUR	Nombre à multiplier par le dividende	DIVISEUR	Nombre à multiplier par le dividende
36 531	273 7401	36 581	273 3659	36 631	272 9927	36 681	272 6206	36 731	272 2495	36 781	271 8794
532	7326	582	3584	632	9853	682	6132	732	2421	782	8720
533	7251	583	3509	633	9778	683	6058	733	2347	783	8646
534	7176	584	3435	634	9704	684	5983	734	2273	784	8572
535	7101	585	3360	635	9629	685	5909	735	2199	785	8498
536	7026	586	3285	636	9555	686	5835	736	2125	786	8424
537	6951	587	3211	637	9480	687	5760	737	2051	787	8350
538	6876	588	3136	638	9406	688	5686	738	1977	788	8276
539	6801	589	3061	639	9331	689	5612	739	1903	789	8202
540	6727	590	2987	640	9257	690	5538	740	1829	790	8129
36 541	273 6652	36 591	273 2912	36 641	272 9182	36 691	272 5463	36 741	272 1754	36 791	271 8055
542	6577	592	2837	642	9108	692	5389	742	1680	792	7981
543	6502	593	2762	643	9033	693	5315	743	1606	793	7907
544	6427	594	2688	644	8959	694	5240	744	1532	794	7833
545	6352	595	2613	645	8884	695	5166	745	1458	795	7760
546	6277	596	2538	646	8810	696	5092	746	1384	796	7686
547	6202	597	2464	647	8735	697	5017	747	1310	797	7612
548	6127	598	2389	648	8661	698	4943	748	1236	798	7538
549	6052	599	2314	649	8586	699	4869	749	1162	799	7464
550	5978	600	2240	650	8512	700	4795	750	1088	800	7391
36551	273 5903	36 601	273 2165	36 651	272 8437	36 701	272 4720	36 751	272 1014	36 801	271 7317
552	5828	602	2090	652	8363	702	4646	752	0940	802	7243
553	5753	603	2016	653	8288	703	4572	753	0866	803	7169
554	5678	604	1941	654	8214	704	4498	754	0792	804	7095
555	5603	605	1867	655	8140	705	4424	755	0718	805	7022
556	5528	606	1792	656	8065	706	4349	756	0644	806	6948
557	5453	607	1717	657	7991	707	4275	757	0570	807	6874
558	5378	608	1643	658	7916	708	4201	758	0496	808	6800
559	5303	609	1568	659	7842	709	4127	759	0422	809	6726
560	5229	610	1494	660	7768	710	4053	760	0348	810	6653
36 561	273 5154	36 611	273 1419	36 661	272 7693	36 711	272 3978	36 761	272 0274		
562	5079	612	1344	662	7619	712	3904	762	0200		
563	5004	613	1270	663	7544	713	3830	763	0126		
564	4929	614	1195	664	7470	714	3756	764	0052		
565	4855	615	1121	665	7396	715	3682	765	271 9978		
566	4780	616	1046	666	7321	716	3607	766	9904		
567	4705	617	0971	667	7247	717	3533	767	9830		
568	4630	618	0897	668	7172	718	3459	768	9756		
569	4555	619	0822	669	7098	719	3385	769	9682		
570	4481	620	0748	670	7024	720	3311	770	9608		
36 571	273 4406	36 621	273 0673	36 671	272 6949	36 721	272 3236	36 771	271 9534		
572	4331	622	0598	672	6875	722	3162	772	9460		
573	4256	623	0524	673	6801	723	3088	773	9386		
574	4182	624	0449	674	6726	724	3014	774	9312		
575	4107	625	0375	675	6652	725	2940	775	9238		
576	4032	626	0300	676	6578	726	2866	776	9164		
577	3958	627	0225	677	6503	727	2792	777	9090		
578	3883	628	0151	678	6429	728	2718	778	9016		
579	3808	629	0076	679	6355	729	2644	779	8942		
580	3734	630	0002	680	6281	730	2570	780	8868		

DIFF.

	75	74	73
0 01	1	1	1
0 02	2	1	1
0 03	2	2	2
0 04	3	3	3
0 05	4	4	4
0 06	5	4	4
0 07	5	5	5
0 08	6	6	5
0 09	7	7	7
0 10	8	7	7
0 20	15	15	15
0 30	23	22	22
0 40	30	30	29
0 50	38	37	37
0 60	45	44	44
0 70	53	52	51
0 80	60	59	58
0 90	68	67	66
1 00	75	74	73

Diviseurs : 36811 a 37090.

DIVISEUR	Nombre à multiplier par le dividende	DIVISEUR	Nombre à multiplier par le dividende	DIVISEUR	Nombre à multiplier par le dividende	DIVISEUR	Nombre à multiplier par le dividende	DIVISEUR	Nombre à multiplier par le dividende	DIVISEUR	Nombre à multiplier par le dividende
36 811	274 6579	36 861	274 2894	36 911	270 9218	36 961	270 5553	37 011	270 1899	37 061	269 8254
812	6505	862	2820	912	9145	962	5480	012	1826	062	8181
813	6431	863	2747	913	9071	963	5407	013	1753	063	8108
814	6357	864	2673	914	8998	964	5334	014	1680	064	8035
815	6284	865	2600	915	8925	965	5261	015	1607	065	7963
816	6210	866	2526	916	8851	966	5187	016	1534	066	7890
817	6136	867	2452	917	8778	967	5114	017	1461	067	7817
818	6062	868	2379	918	8704	968	5041	018	1388	068	7744
819	5988	869	2305	919	8631	969	4968	019	1315	069	7671
820	5915	870	2232	920	8558	970	4895	020	1242	070	7599
36 821	271 5841	36 871	271 2158	36 921	270 8484	36 971	270 4821	37 021	270 1169	37 071	269 7526
822	5767	872	2084	922	8411	972	4748	022	1096	072	7453
823	5693	873	2011	923	8338	973	4675	023	1023	073	7380
824	5619	874	1937	924	8264	974	4602	024	0950	074	7307
825	5546	875	1864	925	8191	975	4529	025	0877	075	7235
826	5472	876	1790	926	8118	976	4456	026	0804	076	7162
827	5398	877	1716	927	8044	977	4383	027	0731	077	7089
828	5324	878	1643	928	7971	978	4310	028	0658	078	7016
829	5250	879	1569	929	7898	979	4237	029	0585	079	6943
830	5177	880	1496	930	7825	980	4164	030	0513	080	6871
36 831	271 5103	36 881	271 1422	36 931	270 7751	36 981	270 4090	37 031	270 0440	37 081	269 6798
832	5029	882	1349	932	7678	982	4017	032	0367	082	6725
833	4955	883	1275	933	7605	983	3944	033	0294	083	6652
834	4882	884	1202	934	7531	984	3871	034	0221	084	6580
835	4808	885	1128	935	7458	985	3798	035	0148	085	6507
836	4734	886	1055	936	7385	986	3725	036	0075	086	6434
837	4661	887	0981	937	7311	987	3652	037	0002	087	6362
838	4587	888	0908	938	7238	988	3579	038	269 9929	088	6289
839	4513	889	0834	939	7165	989	3506	039	9856	089	6216
840	4440	890	0761	940	7092	990	3433	040	9784	090	6144
36 841	271 4366	36 891	271 0687	36 941	270 7018	36 991	270 3359	37 041	269 9711		
842	4292	892	0614	942	6945	992	3286	042	9638		
843	4219	893	0540	943	6872	993	3213	043	9565		
844	4145	894	0467	944	6798	994	3140	044	9492		
845	4072	895	0394	945	6725	995	3067	045	9419		
846	3998	896	0320	946	6652	996	2994	046	9346		
847	3924	897	0247	947	6578	997	2921	047	9273		
848	3851	898	0173	948	6505	998	2848	048	9200		
849	3777	899	0100	949	6432	999	2775	049	9127		
850	3704	900	0027	950	6359	37 000	2702	050	9055		
36 851	271 3630	36 901	270 9953	36 951	270 6285	37 001	270 2629	37 051	269 8982		
852	3556	902	9880	952	6212	002	2556	052	8909		
853	3483	903	9806	953	6139	003	2483	053	8836		
854	3409	904	9733	954	6066	004	2410	054	8763		
855	3336	905	9659	955	5993	005	2337	055	8694		
856	3262	906	9586	956	5919	006	2264	056	8618		
857	3188	907	9512	957	5846	007	2191	057	8545		
858	3115	908	9439	958	5773	008	2118	058	8472		
859	3041	909	9365	959	5700	009	2045	059	8399		
860	2968	910	9292	960	5627	37 010	1972	060	8327		

Diff.

	74	73	72
0 01	1	1	1
0 02	1	1	1
0 03	2	2	2
0 04	3	3	3
0 05	4	4	3
0 06	4	4	4
0 07	5	5	5
0 08	6	6	6
0 09	7	7	6
0 10	7	7	7
0 20	15	15	14
0 30	22	22	22
0 40	30	29	29
0 50	37	37	36
0 60	44	44	43
0 70	52	51	50
0 80	59	58	58
0 90	67	66	65
1 00	74	73	72

DIVISEURS : **37091** À **37370**.

DIVISEUR	Nombre à multiplier par le dividende	DIVISEUR	Nombre à multiplier par le dividende	DIVISEUR	Nombre à multiplier par le dividende	DIVISEUR	Nombre à multiplier par le dividende	DIVISEUR	Nombre à multiplier par le dividende	DIVISEUR	Nombre à multiplier par le dividende
37 091	269 6074	37 141	269 2444	37 191	268 8821	37 241	268 5244	37 291	268 1642	37 341	267 8024
092	5998	142	2369	192	8749	242	5139	292	4540	342	7949
093	5925	143	2296	193	8677	243	5067	293	4468	343	7877
094	5853	144	2224	194	8605	244	4995	294	4396	344	7806
095	5780	145	2152	195	8533	245	4923	295	4324	345	7734
096	5707	146	2079	196	8460	246	4851	296	4252	346	7662
097	5635	147	2007	197	8388	247	4779	297	4180	347	7591
098	5562	148	1934	198	8316	248	4707	298	4108	348	7519
099	5489	149	1862	199	8244	249	4635	299	4036	349	7447
100	5417	150	1790	200	8172	250	4563	300	0965	350	7376
37 101	269 5344	37 151	269 1717	37 201	268 8099	37 251	268 4491	37 301	268 0893	37 351	267 7304
102	5271	152	1645	202	8027	252	4419	302	0821	352	7232
103	5199	153	1572	203	7955	253	4347	303	0749	353	7160
104	5126	154	1500	204	7882	254	4275	304	0677	354	7089
105	5054	155	1428	205	7810	255	4203	305	0605	355	7017
106	4981	156	1355	206	7738	256	4131	306	0533	356	6945
107	4908	157	1283	207	7665	257	4059	307	0461	357	6874
108	4836	158	1210	208	7593	258	3987	308	0389	358	6802
109	4763	159	1138	209	7521	259	3915	309	0317	359	6730
110	4691	160	1066	210	7449	260	3843	310	0246	360	6659
37 111	269 4618	37 161	269 0993	37 211	268 7376	37 261	268 3771	37 311	268 0174	37 361	267 6587
112	4545	162	0921	212	7304	262	3699	312	0102	362	6515
113	4473	163	0848	213	7232	263	3627	313	0030	363	6444
114	4400	164	0776	214	7160	264	3555	314	267 9958	364	6372
115	4328	165	0703	215	7088	265	3483	315	9887	365	6304
116	4255	166	0631	216	7015	266	3411	316	9815	366	6229
117	4182	167	0558	217	6943	267	3339	317	9743	367	6157
118	4110	168	0486	218	6871	268	3267	318	9671	368	6086
119	4037	169	0413	219	6799	269	3195	319	9599	369	6014
120	3965	170	0341	220	6727	270	3123	320	9528	370	5943
37 121	269 3892	37 171	269 0268	37 221	268 6654	37 271	268 3051	37 321	267 9456		
122	3820	172	0196	222	6582	272	2979	322	9384		
123	3747	173	0124	223	6510	273	2907	323	9312		
124	3674	174	0051	224	6438	274	2835	324	9240		
125	3602	175	268 9979	225	6366	275	2763	325	9169		
126	3529	176	9907	226	6293	276	2691	326	9097		
127	3456	177	9834	227	6221	277	2619	327	9025		
128	3384	178	9762	228	6149	278	2547	328	8953		
129	3311	179	9690	229	6077	279	2475	329	8881		
130	3239	180	9618	230	6005	280	2403	330	8810		
37 131	269 3166	37 181	268 9545	37 231	268 5932	37 281	268 2331	37 331	267 8738		
132	3094	182	9473	232	5860	282	2259	332	8666		
133	3021	183	9400	233	5788	283	2187	333	8594		
134	2949	184	9328	234	5716	284	2115	334	8523		
135	2876	185	9256	235	5644	285	2043	335	8451		
136	2804	186	9183	236	5572	286	1971	336	8379		
137	2731	187	9111	237	5500	287	1899	337	8308		
138	2659	188	9038	238	5428	288	1827	338	8236		
139	2586	189	8966	239	5356	289	1755	339	8164		
140	2514	190	8894	240	5284	290	1684	340	8093		

DIFF.

	73	72	71
0 01	1	1	1
0 02	1	1	1
0 03	2	2	2
0 04	3	3	3
0 05	4	4	4
0 06	4	4	4
0 07	5	5	5
0 08	6	6	6
0 09	7	7	7
0 10	7	7	7
0 20	15	14	14
0 30	22	22	21
0 40	29	29	28
0 50	37	36	36
0 60	44	43	43
0 70	51	50	50
0 80	58	58	57
0 90	66	65	64
1 00	73	72	71

DIVISEURS : 37371 A 37650.

DIVISEUR	Nombre à multiplier par le dividende	DIVISEUR	Nombre à multiplier par le dividende	DIVISEUR	Nombre à multiplier par le dividende	DIVISEUR	Nombre à multiplier par le dividende	DIVISEUR	Nombre à multiplier par le dividende	DIVISEUR	Nombre à multiplier par le dividende
37 371	267 5874	37 421	267 2293	37 471	266 8729	37 521	266 5174	37 571	266 1627	37 621	265 8089
372	5799	422	2224	472	8658	522	5103	572	1556	622	8018
373	5728	423	2152	473	8587	523	5032	573	1485	623	7948
374	5656	424	2081	474	8516	524	4961	574	1414	624	7877
375	5585	425	2010	475	8445	525	4890	575	1344	625	7807
376	5513	426	1938	476	8373	526	4849	576	1273	626	7736
377	5441	427	1867	477	8302	527	4748	577	1202	627	7665
378	5370	428	1795	478	8231	528	4677	578	1131	628	7595
379	5298	429	1724	479	8160	529	4606	579	1060	629	7524
380	5227	430	1653	480	8089	530	4535	580	0990	630	7454
37 381	267 5155	37 431	267 1581	37 481	266 8047	37 531	266 4464	37 581	266 0919	37 631	265 7383
382	5083	432	1510	482	7946	532	4393	582	0848	632	7312
383	5012	433	1439	483	7875	533	4322	583	0777	633	7242
384	4940	434	1367	484	7804	534	4251	584	0706	634	7171
385	4869	435	1296	485	7733	535	4180	585	0636	635	7101
386	4797	436	1225	486	7661	536	4109	586	0565	636	7030
387	4725	437	1153	487	7590	537	4038	587	0494	637	6959
388	4654	438	1082	488	7519	538	3967	588	0423	638	6889
389	4582	439	1011	489	7448	539	3896	589	0352	639	6818
390	4511	440	0940	490	7377	540	3825	590	0282	640	6748
37 391	267 4439	37 441	267 0868	37 491	266 7305	37 541	266 3754	37 591	266 0211	37 641	265 6677
392	4368	442	0797	492	7234	542	3683	592	0140	642	6606
393	4296	443	0725	493	7163	543	3612	593	0069	643	6536
394	4225	444	0654	494	7092	544	3541	594	265 9998	644	6465
395	4153	445	0583	495	7021	545	3470	595	9928	645	6395
396	4082	446	0511	496	6950	546	3399	596	9857	646	6324
397	4010	447	0440	497	6879	547	3328	597	9786	647	6253
398	3939	448	0368	498	6808	548	3257	598	9715	648	6183
399	3867	449	0297	499	6737	549	3186	599	9644	649	6112
400	3796	450	0226	500	6666	550	3115	600	9574	650	6042
37 401	267 3724	37 451	267 0154	37 501	266 6594	37 551	266 3044	37 601	265 9503		
402	3653	452	0083	502	6523	552	2973	602	9432		
403	3581	453	0012	503	6452	553	2902	603	9361		
404	3510	454	266 9941	504	6381	554	2831	604	9291		
405	3439	455	9870	505	6310	555	2760	605	9220		
406	3367	456	9798	506	6239	556	2689	606	9149		
407	3296	457	9727	507	6168	557	2618	607	9079		
408	3224	458	9656	508	6097	558	2547	608	9008		
409	3153	459	9585	509	6026	559	2476	609	8937		
410	3082	460	9514	510	5955	560	2406	610	8867		
37 411	267 3010	37 461	266 9442	37 511	266 5884	37 561	266 2335	37 611	265 8796		
412	2939	462	9371	512	5813	562	2264	612	8725		
413	2867	463	9300	513	5742	563	2193	613	8654		
414	2796	464	9228	514	5671	564	2122	614	8584		
415	2724	465	9157	515	5600	565	2052	615	8513		
416	2653	466	9086	516	5529	566	1981	616	8442		
417	2581	467	9014	517	5458	567	1910	617	8372		
418	2510	468	8943	518	5387	568	1839	618	8301		
419	2438	469	8872	519	5316	569	1768	619	8230		
420	2367	470	8801	520	5245	570	1698	620	8160		

DIFF.

	72	71	70
0 01	1	1	1
0 02	1	1	1
0 03	2	2	2
0 04	3	3	3
0 05	4	4	4
0 06	4	4	4
0 07	5	5	5
0 08	6	6	6
0 09	6	6	6
0 10	7	7	7
0 20	14	14	14
0 30	22	21	21
0 40	29	28	28
0 50	36	36	35
0 60	43	43	42
0 70	50	50	49
0 80	58	57	56
0 90	65	64	63
1 00	72	71	70

34

Diviseurs : 37651 À 37930.

DIVISEUR	Nombre à multiplier par le dividende	DIVISEUR	Nombre à multiplier par le dividende	DIVISEUR	Nombre à multiplier par le dividende	DIVISEUR	Nombre à multiplier par le dividende	DIVISEUR	Nombre à multiplier par le dividende	DIVISEUR	Nombre à multiplier par le dividende	DIVISEUR	Nombre à multiplier par le dividende
37 651	265 5971	37 701	265 2448	37 751	264 8935	37 801	264 5432	37 851	264 1937	37 901	263 8452		
652	5901	702	2378	752	8865	802	5362	852	1867	902	8382		
653	5830	703	2307	753	8795	803	5292	853	1797	903	8313		
654	5760	704	2237	754	8725	804	5223	854	1728	904	8243		
655	5689	705	2167	755	8655	805	5152	855	1658	905	8174		
656	5619	706	2096	756	8585	806	5082	856	1588	906	8104		
657	5548	707	2026	757	8515	807	5012	857	1519	907	8034		
658	5478	708	1955	758	8445	808	4942	858	1449	908	7965		
659	5407	709	1885	759	8375	809	4872	859	1379	909	7895		
660	5337	710	1815	760	8305	810	4802	860	1310	910	7826		
37 661	265 5266	37 711	265 1744	37 761	264 8234	37 811	264 4732	37 861	264 1240	37 911	263 7756		
662	5196	712	1674	762	8164	812	4662	862	1170	912	7686		
663	5125	713	1604	763	8094	813	4592	863	1100	913	7617		
664	5055	714	1533	764	8024	814	4522	864	1030	914	7547		
665	4984	715	1463	765	7954	815	4452	865	0961	915	7478		
666	4914	716	1393	766	7884	816	4382	866	0891	916	7408		
667	4843	717	1322	767	7814	817	4312	867	0821	917	7338		
668	4773	718	1252	768	7744	818	4242	868	0751	918	7269		
669	4702	719	1182	769	7674	819	4172	869	0681	919	7199		
670	4632	720	1112	770	7604	820	4103	870	0612	920	7130		
37 671	265 4561	37 721	265 1041	37 771	264 7533	37 821	264 4033	37 871	264 0542	37 921	263 7060		
672	4491	722	0974	772	7463	822	3963	872	0472	922	6991		
673	4420	723	0904	773	7393	823	3893	873	0402	923	6921		
674	4350	724	0834	774	7323	824	3823	874	0333	924	6852		
675	4279	725	0764	775	7253	825	3753	875	0263	925	6782		
676	4209	726	0690	776	7185	826	3683	876	0193	926	6713		
677	4138	727	0620	777	7113	827	3613	877	0124	927	6643		
678	4068	728	0550	778	7043	828	3543	878	0054	928	6574		
679	3997	729	0480	779	6973	829	3473	879	263 9984	929	6504		
680	3927	730	0410	780	6903	830	3404	880	9915	930	6435		
37 681	265 3856	37 731	265 0339	37 781	264 6832	37 831	264 3334	37 881	263 9845				
682	3786	732	0269	782	6762	832	3264	882	9775				
683	3715	733	0199	783	6692	833	3194	883	9705				
684	3645	734	0129	784	6622	834	3124	884	9636				
685	3575	735	0059	785	6552	835	3055	885	9566				
686	3504	736	264 9988	786	6482	836	2985	886	9496				
687	3434	737	9918	787	6412	837	2915	887	9427				
688	3363	738	9848	788	6342	838	2845	888	9357				
689	3293	739	9778	789	6272	839	2775	889	9287				
690	3223	740	9708	790	6202	840	2706	890	9218				
37 691	265 3152	37 741	264 9637	37 791	264 6132	37 841	264 2636	37 891	263 9148				
692	3082	742	9567	792	6062	842	2566	892	9078				
693	3011	743	9497	793	5992	843	2496	893	9009				
694	2941	744	9427	794	5922	844	2426	894	8939				
695	2871	745	9357	795	5852	845	2356	895	8870				
696	2800	746	9286	796	5782	846	2286	896	8800				
697	2730	747	9216	797	5712	847	2216	897	8730				
698	2659	748	9146	798	5642	848	2146	898	8661				
699	2589	749	9076	799	5572	849	2076	899	8591				
700	2519	750	9006	800	5502	850	2007	900	8522				

DIFF.

	71	70	69
0 01	1	1	1
0 02	1	1	1
0 03	2	2	2
0 04	3	3	3
0 05	4	4	3
0 06	4	4	4
0 07	5	5	5
0 08	6	6	6
0 09	6	6	6
0 10	7	7	7
0 20	14	14	14
0 30	21	21	21
0 40	28	28	28
0 50	36	35	35
0 60	43	42	41
0 70	50	49	48
0 80	57	56	55
0 90	64	63	62
1 00	71	70	69

DIVISEURS . 37931 A 38210.

DIVISEUR	Nombre à multiplier par le dividende	DIVISEUR	Nombre à multiplier par le dividende	DIVISEUR	Nombre à multiplier par le dividende	DIVISEUR	Nombre à multiplier par le dividende	DIVISEUR	Nombre à multiplier par le dividende	DIVISEUR	Nombre à multiplier par le dividende
37 931	263 6365	37 981	263 2894	38 031	262 9433	38 081	262 5981	38 131	262 2537	38 181	261 9103
932	6296	982	2825	032	9364	082	5912	132	2468	182	9034
933	6226	983	2756	033	9295	083	5843	133	2399	183	8966
934	6157	984	2686	034	9226	084	5774	134	2331	184	8897
935	6087	985	2617	035	9157	085	5705	135	2262	185	8829
936	6018	986	2548	036	9087	086	5636	136	2193	186	8760
937	5948	987	2478	037	9018	087	5567	137	2123	187	8691
938	5879	988	2409	038	8949	088	5498	138	2056	188	8623
939	5809	989	2340	039	8880	089	5429	139	1987	189	8554
940	5740	990	2271	040	8811	090	5360	140	1919	190	8486
37 941	263 5670	37 991	263 2204	38 041	262 8741	38 091	262 5291	38 141	262 1850	38 191	261 8417
942	5601	992	2132	042	8672	092	5222	142	1781	192	8349
943	5531	993	2063	043	8603	093	5153	143	1712	193	8280
944	5462	994	1993	044	8534	094	5084	144	1643	194	8212
945	5393	995	1924	045	8465	095	5015	145	1575	195	8143
946	5323	996	1855	046	8396	096	4946	146	1506	196	8075
947	5254	997	1785	047	8327	097	4877	147	1437	197	8006
948	5184	998	1716	048	8258	098	4808	148	1368	198	7938
949	5115	999	1647	049	8189	099	4739	149	1299	199	7869
950	5046	38 000	1578	050	8120	100	4671	150	1231	200	7801
37 951	263 4976	38 001	263 1508	38 051	262 8051	38 101	262 4602	38 151	262 1162	38 201	261 7732
952	4907	002	1439	052	7982	102	4533	152	1093	202	7663
953	4837	003	1370	053	7913	103	4464	153	1025	203	7595
954	4768	004	1301	054	7844	104	4395	154	0956	204	7526
955	4699	005	1232	055	7775	105	4327	155	0888	205	7458
956	4629	006	1162	056	7706	106	4258	156	0819	206	7389
957	4560	007	1093	057	7637	107	4189	157	0750	207	7320
958	4490	008	1024	058	7568	108	4120	158	0682	208	7252
959	4421	009	0955	059	7499	109	4051	159	0613	209	7183
960	4352	010	0886	060	7430	110	3983	160	0545	210	7115
37 961	263 4282	38 011	263 0846	38 061	262 7361	38 111	262 3914	38 161	262 0476		
962	4213	012	0747	062	7292	112	3845	162	0407		
963	4143	013	0678	063	7223	113	3776	163	0338		
964	4074	014	0609	064	7154	114	3707	164	0270		
965	4005	015	0540	065	7085	115	3638	165	0201		
966	3935	016	0470	066	7016	116	3569	166	0132		
967	3866	017	0401	067	6947	117	3500	167	0064		
968	3796	018	0332	068	6878	118	3431	168	261 9995		
969	3727	019	0263	069	6809	119	3362	169	9926		
970	3658	020	0194	070	6740	120	3294	170	9858		
37 971	263 3588	38 021	263 0124	38 071	262 6671	38 121	262 3225	38 171	261 9789		
972	3519	022	0055	072	6602	122	3156	172	9720		
973	3449	023	262 9986	073	6533	123	3087	173	9652		
974	3380	024	9917	074	6464	124	3018	174	9583		
975	3311	025	9848	075	6395	125	2950	175	9515		
976	3241	026	9779	076	6326	126	2881	176	9446		
977	3172	027	9710	077	6257	127	2812	177	9377		
978	3102	028	9641	078	6188	128	2743	178	9309		
979	3033	029	9572	079	6119	129	2674	179	9240		
980	2964	030	9503	080	6050	130	2606	180	9172		

DIFF.

	70	69	68
0 01	1	1	1
0 02	1	1	1
0 03	2	2	2
0 04	3	3	3
0 05	3	3	3
0 06	4	4	4
0 07	5	5	5
0 08	6	6	5
0 09	6	6	6
0 10	7	7	7
0 20	14	14	14
0 30	21	21	20
0 40	28	28	27
0 50	35	35	34
0 60	42	41	41
0 70	49	48	48
0 80	56	55	54
0 90	63	62	61
1 00	70	69	68

DIVISEURS : 38211 A 38490.

DIVISEUR	Nombre à multiplier par le dividende	DIVISEUR	Nombre à multiplier par le dividende	DIVISEUR	Nombre à multiplier par le dividende	DIVISEUR	Nombre à multiplier par le dividende	DIVISEUR	Nombre à multiplier par le dividende	DIVISEUR	Nombre à multiplier par le dividende
38 211	261 7046	38 261	261 3626	38 311	261 0215	38 361	260 6814	38 411	260 3520	38 461	260 0036
212	6978	262	3558	312	0147	362	6746	412	3352	462	259 9968
213	6909	263	3490	313	0079	363	6678	413	3284	463	9904
214	6841	264	3421	314	0011	364	6610	414	3217	464	9833
215	6773	265	3353	315	260 9943	365	6542	415	3149	465	9766
216	6704	266	3285	316	9875	366	6474	416	3081	466	9698
217	6636	267	3216	317	9807	367	6406	417	3014	467	9630
218	6567	268	3148	318	9739	368	6338	418	2946	468	9563
219	6499	269	3080	319	9671	369	6270	419	2878	469	9495
220	6431	270	3012	320	9603	370	6202	420	2811	470	9428
38 221	261 6362	38 271	261 2943	38 321	260 9534	38 371	260 6134	38 421	260 2743	38 471	259 9360
222	6294	272	2875	322	9466	372	6066	422	2675	472	9292
223	6225	273	2807	323	9398	373	5998	423	2607	473	9225
224	6157	274	2739	324	9330	374	5930	424	2539	474	9157
225	6088	275	2671	325	9262	375	5862	425	2472	475	9090
226	6020	276	2602	326	9194	376	5794	426	2404	476	9022
227	5951	277	2534	327	9126	377	5726	427	2336	477	8954
228	5883	278	2466	328	9058	378	5658	428	2268	478	8887
229	5814	279	2398	329	8990	379	5590	429	2200	479	8819
230	5746	280	2330	330	8922	380	5523	430	2133	480	8752
38 231	261 5677	38 281	261 2261	38 331	260 8853	38 381	260 5455	38 431	260 2065	38 481	259 8684
232	5609	282	2193	332	8785	382	5387	432	1997	482	8617
233	5540	283	2125	333	8717	383	5319	433	1929	483	8549
234	5472	284	2056	334	8649	384	5251	434	1862	484	8482
235	5404	285	1988	335	8581	385	5184	435	1794	485	8414
236	5335	286	1920	336	8513	386	5116	436	1726	486	8347
237	5267	287	1851	337	8445	387	5048	437	1659	487	8279
238	5198	288	1783	338	8377	388	4980	438	1591	488	8212
239	5130	289	1745	339	8309	389	4912	439	1523	489	8144
240	5062	290	1647	340	8241	390	4845	440	1456	490	8077
38 241	261 4993	38 291	261 1578	38 341	260 8173	38 391	260 4777	38 441	260 1388		
242	4925	292	1510	342	8105	392	4709	442	1320		
243	4856	293	1442	343	8037	393	4641	443	1253		
244	4788	294	1374	344	7969	394	4573	444	1185		
245	4720	295	1306	345	7901	395	4505	445	1118		
246	4651	296	1238	346	7833	396	4437	446	1050		
247	4583	297	1170	347	7765	397	4369	447	0982		
248	4514	298	1102	348	7697	398	4301	448	0915		
249	4446	299	1034	349	7629	399	4233	449	0847		
250	4378	300	0966	350	7561	400	4166	450	0780		
38 251	261 4309	38 301	261 0897	38 351	260 7493	38 401	260 4098	38 451	260 0712		
252	4241	302	0829	352	7425	402	4030	452	0644		
253	4173	303	0761	353	7357	403	3962	453	0577		
254	4104	304	0693	354	7289	404	3894	454	0509		
255	4036	305	0625	355	7221	405	3827	455	0442		
256	3968	306	0556	356	7153	406	3759	456	0374		
257	3899	307	0488	357	7085	407	3691	457	0306		
258	3831	308	0420	358	7017	408	3623	458	0239		
259	3763	309	0352	359	6949	409	3555	459	0171		
260	3695	310	0284	360	6882	410	3488	460	0104		

DIFF.

	69	68	67
0 01	1	1	1
0 02	1	1	1
0 03	2	2	2
0 04	3	3	3
0 05	3	3	3
0 06	4	4	4
0 07	5	5	5
0 08	6	5	5
0 09	6	6	6
0 10	7	7	7
0 20	14	14	13
0 30	21	20	20
0 40	28	27	27
0 50	35	34	34
0 60	41	41	40
0 70	48	48	47
0 80	55	54	54
0 90	62	61	60
1 00	69	68	67

DIVISEURS : **38491** A **38770**.

DIVISEUR	Nombre à multiplier par le dividende	DIVISEUR	Nombre à multiplier par le dividende	DIVISEUR	Nombre à multiplier par le dividende	DIVISEUR	Nombre à multiplier par le dividende	DIVISEUR	Nombre à multiplier par le dividende	DIVISEUR	Nombre à multiplier par le dividende
38 491	259 8009	38 541	259 4638	38 591	259 1276	38 641	258 7924	38 691	258 4580	38 741	258 1244
492	7942	542	4571	592	1209	642	7857	692	4513	742	1177
493	7874	543	4504	593	1142	643	7790	693	4446	743	1111
494	7807	544	4436	594	1075	644	7723	694	4379	744	1044
495	7739	545	4369	595	1008	645	7656	695	4313	745	0978
496	7672	546	4302	596	0941	646	7589	696	4246	746	0911
497	7604	547	4234	597	0874	647	7522	697	4179	747	0844
498	7537	548	4167	598	0807	648	7455	698	4112	748	0778
499	7469	549	4100	599	0740	649	7388	699	4045	749	0711
500	7402	550	4033	600	0673	650	7322	700	3979	750	0645
38 501	259 7334	38 551	259 3965	38 601	259 0605	38 651	258 7255	38 701	258 3912	38 751	258 0578
502	7267	552	3898	602	0538	652	7188	702	3845	752	0511
503	7199	553	3831	603	0471	653	7121	703	3778	753	0445
504	7132	554	3763	604	0404	654	7054	704	3711	754	0378
505	7065	555	3696	605	0337	655	6987	705	3645	755	0312
506	6997	556	3629	606	0270	656	6920	706	3578	756	0245
507	6930	557	3561	607	0203	657	6853	707	3511	757	0178
508	6862	558	3494	608	0136	658	6786	708	3444	758	0112
509	6795	569	3427	609	0069	659	6719	709	3377	759	0045
510	6728	560	3360	610	0002	660	6653	710	3311	760	257 9979
38 511	259 6660	38 561	259 3292	38 611	258 9934	38 661	258 6586	38 711	258 3244	38 761	257 9912
512	6593	562	3225	612	9867	662	6519	712	3177	762	9845
513	6525	563	3158	613	9800	663	6452	713	3110	763	9779
514	6458	564	3091	614	9733	664	6385	714	3044	764	9712
515	6391	565	3024	615	9666	665	6318	715	2977	765	9646
516	6323	566	2956	616	9599	666	6251	716	2910	766	9579
517	6256	567	2889	617	9532	667	6184	717	2844	767	9512
518	6188	568	2822	618	9465	668	6117	718	2777	768	9446
519	6121	569	2755	619	9398	669	6050	719	2710	769	9379
520	6054	570	2688	620	9331	670	5984	720	2644	770	9313
38 521	259 5986	38 571	259 2620	38 624	258 9264	38 671	258 5947	38 721	258 2577		
522	5919	572	2553	622	9197	672	5850	722	2510		
523	5851	573	2486	623	9130	673	5783	723	2443		
524	5784	574	2419	624	9063	674	5716	724	2377		
525	5717	575	2352	625	8996	675	5649	725	2310		
526	5649	576	2284	626	8929	676	5582	726	2243		
527	5582	577	2247	627	8862	677	5515	727	2177		
528	5514	578	2150	628	8795	678	5448	728	2110		
529	5447	579	2083	629	8728	679	5381	729	2043		
530	5380	580	2016	630	8661	680	5315	730	1977		
38 531	259 5312	38 581	259 1948	38 631	258 8594	38 681	258 5248	38 731	258 1910		
532	5245	582	1881	632	8527	682	5181	732	1843		
533	5177	583	1814	633	8460	683	5114	733	1777		
534	5110	584	1747	634	8393	684	5047	734	1710		
535	5043	585	1680	635	8326	685	4981	735	1644		
536	4975	586	1612	636	8259	686	4914	736	1577		
537	4908	587	1545	637	8192	687	4847	737	1510		
538	4840	588	1478	638	8125	688	4780	738	1444		
539	4773	589	1411	639	8058	689	4713	739	1377		
540	4706	590	1344	640	7991	690	4647	740	1311		

DIFF.

	58	67	66
0 01	1	1	1
0 02	1	1	1
0 03	2	2	2
0 04	2	3	3
0 05	3	3	3
0 06	4	4	4
0 07	5	5	5
0 08	5	5	5
0 09	6	6	6
0 10	7	7	7
0 20	14	13	13
0 30	20	20	20
0 40	27	27	26
0 50	34	34	33
0 60	41	40	40
0 70	48	47	46
0 80	54	54	53
0 90	61	60	59
1 00	68	67	66

35

DIVISEUR	Nombre à multiplier par le dividende	DIVISEUR	Nombre à multiplier par le dividende	DIVISEUR	Nombre à multiplier par le dividende	DIVISEUR	Nombre à multiplier par le dividende	DIVISEUR	Nombre à multiplier par le dividende	DIVISEUR	Nombre à multiplier par le dividende
38 771	257 9246	38 821	257 5925	38 871	257 2611	38 921	256 9307	38 971	256 6010	39 021	256 2722
772	9180	822	5859	872	2545	922	9241	972	5944	022	2656
773	9113	823	5793	873	2479	923	9175	973	5878	023	2590
774	9047	824	5726	874	2413	924	9109	974	5812	024	2525
775	8980	825	5660	875	2347	925	9043	975	5747	025	2459
776	8914	826	5594	876	2280	926	8977	976	5681	026	2393
777	8847	827	5527	877	2214	927	8911	977	5615	027	2328
778	8781	828	5461	878	2148	928	8845	978	5549	028	2262
779	8714	829	5395	879	2082	929	8779	979	5483	029	2196
780	8648	830	5329	880	2016	930	8713	980	5418	030	2131
38 781	257 8581	38 831	257 5262	38 881	257 1949	38 931	256 8647	38 981	256 5352	39 031	256 2065
782	8515	832	5196	882	1883	932	8581	982	5286	032	1999
783	8448	833	5129	883	1817	933	8515	983	5220	033	1934
784	8382	834	5063	884	1751	934	8449	984	5154	034	1868
785	8316	835	4997	885	1685	935	8383	985	5089	035	1803
786	8249	836	4930	886	1619	936	8347	986	5023	036	1737
787	8183	837	4864	887	1553	937	8251	987	4957	037	1671
788	8116	838	4797	888	1487	938	8185	988	4891	038	1606
789	8050	839	4731	889	1421	939	8119	989	4825	039	1540
790	7984	840	4665	890	1355	940	8053	990	4760	040	1475
38 791	257 7917	38 841	257 4598	38 891	257 1288	38 941	256 7987	38 991	256 4694	39 041	256 1409
792	7851	842	4532	892	1222	942	7921	992	4628	042	1343
793	7784	843	4466	893	1156	943	7855	993	4562	043	1278
794	7718	844	4399	894	1090	944	7789	994	4496	044	1212
795	7651	845	4333	895	1024	945	7723	995	4431	045	1147
796	7585	846	4267	896	0958	946	7657	996	4365	046	1081
797	7518	847	4200	897	0892	947	7591	997	4299	047	1015
798	7452	848	4134	898	0826	948	7525	998	4233	048	0950
799	7385	849	4068	899	0760	949	7459	999	4167	049	0884
800	7319	850	4002	900	0694	950	7394	39 000	4102	050	0819
38 801	257 7252	38 851	257 3935	38 901	257 0627	38 951	256 7328	39 001	256 4036		
802	7186	852	3869	902	0561	952	7262	002	3970		
803	7120	853	3803	903	0495	953	7196	003	3904		
804	7053	854	3737	904	0429	954	7130	004	3839		
805	6987	855	3671	905	0363	955	7064	005	3773		
806	6921	856	3604	906	0297	956	6998	006	3707		
807	6854	857	3538	907	0231	957	6932	007	3642		
808	6788	858	3472	908	0165	958	6866	008	3576		
809	6722	859	3406	909	0099	959	6800	009	3510		
810	6656	860	3340	910	0033	960	6735	010	3445		
38 811	257 6589	38 861	257 3273	38 911	256 9967	38 961	256 6669	39 011	256 3379		
812	6523	862	3207	912	9901	962	6603	012	3313		
813	6456	863	3141	913	9835	963	6537	013	3247		
814	6390	864	3075	914	9769	964	6471	014	3182		
815	6324	865	3009	915	9703	965	6405	015	3116		
816	6257	866	2942	916	9637	966	6339	016	3050		
817	6191	867	2876	917	9571	967	6273	017	2985		
818	6124	868	2810	918	9505	968	6207	018	2919		
819	6058	869	2744	919	9439	969	6141	019	2853		
820	5992	870	2678	920	9373	970	6076	020	2788		

DIFF.

	67	66	65
0 01	1	1	1
0 02	1	1	1
0 03	2	2	2
0 04	3	3	3
0 05	3	3	3
0 06	4	4	4
0 07	5	5	5
0 08	5	5	5
0 09	6	6	6
0 10	7	7	7
0 20	13	13	13
0 30	20	20	20
0 40	27	26	26
0 50	34	33	33
0 60	40	40	39
0 70	47	46	46
0 80	54	53	52
0 90	60	59	59
1 00	67	66	65

DIVISEURS : 39051 A 39330.

DIVISEUR	Nombre à multiplier par le dividende	DIVISEUR	Nombre à multiplier par le dividende	DIVISEUR	Nombre à multiplier par le dividende	DIVISEUR	Nombre à multiplier par le dividende	DIVISEUR	Nombre à multiplier par le dividende	DIVISEUR	Nombre à multiplier par le dividende
39 051	256 0753	39 101	255 7478	39 151	255 4212	39 201	255 0954	39 251	254 7705	39 301	254 4464
052	0687	102	7413	152	4147	202	0889	252	7640	302	4399
053	0622	103	7347	153	4082	203	0824	253	7575	303	4334
054	0556	104	7282	154	4017	204	0759	254	7510	304	4269
055	0491	105	7217	155	3952	205	0694	255	7445	305	4205
056	0425	106	7151	156	3886	206	0629	256	7380	306	4140
057	0359	107	7086	157	3821	207	0564	257	7315	307	4075
058	0294	108	7020	158	3756	208	0499	258	7250	308	4010
059	0228	109	6955	159	3691	209	0434	259	7185	309	3945
060	0163	110	6890	160	3626	210	0369	260	7121	310	3881
39 061	256 0097	39 111	255 6824	39 161	255 3560	39 211	255 0304	39 261	254 7056	39 311	254 3816
062	0032	112	6759	162	3495	212	0239	262	6991	312	3751
063	255 9966	113	6694	163	3430	213	0174	263	6926	313	3686
064	9901	114	6628	164	3365	214	0109	264	6861	314	3622
065	9835	115	6563	165	3300	215	0044	265	6797	315	3557
066	9770	116	6498	166	3234	216	254 9979	266	6732	316	3492
067	9704	117	6432	167	3169	217	9914	267	6667	317	3428
068	9639	118	6367	168	3104	218	9849	268	6602	318	3363
069	9573	119	6302	169	3039	219	9784	269	6537	319	3298
070	9508	120	6237	170	2974	220	9719	270	6473	320	3234
39 071	255 9442	39 121	255 6171	39 171	255 2908	39 221	254 9654	39 271	254 6408	39 321	254 3169
072	9377	122	6106	172	2843	222	9589	272	6343	322	3104
073	9311	123	6040	173	2778	223	9524	273	6278	323	3040
074	9246	124	5975	174	2713	224	9459	274	6213	324	2975
075	9180	125	5910	175	2648	225	9394	275	6148	325	2911
076	9115	126	5844	176	2582	226	9329	276	6083	326	2846
077	9049	127	5779	177	2517	227	9264	277	6018	327	2781
078	8984	128	5713	178	2452	228	9199	278	5953	328	2717
079	8918	129	5648	179	2387	229	9134	279	5888	329	2652
080	8853	130	5583	180	2322	230	9069	280	5824	330	2588
39 081	255 8787	39 131	255 5547	39 181	255 2256	39 231	254 9004	39 281	254 5759		
082	8722	132	5452	182	2191	232	8939	282	5694		
083	8656	133	5387	183	2126	233	8874	283	5629		
084	8591	134	5322	184	2061	234	8809	284	5564		
085	8526	135	5257	185	1996	235	8744	285	5500		
086	8460	136	5191	186	1931	236	8679	286	5435		
087	8395	137	5126	187	1866	237	8614	287	5370		
088	8329	138	5061	188	1801	238	8549	288	5305		
089	8264	139	4996	189	1736	239	8484	289	5240		
090	8199	140	4931	190	1671	240	8419	290	5176		
39 091	255 8133	39 141	255 4865	39 191	255 1605	39 241	254 8354	39 291	254 5111		
092	8068	142	4800	192	1540	242	8289	292	5046		
093	8002	143	4735	193	1475	243	8224	293	4981		
094	7937	144	4669	194	1410	244	8159	294	4917		
095	7871	145	4604	195	1345	245	8094	295	4852		
096	7806	146	4539	196	1280	246	8029	296	4787		
097	7740	147	4473	197	1215	247	7964	297	4723		
098	7675	148	4408	198	1150	248	7899	298	4658		
099	7609	149	4343	199	1085	249	7834	299	4593		
100	7544	150	4278	200	1020	250	7770	300	4529		

DIFF.

	66	65	64
0 01	1	1	1
0 02	1	1	1
0 03	2	2	2
0 04	3	3	3
0 05	3	3	3
0 06	4	4	4
0 07	5	5	5
0 08	5	5	5
0 09	6	6	6
0 10	7	7	6
0 20	13	13	13
0 30	20	20	19
0 40	26	26	26
0 50	33	33	32
0 60	40	39	38
0 70	46	46	45
0 80	53	52	51
0 90	59	59	58
1 00	66	65	64

DIVISEURS : **39331** à **39610**.

DIVISEUR	Nombre à multiplier par le dividende	DIVISEUR	Nombre à multiplier par le dividende	DIVISEUR	Nombre à multiplier par le dividende	DIVISEUR	Nombre à multiplier par le dividende	DIVISEUR	Nombre à multiplier par le dividende	DIVISEUR	Nombre à multiplier par le dividende
39 331	**254 2523**	**39 381**	**253 9295**	**39 431**	**253 6074**	**39 481**	**253 2862**	**39 531**	**252 9660**	**39 581**	**252 6464**
332	2458	382	9231	432	6010	482	2798	532	9596	582	6400
333	2394	383	9166	433	5946	483	2734	533	9532	583	6336
334	2329	384	9102	434	5881	484	2670	534	9468	584	6272
335	2265	385	9037	435	5817	485	2606	535	9404	585	6209
336	2200	386	8973	436	5753	486	2542	536	9340	586	6145
337	2135	387	8908	437	5688	487	2478	537	9276	587	6081
338	2071	388	8844	438	5624	488	2414	538	9212	588	6017
339	2006	389	8779	439	5560	489	2350	539	9148	589	5953
340	1942	390	8715	440	5496	490	2286	540	9084	590	5890
39 341	**254 1877**	**39 391**	**253 8650**	**39 441**	**253 5431**	**39 491**	**253 2221**	**39 541**	**252 9020**	**39 591**	**252 5826**
342	1812	392	8586	442	5367	492	2157	542	8956	592	5762
343	1748	393	8521	443	5303	493	2093	543	8892	593	5698
344	1683	394	8457	444	5239	494	2029	544	8828	594	5634
345	1619	395	8393	445	5175	495	1965	545	8764	595	5574
346	1554	396	8328	446	5110	496	1901	546	8700	596	5507
347	1489	397	8264	447	5046	497	1837	547	8636	597	5443
348	1425	398	8199	448	4982	498	1773	548	8572	598	5379
349	1360	399	8135	449	4918	499	1709	549	8508	599	5315
350	1296	400	8071	450	4854	500	1645	550	8445	600	5252
39 351	**254 1231**	**39 401**	**253 8006**	**39 451**	**253 4789**	**39 501**	**253 1580**	**39 551**	**252 8381**	**39 601**	**252 5188**
352	1166	402	7942	452	4725	502	1516	552	8317	602	5124
353	1102	403	7877	453	4661	503	1452	553	8253	603	5060
354	1037	404	7813	454	4597	504	1388	554	8189	604	4996
355	0973	405	7749	455	4533	505	1324	555	8125	605	4933
356	0908	406	7684	456	4468	506	1260	556	8061	606	4869
357	0843	407	7620	457	4404	507	1196	557	7997	607	4805
358	0779	408	7555	458	4340	508	1132	558	7933	608	4741
359	0714	409	7491	459	4276	509	1068	559	7869	609	4677
360	0650	410	7427	460	4212	510	1004	560	7806	610	4614
39 361	**254 0585**	**39 411**	**253 7362**	**39 461**	**253 4147**	**39 511**	**253 0940**	**39 561**	**252 7742**		
362	0521	412	7298	462	4083	512	0876	562	7678		
363	0456	413	7233	463	4019	513	0812	563	7614		
364	0392	414	7169	464	3954	514	0748	564	7550		
365	0327	415	7105	465	3890	515	0684	565	7486		
366	0263	416	7040	466	3826	516	0620	566	7422		
367	0198	417	6976	467	3761	517	0556	567	7358		
368	0134	418	6911	468	3697	518	0492	568	7294		
369	0069	419	6847	469	3633	519	0428	569	7230		
370	0005	420	6783	470	3569	520	0364	570	7167		
371	**253 9940**	**39 421**	**253 6718**	**39 471**	**253 3504**	**39 521**	**253 0300**	**39 571**	**252 7103**		
372	9876	422	6654	472	3440	522	0236	572	7039		
373	9811	423	6589	473	3376	523	0172	573	6975		
374	9747	424	6525	474	3312	524	0108	574	6911		
375	9682	425	6461	475	3248	525	0044	575	6847		
376	9618	426	6396	476	3183	526	252 9980	576	6783		
377	9553	427	6332	477	3119	527	9916	577	6719		
378	9489	428	6267	478	3055	528	9852	578	6655		
379	9424	429	6203	479	2991	529	9788	579	6591		
380	9360	430	6139	480	2927	530	9724	580	6528		

DIFF.

	65	64	63
0 01	1	1	1
0 02	1	1	1
0 03	2	2	3
0 04	3	3	3
0 05	3	3	3
0 06	4	4	4
0 07	4	4	4
0 08	5	5	5
0 09	6	6	6
0 10	7	6	6
0 20	13	13	13
0 30	20	19	19
0 40	26	26	25
0 50	33	32	32
0 60	39	38	38
0 70	46	45	44
0 80	52	51	50
0 90	59	58	57
1 00	65	64	63

DIVISEURS : 39611 A 39890.

DIVISEUR	Nombre à multiplier par le dividende	DIVISEUR	Nombre à multiplier par le dividende	DIVISEUR	Nombre à multiplier par le dividende	DIVISEUR	Nombre à multiplier par le dividende	DIVISEUR	Nombre à multiplier par le dividende	DIVISEUR	Nombre à multiplier par le dividende
39 611	252 4550	39 661	252 1368	39 711	254 8193	39 761	251 5026	39 811	254 1867	39 861	250 8747
612	4486	662	1304	712	8130	762	4963	812	1804	862	8654
613	4422	663	1241	713	8066	763	4900	813	1741	863	8594
614	4359	664	1177	714	8003	764	4837	814	1678	864	8528
615	4295	665	1114	715	7940	765	4774	815	1615	865	8465
616	4231	666	1050	716	7876	766	4710	816	1552	866	8402
617	4168	667	0986	717	7813	767	4647	817	1489	867	8339
618	4104	668	0923	718	7749	768	4584	818	1426	868	8276
619	4040	669	0859	719	7686	769	4521	819	1363	869	8213
620	3977	670	0796	720	7623	770	4458	820	1300	870	8151
39 621	252 3943	39 671	252 0732	39 721	251 7559	39 771	254 4394	39 821	254 1237	39 871	250 8088
622	3849	672	0669	722	7496	772	4331	822	1174	872	8025
623	3785	673	0605	723	7432	773	4268	823	1111	873	7962
624	3722	674	0542	724	7369	774	4205	824	1048	874	7899
625	3658	675	0478	725	7306	775	4142	825	0985	875	7836
626	3594	676	0415	726	7242	776	4078	826	0922	876	7773
627	3531	677	0351	727	7179	777	4015	827	0859	877	7710
628	3467	678	0288	728	7115	778	3952	828	0796	878	7647
629	3403	679	0224	729	7052	779	3889	829	0733	879	7584
630	3340	680	0161	730	6989	780	3826	830	0670	880	7522
39 631	252 3276	39 681	252 0097	39 731	254 6925	39 781	251 3762	39 831	254 0607	39 881	250 7459
632	3212	682	0034	732	6862	782	3699	832	0544	882	7396
633	3149	683	254 9970	733	6799	783	3636	833	0481	883	7333
634	3085	684	9907	734	6735	784	3573	834	0418	884	7270
635	3022	685	9843	735	6672	785	3510	835	0355	885	7207
636	2958	686	9780	736	6609	786	3446	836	0292	886	7144
637	2894	687	9716	737	6545	787	3383	837	0229	887	7081
638	2831	688	9653	738	6482	788	3320	838	0166	888	7018
639	2767	689	9589	739	6419	789	3257	839	0103	889	6955
640	2704	690	9526	740	6356	790	3194	840	0040	890	6893
39 641	252 2640	39 691	251 9462	39 741	254 6292	39 791	251 3130	39 841	250 9977		
642	2576	692	9399	742	6229	792	3067	842	9914		
643	2513	693	9335	743	6166	793	3004	843	9851		
644	2449	694	9272	744	6102	794	2941	844	9788		
645	2386	695	9208	745	6039	795	2878	845	9725		
646	2322	696	9145	746	5976	796	2814	846	9662		
647	2258	697	9081	747	5912	797	2751	847	9599		
648	2195	698	9018	748	5849	798	2688	848	9536		
649	2131	699	8954	749	5786	799	2625	849	9473		
650	2068	700	8891	750	5723	800	2562	850	9410		
39 651	252 2004	39 701	254 8827	39 751	254 5659	39 801	251 2498	39 851	250 9347		
652	1940	702	8764	752	5596	802	2435	852	9284		
653	1877	703	8700	753	5533	803	2372	853	9221		
654	1813	704	8637	754	5469	804	2309	854	9158		
655	1750	705	8574	755	5406	805	2246	855	9095		
656	1686	706	8510	756	5343	806	2183	856	9032		
657	1622	707	8447	757	5279	807	2120	857	8969		
658	1559	708	8383	758	5216	808	2057	858	8906		
659	1495	709	8320	759	5153	809	1994	859	8843		
660	1432	710	8257	760	5090	810	1934	860	8780		

DIFF.

	64	63	62
0 01	1	1	1
0 02	1	1	1
0 03	2	2	2
0 04	3	3	2
0 05	3	3	3
0 06	4	4	4
0 07	4	4	4
0 08	5	5	5
0 09	6	6	6
0 10	6	6	6
0 20	13	13	12
0 30	19	19	19
0 40	26	25	25
0 50	32	32	31
0 60	38	38	37
0 70	45	44	43
0 80	51	50	50
0 90	58	57	56
1 00	64	63	62

36

DIVISEURS : **39891 A 40170**.

DIVISEUR	Nombre à multiplier par le dividende	DIVISEUR	Nombre à multiplier par le dividende	DIVISEUR	Nombre à multiplier par le dividende	DIVISEUR	Nombre à multiplier par le dividende	DIVISEUR	Nombre à multiplier par le dividende	DIVISEUR	Nombre à multiplier par le dividende
39 891	250 6830	39 941	250 3692	39 991	250 0562	40 041	249 7439	40 091	249 4324	40 141	249 1218
892	6767	942	3629	992	0500	042	7377	092	4262	142	1156
893	6704	943	3566	993	0437	043	7314	093	4200	143	1094
894	6641	944	3504	994	0375	044	7252	094	4138	144	1032
895	6579	945	3441	995	0312	045	7190	095	4076	145	0970
896	6516	946	3378	996	0250	046	7127	096	4013	146	0908
897	6453	947	3316	997	0187	047	7065	097	3951	147	0846
898	6390	948	3253	998	0125	048	7002	098	3889	148	0784
899	6327	949	3190	999	0062	049	6940	099	3827	149	0722
900	6265	950	3128	40 000	0000	050	6878	100	3765	150	0660
39 901	250 6202	39 951	250 3065	40 001	249 9937	40 051	249 6815	40 101	249 3702	40 151	249 0597
902	6139	952	3002	002	9875	052	6753	102	3640	152	0535
903	6076	953	2940	003	9812	053	6691	103	3578	153	0473
904	6013	954	2877	004	9750	054	6628	104	3516	154	0411
905	5951	955	2815	005	9687	055	6566	105	3454	155	0349
906	5888	956	2752	006	9625	056	6504	106	3391	156	0287
907	5825	957	2689	007	9562	057	6441	107	3329	157	0225
908	5762	958	2627	008	9500	058	6379	108	3267	158	0163
909	5699	959	2564	009	9437	059	6317	109	3205	159	0101
910	5637	960	2502	010	9375	060	6255	110	3143	160	0039
39 911	250 5574	39 961	250 2439	40 011	249 9312	40 061	249 6192	40 111	249 3080	40 161	248 9977
912	5511	962	2376	012	9250	062	6130	112	3018	162	9915
913	5448	963	2314	013	9187	063	6068	113	2956	163	9853
914	5386	964	2251	014	9125	064	6005	114	2894	164	9791
915	5323	965	2189	015	9062	065	5943	115	2832	165	9729
916	5260	966	2126	016	9000	066	5881	116	2770	166	9667
917	5198	967	2063	017	8937	067	5818	117	2708	167	9605
918	5135	968	2001	018	8875	068	5756	118	2646	168	9543
919	5072	969	1938	019	8812	069	5694	119	2584	169	9481
920	5010	970	1876	020	8750	070	5632	120	2522	170	9419
39 921	250 4947	39 971	250 1813	40 021	249 8687	40 071	249 5569	40 121	249 2459		
922	4884	972	1750	022	8625	072	5507	122	2397		
923	4821	973	1688	023	8562	073	5445	123	2335		
924	4758	974	1625	024	8500	074	5382	124	2273		
925	4696	975	1563	025	8438	075	5320	125	2211		
926	4633	976	1500	026	8375	076	5258	126	2149		
927	4570	977	1437	027	8313	077	5195	127	2087		
928	4507	978	1375	028	8250	078	5133	128	2025		
929	4444	979	1312	029	8188	079	5071	129	1963		
930	4382	980	1250	030	8126	080	5009	130	1901		
39 931	250 4319	39 981	250 1187	40 031	249 8063	40 081	249 4946	40 131	249 1838		
932	4256	982	1125	032	8001	082	4884	132	1776		
933	4193	983	1062	033	7938	083	4822	133	1714		
934	4131	984	1000	034	7876	084	4760	134	1652		
935	4068	985	0937	035	7814	085	4698	135	1590		
936	4005	986	0875	036	7751	086	4635	136	1528		
937	3943	987	0812	037	7689	087	4573	137	1466		
938	3880	988	0750	038	7626	088	4511	138	1404		
939	3817	989	0687	039	7564	089	4449	139	1342		
940	3755	990	0625	040	7502	090	4387	140	1280		

DIFF.

	63	62	61
0 01	1	1	1
0 02	1	1	1
0 03	2	2	2
0 04	3	2	2
0 05	3	3	3
0 06	4	4	4
0 07	4	4	4
0 08	5	5	5
0 09	6	6	5
0 10	6	6	6
0 20	13	12	12
0 30	19	19	18
0 40	25	25	24
0 50	32	31	31
0 60	38	37	37
0 70	44	43	43
0 80	50	50	49
0 90	57	56	55
1 00	63	62	61

Diviseurs : **40171** à **40450**.

DIVISEUR	Nombre à multiplier par le dividende	DIVISEUR	Nombre à multiplier par le dividende	DIVISEUR	Nombre à multiplier par le dividende	DIVISEUR	Nombre à multiplier par le dividende	DIVISEUR	Nombre à multiplier par le dividende	DIVISEUR	Nombre à multiplier par le dividende
40 171	248 9357	40 221	248 6263	40 271	248 3176	40 321	248 0096	40 371	247 7024	40 421	247 3960
172	9295	222	6201	272	3114	322	0035	372	6963	422	3899
173	9233	223	6139	273	3052	323	247 9973	373	6902	423	3838
174	9171	224	6077	274	2991	324	9912	374	6840	424	3777
175	9109	225	6016	275	2929	325	9850	375	6779	425	3716
176	9047	226	5954	276	2867	326	9789	376	6718	426	3654
177	8985	227	5892	277	2806	327	9727	377	6656	427	3593
178	8923	228	5830	278	2744	328	9666	378	6595	428	3532
179	8861	229	5768	279	2682	329	9604	379	6534	429	3471
180	8800	230	5707	280	2621	330	9543	380	6473	430	3410
40 181	248 8738	40 231	248 5645	40 281	248 2559	40 331	247 9481	40 381	247 6411	40 431	247 3348
182	8676	232	5583	282	2497	332	9420	382	6350	432	3287
183	8614	233	5521	283	2436	333	9358	383	6289	433	3226
184	8552	234	5459	284	2374	334	9297	384	6227	434	3165
185	8490	235	5398	285	2313	335	9236	385	6166	435	3104
186	8428	236	5336	286	2251	336	9174	386	6105	436	3043
187	8366	237	5274	287	2189	337	9113	387	6043	437	2982
188	8304	238	5212	288	2128	338	9051	388	5982	438	2921
189	8242	239	5150	289	2066	339	8990	389	5921	439	2860
190	8181	240	5089	290	2005	340	8929	390	5860	440	2799
40 191	248 8119	40 241	248 5027	40 291	248 1943	40 341	247 8867	40 391	247 5798	40 441	247 2737
192	8057	242	4965	292	1881	342	8806	392	5737	442	2676
193	7995	243	4903	293	1820	343	8744	393	5676	443	2615
194	7933	244	4842	294	1758	344	8683	394	5614	444	2554
195	7871	245	4780	295	1697	345	8621	395	5553	445	2493
196	7809	246	4718	296	1635	346	8560	396	5492	446	2431
197	7747	247	4657	297	1573	347	8498	397	5430	447	2370
198	7685	248	4595	298	1512	348	8437	398	5369	448	2309
199	7623	249	4533	299	1450	349	8375	399	5308	449	2248
200	7562	250	4472	300	1389	350	8314	400	5247	450	2187
40 201	248 7500	40 251	248 4410	40 301	248 1327	40 351	247 8252	40 401	247 5185		
202	7438	252	4348	302	1266	352	8191	402	5124		
203	7376	253	4286	303	1204	353	8129	403	5063		
204	7314	254	4225	304	1143	354	8068	404	5001		
205	7252	255	4163	305	1081	355	8007	405	4940		
206	7190	256	4101	306	1020	356	7945	406	4879		
207	7128	257	4040	307	0958	357	7884	407	4817		
208	7066	258	3978	308	0897	358	7822	408	4756		
209	7004	259	3916	309	0835	359	7761	409	4695		
210	6943	260	3855	310	0774	360	7700	410	4634		
40 211	248 6881	40 261	248 3793	40 311	248 0712	40 361	247 7638	40 411	247 4572		
212	6819	262	3731	312	0650	362	7577	412	4511		
213	6757	263	3669	313	0589	363	7515	413	4450		
214	6695	264	3608	314	0527	364	7454	414	4389		
215	6634	265	3546	315	0466	365	7393	415	4328		
216	6572	266	3484	316	0404	366	7331	416	4266		
217	6510	267	3423	317	0342	367	7270	417	4205		
218	6448	268	3361	318	0281	368	7208	418	4144		
219	6386	269	3299	319	0219	369	7147	419	4083		
220	6325	270	3238	320	0158	370	7086	420	4022		

DIFF.

	62	61	60
0 01	1	1	1
0 02	1	1	1
0 03	2	2	2
0 04	2	2	2
0 05	3	3	3
0 06	4	4	4
0 07	4	4	4
0 08	5	5	5
0 09	6	5	5
0 10	6	6	6
0 20	12	12	12
0 30	19	18	18
0 40	25	24	24
0 50	31	31	30
0 60	37	37	36
0 70	43	43	42
0 80	50	49	48
0 90	56	55	54
1 00	62	61	60

DIVISEURS : 40451 A 40730.

DIVISEUR	Nombre à multiplier par le dividende	DIVISEUR	Nombre à multiplier par le dividende	DIVISEUR	Nombre à multiplier par le dividende	DIVISEUR	Nombre à multiplier par le dividende	DIVISEUR	Nombre à multiplier par le dividende	DIVISEUR	Nombre à multiplier par le dividende
40 451	247 2125	40 501	246 9074	40 551	246 6030	40 601	246 2993	40 651	245 9963	40 701	245 6941
452	2064	502	9013	552	5969	602	2932	652	9903	702	6881
453	2003	503	8952	553	5908	603	2871	653	9842	703	6820
454	1942	504	8894	554	5847	604	2811	654	9782	704	6760
455	1881	505	8830	555	5787	605	2750	655	9721	705	6700
456	1820	506	8769	556	5726	606	2689	656	9661	706	6639
457	1759	507	8708	557	5665	607	2629	657	9600	707	6579
458	1698	508	8647	558	5604	608	2568	658	9540	708	6518
459	1637	509	8586	559	5543	609	2507	659	9479	709	6458
460	1576	510	8525	560	5483	610	2447	660	9419	710	6398
40 461	247 1515	40 511	246 8464	40 561	246 5422	40 611	246 2386	40 661	245 9358	40 711	245 6337
462	1454	512	8403	562	5361	612	2325	662	9298	712	6277
463	1393	513	8342	563	5300	613	2265	663	9237	713	6217
464	1332	514	8281	564	5239	614	2204	664	9177	714	6156
465	1271	515	8221	565	5179	615	2144	665	9116	715	6096
466	1210	516	8160	566	5118	616	2083	666	9056	716	6036
467	1149	517	8099	567	5057	617	2022	667	8995	717	5975
468	1088	518	8038	568	4996	618	1962	668	8935	718	5915
469	1027	519	7977	569	4935	619	1901	669	8874	719	5855
470	0966	520	7917	570	4875	620	1841	670	8814	720	5795
40 471	247 0904	40 521	246 7856	40 571	246 4814	40 621	246 1780	40 671	245 8753	40 721	245 5734
472	0843	522	7795	572	4753	622	1719	672	8693	722	5674
473	0782	523	7734	573	4692	623	1659	673	8632	723	5614
474	0721	524	7673	574	4632	624	1598	674	8572	724	5553
475	0660	525	7612	575	4571	625	1538	675	8512	725	5493
476	0599	526	7551	576	4510	626	1477	676	8451	726	5433
477	0538	527	7490	577	4450	627	1416	677	8391	727	5372
478	0477	528	7429	578	4389	628	1356	678	8330	728	5312
479	0416	529	7368	579	4328	629	1295	679	8270	729	5252
480	0355	530	7308	580	4268	630	1235	680	8210	730	5192
40 481	247 0294	40 531	246 7247	40 581	246 4207	40 631	246 1174	40 681	245 8149		
482	0233	532	7186	582	4146	632	1113	682	8089		
483	0172	533	7125	583	4085	633	1053	683	8028		
484	0111	534	7064	584	4025	634	0992	684	7968		
485	0050	535	7003	585	3964	635	0932	685	7908		
486	246 9989	536	6942	586	3903	636	0871	686	7847		
487	9928	537	6881	587	3843	637	0810	687	7787		
488	9867	538	6820	588	3782	638	0750	688	7726		
489	9806	539	6759	589	3721	639	0689	689	7666		
490	9745	540	6699	590	3661	640	0629	690	7606		
40 491	246 9684	40 541	246 6638	40 591	246 3600	40 641	246 0568	40 691	245 7545		
492	9623	542	6577	592	3539	642	0508	692	7485		
493	9562	543	6516	593	3478	643	0447	693	7424		
494	9501	544	6455	594	3418	644	0387	694	7364		
495	9440	545	6395	595	3357	645	0326	695	7304		
496	9379	546	6334	596	3296	646	0266	696	7243		
497	9318	547	6273	597	3236	647	0205	697	7183		
498	9257	548	6212	598	3175	648	0145	698	7122		
499	9196	549	6151	599	3114	649	0084	699	7062		
500	9135	550	6091	600	3054	650	0024	700	7002		

DIFF.

	62	61	60
0 01	1	1	1
0 02	1	1	1
0 03	2	2	2
0 04	2	2	2
0 05	3	3	3
0 06	4	4	4
0 07	4	4	4
0 08	5	5	5
0 09	6	5	5
0 10	6	6	6
0 20	12	12	12
0 30	19	18	18
0 40	25	24	24
0 50	31	31	30
0 60	37	37	36
0 70	43	43	42
0 80	50	49	48
0 90	56	55	54
1 00	62	61	60

DIVISEURS : 40731 A 41010.

DIVISEUR	Nombre à multiplier par le dividende	DIVISEUR	Nombre à multiplier par le dividende	DIVISEUR	Nombre à multiplier par le dividende	DIVISEUR	Nombre à multiplier par le dividende	DIVISEUR	Nombre à multiplier par le dividende	DIVISEUR	Nombre à multiplier par le dividende
40 731	245 5131	40 781	245 2121	40 831	244 9119	40 881	244 6123	40 931	244 3135	40 981	244 0151
732	5071	782	2061	832	9059	882	6063	932	3075	982	0095
733	5011	783	2001	833	8999	883	6003	933	3015	983	0035
734	4951	784	1941	834	8939	884	5943	934	2956	984	243 9976
735	4891	785	1881	835	8879	885	5884	935	2896	985	9916
736	4830	786	1821	836	8819	886	5824	936	2836	986	9857
737	4770	787	1761	837	8759	887	5764	937	2777	987	9797
738	4710	788	1701	838	8699	888	5704	938	2717	988	9738
739	4650	789	1641	839	8639	889	5644	939	2657	989	9678
740	4590	790	1581	840	8579	890	5585	940	2598	990	9619
40 741	245 4529	40 791	245 1520	40 841	244 8519	40 891	244 5525	40 941	244 2538	40 991	243 9559
742	4469	792	1460	842	8459	892	5465	942	2478	992	9500
743	4409	793	1400	843	8399	893	5405	943	2419	993	9440
744	4348	794	1340	844	8339	894	5345	944	2359	994	9381
745	4288	795	1280	845	8279	895	5286	945	2300	995	9321
746	4228	796	1220	846	8219	896	5226	946	2240	996	9262
747	4167	797	1160	847	8159	897	5166	947	2180	997	9202
748	4107	798	1100	848	8099	898	5106	948	2121	998	9143
749	4047	799	1040	849	8039	899	5046	949	2061	999	9083
750	3987	800	0980	850	7980	900	4987	950	2002	41 000	9024
40 751	245 3926	40 801	245 0919	40 851	244 7920	40 901	244 4927	40 951	244 1942	41 001	243 8964
752	3866	802	0859	852	7860	902	4867	952	1882	002	8905
753	3806	803	0799	853	7800	903	4807	953	1823	003	8845
754	3746	804	0739	854	7740	904	4748	954	1763	004	8786
755	3686	805	0679	855	7680	905	4688	955	1704	005	8726
756	3625	806	0619	856	7620	906	4628	956	1644	006	8667
757	3565	807	0559	857	7560	907	4569	957	1584	007	8607
758	3505	808	0499	858	7500	908	4509	958	1525	008	8548
759	3445	809	0439	859	7440	909	4449	959	1465	009	8488
760	3385	810	0379	860	7381	910	4390	960	1406	010	8429
40 761	245 3324	40 811	245 0319	40 861	244 7321	40 911	244 4330	40 961	244 1346		
762	3264	812	0259	862	7261	912	4270	962	1286		
763	3204	813	0199	863	7201	913	4210	963	1227		
764	3144	814	0139	864	7141	914	4150	964	1167		
765	3084	815	0079	865	7081	915	4091	965	1108		
766	3023	816	0019	866	7021	916	4031	966	1048		
767	2963	817	244 9959	867	6961	917	3971	967	0988		
768	2903	818	9899	868	6901	918	3911	968	0929		
769	2843	819	9839	869	6841	919	3851	969	0869		
770	2783	820	9779	870	6782	920	3792	970	0810		
40 771	245 2722	40 821	244 9719	40 871	244 6722	40 921	244 3732	40 971	244 0750		
772	2662	822	9659	872	6662	922	3672	972	0690		
773	2602	823	9599	873	6602	923	3612	973	0631		
774	2542	824	9539	874	6542	924	3553	974	0571		
775	2482	825	9479	875	6482	925	3493	975	0512		
776	2422	826	9419	876	6422	926	3433	976	0452		
777	2362	827	9359	877	6362	927	3374	977	0392		
778	2302	828	9299	878	6302	928	3314	978	0333		
779	2242	829	9239	879	6242	929	3254	979	0273		
780	2182	830	9179	880	6183	930	3195	980	0214		

DIFF.

	61	60	59
0 01	1	1	1
0 02	1	1	1
0 03	2	2	2
0 04	2	2	2
0 05	3	3	3
0 06	4	4	4
0 07	4	4	4
0 08	5	5	5
0 09	5	5	5
0 10	6	6	6
0 20	12	12	12
0 30	18	18	18
0 40	24	24	24
0 50	31	30	30
0 60	37	36	35
0 70	43	42	41
0 80	49	48	47
0 90	55	54	53
1 00	61	60	59

37

Diviseurs : **41011** a **41290**.

DIVISEUR	Nombre à multiplier par le dividende	DIVISEUR	Nombre à multiplier par le dividende	DIVISEUR	Nombre à multiplier par le dividende	DIVISEUR	Nombre à multiplier par le dividende	DIVISEUR	Nombre à multiplier par le dividende	DIVISEUR	Nombre à multiplier par le dividende
41 011	243 8369	41 061	243 5400	41 111	243 2438	41 161	242 9484	41 211	242 6536	41 261	242 3595
012	8310	062	5341	112	2379	162	9425	212	6477	262	3536
013	8250	063	5282	113	2320	163	9366	213	6418	263	3477
014	8191	064	5222	114	2261	164	9307	214	6359	264	3419
015	8132	065	5163	115	2202	165	9248	215	6300	265	3360
016	8072	066	5104	116	2142	166	9189	216	6241	266	3301
017	8013	067	5044	117	2083	167	9130	217	6182	267	3243
018	7953	068	4985	118	2024	168	9071	218	6123	268	3184
019	7894	069	4926	119	1965	469	9012	219	6064	269	3125
020	7835	070	4867	120	1906	170	8953	220	6006	270	3067
41 021	243 7775	41 071	243 4807	41 121	243 1846	41 171	242 8894	41 221	242 5947	41 271	242 3008
022	7716	072	4748	122	1787	172	8835	222	5888	272	2949
023	7656	073	4689	123	1728	173	8776	223	5829	273	2890
024	7597	074	4629	124	1669	174	8747	224	5770	274	2832
025	7538	075	4570	125	1610	175	8658	225	5712	275	2773
026	7478	076	4511	126	1551	176	8599	226	5653	276	2714
027	7419	077	4451	127	1492	177	8540	227	5594	277	2656
028	7359	078	4392	128	1433	178	8481	228	5535	278	2597
029	7300	079	4333	129	1374	179	8422	229	5476	279	2538
030	7241	080	4274	130	1315	180	8363	230	5418	280	2480
41 031	243 7181	41 081	243 4214	41 131	243 1255	41 181	242 8304	41 231	242 5359	41 281	242 2421
032	7122	082	4155	132	1196	182	8245	232	5300	282	2362
033	7062	083	4096	133	1137	183	8186	233	5241	283	2303
034	7003	084	4037	134	1078	184	8127	234	5182	284	2245
035	6944	085	3978	135	1019	185	8068	235	5124	285	2186
036	6884	086	3918	136	0960	186	8009	236	5065	286	2127
037	6825	087	3859	137	0901	187	7950	237	5006	287	2069
038	6765	088	3800	138	0842	188	7891	238	4947	288	2010
039	6706	089	3741	139	0783	189	7832	239	4888	289	1951
040	6647	090	3682	140	0724	190	7773	240	4830	290	1893
41 041	243 6587	41 091	243 3622	41 141	243 0664	41 191	242 7714	41 241	242 4771		
042	6528	092	3563	142	0605	192	7655	242	4712		
043	6468	093	3504	143	0546	193	7596	243	4653		
044	6409	094	3445	144	0487	194	7537	244	4594		
045	6350	095	3386	145	0428	195	7478	245	4536		
046	6290	096	3326	146	0369	196	7419	246	4477		
047	6231	097	3267	147	0310	197	7360	247	4418		
048	6171	098	3208	148	0251	198	7301	248	4359		
049	6112	099	3149	149	0192	199	7242	249	4300		
050	6053	100	3090	150	0133	200	7184	250	4242		
41 051	243 5993	41 101	243 3030	41 151	243 0074	41 201	242 7125	41 251	242 4183		
052	5934	102	2974	152	0015	202	7066	252	4124		
053	5875	103	2912	153	242 9956	203	7007	253	4065		
054	5815	104	2853	154	9897	204	6948	254	4006		
055	5756	105	2794	155	9838	205	6889	255	3948		
056	5697	106	2734	156	9779	206	6830	256	3889		
057	5637	107	2675	157	9720	207	6771	257	3830		
058	5578	108	2616	158	9664	208	6712	258	3771		
059	5519	109	2557	159	9602	209	6653	259	3712		
060	5460	110	2498	160	9543	210	6595	260	3654		

Diff.

	60	59	58
0 01	1	1	1
0 02	1	1	1
0 03	2	2	2
0 04	2	2	2
0 05	3	3	3
0 06	4	4	3
0 07	4	4	4
0 08	5	5	5
0 09	5	5	5
0 10	6	6	6
0 20	12	12	12
0 30	18	18	17
0 40	24	24	23
0 50	30	30	29
0 60	36	35	35
0 70	42	41	41
0 80	48	47	46
0 90	54	53	52
1 00	60	59	58

DIVISEURS : 41291 A 41570.

DIVISEUR	Nombre à multiplier par le dividende	DIVISEUR	Nombre à multiplier par le dividende	DIVISEUR	Nombre à multiplier par le dividende	DIVISEUR	Nombre à multiplier par le dividende	DIVISEUR	Nombre à multiplier par le dividende	DIVISEUR	Nombre à multiplier par le dividende
41 291	242 1834	41 341	241 8905	41 391	241 5983	41 441	241 3068	41 491	241 0160	41 541	240 7260
292	1775	342	8847	392	5925	442	3010	492	0102	542	7202
293	1717	343	8788	393	5866	443	2952	493	0044	543	7144
294	1658	344	8730	394	5808	444	2894	494	240 9986	544	7086
295	1600	345	8671	395	5750	445	2836	495	9928	545	7028
296	1541	346	8613	396	5691	446	2777	496	9870	546	6970
297	1482	347	8554	397	5633	447	2719	497	9812	547	6912
298	1424	348	8496	398	5574	448	2661	498	9754	548	6854
299	1365	349	8437	399	5516	449	2603	499	9696	549	6796
300	1307	350	8379	400	5458	450	2545	500	9638	550	6738
41 301	242 1248	41 351	241 8320	41 401	241 5399	41 451	241 2486	41 501	240 9580	41 551	240 6680
302	1189	352	8262	402	5341	452	2428	502	9522	552	6622
303	1131	353	8203	403	5283	453	2370	503	9464	553	6564
304	1072	354	8145	504	5224	454	2312	504	9406	554	6506
305	1014	355	8086	405	5166	455	2254	505	9348	555	6448
306	0955	356	8028	406	5108	456	2195	506	9290	556	6390
307	0896	357	7969	407	5049	457	2137	507	92 2	557	6332
308	0838	358	7911	408	4991	458	2079	508	9174	558	6274
309	0779	359	7852	409	4933	459	2021	509	9116	559	6216
310	0721	360	7794	410	4875	460	1963	510	9058	560	6159
41 311	242 0662	41 361	241 7735	41 411	241 4846	41 461	241 1904	41 511	240 8999	41 561	340 6101
312	0603	362	7677	412	4758	462	1846	512	8941	562	6043
313	0545	363	7618	413	4700	463	1788	513	8883	563	5985
314	0486	364	7560	414	4641	464	1730	514	8825	564	5927
315	0428	365	7502	415	4583	465	1672	515	8767	565	5869
316	0369	366	7443	416	4525	466	1613	516	8709	566	5811
317	0310	367	7385	417	4466	467	1555	517	8651	567	5753
318	0252	368	7326	418	4408	468	1497	518	8593	568	5695
319	0193	369	7268	419	4350	469	1439	519	8535	569	5637
320	0135	370	7210	420	4292	470	1381	520	8477	570	5580
41 321	242 0076	41 371	241 7151	41 421	241 4233	41 471	241 1322	41 521	240 8419		
322	0017	372	7093	422	4175	472	1264	522	8361		
323	241 9959	373	7034	423	4117	473	1206	523	8303		
324	9900	374	6976	424	4058	474	1148	524	8245		
325	9842	375	6918	425	4000	475	1090	525	8187		
326	9783	376	6859	426	3942	476	1032	526	8129		
327	9724	377	6801	427	3883	477	0974	527	8071		
328	9666	378	6742	428	3825	478	0916	528	8013		
329	9607	379	6684	429	3767	479	0858	529	7955		
330	9549	380	6626	430	3709	480	0800	530	7897		
41 331	241 9490	41 381	241 6567	41 431	241 3650	41 481	241 0744	41 531	240 7839		
332	9432	382	6509	432	3592	482	0683	532	7781		
333	9373	383	6450	433	3534	483	0625	533	7723		
334	9315	384	6392	434	3476	484	0567	534	7665		
335	9256	385	6334	435	3418	485	0509	535	7607		
336	9198	386	6275	436	3359	486	0451	536	7549		
337	9139	387	6217	437	3301	487	0393	537	7491		
338	9081	388	6158	438	3243	488	0335	538	7433		
339	9022	389	6100	439	3185	489	0277	539	7375		
340	8964	390	6042	440	3127	490	0219	540	7318		

DIFF.

	59	58	57
0 01	1	1	1
0 02	1	1	1
0 03	2	2	2
0 04	2	2	2
0 05	3	3	3
0 06	4	4	3
0 07	4	4	4
0 08	5	5	5
0 09	5	5	5
0 10	6	6	6
0 20	12	12	11
0 30	18	17	17
0 40	24	23	23
0 50	30	29	29
0 60	35	35	34
0 70	41	41	40
0 80	47	46	46
0 90	53	52	51
1 00	59	58	57

DIVISEURS : **41571** A **41850**.

DIVISEUR	Nombre à multiplier par le dividende	DIVISEUR	Nombre à multiplier par le dividende	DIVISEUR	Nombre à multiplier par le dividende	DIVISEUR	Nombre à multiplier par le dividende	DIVISEUR	Nombre à multiplier par le dividende	DIVISEUR	Nombre à multiplier par le dividende
41 571	240 5522	41 621	240 2633	41 671	239 9749	41 721	239 6873	41 771	239 4004	41 821	239 1142
572	5464	622	2575	672	9691	722	6846	772	3947	822	1085
573	5406	623	2517	673	9634	723	6758	773	3890	823	1028
574	5348	624	2459	674	9576	724	6701	774	3832	824	0971
575	5291	625	2402	675	9519	725	6644	775	3775	825	0914
576	5233	626	2344	576	9461	726	6586	776	3718	826	0856
577	5175	627	2286	677	9403	727	6529	777	3660	827	0799
578	5117	628	2228	678	9346	728	6471	778	3603	828	0742
579	5059	629	2170	679	9288	729	6414	779	3546	829	0685
580	5002	630	.2113	680	9231	730	6357	780	3489	830	0628
41 581	240 4944	41 631	240 2055	41 681	239 9173	41 731	239 6299	41 781	239 3431	41 831	239 0570
582	4886	632	1997	682	9116	732	6242	782	3374	832	0513
583	4828	633	1939	683	9058	733	6184	783	3317	833	0456
584	4770	634	1882	684	9001	734	6127	784	3259	834	0399
585	4713	635	1824	685	8943	735	6070	785	3202	835	0342
586	4655	636	1766	686	8886	736	6012	786	3145	836	0284
587	4597	637	1709	687	8828	737	5955	787	3087	837	0227
588	4539	638	1651	688	8771	738	5897	788	3030	838	0170
589	4481	639	1593	689	8713	739	5840	789	2973	839	0113
590	4424	640	1536	690	8656	740	5783	790	2916	840	0056
41 591	240 4366	41 641	240 1478	41 691	239 8598	41 741	239 5725	41 791	239 2858	41 841	238 9998
592	4308	642	1420	692	8541	742	5668	792	2801	842	9941
593	4250	643	1363	693	8483	743	5610	793	2744	843	9884
594	4192	644	1305	694	8426	744	5553	794	2687	844	9827
595	4135	645	1248	695	8368	745	5496	795	2630	845	9770
596	4077	646	1190	696	8311	746	5438	796	2572	846	9713
597	4019	647	1132	697	8253	747	5381	797	2515	847	9656
598	3961	648	1075	698	8196	748	5323	798	2458	848	9599
599	3903	649	1017	699	8138	749	5266	799	2401	849	9542
600	3846	650	0960	700	8081	750	5209	800	2344	850	9485
41 601	240 3788	41 651	240 0902	41 701	239 8023	41 751	239 5151	41 801	239 2286		
602	3730	652	0844	702	7966	752	5094	802	2229		
603	3672	653	0787	703	7908	753	5037	803	2172		
604	3614	654	0729	704	7851	754	4979	804	2115		
605	3557	655	0672	705	7793	755	4922	805	2058		
606	3499	656	0614	706	7736	756	4865	806	2000		
607	3441	657	0556	707	7678	757	4807	807	1943		
608	3383	658	0499	708	7621	758	4750	808	1886		
609	3325	659	0441	709	7563	759	4693	809	1829		
610	3268	660	0384	710	7506	760	4636	810	1772		
41 611	240 3210	41 661	240 0326	41 711	239 7448	41 761	239 4578	41 811	239 1714		
612	3152	662	0268	712	7391	762	4521	812	1657		
613	3094	663	0210	713	7333	763	4463	813	1600		
614	3037	664	0153	714	7276	764	4406	814	1543		
615	2979	665	0095	715	7218	765	4349	815	1486		
616	2921	666	0037	716	7161	766	4291	816	1428		
617	2864	667	239 9980	717	7103	767	4234	817	1371		
618	2806	668	9922	718	7046	768	4176	818	1314		
619	2748	669	9864	719	6988	769	4119	819	1257		
620	2691	670	9807	720	6931	770	4062	820	1200		

DIFF.

	58	57
0 01	1	1
0 02	1	1
0 03	2	2
0 04	2	2
0 05	3	3
0 06	3	3
0 07	4	4
0 08	5	5
0 09	5	5
0 10	6	6
0 20	12	11
0 30	17	17
0 40	23	23
0 50	29	29
0 60	35	34
0 70	41	40
0 80	46	46
0 90	52	51
1 00	58	57

Diviseurs : 41851 a 42130.

DIVISEUR	Nombre à multiplier par le dividende	DIVISEUR	Nombre à multiplier par le dividende	DIVISEUR	Nombre à multiplier par le dividende	DIVISEUR	Nombre à multiplier par le dividende	DIVISEUR	Nombre à multiplier par le dividende	DIVISEUR	Nombre à multiplier par le dividende
41 851	238 9428	41 901	238 6577	41 951	238 3733	42 001	238 0895	42 051	237 8064	42 101	237 5239
852	9371	902	6520	952	3676	002	0838	052	8007	102	5183
853	9314	903	6463	953	3619	003	0781	053	7951	103	5126
854	9257	904	6406	954	3562	004	0725	054	7894	104	5070
855	9200	905	6349	955	3506	005	0668	055	7838	105	5014
856	9143	906	6292	956	3449	006	0611	056	7781	106	4957
857	9086	907	6235	957	3392	007	0555	057	7724	107	4901
858	9029	908	6178	958	3335	008	0498	058	7668	108	4844
859	8972	909	6121	959	3278	009	0441	059	7611	109	4788
860	8915	910	6065	960	3222	010	0385	060	7555	110	4732
41 861	238 8857	41 911	238 6008	41 961	238 3165	42 011	238 0328	42 061	237 7498	42 111	237 4675
862	8800	912	5951	962	3108	012	0271	062	7441	112	4619
863	8743	913	5894	963	3051	013	0215	063	7385	113	4562
864	8686	914	5837	964	2994	014	0158	064	7328	114	4506
865	8629	915	5780	965	2938	015	0102	065	7272	115	4450
866	8572	916	5723	966	2881	016	0045	066	7215	116	4393
867	8515	917	5666	967	2824	017	237 9988	067	7158	117	4337
868	8458	918	5609	968	2767	018	9932	068	7102	118	4280
869	8401	919	5552	969	2710	019	9875	069	7045	119	4224
870	8344	920	5496	970	2654	020	9819	070	6989	120	4168
41 871	238 8287	41 921	238 5439	41 971	238 2597	42 021	237 9762	42 071	237 6932	42 121	237 4111
872	8230	922	5382	972	2540	022	9705	072	6876	122	4055
873	8173	923	5325	973	2483	023	9648	073	6819	123	3999
874	8116	924	5268	974	2426	024	9592	074	6763	124	3942
875	8059	225	5211	975	2370	025	9535	075	6707	125	3886
876	8002	926	5154	976	2313	026	9478	076	6650	126	3830
877	7945	827	5097	977	2256	027	9422	077	6594	127	3773
878	7888	928	5040	978	2199	028	9365	078	6537	128	3717
879	7831	929	4983	979	2142	029	9308	079	6481	129	3661
880	7774	930	4927	980	2086	030	9252	080	6425	130	3605
41 881	238 7717	41 931	238 4870	41 981	238 2029	42 031	237 9195	42 081	237 6368		
882	7660	932	4813	982	1972	032	9138	082	6312		
883	7603	933	4756	983	1915	033	9082	083	6255		
884	7546	934	4699	984	1859	034	9025	084	6199		
885	7489	935	4642	985	1802	035	8969	085	6143		
886	7432	936	4585	986	1745	036	8912	086	6086		
887	7375	937	4528	987	1689	037	8855	087	6030		
888	7318	938	4471	988	1632	038	8799	088	5973		
889	7261	939	4414	989	1575	039	8742	089	5917		
890	7204	940	4358	990	1519	040	8686	090	5861		
41 891	238 7147	41 941	238 4301	41 991	238 1462	42 041	237 8629	42 091	237 5804		
892	7090	942	4244	992	1405	042	8573	092	5748		
893	7033	943	4187	993	1348	043	8516	093	5691		
894	6976	944	4130	994	1292	044	8460	094	5635		
895	6919	945	4074	995	1235	045	8403	095	5578		
896	6862	946	4017	996	1178	046	8347	096	5522		
897	6805	947	3960	997	1122	047	8290	097	5465		
898	6748	948	3903	998	1065	048	8234	098	5409		
899	6691	949	3846	999	1008	049	8177	099	5352		
900	6634	950	3790	42 000	0952	050	8121	100	5296		

DIFF.

	57	56
0 01	1	1
0 02	1	1
0 03	2	2
0 04	2	2
0 05	3	3
0 06	3	3
0 07	4	4
0 08	5	5
0 09	5	5
0 10	6	6
0 20	11	11
0 30	17	17
0 40	23	22
0 50	29	28
0 60	34	34
0 70	40	39
0 80	46	45
0 90	51	50
1 00	57	56

38

DIVISEURS : 42131 A 42410.

DIVISEUR	Nombre à multiplier par le dividende	DIVISEUR	Nombre à multiplier par le dividende	DIVISEUR	Nombre à multiplier par le dividende	DIVISEUR	Nombre à multiplier par le dividende	DIVISEUR	Nombre à multiplier par le dividende	DIVISEUR	Nombre à multiplier par le dividende
42 131	237 3548	42 181	237 0734	42 231	236 7927	42 281	236 5128	42 331	236 2334	42 381	235 9547
132	3492	182	0678	232	7871	282	5072	332	2278	382	9491
133	3436	183	0622	233	7815	283	5046	333	2222	383	9435
134	3379	184	0566	234	7759	284	4960	334	2166	384	9380
135	3323	185	0510	235	7703	285	4904	335	2111	385	9324
136	3267	186	0453	236	7647	286	4848	336	2055	386	9268
137	3210	187	0397	237	7591	287	4792	337	1999	387	9213
138	3154	188	0341	238	7535	288	4736	338	1943	388	9157
139	3098	189	0285	239	7479	289	4680	339	1887	389	9101
140	3042	190	0229	240	7423	290	4625	340	1832	390	9046
42 141	237 2985	42 191	237 0172	42 241	236 7367	42 291	236 4569	42 341	236 1776	42 391	235 8990
142	2929	192	0116	242	7311	292	4513	342	1720	392	8934
143	2873	193	0060	243	7255	293	4457	343	1664	393	8879
144	2816	194	0004	244	7199	294	4401	344	1609	394	8823
145	2760	195	236 9948	245	7143	295	4345	345	1553	395	8768
146	2704	196	9892	246	7087	296	4289	346	1497	396	8712
147	2647	197	9836	247	7031	297	4233	347	1442	397	8656
148	3591	198	9780	248	6975	298	4177	348	1386	398	8601
149	2535	199	9724	249	6919	299	4121	349	1330	399	8545
150	2479	200	9668	250	6863	300	4066	350	1275	400	8490
42 151	237 2422	42 201	236 9611	42 251	236 6807	42 301	236 4010	42 351	236 1219	42 401	235 8434
152	2366	202	9555	252	6751	302	3954	352	1163	402	8378
153	2310	203	9499	253	6695	303	3898	353	1107	403	8323
154	2253	204	9443	254	6639	304	3842	354	1051	404	8267
155	2197	205	9387	255	6583	305	3786	355	0996	405	8242
156	2141	206	9330	256	6527	306	3730	356	0940	406	8156
157	2084	207	9274	257	6471	307	3674	357	0884	407	8100
158	2028	208	9218	258	6415	308	3618	358	0828	408	8045
159	1972	209	9462	259	6359	309	3562	359	0772	409	7989
160	1916	210	9106	260	6303	310	3507	360	0717	410	7934
42 161	237 1859	42 211	236 9049	42 261	236 6247	42 311	236 3451	42 361	236 0661		DIFF.
162	1803	212	9993	262	6191	312	3395	362	0605		
163	1747	213	8937	263	6135	313	3339	363	0549		
164	1691	214	8884	264	6079	314	3283	364	0494		
165	1635	215	8825	265	6023	315	3227	365	0438		
166	1578	216	8769	266	5967	316	3171	366	0382		
167	1522	217	8713	267	5911	317	3115	367	0327		
168	1466	218	8657	268	5855	318	3059	368	0271		
169	1410	219	8601	269	5799	319	3003	369	0215		
170	1354	220	8545	270	5744	320	2948	370	0160		
42 171	237 1297	42 221	236 8488	42 271	236 5688	42 321	236 2892	42 371	236 0104		
172	1241	222	8432	272	5632	322	2836	372	0048		
173	1185	223	8376	273	5576	323	2780	373	235 9992		
174	1128	224	8320	274	5520	324	2724	374	9937		
175	1072	225	8264	275	5464	325	2669	375	9884		
176	1016	226	8208	276	5408	326	2613	376	9825		
177	0959	227	8152	277	5352	327	2557	377	9770		
178	0903	228	8096	278	5296	328	2504	378	9714		
179	0847	229	8040	279	5240	329	2445	379	9658		
180	0791	230	7984	280	5184	330	2390	380	9603		

DIFF.

	56	55
0 01	1	1
0 02	1	1
0 03	2	2
0 04	2	2
0 05	3	3
0 06	3	3
0 07	4	4
0 08	4	4
0 09	5	5
0 10	6	6
0 20	11	11
0 30	17	17
0 40	22	22
0 50	28	28
0 60	34	33
0 70	39	39
0 80	45	44
0 90	50	50
1 00	56	55

DIVISEURS : 42411 A 42690.

DIVISEUR	Nombre à multiplier par le dividende	DIVISEUR	Nombre à multiplier par le dividende	DIVISEUR	Nombre à multiplier par le dividende	DIVISEUR	Nombre à multiplier par le dividende	DIVISEUR	Nombre à multiplier par le dividende	DIVISEUR	Nombre à multiplier par le dividende
42 411	235 7878	42 461	235 5101	42 511	235 2331	42 561	234 9567	42 611	234 6811	42 661	234 4061
412	7822	462	5046	512	2276	562	9512	612	6756	662	4006
413	7767	463	4990	513	2221	563	9457	613	6701	663	3951
414	7711	464	4935	514	2165	564	9402	614	6646	664	3896
415	7656	465	4880	515	2110	565	9347	615	6591	665	3841
416	7600	466	4824	516	2055	566	9291	616	6536	666	3786
417	7544	467	4769	517	1999	567	9236	617	6481	667	3731
418	7489	468	4713	518	1944	568	9181	618	6426	668	3676
419	7433	469	4658	519	1889	569	9126	619	6371	669	3621
420	7378	470	4603	520	1834	570	9071	620	6316	670	3566
42 421	235 7322	42 471	235 4547	42 521	235 1778	42 571	234 9015	42 621	234 6260	42 671	234 3511
422	7267	472	4492	522	1723	572	8960	622	6205	672	3456
423	7211	473	4436	523	1668	573	8905	623	6150	673	3401
424	7156	474	4381	524	1612	574	8850	624	6095	674	3346
425	7100	475	4325	525	1557	575	8795	625	6040	675	3291
426	7045	476	4270	526	1502	576	8740	626	5985	676	3236
427	6989	477	4214	527	1446	577	8685	627	5930	677	3181
428	6934	478	4159	528	1391	578	8630	628	5875	678	3126
429	6878	479	4103	529	1336	579	8575	629	5820	679	3071
430	6823	480	4048	530	1281	580	8520	630	5765	680	3017
42 431	235 6767	42 481	235 3992	42 531	235 1225	42 581	234 8464	42 631	234 5710	42 681	234 2962
432	6711	482	3937	532	1170	582	8409	632	5655	682	2907
433	6656	483	3881	533	1115	583	8354	633	5600	683	2852
434	6600	484	3826	534	1059	584	8299	634	5545	684	2797
435	6545	485	3771	535	1004	585	8244	635	5490	685	2742
436	6489	486	3715	536	0949	586	8189	636	5435	686	2687
437	6433	487	3660	537	0893	587	8134	637	5380	687	2632
438	6378	488	3604	538	0838	588	8079	638	5325	688	2577
439	6322	489	3549	539	0783	589	8024	639	5270	689	2522
440	6267	490	3494	540	0728	590	7969	640	5215	690	2468
42 441	235 6211	42 491	235 3438	42 541	235 0672	42 591	234 7913	42 641	234 5160		
442	6156	492	3383	542	0617	592	7858	642	5105		
443	6100	493	3328	543	0562	593	7803	643	5050		
444	6045	494	3272	544	0507	594	7748	644	4995		
445	5989	495	3217	545	0452	595	7693	645	4940		
446	5934	496	3162	546	0396	596	7637	646	4885		
447	5878	497	3106	547	0341	597	7582	647	4830		
448	5823	498	3051	548	0286	598	7527	648	4775		
449	5767	499	2996	549	0231	599	7472	649	4720		
450	5712	500	2941	550	0176	600	7417	650	4665		
42 451	235 5656	42 501	235 2885	42 551	235 0120	42 601	234 7361	42 651	234 4610		
452	5601	502	2830	552	0065	602	7306	652	4555		
453	5545	503	2774	553	0010	603	7251	653	4500		
454	5490	504	2719	554	234 9954	604	7196	654	4445		
455	5434	505	2664	555	9899	605	7141	655	4390		
456	5379	506	2608	556	9844	606	7086	656	4335		
457	5323	507	2553	557	9788	607	7031	657	4280		
458	5268	508	2497	558	9733	608	6976	658	4225		
459	5212	509	2442	559	9678	609	6921	659	4170		
460	5157	510	2387	560	9623	610	6866	660	4116		

DIFF.

	56	55	54
0 01	1	1	1
0 02	1	1	1
0 03	2	2	2
0 04	2	2	2
0 05	3	3	3
0 06	3	3	3
0 07	4	4	4
0 08	4	4	4
0 09	5	5	5
0 10	6	6	5
0 20	11	11	11
0 30	17	17	16
0 40	22	22	22
0 50	28	28	27
0 60	34	33	32
0 70	39	39	38
0 80	45	44	43
0 90	50	50	49
1 00	56	55	54

DIVISEURS : 42691 à 42970.

DIVISEUR	Nombre à multiplier par le dividende	DIVISEUR	Nombre à multiplier par le dividende	DIVISEUR	Nombre à multiplier par le dividende	DIVISEUR	Nombre à multiplier par le dividende	DIVISEUR	Nombre à multiplier par le dividende	DIVISEUR	Nombre à multiplier par le dividende
42 691	234 2413	42 741	233 9673	42 791	233 6939	42 841	233 4212	42 891	233 1490	42 941	232 8775
692	2358	742	9618	792	6884	842	4158	892	1436	942	8721
693	2303	743	9563	793	6830	843	4103	893	1382	943	8667
694	2248	744	9509	794	6775	844	4049	894	1327	944	8613
695	2194	745	9454	795	6721	845	3994	895	1273	945	8559
696	2139	746	9399	796	6666	846	3940	896	1219	946	8504
697	2084	747	9345	797	6611	847	3885	897	1164	947	8450
698	2029	748	9290	798	6557	848	3831	898	1110	948	8396
699	1974	749	9235	799	6502	849	3776	899	1056	949	8342
700	1920	750	9181	800	6448	850	3722	900	1002	950	8288
42 701	234 1865	42 751	233 9426	42 801	233 6393	42 851	233 3667	42 901	233 0947	42 951	232 8233
702	1810	752	9071	802	6338	852	3613	902	0893	952	8179
703	1755	753	9046	803	6284	853	3558	903	0839	953	8125
704	1700	754	8962	804	6229	854	3504	904	0784	954	8071
705	1646	755	8907	805	6175	855	3449	905	0730	955	8017
706	1591	756	8852	806	6120	856	3395	906	0676	956	7962
707	1536	757	8798	807	6065	857	3340	907	0621	957	7908
708	1481	758	8743	808	6011	858	3286	908	0567	958	7854
709	1426	759	8688	809	5956	859	3231	909	0513	959	7800
710	1372	760	8634	810	5902	860	3177	910	0459	960	7746
42 711	234 1317	42 761	233 8579	42 811	233 5847	42 861	233 3122	42 911	233 0404	42 961	232 7694
712	1262	762	8524	812	5793	862	3068	912	0350	962	7637
713	1207	763	8469	813	5738	863	3013	913	0296	963	7583
714	1152	764	8415	814	5684	864	2959	914	0241	964	7529
715	1098	765	8360	815	5629	865	2905	915	0187	965	7475
716	1043	766	8305	816	5575	866	2850	916	0133	926	7421
717	0988	767	8251	817	5520	867	2796	917	0078	967	7367
718	0933	768	8196	818	5466	868	2741	918	0024	968	7313
719	0878	769	8141	819	5411	869	2687	919	232 9970	969	7259
720	0824	770	8087	820	5357	870	2633	920	9916	970	7205
42 721	234 0769	42 771	233 8032	42 821	233 5302	42 871	233 2578	42 921	232 9861		
722	0714	772	7977	822	5248	872	2524	922	9807		
723	0659	773	7922	823	5193	873	2469	923	9753		
724	0604	774	7868	824	5139	874	2415	924	9698		
725	0550	775	7813	825	5084	875	2361	925	9644		
726	0495	776	7758	826	5030	876	2306	926	9590		
727	0440	777	7704	827	4975	877	2252	927	9535		
728	0385	778	7649	828	4921	878	2197	928	9481		
729	0330	779	7594	829	4866	879	2143	929	9427		
730	0276	780	7540	830	4812	880	2089	930	9373		
42 731	234 0221	42 781	233 7485	42 831	233 4757	42 881	233 2034	42 931	232 9318		
732	0166	782	7430	832	4703	882	1980	932	9264		
733	0111	783	7376	833	4648	883	1925	933	9210		
734	0056	784	7321	834	4594	884	1871	934	9155		
735	0002	785	7267	835	4539	885	1847	935	9101		
736	233 9947	786	7212	836	4485	886	1762	936	9047		
737	9892	787	7157	837	4430	887	1708	937	8992		
738	9837	788	7103	838	4376	888	1653	938	8938		
739	9782	789	7048	839	4321	889	1599	939	8884		
740	9728	790	6994	840	4267	890	1545	940	8830		

DIFF.

	55	54
0 01	1	1
0 02	1	1
0 03	2	2
0 04	2	2
0 05	3	3
0 06	3	3
0 07	4	4
0 08	4	4
0 09	5	5
0 10	6	5
0 20	11	11
0 30	17	16
0 40	22	22
0 50	28	27
0 60	33	32
0 70	39	38
0 80	44	43
0 90	50	49
1 00	55	54

DIVISEURS : 42971 A 43250.

DIVISEUR	Nombre à multiplier par le dividende	DIVISEUR	Nombre à multiplier par le dividende	DIVISEUR	Nombre à multiplier par le dividende	DIVISEUR	Nombre à multiplier par le dividende	DIVISEUR	Nombre à multiplier par le dividende	DIVISEUR	Nombre à multiplier par le dividende
42 971	232 7150	43 021	232 4446	43 071	232 1748	43 121	231 9054	43 171	234 6369	43 221	234 3689
972	7096	022	4392	072	1694	122	9000	172	6345	222	3636
973	7042	023	4338	073	1640	123	8946	173	6261	223	3582
974	6988	024	4284	074	1586	124	8893	174	6208	224	3529
975	6934	025	4230	075	1532	125	8839	175	6154	225	3475
976	6880	026	4176	076	1478	126	8785	176	6100	226	3422
977	6826	027	4122	077	1424	127	8732	177	6047	227	3368
978	6772	028	4068	078	1370	128	8678	178	5993	228	3315
979	6718	029	4014	079	1316	129	8624	179	5939	229	3261
980	6664	030	3960	080	1263	130	8571	180	5886	230	3208
42 981	232 6609	43 031	232 3906	43 081	232 1209	43 131	231 8517	43 181	234 5832	43 231	231 3154
982	6555	032	3852	082	1155	132	8463	182	5778	232	3101
983	6501	033	3798	083	1101	133	8409	183	5725	233	3047
984	6447	034	3744	084	1047	134	8356	184	5671	234	2994
985	6393	035	3690	085	0993	135	8302	185	5618	335	2940
986	6338	036	3636	086	0939	136	8248	186	5564	236	2887
987	6284	037	3582	087	0885	137	8195	187	5510	237	2833
988	6230	038	3528	088	0831	138	8141	188	5457	238	2780
989	6176	039	3474	089	0777	139	8087	189	5403	239	2726
990	6122	040	3420	090	0724	140	8034	190	5350	240	2673
42 991	232 6067	43 041	232 3366	43 091	232 0670	43 141	231 7980	43 191	234 5296	43 241	231 2619
992	6013	042	3312	092	0616	142	7926	192	5242	242	2566
993	5959	043	3258	093	0562	143	7872	193	5189	243	2512
994	5905	044	3204	094	0508	144	7819	194	5135	244	2459
995	5851	045	3150	095	0454	145	7765	195	5082	245	2405
996	5797	046	3096	096	0400	146	7711	196	5028	246	2352
997	5743	047	3042	097	0346	147	7658	197	4974	247	2298
998	5689	048	2988	098	0292	148	7604	198	4921	248	2245
999	5635	049	2934	109	0238	149	7550	199	4867	249	2191
200	5581	050	2880	40 000	0185	150	7497	200	4814	250	2138
43 001	232 5526	43 051	232 2826	34 101	232 0134	43 151	231 7443	43 201	234 4760		
002	5472	052	2772	102	0·177	152	7389	202	4707		
003	5418	053	2718	103	0023	153	7335	203	4653		
004	5364	054	2664	104	231 9969	154	7282	204	4600		
005	5310	055	2610	105	9915	155	7228	205	4546		
006	5256	056	2556	106	9861	156	7174	206	4493		
007	5202	057	2502	107	9807	157	7121	207	4439		
008	5148	058	2448	108	9753	158	7067	208	4386		
009	5094	059	2394	109	9699	159	7013	209	4332		
010	5040	060	2341	110	9646	160	6960	210	4279		
43 011	232 4986	43 061	232 2287	34 111	231 9592	43 161	231 6906	43 211	234 4225		
012	4932	062	2233	112	9538	162	6852	212	4171		
013	4878	063	2179	113	9484	163	6798	213	4118		
014	4824	064	2125	114	9430	164	6745	214	4064		
015	4770	065	2071	115	9377	165	6691	215	4011		
016	4716	066	2017	116	9323	166	6637	216	3957		
017	4662	067	1963	117	9269	167	6584	217	3903		
018	4608	068	1909	118	9215	168	6530	218	3850		
019	4554	069	1855	119	9161	169	6476	219	3796		
020	4500	070	1802	120	9108	170	6423	220	3743		

DIFF.

	55	54	53
0 01	1	1	1
0 02	1	1	1
0 03	2	2	2
0 04	2	2	2
0 05	3	3	3
0 06	3	4	3
0 07	4		4
0 08	4	4	4
0 09	5	5	5
0 10	6	5	5
0 20	11	11	11
0 30	17	16	16
0 40	22	22	21
0 50	28	27	27
0 60	33	32	27
0 70	39	38	37
0 80	44	43	37
0 90	50	49	49
1 00	55	54	53

DIVISEURS : 43251 A 43530.

DIVISEUR	Nombre à multiplier par le dividende	DIVISEUR	Nombre à multiplier par le dividende	DIVISEUR	Nombre à multiplier par le dividende	DIVISEUR	Nombre à multiplier par le dividende	DIVISEUR	Nombre à multiplier par le dividende	DIVISEUR	Nombre à multiplier par le dividende
43 251	234 2084	43 301	230 9414	43 351	230 6751	43 401	230 4093	43 451	230 1443	43 501	229 8797
252	2031	302	9361	352	6698	402	4040	452	1390	502	8744
253	1977	303	9308	353	6645	403	3987	453	1337	503	8691
254	1924	304	9254	354	6592	404	3934	454	1284	504	8638
255	1871	305	9201	355	6539	405	3881	455	1231	505	8586
256	1817	306	9148	356	6485	406	3828	456	1178	506	8533
257	1764	307	9094	357	6432	407	3775	457	1125	507	8480
258	1710	308	9041	358	6379	408	3722	458	1072	508	8427
259	1657	309	8988	359	6326	409	3669	459	1019	509	8374
260	1604	310	8935	360	6273	410	3616	460	0966	510	8322
43 261	234 1550	43 311	230 8881	43 361	230 6219	43 411	230 3563	43 461	230 0913	43 511	229 8269
262	1497	312	8828	362	6166	412	3510	462	0860	512	8216
263	1443	313	8775	363	6113	413	3457	463	0807	513	8163
264	1390	314	8721	364	6060	414	3404	464	0754	514	8110
265	1337	315	8668	365	6007	415	3351	465	0701	515	8058
266	1283	316	8615	366	5953	416	3298	466	0648	516	8005
267	1230	317	8561	367	5900	417	3245	467	0595	517	7952
268	1176	318	8508	368	5847	418	3192	468	0542	518	7899
269	1123	319	8455	369	5794	419	3139	469	0489	519	7846
270	1070	320	8402	370	5741	420	3086	470	0437	520	7794
43 271	234 1016	43 321	230 8348	43 371	230 5687	43 421	230 3032	43 471	230 0384	43 521	229 7741
272	0963	322	8295	372	5634	422	2979	472	0331	522	7688
273	0909	323	8242	373	5581	423	2926	473	0278	523	7635
274	0856	324	8188	374	5528	424	2873	474	0225	524	7582
275	0803	325	8135	375	5475	425	2820	475	0172	525	7530
276	0749	326	8082	376	5421	426	2767	476	0119	526	7477
277	0696	327	8028	377	5368	427	2714	477	0066	527	7424
278	0642	328	7975	378	5315	428	2661	478	0013	528	7371
279	0589	329	7922	379	5262	429	2608	479	229 9960	529	7348
280	0536	330	7869	380	5209	430	2555	480	9908	530	7266
43 281	234 0482	43 331	230 7815	43 381	230 5155	43 431	230 2502	43 481	229 9855		
282	0429	332	7762	382	5102	432	2449	482	9802		
283	0375	333	7709	383	5049	433	2396	483	9749		
284	0322	334	7656	384	4996	434	2343	484	9696		
285	0269	335	7603	385	4943	435	2290	485	9643		
286	0215	336	7549	386	4890	436	2237	486	9590		
287	0162	337	7496	387	4837	437	2184	487	9537		
288	0108	338	7443	388	4784	438	2131	488	9484		
289	0055	339	7390	389	4731	439	2078	489	9431		
290	0002	340	7337	390	4678	440	2025	490	9379		
43 291	230 9948	43 341	230 7283	43 391	230 4624	43 441	230 1972	43 491	229 9326		
292	9895	342	7230	392	4571	442	1919	492	9273		
293	9841	343	7177	393	4518	443	1866	493	9220		
294	9788	344	7124	394	4465	444	1813	494	9167		
295	9735	345	7071	395	4412	445	1760	495	9114		
296	9681	346	7017	396	4359	446	1707	496	9061		
297	9628	347	6964	397	4306	447	1654	497	9008		
298	9574	348	6911	398	4253	448	1601	498	8955		
299	9521	349	6858	399	4200	449	1548	499	8902		
300	9468	350	6805	400	4147	450	1496	500	8850		

DIFF.

	54	53	52
0 01	1	1	1
0 02	1	1	1
0 03	2	2	2
0 04	2	2	2
0 05	3	3	3
0 06	3	3	3
0 07	4	4	4
0 08	4	4	4
0 09	5	5	5
0 10	5	5	5
0 20	11	11	10
0 30	16	16	16
0 40	22	21	21
0 50	27	27	26
0 60	32	32	31
0 70	38	37	36
0 80	43	42	42
0 90	49	48	47
1 00	54	53	52

DIVISEURS : 43531 À 43810.

DIVISEUR	Nombre à multiplier par le dividende	DIVISEUR	Nombre à multiplier par le dividende	DIVISEUR	Nombre à multiplier par le dividende	DIVISEUR	Nombre à multiplier par le dividende	DIVISEUR	Nombre à multiplier par le dividende	DIVISEUR	Nombre à multiplier par le dividende
43 531	229 7213	43 584	229 4577	43 631	229 1947	43 681	228 9323	43 731	228 6706	43 781	228 4095
532	7160	582	4524	632	1895	682	9271	732	6654	782	4043
533	7107	583	4472	633	1842	683	9219	733	6602	783	3991
534	7054	584	4419	634	1790	684	9166	734	6549	784	3939
535	7002	585	4367	635	1737	685	9114	735	6497	785	3887
536	6949	586	4314	636	1685	686	9062	736	6445	786	3834
537	6896	587	4261	637	1632	687	9009	737	6392	787	3782
538	6843	588	4209	638	1580	688	8957	738	6340	788	3730
539	6790	589	4156	639	1527	689	8905	739	6288	789	3678
540	6738	590	4104	640	1475	690	8853	740	6236	790	3626
43 541	229 6685	43 591	229 4051	43 641	229 1422	43 691	228 8800	43 741	228 6183	43 791	228 3573
542	6632	592	3998	642	1370	692	8748	742	6131	792	3521
543	6579	593	3945	643	1317	693	8695	743	6079	793	3469
544	6527	594	3893	644	1265	694	8643	744	6027	794	3447
545	6474	595	3840	645	1212	695	8591	745	5975	795	3365
546	6421	596	3787	646	1160	696	8538	746	5922	796	3313
547	6369	597	3735	647	1107	697	8486	747	5870	797	3261
548	6316	598	3682	648	1055	698	8433	748	5818	798	3209
549	6263	599	3629	649	1002	699	8381	749	5766	799	3157
550	6211	600	3577	650	0950	700	8329	750	5714	800	3105
43 551	229 6158	43 601	229 3524	43 651	229 0897	43 701	228 8276	43 751	228 5661	43 801	228 3052
552	6105	602	3472	652	0845	702	8224	752	5609	802	3000
553	6052	603	3419	653	0792	703	8171	753	5557	803	2948
554	6000	604	3367	654	0740	704	8119	754	5504	804	2896
555	5947	605	3314	655	0688	705	8067	755	5452	805	2844
556	5894	606	3262	656	0635	706	8014	756	5400	806	2791
557	5842	607	3209	657	0583	707	7962	757	5347	807	2739
558	5789	608	3157	658	0530	708	7909	758	5295	808	2687
559	5736	609	3104	659	0478	709	7857	759	5243	809	2635
560	5684	610	3052	660	0426	710	7805	760	5194	810	2583
43 561	229 5631	43 611	229 2999	43 661	229 0373	43 711	228 7752	43 761	228 5138		
562	5578	612	2946	662	0321	712	7700	762	5086		
563	5525	613	2894	663	0268	713	7648	763	5034		
564	5473	614	2841	664	0216	714	7595	764	4982		
565	5420	615	2789	665	0163	715	7543	765	4930		
566	5367	616	2736	666	0111	716	7491	766	4877		
567	5315	617	2683	667	0058	717	7438	767	4825		
568	5262	618	2631	668	0006	718	7386	768	4773		
569	5209	619	2578	669	228 9953	719	7334	769	4721		
570	5157	620	2526	670	9901	720	7282	770	4669		
43 571	229 5104	43 621	229 2473	43 671	228 9848	43 721	228 7229	43 771	228 4616		
572	5051	622	2420	672	9796	722	7177	772	4564		
573	4998	623	2368	673	9743	723	7125	773	4512		
574	4946	624	2315	674	9691	724	7072	774	4460		
575	4893	625	2263	675	9638	725	7020	775	4408		
576	4840	626	2210	676	9586	726	6968	776	4356		
577	4788	627	2157	677	9533	727	6915	777	4304		
578	4735	628	2105	678	9481	728	6863	778	4252		
579	4682	629	2052	679	9428	729	6811	779	4200		
580	4630	630	2000	680	9376	730	6759	780	4148		

DIFF.

	53	52
0 01	1	1
0 02	1	1
0 03	2	2
0 04	2	2
0 05	3	3
0 06	3	3
0 07	4	4
0 08	4	4
0 09	5	5
0 10	5	5
0 20	11	10
0 30	16	16
0 40	21	21
0 50	27	26
0 60	32	31
0 70	37	36
0 80	42	42
0 90	48	47
1 00	53	52

DIVISEURS . 43811 A 44090.

DIVISEUR	Nombre à multiplier par le dividende	DIVISEUR	Nombre à multiplier par le dividende	DIVISEUR	Nombre à multiplier par le dividende	DIVISEUR	Nombre à multiplier par le dividende	DIVISEUR	Nombre à multiplier par le dividende	DIVISEUR	Nombre à multiplier par le dividende
43 811	228 2530	43 861	227 9929	43 911	227 7333	43 961	227 4743	44 011	227 2158	44 061	226 9580
812	2478	862	9877	912	7281	962	4691	012	2106	062	9529
813	2426	863	9825	913	7229	963	4639	013	2055	063	9477
814	2374	864	9773	914	7177	964	4587	014	2003	064	9426
815	2322	865	9721	915	7126	965	4536	015	1952	065	9374
816	2270	866	9669	916	7074	966	4484	016	1900	066	9323
817	2218	867	9617	917	7022	967	4432	017	1848	067	9271
818	2166	868	9565	918	6970	968	4380	018	1797	068	9220
819	2114	869	9513	919	6918	969	4328	019	1745	069	9168
820	2062	870	9462	920	6867	970	4277	020	1694	070	9117
43 821	228 2010	43 871	227 9410	43 921	227 6815	43 971	227 4225	44 021	227 1642	44 071	226 9065
822	1958	872	9358	922	6763	972	4473	022	1590	072	9014
823	1906	873	9306	923	6711	973	4421	023	1539	073	8962
824	1854	874	9254	924	6659	974	4070	024	1487	074	8911
825	1802	875	9202	925	6607	975	4018	025	1436	075	8859
826	1750	876	9150	926	6555	976	3966	026	1384	076	8808
827	1698	877	9098	927	6503	977	3915	027	1332	077	8756
828	1646	878	9046	928	6451	978	3863	028	1281	078	8705
829	1594	879	8994	929	6399	979	3811	029	1229	079	8653
830	1542	880	8942	930	6348	980	3760	030	1178	080	8602
43 831	228 1489	43 881	227 8890	43 931	227 6296	43 981	227 3708	44 031	227 1126	44 081	226 8550
832	1437	882	8838	932	6244	982	3656	032	1075	082	8499
833	1385	883	8786	933	6192	983	3604	033	1023	083	8447
834	1333	884	8734	934	6140	984	3553	034	0972	084	8396
835	1281	885	8682	935	6089	985	3501	035	0920	085	8345
836	1229	886	8630	936	6037	986	3449	036	0869	086	8293
837	1177	887	8578	937	5985	987	3398	037	0817	087	8242
838	1125	888	8526	938	5933	988	3346	038	0766	088	8190
839	1073	889	8474	939	5881	989	3294	039	0714	089	8139
840	1021	890	8423	940	5830	990	3243	040	0663	090	8088
43 841	228 0969	43 891	227 8371	43 941	227 5778	43 991	227 3191	44 041	227 0611		
842	0947	892	8349	942	5726	992	3139	042	0559		
843	0865	893	8267	943	5674	993	3088	043	0508		
844	0813	894	8215	944	5622	994	3036	044	0456		
845	0761	895	8163	945	5571	995	2985	045	0405		
846	0709	896	8111	946	5549	996	2933	046	0353		
847	0657	897	8059	947	5467	997	2884	047	0304		
848	0605	898	8007	948	5415	998	2830	048	0250		
849	0553	899	7955	949	5363	999	2778	049	0198		
850	0501	900	7904	950	5312	44 000	2727	050	0147		
43 851	228 0449	43 901	227 7852	43 951	227 5260	44 001	227 2675	44 051	227 0095		
852	0397	902	7800	952	5208	002	2623	052	0044		
853	0345	903	7748	953	5156	003	2571	053	226 9992		
854	0293	904	7696	954	5105	004	2520	054	9941		
855	0241	905	7644	955	5053	005	2468	055	9889		
856	0189	906	7592	956	5001	006	2416	056	9838		
857	0137	907	7540	957	4950	007	2365	057	9786		
858	0085	908	7488	958	4898	008	2313	058	9735		
859	0033	909	7436	959	4846	009	2261	059	9683		
860	227 9981	910	7385	960	4795	010	2210	060	9632		

DIFF.

	53	52
0 01	1	1
0 02	1	1
0 03	2	2
0 04	2	2
0 05	3	3
0 06	3	3
0 07	4	4
0 08	4	4
0 09	5	5
0 10	5	5
0 20	11	10
0 30	16	16
0 40	21	21
0 50	27	26
0 60	32	31
0 70	37	36
0 80	42	42
0 90	48	47
1 00	53	52

Diviseurs : 44091 a 44370.

DIVISEUR	Nombre à multiplier par le dividende	DIVISEUR	Nombre à multiplier par le dividende	DIVISEUR	Nombre à multiplier par le dividende	DIVISEUR	Nombre à multiplier par le dividende	DIVISEUR	Nombre à multiplier par le dividende	DIVISEUR	Nombre à multiplier par le dividende
44 091	226 8036	44 141	226 5466	44 191	226 2902	44 241	226 0346	44 291	225 7795	44 341	225 5248
092	7985	142	5415	192	2851	242	0295	292	7744	342	5197
093	7933	143	5364	193	2800	243	0244	293	7693	343	5146
094	7882	144	5312	194	2749	244	0193	294	7642	344	5095
095	7830	145	5261	195	2698	245	0142	295	7591	345	5045
096	7779	146	5210	196	2646	246	0091	296	7540	346	4994
097	7727	147	5158	197	2595	247	0040	297	7489	347	4943
098	7676	148	5107	198	2544	248	225 9989	298	7438	348	4892
099	7624	149	5056	199	2493	249	9938	299	7387	349	4841
100	7573	150	5005	200	2442	250	9887	300	7336	350	4791
44 101	226 7521	44 151	226 4953	44 201	226 2390	44 251	225 9835	44 301	225 7285	44 351	225 4740
102	7470	152	4902	202	2339	252	9784	302	7234	352	4689
103	7418	153	4851	203	2288	253	9733	303	7183	353	4638
104	7367	154	4799	204	2237	254	9682	304	7132	354	4587
105	7316	155	4748	205	2186	255	9631	305	7081	355	4537
106	7264	156	4697	206	2135	256	9580	306	7030	356	4486
107	7213	157	4645	207	2084	257	9529	307	6979	357	4435
108	7161	158	4594	208	2033	258	9478	308	6928	358	4384
109	7110	159	4543	209	1982	259	9427	309	6877	359	4333
110	7059	160	4492	210	1931	260	9376	310	6826	360	4283
44 111	226 7007	44 161	226 4440	44 211	226 1879	44 261	225 9325	44 311	225 6775	44 361	225 4232
112	6956	162	4389	212	1828	262	9274	312	6724	362	4181
113	6904	163	4338	213	1777	263	9223	313	6673	363	4130
114	6853	164	4287	214	1726	264	9172	314	6622	364	4079
115	6802	165	4236	215	1675	265	9121	315	6571	365	4028
116	6750	166	4184	216	1624	266	9070	316	6520	366	3977
117	6699	167	4133	217	1573	267	9019	317	6469	367	3926
118	6647	168	4082	218	1522	268	8968	318	6448	368	3875
119	6596	169	4031	219	1471	269	8917	319	6367	369	3824
120	6545	170	3980	220	1420	270	8866	320	6317	370	3774
44 121	226 6493	44 171	226 3928	44 221	226 1368	44 271	225 8814	44 321	225 6266		
122	6442	172	3877	222	1317	272	8763	322	6215		
123	6391	173	3826	223	1266	273	8712	323	6164		
124	6339	174	3774	224	1215	274	8661	324	6113		
125	6288	175	3723	225	1164	275	8610	325	6062		
126	6237	176	3672	226	1112	276	8559	326	6011		
127	6185	177	3620	227	1061	277	8508	327	5960		
128	6134	178	3569	228	1010	278	8457	328	5909		
129	6083	179	3518	229	0959	279	8406	329	5858		
130	6032	180	3467	230	0908	280	8355	330	5808		
44 131	226 5980	44 181	226 3415	44 231	226 0856	44 281	225 8304	44 331	225 5757		
132	5929	182	3364	232	0805	282	8253	332	5706		
133	5877	183	3313	233	0754	283	8202	333	5655		
134	5826	184	3261	234	0703	284	8151	334	5604		
135	5775	185	3210	235	0652	285	8100	335	5553		
136	5723	186	3159	236	0601	286	8049	336	5502		
137	5672	187	3107	237	0550	287	7998	337	5451		
138	5620	188	3056	238	0499	288	7947	338	5400		
139	5569	189	3005	239	0448	289	7896	339	5349		
140	5518	190	2954	240	0397	290	7846	340	5299		

DIFF.

	52	51	50
0 01	1	1	1
0 02	1	1	1
0 03	2	2	2
0 04	2	2	2
0 05	3	3	3
0 06	3	3	3
0 07	4	4	4
0 08	4	5	5
0 09	5	5	5
0 10	5	5	5
0 20	10	10	10
0 30	16	15	15
0 40	21	20	20
0 50	26	26	25
0 60	31	31	30
0 70	36	36	35
0 80	42	41	40
0 90	47	46	45
1 00	52	51	50

DIVISEUR	Nombre à multiplier par le dividende	DIVISEUR	Nombre à multiplier par le dividende	DIVISEUR	Nombre à multiplier par le dividende	DIVISEUR	Nombre à multiplier par le dividende	DIVISEUR	Nombre à multiplier par le dividende	DIVISEUR	Nombre à multiplier par le dividende
44 371	225 3723	44 421	225 1187	44 471	224 8655	44 521	224 6130	44 571	224 3610	44 621	224 1096
372	3672	422	1136	472	8605	522	6080	572	3560	622	1046
373	3621	423	1085	473	8554	523	6029	573	3510	623	0996
374	3571	424	1035	474	8504	524	5979	574	3460	924	0946
375	3520	425	0984	475	8453	525	5929	575	3410	625	0896
376	3469	426	0933	476	8403	526	5878	576	3359	626	0845
377	3419	427	0883	477	8352	527	5828	577	3309	627	0795
378	3368	428	0832	478	8302	528	5777	578	3259	628	0745
379	3347	429	0781	479	8251	529	5727	579	3209	629	0695
380	3267	430	0731	480	8201	530	5677	580	3159	630	0645
44 381	225 3216	44 431	225 0680	44 481	224 8150	44 531	224 5626	44 581	224 3108	44 631	224 0594
382	3165	432	0629	482	8100	532	5576	582	3058	632	0544
383	3114	433	0579	483	8049	533	5525	583	3007	633	0494
384	3063	434	0528	484	7999	534	5475	584	2957	634	0444
385	3013	435	0478	485	7948	535	5424	585	2907	635	0394
386	2962	436	0427	486	7898	536	5374	586	2856	636	0343
387	2911	437	0376	487	7847	537	5323	587	2806	637	0293
388	2860	438	0326	488	7797	538	5273	588	2755	638	0243
389	2809	439	0275	489	7746	539	5222	589	2705	639	0193
390	2759	440	0225	490	7696	540	5172	590	2655	640	0143
44 391	225 2708	44 441	225 0174	44 491	224 7645	44 541	224 5121	44 591	224 2604	44 641	224 0092
392	2657	442	0123	492	7595	542	5071	592	2554	642	0042
393	2606	443	0072	493	7544	543	5020	593	2504	643	223 9992
394	2556	444	0022	494	7494	544	4970	594	2453	644	9942
395	2505	445	224 9971	495	7443	545	4920	595	2403	645	9892
396	2454	446	9920	496	7393	546	4869	596	2353	646	9841
397	2404	447	9870	497	7342	547	4819	597	2302	647	9791
398	2353	448	9819	498	7292	548	4768	598	2252	648	9741
399	2302	449	9768	499	7241	549	4718	599	2202	649	9691
400	2252	450	9718	500	7191	550	4668	600	2152	650	9641
44 401	225 2201	44 451	224 9667	44 501	224 7140	44 551	224 4617	44 601	224 2101		
402	2150	452	9616	502	7090	552	4567	602	2051		
403	2099	453	9565	503	7039	553	4517	603	2001		
404	2049	454	9515	504	6989	554	4466	604	1950		
405	1998	455	9464	505	6938	555	4416	605	1900		
406	1947	456	9413	506	6888	556	4366	606	1850		
407	1897	457	9363	507	6837	557	4315	607	1799		
408	1846	458	9312	508	6787	558	4265	608	1749		
409	1795	459	9261	509	6736	559	4215	609	1699		
410	1745	460	9211	510	6686	560	4165	610	1649		
44 411	225 1694	44 461	224 9160	44 511	224 6635	44 561	224 4114	44 611	224 1598		
412	1643	462	9110	512	6585	562	4064	612	1548		
413	1592	463	9059	513	6534	563	4013	613	1498		
414	1542	464	9009	514	6484	564	3963	614	1448		
415	1491	465	8958	515	6433	565	3913	615	1398		
416	1440	466	8908	516	6383	566	3862	616	1347		
417	1390	467	8857	517	6332	567	3812	617	1297		
418	1339	468	8807	518	6282	568	3761	618	1247		
419	1288	469	8756	519	6231	569	3711	619	1197		
420	1238	470	8706	520	6181	570	3661	620	1147		

DIFF.

	51	50
0 01	1	1
0 02	1	1
0 03	2	2
0 04	2	2
0 05	3	3
0 06	3	3
0 07	4	4
0 08	5	4
0 09	5	5
0 10	5	5
0 20	10	10
0 30	15	15
0 40	20	20
0 50	26	25
0 60	31	30
0 70	36	35
0 80	41	40
0 90	46	45
1 00	51	50

DIVISEURS : 44651 A 44930.

DIVISEUR	Nombre à multiplier par le dividende	DIVISEUR	Nombre à multiplier par le dividende	DIVISEUR	Nombre à multiplier par le dividende	DIVISEUR	Nombre à multiplier par le dividende	DIVISEUR	Nombre à multiplier par le dividende	DIVISEUR	Nombre à multiplier par le dividende
44 651	223 9590	44 701	223 7086	44 751	223 4586	44 801	223 2092	44 851	222 9604	44 901	222 7121
652	9540	702	7036	752	4536	802	2042	852	9554	902	7074
653	9490	703	6986	753	4486	803	1992	853	9504	903	7022
654	9440	704	6936	754	4436	804	1942	854	9455	904	6972
655	9390	705	6886	755	4386	805	1893	855	9405	905	6923
656	9340	706	6836	756	4336	806	1843	856	9355	906	6873
657	9290	707	6786	757	4286	807	1793	857	9306	907	6823
658	9240	708	6736	758	4236	808	1743	858	9256	908	6774
659	9490	709	6686	759	4186	809	1693	859	9206	909	6724
660	9140	710	6636	760	4137	810	1644	860	9157	910	6675
44 661	223 9089	44 711	223 6585	44 761	223 4087	44 811	223 1594	44 861	222 9107	44 911	222 6625
662	9039	712	6535	762	4037	812	1544	862	9057	912	6575
663	8989	713	6485	763	3987	813	1494	863	9007	913	6526
664	8939	714	6435	764	3937	814	1444	864	8958	914	6476
665	8889	715	6385	765	3887	815	1395	865	8908	915	6427
666	8838	716	6335	766	3837	816	1345	866	8858	916	6377
667	8788	717	6285	767	3787	817	1295	867	8809	917	6327
668	8738	718	6235	768	3737	818	1245	868	8759	918	6278
669	8688	719	6185	769	3687	819	1195	869	8709	919	6228
670	8638	720	6135	770	3638	820	1146	870	8660	920	6179
44 671	223 8587	44 721	223 6085	44 771	223 3588	44 821	223 1096	44 871	222 8610	44 921	222 6129
672	8537	722	6035	772	3538	822	1046	872	8560	922	6080
673	8487	723	5985	773	3488	823	0996	873	8510	923	6030
674	8437	724	5935	774	3438	824	0947	874	8461	924	5981
675	8387	725	5885	775	3388	825	0897	875	8411	925	5931
676	8337	726	5835	776	3338	826	0847	876	8361	926	5882
677	8287	727	5785	777	3288	827	0798	877	8312	927	5832
678	8237	728	5735	778	3238	828	0748	878	8262	928	5783
679	8187	729	5685	779	3188	829	0698	879	8212	929	5733
680	8137	730	5635	780	3139	830	0649	880	8163	930	5684
44 681	223 8087	44 731	223 5585	44 781	223 3089	44 831	223 0599	44 881	222 8113		
682	8037	732	5535	782	3039	832	0549	882	8063		
683	7987	733	5485	783	2989	833	0499	883	8014		
684	7937	734	5435	784	2939	834	0449	884	7964		
685	7887	735	5385	785	2890	835	0400	885	7945		
686	7837	736	5335	786	2840	836	0350	886	7865		
687	7787	737	5285	787	2790	837	0300	887	7815		
688	7737	738	5235	788	2740	838	0250	888	7766		
689	7687	739	5185	789	2690	839	0200	889	7716		
690	7637	740	5136	790	2641	840	0151	890	7667		
44 691	223 7586	44 741	223 5086	44 791	223 2591	44 841	223 0101	44 891	222 7647		
692	7536	742	5036	792	2541	842	0051	892	7567		
693	7486	743	4986	793	2491	843	0001	893	7548		
694	7436	744	4936	794	2441	844	222 9952	894	7468		
695	7386	745	4886	795	2391	845	9902	895	7449		
696	7336	746	4836	796	2341	846	9852	896	7369		
697	7286	747	4786	797	2291	847	9803	897	7319		
698	7236	748	4736	798	2241	848	9753	898	7270		
699	7186	749	4686	799	2191	849	9703	899	7220		
700	7136	750	4636	800	2142	850	9654	900	7171		

DIFF.

	51	50	49
0 01	1	1	0
0 02	1	1	1
0 03	2	2	1
0 04	2	2	2
0 05	3	3	2
0 06	3	3	3
0 07	4	4	3
0 08	4	4	4
0 09	5	5	4
0 10	5	5	5
0 20	10	10	10
0 30	15	15	15
0 40	20	20	20
0 50	26	25	25
0 60	31	30	29
0 70	36	35	34
0 80	41	40	39
0 90	46	45	44
1 00	51	50	49

Diviseurs : **44931** a **45210**.

DIVISEUR	Nombre à multiplier par le dividende	DIVISEUR	Nombre à multiplier par le dividende	DIVISEUR	Nombre à multiplier par le dividende	DIVISEUR	Nombre à multiplier par le dividende	DIVISEUR	Nombre à multiplier par le dividende	DIVISEUR	Nombre à multiplier par le dividende
44 931	222 5634	44 981	222 3160	45 031	222 0694	45 081	221 8228	45 131	221 5774	45 181	221 3319
932	5584	982	3111	032	0642	082	8179	132	5722	182	3270
933	5535	983	3061	033	0593	083	8130	133	5673	183	3221
934	5485	984	3012	034	0543	084	8080	134	5624	184	3172
935	5436	985	2963	035	0494	085	8031	135	5575	185	3123
936	5386	986	2913	036	0445	086	7982	136	5526	186	3074
937	5336	987	2864	037	0395	087	7932	137	5477	187	3025
938	5287	988	2814	038	0346	088	7883	138	5428	188	2976
939	5237	989	2765	039	0297	089	7834	139	5379	189	2927
940	5188	990	2716	040	0248	090	7785	140	5330	190	2878
44 941	222 5138	44 991	222 2666	45 041	222 0198	45 091	221 7735	45 141	221 5280	45 191	221 2829
942	5089	992	2617	042	0149	092	7686	142	5231	192	2780
943	5039	993	2567	043	0100	093	7637	143	5182	193	2731
944	4990	994	2518	044	0050	094	7588	144	5133	194	2682
945	4941	995	2469	045	0001	095	7539	145	5084	195	2633
946	4891	996	2419	046	221 9952	096	7490	146	5035	196	2584
947	4842	997	2370	047	9902	097	7441	147	4986	197	2535
948	4792	998	2320	048	9853	098	7392	148	4937	198	2486
949	4743	999	2271	049	9804	099	7343	149	4888	199	2437
950	4694	45 000	2222	050	9755	100	7294	150	4839	200	2389
44 951	222 4644	45 001	222 2172	45 051	221 9705	45 101	221 7244	45 151	221 4789	45 201	221 2340
952	4594	002	2123	052	9656	102	7195	152	4740	202	2291
953	4545	003	2073	053	9607	103	7146	153	4691	203	2242
954	4495	004	2024	054	9557	104	7097	154	4642	204	2193
955	4446	005	1975	055	9508	105	7048	155	4593	205	2144
956	4396	006	1925	056	9459	106	6999	156	4544	206	2095
957	4346	007	1876	057	9409	107	6950	157	4495	207	2046
958	4297	008	1826	058	9360	108	6901	158	4446	208	1997
959	4247	009	1777	059	9311	109	6852	159	4397	209	1948
960	4198	010	1728	060	9262	110	6803	160	4348	210	1900
44 961	222 4148	45 011	222 1678	45 061	221 9212	45 111	221 6753	45 161	221 4299		
962	4099	012	1629	062	9163	112	6704	162	4250		
963	4049	013	1580	063	9114	113	6655	163	4201		
964	4000	014	1530	064	9065	114	6606	164	4152		
965	3951	015	1481	065	9016	115	6557	165	4103		
966	3901	016	1432	066	8966	116	6507	166	4054		
967	3852	017	1382	067	8917	117	6458	167	4005		
968	3802	018	1333	068	8868	118	6409	168	3956		
969	3753	019	1284	069	8819	119	6360	169	3907		
970	3704	020	1235	070	8770	120	6311	170	3858		
44 971	222 3654	45 021	222 1185	45 071	221 8720	45 121	221 6261	45 171	221 3809		
972	3605	022	1136	072	8671	122	6212	172	3760		
973	3555	023	1086	073	8622	123	6163	173	3711		
974	3506	024	1037	074	8573	124	6114	174	3662		
975	3457	025	0988	075	8524	125	6065	175	3613		
976	3407	026	0938	076	8474	126	6016	176	3564		
977	3358	027	0889	077	8425	127	5967	177	3515		
978	3308	028	0839	078	8376	128	5918	178	3466		
979	3259	029	0790	079	8327	129	5869	179	3417		
980	3210	030	0741	080	8278	130	5820	180	3368		

DIFF.

	50	49	48
0 01	1	0	0
0 02	2	1	1
0 03	2	1	1
0 04	2	2	2
0 05	3	2	2
0 06	3	3	3
0 07	4	3	3
0 08	4	4	4
0 09	5	4	4
0 10	5	5	5
0 20	10	10	10
0 30	15	15	14
0 40	20	20	19
0 50	25	25	24
0 60	30	29	29
0 70	35	34	34
0 80	40	39	38
0 90	45	44	43
1 00	50	49	48

DIVISEURS : **45211** A **45490**.

DIVISEUR	Nombre à multiplier par le dividende	DIVISEUR	Nombre à multiplier par le dividende	DIVISEUR	Nombre à multiplier par le dividende	DIVISEUR	Nombre à multiplier par le dividende	DIVISEUR	Nombre à multiplier par le dividende	DIVISEUR	Nombre à multiplier par le dividende
45 211	221 1831	45 261	220 9407	45 311	220 6969	45 361	220 4536	45 411	220 2109	45 461	219 9687
212	1802	262	9358	312	6920	362	4487	412	2061	462	9639
213	1753	263	9309	313	6871	363	4439	413	2012	463	9590
214	1704	264	9260	314	6823	364	4390	414	1964	464	9542
215	1655	265	9212	315	6774	365	4342	415	1915	465	9494
216	1606	266	9163	316	6725	366	4293	416	1867	466	9445
217	1557	267	9114	317	6677	367	4244	417	1818	467	9397
218	1508	268	9065	318	6628	368	4196	418	1770	468	9348
219	1459	269	9016	319	6579	369	4147	419	1721	469	9300
220	1410	270	8968	320	6531	370	4099	420	1673	470	9252
45 221	221 1361	45 271	220 8919	45 321	220 6482	45 371	220 4050	45 421	220 1624	45 471	219 9203
222	1312	272	8870	322	6433	372	4001	422	1576	472	9155
223	1263	273	8821	323	6384	373	3953	423	1527	473	9106
224	1214	274	8772	324	6336	374	3904	424	1479	474	9058
225	1165	275	8724	325	6287	375	3856	425	1430	475	9010
226	1116	276	8675	326	6238	376	3807	426	1382	476	8961
227	1067	277	8626	327	6190	377	3758	427	1333	477	8913
228	1018	278	8577	328	6141	378	3710	428	1285	478	8864
229	0969	279	8528	329	6092	379	3661	429	1236	479	8816
230	0921	280	8480	330	6044	380	3613	430	1188	480	8768
45 231	221 0872	45 281	220 8431	45 331	220 5995	45 381	220 3564	45 431	220 1139	45 481	219 8719
232	0823	282	8382	332	5946	382	3516	432	1091	482	8671
233	0774	283	8333	333	5898	383	3467	433	1042	483	8623
234	0725	284	8284	334	5849	384	3419	434	0994	484	8574
235	0677	285	8236	335	5801	385	3370	435	0946	485	8526
236	0628	286	8187	336	5752	386	3322	436	0897	486	8478
237	0579	287	8138	337	5703	387	3273	437	0849	487	8429
238	0530	288	8089	338	5655	388	3225	438	0800	488	8381
239	0481	289	8040	339	5606	389	3176	439	0752	489	8333
240	0433	290	7992	340	5558	390	3128	440	0704	490	8285
45 241	221 0384	45 291	220 7943	45 341	220 5509	45 391	220 3079	45 441	220 0655	DIFF.	
242	0335	292	7894	342	5460	392	3031	442	0607		
243	0286	293	7845	343	5411	393	2982	443	0558		
244	0237	294	7797	344	5363	394	2934	444	0510		
245	0188	295	7748	345	5314	395	2885	445	0462		
246	0139	296	7699	346	5265	396	2837	446	0413		
247	0090	297	7651	347	5217	397	2788	447	0365		
248	0041	298	7602	348	5168	398	2740	448	0316		
249	220 9992	299	7553	349	5119	399	2691	449	0268		
250	9944	300	7505	350	5071	400	2643	450	0220		
45 251	220 9895	45 301	220 7456	45 351	220 5022	45 401	220 2594	45 451	220 0171		
252	9846	302	7407	352	4973	402	2546	452	0123		
253	9797	303	7358	353	4925	403	2497	453	0074		
254	9748	304	7310	354	4876	404	2449	454	0026		
255	9700	305	7261	355	4828	405	2400	455	219 9978		
256	9651	306	7212	356	4779	406	2352	456	9929		
257	9602	307	7164	357	4730	407	2303	457	9881		
258	9553	308	7115	358	4682	408	2255	458	9832		
259	9504	309	7066	359	4633	409	2206	459	9784		
260	9456	310	7018	360	4585	410	2158	460	9736		

DIFF.

	49	48
0 01	0	0
0 02	1	1
0 03	1	1
0 04	2	2
0 05	2	2
0 06	3	3
0 07	3	3
0 08	4	4
0 09	4	4
0 10	5	5
0 20	10	10
0 30	15	14
0 40	20	19
0 50	25	24
0 60	29	29
0 70	34	34
0 80	39	38
0 90	44	43
1 00	49	48

DIVISEURS : **45491** A **45770**.

DIVISEUR	Nombre à multiplier par le dividende	DIVISEUR	Nombre à multiplier par le dividende	DIVISEUR	Nombre à multiplier par le dividende	DIVISEUR	Nombre à multiplier par le dividende	DIVISEUR	Nombre à multiplier par le dividende	DIVISEUR	Nombre à multiplier par le dividende
45 491	219 8236	45 541	219 5822	45 591	219 3414	45 641	219 1012	45 691	218 8614	45 741	218 6222
492	8188	542	5774	592	3366	642	0964	692	8566	742	6174
493	8140	543	5726	593	3318	643	0916	693	8518	743	6126
494	8091	544	5678	594	3270	644	0868	694	8470	744	6078
495	8043	545	5630	595	3222	645	0820	695	8422	745	6031
496	7995	546	5584	596	3174	646	0772	696	8374	746	5983
497	7946	547	5533	597	3126	647	0724	697	8326	747	5935
498	7898	548	5485	598	3078	648	0676	698	8278	748	5887
499	7850	549	5437	599	3030	649	0628	699	8230	749	5839
500	7802	550	5389	600	2982	650	0580	700	8183	750	5792
45 501	219 7753	45 551	219 5340	45 601	219 2933	45 651	219 0532	45 701	218 8135	45 751	218 5744
502	7705	552	5292	602	2885	652	0484	702	8087	752	5696
503	7657	553	5244	603	2837	653	0436	703	8039	753	5648
504	7608	554	5196	604	2789	654	0388	704	7991	754	5600
505	7560	555	5148	605	2741	655	0340	705	7944	755	5553
506	7512	556	5099	606	2693	656	0292	706	7896	756	5505
507	7463	557	5051	607	2645	657	0244	707	7848	757	5457
508	7415	558	5003	608	2597	658	0196	708	7800	758	5409
509	7367	559	4955	609	2549	659	0148	709	7752	759	5361
510	7319	560	4907	610	2501	660	0100	710	7705	760	5314
45 511	219 7270	45 561	219 4858	45 611	219 2453	45 661	219 0052	45 711	218 7657	45 761	218 5266
512	7222	562	4810	612	2405	662	0004	712	7609	762	5218
513	7174	563	4762	613	2357	663	218 9956	713	7561	763	5170
514	7125	564	4714	614	2309	664	9908	714	7513	764	5123
515	7077	565	4666	615	2261	665	9860	715	7465	765	5075
516	7029	566	4618	616	2213	666	9812	716	7417	766	5027
517	6980	567	4570	617	2165	667	9764	717	7369	767	4980
518	6932	568	4522	618	2117	668	9716	718	7321	768	4932
519	6884	569	4474	619	2069	669	9668	719	7273	769	4884
520	6836	570	4426	620	2021	670	9621	720	7226	770	4837
45 521	219 6787	45 571	219 4377	45 621	219 1972	45 671	218 9573	45 721	218 7178		
522	6739	572	4329	622	1924	672	9525	722	7130		
523	6691	573	4281	623	1876	673	9477	723	7082		
524	6643	574	4233	624	1828	674	9429	724	7034		
525	6595	575	4185	625	1780	675	9381	725	6987		
526	6546	576	4136	626	1732	676	9333	726	6939		
527	6498	577	4088	627	1684	677	9285	727	6891		
528	6450	578	4040	628	1636	678	9237	728	6843		
529	6402	579	3992	629	1588	679	9189	729	6795		
530	6354	580	3944	630	1540	680	9141	730	6748		
45 531	219 6305	45 581	219 3895	45 631	219 1492	45 681	218 9093	45 731	218 6700		
532	6257	582	3847	632	1444	682	9045	732	6652		
533	6209	583	3799	633	1396	683	8997	733	6604		
534	6160	584	3751	634	1348	684	8949	734	6556		
535	6112	585	3703	635	1300	685	8901	735	6509		
536	6064	586	3655	636	1252	686	8853	736	6461		
537	6015	587	3607	637	1204	687	8805	737	6413		
538	5967	588	3559	638	1156	688	8757	738	6365		
539	5919	589	3511	639	1108	689	8709	739	6317		
540	5871	590	3463	640	1060	690	8662	740	6270		

DIFF.

	48	48	47
0 01	0	0	0
0 02	1	1	1
0 03	1	1	1
0 04	2	2	2
0 05	2	2	2
0 06	3	3	3
0 07	3	3	3
0 08	4	4	4
0 09	4	4	4
0 10	5	5	5
0 20	10	10	9
0 30	15	14	14
0 40	20	19	19
0 50	25	24	24
0 60	29	29	28
0 70	34	34	33
0 80	39	38	38
0 90	44	43	42
1 00	49	48	47

DIVISEURS : 45771 A 46030.

DIVISEUR	Nombre à multiplier par le dividende	DIVISEUR	Nombre à multiplier par le dividende	DIVISEUR	Nombre à multiplier par le dividende	DIVISEUR	Nombre à multiplier par le dividende	DIVISEUR	Nombre à multiplier par le dividende	DIVISEUR	Nombre à multiplier par le dividende
45 771	218 4789	45 821	218 2405	45 871	218 0026	45 921	217 7652	45 971	217 5283	46 021	217 2920
772	4741	822	2357	872	247 9978	922	7605	972	5236	022	2873
773	4693	823	2309	873	9931	923	7557	973	5189	023	2826
774	4645	824	2262	874	9883	924	7510	974	5141	024	2779
775	4598	825	2214	875	9836	925	7463	975	5094	025	2732
776	4550	826	2166	876	9788	926	7415	976	5047	026	2684
777	4502	827	2119	877	9740	927	7368	977	4999	027	2637
778	4454	828	2071	878	9693	928	7320	978	4952	028	2590
779	4406	829	2023	879	9645	929	7273	979	4905	029	2543
780	4359	830	1976	880	9598	930	7226	980	4858	030	2496
45 781	218 4311	45 831	218 1928	45 881	217 9550	45 931	217 7178	45 981	217 4810	46 031	217 2448
782	4263	832	1881	882	9503	932	7131	982	4763	032	2401
783	4215	833	1833	883	9455	933	7083	983	4716	033	2354
784	4168	834	1786	884	9408	934	7036	984	4668	034	2307
785	4120	835	1738	885	9360	935	6989	985	4621	035	2260
786	4072	836	1691	886	9313	936	6941	986	4574	036	2212
787	4025	837	1643	887	9265	937	6894	987	4526	037	2165
788	3977	838	1596	888	9218	938	6846	988	4479	038	2118
789	3929	839	1548	889	9170	939	6799	989	4432	039	2071
790	3882	840	1501	890	9123	940	6752	990	4385	040	2024
45 791	218 3834	45 841	218 1453	45 891	217 9075	45 941	217 6704	45 991	217 4337	46 041	217 1976
792	3786	842	1405	892	9028	942	6657	992	4290	042	1929
793	3739	843	1358	893	8980	943	6609	993	4243	043	1882
794	3691	844	1310	894	8933	944	6562	994	4196	044	1835
795	3644	845	1263	895	8886	945	6515	995	4149	045	1788
796	3596	846	1215	896	8838	946	6467	996	4101	046	1740
797	3548	847	1167	897	8791	947	6420	997	4054	047	1693
798	3501	848	1120	898	8743	948	6372	998	4007	048	1646
799	3453	849	1072	899	8696	949	6325	999	3960	049	1599
800	3406	850	1025	900	8649	950	6278	46 000	3913	050	1552
45 801	218 3358	45 851	218 0977	45 901	217 8601	45 951	217 6230	46 001	217 3865		
802	3310	852	0929	902	8554	952	6183	002	3818		
803	3262	853	0882	903	8506	953	6136	003	3771		
804	3215	854	0834	904	8459	954	6088	004	3723		
805	3167	855	0787	905	8411	955	6041	005	3676		
806	3119	856	0739	906	8364	956	5994	006	3629		
807	3072	857	0691	907	8316	957	5946	007	3581		
808	3024	858	0644	908	8269	958	5899	008	3534		
809	2976	859	0596	909	8221	959	5852	009	3487		
810	2929	860	0549	910	8174	960	5805	010	3440		
45 811	218 2881	45 861	218 0501	45 911	217 8126	45 961	217 5757	46 011	217 3392		
812	2833	862	0454	912	8079	962	5710	012	3345		
813	2786	863	0406	913	8031	963	5662	013	3298		
814	2738	864	0359	914	7984	964	5615	014	3251		
815	2691	865	0311	915	7937	965	5568	015	3204		
816	2643	866	0264	916	7889	966	5520	016	3156		
817	2595	867	0216	917	7842	967	5473	017	3109		
818	2548	868	0169	918	7794	968	5425	018	3062		
819	2500	869	0121	919	7747	969	5378	019	3015		
820	2453	870	0074	920	7700	970	5331	020	2968		

DIFF.

	48	47
0 01	0	0
0 02	1	1
0 03	1	1
0 04	2	2
0 05	2	2
0 06	3	3
0 07	3	3
0 08	4	4
0 09	4	4
0 10	5	5
0 20	10	9
0 30	14	14
0 40	19	19
0 50	24	24
0 60	29	28
0 70	34	33
0 80	38	38
0 90	43	42
1 00	48	47

DIVISEURS : 46051 À 46330.

DIVISEUR	Nombre à multiplier par le dividende	DIVISEUR	Nombre à multiplier par le dividende	DIVISEUR	Nombre à multiplier par le dividende	DIVISEUR	Nombre à multiplier par le dividende	DIVISEUR	Nombre à multiplier par le dividende	DIVISEUR	Nombre à multiplier par le dividende
46 051	217 1504	46 101	216 9149	46 151	216 6800	46 201	216 4455	46 251	216 2115	46 301	215 9780
052	1457	102	9102	152	6753	202	4408	252	2068	302	9733
053	1410	103	9055	153	6706	203	4364	253	2021	303	9686
054	1363	104	9008	154	6659	204	4314	254	1974	304	9640
055	1316	105	8961	155	6612	205	4267	255	1927	305	9593
056	1269	106	8914	156	6565	206	4220	256	1880	306	9546
057	1222	107	8867	157	6518	207	4173	257	1833	307	9500
058	1175	108	8820	158	6471	208	4126	258	1786	308	9453
059	1128	109	8773	159	6424	209	4079	259	1739	309	9406
060	1081	110	8726	160	6377	210	4033	260	1693	310	9360
46 061	217 1033	46 111	216 8679	46 161	216 6330	46 211	216 3986	46 261	216 1646	46 311	215 9313
062	0986	112	8632	162	6283	212	3939	262	1599	312	9266
063	0939	113	8585	163	6236	213	3892	263	1553	313	9219
064	0892	114	8538	164	6189	214	3845	264	1506	314	9173
065	0845	115	8491	165	6142	215	3799	265	1460	315	9126
066	0797	116	8444	166	6095	216	3752	266	1413	316	9079
067	0750	117	8397	167	6048	217	3705	267	1366	317	9033
068	0703	118	8350	168	6001	218	3658	268	1320	318	8986
069	0656	119	8303	169	5954	219	3611	269	1273	319	8939
070	0609	120	8256	170	5907	220	3565	270	1227	320	8893
46 071	217 0561	46 121	216 8209	46 171	216 5860	46 221	216 3518	46 271	216 1180	46 321	215 8846
072	0514	122	8162	172	5813	222	3471	272	1133	322	8800
073	0467	123	8115	173	5766	223	3424	273	1086	323	8753
074	0420	124	8068	174	5719	224	3377	274	1040	324	8707
075	0373	125	8021	175	5673	225	3334	275	0993	325	8660
076	0326	126	7974	176	5626	226	3284	276	0946	326	8614
077	0279	127	7927	177	5579	227	3237	277	0900	327	8567
078	0232	128	7880	178	5532	228	3190	278	0853	328	8521
079	0185	129	7833	179	5485	229	3143	279	0806	329	8474
080	0138	130	7786	180	5439	230	3097	280	0760	330	8428
46 081	217 0090	46 131	216 7739	46 181	216 5392	46 231	216 3050	46 281	216 0713	DIFF.	
082	0043	132	7692	182	5345	232	3003	282	0666		
083	216 9996	133	7645	183	5298	233	2956	283	0619		
084	9949	134	7598	184	5251	234	2909	284	0573		48 / 47 / 46
085	9902	135	7551	185	5204	235	2863	285	0526		
086	9855	136	7504	186	5157	236	2816	286	0479	0 01	0 / 0 / 0
087	9808	137	7457	187	5110	237	2769	287	0433	0 02	1 / 1 / 1
088	9761	138	7410	188	5063	238	2722	288	0386	0 03	1 / 1 / 1
089	9714	139	7363	189	5016	239	2675	289	0339	0 04	2 / 2 / 2
090	9667	140	7316	190	4970	240	2629	290	0293	0 05	2 / 2 / 2
										0 06	3 / 3 / 3
										0 07	3 / 3 / 3
46 091	216 9620	46 141	216 7269	46 191	216 4923	46 241	216 2582	46 291	216 0246	0 08	4 / 4 / 4
092	9573	142	7222	192	4876	242	2535	292	0199	0 09	4 / 4 / 4
093	9526	143	7175	193	4829	243	2488	293	0153	0 10	5 / 5 / 5
094	9479	144	7128	194	4782	244	2442	294	0106		
095	9432	145	7081	195	4736	245	2395	295	0060	0 20	10 / 9 / 9
096	9385	146	7034	196	4689	246	2348	296	0013	0 30	14 / 14 / 14
097	9338	147	6987	197	4642	247	2302	297	215 9966	0 40	19 / 19 / 18
098	9291	148	6940	198	4595	248	2255	298	9920	0 50	24 / 24 / 23
099	9244	149	6893	199	4548	249	2208	299	9873	0 60	29 / 28 / 28
100	9197	150	6847	200	4502	250	2162	300	9827	0 70	34 / 33 / 32
										0 80	38 / 38 / 37
										0 90	43 / 42 / 41
										1 00	48 / 47 / 46

DIVISEURS : 46331 A 46610.

DIVISEUR	Nombre à multiplier par le dividende	DIVISEUR	Nombre à multiplier par le dividende	DIVISEUR	Nombre à multiplier par le dividende	DIVISEUR	Nombre à multiplier par le dividende	DIVISEUR	Nombre à multiplier par le dividende	DIVISEUR	Nombre à multiplier par le dividende
46 331	215 8384	46 381	215 6054	46 431	215 3732	46 481	215 4445	46 531	214 9404	46 581	214 6797
332	8334	382	6008	432	3686	482	4369	532	9058	582	6754
333	8288	383	5961	433	3639	483	4323	533	9012	583	6705
334	8244	384	5915	434	3593	484	4277	534	8966	584	6659
335	8495	385	5868	435	3547	485	4234	535	8920	585	6613
336	8448	386	5822	436	3500	486	4184	536	8873	586	6567
337	8404	387	5775	437	3454	487	4138	537	8827	587	6524
338	8055	388	5729	438	3407	488	4092	538	8784	588	6475
339	8008	389	5682	439	3364	489	4046	539	8735	589	6429
340	7962	390	5636	440	3315	490	4000	540	8689	590	6383
46 341	215 7915	46 391	215 5589	46 441	215 3268	46 491	215 0953	46 541	214 8642	46 591	214 6336
342	7869	392	5543	442	3222	492	0907	542	8596	592	6290
343	7822	393	5496	443	3176	493	0861	543	8550	593	6244
344	7776	394	5450	444	3129	494	0814	544	8504	594	6498
345	7729	395	5404	445	3083	495	0768	545	8458	595	6152
346	7683	396	5357	446	3037	496	0722	546	8411	596	6106
347	7636	397	5311	447	2990	497	0675	547	8365	597	6060
348	7590	398	5264	448	2944	498	0629	548	8319	598	6014
349	7543	399	5218	449	2898	499	0583	549	8273	599	5968
350	7497	400	5172	450	2852	500	0537	550	8227	600	5922
46 351	215 7450	46 401	215 5125	46 451	215 2805	46 501	215 0490	46 551	214 8480	46 601	214 5876
352	7403	402	5079	452	2759	502	0444	552	8134	602	5830
353	7357	403	5032	453	2713	503	0398	553	8088	603	5784
354	7310	404	4986	454	2666	504	0352	554	8042	604	5738
355	7264	405	4940	455	2620	505	0306	555	7996	605	5692
356	7217	406	4893	456	2574	506	0259	556	7950	606	5646
357	7170	407	4847	457	2527	507	0243	557	7904	607	5600
358	7124	408	4800	458	2481	508	0167	558	7858	608	5554
359	7077	409	4754	459	2435	509	0121	559	7812	609	5508
360	7031	410	4708	460	2389	510	0075	560	7766	610	5462
46 361	215 6984	46 411	215 4664	46 461	215 2342	46 511	215 0028	46 561	214 7719		
362	6938	412	4615	462	2296	512	214 9982	562	7673		
363	6894	413	4568	463	2249	513	9936	563	7627		
364	6845	414	4522	464	2203	514	9890	564	7581		
365	6798	415	4475	465	2157	515	9844	565	7535		
366	6752	416	4429	466	2110	516	9797	566	7489		
367	6705	417	4382	467	2064	517	9754	567	7443		
368	6659	418	4336	468	2017	518	9705	568	7397		
369	6612	419	4289	469	1971	519	9659	569	7354		
370	6566	420	4243	470	1925	520	9613	570	7305		
46 371	215 6519	46 421	215 4196	46 471	215 1878	46 521	214 9566	46 571	214 7258		
372	6473	422	4150	472	1832	522	9520	572	7212		
373	6426	423	4103	473	1786	523	9474	573	7166		
374	6380	424	4057	474	1739	524	9428	574	7120		
375	6333	425	4011	475	1693	525	9382	575	7074		
376	6287	426	3964	476	1647	526	9335	576	7028		
377	6240	427	3918	477	1600	527	9289	577	6982		
378	6194	428	3871	478	1554	528	9243	578	6936		
379	6147	429	3825	479	1508	529	9197	579	6890		
380	6101	430	3779	480	1462	530	9151	580	6844		

DIFF.

	47	46
0 01	0	0
0 02	1	1
0 03	1	1
0 04	2	2
0 05	2	2
0 06	3	3
0 07	3	3
0 08	4	4
0 09	4	4
0 10	5	5
0 20	9	9
0 30	14	14
0 40	19	18
0 50	24	23
0 60	28	28
0 70	33	32
0 80	38	37
0 90	42	41
1 00	47	46

Diviseurs : **46611 A 46890.**

DIVISEUR	Nombre à multiplier par le dividende	DIVISEUR	Nombre à multiplier par le dividende	DIVISEUR	Nombre à multiplier par le dividende	DIVISEUR	Nombre à multiplier par le dividende	DIVISEUR	Nombre à multiplier par le dividende	DIVISEUR	Nombre à multiplier par le dividende
46 611	214 5446	46 661	214 3117	46 711	214 0822	46 761	213 8533	46 811	213 6249	46 861	213 3970
612	5370	662	3071	712	0776	762	8487	812	6203	862	3924
613	5324	663	3025	713	0730	763	8441	813	6158	863	3879
614	5278	664	2979	714	0684	764	8396	814	6112	864	3833
615	5232	665	2933	715	0639	765	8350	815	6067	865	3788
616	5186	666	2887	716	0593	766	8304	816	6021	866	3742
617	5140	667	2841	717	0547	767	8259	817	5975	867	3696
618	5094	668	2795	718	0501	768	8213	818	5930	868	3651
619	5048	669	2749	719	0455	769	8167	819	5884	869	3605
620	5002	670	2704	720	0410	770	8122	820	5839	870	3560
46 621	214 4956	46 671	214 2658	46 721	214 0364	46 771	213 8076	46 821	213 5793	46 871	213 3514
622	4910	672	2612	722	0318	772	8030	822	5747	872	3469
623	4864	673	2566	723	0272	773	7984	823	5702	873	3423
624	4818	674	2520	724	0226	774	7939	824	5656	874	3378
625	4772	675	2474	725	0181	775	7893	825	5611	875	3332
626	4726	676	2428	726	0135	776	7847	826	5565	876	3287
627	4680	677	2382	727	0089	777	7802	827	5519	877	3241
628	4634	678	2336	728	0043	778	7756	828	5474	878	3196
629	4588	679	2290	729	213 9997	779	7710	829	5428	879	3150
630	4542	680	2245	730	9952	780	7665	830	5383	880	3105
46 631	214 4495	46 681	214 2199	46 731	213 9906	46 781	213 7619	46 831	213 5337	46 881	213 3059
632	4449	682	2153	732	9860	782	7573	832	5291	882	3014
633	4403	683	2107	733	9814	783	7527	833	5246	883	2968
634	4357	684	2061	734	9769	784	7482	834	5200	884	2923
635	4311	685	2015	735	9723	785	7436	835	5155	885	2877
636	4265	686	1969	736	9677	786	7390	836	5109	886	2832
637	4219	687	1923	737	9632	787	7345	837	5063	887	2786
638	4173	688	1877	738	9586	788	7299	838	5018	888	2741
639	4127	689	1831	739	9540	789	7253	839	4972	889	2695
640	4081	690	1786	740	9495	790	7208	840	4927	890	2650
46 641	214 4035	46 691	214 1740	46 741	213 9449	46 791	213 7162	46 841	213 4881		
642	3989	692	1694	742	9403	792	7116	842	4835		
643	3943	693	1648	743	9357	793	7071	843	4790		
644	3897	694	1602	744	9311	794	7025	844	4744		
645	3851	695	1556	745	9266	795	6980	845	4699		
646	3805	696	1510	746	9220	796	6934	846	4653		
647	3759	697	1464	747	9174	797	6888	847	4607		
648	3713	698	1418	748	9128	798	6843	848	4562		
649	3667	699	1372	749	9082	799	6797	849	4516		
650	3622	700	1327	750	9037	800	6752	850	4471		
46 651	214 3576	46 701	214 1281	46 751	213 8991	46 801	213 6706	46 851	213 4425		
652	3530	702	1235	752	8945	802	6660	852	4380		
653	3484	703	1189	753	8899	803	6614	853	4334		
654	3438	704	1143	754	8853	804	6569	854	4289		
655	3392	705	1097	755	8808	805	6523	855	4243		
656	3346	706	1051	756	8762	806	6477	856	4198		
657	3300	707	1005	757	8716	807	6432	857	4152		
658	3254	708	0959	758	8670	808	6386	858	4107		
659	3208	709	0913	759	8624	809	6340	859	4061		
660	3163	710	0868	760	8579	810	6295	860	4016		

Diff.

	47	48	45
0 01	0	0	0
0 02	1	1	1
0 03	1	1	1
0 04	2	2	2
0 05	2	2	2
0 06	3	3	3
0 07	3	3	3
0 08	4	4	4
0 09	4	4	4
0 10	5	5	5
0 20	9	9	9
0 30	14	14	14
0 40	19	18	18
0 50	24	23	23
0 60	28	28	27
0 70	33	32	32
0 80	38	37	36
0 90	42	41	41
1 00	47	46	45

DIVISEUR	Nombre à multiplier par le dividende	DIVISEUR	Nombre à multiplier par le dividende	DIVISEUR	Nombre à multiplier par le dividende	DIVISEUR	Nombre à multiplier par le dividende	DIVISEUR	Nombre à multiplier par le dividende	DIVISEUR	Nombre à multiplier par le dividende
46 891	213 2604	46 941	213 0333	46 991	212 8066	47 041	212 5804	47 091	212 3547	47 141	212 1295
892	2559	942	0288	992	8021	042	5759	092	3502	142	1250
893	2513	943	0242	993	7976	043	5714	093	3457	143	1205
894	2468	944	0197	994	7930	044	5669	094	3412	144	1160
895	2423	945	0152	995	7885	045	5624	095	3367	145	1115
896	2377	946	0106	996	7840	046	5578	096	3322	146	1070
897	2332	947	0061	997	7794	047	5533	097	3277	147	1025
898	2286	948	0015	998	7749	048	5488	098	3232	148	0980
899	2241	949	212 9970	999	7704	049	5443	099	3187	149	0935
900	2196	950	9925	47 000	7659	050	5398	100	3142	150	0890
46 901	213 2150	46 951	212 9879	47 001	212 7613	47 051	212 5352	47 101	212 3096	47 151	212 0845
902	2105	952	9834	002	7568	052	5307	102	3051	152	0800
903	2059	953	9788	003	7523	053	5262	103	3006	153	0755
904	2014	954	9743	004	7477	054	5217	104	2961	154	0710
905	1968	955	9698	005	7432	055	5172	105	2916	155	0665
906	1923	956	9652	006	7387	056	5126	106	2871	156	0620
907	1877	957	9607	007	7341	057	5081	107	2826	157	0575
908	1832	958	9561	008	7296	058	5036	108	2781	158	0530
909	1786	959	9516	009	7251	059	4991	109	2736	159	0485
910	1741	960	9471	010	7206	060	4946	110	2691	160	0440
46 911	213 1695	46 961	212 9425	47 011	212 7160	47 061	212 4900	47 111	212 2646	47 161	212 0395
912	1650	962	9380	012	7115	062	4855	112	2601	162	0350
913	1604	963	9335	013	7070	063	4810	113	2556	163	0305
914	1559	964	9289	014	7025	064	4765	114	2511	164	0260
915	1513	965	9244	015	6980	065	4720	115	2466	165	0215
916	1468	966	9199	016	6934	066	4674	116	2421	166	0170
917	1422	967	9153	017	6889	067	4629	117	2376	167	0125
918	1377	968	9108	018	6844	068	4584	118	2331	168	0080
919	1331	969	9063	019	6799	069	4539	119	2286	169	0035
920	1286	970	9018	020	6754	070	4494	120	2241	170	211 9991
46 921	213 1240	46 971	212 8972	47 021	212 6708	47 071	212 4449	47 121	212 2195		DIFF.
922	1195	972	8927	022	6663	072	4404	122	2150		
923	1150	973	8882	023	6618	073	4359	123	2105		
924	1104	974	8836	024	6573	074	4314	124	2060		
225	1059	975	8791	025	6528	075	4269	125	2015		
926	1014	976	8746	026	6482	076	4224	126	1970		
827	0968	977	8700	027	6437	077	4179	127	1925		
928	0923	978	8655	028	6392	078	4134	128	1880		
929	0878	979	8610	029	6347	079	4089	129	1835		
930	0833	980	8565	030	6302	080	4044	130	1790		
46 931	213 0787	46 981	212 8519	47 031	212 6256	47 081	212 3998	47 131	212 1745		
932	0742	982	8474	032	6211	082	3953	132	1700		
933	0696	983	8429	033	6166	083	3908	133	1655		
934	0651	984	8383	034	6121	084	3863	134	1610		
935	0606	985	8338	035	6076	085	3818	135	1565		
936	0560	986	8293	036	6030	086	3773	136	1520		
937	0515	987	8247	037	5985	087	3728	137	1475		
938	0469	988	8202	038	5940	088	3683	138	1430		
939	0424	989	8157	039	5895	089	3638	139	1385		
940	0379	990	8112	040	5850	090	3593	140	1340		

DIFF.

	46	45	44
0 01	0	0	0
0 02	1	1	1
0 03	1	1	1
0 04	2	2	2
0 05	2	2	2
0 06	3	3	3
0 07	3	3	3
0 08	4	4	4
0 09	4	4	4
0 10	5	5	4
0 20	9	9	9
0 30	14	14	13
0 40	18	18	18
0 50	23	23	22
0 60	28	27	26
0 70	32	32	31
0 80	37	36	35
0 90	41	41	40
1 00	46	45	44

DIVISEURS : 47171 A 47450.

DIVISEUR	Nombre à multiplier par le dividende	DIVISEUR	Nombre à multiplier par le dividende	DIVISEUR	Nombre à multiplier par le dividende	DIVISEUR	Nombre à multiplier par le dividende	DIVISEUR	Nombre à multiplier par le dividende	DIVISEUR	Nombre à multiplier par le dividende
47 171	211 9946	47 221	211 7701	47 271	211 5461	47 321	211 3226	47 371	211 0995	47 421	210 8769
172	9901	222	7656	272	5416	322	3181	372	0951	422	8725
173	9856	223	7611	273	5371	323	3136	373	0906	423	8680
174	9811	224	7566	274	5326	324	3092	374	0862	424	8636
175	9766	225	7522	275	5282	325	3047	375	0817	425	8592
176	9721	226	7477	276	5237	326	3002	376	0773	426	8547
177	9676	227	7432	277	5192	327	2958	377	0728	427	8503
178	9631	228	7387	278	5147	328	2913	378	0684	428	8458
179	9586	229	7342	279	5102	329	2868	379	0639	429	8414
180	9542	230	7298	280	5058	330	2824	380	0595	430	8370
47 181	211 9497	47 231	211 7253	47 281	211 5013	47 331	211 2779	47 381	211 0550	47 431	210 8325
182	9452	232	7208	282	4968	332	2734	382	0505	432	8281
183	9407	233	7163	283	4923	333	2690	383	0461	433	8236
184	9362	234	7118	284	4879	334	2645	384	0416	434	8192
185	9317	235	7074	285	4834	335	2601	385	0372	435	8147
186	9272	236	7029	286	4789	336	2556	386	0327	436	8103
187	9227	237	6984	287	4745	337	2511	387	0282	437	8058
188	9182	238	6939	288	4700	338	2467	388	0238	438	8014
189	9137	239	6894	289	4655	339	2422	389	0193	439	7969
190	9093	240	6850	290	4611	340	2378	390	0149	440	7925
47 191	211 9048	47 241	211 6805	47 291	211 4566	47 341	211 2333	47 391	211 0104	47 441	210 7880
192	9003	242	6760	292	4521	342	2288	392	0060	442	7836
193	8958	243	6715	293	4476	343	2244	393	0015	443	7791
194	8913	244	6670	294	4432	344	2199	394	210 9971	444	7747
195	8868	245	6625	295	4387	345	2155	395	9926	445	7703
196	8823	246	6580	296	4342	346	2110	396	9882	446	7658
197	8778	247	6535	297	4298	347	2065	397	9837	447	7614
198	8733	248	6490	298	4253	348	2021	398	9793	448	7569
199	8688	249	6445	299	4208	349	1976	399	9748	449	7525
200	8644	250	6401	300	4164	350	1932	400	9704	450	7481
47 201	211 8599	47 251	211 6356	47 301	211 4119	47 351	211 1887	47 401	210 9659		
202	8554	252	6311	302	4074	352	1842	402	9615		
203	8509	253	6266	303	4030	353	1798	403	9570		
204	8464	254	6222	304	3985	354	1753	404	9526		
205	8419	255	6177	305	3941	355	1709	405	9481		
206	8374	256	6132	306	3896	356	1664	406	9437		
207	8329	257	6088	307	3851	357	1619	407	9392		
208	8284	258	6043	308	3807	358	1575	408	9348		
209	8239	259	5998	309	3762	359	1530	409	9303		
210	8195	260	5954	310	3718	360	1486	410	9259		
47 211	211 8150	47 261	211 5909	47 311	211 3673	47 361	211 1441	47 411	210 9214		
212	8105	262	5864	312	3628	362	1396	412	9170		
213	8060	263	5819	313	3583	363	1352	413	9125		
214	8015	264	5774	314	3539	364	1307	414	9081		
215	7970	265	5730	315	3494	365	1263	415	9036		
216	7925	266	5685	316	3449	366	1218	416	8992		
217	7880	267	5640	317	3405	367	1173	417	8947		
218	7835	268	5595	318	3360	368	1129	418	8903		
219	7790	269	5550	319	3315	369	1084	419	8858		
220	7746	270	5506	320	3271	370	1040	420	8814		

DIFF.

	45	44
0 01	0	0
0 02	1	1
0 03	1	1
0 04	2	2
0 05	2	2
0 06	3	3
0 07	3	3
0 08	4	4
0 09	4	4
0 10	5	4
0 20	9	9
0 30	14	13
0 40	18	18
0 50	23	22
0 60	27	26
0 70	32	31
0 80	36	35
0 90	41	40
1 00	45	44

DIVISEURS . 47451 A 47730.

DIVISEUR	Nombre à multiplier par le dividende	DIVISEUR	Nombre à multiplier par le dividende	DIVISEUR	Nombre à multiplier par le dividende	DIVISEUR	Nombre à multiplier par le dividende	DIVISEUR	Nombre à multiplier par le dividende	DIVISEUR	Nombre à multiplier par le dividende
47 451	210 7436	47 501	210 5218	47 551	240 3004	47 601	210 0795	47 651	209 8591	47 701	209 6392
452	7392	502	5174	552	2960	602	0751	652	8547	702	6348
453	7347	503	5130	553	2916	603	0707	653	8503	703	6304
454	7303	504	5085	554	2872	604	0663	654	8459	704	6260
455	7258	505	5041	555	2828	605	0619	655	8415	705	6216
456	7214	506	4997	556	2783	606	0574	656	8371	706	6172
457	7169	507	4952	557	2739	607	0530	657	8327	707	6128
458	7125	508	4908	558	2695	608	0486	658	8283	708	6084
459	7080	509	4864	559	2654	609	0442	659	8239	709	6040
460	7036	510	4820	560	2607	610	0398	660	8195	710	5996
47 461	210 6991	47 511	210 4775	47 561	210 2562	47 611	210 0354	47 661	209 8151	47 711	209 5952
462	6947	512	4731	562	2518	612	0310	662	8107	712	5908
463	6903	513	4686	563	2474	613	0266	663	8063	743	5864
464	8858	514	4642	564	2430	614	0222	664	8019	714	5820
465	6814	515	4598	565	2386	615	0178	665	7975	715	5776
466	6770	516	4553	566	2341	616	0134	666	7931	716	5732
467	6725	517	4509	567	2297	617	0090	667	7887	717	5688
468	6681	518	4464	568	2253	618	0046	668	7843	718	5644
469	6637	519	4420	569	2209	619	0002	669	7799	719	5600
470	6593	520	4376	570	2165	620	209 9958	670	7755	720	5557
47 471	210 6548	47 521	210 4331	47 571	240 2120	47 621	209 9913	47 671	209 7711	47 721	209 5513
472	6504	522	4287	572	2076	622	9869	672	7667	722	5469
473	6459	523	4243	573	2032	623	9825	673	7623	723	5425
474	6415	524	4199	574	1988	624	9781	674	7579	724	5381
475	6371	525	4155	575	1944	625	9737	675	7535	725	5337
476	6326	526	4110	576	1899	626	9693	676	7491	726	5293
477	6282	527	4066	577	1855	627	9649	677	7447	727	5249
478	6237	528	4022	578	1811	628	9605	678	7403	728	5205
479	6193	529	3978	579	1767	629	9561	679	7359	729	5161
480	6149	530	3934	580	1723	630	9517	680	7315	730	5118
47 481	210 6104	47 531	210 3889	47 581	240 1678	47 631	209 9472	47 681	209 7271		
482	6060	532	3845	582	1634	632	9428	682	7227		
483	6046	533	3801	583	1590	633	9384	683	7483		
484	5971	534	3756	584	1546	634	9340	684	7139		
485	5927	535	3712	585	1502	635	9296	685	7095		
486	5883	536	3668	586	1457	636	9251	686	7051		
487	5838	537	3623	587	1413	637	9207	687	7007		
488	5794	538	3579	588	1369	638	9163	688	6963		
489	5750	539	3535	589	1325	639	9119	689	6919		
490	5706	540	3491	590	1284	640	9075	690	6875		
47 491	210 5661	47 541	210 3446	47 591	240 1236	47 641	209 9031	47 691	209 6831		
492	5617	542	3402	592	1192	642	8987	692	6787		
493	5573	543	3358	593	1148	643	8943	693	6743		
494	5528	544	3314	594	1104	644	8899	694	6699		
495	5484	545	3270	595	1060	645	8855	695	6655		
496	5440	546	3225	596	1016	646	8811	696	6611		
497	5395	547	3181	597	0972	647	8767	697	6567		
498	5351	548	3137	598	0928	648	8723	698	6523		
499	5307	549	3093	599	0884	649	8679	699	6479		
500	5263	550	3049	600	0840	650	8635	700	6436		

DIFF.

	45	44	43
0 01	0	0	0
0 02	1	1	1
0 03	1	1	1
0 04	2	2	2
0 05	2	2	2
0 06	3	3	3
0 07	3	3	3
0 08	4	4	3
0 09	4	4	4
0 10	5	4	4
0 20	9	9	9
0 30	14	13	13
0 40	18	18	17
0 50	23	22	22
0 60	27	26	26
0 70	32	31	30
0 80	36	35	34
0 90	41	40	39
1 00	45	44	43

43

DIVISEURS : **47731** à **48010**.

DIVISEUR	Nombre à multiplier par le dividende	DIVISEUR	Nombre à multiplier par le dividende	DIVISEUR	Nombre à multiplier par le dividende	DIVISEUR	Nombre à multiplier par le dividende	DIVISEUR	Nombre à multiplier par le dividende	DIVISEUR	Nombre à multiplier par le dividende
47 731	209 5074	47 781	209 2884	47 831	209 0694	47 881	208 8510	47 931	208 6334	47 981	208 4157
732	5030	782	2837	832	0650	882	8466	932	6288	982	4114
733	4986	783	2793	833	0606	883	8423	933	6244	983	4070
734	4942	784	2749	834	0563	884	8379	934	6204	984	4027
735	4898	785	2706	835	0519	885	8336	935	6157	985	3984
736	4854	786	2662	836	0475	886	8292	936	6114	986	3940
737	4810	787	2618	837	0432	887	8248	937	6070	987	3897
738	4766	788	2574	838	0388	888	8205	938	6027	988	3853
739	4722	789	2530	839	0344	889	8161	939	5983	989	3810
740	4679	790	2487	840	0301	890	8118	940	5940	990	3767
47 741	209 4635	47 791	209 2443	47 841	209 0257	47 891	208 8074	47 941	208 5896	47 991	208 3723
742	4591	792	2399	842	0213	892	8030	942	5853	992	3680
743	4547	793	2355	843	0169	893	7987	943	5809	993	3636
744	4503	794	2312	844	0126	894	7943	944	5766	994	3593
745	4459	795	2268	845	0082	895	7900	945	5722	995	3550
746	4415	796	2224	846	0038	896	7856	946	5679	996	3506
747	4371	797	2181	847	208 9995	897	7812	947	5635	997	3463
748	4327	798	2137	848	9951	898	7769	948	5592	998	3419
749	4283	799	2093	849	9907	899	7725	949	5548	999	3376
750	4240	800	2050	850	9864	•900	7682	950	5505	48 000	3333
47 751	209 4196	47 801	209 2006	47 851	208 9820	47 901	208 7638	47 951	208 5461	48 001	208 3289
752	4152	802	1962	852	9776	902	7594	952	5418	002	3246
753	4108	803	1918	853	9732	903	7551	953	5374	003	3202
754	4064	804	1874	854	9689	904	7507	954	5331	004	3159
755	4020	805	1831	855	9645	905	7464	955	5287	005	3116
756	3976	806	1787	856	9601	906	7420	956	5244	006	3072
757	3932	807	1743	857	9558	907	7376	957	5200	007	3029
758	3888	808	1699	858	9514	908	7333	958	5157	008	2985
759	3844	809	1655	859	9470	909	7289	959	5113	009	2942
760	3801	810	1612	860	9427	910	7246	960	5070	010	2899
47 761	209 3757	47 811	209 1568	47 861	208 9383	47 911	208 7202	47 961	208 5026		
762	3713	812	1524	862	9339	912	7159	962	4983		
763	3669	813	1480	863	9296	913	7115	963	4939		
764	3626	814	1437	864	9252	914	7072	964	4896		
765	3582	815	1393	865	9209	915	7028	965	4852		
766	3538	816	1349	866	9165	916	6985	966	4809		
767	3495	817	1306	867	9121	917	6941	967	4765		
768	3451	818	1262	868	9078	918	6898	968	4722		
769	3407	819	1218	869	9034	919	6854	969	4678		
770	3364	820	1175	870	8991	920	6811	970	4635		
47 771	209 3320	47 821	209 1131	47 871	208 8947	47 921	208 6767	47 971	208 4591		
772	3276	822	1087	872	8903	922	6723	972	4548		
773	3232	823	1043	873	8859	923	6680	973	4504		
774	3188	824	1000	874	8816	924	6636	974	4461		
775	3144	825	0956	875	8772	925	6593	975	4418		
776	3100	826	0912	876	8728	926	6549	976	4374		
777	3056	827	0869	877	8685	927	6505	977	4331		
778	3012	828	0825	878	8644	928	6462	978	4287		
779	2968	829	0781	879	8597	929	6418	979	4244		
780	2925	830	0738	880	8554	930	6375	980	4204		

Diff.

	44	43
0 01	0	0
0 02	1	1
0 03	1	1
0 04	2	2
0 05	2	2
0 06	3	3
0 07	3	3
0 08	4	3
0 09	4	4
0 10	4	4
0 20	9	9
0 30	13	13
0 40	18	17
0 50	22	22
0 60	26	26
0 70	31	30
0 80	35	34
0 90	40	39
1 00	44	43

DIVISEURS : 48011 A 48290.

DIVISEUR	Nombre à multiplier par le dividende	DIVISEUR	Nombre à multiplier par le dividende	DIVISEUR	Nombre à multiplier par le dividende	DIVISEUR	Nombre à multiplier par le dividende	DIVISEUR	Nombre à multiplier par le dividende	DIVISEUR	Nombre à multiplier par le dividende
48 011	208 2855	48 061	208 0687	48 111	207 8525	48 161	207 6367	48 211	207 4215	48 261	207 2066
012	2812	062	0644	112	8482	162	6324	212	4172	262	2023
013	2768	063	0601	113	8439	163	6281	213	4129	263	1980
014	2725	064	0558	114	8396	164	6238	214	4086	264	1937
015	2682	065	0515	115	8353	165	6195	215	4043	265	1894
016	2638	066	0471	116	8309	166	6152	216	4000	266	1851
017	2595	067	0428	117	8266	167	6109	217	3957	267	1808
018	2551	068	0385	118	8223	168	6066	218	3914	268	1765
019	2508	069	0342	119	8180	169	6023	219	3871	269	1722
020	2465	070	0299	120	8137	170	5980	220	3828	270	1680
48 021	208 2421	48 071	208 0255	48 121	207 8093	48 171	207 5937	48 221	207 3785	48 271	207 1637
022	2378	072	0212	122	8050	172	5894	222	3742	272	1594
023	2335	073	0169	123	8007	173	5851	223	3699	273	1551
024	2291	074	0125	124	7964	174	5808	224	3656	274	1508
025	2248	075	0082	125	7921	175	5765	225	3613	275	1465
026	2205	076	0039	126	7878	176	5722	226	3570	276	1422
027	2161	077	207 9995	127	7835	177	5679	227	3527	277	1379
028	2118	078	9952	128	7792	178	5636	228	3484	278	1336
029	2075	079	9909	129	7749	179	5593	229	3441	279	1293
030	2032	080	9866	130	7706	180	5550	230	3398	280	1251
48 031	208 1988	48 081	207 9822	48 131	207 7662	48 181	207 5506	48 231	207 3355	48 281	207 1208
032	1945	082	9779	132	7619	182	5463	232	3312	282	1165
033	1901	083	9736	133	7576	183	5420	233	3269	283	1122
034	1858	084	9693	134	7533	184	5377	234	3226	284	1079
035	1815	085	9650	135	7490	185	5334	235	3183	285	1036
036	1771	086	9606	136	7446	186	5291	236	3140	286	0993
037	1728	087	9563	137	7403	187	5248	237	3097	287	0950
038	1684	088	9520	138	7360	188	5205	238	3054	288	0907
039	1641	089	9477	139	7317	189	5162	239	3011	289	0864
040	1598	090	9434	140	7274	190	5119	240	2968	290	0822
48 041	208 1554	48 091	207 9390	48 141	207 7230	48 191	207 5075	48 241	207 2925		
042	1511	092	9347	142	7187	192	5032	242	2882		
043	1468	093	9304	143	7144	193	4989	243	2839		
044	1424	094	9261	144	7101	194	4946	244	2796		
045	1384	095	9218	145	7058	195	4903	245	2753		
046	1338	096	9174	146	7014	196	4860	246	2710		
047	1294	097	9131	147	6971	197	4817	247	2667		
048	1251	098	9088	148	6928	198	4774	248	2624		
049	1208	099	9045	149	6885	199	4731	249	2581		
050	1165	100	9002	150	6842	200	4688	250	2538		
48 051	208 1121	48 101	207 8958	48 151	207 6798	48 201	207 4645	48 251	207 2495		
052	1078	102	8945	152	6755	202	4602	352	2452		
053	1034	103	8872	153	6712	203	4559	253	2409		
054	0991	104	8828	154	6669	204	4516	254	2366		
055	0948	105	8785	155	6626	205	4473	255	2323		
056	0904	106	8742	156	6583	206	4430	256	2280		
057	0861	107	8698	157	6540	207	4387	257	2237		
058	0817	108	8655	158	6497	208	4344	258	2194		
059	0774	109	8612	159	6454	209	4301	259	2151		
060	0731	110	8569	160	6411	210	4258	260	2109		

DIFF.

	44	43
0 01	0	0
0 02	1	1
0 03	1	1
0 04	2	2
0 05	2	2
0 06	3	3
0 07	3	3
0 08	4	3
0 09	4	4
0 10	4	4
0 20	9	9
0 30	13	13
0 40	18	17
0 50	22	22
0 60	26	26
0 70	31	30
0 80	35	34
0 90	40	39
1 00	44	43

DIVISEURS : 48291 A 48570.

DIVISEUR	Nombre à multiplier par le dividende	DIVISEUR	Nombre à multiplier par le dividende	DIVISEUR	Nombre à multiplier par le dividende	DIVISEUR	Nombre à multiplier par le dividende	DIVISEUR	Nombre à multiplier par le dividende	DIVISEUR	Nombre à multiplier par le dividende
48 291	207 0779	48 341	206 8637	48 391	206 6499	48 441	206 4366	48 491	206 2237	48 541	206 0113
292	0736	342	8594	392	6456	442	4323	492	2195	542	0071
293	0693	343	8551	393	6413	443	4281	493	2152	543	0028
294	0650	344	8508	394	6371	444	4238	494	2110	544	205 9986
295	0607	345	8466	395	6328	445	4196	495	2067	545	9944
296	0564	346	8423	396	6285	446	4153	496	2025	546	9901
297	0521	347	8380	397	6243	447	4110	497	1982	547	9859
298	0478	348	8337	398	6200	448	4068	498	1940	548	9816
299	0435	349	8294	399	6157	449	4025	499	1897	549	9774
300	0393	350	8252	400	6115	450	3983	500	1855	550	9732
48 301	207 0350	48 351	206 8209	48 401	206 6072	48 451	206 3940	48 501	206 1812	48 551	205 9689
302	0307	352	8166	402	6029	452	3897	502	1770	552	9647
303	0264	353	8123	403	5986	453	3855	503	1727	553	9604
304	0221	354	8080	404	5944	454	3812	504	1685	554	9562
305	0178	355	8038	405	5901	455	3770	505	1642	555	9520
306	0135	356	7995	406	5858	456	3727	506	1600	556	9477
307	0092	357	7952	407	5816	457	3684	507	1557	557	9435
308	0049	358	7909	408	5773	458	3642	508	1515	558	9392
309	0006	359	7866	409	5730	459	3599	509	1472	559	9350
310	206 9964	360	7824	410	5688	460	3557	510	1430	560	9308
48 311	206 9921	48 361	206 7781	48 411	206 5645	48 461	206 3514	48 511	206 1387	48 561	205 9265
312	9878	362	7738	412	5602	462	3471	512	1345	562	9223
313	9835	363	7695	413	5559	463	3429	513	1302	563	9180
314	9792	364	7653	414	5517	464	3386	514	1260	564	9138
315	9750	365	7610	415	5474	465	3344	515	1217	565	9096
316	9707	366	7567	416	5431	466	3301	516	1175	566	9053
317	9664	367	7525	417	5389	467	3258	517	1132	567	9011
318	9621	368	7482	418	5346	468	3216	518	1090	568	8968
319	9578	369	7439	419	5303	469	3173	519	1047	569	8926
320	9536	370	7397	420	5261	470	3131	520	1005	570	8884
48 321	206 9493	48 371	206 7354	48 421	206 5218	48 471	206 3088	48 521	206 0962		
322	9450	372	7311	422	5175	472	3046	522	0920		
323	9407	373	7268	423	5133	473	3003	523	0877		
324	9364	374	7225	424	5090	474	2961	524	0835		
325	9321	375	7183	425	5048	475	2918	525	0793		
326	9278	376	7140	426	5005	476	2876	526	0750		
327	9235	377	7097	427	4962	477	2833	527	0708		
328	9192	378	7054	428	4920	478	2791	528	0665		
329	9149	379	7011	429	4877	479	2748	529	0623		
330	9107	380	6969	430	4835	480	2706	530	0581		
48 331	206 9064	48 381	206 6926	48 431	206 4792	48 481	206 2663	48 531	206 0538		
332	9021	382	6883	432	4749	482	2620	532	0496		
333	8978	383	6840	433	4707	483	2578	533	0453		
334	8936	384	6798	434	4664	484	2535	534	0411		
335	8893	385	6755	435	4622	485	2493	535	0368		
336	8850	386	6712	436	4579	486	2450	536	0326		
337	8808	387	6670	437	4536	487	2407	537	0283		
338	8765	388	6627	438	4494	488	2365	538	0241		
339	8722	389	6584	439	4451	489	2322	539	0198		
340	8680	390	6542	440	4409	490	2280	540	0156		

DIFF.

	43	42
0 01	0	0
0 02	1	1
0 03	1	1
0 04	2	2
0 05	2	2
0 06	3	3
0 07	3	3
0 08	3	3
0 09	4	4
0 10	4	4
0 20	9	8
0 30	13	13
0 40	17	17
0 50	22	21
0 60	26	25
0 70	30	29
0 80	34	34
0 90	39	38
1 00	43	42

Diviseurs : **48571** a **48850**.

DIVISEUR	Nombre à multiplier par le dividende	DIVISEUR	Nombre à multiplier par le dividende	DIVISEUR	Nombre à multiplier par le dividende	DIVISEUR	Nombre à multiplier par le dividende	DIVISEUR	Nombre à multiplier par le dividende	DIVISEUR	Nombre à multiplier par le dividende
48 571	205 8844	48 621	205 6723	48 671	205 4610	48 721	205 2502	48 771	205 0398	48 821	204 8298
572	8799	622	6681	672	4568	722	2460	772	0356	822	8256
573	8756	623	6639	673	4526	723	2418	773	0314	823	8214
574	8714	624	6596	674	4484	724	2376	774	0272	824	8172
575	8672	625	6554	675	4442	725	2334	775	0230	825	8130
576	8629	626	6512	676	4399	726	2291	776	0188	826	8088
577	8587	627	6469	677	4357	727	2249	777	0146	827	8046
578	8544	628	6427	678	4315	728	2207	778	0104	828	8004
579	8502	629	6385	679	4273	729	2165	779	0062	829	7962
580	8460	630	6343	680	4231	730	2123	780	0020	830	7921
48 581	205 8417	48 631	205 6300	48 681	205 4188	48 731	205 2080	48 781	204 9977	48 831	204 7879
582	8375	632	6258	682	4146	732	2038	782	9935	832	7837
583	8332	633	6246	683	4104	733	1996	783	9893	833	7795
584	8290	634	6174	684	4062	734	1954	784	9851	834	7753
585	8248	635	6132	685	4020	735	1912	785	9809	835	7714
586	8205	636	6089	686	3977	736	1870	786	9767	836	7669
587	8163	637	6047	687	3935	737	1828	787	9725	837	7627
588	8120	638	6005	688	3893	738	1786	788	9683	838	7585
589	8078	639	5963	689	3851	739	1744	789	9644	839	7543
590	8036	640	5921	690	3809	740	1702	790	9599	840	7501
48 591	205 7993	48 641	205 5878	48 691	205 3766	48 741	205 1660	48 791	204 9557	48 841	204 7459
592	7951	642	5836	692	3724	742	1618	792	9515	842	7417
593	7909	643	5794	693	3682	743	1576	793	9473	843	7375
594	7866	644	5751	694	3640	744	1534	794	9431	844	7333
595	7824	645	5709	695	3598	745	1492	795	9389	845	7291
596	7782	646	5667	696	3556	746	1450	796	9347	846	7249
597	7739	647	5624	697	3514	747	1408	797	9305	847	7207
598	7697	648	5582	698	3472	748	1366	798	9263	848	7165
599	7655	649	5540	699	3430	749	1324	799	9221	849	7123
600	7613	650	5498	700	3388	750	1282	800	9180	850	7082

DIVISEUR	Nombre à multiplier par le dividende	DIVISEUR	Nombre à multiplier par le dividende	DIVISEUR	Nombre à multiplier par le dividende	DIVISEUR	Nombre à multiplier par le dividende	DIVISEUR	Nombre à multiplier par le dividende
48 601	205 7576	48 651	205 5455	48 701	205 3345	48 751	205 1239	48 801	204 9138
602	7528	652	5413	702	3303	752	1197	802	9096
603	7485	653	5371	703	3261	753	1155	803	9054
604	7443	654	5329	704	3219	754	1113	804	9012
605	7401	655	5287	705	3177	755	1071	805	8970
606	7358	656	5244	706	3134	756	1029	806	8928
607	7316	657	5202	707	3092	757	0987	807	8886
608	7273	658	5160	708	3050	758	0945	808	8844
609	7231	659	5118	709	3008	759	0903	809	8802
610	7189	660	5076	710	2966	760	0861	810	8760
48 611	205 7146	48 661	205 5033	48 711	205 2923	48 761	205 0818	48 811	204 8748
612	7104	662	4991	712	2881	762	0776	812	8676
613	7062	663	4949	713	2839	763	0734	813	8634
614	7019	664	4906	714	2797	764	0692	814	8592
615	6977	665	4864	715	2755	765	0650	815	8550
616	6935	666	4822	716	2713	766	0608	816	8508
617	6892	667	4779	717	2671	767	0566	817	8466
618	6850	668	4737	718	2629	768	0524	818	8424
619	6808	669	4695	719	2587	769	0482	819	8382
620	6766	670	4653	720	2545	770	0440	820	8340

Diff.

	43	42	41
0 01	0	0	0
0 02	1	1	1
0 03	1	1	1
0 04	2	2	2
0 05	2	2	2
0 06	3	3	2
0 07	3	3	3
0 08	3	3	3
0 10	4	4	4
0 20	9	8	8
0 30	13	13	12
0 40	17	17	16
0 50	22	21	21
0 60	26	25	25
0 70	30	29	29
0 80	34	34	33
0 90	39	38	37
1 00	43	42	41

DIVISEURS : **48851 A 49130.**

DIVISEUR	Nombre à multiplier par le dividende	DIVISEUR	Nombre à multiplier par le dividende	DIVISEUR	Nombre à multiplier par le dividende	DIVISEUR	Nombre à multiplier par le dividende	DIVISEUR	Nombre à multiplier par le dividende	DIVISEUR	Nombre à multiplier par le dividende
48 851	204 7040	48 901	204 4947	48 951	204 2858	49 001	204 0774	49 051	203 8693	49 101	203 6647
852	6998	902	4905	952	2816	002	0732	052	8652	102	6576
853	6956	903	4863	953	2774	003	0690	053	8610	103	6534
854	6914	904	4821	954	2733	004	0649	054	8569	104	6493
855	6872	905	4780	955	2691	005	0607	055	8527	105	6452
856	6830	906	4738	956	2649	006	0565	056	8486	106	6410
857	6788	907	4696	957	2608	007	0524	057	8444	107	6369
858	6746	908	4654	958	2566	008	0482	058	8403	108	6327
859	6704	909	4612	959	2524	009	0440	059	8361	109	6286
860	6663	910	4571	960	2483	010	0399	060	8320	110	6245
48 861	204 6621	48 911	204 4529	48 961	204 2441	49 011	204 0357	49 061	203 8278	49 111	203 6203
862	6579	912	4487	962	2399	012	0315	062	8237	112	6162
863	6537	913	4445	963	2357	013	0274	063	8195	113	6120
86	6495	914	4403	964	2316	014	0232	064	8154	114	6079
865	6453	915	4362	965	2274	015	0194	065	8112	115	6037
866	6411	916	4320	966	2232	016	0149	066	8071	116	5996
867	6369	917	4278	967	2191	017	0107	067	8029	117	5954
868	6327	918	4236	968	2149	018	0066	068	7988	118	5913
869	6285	919	4194	969	2107	019	0024	069	7946	119	5871
870	6244	920	4153	970	2066	020	203 9983	070	7905	120	5830
48 871	204 6202	48 921	204 4111	48 971	204 2024	49 021	203 9941	49 071	203 7863	49 121	203 5788
872	6160	922	4069	972	1982	022	9899	072	7821	122	5747
873	6118	923	4027	973	1940	023	9858	073	7780	123	5705
874	6076	924	3985	974	1899	024	9846	074	7738	124	5664
875	6035	925	3944	975	1857	025	9775	075	7697	125	5623
876	5993	926	3902	976	1815	026	9733	076	7655	126	5581
877	5951	927	3860	977	1774	027	9691	077	7613	127	5540
878	5909	928	3818	978	1732	028	9650	078	7572	128	5498
879	5867	929	3776	979	1690	029	9608	079	7530	129	5457
880	5826	930	3735	980	1649	030	9567	080	7489	130	5416
48 881	204 5784	931	204 3693	48 981	204 1607	49 031	203 9525	49 081	203 7447		
882	5742	932	3651	982	1565	032	9483	082	7406		
883	5700	933	3609	983	1523	033	9442	083	7364		
884	5658	934	3568	984	1482	034	9400	084	7323		
885	5617	935	3526	985	1440	035	9359	085	7281		
886	5575	936	3484	986	1398	036	9317	086	7240		
887	5533	937	3443	987	1357	037	9275	087	7198		
888	5491	938	3401	988	1315	038	9234	088	7157		
889	5449	939	3359	989	1273	039	9192	089	7115		
890	5408	940	3318	990	1232	040	9151	090	7074		
48 891	204 5366	48 941	204 3276	48 991	204 1190	49 041	203 9109	49 091	203 7032		
892	5324	942	3234	992	1148	042	9067	092	6991		
893	5282	943	3192	993	1107	043	9026	093	6949		
894	5240	944	3150	994	1065	044	8984	094	6908		
895	5198	945	3109	995	1024	045	8943	095	6866		
896	5156	946	3067	996	0982	046	8901	096	6825		
897	5114	947	3025	997	0940	047	8859	097	6783		
898	5072	948	2983	998	0899	048	8818	098	6742		
899	5030	949	2941	999	0857	049	8776	099	6700		
900	4989	950	2900	49 000	0816	050	8735	100	6659		

DIFF.

	42	41
0 01	0	0
0 02	1	1
0 03	1	1
0 04	2	2
0 05	2	2
0 06	3	2
0 07	3	3
0 08	3	3
0 09	4	4
0 10	4	4
0 20	8	8
0 30	13	12
0 40	17	16
0 50	21	21
0 60	25	25
0 70	29	29
0 80	34	33
0 90	38	37
1 00	42	41

DIVISEURS : **49131** À **49410**.

DIVISEUR	Nombre à multiplier par le dividende	DIVISEUR	Nombre à multiplier par le dividende	DIVISEUR	Nombre à multiplier par le dividende	DIVISEUR	Nombre à multiplier par le dividende	DIVISEUR	Nombre à multiplier par le dividende	DIVISEUR	Nombre à multiplier par le dividende
49 131	203 5374	49 181	203 3304	49 231	203 1239	49 281	202 9178	49 331	202 7122	49 381	202 5070
132	5333	182	3263	232	1198	282	9137	332	7081	382	5029
133	5291	183	3222	233	1157	283	9096	333	7040	383	4988
134	5250	184	3180	234	1116	284	9055	334	6999	384	4947
135	5208	185	3139	235	1075	285	9014	335	6958	385	4906
136	5167	186	3098	236	1033	286	8973	336	6917	386	4865
137	5125	187	3056	237	0992	287	8932	337	6876	387	4824
138	5084	188	3015	238	0951	288	8891	338	6835	388	4783
139	5042	189	2974	239	0910	289	8850	339	6794	389	4742
140	5001	190	2933	240	0869	290	8809	340	6753	390	4701
49 141	203 4959	49 191	203 2891	49 241	203 0827	49 291	202 8767	49 341	202 6711	49 391	202 4660
142	4918	192	2850	242	0786	292	8726	342	6670	392	4619
143	4876	193	2809	243	0745	293	8685	343	6629	393	4578
144	4835	194	2767	244	0703	294	8644	344	6588	394	4537
145	4794	195	2726	245	0662	295	8603	345	6547	395	4496
146	4752	196	2685	246	0621	296	8561	346	6506	396	4455
147	4711	197	2643	247	0579	297	8520	347	6465	397	4414
148	4669	198	2602	248	0538	298	8479	348	6424	398	4373
149	4628	199	2561	249	0497	299	8438	349	6383	399	4332
150	4587	200	2520	250	0456	300	8397	350	6342	400	4291
49 151	203 4545	49 201	203 2478	49 251	203 0414	49 301	202 8355	49 351	202 6300	49 401	202 4250
152	4504	202	2437	252	0373	302	8314	352	6259	402	4209
153	4463	203	2396	253	0332	303	8273	353	6218	403	4168
154	4421	204	2354	254	0290	304	8232	354	6177	404	4127
155	4380	205	2313	255	0249	305	8191	355	6136	405	4086
156	4339	206	2272	256	0208	306	8150	356	6095	406	4045
157	4297	207	2230	257	0166	307	8109	357	6054	407	4004
158	4256	208	2189	258	0125	308	8068	358	6013	408	3963
159	4215	209	2148	259	0084	309	8027	359	5972	409	3922
160	4174	210	2107	260	0043	310	7986	360	5931	410	3881
49 161	203 4132	49 211	203 2065	49 261	203 0001	49 311	202 7944	49 361	202 5890		
162	4091	212	2024	262	202 9960	312	7903	362	5849		
163	4049	213	1983	263	9919	313	7862	363	5808		
164	4008	214	1941	264	9878	314	7821	364	5767		
165	3967	215	1900	265	9837	315	7780	365	5726		
166	3925	216	1859	266	9796	316	7739	366	5685		
167	3884	217	1817	267	9755	317	7698	367	5644		
168	3842	218	1776	268	9714	318	7657	368	5603		
169	3801	219	1735	269	9673	319	7616	369	5562		
170	3760	220	1694	270	9632	320	7575	370	5521		
49 171	203 3718	49 221	203 1652	49 271	202 9590	49 321	202 7533	49 371	202 5480		
172	3677	222	1611	272	9549	322	7492	372	5439		
173	3635	223	1570	273	9508	323	7451	373	5398		
174	3594	224	1528	274	9467	324	7410	374	5357		
175	3553	225	1487	275	9426	325	7369	375	5316		
176	3511	226	1446	276	9384	326	7327	376	5275		
177	3470	227	1404	277	9343	327	7286	377	5234		
178	3428	228	1363	278	9302	328	7245	378	5193		
179	3387	229	1322	279	9261	329	7204	379	5152		
180	3346	230	1281	280	9220	330	7163	380	5111		

DIFF.

	42	41
0 01	0	0
0 02	1	1
0 03	1	1
0 04	2	2
0 05	2	2
0 06	3	2
0 07	3	3
0 08	3	3
0 09	4	4
0 10	4	4
0 20	8	8
0 30	13	12
0 40	17	16
0 50	21	21
0 60	25	25
0 70	29	29
0 80	34	33
0 90	38	37
1 00	42	41

DIVISEURS : 49411 A 49690.

DIVISEUR	Nombre à multiplier par le dividende	DIVISEUR	Nombre à multiplier par le dividende	DIVISEUR	Nombre à multiplier par le dividende	DIVISEUR	Nombre à multiplier par le dividende	DIVISEUR	Nombre à multiplier par le dividende	DIVISEUR	Nombre à multiplier par le dividende
49 411	202 3840	49 461	202 1794	49 511	204 9752	49 561	204 7715	49 611	204 5684	49 661	201 3652
412	3799	462	1753	512	9711	562	7674	612	5640	662	3611
413	3758	463	1712	513	9670	563	7633	613	5600	663	3571
414	3717	464	1674	514	9630	564	7593	614	5559	664	3530
415	3676	465	1634	515	9589	565	7552	615	5519	665	3490
416	3635	466	1590	516	9548	566	7511	616	5478	666	3449
417	3594	467	1549	517	9508	567	7471	617	5437	667	3408
418	3553	468	1508	518	9467	568	7430	618	5397	668	3368
419	3512	469	1467	519	9426	569	7389	619	5356	669	3327
420	3472	470	1427	520	9386	570	7349	620	5316	670	3287
49 421	202 3431	49 471	202 1385	49 521	204 9345	49 571	204 7308	49 621	204 5275	49 671	201 3246
422	3390	472	1345	522	9304	572	7267	622	5234	672	3205
423	3349	473	1304	523	9263	573	7226	623	5194	673	3165
424	3308	474	1263	524	9222	574	7186	924	5153	674	3124
425	3267	475	1222	525	9182	575	7145	625	5113	675	3084
426	3226	476	1181	526	9141	576	7104	626	5072	676	3043
427	3185	477	1140	527	9100	577	7064	627	5031	677	3002
428	3144	478	1099	528	9059	578	7023	628	4991	678	2962
429	3103	479	1058	529	9018	579	6982	629	4950	679	2921
430	3062	480	1018	530	8978	580	6942	630	4910	680	2881
49 431	202 3021	49 481	202 0977	49 531	204 8937	49 581	204 6901	49 631	204 4869	49 681	201 2840
432	2980	482	0936	532	8896	582	6860	632	4828	682	2800
433	2939	483	0895	533	8855	583	6819	633	4788	683	2759
434	2898	484	0854	534	8814	584	6779	634	4747	684	2719
435	2857	485	0814	535	8774	585	6738	635	4707	685	2679
436	2816	486	0773	536	8733	586	6697	636	4666	686	2638
437	2775	487	0732	537	8692	587	6657	637	4625	687	2598
438	2734	488	0691	538	8651	588	6616	638	4585	688	2557
439	2693	489	0650	539	8610	589	6575	639	4544	689	2517
440	2653	490	0610	540	8570	590	6535	640	4504	690	2477
49 441	202 2612	49 491	202 0569	49 541	201 8529	49 591	204 6494	49 641	204 4463		
442	2571	492	0528	542	8488	592	6453	642	4422		
443	2530	493	0487	543	8447	593	6413	643	4382		
444	2489	494	0446	544	8407	594	6372	644	4341		
445	2448	495	0406	545	8366	595	6332	645	4301		
446	2407	496	0365	546	8325	596	6291	646	4260		
447	2366	497	0324	547	8285	597	6250	647	4219		
448	2325	498	0283	548	8244	598	6210	648	4179		
449	2284	499	0242	549	8203	599	6169	649	4138		
450	2244	500	0202	550	8163	600	6129	650	4098		
49 451	202 2203	49 501	202 0161	49 551	201 8122	49 601	204 6088	49 651	204 4057		
452	2162	502	0120	552	8081	602	6047	652	4017		
453	2121	503	0079	553	8040	603	6006	653	3976		
454	2080	504	0038	554	8000	604	5966	654	3936		
455	2039	505	201 9997	555	7959	605	5925	655	3895		
456	1998	506	9956	556	7918	606	5884	656	3855		
457	1957	507	9915	557	7878	607	5844	657	3814		
458	1916	508	9874	558	7837	608	5803	658	3774		
459	1875	509	9833	559	7796	609	5762	659	3733		
460	1835	510	9793	560	7756	610	5722	660	3693		

DIFF.

	41	40
0 01	0	0
0 02	1	1
0 03	1	1
0 04	2	2
0 05	2	2
0 06	2	2
0 07	3	3
0 08	3	3
0 09	4	4
0 10	4	4
0 20	8	8
0 30	12	12
0 40	16	16
0 50	21	20
0 60	25	24
0 70	29	28
0 80	33	32
0 90	37	36
1 00	41	40

Diviseurs : **49691 à 49970**.

DIVISEUR	Nombre à multiplier par le dividende	DIVISEUR	Nombre à multiplier par le dividende	DIVISEUR	Nombre à multiplier par le dividende	DIVISEUR	Nombre à multiplier par le dividende	DIVISEUR	Nombre à multiplier par le dividende	DIVISEUR	Nombre à multiplier par le dividende
49 691	201 2436	49 741	201 0412	49 791	200 8394	49 841	200 6379	49 891	200 4368	49 941	200 2362
692	2396	742	0372	792	8354	842	6339	892	4328	942	2322
693	2355	743	0332	793	8314	843	6299	893	4288	943	2282
694	2315	744	0291	794	8273	844	6259	894	4248	944	2242
695	2274	745	0251	795	8233	845	6219	895	4208	945	2202
696	2234	746	0211	796	8193	846	6178	896	4168	946	2162
697	2193	747	0170	797	8152	847	6138	897	4128	947	2122
698	2153	748	0130	798	8112	848	6098	898	4088	948	2082
699	2112	749	0090	799	8072	849	6058	899	4048	949	2042
700	2072	750	0050	800	8032	850	6048	900	4008	950	2002
49 701	201 2031	49 751	201 0009	49 801	200 7994	49 851	200 5977	49 901	200 3967	49 951	200 1961
702	1991	752	200 9969	802	7954	852	5937	902	3927	952	1921
703	1950	753	9928	803	7919	853	5897	903	3887	953	1881
704	1910	754	9888	804	7870	854	5856	904	3847	954	1841
705	1869	755	9848	805	7830	855	5816	905	3807	955	1801
706	1829	756	9807	806	7789	856	5776	906	3766	956	1761
707	1788	757	9767	807	7749	857	5735	907	3726	957	1721
708	1748	758	9726	808	7708	858	5695	908	3686	958	1681
709	1707	759	9686	809	7668	859	5655	909	3646	959	1641
710	1667	760	9646	810	7628	860	5615	910	3606	960	1601
49 711	201 1626	49 761	200 9605	49 811	200 7587	49 861	200 5574	49 911	200 3565	49 961	200 1560
712	1586	762	9565	812	7547	862	5534	912	3525	962	1520
713	1545	763	9524	813	7507	863	5494	913	3485	963	1480
714	1505	764	9484	814	7467	864	5454	914	3445	964	1440
715	1465	765	9444	815	7427	865	5414	915	3405	965	1400
716	1424	766	9403	816	7386	866	5373	916	3365	966	1360
717	1384	767	9363	817	7346	867	5333	917	3325	967	1320
718	1343	768	9322	818	7306	868	5293	918	3285	968	1280
719	1303	769	9282	819	7266	869	5253	919	3245	969	1240
720	1261	770	9242	820	7226	870	5213	920	3205	970	1200
49 721	201 1222	49 771	200 9201	49 821	200 7185	49 871	200 5172	49 921	200 3164		
722	1182	772	9161	822	7145	872	5132	922	3124		
723	1141	773	9120	823	7105	873	5092	923	3084		
724	1101	774	9080	824	7064	874	5052	924	3044		
725	1060	775	9040	825	7024	875	5012	925	3004		
726	1020	776	8999	826	6984	876	4971	926	2963		
727	0979	777	8959	827	6943	877	4931	927	2923		
728	0939	778	8918	828	6903	878	4891	928	2883		
729	0898	779	8878	829	6863	879	4851	929	2843		
730	0858	780	8338	830	6823	880	4811	930	2803		
49 731	201 0847	49 781	200 8797	49 831	200 6782	49 881	200 4770	49 931	200 2762		
732	0777	782	8757	832	6742	882	4730	932	2722		
733	0736	783	8747	833	6702	883	4690	933	2682		
734	0696	784	8676	834	6661	884	4650	934	2642		
735	0655	785	8636	835	6621	885	4610	935	2602		
736	0615	786	8596	836	6581	886	4569	936	2562		
737	0574	787	8555	837	6540	887	4529	937	2522		
738	0534	788	8515	838	6500	888	4489	938	2482		
739	0493	789	8475	839	6460	889	4449	939	2442		
740	0453	790	8435	840	6420	890	4409	940	2402		

DIFF.

	41	40
0 01	0	0
0 02	1	1
0 03	1	1
0 04	2	2
0 05	2	2
0 06	2	2
0 07	3	3
0 08	3	3
0 09	4	4
0 10	4	4
0 20	8	8
0 30	12	12
0 40	16	16
0 50	21	20
0 60	25	24
0 70	29	28
0 80	33	32
0 90	37	36
1 00	41	40

45

DIVISEURS : 49971 A 50250.

DIVISEUR	Nombre à multiplier par le dividende	DIVISEUR	Nombre à multiplier par le dividende	DIVISEUR	Nombre à multiplier par le dividende	DIVISEUR	Nombre à multiplier par le dividende	DIVISEUR	Nombre à multiplier par le dividende	DIVISEUR	Nombre à multiplier par le dividende
49 971	200 4460	50 021	199 9160	50 071	199 7163	50 121	199 5171	50 171	199 3183	50 221	199 1198
972	4420	022	9120	072	7123	122	5131	172	3143	222	1158
973	4080	023	9080	073	7083	123	5091	173	3103	223	1119
974	4040	024	9040	074	7043	124	5051	174	3063	224	1079
975	4000	025	9000	075	7004	125	5012	175	3024	225	1040
976	0960	026	8960	076	6964	126	4972	176	2984	226	1000
977	0920	027	8920	077	6924	127	4932	177	2944	227	0960
978	0880	028	8880	078	6884	128	4892	178	2904	228	0921
979	0840	029	8840	079	6844	129	4852	179	2864	229	0881
980	0800	030	8800	080	6805	130	4813	180	2825	230	0842
49 981	200 0760	50 031	199 8760	50 081	199 6765	50 131	199 4773	50 181	199 2785	50 231	199 0802
982	0720	032	8720	082	6725	132	4733	182	2745	232	0762
983	0680	033	8680	083	6685	133	4693	183	2705	233	0722
984	0640	034	8640	084	6645	134	4653	184	2666	234	0683
985	0600	035	8600	085	6605	135	4614	185	2626	235	0643
986	0560	036	8560	086	6565	136	4574	186	2586	236	0603
987	0520	037	8520	087	6525	137	4534	187	2547	237	0564
988	0480	038	8480	088	6485	138	4494	188	2507	238	0524
989	0440	039	8440	089	6445	139	4454	189	2467	239	0484
990	0400	040	8400	090	6406	140	4415	190	2428	240	0445
49 991	200 0360	50 041	199 8360	50 091	199 6366	50 141	199 4375	50 191	199 2388	50 241	199 0405
992	0320	042	8320	092	6326	142	4335	192	2348	242	0365
993	0280	043	8280	093	6286	143	4295	193	2308	243	0326
994	0240	044	8240	094	6246	144	4255	194	2269	244	0286
995	0200	045	8200	095	6206	145	4216	195	2229	245	0247
996	0160	046	8160	096	6166	146	4176	196	2189	246	0207
997	0120	047	8120	097	6126	147	4136	197	2150	247	0167
998	0080	048	8080	098	6086	148	4096	198	2110	248	0128
999	0040	049	8040	099	6046	149	4056	199	2070	249	0088
50 000	0000	050	8001	000	6007	150	4017	200	2031	250	0049
50 001	199 9960	50 051	199 7961	50 101	199 5967	50 151	199 3977	50 201	199 1994		
002	9920	052	7921	102	5927	752	3937	202	1954		
003	9880	053	7881	103	5887	753	3897	203	1912		
004	9840	054	7841	104	5847	154	3858	204	1872		
005	9800	055	7801	105	5808	155	3818	205	1833		
006	9760	056	7761	106	5768	156	3778	206	1793		
007	9720	057	7721	107	5728	157	3739	207	1753		
008	9680	058	7681	108	5688	158	3699	208	1714		
009	9640	059	7641	109	5648	159	3659	209	1674		
010	9600	060	7602	110	5609	160	3620	210	1635		
50 011	199 9560	50 061	199 7562	50 111	199 5569	50 761	199 3580	50 211	199 1595		
012	9520	062	7522	112	5529	162	3540	212	1555		
013	9480	063	7482	113	5489	163	3500	213	1515		
014	9440	064	7442	114	5449	164	3461	214	1476		
015	9400	065	7402	115	5410	165	3421	215	1436		
016	9360	066	7362	116	5370	166	3381	216	1396		
017	9320	067	7322	117	5330	167	3342	217	1357		
018	9280	068	7282	118	5290	168	3302	218	1317		
019	9240	069	7242	119	5250	169	3262	219	1277		
020	9200	070	7203	120	5211	170	3223	220	1238		

DIFF.

	40	39
0 01	0	0
0 02	1	1
0 03	1	1
0 04	2	2
0 05	2	2
0 06	2	2
0 07	3	3
0 08	3	3
0 09	4	4
0 10	4	4
0 20	8	8
0 30	12	12
0 40	16	16
0 50	20	20
0 60	24	23
0 70	28	27
0 80	32	31
0 90	36	35
1 00	40	39

Diviseurs : 50251 a 50530.

DIVISEUR	Nombre à multiplier par le dividende	DIVISEUR	Nombre à multiplier par le dividende	DIVISEUR	Nombre à multiplier par le dividende	DIVISEUR	Nombre à multiplier par le dividende	DIVISEUR	Nombre à multiplier par le dividende	DIVISEUR	Nombre à multiplier par le dividende
50 251	499 0009	50 301	498 8031	50 351	498 6057	50 401	498 4086	50 451	498 2120	50 501	498 0158
252	498 9969	302	7992	352	6018	402	4047	452	2081	502	0119
253	9930	303	7952	353	5978	403	4008	453	2042	503	0080
254	9890	304	7913	354	5939	404	3968	454	2002	504	0040
255	9851	305	7873	355	5899	405	3929	455	1963	505	0001
256	9811	306	7834	356	5860	406	3890	456	1924	506	497 9962
257	9771	307	7794	357	5820	407	3850	457	1884	507	9922
258	9732	308	7755	358	5781	408	3811	458	1845	508	9883
259	9692	309	7715	359	5741	409	3772	459	1806	509	9844
260	9653	310	7676	360	5702	410	3733	460	1767	510	9805
50 261	498 9613	50 311	498 7636	50 361	498 5662	50 411	498 3693	50 461	498 1727	50 511	497 9765
262	9574	312	7597	362	5623	412	3654	462	1688	512	9726
263	9534	313	7557	363	5583	413	3614	463	1649	513	9687
264	9495	314	7518	364	5544	414	3575	464	1610	514	9648
265	9455	315	7478	365	5505	415	3536	465	1571	515	9609
266	9416	316	7439	366	5465	416	3496	466	1531	516	9569
267	9376	317	7399	367	5426	417	3457	467	1492	517	9530
268	9337	318	7360	368	5386	418	3417	468	1453	518	9491
269	9297	319	7320	369	5347	419	3378	469	1414	519	9452
270	9258	320	7281	370	5308	420	3339	470	1375	520	9413
50 271	498 9218	50 321	498 7241	50 371	498 5268	50 421	498 3299	50 471	498 1335	50 521	497 9373
272	9178	322	7202	372	5229	422	3260	472	1296	522	9334
273	9138	323	7162	373	5189	423	3221	473	1257	523	9295
274	9099	324	7123	374	5150	424	3182	474	1217	524	9256
275	9059	325	7083	375	5111	425	3143	475	1178	525	9217
276	9019	326	7044	376	5071	426	3103	476	1139	526	9178
277	8980	327	7004	377	5032	427	3064	477	1099	527	9139
278	8940	328	6965	378	4992	428	3025	478	1060	528	9100
279	8900	329	6925	379	4953	429	2986	479	1021	529	9061
280	8861	330	6886	380	4914	430	2947	480	0982	530	9022
50 281	498 8821	50 331	498 6846	50 381	498 4874	50 431	498 2907	50 481	498 0942		
282	8782	332	6807	382	4835	432	2868	482	0903		
283	8742	333	6767	383	4795	433	2828	483	0864		
284	8703	334	6728	384	4756	434	2789	484	0825		
285	8663	335	6688	385	4717	435	2750	485	0786		
286	8624	336	6649	386	4677	436	2710	486	0746		
287	8584	337	6609	387	4638	437	2671	487	0707		
288	8545	338	6570	388	4598	438	2631	488	0668		
289	8505	339	6530	389	4559	439	2592	489	0629		
290	8466	340	6491	390	4520	440	2553	490	0590		
50 291	498 8426	50 341	498 6451	50 391	498 4480	50 441	498 2513	50 491	498 0550		
292	8387	342	6412	392	4441	442	2474	492	0511		
293	8347	343	6372	393	4401	443	2435	493	0472		
294	8308	344	6333	394	4362	444	2395	494	0433		
295	8268	345	6294	395	4323	445	2356	495	0394		
296	8229	346	6254	396	4283	446	2317	496	0354		
297	8189	347	6215	397	4244	447	2277	497	0315		
298	8150	348	6175	398	4204	448	2238	498	0276		
299	8110	349	6136	399	4165	449	2199	499	0237		
300	8071	350	6097	400	4126	450	2160	500	0198		

DIFF.

	40	39
0 01	0	0
0 02	1	1
0 03	1	1
0 04	2	2
0 05	2	2
0 06	2	2
0 07	3	3
0 08	3	3
0 09	4	4
0 10	4	4
0 20	8	8
0 30	12	12
0 40	16	16
0 50	20	20
0 60	24	23
0 70	28	27
0 80	32	31
0 90	36	35
1 00	40	39

Diviseurs : **50531 A 50810.**

DIVISEUR	Nombre à multiplier par le dividende	DIVISEUR	Nombre à multiplier par le dividende	DIVISEUR	Nombre à multiplier par le dividende	DIVISEUR	Nombre à multiplier par le dividende	DIVISEUR	Nombre à multiplier par le dividende	DIVISEUR	Nombre à multiplier par le dividende
50 531	197·8982	50 581	197 7026	50 631	197 5074	50 681	197 3125	50 731	197 1181	50 781	196 9240
532	8943	582	6987	632	5035	682	3086	732	1142	782	9204
533	8904	583	6948	633	4996	683	3047	733	1103	783	9162
534	8865	584	6909	634	4957	684	3008	734	1064	784	9123
535	8826	585	6870	635	4918	685	2969	735	1025	785	9085
536	8786	586	6831	636	4879	686	2930	736	0986	786	9046
537	8747	587	6792	637	4840	687	2891	737	0947	787	9007
538	8708	588	6753	638	4801	688	2852	738	0908	788	8968
539	8669	589	6714	639	4762	689	2813	739	0869	789	8929
540	8630	590	6675	640	4723	690	2775	740	0831	790	8891
50 541	197 8590	50 591	197 6635	50 641	197 4684	50 691	197 2736	50 741	197 0792	50 791	196 8852
542	8551	592	6596	642	4645	692	2697	742	0753	792	8813
543	8512	593	6557	643	4606	693	2658	743	0714	793	8774
544	8473	594	6518	644	4567	694	2619	744	0675	794	8735
545	8434	595	6479	645	4528	695	2580	745	0637	795	8697
546	8395	596	6440	646	4489	696	2541	746	0598	796	8658
547	8356	597	6401	647	4450	697	2502	747	0559	797	8619
548	8317	598	6362	648	4411	698	2463	748	0520	798	8580
549	8278	599	6323	649	4372	699	2424	749	0481	799	8541
550	8239	600	6284	650	4333	700	2386	750	0443	800	8503
50 551	197 8199	50 601	197 6245	50 651	197 4294	50 701	197 2347	50 751	197 0404	50 801	196 8464
552	8160	602	6206	652	4255	702	2308	752	0365	802	8425
553	8121	603	6167	653	4216	703	2269	753	0326	803	8386
554	8082	604	6128	654	4177	704	2230	754	0287	804	8348
555	8043	605	6089	655	4138	705	2191	755	0249	805	8309
556	8004	606	6050	656	4099	706	2152	756	0210	806	8270
557	7965	607	6044	657	4060	707	2113	757	0171	807	8232
558	7926	608	5972	658	4021	708	2074	758	0132	808	8193
559	7887	609	5933	659	3982	709	2035	759	0093	809	8154
560	7848	610	5894	660	3943	710	1997	760	0055	810	8116
50 561	197 7808	50 611	197 5855	50 661	197 3904	50 711	197 1958	50 761	197 0016	DIFF.	
562	7769	612	5815	662	3865	712	1949	762	196 9977		
563	7730	613	5776	663	3826	713	1880	763	9938		
564	7691	614	5737	664	3787	714	1841	764	9899		
565	7652	615	5698	665	3748	715	1802	765	9864		
566	7612	616	5659	666	3709	716	1763	766	9822		
567	7573	617	5620	667	3670	717	1724	767	9783		
568	7534	618	5581	668	3631	718	1685	768	9744		
569	7495	619	5542	669	3592	719	1646	769	9705		
570	7456	620	5503	670	3554	720	1608	770	9667		
50 571	197 7417	50 621	197 5464	50 671	197 3515	50 721	197 1569	50 771	196 9628		
572	7378	622	5425	672	3476	722	1530	772	9589		
573	7339	623	5386	673	3437	723	1491	773	9550		
574	7300	624	5347	674	3398	724	1452	774	9511		
575	7261	625	5308	675	3359	725	1414	775	9473		
576	7222	626	5269	676	3320	726	1375	776	9434		
577	7183	627	5230	677	3281	727	1336	777	9395		
578	7144	628	5191	678	3242	728	1297	778	9356		
579	7105	629	5152	679	3203	729	1258	779	9317		
580	7066	630	5113	680	3164	730	1220	780	9279		

DIFF.

	40	39	38
0 01	0	0	0
0 02	1	1	1
0 03	1	1	1
0 04	2	2	2
0 05	2	2	2
0 06	2	2	2
0 07	3	3	3
0 08	3	3	3
0 09	4	4	3
0 10	4	4	4
0 20	8	8	8
0 30	12	12	11
0 40	16	16	15
0 50	20	20	19
0 60	24	23	23
0 70	28	27	27
0 80	32	31	30
0 90	36	35	34
1 00	40	39	38

Diviseurs : **50811** a **51090**.

DIVISEUR	Nombre à multiplier par le dividende	DIVISEUR	Nombre à multiplier par le dividende	DIVISEUR	Nombre à multiplier par le dividende	DIVISEUR	Nombre à multiplier par le dividende	DIVISEUR	Nombre à multiplier par le dividende	DIVISEUR	Nombre à multiplier par le dividende
50 811	196 8077	50 861	196 6142	50 911	196 4211	50 961	196 2284	51 011	196 0360	51 061	195 8441
812	8038	862	6103	912	4172	962	2246	012	0322	062	8403
813	7999	863	6065	913	4134	963	2207	013	0283	063	8364
814	7960	864	6026	914	4095	964	2169	014	0245	064	8326
815	7922	865	5988	915	4057	965	2130	015	0207	065	8288
816	7883	866	5949	916	4018	966	2092	016	0168	066	8249
817	7844	867	5910	917	3979	967	2053	017	0130	067	8211
818	7805	868	5872	918	3941	968	2015	018	0091	068	8172
819	7766	869	5833	919	3902	969	1976	019	0053	069	8134
820	7728	870	5795	920	3864	970	1938	020	0015	070	8096
50 821	196 7689	50 871	196 5756	50 921	196 3825	50 971	196 1899	51 021	195 9976	51 071	195 8057
822	7650	872	5717	922	3787	972	1861	022	9938	072	8019
823	7612	873	5678	923	3748	973	1822	023	9899	073	7981
824	7573	874	5640	924	3710	974	1784	024	9861	074	7942
825	7535	875	5601	925	3671	975	1745	025	9823	075	7904
826	7496	876	5562	926	3633	976	1707	026	9784	076	7866
827	7457	877	5524	927	3594	977	1668	027	9746	077	7827
828	7419	878	5485	928	3556	978	1630	028	9707	078	7789
829	7380	879	5446	929	3517	979	1591	029	9669	079	7751
830	7342	880	5408	930	3479	980	1553	030	9631	080	7713
50 831	196 7303	50 881	196 5369	50 931	196 3440	50 981	196 1514	51 031	195 9592	51 081	195 7674
832	7264	882	5330	932	3401	982	1476	032	9554	082	7636
833	7225	883	5292	933	3363	983	1437	033	9515	083	7598
834	7187	884	5253	934	3324	984	1399	034	9477	084	7559
835	7148	885	5215	935	3286	985	1360	035	9439	085	7521
836	7109	886	5176	936	3247	986	1322	036	9400	086	7483
837	7071	887	5137	937	3208	987	1283	037	9362	087	7444
838	7032	888	5099	938	3170	988	1245	038	9323	088	7406
839	6993	889	5060	939	3131	989	1206	039	9285	089	7368
840	6955	890	5022	940	3093	990	1168	040	9247	090	7330
50 841	196 6946	50 891	196 4983	50 941	196 3054	50 991	196 1129	51 041	195 9208		
842	6877	892	4944	942	3016	992	1091	042	9170		
843	6838	893	4906	943	2977	993	1052	043	9131		
844	6800	894	4867	944	2939	994	1014	044	9093		
845	6761	895	4829	945	2900	995	0976	045	9055		
846	6722	896	4790	946	2862	996	0937	046	9016		
847	6684	897	4751	947	2823	997	0899	047	8978		
848	6645	898	4713	948	2785	998	0860	048	8939		
849	6606	899	4674	949	2746	999	0822	049	8901		
850	6568	900	4636	950	2708	51 000	0784	050	8863		
50 851	196 6529	50 901	196 4597	50 951	196 2669	51 001	196 0745	51 051	195 8824		
852	6490	902	4558	952	2631	002	0707	052	8786		
853	6451	903	4520	953	2592	003	0668	053	8748		
854	6413	904	4481	954	2554	004	0630	054	8709		
855	6374	905	4443	955	2515	005	0594	055	8671		
856	6335	906	4404	956	2477	006	0553	056	8633		
857	6297	907	4365	957	2438	007	0514	057	8594		
858	6258	908	4327	958	2400	008	0476	058	8556		
859	6219	909	4288	959	2361	009	0437	059	8518		
860	6181	910	4250	960	2323	010	0399	060	8480		

Diff.

	39	38
0 01	0	0
0 02	1	1
0 03	1	1
0 04	2	2
0 05	2	2
0 06	2	2
0 07	3	3
0 08	3	3
0 09	4	3
0 10	4	4
0 20	8	8
0 30	12	11
0 40	16	15
0 50	20	19
0 60	23	23
0 70	27	27
0 80	31	30
0 90	35	34
1 00	39	38

DIVISEURS : 51091 A 51370.

DIVISEUR	Nombre à multiplier par le dividende	DIVISEUR	Nombre à multiplier par le dividende	DIVISEUR	Nombre à multiplier par le dividende	DIVISEUR	Nombre à multiplier par le dividende	DIVISEUR	Nombre à multiplier par le dividende	DIVISEUR	Nombre à multiplier par le dividende
51 091	495 7291	51 141	495 5377	51 191	495 3467	51 241	495 1561	51 291	494 9659	51 341	494 7760
092	7253	142	5339	192	3429	242	1523	292	9621	342	7722
093	7215	143	5301	193	3391	243	1485	293	9583	343	7684
094	7176	144	5263	194	3353	244	1447	294	9545	344	7646
095	7138	145	5225	195	3315	245	1409	295	9507	345	7608
096	7100	146	5186	196	3277	246	1371	296	9469	346	7570
097	7061	147	5148	197	3239	247	1333	297	9431	347	7532
098	7023	148	5110	198	3201	248	1295	298	9393	348	7.94
099	6985	149	5072	199	3163	249	1257	299	9355	349	7456
100	6947	150	5034	200	3125	250	1219	300	93i7	350	7419
51 101	195 6908	51 151	195 4995	51 201	195 3086	51 251	195 1184	51 301	194 9279	51 351	194 7384
102	6870	152	4957	202	3048	252	1143	302	9241	352	7343
103	6832	153	4919	203	3010	253	1105	303	9203	353	7305
104	6793	154	4881	204	2972	254	1067	304	9165	354	7267
105	6755	155	4843	205	2934	255	1029	305	9127	355	7229
106	6717	156	4804	206	2895	256	0994	306	9089	356	7191
107	6678	157	4766	207	2857	257	0953	307	9051	357	715?
108	6640	158	4728	208	2819	258	0915	308	9013	358	7115
109	6602	159	4690	209	2784	259	0877	309	8975	359	7077
110	6564	160	4652	210	2743	260	0839	310	8937	360	7040
51 111	195 6525	51 161	195 4613	51 211	195 2704	51 261	195 0800	51 311	194 8899	51 361	194 7002
112	6487	162	4575	212	2666	262	0762	312	8861	362	6964
113	6449	163	4537	213	2628	263	0724	313	8823	363	6926
114	6410	164	4499	214	2590	264	0686	314	8785	364	6888
115	6372	165	4461	215	2552	265	0648	315	8747	365	6850
116	6334	166	4422	216	2514	266	0610	316	8709	366	6812
117	6295	167	4384	217	2476	267	0572	317	8671	367	6774
118	6257	168	4346	218	2438	268	0534	318	8633	368	6736
119	6219	169	4308	219	24 10	269	0496	319	8595	369	6698
120	6181	170	4270	220	2362	270	0458	320	8558	370	6664
51 121	195 6142	51 171	195 4234	51 221	195 2323	51 271	195 0420	51 321	194 8520		
122	6104	172	4193	222	2285	272	0382	322	8482		
123	6066	173	4155	223	2247	273	0344	323	8444		
124	6027	174	4117	224	2209	.74	0306	324	8406		
125	5989	175	4079	225	2171	275	0268	325	8368		
126	5951	176	4040	226	2133	276	0230	326	8130		
127	5912	177	4002	227	2095	277	0192	327	8292		
128	5874	178	3964	228	2057	278	0154	328	8254		
129	5836	179	3926	229	2019	279	0116	329	8246		
130	5798	180	3888	230	1984	280	0078	330	8478		
51 131	195 5759	51 181	195 3849	51 231	195 1942	51 281	195 0039	51 331	194 8140		
132	5721	182	3811	232	1904	282	0001	332	8102		
133	5683	183	3773	233	1866	283	194 9963	333	8064		
134	5645	184	3735	234	1828	284	9925	334	8026		
135	5607	185	3697	235	1790	285	9887	335	7988		
136	5568	186	3658	236	1752	286	9849	336	7950		
137	5530	187	3620	237	1714	287	9811	337	7912		
138	5492	188	3582	238	1676	288	9773	338	7874		
139	5454	189	3544	239	1638	289	9735	339	7836		
140	5416	190	3506	240	1600	290	9697	340	7798		

DIFF.

	39	38
0 01	0	0
0 02	1	1
0 03	1	1
0 04	2	2
0 05	2	2
0 06	2	3
0 07	3	3
0 08	3	3
0 09	4	3
0 10	4	4
0 20	8	8
0 30	12	11
0 40	16	15
0 50	20	19
0 60	23	23
0 70	27	27
0 80	31	30
0 90	35	34
1 00	39	38

DIVISEURS : 51371 A 516"0.

DIVISEUR	Nombre à multiplier par le dividende	DIVISEUR	Nombre à multiplier par le dividende	DIVISEUR	Nombre à multiplier par le dividende	DIVISEUR	Nombre à multiplier par le dividende	DIVISEUR	Nombre à multiplier par le dividende	DIVISEUR	Nombre à multiplier par le dividende
51 371	194 6623	51 421	194 4730	51 471	194 2841	51 521	194 0935	51 571	193 9073	51 621	193 7195
372	6585	422	4692	472	2803	522	0917	572	9035	622	7158
373	6547	423	4654	473	2765	523	0880	573	8998	623	7120
374	6509	424	4616	474	2727	524	0842	574	8960	624	7083
375	6471	425	4578	475	2690	525	0805	575	8923	625	7045
376	6433	426	4540	476	2652	526	0767	576	8885	626	7008
377	6395	427	4502	477	2614	527	0729	577	8847	627	6970
378	6357	428	4464	478	2576	528	0692	578	8810	628	6933
379	6349	429	4426	479	2538	529	0654	579	8772	629	6895
380	6282	430	4389	480	2501	530	0617	580	8735	630	6858
51 381	194 6244	51 431	194 4351	51 481	194 2463	51 531	194 0579	51 581	193 8697	51 631	193 6820
382	6206	432	4313	482	2425	532	0541	582	8660	632	6783
383	6168	433	4275	483	2387	533	0503	583	8622	633	6745
384	6130	434	4237	484	2350	534	0466	584	8585	634	6708
385	6092	435	4200	485	2312	535	0428	585	8547	635	6670
386	6054	436	4162	486	2274	536	0390	586	8510	636	6633
387	6016	437	4124	487	2237	537	0353	587	8472	637	6595
388	5978	438	4086	488	2199	538	0315	588	8435	638	6558
389	5940	439	4048	489	2161	539	0277	589	8397	639	6520
390	5903	440	4011	490	2124	540	0240	590	8360	640	6483
51 391	194 5865	51 441	194 3973	51 491	194 2086	51 541	194 0202	51 591	193 8322	51 641	193 6445
392	5827	442	3935	492	2048	542	0164	592	8284	642	6408
393	5789	443	3897	493	2010	543	0127	593	8247	643	6370
394	5751	444	3860	494	1973	544	0089	594	8209	644	6333
395	5714	445	3822	495	1935	545	0052	595	8172	645	6295
396	5676	446	3784	496	1897	546	0014	596	8134	646	6258
397	5638	447	3747	497	1860	547	193 9976	597	8096	647	6220
398	5600	448	3709	498	1822	548	9939	598	8059	648	6183
399	5562	449	3671	499	1784	549	9901	599	8021	649	6145
400	5525	450	3634	500	1747	550	9864	600	7984	650	6108
51 401	194 5487	51 451	194 3596	51 501	194 1709	51 551	193 9826	51 601	193 7946		
402	5449	452	3558	502	1671	552	9788	602	7908		
403	5411	453	3520	503	1633	553	9750	603	7871		
404	5373	454	3482	504	1596	554	9743	604	7833		
405	5335	455	3445	505	1558	555	9675	605	7796		
406	5297	456	3407	506	1520	556	9637	606	7758		
407	5259	457	3369	507	1483	557	9600	607	7720		
408	5221	458	3334	508	1445	558	9562	608	7683		
409	5183	459	3293	509	1407	559	9524	609	7645		
410	5146	460	3256	510	1370	560	9487	610	7608		
51 411	194 5108	51 461	194 3248	51 511	194 1332	51 561	193 9449	51 611	193 7570		
412	5070	462	3180	512	1294	562	9411	612	7533		
413	5032	463	3142	513	1256	563	9374	613	7495		
414	4994	464	3105	514	1219	564	9336	614	7458		
415	4957	465	3067	515	1181	565	9299	615	7420		
416	4949	466	3029	516	1143	566	9261	616	7383		
417	4881	467	2992	517	1106	567	9223	617	7345		
418	4843	468	2954	518	1068	568	9186	618	7308		
419	4805	469	2946	519	1030	569	9148	619	7270		
420	4768	470	2879	520	0993	570	9111	620	7233		

DIFF.

	38	37
0 01	0	0
0 02	1	1
0 03	1	1
0 04	2	1
0 05	2	2
0 06	2	2
0 07	3	3
0 08	3	3
0 09	3	3
0 10	4	4
0 20	8	7
0 30	11	11
0 40	15	15
0 50	19	19
0 60	23	22
0 70	27	26
0 80	30	30
0 90	34	33
1 00	38	37

Diviseurs : 51651 à 51930.

DIVISEUR	Nombre à multiplier par le dividende	DIVISEUR	Nombre à multiplier par le dividende	DIVISEUR	Nombre à multiplier par le dividende	DIVISEUR	Nombre à multiplier par le dividende	DIVISEUR	Nombre à multiplier par le dividende	DIVISEUR	Nombre à multiplier par le dividende
51 651	193 6070	51 701	193 4197	51 751	193 2327	51 801	193 0463	51 851	192 8602	51 901	192 6744
652	6033	702	4160	752	2290	802	0426	852	8565	902	6707
653	5995	703	4122	753	2253	803	0389	853	8528	903	6670
654	5958	704	4085	754	2216	804	0352	854	8491	904	6633
655	5920	705	4048	755	2179	805	0315	855	8454	905	6596
656	5883	706	4010	756	2141	806	0277	856	8416	906	6559
657	5845	707	3973	757	2104	807	0240	857	8379	907	6522
658	5808	708	3935	758	2067	808	0203	858	8342	908	6485
659	5770	709	3898	759	2030	809	0166	859	8305	909	6448
660	5733	710	3861	760	1993	810	0129	860	8268	910	6411
51 661	193 5695	51 711	193 3823	51 761	193 1955	51 811	193 0091	51 861	192 8230	51 911	192 6373
662	5658	712	3786	762	1918	812	0054	862	8193	912	6336
663	5620	713	3749	763	1881	813	0017	863	8156	913	6299
664	5583	714	3711	764	1843	814	192 9979	864	8119	914	6262
665	5546	715	3674	765	1806	815	9942	865	8082	915	6225
666	5508	716	3637	766	1769	816	9905	866	8044	916	6188
667	5471	717	3599	767	1731	817	9867	867	8007	917	6151
668	5433	718	3562	768	1694	818	9830	868	7970	918	6114
669	5396	719	3525	769	1657	819	9793	869	7933	919	6077
670	5359	720	3488	770	1620	820	9756	870	7896	920	6040
51 671	193 5321	51 721	193 3450	51 771	193 1582	51 821	192 9718	51 871	192 7858	51 921	192 6002
672	5283	722	3413	772	1545	822	9681	872	7821	922	5965
673	5246	723	3375	773	1507	823	9644	873	7784	923	5928
674	5208	724	3338	774	1470	824	9607	874	7747	924	5891
675	5171	725	3301	775	1433	825	9570	875	7710	925	5854
676	5133	726	3263	776	1395	826	9532	876	7673	926	5817
677	5095	727	3226	777	1358	827	9495	877	7636	927	5780
678	5058	728	3188	778	1320	828	9458	878	7599	928	5743
679	5020	729	3151	779	1283	829	9421	879	7562	929	5706
680	4983	730	3114	780	1246	830	9384	880	7525	930	5669
51 681	193 4945	51 731	193 3076	51 781	193 1208	51 831	192 9346	51 881	192 7487		
682	4908	732	3039	782	1171	832	9309	882	7450		
683	4871	733	3001	783	1134	833	9272	883	7413		
684	4833	734	2964	784	1097	834	9234	884	7376		
685	4796	735	2927	785	1060	835	9197	885	7339		
686	4759	736	2889	786	1022	836	9160	886	7301		
687	4721	737	2852	787	0985	837	9122	887	7264		
688	4684	738	2814	788	0948	838	9085	888	7227		
689	4647	739	2777	789	0911	839	9048	889	7190		
690	4610	740	2740	790	0874	840	9011	890	7153		
51 691	193 4572	51 741	193 2702	51 791	193 0836	51 841	192 8973	51 891	192 7115		
692	4535	742	2665	792	0799	842	8936	892	7078		
693	4497	743	2627	793	0762	843	8899	893	7041		
694	4460	744	2590	794	0724	844	8862	894	7004		
695	4422	745	2552	795	0687	845	8825	895	6967		
696	4385	746	2515	796	0650	846	8788	896	6930		
697	4347	747	2477	797	0612	847	8751	897	6893		
698	4310	748	2440	798	0575	848	8714	898	6856		
699	4272	749	2402	799	0538	849	8677	899	6819		
700	4235	750	2365	800	0501	850	8640	900	6782		

DIFF.

	38	37
0 01	0	0
0 02	1	1
0 03	1	1
0 04	2	1
0 05	2	2
0 06	2	2
0 07	3	3
0 08	3	3
0 09	3	3
0 10	4	4
0 20	8	7
0 30	11	11
0 40	15	15
0 50	19	19
0 60	23	22
0 70	27	26
0 80	30	30
0 90	34	33
1 00	38	37

Diviseurs : 51931 a 52210.

DIVISEUR	Nombre à multiplier par le dividende	DIVISEUR	Nombre à multiplier par le dividende	DIVISEUR	Nombre à multiplier par le dividende	DIVISEUR	Nombre à multiplier par le dividende	DIVISEUR	Nombre à multiplier par le dividende	DIVISEUR	Nombre à multiplier par le dividende
51 931	192 5631	51 981	192 3779	52 031	192 1931	52 081	192 0085	52 131	191 8244	52 181	191 6406
932	5594	982	3742	032	1894	082	0048	132	8207	182	6369
933	5557	983	3705	033	1857	083	0011	133	8470	183	6332
934	5520	984	3668	034	1820	084	191 9994	134	8133	184	6295
935	5483	985	3631	035	1783	085	9938	135	8097	185	6259
936	5446	986	3594	036	1746	086	9901	136	8060	186	6222
937	5409	987	3557	037	1709	087	9864	137	8023	187	6185
938	5372	988	3520	038	1672	088	9827	138	7986	188	6148
939	5335	989	3483	039	1635	089	9790	139	7949	189	6111
940	5298	990	3446	040	1598	090	9754	140	7913	190	6075
51 941	192 5269	51 991	192 3409	52 041	192 1561	52 091	191 9717	52 141	191 7876	52 191	191 6038
942	5223	992	3372	042	1524	092	9680	142	7839	192	6001
943	5186	993	3335	043	1487	093	9643	143	7802	193	5964
944	5149	994	3298	044	1450	094	9606	144	7765	194	5928
945	5112	995	3261	045	1413	095	9569	145	7729	195	5891
946	5075	996	3224	046	1376	096	9532	146	7692	196	5854
947	5038	997	3187	047	1339	097	9495	147	7655	197	5818
948	5001	998	3150	048	1302	098	9458	148	7618	198	5784
949	4964	999	3113	049	1265	099	9421	149	7581	199	5744
950	4927	52 000	3076	050	1229	100	9385	150	7545	200	5708
51 951	192 4889	52 001	192 3039	52 051	192 1192	52 101	191 9348	52 151	191 7508	52 201	191 5674
952	4852	002	3002	052	1155	102	9311	152	7471	202	5634
953	4815	003	2965	053	1118	103	9274	153	7434	203	5597
954	4778	004	2928	054	1081	104	9237	154	7397	204	5561
955	4741	005	2891	055	1044	105	9201	155	7361	205	5524
956	4704	006	2854	056	1007	106	9164	156	7324	206	5487
957	4667	007	2817	057	0970	107	9127	157	7287	207	5454
958	4630	008	2780	058	0933	108	9090	158	7250	208	5414
959	4593	009	2743	059	0896	109	9053	159	7213	209	5377
960	4556	010	2707	060	0860	110	9017	160	7177	210	5341
51 961	192 4519	52 011	192 2670	52 061	192 0823	52 111	191 8980	52 161	191 7140		
962	4482	012	2633	062	0786	112	8943	162	7103		
963	4445	013	2596	063	0749	113	8906	163	7066		
964	4408	014	2559	064	0712	114	8869	164	7030		
965	4371	015	2522	065	0675	115	8833	165	6993		
966	4334	016	2485	066	0638	116	8796	166	6956		
967	4297	017	2448	067	0601	117	8759	167	6920		
968	4260	018	2411	068	0564	118	8722	168	6883		
969	4223	019	2374	069	0527	119	8685	169	6846		
970	4187	020	2337	070	0491	120	8649	170	6810		
51 971	192 4149	52 021	192 2300	52 071	192 0454	52 121	191 8612	52 171	191 6773		
972	4112	022	2263	072	0417	122	8575	172	6736		
973	4075	023	2226	073	0380	123	8538	173	6699		
974	4038	024	2189	074	0343	124	8501	174	6663		
975	4001	025	2152	075	0306	125	8465	175	6626		
976	3964	026	2115	076	0269	126	8428	176	6589		
977	3927	027	2078	077	0232	127	8391	177	6553		
978	3890	028	2041	078	0195	128	8354	178	6516		
979	3853	029	2004	079	0158	129	8317	179	6479		
980	3846	030	1968	080	0122	130	8281	180	6443		

Diff.

	38	37	36
0 01	0	0	0
0 02	1	1	1
0 03	1	1	1
0 04	2	1	1
0 05	2	2	2
0 06	2	2	2
0 07	3	3	3
0 08	3	3	3
0 09	3	3	3
0 10	4	4	4
0 20	8	7	7
0 30	11	11	11
0 40	15	15	14
0 50	19	19	18
0 60	23	22	22
0 70	27	26	25
0 80	30	30	29
0 90	34	33	32
1 00	38	37	36

47

DIVISEURS . 52211 A 52490.

DIVISEUR	Nombre à multiplier par le dividende	DIVISEUR	Nombre à multiplier par le dividende	DIVISEUR	Nombre à multiplier par le dividende	DIVISEUR	Nombre à multiplier par le dividende	DIVISEUR	Nombre à multiplier par le dividende	DIVISEUR	Nombre à multiplier par le dividende
52 211	191 5304	52 261	191 3474	52 311	191 1643	52 361	190 9817	52 411	190 7995	52 461	190 6177
212	5267	262	3435	312	1606	362	9781	412	7959	462	6141
213	5231	263	3398	313	1570	363	9744	413	7922	463	6104
214	5194	264	3362	314	1533	364	9708	414	7886	464	6068
215	5158	265	3325	315	1497	365	9672	415	7850	465	6032
216	5121	266	3289	316	1460	366	9635	416	7813	466	5995
217	5084	267	3252	317	1423	367	9599	417	7777	467	5959
218	5048	268	3216	318	1387	368	9562	418	7740	468	5922
219	5011	269	3179	319	1350	369	9526	419	7704	469	5886
220	4975	270	3143	320	1314	370	9490	420	7668	470	5850
52 221	191 4938	52 271	191 3106	52 321	191 1277	52 371	190 9453	52 421	190 7631	52 471	190 5813
222	4901	272	3069	322	1241	372	9417	422	7595	472	5777
223	4864	273	3033	323	1204	373	9380	423	7558	473	5741
224	4828	274	2996	324	1168	374	9344	424	7522	474	5704
225	4791	275	2960	325	1131	375	9307	425	7486	475	5668
226	4755	276	2923	326	1095	376	9271	426	7449	476	5632
227	4718	277	2886	327	1058	377	9234	427	7413	477	5595
228	4681	278	2850	328	1022	378	9198	428	7376	478	5559
229	4644	279	2813	329	0985	379	9161	429	7340	479	5523
230	4608	280	2777	330	0949	380	9125	430	7304	480	5487
52 231	191 4571	52 281	191 2740	52 331	191 0912	52 381	190 9088	52 431	190 7267	52 481	190 5450
232	4534	282	2703	332	0876	382	9052	432	7231	482	5414
233	4497	283	2667	333	0839	383	9015	433	7194	483	5378
234	4461	284	2630	334	0803	384	8979	434	7158	484	5342
235	4424	285	2594	335	0766	385	8943	435	7122	485	5306
236	4387	286	2557	336	0730	386	8906	436	7085	486	5269
237	4351	287	2520	337	0693	387	8870	437	7049	487	5233
238	4314	288	2484	338	0657	388	8833	438	7012	488	5197
239	4277	289	2447	339	0620	389	8797	439	6976	489	5161
240	4241	290	2411	340	0584	390	8761	440	6940	490	5125
52 241	191 4204	52 291	191 2374	52 341	191 0547	52 391	190 8724	52 441	190 6903		
242	4167	292	2337	342	0511	392	8688	442	6867		
243	4131	293	2301	343	0474	393	8651	443	6831		
244	4094	294	2264	344	0438	394	8615	444	6794		
245	4058	295	2228	345	0401	395	8578	445	6758		
246	4021	296	2191	346	0365	396	8542	446	6722		
247	3948	297	2154	347	0328	397	8505	447	6685		
248	3948	298	2118	348	0292	398	8469	448	6649		
249	3911	299	2081	349	0255	399	8432	449	6613		
250	3875	300	2045	350	0219	400	8396	450	6577		
52 251	191 3838	52 301	191 2008	52 351	191 0482	52 401	190 8359	52 451	190 6540		
252	3801	302	1972	352	0446	402	8323	452	6504		
253	3764	303	1935	353	0409	403	8286	453	6468		
254	3728	304	1899	354	0073	404	8250	454	6431		
255	3691	305	1862	355	0036	405	8214	455	6395		
256	3654	306	1826	356	0000	406	8177	456	6359		
257	3618	307	1789	357	190 9963	407	8141	457	6322		
258	3581	308	1753	358	9927	408	8104	458	6286		
259	3544	309	1716	359	9890	409	8068	459	6250		
260	3508	310	1680	360	9854	410	8032	460	6244		

DIFF.

	37	36
0 01	0	0
0 02	1	1
0 03	1	1
0 04	1	1
0 05	2	2
0 06	2	2
0 07	3	3
0 08	3	3
0 09	3	3
0 10	4	4
0 20	7	7
0 30	11	11
0 40	15	14
0 50	19	18
0 60	22	22
0 70	26	25
0 80	30	29
0 90	33	32
1 00	37	36

DIVISEURS : 52491 A 52770.

DIVISEUR	Nombre à multiplier par le dividende	DIVISEUR	Nombre à multiplier par le dividende	DIVISEUR	Nombre à m ltiplier par le dividende	DIVISEUR	Nombre à multiplier par le dividende	DIVISEUR	Nombre à multiplier par le dividende	DIVISEUR	Nombre à multiplier par le dividende
52 491	190 5088	52 541	190 3274	52 591	190 1465	52 641	189 9659	52 691	189 7857	52 741	189 6057
492	5052	542	3238	592	1429	642	9623	692	7821	742	6021
493	5015	543	3202	593	1393	643	9587	693	7785	743	5985
494	4979	544	3166	594	1357	644	9551	694	7749	744	5949
495	4943	545	3130	595	1321	645	9515	695	7713	745	5913
496	4906	546	3093	596	1284	646	9479	696	7677	746	5877
497	4870	547	3057	597	1248	647	9443	697	7641	747	5841
498	4833	548	3021	598	1212	648	9407	698	7605	748	5805
499	4797	549	2985	599	1176	649	9371	699	7569	749	5769
500	4761	550	2949	600	1140	650	9335	700	7533	750	5734
52 501	190 4724	52 551	190 2912	52 601	190 1103	52 651	189 9298	52 701	189 7497	52 751	189 5698
502	4688	552	2876	602	1067	652	9262	702	7461	752	5662
503	4652	553	2840	603	1031	653	9226	703	7425	753	5626
504	4616	554	2804	604	0995	654	9190	704	7389	754	5590
505	4580	555	2768	605	0959	655	9154	705	7353	755	5554
506	4543	556	2731	606	0923	656	9118	706	7347	756	5518
507	4507	557	2695	607	0887	657	9082	707	7281	757	5482
508	4471	558	2659	608	0851	658	9046	708	7245	758	5446
509	4435	559	2623	609	0815	659	9010	709	7209	759	5410
510	4399	560	2587	610	0779	660	8974	710	7473	760	5375
52 511	190 4362	52 561	190 2550	52 611	190 0742	52 661	189 8938	52 711	189 7137	52 761	189 5339
512	4326	562	2514	612	0706	662	8902	712	7101	762	5303
513	4290	563	2478	613	0670	663	8866	713	7065	763	5267
514	4253	564	2442	614	0634	664	8830	714	7029	764	5231
515	4217	565	2406	615	0598	665	8794	715	6993	765	5195
516	4181	566	2369	616	0562	666	8758	716	6957	766	5159
517	4144	567	2333	617	0526	667	8722	717	6921	767	5123
518	4108	568	2297	618	0490	668	8686	718	6885	768	5087
519	4072	569	2261	619	0454	669	8650	719	6849	769	5051
520	4036	570	2225	620	0418	670	8614	720	6813	770	5016
52 521	190 3999	52 571	190 2188	52 621	190 0381	52 671	189 8577	52 721	189 6777		
522	3963	572	2152	622	0345	672	8541	722	6741		
523	3927	573	2116	623	0309	673	8505	723	6705		
524	3891	574	2080	624	0273	674	8469	724	6669		
525	3855	575	2044	625	0237	675	8433	725	6633		
526	3818	576	2007	626	0201	676	8397	726	6597		
527	3782	577	1971	627	0165	677	8361	727	6561		
528	3746	578	1935	628	0429	678	8325	728	6525		
529	3710	579	1899	629	0093	679	8289	729	6489		
530	3674	580	1863	630	0057	680	8253	730	6453		
52 531	190 3637	52 581	190 1826	52 631	190 0020	52 681	189 8217	52 731	189 6417		
532	3604	582	1790	632	189 9984	682	8181	732	6381		
533	3565	583	1754	633	9948	683	8145	733	6345		
534	3528	584	1718	634	9912	684	8109	734	6309		
535	3492	585	1682	635	9876	685	8073	735	6273		
536	3456	586	1646	636	9840	686	8037	736	6237		
537	3419	587	1610	637	9804	687	8001	737	6201		
538	3383	588	1574	638	9768	688	7965	738	6165		
539	3347	589	1538	639	9732	689	7929	739	6129		
540	3311	590	1502	640	9696	690	7893	740	6093		

DIFF.

	37	36	35
0 01	0	0	0
0 02	1	1	1
0 03	1	1	1
0 04	1	1	1
0 05	2	2	2
0 06	2	2	2
0 07	3	3	3
0 08	3	3	3
0 09	3	3	3
0 10	4	4	4
0 20	7	7	7
0 30	11	11	11
0 40	15	14	14
0 50	19	18	18
0 60	22	22	21
0 70	26	25	25
0 80	30	29	28
0 90	33	32	32
1 00	37	36	35

Diviseurs : 52771 a 53050.

DIVISEUR	Nombre à multiplier par le dividende	DIVISEUR	Nombre à multiplier par le dividende	DIVISEUR	Nombre à multiplier par le dividende	DIVISEUR	Nombre à multiplier par le dividende	DIVISEUR	Nombre à multiplier par le dividende	DIVISEUR	Nombre à multiplier par le dividende
52 771	189 4980	52 821	189 3186	52 871	189 1395	52 921	188 9608	52 971	188 7825	53 021	188 6044
772	4944	822	3150	872	1359	922	9572	972	7789	022	6009
773	4908	823	3114	873	1323	923	9536	973	7753	023	5973
774	4872	824	3078	874	1287	924	9501	974	7718	024	5938
775	4836	825	3042	875	1252	925	9465	975	7682	025	5902
776	4800	826	3006	876	1216	926	9429	976	7646	026	5867
777	4764	827	2970	877	1180	927	9394	977	7611	027	5831
778	4728	828	2934	878	1144	928	9358	978	7575	028	5796
779	4692	829	2898	879	1108	929	9322	979	7539	029	5760
780	4657	830	2863	880	1073	930	9287	980	7504	030	5725
52 781	189 4621	52 831	189 2827	52 881	189 1037	52 931	188 9251	52 981	188 7468	53 031	188 5689
782	4585	832	2791	882	1001	932	9215	982	7432	032	5653
783	4549	833	2755	883	0965	933	9179	983	7397	033	5618
784	4513	834	2719	884	0930	934	9144	984	7361	034	5582
785	4477	835	2684	885	0894	935	9108	985	7326	035	5547
786	4441	836	2648	886	0858	936	9072	986	7290	036	5511
787	4405	837	2612	887	0823	937	9037	987	7254	037	5475
788	4369	838	2576	888	0787	938	9001	988	7219	038	5440
789	4333	839	2540	889	0751	939	8965	989	7183	039	5404
790	4298	840	2505	890	0716	940	8930	990	7148	040	5369
52 791	189 4262	52 841	189 2469	52 891	189 0680	52 941	188 8894	52 991	188 7112	53 041	188 5333
792	4226	842	2433	892	0644	942	8858	992	7076	042	5298
793	4190	843	2397	893	0608	943	8823	993	7041	043	5262
794	4154	844	2361	894	0573	944	8787	994	7005	044	5227
795	4118	845	2326	895	0537	945	8752	995	6970	045	5191
796	4082	846	2290	896	0501	946	8716	996	6934	046	5156
797	4046	847	2254	897	0466	947	8680	997	6898	047	5120
798	4010	848	2218	898	0430	948	8645	998	6863	048	5085
799	3974	849	2182	899	0394	949	8609	999	6827	049	5049
800	3939	850	2147	900	0359	950	8574	53 000	6792	050	5014
52 801	189 3903	52 851	189 2111	52 901	189 0323	52 951	188 8538	53 001	188 6756		
802	3867	852	2075	902	0287	952	8502	002	6720		
803	3831	853	2039	903	0251	953	8466	003	6685		
804	3795	854	2003	904	0215	954	8431	004	6649		
805	3759	855	1967	905	0180	955	8395	005	6614		
806	3723	856	1931	906	0144	956	8359	006	6578		
807	3687	857	1895	907	0108	957	8324	007	6542		
808	3651	858	1859	908	0072	958	8288	008	6507		
809	3615	859	1823	909	0036	959	8252	009	6471		
810	3580	860	1788	910	0001	960	8217	010	6436		
52 811	189 3544	52 861	189 1752	52 911	188 9965	52 961	188 8181	53 011	188 6400		
812	3508	862	1716	912	9929	962	8145	012	6364		
813	3472	863	1680	913	9893	963	8110	013	6329		
814	3436	864	1645	914	9858	964	8074	014	6293		
815	3400	865	1609	915	9822	965	8039	015	6258		
816	3365	866	1573	916	9786	966	8003	016	6222		
817	3329	867	1538	917	9751	967	7967	017	6186		
818	3293	868	1502	918	9715	968	7932	018	6151		
819	3257	869	1466	919	9679	969	7896	019	6115		
820	3222	870	1431	920	9644	970	7861	020	6080		

DIFF.

	36	35
0 01	0	0
0 02	1	1
0 03	1	1
0 04	1	1
0 05	2	2
0 06	2	2
0 07	3	2
0 08	3	3
0 09	3	3
0 10	4	4
0 20	7	7
0 30	11	11
0 40	14	14
0 50	18	18
0 60	22	21
0 70	25	25
0 80	29	28
0 90	32	32
1 00	36	35

DIVISEURS : **53051** A **53330**.

DIVISEUR	Nombre à multiplier par le dividende	DIVISEUR	Nombre à multiplier par le dividende	DIVISEUR	Nombre à multiplier par le dividende	DIVISEUR	Nombre à multiplier par le dividende	DIVISEUR	Nombre à multiplier par le dividende	DIVISEUR	Nombre à multiplier par le dividende
53 051	188 4978	53 101	188 3203	53 151	188 1431	53 201	187 9663	53 251	187 7898	53 301	187 6436
052	4942	102	3168	152	1396	202	9628	252	7863	302	6401
053	4907	103	3132	153	1360	203	9592	253	7828	303	6066
054	4874	104	3097	154	1325	204	9557	254	7792	304	6031
055	4836	105	3061	155	1290	205	9522	255	7757	305	5996
056	4800	106	3026	156	1254	206	9486	256	7722	306	5960
057	4764	107	2990	157	1219	207	9451	257	7686	307	5925
058	4729	108	2955	158	1183	208	9415	258	7651	308	5890
059	4693	109	2919	159	1148	209	9380	259	7616	309	5855
060	4658	110	2884	160	1113	210	9345	260	7584	310	5820
53 061	188 4622	53 111	188 2848	53 161	188 1077	53 211	187 9309	53 261	187 7545	53 311	187 5784
062	4587	112	2843	162	1042	212	9274	262	7510	312	5749
063	4554	113	2777	163	1006	213	9238	263	7475	313	5714
064	4516	114	2742	164	0971	214	9203	264	7440	314	5679
065	4480	115	2707	165	0936	215	9168	265	7405	315	5644
066	4445	116	2671	166	0900	216	9132	266	7369	316	5608
067	4409	117	2636	167	0865	217	9097	267	7334	317	5573
068	4374	118	2600	168	0829	218	9061	268	7299	318	5538
069	4338	119	2565	169	0794	219	9026	269	7264	319	5503
070	4303	120	2530	170	0759	220	8991	270	7229	320	5468
53 071	188 4267	53 121	188 2494	53 171	188 0723	53 221	187 8955	53 271	187 7193	53 321	187 5432
072	4232	122	2459	172	0688	222	8920	272	7158	322	5397
073	4196	123	2423	173	0653	223	8885	273	7123	323	5362
074	4161	124	2388	174	0617	224	8850	274	7087	324	5327
075	4125	125	2352	175	0582	225	8815	275	7052	325	5292
076	4090	126	2317	176	0547	226	8779	276	7017	326	5257
077	4054	127	2281	177	0511	227	8744	277	6981	327	5222
078	4019	128	2246	178	0476	228	8709	278	6946	328	5187
079	3983	129	2210	179	0441	229	8674	279	6911	329	5152
080	3948	130	2175	180	0406	230	8639	280	6876	330	5117
53 081	188 3912	53 131	188 2139	53 181	188 0370	53 231	187 8603	53 281	187 6840		
082	3877	132	2104	182	0335	232	8568	282	6805		
083	3841	133	2068	183	0299	233	8533	283	6770		
084	3806	134	2033	184	0264	234	8498	284	6735		
085	3770	135	1998	185	0229	235	8463	285	6700		
086	3735	136	1962	186	0193	236	8427	286	6664		
087	3699	137	1927	187	0158	237	8392	287	6629		
088	3664	138	1891	188	0122	238	8357	288	6594		
089	3628	139	1856	189	0087	239	8322	289	6559		
090	3593	140	1821	190	0052	240	8287	290	6524		
53 091	188 3557	53 141	188 1785	53 191	188 0016	53 241	187 8251	53 291	187 6488		
092	3522	142	1750	192	187 9984	242	8216	292	6453		
093	3486	143	1714	193	9946	243	8181	293	6418		
094	3451	144	1679	194	9910	244	8145	294	6383		
095	3416	145	1644	195	9875	245	8110	295	6348		
096	3380	146	1608	196	9840	246	8075	296	6312		
097	3345	147	1573	197	9804	247	8039	297	6277		
098	3309	148	1537	198	9769	248	8004	298	6242		
099	3274	149	1502	199	9734	249	7969	299	6207		
100	3239	150	1467	200	9699	250	7934	300	6172		

DIFF.

	36	35
0 01	0	0
0 02	1	1
0 03	1	1
0 04	1	1
0 05	2	2
0 06	2	2
0 07	3	2
0 08	3	3
0 09	3	3
0 10	4	4
0 20	7	7
0 30	11	11
0 40	14	14
0 50	18	18
0 60	22	21
0 70	25	25
0 80	29	28
0 90	32	32
1 00	36	35

DIVISEURS : **53331** A **53610**.

DIVISEUR	Nombre à multiplier par le dividende	DIVISEUR	Nombre à multiplier par le dividende	DIVISEUR	Nombre à multiplier par le dividende	DIVISEUR	Nombre à multiplier par le dividende	DIVISEUR	Nombre à multiplier par le dividende	DIVISEUR	Nombre à multiplier par le dividende
53 331	187 5084	53 381	187 3324	53 431	187 1572	53 481	186 9822	53 531	186 8076	53 581	186 6333
332	5046	382	3289	432	1537	482	9787	532	8041	582	6298
333	5011	383	3254	433	1502	483	9752	533	8006	583	6263
334	4976	384	3219	434	1467	484	9717	534	7971	584	6228
335	4941	385	3184	435	1432	485	9682	535	7936	585	6193
336	4905	386	3149	436	1397	486	9647	536	7901	586	6158
337	4870	387	3114	437	1362	487	9612	537	7866	587	6123
338	4835	388	3079	438	1327	488	9577	538	7831	588	6088
339	4800	389	3044	439	1292	489	9542	539	7796	589	6053
340	4765	390	3009	440	1257	490	9508	540	7762	590	6019
53 341	187 4729	53 391	187 2974	53 441	187 1222	53 491	186 9473	53 541	186 7727	53 591	186 5984
342	4694	392	2939	442	1187	492	9438	542	7692	592	5949
343	4659	393	2904	443	1152	493	9403	543	7657	593	5914
344	4624	394	2869	444	1117	494	9368	544	7622	594	5879
345	4589	395	2834	445	1082	495	9333	545	7587	595	5845
346	4554	396	2799	446	1047	496	9298	546	7552	596	5810
347	4519	397	2764	447	1012	497	9263	547	7517	597	5775
348	4484	398	2729	448	0977	498	9228	548	7482	598	5740
349	4449	399	2694	449	0942	499	9193	549	7447	599	5705
350	4414	400	2659	450	0907	500	9158	550	7413	600	5671
53 351	187 4378	53 401	187 2623	53 451	187 0872	53 501	186 9123	53 551	186 7378	53 601	186 5636
352	4343	402	2588	452	0837	502	9088	552	7343	602	5601
353	4308	403	2553	453	0802	503	9053	553	7308	603	5566
354	4273	404	2518	454	0767	504	9018	554	7273	604	5531
355	4238	405	2483	455	0732	505	8983	555	7238	605	5497
356	4202	406	2448	456	0697	506	8948	556	7203	606	5462
357	4167	407	2413	457	0662	507	8913	557	7168	607	5427
358	4132	408	2378	458	0627	508	8878	558	7133	608	5392
359	4097	409	2343	459	0592	509	8843	559	7098	609	5357
360	4062	410	2308	460	0557	510	8809	560	7064	610	5323
53 361	187 4026	53 411	187 2273	53 461	187 0522	53 511	186 8774	53 561	186 7029		
362	3991	412	2238	462	0487	512	8739	562	6994		
363	3956	413	2203	463	0452	513	8704	563	6959		
364	3921	414	2168	464	0417	514	8669	564	6924		
365	3886	415	2133	465	0382	515	8634	565	6890		
366	3851	416	2098	466	0347	516	8599	566	6855		
367	3816	417	2063	467	0312	517	8564	567	6820		
368	3781	418	2028	468	0277	518	8529	568	6785		
369	3746	419	1993	469	0242	519	8494	569	6750		
370	3711	420	1958	470	0207	520	8460	570	6716		
53 371	187 3675	53 421	187 1922	53 471	187 0172	53 521	186 8425	53 571	186 6681		
372	3640	422	1887	472	0137	522	8390	572	6646		
373	3605	423	1852	473	0102	523	8355	573	6611		
374	3570	424	1817	474	0067	524	8320	574	6576		
375	3535	425	1782	475	0032	525	8285	575	6542		
376	3500	426	1747	476	186 9997	526	8250	576	6507		
377	3465	427	1712	477	9962	527	8215	577	6472		
378	3430	428	1677	478	9927	528	8180	578	6437		
379	3395	429	1642	479	9892	529	8145	579	6402		
380	3360	430	1607	480	9857	530	8111	580	6368		

DIFF.

	36	35	34
0 01	0	0	0
0 02	1	1	1
0 03	1	1	1
0 04	1	1	1
0 05	2	2	2
0 06	2	2	2
0 07	3	3	2
0 08	3	3	3
0 09	3	3	3
0 10	4	4	3
0 20	7	7	7
0 30	11	11	10
0 40	14	14	14
0 50	18	18	17
0 60	22	21	20
0 70	25	25	24
0 80	29	28	27
0 90	32	32	31
1 00	36	35	34

DIVISEURS : 53611 A 53890.

DIVISEUR	Nombre à multiplier par le dividende	DIVISEUR	Nombre à multiplier par le dividende	DIVISEUR	Nombre à multiplier par le dividende	DIVISEUR	Nombre à multiplier par le dividende	DIVISEUR	Nombre à multiplier par le dividende	DIVISEUR	Nombre à multiplier par le dividende
53 611	186 5288	53 661	186 3550	53 711	186 1815	53 761	186 0083	53 811	185 8355	53 861	185 6630
612	5253	662	3515	712	1780	762	0049	812	8321	862	6596
613	5218	663	3480	713	1746	763	0014	813	8286	863	6561
614	5183	664	3446	714	1711	764	185 9980	814	8252	864	6527
615	5149	665	3411	715	1677	765	9945	815	8217	865	6492
616	5114	666	3376	716	1642	766	9911	816	8183	866	6458
617	5079	667	3342	717	1607	767	9876	817	8148	867	6423
618	5044	668	3307	718	1573	768	9842	818	8114	868	6389
619	5009	669	3272	719	1538	769	9807	819	8079	869	6354
620	4975	670	3238	720	1504	770	9773	820	8045	870	6320
53 621	186 4940	53 671	186 3203	53 721	186 1469	53 771	185 9738	53 821	185 8010	53 871	185 6285
622	4905	672	3168	722	1434	772	9703	822	7976	872	6251
623	4870	673	3133	723	1399	773	9669	823	7941	873	6216
624	4836	674	3099	724	1365	774	9634	824	7907	874	6182
625	4801	675	3064	725	1330	775	9600	825	7872	875	6147
626	4766	676	3029	726	1295	776	9565	826	7838	876	6113
627	4732	677	2995	727	1261	777	9530	827	7803	877	6078
628	4697	678	2960	728	1226	778	9496	828	7769	878	6044
629	4662	679	2925	729	1191	779	9461	829	7734	879	6009
630	4628	680	2891	730	1157	780	9427	830	7700	880	5975
53 631	186 4593	53 681	186 2856	53 731	186 1122	53 781	185 9392	53 831	185 7665	53 881	185 5940
632	4558	682	2821	732	1087	782	9357	832	7631	882	5906
633	4523	683	2786	733	1053	783	9323	833	7596	883	5871
634	4488	684	2752	734	1018	784	9288	834	7562	884	5837
635	4454	685	2717	735	0984	785	9254	835	7527	885	5803
636	4419	686	2682	736	0949	786	9219	836	7493	886	5768
637	4384	687	2648	737	0914	787	9184	837	7458	887	5734
638	4349	688	2613	738	0880	788	9150	838	7424	888	5699
639	4314	689	2578	739	0845	789	9115	839	7389	889	5665
640	4280	690	2544	740	0811	790	9081	840	7355	890	5631
53 641	186 4245	53 691	186 2509	53 741	186 0776	53 791	185 9046	53 841	185 7320		
642	4210	692	2474	742	0741	792	9012	842	7286		
643	4175	693	2439	743	0707	793	8977	843	7251		
644	4140	694	2405	744	0672	794	8943	844	7217		
645	4106	695	2370	745	0638	795	8908	845	7182		
646	4071	696	2335	746	0603	796	8874	846	7148		
647	4036	697	2301	747	0568	797	8839	847	7113		
648	4001	698	2266	748	0534	798	8805	848	7079		
649	3966	699	2231	749	0499	799	8770	849	7044		
650	3932	700	2197	750	0465	800	8736	850	7010		
53 651	186 3897	53 701	186 2162	53 751	186 0430	53 801	185 8701	53 851	185 6975		
652	3862	702	2127	752	0395	802	8666	852	6941		
653	3827	703	2092	753	0360	803	8632	853	6906		
654	3793	704	2058	754	0326	804	8597	854	6872		
655	3758	705	2023	755	0291	805	8563	855	6837		
656	3723	706	1988	756	0256	806	8528	856	6803		
657	3689	707	1954	757	0222	807	8493	857	6768		
658	3654	708	1919	758	0187	808	8459	858	6734		
659	3619	709	1884	759	0152	809	8424	859	6699		
660	3585	710	1850	760	0118	810	8390	860	6665		

DIFF.

	35	34
0 01	0	0
0 02	1	1
0 03	1	1
0 04	1	1
0 05	2	2
0 06	2	2
0 07	2	2
0 08	3	3
0 09	3	3
0 10	4	3
0 20	7	7
0 30	11	10
0 40	14	14
0 50	18	17
0 60	21	20
0 70	25	24
0 80	28	27
0 90	32	31
1 00	35	34

DIVISEURS : **53891** A **54170**.

DIVISEUR	Nombre à multiplier par le dividende	DIVISEUR	Nombre à multiplier par le dividende	DIVISEUR	Nombre à multiplier par le dividende	DIVISEUR	Nombre à multiplier par le dividende	DIVISEUR	Nombre à multiplier par le dividende	DIVISEUR	Nombre à multiplier par le dividende
53 891	185 5596	53 941	185 3876	53 991	185 2159	54 041	185 0446	54 091	184 8735	54 141	184 7028
892	5562	942	3842	992	2125	042	0412	092	8701	142	6994
893	5527	943	3808	993	2091	043	0378	093	8667	143	6960
894	5493	944	3773	994	2056	044	0343	094	8633	144	6926
895	5459	945	3739	995	2022	045	0309	095	8599	145	6892
896	5424	946	3705	996	1988	046	0275	096	8564	146	6858
897	5390	947	3670	997	1953	047	0240	097	8530	147	6824
898	5355	948	3636	998	1919	048	0206	098	8496	148	6790
899	5321	949	3602	999	1885	049	0172	099	8462	149	6756
900	5287	950	3568	54 000	1851	050	0138	100	8428	150	6722
53 901	185 5252	53 951	185 3533	54 001	185 1816	54 051	185 0103	54 101	184 8393	54 151	184 6687
902	5218	952	3499	002	1782	052	0069	102	8359	152	6653
903	5183	953	3464	003	1748	053	0035	103	8325	153	6649
904	5149	954	3430	004	1713	054	0001	104	8291	154	6585
905	5115	955	3396	005	1679	055	184 9967	105	8257	155	6551
906	5080	956	3361	006	1645	056	9932	106	8223	156	6517
907	5046	957	3327	007	1610	057	9898	107	8189	157	6483
908	5011	958	3292	008	1576	058	9864	108	8155	158	6449
909	4977	959	3258	009	1542	059	9830	109	8121	159	6415
910	4943	960	3224	010	1508	060	9796	110	8087	160	6381
53 911	185 4908	53 961	185 3189	54 011	185 1473	54 061	184 9761	54 111	184 8052	54 161	184 6346
912	4874	962	3155	012	1439	062	9727	112	8018	162	6312
913	4839	963	3124	013	1405	063	9693	113	7984	163	6278
914	4805	964	3086	014	1371	064	9659	114	7950	164	6244
915	4770	965	3052	015	1337	065	9625	115	7916	165	6240
916	4736	966	3018	016	1302	066	9590	116	7881	166	6176
917	4701	967	2983	017	1268	067	9556	117	7847	167	6142
918	4667	968	2949	018	1234	068	9522	118	7813	168	6108
919	4632	969	2913	019	1200	069	9488	119	7779	169	6074
920	4598	970	2881	020	1166	070	9454	120	7745	170	6040
53 921	185 4563	53 971	185 2846	54 021	185 1131	54 071	184 9419	54 121	184 7710		
922	4529	972	2812	022	1097	072	9385	122	7676		
923	4495	973	2777	023	1063	073	9351	123	7642		
924	4460	974	2743	024	1028	074	9316	124	7608		
925	4426	975	2709	025	0994	075	9282	125	7574		
926	4392	976	2674	026	0960	076	9248	126	7540		
927	4357	977	2640	027	0925	077	9213	127	7506		
928	4323	978	2605	028	0891	078	9179	128	7472		
929	4289	979	2571	029	0857	079	9145	129	7438		
930	4255	980	2537	030	0823	080	9111	130	7404		
53 931	185 4220	53 981	185 2502	54 031	185 0788	54 081	184 9076	54 131	184 7369		
932	4186	982	2468	032	0754	082	9042	132	7335		
933	4151	983	2434	033	0720	083	9008	133	7301		
934	4117	984	2399	034	0686	084	8974	134	7267		
935	4083	985	2365	035	0652	085	8940	135	7233		
936	4048	986	2331	036	0617	086	8906	136	7199		
937	4014	987	2296	037	0583	087	8872	137	7165		
938	3979	988	2262	038	0549	088	8838	138	7131		
939	3945	989	2228	039	0515	089	8804	139	7097		
940	3911	990	2194	040	0481	090	8770	140	7063		

DIFF.

	35	34
0 01	0	0
0 02	1	1
0 03	1	1
0 04	1	1
0 05	2	2
0 06	2	2
0 07	2	2
0 08	3	3
0 09	3	3
0 10	4	3
0 20	7	7
0 30	11	10
0 40	14	14
0 50	18	17
0 60	21	20
0 70	25	24
0 80	28	27
0 90	32	31
1 00	35	34

DIVISEUR	Nombre à multiplier par le dividende	DIVISEUR	Nombre à multiplier par le dividende	DIVISEUR	Nombre à multiplier par le dividende	DIVISEUR	Nombre à multiplier par le dividende	DIVISEUR	Nombre à multiplier par le dividende	DIVISEUR	Nombre à multiplier par le dividende
54 171	184 6005	54 221	184 4303	54 271	184 2604	54 321	184 0908	54 371	183 9215	54 421	183 7525
172	5971	222	4269	272	2570	322	0874	372	9181	422	7491
173	5937	223	4235	273	2536	323	0840	373	9147	423	7457
174	5903	224	4201	274	2502	324	0806	374	9113	424	7424
175	5869	225	4167	275	2468	325	0772	375	9080	425	7390
176	5834	226	4133	276	2434	326	0738	376	9046	426	7356
177	5800	227	4099	277	2400	327	0704	377	9012	427	7323
178	5766	228	4065	278	2366	328	0670	378	8978	428	7289
179	5732	229	4031	279	2332	329	0636	379	8944	429	7255
180	5698	230	3997	280	2299	330	0603	380	8911	430	7222
54 181	184 5664	54 231	184 3963	54 281	184 2265	54 331	184 0569	54 381	183 8877	54 431	183 7188
182	5630	232	3929	282	2231	332	0535	382	8843	432	7154
183	5596	233	3895	283	2197	333	0501	383	8809	433	7120
184	5562	234	3861	284	2163	334	0467	384	8775	434	7086
185	5528	235	3827	285	2129	335	0433	385	8742	435	7053
186	5494	236	3793	286	2095	336	0399	386	8708	436	7019
187	5460	237	3759	287	2061	337	0365	387	8674	437	6985
188	5426	238	3725	288	2027	338	0331	388	8640	438	6951
189	5392	239	3691	289	1993	339	0297	389	8606	439	6917
190	5358	240	3657	290	1959	340	0264	390	8573	440	6884
54 191	184 5324	54 241	184 3623	54 291	184 1925	54 341	184 0230	54 391	183 8539	54 441	183 6850
192	5290	242	3589	292	1891	342	0196	392	8505	442	6816
193	5256	243	3555	293	1857	343	0162	393	8471	443	6782
194	5222	244	3521	294	1823	344	0128	394	8437	444	6749
195	5188	245	3487	295	1789	345	0095	395	8404	445	6715
196	5154	246	3453	296	1755	346	0061	396	8370	446	6681
197	5120	247	3419	297	1721	347	0027	397	8336	447	6648
198	5086	248	3385	298	1687	348	183 9993	398	8302	448	6614
199	5052	249	3351	299	1653	349	9959	399	8268	449	6580
200	5018	250	3317	300	1620	350	9926	400	8235	450	6547
54 201	184 4984	54 251	184 3283	54 301	184 1586	54 351	183 9892	54 401	183 8201		
202	4950	252	3249	302	1552	352	9858	402	8167		
203	4916	253	3215	303	1518	353	9824	403	8133		
204	4882	254	3181	304	1484	354	9790	404	8099		
205	4848	255	3147	305	1450	355	9756	405	8066		
206	4814	256	3113	306	1416	356	9722	406	8032		
207	4780	257	3079	307	1382	357	9688	407	7998		
208	4746	258	3045	308	1348	358	9654	408	7964		
209	4712	259	3011	309	1314	359	9620	409	7930		
210	4678	260	2978	310	1281	360	9587	410	7897		
54 211	184 4643	54 261	184 2944	54 311	184 1247	54 361	183 9553	54 411	183 7863		
212	4609	262	2910	312	1213	362	9519	412	7829		
213	4575	263	2876	313	1179	363	9485	413	7795		
214	4541	264	2842	314	1145	364	9451	414	7761		
215	4507	265	2808	315	1111	365	9418	415	7728		
216	4473	266	2774	316	1077	366	9384	416	7694		
217	4439	267	2740	317	1043	367	9350	417	7660		
218	4405	268	2706	318	1009	368	9316	418	7626		
219	4371	269	2672	319	0975	369	9282	419	7592		
220	4337	270	2638	320	0942	370	9249	420	7559		

DIFF.

	35	34	33
0 01	0	0	0
0 02	1	1	1
0 03	1	1	1
0 04	1	1	1
0 05	2	2	2
0 06	2	2	2
0 07	2	2	2
0 08	3	3	3
0 09	3	3	3
0 10	4	3	3
0 20	7	7	7
0 30	11	10	10
0 40	14	14	13
0 50	18	17	17
0 60	21	20	20
0 70	25	24	23
0 80	28	27	26
0 90	32	31	30
1 00	35	34	33

DIVISEURS : 54451 A 54730.

DIVISEUR	Nombre à multiplier par le dividende	DIVISEUR	Nombre à multiplier par le dividende	DIVISEUR	Nombre à multiplier par le dividende	DIVISEUR	Nombre à multiplier par le dividende	DIVISEUR	Nombre à multiplier par le dividende	DIVISEUR	Nombre à multiplier par le dividende
54 451	183 6513	54 501	183 4828	54 551	183 3146	54 601	183 1467	54 651	182 9792	54 701	182 8119
452	6479	502	4794	552	3112	602	1434	652	9759	702	8086
453	6445	503	4760	553	3079	603	1400	653	9725	703	8052
454	6412	504	4727	554	3045	604	1367	654	9692	704	8019
455	6378	505	4693	555	3012	605	1333	655	9658	705	7986
456	6344	506	4659	556	2978	606	1300	656	9625	706	7952
457	6311	507	4626	557	2944	607	1266	657	9591	707	7919
458	6277	508	4592	558	2911	608	1233	658	9558	708	7885
459	6243	509	4558	559	2877	609	1199	659	9524	709	7852
460	6210	510	4525	560	2844	610	1166	660	9491	710	7819
54 461	183 6176	54 511	183 4491	54 561	183 2810	54 611	183 1132	54 661	182 9457	54 711	182 7785
462	6142	512	4457	562	2776	612	1099	662	9424	712	7752
463	6108	513	4424	563	2749	613	1065	663	9390	713	7718
464	6074	514	4390	564	2709	614	1032	664	9357	714	7685
465	6041	515	4357	565	2676	615	0998	665	9323	715	7652
466	6007	516	4323	566	2642	616	0965	666	9290	716	7618
467	5973	517	4289	567	2608	617	0931	667	9256	717	7585
468	5939	518	4256	568	2575	618	0898	668	9223	718	7551
469	5905	519	4222	569	2541	619	0864	669	9189	719	7518
470	5872	520	4189	570	2508	620	0831	670	9156	720	7485
54 471	183 5838	54 521	183 4155	54 571	183 2474	54 621	183 0797	54 671	182 9122	54 721	182 7451
472	5804	522	4121	572	2440	622	0764	672	9089	722	7418
473	5770	523	4087	573	2407	623	0730	673	9055	723	7384
474	5737	524	4054	574	2373	624	0697	674	9022	724	7351
475	5703	525	4020	575	2340	625	0663	675	8989	725	7318
476	5669	526	3986	576	2306	626	0630	676	8955	726	7284
477	5636	527	3953	577	2272	627	0596	677	8922	727	7251
478	5602	528	3919	578	2239	628	0563	678	8888	728	7217
479	5568	529	3885	579	2205	629	0529	679	8855	729	7184
480	5535	530	3852	580	2172	630	0496	680	8822	730	7151
54 481	183 5501	54 531	183 3818	54 581	183 2138	54 631	183 0462	54 681	182 8788		
482	5467	532	3784	582	2105	632	0429	682	8755		
483	5434	533	3751	583	2071	633	0395	683	8721		
484	5400	534	3717	584	2038	634	0362	684	8688		
485	5367	535	3684	585	2004	635	0328	685	8655		
486	5333	536	3650	586	1971	636	0295	686	8621		
487	5299	537	3616	587	1937	637	0261	687	8588		
488	5266	538	3583	588	1904	638	0228	688	8554		
489	5232	539	3549	589	1870	639	0194	689	8521		
490	5199	540	3516	590	1837	640	0161	690	8488		
54 491	183 5165	54 541	183 3482	54 591	183 1803	54 641	183 0127	54 691	182 8455		
492	5131	542	3448	592	1769	642	0094	692	8421		
493	5097	543	3415	593	1736	643	0060	693	8387		
494	5064	544	3381	594	1702	644	0027	694	8354		
495	5030	545	3348	595	1669	645	182 9993	695	8320		
496	4996	546	3314	596	1635	646	9960	696	8287		
497	4963	547	3280	597	1601	647	9926	697	8253		
498	4929	548	3247	598	1568	648	9893	698	8220		
499	4895	549	3213	599	1534	649	9859	699	8186		
500	4862	550	3180	600	1501	650	9826	700	8153		

DIFF.

	34	33
0 01	0	0
0 02	1	1
0 03	1	1
0 04	1	1
0 05	2	2
0 06	2	2
0 07	2	2
0 08	3	3
0 09	3	3
0 10	3	3
0 20	7	7
0 30	10	10
0 40	14	13
0 50	17	17
0 60	20	20
0 70	24	23
0 80	27	26
0 90	31	30
1 00	34	33

Diviseurs : **54731 A 55010.**

DIVISEUR	Nombre à multiplier par le dividende	DIVISEUR	Nombre à multiplier par le dividende	DIVISEUR	Nombre à multiplier par le dividende	DIVISEUR	Nombre à multiplier par le dividende	DIVISEUR	Nombre à multiplier par le dividende	DIVISEUR	Nombre à multiplier par le dividende
54 731	182 7117	54 781	182 5449	54 831	182 3785	54 881	182 2122	54 931	182 0464	54 981	181 8809
732	7084	782	5446	832	3752	882	2089	932	0431	982	8776
733	7050	783	5383	933	3719	883	2056	933	0398	983	8743
734	7017	784	5349	834	3685	884	2023	934	0365	984	8710
735	6984	785	5316	835	3652	885	1990	935	0332	985	8677
736	6950	786	5283	836	3619	886	1957	936	0299	986	8644
737	6917	787	5249	837	3585	887	1924	937	0266	987	8611
738	6883	788	5216	838	3552	888	1891	938	0233	988	8578
739	6850	789	5183	839	3519	889	1858	939	0200	989	8545
740	6817	790	5150	840	3486	890	1825	940	0167	990	8512
54 741	182 6783	54 791	182 5116	54 841	182 3452	54 891	182 1791	54 941	182 0133	54 991	181 8478
742	6750	792	5083	842	3419	892	1758	942	0100	992	8445
743	6717	793	5050	843	3386	893	1725	943	0067	993	8412
744	6683	794	5016	844	3353	894	1692	944	0034	994	8379
745	6650	795	4983	845	3320	895	1659	945	0001	995	8346
746	6617	796	4950	846	3286	896	1625	946	181 9968	996	8313
747	6583	797	4916	847	3253	897	1592	947	9935	997	8280
748	6550	798	4883	848	3220	898	1559	948	9902	998	8247
749	6517	799	4850	849	3187	899	1526	949	9869	999	8214
750	6484	800	4817	850	3154	900	1493	950	9836	55 000	8181
54 751	182 6450	54 801	182 4738	54 851	182 3120	54 901	182 1459	54 951	181 9802	55 001	181 8148
752	6417	802	4750	852	3087	902	1426	952	9769	002	8115
753	6383	803	4717	853	3054	903	1393	953	9736	003	8082
754	6350	804	4683	854	3020	904	1360	954	9703	004	8049
755	6317	805	4650	855	2987	905	1327	955	9670	005	8016
756	6283	806	4617	856	2954	906	1293	956	9637	006	7983
757	6250	807	4583	857	2920	907	1260	957	9604	007	7950
758	6216	808	4550	858	2887	908	1227	958	9571	008	7917
759	6183	809	4517	859	2854	909	1194	959	9538	009	7884
760	6150	810	4484	860	2821	910	1161	960	9505	010	7851
54 761	182 6116	54 811	182 4450	54 861	182 2787	54 911	182 1127	54 961	181 9471		
762	6083	812	4417	862	2754	912	1094	962	9438		
763	6050	813	4384	863	2721	913	1061	963	9405		
764	6016	814	4350	864	2688	914	1028	964	9372		
765	5983	815	4317	865	2655	915	0995	965	9339		
766	5950	816	4284	866	2621	916	0962	966	9306		
767	5916	817	4250	867	2588	917	0929	967	9273		
768	5883	818	4217	868	2555	918	0896	968	9240		
769	5850	819	4184	869	2522	919	0863	969	9207		
770	5817	820	4151	870	2489	920	0830	970	9174		
54 771	182 5783	54 821	182 4117	54 871	182 2455	54 921	182 0796	54 971	181 9140		
772	5750	822	4084	872	2422	922	0763	972	9107		
773	5716	823	4051	873	2389	923	0730	973	9074		
774	5683	824	4018	874	2355	924	0697	974	9041		
775	5650	825	3985	875	2322	925	0664	975	9008		
776	5616	826	3951	876	2289	926	0630	976	8975		
777	5583	827	3918	877	2255	927	0597	977	8942		
778	5549	828	3885	878	2222	928	0564	978	8909		
779	5516	829	3852	879	2189	929	0531	979	8876		
780	5483	830	3819	880	2156	930	0498	980	8843		

DIFF.

	34	33
0 01	0	0
0 02	1	1
0 03	1	1
0 04	1	1
0 05	2	2
0 06	2	2
0 07	2	2
0 08	3	3
0 09	3	3
0 10	3	3
0 20	7	7
0 30	10	10
0 40	14	13
0 50	17	17
0 60	20	20
0 70	24	23
0 80	27	26
0 90	31	30
1 00	34	33

DIVISEURS : 55011 A 55290.

DIVISEUR	Nombre à multiplier par le dividende	DIVISEUR	Nombre à multiplier par le dividende	DIVISEUR	Nombre à multiplier par le dividende	DIVISEUR	Nombre à multiplier par le dividende	DIVISEUR	Nombre à multiplier par le dividende	DIVISEUR	Nombre à multiplier par le dividende
55 011	484 7817	55 061	484 6167	55 111	484 4519	55 161	484 2874	55 211	484 1233	55 261	480 9593
012	7784	062	6134	112	4486	162	2841	212	1200	262	9560
013	7751	063	6101	113	4453	163	2808	213	1167	263	9527
014	7718	064	6068	114	4420	164	2775	214	1134	264	9495
015	7685	065	6035	115	4387	165	2743	215	1102	265	9462
016	7652	066	6002	116	4354	166	2710	216	1069	266	9429
017	7619	067	5969	117	4321	167	2677	217	1036	267	9397
018	7586	068	5936	118	4288	168	2644	218	1003	268	9364
019	7553	069	5903	119	4255	169	2611	219	0970	269	9331
020	7520	070	5870	120	4223	170	2579	220	0938	270	9299
55 021	484 7487	55 071	484 5837	55 121	484 4190	55 171	484 2546	55 221	484 0905	55 271	480 9266
022	7454	072	5804	122	4157	172	2513	222	0872	272	9233
023	7421	073	5771	123	4124	173	2480	223	0839	273	9200
024	7388	074	5738	124	4091	174	2447	224	0806	274	9168
025	7355	075	5705	125	4059	175	2414	225	0774	275	9135
026	7322	076	5672	126	4026	176	2381	226	0741	276	9102
027	7289	077	5639	127	3993	177	2348	227	0708	277	9070
028	7256	078	5606	128	3960	178	2315	228	0675	278	9037
029	7223	079	5573	129	3927	179	2282	229	0642	279	9004
030	7190	080	5540	130	3895	180	2250	230	0610	280	8972
55 031	484 7157	55 081	484 5507	55 131	484 3862	55 181	484 2217	55 231	484 0577	55 281	480 8939
032	7124	082	5474	132	3829	182	2184	232	0544	282	8906
033	7091	083	5441	133	3796	183	2151	233	0511	283	8873
034	7058	084	5408	134	3763	184	2118	234	0478	284	8841
035	7025	085	5375	135	3730	185	2086	235	0446	285	8808
036	6992	086	5342	136	3697	186	2053	236	0413	286	8775
037	6959	087	5309	137	3664	187	2020	237	0380	287	8743
038	6926	088	5276	138	3631	188	1987	238	0347	288	8710
039	6893	089	5243	139	3598	189	1954	239	0314	289	8677
040	6860	090	5211	140	3565	190	1922	240	0282	290	8645
55 041	484 6827	55 091	484 5178	55 141	484 3532	55 191	484 1889	55 241	484 0249		
042	6794	092	5145	142	3499	192	1856	242	0216		
043	6761	093	5112	143	3466	193	1823	243	0183		
044	6728	094	5079	144	3433	194	1790	244	0150		
045	6695	095	5046	145	3400	195	1758	245	0118		
046	6662	096	5013	146	3367	196	1725	246	0085		
047	6629	097	4980	147	3334	197	1692	247	0052		
048	6596	098	4947	148	3304	198	1659	248	0019		
049	6563	099	4914	149	3268	199	1626	249	480 9986		
050	6530	100	4882	150	3236	200	1594	250	9954		
55 051	484 6497	55 101	484 4849	55 151	484 3203	55 201	484 1561	55 251	480 9921		
052	6464	102	4816	152	3470	202	1528	252	9888		
053	6431	103	4783	153	3437	203	1495	253	9855		
054	6398	104	4750	154	3104	204	1462	254	9822		
055	6365	105	4717	155	3071	205	1430	255	9790		
056	6332	106	4684	156	3038	206	1397	256	9757		
057	6299	107	4651	157	3005	207	1364	257	9724		
058	6266	108	4618	158	2972	208	1331	258	9691		
059	6233	109	4585	159	2939	209	1298	259	9658		
060	6200	110	4552	160	2907	210	1266	260	9626		

DIFF.

	34	33	32
0 01	0	0	0
0 02	1	1	1
0 03	1	1	1
0 04	1	1	1
0 05	2	2	2
0 06	2	2	2
0 07	2	2	2
0 08	3	3	3
0 09	3	3	3
0 10	3	3	3
0 20	7	7	6
0 30	10	10	10
0 40	14	13	13
0 50	17	17	16
0 60	20	20	19
0 70	24	23	22
0 80	27	26	26
0 90	31	30	29
1 00	34	33	32

DIVISEURS : 55291 A 55570.

DIVISEUR	Nombre à multiplier par le dividende	DIVISEUR	Nombre à multiplier par le dividende	DIVISEUR	Nombre à multiplier par le dividende	DIVISEUR	Nombre à multiplier par le dividende	DIVISEUR	Nombre à multiplier par le dividende	DIVISEUR	Nombre à multiplier par le dividende
55 291	180 8642	55 341	180 6978	55 391	180 5347	55 441	180 3718	55 491	180 2093	55 541	180 0471
292	8579	342	6945	392	5314	442	3686	492	2061	542	0439
293	8546	343	6912	393	5282	443	3653	493	2028	543	0406
294	8544	344	6880	394	5249	444	3621	494	1996	544	0374
295	8484	345	6847	395	5217	445	3588	495	1963	545	0342
296	8448	346	6814	396	5184	446	3556	496	1931	546	0309
297	8446	347	6782	397	5151	447	3523	497	1898	547	0277
298	8383	348	6749	398	5119	448	3491	498	1866	548	0244
299	8350	349	6716	399	5086	449	3458	499	1833	549	0212
300	8348	350	6684	400	5054	450	3426	500	1801	550	0180
55 301	180 8285	55 351	180 6654	55 401	180 5021	55 451	180 3393	55 501	180 1768	55 551	180 0147
302	8252	352	6618	402	4988	452	3361	502	1736	552	0115
303	8249	353	6586	403	4956	453	3328	503	1703	553	0082
304	8187	354	6553	404	4923	454	3296	504	1671	554	0050
305	8154	355	6524	405	4891	455	3263	505	1639	555	0017
306	8124	356	6488	406	4858	456	3231	506	1606	556	179 9985
307	8089	357	6455	407	4825	457	3198	507	1574	557	9952
308	8056	358	6423	408	4793	458	3166	508	1541	558	9920
309	8023	359	6390	409	4760	459	3133	509	1509	559	9887
310	7994	360	6358	410	4728	460	3101	510	1477	560	9855
55 311	180 7958	55 361	180 6325	55 411	180 4695	55 461	180 3068	55 511	180 1444	55 561	179 9822
312	7925	362	6292	412	4662	462	3036	512	1412	562	9790
313	7892	363	6260	413	4630	463	3003	513	1379	563	9758
314	7860	364	6227	414	4597	464	2971	514	1347	564	9725
315	7827	365	6195	415	4565	465	2938	515	1314	565	9693
316	7794	366	6162	416	4532	466	2906	516	1282	566	9661
317	7762	367	6129	417	4499	467	2873	517	1249	567	9628
318	7729	368	6097	418	4467	468	2841	518	1217	568	9596
319	7696	369	6064	419	4434	469	2808	519	1184	569	9564
320	7664	370	6032	420	4402	470	2776	520	1152	570	9532
55 321	180 7634	55 371	180 5999	55 421	180 4369	55 471	180 2743	55 521	180 1119		
322	7598	372	5966	422	4337	472	2711	522	1087		
323	7565	373	5934	423	4304	473	2678	523	1054		
324	7533	374	5901	424	4272	474	2646	524	1022		
325	7500	375	5869	425	4239	475	2613	525	0990		
326	7467	376	5836	426	4207	476	2581	526	0957		
327	7435	377	5803	427	4174	477	2548	527	0925		
328	7402	378	5771	428	4142	478	2516	528	0892		
329	7369	379	5738	429	4109	479	2483	529	0860		
330	7337	380	5706	430	4077	480	2451	530	0828		
55 331	180 7304	55 381	180 5673	55 431	180 4044	55 481	180 2418	55 531	180 0795		
332	7274	382	5640	432	4011	482	2386	532	0763		
333	7239	383	5608	433	3979	483	2353	533	0730		
334	7206	384	5575	434	3946	484	2321	534	0698		
335	7174	385	5543	435	3914	485	2288	535	0666		
336	7144	386	5510	436	3881	486	2256	536	0633		
337	7408	387	5477	437	3848	487	2223	537	0601		
338	7076	388	5445	438	3816	488	2191	538	0568		
339	7043	389	5412	439	3783	489	2158	539	0536		
340	7044	390	5380	440	3751	490	2126	540	0504		

DIFF.

	33	32
0 01	0	0
0 02	1	1
0 03	1	1
0 04	1	1
0 05	2	2
0 06	2	2
0 07	2	2
0 08	3	3
0 09	3	3
0 10	3	3
0 20	7	6
0 30	10	10
0 40	13	13
0 50	17	16
0 60	20	19
0 70	23	22
0 80	26	20
0 90	30	29
1 00	33	32

DIVISEURS : 55571 A 55850.

DIVISEUR	Nombre à multiplier par le dividende	DIVISEUR	Nombre à multiplier par le dividende	DIVISEUR	Nombre à multiplier par le dividende	DIVISEUR	Nombre à multiplier par le dividende	DIVISEUR	Nombre à multiplier par le dividende	DIVISEUR	Nombre à multiplier par le dividende
55 571	179 9499	55 621	179 7880	55 671	179 6266	55 721	179 4654	55 771	179 3045	55 821	179 1439
572	9467	622	7848	672	6234	722	4622	772	3013	822	1407
573	9434	623	7846	673	6202	723	4590	773	2981	823	1375
574	9402	624	7784	674	6169	724	4558	774	2949	824	1343
575	9370	625	7752	675	6137	725	4526	775	2917	825	1311
576	9337	626	7719	676	6105	726	4493	776	2885	826	1279
577	9305	627	7687	677	6072	727	4461	777	2853	827	1247
578	9272	628	7655	678	6040	728	4429	778	2821	828	1215
579	9240	629	7623	679	6008	729	4397	779	2789	829	1183
580	9208	630	7591	680	5976	730	4365	780	2757	830	1151
55 581	179 9175	55 631	179 7558	55 681	179 5943	55 731	179 4332	55 781	179 2724	55 831	179 1118
582	9143	632	7526	682	5911	732	4300	782	2692	832	1086
583	9110	633	7494	683	5879	733	4268	783	2660	833	1054
584	9078	634	7461	684	5847	734	4236	784	2628	834	1022
585	9046	635	7429	685	5815	735	4204	785	2596	835	0990
586	9013	636	7397	686	5782	736	4171	786	2563	836	0958
587	8981	637	7364	687	5750	737	4139	787	2531	837	0926
588	8948	638	7332	688	5718	738	4107	788	2499	838	0894
589	8916	639	7300	689	5686	739	4075	789	2467	839	0862
590	8884	640	7268	690	5654	740	4043	790	2435	840	0830
55 591	179 8851	55 641	179 7235	55 691	179 5621	55 741	179 4040	55 791	179 2402	55 841	179 0798
592	8819	642	7203	692	5589	742	3978	792	2370	842	0766
593	8787	643	7171	693	5557	743	3946	793	2338	843	0734
594	8754	644	7138	694	5525	744	3914	794	2306	844	0702
595	8722	645	7106	695	5493	745	3882	795	2274	845	0670
596	8690	646	7074	696	5460	746	3849	796	2242	846	0638
597	8657	647	7041	697	5428	747	3817	797	2210	847	0606
598	8625	648	7009	698	5396	748	3785	798	2178	848	0574
599	8593	649	6977	699	5364	749	3753	799	2146	849	0542
600	8561	650	6945	700	5332	750	3721	800	2114	850	0510
55 601	179 8528	55 651	179 6912	55 701	179 5299	55 751	179 3688	55 801	179 2084		
602	8496	652	6880	702	5267	752	3656	802	2049		
603	8463	653	6848	703	5235	753	3624	803	2017		
604	8431	654	6815	704	5202	754	3592	804	1985		
605	8399	655	6783	705	5170	755	3560	805	1953		
606	8366	656	6751	706	5138	756	3528	806	1921		
607	8334	657	6718	707	5105	757	3496	807	1889		
608	8301	658	6686	708	5073	758	3464	808	1857		
609	8269	659	6654	709	5041	759	3432	809	1825		
610	8237	660	6622	710	5009	760	3400	810	1793		
55 611	179 8204	55 661	179 6589	55 711	179 4976	55 761	179 3367	55 811	179 1760		
612	8172	662	6557	712	4944	762	3335	812	1728		
613	8139	663	6525	713	4912	763	3303	813	1696		
614	8107	664	6492	714	4880	764	3271	814	1664		
615	8075	665	6460	715	4848	765	3239	815	1632		
616	8042	666	6428	716	4815	766	3206	816	1600		
617	8010	667	6395	717	4783	767	3174	817	1568		
618	7977	668	6363	718	4751	768	3142	818	1536		
619	7945	669	6331	719	4719	769	3110	819	1504		
620	7913	670	6299	720	4687	770	3078	820	1472		

DIFF.

	33	32
0 01	0	0
0 02	1	1
0 03	1	1
0 04	1	1
0 05	2	2
0 06	2	2
0 07	2	2
0 08	3	3
0 09	3	3
0 10	3	3
0 20	7	6
0 30	10	10
0 40	13	13
0 50	17	16
0 60	20	19
0 70	23	22
0 80	26	26
0 90	30	29
1 00	33	32

DIVISEURS : 55851 A 56130.

DIVISEUR	Nombre à multiplier par le dividende	DIVISEUR	Nombre à multiplier par le dividende	DIVISEUR	Nombre à multiplier par le dividende	DIVISEUR	Nombre à multiplier par le dividende	DIVISEUR	Nombre à multiplier par le dividende	DIVISEUR	Nombre à multiplier par le dividende
55 851	179 0477	55 901	178 8876	55 951	178 7278	56 001	178 5682	56 051	178 4089	56 101	178 2499
852	0445	902	8844	952	7246	002	5650	052	4057	102	2467
853	0413	903	8812	953	7214	003	5618	053	4025	103	2435
854	0381	904	8780	954	7182	004	5586	054	3993	104	2403
855	0349	905	8748	955	7150	005	5554	055	3962	105	2372
856	0317	906	8716	956	7118	006	5522	056	3930	106	2340
857	0285	907	8684	957	7086	007	5490	057	3898	107	2308
858	0253	908	8652	958	7054	008	5458	058	3866	108	2276
859	0221	909	8620	959	7022	009	5426	059	3834	109	2244
860	0189	910	8588	960	6990	010	5395	060	3803	110	2213
55 861	179 0157	55 911	178 8556	55 961	178 6958	56 011	178 5363	56 061	178 3771	56 111	178 2181
862	0125	912	8524	962	6926	012	5331	062	3739	112	2149
863	0093	913	8492	963	6894	013	5299	063	3707	113	2117
864	0061	914	8460	964	6862	014	5267	064	3675	114	2085
865	0029	915	8428	965	6830	015	5235	065	3643	115	2054
866	178 9997	916	8396	966	6798	016	5203	066	3611	116	2022
867	9965	917	8364	967	6766	017	5171	067	3579	117	1990
868	9933	918	8332	968	6734	018	5139	068	3547	118	1958
869	9901	919	8300	969	6702	019	5107	069	3515	119	1926
870	9869	920	8268	970	6671	020	5076	070	3484	120	1895
55 871	178 9837	55 921	178 8236	55 971	178 6639	56 021	178 5044	56 071	178 3452	56 121	178 1863
872	9805	922	8204	972	6607	022	5012	072	3420	122	1831
873	9773	923	8172	973	6575	023	4980	073	3388	123	1799
874	9741	924	8140	974	6543	024	4948	074	3356	124	1768
875	9709	925	8108	975	6511	025	4917	075	3325	125	1736
876	9677	926	8076	976	6479	026	4885	076	3293	126	1704
877	9645	927	8044	977	6447	027	4853	077	3261	127	1673
878	9613	928	8012	978	6415	028	4821	078	3229	128	1641
879	9581	929	7980	979	6383	029	4789	079	3197	129	1609
880	9549	930	7949	980	6351	030	4758	080	3166	130	1578
55 881	178 9516	55 931	178 7917	55 981	178 6319	56 031	178 4726	56 081	178 3134		
882	9484	932	7885	982	6287	032	4694	082	3102		
883	9452	933	7853	983	6255	033	4662	083	3070		
884	9420	934	7821	984	6223	034	4630	084	3038		
885	9388	935	7789	985	6192	035	4598	085	3007		
886	9356	936	7757	986	6160	036	4566	086	2975		
887	9324	937	7725	987	6128	037	4534	087	2943		
888	9292	938	7693	988	6096	038	4502	088	2911		
889	9260	939	7661	989	6064	039	4470	089	2879		
890	9228	940	7629	990	6033	040	4439	090	2848		
55 891	178 9196	55 941	178 7597	55 991	178 6001	56 041	178 4407	56 091	178 2816		
892	9164	942	7565	992	5969	042	4375	092	2784		
893	9132	943	7533	993	5937	043	4343	093	2752		
894	9100	944	7504	994	5905	044	4311	094	2721		
895	9068	945	7469	995	5873	045	4280	095	2689		
896	9036	946	7437	996	5841	046	4248	096	2657		
897	9004	947	7405	997	5809	047	4216	097	2626		
898	8972	948	7373	998	5777	048	4184	098	2594		
899	8940	949	7341	999	5745	049	4152	099	2562		
900	8908	950	7310	56 000	5714	050	4121	100	2531		

DIFF.

	33	32	31
0 01	0	0	0
0 02	1	1	1
0 03	1	1	1
0 04	1	1	1
0 05	2	2	2
0 06	2	2	2
0 07	2	2	2
0 08	3	3	3
0 09	3	3	3
0 10	3	3	3
0 20	7	6	6
0 30	10	10	9
0 40	13	13	12
0 50	17	16	16
0 60	20	19	19
0 70	23	22	22
0 80	26	26	25
0 90	30	29	28
1 00	33	32	31

DIVISEURS : **56131** A **56410**.

DIVISEUR	Nombre à multiplier par le dividende	DIVISEUR	Nombre à multiplier par le dividende	DIVISEUR	Nombre à multiplier par le dividende	DIVISEUR	Nombre à multiplier par le dividende	DIVISEUR	Nombre à multiplier par le dividende	DIVISEUR	Nombre à multiplier par le dividende
56 131	178 1546	56 181	177 9960	56 231	177 8378	56 281	177 6798	56 331	177 5220	56 381	177 3646
132	1514	182	9928	232	8346	282	6766	332	5189	382	3615
133	1482	183	9897	233	8314	283	6735	333	5157	383	3583
134	1451	184	9865	234	8283	284	6703	334	5126	384	3552
135	1419	185	9834	235	8251	285	6672	335	5094	385	3521
136	1387	186	9802	236	8249	286	6640	336	5063	386	3489
137	1356	187	9770	237	8488	287	6608	337	5031	387	3458
138	1324	188	9739	238	8456	288	6577	338	5000	388	3426
139	1292	189	9707	239	8124	289	6545	339	4968	389	3395
140	1261	190	9676	240	8093	290	6514	340	4937	390	3364
56 141	178 1229	56 191	177 9644	56 241	177 8061	56 291	177 6482	56 341	177 4905	56 391	177 3332
142	1197	192	9612	242	8029	292	6450	342	4874	392	3301
143	1165	193	9580	243	7998	293	6419	343	4842	393	3269
144	1133	194	9549	244	7966	294	6387	344	4811	394	3238
145	1102	195	9517	245	7935	295	6356	345	4779	395	3206
146	1070	196	9485	246	7903	296	6324	346	4748	396	3175
147	1038	197	9454	247	7871	297	6292	347	4716	397	3143
148	1006	198	9422	248	7840	298	6261	348	4685	398	3112
149	0974	199	9390	249	7808	299	6229	349	4653	399	3080
150	0943	200	9359	250	7777	300	6198	350	4622	400	3049
56 151	178 0911	56 201	177 9327	56 251	177 7745	56 301	177 6166	56 351	177 4590	56 401	177 3017
152	0879	202	9295	252	7743	302	6135	352	4559	402	2986
153	0847	203	9263	253	7682	303	6103	353	4527	403	2954
154	0816	204	9232	254	7650	304	6072	354	4496	404	2923
155	0784	205	9200	255	7619	305	6040	355	4465	405	2892
156	0752	206	9168	256	7587	306	6009	356	4433	406	2860
157	0721	207	9137	257	7555	307	5977	357	4402	407	2829
158	0689	208	9105	258	7524	308	5946	358	4370	408	2797
159	0657	209	9073	259	7492	309	5914	359	4339	409	2766
160	0626	210	9042	260	7461	310	5883	360	4308	410	2735
56 161	178 0594	56 211	177 9010	56 261	177 7429	56 311	177 5854	56 361	177 4276		
162	0562	212	8978	262	7377	312	5820	362	4245		
163	0530	213	8947	263	7366	313	5788	363	4213		
164	0499	214	8915	264	7334	314	5757	364	4182		
165	0467	215	8884	265	7303	315	5725	365	4150		
166	0435	216	8852	266	7271	316	5694	366	4119		
167	0404	217	8820	267	7239	317	5662	367	4087		
168	0372	218	8789	268	7208	318	5631	368	4056		
169	0340	219	8757	269	7176	319	5599	369	4024		
170	0309	220	8726	270	7145	320	5568	370	3993		
56 171	178 0277	56 221	177 8694	56 271	177 7113	56 321	177 5536	56 371	177 3961		
172	0245	222	8662	272	7082	322	5504	372	3930		
173	0213	223	8631	273	7050	323	5473	373	3898		
174	0182	224	8599	274	7019	324	5441	374	3867		
175	0150	225	8568	275	6987	325	5410	375	3835		
176	0118	226	8536	276	6956	326	5378	376	3804		
177	0087	227	8504	277	6924	327	5346	377	3772		
178	0055	228	8473	278	6893	328	5315	378	3741		
179	0023	229	8441	279	6861	329	5283	379	3709		
180	177 9992	230	8410	280	6830	330	5252	380	3678		

DIFF.

	32	31
0 01	0	0
0 02	1	1
0 03	1	1
0 04	1	1
0 05	2	2
0 06	2	2
0 07	2	2
0 08	3	2
0 09	3	3
0 10	3	3
0 20	6	6
0 30	10	9
0 40	13	12
0 50	16	16
0 60	19	19
0 70	22	22
0 80	26	25
0 90	29	28
1 00	32	31

DIVISEURS . 56411 A 56690.

DIVISEUR	Nombre à multiplier par le dividende	DIVISEUR	Nombre à multiplier par le dividende	DIVISEUR	Nombre à multiplier par le dividende	DIVISEUR	Nombre à multiplier par le dividende	DIVISEUR	Nombre à multiplier par le dividende	DIVISEUR	Nombre à multiplier par le dividende
56 411	177 2703	56 461	177 1133	56 511	176 9566	56 561	176 8001	56 611	176 6440	56 661	176 4884
412	2672	462	1102	512	9535	562	7970	612	6409	662	4850
413	2640	463	1070	513	9504	563	7939	613	6378	663	4819
414	2609	464	1039	514	9472	564	7908	614	6347	664	4788
415	2578	465	1008	515	9441	565	7877	615	6316	665	4757
416	2546	466	0976	516	9410	566	7845	616	6284	666	4726
417	2515	467	0945	517	9378	567	7814	617	6253	667	4695
418	2483	468	0913	518	9347	568	7783	618	6222	668	4664
419	2452	469	0882	519	9316	569	7752	619	6191	669	4633
420	2421	470	0851	520	9285	570	7721	620	6160	670	4602
56 421	177 2389	56 471	177 0849	56 521	176 9253	56 571	176 7689	56 621	176 6128	56 671	176 4570
422	2358	472	0788	522	9222	572	7658	622	6097	672	4539
423	2326	473	0757	523	9191	573	7627	623	6066	673	4508
424	2295	474	0725	524	9159	574	7595	624	6035	674	4477
425	2264	475	0694	525	9128	575	7564	625	6004	675	4446
426	2232	476	0663	526	9097	576	7533	626	5972	676	4414
427	2201	477	0631	527	9065	577	7501	627	5941	677	4383
428	2169	478	0600	528	9034	578	7470	628	5910	678	4352
429	2138	479	0569	529	9003	579	7439	629	5879	679	4321
430	2107	480	0538	530	8972	580	7408	630	5848	680	4290
56 431	177 2075	56 481	177 0506	56 531	176 8940	56 581	176 7376	56 631	176 5816	56 681	176 4258
432	2044	482	0475	532	8909	582	7345	632	5785	682	4227
433	2012	483	0443	533	8878	583	7314	633	5754	683	4196
434	1981	484	0412	534	8846	584	7283	634	5723	684	4165
435	1950	485	0381	535	8815	585	7252	635	5692	685	4134
436	1918	486	0349	536	8784	586	7220	636	5660	686	4103
437	1887	487	0318	537	8752	587	7189	637	5629	687	4072
438	1855	488	0286	538	8721	588	7158	638	5598	688	4041
439	1824	489	0255	539	8690	589	7127	639	5567	689	4010
440	1793	490	0224	540	8659	590	7096	640	5536	690	3979
56 441	177 1761	56 491	177 0192	56 541	176 8627	56 591	176 7064	56 641	176 5504		
442	1730	492	0161	542	8596	592	7033	642	5473		
443	1698	493	0130	543	8565	593	7002	643	5442		
444	1667	494	0098	544	8533	594	6971	644	5411		
445	1636	495	0067	545	8502	595	6940	645	5380		
446	1604	496	0036	546	8471	596	6908	646	5349		
447	1573	497	0004	547	8439	597	6877	647	5318		
448	1541	498	176 9973	548	8408	598	6846	648	5287		
449	1510	499	9942	549	8377	599	6815	649	5256		
450	1479	500	9911	550	8346	600	6784	650	5225		
56 451	177 1447	56 501	176 9879	56 551	176 8314	56 601	176 6752	56 651	176 5193		
452	1416	502	9848	552	8283	602	6721	652	5162		
453	1384	503	9817	553	8252	603	6690	653	5131		
454	1353	504	9785	554	8220	604	6659	654	5100		
455	1322	505	9754	555	8189	605	6628	655	5069		
456	1290	506	9723	556	8158	606	6596	656	5037		
457	1259	507	9691	557	8126	607	6565	657	5006		
458	1227	508	9660	558	8095	608	6534	658	4975		
459	1196	509	9629	559	8064	609	6503	659	4944		
460	1165	510	9598	560	8033	610	6472	660	4913		

DIFF.

	32	31
0 01	0	0
0 02	1	1
0 03	1	1
0 04	1	1
0 05	2	2
0 06	2	2
0 07	2	2
0 08	3	2
0 09	3	3
0 10	3	3
0 20	6	6
0 30	10	9
0 40	13	12
0 50	16	16
0 60	19	19
0 70	22	22
0 80	25	25
0 90	29	28
1 00	32	31

51

DIVISEURS : **56691 A 56970.**

DIVISEUR	Nombre à multiplier par le dividende	DIVISEUR	Nombre à multiplier par le dividende	DIVISEUR	Nombre à multiplier par le dividende	DIVISEUR	Nombre à multiplier par le dividende	DIVISEUR	Nombre à multiplier par le dividende	DIVISEUR	Nombre à multiplier par le dividende
56 691	176 3947	56 741	176 2393	56 791	176 0842	56 841	175 9293	56 891	175 7747	56 941	175 6203
692	3916	742	2362	792	0811	842	9262	892	7716	942	6172
693	3885	743	2334	793	0780	843	9231	893	7685	943	6141
694	3854	744	2300	794	0749	844	9200	894	7654	944	6110
695	3823	745	2269	795	0718	845	9169	895	7623	945	6080
696	3792	746	2238	796	0687	846	9138	896	7592	946	6049
697	3761	747	2207	797	0656	847	9107	897	7561	947	6018
698	3730	748	2176	798	0625	848	9076	898	7530	948	5987
699	3699	749	2145	799	0594	849	9045	899	7499	949	5956
700	3668	750	2114	800	0563	850	9014	900	7469	950	5926
56 701	176 3636	56 751	176 2082	56 801	176 0532	56 851	175 8983	56 901	175 7438	56 951	175 5895
702	3605	752	2051	802	0501	852	8952	902	7407	952	5864
703	3574	753	2020	803	0470	853	8921	903	7376	953	5833
704	3543	754	1989	804	0439	854	8890	904	7345	954	5802
705	3512	755	1958	805	0408	855	8859	905	7314	955	5771
706	3481	756	1927	806	0377	856	8828	906	7283	956	5740
707	3450	757	1896	807	0346	857	8797	907	7252	957	5709
708	3419	758	1865	808	0315	858	8766	908	7221	958	5678
709	3388	759	1834	809	0284	859	8735	909	7190	959	5647
710	3357	760	1803	810	0253	860	8705	910	7160	960	5647
56 711	176 3325	56 761	176 1772	56 811	176 0222	56 861	175 8674	56 911	175 7129	56 961	175 5586
712	3294	762	1741	812	0191	862	8643	912	7098	962	5555
713	3263	763	1710	813	0160	863	8612	913	7067	963	5524
714	3232	764	1679	814	0129	864	8581	914	7036	964	5493
715	3201	765	1648	815	0098	865	8550	915	7005	965	5463
716	3170	766	1617	816	0067	866	8519	916	6974	966	5432
717	3139	767	1586	817	0036	867	8488	917	6943	967	5401
718	3108	768	1555	818	0005	868	8457	918	6912	968	5370
719	3077	769	1524	819	175 9974	869	8426	919	6881	969	5339
720	3046	770	1493	820	9943	870	8396	920	6851	970	5309
56 721	176 3014	56 771	176 1462	56 821	175 9912	56 871	175 8365	56 921	175 6820		
722	2983	772	1431	822	9881	872	8334	922	6789		
723	2952	773	1400	823	9850	873	8303	923	6758		
724	2921	774	1369	824	9819	874	8272	924	6727		
725	2890	775	1338	825	9788	875	8241	925	6697		
726	2859	776	1307	826	9757	876	8210	926	6666		
727	2828	777	1276	827	9726	877	8179	927	6635		
728	2797	778	1245	828	9695	878	8148	928	6604		
729	2766	779	1214	829	9664	879	8117	929	6573		
730	2735	780	1183	830	9633	880	8086	930	6543		
56 731	176 2704	56 781	176 1152	56 831	175 9602	56 881	175 8055	56 931	175 6512		
732	2673	782	1121	832	9571	882	8024	932	6481		
733	2642	783	1090	833	9540	883	7993	933	6450		
734	2611	784	1059	834	9509	884	7962	934	6419		
735	2580	785	1028	835	9478	885	7932	935	6388		
736	2549	786	0997	836	9447	886	7901	936	6357		
737	2518	787	0966	837	9416	887	7870	937	6326		
738	2487	788	0935	838	9385	888	7839	938	6295		
739	2456	789	0904	839	9354	889	7808	939	6264		
740	2425	790	0873	840	9324	890	7778	940	6234		

DIFF.

	32	31	30
0 01	0	0	0
0 02	1	1	1
0 03	1	1	1
0 04	1	1	1
0 05	2	2	2
0 06	2	2	2
0 07	2	2	2
0 08	3	3	3
0 09	3	3	3
0 10	3	3	3
0 20	6	6	6
0 30	10	9	9
0 40	13	12	12
0 50	16	16	15
0 60	19	19	18
0 70	22	22	21
0 80	26	25	24
0 90	29	28	27
1 00	32	31	30

DIVISEURS : 56971 A 57250.

DIVISEUR	Nombre à multiplier par le dividende	DIVISEUR	Nombre à multiplier par le dividende	DIVISEUR	Nombre à multiplier par le dividende	DIVISEUR	Nombre à multiplier par le dividende	DIVISEUR	Nombre à multiplier par le dividende	DIVISEUR	Nombre à multiplier par le dividende
56 971	175 5278	57 021	175 3739	57 071	175 2203	57 121	175 0669	57 171	174 9138	57 221	174 7609
972	5247	022	3708	072	2172	122	0638	172	9107	222	7579
973	5216	023	3677	073	2141	123	0607	173	9077	223	7548
974	5185	024	3647	074	2111	124	0577	174	9046	224	7548
975	5155	025	3616	075	2080	125	0546	175	9016	225	7487
976	5124	026	3585	076	2049	126	0515	176	8985	226	7457
977	5093	027	3555	077	2019	127	0485	177	8954	227	7426
978	5062	028	3524	078	1988	128	0454	178	8924	228	7396
979	5031	029	3493	079	1957	129	0423	179	8893	229	7365
980	5001	030	3463	080	1927	130	0393	180	8863	230	7335
56 981	175 4970	57 031	175 3432	57 081	175 1896	57 131	175 0362	57 181	174 8832	57 231	174 7304
982	4939	032	3401	082	1865	132	0331	182	8801	232	7274
983	4908	033	3370	083	1834	133	0301	183	8771	233	7243
984	4877	034	3339	084	1804	134	0270	184	8740	234	7243
985	4847	035	3309	085	1773	135	0240	185	8710	235	7212
986	4816	036	3278	086	1742	136	0209	186	8679	236	7152
987	4785	037	3247	087	1712	137	0178	187	8648	237	7121
988	4754	038	3216	088	1681	138	0148	188	8618	238	7091
989	4723	039	3185	089	1650	139	0117	189	8587	239	7060
990	4693	040	3155	090	1620	140	0087	190	8557	240	7030
56 991	175 4662	57 041	175 3124	57 091	175 1589	57 141	175 0056	57 191	174 8526	57 241	174 6999
992	4631	042	3093	092	1558	142	0025	192	8495	242	6968
993	4600	043	3062	093	1527	143	174 9995	193	8465	243	6938
994	4569	044	3032	094	1497	144	9964	194	8434	244	6907
995	4539	045	3001	095	1466	145	9934	195	8404	245	6877
996	4508	046	2970	096	1435	146	9903	196	8373	246	6846
997	4477	047	2940	097	1405	147	9872	197	8342	247	6815
998	4446	048	2909	098	1374	148	9842	198	8312	248	6785
999	4415	049	2878	099	1343	149	9811	199	8281	249	6754
57 000	4385	050	2848	100	1313	150	9781	200	8251	250	6724
57 001	175 4354	57 051	175 2817	57 101	175 1282	57 151	174 9750	201	174 8220		
002	4323	052	2786	102	1251	152	9719	202	8190		
003	4292	053	2755	103	1220	153	9689	203	8159		
004	4262	054	2725	104	1190	154	9658	204	8129		
005	4231	055	2694	105	1159	155	9628	205	8098		
006	4200	056	2663	106	1128	156	9597	206	8068		
007	4170	057	2633	107	1098	157	9566	207	8037		
008	4139	058	2602	108	1067	158	9536	208	8007		
009	4108	059	2571	109	1036	159	9505	209	7976		
010	4078	060	2541	110	1006	160	9475	210	7946		
57 011	175 4047	57 061	175 2510	57 111	175 0975	57 161	174 9444	57 211	174 7915		
012	4016	062	2479	112	0944	162	9413	212	7884		
013	3985	063	2448	113	0914	163	9383	213	7854		
014	3954	064	2418	114	0883	164	9352	214	7823		
015	3924	065	2387	115	0853	165	9322	215	7793		
016	3893	066	2356	116	0822	166	9291	216	7762		
017	3862	067	2326	117	0791	167	9260	217	7731		
018	3831	068	2295	118	0761	168	9230	218	7701		
019	3800	069	2264	119	0730	169	9199	219	7670		
020	3770	070	2234	120	0700	170	9169	220	7640		

DIFF.

	31	30
0 01	0	0
0 02	1	1
0 03	1	1
0 04	1	1
0 05	2	2
0 06	2	2
0 07	2	2
0 08	2	2
0 09	3	3
0 10	3	3
0 20	6	6
0 30	9	9
0 40	12	12
0 50	16	15
0 60	19	18
0 70	22	21
0 80	25	24
0 90	28	27
1 00	31	30

Diviseurs : 57251 a 57530.

DIVISEUR	Nombre à multiplier par le dividende	DIVISEUR	Nombre à multiplier par le dividende	DIVISEUR	Nombre à multiplier par le dividende	DIVISEUR	Nombre à multiplier par le dividende	DIVISEUR	Nombre à multiplier par le dividende	DIVISEUR	Nombre à multiplier par le dividende
57 251	174 6693	57 301	174 5169	57 351	174 3648	57 401	174 2129	57 451	174 0643	57 501	173 9099
252	6663	302	5139	352	3618	402	2099	452	0583	502	9069
253	6632	303	5108	353	3587	403	2068	453	0553	503	9039
254	6602	304	5078	354	3557	404	2038	454	0522	504	9009
255	6571	305	5048	355	3527	405	2008	455	0492	505	8979
256	6541	306	5017	356	3496	406	1977	456	0462	506	8948
257	6510	307	4987	357	3466	407	1947	457	0431	507	8918
258	6480	308	4956	358	3435	408	1916	458	0404	508	8888
259	6449	309	4926	359	3405	409	1886	459	0371	509	8858
260	6419	310	4896	360	3375	410	1856	460	0341	510	8828
57 261	174 6388	57 311	174 4865	57 361	174 3344	57 411	174 1825	57 461	174 0310	57 511	173 8797
262	6358	312	4835	362	3314	412	1795	462	0280	512	8767
263	6327	313	4804	363	3283	413	1765	463	0250	513	8737
264	6297	314	4774	364	3253	414	1734	464	0219	514	8706
265	6266	315	4743	365	3223	415	1704	465	0189	515	8676
266	6236	316	4713	366	3192	416	1674	466	0159	516	8646
267	6205	317	4682	367	3162	417	1643	467	0128	517	8615
268	6175	318	4652	368	3131	418	1613	468	0098	518	8585
269	6144	319	4621	369	3101	419	1583	469	0068	519	8555
270	6114	320	4591	370	3071	420	1553	470	.0038	520	8525
57 271	174 6083	57 321	174 4560	57 371	174 3040	57 421	174 1522	57 471	174 0007	57 521	173 8494
272	6053	322	4530	372	3010	422	1492	472	173 9977	522	8464
273	6022	323	4499	373	2979	423	1462	473	9947	523	8434
274	5992	324	4469	374	2949	424	1431	474	9916	524	8404
275	5962	325	4439	375	2919	425	1401	475	9886	525	8374
276	5931	326	4408	376	2888	426	1371	476	9856	526	8343
277	5901	327	4378	377	2858	427	1340	477	9825	527	8313
278	5870	328	4347	378	2827	428	1310	478	9795	528	8283
279	5840	329	4317	379	2797	429	1280	479	9765	529	8253
280	5810	330	4287	380	2767	430	1250	480	9735	530	8223
57 281	174 5779	57 331	174 4256	57 381	174 2736	57 431	174 1219	57 481	173 9704		
282	5749	332	4226	382	2706	432	1189	482	9674		
283	5718	333	4195	383	2675	433	1159	483	9644		
284	5688	334	4165	384	2645	434	1128	484	9613		
285	5657	335	4135	385	2615	435	1098	485	9583		
286	5627	336	4104	386	2584	436	1068	486	9553		
287	5596	337	4074	387	2554	437	1037	487	9522		
288	5566	338	4043	388	2523	438	1007	488	9492		
289	5535	339	4013	389	2493	439	0977	489	9462		
290	5505	340	3983	390	2463	440	0947	490	9432		
57 291	174 5474	57 341	174 3952	57 391	174 2432	57 441	174 0916	57 491	173 9401		
292	5444	342	3922	392	2402	442	0886	492	9371		
293	5413	343	3891	393	2372	443	0856	493	9341		
294	5383	344	3861	394	2341	444	0825	494	9311		
295	5352	345	3831	395	2311	445	0795	495	9281		
296	5322	346	3800	396	2281	446	0765	496	9250		
297	5291	347	3770	397	2250	447	0734	497	9220		
298	5261	348	3739	398	2220	448	0704	498	9190		
299	5230	349	3709	399	2190	449	0674	499	9160		
300	5200	350	3679	400	2160	450	0644	500	9130		

DIFF.

	31	30
0 01	0	0
0 02	1	1
0 03	1	1
0 04	1	1
0 05	2	2
0 06	2	2
0 07	2	2
0 08	2	2
0 09	3	3
0 10	3	3
0 20	6	6
0 30	9	9
0 40	12	12
0 50	16	15
0 60	19	18
0 70	22	21
0 80	25	24
0 90	28	27
1 00	31	30

DIVISEUR	Nombre à multiplier par le dividende	DIVISEUR	Nombre à multiplier par le dividende	DIVISEUR	Nombre à multiplier par le dividende	DIVISEUR	Nombre à multiplier par le dividende	DIVISEUR	Nombre à multiplier par le dividende	DIVISEUR	Nombre à multiplier par le dividende
57 531	173 8192	57 581	173 6683	57 631	173 5176	57 681	173 3672	57 731	173 2171	57 781	173 0672
532	8162	582	6653	632	5146	682	3642	732	2141	782	0642
533	8132	583	6623	633	5116	683	3612	733	2111	783	0612
534	8102	584	r 6593	634	5086	684	3582	734	2081	784	0582
535	8072	585	6563	635	5056	685	3552	735	2051	785	0552
536	8041	586	6532	636	5026	686	3522	736	2021	786	0522
537	8011	587	6502	637	4996	687	3492	737	1991	787	0492
538	7981	588	6472	638	4966	688	3462	738	1961	788	0462
539	7951	589	6442	639	4936	689	3432	739	1931	789	0432
540	7921	590	6412	640	4906	690	3402	740	1901	790	0403
57 541	173 7890	57 591	173 6381	57 641	173 4875	57 691	173 3372	57 741	173 1871	57 791	173 0373
542	7860	592	6351	642	4845	692	3342	742	1841	792	0343
543	7830	593	6321	643	4815	693	3312	743	1811	793	0313
544	7800	594	6291	644	4785	694	3282	744	1781	794	0283
545	7770	595	6261	645	4755	695	3252	745	1751	795	0253
546	7739	596	6231	646	4725	696	3222	746	1721	796	0223
547	7709	597	6201	647	4695	697	3192	747	1691	797	0193
548	7679	598	6171	648	4665	698	3162	748	1661	798	0163
549	7649	599	6141	649	4635	699	3132	749	1631	799	0133
550	7619	600	6111	650	4605	700	3102	750	1601	800	0103
57 551	173 7588	57 601	173 6080	57 651	173 4574	57 701	173 3071	57 751	173 1571	57 801	173 0073
552	7558	602	6050	652	4544	702	3041	752	1541	802	0043
553	7528	603	6020	653	4514	703	3011	753	1511	803	0013
554	7498	604	5990	654	4484	704	2981	754	1481	804	172 9983
555	7468	605	5960	655	4454	705	2951	755	1451	805	9953
556	7437	606	5929	656	4424	706	2921	756	1421	806	9923
557	7407	607	5899	657	4394	707	2891	757	1391	807	9893
558	7377	608	5869	658	4364	708	2861	758	1361	808	9863
559	7347	609	5839	659	4334	709	2831	759	1331	809	9833
560	7317	610	5809	660	4304	710	2801	760	1301	810	9804
57 561	173 7286	57 611	173 5778	57 661	173 4273	57 711	173 2771	57 761	173 1271		
562	7256	612	5748	662	4243	712	2741	762	1241		
563	7226	613	5718	663	4213	713	2711	763	1211		
564	7196	614	5688	664	4183	714	2681	764	1181		
565	7166	615	5658	665	4153	715	2651	765	1151		
566	7135	616	5628	666	4123	716	2621	766	1121		
567	7105	617	5598	667	4093	717	2591	767	1094		
568	7075	618	5568	668	4063	718	2561	768	1061		
569	7045	619	5538	669	4033	719	2531	769	1031		
570	7015	620	5508	670	4003	720	2501	770	1002		
57 571	173 6984	57 621	173 5477	57 671	173 3973	57 721	173 2471	57 771	173 0972		
572	6954	622	5447	672	3943	722	2441	772	0942		
573	6924	623	5417	673	3913	723	2411	773	0912		
574	6894	624	5387	674	3883	724	2381	774	0882		
575	6864	625	5357	675	3853	725	2351	775	0852		
576	6834	626	5327	676	3823	726	2321	776	0822		
577	6804	627	5297	677	3793	727	2291	777	0792		
578	6774	628	5267	678	3763	728	2261	778	0762		
579	6744	629	5237	679	3733	729	2231	779	0732		
580	6714	630	5207	680	3703	730	2204	780	0702		

DIFF.

	31	30	29
0 01	0	0	0
0 02	1	1	1
0 03	1	1	1
0 04	1	1	1
0 05	1	2	1
0 06	2	2	2
0 07	2	2	2
0 08	2	2	2
0 09	3	3	3
0 10	3	3	3
0 20	6	6	6
0 30	9	9	9
0 40	12	12	12
0 50	16	15	15
0 60	19	18	17
0 70	22	21	20
0 80	25	24	23
0 90	28	27	26
1 00	31	30	29

Diviseurs : **57811 à 58090**.

DIVISEUR	Nombre à multiplier par le dividende	DIVISEUR	Nombre à multiplier par le dividende	DIVISEUR	Nombre à multiplier par le dividende	DIVISEUR	Nombre à multiplier par le dividende	DIVISEUR	Nombre à multiplier par le dividende	DIVISEUR	Nombre à multiplier par le dividende
57 811	172 9774	57 861	172 8279	57 911	172 6787	57 961	172 5297	58 011	172 3810	58 061	172 2326
812	9744	862	8249	912	6757	962	5267	012	3780	062	2296
813	9714	863	8249	913	6727	963	5237	013	3750	063	2266
814	9684	864	8189	914	6697	964	5208	014	3721	064	2237
815	9654	865	8160	915	6668	965	5178	015	3694	065	2207
816	9624	866	8430	916	6638	966	5148	016	3664	066	2177
817	9594	867	8100	917	6608	967	5119	017	3632	067	2148
818	9564	868	8070	918	6578	968	5089	018	3602	068	2118
819	9534	869	8040	919	6548	969	5059	019	3572	069	2088
820	9505	870	8011	920	6519	970	5030	020	3543	070	2059
57 821	172 9475	57 871	172 7981	57 921	172 6489	57 971	172 5000	58 021	172 3513	58 071	172 2029
822	9445	872	7951	922	6459	972	4970	022	3483	072	1999
823	9445	873	7921	923	6429	973	4940	023	3453	073	1970
824	9385	874	7891	924	6399	974	4910	024	3424	074	1940
825	9355	875	7861	925	6370	975	4881	025	3394	075	1911
826	9325	876	7831	926	6340	976	4851	026	3364	076	1881
827	9295	877	7801	927	6310	977	4821	027	3335	077	1851
828	9265	878	7771	928	6280	978	4791	028	3305	078	1822
829	9235	879	7741	929	6250	979	4761	029	3275	079	1792
830	9205	880	7712	930	6221	980	4732	030	3246	080	1763
57 831	172 9175	57 881	172 7682	57 931	172 6191	57 981	172 4702	58 031	172 3216	58 081	172 1733
832	9145	882	7652	932	6161	982	4672	032	3186	082	1703
833	9115	883	7622	933	6131	983	4642	033	3156	083	1673
834	9085	884	7592	934	6101	984	4613	034	3127	084	1644
835	9055	885	7563	935	6072	985	4583	035	3097	085	1614
836	9025	886	7533	936	6042	986	4553	036	3067	086	1584
837	8995	887	7503	937	6012	987	4524	037	3038	087	1555
838	8965	888	7473	938	5982	988	4494	038	3008	088	1525
839	8935	889	7443	939	5952	989	4464	039	2978	089	1495
840	8906	890	7414	940	5923	990	4435	040	2949	090	1466
57 841	172 8876	57 891	172 7384	57 941	172 5893	57 991	172 4405	58 041	172 2949		DIFF.
842	8846	892	7354	942	5863	992	4375	042	2889		
843	8846	893	7324	943	5833	993	4345	043	2859		
844	8786	894	7294	944	5803	994	4315	044	2830		
845	8757	895	7264	945	5774	995	4286	045	2800		
846	8727	896	7234	946	5744	996	4256	046	2770		
847	8697	897	7204	947	5714	997	4226	047	2741		
848	8667	898	7174	948	5684	998	4196	048	2711		
849	8637	899	7144	949	5654	999	4166	049	2681		
850	8608	900	7115	950	5625	58 000	4137	050	2652		
57 851	172 8578	57 901	172 7085	57 951	172 5595	58 001	172 4107	58 051	172 2622		
852	8548	902	7055	952	5565	002	4077	052	2592		
853	8518	903	7025	953	5535	003	4047	053	2563		
854	8488	904	6995	954	5505	004	4018	054	2533		
855	8458	905	6966	955	5476	005	3988	055	2504		
856	8428	906	6936	956	5446	006	3958	056	2474		
857	8398	907	6906	957	5416	007	3929	057	2444		
858	8368	908	6876	958	5386	008	3899	058	2415		
859	8338	909	6846	959	5356	009	3869	059	2385		
860	8309	910	6817	960	5327	010	3840	060	2356		

DIFF.

	30	29
0 01	0	0
0 02	1	1
0 03	1	1
0 04	1	1
0 05	2	1
0 06	2	2
0 07	2	2
0 08	2	2
0 09	3	3
0 10	3	3
0 20	6	6
0 30	9	9
0 40	12	12
0 50	15	15
0 60	18	17
0 70	21	20
0 80	24	23
0 90	27	26
1 00	30	29

DIVISEURS : 58091 A 58370.

DIVISEUR	Nombre à multiplier par le dividende	DIVISEUR	Nombre à multiplier par le dividende	DIVISEUR	Nombre à multiplier par le dividende	DIVISEUR	Nombre à multiplier par le dividende	DIVISEUR	Nombre à multiplier par le dividende	DIVISEUR	Nombre à multiplier par le dividende
58 091	172 4436	58 141	174 9956	58 191	171 8478	58 241	171 7002	58 291	174 5530	58 341	171 4059
092	4406	142	9926	192	8449	242	6973	292	5504	342	4030
093	4377	143	9897	193	8419	243	6943	293	5471	343	4001
094	4347	144	9867	194	8390	244	6914	294	5442	344	3971
095	4318	145	9838	195	8360	245	6885	295	5412	345	3942
096	4288	146	9808	196	8331	246	6855	296	5383	346	3913
097	4258	147	9778	197	8301	247	6826	297	5353	347	3883
098	4229	148	9749	198	8272	248	6796	298	5324	348	3854
099	4199	149	9719	199	8242	249	6767	299	5294	349	3825
100	4170	150	9690	200	8213	250	6738	300	5265	350	3796
58 101	172 4140	58 151	174 9660	58 201	171 8183	58 251	171 6708	58 301	174 5235	58 351	171 3766
102	4140	152	9630	202	8153	252	6679	302	5206	352	3737
103	1081	153	9601	203	8124	253	6649	303	5176	353	3707
104	1051	154	9571	204	8094	254	6620	304	5147	354	3678
105	1022	155	9542	205	8065	255	6590	305	5118	355	3649
106	0992	156	9512	206	8035	256	6561	306	5088	356	3619
107	0962	157	9482	207	8005	257	6531	307	5059	357	3590
108	0933	158	9453	208	7976	258	6502	308	5029	358	3560
109	0903	159	9423	209	7946	259	6472	309	5000	359	3531
110	0874	160	9394	210	7917	260	6443	310	4971	360	3502
58 111	172 0844	58 161	174 9364	58 211	171 7887	58 261	174 6413	58 311	174 4941	58 361	171 3472
112	0814	162	9335	212	7858	262	6384	312	4912	362	3443
113	0785	163	9305	213	7828	263	6354	313	4882	363	3413
114	0755	164	9276	214	7799	264	6325	314	4853	364	3384
115	0726	165	9246	215	7769	265	6295	315	4824	365	3355
116	0696	166	9217	216	7740	266	6266	316	4794	366	3325
117	0666	167	9187	217	7710	267	6236	317	4765	367	3296
118	0637	168	9158	218	7681	268	6207	318	4735	368	3266
119	0607	169	9128	219	7651	269	6177	319	4706	369	3237
120	0578	170	9099	220	7622	270	6148	320	4677	370	3208
58 121	172 0548	58 171	174 9069	58 221	171 7592	58 271	174 6118	58 321	174 4647		
122	0518	172	9039	222	7563	272	6089	322	4618		
123	0489	173	9010	223	7533	273	6059	323	4588		
124	0459	174	8980	224	7504	274	6030	324	4559		
125	0430	175	8951	225	7474	275	6001	325	4530		
126	0400	176	8921	226	7445	276	5971	326	4500		
127	0370	177	8891	227	7415	277	5942	327	4471		
128	0341	178	8862	228	7386	278	5912	328	4441		
129	0311	179	8832	229	7356	279	5883	329	4412		
130	0282	180	8803	230	7327	280	5854	330	4383		
58 131	172 0252	58 181	174 8773	58 231	171 7297	58 281	171 5824	58 331	174 4353		
132	0222	182	8744	232	7268	282	5795	332	4324		
133	0193	183	8714	233	7238	283	5765	333	4294		
134	0163	184	8685	234	7209	284	5736	334	4265		
135	0134	185	8655	235	7179	285	5707	335	4236		
136	0104	186	8626	236	7150	286	5677	336	4206		
137	0074	187	8596	237	7120	287	5648	337	4177		
138	0045	188	8567	238	7091	288	5618	338	4147		
139	0015	189	8537	239	7061	289	5589	339	4118		
140	171 9986	190	8508	240	7032	290	5560	340	4089		

DIFF.

	30	29
0 01	0	0
0 02	1	1
0 03	1	1
0 04	1	1
0 05	2	1
0 06	2	2
0 07	2	2
0 08	2	2
0 09	3	3
0 10	3	3
0 20	6	6
0 30	9	9
0 40	12	12
0 50	15	15
0 60	18	17
0 70	21	20
0 80	24	23
0 90	27	26
1 00	30	29

DIVISEURS : **58371 A 58650**.

DIVISEUR	Nombre à multiplier par le dividende	DIVISEUR	Nombre à multiplier par le dividende	DIVISEUR	Nombre à multiplier par le dividende	DIVISEUR	Nombre à multiplier par le dividende	DIVISEUR	Nombre à multiplier par le dividende	DIVISEUR	Nombre à multiplier par le dividende
58 371	171 3178	58 421	171 1712	58 471	171 0248	58 521	170 8787	58 571	170 7328	58 621	170 5872
372	3149	422	1683	472	0219	522	8758	572	7299	622	5843
373	3120	423	1654	473	0190	523	8729	573	7270	623	5814
374	3090	424	1624	474	0161	524	8700	574	7241	624	5785
375	3061	425	1595	475	0132	525	8671	575	7212	625	5756
376	3032	426	1566	476	0102	526	8641	576	7183	626	5727
377	3002	427	1536	477	0073	527	8612	577	7154	627	5698
378	2973	428	1507	478	0044	528	8583	578	7125	628	5669
379	2944	429	1478	479	0015	529	8554	579	7096	629	5640
380	2915	430	1449	480	170 9986	530	8525	580	7067	630	5611
58 381	171 2885	58 431	171 1419	58 481	170 9956	58 531	170 8495	58 581	170 7037	58 631	170 5581
382	2856	432	1390	482	9927	532	8466	582	7008	632	5552
383	2827	433	1361	483	9898	533	8437	583	6979	633	5523
384	2797	434	1331	484	9868	534	8408	584	6950	634	5494
385	2768	435	1302	485	9839	535	8379	585	6921	635	5465
386	2739	436	1273	486	9810	536	8349	586	6891	636	5436
387	2709	437	1243	487	9780	537	8320	587	6862	637	5407
388	2680	438	1214	488	9751	538	8291	588	6833	638	5378
389	2651	439	1185	489	9722	539	8262	589	6804	639	5349
390	2622	440	1156	490	9693	540	8233	590	6775	640	5320
58 391	171 2592	58 441	171 1126	58 491	170 9663	58 541	170 8203	58 591	170 6745	58 641	170 5290
392	2563	442	1097	492	9634	542	8174	592	6716	642	5261
393	2533	443	1068	493	9605	543	8145	593	6687	643	5232
394	2504	444	1038	494	9576	544	8116	594	6658	644	5203
395	2475	445	1009	495	9547	545	8087	595	6629	645	5174
396	2445	446	0980	496	9517	546	8057	596	6600	646	5145
397	2416	447	0950	497	9488	547	8028	597	6571	647	5116
398	2386	448	0921	498	9459	548	7999	598	6542	648	5087
399	2357	449	0892	499	9430	549	7970	599	6513	649	5058
400	2328	450	0863	500	9401	550	7941	600	6484	650	5029
58 401	171 2298	58 451	171 0833	58 501	170 9371	58 551	170 7911	58 601	170 6454		
402	2269	452	0804	502	9342	552	7882	602	6425		
403	2240	453	0775	503	9313	553	7853	603	6396		
404	2210	454	0746	504	9284	554	7824	604	6367		
405	2181	455	0717	505	9255	555	7795	605	6338		
406	2152	456	0687	506	9225	556	7766	606	6309		
407	2122	457	0658	507	9196	557	7737	607	6280		
408	2093	458	0629	508	9167	558	7708	608	6251		
409	2064	459	0600	509	9138	559	7679	609	6222		
410	2035	460	0571	510	9109	560	7650	610	6193		
58 411	171 2005	58 461	171 0541	58 511	170 9079	58 561	170 7620	58 611	170 6163		
412	1976	462	0512	512	9050	562	7591	612	6134		
413	1947	463	0483	513	9021	563	7562	613	6105		
414	1917	464	0453	514	8992	564	7533	614	6076		
415	1888	465	0424	515	8963	565	7504	615	6047		
416	1859	466	0395	516	8933	566	7474	616	6017		
417	1829	467	0365	517	8904	567	7445	617	5988		
418	1800	468	0336	518	8875	568	7416	618	5959		
419	1771	469	0307	519	8846	569	7387	619	5930		
420	1742	470	0278	520	8817	570	7358	620	5901		

DIFF.

	30	29
0 01	0	0
0 02	1	1
0 03	1	1
0 04	1	1
0 05	2	1
0 06	2	2
0 07	2	2
0 08	2	2
0 09	3	3
0 10	3	3
0 20	6	6
0 30	9	9
0 40	12	12
0 50	15	15
0 60	18	17
0 70	21	20
0 80	24	23
0 90	27	26
1 00	30	29

DIVISEURS : 58651 A 58930.

DIVISEUR	Nombre à multiplier par le dividende	DIVISEUR	Nombre à multiplier par le dividende	DIVISEUR	Nombre à multiplier par le dividende	DIVISEUR	Nombre à multiplier par le dividende	DIVISEUR	Nombre à multiplier par le dividende	DIVISEUR	Nombre à multiplier par le dividende
58 651	170 5000	58 701	170 3548	58 751	170 2098	58 801	170 0654	58 851	169 9206	58 901	169 7763
652	4971	702	3519	752	2069	802	0622	852	9477	902	7734
653	4942	703	3490	753	2040	803	0593	853	9448	903	7705
654	4913	704	3461	754	2011	804	0564	854	9419	904	7676
655	4884	705	3432	755	1982	805	0535	855	9090	905	7648
656	4855	706	3403	756	1953	806	0506	856	9061	906	7619
657	4826	707	3374	757	1924	807	0477	857	9032	907	7590
658	4797	708	3345	758	1895	808	0448	858	9003	908	7561
659	4768	709	3316	759	1866	809	0419	859	8974	909	7532
660	4739	710	3287	760	1837	810	0394	860	8946	910	7504
58 661	170 4709	58 711	170 3258	58 761	170 1808	58 811	170 0362	58 861	169 8947	58 911	169 7475
662	4680	712	3229	762	1779	812	0333	862	8888	912	7446
663	4651	713	3200	763	1750	813	0304	863	8859	913	7417
664	4622	714	3171	764	1721	814	0275	864	8830	914	7388
665	4593	715	3142	765	1692	815	0246	865	8802	915	7360
666	4564	716	3113	766	1663	816	0217	866	8773	916	7331
667	4535	717	3084	767	1634	817	0188	867	8744	917	7302
668	4506	718	3055	768	1605	818	0159	868	8715	918	7273
669	4477	719	3026	769	1576	819	0130	869	8686	919	7244
670	4448	720	2997	770	1548	820	0102	870	8658	920	7216
58 671	170 4419	58 721	170 2968	58 771	170 1519	58 821	170 0073	58 871	169 8629	58 921	169 7187
672	4390	722	2939	772	1490	822	0044	872	8600	922	7158
673	4361	723	2910	773	1461	823	0015	873	8571	923	7129
674	4332	724	2881	774	1432	824	169 9986	874	8542	924	7100
675	4303	725	2852	775	1403	825	9957	875	8513	925	7072
676	4274	726	2823	776	1374	826	9928	876	8484	926	7043
677	4245	727	2794	777	1345	827	9899	877	8455	927	7014
678	4216	728	2765	778	1316	828	9870	878	8426	928	6985
679	4187	729	2736	779	1287	829	9841	879	8397	929	6956
680	4158	730	2707	780	1258	830	9813	880	8369	930	6928
58 681	170 4128	58 731	170 2678	58 781	170 1229	58 831	169 9784	58 881	169 8340		
682	4099	732	2649	782	1200	832	9755	882	8311		
683	4070	733	2620	783	1171	833	9726	883	8282		
684	4041	734	2591	784	1142	834	9697	884	8253		
685	4012	735	2562	785	1113	835	9668	885	8225		
686	3983	736	2533	786	1084	836	9639	886	8196		
687	3954	737	2504	787	1055	837	9610	887	8167		
688	3925	738	2475	788	1026	838	9581	888	8138		
689	3896	739	2446	789	0997	839	9552	889	8109		
690	3867	740	2417	790	0969	840	9524	890	8081		
58 691	170 3838	58 741	170 2388	58 791	170 0940	58 841	169 9495	58 891	169 8052		
692	3809	742	2359	792	0911	842	9466	892	8023		
693	3780	743	2330	793	0882	843	9437	893	7994		
694	3751	744	2301	794	0853	844	9408	894	7965		
695	3722	745	2272	795	0824	845	9379	895	7936		
696	3693	746	2243	796	0795	846	9350	896	7907		
697	3664	747	2214	797	0766	847	9321	897	7878		
698	3635	748	2185	798	0737	848	9292	898	7849		
699	3606	749	2156	799	0708	849	9263	899	7820		
700	3577	750	2127	800	0680	850	9235	900	7792		

DIFF.

	29	28
0 01	0	0
0 02	1	1
0 03	1	1
0 04	1	1
0 05	1	1
0 06	2	2
0 07	2	2
0 08	2	2
0 10	3	3
0 20	6	6
0 30	9	8
0 40	12	11
0 50	15	14
0 60	17	17
0 70	20	20
0 80	23	23
0 90	26	25
1 00	29	28

DIVISEURS : **58931 A 59210.**

DIVISEUR	Nombre à multiplier par le dividende	DIVISEUR	Nombre à multiplier par le dividende	DIVISEUR	Nombre à multiplier par le dividende	DIVISEUR	Nombre à multiplier par le dividende	DIVISEUR	Nombre à multiplier par le dividende	DIVISEUR	Nombre à multiplier par le dividende
58 931	169 6899	58 981	169 5460	59 031	169 4024	59 081	169 2594	59 131	169 1159	59 181	168 9731
932	6870	982	5431	032	3995	082	2562	132	1130	182	9702
933	6841	983	5402	033	3966	083	2533	133	1102	183	9674
934	6812	984	5374	034	3938	084	2505	134	1073	184	9645
935	6784	985	5345	035	3909	085	2476	135	1045	185	9617
936	6755	986	5316	036	3880	086	2447	136	1016	186	9588
937	6726	987	5288	037	3852	087	2419	137	0987	187	9559
938	6697	988	5259	038	3823	088	2390	138	0959	188	9531
939	6668	989	5230	039	3794	089	2361	139	0930	189	9502
940	6640	990	5202	040	3766	090	2333	140	0902	190	9474
58 941	169 6611	58 991	169 5173	59 041	169 3737	59 091	169 2304	59 141	169 0873	59 191	168 9445
942	6582	992	5144	042	3708	092	2275	142	0845	192	9417
943	6553	993	5115	043	3680	093	2247	143	0816	193	9388
944	6524	994	5087	044	3651	094	2218	144	0788	194	9360
945	6496	995	5058	045	3623	095	2190	145	0759	195	9331
946	6467	996	5029	046	3594	096	2161	146	0731	196	9303
947	6438	997	5001	047	3565	097	2132	147	0702	197	9274
948	6409	998	4972	048	3537	098	2104	148	0674	198	9246
949	6380	999	4943	049	3508	099	2075	149	0645	199	9217
950	6352	59 000	4915	050	3480	100	2047	150	0617	200	9189
58 951	169 6323	59 001	169 4886	59 051	169 3451	59 101	169 2018	59 151	169 0588	59 201	168 9160
952	6294	002	4857	052	3422	102	1989	152	0559	202	9131
953	6265	003	4828	053	3393	103	1961	153	0531	203	9103
954	6237	004	4800	054	3365	104	1932	154	0502	204	9074
955	6208	005	4771	055	3336	105	1904	155	0474	205	9046
956	6179	006	4742	056	3307	106	1875	156	0445	206	9017
957	6151	007	4714	057	3279	107	1846	157	0416	207	8988
958	6122	008	4685	058	3250	108	1818	158	0388	208	8960
959	6093	009	4656	059	3221	109	1789	159	0359	209	8931
960	6065	010	4628	060	3193	110	1761	160	0331	210	8903
58 961	169 6036	59 011	169 4599	59 061	169 3164	59 111	169 1732	59 161	169 0302		
962	6007	012	4570	062	3135	112	1703	162	0273		
963	5978	013	4541	063	3106	113	1674	163	0245		
964	5949	014	4512	064	3078	114	1646	164	0216		
965	5921	015	4484	065	3049	115	1617	165	0188		
966	5892	016	4455	066	3020	116	1588	166	0159		
967	5863	017	4426	067	2992	117	1560	167	0130		
968	5834	018	4397	068	2963	118	1531	168	0102		
969	5805	019	4368	069	2934	119	1502	169	0073		
970	5777	020	4340	070	2906	120	1474	170	0045		
58 971	169 5748	59 021	169 4311	59 071	169 2877	59 121	169 1445	59 171	169 0016		
972	5719	022	4282	072	2848	122	1416	172	168 9988		
973	5690	023	4253	073	2820	123	1388	173	9959		
974	5661	024	4225	074	2791	124	1359	174	9931		
975	5633	025	4196	075	2763	125	1331	175	9902		
976	5604	026	4167	076	2734	126	1302	176	9874		
977	5575	027	4139	077	2705	127	1273	177	9845		
978	5546	028	4110	078	2677	128	1245	178	9817		
979	5517	029	4081	079	2648	129	1216	179	9788		
980	5489	030	4053	080	2620	130	1188	180	9760		

DIFF.

	29	28
0 01	0	0
0 02	1	1
0 03	1	1
0 04	1	1
0 05	1	1
0 06	2	2
0 07	2	2
0 08	2	2
0 09	3	3
0 10	3	3
0 20	6	6
0 30	9	8
0 40	12	11
0 50	15	14
0 60	17	17
0 70	20	20
0 80	23	22
0 90	26	25
1 00	29	28

DIVISEUR	Nombre à multiplier par le dividende	DIVISEUR	Nombre à multiplier par le dividende	DIVISEUR	Nombre à multiplier par le dividende	DIVISEUR	Nombre à multiplier par le dividende	DIVISEUR	Nombre à multiplier par le dividende	DIVISEUR	Nombre à multiplier par le dividende
59 211	168 8874	59 261	168 7450	59 311	168 6027	59 361	168 4607	59 411	168 3189	59 461	168 1773
212	8846	262	7422	312	5999	362	4579	412	3161	462	1745
213	8817	263	7393	313	5970	363	4550	413	3133	463	1717
214	8789	264	7365	314	5942	364	4522	414	3104	464	1689
215	8760	265	7337	315	5914	365	4494	415	3076	465	1661
216	8732	266	7308	316	5885	366	4465	416	3048	466	1632
217	8703	267	7280	317	5857	367	4437	417	3019	467	1604
218	8675	268	7251	318	5828	368	4408	418	2991	468	1576
219	8646	269	7223	319	5800	369	4380	419	2963	469	1548
220	8618	270	7195	320	5772	370	4352	420	2935	470	1520
59 221	168 8589	59 271	168 7166	59 321	168 5743	59 371	168 4323	59 421	168 2906	59 471	168 1491
222	8561	272	7137	322	5715	372	4295	422	2878	472	1463
223	8532	273	7109	323	5686	373	4266	423	2849	473	1435
224	8504	274	7080	324	5658	374	4238	424	2821	474	1406
225	8475	275	7052	325	5629	375	4210	425	2793	475	1378
226	8447	276	7023	326	5601	376	4181	426	2764	476	1350
227	8418	277	6994	327	5572	377	4153	427	2736	477	1321
228	8390	278	6966	328	5544	378	4124	428	2707	478	1293
229	8361	279	6937	329	5515	379	4096	429	2679	479	1265
230	8333	280	6909	330	5487	380	4068	430	2651	480	1237
59 231	168 8304	59 281	168 6880	59 331	168 5458	59 381	168 4039	59 431	168 2622	59 481	168 1208
232	8276	282	6852	332	5430	382	4011	432	2594	482	1180
233	8247	283	6823	333	5401	383	3983	433	2566	483	1152
234	8219	284	6795	334	5373	384	3954	434	2537	484	1123
235	8190	285	6767	335	5345	385	3926	435	2509	485	1095
236	8162	286	6738	336	5316	386	3898	436	2481	486	1067
237	8133	287	6710	337	5288	387	3869	437	2452	487	1038
238	8105	288	6681	338	5259	388	3841	438	2424	488	1010
239	8076	289	6653	339	5231	389	3813	439	2396	489	0982
240	8048	290	6625	340	5203	390	3785	440	2368	490	0954
59 241	168 8019	59 291	'68 6596	59 341	168 5174	59 391	168 3756	59 441	168 2339	DIFF.	
242	7991	292	6568	342	5146	392	3728	442	2311		
243	7962	293	6539	343	5117	393	3699	443	2283		
244	7934	294	6511	344	5089	394	3671	444	2254		
245	7905	295	6482	345	5061	395	3643	445	2226		
246	7877	296	6454	346	5032	396	3614	446	2198		
247	7848	297	6425	347	5004	397	3586	447	2169		
248	7820	298	6397	348	4975	398	3557	448	2141		
249	7791	299	6368	349	4947	399	3529	449	2113		
250	7763	300	6340	350	4919	400	3501	450	2085		
59 251	168 7734	59 301	168 6311	59 351	168 4890	59 401	168 3472	59 451	168 2056		
252	7706	302	6283	352	4862	402	3444	452	2028		
253	7677	303	6254	353	4834	403	3416	453	2000		
254	7649	304	6226	354	4805	404	3387	454	1971		
255	7621	305	6198	355	4777	405	3359	455	1943		
256	7592	306	6169	356	4749	406	3331	456	1915		
257	7564	307	6141	357	4720	407	3302	457	1886		
258	7535	308	6112	358	4692	408	3274	458	1858		
259	7507	309	6084	359	4664	409	3246	459	1830		
260	7479	310	6056	360	4636	410	3218	460	1802		

DIFF.

	29	28
0 01	0	0
0 02	1	1
0 03	1	1
0 04	1	1
0 05	1	1
0 06	2	2
0 07	2	2
0 08	2	2
0 09	3	3
0 10	3	3
0 20	6	6
0 30	9	8
0 40	12	11
0 50	15	14
0 60	17	17
0 70	20	20
0 80	23	22
0 90	26	25
1 00	29	28

Diviseurs : 59491 à 59770.

DIVISEUR	Nombre à multiplier par le dividende	DIVISEUR	Nombre à multiplier par le dividende	DIVISEUR	Nombre à multiplier par le dividende	DIVISEUR	Nombre à multiplier par le dividende	DIVISEUR	Nombre à multiplier par le dividende	DIVISEUR	Nombre à multiplier par le dividende
59 491	168 0925	59 541	167 9544	59 591	167 8104	59 641	167 6697	59 691	167 5293	59 741	167 3892
492	0897	542	9486	592	8076	642	6669	692	5265	742	3864
493	0869	543	9458	593	8048	643	6641	693	5237	743	3836
494	0841	544	9430	594	8020	644	6613	694	5209	744	3808
495	0813	545	9402	595	7992	645	6585	695	5181	745	3780
496	0784	546	9373	596	7964	646	6557	696	5153	746	3752
497	0756	547	9345	597	7936	647	6529	697	5125	747	3724
498	0728	548	9317	598	7908	648	6501	698	5097	748	3696
499	0700	549	9289	599	7880	649	6473	699	5069	749	3668
500	0672	550	9261	600	7852	650	6445	700	5041	750	3640
59 501	168 0643	59 551	167 9232	59 601	167 7823	59 651	167 6416	59 701	167 5013	59 751	167 3612
502	0615	552	9204	602	7795	652	6388	702	4985	752	3584
503	0587	553	9176	603	7767	653	6360	703	4957	753	3556
504	0558	554	9148	604	7739	654	6332	704	4929	754	3528
505	0530	555	9120	605	7711	655	6304	705	4901	755	3500
506	0502	556	9091	606	7682	656	6276	706	4873	756	3472
507	0473	557	9063	607	7654	657	6248	707	4845	757	3444
508	0445	558	9035	608	7626	658	6220	708	4817	758	3416
509	0417	559	9007	609	7598	659	6192	709	4789	759	3388
510	0389	560	8979	610	7570	660	6164	710	4761	760	3360
59 511	168 0360	59 561	167 8950	59 611	167 7541	59 661	167 6136	59 711	167 4732	59 761	167 3332
512	0332	562	8922	612	7513	662	6108	712	4704	762	3304
513	0304	563	8894	613	7485	663	6080	713	4676	763	3276
514	0276	564	8866	614	7457	664	6052	714	4648	764	3248
515	0248	565	8838	615	7429	665	6024	715	4620	765	3220
516	0219	566	8809	616	7401	666	5996	716	4592	766	3192
517	0191	567	8781	617	7373	667	5968	717	4564	767	3164
518	0163	568	8753	618	7345	668	5940	718	4536	768	3136
519	0135	569	8725	619	7317	669	5912	719	4508	769	3108
520	0107	570	8697	620	7289	670	5884	720	4480	770	3080
59 521	168 0078	59 571	167 8668	59 621	167 7260	59 671	167 5855	59 721	167 4452		
522	0050	572	8640	622	7232	672	5827	722	4424		
523	0022	573	8612	623	7204	673	5799	723	4396		
524	167 9994	574	8584	624	7176	674	5771	724	4368		
525	9966	575	8556	625	7148	675	5743	725	4340		
526	9937	576	8527	626	7120	676	5715	726	4312		
527	9909	577	8499	627	7092	677	5687	727	4284		
528	9881	578	8471	628	7064	678	5659	728	4256		
529	9853	579	8443	629	7036	679	5631	729	4228		
530	9825	580	8415	630	7008	680	5603	730	4200		
59 531	167 9796	59 581	167 8386	59 631	167 6979	59 681	167 5574	59 731	167 4172		
532	9768	582	8358	632	6951	682	5546	732	4144		
533	9740	583	8330	633	6923	683	5518	733	4116		
534	9712	584	8302	634	6895	684	5490	734	4088		
535	9684	585	8274	635	6867	685	5462	735	4060		
536	9655	586	8245	636	6838	686	5434	736	4032		
537	9627	587	8217	637	6810	687	5406	737	4004		
538	9599	588	8189	638	6782	688	5378	738	3976		
539	9571	589	8161	639	6754	689	5350	739	3948		
540	9543	590	8133	640	6726	690	5322	740	3920		

DIFF.

	29	28
0 01	0	0
0 02	1	1
0 03	1	1
0 04	1	1
0 05	1	1
0 06	2	2
0 07	2	2
0 08	2	2
0 09	3	3
0 10	3	3
0 20	6	6
0 30	9	8
0 40	12	11
0 50	15	14
0 60	17	17
0 70	20	20
0 80	23	22
0 90	26	25
1 00	29	28

DIVISEURS . **59771 A 60050.**

DIVISEUR	Nombre à multiplier par le dividende	DIVISEUR	Nombre à multiplier par le dividende	DIVISEUR	Nombre à multiplier par le dividende	DIVISEUR	Nombre à multiplier par le dividende	DIVISEUR	Nombre à multiplier par le dividende	DIVISEUR	Nombre à multiplier par le dividende
59 771	167 3052	59 821	167 1653	59 871	167 0257	59 921	166 8863	59 971	166 7472	60 021	166 6083
772	3024	822	1625	872	0229	922	8835	972	7444	022	6055
773	2996	823	1597	873	0201	923	8807	973	7416	023	6027
774	2968	824	1569	874	0173	924	8779	974	7388	024	5999
775	2940	825	1541	875	0145	925	8752	975	7361	025	5972
776	2912	826	1513	876	0117	926	8724	976	7333	026	5944
777	2884	827	1485	877	0089	927	8696	977	7305	027	5916
778	2856	828	1457	878	0061	928	8668	978	7277	028	5888
779	2828	829	1429	879	0033	929	8640	979	7249	029	5860
780	2800	830	1402	880	0006	930	8613	980	7222	030	5833
59 781	167 2772	59 831	167 1374	59 881	166 9978	59 931	166 8585	59 981	166 7194	60 031	166 5805
782	2744	832	1346	882	9950	932	8557	982	7166	032	5777
783	2716	933	1318	883	9922	933	8529	983	7138	033	5749
784	2688	834	1290	884	9894	934	8501	984	7110	034	5722
785	2660	835	1262	885	9866	935	8474	985	7083	035	5694
786	2632	836	1234	886	9838	936	8446	986	7055	036	5666
787	2604	837	1206	887	9810	937	8418	987	7027	037	5639
788	2576	838	1178	888	9782	938	8390	988	6999	038	5611
789	2548	839	1150	889	9754	939	8362	989	6971	039	5583
790	2520	840	1122	890	9727	940	8335	990	6944	040	5556
59 791	167 2492	59 841	167 1094	59 891	166 9699	59 941	166 8307	59 991	166 6916	60 041	166 5528
792	2464	842	1066	892	9671	942	8279	992	6888	042	5500
793	2436	843	1038	893	9643	943	8251	993	6860	043	5472
794	2408	844	1010	894	9615	944	8223	994	6832	044	5444
795	2380	845	0982	895	9588	945	8195	995	6805	045	5417
796	2352	846	0954	896	9560	946	8167	996	6777	046	5389
797	2324	847	0926	897	9532	947	8139	997	6749	047	5361
798	2296	848	0898	898	9504	948	8111	998	6721	048	5333
799	2268	849	0870	899	9476	949	8083	999	6693	049	5305
800	2240	850	0843	900	9449	950	8056	60 000	6666	050	5278
59 801	167 2212	59 851	167 0815	59 901	166 9421	59 951	166 8028	60 001	166 6638		
802	2184	852	0787	902	9393	952	8000	002	6610		
803	2156	853	0759	903	9365	953	7972	003	6582		
804	2128	854	0731	904	9337	954	7944	004	6554		
805	2100	855	0703	905	9309	955	7917	005	6527		
806	2072	856	0675	906	9281	956	7889	006	6499		
807	2044	857	0647	907	9253	957	7861	007	6471		
808	2016	858	0619	908	9225	958	7833	008	6443		
809	1988	859	0591	909	9197	959	7805	009	6415		
810	1961	860	0564	910	9170	960	7778	010	6388		
59 811	167 1933	59 861	167 0536	59 911	166 9142	59 961	166 7750	60 011	166 6360		
812	1905	862	0508	912	9114	962	7722	012	6332		
813	1877	863	0480	913	9086	963	7694	013	6304		
814	1849	864	0452	914	9058	964	7666	014	6277		
815	1821	865	0424	915	9030	965	7639	015	6249		
816	1793	866	0396	916	9002	966	7611	016	6221		
817	1765	867	0368	917	8974	967	7583	017	6194		
818	1737	868	0340	918	8946	968	7555	018	6166		
819	1709	869	0312	919	8918	969	7527	019	6138		
820	1681	870	0285	920	8891	970	7500	020	6111		

DIFF.

	28	27
0 01	0	0
0 02	1	1
0 03	1	1
0 04	1	1
0 05	1	1
0 06	2	2
0 07	2	2
0 08	2	2
0 09	3	2
0 10	3	3
0 20	6	5
0 30	8	8
0 40	11	11
0 50	14	14
0 60	17	16
0 70	20	19
0 80	22	22
0 90	25	24
1 00	28	27

Diviseurs : 60051 a 60330.

DIVISEUR	Nombre à multiplier par le dividende	DIVISEUR	Nombre à multiplier par le dividende	DIVISEUR	Nombre à multiplier par le dividende	DIVISEUR	Nombre à multiplier par le dividende	DIVISEUR	Nombre à multiplier par le dividende	DIVISEUR	Nombre à multiplier par le dividende
60 051	166 5250	60 101	166 3865	60 151	166 2482	60 201	166 1101	60 251	165 9723	60 301	165 8346
052	5222	102	3837	152	2454	202	1073	252	9695	302	8319
053	5194	103	3809	153	2427	203	1046	253	9668	303	8291
054	5167	104	3782	154	2399	204	1018	254	9640	304	8264
055	5139	105	3754	155	2372	205	0991	255	9613	305	8236
056	5111	106	3726	156	2344	206	0963	256	9585	306	8209
057	5084	107	3699	157	2316	207	0935	257	9557	307	8181
058	5056	108	3671	158	2289	208	0908	258	9530	308	8154
059	5028	109	3643	159	2261	209	0880	259	9502	309	8126
060	5001	110	3616	160	2234	210	0853	260	9475	310	8099
60 061	166 4973	60 111	166 3588	60 161	166 2206	60 211	166 0825	60 261	165 9447	60 311	165 8071
062	4945	112	3560	162	2178	212	0797	262	9420	312	8044
063	4917	113	3532	163	2150	213	0770	263	9392	313	8016
064	4890	114	3505	164	2123	214	0742	264	9365	314	7989
065	4862	115	3477	165	2095	215	0715	265	9337	315	7961
066	4834	116	3449	166	2067	216	0687	266	9310	316	7934
067	4807	117	3422	167	2040	217	0659	267	9282	317	7906
068	4779	118	3394	168	2012	218	0632	268	9255	318	7879
069	4751	119	3366	169	1984	219	0604	269	9227	319	7851
070	4724	120	3339	170	1957	220	0577	270	9200	320	7824
60 071	166 4696	60 121	166 3311	60 171	166 1929	60 221	166 0549	60 271	165 9172	60 321	165 7796
072	4668	122	3283	172	1901	222	0522	272	9145	322	7769
073	4640	123	3256	173	1874	223	0494	273	9117	323	7741
074	4612	124	3228	174	1846	224	0467	274	9090	324	7714
075	4585	125	3201	175	1819	225	0439	275	9062	325	7687
076	4557	126	3173	176	1791	226	0412	276	9035	326	7659
077	4529	127	3145	177	1763	227	0384	277	9007	327	7632
078	4501	128	3118	178	1736	228	0357	278	8980	328	7604
079	4473	129	3090	179	1708	229	0329	279	8952	329	7577
080	4446	130	3063	180	1681	230	0302	280	8925	330	7550
60 081	166 4418	60 131	166 3035	60 181	166 1653	60 231	166 0274	60 281	165 8897		
082	4390	132	3007	182	1626	232	0246	282	8869		
083	4363	133	2979	183	1598	233	0219	283	8842		
084	4335	134	2952	184	1571	234	0191	284	8814		
085	4308	135	2924	185	1543	235	0164	285	8787		
086	4280	136	2896	186	1516	236	0136	286	8759		
087	4252	137	2869	187	1488	237	0108	287	8731		
088	4225	138	2841	188	1461	238	0081	288	8704		
089	4197	139	2813	189	1435	239	0053	289	8676		
090	4170	140	2786	190	1406	240	0026	290	8649		
60 091	166 4142	60 141	166 2758	60 191	166 1378	60 241	165 9998	60 291	165 8621		
092	4114	142	2730	192	1350	242	9971	292	8594		
093	4086	143	2703	193	1322	243	9943	293	8566		
094	4059	144	2675	194	1295	244	9916	294	8539		
095	4031	145	2648	195	1267	245	9888	295	8511		
096	4003	146	2620	196	1239	246	9861	296	8484		
097	3976	147	2592	197	1212	247	9833	297	8456		
098	3948	148	2565	198	1184	248	9806	298	8429		
099	3920	149	2537	199	1156	249	9778	299	8401		
100	3893	150	2510	200	1129	250	9751	300	8374		

Diff.

	28	27
0 01	0	0
0 02	1	1
0 03	1	1
0 04	1	1
0 05	1	1
0 06	2	2
0 07	2	2
0 08	2	2
0 09	3	2
0 10	3	3
0 20	6	5
0 30	8	8
0 40	11	11
0 50	14	14
0 60	17	16
0 70	20	19
0 80	22	22
0 90	25	24
1 00	28	27

DIVISEURS : 60331 A 60610.

DIVISEUR	Nombre à multiplier par le dividende	DIVISEUR	Nombre à multiplier par le dividende	DIVISEUR	Nombre à multiplier par le dividende	DIVISEUR	Nombre à multiplier par le dividende	DIVISEUR	Nombre à multiplier par le dividende	DIVISEUR	Nombre à multiplier par le dividende
60 331	165 7522	60 381	165 6149	60 431	165 4779	60 481	165 3410	60 531	165 2045	60 581	165 0681
332	7495	382	6122	432	4752	482	3383	532	2018	582	0654
333	7467	383	6094	433	4724	483	3356	533	1991	583	0627
334	7440	384	6067	434	4697	484	3328	534	1963	584	0600
335	7412	385	6040	435	4670	485	3301	535	1936	585	0573
336	7385	386	6012	436	4642	486	3274	536	1909	586	0545
337	7357	387	5985	437	4615	487	3246	537	1881	587	0518
338	7330	388	5957	438	4587	488	3219	538	1854	588	0491
339	7302	389	5930	439	4560	489	3192	539	1827	589	0464
340	7275	390	5903	440	4533	490	3165	540	1800	590	0437
60 341	165 7247	60 391	165 5875	60 441	165 4505	60 491	165 3137	60 541	165 1772	60 591	165 0409
342	7220	392	5848	442	4478	492	3110	542	1745	592	0382
343	7192	393	5820	443	4450	493	3083	543	1718	593	0355
344	7165	394	5793	444	4423	494	3055	544	1690	594	0328
345	7137	395	5766	445	4396	495	3028	545	1663	595	0301
346	7110	396	5738	446	4368	496	3001	546	1636	596	0273
347	7082	397	5711	447	4341	497	2973	547	1608	597	0246
348	7055	398	5683	448	4313	498	2946	548	1581	598	0219
349	7027	399	5656	449	4286	499	2919	549	1554	599	0192
350	7000	400	5629	450	4259	500	2892	550	1527	600	0165
60 351	165 6972	60 401	165 5601	60 451	165 4231	60 501	165 2864	60 551	165 1499	60 601	165 0137
352	6945	402	5574	452	4204	502	2837	552	1472	602	0110
353	6917	403	5546	453	4177	503	2810	553	1445	603	0083
354	6890	404	5519	454	4149	504	2782	554	1417	604	0055
355	6863	405	5492	455	4122	505	2755	555	1390	605	0028
356	6835	406	5464	456	4095	506	2728	556	1363	606	0001
357	6808	407	5437	457	4067	507	2700	557	1335	607	164 9973
358	6780	408	5409	458	4040	508	2673	558	1308	608	9946
359	6753	409	5382	459	4013	509	2646	559	1281	609	9919
360	6726	410	5355	460	3986	510	2619	560	1254	610	9892
60 361	165 6698	60 411	165 5327	60 461	165 3958	60 511	165 2591	60 561	165 1226		
362	6671	412	5300	462	3931	512	2564	562	1199		
363	6643	413	5272	463	3903	513	2537	563	1172		
364	6616	414	5245	464	3876	514	2509	564	1145		
365	6588	415	5218	465	3849	515	2482	565	1118		
366	6561	416	5190	466	3821	516	2455	566	1090		
367	6533	417	5163	467	3794	517	2427	567	1063		
368	6506	418	5135	468	3766	518	2400	568	1036		
369	6478	419	5108	469	3739	519	2373	569	1009		
370	6451	420	5081	470	3712	520	2346	570	0982		
60 371	165 6423	60 421	165 5053	60 471	165 3684	60 521	165 2318	60 571	165 0954		
372	6396	422	5026	472	3657	522	2291	572	0927		
373	6368	423	4998	473	3629	523	2264	573	0900		
374	6341	424	4971	474	3602	524	2236	574	0872		
375	6314	425	4944	475	3575	525	2209	575	0845		
376	6286	426	4916	476	3547	526	2182	576	0818		
377	6259	427	4889	477	3520	527	2154	577	0790		
378	6231	428	4861	478	3492	528	2127	578	0763		
379	6204	429	4834	479	3465	529	2100	579	0736		
380	6177	430	4807	480	3438	530	2073	580	0709		

DIFF.

	28	27
0 01	0	0
0 02	1	1
0 03	1	1
0 04	1	1
0 05	1	1
0 06	2	2
0 07	2	2
0 08	2	2
0 09	3	2
0 10	3	3
0 20	6	5
0 30	8	8
0 40	11	11
0 50	14	14
0 60	17	16
0 70	20	19
0 80	22	22
0 90	25	24
1 00	28	27

DIVISEURS : 60611 A 60890.

DIVISEUR	Nombre à multiplier par le dividende	DIVISEUR	Nombre à multiplier par le dividende	DIVISEUR	Nombre à multiplier par le dividende	DIVISEUR	Nombre à multiplier par le dividende	DIVISEUR	Nombre à multiplier par le dividende	DIVISEUR	Nombre à multiplier par le dividende
60 611	164 9864	60 661	164 8504	60 711	164 7147	60 761	164 5791	60 811	164 4438	60 861	164 3088
612	9837	662	8477	712	7120	762	5764	812	4411	862	3061
613	9810	663	8450	713	7093	763	5737	813	4384	863	3034
614	9783	664	8423	714	7066	764	5710	814	4357	864	3007
615	9756	665	8396	715	7039	765	5683	815	4330	865	2980
616	9728	666	8369	716	7011	766	5656	816	4303	866	2953
617	9701	667	8342	717	6984	767	5629	817	4276	867	2926
618	9674	668	8315	718	6957	768	5602	818	4249	868	2899
619	9647	669	8288	719	6930	769	5575	819	4222	869	2872
620	9620	670	8261	720	6903	770	5548	820	4195	870	2845
60 621	164 9392	60 671	164 8233	60 721	164 6875	60 771	164 5521	60 821	164 4168	60 871	164 2818
622	9565	672	8206	722	6848	772	5494	822	4141	872	2791
623	9538	673	8179	723	6821	773	5467	823	4114	873	2764
624	9511	674	8152	724	6794	774	5440	824	4087	874	2737
625	9484	675	8125	725	6767	775	5413	825	4060	875	2710
626	9456	676	8097	726	6740	776	5386	826	4033	876	2683
627	9429	677	8070	727	6713	777	5359	827	4006	877	2656
628	9402	678	8043	728	6686	778	5332	828	3979	878	2629
629	9375	679	8016	729	6659	779	5305	829	3952	879	2602
630	9348	680	7989	730	6632	780	5278	830	3925	880	2575
60 631	164 9320	60 681	164 7961	60 731	164 6604	60 781	164 5250	60 831	164 3898	60 881	164 2548
632	9293	682	7934	732	6577	782	5223	832	3871	882	2521
633	9266	683	7907	733	6550	783	5196	833	3844	883	2494
634	9239	684	7880	734	6523	784	5169	834	3817	884	2467
635	9212	685	7853	735	6496	785	5142	835	3790	885	2440
636	9184	686	7825	736	6469	786	5115	836	3763	886	2413
637	9157	687	7798	737	6442	787	5088	837	3736	887	2386
638	9130	688	7771	738	6415	788	5061	838	3709	888	2359
639	9103	689	7744	739	6388	789	5034	839	3682	889	2332
640	9076	690	7717	740	6361	790	5007	840	3655	890	2305
60 641	164 9048	60 691	164 7689	60 741	164 6333	60 791	164 4979	60 841	164 3628		
642	9021	692	7662	742	6306	792	4952	842	3601		
643	8994	693	7635	743	6279	793	4925	843	3574		
644	8967	694	7608	744	6252	794	4898	844	3547		
645	8940	695	7581	745	6225	795	4871	845	3520		
646	8912	696	7554	746	6198	796	4844	846	3493		
647	8885	697	7527	747	6171	797	4817	847	3466		
648	8858	698	7500	748	6144	798	4790	848	3439		
649	8831	699	7473	749	6117	799	4763	849	3412		
650	8804	700	7446	750	6090	800	4736	850	3385		
60 651	164 8776	60 701	164 7418	60 751	164 6062	60 801	164 4709	60 851	164 3358		
652	8749	702	7391	752	6035	802	4682	852	3331		
653	8722	703	7364	753	6008	803	4655	853	3304		
654	8695	704	7337	754	5981	804	4628	854	3277		
655	8668	705	7310	755	5954	805	4601	855	3250		
656	8640	706	7283	756	5927	806	4574	856	3223		
657	8613	707	7256	757	5900	807	4547	857	3196		
658	8586	708	7229	758	5873	808	4520	858	3169		
659	8559	709	7202	759	5846	809	4493	859	3142		
660	8532	710	7175	760	5819	810	4466	860	3115		

DIFF.

	28	27
0 01	0	0
0 02	1	1
0 03	1	1
0 04	1	1
0 05	1	1
0 06	2	2
0 07	2	2
0 08	2	2
0 09	3	2
0 10	3	3
0 20	6	5
0 30	8	8
0 40	11	11
0 50	14	14
0 60	17	16
0 70	20	19
0 80	22	22
0 90	25	24
1 00	28	27

DIVISEURS : 60891 A 61170.

DIVISEUR	Nombre à multiplier par le dividende	DIVISEUR	Nombre à multiplier par le dividende	DIVISEUR	Nombre multiplier par le dividende	DIVISEUR	Nombre à multiplier par le dividende	DIVISEUR	Nombre à multiplier par le dividende	DIVISEUR	Nombre à multiplier par le dividende
60 891	164 2278	60 941	164 0931	60 991	163 9586	61 041	163 8242	61 091	163 6902	61 141	163 5563
892	2251	942	0904	992	9559	042	8215	092	6875	142	5536
893	2224	943	0877	993	9532	043	8188	093	6848	143	5509
894	2197	944	0850	994	9505	044	8161	094	6821	144	5482
895	2170	945	0823	995	9478	045	8135	095	6795	145	5456
896	2143	946	0796	996	9451	046	8108	096	6768	146	5429
897	2116	947	0769	997	9424	047	8081	097	6741	147	5402
898	2089	948	0742	998	9397	048	8054	098	6714	148	5375
899	2062	949	0715	999	9370	049	8027	099	6687	149	5348
900	2036	950	0689	61 000	9344	050	8001	100	6661	150	5322
60 901	164 2009	60 951	164 0662	61 001	163 9317	61 051	163 7974	61 101	163 6634	61 151	163 5295
902	1982	952	0635	002	9290	052	7947	102	6607	152	5268
903	1955	953	0608	003	9263	053	7920	103	6580	153	5241
904	1928	954	0581	004	9236	054	7893	104	6553	154	5215
905	1901	955	0554	005	9209	055	7867	105	6527	155	5188
906	1874	956	0527	006	9182	056	7840	106	6500	156	5164
907	1847	957	0500	007	9155	057	7813	107	6473	157	5135
908	1820	958	0473	008	9128	058	7786	108	6446	158	5108
909	1793	959	0446	009	9101	059	7759	109	6419	159	5081
910	1766	960	0419	010	9075	060	7733	110	6393	160	5055
60 911	164 1739	60 961	164 0392	61 011	163 9048	61 061	163 7706	61 111	163 6366	61 161	163 5028
912	1712	962	0365	012	9021	062	7679	112	6339	162	5001
913	1685	963	0338	013	8994	063	7652	113	6312	163	4974
914	1658	964	0311	014	8967	064	7625	114	6285	164	4948
915	1631	965	0284	015	8940	065	7599	115	6259	165	4921
916	1604	966	0257	016	8913	066	7572	116	6232	166	4894
917	1577	967	0230	017	8886	067	7545	117	6205	167	4868
918	1550	968	0203	018	8859	068	7518	118	6178	168	4844
919	1523	969	0176	019	8832	069	7491	119	6151	169	4814
920	1497	970	0150	020	8806	070	7465	120	6125	170	4788
60 921	164 1470	60 971	164 0123	61 021	163 8779	61 071	163 7438	61 121	163 6098		
922	1443	972	0096	022	8752	072	7411	122	6071		
923	1416	973	0069	023	8725	073	7384	123	6044		
924	1389	974	0042	024	8698	074	7357	124	6018		
925	1362	975	0015	025	8672	075	7330	125	5991		
926	1335	976	163 9988	026	8645	076	7303	126	5964		
927	1308	977	9961	027	8618	077	7276	127	5938		
928	1281	978	9934	028	8591	078	7249	128	5911		
929	1254	979	9907	029	8564	079	7222	129	5884		
930	1227	980	9884	030	8538	080	7196	130	5858		
60 931	164 1200	60 981	163 9854	61 031	163 8511	61 081	163 7169	61 131	163 5831		
932	1173	982	9827	032	8484	082	7142	132	5804		
933	1146	983	9800	033	8457	083	7115	133	5777		
934	1119	984	9773	034	8430	084	7089	134	5750		
935	1092	985	9747	035	8403	085	7062	135	5724		
936	1065	986	9720	036	8376	086	7035	136	5697		
937	1038	987	9693	037	8349	087	7009	137	5670		
938	1011	988	9666	038	8322	088	6982	138	5643		
939	0984	989	9639	039	8295	089	6955	139	5616		
940	0958	990	9613	040	8269	090	6929	140	5590		

DIFF.

	27	26
0 01	0	0
0 02	1	1
0 03	1	1
0 04	1	1
0 05	1	1
0 06	2	2
0 07	2	2
0 08	2	2
0 09	2	2
0 10	3	3
0 20	5	5
0 30	8	8
0 40	11	10
0 50	14	13
0 60	16	16
0 70	19	18
0 80	22	21
0 90	24	23
1 00	27	26

DIVISEURS : **61171** A **61450**.

DIVISEUR	Nombre à multiplier par le dividende	DIVISEUR	Nombre à multiplier par le dividende	DIVISEUR	Nombre à multiplier par le dividende	DIVISEUR	Nombre à multiplier par le dividende	DIVISEUR	Nombre à multiplier par le dividende	DIVISEUR	Nombre à multiplier par le dividende
61 171	163 4764	61 221	163 3426	61 271	163 2093	61 321	163 0762	61 371	162 9433	61 421	162 8407
172	4734	222	3399	272	2066	322	0735	372	9407	422	8081
173	4707	223	3372	273	2039	323	0709	373	9380	423	8054
174	4684	224	3346	274	2013	324	0682	374	9354	424	8028
175	4654	225	3319	275	1986	325	0656	375	9327	425	8001
176	4627	226	3292	276	1959	326	0629	376	9304	426	7975
177	4601	227	3266	277	1933	327	0602	377	9274	427	7948
178	4574	228	3239	278	1906	328	0576	378	9248	428	7922
179	4547	229	3212	279	1879	329	0549	379	9221	429	7895
180	4524	230	3186	280	1853	330	0523	380	9195	430	7869
61 181	163 4494	61 231	163 3159	61 281	163 1826	61 331	163 0496	61 381	162 9168	61 431	162 7842
182	4467	232	3132	282	1799	332	0469	382	9141	432	7815
183	4440	233	3105	283	1773	333	0443	383	9115	433	7789
184	4413	234	3079	284	1746	334	0416	384	9088	434	7762
185	4387	235	3052	285	1720	335	0390	385	9062	435	7736
186	4360	236	3025	286	1693	336	0363	386	9035	436	7709
187	4333	237	2999	287	1666	337	0336	387	9008	437	7682
188	4306	238	2972	288	1640	338	0310	388	8982	438	7656
189	4279	239	2945	289	1613	339	0283	389	8955	439	7629
190	4252	240	2919	290	1587	340	0257	390	8929	440	7603
61 191	163 4226	61 241	163 2892	61 291	163 1560	61 341	0230	61 391	162 8902	61 441	162 7576
192	4199	242	2865	292	1533	342	0203	392	8876	442	7550
193	4172	243	2839	293	1507	343	0177	393	8849	443	7523
194	4146	244	2812	294	1480	344	0150	394	8823	444	7497
195	4119	245	2786	295	1454	345	0124	395	8796	445	7471
196	4092	246	2759	296	1427	346	0097	396	8770	446	7444
197	4066	247	2732	297	1400	347	0070	397	8743	447	7418
198	4039	248	2706	298	1374	348	0044	398	8717	448	7391
199	4012	249	2679	299	1347	349	0017	399	8690	449	7365
200	39·6	250	2653	300	1321	350	162 9991	400	8664	450	7339
61 201	163 3959	61 251	163 2626	61 301	163 1294	61 351	162 9964	61 401	162 8637		
202	3932	252	2599	302	1267	352	9938	402	8611		
203	3905	253	2572	303	1241	353	9911	403	8584		
204	3879	254	2546	304	1214	354	9885	404	8558		
205	3852	255	2519	305	1188	355	9858	405	8531		
206	3825	256	2492	306	1161	356	9832	406	8505		
207	3799	257	2466	307	1134	357	9805	407	8478		
208	3772	258	2439	308	1108	358	9779	408	8452		
209	3745	259	2412	309	1081	359	9752	409	8425		
210	3719	260	2386	310	1055	360	9726	410	8399		
61 211	163 3692	61 261	163 2359	61 311	163 1028	61 361	162 9699	61 411	162 8372		
212	3665	262	2332	312	1001	362	9672	412	8346		
213	3639	263	2306	313	0975	363	9646	413	8319		
214	3612	264	2279	314	0948	364	9619	414	8293		
215	3586	265	2253	315	0922	365	9593	415	8266		
216	3559	266	2226	316	0895	366	9566	416	8240		
217	3532	267	2199	317	0868	367	9539	417	8213		
218	3506	268	2173	318	0842	368	9513	418	8187		
219	3479	269	2146	319	0815	369	9486	419	8160		
220	3453	270	2120	320	0789	370	9460	420	8134		

DIFF.

	27	26
0 01	0	0
0 02	1	1
0 03	1	1
0 04	1	1
0 05	1	1
0 06	2	2
0 07	2	2
0 08	2	2
0 09	2	2
0 10	3	3
0 20	5	5
0 30	8	8
0 40	11	10
0 50	14	13
0 60	16	16
0 70	19	18
0 80	22	21
0 90	24	23
1 00	27	26

Diviseurs : 61451 A 61730.

DIVISEUR	Nombre à multiplier par le dividende	DIVISEUR	Nombre à multiplier par le dividende	DIVISEUR	Nombre à multiplier par le dividende	DIVISEUR	Nombre à multiplier par le dividende	DIVISEUR	Nombre à multiplier par le dividende	DIVISEUR	Nombre à multiplier par le dividende
61 451	162 7312	61 501	162 5989	61 551	162 4668	61 601	162 3349	61 651	162 2033	61 701	162 0718
452	7286	502	5963	552	4642	602	3323	652	2007	702	0692
453	7259	503	5936	553	4615	603	3297	653	1980	703	0666
454	7233	504	5910	554	4589	604	3270	654	1954	704	0639
455	7206	505	5883	555	4563	605	3244	655	1928	705	0613
456	7180	506	5857	556	4536	606	3218	656	1901	706	0587
457	7153	507	5830	557	4510	607	3191	657	1875	707	0560
458	7127	508	5804	558	4483	608	3165	658	1848	708	0534
459	7100	509	5777	559	4457	609	3139	659	1822	709	0508
460	7074	510	5751	560	4431	610	3113	660	1796	710	0482
61 461	162 7047	61 511	162 5724	61 561	162 4404	61 611	162 3086	61 661	162 1769	61 711	162 0455
462	7021	512	5698	562	4378	612	3060	662	1743	712	0429
463	6994	513	5671	563	4351	613	3033	663	1717	713	0403
464	6968	514	5645	564	4325	614	3007	664	1690	714	0377
465	6941	515	5619	565	4299	615	2981	665	1664	715	0351
466	6915	516	5592	566	4272	616	2954	666	1638	716	0324
467	6888	517	5566	567	4246	617	2928	667	1611	717	0298
468	6862	518	5539	568	4219	618	2901	668	1585	718	0272
469	6835	519	5513	569	4193	619	2875	669	1559	719	0246
470	6809	520	5487	570	4167	620	2849	670	1533	720	0220
61 471	162 6782	61 521	162 5460	61 571	162 4140	61 621	162 2822	61 671	162 1506	61 721	162 0193
472	6756	522	5434	572	4114	622	2796	672	1480	722	0167
473	6729	523	5407	573	4087	623	2770	673	1454	723	0141
474	6703	524	5381	574	4061	624	2743	674	1428	724	0114
475	6677	525	5355	575	4035	625	2717	675	1402	725	0088
476	6650	526	5328	576	4008	626	2691	676	1375	726	0062
477	6624	527	5302	577	3982	627	2664	677	1349	727	0035
478	6597	528	5275	578	3955	628	2638	678	1323	728	0009
479	6571	529	5249	579	3929	629	2612	679	1297	729	161 9983
480	6545	530	5223	580	3903	630	2586	680	1271	730	9957
61 481	162 6518	61 531	162 5196	61 581	162 3876	61 631	162 2559	61 681	162 1244		
482	6492	532	5170	582	3850	632	2533	682	1218		
483	6465	533	5143	583	3824	633	2507	683	1192		
484	6439	534	5117	584	3797	634	2480	684	1165		
485	6412	535	5091	585	3771	635	2454	685	1139		
486	6386	536	5064	586	3745	636	2428	686	1113		
487	6359	537	5038	587	3718	637	2401	687	1086		
488	6333	538	5011	588	3692	638	2375	688	1060		
489	6306	539	4985	589	3666	639	2349	689	1034		
490	6280	540	4959	590	3640	640	2323	690	1008		
61 491	162 6253	61 541	162 4932	61 591	162 3613	61 641	162 2296	61 691	162 0981		
492	6227	542	4906	592	3587	642	2270	692	0955		
493	6200	543	4879	593	3560	643	2244	693	0929		
494	6174	544	4853	594	3534	644	2217	694	0902		
495	6148	545	4827	595	3508	645	2191	695	0876		
496	6121	546	4800	596	3481	646	2165	696	0850		
497	6095	547	4774	597	3455	647	2138	697	0823		
498	6068	548	4747	598	3428	648	2112	698	0797		
499	6042	549	4721	599	3402	649	2086	699	0771		
500	6016	550	4695	600	3376	650	2060	700	0745		

DIFF.

	27	26
0 01	0	0
0 02	1	1
0 03	1	1
0 04	1	1
0 05	1	1
0 06	2	2
0 07	2	2
0 08	2	2
0 09	2	2
0 10	3	3
0 20	5	5
0 30	8	8
0 40	11	10
0 50	14	13
0 60	16	16
0 70	19	18
0 80	22	21
0 90	24	23
1 00	27	26

DIVISEURS : 61731 A 62010.

DIVISEUR	Nombre à multiplier par le dividende	DIVISEUR	Nombre à multiplier par le dividende	DIVISEUR	Nombre à multiplier par le dividende	DIVISEUR	Nombre à multiplier par le dividende	DIVISEUR	Nombre à multiplier par le dividende	DIVISEUR	Nombre à multiplier par le dividende
61 731	161 9930	61 781	161 8619	61 831	161 7310	61 881	161 6004	61 931	161 4699	61 981	161 3397
732	9904	782	8593	832	7284	882	5978	932	4673	982	3371
733	9878	783	8567	833	7258	883	5952	933	4647	983	3345
734	9852	784	8541	834	7232	884	2926	934	4621	984	3319
735	9826	785	8515	835	7206	885	5900	935	4595	985	3293
736	9799	786	8488	836	7180	886	5873	936	4569	986	3267
737	9773	787	8462	837	7154	887	5847	937	4543	987	3241
738	9747	788	8436	838	7128	888	5821	938	4517	988	3215
739	9721	789	8410	839	7102	889	5795	939	4491	989	3189
740	9695	790	8384	840	7076	890	5769	940	4465	990	3163
61 741	161 9668	61 791	161 8357	61 841	161 7049	61 891	161 5742	61 941	161 4439	61 991	161 3137
742	9642	792	8331	842	7023	892	5716	942	4413	992	3111
743	9616	793	8305	843	6997	893	5690	943	4387	993	3085
744	9590	794	8279	844	6971	894	5664	944	4361	994	3059
745	9564	795	8253	845	6945	895	5638	945	4335	995	3033
746	9537	796	8226	846	6918	896	5612	946	4309	996	3007
747	9511	797	8200	847	6892	897	5586	947	4283	997	2981
748	9485	798	8174	848	6866	898	5560	948	4257	998	2955
749	9459	799	8148	849	6840	899	5534	949	4231	999	2929
750	9433	800	8122	850	6814	900	5508	950	4205	62 000	2903
61 751	161 9406	61 801	161 8095	61 851	161 6787	61 901	161 5481	61 951	161 4178	62 001	161 2877
752	9380	802	8069	852	6761	902	5455	952	4152	002	2851
753	9354	803	8043	853	6735	903	5429	953	4126	003	2825
754	9327	804	8017	854	6709	904	5403	954	4100	004	2799
755	9301	805	7991	855	6683	905	5377	955	4074	005	2773
756	9275	806	7965	856	6657	906	5351	956	4048	006	2747
757	9248	807	7939	857	6631	907	5325	957	4022	007	2721
758	9222	808	7913	858	6605	908	5299	958	3996	008	2695
759	9196	809	7887	859	6579	909	5273	959	3970	009	2669
760	9170	810	7861	860	6553	910	5247	960	3944	010	2643
61 761	161 9143	61 811	161 7834	61 861	161 6526	61 911	161 5220	61 961	161 3918		
762	9117	812	7808	862	6500	912	5194	962	3892		
763	9091	813	7782	863	6474	913	5168	963	3866		
764	9065	814	7756	864	6448	914	5142	964	3840		
765	9039	815	7730	865	6422	915	5116	965	3814		
766	9012	816	7703	866	6396	916	5090	966	3788		
767	8986	817	7677	867	6370	917	5064	967	3762		
768	8960	818	7651	868	6344	918	5038	968	3736		
769	8934	819	7625	869	6318	919	5012	969	3710		
770	8908	820	7599	870	6292	920	4986	970	3684		
61 771	161 8881	61 821	161 7572	61 871	161 6265	61 921	161 4960	61 971	161 3657		
772	8855	822	7546	872	6239	922	4934	972	3631		
773	8829	823	7520	873	6213	923	4908	973	3605		
774	8803	824	7494	874	6187	924	4882	974	3579		
775	8777	825	7468	875	6161	925	4856	975	3553		
776	8750	826	7441	876	6135	926	4830	976	3527		
777	8724	827	7415	877	6109	927	4804	977	3501		
778	8698	828	7389	878	6083	928	4778	978	3475		
779	8672	829	7363	879	6057	929	4752	979	3449		
780	8646	830	7337	880	6031	930	4726	980	3423		

DIFF.

	27	26
0 01	0	0
0 02	1	1
0 03	1	1
0 04	1	1
0 05	1	1
0 06	2	2
0 07	2	2
0 08	2	2
0 09	2	2
0 10	3	3
0 20	5	5
0 30	8	8
0 40	11	10
0 50	14	13
0 60	16	16
0 70	19	18
0 80	22	21
0 90	24	23
1 00	27	26

Diviseurs : 62011 à 62290.

DIVISEUR	Nombre à multiplier par le dividende	DIVISEUR	Nombre à multiplier par le dividende	DIVISEUR	Nombre à multiplier par le dividende	DIVISEUR	Nombre à multiplier par le dividende	DIVISEUR	Nombre à multiplier par le dividende	DIVISEUR	Nombre à multiplier par le dividende
62 011	164 2647	62 061	164 1317	62 111	164 0020	62 161	160 8725	62 211	160 7432	62 261	160 6141
012	2594	062	1291	112	160 9994	162	8699	212	7406	262	6115
013	2565	063	1265	113	9968	163	8673	213	7380	263	6089
014	2539	064	1239	114	9942	164	8647	214	7354	264	6063
015	2513	065	1213	115	9916	165	8621	215	7329	265	6038
016	2487	066	1187	116	9890	166	8595	216	7303	266	6012
017	2464	067	1161	117	9864	167	8569	217	7277	267	5986
018	2435	068	1135	118	9838	168	8543	218	7251	268	5960
019	2409	069	1109	119	9812	169	8517	219	7225	269	5934
020	2383	070	1084	120	9787	170	8492	220	7200	270	5909
62 021	164 2357	62 071	164 1058	62 121	160 9761	62 171	160 8466	62 221	160 7174	62 271	160 5883
022	2334	072	1032	122	9735	172	8440	222	7148	272	5857
023	2305	073	1006	123	9709	173	8414	223	7122	273	5831
024	2279	074	0980	124	9683	174	8388	224	7096	274	5805
025	2253	075	0954	125	9657	175	8363	225	7070	275	5780
026	2227	076	0928	126	9631	176	8337	226	7044	276	5754
027	2204	077	0902	127	9605	177	8311	227	7018	277	5728
028	2175	078	0876	128	9579	178	8285	228	6992	278	5702
029	2149	079	0850	129	9553	179	8259	229	6966	279	5676
030	2123	080	0824	130	9528	180	8234	230	6941	280	5651
62 031	164 2097	62 081	164 0798	62 131	160 9502	62 181	160 8208	62 231	160 6915	62 281	160 5625
032	2074	082	0772	132	9476	182	8182	232	6889	282	5599
033	2045	083	0746	133	9450	183	8156	233	6863	283	5573
034	2019	084	0720	134	9424	184	8130	234	6837	284	5548
035	1993	085	0694	135	9398	185	8104	235	6812	285	5522
036	1967	086	0668	136	9372	186	8078	236	6786	286	5496
037	1941	087	0642	137	9346	187	8052	237	6760	287	5471
038	1915	088	0616	138	9320	188	8026	238	6734	288	5445
039	1889	089	0590	139	9294	189	8000	239	6708	289	5419
040	1863	090	0565	140	9269	190	7975	240	6683	290	5394
62 041	164 1837	62 091	164 0539	62 141	160 9243	62 191	160 7949	62 241	160 6657		
042	1844	092	0513	142	9217	192	7923	242	6631		
043	1785	093	0487	143	9191	193	7897	243	6605		
044	1759	094	0461	144	9165	194	7871	244	6579		
045	1733	095	0435	145	9139	195	7846	245	6554		
046	1707	096	0409	146	9113	196	7820	246	6528		
047	1684	097	0383	147	9087	197	7794	247	6502		
048	1655	098	0357	148	9061	198	7768	248	6476		
049	1629	099	0331	149	9035	199	7742	249	6450		
050	1603	100	0305	150	9010	200	7717	250	6425		
62 051	164 1577	62 101	164 0279	62 151	160 8984	62 201	160 7691	62 251	160 6399		
052	1554	102	0253	152	8958	202	7665	252	6373		
053	1525	103	0227	153	8932	203	7639	253	6347		
054	1499	104	0201	154	8906	204	7613	254	6321		
055	1473	105	0175	155	8880	205	7587	255	6296		
056	1447	106	0149	156	8854	206	7561	256	6270		
057	1421	107	0123	157	8828	207	7535	257	6244		
058	1395	108	0097	158	8802	208	7509	258	6218		
059	1369	109	0071	159	8776	209	7483	259	6192		
060	1343	110	0046	160	8751	210	7458	260	6167		

DIFF.

	26	25
0 01	0	0
0 02	1	1
0 03	1	1
0 04	1	1
0 05	1	1
0 06	2	2
0 07	2	2
0 08	2	2
0 09	2	2
0 10	3	3
0 20	5	5
0 30	8	8
0 40	10	10
0 50	13	13
0 60	16	15
0 70	18	18
0 80	21	20
0 90	23	23
1 00	26	25

DIVISEURS : **62291** A **62570**.

DIVISEUR	Nombre à multiplier par le dividende	DIVISEUR	Nombre à multiplier par le dividende	DIVISEUR	Nombre à multiplier par le dividende	DIVISEUR	Nombre à multiplier par le dividende	DIVISEUR	Nombre à multiplier par le dividende	DIVISEUR	Nombre à multiplier par le dividende
62 291	160 5368	62 341	160 4080	62 391	160 2794	62 441	160 4511	62 491	160 0230	62 541	159 8950
292	5342	342	4054	392	2768	442	4485	492	0204	542	8925
293	5316	343	4028	393	2743	443	4460	493	0179	543	8899
294	5290	344	4003	394	2717	444	4434	494	0153	544	8874
295	5265	345	3977	395	2692	445	4409	495	0128	545	8848
296	5239	346	3951	396	2666	446	4383	496	0102	546	8823
297	5213	347	3926	397	2640	447	4357	497	0076	547	8797
298	5187	348	3900	398	2615	448	4332	498	0051	548	8772
299	5161	349	3874	399	2589	449	4306	499	0025	549	8746
300	5136	350	3849	400	2564	450	1281	500	0000	550	8721
62 301	160 5110	62 351	160 3823	62 401	160 2538	62 451	160 4255	62 501	159 9974	62 551	159 8695
302	5084	352	3797	402	2512	452	4229	502	9948	552	8669
303	5058	353	3771	403	2486	453	4203	503	9923	553	8644
304	5032	354	3746	404	2461	454	4178	504	9897	554	8618
305	5007	355	3720	405	2435	455	4152	505	9872	555	8593
306	4981	356	3694	406	2409	456	4126	506	9846	556	8567
307	4955	357	3669	407	2384	457	4101	507	9820	557	8541
308	4929	358	3643	408	2358	458	4075	508	9795	558	8516
309	4903	359	3617	409	2332	459	4049	509	9769	559	8490
310	4878	360	3592	410	2307	460	1024	510	9744	560	8465
62 311	160 4852	62 361	160 3566	62 411	160 2281	62 461	160 0998	62 511	159 9718	62 561	159 8439
312	4826	362	3540	412	2255	462	0972	512	9692	562	8414
313	4800	363	3514	413	2229	463	0947	513	9667	563	8388
314	4775	364	3488	414	2204	464	0921	514	9641	564	8363
315	4749	365	3463	415	2178	465	0896	515	9616	565	8337
316	4723	366	3437	416	2152	466	0870	516	9590	566	8312
317	4698	367	3411	417	2127	467	0844	517	9564	567	8286
318	4672	368	3385	418	2101	468	0819	518	9539	568	8261
319	4646	369	3359	419	2075	469	0793	519	9513	569	8235
320	4621	370	3334	420	2050	470	0768	520	9488	570	8210
62 321	160 4595	62 371	160 3308	62 421	160 2024	62 471	160 0742	62 521	159 9462		
322	4569	372	3282	422	1998	472	0716	522	9436		
323	4543	373	3256	423	1973	473	0691	523	9411		
324	4517	374	3231	424	1947	474	0665	524	9385		
325	4492	375	3205	425	1922	475	0640	525	9360		
326	4466	376	3179	426	1896	476	0614	526	9334		
327	4440	377	3154	427	1870	477	0588	527	9308		
328	4414	378	3128	428	1845	478	0563	528	9283		
329	4388	379	3102	429	1819	479	0537	529	9257		
330	4363	380	3077	430	1794	480	0512	530	9232		
62 331	160 4337	62 381	160 3051	62 431	160 1768	62 481	160 0486	62 531	159 9206		
332	4311	382	3025	432	1742	482	0460	532	9180		
333	4285	383	2999	433	1716	483	0435	533	9155		
334	4260	384	2974	434	1691	484	0409	534	9129		
335	4234	385	2948	435	1665	485	0384	535	9104		
336	4208	386	2922	436	1639	486	0358	536	9078		
337	4183	387	2897	437	1614	487	0332	537	9052		
338	4157	388	2871	438	1588	488	0307	538	9027		
339	4131	389	2845	439	1562	489	0281	539	9001		
340	4106	390	2820	440	1537	490	0256	540	8976		

DIFF.

	26	25
0 01	0	0
0 02	1	1
0 03	1	1
0 04	1	1
0 05	1	1
0 06	2	2
0 07	2	2
0 08	2	2
0 09	2	2
0 10	3	3
0 20	5	5
0 30	8	8
0 40	10	10
0 50	13	13
0 60	16	15
0 70	18	18
0 80	21	20
0 90	23	23
1 00	26	25

DIVISEURS : 62571 A 62850.

DIVISEUR	Nombre à multiplier par le dividende	DIVISEUR	Nombre à multiplier par le dividende	DIVISEUR	Nombre à multiplier par le dividende	DIVISEUR	Nombre à multiplier par le dividende	DIVISEUR	Nombre à multiplier par le dividende	DIVISEUR	Nombre à multiplier par le dividende
62 571	159 8484	62 621	159 6907	62 671	159 5633	62 721	159 4361	62 771	159 3091	62 821	159 1823
572	8458	622	6882	672	5608	722	4336	772	3066	822	1798
573	8433	623	6856	673	5582	723	4310	773	3040	823	1773
574	8407	624	6831	674	5557	724	4285	774	3015	824	1748
575	8082	625	6805	675	5532	725	4260	775	2990	825	1723
576	8056	626	6780	676	5506	726	4234	776	2964	826	1697
577	8030	627	6754	677	5481	727	4209	777	2939	827	1672
578	8005	628	6729	678	5455	728	4183	778	2913	828	1647
579	7979	629	6703	679	5430	729	4158	779	2888	829	1622
580	7954	630	6678	680	5405	730	4133	780	2863	830	1597
62 581	159 7928	62 631	159 6652	62 681	159 5379	62 731	159 4107	62 781	159 2837	62 831	159 1571
582	7903	632	6627	682	5354	732	4082	782	2812	832	1546
583	7877	633	6601	683	5328	733	4056	783	2787	833	1520
584	7852	634	6576	684	5303	734	4031	784	2761	834	1495
585	7826	635	6550	685	5277	735	4006	785	2736	835	1470
586	7801	636	6525	686	5252	736	3980	786	2711	836	1444
587	7775	637	6499	687	5226	737	3955	787	2685	837	1419
588	7750	638	6474	688	5201	738	3929	788	2660	838	1393
589	7724	639	6448	689	5175	739	3904	789	2635	839	1368
590	7699	640	6423	690	5150	740	3879	790	2610	840	1343
62 591	159 7673	62 641	159 6397	62 691	159 5124	62 741	159 3853	62 791	159 2584	62 841	159 1317
592	7648	642	6372	692	5099	742	3828	792	2559	842	1292
593	7622	643	6346	693	5073	743	3802	793	2533	843	1266
594	7597	644	6321	694	5048	744	3777	794	2508	844	1241
595	7571	645	6296	695	5023	745	3752	795	2483	845	1216
596	7546	646	6270	696	4997	746	3726	796	2457	846	1190
597	7520	647	6245	697	4972	747	3701	797	2432	847	1165
598	7495	648	6219	698	4946	748	3675	798	2406	848	1139
599	7469	649	6194	699	4921	749	3650	799	2381	849	1114
600	7444	650	6169	700	4896	750	3625	800	2356	850	1089
62 601	159 7418	62 651	159 6143	62 701	159 4870	62 751	159 3599	62 801	159 2330		
602	7392	652	6118	702	4845	752	3574	802	2305		
603	7367	653	6092	703	4819	753	3548	803	2280		
604	7341	654	6067	704	4794	754	3523	804	2254		
605	7316	655	6041	705	4769	755	3498	805	2229		
606	7290	656	6016	706	4743	756	3472	806	2204		
607	7264	657	5990	707	4718	757	3447	807	2178		
608	7239	658	5965	708	4692	758	3421	808	2153		
609	7213	659	5939	709	4667	759	3396	809	2128		
610	7188	660	5914	710	4642	760	3371	810	2103		
62 611	159 7462	62 661	159 5888	62 711	159 4616	62 761	159 3345	62 811	159 2077		
612	7437	662	5863	712	4591	762	3320	812	2052		
613	7411	663	5837	713	4565	763	3294	813	2026		
614	7386	664	5812	714	4540	764	3269	814	2001		
615	7360	665	5786	715	4514	765	3244	815	1976		
616	7335	666	5761	716	4489	766	3218	816	1950		
617	7309	667	5735	717	4463	767	3193	817	1925		
618	7284	668	5710	718	4438	768	3167	818	1899		
619	7258	669	5684	719	4412	769	3142	819	1874		
620	7233	670	5659	720	4387	770	3117	820	1849		

DIFF.

	26	25
0 01	0	0
0 02	1	1
0 03	1	1
0 04	1	1
0 05	1	1
0 06	2	2
0 07	2	2
0 08	2	2
0 09	2	2
0 10	3	3
0 20	5	5
0 30	8	8
0 40	10	10
0 50	13	13
0 60	16	15
0 70	18	18
0 80	21	20
0 90	23	23
1 00	26	25

DIVISEURS : **62851** A **63130**.

DIVISEUR	Nombre à multiplier par le dividende	DIVISEUR	Nombre à multiplier par le dividende	DIVISEUR	Nombre à multiplier par le dividende	DIVISEUR	Nombre à multiplier par le dividende	DIVISEUR	Nombre à multiplier par le dividende	DIVISEUR	Nombre à multiplier par le dividende
62 851	159 1063	62 901	158 9799	62 951	158 8536	63 001	158 7275	63 051	158 6016	63 101	158 4760
852	1038	902	9774	952	8511	002	7250	052	5991	102	4735
853	1013	903	9749	953	8486	003	7225	053	5966	103	4710
854	0987	904	9723	954	8461	004	7200	054	5941	104	4685
855	0962	905	9698	955	8436	005	7175	055	5946	105	4660
856	0937	906	9673	956	8410	006	7149	056	5891	106	4634
857	0911	907	9647	957	8385	007	7124	057	5866	107	4609
858	0886	908	9622	958	8360	008	7099	058	5841	108	4584
859	0861	909	9597	959	8335	009	7074	059	5816	109	4559
860	0836	910	9572	960	8310	010	7049	060	5791	110	4534
62 861	159 0840	62 911	158 9546	62 961	158 8284	63 011	158 7023	63 061	158 5765	63 111	158 4508
862	0785	912	9521	962	8259	012	6998	062	5740	112	4483
863	0760	913	9496	963	8234	013	6973	063	5715	113	4458
864	0734	914	9470	964	8208	014	6948	064	5690	114	4433
865	0709	915	9445	965	8183	015	6923	065	5665	115	4408
866	0684	916	9420	966	8158	016	6897	066	5639	116	4383
867	0658	917	9394	967	8132	017	6872	067	5614	117	4358
868	0633	918	9369	968	8107	018	6847	068	5589	118	4333
869	0608	919	9344	969	8082	019	6822	069	5564	119	4308
870	0583	920	9319	970	8057	020	6797	070	5539	120	4283
62 871	159 0557	62 921	158 9293	62 971	158 8031	63 021	158 6771	63 071	158 5513	63 121	158 4257
872	0532	922	9268	972	8006	022	6746	072	5488	122	4232
873	0507	923	9243	973	7981	023	6721	073	5463	123	4207
874	0481	924	9218	974	7956	024	6696	074	5438	124	4182
875	0456	925	9193	975	7931	025	6671	075	5413	125	4157
876	0431	926	9167	976	7905	026	6646	076	5388	126	4132
877	0405	927	9142	977	7880	027	6621	077	5363	127	4107
878	0380	928	9117	978	7855	028	6596	078	5338	128	4082
879	0355	929	9092	979	7830	029	6571	079	5313	129	4057
880	0330	930	9067	980	7805	030	6546	080	5288	130	4032
62 881	159 0304	62 931	158 9041	62 981	158 7779	63 031	158 6520	68 081	158 5262		
882	0279	932	9016	982	7754	032	6495	082	5237		
883	0254	933	8991	983	7729	033	6470	083	5212		
884	0228	934	8965	984	7704	034	6445	084	5187		
885	0203	935	8940	985	7679	035	6420	085	5162		
886	0178	936	8915	986	7653	036	6394	086	5137		
887	0152	937	8889	987	7628	037	6369	087	5112		
888	0127	938	8864	988	7603	038	6344	088	5087		
889	0102	939	8839	989	7578	039	6319	089	5062		
890	0077	940	8814	990	7553	040	6294	090	5037		
62 891	159 0051	62 941	158 8788	62 991	158 7527	63 041	158 6268	63 091	158 5011		
892	0026	942	8763	992	7502	042	6243	092	4986		
893	0001	943	8738	993	7477	043	6218	093	4961		
894	158 9976	944	8713	994	7452	044	6193	094	4936		
895	9951	945	8688	995	7427	045	6168	095	4911		
896	9925	946	8662	996	7401	046	6142	096	4886		
897	9900	947	8637	997	7376	047	6117	097	4861		
898	9875	948	8612	998	7351	048	6092	098	4836		
899	9850	949	8587	999	7326	049	6067	099	4811		
900	9825	950	8562	63 000	7301	050	6042	100	4786		

DIFF.

	26	25
0 01	0	0
0 02	1	1
0 03	1	1
0 04	1	1
0 05	1	1
0 06	2	2
0 07	2	2
0 08	2	2
0 09	2	2
0 10	3	3
0 20	5	5
0 30	8	8
0 40	10	10
0 50	13	13
0 60	16	15
0 70	18	18
0 80	21	20
0 90	23	23
1 00	26	25

DIVISEURS : 63131 A 63410.

DIVISEUR	Nombre à multiplier par le dividende	DIVISEUR	Nombre à multiplier par le dividende	DIVISEUR	Nombre à multiplier par le dividende	DIVISEUR	Nombre à multiplier par le dividende	DIVISEUR	Nombre à multiplier par le dividende	DIVISEUR	Nombre à multiplier par le dividende
63 131	158 4007	63 181	158 2753	63 231	158 1502	63 281	158 0252	63 331	157 9005	63 381	157 7759
132	3982	182	2728	232	1477	282	0227	332	8980	382	7734
133	3957	183	2703	233	1452	283	0202	333	8955	383	7709
134	3932	184	2678	234	1427	284	0177	334	8930	384	7684
135	3907	185	2653	235	1402	285	0152	335	8905	385	7659
136	3882	186	2628	236	1377	286	0127	336	8880	386	7634
137	3857	187	2603	237	1352	287	0102	337	8855	387	7609
138	3832	188	2578	238	1327	288	0077	338	8830	388	7584
139	3807	189	2553	239	1302	289	0052	339	8805	389	7559
140	3782	190	2528	240	1277	290	0028	340	8784	390	7533
63 141	158 3756	63 191	158 2503	63 241	158 1252	63 291	158 0003	63 341	157 8756	63 391	157 7510
142	3731	192	2478	242	1227	292	157 9978	342	8731	392	7485
143	3706	193	2453	243	1202	293	9953	343	8706	393	7460
144	3681	194	2428	244	1177	294	9928	344	8681	394	7435
145	3656	195	2403	245	1152	295	9903	345	8656	395	7411
146	3631	196	2378	246	1127	296	9878	346	8631	396	7386
147	3606	197	2353	247	1102	297	9853	347	8606	397	7361
148	3581	198	2328	248	1077	298	9828	348	8581	398	7336
149	3556	199	2303	249	1052	299	9803	349	8556	399	7311
150	3531	200	2278	250	1027	300	9778	350	8531	400	7287
63 151	158 3505	63 201	158 2253	63 251	158 1002	63 301	157 9753	63 351	157 8506	63 401	157 7262
152	3480	202	2228	252	0977	302	9728	352	8481	402	7237
153	3455	203	2203	253	0952	303	9703	353	8456	403	7212
154	3430	204	2178	254	0927	304	9678	354	8431	404	7187
155	3405	205	2153	255	0902	305	9653	355	8406	405	7162
156	3380	206	2128	256	0877	306	9628	356	8381	406	7137
157	3355	207	2103	257	0852	307	9603	357	8356	407	7112
158	3330	208	2078	258	0827	308	9578	358	8331	408	7087
159	3305	209	2053	259	0802	309	9553	359	8306	409	7062
160	3280	210	2028	260	0777	310	9529	360	8282	410	7038
63 161	158 3255	63 211	158 2002	63 261	158 0752	63 311	157 9504	63 361	157 8257		
162	3229	212	1977	262	0727	312	9479	362	8232		
163	3204	213	1952	263	0702	313	9454	363	8207		
164	3179	214	1927	264	0677	314	9429	364	8182		
165	3154	215	1902	265	0652	315	9404	365	8157		
166	3129	216	1877	266	0627	316	9379	366	8132		
167	3104	217	1852	267	0602	317	9354	367	8107		
168	3079	218	1827	268	0577	318	9329	368	8082		
169	3054	219	1802	269	0552	319	9304	369	8057		
170	3029	220	1777	270	0527	320	9279	370	8033		
63 171	158 3003	63 221	158 1752	63 271	158 0502	63 321	157 9254	63 371	157 8008		
172	2978	222	1727	272	0477	322	9229	372	7983		
173	2953	223	1702	273	0452	323	9204	373	7958		
174	2928	224	1677	274	0427	324	9179	374	7933		
175	2903	225	1652	275	0402	325	9154	375	7908		
176	2878	226	1627	276	0377	326	9129	376	7883		
177	2853	227	1602	277	0352	327	9104	377	7858		
178	2828	228	1577	278	0327	328	9079	378	7833		
179	2803	229	1552	279	0302	329	9054	379	7808		
180	2778	230	1527	280	0277	330	9030	380	7784		

DIFF.

	26	25	24
0 01	0	0	0
0 02	1	1	0
0 03	1	1	1
0 04	1	1	1
0 05	1	1	1
0 06	2	2	1
0 07	2	2	2
0 08	2	2	2
0 09	2	2	2
0 10	3	3	2
0 20	5	5	5
0 30	8	8	7
0 40	10	10	10
0 50	13	13	12
0 60	16	15	14
0 70	18	18	17
0 80	21	20	19
0 90	23	23	22
1 00	26	25	24

DIVISEURS : **63411** A **63690**.

DIVISEUR	Nombre à multiplier par le dividende	DIVISEUR	Nombre à multiplier par le dividende	DIVISEUR	Nombre à multiplier par le dividende	DIVISEUR	Nombre à multiplier par le dividende	DIVISEUR	Nombre à multiplier par le dividende	DIVISEUR	Nombre à multiplier par le dividende	DIVISEUR	Nombre à multiplier par le dividende
63 411	157 7013	63 461	157 5770	63 511	157 4530	63 561	157 3291	63 611	157 2054	63 661	157 0820		
412	6988	462	5745	512	4505	562	3266	612	2029	662	0795		
413	6963	463	5720	513	4480	563	3241	613	2004	663	0770		
414	6938	464	5695	514	4455	564	3217	614	1980	664	0746		
415	6913	465	5671	515	4431	565	3192	615	1955	665	0721		
416	6888	466	5646	516	4406	566	3167	616	1930	666	0696		
417	6863	467	5621	517	4381	567	3143	617	1906	667	0672		
418	6838	468	5596	518	4356	568	3148	618	1881	668	0647		
419	6843	469	5571	519	4331	569	3093	619	1856	669	0622		
420	6789	470	5547	520	4307	570	3069	620	1832	670	0598		
63 421	157 6764	63 471	157 5522	63 521	157 4282	63 571	157 3044	63 621	157 1807	63 671	157 0573		
422	6739	472	5497	522	4257	572	3019	622	1782	672	0548		
423	6714	473	5472	523	4232	573	2994	623	1757	673	0523		
424	6689	474	5447	524	4207	574	2969	624	1733	674	0499		
425	6665	475	5423	525	4183	575	2945	625	1708	675	0474		
426	6640	476	5398	526	4158	576	2920	626	1683	676	0449		
427	6615	477	5373	527	4133	577	2895	627	1659	677	0425		
428	6590	478	5348	528	4108	578	2870	628	1634	678	0400		
429	6565	479	5323	529	4083	579	2845	629	1609	679	0375		
430	6541	480	5299	530	4059	580	2821	630	1585	680	0351		
63 431	157 6516	63 481	157 5274	63 531	157 4034	63 581	157 2796	63 631	157 1560	63 681	157 0326		
432	6491	482	5249	532	4009	582	2771	632	1535	682	0301		
433	6466	483	5224	533	3984	583	2746	633	1510	683	0277		
434	6441	484	5199	534	3959	584	2722	634	1486	684	0252		
435	6416	485	5175	535	3935	585	2697	635	1461	685	0228		
436	6391	486	5150	536	3910	586	2672	636	1436	686	0203		
437	6366	487	5125	537	3885	587	2648	637	1412	687	0178		
438	6341	488	5100	538	3860	588	2623	638	1387	688	0154		
439	6316	489	5075	539	3835	589	2598	639	1362	689	0129		
440	6292	490	5051	540	3811	590	2574	640	1338	690	0105		
63 441	157 6267	63 491	157 5026	63 541	157 3786	63 591	157 2549	63 641	157 1313	DIFF.			
442	6242	492	5001	542	3761	592	2524	642	1288				
443	6217	493	4976	543	3736	593	2499	643	1263		25	24	
444	6192	494	4951	544	3712	594	2475	644	1239				
445	6168	495	4927	545	3687	595	2450	645	1214				
446	6143	496	4902	546	3662	596	2425	646	1189	0 01	0	0	
447	6118	497	4877	547	3638	597	2401	647	1165	0 02	1	0	
448	6093	498	4852	548	3613	598	2376	648	1140	0 03	1	1	
449	6068	499	4827	549	3588	599	2351	649	1115	0 04	1	1	
450	6044	500	4803	550	3564	600	2327	650	1091	0 05	1	1	
										0 06	2	1	
										0 07	2	2	
63 451	157 6019	63 501	157 4778	63 551	157 3539	63 601	157 2302	63 651	157 1066	0 08	2	2	
452	5994	502	4753	552	3514	602	2277	652	1041	0 09	2	2	
453	5969	503	4728	553	3489	603	2252	653	1017	0 10	3	2	
454	5944	504	4703	554	3464	604	2227	654	0992				
455	5919	505	4679	555	3440	605	2203	655	0968	0 20	5	5	
456	5894	506	4654	556	3415	606	2178	656	0943	0 30	8	7	
457	5869	507	4629	557	3390	607	2153	657	0918	0 40	10	10	
458	5844	508	4604	558	3365	608	2128	658	0894	0 50	13	12	
459	5819	509	4579	559	3340	609	2103	659	0869	0 60	15	14	
460	5795	510	4555	560	3316	610	2079	660	0845	0 70	18	17	
										0 80	20	19	
										0 90	23	22	
										1 00	25	24	

DIVISEUR	Nombre à multiplier par le dividende	DIVISEUR	Nombre à multiplier par le dividende	DIVISEUR	Nombre à multiplier par le dividende	DIVISEUR	Nombre à multiplier par le dividende	DIVISEUR	Nombre à multiplier par le dividende	DIVISEUR	Nombre à multiplier par le dividende
63 691	157 0080	63 741	156 8848	63 791	156 7618	63 841	156 6391	63 891	156 5165	63 941	156 3941
692	0055	742	8823	792	7594	842	6366	892	5141	942	3917
693	0030	743	8799	793	7569	843	6342	893	5116	943	3892
694	0006	744	8774	794	7545	844	6317	894	5092	944	3868
695	156 9981	745	8750	795	7520	845	6293	895	5067	945	3843
696	9956	746	8725	796	7496	846	6268	896	5043	946	3819
697	9932	747	8700	797	7471	847	6243	897	5018	947	3794
698	9907	748	8676	798	7447	848	6219	898	4994	948	3770
699	9882	749	8651	799	7422	849	6194	899	4969	949	3745
700	9858	750	8627	800	7398	850	6170	900	4945	950	3721
63 701	156 9833	63 751	156 8602	63 801	156 7373	63 851	156 6145	63 901	156 4920	63 951	156 3696
702	9808	752	8577	802	7348	852	6121	902	4896	952	3672
703	9784	753	8553	803	7324	853	6096	903	4871	953	3647
704	9759	754	8528	804	7299	854	6072	904	4847	954	3623
705	9735	755	8504	805	7275	855	6047	905	4822	955	3598
706	9710	756	8479	806	7250	856	6023	906	4798	956	3574
707	9685	757	8454	807	7225	857	5998	907	4773	957	3549
708	9661	758	8430	808	7201	858	5974	908	4749	958	3525
709	9636	759	8405	809	7176	859	5949	909	4724	959	3500
710	9612	760	8381	810	7152	860	5925	910	4700	960	3476
63 711	156 9587	63 761	156 8356	63 811	156 7127	63 861	156 5900	63 911	156 4675	63 961	156 3451
712	9562	762	8331	812	7102	862	5876	912	4651	962	3427
713	9537	763	8307	813	7078	863	5851	913	4626	963	3402
714	9513	764	8282	814	7053	864	5827	914	4602	964	3378
715	9488	765	8258	815	7029	865	5802	915	4577	965	3354
716	9463	766	8233	816	7004	866	5778	916	4553	966	3329
717	9439	767	8208	817	6979	867	5753	917	4528	967	3305
718	9414	768	8184	818	6955	868	5729	918	4504	968	3280
719	9389	769	8159	819	6930	869	5704	919	4479	969	3256
720	9365	770	8135	820	6906	870	5680	920	4455	970	3232
63 721	156 9340	63 771	156 8110	63 821	156 6881	63 871	156 5655	63 921	156 4430		
722	9315	772	8085	822	6857	872	5631	922	4406		
723	9291	773	8061	823	6832	873	5606	923	4381		
724	9266	774	8036	824	6808	874	5582	924	4357		
725	9242	775	8012	825	6783	875	5557	925	4332		
726	9217	776	7987	826	6759	876	5533	926	4308		
727	9192	777	7962	827	6734	877	5508	927	4283		
728	9168	778	7938	828	6710	878	5484	928	4259		
729	9143	779	7913	829	6685	879	5459	929	4234		
730	9119	780	7889	830	6661	880	5435	930	4210		
63 731	156 9094	63 781	156 7864	63 831	156 6636	63 881	156 5410	63 931	156 4185		
732	9069	782	7839	832	6612	882	5386	932	4164		
733	9045	783	7815	833	6587	883	5361	933	4136		
734	9020	784	7790	834	6563	884	5337	934	4112		
735	8996	785	7766	835	6538	885	5312	935	4088		
736	8971	786	7741	836	6514	886	5288	936	4063		
737	8946	787	7716	837	6489	887	5263	937	4039		
738	8922	788	7692	838	6465	888	5239	938	4014		
739	8897	789	7667	839	6440	889	5214	939	3990		
740	8873	790	7643	840	6416	890	5190	940	3966		

DIFF.

	25	24
0 01	0	0
0 02	1	0
0 03	1	1
0 04	1	1
0 05	1	1
0 06	2	1
0 07	2	2
0 08	2	2
0 09	2	2
0 10	3	2
0 20	5	5
0 30	8	7
0 40	10	10
0 50	13	12
0 60	15	14
0 70	18	17
0 80	20	19
0 90	23	22
1 00	25	24

DIVISEURS : 63971 A 64250.

DIVISEUR	Nombre à multiplier par le dividende	DIVISEUR	Nombre à multiplier par le dividende	DIVISEUR	Nombre à multiplier par le dividende	DIVISEUR	Nombre à multiplier par le dividende	DIVISEUR	Nombre à multiplier par le dividende	DIVISEUR	Nombre à multiplier par le dividende
63 971	156 3207	64 021	156 1986	64 071	156 0767	64 121	155 9550	64 171	155 8335	64 221	155 7122
972	3183	022	1962	072	0743	122	9526	172	8311	222	7098
973	3158	023	1937	073	0718	123	9502	173	8287	223	7074
974	3134	024	1913	074	0694	124	9477	174	8262	224	7049
975	3110	025	1889	075	0670	125	9453	175	8238	225	7025
976	3085	026	1864	076	0645	126	9429	176	8214	226	7001
977	3061	027	1840	077	0621	127	9404	177	8189	227	6976
978	3036	028	1815	078	0596	128	9380	178	8165	228	6952
979	3012	029	1791	079	0572	129	9356	179	8141	229	6928
980	2988	030	1767	080	0548	130	9332	180	8117	230	6904
63 981	156 2963	64 031	156 1742	64 081	156 0523	64 131	155 9307	64 181	155 8092	64 231	155 6879
982	2939	032	1718	082	0499	132	9283	182	8068	232	6855
983	2914	033	1694	083	0475	133	9259	183	8044	233	6831
984	2890	034	1669	084	0450	134	9234	184	8020	234	6807
985	2866	035	1645	085	0426	135	9210	185	7996	235	6783
986	2841	036	1621	086	0402	136	9186	186	7971	236	6758
987	2817	037	1596	087	0377	137	9161	187	7947	237	6734
988	2792	038	1572	088	0353	138	9137	188	7923	238	6710
989	2768	039	1548	089	0329	139	9113	189	7899	239	6686
990	2744	040	1524	090	0305	140	9089	190	7875	240	6662
63 991	156 2719	64 041	156 1499	64 091	156 0280	64 141	155 9064	64 191	155 7850	64 241	155 6637
992	2695	042	1475	092	0256	142	9040	192	7826	242	6613
993	2670	043	1450	093	0232	143	9016	193	7802	243	6589
994	2646	044	1426	094	0207	144	8991	194	7777	244	6565
995	2622	045	1402	095	0183	145	8967	195	7753	245	6541
996	2597	046	1377	096	0159	146	8943	196	7729	246	6516
997	2573	047	1353	097	0134	147	8918	197	7704	247	6492
998	2548	048	1328	098	0110	148	8894	198	7680	248	6468
999	2524	049	1304	099	0086	149	8870	199	7656	249	6444
64 000	2500	050	1280	100	0062	150	8846	200	7632	250	6420
64 001	156 2475	64 051	156 1255	64 101	156 0037	64 151	155 8821	64 201	155 7607		
002	2451	052	1231	102	0013	152	8797	202	7583		
003	2426	053	1206	103	155 9989	153	8773	203	7559		
004	2402	054	1182	104	9964	154	8748	204	7534		
005	2377	055	1158	105	9940	155	8724	205	7510		
006	2353	056	1133	106	9916	156	8700	206	7486		
007	2328	057	1109	107	9891	157	8675	207	7461		
008	2304	058	1084	108	9867	158	8651	208	7437		
009	2279	059	1060	109	9843	159	8627	209	7413		
010	2255	060	1036	110	9819	160	8603	210	7389		
64 011	156 2230	64 061	156 1011	64 111	155 9794	64 161	155 8578	64 211	155 7364		
012	2206	062	0987	112	9770	162	8554	212	7340		
013	2181	063	0962	113	9745	163	8530	213	7316		
014	2157	064	0938	114	9721	164	8505	214	7292		
015	2133	065	0914	115	9697	165	8481	215	7268		
016	2108	066	0889	116	9672	166	8457	216	7243		
017	2084	067	0865	117	9648	167	8432	217	7219		
018	2059	068	0840	118	9623	168	8408	218	7195		
019	2035	069	0816	119	9599	169	8384	219	7171		
020	2011	070	0792	120	9575	170	8360	220	7147		

DIFF.

	25	24
0 01	0	0
0 02	1	0
0 03	1	1
0 04	1	1
0 05	1	1
0 06	2	1
0 07	2	2
0 08	2	2
0 09	2	2
0 10	3	2
0 20	5	5
0 30	8	7
0 40	10	10
0 50	13	12
0 60	15	14
0 70	18	17
0 80	20	19
0 90	23	22
1 00	25	24

DIVISEURS : 64251 A 64530.

DIVISEUR	Nombre à multiplier par le dividende	DIVISEUR	Nombre à multiplier par le dividende	DIVISEUR	Nombre à multiplier par le dividende	DIVISEUR	Nombre à multiplier par le dividende	DIVISEUR	Nombre à multiplier par le dividende	DIVISEUR	Nombre à multiplier par le dividende
64 251	155 6395	64 301	155 5184	64 351	155 3976	64 401	155 2770	64 451	155 1565	64 501	155 0363
252	6371	302	5160	352	3952	402	2746	452	1541	502	0339
253	6347	303	5136	353	3928	403	2722	453	1517	503	0315
254	6322	304	5112	354	3904	404	2698	454	1493	504	0291
255	6298	305	5088	355	3880	405	2674	455	1469	505	0267
256	6274	306	5064	356	3856	406	2649	456	1445	506	0243
257	6249	307	5040	357	3832	407	2625	457	1421	507	0219
258	6225	308	5016	358	3808	408	2601	458	1397	508	0195
259	6201	309	4992	359	3784	409	2577	459	1373	509	0171
260	6177	310	4968	360	3760	410	2553	460	1349	510	0147
64 261	155 6152	64 311	155 4943	64 361	155 3735	64 411	155 2528	64 461	155 1325	64 511	155 0123
262	6128	312	4919	362	3711	412	2504	462	1301	512	0099
263	6104	313	4895	363	3687	413	2480	463	1277	513	0075
264	6080	314	4871	364	3663	414	2456	464	1253	514	0051
265	6056	315	4847	365	3639	415	2432	465	1229	515	0027
266	6031	316	4822	366	3614	416	2408	466	1205	516	0003
267	6007	317	4798	367	3590	417	2384	467	1181	517	154 9979
268	5983	318	4774	368	3566	418	2360	468	1157	518	9955
269	5959	319	4750	369	3542	419	2336	469	1133	519	9931
270	5935	320	4726	370	3518	420	2312	470	1109	520	9907
64 271	155 5910	64 321	155 4701	64 371	155 3493	64 421	155 2288	64 471	155 1084	64 521	154 9882
272	5886	322	4677	372	3469	422	2264	472	1060	522	9858
273	5862	323	4653	373	3445	423	2240	473	1036	523	9834
274	5838	324	4629	374	3424	424	2216	474	1012	524	9810
275	5814	325	4605	375	3397	425	2192	475	0988	525	9786
276	5789	326	4580	376	3373	426	2168	476	0964	526	9762
277	5765	327	4556	377	3349	427	2144	477	0940	527	9738
278	5741	328	4532	378	3325	428	2120	478	0916	528	9714
279	5717	329	4508	379	3301	429	2096	479	0892	529	9690
280	5693	330	4484	380	3271	430	2072	480	0868	530	9666
64 281	155 5668	64 331	155 4459	64 381	155 3252	64 431	155 2047	64 481	155 0844		
282	5644	332	4435	382	3228	432	2023	482	0820		
283	5620	333	4411	383	3204	433	1999	483	0796		
284	5596	334	4387	384	3180	434	1975	484	0772		
285	5572	335	4363	385	3156	435	1951	485	0748		
286	5548	336	4339	386	3132	436	1926	486	0724		
287	5524	337	4315	387	3108	437	1902	487	0700		
288	5500	338	4291	388	3084	438	1878	488	0676		
289	5476	339	4267	389	3060	439	1854	489	0652		
290	5452	340	4243	390	3036	440	1830	490	0628		
64 291	155 5427	64 341	155 4218	64 391	155 3011	64 441	155 1806	64 491	155 0603		
292	5403	342	4194	392	2987	442	1782	492	0579		
293	5379	343	4170	393	2963	443	1758	493	0555		
294	5354	344	4146	394	2939	444	1734	494	0531		
295	5330	345	4122	395	2915	445	1710	495	0507		
296	5306	346	4097	396	2891	446	1686	496	0483		
297	5281	347	4073	397	2867	447	1662	497	0459		
298	5257	348	4049	398	2843	448	1638	498	0435		
299	5233	349	4025	399	2819	449	1614	499	0411		
300	5209	350	4001	400	2795	450	1590	500	0387		

DIFF.

	25	24
0 01	0	0
0 02	1	0
0 03	1	1
0 04	1	1
0 05	1	1
0 06	2	1
0 07	2	2
0 08	2	2
0 09	2	2
0 10	3	2
0 20	5	5
0 30	8	7
0 40	10	10
0 50	13	12
0 60	15	14
0 70	18	17
0 80	20	19
0 90	23	22
1 00	25	24

DIVISSUER : 64531 A 64810.

DIVISEUR	Nombre à multiplier par le dividende	DIVISEUR	Nombre à multiplier par le dividende	DIVISEUR	Nombre à multiplier par le dividende	DIVISEUR	Nombre à multiplier par le dividende	DIVISEUR	Nombre à multiplier par le dividende	DIVISEUR	Nombre à multiplier par le dividende
64 531	154 9642	64 581	154 8443	64 631	154 7245	64 681	154 6048	64 731	154 4854	64 781	154 3662
532	9618	582	8419	632	7221	682	6024	732	4830	782	3638
533	9594	583	8395	633	7197	683	6000	733	4806	783	3614
534	9570	584	8371	634	7173	684	5976	734	4782	784	3590
535	9546	585	8347	635	7149	685	5952	735	4759	785	3567
536	9522	586	8323	636	7125	686	5928	736	4735	786	3543
537	9498	587	8299	637	7101	687	5904	737	4711	787	3519
538	9474	588	8275	638	7077	688	5880	738	4687	788	3495
539	9450	589	8251	639	7053	689	5856	739	4663	789	3471
540	9426	590	8227	640	7029	690	5833	740	4640	790	3448
64 541	154 9402	64 591	154 8203	64 641	154 7005	64 691	154 5809	64 741	154 4616	64 791	154 3424
542	9378	592	8179	642	6981	692	5785	742	4592	792	3400
543	9354	593	8155	643	6957	693	5761	743	4568	793	3376
544	9330	594	8131	644	6933	694	5737	744	4544	794	3352
545	9306	595	8107	645	6909	695	5714	745	4520	795	3328
546	9282	596	8083	646	6885	696	5690	746	4496	796	3304
547	9258	597	8059	647	6861	697	5666	747	4472	797	3280
548	9234	598	8035	648	6837	698	5642	748	4448	798	3256
549	9210	599	8011	649	6813	699	5618	749	4424	799	3232
550	9186	600	7987	650	9790	700	5595	750	4401	800	3209
64 551	154 9162	64 601	154 7963	64 651	154 6766	64 701	154 5571	64 751	154 4377	64 801	154 3185
552	9138	602	7939	652	6742	702	5547	752	4353	802	3161
553	9114	603	7915	653	6718	703	5523	753	4329	803	3137
554	9090	604	7891	654	6694	704	5499	754	4305	804	3113
555	9066	605	7867	655	6670	705	5475	755	4282	805	3090
556	9042	606	7843	656	6646	706	5451	756	4258	806	3066
557	9018	607	7819	657	6622	707	5427	757	4234	807	3042
558	8994	608	7795	658	6598	708	5403	758	4210	808	3018
559	8970	609	7771	659	6574	709	5379	759	4186	809	2994
560	8946	610	7748	660	6551	710	5356	760	4163	810	2971
64 561	154 8922	64 611	154 7724	64 661	154 6527	64 711	154 5332	64 761	154 4139		
562	8898	612	7700	662	6503	712	5308	762	4115		
563	8874	613	7676	663	6479	713	5284	763	4091		
564	8850	614	7652	664	6455	714	5260	764	4067		
565	8826	615	7628	665	6431	715	5236	765	4043		
566	8802	616	7604	666	6407	716	5212	766	4019		
567	8778	617	7580	667	6383	717	5188	767	3995		
568	8754	618	7556	668	6359	718	5164	768	3971		
569	8730	619	7532	669	6335	719	5140	769	3947		
570	8706	620	7508	670	6312	720	5117	770	3924		
64 571	154 8682	64 621	154 7484	64 671	154 6288	64 721	154 5093	64 771	154 3900		
572	8658	622	7460	672	6264	722	5069	772	3876		
573	8634	623	7436	673	6240	723	5045	773	3852		
574	8610	624	7412	674	6216	724	5021	774	3828		
575	8586	625	7388	675	6192	725	4997	775	3805		
576	8562	626	7364	676	6168	726	4973	776	3781		
577	8538	627	7340	677	6144	727	4949	777	3757		
578	8514	628	7316	678	6120	728	4925	778	3733		
579	8490	629	7292	679	6096	729	4901	779	3709		
580	8467	630	7269	680	6072	730	4878	780	3686		

DIFF.

	24	23
0 01	0	0
0 02	0	0
0 03	1	1
0 04	1	1
0 05	1	1
0 06	1	1
0 07	2	2
0 08	2	2
0 09	2	2
0 10	2	2
0 20	5	5
0 30	7	7
0 40	10	9
0 50	12	12
0 60	14	14
0 70	17	16
0 80	19	18
0 90	22	21
1 00	24	23

DIVISEURS ; 64811 A 65090.

DIVISEUR	Nombre à multiplier par le dividende	DIVISEUR	Nombre à multiplier par le dividende	DIVISEUR	Nombre à multiplier par le dividende	DIVISEUR	Nombre à multiplier par le dividende	DIVISEUR	Nombre à multiplier par le dividende	DIVISEUR	Nombre à multiplier par le dividende
64 811	154 2947	64 861	154 4758	64 911	154 0570	64 961	153 9384	65 011	153 8200	65 061	153 7018
812	2923	862	4734	912	0546	962	9360	012	8176	062	6994
813	2899	863	4710	913	0522	963	9336	013	8153	063	6971
814	2875	864	4686	914	0499	964	9313	014	8129	064	6947
815	2852	865	4663	915	0475	965	9289	015	8106	065	6924
816	2828	866	4639	916	0451	966	9265	016	8082	066	6900
817	2804	867	4615	917	0428	967	9242	017	8058	067	6876
818	2780	868	4591	918	0404	968	9218	018	8035	068	6853
819	2756	869	4567	919	0380	969	9194	019	8011	069	6829
820	2733	870	4544	920	0357	970	9171	020	7988	070	6806
64 821	154 2709	64 871	154 4520	64 921	154 0333	64 971	153 9147	65 021	153 7964	65 071	153 6782
822	2685	872	4496	922	0309	972	9123	022	7940	072	6758
823	2661	873	4472	923	0285	973	9100	023	7916	073	6735
824	2637	874	4448	924	0262	974	9076	024	7893	074	6711
825	2614	875	4425	925	0238	975	9053	025	7869	075	6688
826	2590	876	4401	926	0214	976	9029	026	7845	076	6664
827	2566	877	4377	927	0191	977	9005	027	7822	077	6640
828	2542	878	4353	928	0167	978	8982	028	7798	078	6617
829	2518	879	4329	929	0143	979	8958	029	7774	079	6593
830	2495	880	4306	930	0120	980	8935	030	7751	080	6570
64 831	154 2471	64 881	154 4282	64 931	154 0096	64 981	153 8911	65 031	153 7727	65 081	153 6546
832	2447	882	4258	932	0072	982	8887	032	7703	082	6522
933	2423	883	4234	933	0048	983	8863	033	7680	083	6499
834	2399	884	4211	934	0024	984	8840	034	7656	084	6475
835	2376	885	4187	935	0001	985	8816	035	7633	085	6452
836	2352	886	4163	936	153 9977	986	8792	036	7609	086	6428
837	2328	887	4140	937	9953	987	8769	037	7585	087	6404
838	2304	888	4116	938	9929	988	8745	038	7562	088	6381
839	2280	889	4092	939	9905	989	8721	039	7538	089	6357
840	2257	890	4069	940	9882	990	8698	040	7515	090	6334
64 841	154 2233	64 891	154 4045	64 941	153 9858	64 991	153 8674	65 041	153 7491		
842	2209	892	4021	942	9834	992	8650	042	7467		
843	2185	893	3997	943	9810	993	8626	043	7444		
844	2162	894	3974	944	9787	994	8603	044	7420		
845	2138	895	3950	945	9763	995	8579	045	7397		
846	2114	896	3926	946	9739	996	8555	046	7373		
847	2091	897	3903	947	9716	997	8532	047	7349		
848	2067	898	3879	948	9692	998	8508	048	7326		
849	2043	899	3855	949	9668	999	8484	049	7302		
850	2020	900	3832	950	9645	65 000	8461	050	7279		
64 851	154 1996	64 901	154 3808	64 951	153 9621	65 001	153 8437	65 051	153 7255		
852	1972	902	3784	952	9597	002	8413	052	7231		
853	1948	903	3760	953	9573	003	8389	053	7207		
854	1924	904	3736	954	9550	004	8366	054	7184		
855	1901	905	3713	955	9526	005	8342	055	7160		
856	1877	906	3689	956	9502	006	8348	056	7136		
857	1853	907	3665	957	9479	007	8295	057	7113		
858	1829	908	3641	958	9455	008	8271	058	7089		
859	1805	909	3617	959	9431	009	8247	059	7065		
860	1782	910	3594	960	9408	010	8224	060	7042		

DIFF.

	24	23
0 01	0	0
0 02	0	0
0 03	1	1
0 04	1	1
0 05	1	1
0 06	1	1
0 07	2	2
0 08	2	2
0 09	2	2
0 10	2	2
0 20	5	5
0 30	7	7
0 40	10	9
0 50	12	12
0 60	14	14
0 70	17	16
0 80	19	18
0 90	22	21
1 00	24	23

DIVISEURS : **65091 À 65370.**

DIVISEUR	Nombre à multiplier par le dividende	DIVISEUR	Nombre à multiplier par le dividende	DIVISEUR	Nombre à multiplier par le dividende	DIVISEUR	Nombre à multiplier par le dividende	DIVISEUR	Nombre à multiplier par le dividende	DIVISEUR	Nombre à multiplier par le dividende
65 091	153 6310	65 141	153 5131	65 191	153 3953	65 241	153 2777	65 291	153 1604	65 341	153 0431
092	·6286	142	5107	192	3930	242	2754	292	1581	342	0408
093	6263	143	5084	193	3906	243	2730	293	1557	343	0384
094	6239	144	5060	194	3883	244	2707	294	1534	344	0361
095	6216	145	5037	195	3859	245	2684	295	1510	345	0338
096	6192	146	5013	196	3836	246	2660	296	1487	346	0314
097	6168	147	4989	197	3812	247	2637	297	1463	347	0291
098	6145	148	4966	198	3789	248	2613	298	1440	348	0267
099	6121	149	4942	199	3765	249	2590	299	1416	349	0244
100	6098	150	4919	200	3742	250	2567	300	1393	350	0221
65 101	153 6074	65 151	153 4895	65 201	153 3718	65 251	153 2543	65 301	153 1369	65 351	153 0197
102	6050	152	4871	202	3695	252	2520	302	1346	352	0474
103	6027	153	4848	203	3671	253	2496	303	1322	353	0150
104	6003	154	4824	204	3648	254	2473	304	1299	354	0127
105	5980	155	4801	205	3624	255	2449	305	1276	355	0104
106	5956	156	4777	206	3601	256	2426	306	1252	356	0080
107	5932	157	4753	207	3577	257	2402	307	1229	357	0057
108	5909	158	4730	208	3554	258	2379	308	1205	358	0033
109	5885	159	4706	209	3530	259	2355	309	1182	359	0010
110	5862	160	4683	210	3507	260	2332	310	1159	360	152 9987
65 111	153 5838	65 161	153 4659	65 211	153 3483	65 261	153 2308	65 311	153 1135	65 361	152 9963
112	5814	162	4636	212	3460	262	2285	312	1112	362	9940
113	5791	163	4612	213	3436	263	2261	313	1088	363	9916
114	5767	164	4589	214	3413	264	2238	314	1065	364	9893
115	5744	165	4565	215	3389	265	2214	315	1041	365	9870
116	5720	166	4542	216	3366	266	2191	316	1018	366	9846
117	5696	167	4518	217	3342	267	2167	317	0994	367	9823
118	5673	168	4495	218	3349	268	2144	318	0971	368	9799
119	5649	169	4471	219	3295	269	2120	319	0947	369	9776
120	5626	170	4448	220	3272	270	2097	320	0924	370	9753
65 121	153 5602	65 171	153 4424	65 221	153 3248	65 271	153 2073	65 321	153 0900		
122	5578	172	4400	222	3224	272	2050	322	0877		
123	5555	173	4377	223	3201	273	2026	323	0853		
124	5531	174	4353	224	3177	274	2003	324	0830		
125	5508	175	4330	225	3154	275	1979	325	0807		
126	5484	176	4306	226	3130	276	1956	326	0783		
127	5460	177	4282	227	3106	277	1932	327	0760		
128	5437	178	4259	228	3083	278	1909	328	0736		
129	5413	179	4235	229	3059	279	1885	329	0713		
130	5390	180	4212	230	3036	280	1862	330	0690		
65 131	153 5366	65 181	153 4188	65 231	153 3012	65 281	153 1838	65 331	153 0666		
132	5343	182	4165	232	2989	282	1815	332	0643		
133	5319	183	4141	233	2965	283	1791	333	0619		
134	5296	184	4118	234	2942	284	1768	334	0596		
135	5272	185	4094	235	2918	285	1745	335	0572		
136	5249	186	4071	236	2895	286	1721	336	0549		
137	5225	187	4047	237	2871	287	1698	337	0525		
138	5202	188	4024	238	2848	288	1674	338	0502		
139	5178	189	4000	239	2824	289	1651	339	0478		
140	5155	190	3977	240	2801	290	1628	340	0455		

DIFF.

	24	23
0 01	0	0
0 02	0	0
0 03	1	1
0 04	1	1
0 05	1	1
0 06	1	1
0 07	2	2
0 08	2	2
0 09	2	2
0 10	2	2
0 20	5	5
0 30	7	7
0 40	10	9
0 50	12	12
0 60	14	14
0 70	17	16
0 80	19	18
0 90	22	21
1 00	24	23

DIVISEURS : 65371 A 65650.

DIVISEUR	Nombre à multiplier par le dividende	DIVISEUR	Nombre à multiplier par le dividende	DIVISEUR	Nombre à multiplier par le dividende	DIVISEUR	Nombre à multiplier par le dividende	DIVISEUR	Nombre à multiplier par le dividende	DIVISEUR	Nombre à multiplier par le dividende
65 371	152 9729	65 421	152 8560	65 471	152 7393	65 521	152 6227	65 571	152 5063	65 621	152 3901
372	9706	422	8537	472	7370	522	6204	572	5040	622	3878
373	9682	423	8513	473	7346	523	6181	573	5017	623	3855
374	9659	424	8490	474	7323	524	6157	574	4994	624	3832
375	9636	425	8467	475	7300	525	6134	575	4971	625	3809
376	9612	426	8443	476	7276	526	6111	576	4947	626	3785
377	9589	427	8420	477	7253	527	6087	577	4924	627	3762
378	9565	428	8396	478	7229	528	6064	578	4901	628	3739
379	9542	429	8373	479	7206	529	6041	579	4878	629	3716
380	9519	430	8350	480	7183	530	6018	580	4855	630	3693
65 381	152 9495	65 431	152 8326	65 481	152 7159	65 531	152 5994	65 581	152 4831	65 631	152 3669
382	9472	432	8303	482	7136	532	5971	582	4808	632	3646
383	9448	433	8279	483	7113	533	5948	583	4785	633	3623
384	9425	434	8256	484	7089	534	5924	584	4761	634	3600
385	9402	435	8233	485	7066	535	5901	585	4738	635	3577
386	9378	436	8209	486	7043	536	5878	586	4715	636	3553
387	9355	437	8186	487	7019	537	5854	587	4691	637	3530
388	9331	438	8162	488	6996	538	5831	588	4668	638	3507
389	9308	439	8139	489	6973	539	5808	589	4645	639	3484
390	9285	440	8116	490	6950	540	5785	590	4622	640	3461
65 391	152 9261	65 441	152 8092	65 491	152 6926	65 541	152 5761	65 591	152 4598	65 641	152 3438
392	9238	442	8069	492	6903	542	5738	592	4575	642	3414
393	9214	443	8046	493	6880	543	5715	593	4552	643	3391
394	9191	444	8022	494	6856	544	5692	594	4529	644	3368
395	9168	445	7999	495	6833	545	5669	595	4506	645	3345
396	9144	446	7976	496	6810	546	5645	596	4482	646	3321
397	9121	447	7952	497	6786	547	5622	597	4459	647	3298
398	9097	448	7929	498	6763	548	5599	598	4436	648	3275
399	9074	449	7906	499	6740	549	5576	599	4413	649	3252
400	9051	450	7883	500	6717	550	5553	600	4390	650	3229
65 401	152 9027	65 451	152 7859	65 501	152 6693	65 551	152 5529	65 601	152 4366		
402	9004	452	7836	502	6670	552	5506	602	4343		
403	8981	453	7813	503	6647	553	5483	603	4320		
404	8957	454	7789	504	6623	554	5459	604	4296		
405	8934	455	7766	505	6600	555	5436	605	4273		
406	8911	456	7743	506	6577	556	5413	606	4250		
407	8887	457	7719	507	6553	557	5389	607	4226		
408	8864	458	7696	508	6530	558	5366	608	4203		
409	8841	459	7673	509	6507	559	5343	609	4180		
410	8818	460	7650	510	6484	560	5320	610	4157		
65 411	152 8794	65 461	152 7626	65 511	152 6460	65 561	152 5296	65 611	152 4133		
412	8771	462	7603	512	6437	562	5273	612	4110		
413	8747	463	7580	513	6414	563	5250	613	4087		
414	8724	464	7556	514	6390	564	5226	614	4064		
415	8701	465	7533	515	6367	565	5203	615	4041		
416	8677	466	7510	516	6344	566	5180	616	4017		
417	8654	467	7486	517	6320	567	5156	617	3994		
418	8630	468	7463	518	6297	568	5133	618	3971		
419	8607	469	7440	519	6274	569	5110	619	3948		
420	8584	470	7417	520	6251	570	5087	620	3925		

DIFF.

	24	23
0 01	0	0
0 02	0	0
0 03	1	1
0 04	1	1
0 05	1	1
0 06	1	1
0 07	2	2
0 08	2	2
0 09	2	2
0 10	2	2
0 20	5	5
0 30	7	7
0 40	10	9
0 50	12	12
0 60	14	14
0 70	17	16
0 80	19	18
0 90	22	21
1 00	24	23

DIVISEUR	Nombre à multiplier par le dividende	DIVISEUR	Nombre à multiplier par le dividende	DIVISEUR	Nombre à multiplier par le dividende	DIVISEUR	Nombre à multiplier par le dividende	DIVISEUR	Nombre à multiplier par le dividende	DIVISEUR	Nombre à multiplier par le dividende
65 651	152 3205	65 701	152 2046	65 751	152 0888	65 801	151 9732	65 851	151 8579	65 901	151 7427
652	3182	702	2023	752	0865	802	9709	852	8556	902	7404
653	3159	703	2000	753	0842	803	9686	853	8533	903	7381
654	3136	704	1977	754	0819	804	9663	854	8510	904	7358
655	3113	705	1954	755	0796	805	9640	855	8487	905	7335
656	3089	706	1930	756	0773	806	9617	856	8464	906	7312
657	3066	707	1907	757	0750	807	9594	857	8441	907	7289
658	3043	708	1884	758	0727	808	9571	858	8418	908	7266
659	3020	709	1861	759	0704	809	9548	859	8395	909	7243
660	2997	710	1838	760	0681	810	9525	860	8372	910	7220
65 661	152 2973	65 711	152 1815	65 761	152 0657	65 811	151 9502	65 861	151 8348	65 911	151 7197
662	2950	712	1792	762	0634	812	9479	862	8325	912	7174
663	2927	713	1768	763	0611	813	9456	863	8302	913	7151
664	2904	714	1745	764	0588	814	9433	864	8279	914	7128
665	2881	715	1722	765	0565	815	9410	865	8256	915	7105
666	2857	716	1698	766	0542	816	9387	866	8233	916	7082
667	2834	717	1675	767	0519	817	9364	867	8210	917	7059
668	2811	718	1652	768	0496	818	9341	868	8187	918	7036
669	2788	719	1629	769	0473	819	9318	869	8164	919	7013
670	2765	720	1606	770	0450	820	9295	870	8141	920	6990
65 671	152 2741	65 721	152 1582	65 771	152 0426	65 821	151 9271	65 871	151 8118	65 921	151 6967
672	2718	722	1559	772	0403	822	9248	872	8095	922	6944
673	2695	723	1536	773	0380	823	9225	873	8072	923	6921
674	2672	724	1513	774	0357	824	9202	874	8049	924	6898
675	2649	725	1490	775	0334	825	9179	875	8026	925	6875
676	2625	726	1467	776	0310	826	9156	876	8003	926	6852
677	2602	727	1444	777	0287	827	9133	877	7980	927	6829
678	2579	728	1421	778	0264	828	9110	878	7957	928	6806
679	2556	729	1398	779	0241	829	9087	879	7934	929	6783
680	2533	730	1375	780	0218	830	9064	880	7911	930	6760
65 681	152 2509	65 731	152 1351	65 781	152 0194	65 831	151 9040	65 881	151 7887		
682	2486	732	1328	782	0171	832	9017	882	7864		
683	2463	733	1305	783	0148	833	8994	883	7841		
684	2440	734	1282	784	0125	834	8971	884	7818		
685	2417	735	1259	785	0102	835	8948	885	7795		
686	2393	736	1235	786	0079	836	8925	886	7772		
687	2370	737	1212	787	0056	837	8902	887	7749		
688	2347	738	1189	788	0033	838	8879	888	7726		
689	2324	739	1166	789	0010	839	8856	889	7703		
690	2301	740	1143	790	151 9987	840	8833	890	7680		
65 691	152 2277	65 741	152 1120	65 791	151 9963	65 841	151 8809	65 891	151 7657		
692	2254	742	1096	792	9940	842	8786	892	7634		
693	2231	743	1073	793	9917	843	8763	893	7611		
694	2208	744	1050	794	9894	844	8740	894	7588		
695	2185	745	1027	795	9871	845	8717	895	7565		
696	2162	746	1004	796	9848	846	8694	896	7542		
697	2139	747	0981	797	9825	847	8671	897	7519		
698	2116	748	0958	798	9802	848	8648	898	7496		
699	2093	749	0935	799	9779	849	8625	899	7473		
700	2070	750	0912	800	9756	850	8602	900	7450		

DIFF.

	24	23
0 01	0	0
0 02	0	0
0 03	1	1
0 04	1	1
0 05	1	1
0 06	1	1
0 07	2	2
0 08	2	2
0 09	2	2
0 10	2	2
0 20	5	5
0 30	7	7
0 40	10	9
0 50	12	12
0 60	14	14
0 70	17	16
0 80	19	18
0 90	22	21
1 00	24	23

DIVISEURS : 65931 A 66210

DIVISEUR	Nombre à multiplier par le dividende	DIVISEUR	Nombre à multiplier par le dividende	DIVISEUR	Nombre à multiplier par le dividende	DIVISEUR	Nombre à multiplier par le dividende	DIVISEUR	Nombre à multiplier par le dividende	DIVISEUR	Nombre à multiplier par le dividende	DIVISEUR	Nombre à multiplier par le dividende
65 931	151 6737	65 981	151 5587	66 031	151 4440	66 081	151 3294	66 131	151 2149	66 181	151 1007		
932	6714	982	5564	032	4417	082	3271	132	2126	182	0984		
933	6691	983	5541	033	4394	083	3248	133	2103	183	0961		
934	6668	984	5518	034	4371	084	3225	134	2080	184	0938		
935	6645	985	5495	035	4348	085	3202	135	2058	185	0916		
936	6622	986	5472	036	4325	086	3179	136	2035	186	0893		
937	6599	987	5449	037	4302	087	3156	137	2012	187	0870		
938	6576	988	5426	038	4279	088	3133	138	1989	188	0847		
939	6553	989	5403	039	4256	089	3110	139	1966	189	0824		
940	6530	990	5381	040	4233	090	3088	140	1944	190	0802		
65 941	151 6507	65 991	151 5358	66 041	151 4210	66 091	151 3065	66 141	151 1921	66 191	151 0779		
942	6484	992	5335	042	4187	092	3042	142	1898	192	0756		
943	6461	993	5312	043	4164	093	3019	143	1875	193	0733		
944	6438	994	5289	044	4141	094	2996	144	1852	194	0710		
945	6415	995	5266	045	4118	095	2973	145	1829	195	0688		
946	6392	996	5243	046	4095	096	2950	146	1806	196	0665		
947	6369	997	5220	047	4072	097	2927	147	1783	197	0642		
948	6346	898	5197	048	4049	098	2904	148	1760	198	0619		
949	6323	999	5174	049	4026	099	2881	149	1737	199	0596		
950	6300	66 000	5151	050	4004	100	2859	150	1715	200	0574		
65 951	151 6277	66 001	151 5128	66 051	151 3981	66 101	151 2836	66 151	151 1692	66 201	151 0551		
952	6254	002	5105	052	3958	102	2813	152	1669	202	0528		
953	6231	003	5082	053	3935	103	2790	153	1646	203	0505		
954	6208	004	5059	054	3912	104	2767	154	1623	204	0482		
955	6185	005	5036	055	3889	105	2744	155	1600	205	0459		
956	6162	006	5013	056	3866	106	2721	156	1577	206	0436		
957	6139	007	4990	057	3843	107	2698	157	1554	207	0413		
958	6116	008	4967	058	3820	108	2675	158	1531	208	0390		
959	6093	009	4944	059	3797	109	2652	159	1508	209	0367		
960	6070	010	4921	060	3775	110	2630	160	1486	210	0345		
65 961	151 6047	66 0.1	151 4898	66 061	151 3752	66 111	151 2607	66 161	151 1463				
962	6024	0.2	4875	062	3729	112	2584	162	1440				
963	6001	013	4852	063	3706	113	2561	163	1417				
964	5978	014	4829	064	3683	114	2538	164	1394				
965	5955	015	4806	065	3660	115	2515	165	1372				
966	5932	016	4783	066	3637	116	2492	166	1349				
967	5909	017	4760	067	3614	117	2469	167	1326				
968	5886	018	4737	068	3591	118	2446	168	1303				
969	5863	019	4714	069	3568	119	2423	169	1280				
970	5840	020	4692	070	3546	120	2401	170	1258				
65 971	151 5817	66 021	151 4669	66 071	151 3523	66 121	151 2378	66 171	151 1235				
972	5794	022	4646	072	3500	122	2355	172	1212				
973	5771	023	4623	073	3477	123	2332	173	1189				
974	5748	024	4600	074	3454	124	2309	174	1166				
975	5725	025	4577	075	3431	125	2286	175	1144				
976	5702	026	4554	076	3408	126	2263	176	1121				
977	5679	027	4531	077	3385	127	2240	177	1098				
978	5656	028	4508	078	3362	128	2217	178	1075				
979	5633	029	4485	079	3339	129	2194	179	1052				
980	5610	030	4463	080	3317	130	2172	180	1030				

DIFF.

	23	22
0 01	0	0
0 02	0	0
0 03	1	1
0 04	1	1
0 05	1	1
0 06	1	1
0 07	2	2
0 08	2	2
0 09	2	2
0 10	2	2
0 20	5	4
0 30	7	7
0 40	9	9
0 50	12	11
0 60	14	13
0 70	16	15
0 80	18	18
0 90	21	20
1 00	23	22

DIVISEURS : **66211 A 66490**.

DIVISEUR	Nombre à multiplier par le dividende	DIVISEUR	Nombre à multiplier par le dividende	DIVISEUR	Nombre à multiplier par le dividende	DIVISEUR	Nombre à multiplier par le dividende	DIVISEUR	Nombre à multiplier par le dividende	DIVISEUR	Nombre à multiplier par le dividende
66 211	151 0322	66 261	150 9183	66 311	150 8045	66 361	150 6908	66 411	150 5774	66 461	150 4641
212	0299	262	9160	312	8022	362	6885	412	5751	462	4618
213	0276	263	9137	313	7999	363	6862	413	5728	463	4596
214	0253	264	9114	314	7976	364	6840	414	5706	464	4573
215	0231	265	9092	315	7954	365	6817	415	5683	465	4551
216	0208	266	9069	316	7931	366	6794	416	5660	466	4528
217	0185	267	9046	317	7908	367	6772	417	5638	467	4505
218	0162	268	9023	318	7885	368	6749	418	5615	468	4483
219	0139	269	9000	319	7862	369	6726	419	5592	469	4460
220	0117	270	8978	320	7840	370	6704	420	5570	470	4438
66 221	151 0094	66 271	150 8955	66 321	150 7817	66 371	150 6681	66 421	150 5547	66 471	150 4415
222	0071	272	8932	322	7794	372	6658	422	5524	472	4392
223	0048	273	8909	323	7771	373	6635	423	5501	473	4369
224	0025	274	8886	324	7749	374	6613	424	5479	474	4347
225	0003	275	8864	325	7726	375	6590	425	5456	475	4324
226	150 9980	276	8841	326	7703	376	6567	426	5433	476	4301
227	9957	277	8818	327	7681	377	6545	427	5411	477	4279
228	9934	278	8795	328	7658	378	6522	428	5388	478	4256
229	9911	279	8772	329	7635	379	6499	429	5365	479	4233
30	9889	280	8750	330	7613	380	6477	430	5343	480	4211
66 231	150 9866	66 281	150 8727	66 331	150 7590	66 381	150 6454	66 431	150 5320	66 481	150 4188
232	9843	282	8704	332	7567	382	6431	432	5297	482	4165
233	9820	283	8681	333	7544	383	6408	433	5275	483	4143
234	9797	284	8659	334	7522	384	6386	434	5252	484	4120
235	9775	285	8636	335	7499	385	6363	435	5230	485	4098
236	9752	286	8613	336	7476	386	6340	436	5207	486	4075
237	9729	287	8591	337	7454	387	6318	437	5184	487	4052
238	9706	288	8568	338	7431	388	6295	438	5162	488	4030
239	9683	289	8545	339	7408	389	6272	439	5139	489	4007
240	9661	290	8523	340	7386	390	6250	440	5117	490	3985
66 241	150 9638	66 291	150 8500	66 341	150 7363	66 391	150 6227	66 441	150 5094		
242	9615	292	8477	342	7340	392	6204	442	5071		
243	9592	293	8454	343	7317	393	6182	443	5048		
244	9569	294	8431	344	7295	394	6159	444	5026		
245	9547	295	8409	345	7272	395	6137	445	5003		
246	9524	296	8386	346	7249	396	6114	446	4980		
247	9501	297	8363	347	7227	397	6091	447	4958		
248	9478	298	8340	348	7204	398	6069	448	4935		
249	9455	299	8317	349	7181	399	6046	449	4912		
250	9433	300	8295	350	7159	400	6024	450	4890		
66 251	150 9410	66 301	150 8272	66 351	150 7136	66 401	150 6001	66 451	150 4867		
252	9387	302	8249	352	7113	402	5978	452	4844		
253	9364	303	8226	353	7090	403	5955	453	4822		
254	9342	304	8204	354	7067	404	5933	454	4799		
255	9319	305	8181	355	7045	405	5910	455	4777		
256	9296	306	8158	356	7022	406	5887	456	4754		
257	9274	307	8136	357	6999	407	5865	457	4731		
258	9251	308	8113	358	6976	408	5842	458	4709		
259	9228	309	8090	359	6953	409	5819	459	4686		
260	9206	310	8068	360	6931	410	5797	460	4664		

DIFF.

	23	22
0 01	0	0
0 02	0	0
0 03	1	1
0 04	1	1
0 05	1	1
0 06	1	2
0 07	2	2
0 08	2	2
0 09	2	2
0 10	2	2
0 20	5	4
0 30	7	7
0 40	9	9
0 50	12	11
0 60	14	13
0 70	16	15
0 80	18	18
0 90	21	20
1 00	23	22

DIVISEURS : 66491 A 66770.

DIVISEUR	Nombre à multiplier par le dividende	DIVISEUR	Nombre à multiplier par le dividende	DIVISEUR	Nombre à multiplier par le dividende	DIVISEUR	Nombre à multiplier par le dividende	DIVISEUR	Nombre à multiplier par le dividende	DIVISEUR	Nombre à multiplier par le dividende
66 491	150 3962	66 541	150 2832	66 591	150 1703	66 641	150 0577	66 691	149 9452	66 741	149 8328
492	3939	542	2809	592	1681	642	0555	692	9430	742	8306
493	3917	543	2787	593	1658	643	0532	693	9407	743	8283
494	3894	544	2764	594	1636	644	0510	694	9385	744	8261
495	3872	545	2742	595	1613	645	0487	695	9362	745	8239
496	3849	546	2719	596	1591	646	0465	696	9340	746	8216
497	3826	547	2696	597	1568	647	0442	697	9317	747	8194
498	3804	548	2674	598	1546	648	0420	698	9295	748	8171
499	3781	549	2651	599	1523	649	0397	699	9272	749	8149
500	3759	550	2629	600	1501	650	0375	700	9250	750	8127
66 501	150 3736	66 551	150 2606	66 601	150 1478	66 651	150 0352	66 701	149 9227	66 751	149 8104
502	3713	552	2583	602	1456	652	0330	702	9205	752	8082
503	3691	553	2561	603	1433	653	0307	703	9182	753	8059
504	3668	554	2538	604	1411	654	0285	704	9160	754	8037
505	3646	555	2516	605	1388	655	0262	705	9137	755	8014
506	3623	556	2493	606	1366	656	0240	706	9115	756	7992
507	3600	557	2470	607	1343	657	0217	707	9092	757	7969
508	3578	558	2448	608	1321	658	0195	708	9070	758	7947
509	3555	559	2425	609	1298	659	0172	709	9047	759	7924
510	3533	560	2403	610	1276	660	0150	710	9025	760	7902
66 511	150 3510	66 561	150 2380	66 611	150 1253	66 661	150 0127	66 711	149 9002	66 761	149 7879
512	3487	562	2358	612	1230	662	0105	712	8980	762	7857
513	3465	563	2335	613	1208	663	0082	713	8957	763	7834
514	3442	564	2313	614	1185	664	0060	714	8935	764	7812
515	3420	565	2290	615	1163	665	0037	715	8912	765	7790
516	3397	566	2268	616	1140	666	0015	716	8890	766	7767
517	3374	567	2245	617	1117	667	149 9992	717	8867	767	7745
518	3352	568	2223	618	1095	668	9970	718	8845	768	7722
519	3329	569	2200	619	1072	669	9947	719	8822	769	7700
520	3307	570	2178	620	1050	670	9925	720	8800	770	7678
66 521	150 3284	66 571	150 2155	66 621	150 1027	66 671	149 9902	66 721	149 8777		
522	3261	572	2132	622	1005	672	9880	722	8755		
523	3239	573	2110	623	0982	673	9857	723	8732		
524	3216	574	2087	624	0960	674	9835	724	8710		
525	3194	575	2065	625	0937	675	9812	725	8688		
526	3171	576	2042	626	0915	676	9790	726	8665		
527	3148	577	2019	627	0892	677	9767	727	8643		
528	3126	578	1997	628	0870	678	9745	728	8620		
529	3103	579	1974	629	0847	679	9722	729	8598		
530	3081	580	1952	630	0825	680	9700	730	8576		
66 531	150 3058	66 581	150 1929	66 631	150 0802	66 681	149 9677	66 731	149 8553		
532	3035	582	1906	632	0780	682	9655	732	8531		
533	3043	583	1884	633	0757	683	9632	733	8508		
534	2990	584	1861	634	0735	684	9610	734	8486		
535	2968	585	1839	635	0712	685	9587	735	8463		
536	2945	586	1816	636	0690	686	9565	736	8441		
537	2922	587	1793	637	0667	687	9542	737	8418		
538	2900	588	1771	638	0645	688	9520	738	8396		
539	2877	589	1748	639	0622	689	9497	739	8373		
540	2855	590	1726	640	0600	690	9475	740	8351		

DIFF.

	23	22
0 01	0	0
0 02	0	0
0 03	1	1
0 04	1	1
0 05	1	1
0 06	1	1
0 07	2	2
0 08	2	2
0 09	2	2
0 10	2	2
0 20	5	4
0 30	7	7
0 40	9	9
0 50	12	11
0 60	14	13
0 70	16	15
0 80	18	8
0 90	21	20
1 00	23	22

Diviseurs : **66771 À 67050**.

DIVISEUR	Nombre à multiplier par le dividende	DIVISEUR	Nombre à multiplier par le dividende	DIVISEUR	Nombre à multiplier par le dividende	DIVISEUR	Nombre à multiplier par le dividende	DIVISEUR	Nombre à multiplier par le dividende	DIVISEUR	Nombre à multiplier par le dividende
66 771	149 7655	66 821	149 6535	66 871	149 5415	66 921	149 4298	66 971	149 3182	67 021	149 2068
772	7633	822	6513	872	5393	922	4276	972	3160	022	2046
773	7610	823	6491	873	5374	923	4254	973	3138	023	2024
774	7588	824	6468	874	5348	924	4231	974	3115	024	2002
775	7566	825	6446	875	5326	925	4209	975	3093	025	1980
776	7543	826	6424	876	5304	926	4187	976	3071	026	1957
777	7521	827	6401	877	5281	927	4164	977	3048	027	1935
778	7498	828	6379	878	5259	928	4142	978	3026	028	1913
779	7476	829	6357	879	5237	929	4120	979	3004	029	1891
780	7454	830	6335	880	5215	930	4098	980	2982	030	1869
66 781	149 7431	66 831	149 6312	66 881	149 5192	66 931	149 4075	66 981	149 2959	67 031	149 1846
782	7409	832	6290	882	5170	932	4053	982	2937	032	1824
783	7386	833	6267	883	5147	933	4031	983	2915	033	1802
784	7364	834	6245	884	5125	934	4008	984	2893	034	1779
785	7342	835	6222	885	5103	935	3986	985	2871	035	1757
786	7319	836	6200	886	5080	936	3964	986	2848	036	1735
787	7297	837	6177	887	5058	937	3941	987	2826	037	1712
788	7275	838	6155	888	5035	938	3919	988	2804	038	1690
789	7252	839	6132	889	5013	939	3897	989	2782	039	1668
790	7230	840	6110	890	4991	940	3875	990	2760	040	1646
66 791	149 7207	66 841	149 6087	66 891	149 4968	66 941	149 3852	66 991	149 2737	67 041	149 1623
792	7185	842	6065	892	4946	942	3830	992	2715	042	1601
793	7162	843	6042	893	4924	943	3807	993	2693	043	1579
794	7140	844	6020	894	4901	944	3785	994	2670	044	1557
795	7117	845	5998	895	4879	945	3763	995	2648	045	1535
796	7095	846	5975	896	4857	946	3740	996	2626	046	1512
797	7072	847	5953	897	4834	947	3718	997	2603	047	1490
798	7050	848	5930	898	4812	948	3695	998	2581	048	1468
799	7027	849	5908	899	4790	949	3673	999	2559	049	1446
800	7005	850	5886	900	4768	950	3651	67 000	2537	050	1424
66 801	149 6982	66 851	149 5863	66 901	149 4745	66 951	149 3628	67 001	149 2514		
802	6960	852	5841	902	4723	952	3606	002	2492		
803	6937	853	5818	903	4700	953	3584	003	2470		
804	6915	854	5796	904	4678	954	3561	004	2447		
805	6893	855	5774	905	4656	955	3539	005	2425		
806	6870	856	5751	906	4633	956	3517	006	2403		
807	6848	857	5729	907	4611	957	3494	007	2380		
808	6825	858	5706	908	4588	958	3472	008	2358		
809	6803	859	5684	909	4566	959	3450	009	2336		
810	6781	860	5662	910	4544	960	3428	010	2314		
66 811	149 6758	66 861	149 5639	66 911	149 4521	66 961	149 3405	67 011	149 2291		
812	6736	862	5617	912	4499	962	3383	012	2269		
813	6714	863	5594	913	4477	963	3361	013	2247		
814	6691	864	5572	914	4454	964	3338	014	2224		
815	6669	865	5550	915	4432	965	3316	015	2202		
816	6647	866	5527	916	4410	966	3294	016	2180		
817	6624	867	5505	917	4387	967	3271	017	2157		
818	6602	868	5482	918	4365	968	3249	018	2135		
819	6580	869	5460	919	4343	969	3227	019	2113		
820	6558	870	5438	920	4321	970	3205	020	2091		

Diff.

	23	22
0 01	0	0
0 02	0	0
0 03	1	1
0 04	1	1
0 05	1	1
0 06	1	1
0 07	2	2
0 08	2	2
0 09	2	2
0 10	2	2
0 20	5	4
0 30	7	7
0 40	9	9
0 50	12	11
0 60	14	13
0 70	16	15
0 80	18	18
0 90	21	20
1 00	23	22

DIVISEURS : **67051** A **67330**.

DIVISEUR	Nombre à multiplier par le dividende	DIVISEUR	Nombre à multiplier par le dividende	DIVISEUR	Nombre à multiplier par le dividende	DIVISEUR	Nombre à multiplier par le dividende	DIVISEUR	Nombre à multiplier par le dividende	DIVISEUR	Nombre à multiplier par le dividende
67 051	149 1401	67 101	149 0289	67 151	148 9180	67 201	148 8072	67 251	148 6965	67 301	148 5861
052	1379	102	0267	152	9158	202	8050	252	6943	302	5839
053	1357	103	0245	153	9136	203	8028	253	6921	303	5817
054	1334	104	0223	154	9114	204	8006	254	6899	304	5795
055	1312	105	0201	155	9092	205	7984	255	6877	305	5773
056	1290	106	0178	156	9069	206	7961	256	6855	306	5751
057	1267	107	0156	157	9047	207	7939	257	6833	307	5729
058	1245	108	0134	158	9025	208	7917	258	6811	308	5707
059	1223	109	0112	159	9003	209	7895	259	6789	309	5685
060	1201	110	0090	160	8981	210	7873	260	6767	310	5663
67 061	149 1178	67 111	149 0067	67 161	148 8958	67 211	148 7850	67 261	148 6744	67 311	148 5640
062	1156	112	0045	162	8936	212	7828	262	6722	312	5618
063	1134	113	0023	163	8914	213	7806	263	6700	313	5596
064	1112	114	0001	164	8892	214	7784	264	6678	314	5574
065	1090	115	148 9979	165	8870	215	7762	265	6656	315	5552
066	1067	116	9956	166	8847	216	7740	266	6634	316	5530
067	1045	117	9934	167	8825	217	7718	267	6612	317	5508
068	1023	118	9912	168	8803	218	7696	268	6590	318	5486
069	1001	119	9890	169	8781	219	7674	269	6568	319	5464
070	0979	120	9868	170	8759	220	7652	270	6546	320	5442
67 071	149 0956	67 121	148 9845	67 171	148 8736	67 221	148 7629	67 271	148 6523	67 321	148 5420
072	0934	122	9823	172	8714	222	7607	272	6501	322	5398
073	0912	123	9801	173	8692	223	7585	273	6479	323	5376
074	0890	124	9779	174	8670	224	7563	274	6457	324	5354
075	0868	125	9757	175	8648	225	7541	275	6435	325	5332
076	0845	126	9734	176	8626	226	7519	276	6443	326	5310
077	0823	127	9712	177	8604	227	7497	277	6391	327	5288
078	0801	128	9690	178	8582	228	7475	278	6369	328	5266
079	0779	129	9668	179	8560	229	7453	279	6347	329	5244
080	0757	130	9646	180	8538	230	7431	280	6325	330	5222
67 081	149 0734	67 131	148 9623	67 181	148 8515	67 231	148 7408	67 281	148 6302		
082	0712	132	9601	182	8493	232	7386	282	6280		
083	0690	133	9579	183	8471	233	7364	283	6258		
084	0668	134	9557	184	8449	234	7342	284	6236		
085	0646	135	9535	185	8427	235	7320	285	6214		
086	0623	136	9513	186	8404	236	7297	286	6192		
087	0601	137	9491	187	8382	237	7275	287	6170		
088	0579	138	9469	188	8360	238	7253	288	6148		
089	0557	139	9447	189	8338	239	7231	289	6126		
090	0535	140	9425	190	8316	240	7209	290	6104		
67 091	149 0512	67 141	148 9402	67 191	148 8293	67 241	148 7186	67 291	148 6082		
092	0490	142	9380	192	8271	242	7164	292	6060		
093	0468	143	9358	193	8249	243	7142	293	6038		
094	0445	144	9336	194	8227	244	7120	294	6016		
095	0423	145	9314	195	8205	245	7098	295	5994		
096	0401	146	9291	196	8183	246	7076	296	5972		
097	0378	147	9269	197	8161	247	7054	297	5950		
098	0356	148	9247	198	8139	248	7032	298	5928		
099	0334	149	9225	199	8117	249	7010	299	5906		
100	0312	150	9203	200	8095	250	6988	300	5884		

DIFF.

	23	22
0 01	0	0
0 02	0	0
0 03	1	1
0 04	1	1
0 05	1	1
0 06	1	1
0 07	2	2
0 08	2	2
0 09	2	2
0 10	2	2
0 20	5	4
0 30	7	7
0 40	9	9
0 50	12	11
0 60	14	13
0 70	16	15
0 80	18	18
0 90	21	20
1 00	23	22

DIVISEURS : **67331** A **67610**.

DIVISEUR	Nombre à multiplier par le dividende	DIVISEUR	Nombre à multiplier par le dividende	DIVISEUR	Nombre à multiplier par le dividende	DIVISEUR	Nombre à multiplier par le dividende	DIVISEUR	Nombre à multiplier par le dividende	DIVISEUR	Nombre à multiplier par le dividende
67 331	148 5199	67 381	148 4097	67 431	148 2997	67 481	148 1898	67 531	148 0801	67 581	147 9705
332	5177	382	4075	432	2975	482	1876	532	0779	582	9683
333	5155	383	4053	433	2953	483	1854	533	0757	583	9661
334	5133	384	4031	434	2931	484	1832	534	0735	584	9639
335	5111	385	4009	435	2909	485	1810	535	0713	585	9617
336	5089	386	3987	436	2887	486	1788	536	0691	586	9595
337	5067	387	3965	437	2865	487	1766	537	0669	587	9573
338	5045	388	3943	438	2843	488	1744	538	0647	588	9551
339	5023	389	3921	439	2821	489	1722	539	0625	589	9529
340	5001	390	3899	440	2799	490	1700	540	0604	590	9508
67 341	148 4978	67 391	148 3877	67 441	148 2777	67 491	148 1678	67 541	148 0582	67 591	147 9486
642	4956	392	3855	442	2755	492	1656	542	0560	592	9464
343	4934	393	3833	443	2733	493	1634	543	0538	593	9442
344	4912	394	3811	444	2711	494	1612	544	0516	594	9420
345	4890	395	3789	445	2689	495	1590	545	0494	595	9398
346	4868	396	3767	446	2667	496	1568	546	0472	596	9376
347	4846	397	3745	447	2645	497	1546	547	0450	597	9354
348	4824	398	3723	448	2623	498	1524	548	0428	598	9332
349	4802	399	3701	449	2601	499	1502	549	0406	599	9310
350	4780	400	3679	450	2579	500	1481	550	0384	600	9289
67 351	148 4758	67 401	148 3657	67 451	148 2557	67 501	148 1459	67 551	148 0362	67 601	147 9267
352	4736	402	3635	452	2535	502	1437	552	0340	602	9245
353	4714	403	3613	453	2513	503	1415	553	0318	603	9223
354	4692	404	3594	454	2491	504	1393	554	0296	604	9201
355	4670	405	3569	455	2469	505	1374	555	0274	605	9180
356	4648	406	3547	456	2447	506	1349	556	0252	606	9158
357	4626	407	3525	457	2425	507	1327	557	0230	607	9136
358	4604	408	3503	458	2403	508	1305	558	0208	608	9114
359	4582	409	3484	459	2381	509	1283	559	0186	609	9092
360	4560	410	3459	460	2359	510	1262	560	0165	610	9071
67 361	148 4538	67 411	148 3437	67 461	148 2337	67 511	148 1240	67 561	148 0143		
362	4516	412	3415	462	2315	512	1218	562	0121		
363	4494	413	3393	463	2293	513	1196	563	0099		
364	4472	414	3371	464	2271	514	1174	564	0077		
365	4450	415	3349	465	2249	515	1152	565	0055		
366	4428	416	3327	466	2227	516	1130	566	0033		
867	4406	417	3305	467	2205	517	1108	567	0011		
368	4384	418	3283	468	2183	518	1086	568	147 9989		
369	4362	419	3261	469	2161	519	1064	569	9967		
370	4340	420	3239	470	2140	520	1042	570	9946		
67 371	148 4317	67 421	148 3217	67 471	148 2118	67 521	148 1020	67 571	147 9924		
372	4295	422	3195	472	2096	522	0998	572	9902		
373	4273	423	3173	473	2074	523	0976	573	9880		
374	4251	424	3151	474	2052	524	0954	574	9858		
375	4229	425	3129	475	2030	525	0932	575	9836		
376	4207	426	3107	476	2008	526	0910	576	9814		
377	4185	427	3085	477	1986	527	0888	577	9792		
378	4163	428	3063	478	1964	528	0866	578	9770		
379	4141	429	3041	479	1942	529	0844	579	9748		
380	4119	430	3019	480	1920	530	0823	580	9727		

DIFF.

	23	22	21
0 01	0	0	0
0 02	0	0	0
0 03	1	1	1
0 04	1	1	1
0 05	1	1	1
0 06	1	1	1
0 07	2	2	1
0 08	2	2	2
0 09	2	2	2
0 10	2	2	2
0 20	5	4	4
0 30	7	7	6
0 40	9	9	8
0 50	12	11	11
0 60	14	13	13
0 70	16	15	15
0 80	18	18	17
0 90	21	20	19
1 00	23	22	21

DIVISEURS : 67611 A 67890.

DIVISEUR	Nombre à multiplier par le dividende	DIVISEUR	Nombre à multiplier par le dividende	DIVISEUR	Nombre à multiplier par le dividende	DIVISEUR	Nombre à multiplier par le dividende	DIVISEUR	Nombre à multiplier par le dividende	DIVISEUR	Nombre à multiplier par le dividende
67 611	147 9049	67 661	147 7956	67 711	147 6864	67 761	147 5774	67 811	147 4686	67 861	147 3600
612	9027	662	7934	712	6842	762	5752	812	4664	862	3578
613	9005	663	7912	713	6820	763	5730	813	4642	863	3556
614	8983	664	7890	714	6798	764	5709	814	4621	864	3535
615	8961	665	7868	715	6777	765	5687	815	4599	865	3513
616	8939	666	7846	716	6755	766	5665	816	4577	866	3491
617	8917	667	7824	717	6733	767	5644	817	4556	867	3470
618	8895	668	7802	718	6711	768	5622	818	4534	868	3448
619	8873	669	7780	719	6689	769	5600	819	4512	869	3426
620	8852	670	7759	720	6668	770	5579	820	4491	870	3405
67 621	147 8830	67 671	147 7737	67 721	147 6646	67 771	147 5557	67 821	147 4469	67 871	147 3383
622	8808	672	7715	722	6624	772	5535	822	4447	872	3361
623	8786	673	7693	723	6602	773	5513	823	4425	873	3339
624	8764	674	7671	724	6580	774	5491	824	4403	874	3317
625	8742	675	7650	725	6559	775	5470	825	4382	875	3296
626	8720	676	7628	726	6537	776	5448	826	4360	876	3274
627	8698	677	7606	727	6515	777	5426	827	4338	877	3252
628	8676	678	7584	728	6493	778	5404	828	4316	878	3230
629	8654	679	7562	729	6471	779	5382	829	4294	879	3208
630	8633	680	7541	730	6450	780	5361	830	4273	880	3187
67 631	147 8611	67 681	147 7519	67 731	147 6428	67 781	147 5339	67 831	147 4251	67 881	147 3165
632	8589	682	7497	732	6406	782	5317	832	4229	882	3143
633	8567	683	7475	733	6384	783	5295	833	4207	883	3121
634	8545	684	7453	734	6362	784	5273	834	4186	884	3100
635	8524	685	7432	735	6341	785	5252	835	4164	885	3078
636	8502	686	7410	736	6319	786	5230	836	4142	886	3056
637	8480	687	7388	737	6297	787	5208	837	4121	887	3035
638	8458	688	7366	738	6275	788	5186	838	4099	888	3013
639	8436	689	7344	739	6253	789	5164	839	4077	889	2991
640	8415	690	7323	740	6232	790	5143	840	4056	890	2970
67 641	147 8393	67 691	147 7301	67 741	147 6210	67 791	147 5121	67 841	147 4034		
642	8371	692	7279	742	6188	792	5099	842	4012		
643	8349	693	7257	743	6166	793	5077	843	3990		
644	8327	694	7235	744	6144	794	5056	844	3969		
645	8305	695	7213	745	6123	795	5034	845	3947		
646	8283	696	7191	746	6101	796	5012	846	3925		
647	8261	697	7169	747	6079	797	4991	847	3904		
648	8239	698	7147	748	6057	798	4969	848	3882		
649	8217	699	7125	749	6035	799	4947	849	3860		
650	8196	700	7104	750	6014	800	4926	850	3839		
67 651	147 8174	67 701	147 7082	67 751	147 5992	67 801	147 4904	67 851	147 3817		
652	8152	702	7060	752	5970	802	4882	852	3795		
653	8130	703	7038	753	5948	803	4860	853	3773		
654	8108	704	7016	754	5926	804	4838	854	3752		
655	8087	705	6995	755	5905	805	4817	855	3730		
656	8065	706	6973	756	5883	806	4795	856	3708		
657	8043	707	6951	757	5861	807	4773	857	3687		
658	8021	708	6929	758	5839	808	4751	858	3665		
659	7999	709	6907	759	5817	809	4729	859	3643		
660	7978	710	6886	760	5796	810	4708	860	3622		

DIFF.

	22	21
0 01	0	0
0 02	0	0
0 03	1	1
0 04	1	1
0 05	1	1
0 06	1	1
0 07	2	2
0 08	2	2
0 09	2	2
0 10	2	2
0 20	4	4
0 30	7	6
0 40	9	8
0 50	11	11
0 60	13	13
0 70	15	15
0 80	18	17
0 90	20	19
1 00	22	21

DIVISEURS 67891 A 68170.

DIVISEUR	Nombre à multiplier par le dividende	DIVISEUR	Nombre à multiplier par le dividende	DIVISEUR	Nombre à multiplier par le dividende	DIVISEUR	Nombre à multiplier par le dividende	DIVISEUR	Nombre à multiplier par le dividende	DIVISEUR	Nombre à multiplier par le dividende
67 891	147 2948	67 941	147 1864	67 991	147 0782	68 041	146 9701	68 091	146 8622	68 141	146 7544
892	2926	942	1842	992	0760	042	9679	092	8600	142	7523
893	2905	943	1821	993	0739	043	9658	093	8579	143	7501
894	2883	944	1799	994	0717	044	9636	094	8557	144	7480
895	2862	945	1778	995	0696	045	9615	095	8536	145	7458
896	2840	946	1756	996	0674	046	9593	096	8514	146	7437
897	2818	947	1734	997	0652	047	9571	097	8492	147	7415
898	2797	948	1713	998	0631	048	9550	098	8471	148	7394
899	2775	949	1694	999	0609	049	9528	099	8449	149	7372
900	2754	950	1670	68 000	0588	050	9507	100	8428	150	7351
67 901	147 2732	67 951	147 1648	68 001	147 0566	68 051	146 9485	68 101	146 8406	68 151	146 7329
902	2710	952	1626	002	0544	052	9463	102	8385	152	7308
903	2688	953	1604	003	0523	053	9442	103	8363	153	7286
904	2667	954	1583	004	0501	054	9420	104	8342	154	7265
905	2645	955	1561	005	0480	055	9399	105	8320	155	7243
906	2623	956	1539	006	0458	056	9377	106	8299	156	7222
907	2602	957	1518	007	0436	057	9355	107	8277	157	7200
908	2580	958	1496	008	0415	058	9334	108	8256	158	7179
909	2558	959	1474	009	0393	059	9312	109	8234	159	7157
910	2537	960	1453	010	0372	060	9291	110	8213	160	7136
67 911	147 2515	67 961	147 1431	68 011	147 0350	68 061	146 9269	68 111	146 8191	68 161	146 7114
912	2493	962	1409	012	0328	062	9247	112	8169	162	7092
913	2471	963	1388	013	0306	063	9226	113	8148	163	7071
914	2450	964	1366	014	0285	064	9204	114	8126	164	7049
915	2428	965	1345	015	0263	065	9183	115	8105	165	7028
916	2406	966	1323	016	0241	066	9161	116	8083	166	7006
917	2385	967	1301	017	0220	067	9139	117	8061	167	6984
918	2363	968	1280	018	0198	068	9118	118	8040	168	6963
919	2341	969	1258	019	0176	069	9096	119	8018	169	6941
920	2320	970	1237	020	0155	070	9075	120	7997	170	6920
67 921	147 2298	67 971	147 1215	68 021	147 0133	68 071	146 9053	68 121	146 7975		
922	2276	972	1193	022	0111	072	9032	122	7954		
923	2254	973	1171	023	0090	073	9010	123	7932		
924	2233	974	1150	024	0068	074	8989	124	7911		
925	2211	975	1128	025	0047	075	8967	125	7889		
926	2189	976	1106	026	0025	076	8946	126	7868		
927	2168	977	1085	027	0003	077	8924	127	7846		
928	2146	978	1063	028	146 9982	078	8903	128	7825		
929	2124	979	1041	029	9960	079	8881	129	7803		
930	2103	980	1020	030	9939	080	8860	130	7782		
67 931	147 2081	67 981	147 0998	68 031	146 9917	68 081	146 8838	68 131	146 7760		
932	2059	982	0976	032	9895	082	8816	132	7738		
933	2037	983	0955	033	9874	083	8795	133	7717		
934	2016	984	0933	034	9852	084	8773	134	7695		
935	1994	985	0912	035	9831	085	8752	135	7674		
936	1972	986	0890	036	9809	086	8730	136	7652		
937	1951	987	0868	037	9787	087	8708	137	7630		
938	1929	988	0847	038	9766	088	8687	138	7609		
939	1907	989	0825	039	9744	089	8665	139	7587		
940	1886	990	0804	040	9723	090	8644	140	7566		

DIFF.

	22	21
0 01	0	0
0 02	0	0
0 03	1	1
0 04	1	1
0 05	1	1
0 06	1	1
0 07	2	1
0 08	2	2
0 09	2	2
0 10	2	2
0 20	4	4
0 30	7	6
0 40	9	8
0 50	11	11
0 60	13	13
0 70	15	15
0 80	18	17
0 90	20	19
1 00	22	21

DIVISEURS : 68171 A 68450.

DIVISEUR	Nombre à multiplier par le dividende	DIVISEUR	Nombre à multiplier par le dividende	DIVISEUR	Nombre à multiplier par le dividende	DIVISEUR	Nombre à multiplier par le dividende	DIVISEUR	Nombre à multiplier par le dividende	DIVISEUR	Nombre à multiplier par le dividende
68 171	146 6898	68 221	146 5823	68 271	146 4750	68 321	146 3678	68 371	146 2607	68 421	146 1538
172	6877	222	5802	272	4729	322	3657	372	2586	422	1517
173	6855	223	5780	273	4707	323	3635	373	2564	423	1496
174	6834	224	5759	274	4686	324	3614	374	2543	424	1474
175	6812	225	5737	275	4664	325	3593	375	2522	425	1453
176	6791	226	5716	276	4643	326	3571	376	2500	426	1432
177	6769	227	5694	277	4621	327	3550	377	2479	427	1410
178	6748	228	5673	278	4600	328	3528	378	2457	428	1389
179	6726	229	5651	279	4578	329	3507	379	2436	429	1368
180	6705	230	5630	280	4557	330	3486	380	2415	430	1347
68 181	146 6683	68 231	146 5608	68 281	146 4535	68 331	146 3464	68 381	146 2393	68 431	146 1325
182	6662	232	5587	282	4514	332	3443	382	2372	432	1304
183	6640	233	5565	283	4492	333	3421	383	2351	433	1282
184	6619	234	5544	284	4471	334	3400	384	2329	434	1261
185	6597	235	5523	285	4450	335	3378	385	2308	435	1240
186	6576	236	5501	286	4428	336	3357	386	2287	436	1218
187	6554	237	5480	287	4407	337	3335	387	2265	437	1197
188	6533	238	5458	288	4385	338	3314	388	2244	438	1175
189	6511	239	5437	289	4364	339	3292	389	2223	439	1154
190	6490	240	5416	290	4343	340	3271	390	2202	440	1133
68 191	146 6468	68 241	146 5394	68 291	146 4321	68 341	146 3249	68 391	146 2180	68 441	146 1111
192	6447	242	5373	292	4300	342	3228	392	2159	442	1090
193	6425	243	5351	293	4278	343	3206	393	2137	443	1069
194	6404	244	5330	294	4257	344	3185	394	2116	444	1047
195	6382	245	5308	295	4235	345	3164	395	2095	445	1026
196	6361	246	5287	296	4214	346	3142	396	2073	446	1005
197	6339	247	5265	297	4192	347	3121	397	2052	447	0983
198	6318	248	5244	298	4171	348	3099	398	2030	448	0962
199	6296	249	5222	299	4149	349	3078	399	2009	449	0941
200	6275	250	5201	300	4128	350	3057	400	1988	450	0920
68 201	146 6253	68 251	146 5179	68 301	146 4106	68 351	146 3035	68 401	146 1966		
202	6232	252	5158	302	4085	352	3014	402	1945		
203	6210	253	5136	303	4063	353	2992	403	1923		
204	6189	254	5115	304	4042	354	2971	404	1902		
205	6167	255	5093	305	4021	355	2950	405	1881		
206	6146	256	5072	306	3999	356	2928	406	1859		
207	6124	257	5050	307	3978	357	2907	407	1838		
208	6103	258	5029	308	3956	358	2885	408	1816		
209	6081	259	5007	309	3935	359	2864	409	1795		
210	6060	260	4986	310	3914	360	2843	410	1774		
68 211	146 6038	68 261	146 4964	68 311	146 3892	68 361	146 2821	68 411	146 1752		
212	6017	262	4943	312	3871	362	2800	412	1731		
213	5995	263	4921	313	3849	363	2778	413	1709		
214	5974	264	4900	314	3828	364	2757	414	1688		
215	5952	265	4879	315	3807	365	2736	415	1667		
216	5931	266	4857	316	3785	366	2714	416	1645		
217	5909	267	4836	317	3764	367	2693	417	1624		
218	5888	268	4814	318	3742	368	2671	418	1602		
219	5866	269	4793	319	3721	369	2650	419	1581		
220	5845	270	4772	320	3700	370	2629	420	1560		

DIFF.

	22	21
0 01	0	0
0 02	0	0
0 03	1	1
0 04	1	1
0 05	1	1
0 06	1	1
0 07	2	2
0 08	2	2
0 10	2	2
0 20	4	4
0 30	7	6
0 40	9	8
0 50	11	11
0 60	13	13
0 70	15	15
0 80	18	17
0 90	20	19
1 00	22	21

DIVISEURS : 68451 A 68730.

DIVISEUR	Nombre à multiplier par le dividende	DIVISEUR	Nombre à multiplier par le dividende	DIVISEUR	Nombre à multiplier par le dividende	DIVISEUR	Nombre à multiplier par le dividende	DIVISEUR	Nombre à multiplier par le dividende	DIVISEUR	Nombre à multiplier par le dividende
68 451	146 0898	68 501	145 9832	68 551	145 8767	68 601	145 7703	68 651	145 6642	68 701	145 5582
452	0877	502	9811	552	8746	602	7682	652	6621	702	5561
453	0855	503	9789	553	8725	603	7661	653	6600	703	5540
454	0834	504	9768	554	8703	604	7640	654	6579	704	5519
455	0813	505	9747	555	8682	605	7619	655	6558	705	5498
456	0791	506	9725	556	8661	606	7597	656	6536	706	5476
457	0770	507	9704	557	8639	607	7576	657	6515	707	5455
458	0748	508	9682	558	8618	608	7555	658	6494	708	5434
459	0727	509	9661	559	8597	609	7534	659	6473	709	5413
460	0706	510	9640	560	8576	610	7513	660	6452	710	5392
68 461	146 0684	68 511	145 9618	68 561	145 8554	68 611	145 7491	68 661	145 6430	68 711	145 5370
462	0663	512	9597	562	8533	612	7470	662	6409	712	5349
463	0642	513	9576	563	8512	613	7449	663	6388	713	5328
464	0620	514	9554	564	8490	614	7428	664	6366	714	5307
465	0599	515	9533	565	8469	615	7407	665	6345	715	5286
466	0578	516	9512	566	8448	616	7385	666	6324	716	5264
467	0556	517	9490	567	8426	617	7364	667	6302	717	5243
468	0535	518	9469	568	8405	618	7343	668	6281	718	5222
469	0514	519	9448	569	8384	619	7322	669	6260	719	5201
470	0493	520	9427	570	8363	620	7301	670	6239	720	5180
68 471	146 0471	68 521	145 9405	68 571	145 8341	68 621	145 7279	68 671	145 6217	68 721	145 5158
472	0450	522	9384	572	8320	622	7258	672	6196	722	5137
473	0429	523	9363	573	8299	623	7237	673	6175	723	5116
474	0407	524	9341	574	8277	624	7215	674	6154	724	5095
475	0386	525	9320	575	8256	625	7194	675	6133	725	5074
476	0365	526	9299	576	8235	626	7173	676	6111	726	5052
477	0343	527	9277	577	8213	627	7151	677	6090	727	5031
478	0322	528	9256	578	8192	628	7130	678	6069	728	5010
479	0301	529	9235	579	8171	629	7109	679	6048	729	4989
480	0280	530	9214	580	8150	630	7088	680	6027	730	4968
68 481	146 0258	68 531	145 9192	68 581	145 8128	68 631	145 7066	68 681	145 6005		
482	0237	532	9171	582	8107	632	7045	682	5984		
483	0216	533	9150	583	8086	633	7024	683	5963		
484	0194	534	9129	584	8065	634	7003	684	5942		
485	0173	535	9108	585	8044	635	6982	685	5921		
486	0152	536	9086	586	8022	636	6960	686	5899		
487	0130	537	9065	587	8001	637	6939	687	5878		
488	0109	538	9044	588	7980	638	6918	688	5857		
489	0088	539	9023	589	7959	639	6897	689	5836		
490	0067	540	9002	590	7938	640	6876	690	5815		
68 491	146 0045	68 541	145 8980	68 591	145 7916	68 641	145 6854	68 691	145 5793		
492	0024	542	8959	592	7895	642	6833	692	5772		
493	0003	543	8938	593	7874	643	6812	693	5751		
494	145 9981	544	8916	594	7852	644	6791	694	5730		
495	9960	545	8895	595	7831	645	6770	695	5709		
496	9939	546	8874	596	7810	646	6748	696	5688		
497	9917	547	8852	597	7788	647	6727	697	5667		
498	9896	548	8831	598	7767	648	6706	698	5646		
499	9875	549	8810	599	7746	649	6685	699	5625		
500	9854	550	8789	600	7725	650	6664	700	5604		

DIFF.

	22	21
0 01	0	0
0 02	0	0
0 03	1	1
0 04	1	1
0 05	1	1
0 06	1	1
0 07	2	1
0 08	2	2
0 09	2	2
0 10	2	2
0 20	4	4
0 40	9	8
0 50	11	11
0 60	13	13
0 70	15	15
0 80	18	17
0 90	20	19
1 00	22	21

DIVISEURS : 68731 A 69010.

DIVISEUR	Nombre à multiplier par le dividende	DIVISEUR	Nombre à multiplier par le dividende	DIVISEUR	Nombre à multiplier par le dividende	DIVISEUR	Nombre à multiplier par le dividende	DIVISEUR	Nombre à multiplier par le dividende	DIVISEUR	Nombre à multiplier par le dividende
68 731	145 4946	68 781	145 3889	68 831	145 2832	68 881	145 1778	68 931	145 0725	68 981	144 9674
732	4925	782	3868	832	2811	882	1757	932	0704	982	9653
733	4904	783	3847	833	2790	883	1736	933	0683	983	9632
734	4883	784	3826	834	2769	884	1715	934	0662	984	9611
735	4862	785	3805	835	2748	885	1694	935	0641	985	9590
736	4841	786	3783	836	2727	886	1673	936	0620	986	9569
737	4820	787	3762	837	2706	887	1652	937	0599	987	9548
738	4799	788	3741	838	2685	888	1631	938	0578	988	9527
739	4778	789	3720	839	2664	889	1610	939	0557	989	9506
740	4757	790	3699	840	2643	890	1589	940	0536	990	9485
68 741	145 4735	68 791	145 3677	68 841	145 2621	68 891	145 1567	68 941	145 0515	68 991	144 9464
742	4714	792	3656	842	2600	892	1546	942	0494	992	9443
743	4693	793	3635	843	2579	893	1525	943	0473	993	9422
744	4672	794	3614	844	2558	894	1504	944	0452	994	9401
745	4651	795	3593	845	2537	895	1483	945	0431	995	9380
746	4629	796	3572	846	2516	896	1462	946	0410	996	9359
747	4608	797	3551	847	2495	897	1441	947	0389	997	9338
748	4587	798	3530	848	2474	898	1420	948	0368	998	9317
749	4566	799	3509	849	2453	899	1399	949	0347	999	9296
750	4545	800	3488	850	2432	900	1378	950	0326	69 000	9275
68 751	145 4523	68 801	145 3466	68 851	145 2410	68 901	145 1357	68 951	145 0305	69 001	144 9254
752	4502	802	3445	852	2389	902	1336	952	0284	002	9233
753	4481	803	3424	853	2368	903	1315	953	0263	003	9212
754	4460	804	3403	854	2347	904	1294	954	0242	004	9191
755	4439	805	3382	855	2326	905	1273	955	0221	005	9170
756	4417	806	3361	856	2305	906	1252	956	0200	006	9149
757	4396	807	3340	857	2284	907	1231	957	0179	007	9128
758	4375	808	3319	858	2263	908	1210	958	0158	008	9107
759	4354	809	3298	859	2242	909	1189	959	0137	009	9086
760	4333	810	3277	860	2221	910	1168	960	0116	010	9065
68 761	145 4311	68 811	145 3255	68 861	145 2200	68 911	145 1146	68 961	145 0094		
762	4290	812	3234	862	2179	912	1125	962	0073		
763	4269	813	3213	863	2158	913	1104	963	0052		
764	4248	814	3192	864	2137	914	1083	964	0031		
765	4227	815	3171	865	2116	915	1062	965	0010		
766	4206	816	3149	866	2095	916	1041	966	144 9989		
767	4185	817	3128	867	2074	917	1020	967	9968		
768	4164	818	3107	868	2053	918	0999	968	9947		
769	4143	819	3086	869	2032	919	0978	969	9926		
770	4122	820	3065	870	2011	920	0957	970	9905		
68 771	145 4100	68 821	145 3043	68 871	145 1989	68 921	145 0936	68 971	144 9884		
772	4079	822	3022	872	1968	922	0915	972	9863		
773	4058	823	3001	873	1947	923	0894	973	9842		
774	4037	824	2980	874	1926	924	0873	974	9821		
775	4016	825	2959	875	1905	925	0852	975	9800		
776	3995	826	2938	876	1884	926	0831	976	9779		
777	3974	827	2917	877	1863	927	0810	977	9758		
778	3953	828	2896	878	1842	928	0789	978	9737		
779	3932	829	2875	879	1821	929	0768	979	9716		
780	3911	830	2854	880	1800	930	0747	980	9695		

DIFF.

	22	21
0 01	0	0
0 02	0	0
0 03	1	1
0 04	1	1
0 05	1	1
0 06	1	1
0 07	2	2
0 08	2	2
0 09	2	2
0 10	2	2
0 20	4	4
0 30	7	6
0 40	9	8
0 50	11	11
0 60	13	13
0 70	15	15
0 80	18	17
0 90	20	19
1 00	22	21

DIVISSUER : 69011 A 69290.

DIVISEUR	Nombre à multiplier par le dividende	DIVISEUR	Nombre à multiplier par le dividende	DIVISEUR	Nombre à multiplier par le dividende	DIVISEUR	Nombre à multiplier par le dividende	DIVISEUR	Nombre à multiplier par le dividende	DIVISEUR	Nombre à multiplier par le dividende
69 011	144 9044	69 061	144 7995	69 111	144 6947	69 161	144 5901	69 211	144 4856	69 261	144 3813
012	9023	062	7974	112	6926	162	5880	212	4835	262	3792
013	9002	063	7953	113	6905	163	5859	213	4814	263	3771
014	8981	064	7932	114	6884	164	5838	214	4793	264	3750
015	8960	065	7911	115	6863	165	5817	215	4773	265	3730
016	8939	066	7890	116	6842	166	5796	216	4752	266	3709
017	8918	067	7869	117	6821	167	5775	217	4731	267	3688
018	8897	068	7848	118	6800	168	5754	218	4710	268	3667
019	8876	069	7827	119	6779	169	5733	219	4689	269	3646
020	8855	070	7806	120	6758	170	5713	220	4669	270	3626
69 021	144 8834	69 071	144 7785	69 121	144 6737	69 171	144 5692	69 221	144 4648	69 271	144 3605
022	8813	072	7764	122	6716	172	5671	222	4627	272	3584
023	8792	073	7743	123	6695	173	5650	223	4606	273	3563
024	8771	074	7722	124	6674	174	5629	224	4585	274	3542
025	8750	075	7701	125	6653	175	5608	225	4564	275	3522
026	8729	076	7680	126	6632	176	5587	226	4543	276	3501
027	8708	077	7659	127	6611	177	5566	227	4522	277	3480
028	8687	078	7638	128	6590	178	5545	228	4501	278	3459
029	8666	079	7617	129	6569	179	5524	229	4480	279	3438
030	8645	080	7596	130	6549	180	5504	230	4460	280	3418
69 031	144 8624	69 081	144 7575	69 131	144 6528	69 181	144 5483	69 231	144 4439	69 281	144 3397
032	8603	082	7554	132	6507	182	5462	232	4418	282	3376
033	8582	083	7533	133	6486	183	5441	233	4397	283	3355
034	8561	084	7512	134	6465	184	5420	234	4376	284	3334
035	8540	085	7491	135	6444	185	5399	235	4355	285	3313
036	8519	086	7470	136	6423	186	5378	236	4334	286	3292
037	8498	087	7449	137	6402	187	5357	237	4313	287	3274
038	8477	088	7428	138	6381	188	5336	238	4292	288	3250
039	8456	089	7407	139	6360	189	5315	239	4271	289	3229
040	8435	090	7387	140	6340	190	5295	240	4254	290	3209
69 041	144 8414	69 091	144 7366	69 141	144 6319	69 191	144 5274	69 241	144 4230		
042	8393	092	7345	142	6298	192	5253	242	4209		
043	8372	093	7324	143	6277	193	5232	243	4188		
044	8351	094	7303	144	6256	194	5211	244	4167		
045	8330	095	7282	145	6235	195	5190	245	4147		
046	8309	096	7261	146	6214	196	5169	246	4126		
047	8288	097	7240	147	6193	197	5148	247	4105		
048	8267	098	7219	148	6172	198	5127	248	4084		
049	8246	099	7198	149	6151	199	5106	249	4063		
050	8225	100	7178	150	6131	200	5086	250	4043		
69 051	144 8204	69 101	144 7157	69 151	144 6110	69 201	144 5065	69 251	144 4022		
052	8183	102	7136	152	6089	202	5044	252	4001		
053	8162	103	7115	153	6068	203	5023	253	3980		
054	8141	104	7094	154	6047	204	5002	254	3959		
055	8120	105	7073	155	6026	205	4981	255	3938		
056	8099	106	7052	156	6005	206	4960	256	3917		
057	8078	107	7031	157	5984	207	4939	257	3896		
058	8057	108	7010	158	5963	208	4918	258	3875		
059	8036	109	6989	159	5942	209	4897	259	3854		
060	8016	110	6968	160	5922	210	4877	260	3834		

DIFF.

	21	20
0 01	0	0
0 02	0	0
0 03	1	1
0 04	1	1
0 05	1	1
0 06	1	1
0 07	1	1
0 08	2	2
0 09	2	2
0 10	2	2
0 20	4	4
0 30	6	6
0 40	8	8
0 50	11	10
0 60	13	12
0 70	15	14
0 80	17	16
0 90	19	18
1 00	21	20

DIVISEURS : 69291 à 69570.

DIVISEUR	Nombre à multiplier par le dividende	DIVISEUR	Nombre à multiplier par le dividende	DIVISEUR	Nombre à multiplier par le dividende	DIVISEUR	Nombre à multiplier par le dividende	DIVISEUR	Nombre à multiplier par le dividende	DIVISEUR	Nombre à multiplier par le dividende
69 291	144 3188	69 341	144 2148	69 391	144 1108	69 441	144 0070	69 491	143 9034	69 541	143 8000
292	3167	342	2127	392	1087	442	0049	492	9013	542	7979
293	3146	343	2106	393	1066	443	0028	493	8992	543	7958
294	3125	344	2085	394	1046	444	0008	494	8972	544	7938
295	3105	345	2065	395	1025	445	143 9987	495	8951	545	7917
296	3084	346	2044	396	1004	446	9966	496	8930	546	7896
297	3063	347	2023	397	0984	447	9946	497	8910	547	7876
298	3042	348	2002	398	0963	448	9925	498	8889	548	7855
299	3021	349	1981	399	0942	449	9904	499	8868	549	7834
300	3001	350	1961	400	0922	450	9884	500	8848	550	7814
69 301	144 2980	69 351	144 1940	69 401	144 0901	69 451	143 9863	69 501	143 8827	69 551	143 7793
302	2959	352	1919	402	0880	452	9842	502	8806	552	7772
303	2938	353	1898	403	0859	453	9821	503	8785	553	7751
304	2917	354	1877	404	0839	454	9801	504	8765	554	7731
305	2897	355	1857	405	0818	455	9780	505	8744	555	7710
306	2876	356	1836	406	0797	456	9759	506	8723	556	7689
307	2855	357	1815	407	0777	457	9739	507	8703	557	7669
308	2834	358	1794	408	0756	458	9718	508	8682	558	7648
309	2813	359	1773	409	0735	459	9697	509	8661	559	7627
310	2793	360	1753	410	0715	460	9677	510	8641	560	7607
69 311	144 2772	69 361	144 1732	69 411	144 0694	69 461	143 9656	69 511	143 8620	69 561	143 7586
312	2751	362	1711	412	0673	462	9635	512	8599	562	7565
313	2730	363	1690	413	0652	463	9614	513	8578	563	7545
314	2709	364	1669	414	0631	464	9594	514	8558	564	7524
315	2689	365	1649	415	0611	465	9573	515	8537	565	7504
316	2668	366	1628	416	0590	466	9552	516	8516	566	7483
317	2647	367	1607	417	0569	467	9532	517	8496	567	7462
318	2626	368	1586	418	0548	468	9511	518	8475	568	7442
319	2605	369	1565	419	0527	469	9490	519	8454	569	7421
320	2585	370	1545	420	0507	470	9470	520	8434	570	7401
69 321	144 2564	69 371	144 1524	69 421	144 0486	69 471	143 9449	69 521	143 8413		
322	2543	372	1503	422	0465	472	9428	522	8392		
323	2522	373	1482	423	0444	473	9407	523	8372		
324	2501	374	1461	424	0423	474	9387	524	8351		
325	2481	375	1441	425	0403	475	9366	525	8331		
326	2460	376	1420	426	0382	476	9345	526	8310		
327	2439	377	1399	427	0361	477	9325	527	8289		
328	2418	378	1378	428	0340	478	9304	528	8269		
329	2397	379	1357	429	0319	479	9283	529	8248		
330	2377	380	1337	430	0299	480	9263	530	8228		
69 331	144 2356	69 381	144 1316	69 431	144 0278	69 481	143 9242	69 531	143 8207		
332	2335	382	1295	432	0257	482	9221	532	8186		
333	2314	383	1274	433	0236	483	9200	533	8165		
334	2293	384	1253	434	0215	484	9179	534	8145		
335	2273	385	1233	435	0195	485	9159	535	8124		
336	2252	386	1212	436	0174	486	9138	536	8103		
337	2231	387	1191	437	0153	487	9117	537	8083		
338	2210	388	1170	438	0132	488	9096	538	8062		
339	2189	389	1149	439	0111	489	9075	539	8041		
340	2169	390	1129	440	0091	490	9055	540	8021		

DIFF.

	21	20
0 01	0	0
0 02	0	0
0 03	1	1
0 04	1	1
0 05	1	1
0 06	1	1
0 07	1	1
0 08	2	2
0 09	2	2
0 10	2	2
0 20	4	4
0 30	6	6
0 40	8	8
0 50	11	10
0 60	13	12
0 75	15	14
0 80	17	16
0 90	19	18
1 00	21	20

DIVISEURS : **69571** A **69850**.

DIVISEUR	Nombre à multiplier par le dividende	DIVISEUR	Nombre à multiplier par le dividende	DIVISEUR	Nombre à multiplier par le dividende	DIVISEUR	Nombre à multiplier par le dividende	DIVISEUR	Nombre à multiplier par le dividende	DIVISEUR	Nombre à multiplier par le dividende
69 571	143.7380	69 621	143 6347	69 671	143 5317	69 721	143 4287	69 771	143 3259	69 821	143 2233
572	7359	622	6326	672	5296	722	4266	772	3239	822	2213
573	7338	623	6306	673	5276	723	4246	773	3218	823	2192
574	7318	624	6285	674	5255	724	4225	774	3198	824	2172
575	7297	625	6265	675	5235	725	4205	775	3177	825	2151
576	7276	626	6244	676	5214	726	4184	776	3157	826	2131
577	7256	627	6223	677	5193	727	4163	777	3136	827	2110
578	7235	628	6203	678	5173	728	4143	778	3116	828	2090
579	7214	629	6182	679	5152	729	4122	779	3095	829	2069
580	7194	630	6162	680	5132	730	4102	780	3075	830	2049
69 581	143 7173	69 631	143 6141	69 681	143 5111	69 731	143 4081	69 781	143 3054	69 831	143 2028
582	7152	632	6120	682	5090	732	4061	782	3034	832	2008
583	7132	633	6100	683	5070	733	4040	783	3013	833	1987
584	7111	634	6079	684	5049	734	4020	784	2993	834	1967
585	7091	635	6059	685	5029	735	3999	785	2972	835	1946
586	7070	636	6038	686	5008	736	3979	786	2952	836	1926
587	7049	637	6017	687	4987	737	3958	787	2931	837	1905
588	7029	638	5997	688	4967	738	3938	788	2911	838	1885
589	7008	639	5976	689	4946	739	3917	789	2890	839	1864
590	6988	640	5956	690	4926	740	3897	790	2870	840	1844
69 591	143 6967	69 641	143 5935	69 691	143 4905	69 741	143 3876	69 791	143 2849	69 841	143 1823
592	6946	642	5914	692	4884	742	3855	792	2828	842	1803
593	6925	643	5894	693	4864	743	3835	793	2808	843	1782
594	6905	644	5873	694	4843	744	3814	794	2787	844	1762
595	6884	645	5853	695	4823	745	3794	795	2767	845	1741
596	6863	646	5832	696	4802	746	3773	796	2746	846	1721
597	6843	647	5811	697	4781	747	3752	797	2725	847	1700
598	6822	648	5791	698	4761	748	3732	798	2705	848	1680
599	6801	649	5770	699	4740	749	3711	799	2684	849	1659
600	6781	650	5750	700	4720	750	3691	800	2664	850	1639
69 601	143 6760	69 651	143 5729	69 701	143 4699	69 751	143 3670	69 801	143 2643		
602	6739	652	5708	702	4678	752	3650	802	2623		
603	6719	653	5688	703	4658	753	3629	803	2602		
604	6698	654	5667	704	4637	754	3609	804	2582		
605	6678	655	5647	705	4617	755	3588	805	2561		
606	6657	656	5626	706	4596	756	3568	806	2541		
607	6636	657	5605	707	4575	757	3547	807	2520		
608	6616	658	5585	708	4555	758	3527	808	2500		
609	6595	659	5564	709	4534	759	3506	809	2479		
610	6575	660	5544	710	4514	760	3486	810	2459		
69 611	143 6554	69 661	143 5523	69 711	143 4493	69 761	143 3465	69 811	143 2438		
612	6533	662	5502	712	4472	762	3444	812	2418		
613	6512	663	5482	713	4452	763	3424	813	2397		
614	6492	664	5461	714	4431	764	3403	814	2377		
615	6471	665	5441	715	4411	765	3383	815	2356		
616	6450	666	5420	716	4390	766	3362	816	2336		
617	6430	667	5399	717	4369	767	3341	817	2315		
618	6409	668	5379	718	4349	768	3321	818	2295		
619	6388	669	5358	719	4328	769	3300	819	2274		
620	6368	670	5338	720	4308	770	3280	820	2254		

DIFF.

	21	20
0 01	0	0
0 02	0	0
0 03	1	1
0 04	1	1
0 05	1	1
0 06	1	1
0 07	1	1
0 08	2	2
0 09	2	2
0 10	2	2
0 20	4	4
0 30	6	6
0 40	8	8
0 50	11	10
0 60	13	12
0 70	15	14
0 80	17	16
0 90	19	18
1 00	21	20

Diviseurs : 69851 à 70130.

DIVISEUR	Nombre à multiplier par le dividende	DIVISEUR	Nombre à multiplier par le dividende	DIVISEUR	Nombre à multiplier par le dividende	DIVISEUR	Nombre à multiplier par le dividende	DIVISEUR	Nombre à multiplier par le dividende	DIVISEUR	Nombre à multiplier par le dividende
69 851	143 1618	69 901	143 0594	69 951	142 9571	70 001	142 8550	70 051	142 7530	70 101	142 6512
852	1598	902	0574	952	9551	002	8530	052	7510	102	6492
853	1577	903	0553	953	9530	003	8509	053	7489	103	6472
854	1557	904	0533	954	9510	004	8489	054	7469	104	6451
855	1536	905	0512	955	9490	005	8469	055	7449	105	6431
856	1516	906	0492	956	9469	006	8448	056	7428	106	6411
857	1495	907	0471	957	9449	007	8428	057	7408	107	6390
858	1475	908	0451	958	9428	008	8407	058	7387	108	6370
859	1454	909	0430	959	9408	009	8387	059	7367	109	6350
860	1434	910	0410	960	9388	010	8367	060	7347	110	6330
69 861	143 1413	69 911	143 0389	69 961	142 9367	70 011	142 8346	70 061	142 7326	70 111	142 6309
862	1393	912	0369	962	9347	012	8326	062	7306	112	6289
863	1372	913	0348	963	9326	013	8305	063	7286	113	6268
864	1352	914	0328	964	9306	014	8285	064	7265	114	6248
865	1331	915	0307	965	9285	015	8265	065	7245	115	6228
866	1311	916	0287	966	9265	016	8244	066	7225	116	6207
867	1290	917	0266	967	9244	017	8224	067	7204	117	6187
868	1270	918	0246	968	9224	018	8203	068	7184	118	6166
869	1249	919	0225	969	9203	019	8183	069	7164	119	6146
870	1229	920	0205	970	9183	020	8163	070	7144	120	6126
69 871	143 1208	69 921	143 0184	69 971	142 9162	70 021	142 8142	70 071	142 7123	70 121	142 6105
872	1188	922	0164	972	9142	022	8122	072	7103	122	6085
873	1167	923	0143	973	9121	023	8101	073	7082	123	6065
874	1147	924	0123	974	9101	024	8081	074	7062	124	6044
875	1126	925	0103	975	9081	025	8061	075	7042	125	6024
876	1106	926	0082	976	9060	026	8040	076	7021	126	6004
877	1085	927	0062	977	9040	027	8020	077	7001	127	5983
878	1065	928	0041	978	9019	028	7999	078	6980	128	5963
879	1044	929	0021	979	8999	029	7979	079	6960	129	5943
880	1024	930	0001	980	8979	030	7959	080	6940	130	5923
69 881	143 1003	69 931	142 9980	69 981	142 8958	70 031	142 7938	70 081	142 6919		
882	0983	932	9960	982	8938	032	7918	082	6899		
883	0962	933	9939	983	8917	033	7897	083	6879		
884	0942	934	9919	984	8897	034	7877	084	6858		
885	0921	935	9898	985	8877	035	7857	085	6838		
886	0901	936	9878	986	8856	036	7836	086	6818		
887	0880	937	9857	987	8836	037	7816	087	6797		
888	0860	938	9837	988	8815	038	7795	088	6777		
889	0839	939	9816	989	8795	039	7775	089	6757		
890	0819	940	9796	990	8775	040	7755	090	6737		
69 891	143 0798	69 941	142 9775	69 991	142 8754	70 041	142 7734	70 091	142 6716		
892	0778	942	9755	992	8734	042	7714	092	6696		
893	0757	943	9734	993	8713	043	7693	093	6675		
894	0737	944	9714	994	8693	044	7673	094	6655		
895	0716	945	9694	995	8673	045	7653	095	6635		
896	0696	946	9673	996	8652	046	7632	096	6614		
897	0676	947	9653	997	8632	047	7612	097	6594		
898	0655	948	9632	998	8611	048	7591	098	6573		
899	0635	949	9612	999	8591	049	7571	099	6553		
900	0615	950	9592	70 000	8571	050	7551	100	6533		

DIFF.

	21	20
0 01	0	0
0 02	0	0
0 03	1	1
0 04	1	1
0 05	1	1
0 06	1	1
0 07	1	1
0 08	2	2
0 09	2	2
0 10	2	2
0 20	4	4
0 30	6	6
0 40	8	8
0 50	10	10
0 60	13	12
0 70	15	14
0 80	17	16
0 90	19	18
1 00	21	20

DIVISEURS : 70131 A 79410.

DIVISEUR	Nombre à multiplier par le dividende	DIVISEUR	Nombre à multiplier par le dividende	DIVISEUR	Nombre à multiplier par le dividende	DIVISEUR	Nombre à multiplier par le dividende	DIVISEUR	Nombre à multiplier par le dividende	DIVISEUR	Nombre à multiplier par le dividende
70 131	142 5902	70 181	142 4886	70 231	142 3871	70 281	142 2858	70 331	142 1847	70 381	142 0837
132	5882	182	4866	232	3851	282	2838	332	1827	382	0817
133	5861	183	4846	233	3831	283	2818	333	1807	383	0797
134	5841	184	4825	234	3811	284	2798	334	1787	384	0777
135	5821	185	4805	235	3791	285	2778	335	1767	385	0757
136	5800	186	4785	236	3770	286	2757	336	1746	386	0736
137	5780	187	4764	237	3750	287	2737	337	1726	387	0716
138	5759	188	4744	238	3730	288	2717	338	1706	388	0696
139	5739	189	4724	239	3710	289	2697	339	1686	389	0676
140	5719	190	4704	240	3690	290	2677	340	1666	390	0656
70 141	142 5698	70 191	142 4683	70 241	142 3669	70 291	142 2656	70 341	142 1645	70 391	142 0635
142	5678	192	4663	242	3649	292	2636	342	1625	392	0615
143	5658	193	4643	243	3629	293	2616	343	1605	393	0595
144	5637	194	4622	244	3608	294	2596	344	1585	394	0575
145	5617	195	4602	245	3588	295	2576	345	1565	395	0555
146	5597	196	4582	246	3568	296	2555	346	1544	396	0534
147	5576	197	4561	247	3547	297	2535	347	1524	397	0514
148	5556	198	4541	248	3527	298	2515	348	1504	398	0494
149	5536	199	4521	249	3507	299	2495	349	1484	399	0474
150	5516	200	4501	250	3487	300	2475	350	1464	400	0454
70 151	142 5495	70 201	142 4480	70 251	142 3466	70 301	142 2454	70 351	142 1443	70 401	142 0433
152	5475	202	4460	252	3446	302	2434	352	1423	402	0443
153	5455	203	4440	253	3426	303	2414	353	1403	403	0393
154	5434	204	4419	254	3405	304	2393	354	1383	404	0373
155	5414	205	4399	255	3385	305	2373	355	1363	405	0353
156	5394	206	4379	256	3365	306	2353	356	1342	406	0332
157	5373	207	4358	257	3344	307	2332	357	1322	407	0312
158	5353	208	4338	258	3324	308	2312	358	1302	408	0292
159	5333	209	4318	259	3304	309	2292	359	1282	409	0272
160	5313	210	4298	260	3284	310	2272	360	1262	410	0252
70 161	142 5292	70 211	142 4277	70 261	142 3263	70 311	142 2251	70 361	142 1241		
162	5272	212	4257	262	3243	312	2231	362	1221		
163	5252	213	4237	263	3223	313	2211	363	1201		
164	5231	214	4216	264	3203	314	2191	364	1181		
165	5211	215	4196	265	3183	315	2171	365	1161		
166	5191	216	4176	266	3162	316	2150	366	1140		
167	5170	217	4155	267	3142	317	2130	367	1120		
168	5150	218	4135	268	3122	318	2110	368	1100		
169	5130	219	4115	269	3102	319	2090	369	1080		
170	5110	220	4095	270	3082	320	2070	370	1060		
70 171	142 5089	70 221	142 4074	70 271	142 3061	70 321	142 2049	70 371	142 1039		
172	5069	222	4054	272	3041	322	2029	372	1019		
173	5049	223	4034	273	3021	323	2009	373	0999		
174	5028	224	4013	274	3000	324	1989	374	0979		
175	5008	225	3993	275	2980	325	1969	375	0959		
176	4988	226	3973	276	2960	326	1948	376	0938		
177	4967	227	3952	277	2939	327	1928	377	0918		
178	4947	228	3932	278	2919	328	1908	378	0898		
179	4927	229	3912	279	2899	329	1888	379	0878		
180	4907	230	3892	280	2879	330	1868	380	0858		

DIFF.

	21	20
0 01	0	0
0 02	0	0
0 03	1	1
0 04	1	1
0 05	1	1
0 06	1	1
0 07	1	1
0 08	2	2
0 09	2	2
0 10	2	2
0 20	4	4
0 30	6	6
0 40	8	8
0 50	11	10
0 60	13	12
0 70	15	14
0 80	17	16
0 90	19	18
1 00	21	20

DIVISEURS : 70411 A 70690.

DIVISEUR	Nombre à multiplier par le dividende	DIVISEUR	Nombre à multiplier par le dividende	DIVISEUR	Nombre à multiplier par le dividende	DIVISEUR	Nombre à multiplier par le dividende	DIVISEUR	Nombre à multiplier par le dividende	DIVISEUR	Nombre à multiplier par le dividende
70 411	142 0234	70 461	141 9223	70 511	141 8217	70 561	141 7212	70 611	141 6209	70 661	141 5207
412	0214	462	9203	512	8197	562	7192	612	6189	662	5187
413	0194	463	9183	513	8177	563	7172	613	6169	663	5167
414	0174	464	9163	514	8157	564	7152	614	6149	664	5147
415	0154	465	9143	515	8137	565	7132	615	6129	665	5127
416	0134	466	9123	516	8117	566	7112	616	6109	666	5107
417	0114	467	9103	517	8097	567	7092	617	6089	667	5087
418	0094	468	9083	518	8077	568	7072	618	6069	668	5067
419	0074	469	9063	519	8057	569	7052	619	6049	669	5047
420	0054	470	9043	520	8037	570	7032	620	6029	670	5027
70 421	142 0030	70 471	141 9022	70 521	141 8016	70 571	141 7011	70 621	141 6008	70 671	141 5007
422	0010	472	9002	522	7996	572	6991	622	5988	672	4987
423	141 9990	473	8982	523	7976	573	6971	623	5968	673	4967
424	9970	474	8962	524	7956	574	6951	624	5948	674	4947
425	9950	475	8942	525	7936	575	6931	625	5928	675	4927
426	9929	476	8934	526	7916	576	6911	626	5908	676	4907
427	9909	477	8904	527	7896	577	6891	627	5888	677	4887
428	9889	478	8884	528	7876	578	6871	628	5868	678	4867
429	9869	479	8864	529	7856	579	6851	629	5848	679	4847
430	9849	480	8844	530	7836	580	6831	630	5828	680	4827
70 431	141 9828	70 481	141 8820	70 531	141 7815	70 581	141 6811	70 631	141 5808	70 681	141 4807
432	9808	482	8800	532	7795	582	6791	632	5788	682	4787
433	9788	483	8780	533	7775	583	6771	633	5768	683	4767
434	9768	484	8760	534	7755	584	6751	634	5748	684	4747
435	9748	485	8740	535	7735	585	6731	635	5728	685	4727
436	9727	486	8720	536	7715	586	6711	636	5708	686	4707
437	9707	487	8700	537	7695	587	6691	637	5688	687	4687
438	9687	488	8680	538	7675	588	6671	638	5668	688	4667
439	9667	489	8660	539	7655	589	6651	639	5648	689	4647
440	9647	490	8640	540	7635	590	6631	640	5628	690	4627
70 441	141 9626	70 491	141 8619	70 541	141 7614	70 591	141 6640	70 641	141 5608		
442	9606	492	8599	542	7594	592	6590	642	5588		
443	9586	493	8579	543	7574	593	6570	643	5568		
444	9566	494	8559	544	7554	594	6550	644	5548		
445	9546	495	8539	545	7534	595	6530	645	5528		
446	9526	496	8519	546	7514	596	6510	646	5508		
447	9506	497	8499	547	7494	597	6490	647	5488		
448	9486	498	8479	548	7474	598	6470	648	5468		
449	9466	499	8459	549	7454	599	6450	649	5448		
450	9446	500	8439	550	7434	600	6430	650	5428		
70 451	141 9425	70 501	141 8418	70 551	141 7413	70 601	141 6409	70 651	141 5407		
452	9405	502	8398	552	7393	602	6389	652	5387		
453	9385	503	8378	553	7373	603	6369	653	5367		
454	9365	504	8358	554	7353	604	6349	654	5347		
455	9345	505	8338	555	7333	605	6329	655	5327		
456	9324	506	8318	556	7313	606	6309	656	5307		
457	9304	507	8298	557	7293	607	6289	657	5287		
458	9284	508	8278	558	7273	608	6269	658	5267		
459	9264	509	8258	559	7253	609	6249	659	5247		
460	9244	510	8238	560	7233	610	6229	660	5227		

DIFF.

	21	20
0 01	0	0
0 02	0	0
0 03	1	1
0 04	1	1
0 05	1	1
0 06	1	1
0 07	1	1
0 08	2	2
0 09	2	2
0 10	2	2
0 20	4	4
0 30	6	6
0 40	8	8
0 50	11	10
0 60	13	12
0 70	15	14
0 80	17	16
0 90	19	18
1 00	21	20

D.VISEURS : 70691 A 70970.

DIVISEUR	Nombre à multiplier par le dividende	DIVISEUR	Nombre à multiplier par le dividende	DIVISEUR	Nombre à multiplier par le dividende	DIVISEUR	Nombre à multiplier par le dividende	DIVISEUR	Nombre à multiplier par le dividende	DIVISEUR	Nombre à multiplier par le dividende
70 691	144 4607	70 741	144 3607	70 791	144 2608	70 841	141 1614	70 891	144 0646	70 941	140 9621
692	4587	742	3587	792	2588	842	1594	892	0596	942	9604
693	4567	743	3567	793	2568	843	1571	893	0576	943	9584
694	4547	744	3547	794	2548	844	1554	894	0556	944	9564
695	4527	745	3527	795	2528	845	1534	895	0536	945	9542
996	4507	746	3507	796	2508	846	1514	896	0516	946	9522
697	4487	747	3487	797	2488	847	1494	897	0496	947	9502
698	4467	748	3467	798	2468	848	1474	898	0476	948	9482
699	4447	749	3447	799	2448	849	1451	899	0456	949	9462
700	4427	750	3427	800	2429	850	1432	900	0437	950	9443
70 701	144 4406	70 751	144 3407	70 801	144 2409	70 851	144 1412	70 901	144 0417	70 951	140 9423
702	4386	752	3387	802	2389	852	1392	902	0397	952	9403
703	4366	753	3367	803	2369	853	1372	903	0377	953	9383
704	4346	754	3347	804	2349	854	1352	904	0357	954	9363
705	4326	755	3327	805	2329	855	1332	905	0337	955	9343
706	4306	756	3307	806	2309	856	1312	906	0317	956	9323
707	4286	757	3287	807	2289	857	1292	907	0297	957	9303
708	4266	758	3267	808	2269	858	1272	908	0277	958	9283
709	4246	759	3247	809	2249	859	1252	909	0257	959	9263
710	4226	760	3227	810	2229	860	1233	910	0238	960	9244
70 711	144 4206	70 761	144 3207	70 811	144 2209	70 861	144 1213	70 911	144 0248	70 961	140 9224
712	4186	762	3187	812	2189	862	1193	912	0198	962	9204
713	4166	763	3167	813	2169	863	1173	913	0178	963	9184
714	4146	764	3147	814	2149	864	1153	914	0158	964	9164
715	4126	765	3127	815	2129	865	1133	915	0138	965	9145
716	4106	766	3107	816	2109	866	1113	916	0148	966	9425
717	4086	767	3087	817	2089	867	1093	917	0098	967	9105
718	4066	768	3067	818	2069	868	1073	918	0078	968	9085
719	4046	769	3047	819	2049	869	1053	919	0058	969	9065
720	4026	770	3028	820	2030	870	1034	920	0039	970	9046
70 721	144 4006	70 771	144 3008	70 821	144 2040	70 871	144 1014	70 921	144 0049		
722	3986	772	2988	822	1990	872	0994	922	140 9999		
723	3966	773	2968	823	1970	873	0974	923	9979		
724	3946	774	2948	824	1950	874	0954	924	9959		
725	3926	775	2928	825	1930	875	0934	925	9939		
726	3906	776	2908	826	1910	876	0914	926	9949		
727	3886	777	2888	827	1890	877	0894	927	9899		
728	3866	778	2868	828	1870	878	0874	928	9879		
729	3846	779	2848	829	1850	879	0854	929	9859		
730	3827	780	2828	830	1831	880	0835	930	9840		
70 731	144 3807	70 781	144 2808	70 831	144 1811	70 881	144 0815	70 931	140 9820		
732	3787	782	2788	832	1791	882	0795	932	9800		
733	3767	783	2768	833	1771	883	0775	933	9780		
734	3747	784	2748	834	1751	884	0755	934	9760		
735	3727	785	2728	835	1731	885	0735	935	9740		
736	3707	786	2708	836	1711	886	0715	936	9720		
737	3687	787	2688	837	1691	887	0695	937	9700		
738	3667	788	2668	838	1671	888	0675	938	9680		
739	3647	789	2648	839	1651	889	0655	939	9660		
740	3627	790	2628	840	1634	890	0636	940	9641		

DIFF.

	21	20
0 01	0	0
0 02	0	0
0 03	1	1
0 04	1	1
0 05	1	1
0 06	1	1
0 07	1	1
0 08	2	2
0 09	2	2
0 10	2	2
0 20	4	4
0 30	6	6
0 40	8	8
0 50	11	10
0 60	13	12
0 70	15	14
0 80	17	16
0 90	19	18
1 00	21	20

Diviseurs : 70971 à 71250.

DIVISEUR	Nombre à multiplier par le dividende	DIVISEUR	Nombre à multiplier par le dividende	DIVISEUR	Nombre à multiplier par le dividende	DIVISEUR	Nombre à multiplier par le dividende	DIVISEUR	Nombre à multiplier par le dividende	DIVISEUR	Nombre à multiplier par le dividende
70 971	440 9026	71 021	440 8034	71 071	440 7043	71 121	440 6053	71 171	440 5066	71 221	440 4079
972	9006	022	8014	072	7023	122	6033	172	5046	222	4059
973	8986	023	7994	073	7003	123	6013	173	5026	223	4039
974	8966	024	7974	074	6983	124	5994	174	5007	224	4020
975	8946	025	7954	075	6964	125	5974	175	4987	225	4000
976	8926	026	7934	076	6944	126	5954	176	4967	226	3980
977	8906	027	7914	077	6924	127	5935	177	4948	227	3961
978	8886	028	7894	078	6904	128	5915	178	4928	228	3941
979	8866	029	7874	079	6884	129	5895	179	4908	229	3921
980	8847	030	7855	080	6865	130	5876	180	4889	230	3902
70 981	440 8827	71 031	440 7835	71 081	440 6845	71 131	440 5856	71 181	440 4869	71 231	440 3882
982	8807	032	7815	082	6825	132	5836	182	4849	232	3862
983	8787	033	7795	083	6805	133	5816	183	4829	233	3842
984	8767	034	7775	084	6785	134	5796	184	4809	234	3823
985	8748	035	7756	085	6766	135	5777	185	4790	235	3803
986	8728	036	7736	086	6746	136	5757	186	4770	236	3783
987	8708	037	7716	087	6726	137	5737	187	4750	237	3764
988	8688	038	7696	088	6706	138	5717	188	4730	238	3744
989	8668	039	7676	089	6686	139	5697	189	4710	239	3724
990	8649	040	7657	090	6667	140	5678	190	4691	240	3705
70 991	440 8629	71 041	440 7637	71 091	440 6647	71 141	440 5658	71 191	440 4671	71 241	440 3685
992	8609	042	7617	092	6627	142	5638	192	4651	242	3665
993	8589	043	7597	093	6607	143	5618	193	4631	243	3645
994	8569	044	7577	094	6587	144	5599	194	4612	244	3626
995	8549	045	7558	095	6568	145	5579	195	4592	245	3606
996	8529	046	7538	096	6548	146	5559	196	4572	246	3586
997	8509	047	7518	097	6528	147	5540	197	4553	247	3567
898	8489	048	7498	098	6508	148	5520	198	4533	248	3547
999	8469	049	7478	099	6488	149	5500	199	4513	249	3527
71 000	8450	050	7459	100	6469	150	5481	200	4494	250	3508
71 001	440 8430	71 051	440 7439	71 101	440 6449	71 151	440 5461	71 201	440 4474		
002	8410	052	7419	102	6429	152	5441	202	4454		
003	8390	053	7399	103	6409	153	5421	203	4434		
004	8370	054	7379	104	6389	154	5401	204	4415		
005	8351	055	7360	105	6370	155	5382	205	4395		
006	8331	056	7340	106	6350	156	5362	206	4375		
007	8311	057	7320	107	6330	157	5342	207	4356		
008	8291	058	7300	108	6310	158	5322	208	4336		
009	8271	059	7280	109	6290	159	5302	209	4316		
010	8252	060	7261	110	6271	160	5283	210	4297		
71 011	440 8232	71 061	440 7241	71 111	440 6251	71 161	440 5263	71 211	440 4277		
012	8212	062	7221	112	6231	162	5243	212	4257		
013	8192	063	7201	113	6211	163	5223	213	4237		
014	8172	064	7181	114	6191	164	5204	214	4217		
015	8153	065	7162	115	6172	165	5184	215	4198		
016	8133	066	7142	116	6152	166	5164	216	4178		
017	8113	067	7122	117	6132	167	5145	217	4158		
018	8093	068	7102	118	6112	168	5125	218	4138		
019	8073	069	7082	119	6092	169	5105	219	4118		
020	8054	070	7063	120	6073	170	5086	220	4099		

Diff.

	20	19
0 01	0	0
0 02	0	0
0 03	1	1
0 04	1	1
0 05	1	1
0 06	1	1
0 07	1	1
0 08	2	2
0 09	2	2
0 10	2	2
0 20	4	4
0 30	6	6
0 40	8	8
0 50	10	10
0 60	12	11
0 70	14	13
0 80	16	15
0 90	18	17
1 00	20	19

DIVISEUR	Nombre à multiplier par le dividende	DIVISEUR	Nombre à multiplier par le dividende	DIVISEUR	Nombre à multiplier par le dividende	DIVISEUR	Nombre à multiplier par le dividende	DIVISEUR	Nombre à multiplier par le dividende	DIVISEUR	Nombre à multiplier par le dividende
71 251	140 3488	71 301	140 2504	71 351	140 1521	71 401	140 0540	71 451	139 9560	71 501	139 8584
252	3468	302	2484	352	1501	402	0520	452	9540	502	8564
253	3448	303	2464	353	1482	403	0501	453	9520	503	8542
254	3429	304	2445	354	1462	404	0481	454	9501	504	8522
255	3409	305	2425	355	1443	405	0462	455	9481	505	8503
256	3389	306	2405	356	1423	406	0442	456	9461	506	8483
257	3370	307	2386	357	1403	407	0422	457	9442	507	8463
258	3350	308	2366	358	1384	408	0403	458	9422	508	8444
259	3330	309	2346	359	1364	409	0383	459	9402	509	8424
260	3311	310	2327	360	1345	410	0364	460	9383	510	8405
71 261	140 3294	71 311	140 2307	71 361	140 1325	71 411	140 0344	71 461	139 9363	71 511	139 8385
262	3271	312	2287	362	1305	412	0324	462	9344	512	8366
263	3251	313	2268	363	1285	413	0305	463	9324	513	8346
264	3232	314	2248	364	1266	414	0285	464	9305	514	8327
265	3212	315	2229	365	1246	415	0266	465	9285	515	8307
266	3192	316	2209	366	1226	416	0246	466	9266	516	8288
267	3173	317	2189	367	1207	417	0226	467	9246	517	8268
268	3153	318	2170	368	1187	418	0207	468	9227	518	8249
269	3133	319	2150	369	1167	419	0187	469	9207	519	8229
270	3114	320	2131	370	1148	420	0168	470	9188	520	8210
71 271	140 3094	71 321	140 2111	71 371	140 1128	71 421	140 0148	71 471	139 9168	71 521	139 8190
272	3074	322	2091	372	1108	422	0128	472	9148	522	8170
273	3055	323	2071	373	1089	423	0109	473	9129	523	8151
274	3035	324	2052	374	1069	424	0089	474	9109	524	8131
275	3016	325	2032	375	1050	425	0070	475	9090	525	8112
276	2996	326	2012	376	1030	426	0050	476	9070	526	8092
277	2976	327	1993	377	1010	427	0030	477	9050	527	8072
278	2957	328	1973	378	0991	428	0011	478	9031	528	8053
279	2937	329	1953	379	0971	429	139 9991	479	9011	529	8033
280	2918	330	1934	380	0952	430	9972	480	8992	530	8014
71 281	140 2898	71 331	140 1914	71 381	140 0932	71 431	139 9952	71 481	139 8972		
282	2878	332	1894	382	0912	432	9932	482	8953		
283	2858	333	1875	383	0893	433	9913	483	8933		
284	2839	334	1855	384	0873	434	9893	484	8914		
285	2819	335	1836	385	0854	435	9874	485	8894		
286	2799	336	1816	386	9834	436	9854	486	8875		
287	2780	337	1796	387	0844	437	9834	487	8855		
288	2760	338	1777	388	0795	438	9815	488	8836		
289	2740	339	1757	389	0775	439	9795	489	8816		
290	2721	340	1738	390	0756	440	9776	490	8797		
71 291	140 2704	71 341	140 1718	71 391	140 0736	71 441	139 9756	71 491	139 8777		
292	2684	342	1698	392	0746	442	9736	492	8757		
293	2664	343	1678	393	0697	443	9717	493	8738		
294	2642	344	1659	394	0677	444	9697	494	8718		
295	2622	345	1639	395	0658	445	9678	495	8699		
296	2602	346	1619	396	0638	446	9658	496	8679		
297	2583	347	1600	397	0648	447	9638	497	8659		
298	2563	348	1580	398	0599	448	9619	498	8640		
299	2543	349	1560	399	0579	449	9599	499	8620		
300	2524	350	1541	400	0560	450	9580	500	8601		

Diff.

	20	19
0 01	0	0
0 02	0	0
0 03	1	1
0 04	1	1
0 05	1	1
0 06	1	1
0 07	1	1
0 08	2	2
0 09	2	2
0 10	2	2
0 20	4	4
0 30	6	6
0 40	8	8
0 50	10	10
0 60	12	11
0 70	14	13
0 80	16	15
0 90	18	17
1 00	20	19

DIVISEURS : 71531 A 71810.

DIVISEUR	Nombre à multiplier par le dividende	DIVISEUR	Nombre à multiplier par le dividende	DIVISEUR	Nombre à multiplier par le dividende	DIVISEUR	Nombre à multiplier par le dividende	DIVISEUR	Nombre à multiplier par le dividende	DIVISEUR	Nombre à multiplier par le dividende
71 531	139 7994	71 581	139 7018	71 631	139 6043	71 681	139 5068	71 731	139 4096	71 781	139 3125
532	7975	582	6999	632	6024	682	5049	732	4077	782	3106
533	7955	583	6979	633	6004	683	5029	733	4057	783	3086
534	7936	584	6960	634	5985	684	5010	734	4038	784	3067
535	7916	585	6940	635	5965	685	4991	735	4019	785	3048
536	7897	586	6921	636	5946	686	4971	736	3999	786	3028
537	7877	587	6901	637	5926	687	4952	737	3980	787	3009
538	7858	588	6882	638	5907	688	4932	738	3960	788	2989
539	7838	589	6862	639	5887	689	4913	739	3941	789	2970
540	7819	590	6843	640	5868	690	4894	740	3922	790	2951
71 541	139 7799	71 591	139 6823	71 641	139 5848	71 691	139 4874	71 741	139 3902	71 791	139 2931
542	7780	592	6804	642	5829	692	4855	742	3883	792	2912
543	7760	593	6784	643	5809	693	4835	743	3863	793	2892
544	7741	594	6765	644	5790	694	4816	744	3844	794	2873
545	7721	595	6745	645	5770	695	4797	745	3825	795	2854
546	7702	596	6726	646	5751	696	4777	746	3805	796	2834
547	7682	597	6706	647	5731	697	4758	747	3786	797	2815
548	7663	598	6687	648	5712	698	4738	748	3766	798	2795
549	7643	599	6667	649	5692	699	4719	749	3747	799	2776
550	7624	600	6648	650	5673	700	4700	750	3728	800	2757
71 551	139 7604	71 601	139 6628	71 651	139 5653	71 701	139 4680	71 751	139 3708	71 801	139 2737
552	7584	602	6609	652	5634	702	4661	752	3689	802	2718
553	7565	603	6589	653	5614	703	4641	753	3669	803	2698
554	7545	604	6570	654	5595	704	4622	754	3650	804	2679
555	7526	605	6550	655	5575	705	4602	755	3630	805	2660
556	7506	606	6531	656	5556	706	4583	756	3611	806	2640
557	7486	607	6511	657	5536	707	4563	757	3591	807	2621
558	7467	608	6492	658	5517	708	4544	758	3572	808	2601
559	7447	609	6472	659	5497	709	4524	759	3552	809	2582
560	7428	610	6453	660	5478	710	4505	760	3533	810	2563
71 561	139 7408	71 611	139 6433	71 661	139 5458	71 711	139 4485	71 761	139 3513		
562	7389	612	6414	662	5439	712	4466	762	3494		
563	7369	613	6394	663	5419	713	4446	763	3474		
564	7350	614	6375	664	5400	714	4427	764	3455		
565	7330	615	6355	665	5380	715	4408	765	3436		
566	7311	616	6336	666	5361	716	4388	766	3416		
567	7291	617	6316	667	5341	717	4369	767	3397		
568	7272	618	6297	668	5322	718	4349	768	3377		
569	7252	619	6277	669	5302	719	4330	769	3358		
570	7233	620	6258	670	5283	720	4311	770	3339		
71 571	139 7213	71 621	139 6238	71 671	139 5263	71 721	139 4291	71 771	139 3319		
572	7194	622	6219	672	5244	722	4272	772	3300		
573	7174	623	6199	673	5224	723	4252	773	3280		
574	7155	624	6180	674	5205	724	4233	774	3261		
575	7135	625	6160	675	5185	725	4213	775	3242		
576	7116	626	6141	676	5166	726	4194	776	3222		
577	7096	627	6121	677	5146	727	4174	777	3203		
578	7077	628	6102	678	5127	728	4155	778	3183		
579	7057	629	6082	679	5107	729	4135	779	3164		
580	7038	630	6063	680	5088	730	4116	780	3145		

DIFF.

	20	19
0 01	0	0
0 02	0	0
0 03	1	1
0 04	1	1
0 05	1	1
0 06	1	1
0 07	1	1
0 08	2	2
0 09	2	2
0 10	2	2
0 20	4	4
0 30	6	6
0 40	8	8
0 50	10	10
0 60	12	11
0 70	14	13
0 80	16	15
0 90	18	17
1 00	20	19

DIVISEURS : **71811** A **72090**.

DIVISEUR	Nombre à multiplier par le dividende	DIVISEUR	Nombre à multiplier par le dividende	DIVISEUR	Nombre à multiplier par le dividende	DIVISEUR	Nombre à multiplier par le dividende	DIVISEUR	Nombre à multiplier par le dividende	DIVISEUR	Nombre à multiplier par le dividende
71 811	139 2543	71 861	139 4575	71 911	139 0607	71 961	138 9640	72 011	138 8676	72 061	138 7712
812	2524	862	4555	912	0588	962	9621	012	8657	062	7693
813	2504	863	4536	913	0568	963	9602	013	8638	063	7674
814	2485	864	4516	914	0549	964	9582	014	8618	064	7654
815	2466	865	4497	915	0530	965	9563	015	8599	065	7635
816	2446	866	4478	916	0510	966	9544	016	8580	066	7616
817	2427	867	4458	917	0491	967	9524	017	8560	067	7596
818	2407	868	4439	918	0471	968	9505	018	8541	068	7577
819	2388	869	4420	919	0452	969	9486	019	8522	069	7558
820	2369	870	4401	920	0433	970	9467	020	8503	070	7539
71 821	139 2349	71 871	139 4381	71 921	139 0413	71 971	138 9447	72 021	138 8483	72 071	138 7519
822	2330	872	4362	922	0394	972	9428	022	8464	072	7500
823	2310	873	4342	923	0375	973	9409	023	8445	073	7481
824	2291	874	4323	924	0355	974	9389	024	8425	074	7461
825	2272	875	4304	925	0336	975	9370	025	8406	075	7442
826	2252	876	4284	926	0317	976	9351	026	8387	076	7423
827	2233	877	4265	927	0297	977	9331	027	8367	077	7403
828	2213	878	4245	928	0278	978	9312	028	8348	078	7384
829	2194	879	4226	929	0259	979	9293	029	8329	079	7365
830	2175	880	4207	930	0240	980	9274	030	8310	080	7346
71 831	139 2155	71 881	139 4187	71 931	139 0220	71 981	138 9254	72 031	138 8290	72 081	138 7326
832	2136	882	4168	932	0201	982	9235	032	8271	082	7307
833	2116	883	4149	933	0182	983	9216	033	8252	083	7288
834	2097	884	4129	934	0162	984	9196	034	8232	084	7269
835	2078	885	4110	935	0143	985	9177	035	8213	085	7250
836	2058	886	4091	936	0124	986	9158	036	8194	086	7230
837	2039	887	4071	937	0104	987	9138	037	8174	087	7211
838	2019	888	4052	938	0085	988	9119	038	8155	088	7192
839	2000	889	4033	939	0066	989	9100	039	8136	089	7173
840	1981	890	4014	940	0047	990	9081	040	8117	090	7154
71 841	139 1961	71 891	139 3994	71 941	139 0027	71 991	138 9061	72 041	138 8097		
842	1942	892	3975	942	0008	992	9042	042	8078		
843	1923	893	3955	943	138 9989	993	9023	043	8059		
844	1903	894	3936	944	9969	994	9003	044	8040		
845	1884	895	3917	945	9950	995	8984	045	8021		
846	1865	896	3897	946	9931	996	8965	046	8001		
847	1845	897	3878	947	9911	997	8945	047	7982		
848	1826	898	3858	948	9892	998	8926	048	7963		
849	1807	899	3839	949	9873	999	8907	049	7944		
850	1788	900	0820	950	9854	000	8888	050	7925		
71 851	139 1768	71 901	139 0800	71 951	138 9834	72 001	138 8868	72 051	138 7905		
852	1749	902	0784	952	9815	002	8849	052	7886		
853	1729	903	0762	953	9795	003	8830	053	7867		
854	1710	904	0742	954	9776	004	8811	054	7847		
855	1691	905	0723	955	9757	005	8792	055	7828		
856	1671	906	0704	956	9737	006	8772	056	7809		
857	1652	907	0684	957	9718	007	8753	057	7789		
858	1632	908	0665	958	9698	008	8734	058	7770		
859	1613	909	0646	959	9679	009	8715	059	7751		
860	1594	910	0627	960	9660	010	8696	060	7732		

DIFF.

	20	19
0 01	0	0
0 02	0	0
0 03	1	1
0 04	1	1
0 05	1	1
0 06	1	1
0 07	1	1
0 08	2	2
0 09	2	2
0 10	2	2
0 20	4	4
0 30	6	6
0 40	8	8
0 50	10	10
0 60	12	11
0 70	14	13
0 80	16	15
0 90	18	17
1 00	20	19

DIVISEURS : 72091 A 72370.

DIVISEUR	Nombre à multiplier par le dividende	DIVISEUR	Nombre à multiplier par le dividende	DIVISEUR	Nombre à multiplier par le dividende	DIVISEUR	Nombre à multiplier par le dividende	DIVISEUR	Nombre à multiplier par le dividende	DIVISEUR	Nombre à multiplier par le dividende
72 091	138 7134	72 141	138 6173	72 191	138 5213	72 241	138 4254	72 291	138 3297	72 341	138 2344
092	7115	142	6154	192	5194	242	4235	292	3278	342	2322
093	7096	143	6135	193	5175	243	4216	293	3259	343	2303
094	7077	144	6116	194	5156	244	4197	294	3240	344	2284
095	7058	145	6097	195	5137	245	4178	295	3221	345	2265
096	7038	146	6077	196	5117	246	4159	296	3204	346	2246
097	7019	147	6058	197	5098	247	4140	297	3182	347	2227
098	7000	148	6039	198	5079	248	4121	298	3163	348	2208
099	6981	149	6020	199	5060	249	4102	299	3144	349	2189
100	6962	150	6001	200	5041	250	4083	300	3125	350	2170
72 101	138 6942	72 151	138 5981	72 201	138 5021	72 251	138 4063	72 301	138 3105	72 351	138 2150
102	6923	152	5962	202	5002	252	4044	302	3086	352	2131
103	6904	153	5943	203	4983	253	4025	303	3067	353	2112
104	6885	154	5924	204	4964	254	4006	304	3048	354	2093
105	6866	155	5905	205	4945	255	3987	305	3029	355	2074
106	6846	156	5885	206	4925	256	3967	306	3010	356	2055
107	6827	157	5866	207	4906	257	3948	307	2991	357	2036
108	6808	158	5847	208	4887	258	3929	308	2972	358	2017
109	6789	159	5828	209	4868	259	3910	309	2953	359	1998
110	6770	160	5809	210	4849	260	3891	310	2934	360	1979
72 111	138 6750	72 161	138 5789	72 211	138 4829	72 261	138 3871	72 311	138 2914	72 361	138 1959
112	6731	162	5770	212	4810	262	3852	312	2895	362	1940
113	6712	163	5751	213	4791	263	3833	313	2876	363	1921
114	6692	164	5732	214	4772	264	3814	314	2857	364	1902
115	6673	165	5713	215	4753	265	3795	315	2838	365	1883
116	6654	166	5693	216	4733	266	3776	316	2819	366	1864
117	6634	167	5674	217	4714	267	3757	317	2800	867	1845
118	6615	168	5655	218	4695	268	3738	318	2781	368	1826
119	6596	169	5636	219	4676	269	3719	319	2762	369	1807
120	6577	170	5617	220	4657	270	3700	320	2743	370	1788
72 121	138 6557	72 171	138 5597	72 221	138 4637	72 271	138 3680	72 321	138 2723		
122	6538	172	5578	222	4618	272	3661	322	2704		
123	6519	173	5559	223	4599	273	3642	323	2685		
124	6500	174	5540	224	4580	274	3623	324	2666		
125	6481	175	5521	225	4561	275	3604	325	2647		
126	6461	176	5501	226	4542	276	3584	326	2628		
127	6442	177	5482	227	4523	277	3565	327	2609		
128	6423	178	5463	228	4504	278	3546	328	2590		
129	6404	179	5444	229	4485	279	3527	329	2571		
130	6385	180	5425	230	4466	280	3508	330	2552		
72 131	138 6365	72 181	138 5405	72 231	138 4446	72 281	138 3488	72 331	138 2532		
132	6346	182	5386	232	4427	282	3469	332	2513		
133	6327	183	5367	233	4408	283	3450	333	2494		
134	6308	184	5348	234	4389	284	3431	334	2475		
135	6289	185	5329	235	4370	285	3412	335	2456		
136	6269	186	5309	236	4350	286	3393	336	2437		
137	6250	187	5290	237	4331	287	3374	337	2418		
138	6231	188	5271	238	4312	288	3355	338	2399		
139	6212	189	5252	239	4293	289	3336	339	2380		
140	6193	190	5233	240	4274	290	3317	340	2364		

DIFF.

	20	19
0 01	0	0
0 02	0	0
0 03	1	1
0 04	1	1
0 05	1	1
0 06	1	1
0 07	1	1
0 08	2	2
0 09	2	2
0 10	2	2
0 20	4	4
0 30	6	6
0 40	8	8
0 50	10	10
0 60	12	11
0 70	14	13
0 80	16	15
0 90	18	17
1 00	20	19

Diviseurs : **72371** a **72650**.

DIVISEUR	Nombre à multiplier par le dividende	DIVISEUR	Nombre à multiplier par le dividende	DIVISEUR	Nombre à multiplier par le dividende	DIVISEUR	Nombre à multiplier par le dividende	DIVISEUR	Nombre à multiplier par le dividende	DIVISEUR	Nombre à multiplier par le dividende
72 371	138 1768	72 421	138 0814	72 471	137 9861	72 521	137 8910	72 571	137 7961	72 621	137 7012
372	1749	422	0795	472	9842	522	8891	572	7942	622	6993
373	1730	423	0776	473	9823	523	8872	573	7923	623	6974
374	1711	424	0757	474	9804	524	8853	574	7904	624	6955
375	1692	425	0738	475	9785	525	8834	575	7885	625	6936
376	1673	426	0719	476	9766	526	8815	576	7866	626	6917
377	1654	427	0700	477	9747	527	8796	577	7847	627	6898
378	1635	428	0681	478	9728	528	8777	578	7828	628	6879
379	1616	429	0662	479	9709	529	8758	579	7809	629	6860
380	1597	430	0643	480	9690	530	8739	580	7790	630	6841
72 381	138 1577	72 431	138 0623	72 481	137 9671	72 531	137 8720	72 581	137 7771	72 631	137 6822
382	1558	432	0604	482	9652	532	8701	582	7752	632	6803
383	1539	433	0585	483	9633	533	8682	583	7733	633	6784
384	1520	434	0566	484	9614	534	8663	584	7714	634	6765
385	1501	435	0547	485	9595	535	8644	585	7695	635	6746
386	1482	436	0528	486	9576	536	8625	586	7676	636	6727
387	1463	437	0509	487	9557	537	8606	587	7657	637	6708
388	1444	438	0490	488	9538	538	8587	588	7638	638	6689
389	1425	439	0471	489	9519	539	8568	589	7619	639	6670
390	1406	440	0452	490	9500	540	8549	590	7600	640	6651
72 391	138 1386	72 441	138 0433	72 491	137 9481	72 541	137 8530	72 591	137 7581	72 641	137 6632
392	1367	442	0414	492	9462	542	8511	592	7562	642	6613
393	1348	443	0395	493	9443	543	8492	593	7543	643	6594
394	1329	444	0376	494	9424	544	8473	594	7524	644	6575
395	1310	445	0357	495	9405	545	8454	595	7505	645	6556
396	1291	446	0338	496	9386	546	8435	596	7486	646	6537
397	1272	447	0319	497	9367	547	8416	597	7467	647	6518
398	1253	448	0300	498	9348	548	8397	598	7448	648	6499
399	1234	449	0281	499	9329	549	8378	599	7429	649	6480
400	1215	450	0262	500	9310	550	8359	600	7410	650	6462
72 401	138 1195	72 451	138 0242	72 501	137 9291	72 551	137 8340	72 601	137 7391		
402	1176	452	0223	502	9272	552	8321	602	7372		
403	1157	453	0204	503	9253	553	8302	603	7353		
404	1138	454	0185	504	9234	554	8283	604	7334		
405	1119	455	0166	505	9215	555	8264	605	7315		
406	1100	456	0147	506	9196	556	8245	606	7296		
407	1081	457	0128	507	9177	557	8226	607	7277		
408	1062	458	0109	508	9158	558	8207	608	7258		
409	1043	459	0090	509	9139	559	8188	609	7239		
410	1024	460	0071	510	9120	560	8169	610	7220		
72 411	138 1005	72 461	138 0052	72 511	137 9100	72 561	137 8150	72 611	137 7201		
412	0986	462	0033	512	9081	562	8131	612	7182		
413	0967	463	0014	513	9062	563	8112	613	7163		
414	0948	464	137 9995	514	9043	564	8093	614	7144		
415	0929	465	9976	515	9024	565	8074	615	7125		
416	0910	466	9957	516	9005	566	8055	616	7106		
417	0891	467	9938	517	8986	567	8036	617	7087		
418	0872	468	9919	518	8967	568	8017	618	7068		
419	0853	469	9900	519	8948	569	7998	619	7049		
420	0834	470	9881	520	8929	570	7979	620	7030		

Diff.

	20	19	18
0 01	0	0	0
0 02	0	0	0
0 03	1	1	1
0 04	1	1	1
0 05	1	1	1
0 06	1	1	1
0 07	1	1	1
0 08	2	2	2
0 09	2	2	2
0 10	2	2	2
0 20	4	4	4
0 30	6	6	5
0 40	8	8	7
0 50	10	10	9
0 60	12	11	11
0 70	14	13	13
0 80	16	15	14
0 90	18	17	16
1 00	20	19	18

DIVISEURS : **72651** A **72930**

DIVISEUR	Nombre à multiplier par le dividende	DIVISEUR	Nombre à multiplier par le dividende	DIVISEUR	Nombre à multiplier par le dividende	DIVISEUR	Nombre à multiplier par le dividende	DIVISEUR	Nombre à multiplier par le dividende	DIVISEUR	Nombre à multiplier par le dividende
72 651	137 6443	72 701	137 5496	72 751	137 4551	72 801	137 3607	72 851	137 2664	72 901	137 1723
652	6424	702	5477	752	4532	802	3588	852	2645	902	1704
653	6405	703	5458	753	4513	803	3569	853	2626	903	1685
654	6386	704	5439	754	4494	804	3550	854	2607	904	1666
655	6367	705	5420	755	4475	805	3531	855	2389	905	1647
656	6348	706	5401	756	4456	806	3512	856	2570	906	1628
657	6329	707	5382	757	4437	807	3493	857	2551	907	1609
658	6310	708	5363	758	4418	808	3474	858	2532	908	1590
659	6291	709	5344	759	4399	809	3455	859	2513	909	1571
660	6273	710	5326	760	4381	810	3437	860	2495	910	1553
72 661	137 6254	72 711	137 5307	72 761	137 4362	72 811	137 3418	72 861	137 2476	72 911	137 1534
662	6235	712	5288	762	4343	812	3399	862	2457	912	1515
663	6216	713	5269	763	4324	813	3380	863	2438	913	1496
664	6197	714	5250	764	4305	814	3361	864	2419	914	1477
665	6178	715	5231	765	4286	815	3343	865	2400	915	1459
666	6159	716	5212	766	4267	816	3324	866	2381	916	1440
667	6140	717	5193	767	4248	817	3305	867	2362	917	1421
668	6121	718	5174	768	4229	818	3286	868	2343	918	1402
669	6102	719	5155	769	4210	819	3267	869	2324	919	1383
670	6083	720	5137	770	4192	820	3249	870	2306	920	1365
72 671	137 6064	72 721	137 5118	72 771	137 4173	72 821	137 3230	72 871	137 2287	72 921	137 1346
672	6045	722	5099	772	4154	822	3211	872	2268	922	1327
673	6026	723	5080	773	4135	823	3192	873	2249	923	1308
674	6007	724	5061	774	4116	824	3173	874	2230	924	1289
675	5988	725	5042	775	4097	825	3154	875	2212	925	1271
676	5969	726	5023	776	4078	826	3135	876	2193	926	1252
677	5950	727	5004	777	4059	827	3116	877	2174	927	1233
678	5931	728	4985	778	4040	828	3097	878	2155	928	1214
679	5912	729	4966	779	4021	829	3078	879	2136	929	1195
680	5894	730	4948	780	4003	830	3060	880	2118	930	1177
72 681	137 5875	72 731	137 4929	72 781	137 3984	72 831	137 3041	72 881	137 2099		
682	5856	732	4910	782	3965	832	3022	882	2080		
683	5837	733	4891	783	3946	833	3003	883	2061		
684	5818	734	4872	784	3927	834	2984	884	2042		
685	5799	735	4853	785	3909	835	2965	885	2024		
686	5780	736	4834	786	3890	836	2946	886	2005		
687	5761	737	4815	787	3871	837	2927	887	1986		
688	5742	738	4796	788	3852	838	2908	888	1967		
689	5723	739	4777	789	3833	839	2889	889	1948		
690	5705	740	4759	790	3815	840	2871	890	1930		
72 691	137 5686	72 741	137 4740	72 791	137 3796	72 841	137 2852	72 891	137 1911		
692	5667	742	4721	792	3777	842	2833	892	1892		
693	5648	743	4702	793	3758	843	2814	893	1873		
694	5629	744	4683	794	3739	844	2795	894	1854		
695	5610	745	4664	795	3720	845	2777	895	1835		
696	5591	746	4645	796	3701	846	2758	896	1817		
697	5572	747	4626	797	3682	847	2739	897	1798		
698	5553	748	4607	798	3663	848	2720	898	1779		
699	5534	749	4588	799	3644	849	2701	899	1760		
700	5515	750	4570	800	3626	850	2683	900	1742		

DIFF.

	19	18
0 01	0	0
0 02	0	0
0 03	1	1
0 04	1	1
0 05	1	1
0 06	1	1
0 07	1	1
0 08	2	1
0 09	2	2
0 10	2	2
0 20	4	4
0 30	6	5
0 40	8	7
0 50	10	9
0 60	11	11
0 70	13	13
0 80	15	14
0 90	17	16
1 00	19	18

DIVISEURS : 72931 à 73210.

DIVISEUR	Nombre à multiplier par le dividende	DIVISEUR	Nombre à multiplier par le dividende	DIVISEUR	Nombre à multiplier par le dividende	DIVISEUR	Nombre à multiplier par le dividende	DIVISEUR	Nombre à multiplier par le dividende	DIVISEUR	Nombre à multiplier par le dividende
72 931	137 1158	72 981	137 0249	73 031	136 9281	73 081	136 8344	73 131	136 7408	73 181	136 6474
932	1139	982	0200	032	9262	082	8325	132	7389	182	6455
933	1120	983	0184	033	9243	083	8306	133	7370	183	6436
934	1101	984	0162	034	9224	084	8288	134	7352	184	6418
935	1083	985	0144	035	9206	085	8269	135	7333	185	6399
936	1064	986	0125	036	9187	086	8250	136	7314	186	6380
937	1045	987	0106	037	9168	087	8232	137	7296	187	6362
938	1026	988	0087	038	9149	088	8213	138	7277	188	6343
939	1007	989	0068	039	9130	089	8194	139	7258	189	6324
940	0989	990	0050	040	9112	090	8176	140	7240	190	6306
72 941	137 0970	72 991	137 0031	73 041	136 9093	73 091	136 8157	73 141	136 7221	73 191	136 6287
942	0951	992	0012	042	9074	092	8138	142	7202	192	6268
943	0932	993	136 9993	043	9055	093	8119	143	7183	193	6250
944	0913	994	9975	044	9037	094	8101	144	7165	194	6231
945	0895	995	9956	045	9018	095	8082	145	7146	195	6213
946	0876	996	9937	046	8999	096	8063	146	7127	196	6194
947	0857	997	9919	047	8981	097	8045	147	7109	197	6175
948	0838	998	9900	048	8962	098	8026	148	7090	198	6157
949	0819	999	9881	049	8943	099	8007	149	7071	199	6138
950	0801	73 000	9863	050	8925	100	7989	150	7053	200	6120
72 951	137 0782	73 001	136 9844	73 051	136 8906	73 101	136 7970	73 151	136 7034	73 201	136 6101
952	0763	002	9825	052	8887	102	7951	152	7015	202	6082
953	0744	003	9806	053	8868	103	7932	153	6997	203	6063
954	0725	004	9787	054	8850	104	7913	154	6978	204	6045
955	0707	005	9769	055	8831	105	7895	155	6960	205	6026
956	0688	006	9750	056	8812	106	7876	156	6941	206	6007
957	0669	007	9731	057	8794	107	7857	157	6922	207	5989
958	0650	008	9712	058	8775	108	7838	158	6904	208	5970
959	0631	009	9693	059	8756	109	7849	159	6885	209	5951
960	0643	010	9675	060	8738	110	7801	160	6867	210	5933
72 961	137 0594	73 011	136 9656	73 061	136 8719	73 111	136 7782	73 161	136 6848		
962	0575	012	9637	062	8700	112	7763	162	6829		
963	0556	013	9618	063	8681	113	7744	163	6810		
964	0538	014	9599	064	8662	114	7726	164	6792		
965	0519	015	9581	065	8644	115	7707	165	6773		
966	0500	016	9562	066	8625	116	7688	166	6754		
967	0482	017	9543	067	8606	117	7670	167	6736		
968	0463	018	9521	068	8587	118	7651	168	6717		
969	0444	019	9505	069	8568	119	7632	169	6698		
970	0426	020	9487	070	8550	120	7614	170	6680		
72 971	137 0407	73 021	136 9468	73 071	136 8531	73 121	136 7595	73 171	136 6661		
972	0388	022	9449	072	8512	122	7576	172	6642		
973	0369	023	9430	073	8493	123	7557	173	6623		
974	0350	024	9412	074	8475	124	7539	174	6605		
975	0332	025	9393	075	8456	125	7520	175	6586		
976	0313	026	9374	076	8437	126	7501	176	6567		
977	0294	027	9356	077	8419	127	7483	177	6549		
978	0275	028	9337	078	8400	128	7464	178	6530		
979	0256	029	9318	079	8381	129	7445	179	6511		
980	0238	030	9300	080	8363	130	7427	180	6493		

DIFF.

	19	18
0 01	0	0
0 02	0	0
0 03	1	1
0 04	1	1
0 05	1	1
0 06	1	1
0 07	1	1
0 08	2	1
0 09	2	2
0 10	2	2
0 20	4	4
0 30	6	5
0 40	8	7
0 50	10	9
0 60	11	11
0 70	13	13
0 80	15	14
0 90	17	16
1 00	19	18

DIVISEURS : 73211 A 73490.

DIVISEUR	Nombre à multiplier par le dividende	DIVISEUR	Nombre à multiplier par le dividende	DIVISEUR	Nombre à multiplier par le dividende	DIVISEUR	Nombre à multiplier par le dividende	DIVISEUR	Nombre à multiplier par le dividende	DIVISEUR	Nombre à multiplier par le dividende	DIVISEUR	Nombre à multiplier par le dividende
73 211	136 5944	73 261	136 4982	73 311	136 4051	73 361	136 3121	73 411	136 2193	73 461	136 1266		
212	5895	262	4963	312	4032	362	3102	412	2174	462	1247		
213	5877	263	4945	313	4014	363	3084	413	2156	463	1229		
214	5858	264	4926	314	3995	364	3065	414	2137	464	1210		
215	5840	265	4908	315	3977	365	3047	415	2119	465	1192		
216	5821	266	4889	316	3958	366	3028	416	2100	466	1173		
217	5802	267	4870	317	3939	367	3009	417	2081	467	1154		
218	5784	268	4852	318	3921	368	2991	418	2063	468	1136		
219	5765	269	4833	319	3902	369	2972	419	2044	469	1117		
220	5747	270	4815	320	3884	370	2954	420	2026	470	1099		
73 221	136 5728	73 271	136 4796	73 321	136 3865	73 371	136 2935	73 421	136 2007	73 471	136 1080		
222	5709	272	4777	322	3846	372	2917	422	1989	472	1062		
223	5690	273	4758	323	3828	373	2898	423	1970	473	1043		
224	5672	274	4740	324	3809	374	2880	424	1952	474	1025		
225	5653	275	4721	325	3791	375	2861	425	1933	475	1006		
226	5634	276	4702	326	3772	376	2843	426	1915	476	0988		
227	5616	277	4684	327	3753	377	2824	427	1896	477	0969		
228	5597	278	4665	328	3735	378	2806	428	1878	478	0951		
229	5578	279	4646	329	3716	379	2787	429	1859	479	0932		
230	5560	280	4628	330	3698	380	2769	430	1841	480	0914		
73 231	136 5541	73 281	136 4609	73 331	136 3679	73 381	136 2750	73 431	136 1822	73 481	136 0895		
232	5522	282	4590	332	3660	382	2734	432	1803	482	0877		
233	5504	283	4572	333	3642	383	2713	433	1785	483	0858		
234	5485	284	4553	334	3623	384	2694	434	1766	484	0840		
235	5467	285	4535	335	3605	385	2676	435	1748	485	0821		
236	5448	286	4516	336	3586	386	2657	436	1729	486	0803		
237	5429	287	4497	337	3567	387	2638	437	1710	487	0784		
238	5411	288	4479	338	3549	388	2620	438	1692	488	0766		
239	5392	289	4460	339	3530	389	2601	439	1673	489	0747		
240	5374	290	4442	340	3512	390	2583	440	1655	490	0729		
73 241	136 5355	73 291	136 4423	73 341	136 3493	73 391	136 2564	73 441	136 1636				
242	5336	292	4404	342	3474	392	2545	442	1618				
243	5317	293	4386	343	3456	393	2527	443	1599				
244	5299	294	4367	344	3437	394	2508	444	1581				
245	5280	295	4349	345	3419	395	2490	445	1562				
246	5261	296	4330	346	3400	396	2471	446	1544				
247	5243	297	4311	347	3381	397	2452	447	1525				
248	5224	298	4293	348	3363	398	2434	448	1507				
249	5205	299	4274	349	3344	399	2415	449	1488				
250	5187	300	4256	350	3326	400	2397	450	1470				
73 251	136 5168	73 301	136 4237	73 351	136 3307	73 401	136 2378	73 451	136 1451				
252	5149	302	4218	352	3288	402	2360	452	1433				
253	5131	303	4200	353	3270	403	2341	453	1414				
254	5112	304	4181	354	3251	404	2323	454	1396				
255	5094	305	4163	355	3233	405	2304	455	1377				
256	5075	306	4144	356	3214	406	2286	456	1359				
257	5056	307	4125	357	3195	407	2267	457	1340				
258	5038	308	4107	358	3177	408	2249	458	1322				
259	5019	309	4088	359	3158	409	2230	459	1303				
260	5001	310	4070	360	3140	410	2212	460	1285				

DIFF.

	19	18
0·01	0	0
0·02	0	0
0·03	1	1
0·04	1	1
0·05	1	1
0·06	1	1
0·07	1	1
0·08	2	1
0·09	2	2
0·10	2	2
0·20	4	4
0·30	6	5
0·40	8	7
0·50	10	9
0·60	11	11
0·70	13	13
0·80	15	14
0·90	17	16
1·00	19	18

DIVISEURS : **73491** A **73770**.

DIVISEUR	Nombre à multiplier par le dividende	DIVISEUR	Nombre à multiplier par le dividende	DIVISEUR	Nombre à multiplier par le dividende	DIVISEUR	Nombre à multiplier par le dividende	DIVISEUR	Nombre à multiplier par le dividende	DIVISEUR	Nombre à multiplier par le dividende
73 491	136 0740	73 541	135 9785	73 591	135 8861	73 641	135 7938	73 691	135 7047	73 741	135 6097
492	0692	542	9767	592	8843	642	7920	692	6999	742	6079
493	0673	543	9748	593	8824	643	7901	693	6980	743	6060
494	0655	544	9730	594	8806	644	7883	694	6962	744	6042
495	0636	545	9711	595	8787	645	7865	695	6944	745	6024
496	0618	546	9693	596	8769	646	7846	696	6925	746	6005
497	0599	547	9674	597	8750	647	7828	697	6907	747	5987
498	0581	548	9656	598	8732	648	7809	698	6888	748	5968
499	0562	549	9637	599	8713	649	7791	699	6870	749	5950
500	0544	550	9619	600	8695	650	7773	700	6852	750	5932
73 501	136 0525	73 551	135 9600	73 601	135 8676	73 651	135 7754	73 701	135 6833	73 751	135 5913
502	0507	552	9582	602	8658	652	7736	702	6815	752	5895
503	0488	553	9563	603	8639	653	7717	703	6796	753	5876
504	0470	554	9545	604	8621	654	7699	704	6778	754	5858
505	0451	555	9526	605	8603	655	7680	705	6760	755	5840
506	0433	556	9508	606	8584	656	7662	706	6741	756	5821
507	0414	557	9489	607	8566	657	7643	707	6723	757	5803
508	0396	558	9471	608	8547	658	7625	708	6704	758	5784
509	0377	559	9452	609	8529	659	7606	709	6686	759	5766
510	0359	560	9434	610	8511	660	7588	710	6668	760	5748
73 511	136 0340	73 561	135 9415	73 611	135 8492	73 661	135 7569	73 711	135 6649	73 761	135 5729
512	0322	562	9397	612	8474	662	7551	712	6631	762	5711
513	0303	563	9378	613	8455	663	7532	713	6612	763	5692
514	0285	564	9360	614	8437	664	7514	714	6594	764	5674
515	0266	565	9341	615	8418	665	7496	715	6576	765	5656
516	0248	566	9323	616	8400	666	7477	716	6557	766	5637
517	0229	567	9304	617	8381	667	7459	717	6539	767	5619
518	0211	568	9286	618	8363	668	7440	718	6520	768	5600
519	0192	569	9267	619	8344	669	7422	719	6502	769	5582
520	0174	570	9249	620	8326	670	7404	720	6484	770	5564
73 521	136 0155	73 571	135 9230	73 621	135 8307	73 671	135 7385	73 721	135 6465		
522	0137	572	9212	622	8289	672	7367	722	6447		
523	0118	573	9193	623	8270	673	7348	723	6428		
524	0100	574	9175	624	8252	674	7330	724	6410		
525	0081	575	9156	625	8234	675	7312	725	6392		
526	0063	576	9138	626	8215	676	7293	726	6373		
527	0044	577	9119	627	8197	677	7275	727	6355		
528	0026	578	9101	628	8178	678	7256	728	6336		
529	0007	579	9082	629	8160	679	7238	729	6318		
530	135 9989	580	9064	630	8142	680	7220	730	6300		
73 531	135 9970	73 581	135 9045	73 631	135 8123	73 681	135 7201	73 731	135 6281		
532	9952	582	9027	632	8105	682	7183	732	6263		
533	9933	583	9008	633	8086	683	7164	733	6244		
534	9915	584	8990	634	8068	684	7146	734	6226		
535	9896	585	8972	635	8049	685	7128	735	6208		
536	9878	586	8953	636	8031	686	7109	736	6189		
537	9859	587	8935	637	8012	687	7091	737	6171		
538	9841	588	8946	638	7994	688	7072	738	6152		
539	9822	589	8898	639	7975	689	7054	739	6134		
540	9804	590	8880	640	7957	690	7036	740	6116		

DIFF.

	19	18
0 01	0	0
0 02	0	0
0 03	1	1
0 04	1	1
0 05	1	1
0 06	1	1
0 07	1	1
0 08	2	1
0 09	2	2
0 10	2	2
0 20	4	4
0 30	6	5
0 40	8	7
0 50	10	9
0 60	11	11
0 70	13	13
0 80	15	14
0 90	17	16
1 00	19	18

DIVISEUR	Nombre à multiplier par le dividende	DIVISEUR	Nombre à multiplier par le dividende	DIVISEUR	Nombre à multiplier par le dividende	DIVISEUR	Nombre à multiplier par le dividende	DIVISEUR	Nombre à multiplier par le dividende	DIVISEUR	Nombre à multiplier par le dividende
73 771	135 5545	73 821	135 4627	73 871	135 3710	73 921	135 2794	73 971	135 1880	74 021	135 0967
772	5527	822	4609	872	3692	922	2776	972	1862	022	0949
773	5508	823	4590	873	3674	923	2758	973	1844	023	0931
774	5490	824	4572	874	3655	924	2739	974	1825	024	0912
775	5472	825	4554	875	3637	925	2721	975	1807	025	0894
776	5453	826	4535	876	3619	926	2703	976	1789	026	0876
777	5435	827	4517	877	3600	927	2684	977	1770	027	0857
778	5416	828	4498	878	3582	928	2666	978	1752	028	0839
779	5398	829	4480	879	3564	929	2648	979	1734	029	0821
780	5380	830	4462	880	3546	930	2630	980	1716	030	0803
73 781	135 5361	73 831	135 4443	73 881	135 3527	73 931	135 2611	73 981	135 1697	74 031	135 0784
782	5343	832	4425	882	3509	932	2593	982	1679	032	0766
783	5325	833	4407	883	3491	933	2575	983	1661	033	0748
784	5306	834	4388	884	3472	934	2556	984	1642	034	0729
785	5288	835	4370	885	3454	935	2538	985	1624	035	0711
786	5270	836	4352	886	3436	936	2520	986	1606	036	0693
787	5251	837	4333	887	3417	937	2501	987	1587	037	0674
788	5233	838	4315	888	3399	938	2483	988	1569	038	0656
789	5215	839	4297	889	3384	939	2465	989	1551	039	0638
790	5197	840	4279	890	3363	940	2447	990	1533	040	0620
73 791	135 5178	73 841	135 4260	73 891	135 3344	73 941	135 2428	73 991	135 1514	74 041	135 0604
792	5160	842	4242	892	3326	942	2410	992	1496	042	0583
793	5141	843	4224	893	3307	943	2392	993	1478	043	0565
794	5123	844	4205	894	3289	944	2374	994	1460	044	0547
795	5105	845	4187	895	3271	945	2356	995	1442	045	0529
796	5086	846	4169	896	3252	946	2337	996	1423	046	0540
797	5068	847	4150	897	3234	947	2319	997	1405	047	0492
798	5049	848	4132	898	3215	948	2301	998	1387	048	0474
799	5031	849	4114	899	3197	949	2283	999	1369	049	0456
800	5013	850	4096	900	3179	950	2265	74 000	1351	050	0438
73 801	135 4994	73 851	135 4077	73 901	135 3160	73 951	135 2246	74 001	135 1332		Diff.
802	4976	852	4059	902	3142	952	2228	002	1314		
803	4957	853	4040	903	3124	953	2210	003	1296		
804	4939	854	4022	904	3105	954	2191	004	1277		
805	4921	855	4004	905	3087	955	2173	005	1259		
806	4902	856	3985	906	3069	956	2155	006	1241		
807	4884	857	3967	907	3050	957	2136	007	1222		
808	4865	858	3948	908	3032	958	2118	008	1204		
809	4847	859	3930	909	3014	959	2100	009	1186		
810	4829	860	3912	910	2996	960	2082	010	1168		
73 811	135 4810	73 861	135 3893	73 911	135 2977	73 961	135 2063	74 011	135 1149		
812	4792	862	3875	912	2959	962	2045	012	1131		
813	4774	863	3857	913	2941	963	2027	013	1113		
814	4755	864	3838	914	2922	964	2008	014	1095		
815	4737	865	3820	915	2904	965	1990	015	1077		
816	4719	866	3802	916	2886	966	1972	016	1058		
817	4700	867	3783	917	2867	967	1953	017	1040		
818	4682	868	3765	918	2849	968	1935	018	1022		
819	4664	869	3747	919	2831	969	1917	019	1004		
820	4646	870	3729	920	2813	970	1899	020	0986		

Diff.

	19	18
0 01	0	0
0 02	0	0
0 03	1	1
0 04	1	1
0 05	1	1
0 06	1	1
0 07	1	1
0 08	2	1
0 09	2	2
0 10	2	2
0 20	4	4
0 30	6	5
0 40	8	7
0 50	10	9
0 60	11	11
0 70	13	13
0 80	15	14
0 90	17	16
1 00	19	18

Diviseurs : **74051 à 74330**.

DIVISEUR	Nombre à multiplier par le dividende	DIVISEUR	Nombre à multiplier par le dividende	DIVISEUR	Nombre à multiplier par le dividende	DIVISEUR	Nombre à multiplier par le dividende	DIVISEUR	Nombre à multiplier par le dividende	DIVISEUR	Nombre à multiplier par le dividende
74 051	135 0419	74 101	134 9508	74 151	134 8598	74 201	134 7689	74 251	134 6782	74 301	134 5876
052	0404	102	9490	152	8580	202	7671	252	6764	302	5858
053	0383	103	9472	153	8562	203	7653	253	6746	303	5840
054	0365	104	9454	154	8544	204	7635	254	6728	304	5822
055	0347	105	9436	155	8526	205	7617	255	6740	305	5804
056	0328	106	9417	156	8507	206	7599	256	6691	306	5785
057	0310	107	9399	157	8489	207	7581	257	6673	307	5767
058	0292	108	9381	158	8471	208	7563	258	6655	308	5749
059	0274	109	9363	159	8453	209	7545	259	6637	309	5731
060	0256	110	9345	160	8435	210	7527	260	6619	310	5713
74 061	135 0237	74 111	134 9326	74 161	134 8416	74 211	134 7508	74 261	134 6600	74 311	134 5694
062	0219	112	9308	162	8398	212	7490	262	6582	312	5676
063	0201	113	9290	163	8380	213	7472	263	6564	313	5658
064	0183	114	9272	164	8362	214	7454	264	6546	314	5640
065	0165	115	9254	165	8344	215	7436	265	6528	315	5622
066	0146	116	9235	166	8326	216	7417	266	6510	316	5604
067	0128	117	9217	167	8308	217	7399	267	6492	317	5586
068	0110	118	9199	168	8290	218	7381	268	6474	318	5568
069	0092	119	9181	169	8272	219	7363	269	6456	319	5550
070	0074	120	9163	170	8254	220	7345	270	6438	320	5532
74 071	135 0055	74 121	134 9144	74 171	134 8235	74 221	134 7326	74 271	134 6419	74 321	134 5513
072	0037	122	9126	172	8217	222	7308	272	6401	322	5495
073	0019	123	9108	173	8199	223	7290	273	6383	323	5477
074	0000	124	9090	174	8181	224	7272	274	6365	324	5459
075	134 9982	125	9072	175	8163	225	7254	275	6347	325	5441
076	9964	126	9053	176	8144	226	7236	276	6329	326	3423
077	9945	127	9035	177	8126	227	7218	277	9311	327	5405
078	9927	128	9017	178	8108	228	7200	278	6293	328	5387
079	9909	129	8999	179	8090	229	7482	279	6275	329	5369
080	9891	130	8981	180	8072	230	7464	280	6257	330	5351
74 081	134 9872	74 131	134 8962	74 181	134 8053	74 231	134 7145	74 281	134 6238		
082	9854	132	8944	182	8035	232	7427	282	6220		
083	9836	133	8926	183	8017	233	7409	283	6202		
084	9818	134	8908	184	7999	234	7091	284	6184		
085	9800	135	8890	185	7981	235	7073	285	6166		
086	9781	136	8871	186	7962	236	7054	286	6148		
087	9763	137	8853	187	7944	237	7036	287	6130		
088	9745	138	8835	188	7926	238	7048	288	6142		
089	9727	139	8817	189	7908	239	7000	289	6094		
090	9709	140	8799	190	7890	240	6982	290	6076		
74 091	134 9690	74 141	134 8780	74 191	134 7871	74 241	134 6963	74 291	134 6057		
092	9672	142	8762	192	7853	242	6945	292	6039		
093	9654	143	8744	193	7835	243	6927	293	6021		
094	9636	144	8726	194	7817	244	6909	294	6003		
095	9618	145	8708	195	7799	245	6891	295	5985		
096	9599	146	8689	196	7780	246	6873	296	5967		
097	9581	147	8671	197	7762	247	6855	297	5949		
098	9563	148	8653	198	7744	248	6837	298	5931		
099	9545	149	8635	199	7726	249	6819	299	5913		
100	9527	150	8617	200	7708	250	6801	300	5895		

Diff.

	19	18
0 01	0	0
0 02	0	0
0 03	1	1
0 04	1	1
0 05	1	1
0 06	1	1
0 07	1	1
0 08	2	1
0 09	2	2
0 10	2	2
0 20	4	4
0 30	6	5
0 40	8	7
0 50	10	9
0 60	11	11
0 70	13	13
0 80	15	14
0 90	17	16
1 00	19	18

DIVISEURS : 74331 A 74610.

DIVISEUR	Nombre à multiplier par le dividende	DIVISEUR	Nombre à multiplier par le dividende	DIVISEUR	Nombre à multiplier par le dividende	DIVISEUR	Nombre à multiplier par le dividende	DIVISEUR	Nombre à multiplier par le dividende	DIVISEUR	Nombre à multiplier par le dividende
74 331	134 5132	74 381	134 4428	74 431	134 3525	74 481	134 2624	74 531	134 1723	74 581	134 0824
332	5314	382	4410	432	3507	482	2606	532	1705	582	0806
333	5296	383	4392	433	3489	483	2588	533	1687	583	0788
334	5278	384	4374	434	3471	484	2570	534	1669	584	0770
335	5260	385	4356	435	3453	485	2552	535	1651	585	0752
336	5242	386	4338	436	3435	486	2534	536	1633	586	0734
337	5224	387	4320	437	3417	487	2516	537	1615	587	0716
338	5206	388	4302	438	3399	488	2498	538	1597	588	0698
339	5188	389	4284	439	3381	489	2480	539	1579	589	0680
340	5170	390	4266	440	3363	490	2462	540	1561	590	0662
74 341	134 5151	74 391	134 4248	74 441	134 3345	74 491	134 2443	74 541	134 1543	74 591	134 0664
342	5133	392	4230	442	3327	492	2425	542	1525	592	0626
343	5115	393	4212	443	3309	493	2407	543	1507	593	0608
344	5097	394	4194	444	3291	494	2389	544	1489	594	0590
345	5079	395	4176	445	3273	495	2371	545	1471	595	0572
346	5061	396	4158	446	3255	496	2353	546	1453	596	0554
347	5043	397	4140	447	3237	497	2335	547	1435	597	0536
348	5025	398	4122	448	3219	498	2317	548	1417	598	0518
349	5007	399	4104	449	3201	499	2299	549	1399	599	0500
350	4989	400	4086	450	3183	500	2281	550	1381	600	0482
74 351	134 4971	74 401	134 4067	74 451	134 3164	74 501	134 2263	74 551	134 1363	74 601	134 0464
352	4953	402	4049	452	3146	502	2245	552	1345	602	0446
353	4935	403	4031	453	3128	503	2227	553	1327	603	0428
354	4917	404	4013	454	3110	504	2209	554	1309	604	0410
355	4899	405	3995	455	3092	505	2191	555	1291	605	0392
356	4881	406	3977	456	3074	506	2173	556	1273	606	0374
357	4863	407	3959	457	3056	507	2155	557	1255	607	0356
358	4845	408	3941	458	3038	508	2137	558	1237	608	0338
359	4827	409	3923	459	3020	509	2119	559	1219	609	0320
360	4809	410	3905	460	3002	510	2101	560	1201	610	0302
74 361	134 4790	74 411	134 3886	74 461	134 2984	74 511	134 2083	74 561	134 1483		
362	4772	412	3868	462	2966	512	2065	562	1465		
363	4754	413	3850	463	2948	513	2047	563	1447		
364	4736	414	3832	464	2930	514	2029	564	1429		
365	4718	415	3814	465	2912	515	2011	565	1411		
366	4700	416	3796	466	2894	516	1993	566	1093		
367	4682	417	3778	467	2876	517	1975	567	1075		
368	4664	418	3760	468	2858	518	1957	568	1057		
369	4646	419	3742	469	2840	519	1939	569	1039		
370	4628	420	3724	470	2822	520	1921	570	1021		
74 371	134 4609	74 421	134 3706	74 471	134 2804	74 521	134 1903	74 571	134 1003		
372	4591	422	3688	472	2786	522	1885	572	0985		
373	4573	423	3670	473	2768	523	1867	573	0967		
374	4555	424	3652	474	2750	524	1849	574	0949		
375	4537	425	3634	475	2732	525	1831	575	0934		
376	4519	426	3616	476	2714	526	1813	576	0913		
377	4501	427	3598	477	2696	527	1795	577	0895		
378	4483	428	3580	478	2678	528	1777	578	0877		
379	4465	429	3562	479	2660	529	1759	579	0859		
380	4447	430	3544	480	2642	530	1741	580	0842		

DIFF.

	19	18
0 01	0	0
0 02	0	0
0 03	1	1
0 04	1	1
0 05	1	1
0 06	1	1
0 07	1	1
0 08	2	1
0 09	2	2
0 10	2	2
0 20	4	4
0 30	6	5
0 40	8	7
0 50	10	9
0 60	11	11
0 70	13	13
0 80	15	14
0 90	17	16
1 00	19	18

DIVISEUR	Nombre à multiplier par le dividende	DIVISEUR	Nombre à multiplier par le dividende	DIVISEUR	Nombre à multiplier par le dividende	DIVISEUR	Nombre à multiplier par le dividende	DIVISEUR	Nombre à multiplier par le dividende	DIVISEUR	Nombre à multiplier par le dividende
74 611	134.0284	74 661	133 9387	74 711	133 8490	74 761	133 7595	74 811	133 6701	74 861	133 5808
612	0266	662	9369	712	8472	762	7577	812	6683	862	5790
613	0248	663	9351	713	8454	763	7559	813	6665	863	5772
614	0230	664	9333	714	8436	764	7541	814	6647	864	5754
615	0212	665	9315	715	8418	765	7523	815	6630	865	5737
616	0194	666	9297	716	8400	766	7505	816	6612	866	5719
617	0176	667	9279	717	8382	767	7487	817	6594	867	5701
618	0158	668	9261	718	8364	768	7469	818	6576	868	5683
619	0140	669	9243	719	8346	769	7451	819	6558	869	5665
620	0123	670	9225	720	8329	770	7434	820	6541	870	5648
74 621	134 0105	74 671	133 9207	74 721	133 8311	74 771	133 7416	74 821	133 6523	74 871	133 5630
622	0087	672	9189	722	8293	772	7398	822	6505	872	5612
623	0069	673	9171	723	8275	773	7380	823	6487	873	5594
624	0051	674	9153	724	8257	774	7362	824	6469	874	5576
625	0033	675	9135	725	8239	775	7344	825	6451	875	5559
626	0015	676	9117	726	8221	776	7326	826	6433	876	5541
627	133 9997	677	9099	727	8203	777	7308	827	6415	877	5523
628	9979	678	9081	728	8185	778	7290	828	6397	878	5505
629	9961	679	9063	729	8167	779	7272	829	6379	879	5487
630	9943	680	9046	730	8150	780	7255	830	6362	880	5470
74 631	133 9925	74 681	133 9028	74 731	133 8132	74 781	133 7237	74 831	133 6344	74 881	133 5452
632	9907	682	9010	732	8114	782	7219	832	6326	882	5434
633	9889	683	8992	733	8096	783	7201	833	6308	883	5416
634	9871	684	8974	734	8078	784	7183	834	6290	884	5398
635	9853	685	8956	735	8060	785	7166	835	6272	885	5380
636	9835	686	8938	736	8042	786	7148	836	6254	886	5362
637	9817	687	8920	737	8024	787	7130	837	6236	887	5344
638	9799	688	8902	738	8006	788	7112	838	6218	888	5326
639	9781	689	8884	739	7988	789	7094	839	6200	889	5308
640	9763	690	8867	740	7971	790	7077	840	6183	890	5291
74 641	133 9745	74 691	133 9849	74 741	133 7953	74 791	133 7059	74 841	133 6465		
642	9727	692	9831	742	7935	792	7041	842	6447		
643	9709	693	9813	743	7917	793	7023	843	6429		
644	9691	694	8795	744	7899	794	7005	844	6411		
645	9673	695	8777	745	7884	795	6987	845	6094		
646	9655	696	8759	746	7863	796	6969	846	6076		
647	9637	697	8741	747	7845	797	6951	847	6058		
648	9619	698	8723	748	7827	798	6933	848	6040		
649	9601	699	8705	749	7809	799	6915	849	6022		
650	9584	700	8688	750	7792	800	6898	850	6005		
74 651	133 9566	74 701	133 8670	74 751	133 7774	74 801	133 6880	74 851	133 5987		
652	9548	702	8652	752	7756	802	6862	852	5969		
653	9530	703	8634	753	7738	803	6844	853	5951		
654	9512	704	8616	754	7720	804	6826	854	5933		
655	9494	705	8598	755	7702	805	6808	855	5915		
656	9476	706	8580	756	7684	806	6790	856	5897		
657	9458	707	8562	757	7666	807	6772	857	5879		
658	9440	708	8544	758	7648	808	6754	858	5861		
659	9422	709	8526	759	7630	809	6736	859	5843		
660	9405	710	8508	760	7613	810	6749	860	5826		

Diff.

	18	17
0 01	0	0
0 02	0	0
0 03	1	1
0 04	1	1
0 05	1	1
0 06	1	1
0 07	1	1
0 08	1	1
0 09	2	2
0 10	2	2
0 20	4	3
0 30	5	5
0 40	7	7
0 50	9	9
0 60	11	10
0 70	13	12
0 80	14	14
0 90	16	15
1 00	18	17

DIVISEURS . 74891 À 75170

DIVISEUR	Nombre à multiplier par le dividende	DIVISEUR	Nombre à multiplier par le dividende	DIVISEUR	Nombre à multiplier par le dividende	DIVISEUR	Nombre à multiplier par le dividende	DIVISEUR	Nombre à multiplier par le dividende	DIVISEUR	Nombre à multiplier par le dividende
74 891	133 5273	74 941	133 4382	74 991	133 3493	75 041	133 2604	75 091	133 1747	75 141	133 0831
892	5255	942	4364	992	3475	042	2586	092	1699	142	0813
893	5237	943	4346	993	3457	043	2568	093	1681	143	0795
894	5219	944	4328	994	3439	044	2551	094	1663	144	0777
895	5202	945	4311	995	3422	045	2533	095	1646	145	0760
896	5184	946	4293	996	3404	046	2515	096	1628	146	0742
897	5166	947	4275	997	3386	047	2498	097	1610	147	0724
898	5148	948	4257	998	3368	048	2480	098	1592	148	0706
899	5130	949	4239	999	3350	049	2462	099	1574	149	0688
900	5113	950	4222	75 000	3333	050	2445	100	1557	150	0671
74 901	133 5095	74 951	133 4204	75 001	133 3315	75 051	133 2427	75 101	133 1539	75 151	133 0653
902	5077	952	4186	002	3297	052	2409	102	1521	152	0635
903	5059	953	4168	003	3279	053	2391	103	1503	153	0617
904	5041	954	4150	004	3261	054	2373	104	1486	154	0600
905	5024	955	4133	005	3244	055	2356	105	1468	155	0582
906	5006	956	4115	006	3226	056	2338	106	1450	156	0564
907	4988	957	4097	007	3208	057	2320	107	1433	157	0547
908	4970	958	4079	008	3190	058	2302	108	1415	158	0529
909	4952	959	4061	009	3172	059	2284	109	1397	159	0511
910	4935	960	4044	010	3155	060	2267	110	1380	160	0494
74 911	133 4917	74 961	133 4026	75 011	133 3437	75 061	133 2249	75 111	133 1362	75 161	133 0476
912	4899	962	4008	012	3419	062	2231	112	1344	162	0458
913	4881	963	3990	013	3401	063	2213	113	1326	163	0440
914	4863	964	3972	014	3083	064	2196	114	1309	164	0423
915	4846	965	3955	015	3066	065	2178	115	1291	165	0405
916	4828	966	3937	016	3048	066	2160	116	1273	166	0387
917	4810	967	3919	017	3030	067	2143	117	1256	167	0370
918	4792	968	3901	018	3012	068	2125	118	1238	168	0252
919	4774	969	3883	019	2994	069	2107	119	1220	169	0334
920	4757	970	3866	020	2977	070	2090	120	1203	170	0317
74 921	133 4739	74 971	133 3848	75 021	133 2959	75 071	133 2072	75 121	133 1185		
922	4721	972	3830	022	2941	072	2054	122	1167		
923	4703	973	3812	023	2923	073	2036	123	1149		
924	4685	974	3794	024	2906	074	2018	124	1132		
925	4667	975	3777	025	2888	075	2001	125	1114		
926	4649	976	3759	026	2870	076	1983	126	1096		
927	4631	977	3741	027	2853	077	1965	127	1079		
928	4613	978	3723	028	2835	078	1947	128	1061		
929	4595	979	3705	029	2817	079	1929	129	1043		
930	4578	980	3688	030	2800	080	1912	130	1026		
74 931	133 4560	74 981	133 3670	75 031	133 2782	75 081	133 1894	75 131	133 1008		
932	4542	982	3652	032	2764	082	1876	132	0990		
933	4524	983	3634	033	2746	083	1858	133	0972		
934	4506	984	3617	034	2728	084	1841	134	0955		
935	4489	985	3599	035	2711	085	1823	135	0937		
936	4471	986	3581	036	2693	086	1805	136	0919		
937	4453	987	3564	037	2675	087	1788	137	0902		
938	4435	988	3546	038	2657	088	1770	138	0884		
939	4417	989	3528	039	2639	089	1752	139	0866		
940	4400	990	3511	040	2622	090	1735	140	0849		

DIFF.

	18	17
0 01	0	0
0 02	0	0
0 03	1	1
0 04	1	1
0 05	1	1
0 06	1	1
0 07	1	1
0 08	1	1
0 09	2	2
0 10	2	2
0 20	4	3
0 30	5	5
0 40	7	7
0 50	9	9
0 60	11	10
0 70	13	12
0 80	14	14
0 90	16	15
1 00	18	17

DIVISEURS : **75171** à **75450**.

DIVISEUR	Nombre à multiplier par le dividende	DIVISEUR	Nombre à multiplier par le dividende	DIVISEUR	Nombre à multiplier par le dividende	DIVISEUR	Nombre à multiplier par le dividende	DIVISEUR	Nombre à multiplier par le dividende	DIVISEUR	Nombre à multiplier par le dividende
75 171	133 0299	75 221	132 9415	75 271	132 8532	75 321	132 7650	75 371	132 6769	75 421	132 5890
172	0284	222	9397	272	8514	322	7632	372	6751	422	5872
173	0263	223	9379	273	8496	323	7615	373	6734	423	5855
174	0246	224	9362	274	8479	324	7597	374	6716	424	5837
175	0228	225	9344	275	8461	325	7580	375	6699	425	5820
176	0210	226	9326	276	8445	326	7562	376	6681	426	5802
177	0193	227	9309	277	8426	327	7544	377	6663	427	5784
178	0175	228	9291	278	8408	328	7527	378	6646	428	5767
179	0157	229	9273	279	8390	329	7509	379	6628	429	5749
180	0140	230	9256	280	8373	330	7492	380	6611	430	5732
75 181	133 0122	75 231	132 9238	75 281	132 8355	75 331	132 7474	75 381	132 6593	75 431	132 5714
182	0104	232	9220	282	8337	332	7456	382	6575	432	5696
183	0087	233	9203	283	8320	333	7439	383	6558	433	5679
184	0069	234	9185	284	8302	334	7421	384	6540	434	5661
185	0052	235	9168	285	8285	335	7404	385	6523	435	5644
186	0034	236	9150	286	8267	336	7386	386	6505	436	5626
187	0016	237	9132	287	8249	337	7368	387	6487	437	5608
188	132 9999	238	9115	288	8232	338	7351	388	6470	438	5591
189	9981	239	9097	289	8214	339	7333	389	6452	439	5573
190	9964	240	9080	290	8197	340	7316	390	6435	440	5556
75 191	132 9946	75 241	132 9062	75 291	132 8179	75 341	132 7298	75 391	132 6417	75 441	132 5538
192	9928	242	9044	292	8161	342	7280	392	6399	442	5521
193	9910	243	9026	293	8144	343	7263	393	6382	443	5503
194	9893	244	9009	294	8126	344	7245	394	6364	444	5486
195	9875	245	8991	295	8109	345	7228	395	6347	445	5468
196	9857	246	8973	296	8091	346	7210	396	6329	446	5451
197	9840	247	8956	297	8073	347	7192	397	6311	447	5433
198	9822	248	8938	298	8056	348	7175	398	6294	448	5416
199	9804	249	8920	299	8038	349	7157	399	6276	449	5398
200	9787	250	8903	300	8021	350	7140	400	6259	450	5381
75 201	132 9769	75 251	132 8885	75 301	132 8003	75 351	132 7122	75 401	132 6241		
202	9751	252	8867	302	7985	352	7104	402	6224		
203	9733	253	8850	303	7967	353	7086	403	6206		
204	9716	254	8832	304	7950	354	7069	404	6189		
205	9698	255	8815	305	7932	355	7051	405	6171		
206	9680	256	8797	306	7914	356	7033	406	6154		
207	9663	257	8779	307	7897	357	7016	407	6136		
208	9645	258	8762	308	7879	358	6998	408	6119		
209	9627	259	8744	309	7861	359	6980	409	6101		
210	9610	260	8727	310	7844	360	6963	410	6084		
75 211	132 9592	75 261	132 8709	75 311	132 7826	75 361	132 6945	75 411	132 6066		
212	9574	262	8691	312	7808	362	6927	412	6048		
213	9556	263	8673	313	7791	363	6910	413	6031		
214	9539	264	8656	314	7773	364	6892	414	6013		
215	9521	265	8638	315	7756	365	6875	415	5996		
216	9503	266	8620	316	7738	366	6857	416	5978		
217	9486	267	8603	317	7720	367	6839	417	5960		
218	9468	268	8585	318	7703	368	6822	418	5943		
219	9450	269	8567	319	7685	369	6804	419	5925		
220	9433	270	8550	320	7668	370	6787	420	5908		

DIFF.

	18	17
0 01	0	0
0 02	0	0
0 03	1	1
0 04	1	1
0 05	1	1
0 06	1	1
0 07	1	1
0 08	1	1
0 09	2	2
0 10	2	2
0 20	4	3
0 30	5	5
0 40	7	7
0 50	9	9
0 60	11	10
0 70	13	12
0 80	14	14
0 90	16	15
1 00	18	17

DIVISEURS : 75451 A 75730.

DIVISEUR	Nombre à multiplier par le dividende	DIVISEUR	Nombre à multiplier par le dividende	DIVISEUR	Nombre à multiplier par le dividende	DIVISEUR	Nombre à multiplier par le dividende	DIVISEUR	Nombre à multiplier par le dividende	DIVISEUR	Nombre à multiplier par le dividende
75 451	132 5363	75 501	132 4485	75 551	132 3608	75 601	132 2733	75 651	132 1859	75 701	132 0985
452	5345	502	4467	552	3591	602	2716	652	1842	702	0968
453	5328	503	4450	553	3573	603	2698	653	1824	703	0950
454	5310	504	4432	554	3556	604	2681	654	1807	704	0933
455	5293	505	4415	555	3538	605	2663	655	1789	705	0916
456	5275	506	4397	556	3521	606	2646	656	1772	706	0898
457	5257	507	4379	557	3503	907	2628	657	1754	707	0881
458	5240	508	4362	558	3486	608	2611	658	1737	708	0863
459	5222	509	4344	559	3468	609	2593	659	1719	709	0846
460	5205	510	4327	560	3451	610	2576	660	1702	710	0829
75 461	132 5187	75 511	132 4309	75 561	132 3433	75 611	132 2558	75 661	132 1684	75 711	132 0811
462	5169	512	4292	562	3416	612	2541	662	1667	712	0794
463	5152	513	4274	563	3398	613	2523	663	1649	713	0776
464	5134	514	4257	564	3381	614	2506	664	1632	714	0759
465	5117	515	4239	565	3363	615	2488	665	1614	715	0742
466	5099	516	4222	566	3346	616	2471	666	1597	716	0724
467	5081	517	4204	567	3328	617	2453	667	1579	717	0707
468	5064	518	4187	568	3311	618	2436	668	1562	718	0689
469	5046	519	4169	569	3293	619	2418	669	1544	719	0672
470	5029	520	4152	570	3276	620	2401	670	1527	720	0655
75 471	132 5011	75 521	132 4134	75 571	132 3258	75 621	132 2383	75 671	132 1509	75 721	132 0637
472	4994	522	4117	572	3241	622	2366	672	1492	722	0620
473	4976	523	4099	573	3223	623	2348	673	1474	723	0602
474	4959	524	4082	574	3206	624	2331	674	1457	724	0585
475	4941	525	4064	575	3188	625	2313	675	1440	725	0567
476	4924	526	4047	576	3171	626	2296	676	1422	726	0550
477	4906	527	4029	577	3153	627	2278	677	1405	727	0532
478	4889	528	4012	578	3136	628	2261	678	1387	728	0515
479	4871	529	3994	579	3118	629	2243	679	1370	729	0497
480	4854	530	3977	580	3101	630	2226	680	1353	730	0480
75 481	132 4836	75 531	132 3959	75 581	132 3083	75 631	132 2208	75 681	132 1335		DIFF.
482	4818	532	3941	582	3066	632	2191	682	1318		
483	4801	533	3924	583	3048	633	2173	683	1300		
484	4783	534	3906	584	3031	634	2156	684	1283		
485	4766	535	3889	585	3013	635	2138	685	1265		
486	4748	536	3871	586	2996	636	2121	686	1248		
487	4730	537	3853	587	2978	637	2103	687	1230		
488	4713	538	3836	588	2961	638	2086	688	1213		
489	4695	539	3818	589	2943	639	2068	689	1195		
490	4678	540	3801	590	2926	640	2051	690	1178		
75 491	132 4660	75 541	132 3783	75 591	132 2908	75 641	132 2033	75 691	132 1160		
492	4643	542	3766	592	2891	642	2016	692	1143		
493	4625	543	3748	593	2873	643	1998	693	1125		
494	4608	544	3731	594	2856	644	1981	694	1108		
495	4590	545	3713	595	2838	645	1964	695	1090		
496	4573	546	3696	596	2821	646	1946	696	1073		
497	4555	547	3678	597	2803	647	1929	697	1055		
498	4538	548	3661	598	2786	648	1911	698	1038		
499	4520	549	3643	599	2768	649	1894	699	1020		
500	4503	550	3626	600	2751	650	1877	700	1003		

DIFF.

	18	17
0 01	0	0
0 02	0	0
0 03	1	1
0 04	1	1
0 05	1	1
0 06	1	1
0 07	1	1
0 08	1	1
0 09	2	2
0 10	2	2
0 20	4	3
0 30	5	5
0 40	7	7
0 50	9	9
0 60	11	10
0 70	13	12
0 80	14	14
0 90	16	15
1 00	18	17

DIVISEURS : 75731 A 76010.

DIVISEUR	Nombre à multiplier par le dividende	DIVISEUR	Nombre à multiplier par le dividende	DIVISEUR	Nombre à multiplier par le dividende	DIVISEUR	Nombre à multiplier par le dividende	DIVISEUR	Nombre à multiplier par le dividende	DIVISEUR	Nombre à multiplier par le dividende
75 731	132 0462	75 781	131 9591	75 831	131 8721	75 881	131 7852	75 931	131 6984	75 981	131 6147
732	0445	782	9574	832	8704	882	7835	932	6967	982	6100
733	0427	783	9556	833	8686	883	7817	933	6950	983	6083
734	0410	784	9539	834	8669	884	7800	934	6932	984	6065
735	0393	785	9522	835	8652	885	7783	935	6915	985	6048
736	0375	786	9504	836	8634	886	7765	936	6898	986	6034
737	0358	787	9487	837	8617	887	7748	937	6880	987	6013
738	0340	788	9469	838	8599	888	7730	938	6863	988	5996
739	0323	789	9452	839	8582	889	7713	939	6846	989	5979
740	0306	790	9435	840	8565	890	7696	940	6829	990	5962
75 741	132 0288	75 791	131 9417	75 841	131 8547	75 891	131 7678	75 941	131 6841	75 991	131 5944
742	0271	792	9400	842	8530	892	7661	942	6794	992	5927
743	0253	793	9382	843	8512	893	7644	943	6776	993	5910
744	0236	794	9365	844	8495	894	7626	944	6759	994	5892
745	0219	795	9348	845	8478	895	7609	945	6742	995	5875
746	0201	796	9330	846	8460	896	7592	946	6724	996	5858
747	0184	797	9313	847	8443	897	7574	947	6707	997	5840
748	0166	798	9295	848	8425	898	7557	948	6689	998	5823
749	0149	799	9278	849	8408	899	7540	949	6672	999	5806
750	0132	800	9261	850	8391	900	7523	950	6655	76 000	5789
75 751	132 0114	75 801	131 9243	75 851	131 8373	75 901	131 7505	75 951	131 6637	76 001	131 5771
752	0097	802	9226	852	8356	902	7488	952	6620	002	5754
753	0079	803	9208	853	8338	903	7470	953	6603	003	5737
754	0062	804	9191	854	8321	904	7453	954	6585	004	5719
755	0044	805	9174	855	8304	905	7436	955	6568	005	5702
756	0027	806	9156	856	8286	906	7418	956	6551	006	5685
757	0009	807	9139	857	8269	907	7401	957	6533	007	5667
758	131 9992	808	9121	858	8251	908	7383	958	6516	008	5650
759	9974	809	9104	859	8234	909	7366	959	6499	009	5633
760	9957	810	9087	860	8217	910	7349	960	6482	010	5616
75 761	131 9939	75 811	131 9069	75 861	131 8199	75 911	131 7331	75 961	131 6464		
762	9922	812	9052	862	8182	912	7314	962	6447		
763	9904	813	9034	863	8165	913	7296	963	6430		
764	9887	814	9017	864	8147	914	7279	964	6412		
765	9870	815	9000	865	8130	915	7262	965	6395		
766	9852	816	8982	866	8113	916	7244	966	6378		
767	9835	817	8965	867	8095	917	7227	967	6360		
768	9817	818	8947	868	8078	918	7209	968	6343		
769	9800	819	8930	869	8061	919	7192	969	6326		
770	9783	820	8913	870	8044	920	7175	970	6309		
75 771	131 9765	75 821	131 8895	75 871	131 8026	75 921	131 7157	75 971	131 6291		
772	9748	822	8878	872	8009	922	7140	972	6274		
773	9730	823	8860	873	7991	923	7123	973	6256		
774	9713	824	8843	874	7974	924	7105	974	6239		
775	9696	825	8826	875	7957	925	7088	975	6222		
776	9678	826	8808	876	7939	926	7071	976	6204		
777	9661	827	8791	877	7922	927	7053	977	6187		
778	9643	828	8773	878	7904	928	7036	978	6169		
779	9626	829	8756	879	7887	929	7019	979	6152		
780	9609	830	8739	880	7870	930	7002	980	6135		

DIFF.

	18	17
0 01	0	0
0 02	0	0
0 03	1	1
0 04	1	1
0 05	1	1
0 06	1	1
0 07	1	1
0 08	1	1
0 09	2	2
0 10	2	2
0 20	4	3
0 30	5	5
0 40	7	7
0 50	9	9
0 60	11	10
0 70	13	12
0 80	14	14
0 90	16	15
1 00	18	17

DIVISEURS : 76011 A 76290.

DIVISEUR	Nombre à multiplier par le dividende	DIVISEUR	Nombre à multiplier par le dividende	DIVISEUR	Nombre à multiplier par le dividende	DIVISEUR	Nombre à multiplier par le dividende	DIVISEUR	Nombre à multiplier par le dividende	DIVISEUR	Nombre à multiplier par le dividende
76 011	131 5598	76 061	131 4733	76 111	131 3869	76 161	131 3007	76 211	131 2145	76 261	131 1285
012	5581	062	4716	112	3852	162	2990	212	2128	262	1268
013	5564	063	4699	113	3835	163	2973	213	2111	263	1251
014	5546	064	4681	114	3818	164	2955	214	2094	264	1234
015	5529	065	4664	115	3801	165	2938	215	2077	265	1217
016	5512	066	4647	116	3783	166	2921	216	2059	266	1199
017	5494	067	4629	117	3766	167	2903	217	2042	267	1182
018	5477	068	4612	118	3749	168	2886	218	2025	268	1165
019	5460	069	4595	119	3732	169	2869	219	2008	269	1148
020	5443	070	4578	120	3715	170	2852	220	1991	270	1131
76 021	131 5425	76 071	131 4560	76 121	131 3697	76 171	131 2834	76 221	131 1973	76 271	131 1113
022	5408	072	4543	122	3680	172	2817	222	1956	272	1096
023	5391	073	4526	123	3663	173	2800	223	1939	273	1079
024	5373	074	4508	124	3645	174	2783	224	1922	274	1062
025	5356	075	4491	125	3628	175	2766	225	1905	275	1045
026	5339	076	4474	126	3611	176	2748	226	1887	276	1027
027	5321	077	4456	127	3593	177	2731	227	1870	277	1010
028	5304	078	4439	128	3576	178	2714	228	1853	278	0993
029	5287	079	4422	129	3559	179	2697	229	1836	279	0976
030	5270	080	4405	130	3542	180	2680	230	1819	280	0959
76 031	131 5252	76 081	131 4387	76 131	131 3524	76 181	131 2662	76 231	131 1804	76 281	131 0941
032	5235	082	4370	132	3507	182	2645	232	1784	282	0924
033	5218	083	4353	133	3490	183	2628	233	1767	283	0907
034	5200	084	4336	134	3473	184	2611	234	1750	284	0890
035	5183	085	4319	135	3456	185	2594	235	1733	285	0873
036	5166	086	4301	136	3438	186	2576	236	1715	286	0855
037	5148	087	4284	137	3421	187	2559	237	1698	287	0838
038	5131	088	4267	138	3404	188	2542	238	1681	288	0821
039	5114	089	4250	139	3387	189	2525	239	1664	289	0804
040	5097	090	4233	140	3370	190	2508	240	1647	290	0787
76 041	131 5079	76 091	131 4215	76 141	131 3352	76 191	131 2490	76 241	131 1629		DIFF.
042	5062	092	4198	142	3335	192	2473	242	1612		
043	5045	093	4181	143	3318	193	2456	243	1595		
044	5027	094	4163	144	3300	194	2438	244	1578		
045	5010	095	4146	145	3283	195	2421	245	1561		
046	4993	096	4129	146	3266	196	2404	246	1543		
047	4975	097	4111	147	3248	197	2386	247	1526		
048	4958	098	4094	148	3231	198	2369	248	1509		
049	4941	099	4077	149	3214	199	2352	249	1492		
050	4924	100	4060	150	3197	200	2335	250	1475		
76 051	131 4906	76 101	131 4042	76 151	131 3179	76 201	131 2317	76 251	131 1457		
052	4889	102	4025	152	3162	202	2300	252	1440		
053	4872	103	4008	153	3145	203	2283	253	1423		
054	4854	104	3990	154	3128	204	2266	254	1406		
055	4837	105	3973	155	3111	205	2249	255	1389		
056	4820	106	3956	156	3093	206	2231	256	1371		
057	4802	107	3938	157	3076	207	2214	257	1354		
058	4785	108	3921	158	3059	208	2197	258	1337		
059	4768	109	3904	159	3042	209	2180	259	1320		
060	4751	110	3887	160	3025	210	2163	260	1303		

DIFF.

	18	17
0 01	0	0
0 02	0	0
0 03	1	1
0 04	1	1
0 05	1	1
0 06	1	1
0 07	1	1
0 08	1	1
0 09	2	2
0 10	2	2
0 20	4	3
0 30	5	5
0 40	7	7
0 50	9	9
0 60	11	10
0 70	13	12
0 80	14	14
0 90	16	15
1 00	18	17

DIVISEURS : 76291 à 76570.

DIVISEUR	Nombre à multiplier par le dividende	DIVISEUR	Nombre à multiplier par le dividende	DIVISEUR	Nombre à multiplier par le dividende	DIVISEUR	Nombre à multiplier par le dividende	DIVISEUR	Nombre à multiplier par le dividende	DIVISEUR	Nombre à multiplier par le dividende
76 291	134 0769	76 341	130 9914	76 391	130 9053	76 441	130 8197	76 491	130 7342	76 541	130 6488
292	0752	342	9894	392	9036	442	8180	492	7325	542	6471
293	0735	343	9877	393	9019	443	8163	493	7308	543	6454
294	0718	344	9860	394	9002	444	8146	494	7291	544	6437
295	0701	345	9843	395	8985	445	8129	495	7274	545	6420
296	0683	346	9825	396	8968	446	8112	496	7257	546	6403
297	0666	347	9808	397	8951	447	8095	497	7240	547	6386
298	0649	348	9791	398	8934	448	8078	498	7223	548	6369
299	0632	349	9774	399	8917	449	8061	499	7206	549	6352
300	0615	350	9757	400	8900	450	8044	500	7189	550	6335
76 301	134 0597	76 351	130 9739	76 401	130 8882	76 451	130 8026	76 501	130 7171	76 551	130 6318
302	0580	352	9722	402	8865	452	8009	502	7154	552	6301
303	0563	353	9705	403	8848	453	7992	503	7137	553	6284
304	0546	354	9688	404	8831	454	7975	504	7120	554	6267
305	0529	355	9671	405	8814	455	7958	505	7103	555	6250
306	0512	356	9654	406	8797	456	7941	506	7086	556	6233
307	0495	357	9637	407	8780	457	7924	507	7069	557	6216
308	0478	358	9620	408	8763	458	7907	508	7052	558	6199
309	0461	359	9603	409	8746	459	7890	509	7035	559	6182
310	0444	360	9586	410	8729	460	7873	510	7018	560	6165
76 311	134 0426	76 361	130 9568	76 411	130 8711	76 461	130 7855	76 511	130 7000	76 561	130 6147
312	0409	362	9551	412	8694	462	7838	512	6983	562	6130
313	0392	363	9534	413	8677	463	7821	513	6966	563	6113
314	0375	364	9517	414	8660	464	7804	514	6949	564	6096
315	0358	365	9500	415	8643	465	7787	515	6932	565	6079
316	0340	366	9482	416	8625	466	7770	516	6915	566	6062
317	0323	367	9465	417	8608	467	7753	517	6898	567	6045
318	0306	368	9448	418	8591	468	7736	518	6881	568	6028
319	0289	369	9431	419	8574	469	7719	519	6864	569	6011
320	0272	370	9414	420	8557	470	7702	520	6847	570	5994
76 321	134 0254	76 371	130 9396	76 421	130 8539	76 471	130 7684	76 521	130 6830		
322	0237	372	9379	422	8522	472	7667	522	6813		
323	0220	373	9362	423	8505	473	7650	523	6796		
324	0203	374	9345	424	8488	474	7633	524	6779		
325	0186	375	9328	425	8471	475	7616	525	6762		
326	0168	376	9311	426	8454	476	7599	526	6745		
327	0151	377	9294	427	8437	477	7582	527	6728		
328	0134	378	9277	428	8420	478	7565	528	6711		
329	0117	379	9260	429	8403	479	7548	529	6694		
330	0100	380	9243	430	8386	480	7531	530	6677		
76 331	134 0082	76 381	130 9225	76 431	130 8368	76 481	130 7513	76 531	130 6659		
332	0065	382	9208	432	8351	482	7496	532	6642		
333	0048	383	9191	433	8334	483	7479	533	6625		
334	0031	384	9174	434	8317	484	7462	534	6608		
335	0014	385	9157	435	8300	485	7445	535	6591		
336	130 9997	386	9139	436	8283	486	7428	536	6574		
337	9980	387	9122	437	8266	487	7411	537	6557		
338	9963	388	9105	438	8249	488	7394	538	6540		
339	9946	389	9088	439	8232	489	7377	539	6523		
340	9929	390	9071	440	8215	490	7360	540	6506		

DIFF.

	18	17
0 01	0	0
0 02	0	0
0 03	1	1
0 04	1	1
0 05	1	1
0 06	1	1
0 07	1	1
0 08	1	1
0 09	2	2
0 10	2	2
0 20	4	3
0 30	5	5
0 40	7	7
0 50	9	9
0 60	11	10
0 70	13	12
0 80	14	14
0 90	16	15
1 00	18	17

DIVISEURS : 76571 A 76850.

DIVISEUR	Nombre à multiplier par le dividende	DIVISEUR	Nombre à multiplier par le dividende	DIVISEUR	Nombre à multiplier par le dividende	DIVISEUR	Nombre à multiplier par le dividende	DIVISEUR	Nombre à multiplier par le dividende	DIVISEUR	Nombre à multiplier par le dividende
76 571	130 5976	76 621	130 5124	76 671	130 4273	76 721	130 3424	76 771	130 2575	76 821	130 1727
572	5959	622	5107	672	4256	722	3407	772	2558	822	1710
573	5942	623	5090	673	4239	723	3390	773	2541	823	1693
574	5925	624	5073	674	4222	724	3373	774	2524	824	1676
575	5908	625	5056	675	4205	725	3356	775	2507	825	1659
576	5891	626	5039	676	4188	726	3339	776	2490	826	1642
577	5874	627	5022	677	4171	727	3322	777	2473	827	1625
578	5857	628	5005	678	4154	728	3305	778	2456	828	1608
579	5840	629	4988	679	4137	729	3288	779	2439	829	1591
580	5823	630	4974	680	4120	730	3271	780	2422	830	1574
76 581	130 5806	76 631	130 4954	76 681	130 4103	76 731	130 3254	76 781	130 2405	76 831	130 1557
582	5789	632	4937	682	4086	732	3237	782	2388	832	1540
583	5772	633	4920	683	4069	733	3220	783	2371	833	1523
584	5755	634	4903	684	4052	734	3203	784	2354	834	1506
585	5738	635	4886	685	4035	735	3186	785	2337	835	1489
586	5721	636	4869	686	4018	736	3169	786	2320	836	1472
587	5704	637	4852	687	4001	737	3152	787	2303	837	1455
588	5687	638	4835	688	3984	738	3135	788	2286	838	1438
589	5670	639	4818	689	3967	739	3118	789	2269	839	1421
590	5653	640	4801	690	3950	740	3101	790	2252	840	1405
76 591	130 5636	76 641	130 4784	76 691	130 3933	76 741	130 3084	76 791	130 2235	76 841	130 1388
592	5619	642	4767	692	3946	742	3067	792	2218	842	1371
593	5602	643	4750	693	3899	743	3050	793	2201	843	1354
594	5585	644	4733	694	3882	744	3033	794	2184	844	1337
595	5568	645	4716	695	3865	745	3016	795	2167	845	1320
596	5551	646	4699	696	3848	746	2999	796	2150	846	1303
597	5534	647	4682	697	3831	747	2982	797	2133	847	1286
598	5517	648	4665	698	3814	748	2965	798	2116	848	1269
599	5500	649	4648	699	3797	749	2948	799	2099	849	1252
600	5483	650	4631	700	3780	750	2931	800	2083	850	1230
76 601	130 5465	76 651	130 4614	76 701	130 3763	76 751	130 2914	76 801	130 2066		
602	5448	652	4597	702	3746	752	2897	802	2049		
603	5431	653	4580	703	3729	753	2880	803	2032		
604	5414	654	4563	704	3712	754	2863	804	2015		
605	5397	655	4546	705	3695	755	2846	805	1998		
606	5380	656	4529	706	3678	756	2829	806	1981		
607	5363	657	4512	707	3661	757	2812	807	1964		
608	5346	658	4495	708	3644	758	2795	808	1947		
609	5329	659	4478	709	3627	759	2778	809	1930		
610	5312	660	4461	710	3611	760	2761	810	1913		
76 611	130 5295	76 661	130 4444	76 711	130 3594	76 761	130 2744	76 811	130 1896		
612	5278	662	4427	712	3577	762	2727	812	1879		
613	5261	663	4410	713	3560	763	2710	813	1862		
614	5244	664	4393	714	3543	764	2693	814	1845		
615	5227	665	4376	715	3526	765	2676	815	1828		
616	5210	666	4359	716	3509	766	2659	816	1811		
617	5193	667	4342	717	3492	767	2642	817	1794		
618	5176	668	4325	718	3475	768	2625	818	1777		
619	5159	669	4308	719	3458	769	2608	819	1760		
620	5142	670	4291	720	3441	770	2592	820	1744		

DIFF.

	18	17	16
0 01	0	0	0
0 02	0	0	0
0 03	1	1	1
0 04	1	1	1
0 05	1	1	1
0 06	1	1	1
0 07	1	1	1
0 08	1	1	1
0 10	2	2	2
0 20	4	3	3
0 30	5	5	5
0 40	7	7	6
0 50	9	9	8
0 60	11	10	10
0 70	13	12	11
0 80	14	14	13
0 90	16	15	14
1 00	18	17	16

DIVISEURS : **76851** à **77130**.

DIVISEUR	Nombre à multiplier par le dividende	DIVISEUR	Nombre à multiplier par le dividende	DIVISEUR	Nombre à multiplier par le dividende	DIVISEUR	Nombre à multiplier par le dividende	DIVISEUR	Nombre à multiplier par le dividende	DIVISEUR	Nombre à multiplier par le dividende
76 851	130 1219	76 901	130 0373	76 951	129 9528	77 001	129 8684	77 051	129 7841	77 101	129 6999
852	1202	902	0356	952	9511	002	8667	052	7824	102	6982
853	1185	903	0339	953	9494	003	8650	053	7807	103	6965
854	1168	904	0322	954	9477	004	8633	054	7790	104	6948
855	1151	905	0305	955	9460	005	8616	055	7774	105	6932
856	1134	906	0288	956	9443	006	8599	056	7757	106	6915
857	1117	907	0271	957	9426	007	8582	057	7740	107	6898
858	1100	908	0254	958	9409	008	8565	058	7723	108	6881
859	1083	909	0237	959	9392	009	8548	059	7706	109	6864
860	1066	910	0221	960	9376	010	8532	060	7690	110	6848
76 861	130 1049	76 911	130 0204	76 961	129 9359	77 011	129 8515	77 061	129 7673	77 111	129 6831
862	1032	912	0187	962	9342	012	8498	062	7656	112	6814
863	1015	913	0170	963	9325	013	8481	063	7639	113	6797
864	0998	914	0153	964	9308	014	8464	064	7622	114	6780
865	0981	915	0136	965	9291	015	8448	065	7605	115	6764
866	0964	916	0119	966	9274	016	8431	066	7588	116	6747
867	0947	917	0102	967	9257	017	8414	067	7571	117	6730
868	0930	918	0085	968	9240	018	8397	068	7554	118	6713
869	0913	919	0068	969	9223	019	8380	069	7537	119	6696
870	0897	920	0052	970	9207	020	8364	070	7521	120	6680
76 871	130 0880	76 921	130 0035	76 971	129 9190	77 021	129 8347	77 071	129 7504	77 121	129 6663
872	0863	922	0018	972	9173	022	8330	072	7487	122	6646
873	0846	923	0001	973	9156	023	8313	073	7470	123	6629
874	0829	924	129 9984	974	9139	024	8296	074	7453	124	6612
875	0812	925	9967	975	9122	025	8279	075	7437	125	6596
876	0795	926	9950	976	9105	026	8262	076	7420	126	6579
877	0778	927	9933	977	9088	027	8245	077	7403	127	6562
878	0761	928	9916	978	9071	028	8228	078	7386	128	6545
879	0744	929	9899	979	9054	029	8211	079	7369	129	6528
880	0728	930	9883	980	9038	030	8195	080	7353	130	6512
76 881	130 0711	76 931	129 9866	76 981	129 9021	77 031	129 8178	77 081	129 7336		
882	0694	932	9849	982	9004	032	8161	082	7319		
883	0677	933	9832	983	8987	033	8144	083	7302		
884	0660	934	9815	984	8970	034	8127	084	7285		
885	0643	935	9798	985	8953	035	8110	085	7269		
886	0626	936	9781	986	8936	036	8093	086	7252		
887	0609	937	9764	987	8919	037	8076	087	7235		
888	0592	938	9747	988	8902	038	8059	088	7218		
889	0575	939	9730	989	8885	039	8042	089	7201		
890	0559	940	9714	990	8869	040	8026	090	7185		
76 891	130 0542	76 941	129 9697	76 991	129 8852	77 041	129 8009	77 091	129 7168		
892	0525	942	9680	992	8835	042	7992	092	7151		
893	0508	943	9663	993	8818	043	7975	093	7134		
894	0491	944	9646	994	8801	044	7958	094	7117		
895	0474	945	9629	995	8785	045	7942	095	7100		
896	0457	946	9612	996	8768	046	7925	096	7083		
897	0440	947	9595	997	8751	047	7908	097	7066		
898	0423	948	9578	998	8734	048	7891	098	7049		
899	0406	949	9561	999	8717	049	7874	099	7032		
900	0390	950	9545	77 000	8701	050	7858	100	7016		

DIFF.

	17	16
0 01	0	0
0 02	0	0
0 03	1	0
0 04	1	1
0 05	1	1
0 06	1	1
0 07	1	1
0 08	1	1
0 09	2	1
0 10	2	2
0 20	3	3
0 30	5	5
0 40	7	6
0 50	9	8
0 60	10	10
0 70	12	11
0 80	14	13
0 90	15	14
1 00	17	16

DIVISEUR	Nombre à multiplier par le dividende	DIVISEUR	Nombre à multiplier par le dividende	DIVISEUR	Nombre à multiplier par le dividende	DIVISEUR	Nombre à multiplier par le dividende	DIVISEUR	Nombre à multiplier par le dividende	DIVISEUR	Nombre à multiplier par le dividende
77 131	129 6495	77 181	129 5655	77 231	129 4816	77 281	129 3978	77 331	129 3142	77 381	129 2306
132	6478	182	5638	232	4799	282	3961	332	3125	382	2289
133	6464	183	5621	233	4782	283	3944	333	3108	383	2272
134	6444	184	5604	234	4765	284	3928	334	3091	384	2256
135	6428	185	5588	235	4749	285	3911	335	3075	385	2239
136	6411	186	5571	236	4732	286	3894	336	3058	386	2222
137	6394	187	5554	237	4715	287	3878	337	3041	387	2206
138	6377	188	5537	238	4698	288	3861	338	3024	388	2189
139	6360	189	5520	239	4681	289	3844	339	3007	389	2172
140	6344	190	5504	240	4665	290	3828	340	2991	390	2156
77 141	129 6327	77 191	129 5487	77 241	129 4648	77 291	129 3811	77 341	129 2974	77 391	129 2139
142	6310	192	5470	242	4631	292	3794	342	2957	392	2122
143	6293	193	5453	243	4614	293	3777	343	2940	393	2105
144	6276	194	5436	244	4598	294	3761	344	2924	394	2089
145	6260	195	5420	245	4581	295	3744	345	2907	395	2072
146	6243	196	5403	246	4564	296	3727	346	2890	396	2055
147	6226	197	5386	247	4548	297	3711	347	2874	397	2039
148	6209	198	5369	248	4531	298	3694	348	2857	398	2022
149	6192	199	5352	249	4514	299	3677	349	2840	399	2005
150	6176	200	5336	250	4498	300	3661	350	2824	400	1989
77 151	129 6159	77 201	129 5319	77 251	129 4481	77 301	129 3644	77 351	129 2807	77 401	129 1972
152	6142	202	5302	252	4464	302	3627	352	2790	402	1955
153	6125	203	5285	253	4447	303	3610	353	2773	403	1938
154	6108	204	5269	254	4430	304	3593	354	2757	404	1922
155	6092	205	5252	255	4414	305	3577	355	2740	405	1905
156	6075	206	5235	256	4397	306	3560	356	2723	406	1888
157	6058	207	5219	257	4380	307	3543	357	2707	407	1872
158	6041	208	5202	258	4363	308	3526	358	2690	408	1855
159	6024	209	5185	259	4346	309	3509	359	2673	409	1838
160	6008	210	5169	260	4330	310	3493	360	2657	410	1822
77 161	129 5991	77 211	129 5152	77 261	129 4313	77 311	129 3476	77 361	129 2640		
162	5974	212	5135	262	4296	312	3459	362	2623		
163	5957	213	5118	263	4279	313	3442	363	2606		
164	5940	214	5101	264	4263	314	3426	364	2590		
165	5924	215	5085	265	4246	315	3409	365	2573		
166	5907	216	5068	266	4229	316	3392	366	2556		
167	5890	217	5051	267	4213	317	3376	367	2540		
168	5873	218	5034	268	4196	318	3359	368	2523		
169	5856	219	5017	269	4179	319	3342	369	2506		
170	5840	220	5001	270	4163	320	3326	370	2490		
77 171	129 5823	77 221	129 4984	77 271	129 4146	77 321	129 3309	77 371	129 2473		
172	5806	222	4967	272	4129	322	3292	372	2456		
173	5789	223	4950	273	4112	323	3275	373	2439		
174	5772	224	4933	274	4095	324	3259	374	2423		
175	5756	225	4916	275	4079	325	3242	375	2406		
176	5739	226	4900	276	4062	326	3225	376	2389		
177	5722	227	4883	277	4045	327	3209	377	2373		
178	5705	228	4866	278	4028	328	3192	378	2356		
179	5688	229	4849	279	4011	329	3175	379	2339		
180	5672	230	4833	280	3995	330	3159	380	2323		

DIFF.

	17	16
0 01	0	0
0 02	0	0
0 03	1	0
0 04	1	1
0 05	1	1
0 06	1	1
0 07	1	1
0 08	1	1
0 09	2	1
0 10	2	2
0 20	3	3
0 30	5	5
0 40	7	6
0 50	9	8
0 60	10	10
0 70	12	11
0 80	14	13
0 90	15	14
1 00	17	16

Diviseurs : **77411** a **77690**.

DIVISEUR	Nombre à multiplier par le dividende	DIVISEUR	Nombre à multiplier par le dividende	DIVISEUR	Nombre à multiplier par le dividende	DIVISEUR	Nombre à multiplier par le dividende	DIVISEUR	Nombre à multiplier par le dividende	DIVISEUR	Nombre à multiplier par le dividende
77 411	129 1803	77 461	129 0974	77 511	129 0139	77 561	128 9307	77 611	128 8476	77 661	128 7647
412	1788	462	0954	512	0122	562	9290	612	8460	662	7630
413	1774	463	0938	513	0105	563	9274	613	8443	663	7614
414	1755	464	0921	514	0089	564	9257	614	8427	664	7597
415	1738	465	0905	515	0072	565	9244	615	8410	665	7581
416	1724	466	0888	516	0055	566	9224	616	8394	666	7564
417	1705	467	0874	517	0039	567	9207	617	8377	667	7547
418	1688	468	0855	518	0022	568	9191	618	8361	668	7531
419	1671	469	0838	519	0005	569	9174	619	8344	669	7514
420	1655	470	0822	520	128 9989	570	9158	620	8328	670	7498
77 421	129 1638	77 471	129 0805	77 521	128 9972	77 571	128 9144	77 621	128 8311	77 671	128 7481
422	1621	472	0788	522	9955	572	9124	622	8294	672	7464
423	1605	473	0771	523	9939	573	9108	623	8277	673	7448
424	1588	474	0755	524	9922	574	9091	624	8261	674	7431
425	1572	475	0738	525	9906	575	9075	625	8244	675	7415
426	1555	476	0721	526	9889	576	9058	626	8227	676	7398
427	1538	477	0705	527	9872	577	9041	627	8211	677	7381
428	1522	478	0688	528	9856	578	9025	628	8194	678	7365
429	1505	479	0671	529	9839	579	9008	629	8177	679	7348
430	1489	480	0655	530	9823	580	8992	630	8161	680	7332
77 431	129 1472	77 481	129 0638	77 531	128 9806	77 581	128 8975	77 631	128 8144	77 681	128 7315
432	1455	482	0624	532	9789	582	8958	632	8127	682	7298
433	1438	483	0605	533	9772	583	8941	633	8111	683	7282
434	1422	484	0588	534	9756	584	8925	634	8094	684	7265
435	1405	485	0572	535	9739	585	8908	635	8078	685	7249
436	1388	486	0555	536	9722	586	8891	636	8061	686	7232
437	1372	487	0538	537	9706	587	8875	637	8044	687	7215
438	1355	488	0522	538	9689	588	8858	638	8028	688	7199
439	1338	489	0505	539	9672	589	8841	639	8011	689	7182
440	1322	490	0489	540	9656	590	8825	640	7995	690	7166
77 441	129 1305	77 491	129 0472	77 541	128 9639	77 591	128 8808	77 641	128 7978		
442	1288	492	0455	542	9622	592	8791	642	7962		
443	1271	493	0438	543	9606	593	8775	643	7945		
444	1255	494	0422	544	9589	594	8758	644	7929		
445	1238	495	0405	545	9573	595	8742	645	7912		
446	1221	496	0388	546	9556	596	8725	646	7896		
447	1205	497	0372	547	9539	597	8708	647	7879		
448	1188	498	0355	548	9523	598	8692	648	7863		
449	1171	499	0338	549	9506	599	8675	649	7846		
450	1155	500	0322	550	9490	600	8659	650	7830		
77 451	129 1138	77 501	129 0305	77 551	128 9473	77 601	128 8642	77 651	128 7813		
452	1121	502	0288	552	9456	602	8625	652	7796		
453	1104	503	0272	553	9440	603	8609	653	7780		
454	1088	504	0255	554	9423	604	8592	654	7763		
455	1071	505	0239	555	9407	605	8576	655	7747		
456	1054	506	0222	556	9390	606	8559	656	7730		
457	1038	507	0205	557	9373	607	8542	657	7713		
458	1021	508	0189	558	9357	608	8526	658	7697		
459	1004	509	0172	559	9340	609	8509	659	7680		
460	0988	510	0156	560	9324	610	8493	660	7664		

Diff.

	17	16
0 01	0	0
0 02	0	0
0 03	1	0
0 04	1	1
0 05	1	1
0 06	1	1
0 07	1	1
0 08	1	1
0 09	2	1
0 10	2	2
0 20	3	3
0 30	5	5
0 40	7	6
0 50	9	8
0 60	10	10
0 70	12	11
0 80	14	13
0 90	15	14
1 00	17	16

DIVISEURS : 77691 A 77970.

DIVISEUR	Nombre à multiplier par le dividende	DIVISEUR	Nombre à multiplier par le dividende	DIVISEUR	Nombre à multiplier par le dividende	DIVISEUR	Nombre à multiplier par le dividende	DIVISEUR	Nombre à multiplier par le dividende	DIVISEUR	Nombre à multiplier par le dividende
77 691	128 7149	77 741	128 6322	77 791	128 5495	77 841	128 4669	77 891	128 3844	77 941	128 3020
692	7133	742	6305	792	5479	842	4653	892	3828	942	3004
693	7116	743	6289	793	5462	843	4636	893	3811	943	2987
694	7100	744	6272	794	5446	844	4620	894	3795	944	2971
695	7083	745	6256	795	5429	845	4603	895	3779	945	2955
696	7067	746	6239	796	5413	846	4587	896	3762	946	2938
697	7050	747	6222	797	5396	847	4570	897	3746	947	2922
698	7034	748	6206	798	5380	848	4554	898	3729	948	2905
699	7017	749	6189	799	5363	849	4537	899	3713	949	2889
700	7001	750	6173	800	5347	850	4521	900	3697	950	2873
77 701	128 6984	77 751	128 6156	77 801	128 5330	77 851	128 4504	77 901	128 3680	77 951	128 2856
702	6967	752	6140	802	5313	852	4488	902	3664	952	2840
703	6951	753	6123	803	5297	853	4471	903	3647	953	2823
704	6934	754	6107	804	5280	854	4455	904	3631	954	2807
705	6918	755	6090	805	5264	855	4438	905	3614	955	2791
706	6901	756	6074	806	5247	856	4422	906	3598	956	2774
707	6884	757	6057	807	5230	857	4405	907	3581	957	2758
708	6868	758	6041	808	5214	858	4389	908	3565	958	2741
709	6851	759	6024	809	5197	859	4372	909	3548	959	2725
710	6835	760	6008	810	5181	860	4356	910	3532	960	2709
77 711	128 6818	77 761	128 5991	77 811	128 5164	77 861	128 4339	77 911	128 3515	77 961	128 2692
712	6802	762	5974	812	5148	862	4323	912	3499	962	2676
713	6785	763	5958	813	5131	863	4306	913	3482	963	2659
714	6769	764	5941	814	5115	864	4290	914	3466	964	2643
715	6752	765	5925	815	5098	865	4273	915	3449	965	2626
716	6736	766	5908	816	5082	866	4257	916	3433	966	2610
717	6719	767	5891	817	5065	867	4240	917	3416	967	2593
718	6703	768	5875	818	5049	868	4224	918	3400	968	2577
719	6686	769	5858	819	5032	869	4207	919	3383	969	2560
720	6670	770	5842	820	5016	870	4191	920	3367	970	2544
77 721	128 6653	77 771	128 5825	77 821	128 4999	77 871	128 4174	77 921	128 3350		
722	6636	772	5809	822	4983	872	4158	922	3334		
723	6620	773	5792	823	4966	873	4141	923	3317		
724	6603	774	5776	824	4950	874	4125	924	3301		
725	6587	775	5759	825	4933	875	4108	925	3284		
726	6570	776	5743	826	4917	876	4092	926	3268		
727	6553	777	5726	827	4900	877	4075	927	3251		
728	6537	778	5710	828	4884	878	4059	928	3235		
729	6520	779	5693	829	4867	879	4042	929	3218		
730	6504	780	5677	830	4851	880	4026	930	3202		
77 731	128 6487	77 781	128 5660	77 831	128 4834	77 881	128 4009	77 931	128 3185		
732	6471	782	5644	832	4818	882	3993	932	3169		
733	6454	783	5627	833	4801	883	3976	933	3152		
734	6438	784	5611	834	4785	884	3960	934	3136		
735	6421	785	5594	835	4768	885	3943	935	3119		
736	6405	786	5578	836	4752	886	3927	936	3103		
737	6388	787	5561	837	4735	887	3910	937	3086		
738	6372	788	5545	838	4719	888	3894	938	3070		
739	6355	789	5528	839	4702	889	3877	939	3053		
740	6339	790	5512	840	4686	890	3861	940	3037		

DIFF.

	17	16
0 01	0	0
0 02	0	0
0 03	1	0
0 04	1	0
0 05	1	1
0 06	1	1
0 07	1	1
0 08	1	1
0 09	2	1
0 10	2	2
0 20	3	3
0 30	5	5
0 40	7	6
0 50	9	8
0 60	10	10
0 70	12	11
0 80	14	13
0 90	15	14
1 00	17	16

DIVISEURS : **77971** A **78250**.

DIVISEUR	Nombre à multiplier par le dividende	DIVISEUR	Nombre à multiplier par le dividende	DIVISEUR	Nombre à multiplier par le dividende	DIVISEUR	Nombre à multiplier par le dividende	DIVISEUR	Nombre à multiplier par le dividende	DIVISEUR	Nombre à multiplier par le dividende
77 971	128 2527	78 021	128 1705	78 071	128 0884	78 121	128 0064	78 171	127 9246	78 221	127 8428
972	2511	022	1689	072	0868	122	0048	172	9230	222	8412
973	2494	023	1672	073	0851	123	0032	173	9213	223	8395
974	2478	024	1656	074	0835	124	0015	174	9197	224	8379
975	2462	025	1640	075	0819	125	127 9999	175	9181	225	8363
976	2445	026	1623	076	0802	126	9983	176	9164	226	8346
977	2429	027	1607	077	0786	127	9966	177	9148	227	8330
978	2412	028	1590	078	0769	128	9950	178	9131	228	8313
979	2396	029	1574	079	0753	129	9934	179	9115	229	8297
980	2380	030	1558	080	0737	130	9918	180	9099	230	8281
77 981	128 2363	78 031	128 1541	78 081	128 0720	78 131	127 9901	78 181	127 9082	78 231	127 8264
982	2347	032	1525	082	0704	132	9885	182	9066	232	8248
983	2330	033	1508	083	0687	133	9868	183	9049	233	8232
984	2314	034	1492	084	0671	134	9852	184	9033	234	8215
985	2297	035	1476	085	0655	135	9836	185	9017	235	8199
986	2281	036	1459	086	0638	136	9819	186	9000	236	8183
987	2264	037	1443	087	0622	137	9803	187	8984	237	8166
988	2248	038	1426	088	0605	138	9786	188	8967	238	8150
989	2231	039	1410	089	0589	139	9770	189	8951	239	8134
990	2215	040	1394	090	0573	140	9754	190	8935	240	8118
77 991	128 2198	78 041	128 1377	78 091	128 0556	78 141	127 9737	78 191	127 8918	78 241	127 8104
992	2182	042	1361	092	0540	142	9721	192	8902	242	8085
993	2165	043	1344	093	0523	143	9704	193	8886	243	8069
994	2149	044	1328	094	0507	144	9688	194	8869	244	8052
995	2133	045	1311	095	0491	145	9672	195	8853	245	8036
996	2116	046	1295	096	0474	146	9655	196	8837	246	8020
997	2100	047	1278	097	0458	147	9639	197	8820	247	8003
998	2083	048	1262	098	0441	148	9622	198	8804	248	7987
999	2067	049	1245	099	0425	149	9606	199	8788	249	7971
78 000	2051	050	1229	100	0409	150	9590	200	8772	250	7955
78 001	128 2034	78 051	128 1212	78 101	128 0392	78 151	127 9573	78 201	127 8755		
002	2018	052	1196	102	0376	152	9557	202	8739		
003	2001	053	1179	103	0359	153	9540	203	8722		
004	1985	054	1163	104	0343	154	9524	204	8706		
005	1968	055	1147	105	0327	155	9508	205	8690		
006	1952	056	1130	106	0310	157	9491	206	8673		
007	1935	057	1114	107	0294	156	9475	207	8657		
008	1919	058	1097	108	0277	158	9458	208	8640		
009	1902	059	1081	109	0261	159	9442	209	8624		
010	1886	060	1065	110	0245	160	9426	210	8608		
78 011	128 1869	78 061	128 1048	78 111	128 0228	78 161	127 9409	78 211	127 8591		
012	1853	062	1032	112	0212	162	9393	212	8575		
013	1836	063	1015	113	0195	163	9377	213	8559		
014	1820	064	0999	114	0179	164	9360	214	8542		
015	1804	065	0983	115	0163	165	9344	215	8526		
016	1787	066	0966	116	0146	166	9328	216	8510		
017	1771	067	0950	117	0130	167	9311	217	8493		
018	1754	068	0933	118	0113	168	9295	218	8477		
019	1738	069	0917	119	0097	169	9279	219	8464		
020	1722	070	0901	120	0081	170	9263	220	8445		

DIFF.

	17	16
0 01	0	0
0 02	0	0
0 03	1	0
0 04	1	1
0 05	1	1
0 06	1	1
0 07	1	1
0 08	1	1
0 09	2	1
0 10	2	2
0 20	3	3
0 30	5	5
0 40	7	6
0 50	9	8
0 60	10	10
0 70	12	11
0 80	14	13
0 90	15	14
1 00	17	16

DIVISEURS : 78251 A 78530.

DIVISEUR	Nombre à multiplier par le dividende	DIVISEUR	Nombre à multiplier par le dividende	DIVISEUR	Nombre à multiplier par le dividende	DIVISEUR	Nombre à multiplier par le dividende	DIVISEUR	Nombre à multiplier par le dividende	DIVISEUR	Nombre à multiplier par le dividende
78 251	127 7938	78 301	127 7122	78 351	127 6307	78 401	127 5493	78 451	127 4680	78 501	127 3868
252	7922	302	7106	352	6291	402	5477	452	4664	502	3852
253	7905	303	7090	353	6275	403	5461	453	4648	503	3836
254	7889	304	7073	354	6258	404	5444	454	4631	504	3820
255	7873	305	7057	355	6242	405	5428	455	4615	505	3804
256	7856	306	7041	356	6226	406	5412	456	4599	506	3787
257	7840	307	7024	357	6209	407	5395	457	4582	507	3771
258	7823	308	7008	358	6493	408	5379	458	4566	508	3755
259	7807	309	6992	359	6177	409	5363	459	4550	509	3739
260	7791	310	6976	360	6161	410	5347	460	4534	510	3723
78 261	127 7774	78 311	127 6959	78 361	127 6144	78 411	127 5330	78 461	127 4517	78 511	127 3706
262	7758	312	6943	362	6128	412	5314	462	4501	512	3690
263	7742	313	6927	363	6112	413	5298	463	4485	513	3674
264	7725	314	6910	364	6095	414	5281	464	4469	514	3657
265	7709	315	6894	365	6079	415	5265	465	4453	515	3641
266	7693	316	6878	366	6063	416	5249	466	4436	516	3625
267	7676	317	6861	367	6046	417	5232	467	4420	517	3608
268	7660	318	6845	368	6030	418	5216	468	4404	518	3592
269	7644	319	6829	369	6014	419	5200	469	4388	519	3576
270	7628	320	6813	370	5998	420	5184	470	4372	520	3560
78 271	127 7611	78 321	127 6796	78 371	127 5981	78 421	127 5167	78 471	127 4355	78 521	127 3543
272	7595	322	6780	372	5965	422	5151	472	4339	522	3527
273	7579	323	6764	373	5949	423	5135	473	4323	523	3511
274	7562	324	6747	374	5932	424	5119	474	4306	524	3495
275	7546	325	6731	375	5916	425	5103	475	4290	525	3479
276	7530	326	6715	376	5900	426	5086	476	4274	526	3462
277	7513	327	6698	377	5883	427	5070	477	4257	527	3446
278	7497	328	6682	378	5867	428	5054	478	4241	528	3430
279	7481	329	6666	379	5851	429	5038	479	4225	529	3414
280	7465	330	6650	380	5835	430	5022	480	4209	530	3398
78 281	127 7448	78 331	127 6633	78 381	127 5818	78 431	127 5005	78 481	127 4192		
282	7432	332	6617	382	5802	432	4989	482	4176		
283	7416	333	6601	383	5786	433	4973	483	4160		
284	7399	334	6584	384	5769	434	4956	484	4144		
285	7383	335	6568	385	5753	435	4940	485	4128		
286	7367	336	6552	386	5737	436	4924	486	4111		
287	7350	337	6535	387	5720	437	4907	487	4095		
288	5334	338	6549	388	5704	438	4891	488	4079		
289	7318	339	6503	389	5688	439	4875	489	4063		
290	7302	340	6487	390	5672	440	4859	490	4047		
78 291	127 7285	78 341	127 6470	78 391	127 5655	78 441	127 4842	78 491	127 4030		
292	7269	342	6454	392	5639	442	4826	492	4014		
293	7253	343	6438	393	5623	443	4810	493	3998		
294	7236	344	6421	394	5607	444	4794	494	3982		
295	7220	345	6405	395	5591	445	4778	495	3966		
296	7204	346	6389	396	5574	446	4761	496	3949		
297	7187	347	6372	397	5558	447	4745	497	3933		
298	7171	348	6356	398	5542	448	4729	498	3917		
299	7155	349	6340	399	5526	449	4713	499	3901		
300	7139	350	6324	400	5510	450	4697	500	3885		

DIFF.

	17	16
0 01	0	0
0 02	0	0
0 03	1	0
0 04	1	1
0 05	1	1
0 06	1	1
0 07	1	1
0 08	1	1
0 09	2	1
0 10	2	2
0 20	3	3
0 30	5	5
0 40	7	6
0 50	9	8
0 60	10	10
0 70	12	11
0 80	14	13
0 90	15	14
1 00	17	16

DIVISEURS : **78531** A **78810**.

DIVISEUR	Nombre à multiplier par le dividende	DIVISEUR	Nombre à multiplier par le dividende	DIVISEUR	Nombre à multiplier par le dividende	DIVISEUR	Nombre à multiplier par le dividende	DIVISEUR	Nombre à multiplier par le dividende	DIVISEUR	Nombre à multiplier par le dividende
78 531	127 3384	78 581	127 2571	78 631	127 1762	78 681	127 0954	78 731	127 0146	78 781	126 9340
532	3365	582	2555	632	1746	682	0938	732	0130	782	9324
533	3349	583	2539	633	1730	683	0922	733	0114	783	9308
534	3333	584	2523	634	1714	684	0906	734	0098	784	9292
535	3317	585	2507	635	1698	685	0890	735	0082	785	9276
536	3300	586	2490	636	1681	686	0873	736	0066	786	9260
537	3284	587	2474	637	1665	687	0857	737	0050	787	9244
538	3268	588	2458	638	1649	688	0841	738	0034	788	9228
539	3252	589	2442	639	1633	689	0825	739	0018	789	9212
540	3236	590	2426	640	1617	690	0809	740	0002	790	9196
78 541	127 3219	78 591	127 2409	78 641	127 1600	78 691	127 0792	78 741	126 9985	78 791	126 9179
542	3203	592	2393	642	1584	692	0776	742	9969	792	9163
543	3187	593	2377	643	1568	693	0760	743	9953	793	9147
544	3171	594	2361	644	1552	694	0744	744	9937	794	9131
545	3155	595	2345	645	1536	695	0728	745	9921	795	9115
546	3138	596	2328	646	1519	696	0712	746	9905	796	9099
547	3122	597	2312	647	1503	697	0696	747	9889	797	9083
548	3106	598	2296	648	1487	698	0680	748	9873	798	9067
549	3090	599	2280	649	1474	699	0664	749	9857	799	9051
550	3074	600	2264	650	1455	700	0648	750	9841	800	9035
78 551	127 3057	78 601	127 2247	78 651	127 1438	78 701	127 0631	78 751	126 9824	78 801	126 9018
552	3041	602	2231	652	1422	702	0615	752	9808	802	9002
553	3025	603	2215	653	1406	703	0599	753	9792	803	8986
554	3009	604	2199	654	1390	704	0583	754	9776	804	8970
555	2993	605	2183	655	1374	705	0567	755	9760	805	8954
556	2976	606	2166	656	1357	706	0550	756	9744	806	8938
557	2960	607	2150	657	1341	707	0534	757	9728	807	8922
558	2944	608	2134	658	1325	708	0518	758	9712	808	8906
559	2928	609	2118	659	1309	709	0502	759	9696	809	8890
560	2912	610	2102	660	1293	710	0486	760	9680	810	8874
78 561	127 2895	78 611	127 2085	78 661	127 1276	78 711	127 0469	78 761	126 9663		
562	2879	612	2069	662	1260	712	0453	762	9647		
563	2863	613	2053	663	1244	713	0437	763	9631		
564	2847	614	2037	664	1228	714	0421	764	9615		
565	2831	615	2021	665	1212	715	0405	765	9599		
566	2814	616	2004	666	1196	716	0389	766	9582		
567	2798	617	1988	667	1180	717	0373	767	9566		
568	2782	618	1972	668	1164	718	0357	768	9550		
569	2766	619	1956	669	1148	719	0341	769	9534		
570	2750	620	1940	670	1132	720	0325	770	9518		
78 571	127 2733	78 621	127 1923	78 671	127 1115	78 721	127 0308	78 771	126 9501		
572	2717	622	1907	672	1099	722	0292	772	9485		
573	2701	623	1891	673	1083	723	0276	773	9469		
574	2685	624	1875	674	1067	724	0260	774	9453		
575	2669	625	1859	675	1051	725	0244	775	9437		
576	2652	626	1843	676	1035	726	0227	776	9421		
577	2636	627	1827	677	1019	727	0211	777	9405		
578	2620	628	1811	678	1003	728	0195	778	9389		
579	2604	629	1795	679	0987	729	0179	779	9373		
580	2588	630	1779	680	0971	730	0163	780	9357		

DIFF.

	17	16
0 01	0	0
0 02	-0	0
0 03	1	0
0 04	1	1
0 05	1	1
0 06	1	1
0 07	1	1
0 08	1	1
0 09	2	1
0 10	2	2
0 20	3	3
0 30	5	5
0 40	7	6
0 50	9	8
0 60	10	10
0 70	12	11
0 80	14	13
0 90	15	14
1 00	17	16

DIVISEURS . 78811 A 79090.

DIVISEUR	Nombre à multiplier par le dividende	DIVISEUR	Nombre à multiplier par le dividende	DIVISEUR	Nombre à multiplier par le dividende	DIVISEUR	Nombre à multiplier par le dividende	DIVISEUR	Nombre à multiplier par le dividende	DIVISEUR	Nombre à multiplier par le dividende
78 811	126 8857	78 861	126 8053	78 911	126 7249	78 961	126 6447	79 011	126 5646	79 061	126 4846
812	8841	862	8037	912	7233	962	6431	012	5630	062	4830
813	8825	863	8021	913	7217	963	6415	013	5614	063	4814
814	8809	864	8005	914	7201	964	6399	014	5598	064	4798
815	8793	865	7989	915	7185	965	6383	015	5582	065	4782
816	8777	866	7973	916	7169	966	6367	016	5566	066	4766
817	8761	867	7957	917	7153	967	6351	017	5550	067	4750
818	8745	868	7941	918	7137	968	6335	018	5534	068	4734
819	8729	869	7925	919	7121	969	6319	019	5518	069	4718
820	8713	870	7909	920	7105	970	6303	020	5502	070	4702
78 821	126 8696	78 871	126 7892	78 921	126 7089	78 971	126 6287	79 021	126 5486	79 071	126 4686
822	8680	872	7876	922	7073	972	6271	022	5470	072	4670
823	8664	873	7860	923	7057	973	6255	023	5454	073	4654
824	8648	874	7844	924	7041	974	6239	024	5438	074	4638
825	8632	875	7828	925	7025	975	6223	025	5422	075	4622
826	8616	876	7812	926	7009	976	6207	026	5406	076	4606
827	8600	877	7796	927	6993	977	6191	027	5390	077	4590
828	8584	878	7780	928	6977	978	6175	028	5374	078	4574
829	8568	879	7764	929	6961	979	6159	029	5358	079	4558
830	8552	880	7748	930	6945	980	6143	030	5342	080	4542
78 831	126 8535	78 881	126 7731	78 931	126 6928	78 981	126 6127	79 031	126 5326	79 081	126 4526
832	8519	882	7715	932	6912	982	6111	032	5310	082	4510
833	8503	883	7699	933	6896	983	6095	033	5294	083	4494
834	8487	884	7683	934	6880	984	6079	034	5278	084	4478
835	8471	885	7667	935	6864	985	6063	035	5262	085	4462
836	8455	886	7651	936	6848	986	6047	036	5246	086	4446
837	8439	887	7635	937	6832	987	6031	037	5230	087	4430
838	8423	888	7619	938	6816	988	6015	038	5214	088	4414
839	8407	889	7603	939	6800	989	5999	039	5198	089	4398
840	8391	890	7587	940	6784	990	5983	040	5182	090	4382
78 841	126 8374	78 891	126 7571	78 941	126 6768	78 991	126 5966	79 041	126 5166		
842	8358	892	7555	942	6752	992	5950	042	5150		
843	8342	893	7539	943	6736	993	5934	043	5134		
844	8326	894	7523	944	6720	994	5918	044	5118		
845	8310	895	7507	945	6704	995	5902	045	5102		
846	8294	896	7491	946	6688	996	5886	046	5086		
847	8278	897	7475	947	6672	997	5870	047	5070		
848	8262	898	7459	948	6656	998	5854	048	5054		
849	8246	899	7443	949	6640	999	5838	049	5038		
850	8230	900	7427	950	6624	79 000	5822	050	5022		
78 851	126 8213	78 901	126 7410	78 951	126 6607	79 001	126 5806	79 051	126 5006		
852	8197	902	7394	952	6591	002	5790	052	4990		
853	8181	903	7378	953	6575	003	5774	053	4974		
854	8165	904	7362	954	6559	004	5758	054	4958		
855	8149	905	7346	955	6543	005	5742	055	4942		
856	8133	906	7330	956	6527	006	5726	056	4926		
857	8117	907	7314	957	6511	007	5710	057	4910		
858	8101	908	7298	958	6495	008	5694	058	4894		
859	8085	909	7282	959	6479	009	5678	059	4878		
860	8069	910	7266	960	6463	010	5662	060	4862		

DIFF.

	17	16
0 01	0	0
0 02	0	0
0 03	0	0
0 04	1	1
0 05	1	1
0 06	1	1
0 07	1	1
0 08	1	1
0 09	2	1
0 10	2	2
0 20	3	3
0 30	5	5
0 40	7	6
0 50	9	8
0 60	10	10
0 70	12	11
0 80	14	13
0 90	15	14
1 00	17	16

Diviseurs : **79091 à 79370.**

DIVISEUR	Nombre à multiplier par le dividende	DIVISEUR	Nombre à multiplier par le dividende	DIVISEUR	Nombre à multiplier par le dividende	DIVISEUR	Nombre à multiplier par le dividende	DIVISEUR	Nombre à multiplier par le dividende	DIVISEUR	Nombre à multiplier par le dividende
79 091	126 4366	79 141	126 3567	79 191	126 2769	79 241	126 1972	79 291	126 1177	79 341	126 0382
092	4350	142	3551	192	2753	242	1956	292	1161	342	0366
093	4334	143	3535	193	2737	243	1940	293	1145	343	0350
094	4318	144	3519	194	2721	244	1924	294	1129	344	0334
095	4302	145	3503	195	2705	245	1908	295	1113	345	0318
096	4286	146	3487	196	2689	246	1892	296	1097	346	0302
097	4270	147	3471	197	2673	247	1876	297	1081	347	0286
098	4254	148	3455	198	2657	248	1860	298	1065	348	0270
099	4238	149	3439	199	2641	249	1844	299	1049	349	0254
100	4222	150	3423	200	2626	250	1829	300	1034	350	0239
79 101	126 4206	79 151	126 3407	79 201	126 2610	79 251	126 1813	79 301	126 1018	79 351	126 0223
102	4190	152	3391	202	2594	252	1797	302	1002	352	0207
103	4174	153	3375	203	2578	253	1781	303	0986	353	0191
104	4158	154	3359	204	2562	254	1765	304	0970	354	0175
105	4142	155	3343	205	2546	255	1749	305	0954	355	0159
106	4126	156	3327	206	2530	256	1733	306	0938	356	0143
107	4110	157	3311	207	2514	257	1717	307	0922	357	0127
108	4094	158	3295	208	2498	258	1701	308	0906	358	0111
109	4078	159	3279	209	2482	259	1685	309	0890	359	0095
110	4062	160	3264	210	2466	260	1670	310	0875	360	0080
79 111	126 4046	79 161	126 3248	79 211	126 2450	79 261	126 1654	79 311	126 0859	79 361	126 0064
112	4030	162	3232	212	2434	262	1638	312	0843	362	0048
113	4014	163	3216	213	2418	263	1622	313	0827	363	0032
114	3998	164	3200	214	2402	264	1606	314	0811	364	0016
115	3982	165	3184	215	2386	265	1590	315	0795	365	0000
116	3966	166	3168	216	2370	266	1574	316	0779	366	125 9984
117	3950	167	3152	217	2354	267	1558	317	0763	367	9968
118	3934	168	3136	218	2338	268	1542	318	0747	368	9952
119	3918	169	3120	219	2322	269	1526	319	0731	369	9936
120	3902	170	3104	220	2307	270	1511	320	0716	370	9921
79 121	126 3886	79 171	126 3088	79 221	126 2291	79 271	126 1495	79 321	126 0700		
122	3870	172	3072	222	2275	272	1479	322	0684		
123	3854	173	3056	223	2259	273	1463	323	0668		
124	3838	174	3040	224	2243	274	1447	324	0652		
125	3822	175	3024	225	2227	275	1431	325	0636		
126	3806	776	3008	226	2211	276	1415	326	0620		
127	3790	177	2992	227	2195	277	1399	327	0604		
128	3774	178	2976	228	2179	278	1383	328	0588		
129	3758	179	2960	229	2163	279	1367	329	0572		
130	3743	180	2945	230	2148	280	1352	330	0557		
79 131	126 3727	79 181	126 2929	79 231	126 2132	79 281	126 1336	79 331	126 0541		
132	3711	182	2913	232	2116	282	1320	332	0525		
133	3695	183	2897	233	2100	283	1304	333	0509		
134	3679	184	2881	234	2084	284	1288	334	0493		
135	3663	185	2865	235	2068	285	1272	335	0477		
136	3647	186	2849	236	2052	286	1256	336	0461		
137	3631	187	2833	237	2036	287	1240	337	0445		
138	3615	188	2817	238	2020	288	1224	338	0429		
139	3599	189	2801	239	2004	289	1208	339	0413		
140	3583	190	2785	240	1988	290	1193	340	0398		

Diff.

	16	15
0 01	0	0
0 02	0	0
0 03	0	0
0 04	1	1
0 05	1	1
0 06	1	1
0 07	1	1
0 08	1	1
0 09	1	1
0 10	2	2
0 20	3	3
0 30	5	5
0 40	6	6
0 50	8	8
0 60	10	9
0 70	11	11
0 80	13	12
0 90	14	14
1 00	16	15

DIVISEURS : 79371 A 79650.

DIVISEUR	Nombre à multiplier par le dividende	DIVISEUR	Nombre à multiplier par le dividende	DIVISEUR	Nombre à multiplier par le dividende	DIVISEUR	Nombre à multiplier par le dividende	DIVISEUR	Nombre à multiplier par le dividende	DIVISEUR	Nombre à multiplier par le dividende
79 371	125 9905	79 421	125 9112	79 471	125 8320	79 521	125 7529	79 571	125 6739	79 621	125 5949
372	9889	422	9096	472	8304	522	7513	572	6723	622	5933
373	9873	423	9080	473	8288	523	7497	573	6707	623	5917
374	9857	424	9064	474	8272	524	7481	574	6691	624	5902
375	9841	425	9049	475	8257	525	7466	575	6676	625	5886
376	9825	426	9033	476	8241	526	7450	576	6660	626	5870
377	9809	427	9017	477	8225	527	7434	577	6644	627	5855
378	9793	428	9001	478	8209	528	7418	578	6628	628	5839
379	9777	429	8985	479	8193	529	7402	579	6612	629	5823
380	9762	430	8970	480	8178	530	7387	580	6597	630	5808
79 381	125 9746	79 431	125 8954	79 481	125 8162	79 531	125 7371	79 581	125 6581	79 631	125 5792
382	9730	432	8938	482	8146	532	7355	582	6565	632	5776
383	9714	433	8922	483	8130	533	7339	583	6549	633	5760
384	9698	434	8906	484	8114	534	7323	584	6533	634	5744
385	9683	435	8890	485	8098	535	7308	585	6518	635	5729
386	9667	436	8874	486	8082	536	7292	586	6502	636	5713
387	9651	437	8858	487	8066	537	7276	587	6486	637	5697
388	9635	438	8842	488	8050	538	7260	588	6470	638	5681
389	9619	439	8826	489	8034	539	7244	589	6454	639	5665
390	9604	440	8811	490	8019	540	7229	590	6439	640	5650
79 391	125 9588	79 441	125 8795	79 491	125 8003	79 541	125 7213	79 591	125 6423	79 641	125 5634
392	9572	442	8779	492	7987	542	7197	592	6407	642	5618
393	9556	443	8763	493	7971	543	7181	593	6391	643	5602
394	9540	444	8747	494	7955	544	7165	594	6375	644	5586
395	9524	445	8732	495	7940	545	7150	595	6360	645	5571
396	9508	446	8716	496	7924	546	7134	596	6344	646	5555
397	9492	447	8700	497	7908	547	7118	597	6328	647	5539
398	9476	448	8684	498	7892	548	7102	598	6312	648	5523
399	9460	449	8668	499	7876	549	7086	599	6296	649	5507
400	9445	450	8653	500	7861	550	7071	600	6281	650	5492
79 401	125 9429	79 451	125 8637	79 501	125 7845	79 551	125 7055	79 601	125 6265		
402	9413	452	8621	502	7829	552	7039	602	6249		
403	9397	453	8605	503	7813	553	7023	603	6233		
404	9381	454	8589	504	7797	554	7007	604	6217		
405	9366	455	8573	505	7782	555	6992	605	6202		
406	9350	456	8557	506	7766	556	6976	606	6186		
407	9334	457	8541	507	7750	557	6960	607	6170		
408	9318	458	8525	508	7734	558	6944	608	6154		
409	9302	459	8509	509	7718	559	6928	609	6138		
410	9287	460	8494	510	7703	560	6913	610	6123		
79 411	125 9271	79 461	125 8478	79 511	125 7687	79 561	125 6897	79 611	125 6107		
412	9255	462	8462	512	7671	562	6881	612	6091		
413	9239	463	8446	513	7655	563	6865	613	6075		
414	9223	464	8430	514	7639	564	6849	614	6059		
415	9207	465	8415	515	7624	565	6834	615	6044		
416	9191	466	8399	516	7608	566	6818	616	6028		
417	9175	467	8383	517	7592	567	6802	617	6012		
418	9159	468	8367	518	7576	568	6786	618	5996		
419	9143	469	8351	519	7560	569	6770	619	5980		
420	9128	470	8336	520	7545	570	6755	620	5965		

DIFF.

	16	15
0 01	0	0
0 02	0	0
0 03	0	0
0 04	1	1
0 05	1	1
0 06	1	1
0 07	1	1
0 08	1	1
0 09	1	1
0 10	2	2
0 20	3	3
0 30	5	5
0 40	6	6
0 50	8	8
0 60	10	9
0 70	11	11
0 80	13	12
0 90	14	14
1 00	16	15

DIVISEURS : 79651 A 79930.

DIVISEUR	Nombre à multiplier par le dividende	DIVISEUR	Nombre à multiplier par le dividende	DIVISEUR	Nombre à multiplier par le dividende	DIVISEUR	Nombre à multiplier par le dividende	DIVISEUR	Nombre à multiplier par le dividende	DIVISEUR	Nombre à multiplier par le dividende
79 651	125 5476	79 701	125 4689	79 751	125 3902	79 801	125 3416	79 851	125 2332	79 901	125 1348
652	5460	702	4673	752	3886	802	3400	852	2316	902	1532
653	5444	703	4657	753	3870	803	3084	853	2300	903	1516
654	5429	704	4641	754	3855	804	3069	854	2285	904	1501
655	5413	705	4626	755	3839	805	3053	855	2269	905	1485
656	5397	706	4610	756	3823	806	3037	856	2253	906	1469
657	5382	707	4594	757	3808	807	3022	857	2238	907	1454
658	5366	708	4578	758	3792	808	3006	858	2222	908	1438
659	5350	709	4562	759	3776	809	2990	859	2206	909	1422
660	5335	710	4547	760	3761	810	2975	860	2191	910	1407
79 661	125 5319	79 711	125 4531	79 761	125 3745	79 811	125 2959	79 861	125 2175	79 911	125 1391
662	5303	712	4515	762	3729	812	2943	862	2159	912	1375
663	5287	713	4499	763	3743	813	2927	863	2143	913	1360
664	5271	714	4484	764	3698	814	2912	864	2128	914	1344
665	5256	715	4468	765	3682	815	2896	865	2112	915	1329
666	5240	716	4452	766	3666	816	2880	866	2096	916	1313
667	5224	717	4437	767	3651	817	2865	867	2081	917	1297
668	5208	718	4421	768	3635	818	2849	868	2065	918	1282
669	5192	719	4405	769	3649	819	2833	869	2049	919	1266
670	5177	720	4390	770	3604	820	2818	870	2034	920	1251
79 671	125 5161	79 721	125 4374	79 771	125 3588	79 821	125 2802	79 871	125 2048	79 921	125 1235
672	5145	722	4358	772	3572	822	2786	872	2002	922	1219
673	5129	723	4342	773	3556	823	2770	873	1986	923	1203
674	5114	724	4327	774	3540	824	2755	874	1971	924	1188
675	5098	725	4311	775	3525	825	2739	875	1955	925	1172
676	5082	726	4295	776	3509	826	2723	876	1939	926	1156
677	5067	727	4280	777	3493	827	2708	877	1924	927	1141
678	5051	728	4264	778	3477	828	2692	878	1908	928	1125
679	5035	729	4248	779	3461	829	2676	879	1892	929	1109
680	5020	730	4233	780	3446	830	2661	880	1877	930	1094
79 681	125 5004	79 731	125 4247	79 781	125 3430	79 831	125 2645	79 881	125 1861		
682	4988	732	4201	782	3414	832	2629	882	1845		
683	4972	733	4185	783	3398	833	2614	883	1830		
684	4956	734	4169	784	3383	834	2598	884	1814		
685	4941	735	4154	785	3367	835	2583	885	1799		
686	4925	736	4138	786	3351	836	2567	886	1783		
687	4909	737	4122	787	3336	837	2554	887	1767		
688	4893	738	4106	788	3320	838	2536	888	1752		
689	4877	739	4090	789	3304	839	2520	889	1736		
690	4862	740	4075	790	3289	840	2503	890	1721		
79 691	125 4846	79 741	125 4059	79 791	125 3273	79 841	125 2489	79 891	125 1705		
692	4830	742	4043	792	3257	842	2473	892	1689		
693	4814	743	4027	793	3241	843	2457	893	1673		
694	4799	744	4012	794	3226	844	2442	894	1658		
695	4783	745	3996	795	3210	845	2426	895	1642		
696	4767	746	3980	796	3194	846	2410	896	1626		
697	4752	747	3965	797	3179	847	2395	897	1611		
698	4736	748	3949	798	3163	848	2379	898	1595		
699	4720	749	3933	799	3147	849	2363	899	1579		
700	4705	750	3918	800	3132	850	2348	900	1564		

DIFF.

	16	15
0 01	0	0
0 02	0	0
0 03	0	0
0 04	1	0
0 05	1	1
0 06	1	1
0 07	1	1
0 08	1	1
0 09	1	1
0 10	2	2
0 20	3	3
0 30	5	5
0 40	6	6
0 50	8	8
0 60	10	9
0 70	11	11
0 80	13	12
0 90	14	14
1 00	16	15

DIVISEURS : 79931 A 80210.

DIVISEUR	Nombre à multiplier par le dividende	DIVISEUR	Nombre à multiplier par le dividende	DIVISEUR	Nombre à multiplier par le dividende	DIVISEUR	Nombre à multiplier par le dividende	DIVISEUR	Nombre à multiplier par le dividende	DIVISEUR	Nombre à multiplier par le dividende
79 931	125 1078	79 981	125 0296	80 031	124 9515	80 081	124 8735	80 131	124 7956	80 181	124 7177
932	1062	982	0280	032	9499	082	8719	132	7940	182	7162
933	1047	983	0265	033	9484	083	8704	133	7925	183	7146
934	1031	984	0249	034	9468	084	8688	134	7909	184	7131
935	1016	985	0234	035	9453	085	8673	135	7894	185	7115
936	1000	986	0218	036	9437	086	8657	136	7878	186	7100
937	0984	987	0202	037	9421	087	8641	137	7862	187	7084
938	0969	988	0187	038	9406	088	8626	138	7847	188	7069
939	0953	989	0171	039	9390	089	8610	139	7831	189	7053
940	0938	990	0156	040	9375	090	8595	140	7816	190	7038
79 941	125 0922	79 991	125 0140	80 041	124 9359	80 091	124 8579	80 141	124 7800	80 191	124 7022
942	0906	992	0124	042	9343	092	8563	142	7784	192	7006
943	0890	993	0109	043	9328	093	8548	143	7769	193	6991
944	0875	994	0093	044	9312	094	8532	144	7753	194	6975
945	0859	995	0078	045	9297	095	8517	145	7738	195	6960
946	0843	996	0062	046	9281	096	8501	146	7722	196	6944
947	0828	997	0046	047	9265	097	8485	147	7706	197	6928
948	0812	998	0031	048	9250	098	8470	148	7691	198	6913
949	0796	999	0015	049	9234	099	8454	149	7675	199	6897
950	0781	80 000	0000	050	9219	100	8439	150	7660	200	6882
79 951	125 0765	80 001	124 9984	80 051	124 9203	80 101	124 8423	80 151	124 7644	80 201	124 6866
952	0749	002	9968	052	9187	102	8407	152	7628	202	6851
953	0734	003	9952	053	9172	103	8392	153	7613	203	6835
954	0718	004	9937	054	9156	104	8376	154	7597	204	6820
955	0703	005	9921	055	9141	105	8361	155	7582	205	6804
956	0687	006	9905	056	9125	106	8345	156	7566	206	6789
957	0671	007	9890	057	9109	107	8329	157	7550	207	6773
958	0656	008	9874	058	9094	108	8314	158	7535	208	6758
959	0640	009	9858	059	9078	109	8298	159	7519	209	6742
960	0625	010	9843	060	9063	110	8283	160	7504	210	6727
79 961	125 0609	80 011	124 9827	80 061	124 9047	80 111	124 8267	80 161	124 7488		
962	0593	012	9811	062	9031	112	8251	162	7473		
963	0577	013	9796	063	9016	113	8236	163	7457		
964	0562	014	9780	064	9000	114	8220	164	7442		
965	0546	015	9765	065	8985	115	8205	165	7426		
966	0530	016	9749	066	8969	116	8189	166	7411		
967	0515	017	9733	067	8953	117	8173	167	7395		
968	0499	018	9718	068	8938	118	8158	168	7380		
969	0483	019	9702	069	8922	119	8142	169	7364		
970	0468	020	9687	070	8907	120	8127	170	7349		
79 971	125 0452	80 021	124 9671	80 071	124 8891	80 121	124 8111	80 171	124 7333		
972	0436	022	9655	072	8875	122	8096	172	7317		
973	0421	023	9640	073	8860	123	8080	173	7302		
974	0405	024	9624	074	8844	124	8065	174	7286		
975	0390	025	9609	075	8829	125	8049	175	7271		
976	0374	026	9593	076	8813	126	8034	176	7255		
977	0358	027	9577	077	8797	127	8018	177	7239		
978	0343	028	9562	078	8782	128	8003	178	7224		
979	0327	029	9546	079	8766	129	7987	179	7208		
980	0312	030	9531	080	8751	130	7972	180	7193		

DIFF.

	16	15
0 01	0	0
0 02	0	0
0 03	0	0
0 04	1	1
0 05	1	1
0 06	1	1
0 07	1	1
0 08	1	1
0 09	1	1
0 10	2	2
0 20	3	3
0 30	5	5
0 40	6	6
0 50	8	8
0 60	10	9
0 70	11	11
0 80	13	12
0 90	14	14
1 00	16	15

Diviseurs : 80211 à 80490.

DIVISEUR	Nombre à multiplier par le dividende	DIVISEUR	Nombre à multiplier par le dividende	DIVISEUR	Nombre à multiplier par le dividende	DIVISEUR	Nombre à multiplier par le dividende	DIVISEUR	Nombre à multiplier par le dividende	DIVISEUR	Nombre à multiplier par le dividende
80 211	124 6711	80 261	124 5934	80 311	124 5158	80 361	124 4384	80 411	124 3610	80 461	124 2837
212	6695	262	5919	312	5143	362	4369	412	3595	462	2822
213	6680	263	5903	313	5127	363	4353	413	3579	463	2806
214	6664	264	5888	314	5112	364	4338	414	3564	464	2791
215	6649	265	5872	315	5096	365	4322	415	3548	465	2776
216	6633	266	5857	316	5081	366	4307	416	3533	466	2760
217	6617	267	5841	317	5065	367	4291	417	3517	467	2745
218	6602	268	5826	318	5050	368	4276	418	3502	468	2729
219	6586	269	5810	319	5034	369	4260	419	3486	469	2714
220	6571	270	5795	320	5019	370	4245	420	3471	470	2699
80 221	124 6555	80 271	124 5779	80 321	124 5003	80 371	124 4229	80 421	124 3455	80 471	124 2683
222	6540	272	5764	322	4988	372	4214	422	3440	472	2668
223	6524	273	5748	323	4972	373	4198	423	3424	473	2652
224	6509	274	5733	324	4957	374	4183	424	3409	474	2637
225	6493	275	5717	325	4941	375	4167	425	3394	475	2621
226	6478	276	5702	326	4926	376	4152	426	3378	476	2606
227	6462	277	5686	327	4910	377	4136	427	3363	477	2590
228	6447	278	5671	328	4895	378	4121	428	3347	478	2575
229	6431	279	5655	329	4879	379	4105	429	3332	479	2559
230	6416	280	5640	330	4864	380	4090	430	3317	480	2544
80 231	124 6400	80 281	124 5624	80 331	124 4848	80 381	124 4074	80 431	124 3301	80 481	124 2528
232	6385	282	5609	332	4833	382	4059	432	3286	482	2513
233	6369	283	5593	333	4817	383	4043	433	3270	483	2497
234	6354	284	5578	334	4802	384	4028	434	3255	484	2482
235	6338	285	5562	335	4786	385	4012	435	3239	485	2467
236	6323	286	5547	336	4771	386	3997	436	3224	486	2451
237	6307	287	5531	337	4755	387	3981	437	3208	487	2436
238	6292	288	5516	338	4740	388	3966	438	3193	488	2420
239	6276	289	5500	339	4724	389	3950	439	3177	489	2405
240	6261	290	5485	340	4709	390	3935	440	3162	490	2390
80 241	124 6245	80 291	124 5469	80 341	124 4693	80 391	124 3919	80 441	124 3146		
242	6229	292	5454	342	4678	392	3904	442	3131		
243	6214	293	5438	343	4662	393	3888	443	3115		
244	6198	294	5423	344	4647	394	3873	444	3100		
245	6183	295	5407	345	4632	395	3858	445	3085		
246	6167	296	5392	346	4616	396	3842	446	3069		
247	6151	297	5376	347	4604	397	3827	447	3054		
248	6136	298	5361	348	4585	398	3811	448	3038		
249	6120	299	5345	349	4570	399	3796	449	3023		
250	6105	300	5330	350	4555	400	3781	450	3008		
80 251	124 6089	80 301	124 5314	80 351	124 4539	80 401	124 3765	80 451	124 2992		
252	6074	302	5298	352	4524	402	3750	452	2977		
253	6058	303	5283	853	4508	403	3734	453	2961		
254	6043	304	5267	354	4493	404	3719	454	2946		
255	6027	305	5252	355	4477	405	3703	455	2930		
256	6012	306	5236	356	4462	406	3688	456	2915		
257	5996	307	5220	357	4446	407	3672	457	2899		
258	5981	308	5205	358	4431	408	3657	458	2884		
259	5965	309	5189	359	4415	409	3641	459	2868		
260	5950	310	5174	360	4400	410	3626	460	2853		

DIFF.

	16	15
0 01	0	0
0 02	0	0
0 03	0	0
0 04	1	1
0 05	1	1
0 06	1	1
0 07	1	1
0 08	1	1
0 09	1	1
0 10	2	2
0 20	3	3
0 30	5	5
0 40	6	6
0 50	8	8
0 60	10	9
0 70	11	11
0 80	13	12
0 90	14	14
1 00	16	15

DIVISEURS : 80491 A 80770.

DIVISEUR	Nombre à multiplier par le dividende	DIVISEUR	Nombre à multiplier par le dividende	DIVISEUR	Nombre à multiplier par le dividende	DIVISEUR	Nombre à multiplier par le dividende	DIVISEUR	Nombre à multiplier par le dividende	DIVISEUR	Nombre à multiplier par le dividende
80 491	124 2374	80 541	124 1603	80 591	124 0832	80 641	124 0063	80 691	123 9294	80 741	123 8527
492	2359	542	1588	592	0817	642	0048	692	9279	742	8512
493	2343	543	1572	593	0801	643	0032	693	9264	743	8497
494	2328	544	1557	594	0786	644	0017	694	9248	744	8481
495	2313	545	1541	595	0771	645	0002	695	9233	745	8466
496	2297	546	1526	596	0755	646	123 9986	696	9218	746	8451
497	2282	547	1510	597	0740	647	9971	697	9202	747	8435
498	2266	548	1495	598	0724	648	9955	698	9187	748	8420
499	2251	549	1479	599	0709	649	9940	699	9172	749	8405
500	2236	550	1464	600	0694	650	9925	700	9157	750	8390
80 501	124 2220	80 551	124 1448	80 601	124 0678	80 651	123 9909	80 701	123 9141	80 751	123 8374
502	2205	552	1433	602	0663	652	9894	702	9126	752	8359
503	2189	553	1417	603	0647	653	9878	703	9110	753	8343
504	2174	554	1402	604	0632	654	9863	704	9095	754	8328
505	2158	555	1387	605	0617	655	9848	705	9080	755	8313
506	2143	556	1371	606	0601	656	9832	706	9064	756	8297
507	2127	557	1356	607	0586	657	9817	707	9049	757	8282
508	2112	558	1340	608	0570	658	9801	708	9033	758	8266
509	2096	559	1325	609	0555	659	9786	709	9018	759	8251
510	2081	560	1310	610	0540	660	9771	710	9003	760	8236
80 511	124 2065	80 561	124 1294	80 611	124 0524	80 661	123 9755	80 711	123 8987	80 761	123 8220
512	2050	562	1279	612	0509	662	9740	712	8972	762	8205
513	2034	563	1263	613	0494	663	9725	713	8957	763	8190
514	2019	564	1248	614	0478	664	9709	714	8941	764	8174
515	2004	565	1233	615	0463	665	9694	715	8926	765	8159
516	1988	566	1217	616	0448	666	9679	716	8911	766	8144
517	1973	567	1202	617	0432	667	9663	717	8895	767	8128
518	1957	568	1186	618	0417	668	9648	718	8880	768	8113
519	1942	569	1171	619	0402	669	9633	719	8865	769	8098
520	1927	570	1156	620	0387	670	9618	720	8850	770	8083
80 521	124 1911	80 571	124 1140	80 621	124 0371	80 671	123 9602	80 721	123 8834		
522	1896	572	1125	622	0356	672	9587	722	8819		
523	1880	573	1109	623	0340	673	9571	723	8803		
524	1865	574	1094	624	0325	674	9556	724	8788		
525	1850	575	1079	625	0310	675	9541	725	8773		
526	1834	576	1063	626	0294	676	9525	726	8757		
527	1819	577	1048	627	0279	677	9510	727	8742		
528	1803	578	1032	628	0263	678	9494	728	8726		
529	1788	579	1017	629	0248	679	9479	729	8711		
530	1773	580	1002	630	0233	680	9464	730	8696		
80 531	124 1757	80 581	124 0986	80 631	124 0217	80 681	123 9448	80 731	123 8680		
532	1742	582	0971	632	0202	682	9433	732	8665		
533	1726	583	0955	633	0186	683	9417	733	8650		
534	1711	584	0940	634	0171	684	9402	734	8634		
535	1696	585	0925	635	0156	685	9387	735	8619		
536	1680	586	0909	636	0140	686	9371	736	8604		
537	1665	587	0894	637	0125	687	9356	737	8588		
538	1649	588	0878	638	0109	688	9340	738	8573		
539	1634	589	0863	639	0094	689	9325	739	8558		
540	1619	590	0848	640	0079	690	9310	740	8543		

DIFF.

	16	15
0 01	0	0
0 02	0	0
0 03	0	0
0 04	1	1
0 05	1	1
0 06	1	1
0 07	1	1
0 08	1	1
0 09	1	1
0 10	2	2
0 20	3	3
0 30	5	5
0 40	6	6
0 50	8	8
0 60	10	9
0 70	11	11
0 80	13	12
0 90	14	14
1 00	16	15

DIVISEURS : 80771 A 81050.

DIVISEUR	Nombre à multiplier par le dividende	DIVISEUR	Nombre à multiplier par le dividende	DIVISEUR	Nombre à multiplier par le dividende	DIVISEUR	Nombre à multiplier par le dividende	DIVISEUR	Nombre à multiplier par le dividende	DIVISEUR	Nombre à multiplier par le dividende
80 771	123 8067	80 821	123 7301	80 871	123 6336	80 921	123 5772	80 971	123 5009	81 021	123 4256
772	8052	822	7286	872	6521	922	5757	972	4994	022	4231
773	8037	823	7271	873	6506	923	5742	973	4979	023	4216
774	8021	824	7255	874	6490	924	5726	974	4963	024	4201
775	8006	825	7240	875	6475	925	5711	975	4948	025	4186
776	7991	826	7225	876	6460	926	5696	976	4933	026	4170
777	7975	827	7209	877	6444	927	5680	977	4917	027	4155
778	7960	828	7194	878	6429	928	5665	978	4902	028	4140
779	7945	829	7179	879	6414	929	5650	979	4887	029	4125
780	7930	830	7164	880	6399	930	5635	980	4872	030	4110
80 781	123 7914	80 831	123 7148	80 881	123 6383	80 931	123 5619	80 981	123 4856	81 031	123 4094
782	7898	832	7133	882	6368	932	5604	982	4841	032	4079
783	7882	833	7118	883	6353	933	5589	983	4826	033	4064
784	7867	834	7102	884	6337	934	5574	984	4811	034	4049
785	7852	835	7087	885	6322	935	5559	985	4796	035	4034
786	7836	836	7072	886	6307	936	5543	986	4780	036	4018
787	7821	837	7056	887	6291	937	5528	987	4765	037	4003
788	7805	838	7041	888	6276	938	5513	988	4750	038	3988
789	7791	839	7026	889	6261	939	5498	989	4735	039	3973
790	7776	840	7011	890	6246	940	5483	990	4720	040	3958
80 791	123 7760	80 841	123 6995	80 891	123 6230	80 941	123 5467	80 991	123 4704	81 041	123 3942
792	7745	842	6980	892	6215	942	5452	992	4689	042	3927
793	7730	843	6965	893	6200	943	5437	993	4674	043	3912
794	7714	844	6949	894	6184	944	5421	994	4658	044	3897
795	7699	845	6934	895	6169	945	5406	995	4643	045	3882
796	7684	846	6919	896	6154	946	5391	996	4628	046	3866
797	7668	847	6903	897	6138	947	5375	997	4612	047	3851
798	7653	848	6888	898	6123	948	5360	998	4597	048	3836
799	7638	849	6873	899	6108	949	5345	999	4582	049	3821
800	7623	850	6858	900	6093	950	5330	81 000	4567	050	3806
80 801	123 7607	80 851	123 6842	80 901	123 6077	80 951	123 5314	81 001	123 4551		
802	7592	852	6827	902	6062	952	5299	002	4536		
803	7577	853	6812	903	6047	953	5284	003	4521		
804	7561	854	6796	904	6032	954	5268	004	4506		
805	7546	855	6781	905	6017	955	5253	005	4491		
806	7531	856	6766	906	6001	956	5238	006	4475		
807	7515	857	6750	907	5986	957	5222	007	4460		
808	7500	858	6735	908	5971	958	5207	008	4445		
809	7485	859	6720	909	5956	959	5192	009	4430		
810	7470	860	6705	910	5941	960	5177	010	4415		
80 811	123 7454	80 861	123 6689	80 911	123 5925	80 961	123 5161	81 011	123 4399		
812	7439	862	6674	912	5910	962	5146	012	4384		
813	7424	863	6659	913	5895	963	5131	013	4369		
814	7408	864	6643	914	5879	964	5116	014	4353		
815	7393	865	6628	915	5864	965	5101	015	4338		
816	7378	866	6613	916	5849	966	5085	016	4323		
817	7362	867	6597	917	5833	967	5070	017	4307		
818	7347	868	6582	918	5818	968	5055	018	4292		
819	7332	869	6567	919	5803	969	5040	019	4277		
820	7317	870	6552	920	5788	970	5025	020	4262		

DIFF.

	16	15
0 01	0	0
0 02	0	0
0 03	0	0
0 04	1	1
0 05	1	1
0 06	1	1
0 07	1	1
0 08	1	1
0 09	1	1
0 10	2	2
0 20	3	3
0 30	5	5
0 40	6	6
0 50	8	8
0 60	10	9
0 70	11	11
0 80	13	12
0 90	14	14
1 00	16	15

DIVISEURS : 81051 À 81330.

DIVISEUR	Nombre à multiplier par le dividende	DIVISEUR	Nombre à multiplier par le dividende	DIVISEUR	Nombre à multiplier par le dividende	DIVISEUR	Nombre à multiplier par le dividende	DIVISEUR	Nombre à multiplier par le dividende	DIVISEUR	Nombre à multiplier par le dividende
81 051	123 3790	81 101	123 3029	81 151	123 2269	81 201	123 1511	81 251	123 0753	81 301	122 9996
052	3775	102	3014	152	2254	202	1496	252	0738	302	9981
053	3760	103	2999	153	2239	203	1481	253	0723	303	9966
054	3745	104	2984	154	2224	204	1466	254	0708	304	9951
055	3730	105	2969	155	2209	205	1451	255	0693	305	9936
056	3714	106	2953	156	2194	206	1435	256	0677	306	9921
057	3699	107	2938	157	2179	207	1420	257	0662	307	9906
058	3684	108	2923	158	2164	208	1405	258	0647	308	9891
059	3669	109	2908	159	2149	209	1390	259	0632	309	9876
060	3654	110	2893	160	2134	210	1375	260	0617	310	9861
81 061	123 3638	81 111	123 2877	81 161	123 2118	81 211	123 1359	81 261	123 0601	81 311	122 9846
062	3623	112	2862	162	2103	212	1344	262	0586	312	9830
063	3608	113	2847	163	2088	213	1329	263	0571	313	9815
064	3592	114	2832	164	2073	214	1314	264	0556	314	9800
065	3577	115	2817	165	2058	215	1299	265	0541	315	9785
066	3562	116	2801	166	2042	216	1283	266	0526	316	9769
067	3546	117	2786	167	2027	217	1268	267	0511	317	9754
068	3531	118	2771	168	2012	218	1253	268	0496	318	9739
069	3516	119	2756	169	1997	219	1238	269	0481	319	9724
070	3501	120	2741	170	1982	220	1223	270	0466	320	9709
81 071	123 3485	81 121	123 2725	81 171	123 1966	81 221	123 1207	81 271	123 0450	81 321	122 9693
072	3470	122	2710	172	1951	222	1192	272	0435	322	9678
073	3455	123	2695	173	1936	223	1177	273	0420	323	9663
074	3440	124	2680	174	1921	224	1162	274	0405	324	9648
075	3425	125	2665	175	1906	225	1147	275	0390	325	9633
076	3409	126	2649	176	1890	226	1132	276	0374	326	9618
077	3394	127	2634	177	1875	227	1117	277	0359	327	9603
078	3379	128	2619	178	1860	228	1102	278	0344	328	9588
079	3364	129	2604	179	1845	229	1087	279	0329	329	9573
080	3349	130	2589	180	1830	30	1072	280	0314	330	9558
81 081	123 3333	81 131	123 2573	81 181	123 1814	81 231	123 1056	81 281	123 0298		
082	3318	132	2558	182	1799	232	1041	282	0283		
083	3303	133	2543	183	1784	233	1026	283	0268		
084	3288	134	2528	184	1769	234	1011	284	0253		
085	3273	135	2513	185	1754	235	0996	285	0238		
086	3257	136	2497	186	1738	236	0980	286	0223		
087	3242	137	2482	187	1723	237	0965	287	0208		
088	3227	138	2467	188	1708	238	0950	288	0193		
089	3212	139	2452	189	1693	239	0935	289	0178		
090	3197	140	2437	190	1678	240	0920	290	0163		
81 091	123 3181	81 141	123 2421	81 191	123 1662	81 241	123 0904	81 291	123 0147		
092	3166	142	2406	192	1647	242	0889	292	0132		
093	3151	143	2391	193	1632	243	0874	293	0117		
094	3136	144	2376	194	1617	244	0859	294	0102		
095	3121	145	2361	195	1602	245	0844	295	0087		
096	3105	146	2345	196	1587	246	0829	296	0072		
097	3090	147	2330	197	1572	247	0814	297	0057		
098	3075	148	2315	198	1557	248	0799	298	0042		
099	3060	149	2300	199	1542	249	0784	299	0027		
100	3045	150	2285	200	1527	250	0769	300	0012		

DIFF.

	16	15
0 01	0	0
0 02	0	0
0 03	0	0
0 04	1	1
0 05	1	1
0 06	1	1
0 07	1	1
0 08	1	1
0 09	1	1
0 10	2	2
0 20	3	3
0 30	5	5
0 40	6	6
0 50	8	8
0 60	10	9
0 70	11	11
0 80	13	12
0 90	14	14
1 00	16	15

DIVISEURS : 81331 A 81610.

DIVISEUR	Nombre à multiplier par le dividende	DIVISEUR	Nombre à multiplier par le dividende	DIVISEUR	Nombre à multiplier par le dividende	DIVISEUR	Nombre à multiplier par le dividende	DIVISEUR	Nombre à multiplier par le dividende	DIVISEUR	Nombre à multiplier par le dividende
81 331	122 9542	81 381	122 8787	81 431	122 8032	81 481	122 7279	81 531	122 6526	81 581	122 5775
332	9527	382	8772	432	8017	482	7264	532	6511	582	5760
333	9512	383	8757	433	8002	483	7249	533	6496	583	5745
334	9497	384	8742	434	7987	484	7234	534	6481	584	5730
335	9482	385	8727	435	7972	485	7219	535	6466	585	5715
336	9467	386	8712	436	7957	486	7204	536	6451	586	5700
337	9452	387	8697	437	7942	487	7189	537	6436	587	5685
338	9437	388	8682	438	7927	488	7174	538	6421	588	5670
339	9422	389	8667	439	7912	489	7159	539	6406	589	5655
340	9407	390	8652	440	7897	490	7144	540	6391	590	5640
81 341	122 9391	81 391	122 8636	81 441	122 7882	81 491	122 7128	81 541	122 6376	81 591	122 5625
342	9376	392	8621	442	7867	492	7113	542	6361	592	5610
343	9361	393	8606	443	7852	493	7098	543	6346	593	5595
344	9346	394	8591	444	7837	494	7083	544	6331	594	5580
345	9331	395	8576	445	7822	495	7068	545	6316	595	5565
346	9316	396	8561	446	7807	496	7053	546	6301	596	5550
347	9301	397	8546	447	7792	497	7038	547	6286	597	5535
348	9286	398	8531	448	7777	498	7023	548	6271	598	5520
349	9271	399	8516	449	7762	499	7008	549	6256	599	5505
350	9256	400	8501	450	7747	500	6993	550	6241	600	5490
81 351	122 9240	81 401	122 8485	81 451	122 7731	81 501	122 6978	81 551	122 6226	81 601	122 5475
352	9225	402	8470	452	7716	502	6963	552	6211	602	5460
353	9210	403	8455	453	7701	503	6948	553	6196	603	5445
354	9195	404	8440	454	7686	504	6933	554	6181	604	5430
355	9180	405	8425	455	7671	505	6918	555	6166	605	5415
356	9165	406	8410	456	7656	506	6903	556	6151	606	5400
357	9150	407	8395	457	7641	507	6888	557	6136	607	5385
358	9135	408	8380	458	7626	508	6873	558	6121	608	5370
359	9120	409	8365	459	7611	509	6858	559	6106	609	5355
360	9105	410	8350	460	7596	510	6843	560	6094	610	5340
81 361	122 9089	81 411	122 8334	81 461	122 7580	81 511	122 6827	81 561	122 6075		
362	9074	412	8319	462	7565	512	6812	562	6060		
363	9059	413	8304	463	7550	513	6797	563	6045		
364	9044	414	8289	464	7535	514	6782	564	6030		
365	9029	415	8274	465	7520	515	6767	565	6015		
366	9014	416	8259	466	7505	516	6752	566	6000		
367	8999	417	8244	467	7490	517	6737	567	5985		
368	8984	418	8229	468	7475	518	6722	568	5970		
369	8969	419	8214	469	7460	519	6707	569	5955		
370	8954	420	8199	470	7445	520	6692	570	5940		
81 371	122 8938	81 421	122 8183	81 471	122 7430	81 521	122 6677	81 571	122 5925		
372	8923	422	8168	472	7415	522	6662	572	5910		
373	8908	423	8153	473	7400	523	6647	573	5895		
374	8893	424	8138	474	7385	524	6632	574	5880		
375	8878	425	8123	475	7370	525	6617	575	5865		
376	8863	426	8108	476	7355	526	6602	576	5850		
377	8848	427	8093	477	7340	527	6587	577	5835		
378	8833	428	8078	478	7325	528	6572	578	5820		
379	8818	429	8063	479	7310	529	6557	579	5805		
380	8803	430	8048	480	7295	530	6542	580	5790		

DIFF.

	16	15
0 01	0	0
0 02	0	0
0 03	0	0
0 04	1	1
0 05	1	1
0 06	1	1
0 07	1	1
0 08	1	1
0 09	1	1
0 10	2	2
0 20	3	3
0 30	5	5
0 40	6	6
0 50	8	8
0 60	10	9
0 70	11	11
0 80	13	12
0 90	14	14
1 00	16	15

DIVISEURS : 81611 A 81890.

DIVISEUR	Nombre à multiplier par le dividende	DIVISEUR	Nombre à multiplier par le dividende	DIVISEUR	Nombre à multiplier par le dividende	DIVISEUR	Nombre à multiplier par le dividende	DIVISEUR	Nombre à multiplier par le dividende	DIVISEUR	Nombre à multiplier par le dividende
81 611	122 5324	81 661	122 4574	81 711	122 3825	81 761	122 3076	81 811	122 2329	81 861	122 1582
612	5309	662	4559	712	3810	762	3061	812	2314	862	1567
613	5294	663	4544	713	3795	763	3046	813	2299	863	1552
614	5279	664	4529	714	3780	764	3031	814	2284	864	1537
615	5264	665	4514	715	3765	765	3016	815	2269	865	1522
616	5249	666	4499	716	3750	766	3001	816	2254	866	1507
617	5234	667	4484	717	3735	767	2986	817	2239	867	1492
618	5219	668	4469	718	3720	768	2971	818	2224	868	1477
619	5204	669	4454	719	3705	769	2956	819	2209	869	1462
620	5189	670	4439	720	3690	770	2942	820	2195	870	1448
81 621	122 5174	81 671	122 4424	81 721	122 3675	81 771	122 2927	81 821	122 2180	81 871	122 1433
622	5159	672	4409	722	3660	772	2912	822	2165	872	1418
623	5144	673	4394	723	3645	773	2897	823	2150	873	1403
624	5129	674	4379	724	3630	774	2882	824	2135	874	1388
625	5114	675	4364	725	3615	775	2867	825	2120	875	1373
626	5099	676	4349	726	3600	776	2852	826	2105	876	1358
627	5084	677	4334	727	3585	777	2837	827	2090	877	1343
628	5069	678	4319	728	3570	778	2822	828	2075	878	1328
629	5054	679	4304	729	3555	779	2807	829	2060	879	1313
630	5039	680	4289	730	3540	780	2792	830	2045	880	1299
81 631	122 5024	81 681	122 4274	81 731	122 3525	81 781	122 2777	81 831	122 2030	81 881	122 1284
632	5009	682	4259	732	3510	782	2762	832	2015	882	1269
633	4994	683	4244	733	3495	783	2747	833	2000	883	1254
634	4979	684	4229	734	3480	784	2732	834	1985	884	1239
635	4964	685	4214	735	3465	785	2717	835	1970	885	1224
636	4949	686	4199	736	3450	786	2702	836	1955	886	1209
637	4934	687	4184	737	3435	787	2687	837	1940	887	1194
638	4919	688	4169	738	3420	788	2672	838	1925	888	1179
639	4904	689	4154	739	3405	789	2657	839	1910	889	1164
640	4889	690	4140	740	3391	790	2643	840	1896	890	1150
81 641	122 4874	81 691	122 4125	81 741	122 3376	81 791	122 2628	81 841	122 1884		
642	4859	692	4110	742	3361	792	2613	842	1866		
643	4844	693	4095	743	3346	793	2598	843	1851		
644	4829	694	4080	744	3331	794	2583	844	1836		
645	4814	695	4065	745	3316	795	2568	845	1821		
646	4799	696	4050	746	3301	796	2553	846	1806		
647	4784	697	4035	747	3286	797	2538	847	1794		
648	4769	698	4020	748	3271	798	2523	848	1776		
649	4754	699	4005	749	3256	799	2508	849	1761		
650	4739	700	3990	750	3241	800	2493	850	1747		
81 651	122 4724	81 701	122 3975	81 751	122 3226	81 801	122 2478	81 851	122 1732		
652	4709	702	3960	752	3211	802	2463	852	1717		
653	4694	703	3945	753	3196	803	2448	853	1702		
654	4679	704	3930	754	3181	804	2433	854	1687		
655	4664	705	3915	755	3166	805	2418	855	1672		
656	4649	706	3900	756	3151	806	2403	856	1657		
657	4634	707	3885	757	3136	807	2388	857	1642		
658	4619	708	3870	758	3121	808	2373	858	1627		
659	4604	709	3855	759	3106	809	2358	859	1612		
660	4589	710	3840	760	3091	810	2344	860	1597		

DIFF.

	16	15	14
0 01	0	0	0
0 02	0	0	0
0 03	0	0	0
0 04	1	1	1
0 05	1	1	1
0 06	1	1	1
0 07	1	1	1
0 08	1	1	1
0 09	1	1	1
0 10	2	2	1
0 20	3	3	3
0 30	5	5	4
0 40	6	6	6
0 50	8	8	7
0 60	10	9	8
0 70	11	11	10
0 80	13	12	11
0 90	14	14	13
1 00	16	15	14

DIVISEURS : 81891 A 82170.

DIVISEUR	Nombre à multiplier par le dividende	DIVISEUR	Nombre à multiplier par le dividende	DIVISEUR	Nombre à multiplier par le dividende	DIVISEUR	Nombre à multiplier par le dividende	DIVISEUR	Nombre à multiplier par le dividende	DIVISEUR	Nombre à multiplier par le dividende
81 891	122 1135	81 941	122 0390	81 991	121 9645	82 041	121 8902	82 091	121 8160	82 141	121 7418
892	1120	942	0375	992	9630	042	8887	092	8145	142	7403
893	1105	943	0360	993	9615	043	8872	093	8430	143	7388
894	1090	944	0345	994	9600	044	8857	094	8415	144	7373
895	1075	945	0330	995	9586	045	8843	095	8100	145	7359
896	1060	946	0315	996	9571	046	8828	096	8085	146	7344
897	1045	947	0300	997	9556	047	8813	097	8070	147	7329
898	1030	948	0285	998	9541	048	8798	098	8055	148	7314
899	1015	949	0270	999	9526	049	8783	099	8040	149	7299
900	1001	950	0256	82 000	9512	050	8769	100	8026	150	7285
81 901	122 0986	81 951	122 0254	82 001	121 9497	82 051	121 8754	82 101	121 8044	82 151	121 7270
902	0971	952	0226	002	9482	052	8739	102	7996	152	7255
903	0956	953	0241	003	9467	053	8724	103	7981	153	7240
904	0941	954	0196	004	9452	054	8709	104	7966	154	7225
905	0926	955	0181	005	9437	055	8694	105	7952	155	7211
906	0911	956	0166	006	9422	056	8679	106	7937	156	7196
907	0896	957	0151	007	9407	057	8664	107	7922	157	7181
908	0881	958	0136	008	9392	058	8649	108	7907	158	7166
909	0866	959	0121	009	9377	059	8634	109	7892	159	7151
910	0852	960	0107	010	9363	060	8620	110	7878	160	7137
81 911	122 0837	81 961	122 0092	82 011	121 9348	82 061	121 8605	82 111	121 7863	82 161	121 7122
912	0822	962	0077	012	9333	062	8590	112	7848	162	7107
913	0807	963	0062	013	9318	063	8575	113	7833	163	7092
914	0792	964	0047	014	9303	064	8560	114	7818	164	7077
915	0777	965	0032	015	9288	065	8546	115	7804	165	7063
916	0762	966	0017	016	9273	066	8531	116	7789	166	7048
917	0747	967	0002	017	9258	067	8516	117	7774	167	7033
918	0732	968	121 9987	018	9243	068	8501	118	7759	168	7018
919	0717	969	9972	019	9228	069	8486	119	7744	169	7003
920	0703	970	9958	020	9214	070	8472	120	7730	170	6989
81 921	122 0688	81 971	121 9943	82 021	121 9499	82 071	121 8457	82 121	121 7715		
922	0673	972	9928	022	9484	072	8442	122	7700		
923	0658	973	9913	023	9469	073	8427	123	7685		
924	0643	974	9898	024	9454	074	8412	124	7670		
925	0628	975	9883	025	9440	075	8397	125	7655		
926	0613	976	9868	026	9425	076	8382	126	7640		
927	0598	977	9853	027	9410	077	8367	127	7625		
928	0583	978	9838	028	9395	078	8352	128	7610		
929	0568	979	9823	029	9080	079	8337	129	7595		
930	0554	980	9809	030	9066	080	8323	130	7581		
81 931	122 0539	81 981	121 9794	82 031	121 9051	82 081	121 8308	82 131	121 7566		
932	0524	982	9779	032	9036	082	8293	132	7551		
933	0509	983	9764	033	9021	083	8278	133	7536		
934	0494	984	9749	034	9006	084	8263	134	7521		
935	0479	985	9734	035	8991	085	8249	135	7507		
936	0464	986	9719	036	8976	086	8234	136	7492		
937	0449	987	9704	037	8961	087	8219	137	7477		
938	0434	988	9689	038	8946	088	8204	138	7462		
939	0419	989	9674	039	8931	089	8189	139	7447		
940	0405	990	9660	040	8917	090	8175	140	7433		

DIFF.

	15	14
0.01	0	0
0.02	0	0
0.03	0	0
0.04	1	1
0.05	1	1
0.06	1	1
0.07	1	1
0.08	1	1
0.09	1	1
0.10	2	1
0.20	3	3
0.30	5	4
0.40	6	6
0.50	8	7
0.60	9	8
0.70	11	10
0.80	12	11
0.90	14	13
1.00	15	14

DIVISEURS : **82171 A 82450.**

DIVISEUR	Nombre à multiplier par le dividende	DIVISEUR	Nombre à multiplier par le dividende	DIVISEUR	Nombre à multiplier par le dividende	DIVISEUR	Nombre à multiplier par le dividende	DIVISEUR	Nombre à multiplier par le dividende	DIVISEUR	Nombre à multiplier par le dividende
82 171	121 6974	82 221	121 6234	82 271	121 5494	82 321	121 4756	82 371	121 4019	82 421	121 3282
172	6959	222	6219	272	5479	322	4741	372	4004	422	3267
173	6944	223	6204	273	5464	323	4726	373	3989	423	3252
174	6929	224	6189	274	5450	324	4712	374	3974	424	3238
175	6915	225	6175	275	5435	325	4697	375	3960	425	3223
176	6900	226	6160	276	5420	326	4682	376	3945	426	3208
177	6885	227	6145	277	5406	327	4668	377	3930	427	3194
178	6870	228	6130	278	5391	328	4653	378	3915	428	3179
179	6855	229	6115	279	5376	329	4638	379	3900	429	3164
180	6841	230	6101	280	5362	330	4624	380	3886	430	3150
82 181	121 6826	82 231	121 6086	82 281	121 5347	82 331	121 4609	82 381	121 3871	82 431	121 3135
182	6811	232	6071	282	5332	332	4594	382	3856	432	3120
183	6796	233	6056	283	5317	333	4579	383	3841	433	3105
184	6781	234	6041	284	5302	334	4564	384	3827	434	3091
185	6767	235	6027	285	5288	335	4550	385	3812	435	3076
186	6752	236	6012	286	5273	336	4535	386	3797	436	3061
187	6737	237	5997	287	5258	337	4520	387	3783	437	3047
188	6722	238	5982	288	5243	338	4505	388	3768	438	3032
189	6707	239	5967	289	5228	339	4490	389	3753	439	3017
190	6693	240	5953	290	5214	340	4476	390	3739	440	3003
82 191	121 6678	82 241	121 5938	82 291	121 5199	82 341	121 4461	82 391	121 3724	82 441	121 2988
192	6663	242	5923	292	5184	342	4446	392	3709	442	2973
193	6648	243	5908	293	5169	343	4431	393	3694	443	2958
194	6633	244	5893	294	5154	344	4417	394	3680	444	2944
195	6619	245	5879	295	5140	345	4402	395	3665	445	2929
196	6604	246	5864	296	5125	346	4387	396	3650	446	2914
197	6589	247	5849	297	5110	347	4373	397	3636	447	2900
198	6574	248	5834	298	5095	348	4358	398	3621	448	2885
199	6559	249	5819	299	5080	349	4343	399	3606	449	2870
200	6545	250	5805	300	5066	350	4329	400	3592	450	2856
82 201	121 6530	82 251	121 5790	82 301	121 5051	82 351	121 4314	82 401	121 3577		
202	6515	252	5775	302	5036	352	4299	402	3562		
203	6500	253	5760	303	5021	353	4284	403	3547		
204	6485	254	5745	304	5007	354	4269	404	3532		
205	6471	255	5731	305	4992	355	4255	405	3518		
206	6456	256	5716	306	4977	356	4240	406	3503		
207	6441	257	5701	307	4963	357	4225	407	3488		
208	6426	258	5686	308	4948	358	4210	408	3473		
209	6411	259	5671	309	4933	359	4195	409	3458		
210	6397	260	5657	310	4919	360	4181	410	3444		
82 211	121 6382	82 261	121 5642	82 311	121 4904	82 361	121 4166	82 411	121 3429		
212	6367	262	5627	312	4889	362	4151	412	3414		
213	6352	263	5612	313	4874	363	4136	413	3399		
214	6337	264	5597	314	4859	364	4122	414	3385		
215	6323	265	5583	315	4845	365	4107	415	3370		
216	6308	266	5568	316	4830	366	4092	416	3355		
217	6293	267	5553	317	4815	867	4078	417	3341		
218	6278	268	5538	318	4800	368	4063	418	3326		
219	6263	269	5523	319	4785	369	4048	419	3311		
220	6249	270	5509	320	4774	370	4034	420	3297		

DIFF.

	15	14
0 01	0	0
0 02	0	0
0 03	0	0
0 04	1	1
0 05	1	1
0 06	1	1
0 07	1	1
0 08	1	1
0 09	1	1
0 10	2	1
0 20	3	3
0 30	5	4
0 40	6	6
0 50	8	7
0 60	9	8
0 70	11	10
0 80	12	11
0 90	14	13
1 00	15	14

DIVISEURS : **82451 A 82730.**

DIVISEUR	Nombre à multiplier par le dividende	DIVISEUR	Nombre à multiplier par le dividende	DIVISEUR	Nombre à multiplier par le dividende	DIVISEUR	Nombre à multiplier par le dividende	DIVISEUR	Nombre à multiplier par le dividende	DIVISEUR	Nombre à multiplier par le dividende
82 451	121 2841	82 501	121 2106	82 551	121 1372	82 601	121 0638	82 651	120 9906	82 701	120 9175
452	2826	502	2091	552	1357	602	0623	652	9891	702	9160
453	2811	503	2076	553	1342	603	0609	653	9876	703	9145
454	2797	504	2062	554	1328	604	0594	654	9862	704	9131
455	2782	505	2047	555	1313	605	0580	655	9847	705	9116
456	2767	506	2032	556	1298	606	0565	656	9832	706	9102
457	2753	507	2018	557	1284	607	0550	657	9818	707	9087
458	2738	508	2003	558	1269	608	0536	658	9803	708	9072
459	2723	509	1988	559	1254	609	0521	659	9788	709	9058
460	2709	510	1974	560	1240	610	0507	660	9774	710	9043
82 461	121 2694	82 511	121 1959	82 561	121 1225	82 611	121 0492	82 661	120 9759	82 711	120 9028
462	2679	512	1944	562	1210	612	0477	662	9744	712	9013
463	2664	513	1929	563	1195	613	0462	663	9730	713	8999
464	2650	514	1915	564	1181	614	0448	664	9715	714	8984
465	2635	515	1900	565	1166	615	0433	665	9701	715	8970
466	2620	516	1885	566	1151	616	0418	666	9686	716	8955
467	2606	517	1871	567	1137	617	0404	667	9671	717	8940
468	2591	518	1856	568	1122	618	0389	668	9657	718	8926
469	2576	519	1841	569	1107	619	0374	669	9642	719	8911
470	2562	520	1827	570	1093	620	0360	670	9628	720	8897
82 471	121 2547	82 521	121 1812	82 571	121 1078	82 621	121 0345	82 671	120 9613	82 721	120 8882
472	2532	522	1797	572	1063	622	0330	672	9598	722	8867
473	2517	523	1782	573	1048	623	0316	673	9584	723	8853
474	2503	524	1768	574	1034	624	0301	674	9569	724	8838
475	2488	525	1753	575	1019	625	0287	675	9555	725	8824
476	2473	526	1738	576	1004	626	0272	676	9540	726	8809
477	2459	527	1724	577	0990	627	0257	677	9525	727	8794
478	2444	528	1709	578	0975	628	0243	678	9511	728	8780
479	2429	529	1694	579	0960	629	0228	679	9496	729	8765
480	2415	530	1680	580	0946	630	0214	680	9482	730	8751
82 481	121 2400	82 531	121 1665	82 581	121 0931	82 631	121 0199	82 681	120 9467		
482	2385	532	1650	582	0916	632	0184	682	9452		
483	2370	533	1635	583	0902	633	0169	683	9438		
484	2356	534	1621	584	0887	634	0155	684	9423		
485	2341	535	1606	585	0873	635	0140	685	9409		
486	2326	536	1591	586	0858	636	0125	686	9394		
487	2312	537	1577	587	0843	637	0111	687	9379		
488	2297	538	1562	588	0829	638	0096	688	9365		
489	2282	539	1547	589	0814	639	0081	689	9350		
490	2268	540	1533	590	0800	640	0067	690	9336		
82 491	121 2253	82 541	121 1518	82 591	121 0785	82 641	121 0052	82 691	120 9321		
492	2238	542	1503	592	0770	642	0037	692	9306		
493	2223	543	1489	593	0755	643	0023	693	9291		
494	2209	544	1474	594	0741	644	0008	694	9277		
495	2194	545	1460	595	0726	645	120 9994	695	9262		
496	2179	546	1445	596	0711	646	9979	696	9247		
497	2165	547	1430	597	0697	647	9964	697	9233		
498	2150	548	1416	598	0682	648	9950	698	9218		
499	2135	549	1401	599	0667	649	9935	699	9203		
500	2121	550	1387	600	0653	650	9921	700	9189		

DIFF.

	15	14
0 01	0	0
0 02	0	0
0 03	0	0
0 04	1	1
0 05	1	1
0 06	1	1
0 07	1	1
0 08	1	1
0 09	1	1
0 10	2	1
0 20	3	3
0 30	5	4
0 40	6	6
0 50	8	7
0 60	9	8
0 70	11	10
0 80	12	11
0 90	14	13
1 00	15	14

DIVISEURS : 82731 A 83010.

DIVISEUR	Nombre à multiplier par le dividende	DIVISEUR	Nombre à multiplier par le dividende	DIVISEUR	Nombre à multiplier par le dividende	DIVISEUR	Nombre à multiplier par le dividende	DIVISEUR	Nombre à multiplier par le dividende	DIVISEUR	Nombre à multiplier par le dividende
82 731	120 8736	82 781	120 8606	82 831	120 7277	82 881	120 6548	82 931	120 5821	82 981	120 5094
732	8721	782	7991	832	7262	882	6534	932	5806	982	5080
733	8707	783	7977	833	7248	883	6519	933	5792	983	5065
734	8692	784	7962	834	7233	884	6505	934	5777	984	505?
735	8678	785	7948	835	7219	885	6490	935	5763	985	5036
736	8663	786	7933	836	7204	886	6476	936	5748	986	5022
737	8648	787	7918	837	7189	887	6461	937	5733	987	5007
738	8634	788	7904	838	7175	888	6447	938	5719	988	4993
739	8619	789	7889	839	7160	889	6432	939	5704	989	4978
740	8605	790	7875	840	7146	890	6418	940	5690	990	4964
82 741	120 8590	82 791	120 7860	82 841	120 7131	82 891	120 6403	82 941	120 5675	82 991	120 4949
742	8575	792	7845	842	7116	892	6388	942	5661	992	4935
743	8561	793	7831	843	7102	893	6374	943	5646	993	4920
744	8546	794	7816	844	7087	894	6359	944	5632	994	4906
745	8532	795	7802	845	7073	895	6345	945	5617	995	4891
746	8517	796	7787	846	7058	896	6330	946	5603	996	4877
747	8502	797	7772	847	7043	897	6315	947	5588	997	4862
748	8488	798	7758	848	7029	898	6301	948	5574	998	4848
749	8473	799	7743	849	7014	899	6286	949	5559	999	4833
750	8459	800	7729	850	7000	900	6272	950	5545	83 000	4819
82 751	120 8444	82 801	120 7714	82 851	120 6985	82 901	120 6257	82 951	120 5530	83 001	120 4804
752	8429	802	7699	852	6970	902	6243	952	5516	002	4790
753	8415	803	7685	853	6956	903	6228	953	5501	003	4775
754	8400	804	7670	854	6941	904	6214	954	5487	004	4761
755	8386	805	7656	855	6927	905	6199	955	5472	005	4746
756	8371	806	7641	856	6912	906	6185	956	5458	006	4732
757	8356	807	7626	857	6897	907	6170	957	5443	007	4717
758	8342	808	7612	858	6883	908	6156	958	5429	008	4703
759	8327	809	7597	859	6868	909	6141	959	5414	009	4688
760	8313	810	7583	860	6854	910	6127	960	5400	010	4674
82 761	120 8298	82 811	120 7568	82 861	120 6839	82 911	120 6112	82 961	120 5385		
762	8283	812	7553	862	6825	912	6097	962	5370		
763	8269	813	7539	863	6810	913	6083	963	5356		
764	8254	814	7524	864	6796	914	6068	964	5341		
765	8240	815	7510	865	6784	915	6054	965	5327		
766	8225	816	7495	866	6767	916	6039	966	5312		
767	8210	817	7480	867	6752	917	6024	967	5297		
768	8196	818	7466	868	6738	918	6010	968	5283		
769	8181	819	7451	869	6723	919	5995	969	5268		
770	8167	820	7437	870	6709	920	5981	970	5254		
82 771	120 8152	82 821	120 7422	82 871	120 6694	82 921	120 5966	82 971	120 5239		
772	8137	822	7408	872	6679	922	5952	972	5225		
773	8123	823	7393	873	6665	923	5937	973	5210		
774	8108	824	7379	874	6650	924	5923	974	5196		
775	8094	825	7364	875	6636	925	5908	975	5181		
776	8079	826	7350	876	6621	926	5894	976	5167		
777	8064	827	7335	877	6606	927	5879	977	5152		
778	8050	828	7321	878	6592	928	5865	978	5138		
779	8035	829	7306	879	6577	929	5850	979	5123		
780	8021	830	7292	880	6563	930	5836	980	5109		

DIFF.

	15	14
0 01	0	0
0 02	0	0
0 03	0	0
0 04	1	1
0 05	1	1
0 06	1	1
0 07	1	1
0 08	1	1
0 09	1	1
0 10	2	1
0 20	3	3
0 30	5	4
0 40	6	6
0 50	8	7
0 60	9	8
0 70	11	10
0 80	12	11
0 90	14	13
1 00	15	14

DIVISEURS : **83011** À **83290**.

DIVISEUR	Nombre à multiplier par le dividende	DIVISEUR	Nombre à multiplier par le dividende	DIVISEUR	Nombre à multiplier par le dividende	DIVISEUR	Nombre à multiplier par le dividende	DIVISEUR	Nombre à multiplier par le dividende	DIVISEUR	Nombre à multiplier par le dividende
83 011	120 4659	83 061	120 3933	83 111	120 3209	83 161	120 2485	83 211	120 1763	83 261	120 1041
012	4645	062	3919	112	3195	162	2471	212	1749	262	1027
013	4630	063	3904	113	3180	163	2456	213	1734	263	1012
014	4616	064	3890	114	3166	164	2442	214	1720	264	0998
015	4601	065	3876	115	3151	165	2428	215	1706	265	0984
016	4587	066	3861	116	3137	166	2413	216	1691	266	0969
017	4572	067	3847	117	3122	167	2399	217	1677	267	0955
018	4558	068	3832	118	3108	168	2384	218	1662	268	0940
019	4543	069	3818	119	3093	169	2370	219	1648	269	0926
020	4529	070	3804	120	3079	170	2356	220	1634	270	0912
83 021	120 4514	83 071	120 3789	83 121	120 3064	83 171	120 2341	83 221	120 1619	83 271	120 0897
022	4499	072	3775	122	3050	172	2327	222	1605	272	0883
023	4485	073	3760	123	3035	173	2312	223	1590	273	0868
024	4470	074	3746	124	3021	174	2298	224	1576	274	0854
025	4456	075	3731	125	3007	175	2284	225	1561	275	0840
026	4441	076	3717	126	2992	176	2269	226	1547	276	0825
027	4426	077	3702	127	2978	177	2255	227	1532	277	0811
028	4412	078	3688	128	2963	178	2240	228	1518	278	0796
029	4397	079	3673	129	2949	179	2226	229	1503	279	0782
030	4383	080	3659	130	2935	180	2212	230	1489	280	0768
83 031	120 4368	83 081	120 3644	83 131	120 2920	83 181	120 2197	83 231	120 1474	83 281	120 0753
032	4354	082	3630	132	2906	182	2183	232	1460	282	0739
033	4339	083	3615	133	2891	183	2168	233	1445	283	0724
034	4325	084	3601	134	2877	184	2154	234	1431	284	0710
035	4310	085	3586	135	2862	185	2139	235	1416	285	0696
036	4296	086	3572	136	2848	186	2125	236	1402	286	0681
037	4281	087	3557	137	2833	187	2110	237	1388	287	0667
038	4267	088	3543	138	2819	188	2096	238	1373	288	0652
039	4252	089	3528	139	2804	189	2081	239	1359	289	0638
040	4238	090	3514	140	2790	190	2067	240	1345	290	0624
83 041	120 4223	83 091	120 3499	83 141	120 2775	83 191	120 2052	83 241	120 1330		
042	4209	092	3485	142	2761	192	2038	242	1316		
043	4194	093	3470	143	2746	193	2023	243	1301		
044	4180	094	3456	144	2732	194	2009	244	1287		
045	4165	095	3441	145	2717	195	1995	245	1273		
046	4151	096	3427	146	2703	196	1980	246	1258		
047	4136	097	3412	147	2688	197	1966	247	1244		
048	4122	098	3398	148	2674	198	1951	248	1229		
049	4107	099	3383	149	2659	199	1937	249	1215		
050	4093	100	3369	150	2645	200	1923	250	1201		
83 051	120 4078	83 101	120 3354	83 151	120 2630	83 201	120 1908	83 251	120 1186		
052	4064	102	3340	152	2616	202	1894	252	1172		
053	4049	103	3325	153	2601	203	1879	253	1157		
054	4035	104	3311	154	2587	204	1865	254	1143		
055	4020	105	3296	155	2572	205	1850	255	1128		
056	4006	106	3282	156	2558	206	1836	256	1114		
057	3991	107	3267	157	2543	207	1821	257	1099		
058	3977	108	3253	158	2529	208	1807	258	1085		
059	3962	109	3238	159	2514	209	1792	259	1070		
060	3948	110	3224	160	2500	210	1778	260	1056		

DIFF.

	15	14
0 01	0	0
0 02	0	0
0 03	0	0
0 04	1	1
0 05	1	1
0 06	1	1
0 07	1	1
0 08	1	1
0 09	1	1
0 10	2	1
0 20	3	3
0 30	5	4
0 40	6	6
0 50	8	7
0 60	9	8
0 70	11	10
0 80	12	11
0 90	14	13
1 00	15	14

DIVISEURS . 83291 A 83570.

DIVISEUR	Nombre à multiplier par le dividende	DIVISEUR	Nombre à multiplier par le dividende	DIVISEUR	Nombre à multiplier par le dividende	DIVISEUR	Nombre à multiplier par le dividende	DIVISEUR	Nombre à multiplier par le dividende	DIVISEUR	Nombre à multiplier par le dividende
83 291	120 0609	83 341	119 9889	83 391	119 9469	83 441	119 8450	83 491	119 7733	83 541	119 7016
292	0595	342	9875	392	9455	442	8436	492	7719	542	7002
293	0580	343	9860	393	9440	443	8422	493	7704	543	6988
294	0566	344	9846	394	9426	444	8407	494	7690	544	6973
295	0552	345	9832	395	9412	445	8393	495	7676	545	6959
296	0537	346	9817	396	9097	446	8379	496	7661	546	6945
297	0523	347	9803	397	9083	447	8364	497	7647	547	6930
298	0508	348	9788	398	9068	448	8350	498	7632	548	6916
299	0494	349	9774	399	9054	449	8336	499	7618	549	6902
300	0480	350	9760	400	9040	450	8322	500	7604	550	6888
83 301	120 0465	83 351	119 9745	83 401	119 9025	83 451	119 8307	83 501	119 7589	83 551	119 6873
302	0451	352	9731	402	9011	452	8293	502	7575	552	6859
303	0436	353	9716	403	8997	453	8278	503	7561	553	6844
304	0422	354	9702	404	8982	454	8264	504	7546	554	6830
305	0408	355	9688	405	8968	455	8250	505	7532	555	6816
306	0393	356	9673	406	8954	456	8235	506	7518	556	6801
307	0379	357	9659	407	8939	457	8221	507	7503	557	6787
308	0364	358	9644	408	8925	458	8206	508	7489	558	6772
309	0350	359	9630	409	8911	459	8192	509	7475	559	6758
310	0336	360	9616	410	8897	460	8178	510	7461	560	6744
83 311	120 0321	83 361	119 9601	83 411	119 8882	83 461	119 8163	83 511	119 7446	83 561	119 6729
312	0307	362	9587	412	8868	462	8149	512	7432	562	6715
313	0292	363	9572	413	8853	463	8135	513	7418	563	6701
314	0278	364	9558	414	8839	464	8120	514	7403	564	6686
315	0264	365	9544	415	8825	465	8106	515	7389	565	6672
316	0249	366	9529	416	8810	466	8092	516	7375	566	6658
317	0235	367	9515	417	8796	467	8077	517	7360	567	6643
318	0220	368	9500	418	8781	468	8063	518	7346	568	6629
319	0206	369	9486	419	8767	469	8049	519	7332	569	6615
320	0192	370	9472	420	8753	470	8035	520	7318	570	6601
83 321	120 0177	83 371	119 9457	83 421	119 8738	83 471	119 8020	83 521	119 7303		
322	0163	372	9443	422	8724	472	8006	522	7289		
323	0148	373	9428	423	8709	473	7991	523	7274		
324	0134	374	9414	424	8695	474	7977	524	7260		
325	0120	375	9400	425	8681	475	7963	525	7246		
326	0105	376	9385	426	8666	476	7948	526	7231		
327	0091	377	9371	427	8652	477	7934	527	7217		
328	0076	378	9356	428	8637	478	7919	528	7202		
329	0062	379	9342	429	8623	479	7905	529	7188		
330	0048	380	9328	430	8609	480	7891	530	7174		
83 331	120 0033	83 381	119 9313	83 431	119 8594	83 481	119 7876	83 531	119 7159		
332	0019	382	9299	432	8580	482	7862	532	7145		
333	0004	383	9284	433	8565	483	7848	533	7131		
334	119 9990	384	9270	434	8551	484	7833	534	7116		
335	9976	385	9256	435	8537	485	7819	535	7102		
336	9961	386	9241	436	8522	486	7805	536	7088		
337	9947	387	9227	437	8508	487	7790	537	7073		
338	9932	388	9212	438	8493	488	7776	538	7059		
339	9918	389	9198	439	8479	489	7762	539	7045		
340	9904	390	9184	440	8465	490	7748	540	7031		

DIFF.

	15	14
0 01	0	0
0 02	0	0
0 03	0	0
0 04	1	1
0 05	1	1
0 06	1	1
0 07	1	1
0 08	1	1
0 10	2	1
0 20	3	3
0 30	5	4
0 40	6	6
0 50	8	7
0 60	9	8
0 70	11	10
0 80	12	11
0 90	14	13
1 00	15	14

DIVISEURS : 83571 A 83850.

DIVISEUR	Nombre à multiplier par le dividende	DIVISEUR	Nombre à multiplier par le dividende	DIVISEUR	Nombre à multiplier par le dividende	DIVISEUR	Nombre à multiplier par le dividende	DIVISEUR	Nombre à multiplier par le dividende	DIVISEUR	Nombre à multiplier par le dividende
83 571	119 6586	83 621	119 5871	83 671	119 5456	83 721	119 4442	83 771	119 3729	83 821	119 3017
572	6572	622	5857	672	5442	722	4428	772	3715	822	3003
573	6558	623	5843	673	5128	723	4414	773	3701	823	2989
574	6543	624	5828	674	5413	724	4400	774	3687	824	2975
575	6529	625	5814	675	5099	725	4386	775	3673	825	2964
576	6515	626	5800	676	5085	726	4371	776	3658	826	2946
577	6500	627	5785	677	5070	727	4357	777	3644	827	2932
578	6486	628	5771	678	5056	728	4343	778	3630	828	2918
579	6472	629	5757	679	5042	729	4329	779	3616	829	2904
580	6458	630	5743	680	5028	730	4315	780	3602	830	2890
83 581	119 6443	83 631	119 5728	83 681	119 5013	83 731	191 4300	83 781	119 3587	83 831	119 2875
582	6429	632	5714	682	4999	732	4286	782	3573	832	2861
583	6415	633	5700	683	4985	733	4272	783	3559	833	2847
584	6400	634	5685	684	4970	734	4257	784	3544	834	2833
585	6386	635	5671	685	4956	735	4243	785	3530	835	2849
586	6372	636	5657	686	4942	736	4229	786	3516	836	2804
587	6357	637	5642	687	4927	737	4214	787	3501	837	2790
588	6343	638	5628	688	4913	738	4200	788	3487	838	2776
589	6329	639	5614	689	4899	739	4186	789	3473	839	2762
590	6315	640	5600	690	4885	740	4172	790	3459	840	2748
83 591	119 6300	83 641	119 5585	83 691	119 4870	83 741	119 4157	83 791	119 3444	83 841	119 2733
592	6286	642	5571	692	4856	742	4143	792	3430	842	2719
593	6272	643	5557	693	4842	743	4129	793	3446	843	2705
594	6257	644	5542	694	4828	744	4114	794	3402	844	2690
595	6243	645	5528	695	4814	745	4100	795	3388	845	2676
596	6229	646	5514	696	4799	746	4086	796	3373	846	2662
597	6214	647	5499	697	4785	747	4071	797	3359	847	2647
598	6200	648	5485	698	4771	748	4057	798	3345	848	2633
599	6186	649	5471	699	4757	749	4043	799	3331	849	2619
600	6172	650	5457	700	4743	750	4029	800	3347	850	2605
83 601	119 6157	83 651	119 5442	83 701	119 4728	83 751	119 4014	83 801	119 3302		
602	6143	652	5428	702	4714	752	4000	802	3288		
603	6129	653	5414	703	4700	753	3986	803	3274		
604	6114	654	5399	704	4685	754	3972	804	3260		
605	6100	655	5385	705	4671	755	3958	805	3246		
606	6086	656	5374	706	4657	756	3943	806	3231		
607	6071	657	5356	707	4642	757	3929	807	3217		
608	6057	658	5342	708	4628	758	3915	808	3203		
609	6043	659	5328	709	4614	759	3901	809	3189		
610	6029	660	5314	710	4600	760	3887	810	3175		
83 611	119 6014	83 661	119 5299	83 711	119 4585	83 761	119 3872	83 811	119 3460		
612	6000	662	5285	712	4571	762	3858	812	3446		
613	5986	663	5271	713	4557	763	3844	813	3432		
614	5971	664	5256	714	4542	764	3829	814	3417		
615	5957	665	5242	715	4528	765	3815	815	3403		
616	5943	666	5228	716	4514	766	3801	816	3089		
617	5928	667	5213	717	4499	767	3786	817	3074		
618	5914	668	5199	718	4485	768	3772	818	3060		
619	5900	669	5185	719	4471	769	3758	819	3046		
620	5886	670	5171	720	4457	770	3744	820	3032		

DIFF.

	15	14
0 01	0	0
0 02	0	0
0 03	0	0
0 04	1	0
0 05	1	1
0 06	1	1
0 07	1	1
0 08	1	1
0 09	1	1
0 10	2	1
0 20	3	3
0 30	5	4
0 40	6	6
0 50	8	7
0 60	9	8
0 70	11	10
0 80	12	11
0 90	14	13
1 00	15	14

Diviseurs : 83851 a 84130.

DIVISEUR	Nombre à multiplier par le dividende	DIVISEUR	Nombre à multiplier par le dividende	DIVISEUR	Nombre à multiplier par le dividende	DIVISEUR	Nombre à multiplier par le dividende	DIVISEUR	Nombre à multiplier par le dividende	DIVISEUR	Nombre à multiplier par le dividende
83 851	149 2590	83 901	149 1880	83 951	149 1170	84 001	149 0461	84 051	148 9752	84 101	118 9045
852	2576	902	1866	952	1156	002	0447	052	9738	102	9031
853	2562	903	1852	953	1142	003	0433	053	9724	103	9017
854	2548	904	1838	954	1128	004	0419	054	9710	104	9003
855	2534	905	1824	955	1114	005	0405	055	9696	105	8989
856	2519	906	1809	956	1099	006	0390	056	9682	106	8975
857	2505	907	1795	957	1085	007	0376	057	9668	107	8961
858	2491	908	1781	958	1071	008	0362	058	9654	108	8947
859	2477	909	1767	959	1057	009	0348	059	9640	109	8933
860	2463	910	1753	960	1043	010	0334	060	9626	110	8919
83 861	149 2448	83 911	149 1738	83 961	149 1028	84 011	149 0319	84 061	148 9611	84 111	118 8904
862	2434	912	1724	962	1014	012	0305	062	9597	112	8890
863	2420	913	1710	963	1000	013	0291	063	9583	113	8876
864	2406	914	1696	964	0986	014	0277	064	9569	114	8862
865	2392	915	1682	965	0972	015	0263	065	9555	115	8848
866	2377	916	1667	966	0957	016	0248	066	9540	116	8833
867	2363	917	1653	967	0943	017	0234	067	9526	117	8819
868	2349	918	1639	968	0929	018	0220	068	9512	118	8805
869	2335	919	1625	969	0915	019	0206	069	9498	119	8791
870	2321	920	1611	970	0901	020	0192	070	9484	120	8777
83 871	149 2306	83 921	149 1596	83 971	149 0886	84 021	149 0177	84 071	148 9469	84 121	118 8762
872	2292	922	1582	972	0872	022	0163	072	9455	122	8748
873	2278	923	1568	973	0858	023	0149	073	9441	123	8734
874	2264	924	1554	974	0844	024	0135	074	9427	124	8720
875	2250	925	1540	975	0830	025	0121	075	9413	125	8706
876	2235	926	1525	976	0815	026	0107	076	9399	126	8692
877	2221	927	1511	977	0801	027	0093	077	9385	127	8678
878	2207	928	1497	978	0787	028	0079	078	9371	128	8664
879	2193	929	1483	979	0773	029	0065	079	9357	129	8650
880	2179	930	1469	980	0759	030	0051	080	9343	130	8636
83 881	149 2164	83 931	149 1454	83 981	149 0744	84 031	149 0036	84 081	148 9328		
882	2150	932	1440	982	0730	032	0022	082	9314		
883	2136	933	1426	983	0716	033	0008	083	9300		
884	2122	934	1412	984	0702	034	118 9994	084	9286		
885	2108	935	1398	985	0688	035	9980	085	9272		
886	2093	936	1383	986	0673	036	9965	086	9258		
887	2079	937	1369	987	0659	037	9951	087	9244		
888	2065	938	1355	988	0645	038	9937	088	9230		
889	2051	939	1341	989	0631	039	9923	089	9216		
890	2037	940	1327	990	0617	040	9909	090	9202		
83 891	149 2022	83 941	149 1312	83 991	149 0602	84 041	118 9894	84 091	148 9187		
892	2008	942	1298	992	0588	042	9880	092	9173		
893	1994	943	1284	993	0574	043	9866	093	9159		
894	1980	944	1270	994	0560	044	9852	094	9145		
895	1966	945	1256	995	0546	045	9838	095	9134		
896	1951	946	1241	996	0532	046	9823	096	9116		
897	1937	947	1227	997	0518	047	9809	097	9102		
898	1923	948	1213	998	0504	048	9795	098	9088		
899	1909	949	1199	999	0490	049	9781	099	9074		
900	1895	950	1185	84 000	0476	050	9767	100	9060		

DIFF.

	15	14
0 01	0	0
0 02	0	0
0 03	0	0
0 04	1	1
0 05	1	1
0 06	1	1
0 07	1	1
0 08	1	1
0 09	1	1
0 10	2	1
0 20	3	3
0 30	5	4
0 40	6	6
0 50	8	7
0 60	9	8
0 70	11	10
0 80	12	11
0 90	14	13
1 00	15	14

DIVISEURS : 84131 à 84410.

DIVISEUR	Nombre à multiplier par le dividende	DIVISEUR	Nombre à multiplier par le dividende	DIVISEUR	Nombre à multiplier par le dividende	DIVISEUR	Nombre à multiplier par le dividende	DIVISEUR	Nombre à multiplier par le dividende	DIVISEUR	Nombre à multiplier par le dividende
84 131	118 8621	84 181	118 7915	84 231	118 7210	84 281	118 6506	84 331	118 5803	84 381	118 5100
132	8607	182	7901	232	7196	282	6492	332	5789	382	5086
133	8593	183	7887	233	7182	283	6478	333	5775	383	5072
134	8579	184	7873	234	7168	284	6464	334	5761	384	5058
135	8565	185	7859	235	7154	285	6450	335	5747	385	5044
136	8551	186	7845	236	7140	286	6436	336	5733	386	5030
137	8537	187	7831	237	7126	287	6422	337	5719	387	5016
138	8523	188	7817	238	7112	288	6408	338	5705	388	5002
139	8509	189	7803	239	7098	289	6394	339	5691	389	4988
140	8495	190	7789	240	7084	290	6380	340	5677	390	4974
84 141	118 8480	84 191	118 7774	84 241	118 7069	84 291	118 6365	84 341	118 5662	84 391	118 4960
142	8466	192	7760	242	7055	292	6351	342	5648	392	4946
143	8452	193	7746	243	7041	293	6337	343	5634	393	4932
144	8438	194	7732	244	7027	294	6323	344	5620	394	4918
145	8424	195	7718	245	7013	295	6309	345	5606	395	4904
146	8410	196	7704	246	6999	296	6295	346	5592	396	4890
147	8396	197	7690	247	6985	297	6281	347	5578	397	4876
148	8382	198	7676	248	6971	298	6267	348	5564	398	4862
149	8368	199	7662	249	6957	299	6253	349	5550	399	4848
150	8354	200	7648	250	6943	300	6239	350	5536	400	4834
84 151	118 8339	84 201	118 7633	84 251	118 6928	84 301	118 6224	84 351	118 5521	84 401	118 4819
152	8325	202	7619	252	6914	302	6210	352	5507	402	4805
153	8311	203	7605	253	6900	303	6196	353	5493	403	4791
154	8297	204	7591	254	6886	304	6182	354	5479	404	4777
155	8283	205	7577	255	6872	305	6168	355	5465	405	4763
156	8268	206	7563	256	6858	306	6154	356	5451	406	4749
157	8254	207	7549	257	6844	307	6140	357	5437	407	4735
158	8240	208	7535	258	6830	308	6126	358	5423	408	4721
159	8226	209	7521	259	6816	309	6112	359	5409	409	4707
160	8212	210	7507	260	6802	310	6098	360	5395	410	4693
84 161	118 8197	84 211	118 7492	84 261	118 6787	84 311	118 6084	84 361	118 5381	DIFF.	
162	8183	212	7478	262	6773	312	6070	362	5367		
163	8169	213	7464	263	6759	313	6056	363	5353		
164	8155	214	7450	264	6745	314	6042	364	5339		
165	8141	215	7436	265	6731	315	6028	365	5325		
166	8127	216	7422	266	6717	316	6014	366	5311		
167	8113	217	7408	267	6703	317	6000	367	5297		
168	8099	218	7394	268	6689	318	5986	368	5283		
169	8085	219	7380	269	6675	319	5972	369	5269		
170	8071	220	7366	270	6661	320	5958	370	5255		
84 171	118 8056	84 221	118 7351	84 271	118 6647	84 321	118 5943	84 371	118 5240		
172	8042	222	7337	272	6633	322	5929	372	5226		
173	8028	223	7323	273	6619	323	5915	373	5212		
174	8014	224	7309	274	6605	324	5901	374	5198		
175	8000	225	7295	275	6591	325	5887	375	5184		
176	7986	226	7281	276	6577	326	5873	376	5170		
177	7972	227	7267	277	6563	327	5859	377	5156		
178	7958	228	7253	278	6549	328	5845	378	5142		
179	7944	229	7239	279	6535	329	5831	379	5128		
180	7930	230	7225	280	6521	330	5817	380	5114		

DIFF.

	15	14
0 01	0	0
0 02	0	0
0 03	0	0
0 04	1	1
0 05	1	1
0 06	1	1
0 07	1	1
0 08	1	1
0 09	1	1
0 10	2	1
0 20	3	3
0 30	5	4
0 40	6	6
0 50	8	7
0 60	9	8
0 70	11	10
0 80	12	11
0 90	14	13
1 00	15	14

DIVISEURS : **84411** A **84690**.

DIVISEUR	Nombre à multiplier par le dividende	DIVISEUR	Nombre à multiplier par le dividende	DIVISEUR	Nombre à multiplier par le dividende	DIVISEUR	Nombre à multiplier par le dividende	DIVISEUR	Nombre à multiplier par le dividende	DIVISEUR	Nombre à multiplier par le dividende
84 411	118 4679	84 461	118 3978	84 511	118 3277	84 561	118 2578	84 611	118 1879	84 661	118 1181
412	4665	462	3964	512	3263	562	2564	612	1865	662	1167
413	4651	463	3950	513	3249	563	2550	613	1851	663	1153
414	4637	464	3936	514	3235	564	2536	614	1837	664	1139
415	4623	465	3922	515	3221	565	2522	615	1823	665	1125
416	4609	466	3908	516	3207	566	2508	616	1809	666	1111
417	4595	467	3894	517	3193	567	2494	617	1795	667	1097
418	4581	468	3880	518	3179	568	2480	618	1781	668	1083
419	4567	469	3866	519	3165	569	2466	619	1767	669	1069
420	4553	470	3852	520	3151	570	2452	620	1753	670	1055
84 421	118 4539	84 471	118 3838	84 521	118 3137	84 571	118 2438	84 621	118 1739	84 671	118 1041
422	4525	472	3824	522	3123	572	2424	622	1725	672	1027
423	4511	473	3810	523	3109	573	2410	623	1711	673	1013
424	4497	474	3796	524	3095	574	2396	624	1697	674	0999
425	4483	475	3782	525	3081	575	2382	625	1683	675	0985
426	4469	476	3768	526	3067	576	2368	626	1669	676	0971
427	4455	477	3754	527	3053	577	2354	627	1655	677	0957
428	4441	478	3740	528	3039	578	2340	628	1641	678	0943
429	4427	479	3726	529	3025	579	2326	629	1627	679	0929
430	4413	480	3712	530	3011	580	2312	630	1614	680	0916
84 431	118 4398	84 481	118 3698	84 531	118 2997	84 581	118 2298	84 631	118 1600	84 681	118 0902
432	4384	482	3684	532	2983	582	2284	632	1586	682	0888
433	4370	483	3670	533	2969	583	2270	633	1572	683	0874
434	4356	484	3656	534	2955	584	2256	634	1558	684	0860
435	4342	485	3642	535	2941	585	2242	635	1544	685	0846
436	4328	486	3628	536	2927	586	2228	636	1530	686	0832
437	4314	487	3614	537	2913	587	2214	637	1516	687	0818
438	4300	488	3600	538	2899	588	2200	638	1502	688	0804
439	4286	489	3586	539	2885	589	2186	639	1488	689	0790
440	4272	490	3572	540	2872	590	2172	640	1474	690	0776
84 441	118 4258	84 491	118 3557	84 541	118 2858	84 591	118 2158	84 641	118 1460		
442	4244	492	3543	542	2844	592	2144	642	1446		
443	4230	493	3529	543	2830	593	2130	643	1432		
444	4216	494	3515	544	2816	594	2116	644	1418		
445	4202	495	3501	545	2802	595	2102	645	1404		
446	4188	496	3487	546	2788	596	2088	646	1390		
447	4174	497	3473	547	2774	597	2074	647	1376		
448	4160	498	3459	548	2760	598	2060	648	1362		
449	4146	499	3445	549	2746	599	2046	649	1348		
450	4132	500	3431	550	2732	600	2033	650	1334		
84 451	118 4118	84 501	118 3417	84 551	118 2718	84 601	118 2019	84 651	118 1320		
452	4104	502	3403	552	2704	602	2005	652	1306		
453	4090	503	3389	553	2690	603	1991	653	1292		
454	4076	504	3375	554	2676	604	1977	654	1278		
455	4062	505	3361	555	2662	605	1963	655	1264		
456	4048	506	3347	556	2648	606	1949	656	1250		
457	4034	507	3333	557	2634	607	1935	657	1236		
458	4020	508	3319	558	2620	608	1921	658	1222		
459	4006	509	3305	559	2606	609	1907	659	1208		
460	3992	510	3291	560	2592	610	1893	660	1195		

DIFF.

	15	14
0 01	0	0
0 02	0	0
0 03	0	0
0 04	1	1
0 05	1	1
0 06	1	1
0 07	1	1
0 08	1	1
0 09	1	1
0 10	2	1
0 20	3	3
0 30	5	4
0 40	6	6
0 50	8	7
0 60	9	8
0 70	11	10
0 80	12	11
0 90	14	13
1 00	15	14

DIVISEURS : **84691** à **84970**.

DIVISEUR	Nombre à multiplier par le dividende	DIVISEUR	Nombre multiplier par le dividende	DIVISEUR	Nombre à multiplier par le dividende	DIVISEUR	Nombre à multiplier par le dividende	DIVISEUR	Nombre à multiplier par le dividende	DIVISEUR	Nombre à multiplier par le dividende
84 691	118 0762	84 741	118 0066	84 791	147 9370	84 841	147 8675	84 891	147 7984	84 941	147 7287
692	0748	742	0052	792	9356	842	8661	892	7967	942	7273
693	0734	743	0038	793	9342	843	8647	893	7953	943	7259
694	0720	744	0024	794	9328	844	8633	894	7939	944	7245
695	0706	745	0010	795	9314	845	8619	895	7925	945	7232
696	0692	746	117 9996	796	9300	846	8605	896	7911	946	7218
697	0678	747	9982	797	9286	847	8591	897	7897	947	7204
698	0664	748	9968	798	9272	848	8577	898	7883	948	7190
699	0650	749	9954	799	9258	849	8563	899	7869	949	7176
700	0637	750	9941	800	9245	850	8550	900	7856	950	7163
84 701	118 0623	84 751	117 9927	84 801	147 9231	84 851	147 8536	84 901	117 7842	84 951	147 7149
702	0609	752	9913	802	9217	852	8522	902	7828	952	7135
703	0595	753	9899	803	9203	853	8508	903	7814	953	7121
704	0581	754	9885	804	9189	854	8494	904	7800	954	7107
705	0567	755	9871	805	9175	855	8480	905	7786	955	7093
706	0553	756	9857	806	9161	856	8466	906	7772	956	7079
707	0539	757	9843	807	9147	857	8452	907	7758	957	7065
708	0525	758	9829	808	9133	858	8438	908	7744	958	7051
709	0511	759	9815	809	9119	859	8424	909	7730	959	7037
710	0498	760	9801	810	9106	860	8411	910	7717	960	7024
84 711	118 0484	84 761	117 9787	84 811	117 9092	84 861	147 8397	84 911	117 7703	84 961	147 7010
712	0470	762	9773	812	9078	862	8383	912	7689	962	6996
713	0456	763	9759	813	9064	863	8369	913	7675	963	6982
714	0442	764	9745	814	9050	864	8355	914	7661	964	6968
715	0428	765	9731	815	9036	865	8341	915	7647	965	6954
716	0414	766	9717	816	9022	866	8327	916	7633	966	6940
717	0400	767	9703	817	9008	867	8313	917	7619	967	6926
718	0386	768	9689	818	8994	868	8299	918	7605	968	6912
719	0372	769	9675	819	8980	869	8285	919	7591	969	6898
720	0358	770	9662	820	8967	870	8272	920	7578	970	6885
84 721	118 0344	84 771	117 9648	84 821	147 8953	84 871	147 8258	84 921	117 7564		
722	0330	772	9634	822	8939	872	8244	922	7550		
723	0316	773	9620	823	8925	873	8230	923	7536		
724	0302	774	9606	824	8911	874	8216	924	7522		
725	0288	775	9592	825	8897	875	8202	925	7509		
726	0274	776	9578	826	8883	876	8188	926	7495		
727	0260	777	9564	827	8869	877	8174	927	7481		
728	0246	778	9550	828	8855	878	8160	928	7467		
729	0232	779	9536	829	8841	879	8146	929	7453		
730	0219	780	9523	830	8828	880	8133	930	7440		
84 731	118 0205	84 781	117 9509	84 831	117 8814	84 881	147 8119	84 931	117 7426		
732	0191	782	9495	832	8800	882	8105	932	7412		
733	0177	783	9481	833	8786	883	8091	933	7398		
734	0163	784	9467	834	8772	884	8077	934	7384		
735	0149	785	9453	835	8758	885	8064	935	7370		
736	0135	786	9439	836	8744	886	8050	936	7356		
737	0121	787	9425	837	8730	887	8036	937	7342		
738	0107	788	9411	838	8716	888	8022	938	7328		
739	0093	789	9397	839	8702	889	8008	939	7314		
740	0080	790	9384	840	8689	890	7995	940	7301		

DIFF.

	14	13
0 01	0	0
0 02	0	0
0 03	0	0
0 04	1	1
0 05	1	1
0 06	1	1
0 07	1	1
0 08	1	1
0 09	1	1
0 10	1	1
0 20	3	3
0 30	4	4
0 40	6	5
0 50	7	7
0 60	8	8
0 70	10	9
0 80	11	10
0 90	13	12
1 00	14	13

DIVISEURS : 84971 A 85250.

DIVISEUR	Nombre à multiplier par le dividende	DIVISEUR	Nombre à multiplier par le dividende	DIVISEUR	Nombre à multiplier par le dividende	DIVISEUR	Nombre à multiplier par le dividende	DIVISEUR	Nombre à multiplier par le dividende	DIVISEUR	Nombre à multiplier par le dividende
84 971	117 6871	85 021	117 6179	85 071	117 5488	85 121	117 4798	85 171	117 4108	85 221	117 3419
972	6857	022	6165	072	5474	122	4784	172	4094	222	3405
973	6843	023	6151	073	5460	123	4770	173	4080	223	3391
974	6829	024	6137	074	5446	124	4756	174	4066	224	3377
975	6816	025	6124	075	5433	125	4743	175	4053	225	3364
976	6802	026	6110	076	5419	126	4729	176	4039	226	3350
977	6788	027	6096	077	5405	127	4715	177	4025	227	3336
978	6774	028	6082	078	5391	128	4701	178	4011	228	3322
979	6760	029	6068	079	5377	129	4687	179	3997	229	3308
980	6747	030	6055	080	5364	130	4674	180	3984	230	3295
84 981	117 6733	85 031	117 6041	85 081	117 5350	85 131	117 4660	85 181	117 3970	85 231	117 3281
982	6719	032	6027	082	5336	132	4646	182	3956	232	3267
983	6705	033	6013	083	5322	133	4632	183	3942	233	3253
984	6691	034	5999	084	5308	134	4618	184	3928	234	3240
985	6678	035	5986	085	5295	135	4605	185	3915	235	3226
986	6664	036	5972	086	5281	136	4591	186	3901	236	3212
987	6650	037	5958	087	5267	137	4577	187	3887	237	3199
988	6636	038	5944	088	5253	138	4563	188	3873	238	3185
989	6622	039	5930	089	5239	139	4549	189	3859	239	3171
990	6609	040	5917	090	5226	140	4536	190	3846	240	3158
84 991	117 6595	85 041	117 5903	85 091	117 5212	85 141	117 4522	85 191	117 3832	85 241	117 3144
992	6581	042	5889	092	5198	142	4508	192	3818	242	3130
993	6567	043	5875	093	5184	143	4494	193	3804	243	3116
994	6553	044	5861	094	5170	144	4480	194	3790	244	3102
995	6539	045	5847	095	5157	145	4467	195	3777	245	3089
996	6525	046	5833	096	5143	146	4453	196	3763	246	3075
997	6511	047	5819	097	5129	147	4439	197	3749	247	3061
998	6497	048	5805	098	5115	148	4425	198	3735	248	3047
999	6483	049	5791	099	5101	149	4411	199	3721	249	3033
85 000	6470	050	5778	100	5088	150	4398	200	3708	250	3020
85 001	117 6456	85 051	117 5764	85 101	117 5074	85 151	117 4384	85 201	117 3694		
002	6442	052	5750	102	5060	152	4370	202	3680		
003	6428	053	5736	103	5046	153	4356	203	3666		
004	6414	054	5722	104	5032	154	4342	204	3653		
005	6401	055	5709	105	5019	155	4329	205	3639		
006	6387	056	5695	106	5005	156	4315	206	3625		
007	6373	057	5681	107	4991	157	4301	207	3612		
008	6359	058	5667	108	4977	158	4287	208	3598		
009	6345	059	5653	109	4963	159	4273	209	3584		
010	6332	060	5640	110	4950	160	4260	210	3571		
85 011	117 6318	85 061	117 5626	85 111	117 4936	85 161	117 4246	85 211	117 3557		
012	6304	062	5612	112	4922	162	4232	212	3543		
013	6290	063	5598	113	4908	163	4218	213	3529		
014	6276	064	5584	114	4894	164	4204	214	3515		
015	6262	065	5571	115	4881	165	4191	215	3502		
016	6248	066	5557	116	4867	166	4177	216	3488		
017	6234	067	5543	117	4853	167	4163	217	3474		
018	6220	068	5529	118	4839	168	4149	218	3460		
019	6206	069	5515	119	4825	169	4135	219	3446		
020	6193	070	5502	120	4812	170	4122	220	3435		

DIFF.

	14	13
0 01	0	0
0 02	0	0
0 03	0	0
0 04	1	1
0 05	1	1
0 06	1	1
0 07	1	1
0 08	1	1
0 09	1	1
0 10	1	1
0 20	3	3
0 30	4	4
0 40	6	5
0 50	7	7
0 60	8	8
0 70	10	9
0 80	11	10
0 90	13	12
1 00	14	13

DIVISEURS : 85251 A 85530.

DIVISEUR	Nombre à multiplier par le dividende	DIVISEUR	Nombre à multiplier par le dividende	DIVISEUR	Nombre à multiplier par le dividende	DIVISEUR	Nombre à multiplier par le dividende	DIVISEUR	Nombre à multiplier par le dividende	DIVISEUR	Nombre à multiplier par le dividende
85 251	117 3006	85 301	117 2318	85 351	117 1632	85 401	117 0946	85 451	117 0261	85 501	116 9576
252	2992	302	2304	352	1618	402	0932	452	0247	502	9562
253	2978	303	2290	353	1604	403	0918	453	0233	503	9548
254	2964	304	2277	354	1590	404	0905	454	0220	504	9535
255	2951	305	2263	355	1577	405	0891	455	0206	505	9521
256	2937	306	2249	356	1563	406	0877	456	0192	506	9507
257	2923	307	2236	357	1549	407	0864	457	0179	507	9494
258	2909	308	2222	358	1535	408	0850	458	0165	508	9480
259	2895	309	2208	359	1521	409	0836	459	0151	509	9466
260	2882	310	2195	360	1508	410	0823	460	0138	510	9453
85 261	117 2868	85 311	117 2181	85 361	117 1494	85 411	117 0809	85 461	117 0124	85 511	116 9439
262	2854	312	2167	362	1480	412	0795	462	0110	512	9425
263	2840	313	2153	363	1466	413	0781	463	0096	513	9412
264	2827	314	2140	364	1453	414	0768	464	0083	514	9398
265	2813	315	2126	365	1439	415	0754	465	0069	515	9385
266	2799	316	2112	366	1425	416	0740	466	0055	516	9371
267	2786	317	2099	367	1412	417	0727	467	0042	517	9357
268	2772	318	2085	368	1398	418	0713	468	0028	518	9344
269	2758	319	2071	369	1384	419	0699	469	0014	519	9330
270	2745	320	2058	370	1371	420	0686	470	0001	520	9317
85 271	117 2731	85 321	117 2044	85 371	117 1357	85 421	117 0672	85 471	116 9987	85 521	116 9303
272	2717	322	2030	372	1343	422	0658	472	9973	522	9289
273	2703	323	2016	373	1329	423	0644	473	9959	523	9275
274	2689	324	2002	374	1316	424	0630	474	9946	524	9262
275	2676	325	1989	375	1302	425	0617	475	9932	525	9248
276	2662	326	1975	376	1288	426	0603	476	9918	526	9234
277	2648	327	1961	377	1275	427	0589	477	9905	527	9221
278	2634	328	1947	378	1261	428	0575	478	9891	528	9207
279	2620	329	1933	379	1247	429	0561	479	9877	529	9193
280	2607	330	1920	380	1234	430	0548	480	9864	530	9180
85 281	117 2593	85 331	117 1906	85 381	117 1220	85 431	117 0534	85 481	116 9850		
282	2579	332	1892	382	1206	432	0520	482	9836		
283	2565	333	1878	383	1192	433	0506	483	9822		
284	2552	334	1865	384	1179	434	0493	484	9809		
285	2538	335	1851	385	1165	435	0479	485	9795		
286	2524	336	1837	386	1151	436	0465	486	9781		
287	2511	337	1824	387	1138	437	0452	487	9768		
288	2497	338	1810	388	1124	438	0438	488	9754		
289	2483	339	1796	389	1110	439	0424	489	9740		
290	2470	340	1783	390	1097	440	0411	490	9727		
85 291	117 2455	85 341	117 1769	85 391	117 1083	85 441	117 0397	85 491	116 9713		
292	2442	342	1755	392	1069	442	0383	492	9699		
293	2428	343	1741	393	1055	443	0370	493	9685		
294	2414	344	1728	394	1042	444	0356	494	9672		
295	2401	345	1714	395	1028	445	0343	495	9658		
296	2387	346	1700	396	1014	446	0329	496	9644		
297	2373	347	1687	397	1001	447	0315	497	9631		
298	2359	348	1673	398	0987	448	0302	498	9617		
299	2345	349	1659	399	0973	449	0288	499	9603		
300	2332	350	1646	400	0960	450	0275	500	9590		

DIFF.

	14	13
0 01	0	0
0 02	0	0
0 03	0	0
0 04	1	1
0 05	1	1
0 06	1	1
0 07	1	1
0 08	1	1
0 09	1	1
0 10	1	1
0 20	3	3
0 30	4	4
0 40	6	5
0 50	7	7
0 60	8	8
0 70	10	9
0 80	11	10
0 90	13	12
1 00	14	13

DIVISEUR	Nombre à multiplier par le dividende	DIVISEUR	Nombre à multiplier par le dividende	DIVISEUR	Nombre à multiplier par le dividende	DIVISEUR	Nombre à multiplier par le dividende	DIVISEUR	Nombre à multiplier par le dividende	DIVISEUR	Nombre à multiplier par le dividende
85 531	116 9166	85 581	116 8483	85 631	116 7804	85 681	116 7119	85 731	116 6438	85 781	116 5758
532	9152	582	8469	632	7787	682	7105	732	6424	782	5745
533	9138	583	8455	633	7773	683	7092	733	6411	783	5731
534	9125	584	8442	634	7760	684	7078	734	6397	784	5718
535	9111	585	8428	635	7746	685	7065	735	6384	785	5704
536	9097	586	8414	636	7732	686	7051	736	6370	786	5691
537	9084	587	8401	637	7719	687	7037	737	6356	787	5677
538	9070	588	8387	638	7705	688	7024	738	6343	788	5664
539	9056	589	8373	639	7691	689	7010	739	6329	789	5650
540	9043	590	8360	640	7678	690	6997	740	6316	790	5637
85 541	116 9029	85 591	116 8346	85 641	116 7664	85 691	116 6983	85 741	116 6302	85 791	116 5623
542	9015	592	8332	642	7650	692	6969	742	6288	792	5609
543	9002	593	8319	643	7637	693	6956	743	6275	793	5596
544	8988	594	8305	644	7623	694	6942	744	6261	794	5582
545	8975	595	8292	645	7610	695	6929	745	6248	795	5569
546	8961	596	8278	646	7596	696	6915	746	6234	796	5555
547	8947	597	8264	647	7582	697	6901	747	6220	797	5541
548	8934	598	8251	648	7569	698	6888	748	6207	798	5528
549	8920	599	8237	649	7555	699	6874	749	6193	799	5514
550	8907	600	8224	650	7542	700	6861	750	6180	800	5501
85 551	116 8893	85 601	116 8210	85 651	116 7528	85 701	116 6847	85 751	116 6166	85 801	116 5487
552	8879	602	8196	652	7514	702	6833	752	6152	802	5473
553	8865	603	8182	653	7501	703	6820	753	6139	803	5460
554	8852	604	8169	654	7487	704	6806	754	6125	804	5446
555	8838	605	8155	655	7474	705	6793	755	6112	805	5433
556	8824	606	8141	656	7460	706	6779	756	6098	806	5419
557	8811	607	8128	657	7446	707	6765	757	6084	807	5405
558	8797	608	8114	658	7433	708	6752	758	6071	808	5392
559	8783	609	8100	659	7419	709	6738	759	6057	809	5378
560	8770	610	8087	660	7406	710	6725	760	6044	810	5365
85 561	116 8756	85 611	116 8073	85 661	116 7392	85 711	116 6711	85 761	116 6030		
562	8742	612	8059	662	7378	712	6697	762	6016		
563	8728	613	8046	663	7364	713	6683	763	6003		
564	8715	614	8032	664	7351	714	6670	764	5989		
565	8701	615	8019	665	7337	715	6656	*765	5976		
566	8687	616	8005	666	7323	716	6642	766	5962		
567	8674	617	7991	667	7310	717	6629	767	5948		
568	8660	618	7978	668	7296	718	6615	768	5935		
569	8646	619	7964	669	7282	719	6601	769	5921		
570	8633	620	7951	670	7269	720	6588	770	5908		
85 571	116 8619	85 621	116 7937	85 671	116 7255	85 721	116 6574	85 771	116 5894		
572	8605	622	7923	672	7241	722	6560	772	5880		
573	8592	623	7910	673	7228	723	6547	773	5867		
574	8578	624	7896	674	7214	724	6533	774	5853		
575	8565	625	7883	675	7201	725	6520	775	5840		
576	8551	626	7869	676	7187	726	6506	776	5826		
577	8537	627	7855	677	7173	727	6492	777	5812		
578	8524	628	7842	678	7160	728	6479	778	5799		
579	8510	629	7828	679	7146	729	6465	779	5785		
580	8497	630	7815	680	7133	730	6452	780	5772		

DIFF.

	14	13
0 01	0	0
0 02	0	0
0 03	0	0
0 04	1	1
0 05	1	1
0 06	1	1
0 07	1	1
0 08	1	1
0 09	1	1
0 10	1	1
0 20	3	3
0 30	4	4
0 40	6	5
0 50	7	7
0 60	8	8
0 70	10	9
0 80	11	10
0 90	13	12
1 00	14	13

Diviseurs : 85811 à 86090.

DIVISEUR	Nombre à multiplier par le dividende	DIVISEUR	Nombre à multiplier par le dividende	DIVISEUR	Nombre à multiplier par le dividende	DIVISEUR	Nombre à multiplier par le dividende	DIVISEUR	Nombre à multiplier par le dividende	DIVISEUR	Nombre à multiplier par le dividende
85 811	116 5351	85 861	116 4672	85 911	116 3994	85 961	116 3317	86 011	116 2641	86 061	116 1966
812	5337	862	4659	912	3984	962	3304	012	2628	062	1953
813	5324	863	4645	913	3967	963	3290	013	2614	063	1939
814	5310	864	4632	914	3954	964	3277	014	2601	064	1926
815	5297	865	4618	915	3940	965	3263	015	2587	065	1912
816	5283	866	4605	916	3927	966	3250	016	2574	066	1899
817	5269	867	4591	917	3913	967	3236	017	2560	067	1885
818	5256	868	4578	918	3900	968	3223	018	2547	068	1872
819	5242	869	4564	919	3886	969	3209	019	2533	069	1858
820	5229	870	4551	920	3873	970	3196	020	2520	070	1845
85 821	116 5215	85 871	116 4537	85 921	116 3859	85 971	116 3182	86 021	116 2506	86 071	116 1831
822	5201	872	4523	922	3845	972	3169	022	2493	072	1818
823	5188	873	4510	923	3832	973	3155	023	2479	073	1804
824	5174	874	4496	924	3818	974	3142	024	2466	074	1791
825	5161	875	4483	925	3805	975	3128	025	2452	075	1777
826	5147	876	4469	926	3791	976	3115	026	2439	076	1764
827	5133	877	4455	927	3777	977	3101	027	2425	077	1750
828	5120	878	4442	928	3764	978	3088	028	2412	078	1737
829	5106	879	4428	929	3750	979	3074	029	2398	079	1723
830	5093	880	4415	930	3737	980	3061	030	2385	080	1710
85 831	116 5079	85 881	116 4401	85 931	116 3723	85 981	116 3047	86 031	116 2371	86 081	116 1696
832	5066	882	4387	932	3710	982	3033	032	2358	082	1683
833	5052	883	4374	933	3696	983	3020	033	2344	083	1669
834	5039	884	4360	934	3683	984	3006	034	2331	084	1656
835	5025	885	4347	935	3669	985	2993	035	2317	085	1642
836	5012	886	4333	936	3656	986	2979	036	2304	086	1629
837	4998	887	4319	937	3642	987	2965	037	2290	087	1615
838	4985	888	4306	938	3629	988	2952	038	2277	088	1602
839	4971	889	4292	939	3615	989	2938	039	2263	089	1588
840	4958	890	4279	940	3602	990	2925	040	2250	090	1575
85 841	116 4944	85 891	116 4265	85 941	116 3588	85 991	116 2911	86 041	116 2236		
842	4930	892	4252	942	3575	992	2898	042	2223		
843	4917	893	4238	943	3561	993	2884	043	2209		
844	4903	894	4225	944	3548	994	2871	044	2196		
845	4890	895	4211	945	3534	995	2857	045	2182		
846	4876	896	4198	946	3521	996	2844	046	2169		
847	4862	897	4184	947	3507	997	2830	047	2155		
848	4849	898	4171	948	3494	998	2817	048	2142		
849	4835	899	4157	949	3480	999	2803	049	2128		
850	4822	900	4144	950	3467	86 000	2790	050	2115		
85 851	116 4808	85 901	116 4130	85 951	116 3453	86 001	116 2776	86 051	116 2101		
852	4794	902	4116	952	3439	002	2763	052	2088		
853	4781	903	4103	953	3426	003	2749	053	2074		
854	4767	904	4089	954	3412	004	2736	054	2061		
855	4754	905	4076	955	3399	005	2722	055	2047		
856	4740	906	4062	956	3385	006	2709	056	2034		
857	4726	907	4048	957	3371	007	2695	057	2020		
858	4713	908	4035	958	3358	008	2682	058	2007		
859	4699	909	4021	959	3344	009	2668	059	1993		
860	4686	910	4008	960	3331	010	2655	060	1980		

DIFF.

	14	13
0 01	0	0
0 02	0	0
0 03	0	0
0 04	1	1
0 05	1	1
0 06	1	1
0 07	1	1
0 08	1	1
0 09	1	1
0 10	1	1
0 20	3	3
0 30	4	4
0 40	6	5
0 50	7	7
0 60	8	8
0 70	9	9
0 80	11	10
0 90	13	12
1 00	14	13

DIVISEURS : 86091 A 86370.

DIVISEUR	Nombre à multiplier par le dividende	DIVISEUR	Nombre à multiplier par le dividende	DIVISEUR	Nombre à multiplier par le dividende	DIVISEUR	Nombre à multiplier par le dividende	DIVISEUR	Nombre à multiplier par le dividende	DIVISEUR	Nombre à multiplier par le dividende
86 091	116 1564	86 141	116 0887	86 191	116 0213	86 241	115 9540	86 291	115 8868	86 341	115 8497
092	1548	142	0874	192	0200	242	9527	292	8855	342	8184
093	1534	143	0860	193	0186	243	9513	293	8841	343	8170
094	1521	144	0847	194	0173	244	9500	294	8828	344	8157
095	1507	145	0833	195	0159	245	9487	295	8815	345	8144
096	1494	146	0820	196	0146	246	9473	296	8801	346	8130
097	1480	147	0806	197	0132	247	9460	297	8788	347	8117
098	1467	148	0793	198	0119	248	9446	298	8774	348	8103
099	1453	149	0779	199	0105	249	9433	299	8761	349	8090
100	1440	150	0766	200	0092	250	9420	300	8748	350	8077
86 101	116 1426	86 151	116 0752	86 201	116 0078	86 251	115 9406	86 301	115 8734	86 351	115 8063
102	1413	152	0739	202	0065	252	9393	302	8721	352	8050
103	1399	153	0725	203	0051	253	9379	303	8707	353	8036
104	1386	154	0712	204	0038	254	9366	304	8694	354	8023
105	1372	155	0698	205	0025	255	9352	305	8681	355	8010
106	1359	156	0685	206	0011	256	9339	306	8667	356	7996
107	1345	157	0671	207	115 9998	257	9325	307	8654	357	7983
108	1332	158	0658	208	9984	258	9312	308	8640	358	7969
109	1318	159	0644	209	9971	259	9298	309	8627	359	7956
110	1305	160	0631	210	9958	260	9285	310	8614	360	7943
86 111	116 1291	86 161	116 0617	86 211	115 9944	86 261	115 9271	86 311	115 8600	86 361	115 7929
112	1278	162	0604	212	9931	262	9258	312	8587	362	7916
113	1264	163	0590	213	9917	263	9244	313	8573	363	7902
114	1251	164	0577	214	9904	264	9231	314	8560	364	7889
115	1237	165	0563	215	9890	265	9218	315	8547	365	7876
116	1224	166	0550	216	9877	266	9204	316	8533	366	7862
117	1210	167	0536	217	9863	267	9191	317	8520	867	7849
118	1197	168	0523	218	9850	268	9177	318	8506	368	7835
119	1183	169	0509	219	9836	269	9164	319	8493	369	7822
120	1170	170	0496	220	9823	270	9151	320	8480	370	7809
86 121	116 1156	86 171	116 0482	86 221	115 9809	86 271	115 9137	86 321	115 8466		
122	1143	172	0469	222	9796	272	9124	322	8453		
123	1129	173	0455	223	9782	273	9110	323	8439		
124	1116	174	0442	224	9769	274	9097	324	8426		
125	1102	175	0429	225	9756	275	9084	325	8412		
126	1089	176	0415	226	9742	276	9070	326	8399		
127	1075	177	0402	227	9729	277	9057	327	8385		
128	1062	178	0388	228	9715	278	9043	328	8372		
129	1048	179	0375	229	9702	279	9030	329	8358		
130	1035	180	0362	230	9689	280	9017	330	8345		
86 131	116 1021	86 181	116 0348	86 231	115 9675	86 281	115 9003	86 331	115 8331		
132	1008	182	0335	232	9662	282	8990	332	8318		
133	0994	183	0321	233	9648	283	8976	333	8304		
134	0981	184	0308	234	9635	284	8963	334	8291		
135	0968	185	0294	235	9621	285	8949	335	8278		
136	0954	186	0281	236	9608	286	8936	336	8264		
137	0941	187	0267	237	9594	287	8922	337	8251		
138	0927	188	0254	238	9581	288	8909	338	8237		
139	0914	189	0240	239	9567	289	8895	339	8224		
140	0901	190	0227	240	9554	290	8882	340	8211		

DIFF.

	14	13
0 01	0	0
0 02	0	0
0 03	0	0
0 04	1	1
0 05	1	1
0 06	1	1
0 07	1	1
0 08	1	1
0 10	1	1
0 20	3	3
0 30	4	4
0 40	6	5
0 50	7	7
0 60	8	8
0 70	10	9
0 80	11	10
0 90	13	12
1 00	14	13

DIVISEURS : **86371 A 86650**.

DIVISEUR	Nombre à multiplier par le dividende	DIVISEUR	Nombre à multiplier par le dividende	DIVISEUR	Nombre à multiplier par le dividende	DIVISEUR	Nombre à multiplier par le dividende	DIVISEUR	Nombre à multiplier par le dividende	DIVISEUR	Nombre à multiplier par le dividende
86 371	115 7795	86 421	115 7125	86 471	115 6456	86 521	115 5787	86 571	115 5120	86 621	115 4453
372	7782	422	7112	472	6443	522	5774	572	5107	622	4440
373	7768	423	7098	473	6429	523	5761	573	5094	623	4427
374	7755	424	7085	474	6416	524	5747	574	5080	624	4413
375	7742	425	7072	475	6403	525	5734	575	5067	625	4400
376	7728	426	7058	476	6389	526	5721	576	5054	626	4387
377	7715	427	7045	477	6376	527	5707	577	5040	627	4373
378	7701	428	7031	478	6362	528	5694	578	5027	628	4360
379	7688	429	7018	479	6349	529	5681	579	5014	629	4347
380	7675	430	7005	480	6336	530	5668	580	5001	630	4334
86 381	115 7661	86 431	115 6991	86 481	115 6322	86 531	115 5654	86 581	115 4987	86 631	115 4320
382	7648	432	6978	482	6309	532	5641	582	4974	632	4307
383	7634	433	6964	483	6296	533	5628	583	4960	633	4294
384	7621	434	6951	484	6282	534	5614	584	4947	634	4281
385	7608	435	6938	485	6269	535	5601	585	4934	635	4267
386	7594	436	6924	486	6256	536	5588	586	4920	636	4254
387	7581	437	6911	487	6242	537	5574	587	4907	637	4240
388	7567	438	6897	488	6229	538	5561	588	4893	638	4227
389	7554	439	6884	489	6216	539	5548	589	4880	639	4214
390	7541	440	6871	490	6203	540	5535	590	4867	640	4201
86 391	115 7527	86 441	115 6857	86 491	115 6189	86 541	115 5521	86 591	115 4853	86 641	115 4187
392	7514	442	6844	492	6176	542	5508	592	4840	642	4174
393	7500	443	6830	493	6162	543	5494	593	4827	643	4161
394	7487	444	6817	494	6149	544	5481	594	4813	644	4147
395	7474	445	6804	495	6136	545	5468	595	4800	645	4134
396	7460	446	6790	496	6122	546	5454	596	4787	646	4121
397	7447	447	6777	497	6109	547	5441	597	4773	647	4107
398	7433	448	6763	498	6095	548	5427	598	4760	648	4094
399	7420	449	6750	499	6082	549	5414	599	4747	649	4081
400	7407	450	6737	500	6069	550	5401	600	4734	650	4068
86 401	115 7393	86 451	115 6723	86 501	115 6055	86 551	115 5387	86 601	115 4720		
402	7380	452	6710	502	6042	552	5374	602	4707		
403	7366	453	6697	503	6028	553	5361	603	4694		
404	7353	454	6683	504	6015	554	5347	604	4680		
405	7340	455	6670	505	6002	555	5334	605	4667		
406	7326	456	6657	506	5988	556	5321	606	4654		
407	7313	457	6643	507	5975	557	5307	607	4640		
408	7299	458	6630	508	5961	558	5294	608	4627		
409	7286	459	6617	509	5948	559	5281	609	4614		
410	7273	460	6604	510	5935	560	5268	610	4601		
86 411	115 7259	86 461	115 6590	86 511	115 5921	86 561	115 5254	86 611	115 4587		
412	7246	462	6577	512	5908	562	5241	612	4574		
413	7232	463	6563	513	5894	563	5227	613	4560		
414	7219	464	6550	514	5881	564	5214	614	4547		
415	7206	465	6537	515	5868	565	5201	615	4534		
416	7192	466	6523	516	5854	566	5187	616	4520		
417	7179	467	6510	517	5841	567	5174	617	4507		
418	7165	468	6496	518	5827	568	5160	618	4493		
419	7152	469	6483	519	5814	569	5147	619	4480		
420	7139	470	6470	520	5801	570	5134	620	4467		

DIFF.

	14	13
0 01	0	0
0 02	0	0
0 03	0	0
0 04	1	1
0 05	1	1
0 06	1	1
0 07	1	1
0 08	1	1
0 09	1	1
0 10	1	1
0 20	3	3
0 30	4	4
0 40	6	5
0 50	7	7
0 60	8	8
0 75	10	9
0 80	11	10
0 90	13	12
1 00	14	13

DIVISEURS : 86651 A 86930.

DIVISEUR	Nombre à multiplier par le dividende	DIVISEUR	Nombre à multiplier par le dividende	DIVISEUR	Nombre à multiplier par le dividende	DIVISEUR	Nombre à multiplier par le dividende	DIVISEUR	Nombre à multiplier par le dividende	DIVISEUR	Nombre à multiplier par le dividende
86 651	115 4054	86 701	115 3388	86 751	115 2723	86 801	115 2059	86 851	115 1396	86 901	115 0733
652	4041	702	3375	752	2710	802	2046	852	1383	902	0720
653	4027	703	3362	753	2697	803	2033	853	1370	903	0707
654	4014	704	3348	754	2683	804	2020	854	1356	904	0694
655	4001	705	3335	755	2670	805	2007	855	1343	905	0681
656	3987	706	3322	756	2657	806	1993	856	1330	906	0667
657	3974	707	3308	757	2643	807	1980	857	1316	907	0654
658	3960	708	3295	758	2630	808	1967	858	1303	908	0641
659	3947	709	3282	759	2617	809	1954	859	1290	909	0628
660	3934	710	3269	760	2604	810	1941	860	1277	910	0615
86 661	115 3920	86 711	115 3255	86 761	115 2590	86 811	115 1927	86 861	115 1263	86 911	115 0601
662	3907	712	3242	762	2577	812	1914	862	1250	912	0588
663	3894	713	3229	763	2564	813	1901	863	1237	913	0575
664	3880	714	3215	764	2551	814	1887	864	1224	914	0562
665	3867	715	3202	765	2538	815	1874	865	1211	915	0549
666	3854	716	3189	766	2524	816	1861	866	1197	916	0535
667	3840	717	3175	767	2511	817	1847	867	1184	917	0522
668	3827	718	3162	768	2498	818	1834	868	1171	918	0509
669	3814	719	3149	769	2485	819	1821	869	1158	919	0496
670	3801	720	3136	770	2472	820	1808	870	1145	920	0483
86 671	115 3787	86 721	115 3122	86 771	115 2458	86 821	115 1794	86 871	115 1131	86 921	115 0469
672	3774	722	3109	772	2445	822	1781	872	1118	922	0456
673	3761	723	3096	773	2432	823	1768	873	1105	923	0443
674	3747	724	3082	774	2418	824	1754	874	1091	924	0429
675	3734	725	3069	775	2405	825	1741	875	1078	925	0416
676	3721	726	3056	776	2392	826	1728	876	1065	926	0403
677	3707	727	3042	777	2378	827	1714	877	1051	927	0389
678	3694	728	3029	778	2365	828	1701	878	1038	928	0376
679	3681	729	3016	779	2352	829	1688	879	1025	929	0363
680	3668	730	3003	780	2339	830	1675	880	1012	930	0350
86 681	115 3654	86 731	115 2989	86 781	115 2325	86 831	115 1661	86 881	115 0998		
682	3641	732	2976	782	2312	832	1648	882	0985		
683	3628	733	2963	783	2299	833	1635	883	0972		
684	3614	734	2949	784	2285	834	1622	884	0959		
685	3601	735	2936	785	2272	835	1609	885	0946		
686	3588	736	2923	786	2259	836	1595	886	0933		
687	3574	737	2909	787	2245	837	1582	887	0919		
688	3561	738	2896	788	2232	838	1569	888	0906		
689	3548	739	2883	789	2219	839	1556	889	0893		
690	3535	740	2870	790	2206	840	1543	890	0880		
86 691	115 3521	86 741	115 2856	86 791	115 2192	86 841	115 1529	86 891	115 0866		
692	3508	742	2843	792	2179	842	1516	892	0853		
693	3495	743	2830	793	2166	843	1503	893	0840		
694	3481	744	2816	794	2152	844	1489	894	0826		
695	3468	745	2803	795	2139	845	1476	895	0843		
696	3455	746	2790	796	2126	846	1463	896	0800		
697	3441	747	2776	797	2112	847	1449	897	0786		
698	3428	748	2763	798	2099	848	1436	898	0773		
699	3415	749	2750	799	2086	849	1423	899	0760		
700	3402	750	2737	800	2073	850	1410	900	0747		

DIFF.

	14	13
0 01	0	0
0 02	0	0
0 03	0	0
0 04	1	1
0 05	1	1
0 06	1	1
0 07	1	1
0 08	1	1
0 09	1	1
0 10	1	1
0 20	3	3
0 30	4	4
0 40	6	5
0 50	7	7
0 60	8	8
0 70	10	9
0 80	11	10
0 90	13	12
1 00	14	13

Diviseurs : 86931 a 87210.

DIVISEUR	Nombre à multiplier par le dividende	DIVISEUR	Nombre à multiplier par le dividende	DIVISEUR	Nombre à multiplier par le dividende	DIVISEUR	Nombre à multiplier par le dividende	DIVISEUR	Nombre à multiplier par le dividende	DIVISEUR	Nombre à multiplier par le dividende
86 931	115 0336	86 981	114 9675	87 031	114 9045	87 081	114 8355	87 131	114 7696	87 181	114 7038
932	0323	982	9662	032	9002	082	8342	132	7683	182	7025
933	0310	983	9649	033	8989	083	8329	133	7670	183	7012
934	0297	984	9636	034	8976	084	8316	134	7657	184	6999
935	0284	985	9623	035	8963	085	8303	135	7644	185	6986
936	0270	986	9609	036	8949	086	8289	136	7630	186	6972
937	0257	987	9596	037	8936	087	8276	137	7617	187	6959
938	0244	988	9583	038	8923	088	8263	138	7604	188	6946
939	0231	989	9570	039	8910	089	8250	139	7591	189	6933
940	0218	990	9557	040	8897	090	8237	140	7578	190	6920
86 941	115 0204	86 991	114 9543	87 041	114 8883	87 091	114 8223	87 141	114 7564	87 191	114 6906
942	0191	992	9530	042	8870	092	8210	142	7551	192	6893
943	0178	993	9517	043	8857	093	8197	143	7538	193	6880
944	0165	994	9504	044	8844	094	8184	144	7525	194	6867
945	0152	995	9491	045	8831	095	8171	145	7512	195	6854
946	0138	996	9477	046	8817	096	8157	146	7498	196	6840
947	0125	997	9464	047	8804	097	8144	147	7485	197	6827
948	0112	998	9451	048	8791	098	8131	148	7472	198	6814
949	0099	999	9438	049	8778	099	8118	149	7459	199	6801
950	0086	87 000	9425	050	8765	100	8105	150	7446	200	6788
86 951	115 0072	87 001	114 9411	87 051	114 8751	87 101	114 8094	87 151	114 7432	87 201	114 6774
952	0059	002	9398	052	8738	102	8078	152	7419	202	6761
953	0046	003	9385	053	8725	103	8065	153	7406	203	6748
954	0033	004	9372	054	8712	104	8052	154	7393	204	6735
955	0020	005	9359	055	8699	105	8039	155	7380	205	6722
956	0006	006	9345	056	8685	106	8025	156	7367	206	6709
957	114 9993	007	9332	057	8672	107	8012	157	7354	207	6696
958	9980	008	9319	058	8659	108	7999	158	7341	208	6683
959	9967	009	9306	059	8646	109	7986	159	7328	209	6670
960	9954	010	9293	060	8633	110	7973	160	7315	210	6657
86 961	114 9940	87 011	114 9279	87 061	114 8619	87 111	114 7959	87 161	114 7301		
962	9927	012	9266	062	8606	112	7946	162	7288		
963	9914	013	9253	063	8593	113	7933	163	7275		
964	9900	014	9240	064	8580	114	7920	164	7262		
965	9887	015	9227	065	8567	115	7907	165	7249		
966	9874	016	9213	066	8553	116	7893	166	7235		
967	9860	017	9200	067	8540	117	7880	167	7222		
968	9847	018	9187	068	8527	118	7867	168	7209		
969	9834	019	9174	069	8514	119	7854	169	7196		
970	9821	020	9161	070	8501	120	7841	170	7183		
86 971	114 9807	87 021	114 9147	87 071	114 8487	87 121	114 7827	87 171	114 7169		
972	9794	022	9134	072	8474	122	7814	172	7156		
973	9781	023	9121	073	8461	123	7801	173	7143		
974	9768	024	9108	074	8448	124	7788	174	7130		
975	9755	025	9095	075	8435	125	7775	175	7117		
976	9741	026	9081	076	8421	126	7762	176	7104		
977	9728	027	9068	077	8408	127	7749	177	7091		
978	9715	028	9055	078	8395	128	7736	178	7078		
979	9702	029	9042	079	8382	129	7723	179	7065		
980	9689	030	9029	080	8369	130	7710	180	7052		

DIFF.

	14	13
0 01	0	0
0 02	0	0
0 03	0	0
0 04	1	1
0 05	1	1
0 06	1	1
0 07	1	1
0 08	1	1
0 09	1	1
0 10	1	1
0 20	3	3
0 30	4	4
0 40	6	5
0 50	7	7
0 60	8	8
0 70	10	9
0 80	11	10
0 90	13	12
1 00	14	13

DIVISEURS : 87211 A 87490.

DIVISEUR	Nombre à multiplier par le dividende	DIVISEUR	Nombre à multiplier par le dividende	DIVISEUR	Nombre à multiplier par le dividende	DIVISEUR	Nombre à multiplier par le dividende	DIVISEUR	Nombre à multiplier par le dividende	DIVISEUR	Nombre à multiplier par le dividende
87 211	114 6643	87 261	114 5986	87 311	114 5330	87 361	114 4674	87 411	114 4019	87 461	114 3366
212	6630	262	5973	312	5317	362	4661	412	4006	462	3353
213	6617	263	5960	313	5304	363	4648	413	3993	463	3340
214	6604	264	5947	314	5291	364	4635	414	3980	464	3327
215	6591	265	5934	315	5278	365	4622	415	3967	465	3314
216	6578	266	5921	316	5265	366	4609	416	3954	466	3301
217	6565	267	5908	317	5252	367	4596	417	3941	467	3288
218	6552	268	5895	318	5239	368	4583	418	3928	468	3275
219	6539	269	5882	319	5226	369	4570	419	3915	469	3262
220	6526	270	5869	320	5213	370	4557	420	3902	470	3249
87 221	114 6512	87 271	114 5855	87 321	114 5199	87 371	114 4543	87 421	114 3889	87 471	114 3235
222	6499	272	5842	322	5186	372	4530	422	3876	472	3222
223	6486	273	5829	323	5173	373	4517	423	3863	473	3209
224	6473	274	5816	324	5160	374	4504	424	3850	474	3196
225	6460	275	5803	325	5147	375	4491	425	3837	475	3183
226	6446	276	5789	326	5133	376	4478	426	3824	476	3170
227	6433	277	5776	327	5120	377	4465	427	3811	477	3157
228	6420	278	5763	328	5107	378	4452	428	3798	478	3144
229	6407	279	5750	329	5094	379	4439	429	3785	479	3131
230	6394	280	5737	330	5081	380	4426	430	3772	480	3118
87 231	114 6380	87 281	114 5723	87 331	114 5067	87 381	114 4412	87 431	114 3758	87 481	114 3104
232	6367	282	5710	332	5054	382	4399	432	3745	482	3091
233	6354	283	5697	333	5041	383	4386	433	3732	483	3078
234	6341	284	5684	334	5028	384	4373	434	3719	484	3065
235	6328	285	5671	335	5015	385	4360	435	3706	485	3052
236	6315	286	5658	336	5002	386	4347	436	3693	486	3039
237	6302	287	5645	337	4989	387	4334	437	3680	487	3026
238	6289	288	5632	338	4976	388	4321	438	3667	488	3013
239	6276	289	5619	339	4963	389	4308	439	3654	489	3000
240	6263	290	5606	340	4950	390	4295	440	3641	490	2987
87 241	114 6249	87 291	114 5592	87 341	114 4936	87 391	114 4281	87 441	114 3627		
242	6236	292	5579	342	4923	392	4268	442	3614		
243	6223	293	5566	343	4910	393	4255	443	3601		
244	6210	294	5553	344	4897	394	4242	444	3588		
245	6197	295	5540	345	4884	395	4229	445	3575		
246	6183	296	5527	346	4871	396	4216	446	3562		
247	6170	297	5514	347	4858	397	4203	447	3549		
248	6157	298	5501	348	4845	398	4190	448	3536		
249	6144	299	5488	349	4832	399	4177	449	3523		
250	6131	300	5475	350	4819	400	4164	450	3510		
87 251	114 6117	87 301	114 5464	87 351	114 4805	87 401	114 4150	87 451	114 3496		
252	6104	302	5448	352	4792	402	4137	452	3483		
253	6091	303	5435	353	4779	403	4124	453	3470		
254	6078	304	5422	354	4766	404	4111	454	3457		
255	6065	305	5409	355	4753	405	4098	455	3444		
256	6052	306	5396	356	4740	406	4085	456	3431		
257	6039	307	5383	357	4727	407	4072	457	3418		
258	6026	308	5370	358	4714	408	4059	458	3405		
259	6013	309	5357	359	4701	409	4046	459	3392		
260	6000	310	5344	360	4688	410	4033	460	3379		

DIFF.

	14	13
0 01	0	0
0 02	0	0
0 03	0	0
0 04	1	1
0 05	1	1
0 06	1	1
0 07	1	1
0 08	1	1
0 09	1	1
0 10	1	1
0 20	3	3
0 30	4	4
0 40	6	5
0 50	7	7
0 60	8	8
0 70	10	9
0 80	11	10
0 90	13	12
1 00	14	13

DIVISEUR	Nombre à multiplier par le dividende	DIVISEUR	Nombre à multiplier par le dividende	DIVISEUR	Nombre à multiplier par le dividende	DIVISEUR	Nombre à multiplier par le dividende	DIVISEUR	Nombre à multiplier par le dividende	DIVISEUR	Nombre à multiplier par le dividende
87 491	114 2974	87 541	114 2321	87 591	114 1669	87 641	114 1018	87 691	114 0367	87 741	113 9718
492	2961	542	2308	592	1656	642	1005	692	0354	742	9705
493	2948	543	2295	593	1643	643	0992	693	0341	743	9692
494	2935	544	2282	594	1630	644	0979	694	0328	744	9679
495	2922	545	2269	595	1617	645	0966	695	0315	745	9666
496	2909	546	2256	596	1604	646	0953	696	0302	746	9653
497	2896	547	2243	597	1591	647	0940	697	0289	747	9640
498	2883	548	2230	598	1578	648	0927	698	0276	748	9627
499	2870	549	2217	599	1565	649	0914	699	0263	749	9614
500	2857	550	2204	600	1552	650	0901	700	0250	750	9601
87 501	114 2843	87 551	114 2191	87 601	114 1539	87 651	114 0888	87 701	114 0237	87 751	113 9588
502	2830	552	2178	602	1526	652	0875	702	0224	752	9575
503	2817	553	2165	603	1513	653	0862	703	0211	753	9562
504	2804	554	2152	604	1500	654	0849	704	0198	754	9549
505	2791	555	2139	605	1487	655	0836	705	0185	755	9536
506	2778	556	2126	606	1474	656	0823	706	0172	756	9523
507	2765	557	2113	607	1461	657	0810	707	0159	757	9510
508	2752	558	2100	608	1448	658	0797	708	0146	758	9497
509	2739	559	2087	609	1435	659	0784	709	0133	759	9484
510	2726	560	2074	610	1422	660	0771	710	0120	760	9471
87 511	114 2712	87 561	114 2060	87 611	115 1408	87 661	114 0758	87 711	114 0407	87 761	113 9458
512	2699	562	2047	612	1395	662	0745	712	0094	762	9445
513	2686	563	2034	613	1382	663	0732	713	0081	763	9432
514	2673	564	2021	614	1369	664	0719	714	0068	764	9419
515	2660	565	2008	615	1356	665	0706	715	0055	765	9406
516	2647	566	1995	616	1343	666	0693	716	0042	766	9393
517	2634	567	1982	617	1330	667	0680	717	0029	767	9380
518	2621	568	1969	618	1317	668	0667	718	0016	768	9367
519	2608	569	1956	619	1304	669	0654	719	0003	769	9354
520	2595	570	1943	620	1291	670	0641	720	113 9990	770	9341
87 521	114 2582	87 571	114 1930	87 621	114 1278	87 671	114 0627	87 721	113 9977		
522	2569	572	1917	622	1265	672	0614	722	9964		
523	2556	573	1904	623	1252	673	0601	723	9951		
524	2543	574	1891	624	1239	674	0588	724	9938		
525	2530	575	1878	625	1226	675	0575	725	9925		
526	2517	576	1865	626	1213	676	0562	726	9912		
527	2504	577	1852	627	1200	677	0549	727	9899		
528	2491	578	1839	628	1187	678	0536	728	9886		
529	2478	579	1826	629	1174	679	0523	729	9873		
530	2465	580	1813	630	1161	680	0510	730	9860		
87 531	114 2451	87 581	114 1799	87 631	114 1148	87 681	114 0497	87 731	113 9847		
532	2438	582	1786	632	1135	682	0484	732	9834		
533	2425	583	1773	633	1122	683	0471	733	9821		
534	2412	584	1760	634	1109	684	0458	734	9808		
535	2399	585	1747	635	1096	685	0445	735	9795		
536	2386	586	1734	636	1083	686	0432	736	9782		
537	2373	587	1721	637	1070	687	0419	737	9769		
538	2360	588	1708	638	1057	688	0406	738	9756		
539	2347	589	1695	639	1044	689	0393	739	9743		
540	2334	590	1682	640	1031	690	0380	740	9731		

DIFF.

	14	13
0 01	0	0
0 02	0	0
0 03	0	0
0 04	1	1
0 05	1	1
0 06	1	1
0 07	1	1
0 08	1	1
0 09	1	1
0 10	1	1
0 20	3	3
0 30	4	4
0 40	6	5
0 50	7	7
0 60	8	8
0 70	10	9
0 80	11	10
0 90	13	12
1 00	14	13

DIVISEURS : 87771 A 88050.

DIVISEUR	Nombre à multiplier par le dividende	DIVISEUR	Nombre à multiplier par le dividende	DIVISEUR	Nombre à multiplier par le dividende	DIVISEUR	Nombre à multiplier par le dividende	DIVISEUR	Nombre à multiplier par le dividende	DIVISEUR	Nombre à multiplier par le dividende
87 771	113 9328	87 821	113 8679	87 871	113 8031	87 921	113 7384	87 971	113 6738	88 021	113 6092
772	9315	822	8666	872	8018	922	7371	972	6725	022	6079
773	9302	823	8653	873	8005	923	7358	973	6712	023	6066
774	9289	824	8640	874	7992	924	7345	974	6699	024	6053
775	9276	825	8627	875	7979	925	7332	975	6686	025	6040
776	9263	826	8614	876	7966	926	7319	976	6673	026	6027
777	9250	827	8601	877	7953	927	7306	977	6660	027	6014
778	9237	828	8588	878	7940	928	7293	978	6647	028	6001
779	9224	829	8575	879	7927	929	7280	979	6634	029	5988
780	9211	830	8563	880	7915	930	7268	980	6621	030	5976
87 781	113 9498	87 831	113 8550	87 881	113 7902	87 931	113 7255	87 981	113 6608	88 031	113 5963
782	9485	832	8537	882	7889	932	7242	982	6595	032	5950
783	9472	833	8524	883	7876	933	7229	983	6582	033	5937
784	9459	834	8511	884	7863	934	7216	984	6569	034	5924
785	9446	835	8498	885	7850	935	7203	985	6556	035	5911
786	9433	836	8485	886	7837	936	7190	986	6543	036	5898
787	9420	837	8472	887	7824	937	7177	987	6530	037	5885
788	9407	838	8459	888	7811	938	7164	988	6517	038	5872
789	9394	839	8446	889	7798	939	7151	989	6504	039	5859
790	9381	840	8433	890	7785	940	7138	990	6492	040	5847
87 791	113 9068	87 841	113 8420	87 891	113 7772	87 941	113 7125	87 991	113 6479	88 041	113 5834
792	9055	842	8407	892	7759	942	7112	992	6466	042	5821
793	9042	843	8394	893	7746	943	7099	993	6453	043	5808
794	9029	844	8381	894	7733	944	7086	994	6440	044	5795
795	9016	845	8368	895	7720	945	7073	995	6427	045	5782
796	9003	846	8355	896	7707	946	7060	996	6414	046	5769
797	8990	847	8342	897	7694	947	7047	997	6401	047	5756
798	8977	848	8329	898	7681	948	7034	998	6388	048	5743
799	8964	849	8316	899	7668	949	7021	999	6375	049	5730
800	8952	850	8303	900	7656	950	7009	88 000	6363	050	5718
87 801	113 8939	87 851	113 8290	87 901	113 7643	87 951	113 6996	88 001	113 6350		
802	8926	852	8277	902	7630	952	6983	002	6337		
803	8913	853	8264	903	7617	953	6970	003	6324		
804	8900	854	8251	904	7604	954	6957	004	6311		
805	8887	855	8238	905	7591	955	6944	005	6298		
806	8874	856	8225	906	7578	956	6931	006	6285		
807	8861	857	8212	907	7565	957	6918	007	6272		
808	8848	858	8199	908	7552	958	6905	008	6259		
809	8835	859	8186	909	7539	959	6892	009	6246		
810	8822	860	8174	910	7527	960	6880	010	6234		
87 811	113 8809	87 861	113 8161	87 911	113 7514	87 961	113 6867	88 011	113 6221		
812	8796	862	8148	912	7501	962	6854	012	6208		
813	8783	863	8135	913	7488	963	6841	013	6195		
814	8770	864	8122	914	7475	964	6828	014	6182		
815	8757	865	8109	915	7462	965	6815	015	6169		
816	8744	866	8096	916	7449	966	6802	016	6156		
817	8731	867	8083	917	7436	967	6789	017	6143		
818	8718	868	8070	918	7423	968	6776	018	6130		
819	8705	869	8057	919	7410	969	6763	019	6117		
820	8692	870	8044	920	7397	970	6751	020	6104		

DIFF.

	13	12
0 01	0	0
0 02	0	0
0 03	0	0
0 04	0	0
0 05	1	1
0 06	1	1
0 07	1	1
0 08	1	1
0 09	1	1
0 10	1	1
0 20	3	2
0 30	4	4
0 40	5	5
0 50	7	6
0 60	8	7
0 70	9	8
0 80	10	10
0 90	12	11
1 00	13	12

DIVI-EURS 88051 A 88330.

DIVISEUR	Nombre à multiplier par le dividende	DIVISEUR	Nombre à multiplier par le dividende	DIVISEUR	Nombre à multiplier par le dividende	DIVISEUR	Nombre à multiplier par le dividende	DIVISEUR	Nombre à multiplier par le dividende	DIVISEUR	Nombre à multiplier par le dividende
88 051	113 5705	88 101	113 5060	88 151	113 4446	88 201	113 3773	88 251	113 3131	88 301	113 2489
052	5692	102	5047	152	4403	202	3760	252	3118	302	2476
053	5679	103	5034	153	4390	203	3747	253	3105	303	2463
054	5666	104	5021	154	4377	204	3734	254	3092	304	2450
055	5653	105	5008	155	4365	205	3722	255	3080	305	2438
056	5640	106	4995	156	4352	206	3709	256	3067	306	2425
057	5627	107	4982	157	4339	207	3696	257	3054	307	2412
058	5614	108	4969	158	4326	208	3683	258	3041	308	2399
059	5601	109	4956	159	4313	209	3670	259	3028	309	2386
060	5589	110	4944	160	4301	210	3658	260	3016	310	2374
88 061	113 5576	88 111	113 4931	88 161	113 4288	88 211	113 3645	88 261	113 3003	88 311	113 2361
062	5563	112	4918	162	4275	212	3632	262	2990	312	2348
063	5550	113	4905	163	4262	213	3619	263	2977	313	2335
064	5537	114	4892	164	4249	214	3606	264	2964	314	2322
065	5524	115	4880	165	4236	215	3593	265	2951	315	2310
066	5511	116	4867	166	4223	216	3580	266	2938	316	2297
067	5498	117	4854	167	4210	217	3567	267	2925	317	2284
068	5485	118	4841	168	4197	218	3554	268	2912	318	2271
069	5472	119	4828	169	4184	219	3541	269	2899	319	2258
070	5460	120	4816	170	4172	220	3529	270	2887	320	2246
88 071	113 5447	88 121	113 4803	88 171	113 4159	88 221	113 3516	88 271	113 2874	88 321	113 2233
072	5434	122	4790	172	4146	222	3503	272	2861	322	2220
073	5421	123	4777	173	4133	223	3490	273	2848	323	2207
074	5408	124	4764	174	4120	224	3477	274	2835	324	2194
075	5395	125	4751	175	4108	225	3465	275	2823	325	2182
076	5382	126	4738	176	4095	226	3452	276	2810	326	2169
077	5369	127	4725	177	4082	227	3439	277	2797	327	2156
078	5356	128	4712	178	4069	228	3426	278	2784	328	2143
079	5343	129	4699	179	4056	229	3413	279	2771	329	2130
080	5331	130	4687	180	4044	230	3401	280	2759	330	2118
88 081	113 5318	88 131	113 4674	88 181	113 4031	88 231	113 3388	88 281	113 2746		
082	5305	132	4661	182	4018	232	3375	282	2733		
083	5292	133	4648	183	4005	233	3362	283	2720		
084	5279	134	4635	184	3992	234	3349	284	2707		
085	5266	135	4622	185	3979	235	3336	285	2695		
086	5253	136	4609	186	3966	236	3323	286	2682		
087	5240	137	4596	187	3953	237	3310	287	2669		
088	5227	138	4583	188	3940	238	3297	288	2656		
089	5214	139	4570	189	3927	239	3284	289	2643		
090	5202	140	4558	190	3915	240	3272	290	2631		
88 091	113 5189	88 141	113 4545	88 191	113 3902	88 241	113 3259	88 291	113 2618		
092	5176	142	4532	192	3889	242	3246	292	2605		
093	5163	143	4519	193	3876	243	3233	293	2592		
094	5150	144	4506	194	3863	244	3220	294	2579		
095	5137	145	4493	195	3850	245	3208	295	2566		
096	5124	146	4480	196	3837	246	3195	296	2553		
097	5111	147	4467	197	3824	247	3182	297	2540		
098	5098	148	4454	198	3811	248	3169	298	2527		
099	5085	149	4441	199	3798	249	3156	299	2514		
100	5073	150	4429	200	3786	250	3144	300	2502		

DIFF.

	13	12
0 01	0	0
0 02	0	0
0 03	0	0
0 04	1	0
0 05	1	1
0 06	1	1
0 07	1	1
0 08	1	1
0 09	1	1
0 10	1	1
0 20	3	2
0 30	4	4
0 40	5	5
0 50	7	6
0 60	8	7
0 70	9	8
0 80	10	10
0 90	12	11
1 00	13	12

DIVISEURS : 88331 A 88610.

DIVISEUR	Nombre à multiplier par le dividende	DIVISEUR	Nombre à multiplier par le dividende	DIVISEUR	Nombre à multiplier par le dividende	DIVISEUR	Nombre à multiplier par le dividende	DIVISEUR	Nombre à multiplier par le dividende	DIVISEUR	Nombre à multiplier par le dividende
88 331	113 2105	88 381	113 4464	88 431	113 0824	88 481	113 0485	88 531	112 9547	88 581	112 8910
332	2092	382	4451	432	0811	482	0172	532	9534	582	8897
333	2079	383	4438	433	0798	483	0159	533	9521	583	8884
334	2066	384	4425	434	0786	484	0147	534	9509	584	8871
335	2054	385	4413	435	0773	485	0134	535	9496	585	8859
336	2041	386	4400	436	0760	486	0121	536	9483	586	8846
337	2028	387	4387	437	0748	487	0109	537	9471	587	8833
338	2015	388	4374	438	0735	488	0096	538	9458	588	8820
339	2002	389	4361	439	0722	489	0083	539	9445	589	8807
340	1990	390	4349	440	0710	490	0071	540	9433	590	8795
88 341	113 1977	88 391	113 4336	88 441	113 0697	88 491	113 0058	88 541	112 9420	88 591	112 8782
342	1964	392	4323	442	0684	492	0045	542	9407	592	8769
343	1951	393	4310	443	0671	493	0032	543	9394	593	8756
344	1938	394	4297	444	0658	494	0019	544	9381	594	8744
345	1925	395	4285	445	0646	495	0007	545	9369	595	8731
346	1912	396	4272	446	6633	496	112 9994	546	9356	596	8718
347	1899	397	4259	447	0620	497	9981	547	9343	597	8706
348	1886	398	4246	448	0607	498	9968	548	9330	598	8693
349	1873	399	4233	449	0594	499	9955	549	9317	599	8680
350	1861	400	4221	450	0582	500	9943	550	9305	600	8668
88 351	113 1848	88 401	113 1208	88 451	113 0569	88 501	112 9930	88 551	112 9292	88 601	112 8655
352	1835	402	1195	452	0556	502	9917	552	9279	602	8642
353	1822	403	1182	453	0543	503	9904	553	9266	603	8629
354	1809	404	1169	454	0530	504	9891	554	9253	604	8616
355	1797	405	1157	455	0518	505	9879	555	9241	605	8604
356	1784	406	1144	456	0505	506	9866	556	9228	606	8591
357	1771	407	1131	457	0492	507	9853	557	9215	607	8578
358	1758	408	1118	458	0479	508	9840	558	9202	608	8565
359	1745	409	1105	459	0466	509	9827	559	9189	609	8552
360	1733	410	1093	460	0454	510	9815	560	9177	610	8540
88 361	113 1720	88 411	113 1080	88 461	113 0441	88 511	112 9802	88 561	112 9164		
362	1707	412	1067	462	0428	512	9789	562	9151		
363	1694	413	1054	463	0415	513	9776	563	9138		
364	1681	414	1041	464	0402	514	9764	564	9126		
365	1669	415	1029	465	0390	515	9751	565	9113		
366	1656	416	1016	466	0377	516	9738	566	9100		
367	1643	417	1003	467	0364	517	9726	567	9088		
368	1630	418	0990	468	0351	518	9713	568	9075		
369	1617	419	0977	469	0338	519	9700	569	9062		
370	1605	420	0965	470	0326	520	9688	570	9050		
88 371	113 1592	88 421	113 0952	88 471	113 0313	88 521	112 9675	88 571	112 9037		
372	1579	422	0939	472	0300	522	9662	572	9024		
373	1566	423	0926	473	0287	523	9649	573	9011		
374	1553	424	0913	474	0274	524	9636	574	8999		
375	1541	425	0901	475	0262	525	9624	575	8986		
376	1528	426	0888	476	0249	526	9611	576	8973		
377	1515	427	0875	477	0236	527	9598	577	8961		
378	1502	428	0862	478	0223	528	9585	578	8948		
379	1489	429	0849	479	0210	529	9572	579	8935		
380	1477	430	0837	480	0198	530	9560	580	8923		

DIFF.

	13	12
0 01	0	0
0 02	0	0
0 03	0	0
0 04	1	0
0 05	1	0
0 06	1	1
0 07	1	1
0 08	1	1
0 10	1	1
0 20	3	2
0 30	4	4
0 40	5	5
0 50	7	6
0 60	8	7
0 70	9	8
0 80	10	10
0 90	12	11
1 00	13	12

DIVISEURS : 88611 A 88890.

DIVISEUR	Nombre à multiplier par le dividende	DIVISEUR	Nombre à multiplier par le dividende	DIVISEUR	Nombre à multiplier par le dividende	DIVISEUR	Nombre à multiplier par le dividende	DIVISEUR	Nombre à multiplier par le dividende	DIVISEUR	Nombre à multiplier par le dividende
88 611	112 8527	88 661	112 7891	88 711	112 7235	88 761	112 6620	88 811	112 5986	88 861	112 5352
612	8514	662	7878	712	7242	762	6607	812	5973	862	5339
613	8504	663	7865	713	7229	763	6594	813	5960	863	5327
614	8489	664	7853	714	7217	764	6582	814	5948	864	5314
615	8476	665	7840	715	7204	765	6569	815	5935	865	5302
616	8463	666	7827	716	7491	766	6556	816	5922	866	5289
617	8451	667	7845	717	7479	767	6544	817	5910	867	5276
618	8438	668	7802	718	7166	768	6531	818	5897	868	5264
619	8425	669	7789	719	7153	769	6518	819	5884	869	5251
620	8413	670	7777	720	7141	770	6506	820	5872	870	5239
88 621	112 8400	88 671	112 7764	88 721	112 7128	88 771	112 6493	88 821	112 5859	88 871	112 5226
622	8387	672	7751	722	7115	772	6480	822	5846	872	5213
623	8374	673	7738	723	7102	773	6467	823	5833	873	5200
624	8362	674	7725	724	7090	774	6455	824	5821	874	5188
625	8349	675	7713	725	7077	775	6442	825	5808	875	5175
626	8336	676	7700	726	7064	776	6429	826	5795	876	5162
627	8324	677	7687	727	7052	777	6417	827	5783	877	5150
628	8311	678	7674	728	7039	778	6404	828	5770	878	5137
629	8298	679	7661	729	7026	779	6394	829	5757	879	5124
630	8286	680	7649	730	7014	780	6379	830	5745	880	5112
88 631	112 8273	88 681	112 7636	88 731	112 7001	88 781	112 6366	88 831	112 5732	88 881	112 5099
632	8260	682	7623	732	6988	782	6353	832	5719	882	5086
633	8247	683	7610	733	6975	783	6340	833	5707	883	5073
634	8234	684	7598	734	6963	784	6328	834	5694	884	5061
635	8222	685	7585	735	6950	785	6315	835	5682	885	5048
636	8209	686	7572	736	6937	786	6302	836	5669	886	5035
637	8196	687	7560	737	6925	787	6290	837	5656	887	5023
638	8183	688	7547	738	6912	788	6277	838	5644	888	5010
639	8170	689	7534	739	6899	789	6264	839	5631	889	4997
640	8158	690	7522	740	6887	790	6252	840	5619	890	4985
88 641	112 8145	88 691	112 7509	88 741	112 6874	88 791	112 6239	88 841	112 5606		
642	8132	692	7496	742	6861	792	6226	842	5593		
643	8119	693	7483	743	6848	793	6214	843	5580		
644	8107	694	7471	744	6836	794	6201	844	5568		
645	8094	695	7458	745	6823	795	6189	845	5555		
646	8081	696	7445	746	6810	796	6176	846	5542		
647	8069	697	7433	747	6798	797	6163	847	5530		
648	8056	698	7420	748	6785	798	6151	848	5517		
649	8043	699	7407	749	6772	799	6138	849	5504		
650	8031	700	7395	750	6760	800	6126	850	5492		
88 651	112 8018	88 701	112 7382	88 751	112 6747	88 801	112 6113	88 851	112 5479		
652	8005	702	7369	752	6734	802	6100	852	5466		
653	7992	703	7356	753	6721	803	6087	853	5453		
654	7980	704	7344	754	6709	804	6075	854	5444		
655	7967	705	7331	755	6696	805	6062	855	5428		
656	7954	706	7318	756	6683	806	6049	856	5415		
657	7942	707	7306	757	6674	807	6037	857	5403		
658	7929	708	7293	758	6658	808	6024	858	5390		
659	7916	709	7280	759	6645	809	6011	859	5377		
660	7904	710	7268	760	6633	810	5999	860	5365		

DIFF.

	13	12
0 01	0	0
0 02	0	0
0 03	0	0
0 04	1	0
0 05	1	1
0 06	1	1
0 07		
0 08		
0 09	1	1
0 10	1	1
0 20	3	2
0 30	4	4
0 40	5	5
0 50	7	6
0 60	8	7
0 70	9	8
0 80	10	10
0 90	12	11
1 00	13	12

DIVISEURS : 88891 A 89170.

DIVISEUR	Nombre à multiplier par le dividende	DIVISEUR	Nombre à multiplier par le dividende	DIVISEUR	Nombre à multiplier par le dividende	DIVISEUR	Nombre à multiplier par le dividende	DIVISEUR	Nombre à multiplier par le dividende	DIVISEUR	Nombre à multiplier par le dividende
88 891	112 4972	88 941	112 4340	88 991	112 3708	89 041	112 3077	89 091	112 2447	89 141	112 1817
892	4959	942	4327	992	3695	042	3064	092	2434	142	1804
893	4947	943	4315	993	3683	043	3052	093	2422	143	1792
894	4934	944	4302	994	3670	044	3039	094	2409	144	1779
895	4922	945	4290	995	3658	045	3027	095	2397	145	1767
896	4909	946	4277	996	3645	046	3014	096	2384	146	1754
897	4896	947	4264	997	3632	047	3001	097	2371	147	1741
898	4884	948	4252	998	3620	048	2989	098	2359	148	1729
899	4871	949	4239	999	3607	049	2976	099	2346	149	1716
900	4859	950	4227	89 000	3595	050	2964	100	2334	150	1704
88 901	112 4846	88 951	112 4214	89 001	112 3582	89 051	112 2951	89 101	112 2321	89 151	112 1691
902	4833	952	4201	002	3569	052	2938	102	2308	152	1679
903	4820	953	4188	003	3557	053	2926	103	2296	153	1666
904	4808	954	4176	004	3544	054	2913	104	2283	154	1654
905	4795	955	4163	005	3532	055	2901	105	2271	155	1641
906	4782	956	4150	006	3519	056	2888	106	2258	156	1629
907	4770	957	4138	007	3506	057	2875	107	2245	157	1616
908	4757	958	4125	008	3494	058	2863	108	2233	158	1604
909	4744	959	4112	009	3481	059	2850	109	2220	159	1591
910	4732	960	4100	010	3469	060	2838	110	2208	160	1579
88 911	112 4719	88 961	112 4087	89 011	112 3456	89 061	112 2825	89 111	112 2195	89 161	112 1566
912	4706	962	4074	012	3443	062	2812	112	2182	162	1553
913	4693	963	4062	013	3431	063	2800	113	2170	163	1541
914	4681	964	4049	014	3418	064	2787	114	2157	164	1528
915	4668	965	4037	015	3406	065	2775	115	2145	165	1516
916	4655	966	4024	016	3393	066	2762	116	2132	166	1503
917	4643	967	4011	017	3380	067	2749	117	2119	167	1490
918	4630	968	3999	018	3368	068	2737	118	2107	168	1478
919	4617	969	3986	019	3355	069	2724	119	2094	169	1465
920	4605	970	3974	020	3343	070	2712	120	2082	170	1453
88 921	112 4592	88 971	112 3961	89 021	112 3330	89 071	112 2699	89 121	112 2069		
922	4579	972	3948	022	3317	072	2686	122	2056		
923	4567	973	3936	023	3304	073	2674	123	2044		
924	4554	974	3923	024	3292	074	2661	124	2031		
925	4542	975	3911	025	3279	075	2649	125	2019		
926	4529	976	3898	026	3266	076	2636	126	2006		
927	4516	977	3885	027	3254	077	2623	127	1993		
928	4504	978	3873	028	3241	078	2611	128	1981		
929	4491	979	3860	029	3228	079	2598	129	1968		
930	4479	980	3848	030	3216	080	2586	130	1956		
88 931	112 4466	88 981	112 3835	89 031	112 3203	89 081	112 2573	89 131	112 1943		
932	4453	982	3822	032	3190	082	2560	132	1930		
933	4441	983	3809	033	3178	083	2548	133	1918		
934	4428	984	3797	034	3165	084	2535	134	1905		
935	4416	985	3784	035	3153	085	2523	135	1893		
936	4403	986	3771	036	3140	086	2510	136	1880		
937	4390	987	3759	037	3127	087	2497	137	1867		
938	4378	988	3746	038	3115	088	2485	138	1855		
939	4365	989	3733	039	3102	089	2472	139	1842		
940	4353	990	3721	040	3090	090	2460	140	1830		

DIFF.

	13	12
0 01	0	0
0 02	0	0
0 03	0	0
0 04	0	0
0 05	1	1
0 06	1	1
0 07	1	1
0 08	1	1
0 09	1	1
0 10	1	1
0 20	3	2
0 30	4	4
0 40	5	5
0 50	7	6
0 60	8	7
0 70	9	8
0 80	10	10
0 90	12	11
1 00	13	12

Diviseurs : 89171 à 89450.

DIVISEUR	Nombre à multiplier par le dividende	DIVISEUR	Nombre à multiplier par le dividende	DIVISEUR	Nombre à multiplier par le dividende	DIVISEUR	Nombre à multiplier par le dividende	DIVISEUR	Nombre à multiplier par le dividende	DIVISEUR	Nombre à multiplier par le dividende
89 171	112 1440	89 221	112 0811	89 271	112 0184	89 321	111 9557	89 371	111 8930	89 421	111 8305
172	1427	222	0799	272	0171	322	9544	372	8918	422	8293
173	1415	223	0786	273	0159	323	9532	373	8905	423	8280
174	1402	224	0774	274	0146	324	9519	374	8893	424	8268
175	1390	225	0761	275	0134	325	9507	375	8880	425	8255
176	1377	226	0749	276	0121	326	9494	376	8868	426	8243
177	1364	227	0736	277	0108	327	9481	377	8855	427	8230
178	1352	228	0724	278	0096	328	9469	378	8843	428	8218
179	1339	229	0711	279	0083	329	9456	379	8830	429	8205
180	1327	230	0699	280	0071	330	9444	380	8818	430	8193
89 181	112 1314	89 231	112 0686	89 281	112 0058	89 331	111 9431	89 381	111 8805	89 431	111 8180
182	1301	232	0673	282	0046	332	9419	382	8793	432	8167
183	1289	233	0661	283	0033	333	9406	383	8780	433	8155
184	1276	234	0648	284	0021	334	9394	384	8768	434	8142
185	1264	235	0636	285	0008	335	9381	385	8755	435	8130
186	1251	236	0623	286	111 9996	336	9369	386	8743	436	8117
187	1238	237	0610	287	9983	337	9356	387	8730	437	8104
188	1226	238	0598	288	9971	338	9344	388	8718	438	8092
189	1213	239	0585	289	9958	339	9331	389	8705	439	8079
190	1201	240	0573	290	9946	340	9319	390	8693	440	8067
89 191	112 1188	89 241	112 0560	89 291	111 9933	89 341	111 9306	89 391	111 8680	89 441	111 8054
192	1176	242	0548	292	9920	342	9294	392	8668	442	8042
193	1163	243	0535	293	9908	343	9281	393	8655	443	8029
194	1151	244	0523	294	9895	344	9269	394	8643	444	8017
195	1138	245	0510	295	9883	345	9256	395	8630	445	8004
196	1126	246	0498	296	9870	346	9244	396	8618	446	7992
197	1113	247	0485	297	9857	347	9231	397	8605	447	7979
198	1101	248	0473	298	9845	348	9219	398	8593	448	7967
199	1088	249	0460	299	9832	349	9206	399	8580	449	7954
200	1076	250	0448	300	9820	350	9194	400	8568	450	7942
89 201	112 1063	89 251	112 0435	89 301	111 9807	89 351	111 9181	89 401	111 8555		
202	1050	252	0422	302	9795	352	9168	402	8543		
203	1038	253	0410	303	9782	353	9156	403	8530		
204	1025	254	0397	304	9770	354	9143	404	8518		
205	1013	255	0385	305	9757	355	9131	405	8505		
206	1000	256	0372	306	9745	356	9118	406	8493		
207	0987	257	0359	307	9732	357	9105	407	8480		
208	0975	258	0347	308	9720	358	9093	408	8468		
209	0962	259	0334	309	9707	359	9080	409	8455		
210	0950	260	0322	310	9695	360	9068	410	8443		
89 211	112 0937	89 261	112 0309	89 311	111 9682	89 361	111 9055	89 411	111 8430		
212	0924	262	0297	312	9670	362	9043	412	8418		
213	0912	263	0284	313	9657	363	9030	413	8405		
214	0899	264	0272	314	9645	364	9018	414	8393		
215	0887	265	0259	315	9632	365	9005	415	8380		
216	0874	266	0247	316	9620	366	8993	416	8368		
217	0861	267	0234	317	9607	367	8980	417	8355		
218	0849	268	0222	318	9595	368	8968	418	8343		
219	0836	269	0209	319	9582	369	8955	419	8330		
220	0824	270	0197	320	9570	370	8943	420	8318		

DIFF.

	13	12
0 01	0	0
0 02	0	0
0 03	0	0
0 04	1	0
0 05	1	1
0 06	1	1
0 07	1	1
0 08	1	1
0 09	1	1
0 10	1	1
0 20	3	2
0 30	4	4
0 40	5	5
0 50	7	6
0 60	8	7
0 70	9	8
0 80	10	10
0 90	12	11
1 00	13	12

DIVISEURS : 89451 A 89730.

DIVISEUR	Nombre à multiplier par le dividende	DIVISEUR	Nombre à multiplier par le dividende	DIVISEUR	Nombre à multiplier par le dividende	DIVISEUR	Nombre à multiplier par le dividende	DIVISEUR	Nombre à multiplier par le dividende	DIVISEUR	Nombre à multiplier par le dividende
89 451	111 7929	89 501	111 7305	89 551	111 6681	89 601	111 6058	89 651	111 5435	89 701	111 4844
452	7917	502	7293	552	6669	602	6046	652	5423	702	4802
453	7904	503	7280	553	6656	603	6033	653	5410	703	4789
454	7892	504	7268	554	6644	604	6021	654	5398	704	4777
455	7879	505	7255	555	6631	605	6008	655	5386	705	4764
456	7867	506	7243	556	6619	606	5996	656	5373	706	4752
457	7854	507	7230	557	6606	607	5983	657	5361	707	4739
458	7842	508	7218	558	6594	608	5971	658	5348	708	4727
459	7829	509	7205	559	6581	609	5958	659	5336	709	4714
460	7817	510	7193	560	6569	610	5946	660	5324	710	4702
89 461	111 7804	89 511	111 7180	89 561	111 6556	89 611	111 5933	89 661	111 5311	89 711	111 4689
462	7792	512	7168	562	6544	612	5921	662	5299	712	4677
463	7779	513	7155	563	6531	613	5908	663	5286	713	4664
464	7767	514	7143	564	6519	614	5896	664	5274	714	4652
465	7755	515	7130	565	6507	615	5884	665	5262	715	4640
466	7742	516	7118	566	6494	616	5871	666	5249	716	4627
467	7730	517	7105	567	6482	617	5859	667	5237	717	4615
468	7717	518	7093	568	6469	618	5846	668	5224	718	4602
469	7705	519	7080	569	6457	619	5834	669	5212	719	4590
470	7693	520	7068	570	6445	620	5822	670	5200	720	4578
89 471	111 7680	89 521	111 7055	89 571	111 6432	89 621	111 5809	89 671	111 5187	89 721	111 4565
472	7668	522	7043	572	6420	622	5797	672	5175	722	4553
473	7655	523	7030	573	6407	623	5784	673	5162	723	4540
474	7643	524	7018	574	6395	624	5772	674	5150	724	4528
475	7630	525	7006	575	6382	625	5759	675	5137	725	4546
476	7618	526	6993	576	6370	626	5747	676	5125	726	4503
477	7605	527	6981	577	6357	627	5734	677	5112	727	4491
478	7593	528	6968	578	6345	628	5722	678	5100	728	4478
479	7580	529	6956	579	6332	629	5709	679	5087	729	4466
480	7568	530	6944	580	6320	630	5697	680	5075	730	4454
89 481	111 7555	89 531	111 6931	89 581	111 6307	89 631	111 5684	89 681	111 5062		
482	7543	532	6919	582	6295	632	5672	682	5050		
483	7530	533	6906	583	6282	633	5659	683	5037		
484	7518	534	6894	584	6270	634	5647	684	5025		
485	7505	535	6881	585	6258	635	5635	685	5013		
486	7493	536	6869	586	6245	636	5622	686	5000		
487	7480	537	6856	587	6233	637	5610	687	4988		
488	7468	538	6844	588	6220	638	5597	688	4975		
489	7455	539	6831	589	6208	639	5585	689	4963		
490	7443	540	6819	590	6196	640	5573	690	4951		
89 491	111 7430	89 541	111 6806	89 591	111 6183	89 641	111 5560	89 691	111 4938		
492	7418	542	6794	592	6171	642	5548	692	4926		
493	7405	543	6781	593	6158	643	5535	693	4913		
494	7393	544	6769	594	6146	644	5523	694	4901		
495	7380	545	6756	595	6133	645	5510	695	4889		
496	7368	546	6744	596	6121	646	5498	696	4876		
497	7355	547	6731	597	6108	647	5485	697	4864		
498	7343	548	6719	598	6096	648	5473	698	4851		
499	7330	549	6706	599	6083	649	5460	699	4839		
500	7318	550	6694	600	6071	650	5448	700	4827		

DIFF.

	13	12
0 01	0	0
0 02	0	0
0 03	0	0
0 04	1	0
0 05	1	0
0 06	1	1
0 07	1	1
0 08	1	1
0 09	1	1
0 10	1	1
0 20	3	2
0 30	4	4
0 40	5	5
0 50	7	6
0 60	8	7
0 70	9	8
0 80	10	10
0 90	12	11
1 00	13	12

DIVISEURS : 89731 A 90010.

DIVISEUR	Nombre à multiplier par le dividende	DIVISEUR	Nombre à multiplier par le dividende	DIVISEUR	Nombre à multiplier par le dividende	DIVISEUR	Nombre à multiplier par le dividende	DIVISEUR	Nombre à multiplier par le dividende	DIVISEUR	Nombre à multiplier par le dividende
89 731	111 4444	89 781	111 3820	89 831	111 3200	89 881	111 2581	89 931	111 1962	89 981	111 1345
732	4429	782	3808	832	3188	882	2569	932	1950	982	1333
733	4416	783	3795	833	3175	883	2556	933	1938	983	1320
734	4404	784	3783	834	3163	884	2544	934	1925	984	1308
735	4392	785	3771	835	3151	885	2532	935	1913	985	1296
736	4379	786	3758	836	3138	886	2519	936	1901	986	1283
737	4367	787	3746	837	3126	887	2507	937	1888	987	1271
738	4354	788	3733	838	3113	888	2494	938	1876	988	1258
739	4342	789	3721	839	3101	889	2482	939	1864	989	1246
740	4330	790	3709	840	3089	890	2470	940	1852	990	1234
89 741	111 4317	89 791	111 3696	89 841	111 3076	89 891	111 2457	89 941	111 1839	89 991	111 1221
742	4305	792	3684	842	3064	892	2445	942	1827	992	1209
743	4292	793	3671	843	3052	893	2433	943	1815	993	1197
744	4280	794	3659	844	3039	894	2420	944	1802	994	1184
745	4268	795	3647	845	3027	895	2408	945	1790	995	1172
746	4255	796	3634	846	3015	896	2396	946	1778	996	1160
747	4243	797	3622	847	3002	897	2383	947	1765	997	1147
748	4230	798	3609	848	2990	898	2371	948	1753	998	1135
749	4218	799	3597	849	2978	899	2359	949	1741	999	1123
750	4206	800	3585	850	2966	900	2347	950	1729	90 000	1111
89 751	111 4193	89 801	111 3572	89 851	111 2953	89 901	111 2334	89 951	111 1716	90 001	111 1098
752	4181	802	3560	852	2941	902	2322	952	1704	002	1086
753	4168	803	3547	853	2928	903	2309	953	1691	003	1073
754	4156	804	3535	854	2916	904	2297	954	1679	004	1061
755	4143	805	3523	855	2904	905	2285	955	1667	005	1049
756	4131	806	3510	856	2891	906	2272	956	1654	006	1036
757	4118	807	3498	857	2879	907	2260	957	1642	007	1024
758	4106	808	3485	858	2866	908	2247	958	1629	008	1011
759	4093	809	3473	859	2854	909	2235	959	1617	009	0999
760	4081	810	3461	860	2842	910	2223	960	1605	010	0987
89 761	111 4068	89 811	111 3448	89 861	111 2829	89 911	111 2210	89 961	111 1592		
762	4056	812	3436	862	2817	912	2198	962	1580		
763	4043	813	3423	863	2804	913	2185	963	1567		
764	4031	814	3411	864	2792	914	2173	964	1555		
765	4019	815	3399	865	2780	915	2161	965	1543		
766	4006	816	3386	866	2767	916	2148	966	1530		
767	3994	817	3374	867	2755	917	2136	967	1518		
768	3981	818	3361	868	2742	918	2123	968	1505		
769	3969	819	3349	869	2730	919	2111	969	1493		
770	3957	820	3337	870	2718	920	2099	970	1481		
89 771	111 3944	89 821	111 3324	89 871	111 2705	89 921	111 2086	89 971	111 1468		
772	3932	822	3312	872	2693	922	2074	972	1456		
773	3919	823	3299	873	2680	923	2061	973	1444		
774	3907	824	3287	874	2668	924	2049	974	1431		
775	3895	825	3275	875	2656	925	2037	975	1419		
776	3882	826	3262	876	2643	926	2024	976	1407		
777	3870	827	3250	877	2631	927	2012	977	1394		
778	3857	828	3237	878	2618	928	1999	978	1382		
779	3845	829	3225	879	2606	929	1987	979	1370		
780	3833	830	3213	880	2594	930	1975	980	1358		

DIFF.

	13	12
0 01	0	0
0 02	0	0
0 03	0	0
0 04	1	0
0 05	1	1
0 06	1	1
0 07	1	1
0 08	1	1
0 09	1	1
0 10	1	1
0 20	3	2
0 30	4	4
0 40	5	5
0 50	7	6
0 60	8	7
0 70	9	8
0 80	10	10
0 90	12	11
1 00	13	12

DIVISEURS : 90011 A 90290.

DIVISEUR	Nombre à multiplier par le dividende	DIVISEUR	Nombre à multiplier par le dividende	DIVISEUR	Nombre à multiplier par le dividende	DIVISEUR	Nombre à multiplier par le dividende	DIVISEUR	Nombre à multiplier par le dividende	DIVISEUR	Nombre à multiplier par le dividende	DIVISEUR	Nombre à multiplier par le dividende
90 011	111 0974	90 061	111 0357	90 111	110 9744	90 161	110 9126	90 211	110 8511	90 261	110 7897		
012	0962	062	0345	112	9729	162	9114	212	8499	262	7885		
013	0950	063	0333	113	9717	163	9102	213	8487	263	7873		
014	0937	064	0320	114	9704	164	9089	214	8474	264	7860		
015	0925	065	0308	115	9692	165	9077	215	8462	265	7848		
016	0913	066	0296	116	9680	166	9065	216	8450	266	7836		
017	0900	067	0283	117	9667	167	9052	217	8437	267	7823		
018	0888	068	0271	118	9655	168	9040	218	8425	268	7811		
019	0876	069	0259	119	9643	169	9028	219	8413	269	7799		
020	0864	070	0247	120	9631	170	9016	220	8401	270	7787		
90 021	111 0854	90 071	111 0234	90 121	110 9618	90 171	110 9003	90 221	110 8388	90 271	110 7774		
022	0839	072	0222	122	9606	172	8991	222	8376	272	7762		
023	0826	073	0210	123	9594	173	8979	223	8364	273	7750		
024	0814	074	0197	124	9581	174	8966	224	8351	274	7738		
025	0802	075	0185	125	9569	175	8954	225	8339	275	7726		
026	0789	076	0173	126	9557	176	8942	226	8327	276	7713		
027	0777	077	0160	127	9544	177	8929	227	8314	277	7701		
028	0764	078	0148	128	9532	178	8917	228	8302	278	7689		
029	0752	079	0136	129	9520	179	8905	229	8290	279	7677		
030	0740	080	0124	130	9508	180	8893	230	8278	280	7665		
90 031	111 0727	90 081	111 0111	90 131	110 9495	90 181	110 8880	90 231	110 8265	90 281	110 7652		
032	0715	082	0099	132	9483	182	8868	232	8253	282	7640		
033	0703	083	0087	133	9471	183	8856	233	8241	283	7628		
034	0690	084	0074	134	9458	184	8843	234	8228	284	7615		
035	0678	085	0062	135	9446	185	8831	235	8216	285	7603		
036	0666	086	0050	136	9434	186	8819	236	8204	286	7591		
037	0653	087	0037	137	9421	187	8806	237	8191	287	7578		
038	0641	088	0025	138	9409	188	8794	238	8179	288	7566		
039	0629	089	0013	139	9397	189	8782	239	8167	289	7554		
040	0617	090	0001	140	9385	190	8770	240	8155	290	7542		
90 041	111 0604	90 091	110 9988	90 141	110 9372	90 191	110 8757	90 241	110 8142				
042	0592	092	9976	142	9360	192	8745	242	8130				
043	0580	093	9963	143	9348	193	8733	243	8118				
044	0567	094	9951	144	9335	194	8720	244	8106				
045	0555	095	9939	145	9323	195	8708	245	8094				
046	0543	096	9926	146	9311	196	8696	246	8081				
047	0530	097	9914	147	9298	197	8683	247	8069				
048	0518	098	9901	148	9286	198	8671	248	8057				
049	0506	099	9889	149	9274	199	8659	249	8045				
050	0494	100	9877	150	9262	200	8647	250	8033				
90 051	111 0481	90 101	110 9864	90 151	110 9249	90 201	110 8634	90 251	110 8020				
052	0469	102	9852	152	9237	202	8622	252	8008				
053	0456	103	9840	153	9225	203	8610	253	7996				
054	0444	104	9827	154	9212	204	8597	254	7983				
055	0432	105	9815	155	9200	205	8585	255	7971				
056	0419	106	9803	156	9188	206	8573	256	7959				
057	0407	107	9790	157	9175	207	8560	257	7946				
058	0394	108	9778	158	9163	208	8548	258	7934				
059	0382	109	9766	159	9151	209	8536	259	7922				
060	0370	110	9754	160	9139	210	8524	260	7910				

DIFF.

	13	12
0 01	0	0
0 02	0	0
0 03	0	0
0 04	1	0
0 05	1	1
0 06	1	1
0 07	1	1
0 08	1	1
0 09	1	1
0 10	1	1
0 20	3	2
0 30	4	4
0 40	5	5
0 50	7	6
0 60	8	7
0 70	9	8
0 80	10	10
0 90	12	11
1 00	13	12

DIVISEUR	Nombre à multiplier par le dividende	DIVISEUR	Nombre à multiplier par le dividende	DIVISEUR	Nombre à multiplier par le dividende	DIVISEUR	Nombre à multiplier par le dividende	DIVISEUR	Nombre à multiplier par le dividende	DIVISEUR	Nombre à multiplier par le dividende
90 291	110 7529	90 341	110 6946	90 391	110 6304	90 441	110 5692	90 491	110 5081	90 541	110 4471
292	7517	342	6904	392	6292	442	5680	492	5069	542	4459
293	7505	343	6892	393	6280	443	5668	493	5057	543	4447
294	7492	344	6879	394	6267	444	5655	494	5045	544	4435
295	7480	345	6867	395	6255	445	5643	495	5033	545	4423
296	7468	346	6855	396	6243	446	5631	496	5020	546	4410
297	7455	347	6842	397	6230	447	5618	497	5008	547	4398
298	7443	348	6830	398	6218	448	5606	498	4996	548	4386
299	7431	349	6818	399	6206	449	5594	499	4984	549	4374
300	7419	350	6806	400	6194	450	5582	500	4972	550	4362
90 301	110 7406	90 351	110 6793	90 401	110 6181	90 451	110 5569	90 501	110 4959	90 551	110 4349
302	7394	352	6781	402	6169	452	5557	502	4947	552	4337
303	7382	353	6769	403	6157	453	5545	503	4935	553	4325
304	7370	354	6757	404	6145	454	5533	504	4923	554	4313
305	7358	355	6745	405	6133	455	5521	505	4911	555	4301
306	7345	356	6732	406	6120	456	5508	506	4898	556	4288
307	7333	357	6720	407	6108	457	5496	507	4886	557	4276
308	7321	358	6708	408	6096	458	5484	508	4874	558	4264
309	7309	359	6696	409	6084	459	5472	509	4862	559	4252
310	7297	360	6684	410	6072	460	5460	510	4850	560	4240
90 311	110 7284	90 361	110 6671	90 411	110 6059	90 461	110 5447	90 511	110 4837	90 561	110 4227
312	7272	362	6659	412	6047	462	5435	512	4825	562	4215
313	7260	363	6647	413	6035	463	5423	513	4813	563	4203
314	7247	364	6634	414	6023	464	5411	514	4801	564	4191
315	7235	365	6622	415	6011	465	5399	515	4789	565	4179
316	7223	366	6610	416	5998	466	5386	516	4776	566	4166
317	7210	367	6597	417	5986	467	5374	517	4764	567	4154
318	7198	368	6585	418	5974	468	5362	518	4752	568	4142
319	7186	369	6573	419	5962	469	5350	519	4740	569	4130
320	7174	370	6561	420	5950	470	5338	520	4728	570	4118
90 321	110 7164	90 371	110 6548	90 421	110 5937	90 471	110 5325	90 521	110 4715		DIFF.
322	7149	372	6536	422	5925	472	5313	522	4703		
323	7137	373	6524	423	5913	473	5301	523	4691		13 12
324	7124	374	6512	424	5900	474	5289	524	4679		
325	7112	375	6500	425	5888	475	5277	525	4667		
326	7100	376	6487	426	5876	476	5264	526	4654	0 01	0 0
327	7087	377	6475	427	5863	477	5252	527	4642	0 02	0 0
328	7075	378	6463	428	5851	478	5240	528	4630	0 03	0 0
329	7063	379	6451	429	5839	479	5228	529	4618	0 04	1 0
330	7051	380	6439	430	5827	480	5216	530	4606	0 05	1 1
										0 06	1 1
										0 07	1 1
90 331	110 7038	90 381	110 6426	90 431	110 5814	90 481	110 5203	90 531	110 4593	0 08	1 1
332	7026	382	6414	432	5802	482	5191	532	4581	0 09	1 1
333	7014	383	6402	433	5790	483	5179	533	4569	0 10	1 1
334	7002	384	6390	434	5778	484	5167	534	4557	0 20	3 2
335	6990	385	6378	435	5766	485	5155	535	4545	0 30	4 4
336	6977	386	6365	436	5753	486	5142	536	4532	0 40	5 5
337	6965	387	6353	437	5741	487	5130	537	4520	0 50	7 6
338	6953	388	6341	438	5729	488	5118	538	4508	0 60	8 7
339	6941	389	6329	439	5717	489	5106	539	4496	0 70	9 8
340	6929	390	6317	440	5705	490	5094	540	4484	0 80	10 10
										0 90	12 11
										1 00	13 12

DIVISEURS : 90571 A 90850.

DIVISEUR	Nombre à multiplier par le dividende	DIVISEUR	Nombre à multiplier par le dividende	DIVISEUR	Nombre à multiplier par le dividende	DIVISEUR	Nombre à multiplier par le dividende	DIVISEUR	Nombre à multiplier par le dividende	DIVISEUR	Nombre à multiplier par le dividende
90 571	110 4105	90 621	110 3496	90 671	110 2887	90 721	110 2279	90 771	110 1672	90 821	110 1066
572	4093	622	3484	672	2875	722	2267	772	1660	822	1054
573	4081	623	3472	673	2863	723	2255	773	1648	823	1042
574	4069	624	3460	674	2851	724	2243	774	1636	824	1030
575	4057	625	3448	675	2839	725	2231	775	1624	825	1018
576	4044	626	3435	676	2827	726	2219	776	1612	826	1005
577	4032	627	3423	677	2815	727	2207	777	1600	827	0993
578	4020	628	3411	678	2803	728	2195	778	1588	828	0981
579	4008	629	3399	679	2791	729	2183	779	1576	829	0969
580	3996	630	3387	680	2779	730	2171	780	1564	830	0957
90 581	110 3983	90 631	110 3374	90 681	110 2766	90 731	110 2158	90 781	110 1551	90 831	110 0944
582	3971	632	3362	682	2754	732	2146	782	1539	832	0932
583	3959	633	3350	683	2742	733	2134	783	1527	833	0920
584	3947	634	3338	684	2730	734	2122	784	1515	834	0908
585	3935	635	3326	685	2718	735	2110	785	1503	835	0896
586	3922	636	3313	686	2705	736	2097	786	1490	836	0884
587	3910	637	3301	687	2693	737	2085	787	1478	837	0872
588	3898	638	3289	688	2681	738	2073	788	1466	838	0860
589	3886	639	3277	689	2669	739	2061	789	1454	839	0848
590	3874	640	3265	690	2657	740	2049	790	1442	840	0836
90 591	110 3861	90 641	110 3252	90 691	110 2644	90 741	110 2036	90 791	110 1429	90 841	110 0823
592	3849	642	3240	692	2632	742	2024	792	1417	842	0811
593	3837	643	3228	693	2620	743	2012	793	1405	843	0799
594	3825	644	3216	694	2608	744	2000	794	1393	844	0787
595	3813	645	3204	695	2596	745	1988	795	1381	845	0775
596	3800	646	3191	696	2583	746	1976	796	1369	846	0763
597	3788	647	3179	697	2571	747	1964	797	1357	847	0751
598	3776	648	3167	698	2559	748	1952	798	1345	848	0739
599	3764	649	3155	699	2547	749	1940	799	1333	849	0727
600	3752	650	3143	700	2535	750	1928	800	1321	850	0715
90 601	110 3739	90 651	110 3131	90 701	110 2522	90 751	110 1915	90 801	110 1308		
602	3727	652	3119	702	2510	752	1903	802	1296		
603	3715	653	3107	703	2498	753	1891	803	1284		
604	3703	654	3094	704	2486	754	1879	804	1272		
605	3691	655	3082	705	2474	755	1867	805	1260		
606	3678	656	3070	706	2462	756	1855	806	1248		
607	3666	657	3058	707	2450	757	1842	807	1236		
608	3654	658	3046	708	2438	758	1830	808	1224		
609	3642	659	3034	709	2426	759	1818	809	1212		
610	3630	660	3022	710	2414	760	1806	810	1200		
90 611	110 3617	90 661	110 3009	90 711	110 2401	90 761	110 1793	90 811	110 1187		
612	3605	662	2997	712	2389	762	1781	812	1175		
613	3593	663	2985	713	2377	763	1769	813	1163		
614	3581	664	2973	714	2365	764	1757	814	1151		
615	3569	665	2961	715	2353	765	1745	815	1139		
616	3557	666	2948	716	2340	766	1733	816	1127		
617	3545	667	2936	717	2328	767	1721	817	1115		
618	3533	668	2924	718	2316	768	1709	818	1103		
619	3521	669	2912	719	2304	769	1697	819	1091		
620	3509	670	2900	720	2292	770	1685	820	1079		

DIFF.

	13	12
0 01	0	0
0 02	0	0
0 03	0	0
0 04	1	0
0 05	1	1
0 06	1	1
0 07	1	1
0 08	1	1
0 09	1	1
0 10	1	1
0 20	3	2
0 30	4	4
0 40	5	5
0 50	7	6
0 60	8	7
0 70	9	8
0 80	10	10
0 90	12	11
1 00	13	12

DIVISEURS : **90851 à 91130.**

DIVISEUR	Nombre à multiplier par le dividende	DIVISEUR	Nombre à multiplier par le dividende	DIVISEUR	Nombre à multiplier par le dividende	DIVISEUR	Nombre à multiplier par le dividende	DIVISEUR	Nombre à multiplier par le dividende	DIVISEUR	Nombre à multiplier par le dividende
90 851	110 0702	90 901	110 0097	90 951	109 9492	91 001	109 8888	91 051	109 8285	91 101	109 7682
852	0690	902	0085	952	9480	002	8876	052	8273	102	7670
853	0678	903	0073	953	9468	003	8864	053	8261	103	7658
854	0666	904	0061	954	9456	004	8852	054	8249	104	7646
855	0654	905	0049	955	9444	005	8840	055	8237	105	7634
856	0642	906	0037	956	9432	006	8828	056	8225	106	7622
857	0630	907	0025	957	9420	007	8816	057	8213	107	7610
858	0618	908	0013	958	9408	008	8804	058	8201	108	7598
859	0606	909	0001	959	9396	009	8792	059	8189	109	7586
860	0594	910	109 9989	960	9384	010	8780	060	8177	110	7574
90 861	110 0581	90 911	109 9976	90 961	109 9374	91 011	109 8767	91 061	109 8164	91 111	109 7561
862	0569	912	9964	962	9359	012	8755	062	8152	112	7549
863	0557	913	9952	963	9347	013	8743	063	8140	113	7537
864	0545	914	9940	964	9335	014	8731	064	8128	114	7525
865	0533	915	9928	965	9323	015	8719	065	8116	115	7513
866	0521	916	9916	966	9311	016	8707	066	8104	116	7501
867	0509	917	9904	967	9299	017	8695	067	8092	117	7489
868	0497	918	9892	968	9287	018	8683	068	8080	118	7477
869	0485	919	9880	969	9275	019	8671	069	8068	119	7465
870	0473	920	9868	970	9263	020	8659	070	8056	120	7453
90 871	110 0460	90 921	109 9855	90 971	109 9250	91 021	109 8646	91 071	109 8043	91 121	109 7441
872	0448	922	9843	972	9238	022	8634	072	8031	122	7429
873	0436	923	9831	973	9226	023	8622	073	8019	123	7417
874	0424	924	9819	974	9214	024	8610	074	8007	124	7405
875	0412	925	9807	975	9202	025	8598	075	7995	125	7393
876	0400	926	9795	976	9190	026	8586	076	7983	126	7381
877	0388	927	9783	977	9178	027	8574	077	7971	127	7369
878	0376	928	9771	978	9166	028	8562	078	7959	128	7357
879	0364	929	9759	979	9154	029	8550	079	7947	129	7345
880	0352	930	9747	980	9142	030	8538	080	7935	130	7333
90 881	110 0339	90 931	109 9734	90 981	109 9129	91 031	109 8526	91 081	109 7923		
882	0327	932	9722	982	9117	032	8514	082	7911		
883	0315	933	9710	983	9105	033	8502	083	7899		
884	0303	934	9698	984	9093	034	8490	084	7887		
885	0291	935	9686	985	9081	035	8478	085	7875		
886	0279	936	9674	986	9069	036	8466	086	7863		
887	0267	937	9662	987	9057	037	8454	087	7851		
888	0255	938	9650	988	9045	038	8442	088	7839		
889	0243	939	9638	989	9033	039	8430	089	7827		
890	0231	940	9626	990	9021	040	8418	090	7815		
90 891	110 0218	90 941	109 9613	90 991	109 9009	91 041	109 8405	91 091	109 7802		
892	0206	942	9601	992	8997	042	8393	092	7790		
893	0194	943	9589	993	8985	043	8381	093	7778		
894	0182	944	9577	994	8973	044	8369	094	7766		
895	0170	945	9565	995	8961	045	8357	095	7754		
896	0158	946	9553	996	8949	046	8345	096	7742		
897	0146	947	9541	997	8937	047	8333	097	7730		
898	0134	948	9529	998	8925	048	8321	098	7718		
899	0122	949	9517	999	8913	049	8309	099	7706		
900	0110	950	9505	91 000	8901	050	8297	100	7694		

DIFF.

	13	12
0 01	0	0
0 02	0	0
0 03	0	0
0 04	1	0
0 05	1	1
0 06	1	1
0 07	1	1
0 08	1	1
0 09	1	1
0 10	1	1
0 20	3	2
0 30	4	4
0 40	5	5
0 50	7	6
0 60	8	7
0 70	9	8
0 80	10	10
0 90	12	11
1 00	13	12

DIVISEURS : 91131 A 91410.

DIVISEUR	Nombre à multiplier par le dividende	DIVISEUR	Nombre à multiplier par le dividende	DIVISEUR	Nombre à multiplier par le dividende	DIVISEUR	Nombre à multiplier par le dividende	DIVISEUR	Nombre à multiplier par le dividende	DIVISEUR	Nombre à multiplier par le dividende
91 131	109 7324	91 181	109 6719	91 231	109 6118	91 281	109 5318	91 331	109 4918	91 381	109 4319
132	7309	182	6707	232	6106	282	5306	332	4906	382	4307
133	7297	183	6695	233	6094	283	5494	333	4894	383	4295
134	7285	184	6683	234	6082	284	5482	334	4882	384	4283
135	7273	185	6671	235	6070	285	5470	335	4870	385	4271
136	7261	186	6659	236	6058	286	5458	336	4858	386	4259
137	7249	187	6647	237	6046	287	5446	337	4846	387	4247
138	7237	188	6635	238	6034	288	5434	338	4834	388	4235
139	7225	189	6623	239	6022	289	5422	339	4822	389	4223
140	7213	190	6611	240	6010	290	5410	340	4810	390	4211
91 141	109 7200	91 191	109 6599	91 241	109 5998	91 291	109 5398	91 341	109 4798	91 391	109 4199
142	7188	192	6587	242	5986	292	5386	342	4786	392	4187
143	7176	193	6575	243	5974	293	5374	343	4774	393	4175
144	7164	194	6563	244	5962	294	5362	344	4762	394	4163
145	7152	195	6551	245	5950	295	5350	345	4750	395	4151
146	7140	196	6539	246	5938	296	5338	346	4738	396	4139
147	7128	197	6527	247	5926	297	5326	347	4726	397	4127
148	7116	198	6515	248	5914	298	5314	348	4714	398	4115
149	7104	199	6503	249	5902	299	5302	349	4702	399	4103
150	7092	200	6491	250	5890	300	5299	350	4690	400	4091
91 151	109 7080	91 201	109 6479	91 251	109 5878	91 301	109 5278	91 351	109 4678	91 401	109 4079
152	7068	202	6467	252	5866	302	5266	352	4666	402	4067
153	7056	203	6455	253	5854	303	5254	353	4654	403	40 5
154	7044	204	6443	254	5842	304	5242	354	4642	404	4043
155	7032	205	6431	255	5830	305	5230	355	4630	405	4031
156	7020	206	6419	256	5818	306	5218	356	4618	406	4019
157	7008	207	6407	257	5806	307	5206	357	4606	407	4007
158	6996	208	6395	258	5794	308	5194	358	4594	408	3995
159	6984	209	6383	259	5782	309	5182	359	4582	409	3983
160	6972	210	6371	260	5770	310	5170	360	4570	410	3972
91 161	109 6960	91 211	109 6359	91 261	109 5758	91 311	109 5158	91 361	109 4558		
162	6948	212	6347	262	5746	312	5146	362	4546		
163	6936	213	6335	263	5734	313	5134	363	4534		
164	6924	214	6323	264	5722	314	5122	364	4522		
165	6912	215	6311	265	5710	315	5110	365	4510		
166	6900	216	6299	266	5698	316	5098	366	4498		
167	6888	217	6287	267	5686	317	5086	367	4486		
168	6876	218	6275	268	5674	318	5074	368	4474		
169	6864	219	6263	269	5662	319	5062	369	4462		
170	6852	220	6251	270	5650	320	5050	370	4450		
91 171	109 6839	91 221	109 6238	91 271	109 5638	91 321	109 5038	91 371	109 4439		
172	6827	222	6226	272	5626	322	5026	372	4427		
173	6815	223	6214	273	5614	323	5014	373	4415		
174	6803	224	6202	274	5602	324	5002	374	4403		
175	6791	225	6190	275	5590	325	4990	375	4391		
176	6779	226	6178	276	5578	326	4978	376	4379		
177	6767	227	6166	277	5566	327	4966	377	4367		
178	6755	228	6154	278	5554	328	4954	378	4355		
179	6743	229	6142	279	5542	329	4942	379	4343		
180	6731	230	6130	280	5530	330	4930	380	4331		

DIFF.

	13	12	11
0 01	0	0	0
0 02	0	0	0
0 03	0	0	0
0 04	1	0	0
0 05	1	1	1
0 06	1	1	1
0 07	1	1	1
0 08	1	1	1
0 09	1	1	1
0 10	1	1	1
0 20	3	2	2
0 30	4	4	3
0 40	5	5	4
0 50	7	6	6
0 60	8	7	7
0 70	9	8	8
0 80	10	10	9
0 90	12	11	10
1 00	13	12	11

DIVISEURS : **91411 A 91690.**

DIVISEUR	Nombre à multiplier par le dividende	DIVISEUR	Nombre à multiplier par le dividende	DIVISEUR	Nombre à multiplier par le dividende	DIVISEUR	Nombre à multiplier par le dividende	DIVISEUR	Nombre à multiplier par le dividende	DIVISEUR	Nombre à multiplier par le dividende
91 411	109 3960	91 461	109 3362	91 511	109 2764	91 561	109 2167	91 611	109 1571	91 661	109 0976
412	3948	462	3350	512	2752	562	2155	612	1559	662	0964
413	3936	463	3338	513	2740	563	2143	613	1547	663	0952
414	3924	464	3326	514	2728	564	2131	614	1535	664	0940
415	3912	465	3314	515	2716	565	2119	615	1523	665	0928
416	3900	466	3302	516	2704	566	2107	616	1511	666	0916
417	3888	467	3290	517	2692	567	2095	617	1499	667	0904
418	3876	468	3278	518	2680	568	2083	618	1487	668	0892
419	3864	469	3266	519	2668	569	2074	619	1475	669	0880
420	3852	470	3254	520	2656	570	2060	620	1464	670	0869
91 421	109 3840	91 471	109 3242	91 521	109 2644	91 571	109 2048	91 621	109 1452	91 671	109 0857
422	3828	472	3230	522	2632	572	2036	622	1440	672	0845
423	3816	473	3218	523	2620	573	2024	623	1428	673	0833
424	3804	474	3206	524	2608	574	2012	624	1416	674	0821
425	3792	475	3194	525	2596	575	2000	625	1404	675	0809
426	3780	476	3182	526	2584	576	1988	626	1392	676	0797
427	3768	477	3170	527	2572	577	1976	627	1380	677	0785
428	3756	478	3158	528	2560	578	1964	628	1368	678	0773
429	3744	479	3146	529	2548	579	1952	629	1356	679	0761
430	3732	480	3135	530	2537	580	1941	630	1345	680	0750
91 431	109 3720	91 481	109 3123	91 531	109 2525	91 581	109 1929	91 631	109 1333	91 681	109 0738
432	3708	482	3111	532	2513	582	1917	632	1321	682	0726
433	3696	483	3099	533	2501	583	1905	633	1309	683	0714
434	3684	484	3087	534	2489	584	1893	634	1297	684	0702
435	3672	485	3075	535	2477	585	1881	635	1285	685	0690
436	3660	486	3063	536	2465	586	1869	636	1273	686	0678
437	3648	487	3051	537	2453	587	1857	637	1261	687	0666
438	3636	488	3039	538	2441	588	1845	638	1249	688	0654
439	3624	489	3027	539	2429	589	1833	639	1237	689	0642
440	3612	490	3015	540	2418	590	1822	640	1226	690	0631
91 441	109 3600	91 491	109 3003	91 541	109 2406	91 591	109 1810	91 641	109 1214		**DIFF.**
442	3588	492	2991	542	2394	592	1798	642	1202		
443	3576	493	2979	543	2382	593	1786	643	1190		
444	3564	494	2967	544	2370	594	1774	644	1178		
445	3552	495	2955	545	2358	595	1762	645	1166		
446	3540	496	2943	546	2346	596	1750	646	1154		
447	3528	497	2931	547	2334	597	1738	647	1142		
448	3516	498	2919	548	2322	598	1726	648	1130		
449	3504	499	2907	549	2310	599	1714	649	1118		
450	3493	500	2896	550	2299	600	1703	650	1107		
91 451	109 3481	91 501	109 2884	91 551	109 2287	91 601	109 1694	91 651	109 1095		
452	3469	502	2872	552	2275	602	1679	652	1083		
453	3457	503	2860	553	2263	603	1667	653	1071		
454	3445	504	2848	554	2251	604	1655	654	1059		
455	3433	505	2836	555	2239	605	1643	655	1047		
456	3421	506	2824	556	2227	606	1631	656	1035		
457	3409	507	2812	557	2215	607	1619	657	1023		
458	3397	508	2800	558	2203	608	1607	658	1011		
459	3385	509	2788	559	2191	609	1595	659	0999		
460	3374	510	2776	560	2179	610	1583	660	0988		

	12	11
0 01	0	0
0 02	0	0
0 03	0	0
0 04	0	0
0 05	1	1
0 06	1	1
0 07	1	1
0 08	1	1
0 09	1	1
0 10	1	1
0 20	2	2
0 30	4	3
0 40	5	4
0 50	6	6
0 60	7	7
0 70	8	8
0 80	10	9
0 90	11	10
1 00	12	11

DIVISEURS : 91691 A 91970.

DIVISEUR	Nombre à multiplier par le dividende	DIVISEUR	Nombre à multiplier par le dividende	DIVISEUR	Nombre à multiplier par le dividende	DIVISEUR	Nombre à multiplier par le dividende	DIVISEUR	Nombre à multiplier par le dividende	DIVISEUR	Nombre à multiplier par le dividende
91 691	109 0649	91 741	109 0025	91 791	108 9431	91 841	108 8838	91 891	108 8245	91 941	108 7653
692	0607	742	0013	792	9419	842	8826	892	8233	942	7641
693	0595	743	0001	793	9407	843	8814	893	8221	943	7629
694	0583	744	108 9989	794	9395	844	8802	894	8209	944	7617
695	0571	745	9977	795	9383	845	8790	895	8198	945	7606
696	0559	746	9965	796	9371	846	8778	896	8186	946	7594
697	0547	747	9953	797	9359	847	8766	897	8174	947	7582
698	0535	748	9941	798	9347	848	8754	898	8162	948	7570
699	0523	749	9929	799	9335	849	8742	899	8150	949	7558
700	0512	750	9918	800	9324	850	8731	900	8139	950	7547
91 701	109 0500	91 751	108 9906	91 801	108 9312	91 851	108 8719	91 901	108 8127	91 951	108 7535
702	0488	752	9894	802	9300	852	8707	902	8115	952	7523
703	0476	753	9882	803	9288	853	8695	903	8103	953	7511
704	0464	754	9870	804	9276	854	8683	904	8091	954	7499
705	0452	755	9858	805	9264	855	8672	905	8079	955	7488
706	0440	756	9846	806	9252	856	8660	906	8067	956	7476
707	0428	757	9834	807	9240	857	8648	907	8055	957	7464
708	0416	758	9822	808	9228	858	8636	908	8043	958	7452
709	0404	759	9810	809	9216	859	8624	909	8031	959	7440
710	0393	760	9799	810	9205	860	8613	910	8020	960	7429
91 711	109 0381	91 761	108 9787	91 811	108 9193	91 861	108 8601	91 911	108 8008	91 961	108 7417
712	0369	762	9775	812	9181	862	8589	912	7996	962	7405
713	0357	763	9763	813	9169	863	8577	913	7984	963	7393
714	0345	764	9751	814	9157	864	8565	914	7972	964	7381
715	0333	765	9739	815	9146	865	8553	915	7961	965	7370
716	0321	766	9727	816	9134	866	8541	916	7949	966	7358
717	0309	767	9715	817	9122	867	8529	917	7937	967	7346
718	0297	768	9703	818	9110	868	8517	918	7925	968	7334
719	0285	769	9691	819	9098	869	8505	919	7913	969	7322
720	0274	770	9680	820	9087	870	8494	920	7902	970	7311
91 721	109 0262	91 771	108 9668	91 821	108 9075	91 871	108 8482	91 921	108 7890		
722	0250	772	9656	822	9063	872	8470	922	7878		
723	0238	773	9644	823	9051	873	8458	923	7866		
724	0226	774	9632	824	9039	874	8446	924	7854		
725	0214	775	9620	825	9027	875	8435	925	7843		
726	0202	776	9608	826	9015	876	8423	926	7831		
727	0190	777	9596	827	9003	877	8411	927	7819		
728	0178	778	9584	828	8991	878	8399	928	7807		
729	0166	779	9572	829	8979	879	8387	929	7795		
730	0155	780	9561	830	8968	880	8376	930	7784		
91 731	109 0143	91 781	108 9549	91 831	108 8956	91 881	108 8364	91 931	108 7772		
732	0131	782	9537	832	8944	882	8352	932	7760		
733	0119	783	9525	833	8932	883	8340	933	7748		
734	0107	784	9513	834	8920	884	8328	934	7736		
735	0096	785	9502	835	8909	885	8316	935	7724		
736	0084	786	9490	836	8897	886	8304	936	7712		
737	0072	787	9478	837	8885	887	8292	937	7700		
738	0060	788	9466	838	8873	888	8280	938	7688		
739	0048	789	9454	839	8861	889	8268	939	7676		
740	0037	790	9443	840	8850	890	8257	940	7665		

DIFF.

	12	11
0 01	0	0
0 02	0	0
0 03	0	0
0 04	0	0
0 05	1	1
0 06	1	1
0 07	1	1
0 08		
0 09	1	1
0 10	1	1
0 20	2	2
0 30	4	3
0 40	5	4
0 50	6	6
0 60	7	7
0 70	8	8
0 80	10	9
0 90	11	10
1 00	12	11

Diviseurs : 91971 à 92250.

DIVISEUR	Nombre à multiplier par le dividende	DIVISEUR	Nombre à multiplier par le dividende	DIVISEUR	Nombre à multiplier par le dividende	DIVISEUR	Nombre à multiplier par le dividende	DIVISEUR	Nombre à multiplier par le dividende	DIVISEUR	Nombre à multiplier par le dividende
91 971	108 7299	92 021	108 6708	92 071	108 6418	92 121	108 5528	92 171	108 4939	92 221	108 4351
972	7287	022	6696	072	6406	122	5516	172	4927	222	4339
973	7275	023	6684	073	6094	123	5504	173	4915	223	4327
974	7263	024	6672	074	6082	124	5492	174	4903	224	4315
975	7251	025	6664	075	6071	125	5481	175	4892	225	4304
976	7239	026	6649	076	6059	126	5469	176	4880	226	4292
977	7227	027	6637	077	6047	127	5457	177	4868	227	4280
978	7215	028	6625	078	6035	128	5445	178	4856	228	4268
979	7203	029	6613	079	6023	129	5433	179	4844	229	4256
980	7192	030	6602	080	6012	130	5422	180	4833	230	4245
91 981	108 7180	92 031	108 6590	92 081	108 6000	92 131	108 5410	92 181	108 4824	92 231	108 4233
982	7168	032	6578	082	5988	132	5398	182	4809	232	4221
983	7156	033	6566	083	5976	133	5386	183	4797	233	4209
984	7144	034	6554	084	5964	134	5374	184	4786	234	4197
985	7133	035	6543	085	5953	135	5363	185	4774	235	4186
986	7121	036	6531	086	5941	136	5351	186	4762	236	4174
987	7109	037	6519	087	5929	137	5339	187	4751	237	4162
988	7097	038	6507	088	5917	138	5327	188	4739	238	4150
989	7085	039	6495	089	5905	139	5315	189	4727	239	4138
990	7074	040	6484	090	5894	140	5304	190	4716	240	4127
91 991	108 7062	92 041	108 6472	92 091	108 5882	92 141	108 5292	92 191	108 4704	92 241	108 4115
992	7050	042	6460	092	5870	142	5280	192	4692	242	4103
993	7038	043	6448	093	5858	143	5268	193	4680	243	4094
994	7026	044	6436	094	5846	144	5257	194	4668	244	4080
995	7015	045	6425	095	5835	145	5245	195	4657	245	4068
996	7003	046	6413	096	5823	146	5233	196	4645	246	4056
997	6991	047	6401	097	5811	147	5222	197	4633	247	4045
998	6979	048	6389	098	5799	148	5210	198	4621	248	4033
999	6967	049	6377	099	5787	149	5198	199	4609	249	4024
92 000	6956	050	6366	100	5776	150	5187	200	4598	250	4010
92 001	108 6944	92 051	108 6354	92 101	108 5764	92 151	108 5175	92 201	108 4586		
002	6932	052	6342	102	5752	152	5163	202	4574		
003	6920	053	6330	103	5740	153	5151	203	4562		
004	6908	054	6318	104	5728	154	5139	204	4551		
005	6897	055	6307	105	5717	155	5128	205	4539		
006	6885	056	6295	106	5705	156	5116	206	4527		
007	6873	057	6283	107	5693	157	5104	207	4516		
008	6861	058	6271	108	5681	158	5092	208	4504		
009	6849	059	6259	109	5669	159	5080	209	4492		
010	6838	060	6248	110	5658	160	5069	210	4481		
92 011	108 6826	92 061	108 6236	92 111	108 5646	92 161	108 5057	92 211	108 4469		
012	6814	062	6224	112	5634	162	5045	212	4457		
013	6802	063	6212	113	5622	163	5033	213	4445		
014	6790	064	6200	114	5610	164	5021	214	4433		
015	6779	065	6189	115	5599	165	5010	215	4422		
016	6767	066	6177	116	5587	166	4998	216	4410		
017	6755	067	6165	117	5575	167	4986	217	4398		
018	6743	068	6153	118	5563	168	4974	218	4386		
019	6731	069	6141	119	5551	169	4962	219	4374		
020	6720	070	6130	120	5540	170	4951	220	4363		

DIFF.

	12	.11
0 01	0	0
0 02	0	0
0 03	0	0
0 04	0	0
0 05	1	1
0 06	1	1
0 07	1	1
0 08	1	1
0 09	1	1
0 10	1	1
0 20	2	2
0 30	4	3
0 40	5	4
0 50	6	6
0 60	7	7
0 70	8	8
0 80	10	9
0 90	11	10
1 00	12	11

DIVISEURS : 92251 A 92530.

DIVISEUR	Nombre à multiplier par le dividende	DIVISEUR	Nombre à multiplier par le dividende	DIVISEUR	Nombre à multiplier par le dividende	DIVISEUR	Nombre à multiplier par le dividende	DIVISEUR	Nombre à multiplier par le dividende	DIVISEUR	Nombre à multiplier par le dividende
92 251	108 3998	92 301	108 3411	92 351	108 2825	92 401	108 2239	92 451	108 1653	92 501	108 1069
252	3986	302	3399	352	2813	402	2227	452	1641	502	1057
253	3974	303	3387	353	2801	403	2215	453	1629	503	1045
254	3963	304	3376	354	2789	404	2203	454	1618	504	1034
255	3951	305	3364	355	2778	405	2192	455	1606	505	1022
256	3939	306	3352	356	2766	406	2180	456	1594	506	1010
257	3928	307	3341	357	2754	407	2168	457	1583	507	0999
258	3916	308	3329	358	2742	408	2156	458	1571	508	0987
259	3904	309	3317	359	2730	409	2144	459	1559	509	0975
260	3893	310	3306	360	2719	410	2133	460	1548	510	0964
92 261	108 3884	92 311	108 3294	92 361	108 2707	92 411	108 2121	92 461	108 1536	92 511	108 0952
262	3869	312	3282	362	2695	412	2109	462	1524	512	0940
263	3857	313	3270	363	2683	413	2097	463	1512	513	0928
264	3845	314	3258	364	2672	414	2086	464	1501	514	0917
265	3834	315	3247	365	2660	415	2074	465	1489	515	0905
266	3822	316	3235	366	2648	416	2062	466	1477	516	0893
267	3810	317	3223	367	2637	417	2051	467	1466	517	0882
268	3798	318	3211	368	2625	418	2039	468	1454	518	0870
269	3786	319	3199	369	2613	419	2027	469	1442	519	0858
270	3775	320	3188	370	2602	420	2016	470	1431	520	0847
92 271	108 3763	92 321	108 3176	92 371	108 2590	92 421	108 2004	92 471	108 1419	92 521	108 0835
272	3751	322	3164	372	2578	422	1992	472	1407	522	0823
273	3739	323	3152	373	2566	423	1980	473	1395	523	0811
274	3728	324	3141	374	2555	424	1969	474	1384	524	0800
275	3716	325	3129	375	2543	425	1957	475	1372	525	0788
276	3704	326	3117	376	2531	426	1945	476	1360	526	0776
277	3693	327	3106	377	2520	427	1934	477	1349	527	0765
278	3681	328	3094	378	2508	428	1922	478	1337	528	0753
279	3669	329	3082	379	2496	429	1910	479	1325	529	0741
280	3658	330	3071	380	2485	430	1899	480	1314	530	0730
92 281	108 3646	92 331	108 3059	92 381	108 2473	92 431	108 1887	92 481	108 1302		
282	3634	332	3047	382	2461	432	1875	482	1290		
283	3622	333	3035	383	2449	433	1863	483	1278		
284	3611	334	3024	384	2438	434	1852	484	1267		
285	3599	335	3012	385	2426	435	1840	485	1255		
286	3587	336	3000	386	2414	436	1828	486	1243		
287	3576	337	2989	387	2403	437	1817	487	1232		
288	3564	338	2977	388	2391	438	1805	488	1220		
289	3552	339	2965	389	2379	439	1793	489	1208		
290	3541	340	2954	390	2368	440	1782	490	1197		
92 291	108 3529	92 341	108 2942	92 391	108 2356	92 441	108 1770	92 491	108 1485		
292	3517	342	2930	392	2344	442	1758	492	1473		
293	3505	343	2918	393	2332	443	1746	493	1462		
294	3493	344	2907	394	2321	444	1735	494	1450		
295	3482	345	2895	395	2309	445	1723	495	1439		
296	3470	346	2883	396	2297	446	1711	496	1427		
297	3458	347	2872	397	2286	447	1700	497	1415		
298	3446	348	2860	398	2274	448	1688	498	1404		
299	3434	349	2848	399	2262	449	1676	499	1092		
300	3423	350	2837	400	2251	450	1665	500	1084		

DIFF.

	12	11
0 01	0	0
0 02	0	0
0 03	0	0
0 04	0	0
0 05	1	1
0 06	1	1
0 07	1	1
0 08	1	1
0 09	1	1
0 10	1	1
0 20	2	2
0 30	4	3
0 40	5	4
0 50	6	6
0 60	7	7
0 70	8	8
0 80	10	9
0 90	11	10
1 00	12	11

DIVISEURS : **92531** À **92810**.

DIVISEUR	Nombre à multiplier par le dividende	DIVISEUR	Nombre à multiplier par le dividende	DIVISEUR	Nombre à multiplier par le dividende	DIVISEUR	Nombre à multiplier par le dividende	DIVISEUR	Nombre à multiplier par le dividende	DIVISEUR	Nombre à multiplier par le dividende
92 531	108 0748	92 581	108 0134	92 631	107 9551	92 681	107 8969	92 731	107 8387	92 781	107 7806
532	0706	582	0122	632	9539	682	8957	732	8375	782	7794
533	0694	583	0111	633	9527	683	8946	733	8364	783	7783
534	0683	584	0099	634	9516	684	8934	734	8352	784	7771
535	0671	585	0088	635	9504	685	8923	735	8341	785	7760
536	0659	586	0076	636	9492	686	8911	736	8329	786	7748
537	0648	587	0064	637	9481	687	8899	737	8317	787	7736
538	0636	588	0053	638	9469	688	8888	738	8306	788	7725
539	0624	589	0041	639	9457	689	8876	739	8294	789	7713
540	0613	590	0030	640	9446	690	8865	740	8283	790	7702
92 541	108 0601	92 591	108 0018	92 641	107 9434	92 691	107 8853	92 741	107 8271	92 791	107 7690
542	0589	592	0006	642	9422	692	8841	742	8259	792	7678
543	0578	593	107 9994	643	9411	693	8829	743	8248	793	7667
544	0566	594	9983	644	9399	694	8818	744	8236	794	7655
545	0555	595	9971	645	9388	695	8806	745	8225	795	7644
546	0543	596	9959	646	9376	696	8794	746	8213	796	7632
547	0531	597	9948	647	9364	697	8783	747	8201	797	7620
548	0520	598	9936	648	9353	698	8771	748	8190	798	7609
549	0508	599	9924	649	9341	699	8759	749	8178	799	7597
550	0497	600	9913	650	9330	700	8748	750	8167	800	7586
92 551	108 0485	92 601	107 9901	92 651	107 9318	92 701	107 8736	92 751	107 8155	92 801	107 7574
552	0473	602	9889	652	9306	702	8724	752	8143	802	7562
553	0461	603	9877	653	9295	703	8713	753	8131	803	7551
554	0450	604	9866	654	9283	704	8701	754	8120	804	7539
555	0438	605	9854	655	9272	705	8690	755	8108	805	7528
556	0426	606	9842	656	9260	706	8678	756	8096	806	7516
557	0415	607	9831	657	9248	707	8666	757	8085	807	7504
558	0403	608	9819	658	9237	708	8655	758	8073	808	7493
559	0391	609	9807	659	9225	709	8643	759	8061	809	7481
560	0380	610	9796	660	9214	710	8632	760	8050	810	7470
92 561	108 0368	92 611	107 9784	92 661	107 9202	92 711	107 8620	92 761	107 8038		
562	0356	612	9772	662	9190	712	8608	762	8026		
563	0344	613	9761	663	9178	713	8596	763	8015		
564	0333	614	9749	664	9167	714	8585	764	8003		
565	0321	615	9738	665	9155	715	8573	765	7992		
566	0309	616	9726	666	9143	716	8561	766	7980		
567	0298	617	9714	667	9132	717	8550	767	7968		
568	0286	618	9703	668	9120	718	8538	768	7957		
569	0274	619	9691	669	9108	719	8526	769	7945		
570	0263	620	9680	670	9097	720	8515	770	7934		
92 571	108 0251	92 621	107 9668	92 671	107 9085	92 721	107 8503	92 771	107 7922		
572	0239	622	9656	672	9073	722	8491	772	7910		
573	0227	623	9644	673	9062	723	8480	773	7899		
574	0216	624	9633	674	9050	724	8468	774	7887		
575	0204	625	9621	675	9039	725	8457	775	7876		
576	0192	626	9609	676	9027	726	8445	776	7864		
577	0181	627	9598	677	9015	727	8433	777	7852		
578	0169	628	9586	678	9004	728	8422	778	7841		
579	0157	629	9574	679	8992	729	8410	779	7829		
580	0146	630	9563	680	8981	730	8399	780	7818		

DIFF.

	12	11
0 01	0	0
0 02	0	0
0 03	0	0
0 04	0	0
0 05	1	1
0 06	1	1
0 07	1	1
0 08	1	1
0 09	1	1
0 10	1	1
0 20	2	2
0 30	4	3
0 40	5	4
0 50	6	6
0 60	7	7
0 70	8	8
0 80	10	9
0 90	11	10
1 00	12	11

DIVISEURS : 92811 A 93090.

DIVISEUR	Nombre à multiplier par le dividende	DIVISEUR	Nombre à multiplier par le dividende	DIVISEUR	Nombre à multiplier par le dividende	DIVISEUR	Nombre à multiplier par le dividende	DIVISEUR	Nombre à multiplier par le dividende	DIVISEUR	Nombre à multiplier par le dividende
92 811	107 7458	92 861	107 6877	92 911	107 6298	92 961	107 5719	93 011	107 5144	93 061	107 4563
812	7446	862	6865	912	6286	962	5707	012	5129	062	4552
813	7435	863	6854	913	6275	963	5696	013	5118	063	4540
814	7423	864	6842	914	6263	964	5684	014	5106	064	4529
815	7412	865	6831	915	6252	965	5673	015	5095	065	4517
816	7400	866	6819	916	6240	966	5664	016	5083	066	4506
817	7388	867	6807	947	6228	967	5649	017	5071	067	4494
818	7377	868	6796	918	6217	968	5638	018	5060	068	4483
819	7365	869	6784	919	6205	969	5626	019	5048	069	4471
820	7354	870	6773	920	6194	970	5615	020	5037	070	4460
92 821	107 7342	92 871	107 6761	92 921	107 6182	92 971	107 5603	93 021	107 5025	93 071	107 4448
822	7330	872	6749	922	6470	972	5592	022	5014	072	4436
823	7318	873	6738	923	6459	973	5580	023	5002	073	4425
824	7307	874	6726	924	6447	974	5569	024	4991	074	4413
825	7295	875	6715	925	6436	975	5557	025	4979	075	4402
826	7283	876	6703	926	6424	976	5546	026	4968	076	4390
827	7272	877	6691	927	6412	977	5534	027	4956	077	4378
828	7260	878	6680	928	6401	978	5523	028	4945	078	4367
829	7248	879	6668	929	6089	979	5511	029	4933	079	4355
930	7237	880	6657	930	6078	980	5500	030	4922	080	4344
92 831	107 7225	92 881	107 6645	92 931	107 6066	92 981	107 5488	93 031	107 4910	93 081	107 4332
832	7213	882	6634	932	6054	982	5476	032	4898	082	4321
833	7202	883	6622	933	6043	983	5465	033	4887	083	4309
834	7190	884	6611	934	6031	984	5453	034	4875	084	4298
835	7179	885	6599	935	6020	985	5442	035	4864	085	4286
836	7167	886	6588	936	6008	986	5430	036	4852	086	4275
837	7155	887	6576	937	5996	987	5418	037	4840	087	4263
838	7144	888	6565	938	5985	988	5407	038	4829	088	4252
839	7132	889	6553	939	5973	989	5395	039	4847	089	4240
840	7121	890	6542	940	5962	990	5384	040	4806	090	4229
92 841	107 7109	92 891	107 6530	92 941	107 5950	92 991	107 5372	93 041	107 4794		
842	7097	892	6518	942	5939	992	5360	042	4783		
843	7086	893	6507	943	5927	993	5349	043	4771		
844	7074	894	6495	944	5916	994	5337	044	4760		
845	7063	895	6484	945	5904	995	5326	045	4748		
846	7051	896	6472	946	5893	996	5314	046	4737		
847	7039	897	6460	947	5881	997	5302	047	4725		
848	7028	898	6449	948	5870	998	5291	048	4714		
849	7016	899	6437	949	5858	999	5279	049	4702		
850	7005	900	6426	950	5847	93 000	5268	050	4691		
92 851	107 6993	92 901	107 6414	92 951	107 5835	93 001	107 5256	93 051	107 4679		
852	6981	902	6402	952	5823	002	5245	052	4667		
853	6970	903	6391	953	5812	003	5233	053	4656		
854	6958	904	6379	954	5800	004	5222	054	4644		
855	6947	905	6368	955	5789	005	5210	055	4633		
856	6935	906	6356	956	5777	006	5199	056	4621		
857	6923	907	6344	957	5765	007	5187	057	4609		
858	6912	908	6333	958	5754	008	5176	058	4598		
859	6900	909	6321	959	5742	009	5164	059	4586		
860	6889	910	6310	960	5731	010	5153	060	4575		

DIFF.

	12	11
0 01	0	0
0 02	0	0
0 03	0	0
0 04	0	0
0 05	1	1
0 06	1	1
0 07	1	1
0 08	1	1
0 09	1	1
0 10	1	1
0 20	2	2
0 30	4	3
0 40	5	4
0 50	6	6
0 60	7	7
0 70	8	8
0 80	10	9
0 90	11	10
1 00	12	11

DIVISEURS : **93091 A 93370.**

DIVISEUR	Nombre à multiplier par le dividende	DIVISEUR	Nombre à multiplier par le dividende	DIVISEUR	Nombre à multiplier par le dividende	DIVISEUR	Nombre à multiplier par le dividende	DIVISEUR	Nombre à multiplier par le dividende	DIVISEUR	Nombre à multiplier par le dividende
93 091	107 4247	93 141	107 3640	93 191	107 3064	93 241	107 2489	93 291	107 1914	93 341	107 1340
092	4205	142	3629	192	3053	242	2478	292	1903	342	1329
093	4194	143	3617	193	3044	243	2466	293	1894	343	1317
094	4182	144	3606	194	3030	244	2455	294	1880	344	1306
095	4171	145	3594	195	3018	245	2443	295	1868	345	1294
096	4159	146	3583	196	3007	246	2432	296	1857	346	1283
097	4147	147	3571	197	2995	247	2420	297	1845	347	1271
098	4136	148	3560	198	2984	248	2409	298	1834	348	1260
099	4124	149	3548	199	2972	249	2397	299	1822	349	1248
100	4113	150	3537	200	2961	250	2386	300	1811	350	1237
93 101	107 4101	93 151	107 3525	93 201	107 2949	93 251	107 2374	93 301	107 1799	93 351	107 1225
102	4090	152	3514	202	2938	252	2363	302	1788	352	1214
103	4078	153	3502	203	2926	253	2351	303	1776	353	1202
104	4067	154	3491	204	2915	254	2340	304	1765	354	1191
105	4055	155	3479	205	2903	255	2328	305	1753	355	1179
106	4044	156	3468	206	2892	256	2317	306	1742	356	1168
107	4032	157	3456	207	2880	257	2305	307	1730	357	1156
108	4021	158	3445	208	2869	258	2294	308	1749	358	1145
109	4009	159	3433	209	2857	259	2282	309	1707	359	1133
110	3998	160	3422	210	2846	260	2271	310	1696	360	1122
93 111	107 3986	93 161	107 3410	93 211	107 2834	93 261	107 2259	93 311	107 1684	93 361	107 1110
112	3975	162	3398	212	2823	262	2248	312	1673	362	1099
113	3963	163	3387	213	2811	263	2236	313	1661	363	1087
114	3952	164	3375	214	2800	264	2225	314	1650	364	1076
115	3940	165	3364	215	2788	265	2243	315	1638	365	1064
116	3929	166	3352	216	2777	266	2202	316	1627	366	1053
117	3917	167	3340	217	2765	267	2490	317	1615	367	1041
118	3906	168	3329	218	2754	268	2479	318	1604	368	1030
119	3894	169	3317	219	2742	269	2467	319	1592	369	1018
120	3883	170	3306	220	2734	270	2456	320	1584	370	1007
93 121	107 3874	93 171	107 3294	93 221	107 2719	93 271	107 2144	93 321	107 1569		
122	3859	172	3283	222	2708	272	2433	322	1558		
123	3848	173	3271	223	2696	273	2121	323	1546		
124	3836	174	3260	224	2685	274	2110	324	1535		
125	3825	175	3248	225	2673	275	2098	325	1523		
126	3843	176	3237	226	2662	276	2087	326	1512		
127	3804	177	3225	227	2650	277	2075	327	1500		
128	3790	178	3214	228	2639	278	2064	328	1489		
129	3778	179	3202	229	2627	279	2052	329	1477		
130	3767	180	3191	230	2616	280	2041	330	1466		
93 131	107 3755	93 181	107 3179	93 231	107 2604	93 281	107 2029	93 331	107 1454		
132	3744	182	3168	232	2593	282	2018	332	1443		
133	3732	183	3156	233	2581	283	2006	333	1431		
134	3721	184	3145	234	2570	284	1995	334	1420		
135	3709	185	3133	235	2558	285	1983	335	1409		
136	3698	186	3122	236	2547	286	1972	336	1397		
137	3686	187	3110	237	2535	287	1960	337	1386		
138	3675	188	3099	238	2524	288	1949	338	1374		
139	3663	189	3087	239	2512	289	1937	339	1363		
140	3652	190	3076	240	2501	290	1926	340	1352		

DIFF.

	12	11
0 01	0	0
0 02	0	0
0 03	0	0
0 04	0	0
0 05	1	1
0 06	1	1
0 07	1	1
0 08	1	1
0 09	1	1
0 10	1	1
0 20	2	2
0 30	4	3
0 40	5	4
0 50	6	6
0 60	7	7
0 70	8	8
0 80	10	9
0 90	11	10
1 00	12	11

DIVISEURS : **93371 A 93650.**

DIVISEUR	Nombre à multiplier par le dividende	DIVISEUR	Nombre à multiplier par le dividende	DIVISEUR	Nombre à multiplier par le dividende	DIVISEUR	Nombre à multiplier par le dividende	DIVISEUR	Nombre à multiplier par le dividende	DIVISEUR	Nombre à multiplier par le dividende
93 371	107 0995	93 421	107 0422	93 471	106 9849	93 521	106 9277	93 571	106 8706	93 621	106 8135
372	0984	422	0411	472	9838	522	9266	572	8695	622	8124
373	0972	423	0399	473	9826	523	9254	573	8683	623	8112
374	0961	424	0388	474	9815	524	9243	574	8672	624	8101
375	0950	425	0377	475	9804	525	9232	575	8661	625	8090
376	0938	426	0365	476	9792	526	9220	576	8649	626	8078
377	0927	427	0354	477	9781	527	9209	577	8638	627	8067
378	0915	428	0342	478	9769	528	9197	578	8626	628	8055
379	0904	429	0331	479	9758	529	9186	579	8615	629	8044
380	0893	430	0320	480	9747	530	9175	580	8604	630	8033
93 381	107 0881	93 431	107 0308	93 481	106 9735	93 531	106 9163	93 581	106 8592	93 631	106 8021
382	0870	432	0297	482	9724	532	9152	582	8581	632	8010
383	0858	433	0285	483	9712	533	9140	583	8569	633	7998
384	0847	434	0274	484	9701	534	9129	584	8558	634	7987
385	0835	435	0262	485	9690	535	9118	585	8547	635	7976
386	0824	436	0251	486	9678	536	9106	586	8535	636	7964
387	0812	437	0239	487	9667	537	9095	587	8524	637	7953
388	0801	438	0228	488	9655	538	9083	588	8512	638	7941
389	0789	439	0216	489	9644	539	9072	589	8501	639	7930
390	0778	440	0205	490	9633	540	9061	590	8490	640	7919
93 391	107 0766	93 441	107 0193	93 491	106 9621	93 541	106 9049	93 591	106 8478	93 641	106 7907
392	0755	442	0182	492	9610	542	9038	592	8467	642	7896
393	0743	443	0170	493	9598	543	9026	593	8455	643	7884
394	0732	444	0159	494	9587	544	9015	594	8444	644	7873
395	0720	445	0147	495	9575	545	9004	595	8433	645	7862
396	0709	446	0136	496	9564	546	8992	596	8421	646	7850
397	0697	447	0124	497	9552	547	8981	597	8410	647	7839
398	0686	448	0113	498	9541	548	8969	598	8398	648	7827
399	0674	449	0101	499	9529	549	8958	599	8387	649	7816
400	0663	450	0090	500	9518	550	8947	600	8376	650	7805
93 401	107 0651	93 451	107 0078	93 501	106 9506	93 551	106 8935	93 601	106 8364		DIFF.
402	0640	452	0067	502	9495	552	8924	602	8353		
403	0628	453	0055	503	9483	553	8912	603	8341		
404	0617	454	0044	504	9472	554	8901	604	8330		
405	0606	455	0033	505	9461	555	8889	605	8318		
406	0594	456	0021	506	9449	556	8878	606	8307		
407	0583	457	0010	507	9438	557	8866	607	8295		
408	0571	458	106 9998	508	9426	558	8855	608	8284		
409	0560	459	9987	509	9415	559	8843	609	8272		
410	0549	460	9976	510	9404	560	8832	610	8261		
93 411	107 0537	93 461	106 9964	93 511	106 9392	93 561	106 8820	93 611	106 8249		
412	0526	462	9953	512	9381	562	8809	612	8238		
413	0514	463	9941	513	9369	563	8797	613	8226		
414	0503	464	9930	514	9358	564	8786	614	8215		
415	0491	465	9918	515	9346	565	8775	615	8204		
416	0480	466	9907	516	9335	566	8763	616	8192		
417	0468	467	9895	517	9323	567	8752	617	8181		
418	0457	468	9884	518	9312	568	8740	618	8169		
419	0445	469	9872	519	9300	569	8729	619	8158		
420	0434	470	9861	520	9289	570	8718	620	8147		

	12	11
0 01	0	0
0 02	0	0
0 03	0	0
0 04	0	0
0 05	1	1
0 06	1	1
0 07	1	1
0 08	1	1
0 09	1	1
0 10	1	1
0 20	2	2
0 30	4	3
0 40	5	4
0 50	6	6
0 60	7	7
0 70	8	8
0 80	10	9
0 90	11	10
1 00	12	11

DIVISEURS : 93651 A 93930.

DIVISEUR	Nombre à multiplier par le dividende	DIVISEUR	Nombre à multiplier par le dividende	DIVISEUR	Nombre à multiplier par le dividende	DIVISEUR	Nombre à multiplier par le dividende	DIVISEUR	Nombre à multiplier par le dividende	DIVISEUR	Nombre à multiplier par le dividende
93 651	106 7793	93 701	106 7223	93 751	106 6654	93 801	106 6086	93 851	106 5518	93 901	106 4950
652	7782	702	7212	752	6643	802	6075	852	5507	902	4939
653	7770	703	7200	753	6631	803	6063	853	5495	903	4928
654	7759	704	7189	754	6620	804	6052	854	5484	904	4916
655	7748	705	7178	755	6609	805	6041	855	5473	905	4905
656	7736	706	7166	756	6597	806	6029	856	5461	906	4894
657	7725	707	7155	757	6586	807	6018	857	5450	907	4882
658	7713	708	7143	758	6574	808	6006	858	5438	908	4871
659	7702	709	7132	759	6563	809	5995	859	5427	909	4860
660	7691	710	7121	760	6552	810	5984	860	5416	910	4849
93 661	106 7679	93 711	106 7109	93 761	106 6540	93 811	106 5972	93 861	106 5404	93 911	106 4837
662	7668	712	7098	762	6529	812	5961	862	5393	912	4826
663	7656	713	7087	763	6518	813	5949	863	5382	913	4814
664	7645	714	7075	764	6506	814	5938	864	5370	914	4803
665	7634	715	7064	765	6495	815	5927	865	5359	915	4792
666	7622	716	7053	766	6484	816	5915	866	5348	916	4780
667	7611	717	7041	767	6472	817	5904	867	5336	917	4769
668	7599	718	7030	768	6461	818	5892	868	5325	918	4757
669	7588	719	7019	769	6450	819	5881	869	5314	919	4746
670	7577	720	7008	770	6439	820	5870	870	5303	920	4735
93 671	106 7565	93 721	106 6996	93 771	106 6427	93 821	106 5858	93 871	106 5291	93 921	106 4723
672	7554	722	6985	772	6416	822	5847	872	5280	922	4712
673	7542	723	6973	773	6404	823	5836	873	5268	923	4701
674	7531	724	6962	774	6393	824	5824	874	5257	924	4689
675	7520	725	6951	775	6382	825	5813	875	5246	925	4678
676	7508	726	6939	776	6370	826	5802	876	5234	926	4667
677	7497	727	6928	777	6359	827	5790	877	5223	927	4655
678	7485	728	6916	778	6347	828	5779	878	5211	928	4644
679	7474	729	6905	779	6336	829	5768	879	5200	929	4633
680	7463	730	6894	780	6325	830	5757	880	5189	930	4622
93 681	106 7451	93 731	106 6882	93 781	106 6313	93 831	106 5745	93 881	106 5177		
682	7440	732	6871	782	6302	832	5734	882	5166		
683	7428	733	6859	783	6290	833	5722	883	5155		
684	7417	734	6848	784	6279	834	5711	884	5143		
685	7406	735	6837	785	6268	835	5700	885	5132		
686	7394	736	6825	786	6256	836	5688	886	5121		
687	7383	737	6814	787	6245	837	5677	887	5109		
688	7371	738	6802	788	6233	838	5665	888	5098		
689	7360	739	6791	789	6222	839	5654	889	5087		
690	7349	740	6780	790	6211	840	5643	890	5076		
93 691	106 7337	93 741	106 6768	93 791	106 6199	93 841	106 5631	93 891	106 5064		
692	7326	742	6757	792	6188	842	5620	892	5053		
693	7314	743	6745	793	6177	843	5609	893	5041		
694	7303	744	6734	794	6165	844	5597	894	5030		
695	7292	745	6723	795	6154	845	5586	895	5019		
696	7280	746	6711	796	6143	846	5575	896	5007		
697	7269	747	6700	797	6131	847	5563	897	4996		
698	7257	748	6688	798	6120	848	5552	898	4984		
699	7246	749	6677	799	6109	849	5541	899	4973		
700	7235	750	6666	800	6098	850	5530	900	4962		

DIFF.

	12	11
0 01	0	0
0 02	0	0
0 03	0	0
0 04	0	0
0 05	1	1
0 06	1	1
0 07	1	1
0 08	1	1
0 09	1	1
0 10	1	1
0 20	2	2
0 30	4	3
0 40	5	4
0 50	6	6
0 60	7	7
0 70	8	8
0 80	9	9
0 90	11	10
1 00	12	11

DIVISEURS : **93931 A 94210.**

DIVISEUR	Nombre à multiplier par le dividende	DIVISEUR	Nombre à multiplier par le dividende	DIVISEUR	Nombre à multiplier par le dividende	DIVISEUR	Nombre à multiplier par le dividende	DIVISEUR	Nombre à multiplier par le dividende	DIVISEUR	Nombre à multiplier par le dividende
93 931	106 4610	93 981	106 4044	94 031	106 3478	94 081	106 2913	94 131	106 2348	94 181	106 1784
932	4599	982	4033	032	3467	082	2902	132	2337	182	1773
933	4588	983	4021	033	3456	083	2891	133	2326	183	1762
934	4576	984	4010	034	3444	084	2879	134	2314	184	1750
935	4565	985	3999	035	3433	085	2868	135	2303	185	1739
936	4554	986	3987	036	3422	086	2857	136	2292	186	1728
937	4542	987	3976	037	3410	087	2845	137	2280	187	1716
938	4531	988	3964	038	3399	088	2834	138	2269	188	1705
939	4520	989	3953	039	3388	089	2823	139	2258	189	1694
940	4509	990	3942	040	3377	090	2812	140	2247	190	1683
93 941	106 4497	93 991	106 3930	94 041	106 3365	94 091	106 2800	94 141	106 2235	94 191	106.1671
942	4486	992	3919	042	3354	092	2789	142	2224	192	1660
943	4474	993	3908	043	3343	093	2778	143	2213	193	1649
944	4463	994	3896	044	3331	094	2766	144	2201	194	1638
945	4452	995	3885	045	3320	095	2755	145	2190	195	1627
946	4440	996	3874	046	3309	096	2744	146	2179	196	1615
947	4429	997	3862	047	3297	097	2732	147	2167	197	1604
948	4417	998	3851	048	3286	098	2721	148	2156	198	1593
949	4406	999	3840	049	3275	099	2710	149	2145	199	1582
950	4395	94 000	3829	050	3264	100	2699	150	2134	200	1571
93 951	106 4383	94 001	106 3817	94 051	106 3252	94 101	106 2687	94 151	106 2122	94 201	106 1559
952	4372	002	3806	052	3241	102	2676	152	2111	202	1548
953	4361	003	3795	053	3230	103	2665	153	2100	203	1537
954	4349	004	3783	054	3218	104	2653	154	2089	204	1525
955	4338	005	3772	055	3207	105	2642	155	2078	205	1514
956	4327	006	3761	056	3196	106	2631	156	2066	206	1503
957	4315	007	3749	057	3184	107	2619	157	2055	207	1491
958	4304	008	3738	058	3173	108	2608	158	2044	208	1480
959	4293	009	3727	059	3162	109	2597	159	2033	209	1469
960	4282	010	3716	060	3151	110	2586	160	2022	210	1458
93 961	106 4270	94 011	106 3704	94 061	106 3139	94 111	106 2574	94 161	106 2010		
962	4259	012	3693	062	3128	112	2563	162	1999		
963	4248	013	3682	063	3117	113	2552	163	1988		
964	4236	014	3670	064	3105	114	2540	164	1976		
965	4225	015	3659	065	3094	115	2529	165	1965		
966	4214	016	3648	066	3083	116	2518	166	1954		
967	4202	017	3636	067	3071	117	2506	167	1942		
968	4191	018	3625	068	3060	118	2495	168	1931		
969	4180	019	3614	069	3049	119	2484	169	1920		
970	4169	020	3603	070	3038	120	2473	170	1909		
93 971	106 4157	94 021	106 3594	94 071	106 3026	94 121	106 2461	94 171	106.1897		
972	4146	022	3580	072	3015	122	2450	172	1886		
973	4135	023	3569	073	3004	123	2439	173	1875		
974	4123	024	3557	074	2992	124	2427	174	1863		
975	4112	025	3546	075	2981	125	2416	175	1852		
976	4101	026	3535	076	2970	126	2405	176	1841		
977	4089	027	3523	077	2958	127	2393	177	1 29		
978	4078	028	3512	078	2947	128	2382	178	1 18		
979	4067	029	3501	079	2936	129	2371	179	1 07		
980	4056	030	3490	080	2925	130	2360	180	1796		

DIFF.

	12	11
0 01	0	0
0 02	0	0
0 03	0	0
0 04	0	0
0 05	1	1
0 06	1	1
0 07	1	1
0 08	1	1
0 09	1	1
0 10	1	1
0 20	2	2
0 30	4	3
0 40	5	4
0 50	6	6
0 60	7	7
0 70	8	8
0 80	10	9
0 90	11	10
1 00	12	11

DIVISEURS 94211 A 94490.

DIVISEUR	Nombre à multiplier par le dividende	DIVISEUR	Nombre à multiplier par le dividende	DIVISEUR	Nombre à multiplier par le dividende	DIVISEUR	Nombre à multiplier par le dividende	DIVISEUR	Nombre à multiplier par le dividende	DIVISEUR	Nombre à multiplier par le dividende
94 211	106 1446	94 261	106 0883	94 311	106 0320	94 361	105 9759	94 411	105 9197	94 461	105 8637
212	1435	262	0872	312	0309	362	9748	412	9186	462	8626
213	1424	263	0861	313	0298	363	9737	413	9175	463	8615
214	1412	264	0849	314	0287	364	9725	414	9164	464	8604
215	1401	265	0838	315	0276	365	9714	415	9153	465	8593
216	1390	266	0827	316	0264	366	9703	416	9141	466	8581
217	1378	267	0815	317	0253	367	9691	417	9130	467	8570
218	1367	268	0804	318	0242	368	9680	418	9119	468	8559
219	1356	269	0793	319	0231	369	9669	419	9108	469	8548
220	1345	270	0782	320	0220	370	9658	420	9097	470	8537
94 221	106 1333	94 271	106 0770	94 321	106 0208	94 371	105 9646	94 421	105 9085	94 471	105 8525
222	1322	272	0759	322	0197	372	0635	422	9074	472	8514
223	1311	273	0748	323	0186	373	9624	423	9063	473	8503
224	1300	274	0737	324	0174	374	9613	424	9052	474	8492
225	1289	275	0726	325	0163	375	9602	425	9041	475	8481
226	1277	276	0714	326	0152	376	9590	426	9029	476	8469
227	1266	277	0703	327	0140	377	9579	427	9018	477	8458
228	1255	278	0692	328	0129	378	9568	428	9007	478	8447
229	1244	279	0681	329	0118	379	9557	429	8996	479	8436
230	1233	280	0670	330	0107	380	9546	430	8985	480	8425
94 231	106 1221	94 281	106 0658	94 331	106 0095	94 381	105 9534	94 431	105 8973	94 481	105 8413
232	1210	282	0647	332	0084	382	9523	432	8962	482	8402
233	1199	283	0636	333	0073	383	9512	433	8951	483	8391
234	1187	284	0624	334	0062	384	9501	434	8940	484	8380
235	1176	285	0613	335	0051	385	9490	435	8929	485	8369
236	1165	286	0602	336	0039	386	9478	436	8918	486	8357
237	1153	287	0590	337	0028	387	9467	437	8906	487	8346
238	1142	288	0579	338	0017	388	9456	438	8895	488	8335
239	1131	289	0568	339	0006	389	9445	439	8884	489	8324
240	1120	290	0557	340	105 9995	390	9434	440	8873	490	8313
94 241	106 1108	94 291	106 0345	94 341	105 9983	94 391	105 9422	94 441	105 8861		
242	1097	292	0534	342	9972	392	9411	442	8850		
243	1086	293	0523	343	9961	393	9400	443	8839		
244	1074	294	0512	344	9950	394	9389	444	8828		
245	1063	295	0501	345	9939	395	9378	445	8817		
246	1052	296	0489	346	9927	396	9366	446	8805		
247	1040	297	0478	347	9916	397	9355	447	8794		
248	1029	298	0467	348	9905	398	9344	448	8783		
249	1018	299	0456	349	9894	399	9333	449	8772		
250	1007	300	0445	350	9883	400	9322	450	8761		
94 251	106 0995	94 301	106 0433	94 351	105 9871	94 401	105 9310	94 451	105 8749		
252	0984	302	0422	352	9860	402	9299	452	8738		
253	0973	303	0411	353	9849	403	9288	453	8727		
254	0962	304	0399	354	9838	404	9276	454	8716		
255	0951	305	0388	355	9827	405	9265	455	8705		
256	0939	306	0377	356	9815	406	9254	456	8693		
257	0928	307	0365	357	9804	407	9242	457	8682		
258	0917	308	0354	358	9793	408	9231	458	8671		
259	0906	309	0343	359	9782	409	9220	459	8660		
260	0895	310	0332	360	9771	410	9209	460	8649		

DIFF.

	12	11
0 01	0	0
0 02	0	0
0 03	0	0
0 04	0	0
0 05	1	1
0 06	1	1
0 07	1	1
0 08	1	1
0 09	1	1
0 10	1	1
0 20	2	2
0 30	4	3
0 40	5	4
0 50	6	6
0 60	7	7
0 70	8	8
0 80	10	9
0 90	11	10
1 00	12	11

DIVISEURS : **94491** à **94770**.

DIVISEUR	Nombre à multiplier par le dividende	DIVISEUR	Nombre à multiplier par le dividende	DIVISEUR	Nombre à multiplier par le dividende	DIVISEUR	Nombre à multiplier par le dividende	DIVISEUR	Nombre à multiplier par le dividende	DIVISEUR	Nombre à multiplier par le dividende
94 491	105 8301	94 541	105 7741	94 591	105 7182	94 641	105 6623	94 691	105 6065	94 741	105 5508
492	8290	542	7730	592	7171	642	6612	692	6054	742	5497
493	8279	543	7719	593	7160	643	6601	693	6043	743	5486
494	8268	544	7708	594	7149	644	6590	694	6032	744	5475
495	8257	545	7697	595	7138	645	6579	695	6021	745	5464
496	8245	546	7685	596	7126	646	6568	696	6010	746	5452
497	8234	547	7674	597	7115	647	6557	697	5999	747	5441
498	8223	548	7663	598	7104	648	6546	698	5988	748	5430
499	8212	549	7652	599	7093	649	6535	699	5977	749	5419
500	8201	550	7641	600	7082	650	6524	700	5966	750	5408
94 501	105 8189	94 551	105 7629	94 601	105 7070	94 651	105 6512	94 701	105 5954	94 751	105 5396
502	8178	552	7618	602	7059	652	6501	702	5943	752	5385
503	8167	553	7607	603	7048	653	6490	703	5932	753	5374
504	8156	554	7596	604	7037	654	6479	704	5921	754	5363
505	8145	555	7585	605	7026	655	6468	705	5910	755	5352
506	8133	556	7573	606	7014	656	6456	706	5898	756	5341
507	8122	557	7562	607	7003	657	6445	707	5887	757	5330
508	8111	558	7551	608	6992	658	6434	708	5876	758	5319
509	8100	559	7540	609	6981	659	6423	709	5865	759	5308
510	8089	560	7529	610	6970	660	6412	710	5854	760	5297
94 511	105 8077	94 561	105 7517	94 611	105 6958	94 661	105 6400	94 711	105 5842	94 761	105 5285
512	8066	562	7506	612	6947	662	6389	712	5831	762	5274
513	8055	563	7495	613	6936	663	6378	713	5820	763	5263
514	8044	564	7484	614	6925	664	6367	714	5809	764	5252
515	8033	565	7473	615	6914	665	6356	715	5798	765	5241
516	8021	566	7461	616	6903	666	6344	716	5787	766	5230
517	8010	567	7450	617	6892	667	6333	717	5776	767	5219
518	7999	568	7439	618	6881	668	6322	718	5765	768	5208
519	7988	569	7428	619	6870	669	6311	719	5754	769	5197
520	7977	570	7417	620	6859	670	6300	720	5743	770	5186
94 521	105 7965	94 571	105 7405	94 621	105 6847	94 671	105 6288	94 721	105 5731		
522	7954	572	7394	622	6836	672	6277	722	5720		
523	7943	573	7383	623	6825	673	6266	723	5709		
524	7932	574	7372	624	6814	674	6255	724	5698		
525	7921	575	7361	625	6803	675	6244	725	5687		
526	7909	576	7349	626	6791	676	6233	726	5675		
527	7898	577	7338	627	6780	677	6222	727	5664		
528	7887	578	7327	628	6769	678	6211	728	5653		
529	7876	579	7316	629	6758	679	6200	729	5642		
530	7865	580	7305	630	6747	680	6189	730	5631		
94 531	105 7853	94 581	105 7293	94 631	105 6735	94 681	105 6177	94 731	105 5619		
532	7842	582	7282	632	6724	682	6166	732	5608		
533	7831	583	7271	633	6713	683	6155	733	5597		
534	7820	584	7260	634	6702	684	6144	734	5586		
535	7809	585	7249	635	6691	685	6133	735	5575		
536	7797	586	7238	636	6679	686	6121	736	5564		
537	7786	587	7227	637	6668	687	6110	737	5553		
538	7775	588	7216	638	6657	688	6099	738	5542		
539	7764	589	7205	639	6646	689	6088	739	5531		
540	7753	590	7194	640	6635	690	6077	740	5520		

DIFF.

	12	11
0 01	0	0
0 02	0	0
0 03	0	0
0 04	0	0
0 05	1	1
0 06	1	1
0 07	1	1
0 08	1	1
0 09	1	1
0 10	1	1
0 20	2	2
0 30	4	3
0 40	5	4
0 50	6	6
0 60	7	7
0 70	8	8
0 80	10	9
0 90	11	10
1 00	12	11

DIVISEURS : 94771 A 95050.

DIVISEUR	Nombre à multiplier par le dividende	DIVISEUR	Nombre à multiplier par le dividende	DIVISEUR	Nombre à multiplier par le dividende	DIVISEUR	Nombre à multiplier par le dividende	DIVISEUR	Nombre à multiplier par le dividende	DIVISEUR	Nombre à multiplier par le dividende
94 771	105 5174	94 821	105 4647	94 871	105 4064	94 921	105 3506	94 971	105 2952	95 021	105 2398
772	5163	822	4606	872	4050	922	3495	972	2941	022	2387
773	5152	823	4595	873	4039	923	3484	973	2930	023	2376
774	5141	824	4584	874	4028	924	3473	974	2919	024	2365
775	5130	825	4573	875	4017	925	3462	975	2908	025	2354
776	5118	826	4562	876	4006	926	3451	976	2897	026	2343
777	5107	827	4551	877	3995	927	3440	977	2886	027	2332
778	5096	828	4540	878	3984	928	3429	978	2875	028	2321
779	5085	829	4529	879	3973	929	3418	979	2864	029	2310
780	5074	830	4518	880	3962	930	3407	980	2853	030	2299
94 781	105 5062	94 831	105 4506	94 881	105 3950	94 931	105 3395	94 981	105 2844	95 031	105 2287
782	5051	832	4495	882	3939	932	3384	982	2830	032	2276
783	5040	833	4484	883	3928	933	3373	983	2819	033	2265
784	5029	834	4473	884	3917	934	3362	984	2808	034	2254
785	5018	835	4462	885	3906	935	3351	985	2797	035	2243
786	5007	836	4451	886	3895	936	3340	986	2786	036	2232
787	4996	837	4440	887	3884	937	3329	987	2775	037	2221
788	4985	838	4429	888	3873	938	3318	988	2764	038	2210
789	4974	839	4418	889	3862	939	3307	989	2753	039	2199
790	4963	840	4407	890	3851	940	3296	990	2742	040	2188
94 791	105 4951	94 841	105 4395	94 891	105 3839	94 941	105 3284	94 991	105 2730	95 041	105 2476
792	4940	842	4384	892	3828	942	3273	992	2719	042	2465
793	4929	843	4373	893	3817	943	3262	993	2708	043	2454
794	4918	844	4362	894	3806	944	3251	994	2697	044	2443
795	4907	845	4351	895	3795	945	3240	995	2686	045	2432
796	4896	846	4340	896	3784	946	3229	996	2675	046	2421
797	4885	847	4329	897	3773	947	3218	997	2664	047	2410
798	4874	848	4318	898	3762	948	3207	998	2653	048	2099
799	4863	849	4307	899	3751	949	3196	999	2642	049	2088
800	4852	850	4296	900	3740	950	3185	95 000	2631	050	2077
94 801	105 4840	94 851	105 4284	94 901	105 3728	94 951	105 3473	95 001	105 2619		
802	4829	852	4273	902	3717	952	3462	002	2608		
803	4818	853	4262	903	3706	953	3451	003	2597		
804	4807	854	4251	904	3695	954	3440	004	2586		
805	4796	855	4240	905	3684	955	3429	005	2575		
806	4785	856	4229	906	3673	956	3418	006	2564		
807	4774	857	4218	907	3662	957	3407	007	2553		
808	4763	858	4207	908	3651	958	3096	008	2542		
809	4752	859	4196	909	3640	959	3085	009	2531		
810	4741	860	4185	910	3629	960	3074	010	2520		
94 811	105 4729	94 861	105 4173	94 911	105 3617	94 961	105 3063	95 011	105 2509		
812	4718	862	4162	912	3606	962	3052	012	2498		
813	4707	863	4151	913	3595	963	3041	013	2487		
814	4696	864	4140	914	3584	964	3030	014	2476		
815	4685	865	4129	915	3573	965	3019	015	2465		
816	4673	866	4117	916	3562	966	3008	016	2454		
817	4662	867	4106	917	3551	967	2997	017	2443		
818	4651	868	4095	918	3540	968	2986	018	2432		
819	4640	869	4084	919	3529	969	2975	019	2421		
820	4629	870	4073	920	3518	970	2964	020	2410		

DIFF.

	12	11
0 01	0	0
0 02	0	0
0 03	0	0
0 04	0	0
0 05	1	1
0 06	1	1
0 07	1	1
0 08	1	1
0 09	1	1
0 10	1	1
0 20	2	2
0 30	4	3
0 40	5	4
0 50	6	6
0 60	7	7
0 70	8	8
0 80	10	9
0 90	11	10
1 00	12	11

DIVISEURS : 95051 A 95330.

DIVISEUR	Nombre à multiplier par le dividende	DIVISEUR	Nombre à multiplier par le dividende	DIVISEUR	Nombre à multiplier par le dividende	DIVISEUR	Nombre à multiplier par le dividende	DIVISEUR	Nombre à multiplier par le dividende	DIVISEUR	Nombre à multiplier par le dividende
95 051	105 2066	95 101	105 1513	95 151	105 0960	95 201	105 0408	95 251	104 9857	95 301	104 9306
052	2055	102	1502	152	0949	202	0397	252	9846	302	9295
053	2044	103	1491	153	0938	203	0386	253	9835	303	9284
054	2033	104	1480	154	0927	204	0375	254	9824	304	9273
055	2022	105	1469	155	0916	205	0364	255	9813	305	9262
056	2011	106	1458	156	0905	206	0353	256	9802	306	9251
057	2000	107	1447	157	0894	207	0342	257	9791	307	9240
058	1989	108	1436	158	0883	208	0331	258	9780	308	9229
059	1978	109	1425	159	0872	209	0320	259	9769	309	9218
060	1967	110	1414	160	0861	210	0309	260	9758	310	9207
95 061	105 1955	95 111	105 1402	95 161	105 0850	95 211	105 0298	95 261	104 9747	95 311	104 9196
062	1944	112	1391	162	0839	212	0287	262	9736	312	9185
063	1933	113	1380	163	0828	213	0276	263	9725	313	9174
064	1922	114	1369	164	0817	214	0265	264	9714	314	9163
065	1911	115	1358	165	0806	215	0254	265	9703	315	9152
066	1900	116	1347	166	0795	216	0243	266	9692	316	9141
067	1889	117	1336	167	0784	217	0232	267	9681	317	9130
068	1878	118	1325	168	0773	218	0221	268	9670	318	9119
069	1867	119	1314	169	0762	219	0210	269	9659	319	9108
070	1856	120	1303	170	0751	220	0199	270	9648	320	9097
95 071	105 1844	95 121	105 1292	95 171	105 0739	95 221	105 0188	95 271	104 9637	95 321	104 9086
072	1833	122	1281	172	0728	222	0177	272	9626	322	9075
073	1822	123	1270	173	0717	223	0166	273	9615	323	9064
074	1811	124	1259	174	0706	224	0155	274	9604	324	9053
075	1800	125	1248	175	0695	225	0144	275	9593	325	9042
076	1789	126	1237	176	0684	226	0133	276	9582	326	9031
077	1778	127	1226	177	0673	227	0122	277	9571	327	9020
078	1767	128	1215	178	0662	228	0111	278	9560	328	9009
079	1756	129	1204	179	0651	229	0100	279	9549	329	8998
080	1745	130	1193	180	0640	230	0089	280	9538	330	8987
95 081	105 1734	95 131	105 1181	95 181	105 0629	95 231	105 0078	95 281	104 9527		
082	1723	132	1170	182	0618	232	0067	282	9516		
083	1712	133	1159	183	0607	233	0056	283	9505		
084	1701	134	1148	184	0596	234	0045	284	9494		
085	1690	135	1137	185	0585	235	0034	285	9483		
086	1679	136	1126	186	0574	236	0023	286	9472		
087	1668	137	1115	187	0563	237	0012	287	9461		
088	1657	138	1104	188	0552	238	0001	288	9450		
089	1646	139	1093	189	0541	239	104 9990	289	9439		
090	1635	140	1082	190	0530	240	9979	290	9428		
95 091	105 1623	95 141	105 1071	95 191	105 0519	95 241	104 9967	95 291	104 9416		
092	1612	142	1060	192	0508	242	9956	292	9405		
093	1601	143	1049	193	0497	243	9945	293	9394		
094	1590	144	1038	194	0486	244	9934	294	9383		
095	1579	145	1027	195	0475	245	9923	295	9372		
096	1568	146	1016	196	0464	246	9912	296	9361		
097	1557	147	1005	197	0453	247	9901	297	9350		
098	1546	148	0994	198	0442	248	9890	298	9339		
099	1535	149	0983	199	0431	249	9879	299	9328		
100	1524	150	0972	200	0420	250	9868	300	9317		

DIFF.

	12	11
0 01	0	0
0 02	0	0
0 03	0	0
0 04	0	0
0 05	1	1
0 06	1	1
0 07	1	1
0 08	1	1
0 09	1	1
0 10	1	1
0 20	2	2
0 30	4	3
0 40	5	4
0 50	6	6
0 60	7	7
0 70	8	8
0 80	9	9
0 90	11	10
1 00	12	11

DIVISEURS : 95331 A 95610.

DIVISEUR	Nombre à multiplier par le dividende	DIVISEUR	Nombre à multiplier par le dividende	DIVISEUR	Nombre à multiplier par le dividende	DIVISEUR	Nombre à multiplier par le dividende	DIVISEUR	Nombre à multiplier par le dividende	DIVISEUR	Nombre à multiplier par le dividende
95 331	104 8976	95 381	104 8426	95 431	104 7877	95 481	104 7328	95 531	104 6780	95 581	104 6232
332	8965	382	8415	432	7866	482	7317	532	6769	582	6221
333	8954	383	8404	433	7855	483	7306	533	6758	583	6210
334	8943	384	8393	434	7844	484	7295	534	6747	584	6199
335	8932	385	8382	435	7833	485	7284	535	6736	585	6188
336	8921	386	8371	436	7822	486	7273	536	6725	586	6177
337	8910	387	8360	437	7811	487	7262	537	6714	587	6166
338	8899	388	8349	438	7800	488	7251	538	6703	588	6155
339	8888	389	8338	439	7789	489	7240	539	6692	589	6144
340	8877	390	8327	440	7778	490	7230	540	6682	590	6134
95 341	104 8866	95 391	104 8316	95 441	104 7767	95 491	104 7219	95 541	104 6671	95 591	104 6423
342	8855	392	8305	442	7756	492	7208	542	6660	592	6412
343	8844	393	8294	443	7745	493	7197	543	6649	593	6401
344	8833	394	8283	444	7734	494	7186	544	6638	594	6090
345	8822	395	8272	445	7723	495	7175	545	6627	595	6079
346	8811	396	8261	446	7712	496	7164	546	6616	596	6068
347	8800	397	8250	447	7701	497	7153	547	6605	597	6057
348	8789	398	8239	448	7690	498	7142	548	6594	598	6046
349	8778	399	8228	449	7679	499	7131	549	6583	599	6035
350	8767	400	8218	450	7668	500	7120	550	6572	600	6025
95 351	104 8756	95 401	104 8207	95 451	104 7657	95 501	104 7109	95 551	104 6561	95 601	104 6014
352	8745	402	8196	452	7646	502	7098	552	6550	602	6003
353	8734	403	8185	453	7635	503	7087	553	6539	603	5992
354	8723	404	8174	454	7624	504	7076	554	6528	604	5981
355	8712	405	8163	455	7613	505	7065	555	6517	605	5970
356	8701	406	8152	456	7602	506	7054	556	6506	606	5959
357	8690	407	8141	457	7591	507	7043	557	6495	607	5948
358	8679	408	8130	458	7580	508	7032	558	6484	608	5937
359	8668	409	8119	459	7569	509	7021	559	6473	609	5926
360	8657	410	8108	460	7559	510	7010	560	6462	610	5915
95 361	104 8646	95 411	104 8097	95 461	104 7548	95 511	104 6999	95 561	104 6451		
362	8635	412	8086	462	7537	512	6988	562	6440		
363	8624	413	8075	463	7526	513	6977	563	6429		
364	8613	414	8064	464	7515	514	6966	564	6418		
365	8602	415	8053	465	7504	515	6955	565	6407		
366	8591	416	8042	466	7493	516	6944	566	6396		
367	8580	417	8031	467	7482	517	6933	567	6385		
368	8569	418	8020	468	7471	518	6922	568	6374		
369	8558	419	8009	469	7460	519	6911	569	6363		
370	8547	420	7998	470	7449	520	6900	570	6353		
95 371	104 8536	95 421	104 7987	95 471	104 7438	95 521	104 6889	95 571	104 6342		
372	8525	422	7976	472	7427	522	6878	572	6331		
373	8514	423	7965	473	7416	523	6867	573	6320		
374	8503	424	7954	474	7405	524	6856	574	6309		
375	8492	425	7943	475	7394	525	6845	575	6298		
376	8481	426	7932	476	7383	526	6834	576	6287		
377	8470	427	7921	477	7372	527	6823	577	6276		
378	8459	428	7910	478	7361	528	6812	578	6265		
379	8448	429	7899	479	7350	529	6801	579	6254		
380	8437	430	7888	480	7339	530	6794	580	6243		

DIFF.

	11	10
0 01	0	0
0 02	0	0
0 03	0	0
0 04	0	0
0 05	1	1
0 06	1	1
0 07	1	1
0 08	1	1
0 09	1	1
0 10	1	1
0 20	2	2
0 30	3	3
0 40	4	4
0 50	6	5
0 60	7	6
0 70	8	7
0 80	9	8
0 90	10	9
1 00	11	10

DIVISEURS : 95611 À 95890.

DIVISEUR	Nombre à multiplier par le dividende	DIVISEUR	Nombre à multiplier par le dividende	DIVISEUR	Nombre à multiplier par le dividende	DIVISEUR	Nombre à multiplier par le dividende	DIVISEUR	Nombre à multiplier par le dividende	DIVISEUR	Nombre à multiplier par le dividende
95 611	104 5904	95 661	104 5358	95 711	104 4814	95 761	104 4266	95 811	104 3721	95 861	104 3176
612	5893	662	5347	712	4800	762	4255	812	3710	862	3165
613	5882	663	5336	713	4789	763	4244	813	3699	863	3154
614	5871	664	5325	714	4778	764	4233	814	3688	864	3143
615	5860	665	5314	715	4767	765	4222	815	3677	865	3133
616	5849	666	5303	716	4756	766	4211	816	3666	866	3122
617	5838	667	5292	717	4745	767	4200	817	3655	867	3111
618	5827	668	5281	718	4734	768	4189	818	3644	868	3100
619	5816	669	5270	719	4723	769	4178	819	3633	869	3089
620	5806	670	5259	720	4713	770	4168	820	3523	870	3079
95 621	104 5795	95 671	104 5248	95 721	104 4702	95 771	104 4157	95 821	104 3612	95 871	104 3068
622	5784	672	5237	722	4691	772	4146	822	3601	872	3057
623	5773	673	5226	723	4680	773	4135	823	3590	873	3046
624	5762	674	5215	724	4669	774	4124	824	3579	874	3035
625	5751	675	5204	725	4658	775	4113	825	3568	875	3024
626	5740	676	5193	726	4647	776	4102	826	3557	876	3013
627	5729	677	5182	727	4636	777	4091	827	3546	877	3002
628	5718	678	5171	728	4625	778	4080	828	3535	878	2991
629	5707	679	5160	729	4614	779	4069	829	3524	879	2980
630	5696	680	5150	730	4604	780	4059	830	3514	880	2970
95 631	104 5685	95 681	104 5139	95 731	104 4593	95 781	104 4048	95 831	104 3503	95 881	104 2959
632	5674	682	5128	732	4582	782	4037	832	3492	882	2948
633	5663	683	5117	733	4571	783	4026	833	3481	883	2937
634	5652	684	5106	734	4560	784	4015	834	3470	884	2926
635	5641	685	5095	735	4549	785	4004	835	3459	885	2915
636	5630	686	5084	736	4538	786	3993	836	3448	886	2904
637	5619	687	5073	737	4527	787	3982	837	3437	887	2893
638	5608	688	5062	738	4516	788	3971	838	3426	888	2882
639	5597	689	5051	739	4505	789	3960	839	3415	889	2871
640	5587	690	5041	740	4495	790	3950	840	3405	890	2861
95 641	104 5576	95 691	104 5030	95 741	104 4484	95 791	104 3939	95 841	104 3394		
642	5565	692	5019	742	4473	792	3928	842	3383		
643	5554	693	5008	743	4462	793	3917	843	3372		
644	5543	694	4997	744	4451	794	3906	844	3361		
645	5532	695	4986	745	4440	795	3895	845	3350		
646	5521	696	4975	746	4429	796	3884	846	3339		
647	5510	697	4964	747	4418	797	3873	847	3328		
648	5499	698	4953	748	4407	798	3862	848	3317		
649	5488	699	4942	749	4396	799	3854	849	3306		
650	5478	700	4932	750	4386	800	3841	850	3296		
95 651	104 5467	95 701	104 4921	95 751	104 4375	95 801	104 3830	95 851	104 3285		
652	5456	702	4910	752	4364	802	3819	852	3274		
653	5445	703	4899	753	4353	803	3808	853	3263		
654	5434	704	4888	754	4342	804	3797	854	3253		
655	5423	705	4877	755	4331	805	3786	855	3241		
656	5412	706	4866	756	4320	806	3775	856	3230		
657	5401	707	4855	757	4309	807	3764	857	3219		
658	5390	708	4844	758	4298	808	3753	858	3208		
659	5379	709	4833	759	4287	809	3742	859	3197		
660	5369	710	4822	760	4277	810	3732	860	3187		

DIFF.

	11	10
0 01	0	0
0 02	0	0
0 03	0	0
0 04	0	0
0 05	1	1
0 06	1	1
0 07	1	1
0 08	1	1
0 09	1	1
0 10	1	1
0 20	2	2
0 30	3	3
0 40	4	4
0 50	6	5
0 60	7	6
0 70	8	7
0 80	9	8
0 90	10	9
1 00	11	10

86

DIVISEURS : 95891 A 96170.

DIVISEUR	Nombre à multiplier par le dividende	DIVISEUR	Nombre à multiplier par le dividende	DIVISEUR	Nombre à multiplier par le dividende	DIVISEUR	Nombre à multiplier par le dividende	DIVISEUR	Nombre à multiplier par le dividende	DIVISEUR	Nombre à multiplier par le dividende
95 891	104 2850	95 941	104 2306	95 991	104 1764	96 041	104 1221	96 091	104 0680	96 141	104 0138
892	2839	942	2295	982	1753	042	1210	092	0669	142	0127
893	2828	943	2284	993	1742	043	1199	093	0658	143	0116
894	2817	944	2273	994	1731	044	1188	094	0647	144	0105
895	2806	945	2263	995	1720	045	1178	095	0636	145	0095
896	2795	946	2252	996	1709	046	1167	096	0625	146	0084
897	2784	947	2241	997	1698	047	1156	097	0614	147	0073
898	2773	948	2230	998	1687	048	1145	098	0603	148	0062
899	2762	949	2219	999	1676	049	1134	099	0592	149	0051
900	2752	950	2209	96 000	1666	050	1124	100	0582	150	0041
95 901	104 2741	95 951	104 2198	96 001	104 1655	96 051	104 1113	96 101	104 0571	96 151	104 0030
902	2730	952	2187	002	1644	052	1102	102	0560	152	0019
903	2719	953	2176	003	1633	053	1091	103	0549	153	0008
904	2708	954	2165	004	1622	054	1080	104	0538	154	103 9997
905	2698	955	2154	005	1612	055	1070	105	0528	155	9987
906	2687	956	2143	006	1601	056	1059	106	0517	156	9976
907	2676	957	2132	007	1590	057	1048	107	0506	157	9965
908	2665	958	2121	008	1579	058	1037	108	0495	158	9954
909	2654	959	2110	009	1568	059	1026	109	0484	159	9943
910	2644	960	2100	010	1558	060	1016	110	0474	160	9933
95 911	104 2633	95 961	104 2089	96 011	104 1547	96 061	104 1005	96 111	104 0463	96 161	103 9922
912	2622	962	2078	012	1536	062	0994	112	0452	162	9911
913	2611	963	2067	013	1525	063	0983	113	0441	163	9900
914	2600	964	2056	014	1514	064	0972	114	0430	164	9889
915	2589	965	2046	015	1503	065	0961	115	0419	165	9879
916	2578	966	2035	016	1492	066	0950	116	0408	166	9868
917	2567	967	2024	017	1481	067	0939	117	0397	167	9857
918	2556	968	2013	018	1470	068	0928	118	0386	168	9846
919	2545	969	2002	019	1459	069	0917	119	0375	169	9835
920	2535	970	1992	020	1449	070	0907	120	0365	170	9825
95 921	104 2524	95 971	104 1981	96 021	104 1438	96 071	104 0896	96 121	104 0354		
922	2513	972	1970	022	1427	072	0885	122	0343		
923	2502	973	1959	023	1416	073	0874	123	0332		
924	2491	974	1948	024	1405	074	0863	124	0321		
925	2480	975	1937	025	1395	075	0853	125	0311		
926	2469	976	1926	026	1384	076	0842	126	0300		
927	2458	977	1915	027	1373	077	0831	127	0289		
928	2447	978	1904	028	1362	078	0820	128	0278		
929	2436	979	1893	029	1351	079	0809	129	0267		
930	2426	980	1883	030	1341	080	0799	130	0257		
95 931	104 2415	95 981	104 1872	96 031	104 1330	96 081	104 0788	96 131	104 0246		
932	2404	982	1861	032	1319	082	0777	132	0235		
933	2393	983	1850	033	1308	083	0766	133	0224		
934	2382	984	1839	034	1297	084	0755	134	0213		
935	2371	985	1829	035	1286	085	0745	135	0203		
936	2360	986	1818	036	1275	086	0734	136	0192		
937	2349	987	1807	037	1264	087	0723	137	0181		
938	2338	988	1796	038	1253	088	0712	138	0170		
939	2327	989	1785	039	1242	089	0701	139	0159		
940	2317	990	1775	040	1232	090	0691	140	0149		

DIFF.

	11	10
0 01	0	0
0 02	0	0
0 03	0	0
0 04	0	0
0 05	1	1
0 07	1	1
0 08	1	1
0 09	1	1
0 10	1	1
0 20	2	2
0 30	3	3
0 40	4	4
0 50	6	5
0 60	7	6
0 70	8	7
0 80	9	8
0 90	10	9
1 00	11	10

DIVISEURS : 96171 à 96450.

DIVISEUR	Nombre à multiplier par le dividende	DIVISEUR	Nombre à multiplier par le dividende	DIVISEUR	Nombre à multiplier par le dividende	DIVISEUR	Nombre à multiplier par le dividende	DIVISEUR	Nombre à multiplier par le dividende	DIVISEUR	Nombre à multiplier par le dividende
96 171	103 9814	96 221	103 9273	96 271	103 8734	96 321	103 8194	96 371	103 7656	96 421	103 7118
172	9803	222	9262	272	8723	322	8183	372	7645	422	7107
173	9792	223	9251	273	8712	323	8172	373	7634	423	7096
174	9781	224	9240	274	8701	324	8162	374	7623	424	7085
175	9771	225	9230	275	8691	325	8151	375	7613	425	7075
176	9760	226	9219	276	8680	326	8140	376	7602	426	7064
177	9749	227	9208	277	8669	327	8130	377	7591	427	7053
178	9738	228	9197	278	8658	328	8119	378	7580	428	7042
179	9727	229	9186	279	8647	329	8108	379	7569	429	7031
180	9717	230	9176	280	8637	330	8098	380	7559	430	7021
96 181	103 9706	96 231	103 9165	96 281	103 8626	96 331	103 8087	96 381	103 7548	96 431	103 7010
182	9695	232	9154	282	8615	332	8076	382	7537	432	6999
183	9684	233	9143	283	8604	333	8065	383	7526	433	6988
184	9673	234	9132	284	8593	334	8054	384	7516	434	6978
185	9663	235	9122	285	8583	335	8044	385	7505	435	6967
186	9652	236	9111	286	8572	336	8033	386	7494	436	6956
187	9641	237	9100	287	8561	337	8022	387	7484	437	6946
188	9630	238	9089	288	8550	338	8011	388	7473	438	6935
189	9619	239	9078	289	8539	339	8000	389	7462	439	6924
190	9609	240	9068	290	8529	340	7990	390	7452	440	6914
96 191	103 9598	96 241	103 9057	96 291	103 8518	96 341	103 7979	96 391	103 7441	96 441	103 6903
192	9587	242	9046	292	8507	342	7968	392	7430	442	6892
193	9576	243	9035	293	8496	343	7957	393	7419	443	6881
194	9565	244	9025	294	8485	344	7946	394	7408	444	6870
195	9555	245	9014	295	8475	345	7936	395	7398	445	6860
196	9544	246	9003	296	8464	346	7925	396	7387	446	6849
197	9533	247	8993	297	8453	347	7914	397	7376	447	6838
198	9522	248	8982	298	8442	348	7903	398	7365	448	6827
199	9511	249	8971	299	8431	349	7892	399	7354	449	6816
200	9501	250	8961	300	8421	350	7882	400	7344	450	6806
96 201	103 9490	96 251	103 8950	96 301	103 8410	96 351	103 7871	96 401	103 7333		
202	9479	252	8939	302	8399	352	7860	402	7322		
203	9468	253	8928	303	8388	353	7849	403	7311		
204	9457	254	8917	304	8377	354	7839	404	7300		
205	9446	255	8907	305	8367	355	7828	405	7290		
206	9435	256	8896	306	8356	356	7817	406	7279		
207	9424	257	8885	307	8345	357	7807	407	7268		
208	9413	258	8874	308	8334	358	7796	408	7257		
209	9402	259	8863	309	8323	359	7785	409	7246		
210	9392	260	8853	310	8313	360	7775	410	7236		
96 211	103 9381	96 261	103 8842	96 311	103 8302	96 361	103 7764	96 411	103 7225		
212	9370	262	8831	312	8291	362	7753	412	7214		
213	9359	263	8820	313	8280	363	7742	413	7203		
214	9348	264	8809	314	8269	364	7731	414	7193		
215	9338	265	8799	315	8259	365	7721	415	7182		
216	9327	266	8788	316	8248	366	7710	416	7171		
217	9316	267	8777	317	8237	367	7699	417	7161		
218	9305	268	8766	318	8226	368	7688	418	7150		
219	9294	269	8755	319	8215	369	7677	419	7139		
220	9284	270	8745	320	8205	370	7667	420	7129		

DIFF.

	11	10
0 01	0	0
0 02	0	0
0 03	0	0
0 04	0	0
0 05	1	1
0 06	1	1
0 07	1	1
0 08	1	1
0 09	1	1
0 10	1	1
0 20	2	2
0 30	3	3
0 40	4	4
0 50	6	5
0 60	7	6
0 70	8	7
0 80	9	8
0 90	10	9
1 00	11	10

DIVISEURS : 96451 A 96730.

DIVISEUR	Nombre à multiplier par le dividende	DIVISEUR	Nombre à multiplier par le dividende	DIVISEUR	Nombre à multiplier par le dividende	DIVISEUR	Nombre à multiplier par le dividende	DIVISEUR	Nombre à multiplier par le dividende	DIVISEUR	Nombre à multiplier par le dividende
96 451	103 6795	96 501	103 6258	96 551	103 5721	96 601	103 5185	96 651	103 4650	96 701	103 4115
452	6784	502	6247	552	5710	602	5174	652	4639	702	4104
453	6773	503	6236	553	5699	603	5163	653	4628	703	4093
454	6763	504	6226	554	5689	604	5153	654	4618	704	4083
455	6752	505	6215	555	5678	605	5142	655	4607	705	4072
456	6741	506	6204	556	5667	606	5131	656	4596	706	4061
457	6731	507	6194	557	5657	607	5121	657	4586	707	4051
458	6720	508	6183	558	5646	608	5110	658	4575	708	4040
459	6709	509	6172	559	5635	609	5099	659	4564	709	4029
460	6699	510	6162	560	5625	610	5089	660	4554	710	4019
96 461	103 6688	96 511	103 6151	96 561	103 5614	96 611	103 5078	96 661	103 4543	96 711	103 4008
462	6677	512	6140	562	5603	612	5067	662	4532	712	3997
463	6666	513	6129	563	5592	613	5056	663	4521	713	3986
464	6655	514	6118	564	5582	614	5046	664	4511	714	3976
465	6645	515	6108	565	5571	615	5035	665	4500	715	3965
466	6634	516	6097	566	5560	616	5024	666	4489	716	3954
467	6623	517	6086	567	5550	617	5014	667	4479	717	3944
468	6612	518	6075	568	5539	618	5003	668	4468	718	3933
469	6604	519	6064	569	5528	619	4992	669	4457	719	3922
470	6591	520	6054	570	5518	620	4982	670	4447	720	3912
96 471	103 6580	96 521	103 6043	96 571	103 5507	96 621	103 4971	96 671	103 4436	96 721	103 3901
472	6569	522	6032	572	5496	622	4960	672	4425	722	3890
473	6558	523	6021	573	5485	623	4949	673	4414	723	3879
474	6548	524	6011	574	5475	624	4939	674	4404	724	3869
475	6537	525	6000	575	5464	625	4928	675	4393	725	3858
476	6526	526	5989	576	5453	626	4917	676	4382	726	3847
477	6516	527	5979	577	5443	627	4907	677	4372	727	3837
478	6505	528	5968	578	5432	628	4896	678	4361	728	3826
479	6494	529	5957	579	5421	629	4885	679	4350	729	3815
480	6484	530	5947	580	5411	630	4875	680	4340	730	3805
96 481	103 6473	96 531	103 5936	96 581	103 5400	96 631	103 4864	96 681	103 4329		
482	6462	532	5925	582	5389	632	4853	682	4318		
483	6451	533	5914	583	5378	633	4842	683	4307		
484	6440	534	5904	584	5367	634	4832	684	4297		
485	6430	535	5893	585	5357	635	4821	685	4286		
486	6419	536	5882	586	5346	636	4810	686	4275		
487	6408	537	5872	587	5335	637	4800	687	4265		
488	6397	538	5861	588	5324	638	4789	688	4254		
489	6386	539	5850	589	5313	639	4778	689	4243		
490	6376	540	5840	590	5303	640	4768	690	4233		
96 491	103 6365	96 041	103 5829	96 591	103 5292	96 641	103 4757	96 691	103 4222		
492	6354	042	5818	592	5281	642	4746	692	4211		
493	6343	043	5807	593	5270	643	4735	693	4200		
494	6333	044	5796	594	5260	644	4725	694	4190		
495	6322	045	5786	595	5249	645	4714	695	4179		
496	6311	046	5775	596	5238	646	4703	696	4168		
497	6301	047	5764	597	5228	647	4693	697	4158		
498	6290	048	5753	598	5217	648	4682	698	4147		
499	6279	049	5742	599	5206	649	4671	699	4136		
500	6269	050	5732	600	5196	650	4661	700	4126		

DIFF.

	11	10
0 01	0	0
0 02	0	0
0 03	0	0
0 04	0	0
0 05	1	0
0 06	1	1
0 07	1	1
0 08	1	1
0 09	1	1
0 10	1	1
0 20	2	2
0 30	3	3
0 40	4	4
0 50	6	5
0 60	7	6
0 70	8	7
0 80	9	8
0 90	10	9
1 00	11	10

DIVISEURS : **96731 A 97010.**

DIVISEUR	Nombre à multiplier par le dividende	DIVISEUR	Nombre à multiplier par le dividende	DIVISEUR	Nombre à multiplier par le dividende	DIVISEUR	Nombre à multiplier par le dividende	DIVISEUR	Nombre à multiplier par le dividende	DIVISEUR	Nombre à multiplier par le dividende
96 731	103 3794	96 781	103 3260	96 831	103 2726	96 881	103 2193	96 931	103 1661	96 981	103 1129
732	3783	782	3249	832	2715	882	2182	932	1650	982	1118
733	3772	783	3238	833	2704	883	2172	933	1639	983	1108
734	3762	784	3228	834	2694	884	2161	934	1629	984	1097
735	3751	785	3217	835	2683	885	2151	935	1618	985	1087
736	3740	786	3206	836	2672	886	2140	936	1607	986	1076
737	3730	787	3196	837	2662	887	2129	937	1597	987	1065
738	3719	788	3185	838	2651	888	2119	938	1586	988	1055
739	3708	789	3174	839	2640	889	2108	939	1575	989	1044
740	3698	790	3164	840	2630	890	2098	940	1565	990	1034
96 741	103 3687	96 791	103 3153	96 841	103 2619	96 891	103 2087	96 941	103 1554	96 991	103 1023
742	3676	792	3142	842	2608	892	2076	942	1543	992	1012
743	3665	793	3134	843	2598	893	2065	943	1533	993	1001
744	3655	794	3121	844	2587	894	2055	944	1522	994	0991
745	3644	795	3110	845	2577	895	2044	945	1512	995	0980
746	3633	796	3099	846	2566	896	2033	946	1501	996	0969
747	3623	797	3089	847	2555	897	2023	947	1490	997	0959
748	3612	798	3078	848	2545	898	2012	948	1480	998	0948
749	3601	799	3067	849	2534	899	2001	949	1469	999	0937
750	3591	800	3057	850	2524	900	1991	950	1459	97 000	0927
96 751	103 3580	96 801	103 3046	96 851	103 2513	96 901	103 1980	96 951	103 1448	97 001	103 0916
752	3569	802	3035	852	2502	902	1969	952	1437	002	0905
753	3558	803	3025	853	2491	903	1959	953	1427	003	0895
754	3548	804	3014	854	2481	904	1948	954	1416	004	0884
755	3537	805	3004	855	2470	905	1938	955	1406	005	0874
756	3526	806	2993	856	2459	906	1927	956	1395	006	0863
757	3516	807	2982	857	2449	907	1916	957	1384	007	0852
758	3505	808	2972	858	2438	908	1906	958	1374	008	0842
759	3494	809	2961	859	2427	909	1895	959	1363	009	0834
760	3484	810	2951	860	2417	910	1885	960	1353	010	0821
96 761	103 3473	96 811	103 2940	96 861	103 2406	96 911	103 1874	96 961	103 1342		
762	3462	812	2929	862	2395	912	1863	962	1331		
763	3452	813	2918	863	2385	913	1852	963	1320		
764	3441	814	2908	864	2374	914	1842	964	1310		
765	3431	815	2897	865	2364	915	1831	965	1299		
766	3420	816	2886	866	2353	916	1820	966	1288		
767	3409	817	2876	867	2342	917	1810	967	1278		
768	3399	818	2865	868	2332	918	1799	968	1267		
769	3388	819	2854	869	2321	919	1788	969	1256		
770	3378	820	2844	870	2311	920	1778	970	1246		
96 771	103 3367	96 821	103 2833	96 871	103 2300	96 921	103 1767	96 971	103 1235		
772	3356	822	2822	872	2289	922	1756	972	1224		
773	3345	823	2811	873	2278	923	1746	973	1214		
774	3335	824	2801	874	2268	924	1735	974	1203		
775	3324	825	2790	875	2257	925	1725	975	1193		
776	3313	826	2779	876	2246	926	1714	976	1182		
777	3303	827	2769	877	2236	927	1703	977	1171		
778	3292	828	2758	878	2225	928	1693	978	1161		
779	3281	829	2747	879	2214	929	1682	979	1150		
780	3271	830	2737	880	2204	930	1672	980	1140		

DIFF.

	11	10
0 01	0	0
0 02	0	0
0 03	0	0
0 04	0	0
0 05	1	1
0 07	1	1
0 08	1	1
0 09	1	1
0 10	1	1
0 20	2	2
0 30	3	3
0 40	4	4
0 50	6	5
0 60	7	6
0 70	8	7
0 80	9	8
0 90	10	9
1 00	11	10

DIVISEURS : **97011** A **97290**.

DIVISEUR	Nombre à multiplier par le dividende	DIVISEUR	Nombre à multiplier par le dividende	DIVISEUR	Nombre à multiplier par le dividende	DIVISEUR	Nombre à multiplier par le dividende	DIVISEUR	Nombre à multiplier par le dividende	DIVISEUR	Nombre à multiplier par le dividende	DIVISEUR	Nombre à multiplier par le dividende
97 011	103 0810	97 061	103 0279	97 111	102 9749	97 161	102 9219	97 211	102 8689	97 261	102 8160		
012	0799	062	0268	112	9738	162	9208	212	8678	262	8150		
013	0789	063	0258	113	9728	163	9198	213	8668	263	8139		
014	0778	064	0247	114	9717	164	9187	214	8657	264	8129		
015	0768	065	0237	115	9707	165	9177	215	8647	265	8118		
016	0757	066	0226	116	9696	166	9166	216	8636	266	8108		
017	0746	067	0215	117	9685	167	9155	217	8625	267	8097		
018	0736	068	0205	118	9675	168	9145	218	8615	268	8087		
019	0725	069	0194	119	9664	169	9134	219	8604	269	8076		
020	0715	070	0184	120	9654	170	9124	220	8594	270	8066		
97 021	103 0704	97 071	103 0173	97 121	102 9643	97 171	102 9113	97 221	102 8583	97 271	102 8055		
022	0693	072	0162	122	9632	172	9102	222	8573	272	8044		
023	0683	073	0152	123	9622	173	9092	223	8562	273	8034		
024	0672	074	0141	124	9611	174	9081	224	8552	274	8023		
025	0662	075	0131	125	9601	175	9071	225	8541	275	8013		
026	0651	076	0120	126	9590	176	9060	226	8531	276	8002		
027	0640	077	0109	127	9579	177	9049	227	8520	277	7991		
028	0630	078	0099	128	9569	178	9039	228	8510	278	7981		
029	0619	079	0088	129	9558	179	9028	229	8499	279	7970		
030	0609	080	0078	130	9548	180	9018	230	8489	280	7960		
97 031	103 0598	97 081	103 0067	97 131	102 9537	97 181	102 9007	97 231	102 8478	97 281	102 7949		
032	0587	082	0056	132	9526	182	8996	232	8467	282	7938		
033	0576	083	0046	133	9516	183	8986	233	8457	283	7928		
034	0566	084	0035	134	9505	184	8975	234	8446	284	7917		
035	0555	085	0025	135	9495	185	8965	235	8436	285	7907		
036	0544	086	0014	136	9484	186	8954	236	8425	286	7896		
037	0534	087	0003	137	9473	187	8943	237	8414	287	7885		
038	0523	088	102 9993	138	9463	188	8933	238	8404	288	7875		
039	0512	089	9982	139	9452	189	8922	239	8393	289	7864		
040	0502	090	9972	140	9442	190	8912	240	8383	290	7854		
97 041	103 0491	97 091	102 9961	97 141	102 9431	97 191	102 8901	97 241	102 8372				
042	0480	092	9950	142	9420	192	8890	242	8361				
043	0470	093	9940	143	9410	193	8880	243	8351				
044	0459	094	9929	144	9399	194	8869	244	8340				
045	0449	095	9919	145	9389	195	8859	245	8330				
046	0438	096	9908	146	9378	196	8848	246	8319				
047	0427	097	9897	147	9367	197	8837	247	8308				
048	0417	098	9887	148	9357	198	8827	248	8298				
049	0406	099	9876	149	9346	199	8816	249	8287				
050	0396	100	9866	150	9336	200	8806	250	8277				
97 051	103 0385	97 101	102 9855	97 151	102 9325	97 201	102 8795	97 251	102 8266				
052	0374	102	9844	152	9314	202	8784	252	8255				
053	0364	103	9834	153	9304	203	8774	253	8245				
054	0353	104	9823	154	9293	204	8763	254	8234				
055	0343	105	9813	155	9283	205	8753	255	8224				
056	0332	106	9802	156	9272	206	8742	256	8213				
057	0321	107	9791	157	9261	207	8731	257	8202				
058	0311	108	9781	158	9251	208	8721	258	8192				
059	0300	109	9770	159	9240	209	8710	259	8181				
060	0290	110	9760	160	9230	210	8700	260	8171				

DIFF.

	11	10
0 01	0	0
0 02	0	0
0 03	0	0
0 04	0	0
0 05	1	1
0 06	1	1
0 07	1	1
0 08	1	1
0 09	1	1
0 10	1	1
0 20	2	2
0 30	3	3
0 40	4	4
0 50	6	5
0 60	7	6
0 70	8	7
0 80	9	8
0 90	10	9
1 00	11	10

Diviseurs : 97291 à 97570.

DIVISEUR	Nombre à multiplier par le dividende	DIVISEUR	Nombre à multiplier par le dividende	DIVISEUR	Nombre à multiplier par le dividende	DIVISEUR	Nombre à multiplier par le dividende	DIVISEUR	Nombre à multiplier par le dividende	DIVISEUR	Nombre à multiplier par le dividende
97 291	102,7843	97 341	102 7315	97 391	102 6788	97 441	102 6261	97 491	102 5735	97 541	102 5209
292	7833	342	7305	392	6778	442	6251	492	5725	542	5199
293	7822	343	7294	393	6767	443	6240	493	5714	543	5188
294	7812	344	7284	394	6757	444	6230	494	5704	544	5178
295	7801	345	7273	395	6746	445	6249	495	5693	545	5167
296	7791	346	7263	396	6736	446	6209	496	5683	546	5157
297	7780	347	7252	397	6725	447	6198	497	5672	547	5146
298	7770	348	7242	398	6715	448	6188	498	5662	548	5136
299	7759	349	7231	399	6704	449	6177	499	5651	549	5125
300	7749	350	7221	400	6694	450	6167	500	5641	550	5115
97 301	102 7738	97 351	102 7210	97 401	102 6683	97 451	102 6156	97 501	102 5630	97 551	102 5104
302	7727	352	7199	402	6672	452	6145	502	5619	552	5094
303	7717	353	7189	403	6662	453	6135	503	5609	553	5083
304	7706	354	7178	404	6651	454	6124	504	5598	554	5073
305	7696	355	7168	405	6641	455	6114	505	5588	555	5062
306	7685	356	7157	406	6630	456	6103	506	5577	556	5052
307	7674	357	7146	407	6619	457	6092	507	5566	557	5041
308	7664	358	7136	408	6609	458	6082	508	5556	558	5031
309	7653	359	7125	409	6598	459	6071	509	5545	559	5020
310	7643	360	7115	410	6588	460	6061	510	5535	560	5010
97 311	102 7632	97 361	102 7104	97 411	102 6577	97 461	102 6050	97 511	102 5524	97 561	102 4999
312	7622	362	7094	412	6567	462	6040	512	5514	562	4989
313	7611	363	7083	413	6556	463	6029	513	5503	563	4978
314	7601	364	7073	414	6546	464	6019	514	5493	564	4968
315	7590	365	7062	415	6535	465	6008	515	5482	565	4957
316	7580	366	7052	416	6525	466	5998	516	5472	566	4947
317	7569	367	7041	417	6514	467	5987	517	5461	567	4936
318	7559	368	7031	418	6504	468	5977	518	5451	568	4926
319	7548	369	7020	419	6493	469	5966	519	5440	569	4915
320	7538	370	7010	420	6483	470	5956	520	5430	570	4905
97 321	102 7527	97 371	102 6999	97 421	102 6472	97 471	102 5945	97 521	102 5419		
322	7516	372	6988	422	6464	472	5935	522	5409		
323	7506	373	6978	423	6451	473	5924	523	5398		
324	7495	374	6967	424	6440	474	5914	524	5388		
325	7485	375	6957	425	6430	475	5903	525	5377		
326	7474	376	6946	426	6419	476	5893	526	5367		
327	7463	377	6935	427	6408	477	5882	527	5356		
328	7453	378	6925	428	6398	478	5872	528	5346		
329	7442	379	6914	429	6387	479	5861	529	5335		
330	7432	380	6904	430	6377	480	5851	530	5325		
97 331	102 7421	97 381	102 6893	97 431	102 6366	97 481	102 5840	97 531	102 5314		
332	7410	382	6883	432	6356	482	5830	532	5304		
333	7400	383	6872	433	6345	483	5819	533	5293		
334	7389	384	6862	434	6335	484	5809	534	5283		
335	7379	385	6851	435	6324	485	5798	535	5272		
336	7368	386	6841	436	6314	486	5788	536	5262		
337	7357	387	6830	437	6303	487	5777	537	5251		
838	7347	388	6820	438	6293	488	5767	538	5241		
339	7336	389	6809	439	6282	489	5756	539	5230		
340	7326	390	6799	440	6272	490	5746	540	5220		

Diff.

	11	10
0 01	0	0
0 02	0	0
0 03	0	0
0 04	0	0
0 05	1	1
0 06	1	1
0 07	1	1
0 08	1	1
0 09	1	1
0 10	1	1
0 20	2	2
0 30	3	3
0 40	4	4
0 50	6	5
0 60	7	6
0 70	8	7
0 80	9	8
0 90	10	9
1 00	11	10

DIVISEURS : 97571 A 97850.

DIVISEUR	Nombre à multiplier par le dividende	DIVISEUR	Nombre à multiplier par le dividende	DIVISEUR	Nombre à multiplier par le dividende	DIVISEUR	Nombre à multiplier par le dividende	DIVISEUR	Nombre à multiplier par le dividende	DIVISEUR	Nombre à multiplier par le dividende
97 571	102 4894	97 621	102 4369	97 671	102 3844	97 721	102 3320	97 771	102 2797	97 821	102 2274
572	4884	622	4359	672	3834	722	3310	772	2787	822	2264
573	4873	623	4348	673	3823	723	3299	773	2776	823	2253
574	4863	624	4338	674	3813	724	3289	774	2766	824	2243
575	4852	625	4327	675	3802	725	3279	775	2756	825	2233
576	4842	626	4317	676	3792	726	3268	776	2745	826	2222
577	4831	627	4306	677	3781	727	3258	777	2735	827	2212
578	4821	628	4296	678	3771	728	3247	778	2724	828	2201
579	4810	629	4285	679	3760	729	3237	779	2714	829	2191
580	4800	630	4275	680	3750	730	3227	780	2704	830	2181
97 581	102 4789	97 631	102 4264	97 681	102 3739	97 731	102 3216	97 781	102 2693	97 831	102 2170
582	4779	632	4254	682	3729	732	3206	782	2683	832	2160
583	4768	633	4243	683	3718	733	3195	783	2672	833	2149
584	4758	634	4233	684	3708	734	3185	784	2662	834	2139
585	4747	635	4222	685	3698	735	3174	785	2651	835	2128
586	4737	636	4212	686	3687	736	3164	786	2641	836	2118
587	4726	637	4201	687	3677	737	3153	787	2630	837	2107
588	4716	638	4191	688	3666	738	3143	788	2620	838	2097
589	4705	639	4180	689	3656	739	3132	789	2609	839	2086
590	4695	640	4170	690	3646	740	3122	790	2599	840	2076
97 591	102 4684	97 641	102 4159	97 691	102 3635	97 741	102 3111	97 791	102 2588	97 841	102 2065
592	4674	642	4149	692	3625	742	3101	792	2578	842	2055
593	4663	643	4138	693	3614	743	3090	793	2567	843	2044
594	4653	644	4128	694	3604	744	3080	794	2557	844	2034
595	4642	645	4117	695	3593	745	3069	795	2546	845	2024
596	4632	646	4107	696	3583	746	3059	796	2536	846	2013
597	4621	647	4096	697	3572	747	3048	797	2525	847	2003
598	4611	648	4086	698	3562	748	3038	798	2515	848	1992
599	4600	649	4075	699	3551	749	3027	799	2504	849	1982
600	4590	650	4065	700	3541	750	3017	800	2494	850	1972
97 601	102 4579	97 651	102 4054	97 701	102 3530	97 751	102 3006	97 801	102 2483		
602	4569	652	4044	702	3520	752	2996	802	2473		
603	4558	653	4033	703	3509	753	2985	803	2462		
604	4548	654	4023	704	3499	754	2975	804	2452		
605	4537	655	4012	705	3488	755	2965	805	2442		
606	4527	656	4002	706	3478	756	2954	806	2431		
607	4516	657	3991	707	3467	757	2944	807	2421		
608	4506	658	3981	708	3457	758	2933	808	2410		
609	4495	659	3970	709	3446	759	2923	809	2400		
610	4485	660	3960	710	3436	760	2913	810	2390		
97 611	102 4474	97 661	102 3949	97 711	102 3425	97 761	102 2902	97 811	102 2379		
612	4464	662	3939	712	3415	762	2892	812	2369		
613	4453	663	3928	713	3404	763	2881	813	2358		
614	4443	664	3918	714	3394	764	2871	814	2348		
615	4432	665	3907	715	3383	765	2860	815	2337		
616	4422	666	3897	716	3373	766	2850	816	2327		
617	4411	667	3886	717	3362	767	2839	817	2316		
618	4401	668	3876	718	3352	768	2829	818	2306		
619	4390	669	3865	719	3341	769	2818	819	2295		
620	4380	670	3855	720	3331	770	2808	820	2285		

DIFF.

	11	10
0 01	0	0
0 02	0	0
0 03	0	0
0 04	0	0
0 05	1	1
0 06	1	1
0 07	1	1
0 08	1	1
01	1	1
0 20	2	2
0 30	3	3
0 40	4	4
0 50	6	5
0 60	7	6
0 70	8	7
0 80	9	8
0 90	10	9
1 00	11	10

Diviseurs : **97851** a **98130**.

DIVISEUR	Nombre à multiplier par le dividende	DIVISEUR	Nombre à multiplier par le dividende	DIVISEUR	Nombre à multiplier par le dividende	DIVISEUR	Nombre à multiplier par le dividende	DIVISEUR	Nombre à multiplier par le dividende	DIVISEUR	Nombre à multiplier par le dividende
97 851	102 1961	97 901	102 1440	97 951	102 0918	98 001	102 0397	98 051	101 9877	98 101	101 9357
852	1951	902	1429	952	0908	002	0387	052	9867	102	9347
853	1941	903	1419	953	0897	003	0376	053	9856	103	9336
854	1930	904	1408	954	0887	004	0366	054	9846	104	9326
855	1920	905	1398	955	0876	005	0356	055	9835	105	9316
856	1909	906	1387	956	0866	006	0345	056	9825	106	9305
857	1899	907	1377	957	0856	007	0335	057	9815	107	9295
858	1888	908	1366	958	0845	008	0324	058	9804	108	9284
859	1878	909	1356	959	0835	009	0314	059	9794	109	9274
860	1867	910	1346	960	0824	010	0304	060	9783	110	9264
97 861	102 1857	97 911	102 1335	97 961	102 0814	98 011	102 0293	98 061	101 9773	98 111	101 9253
862	1847	912	1325	962	0803	012	0283	062	9763	112	9243
863	1836	913	1314	963	0793	013	0272	063	9752	113	9232
864	1826	914	1304	964	0783	014	0262	064	9742	114	9222
865	1815	915	1293	965	0772	015	0252	065	9731	115	9212
866	1805	916	1283	966	0762	016	0241	066	9721	116	9201
867	1794	917	1273	967	0751	017	0231	067	9711	117	9191
868	1784	918	1262	968	0741	018	0220	068	9700	118	9180
869	1773	919	1252	969	0731	019	0210	069	9690	119	9170
870	1763	920	1241	970	0720	020	0199	070	9679	120	9160
97 871	102 1753	97 921	102 1231	97 971	102 0710	98 021	102 0189	98 071	101 9669	98 121	101 9149
872	1742	922	1220	972	0699	022	0179	072	9659	122	9139
873	1732	923	1210	973	0689	023	0168	073	9648	123	9129
874	1721	924	1200	974	0678	024	0158	074	9638	124	9118
875	1711	925	1189	975	0668	025	0147	075	9627	125	9108
876	1700	926	1179	976	0658	026	0137	076	9617	126	9097
877	1690	927	1168	977	0647	027	0127	077	9607	127	9087
878	1680	928	1158	978	0637	028	0116	078	9596	128	9077
879	1669	929	1147	979	0626	029	0106	079	9586	129	9066
880	1659	930	1137	980	0616	030	0095	080	9575	130	9056
97 881	102 1648	97 931	102 1127	97 981	102 0606	98 031	102 0085	98 081	101 9565		
882	1638	932	1116	982	0595	032	0075	082	9555		
883	1627	933	1106	983	0585	033	0064	083	9544		
884	1617	934	1095	984	0574	034	0054	084	9534		
885	1606	935	1085	985	0564	035	0043	085	9523		
886	1596	936	1074	986	0553	036	0033	086	9513		
887	1586	937	1064	987	0543	037	0023	087	9503		
888	1575	938	1054	988	0533	038	0012	088	9492		
889	1565	939	1043	989	0522	039	0002	089	9482		
890	1554	940	1033	990	0512	040	101 9991	090	9471		
97 891	102 1544	97 941	102 1022	97 991	102 0501	98 041	101 9981	98 091	101 9461		
892	1533	942	1012	992	0491	042	9971	092	9451		
893	1523	943	1002	993	0481	043	9960	093	9440		
894	1513	944	0991	994	0470	044	9950	094	9430		
895	1502	945	0981	995	0460	045	9939	095	9419		
896	1492	946	0970	996	0449	046	9929	096	9409		
897	1481	947	0960	997	0439	047	9919	097	9399		
898	1471	948	0949	998	0428	048	9908	098	9388		
899	1460	949	0939	999	0418	049	9898	099	9378		
900	1450	950	0929	98 000	0408	050	9887	100	9367		

DIFF.

	11	10
0 01	0	0
0 02	0	0
0 03	0	0
0 04	0	0
0 05	1	1
0 06	1	1
0 07	1	1
0 08	1	1
0 09	1	1
0 10	1	1
0 20	2	2
0 30	3	3
0 40	4	4
0 50	6	5
0 60	7	6
0 70	8	7
0 80	9	8
0 90	10	9
1 00	11	10

DIVISEURS 98131 A 98410.

DIVISEUR	Nombre à multiplier par le dividende	DIVISEUR	Nombre à multiplier par le dividende	DIVISEUR	Nombre à multiplier par le dividende	DIVISEUR	Nombre à multiplier par le dividende	DIVISEUR	Nombre à multiplier par le dividende	DIVISEUR	Nombre à multiplier par le dividende
98 131	101 9045	98 181	101 8526	98 231	101 8007	98 281	101 7489	98 331	101 6972	98 381	101 6455
132	9035	182	8516	232	7997	282	7479	332	6962	382	6445
133	9024	183	8505	233	7987	283	7469	333	6952	383	6435
134	9014	184	8495	234	7976	284	7458	334	6941	384	6424
135	9004	185	8485	235	7966	285	7448	335	6931	385	6414
136	8993	186	8474	236	7956	286	7438	336	6921	386	6404
137	8983	187	8464	237	7945	287	7427	337	6910	387	6393
138	8972	188	8453	238	7935	288	7417	338	6900	388	6383
139	8962	189	8443	239	7925	289	7407	339	6890	389	6373
140	8952	190	8433	240	7915	290	7397	340	6880	390	6363
98 141	101 8944	98 191	101 8422	98 241	101 7904	98 291	101 7386	98 341	101 6869	98 391	101 6352
142	8934	192	8412	242	7894	292	7376	342	6859	392	6342
143	8920	193	8401	243	7883	293	7365	343	6848	393	6332
144	8910	194	8391	244	7873	294	7355	344	6838	394	6321
145	8900	195	8381	245	7863	295	7345	345	6828	395	6311
146	8889	196	8370	246	7852	296	7334	346	6817	396	6301
147	8879	197	8360	247	7842	297	7324	347	6807	397	6290
148	8868	198	8349	248	7831	298	7313	348	6796	398	6280
149	8858	199	8339	249	7821	299	7303	349	6786	399	6270
150	8848	200	8329	250	7811	300	7293	350	6776	400	6260
98 151	101 8837	98 201	101 8318	98 251	101 7800	98 301	101 7282	98 351	101 6765	98 401	101 6249
152	8827	202	8308	252	7790	302	7272	352	6755	402	6239
153	8816	203	8298	253	7780	303	7262	353	6745	403	6228
154	8806	204	8287	254	7769	304	7251	354	6734	404	6218
155	8796	205	8277	255	7759	305	7241	355	6724	405	6208
156	8785	206	8267	256	7749	306	7231	356	6714	406	6197
157	8775	207	8256	257	7738	307	7220	357	6703	407	6187
158	8764	208	8246	258	7728	308	7210	358	6693	408	6176
159	8754	209	8236	259	7718	309	7200	359	6683	409	6166
160	8744	210	8226	260	7708	310	7190	360	6673	410	6156
98 161	101 8733	98 211	101 8215	98 261	101 7697	98 311	101 7179	98 361	101 6662		
162	8723	212	8205	262	7687	312	7169	362	6652		
163	8713	213	8194	263	7676	313	7159	363	6642		
164	8702	214	8184	264	7666	314	7148	364	6631		
165	8692	215	8174	265	7656	315	7138	365	6621		
166	8682	216	8163	266	7645	316	7128	366	6611		
167	8671	217	8153	267	7635	317	7117	367	6600		
168	8661	218	8142	268	7624	318	7107	368	6590		
169	8651	219	8132	269	7614	319	7097	369	6580		
170	8641	220	8122	270	7604	320	7087	370	6570		
98 171	101 8630	98 221	101 8111	98 271	101 7593	98 321	101 7076	98 371	101 6559		
172	8620	222	8101	272	7583	322	7066	372	6549		
173	8609	223	8090	273	7572	323	7055	373	6538		
174	8599	224	8080	274	7562	324	7045	374	6528		
175	8589	225	8070	275	7552	325	7035	375	6518		
176	8578	226	8059	276	7541	326	7024	376	6507		
177	8568	227	8049	277	7531	327	7014	377	6497		
178	8557	228	8038	278	7520	328	7003	378	6486		
179	8547	229	8028	279	7510	329	6993	379	6476		
180	8537	230	8018	280	7500	330	6983	380	6466		

DIFF.

	11	10
0 01	0	0
0 02	0	0
0 03	0	0
0 04	0	0
0 05	1	1
0 06	1	1
0 07	1	1
0 08	1	1
0 09	1	1
0 10	1	1
0 20	2	2
0 30	3	3
0 40	4	4
0 50	6	5
0 60	7	6
0 70	8	7
0 80	9	8
0 90	10	9
1 00	11	10

DIVISEURS : 98411 A 98690.

DIVISEUR	Nombre à multiplier par le dividende	DIVISEUR	Nombre à multiplier par le dividende	DIVISEUR	Nombre à multiplier par le dividende	DIVISEUR	Nombre à multiplier par le dividende	DIVISEUR	Nombre à multiplier par le dividende	DIVISEUR	Nombre à multiplier par le dividende
98 411	101 6145	98 461	101 5629	98 511	101 5114	98 561	101 4599	98 611	101 4084	98 661	101 3570
412	6135	462	5619	512	5104	562	4589	612	4074	662	3560
413	6125	463	5609	513	5094	563	4579	613	4064	663	3550
414	6114	464	5598	514	5083	564	4568	614	4054	664	3540
415	6104	465	5588	515	5073	565	4558	615	4044	665	3530
416	6094	466	5578	516	5063	566	4548	616	4033	666	3519
417	6083	467	5567	517	5052	567	4537	617	4023	667	3509
418	6073	468	5557	518	5042	568	4527	618	4013	668	3499
419	6063	469	5547	519	5032	569	4517	619	4003	669	3489
420	6053	470	5537	520	5022	570	4507	620	3993	670	3479
98 421	101 6042	98 471	101 5526	98 521	101 5011	98 571	101 4496	98 621	101 3982	98 671	101 3468
422	6032	472	5516	522	5001	572	4486	622	3972	672	3458
423	6022	473	5506	523	4991	573	4476	623	3962	673	3448
424	6011	474	5495	524	4980	574	4465	624	3951	674	3437
425	6001	475	5485	525	4970	575	4455	625	3941	675	3427
426	5991	476	5475	526	4960	576	4445	626	3931	676	3417
427	5980	477	5464	527	4949	577	4434	627	3920	677	3406
428	5970	478	5454	528	4939	578	4424	628	3910	678	3396
429	5960	479	5444	529	4929	579	4414	629	3900	679	3386
430	5950	480	5434	530	4919	580	4404	630	3890	680	3376
98 431	101 5939	98 481	101 5423	98 531	101 4908	98 581	101 4393	98 631	101 3879	98 681	101 3365
432	5929	482	5413	532	4898	582	4383	632	3869	682	3355
433	5919	483	5403	533	4888	583	4373	633	3859	683	3345
434	5908	484	5392	534	4877	584	4362	634	3848	684	3334
435	5898	485	5382	535	4867	585	4352	635	3838	685	3324
436	5888	486	5372	536	4857	586	4342	636	3828	686	3314
437	5877	487	5361	537	4846	587	4331	637	3817	687	3303
438	5867	488	5351	538	4836	588	4321	638	3807	688	3293
439	5857	489	5341	539	4826	589	4311	639	3797	689	3283
440	5847	490	5331	540	4816	590	4301	640	3787	690	3273
98 441	101 5836	98 491	101 5320	98 541	101 4805	98 591	101 4290	98 641	101 3776		
442	5826	492	5310	542	4795	592	4280	642	3766		
443	5816	493	5300	543	4785	593	4270	643	3756		
444	5805	494	5289	544	4774	594	4259	644	3745		
445	5795	495	5279	545	4764	595	4249	645	3735		
446	5785	496	5269	546	4754	596	4239	646	3725		
447	5774	497	5258	547	4743	597	4228	647	3714		
448	5764	498	5248	548	4733	598	4218	648	3704		
449	5754	499	5238	549	4723	599	4208	649	3694		
450	5744	500	5228	550	4713	600	4198	650	3684		
98 451	101 5733	98 501	101 5217	98 551	101 4702	98 601	101 4187	98 651	101 3673		
452	5723	502	5207	552	4692	602	4177	652	3663		
453	5712	503	5197	553	4682	603	4167	653	3653		
454	5702	504	5186	554	4671	604	4156	654	3642		
455	5692	505	5176	555	4661	605	4146	655	3632		
456	5681	506	5166	556	4651	606	4136	656	3622		
457	5671	507	5155	557	4640	607	4125	657	3611		
458	5660	508	5145	558	4630	608	4115	658	3601		
459	5650	509	5135	559	4620	609	4105	659	3591		
460	5640	510	5125	560	4610	610	4095	660	3584		

DIFF.

	11	10
0 01	0	0
0 02	0	0
0 03	0	0
0 04	0	0
0 05	1	1
0 06	1	1
0 07	1	1
0 08	1	1
0 09	1	1
0 10	1	1
0 20	2	2
0 30	3	3
0 40	4	4
0 50	6	5
0 60	7	6
0 70	8	7
0 80	9	8
0 90	10	9
1 00	11	10

DIVISEURS : **98691** A **98970**.

DIVISEUR	Nombre à multiplier par le dividende	DIVISEUR	Nombre à multiplier par le dividende	DIVISEUR	Nombre à multiplier par le dividende	DIVISEUR	Nombre à multiplier par le dividende	DIVISEUR	Nombre à multiplier par le dividende	DIVISEUR	Nombre à multiplier par le dividende
98 691	101 3262	98 741	101 2749	98 791	101 2237	98 841	101 1725	98 891	101 1213	98 941	101 .0702
692	3252	742	2739	792	2227	842	1715	892	1203	942	0692
693	3242	743	2729	793	2217	843	1705	893	1193	943	0682
694	3232	744	2719	794	2206	844	1694	894	1183	944	0672
695	3222	745	2709	795	2196	845	1684	895	1173	945	0662
696	3211	746	2698	796	2186	846	1674	896	1162	946	0651
697	3201	747	2688	797	2175	847	1663	897	1152	947	0641
698	3191	748	2678	798	2165	848	1653	898	1142	948	0631
699	3184	749	2668	799	2155	849	1643	899	1132	949	0624
700	3171	750	2658	800	2145	850	1633	900	1122	950	0614
98 701	101 3160	98 751	101 2647	98 801	101 2134	98 851	101 1622	98 901	101 1114	98 951	101 0600
702	3150	752	2637	802	2124	852	1612	902	1101	952	0590
703	3140	753	2627	803	2114	853	1602	903	1091	953	0580
704	3129	754	2616	804	2104	854	1592	904	1081	954	0570
705	3119	755	2606	805	2094	855	1582	905	1071	955	0560
706	3109	756	2596	806	2083	856	1571	906	1060	956	0549
707	3098	757	2585	807	2073	857	1561	907	1050	957	0539
708	3088	758	2575	808	2063	858	1551	908	1040	958	.0529
709	3078	759	2565	809	2053	859	1541	909	1030	959	0519
710	3068	760	2555	810	2043	860	1531	910	1020	960	0509
98 711	101 3057	98 761	101 2544	98 811	101 2032	98 861	101 1520	98 911	101 1009	98 961	101 0498
712	3047	762	2534	812	2022	862	1510	912	0999	962	0488
713	3037	763	2524	813	2012	863	1500	913	0989	963	0478
714	3026	764	2514	814	2001	864	1490	914	0978	964	0468
715	3016	765	2504	815	1991	865	1480	915	0968	965	0458
716	3006	766	2493	816	1981	866	1469	916	0958	966	0447
717	2995	767	2483	817	1970	867	1459	917	0947	967	0437
718	2985	768	2473	818	1960	868	1449	918	0937	968	0427
719	2975	769	2463	819	1950	869	1439	919	0927	969	0417
720	2965	770	2453	820	1940	870	1429	920	0917	970	0407
98 721	101 2954	98 771	101 2442	98 821	101 1929	98 871	101 1418	98 921	101 0906		
722	2944	772	2432	822	1919	872	1408	922	0896		
723	2934	773	2422	823	1909	873	1398	923	0886		
724	2924	774	2411	824	1899	874	1387	924	0876		
725	2914	775	2401	825	1889	875	1377	925	0866		
726	2903	776	2391	826	1878	876	1367	926	0855		
727	2893	777	2380	827	1868	877	1356	927	0845		
728	2883	778	2370	828	1858	878	1346	928	0835		
729	2873	779	2360	829	1848	879	1336	929	0825		
730	2863	780	2350	830	1838	880	1326	930	0815		
98 731	101 2852	98 781	101 2339	98 831	101 1827	98 881	101 1315	98 931	101 0804		
732	2842	782	2329	832	1817	882	1305	932	0794		
733	2832	783	2319	833	1807	883	1295	933	0784		
734	2821	784	2309	834	1797	884	1285	934	0774		
735	2811	785	2299	835	1787	885	1275	935	0764		
736	2801	786	2288	836	1776	886	1264	936	0753		
737	2790	787	2278	837	1766	887	1254	937	0743		
738	2780	788	2268	938	1756	888	1244	938	0733		
739	2770	789	2258	839	1746	889	1234	939	0723		
740	2760	790	2248	840	1736	890	1224	940	0713		

DIFF.

	11	10
0 01	0	0
0 02	0	0
0 03	0	0
0 04	0	0
0 05	1	1
0 06	1	1
0 07	1	1
0 08	1	1
0 09	1	1
0 10	1	1
0 20	2	2
0 30	3	3
0 40	4	4
0 50	6	5
0 60	7	6
0 70	8	7
0 80	9	8
0 90	10	9
1 00	11	10

DIVISEURS : **98971** À **99250**.

DIVISEUR	Nombre à multiplier par le dividende	DIVISEUR	Nombre à multiplier par le dividende	DIVISEUR	Nombre à multiplier par le dividende	DIVISEUR	Nombre à multiplier par le dividende	DIVISEUR	Nombre à multiplier par le dividende	DIVISEUR	Nombre à multiplier par le dividende
98 971	101 0396	99 021	100 9885	99 071	100 9376	99 121	100 8866	99 171	100 8358	99 221	100 7850
972	0386	022	9875	072	9366	122	8856	172	8348	222	7840
973	6376	023	9865	073	9356	123	8846	173	8338	223	7830
974	0366	024	9855	074	9346	124	8836	174	8328	224	7820
975	0356	025	9845	075	9336	125	8826	175	8318	225	7810
976	0345	026	9835	076	9325	126	8816	176	8307	226	7800
977	0335	027	9825	077	9315	127	8806	177	8297	227	7790
978	0325	028	9815	078	9305	128	8796	178	8287	228	7780
979	0315	029	9805	079	9295	129	8786	179	8277	229	7770
980	0305	030	9795	080	9285	130	8776	180	8267	230	7760
98 981	101 0294	99 031	100 9784	99 081	100 9274	99 131	100 8765	99 181	100 8256	99 231	100 7749
982	0284	032	9774	082	9264	132	8755	182	8246	232	7739
983	0274	033	9764	083	9254	133	8745	183	8236	233	7729
984	8265	034	9754	084	9244	134	8735	184	8226	234	7719
985	0254	035	9744	085	9234	135	8725	185	8216	235	7709
986	0243	036	9733	086	9223	136	8714	186	8206	236	7698
987	0233	037	9723	087	9213	137	8704	187	8196	237	7688
988	0223	038	9713	088	9203	138	8694	188	8186	238	7678
989	0213	039	9703	089	9193	139	8684	189	8176	239	7668
990	0203	040	9693	090	9183	140	8674	190	8166	240	7658
98 991	101 0192	99 041	100 9682	99 091	100 9472	99 141	100 8663	99 191	100 8155	99 241	100 7647
992	0182	042	9672	092	9162	142	8653	192	8145	242	7637
993	0172	043	9662	093	9152	143	8643	193	8135	243	7627
994	0162	044	9652	094	9142	144	8633	194	8125	244	7617
995	0152	045	9642	095	9132	145	8623	195	8115	245	7607
996	0141	046	9631	096	9121	146	8612	196	8104	246	7597
997	0131	047	9621	097	9111	147	8602	197	8094	247	7587
998	0121	048	9611	098	9101	148	8592	198	8084	248	7577
999	0111	049	9601	099	9091	149	8582	199	8074	249	7567
99 000	0101	050	9591	100	9081	150	8572	200	8064	250	7557
99 001	101 0090	99 051	100 9580	99 101	100 9070	99 151	100 8564	99 201	100 8053		
002	0080	052	9570	102	9060	152	8554	202	8043		
003	0070	053	9560	103	9050	153	8544	203	8033		
004	0059	054	9550	104	9040	154	8534	204	8023		
005	0049	055	9540	105	9030	155	8524	205	8013		
006	0039	056	9529	106	9019	156	8514	206	8003		
007	0028	057	9519	107	9009	157	8504	207	7993		
008	0018	058	9509	108	8999	158	8494	208	7983		
009	0008	059	9499	109	8989	159	8484	209	7973		
010	100 9998	060	9489	110	8979	160	8474	210	7963		
99 011	100 9987	99 061	100 9478	99 111	100 8968	99 161	100 8460	99 211	100 7952		
012	9977	062	9468	112	8958	162	8450	212	7942		
013	9967	063	9458	113	8948	163	8440	213	7932		
014	9957	064	9448	114	8938	164	8430	214	7922		
015	9947	065	9438	115	8928	165	8420	215	7912		
016	9936	066	9427	116	8917	166	8409	216	7904		
017	9926	067	9417	117	8907	167	8399	217	7891		
018	9916	068	9407	118	8897	168	8389	218	7884		
019	9906	069	9397	119	8887	169	8379	219	7874		
020	9896	070	9387	120	8877	170	8369	220	7864		

DIFF.

	11	10
0 01	0	0
0 02	0	0
0 03	0	0
0 04	0	0
0 05	1	1
0 06	1	1
0 07	1	1
0 08	1	1
0 10	1	1
0 20	2	2
0 30	3	3
0 40	4	4
0 50	6	5
0 60	7	6
0 70	8	7
0 80	9	8
0 90	10	9
1 00	11	10

DIVISEURS : 99251 A 99530.

DIVISEUR	Nombre à multiplier par le dividende	DIVISEUR	Nombre à multiplier par le dividende	DIVISEUR	Nombre à multiplier par le dividende	DIVISEUR	Nombre à multiplier par le dividende	DIVISEUR	Nombre à multiplier par le dividende	DIVISEUR	Nombre à multiplier par le dividende
99 251	100 7546	99 301	100 7038	99 351	100 6530	99 401	100 6025	99 451	100 5519	99 501	100 5014
252	7536	302	7028	352	6520	402	6015	452	5509	502	5004
253	7526	303	7018	353	6510	403	6005	453	5499	503	4994
254	7516	304	7008	354	6500	404	5995	454	5489	504	4984
255	7506	305	6998	355	6490	405	5985	455	5479	505	4974
256	7495	306	6987	356	6480	406	5974	456	5469	506	4964
257	7485	307	6977	357	6470	407	5964	457	5459	507	4954
258	7475	308	6967	358	6460	408	5954	458	5449	508	4944
259	7465	309	6957	359	6450	409	5944	459	5439	509	4934
260	7455	310	6947	360	6440	410	5934	460	5429	510	4924
99 261	100 7444	99 311	100 6936	99 361	100 6429	99 411	100 5923	99 461	100 5418	99 511	100 4913
262	7434	312	6926	362	6419	412	5913	462	5408	512	4903
263	7424	313	6916	363	6409	413	5903	463	5398	513	4893
264	7414	314	6906	364	6399	414	5893	464	5388	514	4883
265	7404	315	6896	365	6389	415	5883	465	5378	515	4873
266	7393	316	6886	366	6379	416	5873	466	5367	516	4863
267	7383	317	6876	367	6369	417	5863	467	5357	517	4853
268	7373	318	6866	368	6359	418	5853	468	5347	518	4843
269	7363	319	6856	369	6349	419	5843	469	5337	519	4833
270	7353	320	6846	370	6339	420	5833	470	5327	520	4823
99 271	100 7342	99 321	100 6835	99 371	100 6328	99 421	100 5822	99 471	100 5316	99 521	100 4812
272	7332	322	6825	372	6318	422	5812	472	5306	522	4802
273	7322	323	6815	373	6308	423	5802	473	5296	523	4792
274	7312	324	6805	374	6298	424	5792	474	5286	524	4782
275	7302	325	6795	375	6288	425	5782	475	5276	525	4772
276	7292	326	6785	376	6278	426	5772	476	5266	526	4762
277	7282	327	6775	377	6268	427	5762	477	5256	527	4752
278	7272	328	6765	378	6258	428	5752	478	5246	528	4742
279	7262	329	6755	379	6248	429	5742	479	5236	529	4732
280	7252	330	6745	380	6238	430	5732	480	5226	530	4722
99 281	100 7241	99 331	100 6734	99 381	100 6227	99 431	100 5721	99 481	100 5216		
282	7231	332	6724	382	6217	432	5711	482	5206		
283	7221	333	6714	383	6207	433	5701	483	5196		
284	7211	334	6704	384	6197	434	5691	484	5186		
285	7201	335	6694	385	6187	435	5681	485	5176		
286	7190	336	6683	386	6177	436	5671	486	5166		
287	7180	337	6673	387	6167	437	5661	487	5156		
288	7170	338	6663	388	6157	438	5651	488	5146		
289	7160	339	6653	389	6147	439	5641	489	5136		
290	7150	340	6643	390	6137	440	5631	490	5126		
99 291	100 7139	99 341	100 6632	99 391	100 6126	99 441	100 5620	99 491	100 5115		
292	7129	342	6622	392	6116	442	5610	492	5105		
293	7119	343	6612	393	6106	443	5600	493	5095		
294	7109	344	6602	394	6096	444	5590	494	5085		
295	7099	345	6592	395	6086	445	5580	495	5075		
296	7089	346	6581	396	6076	446	5570	496	5065		
297	7079	347	6571	397	6066	447	5560	497	5055		
298	7069	348	6561	398	6056	448	5550	498	5045		
299	7059	349	6551	399	6046	449	5540	499	5035		
300	7049	350	6541	400	6036	450	5530	500	5025		

DIFF.

	11	10
0 01	0	0
0 02	0	0
0 03	0	0
0 04	0	0
0 05	1	1
0 06	1	1
0 07	1	1
0 08	1	1
0 09	1	1
0 10	1	1
0 20	2	2
0 30	3	3
0 40	4	4
0 50	6	5
0 60	7	6
0 70	8	7
0 80	9	8
0 90	10	9
1 00	11	10

Diviseurs : 99531 à 99810.

DIVISEUR	Nombre à multiplier par le dividende	DIVISEUR	Nombre à multiplier par le dividende	DIVISEUR	Nombre à multiplier par le dividende	DIVISEUR	Nombre à multiplier par le dividende	DIVISEUR	Nombre à multiplier par le dividende	DIVISEUR	Nombre à multiplier par le dividende
99 531	100 4711	99 581	100 4206	99 631	100 3703	99 681	100 3199	99 731	100 2696	99 781	100 2194
532	4701	582	4196	632	3693	682	3189	732	2686	782	2184
533	4691	583	4186	633	3683	683	3179	733	2676	783	2174
534	4681	584	4176	634	3673	684	3169	734	2666	784	2164
535	4671	585	4166	635	3663	685	3159	735	2656	785	2154
536	4661	586	4156	636	3653	686	3149	736	2646	786	2144
537	4651	587	4146	637	3643	687	3139	737	2636	787	2134
538	4641	588	4136	638	3633	688	3129	738	2626	788	2124
539	4631	589	4126	639	3623	689	3119	739	2616	789	2114
540	4621	590	4116	640	3613	690	3109	740	2606	790	2104
99 541	100 4610	99 591	100 4106	99 641	100 3602	99 691	100 3099	99 741	100 2596	99 791	100 2094
542	4600	592	4096	642	3592	692	3089	742	2586	792	2084
543	4590	593	4086	643	3582	693	3079	743	2576	793	2074
544	4580	594	4076	644	3572	694	3069	744	2566	794	2064
545	4570	595	4066	645	3562	695	3059	745	2556	795	2054
546	4560	596	4056	646	3552	696	3049	746	2546	796	2044
547	4550	597	4046	647	3542	697	3039	747	2536	797	2034
548	4540	598	4036	648	3532	698	3029	748	2526	798	2024
549	4530	599	4026	649	3522	699	3019	749	2516	799	2014
550	4520	600	4016	650	3512	700	3009	750	2506	800	2004
99 551	100 4509	99 601	100 4005	99 651	100 3501	99 701	100 2998	99 751	100 2495	99 801	100 1993
552	4499	602	3995	652	3491	702	2988	752	2485	802	1983
553	4489	603	3985	653	3484	703	2978	753	2475	803	1973
554	4479	604	3975	654	3471	704	2968	754	2465	804	1963
555	4469	605	3965	655	3461	705	2958	755	2455	805	1953
556	4459	606	3955	656	3451	706	2948	756	2445	806	1943
557	4449	607	3945	657	3444	707	2938	757	2435	807	1933
558	4439	608	3935	658	3431	708	2928	758	2425	808	1923
559	4429	609	3925	659	3421	709	2918	759	2415	809	1913
560	4419	610	3915	660	3411	710	2908	760	2405	810	1903
99 561	100 4408	99 611	100 3904	99 661	100 3400	99 711	100 2897	99 761	100 2395		
562	4398	612	3894	662	3390	712	2887	762	2385		
563	4388	613	3884	663	3380	713	2877	763	2375		
564	4378	614	3874	664	3370	714	2867	764	2365		
565	4368	615	3864	665	3360	715	2857	765	2355		
566	4358	616	3854	666	3350	716	2847	766	2345		
567	4348	617	3844	667	3340	717	2837	767	2335		
568	4338	618	3834	668	3330	718	2827	768	2325		
669	4328	619	3824	669	3320	719	2817	769	2315		
570	4318	620	3814	670	3310	720	2807	770	2305		
99 571	100 4307	99 621	100 3803	99 671	100 3300	99 721	100 2797	99 771	100 2294		
572	4297	622	3793	672	3290	722	2787	772	2284		
573	4287	623	3783	673	3280	723	2777	773	2274		
574	4277	624	3773	674	3270	724	2767	774	2264		
575	4267	625	3763	675	3260	725	2757	775	2254		
576	4257	626	3753	676	3250	726	2747	776	2244		
577	4247	627	3743	677	3240	727	2737	777	2234		
578	4237	628	3733	678	3230	728	2727	778	2224		
579	4227	629	3723	679	3220	729	2717	779	2214		
580	4217	630	3713	680	3210	730	2707	780	2204		

DIFF.

	11	10
0 01	0	0
0 02	0	0
0 03	0	0
0 04	0	0
0 05	1	1
0 06	1	1
0 07	1	1
0 08	1	1
0 10	1	1
0 20	2	2
0 30	3	3
0 40	4	4
0 50	6	5
0 60	7	6
0 70	8	7
0 80	9	8
0 90	10	9
1 00	11	10

DIVISEURS : 99811 À 100000.

DIVISEUR	Nombre à multiplier par le dividende	DIVISEUR	Nombre à multiplier par le dividende	DIVISEUR	Nombre à multiplier par le dividende	DIVISEUR	Nombre à multiplier par le dividende	DIVISEUR	Nombre à multiplier par le dividende	DIVISEUR	Nombre à multiplier par le dividende
99 811	100 1893	99 851	100 1494	99 891	100 1094	99 931	100 0690	99 961	100 0393	99 991	100 0090
812	1883	852	1484	892	1084	932	0680	962	0380	992	0080
813	1873	853	1474	893	1074	933	0670	963	0370	993	0070
814	1863	854	1464	894	1064	934	0660	964	0360	994	0060
815	1853	855	1454	895	1054	935	0650	965	0350	995	0050
816	1843	856	1444	896	1044	936	0640	966	0340	996	0040
817	1833	857	1434	897	1034	937	0630	967	0330	997	0030
818	1823	858	1424	898	1024	938	0620	968	0320	998	0020
819	1813	859	1414	899	1014	939	0610	969	0310	999	0010
820	1803	860	1404	900	1004	940	0600	970	0300	100000	0000
99 821	100 1792	99 861	100 1394	99 901	100 0990	99 941	100 0590	99 971	100 0290		
822	1782	862	1384	902	0980	942	0580	972	0280		
823	1772	863	1374	903	0970	943	0570	973	0270		
824	1762	864	1364	904	0960	944	0560	974	0260		
825	1752	865	1354	905	0950	945	0550	975	0250		
826	1742	866	1344	906	0940	946	0540	976	0240		
827	1732	867	1334	907	0930	947	0530	977	0230		
828	1722	868	1324	908	0920	948	0520	978	0220		
829	1712	869	1314	909	0910	949	0510	979	0210		
830	1702	870	1304	910	0900	950	0500	980	0200		
99 831	100 1692	99 871	100 1294	99 911	100 0890	99 951	100 0490	99 981	100 0190		
832	1682	872	1284	912	0880	952	0480	982	0180		
833	1672	873	1274	913	0870	953	0470	983	0170		
834	1662	874	1264	914	0860	954	0460	984	0160		
835	1652	875	1254	915	0850	955	0450	985	0150		
836	1642	876	1244	916	0840	956	0440	986	0140		
837	1632	877	1234	917	0830	957	0430	987	0130		
838	1622	878	1224	918	0820	958	0420	988	0120		
839	1612	879	1214	919	0810	959	0410	989	0110		
840	1602	880	1204	920	0800	960	0400	990	0100		
99 841	100 1592	99 881	100 1194	99 921	100 0790						
842	1582	882	1184	922	0780						
843	1572	883	1174	923	0770						
844	1562	884	1164	924	0760						
845	1552	885	1154	925	0750						
846	1542	886	1144	926	0740						
847	1532	887	1134	927	0730						
848	1522	888	1124	928	0720						
849	1512	889	1114	929	0710						
850	1502	890	1104	930	0700						

DIFF.

	11	10
0 01	0	0
0 02	0	0
0 03	0	0
0 04	0	0
0 05	1	1
0 06	1	1
0 07	1	1
0 08	1	1
0 09	1	1
0 10	1	1
0 20	2	2
0 30	3	3
0 40	4	4
0 50	6	5
0 60	7	6
0 70	8	7
0 80	9	8
0 90	10	9
1 00	11	10

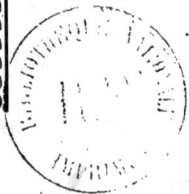

ERRATA.

—

Page 34. Diviseur 9873. — Le nombre à multiplier par le dividende est 1012863 au lieu de 1012812.

id. — 9874. — — — — 1012760 — 1012740.

— 60. — 13890. — — — — 7199424 — 7199424.

— 72. — 16424. — Rétablir les 2 premiers chiffres de ce diviseur, qui ont été omis.

— 84. — 18544. — Le nombre à multiplier par le dividende est 5393452 au lieu de 393452.

— 112. — 24595. — — — — 4065866 — 4065864.

id. — 24596. — — — — 4065704 — 4065706.

— 113. Différence 162. — En regard de 0 04, il faut 6 au lieu de 7.

— 131. Diviseur 29552. — Le nombre à multiplier par le dividende est 3383865 au lieu de 3383478.

— 132. — 29707. — — — — 3366209 — 3366709.

id. — 29708. — — — — 3366096 — 3366209.

— 143. — 32571. — Mettre 307 en regard de ce diviseur.

id. — 32574. — Mettre 306 au lieu de 307 en regard de ce diviseur.

— 167. Différence 66. — En regard de 0 80 il faut 53 au lieu de 59.

— 175. Diviseur 44404. — Mettre 44404 au lieu de 44504.

— 181. Différence 53. — Il faut : 0 20 — 11, 0 30 — 16, 0 40 — 21, 0 50 — 27, 0 60 — 32, 0 70 — 37, 0 80 — 42, 0 90 — 48, 1 00 — 53.

— 214. Diviseur 52247. — Le nombre à multiplier par le dividende est 1913984 au lieu de 1913948.

— 237. — 58697. — — — — 1703664 — 1703694.

— 240. — 59737. — — — — 1674004 — 1674044.

— 263. — 65998. — Mettre 65998 au lieu de 65898.

— 264. — 66230. — Mettre 66230 — 66 30 (2 omis).

— 290. — 73721. — Le nombre à multiplier par le dividende est 1356465 au lieu de 1536465.

— 293. — 74594. — — — — 1340644 — 1340664.

— 313. — 80077. — Mettre 80077 au lieu de 80079.

—

AVIS IMPORTANT.

—

L'auteur croit devoir faire remarquer qu'il est indispensable que chaque possesseur des Tables de divisions opère, dans le corps de l'ouvrage, avant de s'en servir, la rectification de toutes les erreurs indiquées ci-dessus.

POITIERS. — TYPOGRAPHIE DE HENRI OUDIN.